Finite Elemente

Klaus Knothe · Heribert Wessels

Finite Elemente

Eine Einführung für Ingenieure

5. Auflage

Springer Vieweg

Klaus Knothe
Berlin, Deutschland

Heribert Wessels
Berlin, Deutschland

ISBN 978-3-662-49351-9 ISBN 978-3-662-49352-6 (eBook)
DOI 10.1007/978-3-662-49352-6

Die Deutsche Nationalbibliothek verzeichnet diese Publikation in der Deutschen Nationalbibliografie; detaillierte bibliografische Daten sind im Internet über http://dnb.d-nb.de abrufbar.

Springer Vieweg

Gedruckt auf säurefreiem und chlorfrei gebleichtem Papier

Springer Vieweg ist Teil von Springer Nature
Die eingetragene Gesellschaft ist Springer-Verlag GmbH Deutschland
Die Anschrift der Gesellschaft ist: Heidelberger Platz 3, 14197 Berlin, Germany

Vorwort zur fünften Auflage

Wir freuen uns, mit dem vorliegenden Lehrbuch bereits die fünfte Auflage vorzustellen. Das Grundkonzept und die Zielsetzung des Buches, die im Vorwort zur ersten Auflage dargestellt sind, wurden beibehalten, da sich beides in Lehrveranstaltungen bewährt hat. Das Vorwort zur ersten Auflage ist daher mit abgedruckt. Durch Hinweise von Lesern und durch eigene Erfahrungen ist den Autoren klar geworden, dass das Buch inzwischen auch den Charakter eines einfachen Nachschlagewerks für Ingenieurstudenten und Ingenieure in der Praxis angenommen hat.

Als wesentliche Ergänzungen seit 1991 sind Lösungen zu den Übungsaufgaben, alternative Variationsprinzipien sowie ein Einstieg in nichtlineare Berechnungsmethoden als 13. Kapitel hinzugekommen. Kapitel 13 wird in dieser Auflage durch eine Einführung in elastisch-plastische Berechnungsmethoden erweitert. Für die entsprechende Anregung danken wir Herrn Prof. Dr.-Ing. Kleinschrodt. Nach Ansicht der Autoren gehört mittlerweile zu einer Einführung in die Finite-Elemente-Methode, sich mit der Vorgehensweise bei der Berechnung nichtlinearer Probleme vertraut zu machen. Einerseits soll der Anfänger auch vor nichtlinearen Rechnungen die Scheu verlieren, andererseits soll der in der Praxis tätige Ingenieur, der mit großen Programmsystemen auch nichtlineare Fragestellungen bearbeiten muss, auf Fallgruben aufmerksam gemacht werden. Für ein umfassendes Verständnis nichtlinearer Berechnungsmethoden wird auf die einschlägige Literatur verwiesen.

Bekannte Fehler aus den bisherigen Auflagen sind korrigiert. Neue Übungsaufgaben nebst Lösungen sind aufgenommen. Es wird dem Leser, der sich eine Übungsaufgabe vornimmt, empfohlen, nicht gleich die Lösung in Kapitel 15 nachzuschlagen, sondern sich erst selber die Mühe zu machen, die Lösung auszuarbeiten. Zum Teil wird das auf Anhieb gelingen, bei anderen Aufgaben kann ein Wochenende erforderlich sein. Die Zufriedenheit über eine gelöste Aufgabe ist dann umso größer.

Diverse Lehrprogramme wie SCHEIB, FACHWK und ISOPAR, mit denen die Beispiele in den Kapiteln 4 und 8 berechnet wurden, sind unter der Internet-Adresse `http://www.ilr.tu-berlin.de/Projekte/Finite-Elemente` zu finden, wo sie von Interessenten heruntergeladen werden können.

Unser Dank gilt Herrn Kleintges vom Institut für Luft- und Raumfahrt der TU Berlin für die technische Unterstützung. Den Mitarbeitern des Springer-Verlages insbesondere Herrn Lehnert und Herrn Grün sowie der Springer-Produktionsgesellschaft danken die Autoren für die wie immer hervorragende Zusammenarbeit und für die Anregungen zu dieser fünften Auflage.

Berlin, August 2016 Klaus Knothe und Heribert Wessels

Aus dem Vorwort zur ersten Auflage

Das vorliegende Buch ist aus langjähriger Lehrerfahrung an der Technischen Universität Berlin entstanden. Es richtet sich an Studenten der Ingenieurwissenschaften von Universitäten und Fachhochschulen und an Ingenieure in der industriellen Berechnungspraxis, die einen Einstieg in die Methode der finiten Elemente suchen.

Bei Studenten, die erstmals mit der Methode der finiten Elemente in Berührung kommen, findet man häufig die Erwartung vor, dass die Finite-Elemente-Methode ein Allheilmittel ist, mit dem sich ohne große Probleme alle Fragestellungen behandeln lassen, bei denen einfache, analytische Methoden versagen. Die zugehörige Theorie wird für sehr kompliziert gehalten. Glücklicherweise komme es aber auf das volle Verständnis gar nicht an, da ja umfangreiche Programmsysteme vorliegen, die sich ohne theoretisches Hintergrundwissen als ‚black box' für die Problembearbeitung einsetzen lassen.

Es ist unbestreitbar, dass mit der ständig steigenden Leistungsfähigkeit von Computern prinzipiell auch die Möglichkeiten anwachsen, Finite-Elemente-Programme bei komplexen Tragwerken einzusetzen. Nach der Erfahrung der Autoren ist parallel aber eine zweite Entwicklung zu beobachten: Je mehr sich die Leistungsfähigkeit von Rechnern erhöht, um so unkritischer werden große Finite-Elemente-Programmsysteme eingesetzt. Die Auseinandersetzung mit beiden Entwicklungen in Verbindung mit der oben zitierten Erwartungshaltung hat die Zielsetzung des Buches geprägt. Die Autoren möchten erreichen, dass folgendes deutlich wird:

- Der Einsatz eines Finite-Elemente-Programms ist selbst bei einfachen Problemen vielfach mit einem erheblichen Rechenaufwand verbunden.
- Allen Ergebnissen von Finite-Elemente-Rechnungen muss man mit großem Misstrauen begegnen. Eine große Zahl von Unbekannten sagt noch nichts über die Güte der Ergebnisse aus. Kontrollen der Ergebnisse sind daher zwingend notwendig.
- Die rein formale Herleitung der meisten Finite-Elemente-Verfahren ist außerordentlich einfach. Was man braucht, sind wenige, meist gleichbleibende Sachverhalte aus der Mechanik (oder einer anderen physikalischen Disziplin) und der numerischen Mathematik.
- Gründliche Kenntnisse auf dem Gebiet der Mechanik und der numerischen Mathematik sind allerdings erforderlich, wenn man Programmsysteme effektiv einsetzen und dabei unnötigen Rechenaufwand vermeiden will, und insbesondere dann, wenn man selbst ein Programm entwickeln will.

Für eine Einführung in die Methode der finiten Elemente sind nach Ansicht der Autoren Probleme zweidimensionaler Strukturen prädestiniert, in der Strukturmechanik insbesondere das Scheibenproblem. Hierbei treten die gleichen Fragestellungen wie bei dreidimensionalen Kontinua auf, anders als bei dreidimensionalen Kontinua ist eine grafische Darstellung aber noch ohne größere Schwierigkeiten möglich. Ähnliche Aufmerksamkeit wird Platten als der zweiten Gruppe ebener Flächentragwerke gewidmet. Fachwerke und Rahmentragwerke werden bewusst erst im Anschluss an ebene Flächentragwerke angesprochen, da bei ihnen eine Reihe atypischer Besonderheiten auftreten. Auf die Behandlung von Schalentragwerken wird im Rahmen dieser Einführung verzichtet.

Die Entwicklung der Finite-Elemente-Methode erfolgt in allen Fällen, ausgehend von den mechanischen Grundgleichungen, konsequent aus dem Prinzip der virtuellen Verrückungen. Im Mittelpunkt stehen hierbei statische Beanspruchungen; die Elemententwicklung für dynamische Probleme und Stabilitätsprobleme wird ebenfalls angesprochen. Exemplarisch wird am Beispiel der Wärmeleitung gezeigt, dass auch bei anderen physikalischen Aufgabenstellungen nichts prinzipiell Neues zu erwarten ist.

Berlin, März 1991 Klaus Knothe und Heribert Wessels

Inhaltsverzeichnis

1 Einleitung

Die Finite-Elemente-Methode (FEM, englisch: finite element method) ist das am häufigsten routinemäßig eingesetzte Verfahren zur Berechnung komplexer Konstruktionen im Maschinenbau, im Apparatebau, in der Fahrzeugtechnik, in der Luft- und Raumfahrttechnik und im Bauwesen. Der Einsatz erfolgt nicht nur für Standardprobleme der Festigkeitsberechnung und der Schwingungs- und Stabilitätsuntersuchung sondern auch für Spezialaufgaben, z. B. für Aufgaben der Bruch- und Kontaktmechanik oder bei extrem großen Deformationen und plastischen Beanspruchungen, wie sie etwa bei Crash-Untersuchungen auftreten.

1.1 Beispiele aus Konstruktionsberechnung und Mechanik

Crash-Simulationsrechnungen an Automobilkarosserien, mit denen versucht wird, längerfristig die außerordentlich zeitaufwendigen und kostenintensiven Crash-Versuche zu ersetzen, gehören nicht nur zu den komplexesten derzeit durchgeführten Konstruktionsberechnungen, sie sind auch ein ausgesprochen illustratives Beispiel, das sich für populärwissenschaftliche Darstellungen [1.1] oder sogar für Werbezwecke [1.2] hervorragend eignet.

In Bild 1.1 ist das Finite-Elemente-Modell einer Pkw-Karosserie [1.3] wiedergegeben. An diesem Beispiel wird ein Charakteristikum von Finite-Elemente-Rechnungen deutlich. Berechnet werden soll eine außerordentlich *heterogene Struktur*, deren Bauteile unterschiedliche Dicken, veränderliche Form, Aussparungen und Versteifungen besitzen und auch noch aus unterschiedlichem Material bestehen. Bei dem Beispiel wurde die gesamte Struktur verhältnismäßig fein modelliert (Schalenelemente mit 3–5 mm Kantenlänge, siehe Ausschnitt). Die Modellierung komplexer Strukturen durch eine große Anzahl finiter Elemente, wobei in einer Rechnung zumeist nur wenige Arten von Elementen Verwendung finden, charakterisiert das Verfahren und macht seine Einsetzbarkeit für völlig unterschiedliche Konstruktionen und Aufgabenstellungen deutlich.

An einem zweiten Beispiel wird dies nochmals illustriert. Berechnet werden sollten die *Eigenfrequenzen* und *Eigenschwingungsformen* eines modernen *Leichtbauwagenkastens* für den Hochgeschwindigkeitszug ICT [1.4]. Für die Strukturmodellierung wurden etwa 20000 Schalenelemente verwendet. Es ergab sich ein Gleichungssystem mit rund 110000 Freiheitsgraden. In Bild 1.2 sind die Eigenschwingungsformen zu den beiden niedrigsten, von Null verschiedenen Eigenfrequenzen dargestellt. Bei der Form mit einer Eigenfrequenz von 10 Hz handelt es sich um die erste Biegeeigenform des Wagenkasten mit überlagerter Querschnittsdeformation; bei 13 Hz tritt eine sogenannte ‚Atemschwingung' auf, bei der lokal Boden

Bild 1.1. Finite-Elemente-Modell einer Pkw-Karosserie für eine Crash-Rechnung. Gesamtmodell inklusive Dummies (oben), Ausschnitt aus dem Vorderwagenbereich (unten) (mit freundlicher Genehmigung der Adam Opel AG).

und Dach gegeneinander schwingen. Kombiniert man eine solche Finite-Elemente-Rechnung mit einer Mehrkörpersimulation [1.4], so lässt sich feststellen, wie sich Gleislagefehler auf den Komfort im Wagenkasten auswirken. Derartige Simulationsrechnungen geben dem Konstrukteur Hinweise, an welchen Stellen konstruktive Veränderungen mit dem Ziel einer Optimierung angebracht sind.

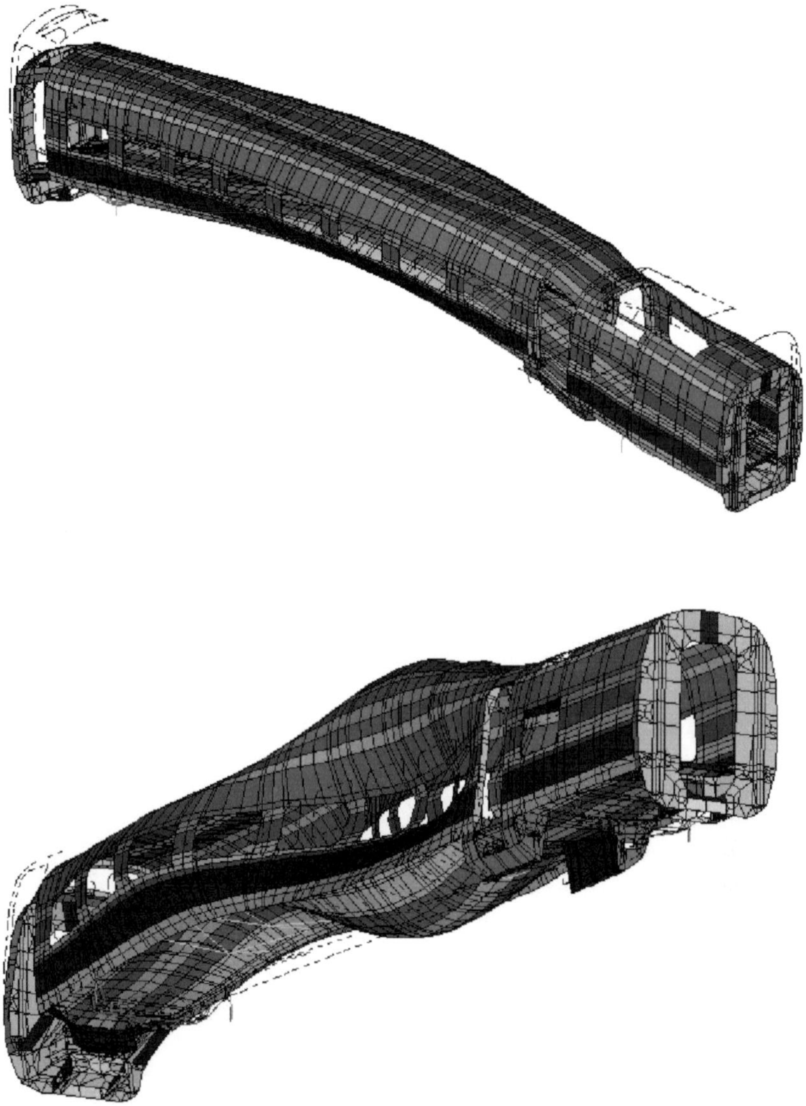

Bild 1.2. Eigenschwingungsformen eines Leichtbauwagenkastens für den ICT (mit freundlicher Genehmigung der DUEWAG AG, Krefeld Uerdingen). Biegung mit überlagerter Querschnittsdeformation bei 10 Hz (oben), Querschnittsdeformation bei 13 Hz (unten)

Beide Beispiele haben außer der hohen Komplexität noch eine zweite Gemeinsamkeit: Es sollen *globale Eigenschaften* berechnet werden. Bei dem Wagenkasten sind dies die Eigenfrequenzen und Eigenschwingungsformen; bei der Crash-Rechnung soll überprüft werden, ob die Energie beim Auffahrunfall im Motorraum absorbiert wird und die Fahrgastzelle unversehrt bleibt. Die Frage, welche lokalen Beanspruchungen bei plastischen Deformationen genau auftreten, spielt bei dieser Betrachtung keine Rolle.

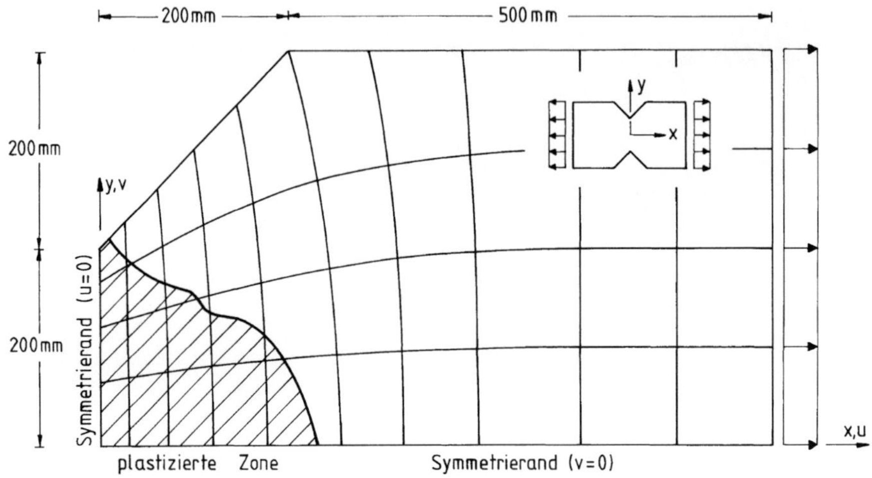

Bild 1.3. Plastizierungszone in einer Kerbscheibe unter Zugbeanspruchung.

Die Ermittlung der *lokalen Beanspruchungen* bei unregelmäßig berandeten Strukturen, etwa zur Optimierung einer Konstruktion unter Beanspruchungsgesichtspunkten oder in der Bruchmechanik, ist das zweite große Anwendungsgebiet der Methode der finiten Elemente. Hier wird zunächst ein sehr einfaches Beispiel betrachtet: Um den *Plastizierungsfortschritt* in einer doppelt-symmetrischen Kerbscheibe bei Beanspruchungen über die Elastizitätsgrenze hinaus verfolgen zu können, muss im Allgemeinen – anders als bei der Prinzipdarstellung in Bild 1.3 – relativ fein elementiert werden (Elementkantenlänge ~1 mm).

Ein noch mehr ins Detail gehendes Beispiel ist in Bild 1.4 dargestellt. Simuliert werden sollte in diesem Fall der *Rissfortschritt* in einem Al/SiC-Verbundwerkstoff bei Zugbeanspruchung in vertikaler Richtung. Dabei wurde der Verbundwerkstoff nur in unmittelbarer Nähe der Kerbspitze modelliert, der in der Realität eine Abmessung von 6 µm × 6 µm hat [1.42].

Bild 1.4. Rissfortschritt in einem Al/SiC-Verbundwerkstoff, Simulationsrechnung mit dem Materialmodell von Gurson [1.42]

Auch bei dem letzten Beispiel, einem Stockwerkrahmen (Bild 1.5), kam es auf die Ermittlung der Beanspruchung, in diesem Fall also der Schnittkräfte, in den einzelnen Stäben an. Obwohl es um die Ermittlung lokaler Beanspruchungen geht, sind kaum feinere Diskretisierungen als für eine Eigenschwingungsberechnung erforderlich, selbst dann nicht, wenn es zu Plas-

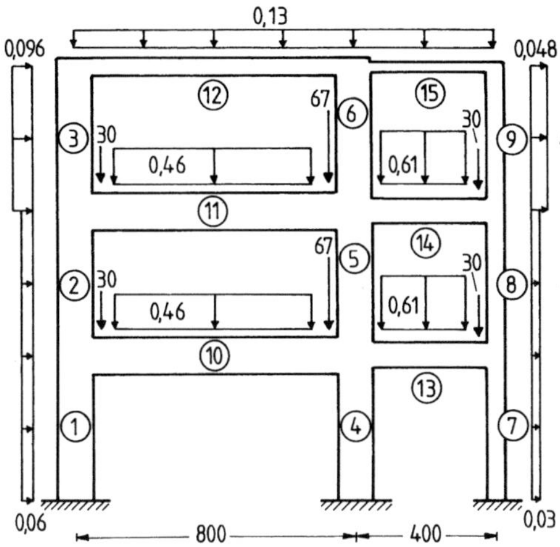

	A	I	A_s
①-⑥, ⑩, ⑪	118	40920	41,58
⑦-⑨, ⑫	53,8	6950	16,43
⑬, ⑭	84,1	19050	27,42
⑮	13,2	318	4,09

E = 21000
G = 8100

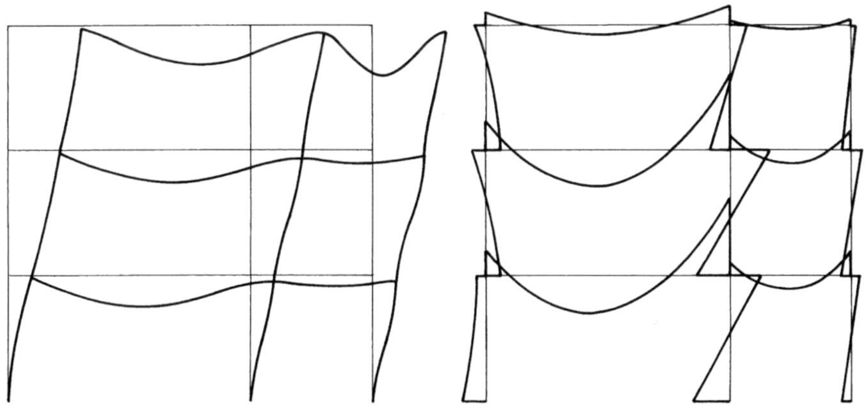

Bild 1.5. Stockwerkrahmen. System und Belastung (oben), Verschiebungszustand und Momentenverlauf (unten) [1.5]

tizierungen kommt [1.5]. Der Grund dafür ist, dass sich bei Balkenelementen, anders als bei Scheiben-, Platten- oder Schalenelementen, die Gleichgewichtsbedingungen exakt erfüllen lassen. Das erklärt die große Beliebtheit von Rahmentragwerken bei der Modellbildung. Erst wenn man sich für den Plastizierungsfortschritt in den Knotenbereichen interessiert und sie genauer modelliert, steigt der Rechenaufwand.

1.2 Einordnung einer Finite-Elemente-Rechnung in den Prozess der Konstruktionsberechnung

An den vier Beispielen lässt sich auch die Einordnung einer Rechnung nach der Finite-Elemente-Methode in den Gesamtprozess der Konstruktionsberechnung verdeutlichen (Bild 1.6). In dem Schema werden Daten oder Informationen durch eckige Kästchen, Tätigkeiten oder Rechnungen durch Kästchen mit abgerundeten

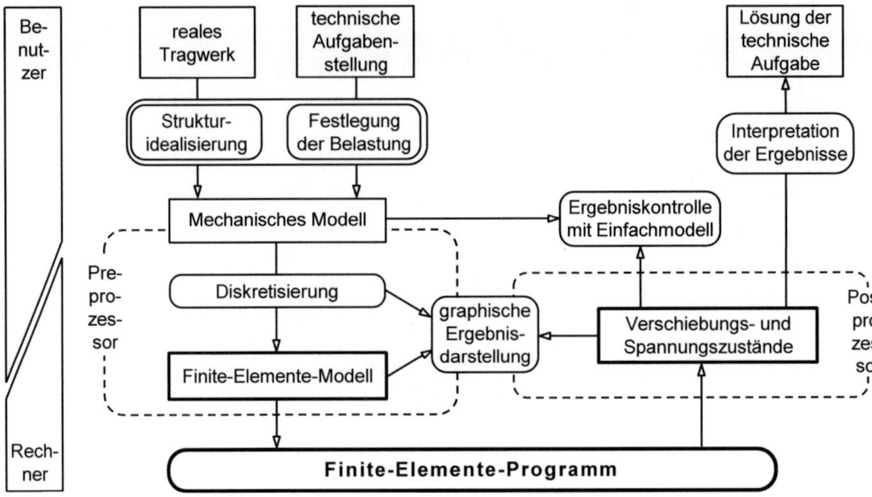

Bild 1.6. Einordnung einer Finite-Elemente-Rechnung in den Konstruktionsberechnungsprozess

Ecken gekennzeichnet. Die Schritte der eigentlichen Finite-Elemente-Rechnung sind in der unteren Bildhälfte durch stärkere Umrahmung hervorgehoben.

Der Benutzer eines Finite-Elemente-Programms soll ein reales Tragwerk (Pkw-Karosserie, Stockwerkrahmen) unter einer technischen Aufgabenstellung (Simulation eines Crash-Vorganges, Ermittlung der Traglast) untersuchen. Bei der Erstellung des mechanischen Modells wird festgelegt, wie die Struktur *idealisiert* wird (z. B. durch dünne Schalen beim Pkw, durch schubweiche Balken beim Rahmen), welche Strukturdetails unter dem Gesichtspunkt der Aufgabenstellung weggelassen werden können (kleinere Aussparungen für Leitungen, genauere Abbildung der Knoten etc.) und welche Belastung angesetzt werden muss.

Im nächsten Schritt erfolgt die Unterteilung in finite Elemente, die *Diskretisierung*. Bei der Kerbscheibe von Bild 1.3 kann man das noch mit Papier und Bleistift von Hand erledigen, bei der Diskretisierung einer Pkw-Karosserie oder eines Flugzeuges ist die Unterstützung des Rechners zur Erzeugung des diskreten Finite-Elemente-Modells unerlässlich. Alle großen Finite-Elemente-Programme haben dafür Vorlaufprogramme (*Preprozessoren*), die meist auch eine *grafische Kontrolle* des erzeugten Finite-Elemente-Modells gestatten.

Umgesetzt in Zahlen liefert das Finite-Elemente-Modell die Eingabedaten (Geometrie, Topologie, Materialdaten, Belastungsdaten) für das Finite-Elemente-Programm. Programmintern wird ein Gleichungssystem generiert und gelöst, und es werden alle interessierenden Größen (Verschiebungen, Schnittkräfte) bestimmt. Bei großen Problemen wird die Fülle der Ergebnisdaten nur durch grafische Auswertungsprogramme (*Postprozessoren*) überschaubar.

Jetzt kommt wieder der Benutzer zum Zuge. Den Ergebnissen jeder aufwendigen Finite-Elemente-Rechnung sollte man mit Misstrauen begegnen, Kontrollen sind unumgänglich. Mit Einfachmodellen wird die Plausibilität und die Größenordnung der Ergebnisse *kontrolliert*, aufwendige Modellrechnungen mit einer Fülle von Modellannahmen werden bei ersten Testrechnungen nach Möglichkeit mit experimentellen Untersuchungen (Crash-Tests) verglichen. Zum zweiten muss der Bearbeiter die Ergebnisse *interpretieren*, er muss also die eingangs formulierte technische Aufgabenstellung lösen.

Aufgrund der Ergebniskontrolle und der Ergebnisinterpretation kann es erforderlich sein, die Rechnung zu wiederholen, wobei unter Umständen sogar die Strukturidealisierung und die Belastungsfestlegung verändert werden müssen. Vielfach muss nur das Finite-Elemente-Modell modifiziert werden.

1.3 Finite-Elemente-Verfahren für allgemeine Feldprobleme

Bei den einführenden Beispielen handelte es sich durchweg um Probleme der *Strukturmechanik*, d. h. der Kontinuumsmechanik fester Körper. Die Strukturmechanik ist auch der Bereich, in dem die Methode der finiten Elemente zuerst entwickelt worden ist. Bereits 1967 erschien das erste Lehrbuch [1.10]. Sie ist aber keineswegs der einzige Einsatzbereich. Die Methode der finiten Elemente kann als Berechnungsverfahren vielmehr für beliebige andere Feldprobleme, also Problemen, bei denen das Verhalten von Kontinua durch partielle, orts- und zeitabhängige Differentialgleichungen beschrieben wird, eingesetzt werden. Ob ein derartiger Einsatz auch sinnvoll ist, muss von Fall zu Fall entschieden werden.

Ein Einsatzgebiet, das parallel zur Strukturmechanik schon früh von der Methode der finiten Elemente erobert worden ist, ist die Untersuchung der *Wärmeleitung* in festen Körpern, also etwa die Ermittlung der Temperaturverteilung und ihres zeitlichen Ablaufs in einer Behälterwandung oder im Zylinder eines Verbrennungsmotors [1.6, 1.7]. Die bei einer derartigen Rechnung ermittelte Temperaturverteilung ist eine notwendige Eingabegröße für die anschließende strukturmechanische Berechnung der entsprechenden Bauteile, z. B. für die Ermittlung der Wärmespannungen. Man spricht dann von *Thermomechanik*. Ein Tragwerk, das eine sehr unregelmäßige Struktur besitzt, hat diese unregelmäßige Eigenschaft auch im Hinblick auf die Wärmeleitung. Der Einsatz der Finite-Elemente-Methode ist also in beiden Fällen gerechtfertigt und notwendig. Spezielle Lehrbücher [1.12, 1.47] befassen sich mit diesem Gebiet.

Ähnlich ist die Situation bei der Untersuchung elektromagnetischer Felder. Sinnvoll ist der Einsatz dann, wenn Verlauf und Veränderung elektromagnetischer Felder in Bauteilen mit unregelmäßiger Berandung und mit unterschiedlichen Materialien untersucht werden und wenn es zu Rückwirkungen mit der Strukturmechanik kommt. Auf zwei Monographien, die sich mit diesem Thema befassen, soll hier verwiesen werden: [1.11,1.48].

Ein weiterer potentieller Anwendungsbereich ist die *Hydro- und Aerodynamik* [1.8, 1.9], die Kontinuumsmechanik flüssiger und gasförmiger Körper. Hier hat sich die Methode der finiten Elemente nicht in dem Maße wie in der Strukturmechanik durchgesetzt. In der Aerodynamik werden heute für die Berechnung laminarer und turbulenter Strömungen, z. B. für die Untersuchung der Wechselwirkungen bei der Umströmung von Flügel, Triebwerk und Rumpf, fast ausschließlich Programmsysteme auf der Basis finiter Differenzenverfahren eingesetzt. Daran hat, zumindest was die *Aerodynamik* betrifft, der dritte Band zur *Fluiddynamik* [1.51] des in der 6. Auflage erschienenen Werkes von Zienkiewicz nichts geändert.

Als interessante Anwendungsgebiete der Methode der finiten Elemente haben sich in jüngster Zeit Interaktionen zwischen unterschiedlichen physikalischen Phänomenen herausgestellt, z. B. zwischen Struktur und Strömung. Ein typisches Beispiel dafür sind segelförmige Strukturen wie der Flügel eines Drachenseglers. Der Flügel ist ein hochgradig verformbares Gebilde; die Strömung wird von dem sich einstellenden Flügelprofil beeinflusst und wirkt selbst wieder über die aerodynamischen Kräfte auf die Ausbildung des Flügelprofils ein. Schon die quasistatische Behandlung eines derartigen Problems unter Verzicht auf dynamische Übergangszustände stellt ein typisches Beispiel für die Anwendung eines kombinierten Verfahrens dar. Das Segel lässt sich als nichtlineare Membran sehr effektiv mit finiten Elementen behandeln, während für die Ermittlung der aerodynamischen Belastungen aus der umströmenden Luft zweckmäßigerweise ein Integralgleichungsverfahren eingesetzt wird. Für instationäre Zustände wird bei diesem Beispiel die Strömungsmodellierung mit finiten Elementen an Bedeutung gewinnen.

Ein Spezialpropblem, das eigentlich der Strukturmechanik zuzuordnen ist, sind *Kontaktprobleme*. Grundlagen und Anwendungen der Methode der Finiten Elemente im Maschinenbau und im Fahrzeugbau werden ausführlich in einem Buch von Klein [1.58] behandelt. Schon aus dem Inhaltsverzeichnis geht hervor, dass in der Fahrzeugtechnik neben der Untersuchung von Beanspruchungen einzelner Bauteile, von *Umformprozessen* und *Komfortbetrachtungen* bis hin zu *Crash-Untersuchungen* Kontaktvorgänge zwischen Fahrzeug und Fahrweg eine wesentliche Rolle spielen.

Rollkontaktvorgänge sind sowohl bei Straßen- als auch bei Schienenfahrzeugen von entscheidender Bedeutung. Der Reifen-Straße-Kontakt wird schon seit längerem mit finiten Elementen behandelt, vergleiche z. B. [1.52]. Der Rad-Schiene-Kontakt hingegen wird weitgehend mit Randelementverfahren untersucht [1.53]. Für Probleme der Schienenfahrzeugdynamik werden Rollkontaktvorgänge ausführlich von Knothe und Stichel behandelt [1.71]. Die Simulation derartiger Vorgänge ist eine spezielle Aufgabe, die geometrisch und physikalisch nichtlineare Vorgänge abdeckt. Die Ergebnisse derartiger Untersuchungen werden vielfach linearisiert und als Verbindungselemente in Mehrkörper- oder kombinierte Mehrkörper-/Finite-Elemente-Programme integriert, siehe z. B. [1.72]. Bei der Behandlung transienter Vorgänge (etwa beim Kurvenlauf) wird man sicher von Randelementverfahren zu Finite-Elemente-Verfahren übergehen, vor allem wenn man sich für die dabei auftretenden Laufflächenbeanspruchungen und deren Folgen (Profilentwicklung) interessiert.

Der Reifen-Straße-Kontakt mit Wasser als Zwischenschicht (Aquaplaning) ist ein hochgradig nichtlineares Problem der Interaktion zwischen Strukturmechanik und Fluiddynamik, das in der Reifenindustrie untersucht wird. Eine Monographie zur Kontaktmechanik ist in 2. Auflage 2006 erschienen [1.37]. Der Autor, Wriggers, hat im Anschluss an diesen Band eine Reihe von Tagungsberichten und Übersichtsbänden zu dem Thema herausgegeben.

An dieser Stelle soll ausdrücklich davor gewarnt werden, die Finite-Elemente-Methode unkritisch als ‚Allheilmittel' für neuartige, noch ungelöste Feldprobleme anzusehen. Abgesehen davon, dass für neuartige Feldprobleme das entsprechende Finite-Elemente-Verfahren erst einmal entwickelt werden muss, sollte man zuerst prüfen, ob die aufwendige Entwicklung und der Einsatz eines Finite-Elemente-Verfahrens wirklich notwendig sind oder das Problem nicht mit einfacheren Verfahren viel besser behandelt werden kann. Ein Finite-Elemente-Verfahren kann in aller Regel nichts dazu beitragen, das Verhalten der Lösung eines physikalischen oder mechanischen Problems grundsätzlich zu verstehen. Was man braucht, um ein derartiges Verständnis zu erreichen, sind analytische oder halbanalytische Lösungen. Die Kunst besteht dann darin, alle wesentlichen Eigenschaften eines Problems beizubehalten, die Struktur aber so weit zu idealisieren und die Belastung so weit zu vereinfachen, dass analytische Lösungen möglich werden. Erst wenn ein grundsätzliches Problemverständnis vorliegt, sollte man für analytisch nicht mehr behandelbare Probleme Näherungsverfahren nach Art der Methode der finiten Elemente einsetzen. Zum Austesten des Näherungsverfahrens wird man dann wieder auf analytische Lösungen einfacher Fälle zurückgreifen.

1.4 Die Finite-Elemente-Methode und andere Diskretisierungsverfahren

Die Finite-Elemente-Methode (FEM) ist nur eines von vielen Näherungsverfahren, die bei Feldproblemen eingesetzt werden. Wir wollen im folgenden die Verknüpfung der Methode der finiten Elemente zu den zwei wichtigsten anderen *Diskretisierungsverfahren*, der Finite-Differenzen-Methode (FDM), und der Randelementmethode (REM, englisch: BEM = boundary element method) darstellen (Bild 1.7) und dabei deutlich machen, wieso sich die Methode der finiten Elemente im Gegensatz zu den beiden anderen Diskretisierungsverfahren für die Strukturberechnung allgemeiner Tragwerke durchgesetzt hat. Gemeinsam ist allen drei Verfahren, dass sie bei linearen, statischen Problemen (oder äquivalenten Aufgaben bei anderen Feldproblemen) auf ein Gleichungssystem der Form $\boldsymbol{A}\,\boldsymbol{x} = \boldsymbol{b}$ führen.

Ausgangspunkt für die Verfahrensentwicklung bei der *Finite-Differenzen-Methode* sind die Differentialgleichungen des jeweiligen Feldproblems. Das Tragwerk wird mit einem Koordinatensystem überdeckt, wobei die Ränder nach Möglichkeit Koordinatenlinien sein sollten. In dem Koordinatennetz werden Gitterpunkte (Knoten) eingeführt. Die Differentialgleichungen werden für jeden der Knoten durch Differenzengleichungen ersetzt [1.13, 1.14]. Auf diese Weise erhält man ein algebraisches Gleichungssystem.

Bei der *Finite-Elemente-Methode* ist der Ausgangspunkt ein Variationsprinzip oder ein Prinzip der virtuellen Arbeiten oder, sofern diese nicht existieren, ein Integralausdruck in *schwacher Formulierung*. Ein derartiges Prinzip lässt sich aus der Differentialgleichungsformulierung durch integrale Mittelwertbildung gewinnen. Der Bereich wird mit einem Elementnetz überzogen. In jedem der Elemente werden durch Einführung von Ansatzfunktionen, die mit den Funktionswerten in den Knoten gewichtet werden, die Integralausdrücke durch algebraische Ausdrücke ersetzt. Der Aufbau des Gleichungssystems für die Knotenfreiheitsgrade erfolgt elementweise, man erhält aber auch hier für jeden Knotenpunkt Gleichungen, in die wie bei der finiten Differenzenmethode die Freiheitsgrade des gerade betrachteten und der umliegenden Knoten eingehen.

Ausgangspunkt für das *Randelementverfahren* sind Integralgleichungen [1.15]. Derartige Integralgleichungen gewinnt man aus der Differentialgleichung oder dem Variationsprinzip, indem man die Lösung aus Einflussfunktionen (Greenschen

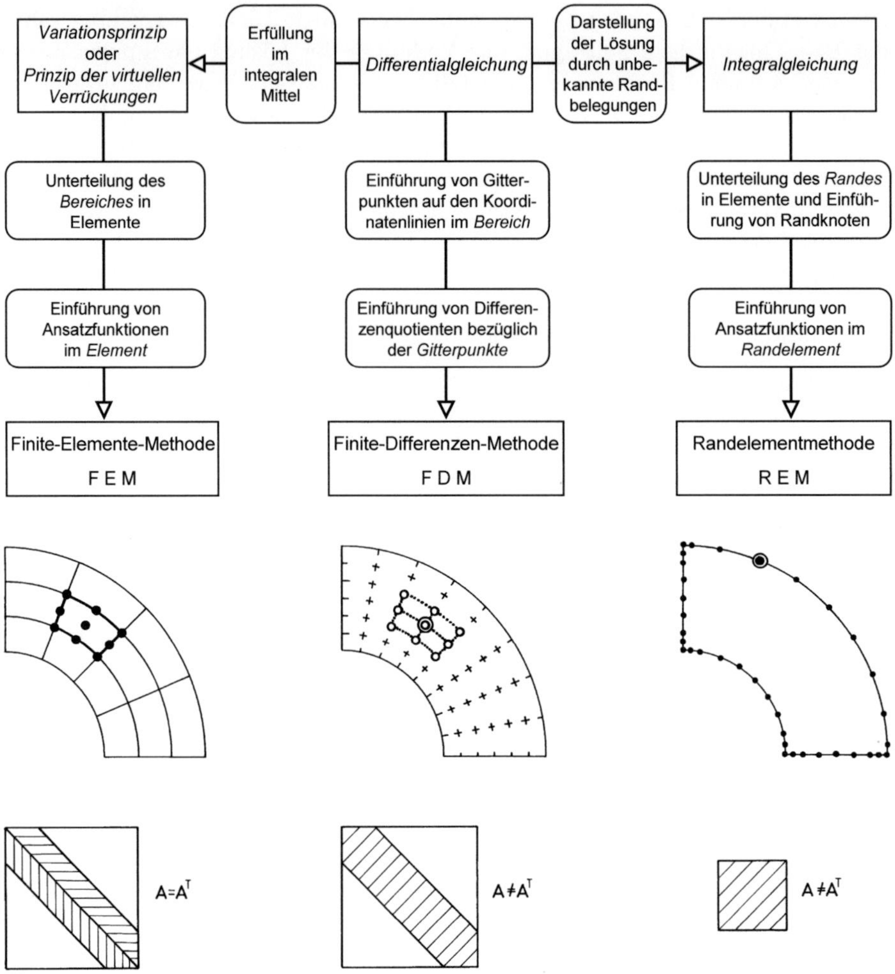

Bild 1.7. Zusammenhang zwischen Finite-Differenzen-Methode, Finite-Elemente-Methode und Randelementmethode

Funktionen) superponiert. Als unbekannte Zustandsgrößen treten beim Randintegralverfahren nur noch Zustandsgrößen auf dem Rand (Randbelegungen) auf. Bei dem Verfahren braucht daher auch nur der Rand elementiert zu werden. Für jeden Knotenpunkt erhält man nach Einführung von Ansatzfunktionen in den Randelementen algebraische Gleichungen, in die die Freiheitsgrade aller anderen Randknoten Eingang finden.

Aufgrund dieser sehr knappen Schilderung, die erst nach der Ableitung der Finite-Elemente-Gleichungen klarer werden wird, lassen sich Unterschiede der einzelnen Verfahren für Aufgaben der Strukturmechanik diskutieren.

- Beim *Randelementverfahren* ist die Zahl der Knoten und damit der Freiheitsgrade wesentlich niedriger als bei den beiden anderen Verfahren, allerdings erhält man eine vollbesetzte, unsymmetrische Matrix $\boldsymbol{A}$. Der entscheidende Nachteil ist, dass bei beliebig inhomogenen Strukturen (z. B. Scheiben veränderlicher Dicke) oder bei nichtlinearen Problemen (z. B. Plastizität) die Überführung in eine Integralgleichung nicht gelingt oder zumindest Terme übrig bleiben, bei denen weiterhin unbekannte Zustandsgrößen im Bereich auftreten. Die großen Vorteile der geringen Unbekanntenanzahl gehen dadurch praktisch verloren, zudem wird die Programmorganisation in diesen Fällen um einiges mühsamer als bei der Methode der finiten Elemente.

- Bei der *finiten Differenzenmethode* ist vor allem störend, dass man krummlinige Koordinaten einführen muss, um beliebige Berandungen der Bereiche erfassen zu können. Bei allgemeinen Tragwerken mit einer Vielzahl von Ausschnitten, Versteifungen, etc. (Bild 1.1) wird das praktisch unmöglich. Bedingt durch den knotenweisen Aufbau des Gleichungssystems wird der programmorganisatorische Aufwand bei allgemeinen Tragwerken recht hoch. Die Unbekanntenanzahl ist die gleiche wie bei der Finite-Elemente-Methode, das Gleichungssystem ist aber nicht symmetrisch, was einen zusätzlichen Nachteil darstellt.
- Mit der *Finite-Elemente-Methode* lassen sich, da die Struktur elementweise erfasst wird, auch völlig irreguläre Tragwerke mit allgemeiner Berandung, Diskontinuitäten und Materialinhomogenitäten behandeln. Nichtlinearitäten bereiten methodisch wenige Schwierigkeiten. Trotz des elementweisen Vorgehens beim Aufbau des Gleichungssystems gelangt man letztlich zu knotenbezogenen Gleichungen, die Differenzengleichungen entsprechen.

Diese Übersicht besagt nicht, dass der Finite-Elemente-Formulierung in jedem Fall der Vorzug zu geben ist. Bei einer sehr gleichmäßigen Struktur, die eine regelmäßige Diskretisierung ermöglicht, kann die Differenzenformulierung von Vorteil sein. Das ist z. B. bei der Zeit-Diskretisierung der Fall. Die unterschiedlichen Zeitschrittintegrationsverfahren, die zumeist auf Differenzenformulierungen basieren, sind so gründlich untersucht und so ausgefeilt, dass man es sich zweimal überlegen soll, ehe man eine Zeitschrittdiskretisierung auf der Basis eines Finite-Elemente-Algorithmus vornimmt, obwohl auch das mit Erfolg versucht worden ist.

Die Formulierung über ein Randelementverfahren hat unbestreitbare Vorteile insbesondere bei linearen Problemen und in Fällen, in den ein Rand (näherungsweise) im Unendlichen liegt. Das trifft zumeist in der *Aerodynamik* aber auch beispielsweise bei Kontaktproblemen (Fundament auf elastischem Halbraum) zu, bei denen sich der Boden als Teil der betrachteten Struktur bis ins Unendliche erstreckt. Auch beim Kontakt von Eisenbahnrad und Schiene ist der Einsatz des Randelementverfahrens heute Standard [1.53], obwohl Rad und Schiene streng genommen keine Halbräume sind.

Reizvoll, aber bisher nur unzureichend entwickelt sind Verfahrenskombinationen, bei denen etwa in Teilbereichen einer Struktur unterschiedliche Verfahren eingesetzt werden, die den jeweiligen Anforderungen optimal entsprechen. Hier eröffnet sich ein weites Feld für zukünftige Forschungsarbeiten.

1.5 Zur historischen Entwicklung der Finite-Elemente-Methode

Die Finite-Elemente-Methode wurde vom Ende der 50er Jahre an als Berechnungsverfahren der Strukturmechanik entwickelt, wobei die Entwicklung teilweise erheblich weiter zurückreicht. Wir wollen im folgenden versuchen, die Wurzeln dieser Entwicklung (von rechts nach links) nachzuzeichnen (Bild 1.8). Eine übersichtliche Darstellung findet man bei Kurrer ([1.55], S. 871 ff).

- Eine Wurzel ist die *Baustatik* und hier besonders die konsequente Systematisierung der klassischen Stabwerkstatik zur Matrizenstatik.
- Eine zweite Wurzel bilden *anschauliche Diskretisierungen*, mit denen versucht wurde, Flächentragwerke und sogar dreidimensionale Kontinua durch Stabwerke zu ersetzen, um sie so mit baustatischen Verfahren berechnen zu können.
- Eine dritte Wurzel ist die als *'direct stiffness method'* bezeichnete Vorgehensweise, die heute als Geburtsstunde der Methode der finiten Elemente angesehen wird. Hierbei wird auf anschauliche, ingenieurmäßige Weise versucht, Flächentragwerke elementweise auch flächenhaft zu erfassen.
- Die beiden letzten und stärksten Wurzeln, durch die mit einem Schlag beliebige Feldprobleme der mathematischen Behandlung zugängig wurden, beinhalten die Nutzbarmachung der Variationsrechnung für die Elemententwicklung. Hierbei geht es zum einen um eine Systematisierung und Erweiterung der *Grundlagen*, zum anderen um geeignete *'lokale'* Ansätze.

Von der Baustatik zur Matrizenstatik

Die Baustatik ist im wesentlichen Stabwerkstatik. Aufbauend auf den Arbeiten von Navier, Menabrea [1.45], Castigliano [1.44] u. a., wurde sie in der zweiten Hälfte des 19. Jahrhunderts entwickelt [1.16]. In Deutschland ist diese Entwicklung mit den Namen Müller-Breslau [1.17], Mohr [1.18], Hertwig und Weingarten verknüpft, siehe auch den Artikel von Knothe [1.70]. In der Stabwerkstatik konkurrieren das Kraftgrößenverfahren, bei dem als Freiheitsgrade statisch unbestimmte Schnittkräfte eingeführt werden, und das Formänderungsgrößenverfahren (die Deformationsmethode), bei dem Verschiebungen oder Verdrehungen der Knoten als Freiheitsgrade dienen. Beide Verfahren waren etwa 1910 soweit entwickelt, dass sich mit ihnen in den nachfolgenden fünfzig Jahren die Mehrzahl der in der Baupraxis vorkommenden Probleme behandeln ließen. Noch heute wird das Kraftgrößenverfahren in der von Müller-Breslau entwickelten Form eingesetzt. Entsprechendes gilt für das Formänderungsgrößenverfahren, dessen Grundlagen durch eine Arbeit von Mohr gelegt wurden und dessen Systematisierung durch Bendixen (1914) [1.40] und Ostenfeld (1926) [1.19] erfolgte. In dem Buch von Kurrer ([1.55], S. 826 ff und S. 860 ff) wird die Matrizenschreibweise ausführlich behandelt.

Aus heutiger Sicht wäre eine Weiterentwicklung der Baustatik im Hinblick auf eine konsequente Formalisierung durch Einführung der Matrizenschreibweise möglich gewesen. Eine entsprechende an Ingenieure gerichtete Darstellung lag mit dem Buch von Zurmühl [1.46] vor. Die Matrizenschreibweise ist zur Erhaltung der Übersichtlichkeit erforderlich, wenn bei der Analyse von komplexen Rahmentragwerken

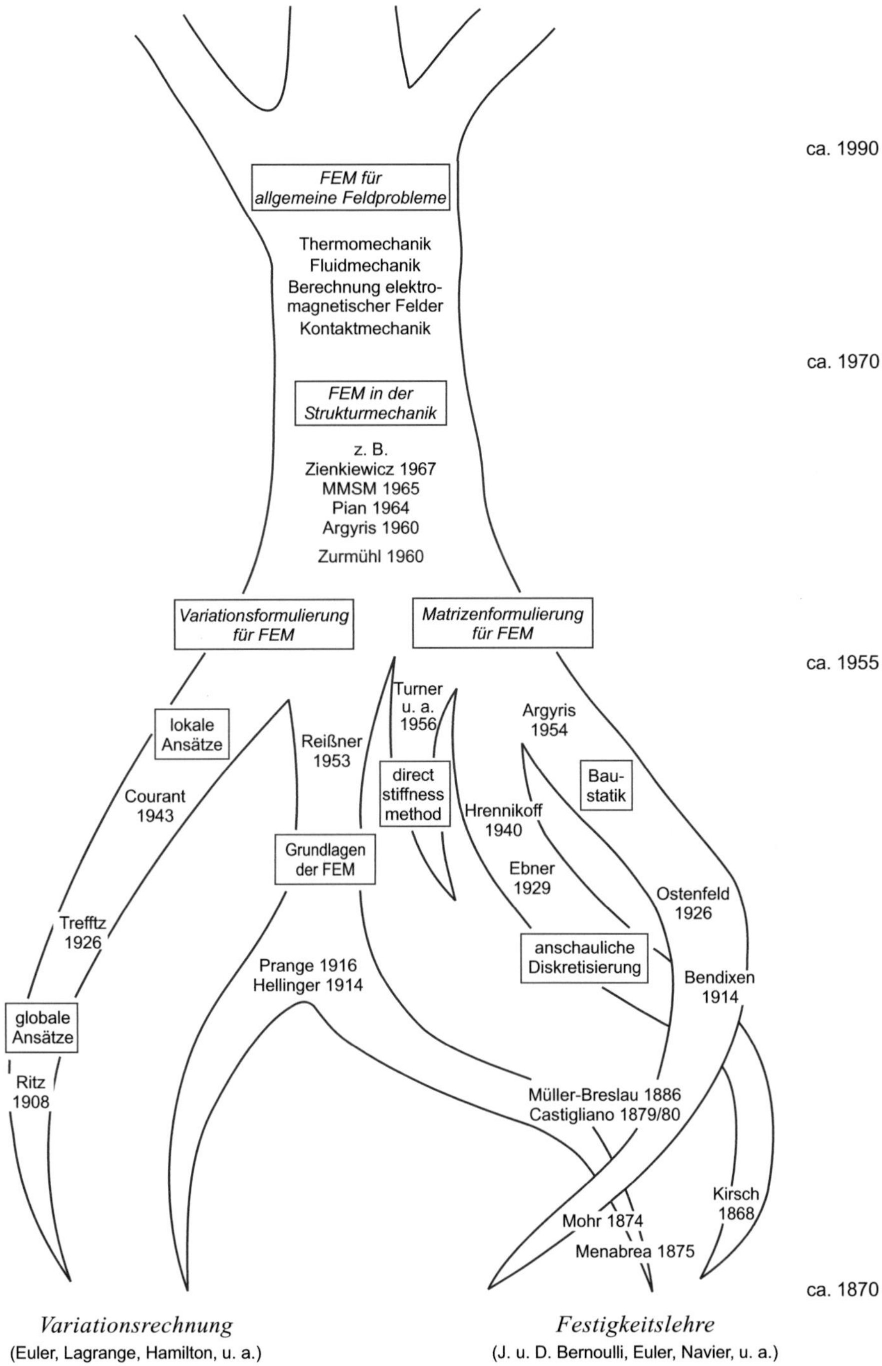

Bild 1.8. Entwicklungslinien der Finite-Elemente-Methode

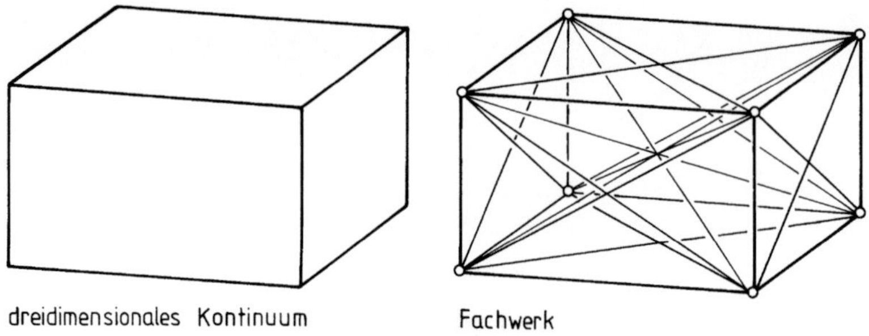

Bild 1.9. Räumliches Ersatzfachwerk als Baustein für die Modellierung eines dreidimensionalen Kontinuums

Gleichungssysteme mit vielen Freiheitsgraden auftreten. Gleichungssysteme mit einer großen Anzahl an Freiheitsgraden – darunter versteht man bei einer Handrechnung schon Gleichungssysteme mit mehr als 10 Unbekannten – konnten aber bis 1950 mit erträglichem Aufwand nicht bearbeitet werden. Auf die Einführung der Matrizenschreibweise in der Baustatik konnte daher verzichtet werden. Die Notwendigkeit, auch Tragwerke zu untersuchen, die auf Gleichungssysteme mit 50 und mehr Freiheitsgraden führen, ergab sich zuerst im Flugzeugbau. Die Möglichkeit dazu war mit der Inbetriebnahme der ersten elektronischen Rechenanlagen gegeben. 1952 wurden in allen Industriestaaten kaum 50 Rechenanlagen verwendet, während ihre Anzahl bis 1962 auf etwa 12000 gestiegen war (davon 1400 in Europa). Motor dieser Rechnerentwicklung und damit letztlich auch der Entwicklung der Finite-Elemente-Methode war der Rüstungssektor. Die ersten Versuche, die Statik durch Einführung von Matrizenschreibweise klar und übersichtlich zu gestalten und die Rechenabläufe zu schematisieren, erfolgten zwar durch Bauingenieure, aber vor dem Hintergrund des Flugzeugbaus. Ein entscheidender Verdienst kommt hierbei ohne Zweifel Argyris [1.20] zu. Argyris, von der Ausbildung her selber Bauingenieur, hat die aus der Baustatik übernommenen und in der Flugzeugindustrie verwendeten Verfahren in Matrizenschreibweise überführt, wobei das Kraftgrößenverfahren und das Formänderungsgrößenverfahren (Deformationsmethode) zur Behandlung des Gesamtsystems dual dargestellt wurden.

Einsatz von Stabelementen, Schubblechen und Torsionskästen zur Modellierung von Flächentragwerken und räumlichen Kontinua

Als die Baustatik zumindest theoretisch in der Lage war, beliebige Stabwerke zu analysieren, lag es nahe, stabförmige Bausteine (Elemente) zur Modellierung von Flächentragwerken zu verwenden. Der Grundgedanke für eine derartige Modellierung findet sich bereits in einer Arbeit von Kirsch (1868) [1.21]. Kirsch zerlegt ein dreidimensionales Kontinuum in einzelne quaderförmige Bausteine und ersetzt dann jeden dieser Quader durch ein regelmäßiges räumliches Fachwerk (Bild 1.9). Durch geeignete Wahl der Stabquerschnitte dieses Ersatzfachwerkes wird erreicht, dass sich das Ersatzfachwerk im Mittel genauso wie der kontinuierliche, rechtwinklige Baustein verhält. Prinzipiell besteht damit die Möglichkeit, ein komplettes,

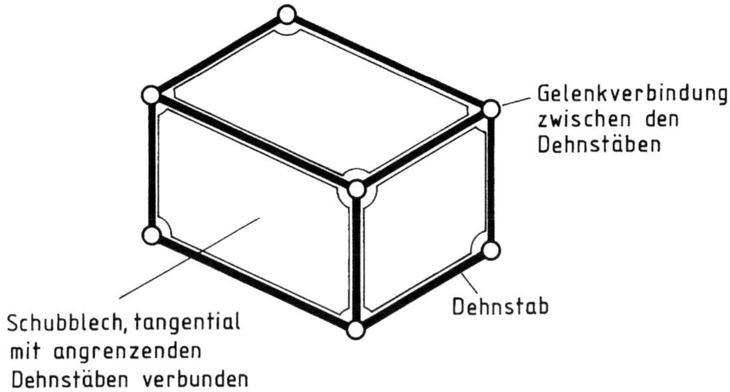

Bild 1.10. Kasten mit Schubblechen

quaderförmiges Kontinuum in ein Fachwerk-Diskontinuum zu überführen. Die dabei entstehenden Gleichungssysteme wären aber im 19. Jahrhundert nicht zu lösen gewesen. Daher wurde der Gedanke von Kirsch nicht aufgegriffen, die Arbeit geriet in Vergessenheit.

Im Jahre 1940 wurde die Idee, Scheiben durch Fachwerke und Platten durch Trägerroste zu ersetzen, von Hrennikoff [1.22] in den USA neu entwickelt. Eine sehr detaillierte Weiterentwicklung (Entwicklung von Dreieckelementen, Übertragung auf Schalen) nahm Spierig [1.23] im Jahre 1963 vor. Praktisch angewandt wurde das Hrennikoff-Modell in einem Programm bei Daimler-Benz durch Zimmer [1.24].

Der Vorzug von Stabelementen mit Biege-, Dehn- und Torsionseigenschaften liegt in ihrer Anschaulichkeit und darin, dass der Schnittkraftverlauf in einem Einzelstab bei Vorgabe der Endwerte eindeutig ist. Ähnlich ist die Situation bei zwei flächenhaften Elementen, dem Schubblech und dem Torsionskasten, auf die daher an dieser Stelle hingewiesen werden soll. Bereits 1929 wurde durch Ebner im Flugzeugbau das Schubblech als ebenes Element eingeführt (Bild 1.10). Die Schubkraft im Schubblech ist konstant, andere Schnittkräfte treten nicht auf. Eine Tragkonstruktion aus Dehnstäben und Schubblechen oder Balken und Torsionskästen (als dem entsprechenden Element für die Platte [1.25]) kann prinzipiell genauso wie ein einfaches Stabwerk behandelt werden. Auch hierzu wird wieder auf Kurrer ([1.55], S. 840 ff) verwiesen.

Ingenieurmäßige Entwicklung finiter Elemente im Rahmen der *‚direct stiffness method‘*

Die Modellierung von Flächentragwerken mit Stabelementen im Rahmen des Hrennikoff-Modells wirkt etwas künstlich. Schubbleche und Torsionskästen sind zwar flächenhafte Gebilde, sie sind aber auf rechteckige Formen beschränkt, lassen sich kaum verallgemeinern und auch nur im Rahmen des Kraftgrößenverfahrens sachgerecht einsetzen. Die zweite Wurzel ist daher heute für die Entwicklung der Finite-Elemente-Methode kaum noch von Bedeutung.

Die erste Arbeit, in der ein finites Element im heute üblichen Sinn vorgestellt wurde, stammt von Turner, Clough, Martin und Topp aus dem Jahr 1956 [1.26].

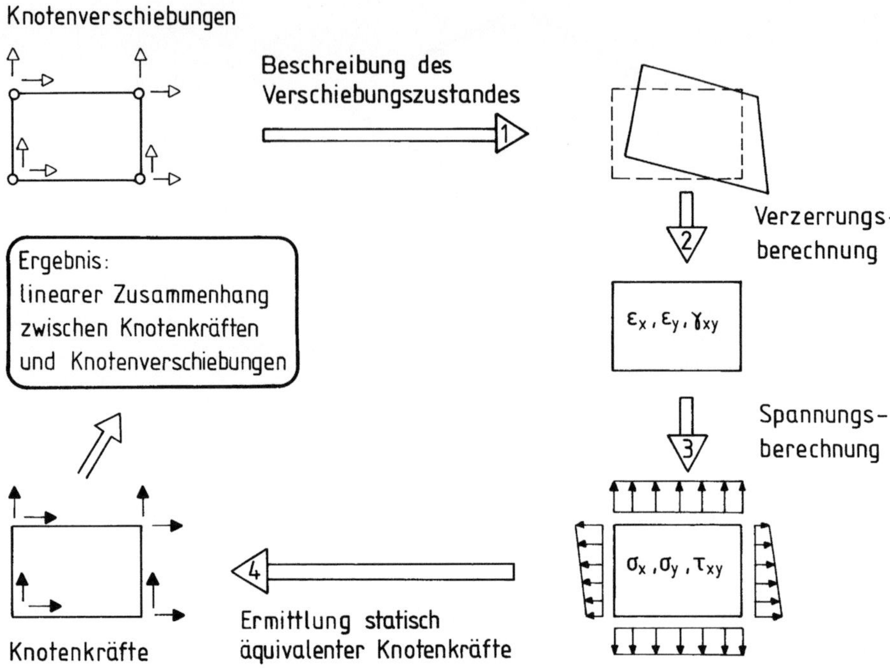

Bild 1.11. Vorgehensweise bei der ‚direct stiffness method'

Üblicherweise wird diese Arbeit als ‚Geburtsurkunde' der Methode der finiten Elemente angesehen. Die Vorgehensweise bei dieser sehr anschaulichen, ingenieurmäßigen Entwicklung eines finiten Scheibenelementes ist in Bild 1.11 dargestellt:

- Der Verschiebungszustand im Rechteckelement wird durch einen einfachen Ansatz beschrieben, bei dem die Verschiebungen an den Rändern sich linear ändern.
- Zu diesem Verschiebungszustand werden die Verzerrungen im Element ermittelt.
- Aus diesen Verzerrungen werden über das Elastizitätsgesetz der Spannungs- bzw. der Schnittkraftzustand und damit die Randschnittkräfte im Element ermittelt.
- Die verteilten Randschnittkräfte werden in statisch äquivalente Knotenkräfte umgerechnet und können in den Knoten mit den Kräften aus den angrenzenden Elementen ins Gleichgewicht gesetzt werden.

Elemententwicklung auf der Grundlage der Variationsrechnung

Die im letzten Abschnitt sehr knapp geschilderte Vorgehensweise der ‚direct stiffness method' ist noch recht anschaulich, ihr haften allerdings eine Reihe von Nachteilen an. Die Hauptnachteile lassen sich in zwei Fragen zusammenfassen: Ist das Vorgehen mathematisch zulässig? Lässt es sich auf beliebige, z. B. krummlinig berandete Elemente übertragen? Sehr bald wurde erkannt, dass man viel leichter zum

Ziel kommt, wenn man Ansatzfunktionen zur Beschreibung des Verschiebungszustandes in ein Variationsprinzip (Prinzip vom Minimum der potentiellen Energie) einsetzt. Die Methode der finiten Elemente ist dann nichts anderes als ein spezielles Ritz-Verfahren.

Beim Ritz-Verfahren [1.27] müssen die Ansatzfunktionen die geometrischen Randbedingungen erfüllen. Fast alle früheren Einzeluntersuchungen auf Basis des Ritz-Verfahrens verwenden Ansatzfunktionen, die sich über die gesamte Struktur erstrecken. Derartige Ansatzfunktionen sind dann im betrachteten Bereich praktisch beliebig stetig; für etwas kompliziertere Berandungen lassen sich aber keine Ansatzfunktionen mehr angeben.

Dass man anstelle von ‚*globalen*' Ansatzfunktionen auch ‚*lokal begrenzte*' Ansatzfunktionen verwenden konnte, verstand sich für einen Mathematiker fast von selbst. Es gibt mindestens zwei ältere Arbeiten, bei denen lokal begrenzte Ansätze verwendet wurden. In der Originalarbeit von Trefftz [1.28] aus dem Jahre 1926, in der ein Gegenstück zum Ritzschen Verfahren vorgestellt wird, wird als Beispiel ein Torsionsprofil in vier Rechteckfelder zerlegt. Courant schlägt 1943 [1.29] die Verwendung von elementweisen Ansätzen für Schwingungsaufgaben vor.

Dass diese Gedanken von Ingenieurwissenschaftlern nicht weiterentwickelt wurden, lag daran, dass man bei Verwendung elementweise begrenzter Ansatzfunktionen zu Gleichungssystemen mit großen Unbekanntenanzahlen kommt, die ohne elektronische Rechenanlagen nicht mehr behandelbar sind. Die mathematischen Grundlagen lagen in Deutschland in dem bereits erwähnten Buch von Zurmühl [1.46] vor. Sobald Rechenanlagen verfügbar waren, das war Anfang der 60er Jahre der Fall, konnte das Konzept einer Elemententwicklung auf der Basis der Variationsrechnung durch Einführung lokal begrenzter Ansatzfunktionen voll zur Entfaltung kommen. Pionierarbeiten auf diesem Gebiet haben Zienkiewicz [1.34] und Argyris [1.33] geleistet. Alle Finite-Elemente-Entwicklungen von 1960 bis heute basieren auf diesem Konzept. Eine erste Konferenz zum Thema ‚Matrix Methods in Structural Mechanics' (MMSM) fand 1965 in den USA statt [1.54]. Im Jahr 2015 hat Kurrer sich ausführlich mit der Entwicklung und der Geschichte der Methode der Finiten Elemente befasst ([1.55], S. 836 ff).

Mit der Variationsrechnung eröffneten sich auf dem Gebiet der Strukturmechanik noch andere Möglichkeiten zur Entwicklung finiter Elemente. Verwendet man andere Variationsprinzipien als das Prinzip vom Minimum der potentiellen Energie, so wird es z. B. möglich, im Element nicht den Verschiebungszustand sondern den Schnittkraftzustand zu approximieren. Wie man zu derartigen alternativen Variationsprinzipien gelangt, ergibt sich bereits aus der Habilitation von Prange [1.30], die eigentlich eine Zusammenfassung unterschiedlicher Methoden der Strukturmechanik und der Baustatik unter dem Gesichtspunkt der Variationsrechnung darstellt. Kurrer behandelt in seinem Buch [1.55] das Vorgehen von Prange auf S. 882–888. In einem Buch von Krätzig [1.66] wird ausgehend von einer Arbeit von Tonti die entsprechende Vorgehensweise wie bei Prange behandelt. Die von Prange aufgezeigte Möglichkeit, alternative oder modifizierte Variationsprinzipien einzusetzen, war über fünfzig Jahre nahezu in Vergessenheit geraten und wurde erst zu dem Zeitpunkt von Ingenieurwissenschaftlern (Reissner [1.31]) wiederentdeckt, als die Möglichkeit bestand, entsprechende Verfahren durch den Einsatz von Rechenanlagen auch numerisch zu erproben. Wir werden diese Verfahren in unserem Buch nicht darstellen, wollen aber ausdrücklich auf die Arbeiten von Pian [1.32, 1.39] hinweisen.

Die inzwischen sechzigjährige Geschichte der Methode der finiten Elemente hat eine Fülle von Lehrbüchern und Monographien hervorgebracht. Eine Zusammenstellung aus dem Jahr 1990 findet man in [1.41]. Wir beschränken uns darauf, dem Leser, der sich über diese Einführung hinaus mit der Finite-Elemente-Methode beschäftigen will, nur zwei Bücher zu empfehlen. Das inzwischen in sechster Auflage erschienene Buch von Zienkiewicz [1.49–1.51], das den Charakter eines Handbuches besitzt, gibt einen guten Überblick über die Einsatzmöglichkeiten der Finite-Elemente-Methode. Besonders wertvoll sind die vielen Literaturhinweise zu den einzelnen Einsatzgebieten. Das in 2. Auflage erschienene Buch von Bathe [1.35] ist ein hervorragendes Lehrbuch für Fortgeschrittene. Schwerpunkte sind numerische Lösungsalgorithmen und die Behandlung nichtlinearer Probleme, wobei der Autor auf seine umfangreichen Erfahrungen bei der Entwicklung des Programmsystems ADINA für nichtlineare, strukturmechanische Untersuchungen zurückgreifen kann. Ein weiteres Lehrbuch zum Einsatz des Finite-Elemente-Verfahrens für nichtlineare Probleme stammt von Wriggers [1.36].

Wer sich für den Einsatzbereich und die Leistungsfähigkeit von Finite-Elemente-Programmsysteme interessiert, sollte im Internet recherchieren. Dort findet man Informationen zu praktisch allen Programmsystemen.

1.6 Einführungsliteratur und Simulationsprogramme

Obwohl das vorliegende Buch selbst eine Einführung ist, sollen nachfolgend einige einführende Bücher aufgeführt werden, die in jüngerer Zeit erschienen sind.

Allgemeine Einführungen sind die Arbeiten von Goering, Roos und Tobiska [1.56] sowie von Rieg, Hackenschmidt und Alber-Laukard [1.57]. Mit Maschinen- und Fahrzeugbau befasst sich Klein [1.58], Probleme der Baustatik werden schwerpunktmäßig von Werkle [1.59] behandelt. Numerische Aspekte stehen im Zentrum der Arbeiten von Braess [1.60], Jung [1.61], Schäfer [1.62] und Steinke [1.63]. Obwohl schon etwas älter soll ausdrücklich das Buch von Schwarz [1.69] genannt werden. Nasdala [1.64] hat eine *FEM-Formelsammlung* erarbeitet. Die Arbeit von Rust [1.65] befasst sich mit nichtlinearen Berechnungen und geht damit schon deutlich über eine Einführung hinaus.

Rechnungen nach der Methode der Finiten Elemente setzen voraus, dass ein entsprechendes Simulationsprogramm zur Verfügung steht. Eine „List of finite element software packages“ findet man in Wikipedia. Die Liste ist nach „Free/Open sources“ und „Proprietary/Commercial sources“ eingeteilt. Die zweite Gruppe hat den Vorteil, dass zu den Finite-Elemente-Programmen in der Regel auch Auswerteprogramme (grafische Darstellungen) gehören, die eigentlich unverzichtbar sind. Nicht selten sind diese kommerziellen Programme auch an Universitäten verfügbar, z. B. ANSYS. Zu ANSYS gibt es inzwischen eine Reihe von Grundlagen-Bücher, beispielsweise [1.67, 1.68].

1.7 Gliederung des Buches

Der Aufbau des Buches und die Zusammenhänge zwischen den einzelnen Kapiteln sind in Bild 1.12 verdeutlicht. Einen ersten Block bilden **strukturmechanische Grundlagen**. Im *Kapitel 2* werden die Grundgleichungen der Strukturmechanik für den statischen, linear-elastischen Fall zusammengestellt. Am Beispiel der Scheibe und des Dehnstabes soll sich der Leser mit dem verwendeten Begriffsapparat und mit der symbolische Schreibweise vertraut machen. Tabellarische Zusammenstellungen ermöglichen es, auch für das dreidimensionale Kontinuum sowie für schubstarre und schubweiche Balken und Platten die Symbole mit Inhalt zu füllen. Um ein Finite-Elemente-Verfahren entwickeln zu können, müssen die punktweise gültigen Grundgleichungen der Strukturmechanik zuerst in eine integrale Mittelwertaussage überführt werden. Diese Transformation zum Prinzip der virtuellen Verrückungen erfolgt in *Kapitel 3* in symbolischer Schreibweise und ist damit prinzipiell für alle Kontinua gültig. Am Beispiel der instationären Wärmeleitung wird zudem demonstriert, dass die Logik der Überführung bei allen physikalischen Feldproblemen dieselbe ist.

Die Entwicklung eines Finite-Elemente-Verfahrens und die dabei auftretenden Probleme werden in den *Kapiteln 4, 5, 7* und *8* am Beispiel der **Scheibe** diskutiert. Die Scheibe wurde als Beispiel gewählt, weil hierbei alle wesentlichen Probleme der Diskretisierung eines Kontinuums mit finiten Elementen erkennbar werden. Eindimensionale Kontinua (Stäbe) nehmen in vieler Hinsicht eine Sonderstellung ein, dreidimensionale Kontinua sind als Einführung ungeeignet, da illustrierende Darstellungen und Beispielrechnungen mit einem hohen Aufwand verbunden sind. Am denkbar einfachsten Element, dem 4-Knoten-Rechteckelement, wird in *Kapitel 4* dargestellt, wie man durch Einführung von Ansatzfunktionen in das Prinzip der virtuellen Verrückungen zu einem Finite-Elemente-Verfahren gelangt. Anschließend wird an einem numerischen Beispiel die Einsetzbarkeit des Elementes demonstriert. Den Abschluss dieses Kapitels bildet die Entwicklung eines Finite-Elemente-Verfahrens für Fachwerke, um zum einen die Allgemeingültigkeit der Verfahrensentwicklung zu demonstrieren und zum anderen auf die Besonderheiten eindimensionaler Elemente einzugehen. In *Kapitel 5* werden einzelne Aspekte der programmtechnischen Umsetzung behandelt, ohne damit eine allgemeine Einführung in die Programmiertechnik geben zu wollen.

Die Verfahrensentwicklung läuft bei Elementen mit anderer Knotenanzahl oder anderer Berandung im wesentlichen in der gleichen Form wie im 4. Kapitel ab, man benötigt nur die geeigneten Ansatzfunktionen. Welche Möglichkeiten der Elemententwicklung bei der Scheibe bestehen, wird in *Kapitel 7* erörtert. Im Mittelpunkt von *Kapitel 8* stehen numerische Probleme bei der Entwicklung und Erprobung von Scheibenelementen, die in die Frage münden, ob es ein ‚optimales' Scheibenelement gibt.

Sowohl schubstarre als auch schubweiche **Platten** und **Balken**, die den Inhalt des dritten Themenblocks bilden, unterscheiden sich grundsätzlich von Scheibe, Dehnstab und dreidimensionalem Kontinuum, da sie einem anderen Problemtyp angehören. Maßgebend für den Problemtyp sind, wie aus der Klassifikation in *Kapitel 6* hervorgeht, die Differentiationsvorschriften im Prinzip der virtuellen Verrückungen. Geht man von der Deformationsmethode zum Kraftgrößenverfahren

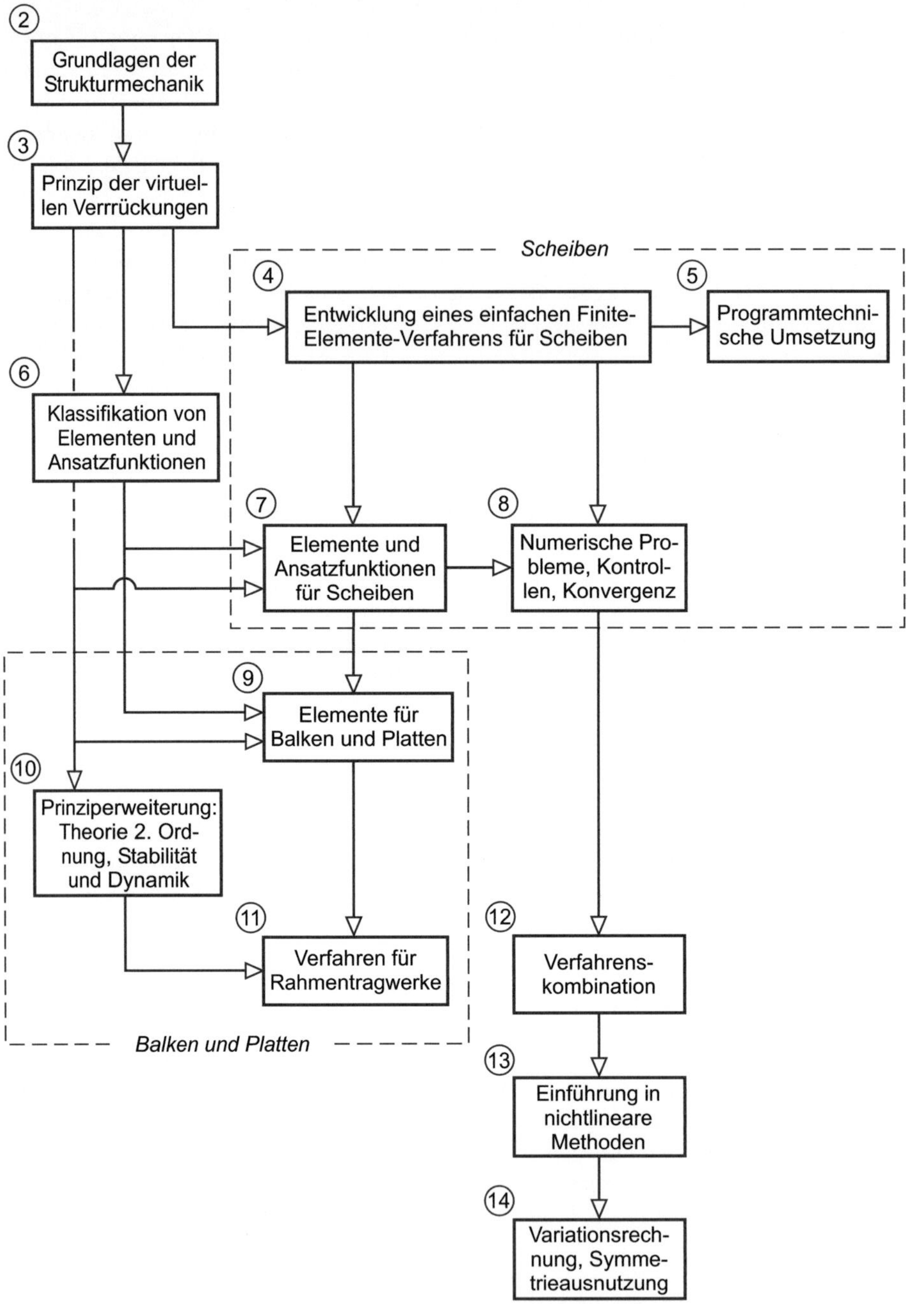

Bild 1.12. Kapitelgliederung

und damit vom Prinzip der virtuellen Verrückungen zum Prinzip der virtuellen Kräfte über, so ergeben sich keine weiteren Problemtypen. Für die Elemententwicklung hat der Problemtyp gravierendere Konsequenzen als Knotenanzahl und Elementberandung. Möglichkeiten zur Elemententwicklung für Balken und Platten, die einem anderen Problemtyp als die Scheibe angehören, werden daher gesondert in *Kapitel 9* behandelt, einschließlich der dabei auftretenden Komplikationen (Forderung nach C^1-Stetigkeit bei der schubstarren Platte, ‚Shear-Locking' bei der schubweichen Platte). Bevor in *Kapitel 11* im Hinblick auf die dabei auftretenden Besonderheiten die Entwicklung eines Verfahrens für Rahmentragwerke vorgestellt wird, wird in *Kapitel 10* das Prinzip der virtuellen Verrückungen erst noch für dynamische Probleme und für Rechnungen nach Theorie 2. Ordnung erweitert, die bei Biegestrukturen eine erhebliche Rolle spielen.

In *Kapitel 12* wird eine Möglichkeiten behandelt, durch die sich der Rechenaufwand zum Teil drastisch reduzieren lässt. Durch Kombination unterschiedlicher Methoden lassen sich zwei- und dreidimensionale in eindimensionale Probleme überführen, zu deren Behandlung am Schluss einer Kette von Verfahren die Finite-Elemente-Methode eingesetzt wird.

In der 4. Auflage wurde bereits im *Kapitel 13* geometrisch nichtlineare Probleme der Strukturmechanik behandelt. In der 5. Auflage wird das um physikalisch nichtlineare Probleme (Plastizität) erweitert.

Der Anhang, *Kapitel 14*, enthält Erläuterungen zu den Integralsätzen und eine Einführung in die Grundlagen der Variationsrechnung, die zum besseren Verständnis an einer Reihe von Stellen hilfreich sind. Außerdem werden Möglichkeiten der Unbekanntenreduktion durch systematische Symmetrieausnutzung erörtert.

Die Lösungen zu den in *Kapitel 2* bis *14* formulierten Übungsaufgaben sind in *Kapitel 15* zusammengestellt.

Einer der Grundgedanken, der sich durch fast alle Kapitel des Buches zieht, ist die Frage von Kontrollen. Nach Ansicht der Autoren werden sie auch in der Zukunft unabdingbar sein. Die Notwendigkeit von Kontrollen steht außer Zweifel, wenn man selbst Elemente oder Verfahren entwickelt. Auf systematische Kontrollen ist man aber genauso angewiesen, wenn man sich in große Programme einarbeiten und deren Leistungsfähigkeit erkunden will - man lese hierzu beispielsweise die sehr offene Schilderung der ‚Kinderjahre' von NASTRAN [1.38] oder einen Hinweis eines Praktikers aus jüngerer Zeit [1.43]. Und schließlich sollte man das Ergebnis jeder numerischen Rechnung kontrollieren, um Eingabefehler ausschließen zu können. Allerdings sollte man sich vor Beginn der Rechnung darüber klar werden, auf welche Weise man ein Ergebnis kontrollieren will, da der Mensch nur allzuleicht geneigt ist, die Ergebnisse einer aufwendigen numerischen Rechnung als richtig zu interpretieren. Übertrieben formuliert: Um kontrollieren zu können, muss man das Ergebnis (zumindest qualitativ) schon kennen, und hierzu werden auch in Zukunft analytische Lösungen für stark vereinfachte Modelle unabdingbar sein.

Vieles findet sich nicht in dieser Einführung. Dazu gehören z. B. Schalenelemente und selbstadaptive Finite-Elemente-Verfahren. Und auch Elemente auf der Grundlage von gemischten und hybriden Variationsprinzipien werden nur am Rande gestreift. Aber irgendwo muss Schluss sein!

2 Differentialgleichungsformulierungen für Probleme der Strukturmechanik

Bei der Entwicklung eines Verfahrens der finiten Elemente für Probleme der Strukturmechanik geht man, wie wir im Kapitel 4 sehen werden, vom Prinzip der virtuellen Verrückungen aus. Die Bereitstellung der Differentialgleichungsformulierungen für strukturmechanische Probleme ist trotzdem notwendig, da die Verfahrensentwicklung und die Beschäftigung mit den dabei auftretenden Schwierigkeiten immer wieder Rückgriffe auf die mechanischen Grundlagen erfordern. Mit Ausnahme von Kapitel 13 beschränken wir uns dabei durchweg auf Fragestellungen, die durch

- lineare geometrische Beziehungen (kleine Verschiebungen und Verschiebungsableitungen)

und durch ein

- lineares Werkstoffverhalten (lineare Elastizitätstheorie)

gekennzeichnet sind. Zu den linearen Problemen gehören auch Stabilitätsprobleme (Plattenbeulen) und Probleme der Theorie 2. Ordnung, bei denen das Gleichgewicht am verformten System gebildet wird. Derartige Probleme, bei denen eine konsequente Linearisierung bezüglich eines belasteten Ausgangszustandes erforderlich ist, stellen wir bis Kapitel 10 zurück.

In Abschnitt 2.1 werden die wesentlichen Tragwerkstypen der Kontinuumsmechanik erläutert. Anschließend werden in Abschnitt 2.2 die Grundgleichungen und Randbedingungen am Beispiel der Scheibe (ebener Spannungszustand) aufgestellt. In den beiden folgenden Abschnitten 2.3 und 2.4 werden für schubweiche und schubstarre Balken und Platten die Zustandsgrößen, die Grundgleichungen und die Randbedingungen in tabellarischer Form angegeben.

2.1 Tragwerkstypen

Jedes reale Kontinuum ist dreidimensional. Der numerische Aufwand verringert sich erheblich, wenn man sich auf ein- oder zweidimensionale Kontinua beschränken kann (Bild 2.1). Hierzu sind Annahmen erforderlich, die es gestatten, den Zustand des dreidimensionalen Kontinuums durch einen ein- oder zweidimensionalen Bezugszustand zu beschreiben.

Bei einem Flächentragwerk ist eine Dimension (die Dicke) sehr klein gegenüber den beiden anderen Dimensionen. Der Verschiebungszustand in Dickenrichtung wird durch den Verschiebungszustand der Mittelfläche (Bezugsfläche) ausgedrückt. Ist die Mittelfläche gekrümmt, so handelt es sich um eine Schale, bei einer

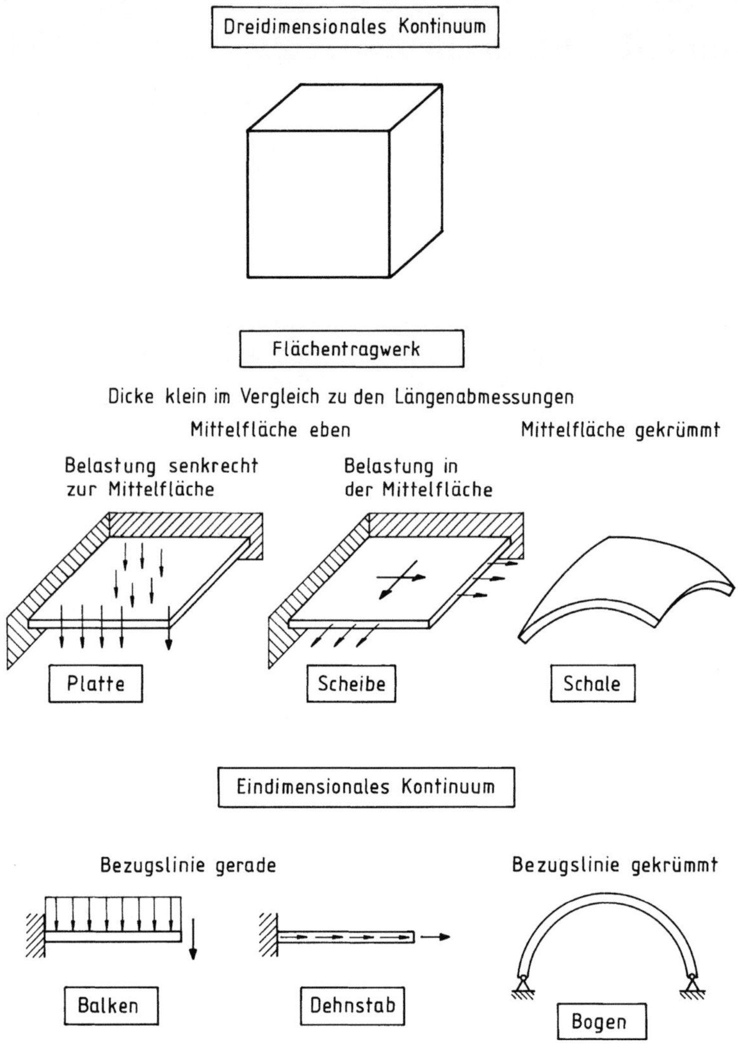

Bild 2.1. Dreidimensionale, zweidimensionale und eindimensionale Kontinua

ebenen Mittelfläche um eine Platte oder Scheibe, wobei Platten quer zur Mittelfläche belastet werden und nur Biegeverformungen erfahren, während Scheiben in der Mittelfläche belastet werden, wobei Dehnungen und Schubverzerrungen auftreten.

Werden bei einem Kontinuum zwei Dimensionen klein gegenüber einer dritten (der Länge), so gelangt man zu linienhaften Kontinua. Eine eben oder räumlich gekrümmte Bezugslinie liefert den Bogen, eine gerade Bezugslinie – je nach Art der Belastung – den Balken oder den Dehnstab.

Der Übergang vom dreidimensionalen zu einem zweidimensionalen Problem ist nicht nur beim Flächentragwerk möglich. Auch alle dreidimensionalen, rotationssymmetrischen Probleme lassen sich durch Fourier-Zerlegung auf zweidimensionale

	dreidimensionales Kontinuum	*Scheibe / Platte*	*Stab / Balken*
Tragwerkstyp	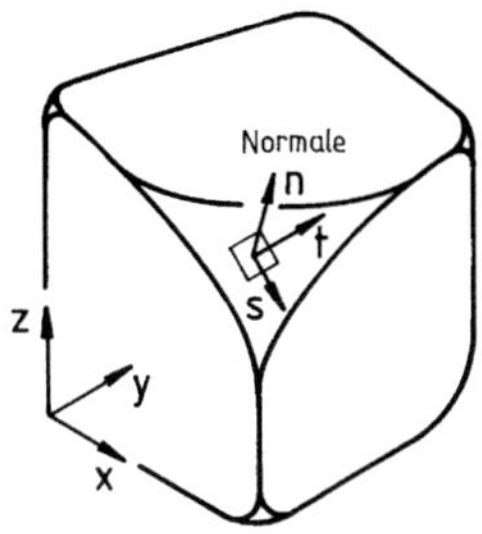	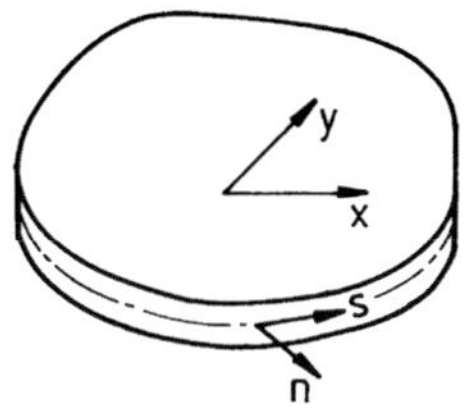	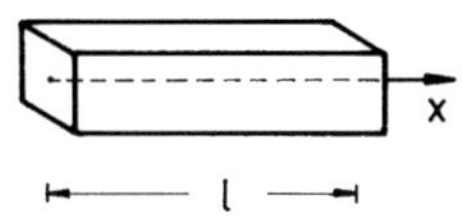
Bereich B	Volumen V	Fläche F	Linie l
Rand R	Oberfläche F	Randlinie l	Endpunkte $x = 0, l$
Koordinaten-system	(x, y, z)	(x, y)	x
Rand-koordinaten-system	(n, s, t)	(n, s)	

Bild 2.2. Definitionsbereiche und Koordinatensysteme für drei-, zwei- und eindimensionale Kontinua

Probleme zurückführen. In entsprechender Weise werden in Kapitel 12 zweidimensionale, rotationssymmetrische Probleme auf eindimensionale reduziert.

Bereich und Rand

Bei jedem Kontinuum wird zwischen einem *Bereich* und dem *Rand* des Kontinuums unterschieden. In Bild 2.2 ist dies für ein-, zwei- und dreidimensionale Kontinua erläutert.

2.2 Grundgleichungen und Randbedingungen für Scheibe und Stab

Die Vorgänge bei der Beanspruchung eines Kontinuums werden durch *Zustandsgrößen* (Feldgrößen) beschrieben. Es gibt

- Verschiebungsgrößen,
- Schnittkraftgrößen und
- Verzerrungsgrößen.

Als vierte Gruppe treten noch

- Belastungsgrößen

auf. Die Gleichungen, die die Zustands- und Belastungsgrößen miteinander verknüpfen, bezeichnen wir als *Grundgleichungen* (Feldgleichungen), wobei zwischen drei Typen unterschieden wird:

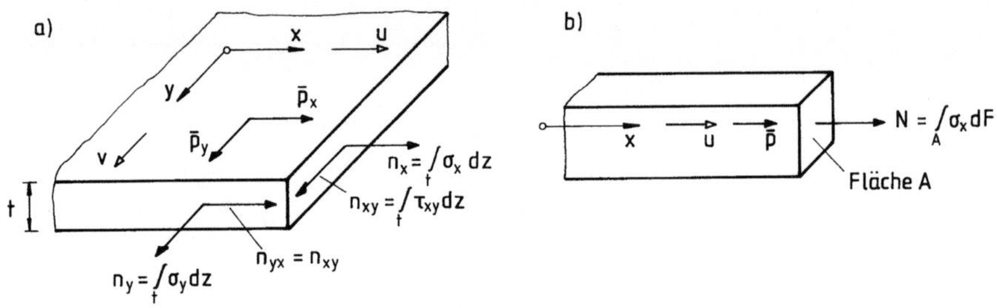

Bild 2.3. Verschiebungen und Schnittkräfte bei der Scheibe (**a**) und beim Stab (**b**)

- den Gleichgewichtsbedingungen,
- dem Materialgesetz (im einfachsten Fall ist das ein Elastizitätsgesetz) und
- den geometrischen (kinematischen) Aussagen.

Diese Aussagen gelten für jeden Punkt des Kontinuums. Zusätzlich ist noch die Angabe von *Randbedingungen* erforderlich, bei denen es sich (im einfachsten Fall) um Randbedingungen für die Verschiebungen oder Randbedingungen für die Schnittkräfte handeln kann.

Wir wollen alle Gleichungen – soweit möglich – parallel für die Scheibe und den Stab formulieren. Es wird weitgehend die Matrizenschreibweise verwendet [2.7, 2.8]. Eine Übersicht über die verwendeten Symbole und Bezeichnungen befindet sich auf Seite 599 ff.

2.2.1 Zustandsgrößen für Scheibe und Stab

Die Zustandsgrößen der Scheibe werden in einem kartesischen x,y-Koordinatensystem definiert (Bild 2.3). Sie werden in Vektoren zusammengefasst (Tabelle 2.1). Um zu verdeutlichen, dass es sich bei den Belastungen um vorgegebene Größen handelt, werden sie mit einem Querstrich gekennzeichnet.

2.2.2 Gleichgewichtsbedingungen

In Bild 2.4 ist ein infinitesimales, belastetes Scheiben- bzw. Stabelement mit den daran angreifenden Schnittkräften und deren Zuwächsen dargestellt.

Für Scheibe und Stab gelten die folgenden *Gleichgewichtsbedingungen*:

SCHEIBE STAB

$$\begin{aligned} \frac{\partial n_{\mathrm{x}}}{\partial x} + \frac{\partial n_{\mathrm{xy}}}{\partial y} + \bar{p}_{\mathrm{x}} &= 0 \\ \frac{\partial n_{\mathrm{xy}}}{\partial x} + \frac{\partial n_{\mathrm{y}}}{\partial y} + \bar{p}_{\mathrm{y}} &= 0 \end{aligned} \qquad \frac{\mathrm{d}N}{\mathrm{d}x} + \bar{p} = 0 \tag{2.1}$$

Mit den in Tabelle 2.1 definierten Vektoren $\boldsymbol{\sigma}$ und $\bar{\boldsymbol{p}}$ lassen sich die Gleichgewichtsbedingungen folgendermaßen formulieren:

Tabelle 2.1. Zustandsgrößen und Belastungen bei der Scheibe und beim Stab

	SCHEIBE	STAB
Verschiebungszustand	$\boldsymbol{u}^{\mathrm{T}}(x,y) = \{u(x,y), v(x,y)\}$ Einheit: m	$\boldsymbol{u}^{\mathrm{T}}(x) = \{u(x)\}$ Einheit: m
Schnittkraftzustand	$\boldsymbol{\sigma}^{\mathrm{T}}(x,y) = \{n_{\mathrm{x}}, n_{\mathrm{y}}, n_{\mathrm{xy}}\}$ Einheit: N/m *Die Scheibenschnittkräfte sind über die Dicke aufintegrierte Spannungen*	$\boldsymbol{\sigma}^{\mathrm{T}}(x) = \{N\}$ Einheit: N *Die Stabschnittkraft ist das Integral über die im Querschnitt wirkenden Normalspannungen.*
Verzerrungszustand	$\boldsymbol{\varepsilon}^{\mathrm{T}}(x,y) = \{\varepsilon_{\mathrm{x}}, \varepsilon_{\mathrm{y}}, \gamma_{\mathrm{xy}}\}$ Einheit: m/m	$\boldsymbol{\varepsilon}^{\mathrm{T}}(x) = \{\varepsilon\}$ Einheit: m/m
Belastung	Flächenlasten $\bar{\boldsymbol{p}}^{\mathrm{T}}(x,y) = \{\bar{p}_{\mathrm{x}}, \bar{p}_{\mathrm{y}}\}$ Einheit: N/m^2	Linienlast $\bar{\boldsymbol{p}}^{\mathrm{T}}(x) = \{\bar{p}\}$ Einheit: N/m

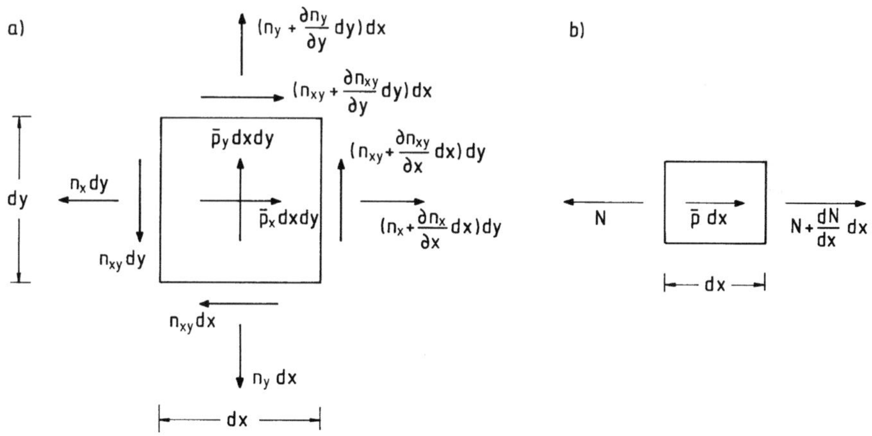

Bild 2.4. Gleichgewicht am Scheibenelement (**a**) und am Stabelement (**b**)

SCHEIBE STAB

$$
\begin{bmatrix} \dfrac{\partial}{\partial x} & 0 & \dfrac{\partial}{\partial y} \\ 0 & \dfrac{\partial}{\partial y} & \dfrac{\partial}{\partial x} \end{bmatrix} \begin{Bmatrix} n_{\mathrm{x}} \\ n_{\mathrm{y}} \\ n_{\mathrm{xy}} \end{Bmatrix} + \begin{Bmatrix} \bar{p}_{\mathrm{x}} \\ \bar{p}_{\mathrm{y}} \end{Bmatrix} = \begin{Bmatrix} 0 \\ 0 \end{Bmatrix} \qquad \left[\frac{\mathrm{d}}{\mathrm{d}x}\right] \{N\} + \{\bar{p}\} = \{0\} \tag{2.2}
$$

Bei den ‚Matrizen', in denen die Differentiationsvorschriften zusammengefasst sind, handelt es sich um *Differentialoperatoren*, die stets auf den nachfolgenden Vektor angewandt werden. Im Interesse der Einheitlichkeit haben wir auch für die Stabgleichgewichtsbedingungen einen solchen Differentialoperator eingeführt. In kompakter, symbolischer Schreibweise lautet die Gleichgewichtsbedingung für Scheibe und Stab

$$\mathbf{D}_{\mathrm{g}}\,\boldsymbol{\sigma} + \bar{\boldsymbol{p}} = \mathbf{0}\,. \tag{2.3}$$

2.2.3 Materialgesetz (Elastizitätsgesetz)

Bei einem linear-elastischen Werkstoff, auf den wir uns hier beschränken, besteht zwischen den Schnittkräften und den Verzerrungen ein linearer Zusammenhang. Dies ist für die isotrope Scheibe und den Stab das in Gl. (2.4) angegebene *Elastizitätsgesetz*. Zusätzlich werden auch noch Temperaturverzerrungen

$$\bar{\varepsilon}_{\mathrm{T}} = \alpha_{\mathrm{T}}\,(T - T_0)$$

berücksichtigt, die bei Erwärmung gegenüber einem als verzerrungs- und spannungsfrei angesehenen Zustand mit der Temperatur T_0 entstehen. α_{T} ist der Wärmeausdehnungskoeffizient.

SCHEIBE | STAB

$$\begin{aligned}
\varepsilon_{\mathrm{x}} &= \frac{1}{E\,t}\,(n_{\mathrm{x}} - \nu\, n_{\mathrm{y}}) + \bar{\varepsilon}_{\mathrm{T}} \\
\varepsilon_{\mathrm{y}} &= \frac{1}{E\,t}\,(n_{\mathrm{y}} - \nu\, n_{\mathrm{x}}) + \bar{\varepsilon}_{\mathrm{T}} \qquad\qquad \varepsilon = \frac{1}{E\,A}\,N + \bar{\varepsilon}_{\mathrm{T}} \\
\gamma_{\mathrm{xy}} &= \frac{2\,(1+\nu)}{E\,t}\,n_{\mathrm{xy}}
\end{aligned} \tag{2.4}$$

Für die Matrizenformulierung gehen wir zu dem inversen Zusammenhang zwischen Schnittkräften und Verzerrungen über. Die entsprechende Beziehung lautet:

SCHEIBE | STAB

$$\{N\} = [EA]\,\{\varepsilon - \bar{\varepsilon}_{\mathrm{T}}\}$$

$$\begin{Bmatrix} n_{\mathrm{x}} \\ n_{\mathrm{y}} \\ n_{\mathrm{xy}} \end{Bmatrix} = \frac{E\,t}{1-\nu^2} \begin{bmatrix} 1 & \nu & 0 \\ \nu & 1 & 0 \\ 0 & 0 & \dfrac{1-\nu}{2} \end{bmatrix} \left\{ \begin{Bmatrix} \varepsilon_{\mathrm{x}} \\ \varepsilon_{\mathrm{y}} \\ \gamma_{\mathrm{xy}} \end{Bmatrix} - \begin{Bmatrix} \bar{\varepsilon}_{\mathrm{T}} \\ \bar{\varepsilon}_{\mathrm{T}} \\ 0 \end{Bmatrix} \right\} \tag{2.5}$$

oder in symbolischer Formulierung

$$\boldsymbol{\sigma} = \boldsymbol{C}\,(\boldsymbol{\varepsilon} - \bar{\boldsymbol{\varepsilon}}_{\mathrm{T}})\,. \tag{2.6}$$

Die Matrix $\boldsymbol{C}$ ist die elastische Stoffmatrix, $\bar{\boldsymbol{\varepsilon}}_{\mathrm{T}}$ der Temperaturverzerrungsvektor. Bei einer Scheibe mit orthotropen Materialverhalten nehmen die Matrix $\boldsymbol{C}$ und der Vektor $\bar{\boldsymbol{\varepsilon}}_{\mathrm{T}}$ folgende Gestalten an:

$$\boldsymbol{C} = \begin{bmatrix} D_{\mathrm{x}} & D_{\mathrm{xy}} & 0 \\ D_{\mathrm{xy}} & D_{\mathrm{y}} & 0 \\ 0 & 0 & D_{\mathrm{s}} \end{bmatrix}, \quad \bar{\boldsymbol{\varepsilon}}_{\mathrm{T}} = \begin{Bmatrix} \alpha_{\mathrm{xT}}\,(T - T_0) \\ \alpha_{\mathrm{yT}}\,(T - T_0) \\ 0 \end{Bmatrix}.$$

Bei anisotropem Materialverhalten sind Matrix und Vektor voll besetzt.

2.2.4 Kinematische Aussagen

Die Verzerrungen der Scheibe und des Stabes werden durch Ableitungen aus den Verschiebungen ermittelt. Die uns interessierenden linearen Beziehungen lauten:

SCHEIBE STAB

$$\varepsilon_{\mathrm{x}} = \frac{\partial u}{\partial x}$$

$$\varepsilon_{\mathrm{y}} = \frac{\partial v}{\partial y} \qquad\qquad \varepsilon = \frac{\mathrm{d}u}{\mathrm{d}x} \tag{2.7}$$

$$\gamma_{\mathrm{xy}} = \frac{\partial u}{\partial y} + \frac{\partial v}{\partial x}$$

Auch hier lässt sich wieder ein Differentialoperator einführen, der eine komprimierte Schreibweise ermöglicht:

SCHEIBE STAB

$$\begin{Bmatrix} \varepsilon_{\mathrm{x}} \\ \varepsilon_{\mathrm{y}} \\ \gamma_{\mathrm{xy}} \end{Bmatrix} = \begin{bmatrix} \frac{\partial}{\partial x} & 0 \\ 0 & \frac{\partial}{\partial y} \\ \frac{\partial}{\partial y} & \frac{\partial}{\partial x} \end{bmatrix} \begin{Bmatrix} u \\ v \end{Bmatrix} \qquad\qquad \{\varepsilon\} = \left[\frac{\mathrm{d}}{\mathrm{d}x}\right] \{u\} \tag{2.8}$$

In symbolischer Schreibweise erhält man mithin

$$\boldsymbol{\varepsilon} = \mathbf{D}_{\varepsilon\mathrm{u}}\, \boldsymbol{u}\,. \tag{2.9}$$

Die Gleichung (2.9) bezeichnen wir als *Verschiebungs-Verzerrungs-Relation.*

2.2.5 Verschiebungsdifferentialgleichungen

Bei Verwendung der symbolischen Schreibweise lässt sich die Elimination einzelner Zustandsgrößen sehr übersichtlich darstellen. Ersetzt man im Stoffgesetz (2.6) die Verzerrungen mit Hilfe von Gleichung (2.9) durch die Verschiebungsableitungen und führt die Schnittkräfte in die Gleichgewichtsbedingung (2.3) ein, so erhält man bei der Scheibe ein System von zwei partiellen Differentialgleichungen 2. Ordnung und beim Stab eine gewöhnliche Differentialgleichung 2. Ordnung. Bei Verwendung der symbolischen Formulierung ergibt sich in beiden Fällen

$$\mathbf{D}_{\mathrm{g}}\,\{\boldsymbol{C}\,(\mathbf{D}_{\varepsilon\mathrm{u}}\,\boldsymbol{u} - \bar{\boldsymbol{\varepsilon}}_{\mathrm{T}})\} + \bar{\boldsymbol{p}} = \mathbf{0}\,. \tag{2.10}$$

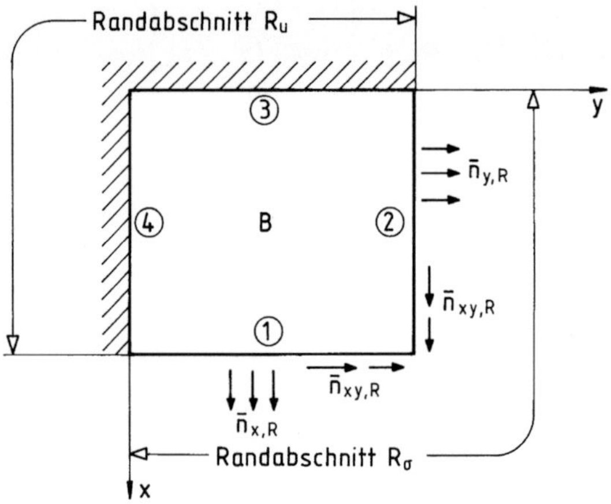

Bild 2.5. Randabschnitte und Randbelastungen

2.2.6 Randbedingungen

Ein Beispiel für Scheibenrandbedingungen

Damit ein System von zwei Differentialgleichungen 2. Ordnung, wie es für die Scheibe vorliegt, gelöst werden kann, müssen in jedem Punkt des Randes zwei Bedingungen vorliegen. In Bild 2.5 werden nur Ränder betrachtet, die parallel zu den Koordinatenachsen x und y liegen.

Der Rand R des Bereichs B wird unterteilt in einen Randabschnitt R_σ (*Kraftrand*), auf dem Schnittkraftgrößen vorgegeben werden, und in einen Randabschnitt R_u (*Verschiebungsrand*), auf dem Verschiebungsgrößen festgelegt sind. Vorgegebene Größen werden wie die Belastung im Bereich durch Überstreichung gekennzeichnet. Der Index R gibt an, dass die jeweilige Größe nur auf dem Rand definiert ist. Randwerte von Zustandsgrößen im Bereich erhalten zur Unterscheidung den Index r (siehe auch Bild 2.6). Bei der Scheibe von Bild 2.5 gelten dann auf den vier Rändern die folgenden *Randbedingungen*:

$$\text{Rand ① } \equiv \mathrm{R}_\sigma : \qquad \begin{aligned} n_{\mathrm{xr}} &= \bar{n}_{\mathrm{xR}} \,, \\ n_{\mathrm{xyr}} &= \bar{n}_{\mathrm{xyR}} \,, \end{aligned} \tag{2.11}$$

$$\text{Rand ② } \equiv \mathrm{R}_\sigma : \qquad \begin{aligned} n_{\mathrm{yr}} &= \bar{n}_{\mathrm{yR}} \,, \\ n_{\mathrm{xyr}} &= \bar{n}_{\mathrm{xyR}} \,, \end{aligned} \tag{2.12}$$

$$\text{Rand ③ und ④ } \equiv R_\mathrm{u} : \qquad \begin{aligned} u_{\mathrm{r}} &= \bar{u}_{\mathrm{R}} \,, \\ v_{\mathrm{r}} &= \bar{v}_{\mathrm{R}} \,. \end{aligned} \tag{2.13}$$

Inhomogene Verschiebungsrandbedingungen mit von Null verschiedenen Randverschiebungen $\bar{u}_\mathrm{R}$ und $\bar{v}_\mathrm{R}$ haben bei der Scheibe zwar meist nur theoretische Bedeutung, ihre Berücksichtigung ist aber aus systematischen Gründen zweckmäßig.

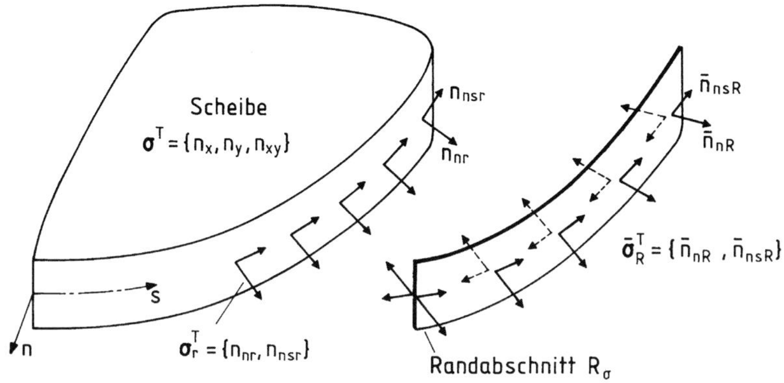

Bild 2.6. Randwerte von inneren Schnittkräften (Index r) und Schnittkräfte, die als Randbelastungen vorgegeben werden (Index R)

Scheibenrandbedingungen bei schrägen Rändern

Im allgemeinen sind die Ränder der Scheibe nicht parallel zu den Koordinatenachsen. Dann werden Verschiebungen und Schnittkräfte in einem randparallelen Koordinatensystem definiert. In Bild 2.6 wurde an einem Rand R_σ der Randstreifen abgetrennt, um den Unterschied zwischen den am Rand vorgegebenen Randschnittkräften (*Randlasten*) $\bar{\boldsymbol{\sigma}}_\mathrm{R}^\mathrm{T} = \{\bar{n}_\mathrm{nR}, \bar{n}_\mathrm{nsR}\}$ und den Randwerten der inneren Schnittkräfte $\boldsymbol{\sigma}_\mathrm{r}^\mathrm{T} = \{n_\mathrm{nr}, n_\mathrm{nsr}\}$ deutlich zu machen.
Die *Verschiebungsrandbedingungen* oder geometrischen (kinematischen) Randbedingungen auf $\mathrm{R_u}$ lauten jetzt

$$\begin{Bmatrix} u_\mathrm{nr} \\ u_\mathrm{sr} \end{Bmatrix} = \begin{Bmatrix} \bar{u}_\mathrm{nR} \\ \bar{u}_\mathrm{sR} \end{Bmatrix}, \tag{2.14}$$

$$\boldsymbol{u}_\mathrm{r} = \bar{\boldsymbol{u}}_\mathrm{R} \quad . \tag{2.15}$$

Als *Schnittkraftrandbedingungen* oder statische (kinetische) Randbedingungen auf R_σ erhält man

$$\begin{Bmatrix} n_\mathrm{nr} \\ n_\mathrm{nsr} \end{Bmatrix} = \begin{Bmatrix} \bar{n}_\mathrm{nR} \\ \bar{n}_\mathrm{nsR} \end{Bmatrix}, \tag{2.16}$$

$$\boldsymbol{\sigma}_\mathrm{r} = \bar{\boldsymbol{\sigma}}_\mathrm{R} \quad . \tag{2.17}$$

Da die Zustandsgrößen im Bereich im x, y-Koordinatensystem definiert sind, müssen die Randwerte erst durch Transformation ermittelt werden (Bild 2.7). Für die Verschiebungen gilt

$$\begin{Bmatrix} u_\mathrm{nr} \\ u_\mathrm{sr} \end{Bmatrix} = \begin{bmatrix} \cos\alpha & \sin\alpha \\ -\sin\alpha & \cos\alpha \end{bmatrix} \begin{Bmatrix} u \\ v \end{Bmatrix}, \tag{2.18}$$

$$\boldsymbol{u}_\mathrm{r} = \boldsymbol{T}_\mathrm{u} \quad \boldsymbol{u} \tag{2.19}$$

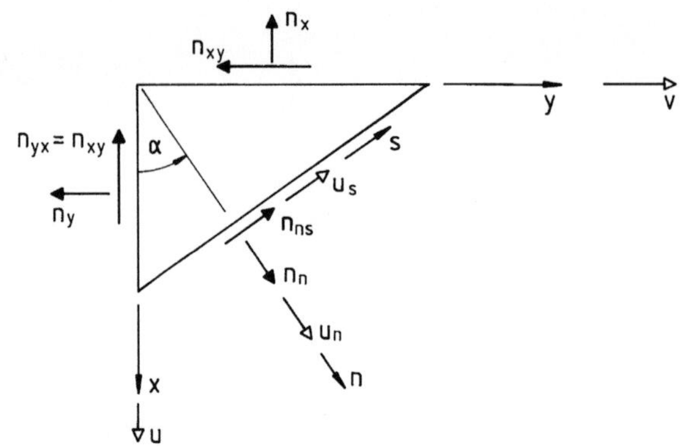

Bild 2.7. Schräger Rand bei der Scheibe

und für die Schnittkräfte

$$\begin{Bmatrix} n_{\mathrm{nr}} \\ n_{\mathrm{nsr}} \end{Bmatrix} = \begin{bmatrix} \cos^2\alpha & \sin^2\alpha & 2\,\sin\alpha\,\cos\alpha \\ -\sin\alpha\,\cos\alpha & \sin\alpha\,\cos\alpha & \cos^2\alpha - \sin^2\alpha \end{bmatrix} \begin{Bmatrix} n_{\mathrm{x}} \\ n_{\mathrm{y}} \\ n_{\mathrm{xy}} \end{Bmatrix}, \tag{2.20}$$

$$\boldsymbol{\sigma}_{\mathrm{r}} = \boldsymbol{T}_\sigma \, \boldsymbol{\sigma} \,. \tag{2.21}$$

Überlappung von Verschiebungs- und Schnittkrafträndern

Wenn – wie bei Scheibentragwerken – in jedem Punkt des Randes zwei Randbedingungen erforderlich sind, dann ist die Aufteilung in einen einheitlichen Randabschnitt $\mathrm{R_u}$ und in einen Randabschnitt R_σ nicht immer möglich. Es kann vorkommen, dass ein Randabschnitt bezüglich der Normalverschiebung u_n zu $\mathrm{R_u}$ und bezüglich der Schnittkraft n_ns zu $\mathrm{R_s}$ gehört. Dieser Fall tritt immer dann auf, wenn bei einer Scheibe Symmetrie- bzw. Antimetriebedingungen ausgenutzt werden sollen (siehe Abschnitt 14.3). Bei der Scheibe von Bild 2.8a sind beide Achsen Struktursymmetrieachsen; die Belastung ist symmetrisch zur y-Achse und antimetrisch

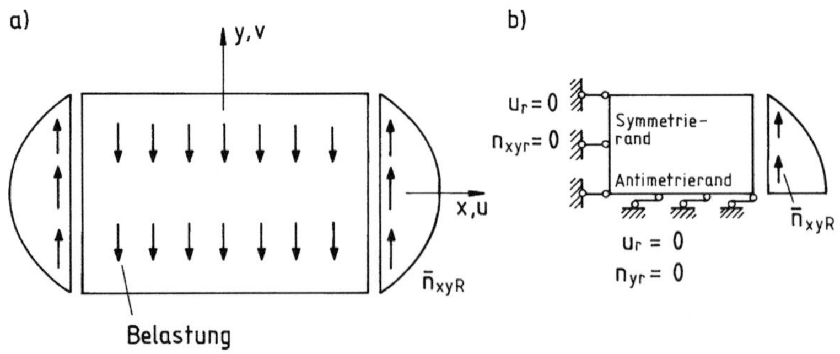

Bild 2.8. Scheibe unter Eigengewicht $\bar{p}_\mathrm{y} = -t\,\rho\,g$ (**a**) und Viertelausschnitt mit Symmetrie- und Antimetrierandbedingungen (**b**)

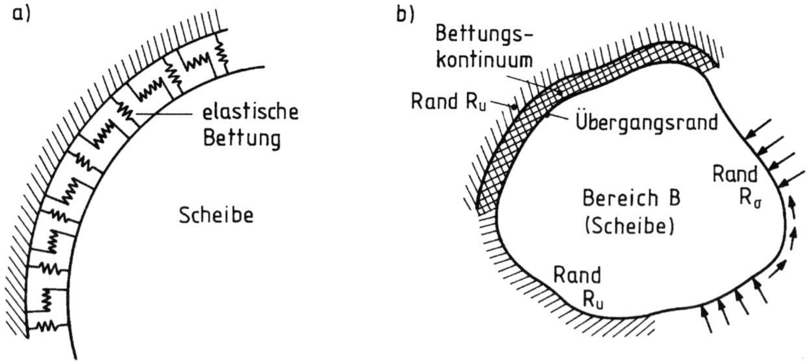

Bild 2.9. Elastische Bettung als Modell für eine Klebeschicht (**a**) und Interpretation als eigenes (eindimensionales) Kontinuum (**b**)

zur x-Achse. Betrachtet man anstelle der gesamten Scheibe nur einen Viertelausschnitt (Bild 2.8b), so müssen an den Rändern $x = 0$ und $y = 0$ die entsprechenden Antimetrie- bzw. Symmetrierandbedingungen eingeführt werden. Es kommt zu einer ‚Überlappung' der Verschiebungs- und der Schnittkraftränder in Normal- und Tangentialrichtung. Der Rand $x = 0$ gehört bezüglich der Normalverschiebung ($u_r = 0$) zu R_u, bezüglich der Tangentialkraft ($n_{xyr} = 0$) zu R_σ. Grundsätzlich ändert sich dadurch nichts. Für ein und denselben Punkt eines Randabschnittes kann aber nie gleichzeitig eine Verschiebungsgröße (u_n bzw. u_s) und die in die gleiche Richtung wirkende Schnittkraftgröße (n_n bzw. n_{ns}) vorgegeben werden!

Gemischte Randbedingungen

Neben Verschiebungsrandbedingungen und Kraftrandbedingungen lassen sich auch noch ‚gemischte' Randbedingungen formulieren, bei denen die auf den Tragwerksrand einwirkende Schnittkraft proportional zur zugeordneten Randverschiebung ist. Derartige Randbedingungen ergeben sich bei einer Klebung (elastische oder Winklersche Bettung), bei der gedanklich Normal- und Tangentialfedern infinitesimal dicht angeordnet werden (Bild 2.9a), vergleiche Aufgabe 2.3. Man kann die elastische Bettung als ein eigenes eindimensionales Kontinuum auffassen (Bild 2.9b), das selber wieder gelagert ist.

Stabrandbedingungen

Bei der Angabe der Randbedingungen für einen Stab ist die Einführung von Vektoren $\bar{\boldsymbol{\sigma}}_R$ und $\bar{\boldsymbol{u}}_R$ wenig hilfreich. In skalarer Formulierung gilt bei dem Beispiel von Bild 2.10

$$N(x = l) = \bar{N}_l, \quad u(x = 0) = \bar{u}_0 .$$

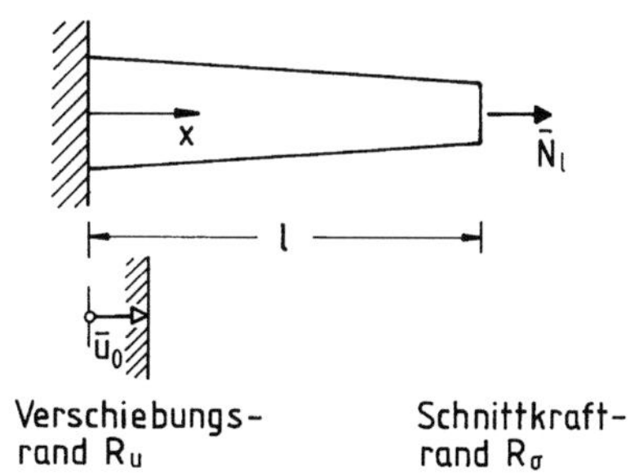

Bild 2.10. Randbedingungen beim Stab

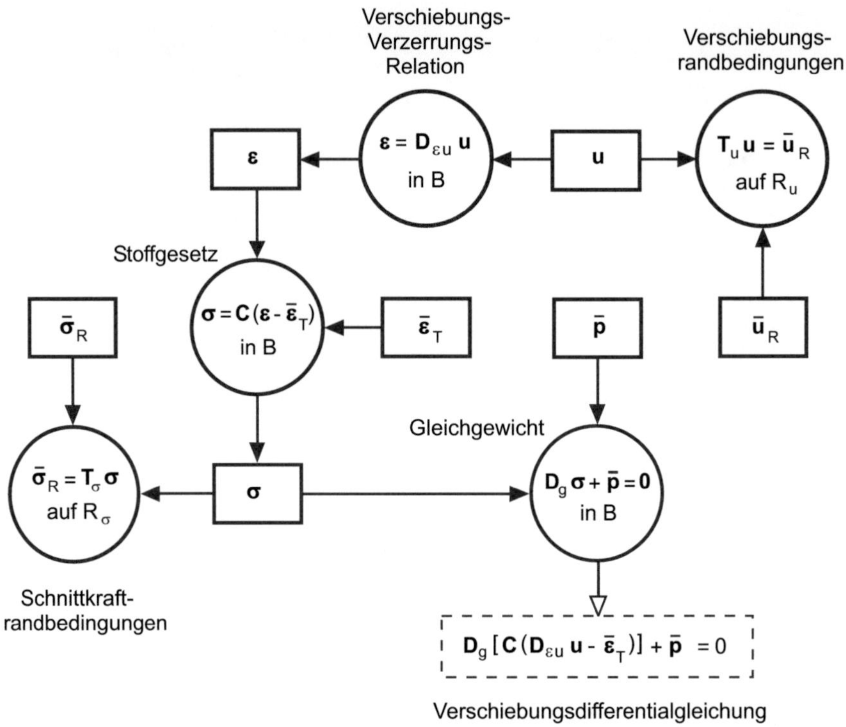

Bild 2.11. Grundgleichungen und Randbedingungen

2.2.7 Zusammenfassung und Erweiterung auf dreidimensionale Kontinua

Der Zusammenhang zwischen den Zustandsgrößen ist in Bild 2.11 übersichtlich dargestellt. Für jeden anderen Tragwerkstyp gilt das gleiche Schema. Man benötigt also zur Angabe der Grundgleichungen

- die Vektoren der Zustandsgrößen $\boldsymbol{u}, \boldsymbol{\sigma}, \boldsymbol{\varepsilon}$ und den Belastungsvektor $\bar{\boldsymbol{p}}$,
- die Stoffmatrix $\boldsymbol{C}$ sowie die beiden Differentialoperatoren $\mathbf{D}_{\mathrm{g}}$ (Gleichgewichtsoperator) und $\mathbf{D}_{\varepsilon\mathrm{u}}$ (Verschiebungs-Verzerrungs-Operator) und
- die Transformationsvorschriften $\boldsymbol{T}_{\mathrm{u}}$ und $\boldsymbol{T}_{\sigma}$ zur Ermittlung der Randwerte $\boldsymbol{u}_{\mathrm{r}}$ und $\boldsymbol{\sigma}_{\mathrm{r}}$.

Dies soll für ein weiteres Beispiel, und zwar für das dreidimensionale, isotrope Kontinuum, ohne Ableitung verdeutlicht werden.

Die Vektoren der Zustandsgrößen lauten:

$$\boldsymbol{u}^{\mathrm{T}} = \{\, u \,,\, v \,,\, w \,\}\,,$$

$$\boldsymbol{\sigma}^{\mathrm{T}} = \{\sigma_{\mathrm{x}}, \sigma_{\mathrm{y}}, \sigma_{\mathrm{z}}, \tau_{\mathrm{xy}}\,, \tau_{\mathrm{yz}}\,, \tau_{\mathrm{zx}}\,\}\,,$$

$$\boldsymbol{\varepsilon}^{\mathrm{T}} = \{\varepsilon_{\mathrm{x}}\,, \varepsilon_{\mathrm{y}}\,, \varepsilon_{\mathrm{z}}\,, \gamma_{\mathrm{xy}}, \gamma_{\mathrm{yz}}, \gamma_{\mathrm{zx}}\}\,.$$

Als Belastungsvektor führt man ein:

$$\bar{\boldsymbol{p}}^{\mathrm{T}} = \{\bar{X}, \bar{Y}, \bar{Z}\}\,.$$

Die Vektoren der Randwerte für Verschiebungen und Schnittkräfte werden in einem n, s, t-Koordinatensystem (Bild 2.2) formuliert:

$$\boldsymbol{u}_{\mathrm{r}}^{\mathrm{T}} = \{u_{\mathrm{nr}}\,,\, u_{\mathrm{sr}}\,,\, u_{\mathrm{tr}}\}\,,$$
$$\boldsymbol{\sigma}_{\mathrm{r}}^{\mathrm{T}} = \{\sigma_{\mathrm{nr}}, \tau_{\mathrm{nsr}}, \tau_{\mathrm{ntr}}\}.$$

Für die Stoffmatrix (Elastizitätsmatrix) greift man auf eines der Lehrbücher der Elastizitätstheorie zurück [2.1, 2.3]:

$$\boldsymbol{C} = \begin{bmatrix} 2\,G+\lambda & \lambda & \lambda & 0 & 0 & 0 \\ \lambda & 2\,G+\lambda & \lambda & 0 & 0 & 0 \\ \lambda & \lambda & 2\,G+\lambda & 0 & 0 & 0 \\ 0 & 0 & 0 & G & 0 & 0 \\ 0 & 0 & 0 & 0 & G & 0 \\ 0 & 0 & 0 & 0 & 0 & G \end{bmatrix}$$

mit der Laméschen Konstanten

$$\lambda = \frac{E\,\nu}{(1+\nu)(1-2\nu)}$$

und dem Gleitmodul

$$G = \frac{E}{2(1+\nu)}\,,$$

wobei E der Elastizitätsmodul und ν die Querkontraktionszahl ist.

Für die beiden Differentialoperatoren gilt

$$\mathbf{D}_{\mathrm{g}} = \begin{bmatrix} \frac{\partial}{\partial x} & 0 & 0 & \frac{\partial}{\partial y} & 0 & \frac{\partial}{\partial z} \\ 0 & \frac{\partial}{\partial y} & 0 & \frac{\partial}{\partial x} & \frac{\partial}{\partial z} & 0 \\ 0 & 0 & \frac{\partial}{\partial z} & 0 & \frac{\partial}{\partial y} & \frac{\partial}{\partial x} \end{bmatrix} = \mathbf{D}_{\varepsilon\mathrm{u}}^{\mathrm{T}}\,.$$

Es fehlen noch die Transformationsmatrizen für die Randwerte der Zustandsgrößen. In skalarer Form findet man sie in [2.1], einfacher ist ihre Angabe in Tensorindexschreibweise [2.3]:

$$\boldsymbol{T}_{\mathrm{u}} = \begin{bmatrix} \mathrm{cnx} & \mathrm{cny} & \mathrm{cnz} \\ \mathrm{csx} & \mathrm{csy} & \mathrm{csz} \\ \mathrm{ctx} & \mathrm{cty} & \mathrm{ctz} \end{bmatrix}$$

mit $\mathrm{cnx} = \cos(n, x)$, $\mathrm{csx} = \cos(s, x)$, $\mathrm{ctx} = \cos(t, x)$, etc.,

$$\boldsymbol{T}_{\sigma} =$$

$$\begin{bmatrix} \mathrm{cnx}^2 & \mathrm{cny}^2 & \mathrm{cnz}^2 & 2\,\mathrm{cnx}\,\mathrm{cny} & 2\,\mathrm{cny}\,\mathrm{cnz} & 2\,\mathrm{cnz}\,\mathrm{cnx} \\ \mathrm{cnx}\,\mathrm{csx} & \mathrm{cny}\,\mathrm{csy} & \mathrm{cnz}\,\mathrm{csz} & \mathrm{cnx}\,\mathrm{csy} + \mathrm{cny}\,\mathrm{csx} & \mathrm{cny}\,\mathrm{csz} + \mathrm{cnz}\,\mathrm{csy} & \mathrm{cnz}\,\mathrm{csx} + \mathrm{cnx}\,\mathrm{csz} \\ \mathrm{cnx}\,\mathrm{ctx} & \mathrm{cny}\,\mathrm{cty} & \mathrm{cnz}\,\mathrm{ctz} & \mathrm{cnx}\,\mathrm{cty} + \mathrm{cny}\,\mathrm{ctx} & \mathrm{cny}\,\mathrm{ctz} + \mathrm{cnz}\,\mathrm{cty} & \mathrm{cnz}\,\mathrm{ctx} + \mathrm{cnx}\,\mathrm{ctz} \end{bmatrix} .$$

Damit stehen alle Matrizen, Vektoren und Operatoren des dreidimensionalen isotropen Kontinuums für Bild 2.11 zur Verfügung.

2.3 Zustandsgrößen von Balken und Platten

In Tabelle 2.2 sind für die bisher behandelten Tragwerkstypen (dreidimensionales Kontinuum, Scheibe, Stab) sowie für Balken und Platte alle Zustandsgrößen und Belastungsgrößen in Form von Vektoren zusammengestellt. Die Anordnung der Komponenten in einem Vektor und die Vorzeichen sind hierbei nicht willkürlich. Die Komponenten des Verschiebungsvektors $\boldsymbol{u}$ und des Belastungsvektors $\bar{\boldsymbol{p}}$ sowie die Komponenten des Schnittkraftvektors $\boldsymbol{\sigma}$ und des Verzerrungsvektors $\boldsymbol{\varepsilon}$ sind jeweils so einander zugeordnet, dass bei der Bildung des Skalarproduktes ein Energie- oder Arbeitsausdruck entsteht! Das Skalarprodukt aus $\boldsymbol{\sigma}$ und $\boldsymbol{\varepsilon}$ ergibt unter der Voraussetzung, dass der Ausgangszustand spannungsfrei ist und keine Temperaturbelastung auftritt, die doppelte Formänderungsenergie. Es gilt also

$$\Pi_{\mathrm{i}} = \frac{1}{2} \int\limits_{\mathrm{B}} \boldsymbol{\varepsilon}^{\mathrm{T}}\, \boldsymbol{\sigma}\, \mathrm{d}B\,.$$

Vor der Plattenverwindung κ_{xy} muss der Faktor 2 eingeführt werden, da sich nur dann ein physikalisch sinnvoller Energieausdruck ergibt (siehe Abschnitt 3.2). Das Skalarprodukt aus Verschiebungs- und Belastungsvektor liefert einen Beitrag zur äußeren Arbeit oder (mit negativem Vorzeichen) zum Potential der äußeren Kräfte:

$$\Pi_{\mathrm{a,B}} = - \int\limits_{\mathrm{B}} \boldsymbol{u}^{\mathrm{T}}\, \bar{\boldsymbol{p}}\, \mathrm{d}B\,.$$

In Tabelle 2.3 sind für die verschiedenen Tragwerkstypen die Randlastvektoren $\bar{\boldsymbol{\sigma}}_{\mathrm{R}}$ und die Randverschiebungsvektoren $\bar{\boldsymbol{u}}_{\mathrm{R}}$ angegeben. Auch hier erfolgt die Anordnung der Komponenten und die Vorzeichenfestlegung wieder so, dass das Skalarprodukt einen Beitrag zum Potential der äußeren Kräfte leistet:

$$\Pi_{\mathrm{a,R}} = - \int\limits_{\mathrm{R}_{\sigma}} \boldsymbol{u}_{\mathrm{r}}^{\mathrm{T}}\, \bar{\boldsymbol{\sigma}}_{\mathrm{R}}\, \mathrm{d}R\,.$$

Die Größen Π_{i} und Π_{a} werden uns in Abschnitt 3.3 wieder begegnen.

2.4 Grundgleichungen für Balken und Platten

Die Grundgleichungen für Balken und Platten werden ohne Ableitung in tabellarischer Form zusammengestellt, getrennt für den schubweichen Fall (Tabelle 2.4) und den schubstarren Fall (Tabelle 2.5).

Tabelle 2.2. Zustands- und Belastungsgrößen für unterschiedliche Tragwerkstypen

Tragwerkstyp Integrationsbereich Einheit	*Verschiebungsvektor* $\boldsymbol{u}^{\mathrm{T}}$ Bezeichnung(en) Einheit(en)	*Belastungsvektor* $\bar{\boldsymbol{p}}^{\mathrm{T}}$ Bezeichnung(en) Einheit(en)	*Schnittkraftvektor* $\boldsymbol{\sigma}^{\mathrm{T}}$ Bezeichnung(en) Einheit(en)	*Verzerrungsvektor* $\boldsymbol{\varepsilon}^{\mathrm{T}}$ Bezeichnung(en) Einheit(en)
Dreidimensionales Kontinuum Volumen m^3	$\{u, v, w\}$ Verschiebungen m	$\{\bar{X}, \bar{Y}, \bar{Z}\}$ Volumenlasten $\mathrm{N/m^3}$	$\{\sigma_{\mathrm{x}}, \sigma_{\mathrm{y}}, \sigma_{\mathrm{z}};\ \tau_{\mathrm{xy}}, \tau_{\mathrm{yz}}, \tau_{\mathrm{zx}}\}$ Normal-; Schubspannungen $\mathrm{N/m^2}$	$\{\varepsilon_{\mathrm{x}}, \varepsilon_{\mathrm{y}}, \varepsilon_{\mathrm{z}};\ \gamma_{\mathrm{xy}}, \gamma_{\mathrm{yz}}, \gamma_{\mathrm{zx}}\}$ Dehnungen; Schubverzerrungen 1
Scheibe Fläche m^2	$\{u, v\}$ Verschiebungen in der Bezugsfläche m	$\{\bar{p}_{\mathrm{x}}, \bar{p}_{\mathrm{y}}\}$ Flächenlasten in der Bezugsfläche $\mathrm{N/m^2}$	$\{n_{\mathrm{x}}, n_{\mathrm{y}};\ n_{\mathrm{xy}}\}$ Normalkräfte Schub N/m	$\{\varepsilon_{\mathrm{x}}, \varepsilon_{\mathrm{y}};\ \gamma_{\mathrm{xy}}\}$ Dehnungen und Schubverzerrung in der Bezugsfläche 1
Dehnstab Länge m	$\{u\}$ Längsverschiebung m	$\{\bar{p}\}$ Längsbelastung N/m	$\{N\}$ Normalkraft N	$\{\varepsilon\}$ Dehnung 1
Schubweiche Platte Fläche m^2	$\{w;\ \beta_{\mathrm{x}}, \beta_{\mathrm{y}}\}$ Querverschiebung; Querschnittsneigungen m 1	$\{\bar{p}_{\mathrm{z}};\ \bar{p}_{\mathrm{mx}}, \bar{p}_{\mathrm{my}}\}$ Querbelastung; Momentenbelastungen $\mathrm{N/m^2}$ $\mathrm{Nm/m^2}$	$\{q_{\mathrm{x}}, q_{\mathrm{y}};\ m_{\mathrm{x}}, m_{\mathrm{y}};\ m_{\mathrm{xy}}\}$ Querkräfte; Biegemomente; Drillmoment N/m Nm/m Nm/m	$\{\gamma_{\mathrm{xz}}, \gamma_{\mathrm{yz}};\ \kappa_{\mathrm{x}}, \kappa_{\mathrm{y}};\ 2\,\kappa_{\mathrm{xy}}\}$ Schubverzerrungen; Krümmungen; Verwindung 1 1/m 1/m
Schubstarre Platte Fläche m^2	$\{w\}$ Querverschiebung m	$\{\bar{p}_{\mathrm{z}}\}$ Querbelastung $\mathrm{N/m^2}$	$\{m_{\mathrm{x}}, m_{\mathrm{y}};\ m_{\mathrm{xy}}\}$ Biegemomente; Drillmoment Nm/m Nm/m	$\{\kappa_{\mathrm{x}}, \kappa_{\mathrm{y}};\ 2\,\kappa_{\mathrm{xy}}\}$ Krümmungen; Verwindung 1/m 1/m
Schubweicher Balken Länge m	$\{w, \beta\}$ Querverschiebung, Querschnittsneigung m, 1	$\{\bar{p}_{\mathrm{z}}, \bar{p}_{\mathrm{m}}\}$ Querbelastung, Momentenbelastung N/m, Nm/m	$\{Q, M\}$ Querkraft, Biegemoment N, Nm	$\{\gamma, \kappa\}$ Schubverzerrung, Krümmung 1, 1/m
Schubstarrer Balken Länge m	$\{w\}$ Querverschiebung m	$\{\bar{p}_{\mathrm{z}}\}$ Querbelastung N/m	$\{M\}$ Biegemoment Nm	$\{\kappa\}$ Krümmung 1/m

Tabelle 2.3. Zustandsgrößen am Rand für unterschiedliche Tragwerkstypen

Tragwerkstyp	*Randbereich* Einheit	*Randwert der Verschiebungen* $\boldsymbol{u}_\mathrm{r}^\mathrm{T}$ Einheit(en)	*Randwert der Schnittkräfte* $\boldsymbol{\sigma}_\mathrm{r}^\mathrm{T}$ Einheit(en)
Dreidimensionales Kontinuum	Oberfläche m^2	$\{u_\mathrm{n}, u_\mathrm{s}, u_\mathrm{t}\}_\mathrm{r}$ m	$\{\sigma_\mathrm{n}, \tau_\mathrm{ns}, \tau_\mathrm{nt}\}_\mathrm{r}$ $\mathrm{N/m^2}$
Scheibe	Rand m	$\{u_\mathrm{n}, u_\mathrm{s}\}_\mathrm{r}$ m	$\{n_\mathrm{n}, n_\mathrm{ns}\}_\mathrm{r}$ N/m
Dehnstab	Anfang/Ende 1	$\{u_0, u_\mathrm{l}\}_\mathrm{r}$ m	$\{-N_0, N_\mathrm{l}\}$ N
Schubweiche Platte	Rand m	$\{w, \ \beta_\mathrm{n}, \beta_\mathrm{s}\}_\mathrm{r}$ m 1	$\{q_\mathrm{n}, \ m_\mathrm{n}, m_\mathrm{ns}\}_\mathrm{r}$ N/m Nm/m
Schubstarre Platte	Rand m	$\{w, \beta_\mathrm{n}\}_\mathrm{r}$ $\beta_\mathrm{n} = -w_{,\mathrm{n}}$ m, 1	$\{q_\mathrm{n}^*, m_\mathrm{n}\}_\mathrm{r}$ N/m, Nm/m
Schubweicher Balken	Anfang/Ende 1	$\{w(0), \beta(0),$ $w(l), b(l)\}$ m, 1, m, 1	$\{-Q(0), -M(0),$ $Q(l), M(l)\}$ N, Nm, N, Nm
Schubstarrer Balken	Anfang/Ende 1	$\{w(0), \beta(0),$ $w(l), b(l)\}$ $\beta = -w_{,\mathrm{x}}$ m, 1, m, 1	$\{-Q(0), -M(0),$ $Q(l), M(l)\}$ N, Nm, N, Nm

Die Vorzeichendefinition für die Verschiebungen und die Schnittkräfte bei Balken und Platte kann aus Tabelle 2.4 entnommen werden. Die gewählte Vorzeichendefinition für Plattenschnittkräfte orientiert sich an den Richtungen der zugehörigen Spannungen:

- Biegemomente (m_x und m_y) sind dann positiv, wenn die zugehörigen Spannungen (σ_x und σ_y) an einem positiven Schnittufer (mit der positiven x-Achse bzw. positiven y-Achse als äußere Normale) auf der positiven z-Seite positiv sind.
- Die Doppelindizes der Drillmomente entsprechen denen der zugehörigen Schubspannungen. Ein Drillmoment (m_xy bzw. m_yx) ist dann positiv, wenn die zugehörigen Spannungen (τ_xy bzw. $\tau_\mathrm{yx} = \tau_\mathrm{xy}$) an einem positiven Schnittufer (1. Index: positive x-Achse bzw. positive y-Achse als Normale) auf der positiven z-Seite in positive Koordinatenrichtung (2. Index: positive y-Achse bzw. positive x-Achse) zeigen.
- Querkräfte (q_x bzw. q_y) sind dann positiv, wenn die zugehörigen Spannungen (τ_xz bzw. τ_yz) am positiven Schnittufer (positive x-Achse bzw. positive y-Achse) in positive z-Richtung zeigen.

Tabelle 2.4. Zustandsgrößen, Operatoren, (isotrope) Stoffmatrix und Transformationsmatrizen bei schubweichen Balken und Platten

	Schubweicher Balken	*Schubweiche, isotrope Platte*
System Verschiebungen Schnittkräfte	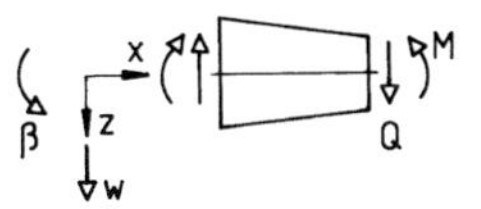	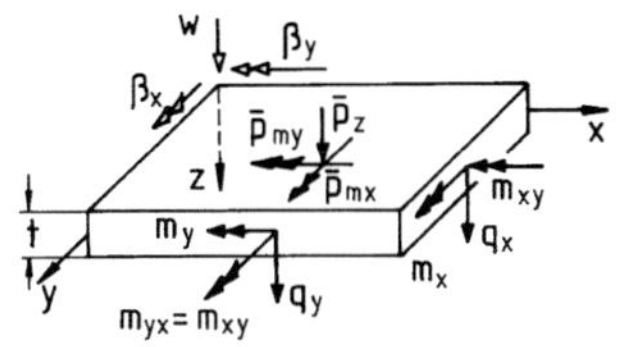
Zustandsgrößen	$\boldsymbol{u}^{\mathrm{T}} = \{w, \beta\}$ $\bar{\boldsymbol{p}}^{\mathrm{T}} = \{\bar{p}_{\mathrm{z}}, \bar{p}_{\mathrm{m}}\}$ $\boldsymbol{\sigma}^{\mathrm{T}} = \{Q, M\}$ $\varepsilon^{\mathrm{T}} = \{\gamma, \kappa\}$	$\boldsymbol{u}^{\mathrm{T}} = \{w, \beta_{\mathrm{x}}, \beta_{\mathrm{y}}\}$ $\bar{\boldsymbol{p}}^{\mathrm{T}} = \{\bar{p}_{\mathrm{z}}, \bar{p}_{\mathrm{mx}}, \bar{p}_{\mathrm{my}}\}$ $\boldsymbol{\sigma}^{\mathrm{T}} = \{q_{\mathrm{x}}, q_{\mathrm{y}}, m_{\mathrm{x}}, m_{\mathrm{y}}, m_{\mathrm{xy}}\}$ $\varepsilon^{\mathrm{T}} = \{\gamma_{\mathrm{xz}}, \gamma_{\mathrm{yz}}, \kappa_{\mathrm{x}}, \kappa_{\mathrm{y}}, 2\,\kappa_{\mathrm{xy}}\}$
Gleichgewichts-operator	$\mathbf{D}_{\mathrm{g}} = \begin{bmatrix} \frac{\mathrm{d}}{\mathrm{d}x} & 0 \\ -1 & \frac{\mathrm{d}}{\mathrm{d}x} \end{bmatrix}$	$\mathbf{D}_{\mathrm{g}} = \begin{bmatrix} \frac{\partial}{\partial x} & \frac{\partial}{\partial y} & 0 & 0 & 0 \\ -1 & 0 & \frac{\partial}{\partial x} & 0 & \frac{\partial}{\partial y} \\ 0 & -1 & 0 & \frac{\partial}{\partial y} & \frac{\partial}{\partial x} \end{bmatrix}$
Verschiebungs–Verzerrungs–Operator	$\mathbf{D}_{\varepsilon\mathrm{u}}^{\mathrm{T}} = \begin{bmatrix} \frac{\mathrm{d}}{\mathrm{d}x} & 0 \\ 1 & \frac{\mathrm{d}}{\mathrm{d}x} \end{bmatrix}$	$\mathbf{D}_{\varepsilon\mathrm{u}}^{\mathrm{T}} = \begin{bmatrix} \frac{\partial}{\partial x} & \frac{\partial}{\partial y} & 0 & 0 & 0 \\ 1 & 0 & \frac{\partial}{\partial x} & 0 & \frac{\partial}{\partial y} \\ 0 & 1 & 0 & \frac{\partial}{\partial y} & \frac{\partial}{\partial x} \end{bmatrix}$
Elastizitäts-matrix	$\boldsymbol{C} = \begin{bmatrix} G\,A_{\mathrm{S}} & 0 \\ 0 & E\,I \end{bmatrix}$ A_{S}: Schubfläche (Rechteckquerschnitt: $A_{\mathrm{S}} = \frac{5}{6}\,A$)	$\boldsymbol{C} = \begin{bmatrix} G\,t_{\mathrm{S}} & 0 & 0 & 0 & 0 \\ 0 & G\,t_{\mathrm{S}} & 0 & 0 & 0 \\ 0 & 0 & B & \nu\,B & 0 \\ 0 & 0 & \nu\,B & B & 0 \\ 0 & 0 & 0 & 0 & B_{\mathrm{S}} \end{bmatrix}$ $t_{\mathrm{S}} = \frac{5}{6}\,t\,,\ B = \frac{E\,t^3}{12(1-\nu^2)}\,,\ B_{\mathrm{S}} = \frac{1-\nu}{2}\,B$
Randwerte der Verschiebungen und Schnittkräfte	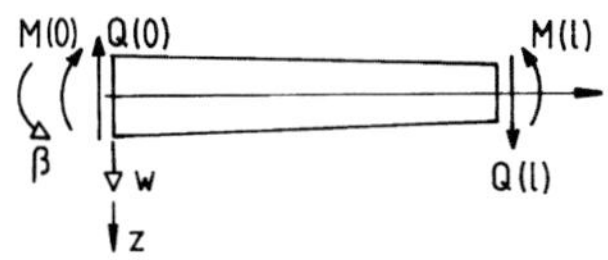$\boldsymbol{u}_{\mathrm{r}}^{\mathrm{T}} = \{w(0), \beta(0), w(l), \beta(l)\}$ $\boldsymbol{\sigma}_{\mathrm{r}}^{\mathrm{T}} = \{-Q(0), -M(0), Q(l), M(l)\}$	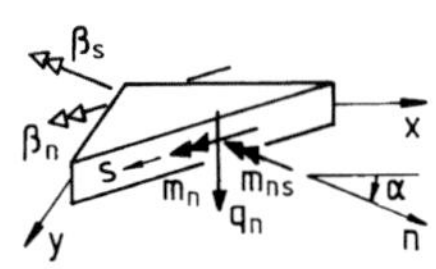$\boldsymbol{u}_{\mathrm{r}}^{\mathrm{T}} = \{w, \beta_{\mathrm{n}}, \beta_{\mathrm{s}}\}_{\mathrm{r}}$ $\boldsymbol{\sigma}_{\mathrm{r}}^{\mathrm{T}} = \{q_{\mathrm{n}}, m_{\mathrm{n}}, m_{\mathrm{ns}}\}_{\mathrm{r}}$
Transformations-matrizen		$\boldsymbol{T}_{\mathrm{u}} = \begin{bmatrix} 1 & 0 & 0 \\ 0 & c & s \\ 0 & -s & c \end{bmatrix}$ $\quad c = \cos\alpha$, $s = \sin\alpha$ $\boldsymbol{T}_{\sigma} = \begin{bmatrix} c & s & 0 & 0 & 0 \\ 0 & 0 & c^2 & s^2 & 2\,c\,s \\ 0 & 0 & -s\,c & s\,c & c^2 - s^2 \end{bmatrix}$

Tabelle 2.5. Zustandsgrößen, Operatoren, (isotrope) Stoffmatrix und Transformationsmatrizen bei schubstarren Balken und Platten

<table>
<tr><th></th><th>Schubstarrer Balken</th><th>Schubstarre, isotrope Platte</th></tr>
<tr><td>System
Verschiebungen
Schnittkräfte</td><td>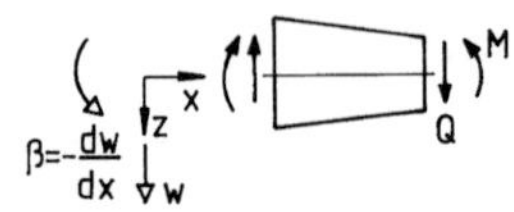
</td><td>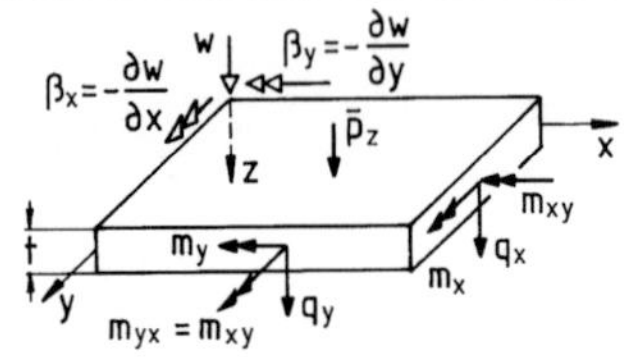
</td></tr>
<tr><td>Zustandsgrößen</td><td>$\boldsymbol{u}^{\mathrm{T}} = \{w\}$
$\bar{\boldsymbol{p}}^{\mathrm{T}} = \{\bar{p}_{\mathrm{z}}\}$
$\boldsymbol{\sigma}^{\mathrm{T}} = \{M\}$
$\boldsymbol{\varepsilon}^{\mathrm{T}} = \{\kappa\}$</td><td>$\boldsymbol{u}^{\mathrm{T}} = \{w\}$
$\bar{\boldsymbol{p}}^{\mathrm{T}} = \{\bar{p}_{\mathrm{z}}\}$
$\boldsymbol{\sigma}^{\mathrm{T}} = \{m_{\mathrm{x}}, m_{\mathrm{y}}, m_{\mathrm{xy}}\}$
$\boldsymbol{\varepsilon}^{\mathrm{T}} = \{\kappa_{\mathrm{x}}, \kappa_{\mathrm{y}}, 2\,\kappa_{\mathrm{xy}}\}$</td></tr>
<tr><td>Gleichgewichts-operator</td><td>$\mathbf{D}_{\mathrm{g}} = \left[\dfrac{\mathrm{d}^2}{\mathrm{d}x^2}\right]$</td><td>$\mathbf{D}_{\mathrm{g}} = \left[\dfrac{\partial^2}{\partial x^2}, \dfrac{\partial^2}{\partial y^2}, 2\dfrac{\partial^2}{\partial x\,\partial y}\right]$</td></tr>
<tr><td>Verschiebungs–Verzerrungs–Operator</td><td>$\mathbf{D}_{\varepsilon\mathrm{u}}^{\mathrm{T}} = \left[-\dfrac{\mathrm{d}^2}{\mathrm{d}x^2}\right]$</td><td>$\mathbf{D}_{\varepsilon\mathrm{u}}^{\mathrm{T}} = \left[-\dfrac{\partial^2}{\partial x^2}, -\dfrac{\partial^2}{\partial y^2}, -2\dfrac{\partial^2}{\partial x\,\partial y}\right]$</td></tr>
<tr><td>Elastizitäts-matrix</td><td>$\boldsymbol{C} = [E\,I]$</td><td>$\boldsymbol{C} = \begin{bmatrix} B & \nu B & 0 \\ \nu B & B & 0 \\ 0 & 0 & B_{\mathrm{S}} \end{bmatrix}$
$B = \dfrac{E\,t^3}{12(1-\nu^2)}, \; B_{\mathrm{S}} = \dfrac{1-\nu}{2} B$</td></tr>
<tr><td>Randwerte der Verschiebungen und Schnittkräfte</td><td>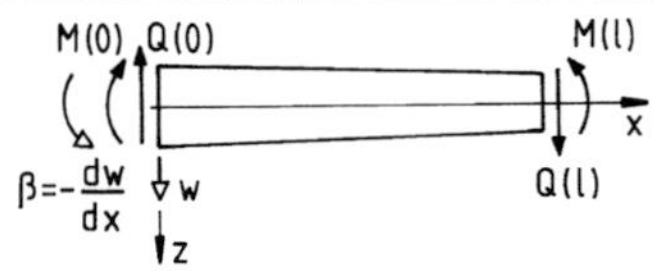

$\boldsymbol{u}_{\mathrm{r}}^{\mathrm{T}} = \{w(0), -\dfrac{\mathrm{d}w(0)}{\mathrm{d}x}, w(l), -\dfrac{\mathrm{d}w(l)}{\mathrm{d}x}\}$
$\boldsymbol{\sigma}_{\mathrm{r}}^{\mathrm{T}} = \{-Q(0), -M(0), Q(l), M(l)\}$</td><td>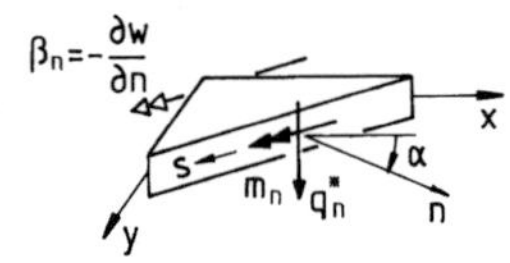

$\boldsymbol{u}_{\mathrm{r}}^{\mathrm{T}} = \{w, \beta_{\mathrm{n}}\}_{\mathrm{r}}$
$\boldsymbol{\sigma}_{\mathrm{r}}^{\mathrm{T}} = \{q_{\mathrm{n}}^{*}, m_{\mathrm{n}}\}_{\mathrm{r}}$</td></tr>
<tr><td>Transformations-matrizen</td><td></td><td>$\boldsymbol{T}_{\mathrm{u}} = \begin{bmatrix} 1 \\ -c\dfrac{\partial}{\partial x} - s\dfrac{\partial}{\partial y} \end{bmatrix}$ $\quad c = \cos\alpha, \; s = \sin\alpha$
$\boldsymbol{T}_{\sigma}$ wegen komplizierten Aufbaus nicht angegeben</td></tr>
</table>

Die Richtungen der Winkelpfeile (β_{x} und β_{y}) sind positiv, wenn sie mit den gleich indizierten Biegemomenten an einem positiven Schnittufer einen positiven äußeren Arbeitsausdruck bilden. Deshalb zeigt der β_{x}-Doppelpfeil in positive y-Richtung und der β_{y}-Doppelpfeil in negative x-Richtung.

In Bild 2.12 ist illustriert, wie die Schubverzerrung und die Krümmung beim schubweichen Balken definiert sind. Bei der schubweichen Platte gilt entsprechend

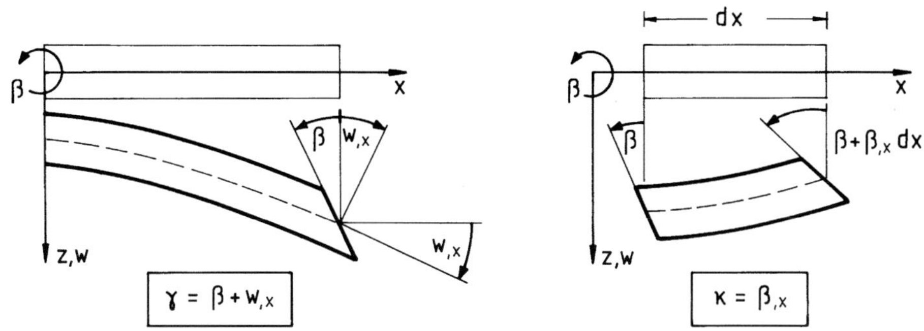

Bild 2.12. Definition der Schubverzerrung (links) und der Krümmung (rechts) beim Balken

$$\gamma_{\mathrm{xz}} = \beta_{\mathrm{x}} + \partial w/\partial x \quad \text{und} \quad \gamma_{\mathrm{yz}} = \beta_{\mathrm{y}} + \partial w/\partial y \quad \text{sowie}$$

$$\kappa_{\mathrm{x}} = \partial\beta_{\mathrm{x}}/\partial x\,, \quad \kappa_{\mathrm{y}} = \partial\beta_{\mathrm{y}}/\partial y \quad \text{und} \quad 2\,\kappa_{\mathrm{xy}} = \partial\beta_{\mathrm{x}}/\partial y + \partial\beta_{\mathrm{y}}/\partial x\,.$$

Im schubstarren Fall sind wegen $\gamma = 0$ bzw. $\gamma_{\mathrm{xz}} = 0$ und $\gamma_{\mathrm{yz}} = 0$ die Querschnittsneigungen keine unabhängigen Zustandsgrößen mehr. Das hat bei der Platte eine Reihe von Konsequenzen zur Folge:

- Einzige Verzerrungsgrößen einer schubstarren Platte sind die Krümmungen κ_{x} und κ_{y} sowie die Verwindung κ_{xy}. Sie ergeben sich als zweite Verschiebungsableitungen.
- Die Querkräfte lassen sich nicht mehr aus dem Stoffgesetz ableiten, da die Schubsteifigkeit unendlich groß wird.
- Für jeden Punkt eines Kraftrandes können nur noch zwei Schnittkraftrandbedingungen befriedigt werden. Die Randdrillmomente m_{ns} müssen daher in Ersatzquerkräfte umgerechnet und mit den Querkräften q_{n} zu Randkräften

  $$q_{\mathrm{n}}^{*} = q_{\mathrm{n}} + \partial m_{\mathrm{ns}}/\partial s$$

  zusammengefasst werden, siehe [2.2, 2.3, 2.6]. Auf die Angabe der Transformationsmatrix $\boldsymbol{T}_{\sigma}$, die recht kompliziert aufgebaut ist, wird in Tabelle 2.5 verzichtet.
- Zusätzlich können an 90°-Ecken Einzelkräfte (Eckkräfte) auftreten. Einzelheiten müssen auch hier der angegebenen Literatur entnommen werden.

Bei der schubweichen Platte ergeben sich nach Elimination der Verzerrungen und der Schnittkräfte drei partielle Differentialgleichungen 2. Ordnung. Als Verschiebungsdifferentialgleichung der schubstarren Platte erhält man eine Differentialgleichung 4. Ordnung für die Querverschiebung w, bei der homogenen, isotropen Platte ist das eine Bipotentialgleichung.

Weitere Einzelheiten entnehme man der Literatur, z. B. [2.4, 2.5].

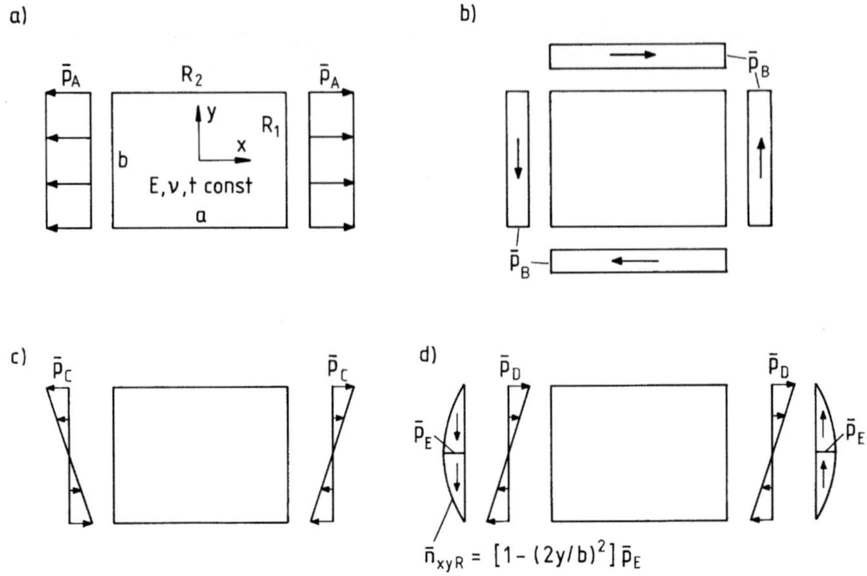

Bild 2.13. Randbelastungen einer ungelagerten Rechteckscheibe. **a** einseitiger Zug, **b** allseitiger Schub, **c** Biegung, **d** Schubbiegung

2.5 Übungsaufgaben

Aufgabe 2.1. Analytische Vergleichslösungen bei Rechteckscheiben

Um die Güte der mit einem Finite-Elemente-Verfahren ermittelten Lösungen beurteilen zu können, benötigt man Vergleichslösungen für einfache Fälle. Bei den vier Beispielen aus Bild 2.13 lassen sich analytische Lösungen angeben, die dann als Vergleichslösungen verwendet werden können. Es handelt sich jeweils um Scheiben konstanter Dicke aus homogenem, isotropem Material.

- Wie lauten die Randbedingungen an den vier Rändern? (Im Fall d muss die Amplitude $\bar{p}_{\mathrm{E}}$ der parabolischen Schubspannungsverteilung durch $\bar{p}_{\mathrm{D}}$ ausgedrückt werden, so dass die globale Momentengleichgewichtsbedingung erfüllt ist.)

Um zur Lösung zu gelangen, wird folgender Weg empfohlen: Zunächst wird ein Spannungszustand ermittelt, der die Schnittkraftrandbedingungen und die Gleichgewichtsbedingungen im Inneren erfüllt. Über das Stoffgesetz werden hierzu die Verzerrungsverläufe bestimmt. Anschließend versucht man, aus den drei Verzerrungsverläufen durch Integration die beiden Verschiebungsverläufe zu ermitteln. Beispielsweise erhält man durch Integration aus ε_{x} bis auf eine zunächst unbekannte Funktion $f(y)$ die Verschiebung $u(x,y)$ und aus ε_{y} bis auf eine zweite unbekannte Funktion $g(x)$ die Verschiebung $v(x,y)$. Die Lösung ist nur dann gültig, wenn sich $f(y)$ und $g(x)$ so festlegen lassen, dass auch noch die dritte kinematische Beziehung $\gamma_{\mathrm{xy}} = u_{,\mathrm{y}} + v_{,\mathrm{x}}$ erfüllt wird. Ob dies gelingt, lässt sich bereits anhand des Verzerrungszustandes mit Hilfe der Verträglichkeitsbedingung [2.1]

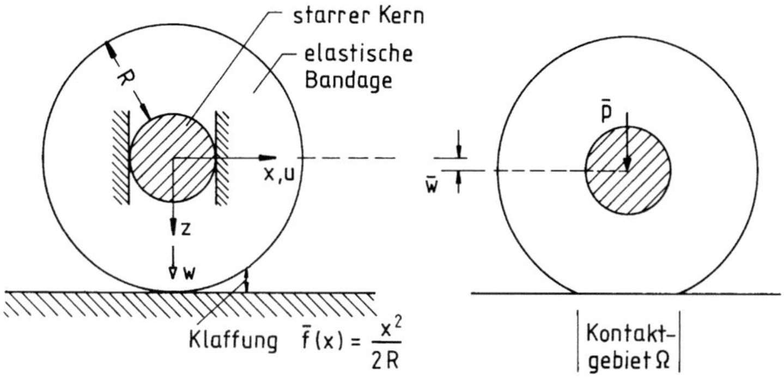

Bild 2.14. Pressung einer Walze. Ausgangslage (links) und verschobene Lage (rechts)

$$\varepsilon_{x,yy} + \varepsilon_{y,xx} - \gamma_{xy,xy} = 0$$

kontrollieren.

- Wie lauten die Spannungs- und Verzerrungsverläufe?
- Welche Verschiebungszustände erhält man in den vier Fällen?
- Welche Bedeutung haben die in allen vier Fällen auftretenden drei freien Konstanten? Wie erreicht man mechanisch, dass die Konstanten zu Null werden?
- Wie lauten bei Ausnutzung der Symmetriebedingungen die Randbedingungen auf den Symmetrie- bzw. Antimetrierändern (siehe Abschnitt 14.3)? Treten bei Ausnutzung der Symmetrie- bzw. Antimetriebedingungen weiterhin drei freie Konstanten in den Lösungen für den Verschiebungszustand auf?
- Existiert eine aus Polynomansätzen aufgebaute Lösung auch dann noch, wenn es sich um orthotropes oder allgemein anisotropes Material handelt?

Aufgabe 2.2. Randbedingungen bei einem Kontaktproblem

Eine elastische Walze mit starrem Kern (Bild 2.14) wird gegen eine starre Ebene gepresst. Der Kern ist in x-Richtung unverschieblich gelagert. Die Auflage zwischen Walze und Ebene ist reibungsfrei.

- Wie lauten die geometrischen Randbedingungen am Übergang von der elastischen Bandage zum starren Kern?

Bei der Behandlung des Kontaktproblems ist das Kontaktgebiet Ω zunächst unbekannt.

- Welche Randbedingungen gelten im Kontaktgebiet, welche außerhalb des Kontaktgebietes? (Hinweis zur Bearbeitung: Die Annäherung w sei so klein, dass für die elastische Bandage weiterhin die lineare Theorie gilt. Im Kontaktgebiet und in der unmittelbaren Nähe können die Kontaktbedingungen im x, y-Koordinatensystem beschrieben werden.)
- Welche Beziehungen (Ungleichungen) können für die iterative Verbesserung des zunächst unbekannten Kontaktgebietes verwendet werden?

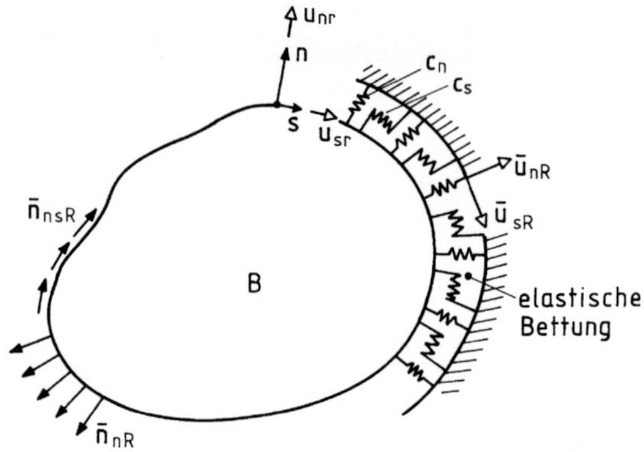

Bild 2.15. Bezeichnungen bei einem elastisch gebetteten Scheibenrand

Aufgabe 2.3. Gemischte Randbedingungen

- Wie lauten bei einem elastisch gebetteten Scheibenrand unter Verwendung der Bezeichnungen aus Bild 2.15 die ‚gemischten Randbedingungen', d. h. welcher Zusammenhang besteht zwischen $\boldsymbol{u}_\mathrm{r}$ und $\boldsymbol{\sigma}_\mathrm{r}$?

Aufgabe 2.4. Platte unter Temperaturbelastung

Bei den Grundgleichungen der Scheibe wurde der Lastfall ‚Temperaturverzerrungen' aufgenommen, bei der Platte nicht.

- Was ändert sich bei den Gleichungen für die isotrope Platte, wenn Temperaturkrümmungen berücksichtigt werden müssen?
- Wie berechnet man Temperaturkrümmungen bei einer in z-Richtung homogenen Platte, wenn die über die Dicke linear veränderliche Temperatur für $z = +t/2$ den Wert T_1 und für $z = -t/2$ den Wert T_2 annimmt?

Aufgabe 2.5. Randbedingungen bei einer Platte

Für die in Bild 2.16 dargestellten Rechteckplatte unter Gleichlast sollen die Randbedingungen formuliert werden.

- Welche Ränder sind Schnittkraftränder R_σ, welche Verschiebungsränder R_u?
- Wie lauten die Randbedingungen, wenn die Platte schubstarr ist? (Im schubstarren Fall können nur zwei Bedingungen pro Randabschnitt formuliert werden!)
- Wie lauten die Randbedingungen im schubweichen Fall? (Bei der gelenkigen Lagerung soll $\beta_\mathrm{s} = 0$ angesetzt werden!)
- Wie lauten die Randbedingungen längs der Koordinatenlinie $x = a/2$, wenn die Symmetrie (siehe Abschnitt 14.3) ausgenutzt wird?
- Welche Bedingungen gelten, wenn die Belastung bezüglich $x = a/2$ antimetrisch verläuft?

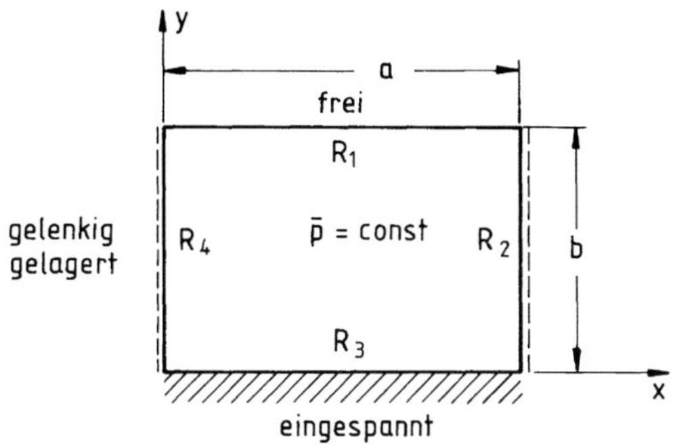

Bild 2.16. Rechteckplatte unter konstanter Flächenlast

Aufgabe 2.6. Ebener Verzerrungszustand

Ein zweidimensionales Problem als Sonderfall des dreidimensionalen Kontinuums ergibt sich nicht nur bei der Scheibe (ebener Spannungszustand: $\sigma_z = 0$, $\tau_{xz} = 0$, $\tau_{yz} = 0$), sondern auch bei einem ebenen Verzerrungszustand ($\varepsilon_z = 0$, $\gamma_{xz} = 0$, $\gamma_{yz} = 0$). Ein ebener Verzerrungszustand liegt beispielsweise in einer Schicht im Innern einer sehr langen, homogenen, isotropen Walze vor (Bild 2.17).

- Durch welche Zustandsgrößen wird das Problem beschrieben?
- Wie lauten die Gleichgewichtsbedingungen, das Materialgesetz und die kinematischen Beziehungen? Wie wird σ_z berechnet?
- Wie lauten die Randbedingungen für die Walze aus Bild 2.17 entlang des Umfangs, wenn man annimmt, dass die Belastung radial eingeleitet wird?

Aufgabe 2.7. Stab im Raum

In Bild 2.18 ist ein dickwandiger, doppelt-symmetrischer räumlicher Stab dargestellt. Anders als bei der Platte werden alle Verschiebungs- und Schnittkraftgrößen

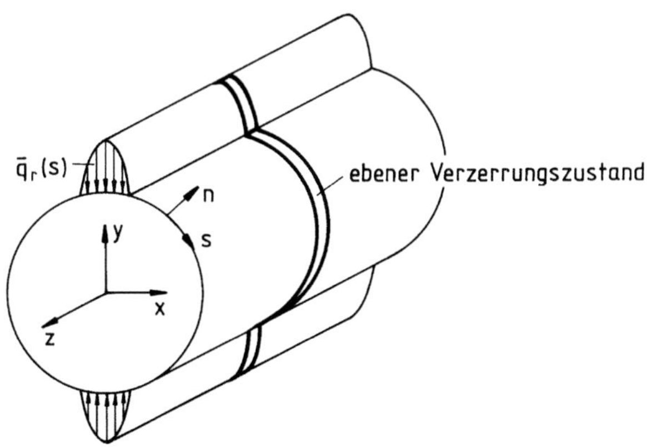

Bild 2.17. Schicht einer homogenen, isotropen Walze als Beispiel für einen ebenen Verzerrungszustand

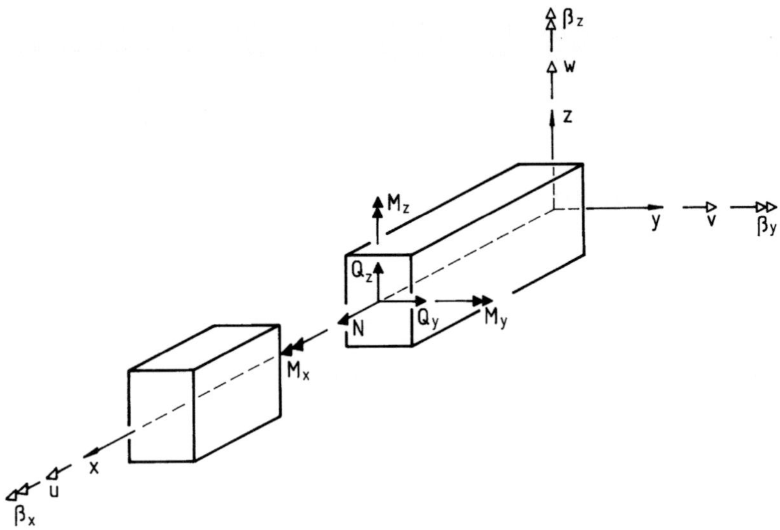

Bild 2.18. Verschiebungs- und Schnittkraftgrößen eines räumlichen Stabes

mathematisch definiert: Index und Vorzeichen orientieren sich an der Koordinatenrichtung.

Der Stab besitzt Dehnsteifigkeit ($D = E\,A$), Biegesteifigkeiten ($B_y = E\,I_y$ mit $I_y = \int z^2\,\mathrm{d}A$, $B_z = E\,I_z$ mit $I_z = \int y^2\,\mathrm{d}A$), Schubsteifigkeiten ($K_y = G\,A_y$, $K_z = G\,A_z$) und Torsionssteifigkeit ($B_x = G\,I_T$). Die Schubflächen A_y und A_z sowie das Torsionsträgheitsmoment I_T erhält man als Lösung einer Potentialgleichung (siehe Aufgaben 2.9, 3.7, 3.8 und 4.10). Die Werte können auch aus Handbüchern entnommen werden.

- Wie lauten der Verschiebungsvektor $\boldsymbol{u}$, der Schnittkraftvektor $\boldsymbol{\sigma}$, der Verzerrungsvektor und der Belastungsvektor $\bar{\boldsymbol{p}}$?
- Wie sind die Operatoren $\mathbf{D}_{\varepsilon u}$ und $\mathbf{D}_g$ besetzt?
- Wie lautet die Stoffmatrix $\boldsymbol{C}$?

Hinweis: Die zu M_y und M_z gehörenden Krümmungen werden als κ_y und κ_z, die zu M_x gehörende Verdrillung wird als κ_x bezeichnet.

Aufgabe 2.8. Grundgleichungen einer Membran

Eine Membran ist eine dünne, ebene, elastische Haut ohne Biegesteifigkeit, die in ihrer Mittelebene vorgespannt ist. Der Vorspannzustand $\{n_x^{(0)}, n_y^{(0)}, n_{xy}^{(0)}\}$ muss aus einer Vorabrechnung bekannt sein. Bei einer Querverschiebung infolge einer Querbelastung $\bar{p}_z(x, y)$ oder infolge einer Randverschiebung ergeben sich Schnittkraftkomponenten in z-Richtung, die mit der Belastung im Gleichgewicht stehen müssen (Bild 2.19).

- Wie lauten die Beziehungen für die Querkraftkomponenten $q_x(x, y)$ und $q_y(x, y)$? Wie lauten die Gleichgewichtsbedingungen an einem infinitesimalen Element $\mathrm{d}x\,\mathrm{d}y$?

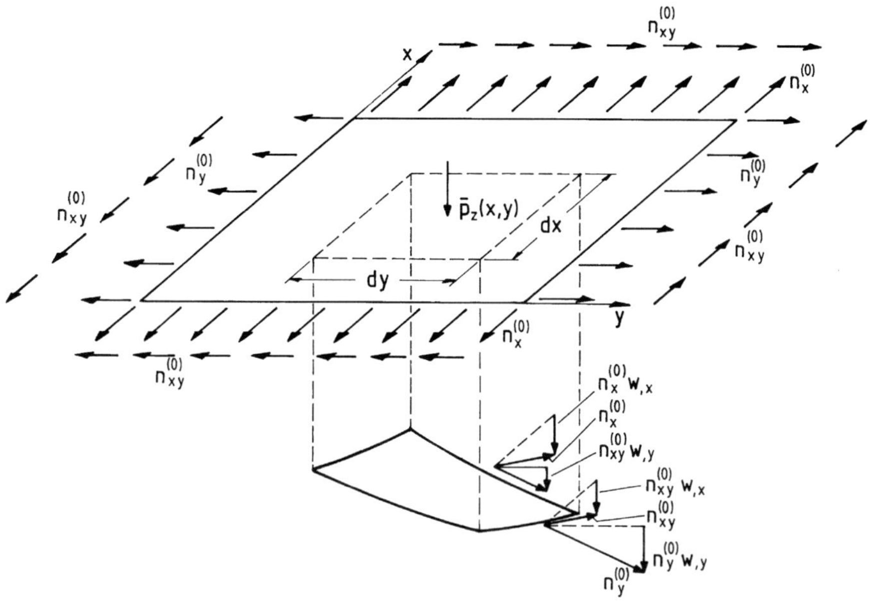

Bild 2.19. Zum Gleichgewicht am Membranelement

- Wie lauten die Randbedingungen an einem Rand R_u, an dem eine Randverschiebung $\bar{w}_R$ vorgegeben ist?
- Wie lauten die Randbedingungen an einem durch eine äußere Normale n gekennzeichneten Rand R_σ, an dem eine Randbelastung $\bar{q}_{nR}$ eingeleitet wird? Wie berechnet man den Randwert der Querkraft q_{nr} aus den inneren Querkräften q_x und q_y?
- Lege in Analogie zu den Scheibengleichungen fest, welche Größen im Verschiebungsvektor $\boldsymbol{u}$, im Schnittkraftvektor $\boldsymbol{\sigma}$, im Verzerrungsvektor $\boldsymbol{\varepsilon}$ und im Belastungsvektor $\bar{\boldsymbol{p}}$ zusammengefasst werden!
- Wie ist die Stoffmatrix $\boldsymbol{C}$ besetzt?
- Wie lautet die Differentialgleichung für die unbekannte Querverschiebung w im Fall einer isotropen Vorspannung, d. h. $n_x^{(0)} = n_y^{(0)} = n^{(0)}$ und $n_{xy}^{(0)} = 0$?
- Nicht jeder Vorspannzustand $\{n_x^{(0)}, n_y^{(0)}, n_{xy}^{(0)}\}$ ist als Membranspannungszustand möglich, da die biegeschlaffe Haut keine Reserven gegen Ausbeulen besitzt. Welche Bedingungen muss der Membranspannungszustand erfüllen?

Aufgabe 2.9. Torsion zylindrischer Stäbe

Das Problem der Torsion eines dickwandigen, zylindrischen Stabes, also eines geraden Stabes mit beliebigem aber in Stablängsrichtung konstantem Querschnitt, soll nach der Deformationsmethode behandelt werden. Hierzu ist die Lösung einer Randwertaufgabe erforderlich. Saint-Venant hat als erster gezeigt, dass bei geeigneter Einleitung der an den Stabenden angreifenden Torsionsmomente M_x jeder Querschnitt sich nur verdreht (Erhaltenbleiben der Querschnittsform), die Querschnitte

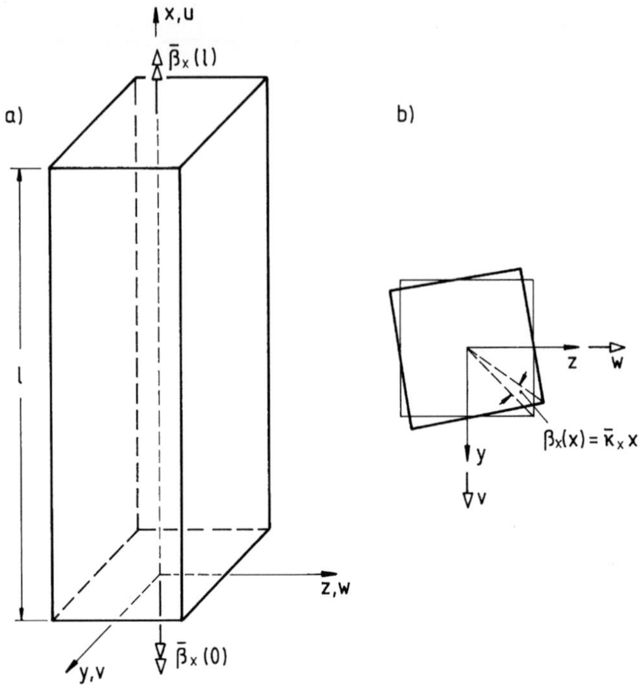

Bild 2.20. **a** Zylindrischer Stab mit gegenseitiger Verdrehung der Stabenden, **b** Relativverschiebung eines Stabquerschnittes $x = \text{const}$ bei einer Verdrillung $\bar{\kappa}_x$

allerdings verwölben können (kein Ebenbleiben der Querschnitte). Die Verwölbung darf durch die Lagerung nicht behindert werden.

Gesucht sind die Schubspannungsverteilung im Querschnitt und die Torsionssteifigkeit $B_x = G\,I_T$. Es sollen alle zur Lösung dieser Aufgabe erforderlichen Grundgleichungen aus den Grundgleichungen des dreidimensionalen Kontinuums (siehe Abschnitt 2.2.7) hergeleitet werden.

Der Verschiebungszustand des zylindrischen Stabes unter Torsion (Bild 2.20) wird durch die folgenden kinematischen Ansätze beschrieben, wobei darauf verzichtet wurde, Starrkörperverschiebungen mit anzugeben. Es gilt:

$$\begin{aligned} u(x,y,z) &= \bar{\kappa}_x\,\omega(y,z)\,, \\ v(x,y,z) &= -\beta_x(x)\;z\,, \\ w(x,y,z) &= \beta_x(x)\;y \\ \text{mit}\;\; \beta_x(x) &= \bar{\kappa}_x\;x\,. \end{aligned}$$

Die Verschiebungen $v(x,y,z)$ und $w(x,y,z)$ in jedem Querschnitt $x = \text{const}$ wurden hierbei so angesetzt, als verdrehe dieser Querschnitt sich wie eine starre Scheibe. Die Querschnittsfläche kann sich aber zusätzlich in x-Richtung verwölben, wobei $\omega(y,z)$ die Wölbfunktion ist. Wir nehmen an, dass die gegenseitige Verdrehung der beiden Stabendquerschnitte und damit die Verdrillung $\bar{\kappa}_x$ gegeben sind.

- Welche Verzerrungen treten auf? Wie lauten die *Verschiebungs-Verzerrungs-Relationen*?
- Welche *Spannungen* werden aufgrund der kinematischen Annahmen nicht zu Null? Wie lauten die verbleibenden *Elastizitätsgleichungen*?
- Welches sind die nicht identisch erfüllten *Gleichgewichtsbedingungen*? Wie lauten die *Schnittkraftrandbedingungen*, die bei der Betrachtung eines Stabquerschnittes am Rand des Querschnittes eingehalten werden müssen?
- Wie lauten die *Verschiebungsdifferentialgleichung* und die *Randbedingungen*, die die Wölbfunktion $\omega(y, z)$ erfüllen muss?
- Zeige, dass zu den Schubspannungen $\tau_{\mathrm{xy}}(y, z)$ und $\tau_{\mathrm{xz}}(y, z)$ keine resultierenden Querkräfte Q_{y} und Q_{z} gehören! Verwende hierzu die Greensche Formel und die daraus abgeleiteten Beziehungen aus Abschnitt 14.1.1!
- Wir nehmen an, dass die Randwertaufgabe gelöst ist, d. h., dass die Wölbfunktion bekannt ist. Wie ermittelt man dann das Torsionsmoment M_{x}?
- Die Torsionssteifigkeit $G\,I_{\mathrm{T}}$ ist über das Stoffgesetz für den Torsionsstab

  $$M_{\mathrm{x}} = G\,I_{\mathrm{T}}\;\bar{\kappa}_{\mathrm{x}}$$

  definiert. Welche Beziehung ergibt sich für I_{T}?
- Weise nach, dass das Torsionsflächenmoment I_{T} stets kleiner als das polare Trägheitsmoment I_{p} ist! (Auch hier wird für die Lösung die Verwendung der Formeln aus dem Abschnitt 14.1.1 empfohlen.)

Aufgabe 2.10. Matrizenoperationen

Im Hinblick auf die im vorliegenden Buch durchgängig benutzte Matrizenschreibweise [2.9] hat diese Übung zum Ziel, sich mit den dabei verwendeten Matrizenoperationen vertraut zu machen. Ausführliche Beschreibungen der Matrizenrechnung findet man beispielsweise auch in [2.10–2.14].

Gegeben seien die Matrix $\boldsymbol{A}$ der Abmessung $m \times n$, die Matrix $\boldsymbol{B}$ mit $k \times l$, der Vektor $\boldsymbol{c}$ der Abmessung p und der Vektor $\boldsymbol{d}$ der Länge q.

Welche Bedingungen hinsichtlich der Matrizenabmessungen müssen gelten, damit die Operationen $\boldsymbol{A}+\boldsymbol{B}$ und $\boldsymbol{c}+\boldsymbol{d}$ sinnvoll sind? Was ergeben damit die Additionen $\boldsymbol{A}+\boldsymbol{B}$ und $\boldsymbol{c}+\boldsymbol{d}$?

Welche Voraussetzungen müssen die Matrizenabmessungen erfüllen, damit die Operationen $\boldsymbol{A}\,\boldsymbol{B}$, $\boldsymbol{A}^T\,\boldsymbol{B}$, $\boldsymbol{A}\,\boldsymbol{c}$ und $\boldsymbol{d}^T\,\boldsymbol{B}$ definiert sind? Welche Ergebnisse liefern dann diese Multiplikationen? Ist das Produkt $\boldsymbol{d}\,\boldsymbol{B}$ zulässig? Zeige, dass $(\boldsymbol{d}^T\,\boldsymbol{B})^T = \boldsymbol{B}^T\,\boldsymbol{d}$ zutrifft!

Was ergeben die Kombinationen $\boldsymbol{c}\,\boldsymbol{c}$, $\boldsymbol{c}^T\,\boldsymbol{c}$, $\boldsymbol{c}\,\boldsymbol{c}^T$ und $\boldsymbol{c}^T\,\boldsymbol{c}^T$?

3 Das Prinzip der virtuellen Verrückungen und das Prinzip vom Minimum der potentiellen Energie

Die Grundgleichungen und das daraus abgeleitete Differentialgleichungssystem gelten für alle Punkte des Kontinuums, die zugehörigen Randbedingungen wurden für alle Punkte eines Randabschnittes formuliert. Diese Beziehungen sind somit *punktweise Aussagen*. Wenn die Zustandsgrößen diese Beziehungen in jedem Punkt des Kontinuums und in jedem Punkt der Berandung erfüllen, liegt die exakte Lösung vor. Exakte analytische Lösungen lassen sich allerdings nur in ganz wenigen Ausnahmefällen angeben.

Grundlage für Näherungslösungen sind vielfach Energieformulierungen, bei Problemen der Strukturmechanik das *Prinzip der virtuellen Verrückungen* oder das *Prinzip vom Minimum der potentiellen Energie*. Bei den Näherungslösungen werden die in den Energieintegralen auftretenden unbekannten Zustandsgrößen – bei den beiden genannten Prinzipien sind das die Verschiebungen – durch Ansatzfunktionen approximiert. Es handelt sich dann um *Mittelwertaussagen*: Die *Gleichgewichtsbedingungen* werden nicht mehr exakt, sondern nur noch im Mittel – integriert über den Bereich B und den Rand R_σ – erfüllt.

Das Prinzip der virtuellen Verrückungen lässt sich aus den Gleichgewichtsbedingungen herleiten. Die Ableitung erfolgt im Abschnitt 3.2. Im Abschnitt 3.1 wird das Prinzip ohne Ableitung angegeben und erläutert. Seine Verwendung wird an einer Beispielrechnung demonstriert. Der Nachweis, dass das Prinzip der virtuellen Verrückungen gleichwertig mit dem aus der Variationsrechnung bekannten Prinzip vom Minimum der potentiellen Energie ist, erfolgt im Abschnitt 3.3. Anschließend wird in Abschnitt 3.4 untersucht, welche Verschiebungszustände für beide Prinzipien zulässig sind. Im Abschnitt 3.5 wird das Prinzip der virtuellen Verrückungen für unterschiedliche Kontinua formuliert. In völliger Analogie zum Prinzip der virtuellen Verrückungen für Aufgaben der Strukturmechanik lassen sich auch für andere Feldprobleme Prinzipien angeben. Dies wird im Abschnitt 3.6 am Beispiel der Wärmeleitung illustriert.

3.1 Was ist das Prinzip der virtuellen Verrückungen und wie setzt man es ein?

Die *virtuelle Verschiebung* – im Gegensatz zur wirklichen Verschiebung – ist der Kernbegriff im Prinzip der virtuellen Verrückungen. Ein virtueller Verschiebungszustand ist ein kleiner, dem wirklichen Zustand überlagerter Verschiebungszustand. Zur Unterscheidung zum wirklichen Zustand kennzeichnen wir den virtuellen Zustand durch ein vorgesetztes δ. In Bild 3.1 ist für eine Scheibe der wirkliche Ver-

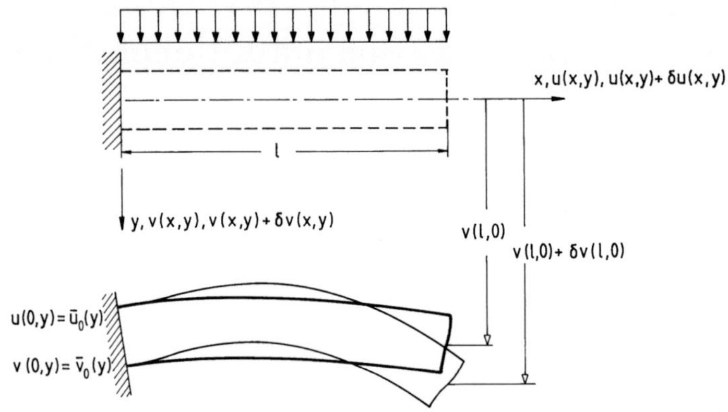

Bild 3.1. Unverformter Ausgangszustand (gestrichelt), wirklicher Verschiebungszustand $\boldsymbol{u}(x, y)$ infolge Belastung und Verschiebung der Lagerung (dicke Linie) und benachbarter (variierter) Zustand $\boldsymbol{u}(x, y) + \delta\boldsymbol{u}(x, y)$ (dünne Linie)

schiebungszustand $\boldsymbol{u}(x, y)$ dick ausgezogen dargestellt. Überlagert man noch einen virtuellen Zustand $\delta\boldsymbol{u}(x, y)$, so erhält man den dünn ausgezogenen benachbarten Zustand $\boldsymbol{u}(x, y) + \delta\boldsymbol{u}(x, y)$.

Im Falle kleiner Verschiebungen, bei denen die linearen kinematischen Beziehungen gelten, so dass superponiert werden kann, darf der virtuelle Zustand auch einfach von der unverformten Lage aus angegeben werden (Bild 3.2a).

Nicht alle Zustände dürfen im Prinzip der virtuellen Verrückungen als wirkliche oder virtuelle Zustände verwendet werden. Ein Verschiebungszustand muss ‚zulässig' sein.

Ein Verschiebungszustand wird als zulässig bezeichnet, wenn er geometrisch möglich ist, d. h., wenn er die geometrischen Randbedingungen erfüllt und wenn der aus dem Verschiebungszustand ermittelte Verzerrungszustand beschränkt bleibt. Der zweite Teil der Forderung ist gleichbedeutend damit, dass im Innern keine Klaffungen bzw. Überlappungen auftreten dürfen. Der virtuelle Zustand muss die geometrischen Randbedingungen nur als homogene Randbedingungen erfüllen.

Bei Verwendung der symbolischen Schreibweise gelten also die Beziehungen

$$\delta\varepsilon = \mathbf{D}_{\varepsilon\mathrm{u}}\,\delta\boldsymbol{u} \quad \text{beschränkt in B}\,, \tag{3.1}$$

$$\delta\boldsymbol{u}_{\mathrm{r}} = \mathbf{0} \qquad \text{auf } \mathrm{R}_{\mathrm{u}}\,. \tag{3.2}$$

Der Zustand in Bild 3.2b, bei dem im Innern Klaffungen und Überlappungen vorkommen, ist als virtueller Zustand unzulässig. Im Abschnitt 3.4 werden wir uns mit der Frage der Zulässigkeit noch eingehender befassen.

Die Ableitung des Prinzips der virtuellen Verrückungen, aus der sich u. a. die Forderungen (3.1) und (3.2) ergeben, stellen wir bis zum nächsten Abschnitt zurück. Wir geben erst einmal eine Formulierung des Prinzips an:

Für einen Schnittkraftzustand, der die Gleichgewichtsbedingungen und die Schnittkraftrandbedingungen erfüllt, ist für jeden virtuellen Verschiebungs-Verzerrungs-

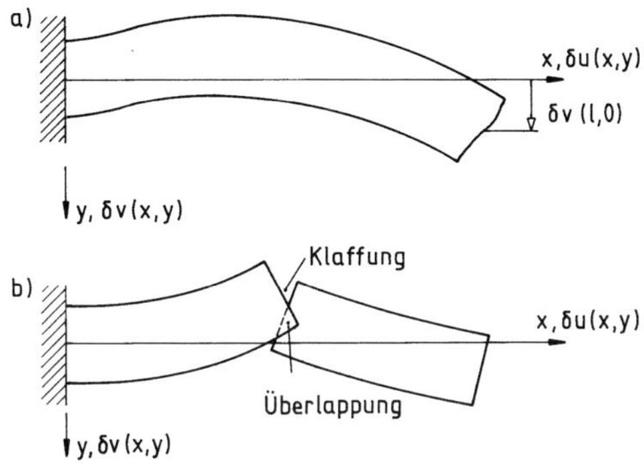

Bild 3.2. Zulässiger (**a**) und unzulässiger (**b**) virtueller Verschiebungszustand

zustand die virtuelle Formänderungsenergie gleich der virtuellen Arbeit der äußeren Kräfte.

Das Prinzip der virtuellen Verrückungen, d. h. die Gleichheit von virtueller Formänderungsenergie und virtueller äußerer Arbeit, ist also eine zu den Gleichgewichtsaussagen äquivalente Formulierung. An dem Schema von Bild 3.3 ist dies verdeutlicht. Die Zeile, die bisher von Gleichgewichtsbedingungen und Schnittkraftrandbedingungen eingenommen wurde, ist durch das Prinzip der virtuellen Verrückungen ersetzt worden. Der Schnittkraftvektor braucht hierbei nicht über das Elastizitätsgesetz durch den Verzerrungsvektor ausgedrückt zu werden. Auch für einen Schnittkraftzustand, der sich im Zuge einer elastisch-plastischen Rechnung ergibt, lautet das Prinzip der virtuellen Verrückungen genauso, vorausgesetzt, der Schnittkraftzustand ist ein Gleichgewichtszustand. In beiden Fällen gilt also

$$\int_{\mathrm{B}} \delta\boldsymbol{\varepsilon}^{\mathrm{T}}\, \boldsymbol{\sigma}\, \mathrm{d}B = \int_{\mathrm{B}} \delta\boldsymbol{u}^{\mathrm{T}}\, \bar{\boldsymbol{p}}\, \mathrm{d}B + \int_{\mathrm{R}_\sigma} \boldsymbol{u}_{\mathrm{r}}^{\mathrm{T}}\, \bar{\boldsymbol{\sigma}}_{\mathrm{R}}\, \mathrm{d}R\,, \tag{3.3a}$$

$$\delta\Pi_{\mathrm{i}} \quad = \quad \delta W_{\mathrm{a}}\,. \tag{3.3b}$$

Die virtuelle Formänderungsenergie $\delta\Pi_{\mathrm{i}}$ ist das über den gesamten Bereich integrierte Skalarprodukt aus dem Schnittkraftvektor und dem virtuellen Verzerrungsvektor; die virtuelle Arbeit der äußeren Kräfte δW_{a} ist gleich dem über dem gesamten Bereich und die gesamte Berandung integrierten Skalarprodukt aus dem Vektor der äußeren Kräfte und dem virtuellen Verschiebungsvektor.

Das Prinzip der virtuellen Verrückungen ist nicht auf linear-elastische Rechnungen beschränkt. Über das Stoffgesetz wird keine Aussage gemacht, der Spannungszustand könnte sich also auch auf Grund plastischer Deformationen eingestellt haben. Bei großen Deformationen (geometrische Nichtlinearität) muss allerdings darauf geachtet werden, dass mit den einander zugeordneten Zustandsgrößen gearbeitet wird[1].

[1] In der nichtlinearen Kontinuumsmechanik ergibt sich aus einer entsprechenden Forderung, dass z. B. der Green-Lagrangesche Verzerrungstensor und der 2. Piola-Kirchhoff-sche Spannungstensor einander zugeordnet sind (siehe Abschnitt 13.1.)

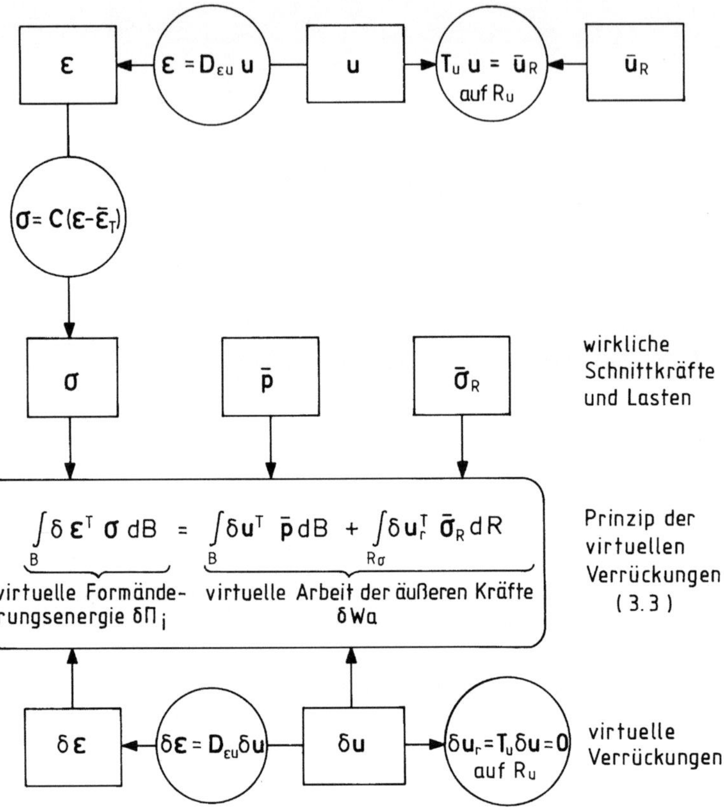

Bild 3.3. Ersetzen der Gleichgewichtsaussagen durch das Prinzip der virtuellen Verrückungen

Wenn man im linear-elastischen Fall den Schnittkraftvektor $\boldsymbol{\sigma}$ noch durch den Verschiebungsvektor $\boldsymbol{\sigma}$ und die virtuellen Verzerrungen $\delta\boldsymbol{\varepsilon}$ noch durch $\delta\boldsymbol{u}$ ausdrückt (siehe Schema von Bild 3.3 und Gl. (3.1)), so erhält man

$$\int_{\mathrm{B}} [\mathbf{D}_{\varepsilon \mathrm{u}}\,\delta\boldsymbol{u}]^{\mathrm{T}}\,\boldsymbol{C}\,[\mathbf{D}_{\varepsilon \mathrm{u}}\,\boldsymbol{u} - \bar{\boldsymbol{\varepsilon}}^{\mathrm{T}}]\,\mathrm{d}B = \int_{\mathrm{B}} \delta\boldsymbol{u}^{\mathrm{T}}\,\bar{\boldsymbol{p}}\,\mathrm{d}B + \int_{\mathrm{R}_\sigma} \delta\boldsymbol{u}_{\mathrm{r}}^{\mathrm{T}}\,\bar{\boldsymbol{\sigma}}_{\mathrm{R}}\,\mathrm{d}R \tag{3.4}$$

mit den noch zu erfüllenden geometrischen Randbedingungen

$$\boldsymbol{u}_{\mathrm{r}} = \bar{\boldsymbol{u}}_{\mathrm{R}} \text{ und } \delta\boldsymbol{u}_{\mathrm{r}} = \mathbf{0} \text{ auf } \mathrm{R}_{\mathrm{u}}\,, \tag{3.5}$$

die auch als wesentliche Randbedingungen bezeichnet werden.

Als unbekannte Zustandsgrößen treten in Gl. (3.4) nur Verschiebungsgrößen auf. Verfahren auf der Grundlage von Gl. (3.4) werden deshalb als *Verschiebungsgrößenverfahren* bzw. als *Deformationsmethode* bezeichnet.

Setzt man die exakte Lösung ein, die die Gleichgewichts- und Schnittkraftrandbedingungen punktweise befriedigt, so ist Gl. (3.4) natürlich erfüllt. Sucht man

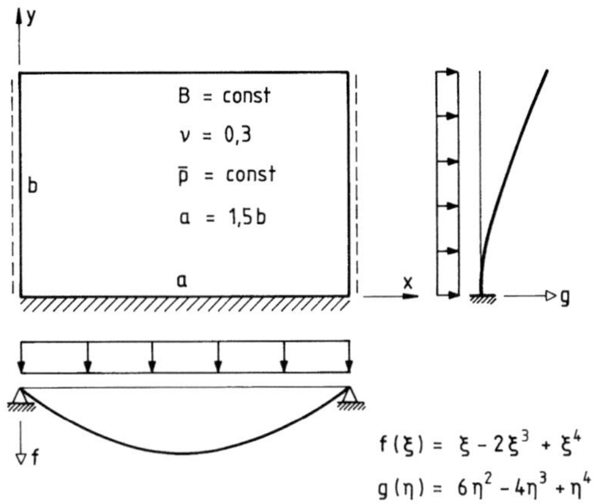

Bild 3.4. Schubstarre Rechteckplatte unter Gleichlast. Geometrie, Lagerung und Ansatzfunktionen

nur eine Näherungslösung, so kann man in Gl. (3.4) die Verschiebungszustände $\boldsymbol{u}$ und $\delta\boldsymbol{u}$ durch Ansatzfunktionen approximieren. Die Schnittkraftzustände, die man dabei erhält, sind keine Gleichgewichtszustände mehr. Die Gleichgewichtsaussagen werden aber wenigstens im Integralmittel erfüllt.

Beispiel

Wir wollen die Anwendung des Prinzips der virtuellen Verrückungen an einem Beispiel demonstrieren. Um rechnen zu können, müssen wir in die symbolische Formulierung des Prinzips, Gl. (3.4), die Stoffmatrix $\boldsymbol{C}$ und den Operator $\mathbf{D}_{\varepsilon\mathrm{u}}$ für die schubstarre Platte aus Tabelle 2.5 einführen. Das Prinzip der virtuellen Verrückungen nimmt dann die folgende Form an:

$$\int_{\mathrm{F}} \{-\delta w_{,\mathrm{xx}}, -\delta w_{,\mathrm{yy}}, -2\,\delta w_{,\mathrm{xy}}\}\, B \begin{bmatrix} 1 & \nu & 0 \\ \nu & 1 & 0 \\ 0 & 0 & \dfrac{1-\nu}{2} \end{bmatrix} \begin{Bmatrix} -w_{,\mathrm{xx}} \\ -w_{,\mathrm{yy}} \\ -2\,w_{,\mathrm{xy}} \end{Bmatrix} \mathrm{d}F = \int_{\mathrm{F}} \delta w\, \bar{p}_{\mathrm{o}}\, \mathrm{d}F$$

$$\text{mit der Biegesteifigkeit } B = \frac{E\,t^3}{12\,(1-\nu^2)}\,.$$

Behandelt wird eine schubstarre Rechteckplatte unter Gleichlast (Bild 3.4). Sie ist an zwei gegenüberliegenden Seiten gelenkig gelagert; die dritte Seite ist eingespannt, die vierte frei. Die Verschiebungszustände approximieren wir durch die Polynome

$$\begin{aligned} w(x,y) &= \alpha\, f(\xi)\, g(\eta)\,, \\ \delta w(x,y) &= \delta\alpha\, f(\xi)\, g(\eta) \\ \text{mit } \xi &= \frac{x}{a} \text{ und } \eta = \frac{y}{b}\,. \end{aligned}$$

Für die Funktionen $f(\xi)$ und $g(\eta)$ wählen wir die (geeignet normierten) Biegelinien eines beidseitig gelenkig gelagerten Balkens und eines Kragarms unter Gleichlast

(Bild 3.4). Die geometrischen Randbedingungen der Platte werden von diesen Ansatzfunktionen erfüllt.

Da der Verschiebungszustand durch einen Produktansatz approximiert wird, brauchen nur Linienintegrale gelöst zu werden. Als Ergebnis erhält man

$$\delta\alpha \, \frac{966\,692}{99\,225} \, \frac{B}{b^2} \, \alpha = \delta\alpha \, \frac{9}{25} \, b^2 \, \bar{p}_\text{o} \, .$$

Der Parameter $\delta\alpha$ des virtuellen Ansatzes ist bis auf die Tatsache, dass er sehr klein sein muss, willkürlich und kann gekürzt werden. Für den Parameter α erhält man

$$\alpha = \frac{35\,721}{966\,692} \, \frac{b^4 \, \bar{p}_\text{o}}{B}$$

und damit als Verschiebungszustand

$$w(x,y) = 0{,}03695 \, \frac{b^4 \, \bar{p}_\text{o}}{B} \, (\xi - 2\,\xi^3 + \xi^4) \, (6\,\eta^2 - 4\,\eta^3 + \eta^4) \, .$$

Für die Maximaldurchsenkung ergibt sich

$$w\left(\frac{a}{2}, b\right) = 0{,}0346 \, \frac{b^4 \, \bar{p}_\text{o}}{B} \, ,$$

ein Wert, der gut mit der bei Timoshenko [3.1] angegebenen Lösung (0,0335) übereinstimmt. Bei einer weiteren Kontrolle der Lösung stellt man fest, dass der ermittelte Verschiebungszustand die Differentialgleichung

$$B \, (w_{,\text{xxxx}} + 2 \, w_{,\text{xxyy}} + w_{,\text{yyyy}}) - \bar{p}_\text{o} = 0$$

nicht erfüllt. Ebenfalls verletzt werden die Schnittkraftbedingungen am freien Rand. Die aus dem Verschiebungszustand ermittelten Randschnittkräfte am Rand $y = b$, das Normalmoment

$$m_\text{y} = 0{,}177 \, b^2 \, \bar{p}_\text{o} \, \xi \, (1 - \xi)$$

und die Randkraft (siehe Abschnitt 2.4)

$$q_\text{y}^* = 1{,}340 \, b \, \bar{p}_\text{o} \, \xi \, (1 - \xi) \, ,$$

werden nicht zu Null. Worauf diese Fehler beruhen, werden wir in Abschnitt 3.2 sehen.

Approximiert man den unbekannten Verschiebungszustand $w(x,y)$ nicht – wie hier geschehen – nur durch eine, sondern durch mehrere globale Ansatzfunktionen mit zunächst unbekannten Vorfaktoren, so gelangt man zum Ritzschen Verfahren für schubstarre Platten.

3.2 Ableitung des Prinzips der virtuellen Verrückungen aus den Gleichgewichtsbedingungen

Integralsatz

Die Ableitung des Prinzips der virtuellen Verrückungen wird übersichtlicher, wenn man hierbei einen Integralsatz verwendet, der im Abschnitt 14.1 für einige Tragwerkstypen bewiesen ist:

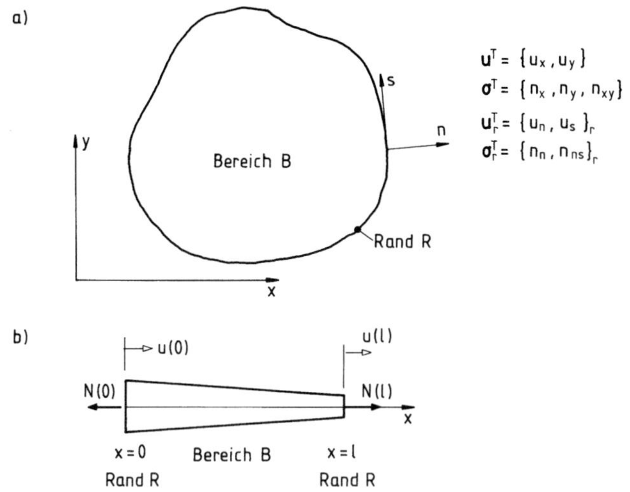

Bild 3.5. Bereich B und Rand R bei Scheibe (**a**) und Dehnstab (**b**)

$$\int_{\mathrm{B}} \boldsymbol{\sigma}^{\mathrm{T}}\,[\mathbf{D}_{\varepsilon \mathrm{u}}\,\delta \boldsymbol{u}]\,\mathrm{d}B + \int_{\mathrm{B}} \delta \boldsymbol{u}^{\mathrm{T}}\,[\mathbf{D}_{\mathrm{g}}\,\boldsymbol{\sigma}]\,\mathrm{d}B = \oint_{\mathrm{R}} \delta \boldsymbol{u}_{\mathrm{r}}^{\mathrm{T}}\,\boldsymbol{\sigma}_{\mathrm{r}}\,\mathrm{d}R\,. \tag{3.6}$$

Der Integralsatz enthält noch keine mechanische sondern nur eine mathematische Aussage: Bei geeigneter Zusammenfassung lassen sich zwei Bereichsintegrale zu einem Integral über den gesamten Rand zusammenfassen.

Für eine Scheibe und einen Dehnstab sind in Bild 3.5 Bereich und Rand noch einmal verdeutlicht.

Im Fall eines eindimensionalen Kontinuums wird das Integral besonders einfach. Bei dem Dehnstab (Bild 3.5b) ist

$$\begin{aligned} &\int_{l} N(x)\,\frac{\mathrm{d}\delta u(x)}{\mathrm{d}x}\,\mathrm{d}x + \int_{l} \delta u(x)\,\frac{\mathrm{d}N(x)}{\mathrm{d}x}\,\mathrm{d}x = \int_{l} \frac{\mathrm{d}}{\mathrm{d}x}[N(x)\,\delta u(x)]\,\mathrm{d}x \\ &= \{\delta u(0), \delta u(l)\} \begin{Bmatrix} -N(0) \\ N(l) \end{Bmatrix}. \end{aligned} \tag{3.7}$$

Nach Zusammenfassung der Integranden aus den beiden Integralen zu einem vollständigen Differential lässt sich die Integration ausführen; es verbleiben nur noch Randausdrücke.

Ableitung des Prinzips in 3 Schritten

In Abschnitt 3.1 wurde das Prinzip der virtuellen Verrückungen ohne Ableitung angegeben. Nun soll gezeigt werden, dass es in der Tat eine zu der Gleichgewichtsbedingung

$$\mathbf{D}_{\mathrm{g}}\,\sigma + \bar{\boldsymbol{p}} = \mathbf{0} \quad \text{in B} \tag{3.8}$$

und zu den Schnittkraftrandbedingungen

$$-\boldsymbol{\sigma}_{\mathrm{r}} + \bar{\boldsymbol{\sigma}}_{\mathrm{R}} = \mathbf{0} \quad \text{auf } \mathrm{R}_{\sigma} \tag{3.9}$$

äquivalente Aussage darstellt. Sind $\boldsymbol{\sigma}$ und $\boldsymbol{\sigma}_{\mathrm{r}}$ Näherungslösungen, so werden die Gln. (3.8) und (3.9) nicht mehr exakt erfüllt sein. Im Bereich B und auf dem Rand R_{σ} verbleiben Fehler, die man in Restgrößen- oder Residualvektoren $\boldsymbol{\Delta}$ und $\boldsymbol{\Delta}_{\mathrm{R}}$ erfasst:

$$\mathbf{D}_{\mathrm{g}}\, \sigma + \bar{\boldsymbol{\sigma}} = \boldsymbol{\Delta} \qquad \text{in } B\,, \tag{3.10}$$

$$-\,\boldsymbol{\sigma}_{\mathrm{r}} + \bar{\boldsymbol{\sigma}}_{\mathrm{R}} = \boldsymbol{\Delta}_{\mathrm{R}} \quad \text{auf } \mathrm{R}_{\sigma}\,. \tag{3.11}$$

Der Gedanke, für eine Näherungslösung mit zunächst noch freien Parametern die Gleichgewichtsbedingung und die Schnittkraftrandbedingungen wenigstens im gewichteten Mittel zu erfüllen, d. h. die ‚Residuen' im Integralmittel zum Verschwinden zu bringen, wird auch als ‚Methode der gewichteten Residuen' bezeichnet.

1. Schritt:

Anstelle von (3.8) und (3.9) schreibt man

$$\int_{\mathrm{B}} \delta\boldsymbol{u}^{\mathrm{T}}\ [\mathbf{D}_{\mathrm{g}}\, \boldsymbol{\sigma} + \bar{\boldsymbol{p}}]\ \mathrm{d}B + \int_{\mathrm{R}_{\sigma}} \delta\boldsymbol{u}_{\mathrm{R}}^{\mathrm{T}}\ [-\boldsymbol{\sigma}_{\mathrm{r}} + \bar{\boldsymbol{\sigma}}_{\mathrm{R}}]\ \mathrm{d}R = 0\,. \tag{3.12}$$

Die hierbei verwendeten Verschiebungszustände $\delta\boldsymbol{u}$ und $\delta\boldsymbol{u}_{\mathrm{R}}$ haben den Charakter von *Gewichtsfunktionen*, mit denen die Gleichgewichts- und Schnittkraftrandbedingungen multipliziert werden müssen, um anstelle der punktweisen Aussagen eine Mittelwertaussage zu erhalten. Ist $\boldsymbol{\sigma}$ eine Näherungslösung mit N zunächst freien Parametern, so kann man N Gewichtsfunktionen $\delta\boldsymbol{u}$ und $\delta\boldsymbol{u}_{\mathrm{R}}$ wählen.

Erfüllt $\boldsymbol{\sigma}$ die Gleichgewichtsbedingung und die Schnittkraftrandbedingungen identisch, so ist trivialerweise Gl. (3.12) für jeden virtuellen Verschiebungszustand erfüllt.

Andererseits gilt aber auch das Umgekehrte: Wenn Gl. (3.12) für beliebige virtuelle Verschiebungszustände $\delta\boldsymbol{u}$ und $\delta\boldsymbol{u}_{\mathrm{R}}$ erfüllt ist, so befriedigt der Schnittkraftzustand $\boldsymbol{\sigma}$ die Gleichgewichtsbedingung (Fundamentalsatz der Variationsrechnung, Abschnitt 14.2 oder [3.7]).

2. Schritt:

Das Flächenintegral in Gl. (3.12) soll nun mit Hilfe des Integralsatzes, Gl. (3.6), umgeformt werden. Als Ergebnis erhält man:

$$\begin{aligned} &-\int_{\mathrm{B}} \boldsymbol{\sigma}^{\mathrm{T}}\, [\mathbf{D}_{\varepsilon \mathrm{u}}\, \delta\boldsymbol{u}]\ \mathrm{d}B + \int_{\mathrm{B}} \delta\boldsymbol{u}^{\mathrm{T}}\ \bar{\boldsymbol{p}}\ \mathrm{d}B \\ &+ \int_{\mathrm{R_u}+\mathrm{R}_{\sigma}} \delta\boldsymbol{u}_{\mathrm{r}}^{\mathrm{T}}\ \boldsymbol{\sigma}_{\mathrm{r}}\ \mathrm{d}R + \int_{\mathrm{R}_{\sigma}} \delta\boldsymbol{u}_{\mathrm{R}}^{\mathrm{T}}\, [-\boldsymbol{\sigma}_{\mathrm{r}} + \bar{\boldsymbol{\sigma}}_{\mathrm{R}}]\ \mathrm{d}R = 0\,. \end{aligned} \tag{3.13}$$

Das Integral über den Gesamtrand R, bei dem es sich um eine Zusammenfassung von $\mathrm{R_u}$ und R_{σ} handelt (geschrieben als $\mathrm{R} = \mathrm{R_u} + \mathrm{R}_{\sigma}$), wird in zwei Anteile aufgeteilt und bezüglich R_{σ} mit dem letzten Integral zusammengefasst:

$$\underbrace{\int_{\mathrm{B}} \boldsymbol{\sigma}^{\mathrm{T}} \left[\mathbf{D}_{\varepsilon\mathrm{u}}\, \delta\boldsymbol{u}\right] \mathrm{d}B - \int_{\mathrm{B}} \delta\boldsymbol{u}^{\mathrm{T}}\, \bar{\boldsymbol{p}}\, \mathrm{d}B - \int_{\mathrm{R}_\sigma} \delta\boldsymbol{u}_{\mathrm{R}}^{\mathrm{T}}\, \bar{\boldsymbol{\sigma}}_{\mathrm{R}}\, \mathrm{d}R}_{①}$$

$$+ \underbrace{\int_{\mathrm{R}_\sigma} \left[\delta\boldsymbol{u}_{\mathrm{R}} - \delta\boldsymbol{u}_{\mathrm{r}}\right]^{\mathrm{T}} \sigma_{\mathrm{r}}\, \mathrm{d}R}_{②} - \underbrace{\int_{\mathrm{R}_\mathrm{u}} \delta\boldsymbol{u}_{\mathrm{r}}^{\mathrm{T}}\, \boldsymbol{\sigma}_{\mathrm{r}}\, \mathrm{d}R}_{③} = 0\,. \qquad (3.14)$$

3. Schritt:

Gl. (3.14) wird schließlich durch geeignete Forderungen, die an den virtuellen Verschiebungszustand gestellt werden, vereinfacht:

(a) Zunächst wurden der virtuelle Verschiebungszustand $\delta\boldsymbol{u}$ im Bereich B und der nur auf dem Randabschnitt R_σ definierte virtuelle Randverschiebungszustand $\delta\boldsymbol{u}_{\mathrm{R}}$ unabhängig voneinander eingeführt. Es wird nun gefordert, dass

$$\delta\boldsymbol{u}_{\mathrm{R}} = \delta\boldsymbol{u}_{\mathrm{r}} \ \text{ auf } \mathrm{R}_\sigma\,, \qquad (3.15)$$

d. h., auf R_σ soll der virtuelle Randverschiebungszustand gleich dem Randwert des virtuellen Verschiebungszustands des Bereiches B sein. Damit verschwindet der Term ② in Gl. (3.14). Im dritten Integral von Term ① kann $\delta\boldsymbol{u}_{\mathrm{R}}$ durch $\delta\boldsymbol{u}_{\mathrm{r}}$ ersetzt werden.

(b) Wir fordern ferner, dass der virtuelle Verschiebungszustand die homogenen Randbedingungen auf dem Randabschnitt R_u befriedigt, d. h.

$$\delta\boldsymbol{u}_{\mathrm{r}} = \mathbf{0} \ \text{ auf } \mathrm{R}_\mathrm{u}\,. \qquad (3.16)$$

Damit verschwindet der Term ③ in Gl. (3.14).

(c) Schließlich führen wir als Abkürzung noch einen zu $\delta\boldsymbol{u}$ gehörigen virtuellen Verzerrungszustand $\delta\boldsymbol{\varepsilon}$ ein:

$$\delta\boldsymbol{\varepsilon} = \mathbf{D}_{\varepsilon\mathrm{u}}\delta\,\boldsymbol{u}\,. \qquad (3.17)$$

Aufgrund der Voraussetzungen, die wir bei der Ableitung des Integralsatzes gemacht haben, muss $\delta\boldsymbol{\varepsilon}$ beschränkt bleiben, $\delta\boldsymbol{u}$ also hinreichend stetig sein.

Setzt man die Gleichungen (3.15), (3.16) und (3.17) in (3.14) ein, so erhält man das Prinzip der virtuellen Verrückungen in der Form, die in Abschnitt 3.1 einfach angegeben wurde,

$$\underbrace{\int_{\mathrm{B}} \delta\boldsymbol{\varepsilon}^{\mathrm{T}}\, \boldsymbol{\sigma}\, \mathrm{d}B}_{\textit{virtuelle Form-änderungsenergie}} = \underbrace{\int_{\mathrm{B}} \delta\boldsymbol{u}^{\mathrm{T}}\, \bar{\boldsymbol{p}}\, \mathrm{d}B + \int_{\mathrm{R}_\sigma} \delta\boldsymbol{u}_{\mathrm{r}}^{\mathrm{T}}\, \bar{\boldsymbol{\sigma}}_{\mathrm{R}}\, \mathrm{d}R}_{\textit{virtuelle Arbeit der äußeren Kräfte}}\,. \qquad (3.18a)$$

In knapper, abgekürzter Form kann man auch schreiben

$$\delta\Pi_{\mathrm{i}} = \delta W_{\mathrm{a}} \,. \tag{3.18b}$$

Die beiden bei der Bearbeitung angefallenen Nebenbedingungen für den virtuellen Verschiebungszustand

$$\delta\boldsymbol{\varepsilon} = \mathbf{D}_{\varepsilon\mathrm{u}}\,\delta\boldsymbol{u} \quad \text{beschränkt in B}\,, \tag{3.19}$$

$$\delta\boldsymbol{u}_{\mathrm{r}} = \mathbf{0} \qquad \text{auf } \mathrm{R_u} \tag{3.20}$$

wurden im letzten Abschnitt auch schon angegeben. Ein virtueller Verschiebungszustand ist nur dann zulässig, wenn er geometrisch möglich ist.

Wir geben noch einmal die verbale Formulierung des Prinzips der virtuellen Verrückungen aus dem letzten Abschnitt an:

Befindet sich ein Schnittkraftzustand im Gleichgewicht, so ist für einen beliebigen, geometrisch möglichen virtuellen Verschiebungszustand die virtuelle Formänderungsenergie gleich der virtuellen äußeren Arbeit.

Man kann die Ableitung auch in umgekehrter Richtung durchlaufen, d. h. vom Prinzip zu den Gleichgewichtsbedingungen. Dem entspricht folgende Formulierung:

Ist für einen Schnittkraftzustand das Prinzip der virtuellen Verrückungen bei beliebigen virtuellen Verschiebungszuständen erfüllt, so ist der Schnittkraftzustand ein Gleichgewichtszustand.

Bei einem Näherungsverfahren wird Gl. (3.18) nur für bestimmte virtuelle Verschiebungszustände erfüllt. Der Schnittkraftzustand erfüllt dann die Gleichgewichtsaussagen nicht mehr Punkt für Punkt. Dann gilt:

Ist für einen Schnittkraftzustand das Prinzip der virtuellen Verrückungen nur für bestimmte virtuelle Verschiebungen erfüllt, so werden von dem Schnittkraftzustand die Gleichgewichtsbedingungen auch nur im integralen Mittel befriedigt, wobei die virtuellen Verschiebungszustände als Gewichtsfunktionen interpretiert werden können.

3.3 Das Prinzip vom Minimum der potentiellen Energie (Dirichletsches Variationsprinzip)

Statt für numerische Rechnungen vom Prinzip der virtuellen Verrückungen auszugehen, wird als Ausgangspunkt vielfach ein Variationsprinzip, das sogenannte Prinzip vom Minimum der potentiellen Energie, verwendet. Wir beschränken uns auf den linear-elastischen Fall und auf eine Rechnung nach Theorie 1. Ordnung. Formelmäßig lautet das Prinzip vom Minimum der potentiellen Energie oder, wie es auch heißt, das Dirichletsche Variationsprinzip:

$$\Pi^{(\mathrm{D})} \equiv \underbrace{\frac{1}{2}\int\limits_{\mathrm{B}} [\boldsymbol{\varepsilon} - \bar{\boldsymbol{\varepsilon}}_{\mathrm{T}}]^{\mathrm{T}}\,\boldsymbol{C}\,[\boldsymbol{\varepsilon} - \bar{\boldsymbol{\varepsilon}}_{\mathrm{T}}]\,\mathrm{d}B}_{\Pi_{\mathrm{i}}} \underbrace{-\int\limits_{\mathrm{B}} \boldsymbol{u}^{\mathrm{T}}\,\bar{\boldsymbol{p}}\,\mathrm{d}B - \int\limits_{\mathrm{R}_\sigma} \boldsymbol{u}_{\mathrm{r}}^{\mathrm{T}}\,\bar{\boldsymbol{\sigma}}_{\mathrm{R}}\,\mathrm{d}R}_{\Pi_{\mathrm{a}}} = \text{Minimum}\,. \tag{3.21}$$

Π_i ist hierbei die Formänderungsenergie oder das innere Potential, Π_a (einschließlich des negativen Vorzeichens) das Potential der äußeren Kräfte.

Gl. (3.21) ist eine Minimalforderung. Setzt man in den Potentialausdruck von Gl. (3.21) unterschiedliche Verschiebungszustände ein, so ergibt sich, dass die potentielle Energie für die exakte Lösung $\boldsymbol{u}$ einen Minimalwert annimmt, für alle anderen Vergleichslösungen $\boldsymbol{v}$ ergibt sich ein größerer Wert für $\Pi^{(\mathrm{D})}$. Als Vergleichslösungen dürfen hierbei alle zulässigen (geometrisch möglichen) Verschiebungs-Verzerrungszustände verwendet werden, also Zustände, für die gilt

$$\boldsymbol{v}_\mathrm{r} = \bar{\boldsymbol{v}}_\mathrm{R} \quad \text{auf } \mathrm{R_u}\,, \tag{3.22}$$

$$\boldsymbol{\varepsilon} = \mathbf{D}_{\varepsilon\mathrm{u}}\,\boldsymbol{v} \text{ beschränkt in B}\,. \tag{3.23}$$

Das Prinzip vom Minimum der potentiellen Energie lässt sich dann wie folgt formulieren:

Von allen geometrisch möglichen (zulässigen) Verschiebungs-Verzerrungszuständen $\boldsymbol{v}$ macht der exakte Zustand, für den der zugehörige Schnittkraftzustand ein Gleichgewichtszustand ist, die potentielle Energie bei einem linear-elastischen Problem nach Theorie 1. Ordnung zu einem Minimalwert.

Zum Beweis des Prinzips vom Minimum der potentiellen Energie setzen wir, wie in Bild 3.1, den benachbarten Vergleichszustand $\boldsymbol{v}$ aus der exakten Lösung $\boldsymbol{u}$ und einer kleinen Abweichung (Variation) $\delta\boldsymbol{u}$ zusammen,

$$\boldsymbol{v} = \boldsymbol{u} + \delta\boldsymbol{u}\,, \tag{3.24}$$

wobei die Variation genauso wie die virtuelle Verschiebung bezeichnet wird und auch die gleichen Bedingungen (3.19) und (3.20) erfüllen muss.

Nach dem Prinzip vom Minimum der potentiellen Energie muss gelten

$$\Pi^{(\mathrm{D})}(\boldsymbol{u} + \delta\boldsymbol{u}) \geqslant \Pi^{(\mathrm{D})}(\boldsymbol{u})\,. \tag{3.25}$$

Durch Einsetzen von Gl. (3.24) in Gl. (3.21) und anschließendes Umordnen erhält man

$$\begin{aligned}
\Pi^{(\mathrm{D})}(\boldsymbol{u} + \delta\boldsymbol{u}) &= \left\{ \frac{1}{2} \int\limits_\mathrm{B} [\boldsymbol{\varepsilon} - \bar{\boldsymbol{\varepsilon}}_\mathrm{T}]^\mathrm{T}\, \boldsymbol{C}\, [\boldsymbol{\varepsilon} - \bar{\boldsymbol{\varepsilon}}_\mathrm{T}]\, \mathrm{d}B - \int\limits_\mathrm{B} \boldsymbol{u}^\mathrm{T}\, \bar{\boldsymbol{p}}\, \mathrm{d}B - \int\limits_{\mathrm{R}_\sigma} \boldsymbol{u}_\mathrm{r}^\mathrm{T} \bar{\boldsymbol{\sigma}}_\mathrm{R}\, \mathrm{d}R \right\} \\
&+ \left\{ \int\limits_\mathrm{B} \delta\boldsymbol{\varepsilon}^\mathrm{T}\, \boldsymbol{C}\, [\boldsymbol{\varepsilon} - \bar{\boldsymbol{\varepsilon}}_\mathrm{T}]\, \mathrm{d}B - \int\limits_\mathrm{B} \delta\boldsymbol{u}^\mathrm{T}\, \bar{\boldsymbol{p}}\, \mathrm{d}B - \int\limits_{\mathrm{R}_\sigma} \delta\boldsymbol{u}_\mathrm{r}^\mathrm{T}\, \bar{\boldsymbol{\sigma}}_\mathrm{R}\, \mathrm{d}R \right\} \\
&+ \left\{ \frac{1}{2} \int\limits_\mathrm{B} \delta\boldsymbol{\varepsilon}^\mathrm{T}\, \boldsymbol{C}\, \delta\boldsymbol{\varepsilon}\, \mathrm{d}B \right\} \\
&= \Pi^{(\mathrm{D})}(\boldsymbol{u}) + \delta\Pi^{(\mathrm{D})}(\boldsymbol{u}, \delta\boldsymbol{u}) + \delta^2\Pi^{(\mathrm{D})}(\delta\boldsymbol{u})\,.
\end{aligned} \tag{3.26}$$

Die potentielle Energie einer Vergleichslösung $\boldsymbol{u}+\delta\boldsymbol{u}$ besteht also aus drei Anteilen: der potentiellen Energie der exakten Lösung $\boldsymbol{u}$, einem Anteil $\delta\Pi^{(\mathrm{D})}$, in dem die Variation $\delta\boldsymbol{u}$ linear, und einem Anteil, in dem $\delta\boldsymbol{u}$ quadratisch vorkommt.

Der Ausdruck $\delta\Pi^{(\mathrm{D})}$ wird als *Variation der potentiellen Energie* bezeichnet. Nach Einführung des Elastizitätsgesetzes

$$\boldsymbol{\sigma} = \boldsymbol{C}\,[\boldsymbol{\varepsilon} - \bar{\boldsymbol{\varepsilon}}_{\mathrm{T}}] \tag{3.27}$$

erhält man den gleichen Ausdruck wie im Prinzip der virtuellen Verrückungen, von dem wir bereits wissen, dass er für eine Gleichgewichtslösung (und die exakte Lösung ist sicher eine Gleichgewichtslösung) verschwindet:

$$\delta\Pi^{(\mathrm{D})} \equiv \int\limits_{\mathrm{B}} \delta\boldsymbol{\varepsilon}^{\mathrm{T}}\,\boldsymbol{\sigma}\,\mathrm{d}B - \int\limits_{\mathrm{B}} \delta\boldsymbol{u}^{\mathrm{T}}\,\bar{\boldsymbol{p}}\,\mathrm{d}B - \int\limits_{\mathrm{R}_\sigma} \delta\boldsymbol{u}_{\mathrm{r}}^{\mathrm{T}}\,\bar{\boldsymbol{\sigma}}_{\mathrm{R}}\,\mathrm{d}R = 0\,.$$

Der Anteil $\delta^2\Pi^{(\mathrm{D})}$ ist stets größer oder gleich Null,

$$\delta^2\Pi^{(\mathrm{D})} = \frac{1}{2}\int\limits_{\mathrm{B}} \delta\boldsymbol{\varepsilon}^{\mathrm{T}}\,\boldsymbol{C}\,\delta\boldsymbol{\varepsilon}\,\mathrm{d}B = \Pi_{\mathrm{i}}(\delta\boldsymbol{u}) \geqslant 0\,, \tag{3.28}$$

da zu einer Verzerrung $\delta\boldsymbol{\varepsilon}$ stets eine positive Formänderungsenergie gehören muss! Für die potentielle Energie der Vergleichslösung kann man also schreiben

$$\Pi^{(\mathrm{D})}(\boldsymbol{u} + \delta\boldsymbol{u}) = \Pi^{(\mathrm{D})}(\boldsymbol{u}) + \Pi_{\mathrm{i}}(\delta\boldsymbol{u})\,, \tag{3.29}$$

so dass in der Tat gilt

$$\Pi^{(\mathrm{D})}(\boldsymbol{u} + \delta\boldsymbol{u}) \geqslant \Pi^{(\mathrm{D})}(\boldsymbol{u})\,. \tag{3.30}$$

Damit ist die Behauptung von Gl. (3.21) bewiesen: Unter allen geometrisch möglichen Verschiebungszuständen macht die exakte Lösung die potentielle Energie bei einem linear-elastischen Problem nach Theorie 1. Ordnung zu einem Minimum.

Das Prinzip vom Minimum der potentiellen Energie setzt voraus, dass es sich um ein konservatives Problem handelt, d. h. um ein Problem, für das ein Potentialausdruck existiert. Das ist z. B. bei elastisch-plastischen Problemen nicht der Fall, für die das Prinzip der virtuellen Verrückungen aber weiterhin Gültigkeit besitzt. Bei geometrisch nichtlinearen Problemen oder Problemen der Theorie 2. Ordnung existiert zwar ein solcher Potentialausdruck, dessen 1. Variation zu Null wird, allerdings braucht die Minimalforderung nicht mehr erfüllt zu sein. Sie ist nur erfüllt, wenn es sich um eine stabile Gleichgewichtslage (siehe Kapitel 10) handelt.

‚Abstand' einer Näherungslösung von der exakten Lösung

Bei einem Näherungsverfahren wie der Methode der finiten Elemente enthält die Vergleichslösung $\boldsymbol{v}$ nicht alle geometrisch möglichen Verschiebungszustände. Man muss sich auf eine endliche Anzahl beschränken,

$$\boldsymbol{v} = \sum_{\mathrm{i}=1}^{\mathrm{I}} a_{\mathrm{i}}\,\boldsymbol{v}_{\mathrm{i}}\,, \tag{3.31}$$

und bestimmt dann die zunächst freien Koeffizienten a_{i} so, dass die potentielle Energie bezüglich dieser Zustände zu einem Minimum wird. Lässt sich zufälligerweise die exakte Lösung $\boldsymbol{u}$ aus den Verschiebungsansätzen $\boldsymbol{v}_{\mathrm{i}}$ superponieren, dann ist $\Pi^{(\mathrm{D})}(\boldsymbol{v})$ auch das absolute Minimum. Im allgemeinen gilt

$$\Pi^{(\mathrm{D})}(\boldsymbol{v}) - \Pi^{(\mathrm{D})}(\boldsymbol{u}) \geqslant 0\,. \tag{3.32}$$

Je kleiner die Abweichung ist, um so besser wird im Energiemittel die exakte Lösung durch die Näherungslösung approximiert. Man kann den in Gl. (3.32) vorliegenden ‚Abstand' der Näherungslösung von der exakten Lösung noch etwas umformen,

$$\begin{aligned} \Pi^{(\mathrm{D})}(\boldsymbol{v}) - \Pi^{(\mathrm{D})}(\boldsymbol{u}) &= \Pi^{(\mathrm{D})}(\boldsymbol{u} + (\boldsymbol{v} - \boldsymbol{u})) - \Pi^{(\mathrm{D})}(\boldsymbol{u}) \\ &= \Pi^{(\mathrm{D})}(\boldsymbol{u} + \delta\boldsymbol{u}) - \Pi^{(\mathrm{D})}(\boldsymbol{u})\,, \end{aligned} \tag{3.33}$$

wobei die Variation $\delta\boldsymbol{u}$ als Abkürzung für die Verschiebungsdifferenz

$$\delta\boldsymbol{u} = \boldsymbol{v} - \boldsymbol{u}$$

eingeführt wurde. Berücksichtigt man noch Gl. (3.29), so ergibt sich

$$\Pi^{(\mathrm{D})}(\boldsymbol{v}) - \Pi^{(\mathrm{D})}(\boldsymbol{u}) = \Pi_{\mathrm{i}}(\boldsymbol{v} - \boldsymbol{u})\,. \tag{3.34}$$

Der Abstand zwischen der Näherungslösung $\boldsymbol{v}$ und der exakten Lösung $\boldsymbol{u}$ wird somit durch die zur Verschiebungsdifferenz $(\boldsymbol{v} - \boldsymbol{u})$ gehörige Formänderungsenergie erfasst.

Zusammenfassung

In Bild 3.6 ist der Zusammenhang zwischen der Gleichgewichtsaussage, dem Prinzip der virtuellen Verrückungen und dem Prinzip vom Minimum der potentiellen Energie dargestellt. Das Prinzip der virtuellen Verrückungen kann man, ausgehend von den Gleichgewichtsaussagen, stets angeben. Der Übergang zum Prinzip vom Minimum der potentiellen Energie ist nur dann möglich, wenn es sich um ein konservatives System handelt, bei dem alle Kräfte ein Potential besitzen [3.11]. Das Potential der Schnittkräfte ist beispielsweise die Formänderungsenergiedichte, aus der man die Schnittkräfte durch Differentiation nach den zugehörigen Verzerrungen gewinnt ($n_{\mathrm{x}} = \partial\Pi_{\mathrm{i}}/\partial\varepsilon_{\mathrm{x}}$).

Bei konservativen Systemen ist das Prinzip der virtuellen Verrückungen die erste Variation des Prinzips vom Minimum der potentiellen Energie. Geht man bei einem Näherungsverfahren vom Prinzip der virtuellen Verrückungen aus und approximiert die wirklichen und die virtuellen Zustände durch die gleichen Ansatzfunktionen, so erhält man die gleiche Näherungslösung wie beim Prinzip vom Minimum der potentiellen Energie. Das Prinzip vom Minimum der potentiellen Energie liefert aber bei einem linear-elastischen Problem nach Theorie 1. Ordnung zusätzlich die Aussage, dass jede Näherungslösung die potentielle Energie von oben approximiert (Gl. (3.30)).

Bei nichtkonservativen Problemen steht nur das Prinzip der virtuellen Verrückungen für die Entwicklung eines Näherungsverfahrens zur Verfügung.

Im Prinzip vom Minimum der potentiellen Energie ist stets der Verschiebungszustand unbekannt und muss durch Ansatzfunktionen approximiert werden. Beim Prinzip der virtuellen Verrückungen kann statt des wirklichen Verschiebungszustands auch der wirkliche Schnittkraftzustand als unbekannt angesehen werden, wobei aber weiterhin der virtuelle Verschiebungszustand durch Ansatzfunktionen dargestellt wird [3.2, 3.3].

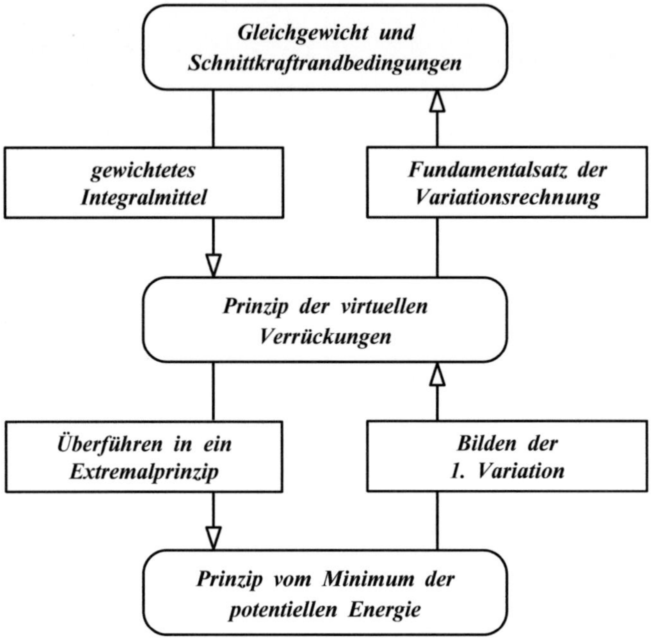

Bild 3.6. Zusammenhang zwischen der Gleichgewichtsaussage, dem Prinzip der virtuellen Verrückungen und dem Prinzip vom Minimum der potentiellen Energie.

3.4 Zulässige Verschiebungszustände

Der Begriff des ,zulässigen Verschiebungszustandes' hat eine zentrale Bedeutung beim Prinzip der virtuellen Verrückungen und beim Prinzip vom Minimum der potentiellen Energie. Mit ihm wollen wir uns daher noch etwas eingehender beschäftigen.

Ein zulässiger Verschiebungszustand im Sinne eines der beiden Prinzipien muss die geometrischen Randbedingungen erfüllen, die daher auch als wesentliche Randbedingungen bezeichnet werden. Um die Schnittkraftrandbedingungen braucht man sich nicht zu kümmern. Sie sind in das Prinzip integriert und werden gemeinsam mit den Gleichgewichtsbedingungen nur im Mittel befriedigt.

Von geometrischen Randbedingungen zu reden, hat nur in der Strukturmechanik Sinn. Der Begriff wesentliche Randbedingungen hingegen gilt auch bei anderen Feldproblemen. Treten in einem Prinzip unbekannte Zustandsgrößen bis zur n-ten Ableitung auf, so bezeichnet man diejenigen Randbedingungen als wesentlich, in denen Zustandsgrößen bis zur Ordnung $n-1$ auftreten.

Bei den meisten Feldproblemen treten in den Prinzipien nur erste Ableitungen der unbekannten Zustandsgrößen auf (Scheibe, dreidimensionales Kontinuum, Wärmeleitungsproblem), in den wesentlichen Randbedingungen stehen dann nur die Funktionswerte. Bei einigen Problemen (schubstarre Balken, Platten und Schalen) finden sich in den Prinzipien auch zweite Verschiebungsableitungen. Als wesentliche

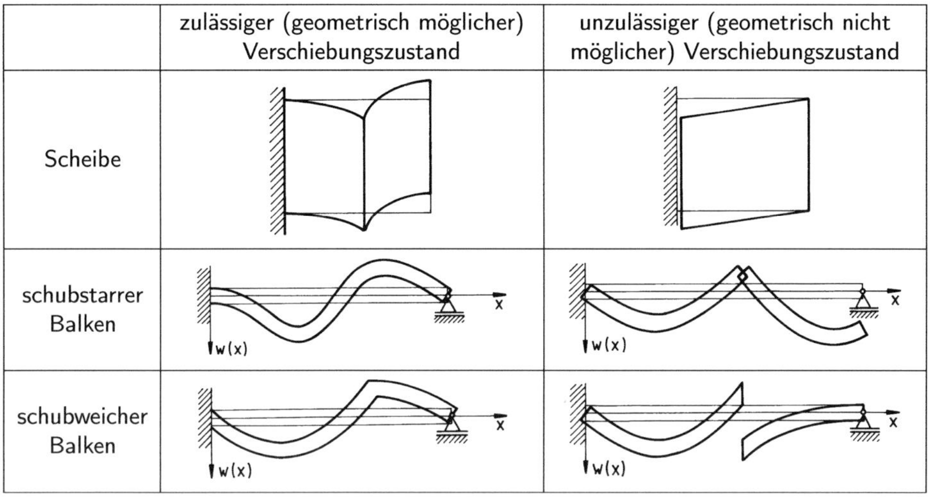

Bild 3.7. Zulässige und unzulässige Verschiebungszustände

Randbedingungen bezeichnet man dann die Bedingungen für die Verschiebungen und die Verschiebungsableitungen (Neigungen).

Die für das Prinzip der virtuellen Verrückungen oder das Prinzip vom Minimum der potentiellen Energie zugelassenen wirklichen und virtuellen Verschiebungszustände dürfen außerdem keine unendlich großen Verzerrungen besitzen. Es darf – anschaulich gesprochen – nicht zu ‚Klaffungen' im Kontinuum kommen. Für ein Kontinuum, bei dem die Verzerrungsgrößen nur erste Verschiebungsableitungen enthalten (Stab, Scheibe, dreidimensionales Kontinuum) muss ein zulässiger Verschiebungszustand dann stetig in den Funktionswerten (C^0-stetig) sein. Enthalten die Verzerrungsgrößen hingegen zweite Verschiebungsableitungen (schubstarrer Balken, schubstarre Platte oder Schale), so müssen bei einem zulässigen Verschiebungszustand außer den Funktionswerten auch die ersten Ableitungen stetig verlaufen (C^1-stetig bzw. stetig differenzierbar).

In Bild 3.7 sind für eine Scheibe, einen schubstarren Balken und einen schubweichen Balken zulässige und unzulässige Verschiebungszustände dargestellt. Der Leser möge sich selbst überlegen, warum die dargestellten Zustände zulässig bzw. unzulässig sind.

Reale Tragwerke bestehen vielfach nicht aus einem sondern aus mehreren zusammenhängenden Teilbereichen. Zwischen den Teilbereichen müssen auch noch Übergangsbedingungen formuliert werden. Dies erfolgt in weitgehender Analogie zur Formulierung der Randbedingungen, wobei für das Prinzip der virtuellen Verrückungen und das Prinzip vom Minimum der potentiellen Energie vor allem die geometrischen (wesentlichen) Übergangsbedingungen von Interesse sind. Die Schnittkraftübergangsbedingungen werden bei der Formulierung des Prinzips automatisch im Mittel erfüllt.

In Bild 3.8 sind exemplarisch für drei Tragwerke die Übergangsbedingungen angegeben.

Tragwerk	Komponenten	wesentliche Übergangsbedingungen
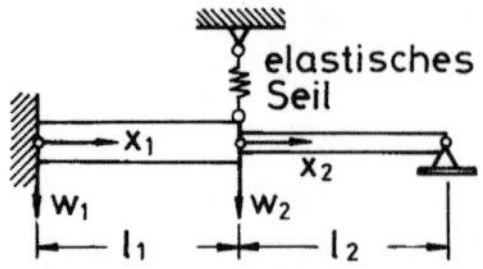	schubstarre Balken	$w_1(l_1) = w_2(0)$ $w_1'(l_1) = w_2'(0)$
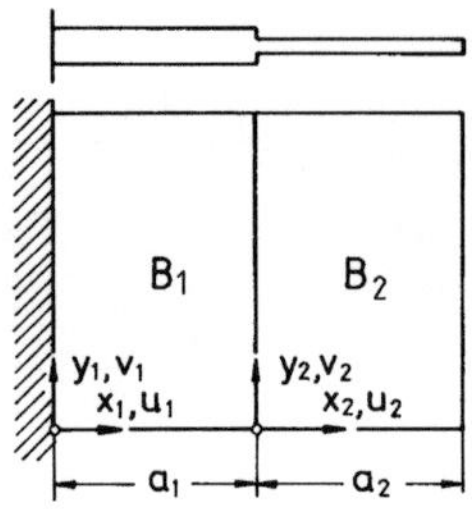	Scheiben	$u_1(a_1, y) = u_2(0, y)$ $v_1(a_1, y) = v_2(0, y)$
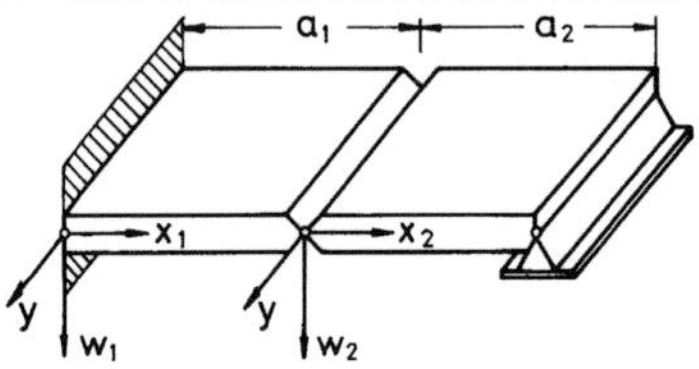	schubstarre Platten	$w_1(a_1, y) = w_2(0, y)$

Bild 3.8. Beispiele für wesentliche (geometrische) Übergangsbedingungen

3.5 Das Prinzip der virtuellen Verrückungen für einzelne Kontinua

Bisher wurden das Prinzip der virtuellen Verrückungen und das Prinzip vom Minimum der potentiellen Energie symbolisch formuliert (Gl. (3.3) und (3.21). Im folgenden soll tabellarisch das Prinzip der virtuellen Verrückungen für einzelne Kontinua angegeben werden.

3.5.1 Das Prinzip für dreidimensionale Kontinua, Scheiben und Dehnstäbe

Bei dreidimensionalen Kontinua, Scheiben und Dehnstäben müssen die zulässigen Verschiebungszustände C^0-stetig verlaufen, damit keine unendlich großen Verzerrungen auftreten. Die Prinzipformulierungen sind in Tabelle 3.1 zusammengestellt. Für die Umsetzung zu einem Verfahren der finiten Elemente müssen die Schnittkräfte (Spannungen) noch durch Verzerrungen und diese durch Verschiebungsableitungen ausgedrückt werden.

3.5.2 Das Prinzip für Balken und Platten

Die Tabellen 3.2 und 3.3 enthalten eine Zusammenstellung der unterschiedlichen Formulierungen des Prinzips der virtuellen Verrückungen für schubweiche und schubstarre Balken und Platten.

Tabelle 3.1. Das Prinzip der virtuellen Verrückungen für dreidimensionale Kontinua, Scheiben, und Dehnstäbe

	dreidimensionales Kontinuum	*Scheibe*	*Dehnstab*
System Koordinaten Randlasten	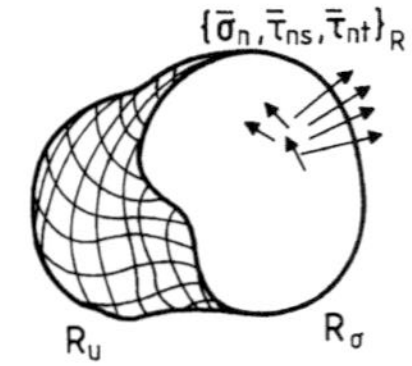	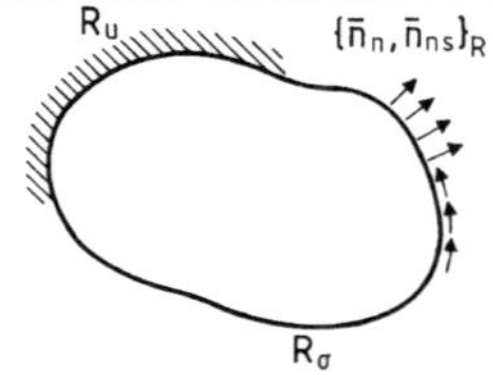	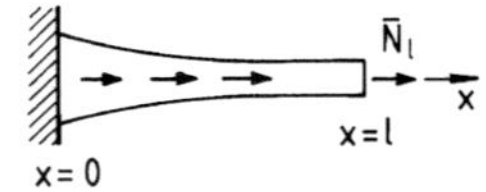
Prinzip der virtuellen Verrückungen	$\int_V \{\delta\varepsilon_x, \delta\varepsilon_y, \delta\varepsilon_z, \delta\gamma_{xy}, \delta\gamma_{yz}, \delta\gamma_{zx}\} \begin{Bmatrix} \sigma_x \\ \sigma_y \\ \sigma_z \\ \tau_{xy} \\ \tau_{yz} \\ \tau_{zx} \end{Bmatrix} \mathrm{d}V$ $= \int_V \{\delta u, \delta v, \delta w\} \begin{Bmatrix} \bar X \\ \bar Y \\ \bar Z \end{Bmatrix} \mathrm{d}V$ $+ \int_{R_\sigma} \{\delta u_{nr}, \delta u_{sr}, \delta u_{tr}\} \begin{Bmatrix} \bar\sigma_{nR} \\ \bar\tau_{nsR} \\ \bar\tau_{ntR} \end{Bmatrix} \mathrm{d}F$	$\int_F \{\delta\varepsilon_x, \delta\varepsilon_y, \delta\gamma_{xy}\} \begin{Bmatrix} n_x \\ n_y \\ n_{xy} \end{Bmatrix} \mathrm{d}F$ $= \int_F \{\delta u, \delta v\} \begin{Bmatrix} \bar p_x \\ \bar p_y \end{Bmatrix} \mathrm{d}F$ $+ \int_{R_\sigma} \{\delta u_{nr}, \delta u_{sr}\} \begin{Bmatrix} \bar n_{nR} \\ \bar n_{nsR} \end{Bmatrix} \mathrm{d}s$	$\int_l \delta\varepsilon\, N\, \mathrm{d}x$ $= \int_l \delta u\, \bar p\, \mathrm{d}x$ $+ \delta u(l)\, \bar N_l$
kinematische Bedingungen	$\delta\varepsilon_x = \delta u_{,x}$ $\quad \delta\gamma_{xy} = \delta u_{,y} + \delta v_{,x}$ $\delta\varepsilon_y = \delta v_{,y}$ $\quad \delta\gamma_{yz} = \delta v_{,z} + \delta w_{,y}$ $\delta\varepsilon_z = \delta w_{,z}$ $\quad \delta\gamma_{zx} = \delta w_{,x} + \delta u_{,z}$	$\delta\varepsilon_x = \delta u_{,x}$ $\delta\varepsilon_y = \delta v_{,y}$ $\delta\gamma_{xy} = \delta u_{,y} + \delta v_{,x}$	$\delta\varepsilon = \delta u_{,x}$
wesentliche Randbedingungen für virtuelle Zustandsgrößen	$\begin{Bmatrix} \delta u_{nr} \\ \delta u_{sr} \\ \delta u_{tr} \end{Bmatrix} = \mathbf{0} \quad \text{auf } R_u$	$\begin{Bmatrix} \delta u_{nr} \\ \delta u_{sr} \end{Bmatrix} = \mathbf{0} \quad \text{auf } R_u$	$\delta u(0) = 0$

Tabelle 3.2. Das Prinzip der virtuellen Verrückungen für schubweiche Balken und Platten

	schubweicher, ebener Balken	*schubweiche Platte*
System Koordinaten Randlasten	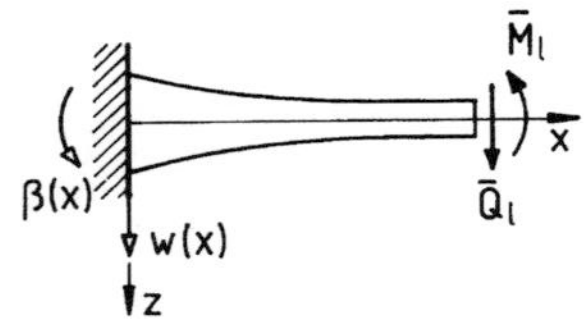	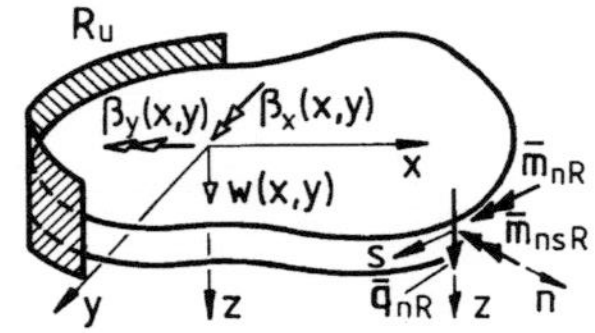
Prinzip der virtuellen Verrückungen	$\int_l \{\delta\gamma, \delta\kappa\} \begin{Bmatrix} Q \\ M \end{Bmatrix} \mathrm{d}x$ $= \int_l \{\delta w, \delta\beta\} \begin{Bmatrix} \bar{p}_z \\ \bar{p}_m \end{Bmatrix} \mathrm{d}x$ $+ \{\delta w(l), \delta\beta(l)\} \begin{Bmatrix} \bar{Q}_l \\ \bar{M}_l \end{Bmatrix}$	$\int_F \{\delta\gamma_{xz}, \delta\gamma_{yz}, \delta\kappa_x, \delta\kappa_y, 2\,\delta\kappa_{xy}\} \begin{Bmatrix} q_x \\ q_y \\ m_x \\ m_y \\ m_{xy} \end{Bmatrix} \mathrm{d}F$ $= \int_F \{\delta w, \delta\beta_x, \delta\beta_y\} \begin{Bmatrix} \bar{p}_z \\ \bar{p}_{mx} \\ \bar{p}_{my} \end{Bmatrix} \mathrm{d}F$ $+ \int_{R_\sigma} \{\delta w_r, \delta\beta_{nr}, \delta\beta_{sr}\} \begin{Bmatrix} \bar{q}_{nR} \\ \bar{m}_{nR} \\ \bar{m}_{nsR} \end{Bmatrix} \mathrm{d}s$
kinematische Bedingungen	$\delta\gamma = \delta\beta + \delta w_{,x}$ $\delta\kappa = \delta\beta_{,x}$	$\delta\gamma_{xz} = \delta\beta_x + \delta w_{,x}$; $\delta\gamma_{yz} = \delta\beta_y + \delta w_{,y}$ $\delta\kappa_x = \delta\beta_{x,x}$; $\delta\kappa_y = \delta\beta_{y,y}$; $2\,\delta\kappa_{xy} = \delta\beta_{x,y} + \delta\beta_{y,x}$
wesentliche Randbedingungen für virtuelle Zustandsgrößen	$\delta w(0) = 0$ $\delta\beta(0) = 0$	$\begin{Bmatrix} \delta w_r \\ \delta\beta_{nr} \\ \delta\beta_{sr} \end{Bmatrix} = \mathbf{0}$ auf R_u

Tabelle 3.3. Das Prinzip der virtuellen Verrückungen für schubstarre Balken und Platten

	schubstarrer, ebener Balken	*schubstarre Platte*
System Koordinaten Randlasten	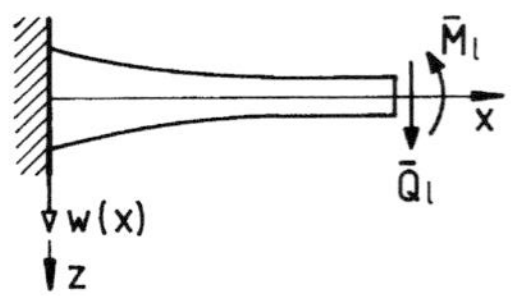 	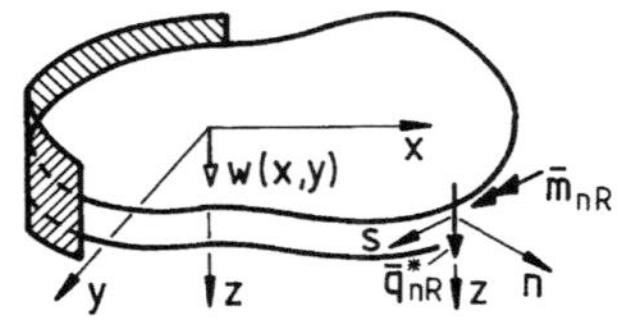
Prinzip der virtuellen Verrückungen	$\int\limits_{l} \delta\kappa\, M\, \mathrm{d}x$ $= \int\limits_{l} \delta w\, \bar{p}_\mathrm{z}\, \mathrm{d}x$ $+ \{\delta w(l), -\delta w_{,\mathrm{x}}(l)\} \begin{Bmatrix} \bar{Q}_\mathrm{l} \\ \bar{M}_\mathrm{l} \end{Bmatrix}$	$\int\limits_{F} \{\delta\kappa_\mathrm{x}, \delta\kappa_\mathrm{y}, 2\,\delta\kappa_\mathrm{xy}\} \begin{Bmatrix} m_\mathrm{x} \\ m_\mathrm{y} \\ m_\mathrm{xy} \end{Bmatrix} \mathrm{d}F$ $= \int\limits_{F} \delta w\, \bar{p}_\mathrm{z}\, \mathrm{d}F$ $+ \int\limits_{\mathrm{R}_\sigma} \{\delta w_\mathrm{r}, -\delta w_{,\mathrm{nr}}\} \begin{Bmatrix} \bar{q}^*_\mathrm{nR} \\ \bar{m}_\mathrm{nR} \end{Bmatrix} \mathrm{d}s$
kinematische Bedingungen	$\delta\kappa = -\delta w_{,\mathrm{xx}}$	$\delta\kappa_\mathrm{x} = -\delta w_{,\mathrm{xx}}$; $\delta\kappa_\mathrm{y} = -\delta w_{,\mathrm{yy}}$; $\delta\kappa_\mathrm{xy} = -\delta w_{,\mathrm{x,y}}$
wesentliche Randbedingungen für virtuelle Zustandsgrößen	$\delta w(0) = 0$ $\delta w_{,\mathrm{x}}(0) = 0$	$\begin{Bmatrix} \delta w_\mathrm{r} \\ -\delta w_\mathrm{nr} \end{Bmatrix} = \mathbf{0}$ auf $\mathrm{R_u}$

Wie sich aus den ebenfalls angegebenen kinematischen Bedingungen ersehen lässt, treten im schubweichen Fall im Prinzip nur erste Ableitungen der unbekannten Zustandsgrößen auf. In einem Verfahren der finiten Elemente für schubweiche Balken und Platten brauchen die unbekannten Zustandsgrößen (Querverschiebung und Querschnittsneigung) also nur C^0-stetig approximiert zu werden. Im schubstarren Fall werden die Verzerrungen (Krümmungen) zweite Verschiebungsableitungen. Die Verschiebung w muss dann C^1-stetig approximiert werden.

Bei Platten treten noch eine ganze Reihe von Besonderheiten auf. Neben dem vollständig eingespannten und dem vollständig freien Rand gibt es noch andere Typen von einfachen Randbedingungen, von denen wir in Aufgabe 2.5 bereits die gelenkige Lagerung kennengelernt haben. Bezüglich weiterer Einzelheiten verweisen wir auf die Spezialliteratur zu Flächentragwerken [3.1, 3.4, 3.5, 3.6].

3.6 Übertragung des Prinzips der virtuellen Verrückungen auf die Wärmeleitungsaufgabe

Es wurde bereits mehrfach festgestellt, dass Probleme der Strukturmechanik, die im Mittelpunkt unserer Betrachtung stehen, in vieler Hinsicht exemplarisch für andere Feldprobleme sind. Um diese Feststellung zu belegen, wenden wir uns im folgenden der *Wärmeleitungsaufgabe* zu [3.8, 3.9].

Wenn die Wärmebeanspruchung einer Struktur untersucht werden soll, so muss die Temperatur T an jeder Stelle des Kontinuums bekannt sein. Die Temperaturdifferenz gegenüber einer als konstant angesehenen Ausgangstemperatur T_0, bei der der Körper spannungs- und verzerrungsfrei ist, ergibt im orthotropen Fall – multipliziert mit den Wärmeausdehnungskoeffizienten α_{xT} und α_{yT} – die Temperaturdehnungen

$$\varepsilon_{\mathrm{xT}} = \alpha_{\mathrm{xT}}\,(T - T_0)\,,$$

$$\varepsilon_{\mathrm{yT}} = \alpha_{\mathrm{yT}}\,(T - T_0)\,,$$

die in den Vektor $\bar{\varepsilon}_{\mathrm{T}}$ des orthotropen Stoffgesetzes eingehen:

$$\boldsymbol{\sigma} = \boldsymbol{C}\,(\boldsymbol{\varepsilon} - \bar{\boldsymbol{\varepsilon}}_{\mathrm{T}})\,.$$

Die Temperaturverteilung erhält man als Lösung der Wärmeleitungsaufgabe. Ein einfaches Beispiel ist in Bild 3.9 skizziert. An der Ober- und Unterseite eines Kastenträgers wird eine zeitlich veränderliche Temperatur vorgegeben, im Innern wird

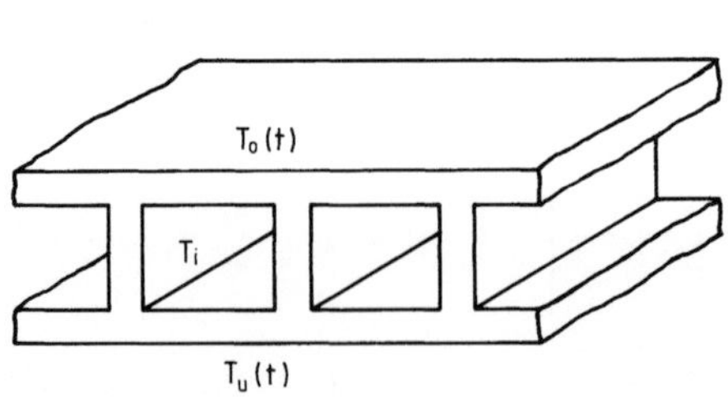

Bild 3.9. Kastenträger mit Temperaturbelastungen an der Ober- und Unterseite

Tabelle 3.4. Zustandsgrößen

	Temperatur	Wärmestromdichte	Wärmequellendichte
Symbol	T	$\boldsymbol{q}^{\mathrm{T}} = \{q_{\mathrm{x}}, q_{\mathrm{y}}, q_{\mathrm{z}}\}$	$\bar{f}$
Einheit	K oder °C	$\mathrm{W/m^2}$	$\mathrm{W/m^3}$

durch Kühlung eine konstante Temperatur T_{i} aufrecht erhalten. Gesucht ist der örtliche und zeitliche Verlauf der Temperatur $T(x, y, z, t)$.

Bei der Behandlung des Wärmeleitungsproblems wollen wir auf den Erfahrungen aufbauen, die wir in der Strukturmechanik gewonnen haben. Zuerst werden die Grundgleichungen und die Randbedingungen der Wärmeleitung angegeben, was natürlich physikalische Zusatzüberlegungen erfordert. Die Ableitung eines Prinzips der virtuellen Temperatur erfolgt aber weitgehend analog zur Ableitung des Prinzips der virtuellen Verrückungen. Eine Gegenüberstellung beider Probleme macht die Analogie bei der mathematischen Formulierung deutlich.

3.6.1 Grundgleichungen der Wärmeleitung

Die Grundgleichungen der Wärmeleitung beschreiben Wärmeströmungen und Temperaturveränderungen in Kontinua. Die für dreidimensionale feste Körper erforderlichen Zustandsgrößen sind in Tabelle 3.4 zusammengestellt. Hinsichtlich der verwendeten Bezeichnungen siehe auch [3.10].

Bei der instationären Wärmeleitungsaufgabe sind alle Zustandsgrößen orts- und zeitabhängig:

$$\boldsymbol{q} = \boldsymbol{q}(x, y, z, t)\,,$$

$$T = T(x, y, z, t)\,.$$

Energiebilanz

Für das dreidimensionale Volumenelement aus Bild 3.10 wird eine Energiebilanz aufgestellt, die drei Anteile enthält:

① Die Wärmeabfuhr aus dem Element wird durch die lokalen Änderungen der Wärmestromdichte $\boldsymbol{q}$ erfasst.
② Zeitliche Temperaturänderungen führen zu einer Veränderung der im Volumenelement gespeicherten Wärmemenge.
③ Über lokal verteilte Wärmequellen wird dem Volumenelement Wärme zugeführt.

Aus diesen drei Anteilen lässt sich die Energiebilanz folgendermaßen formulieren:

$$\underbrace{\left(\frac{\partial q_{\mathrm{x}}}{\partial x} + \frac{\partial q_{\mathrm{y}}}{\partial y} + \frac{\partial q_{\mathrm{z}}}{\partial z}\right) \mathrm{d}x\, \mathrm{d}y\, \mathrm{d}z\, \mathrm{d}t}_{①} + \underbrace{\left(\rho\, c_{\mathrm{p}}\, \frac{\partial T}{\partial t}\right) \mathrm{d}x\, \mathrm{d}y\, \mathrm{d}z\, \mathrm{d}t}_{②} = \underbrace{\bar{f}\, \mathrm{d}x\, \mathrm{d}y\, \mathrm{d}z\, \mathrm{d}t}_{③}\;.$$

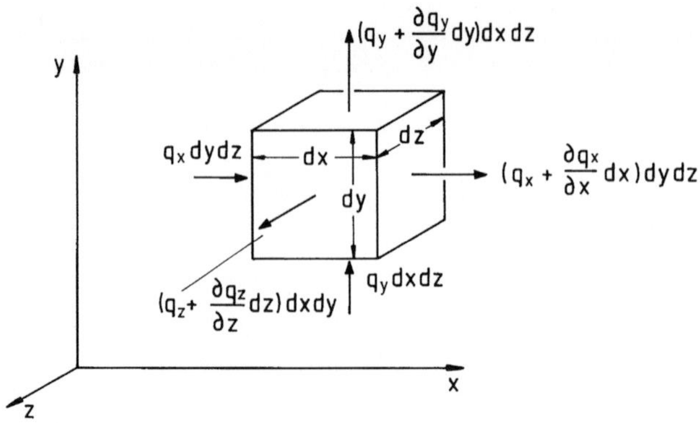

Bild 3.10. Wärmeströme am Volumenelement

Eine Energiezufuhr aus Wärmequellendichte (Term ③) muss mit der Änderung der im Volumenelement gespeicherten Wärmemenge (Term ②) und der aus dem Volumenelement herausströmenden Wärmemenge (Term ①) ausbilanziert sein. In Matrizenschreibweise lautet diese Wärmebilanzgleichung

$$\left\{\frac{\partial}{\partial x}, \frac{\partial}{\partial y}, \frac{\partial}{\partial z}\right\} \begin{Bmatrix} q_x \\ q_y \\ q_z \end{Bmatrix} + \rho\, c_p \frac{\partial T}{\partial t} = \bar{f}\,, \tag{3.35}$$

wobei ρ die Dichte und c_p die spezifische Wärmekapazität sind, die beide als zeitlich unveränderlich angenommen wurden.

Fouriersches Gesetz der Wärmeleitung

Die Wärme fließt entgegengesetzt zur Richtung des Temperaturgradienten. Bei thermisch orthotropen Werkstoffen gilt in Matrizenschreibweise

$$\begin{Bmatrix} q_x \\ q_y \\ q_z \end{Bmatrix} = - \begin{bmatrix} \lambda_x & 0 & 0 \\ 0 & \lambda_y & 0 \\ 0 & 0 & \lambda_z \end{bmatrix} \begin{Bmatrix} \partial T/\partial x \\ \partial T/\partial y \\ \partial T/\partial z \end{Bmatrix}. \tag{3.36}$$

Im isotropen Fall gilt für die Wärmeleitfähigkeit $\lambda_x = \lambda_y = \lambda_z = \lambda$. Im anisotropen Fall ist die Wärmeleitfähigkeitsmatrix voll besetzt. Die Wärmeleitfähigkeitsmatrix ist stets positiv definit.

Wärmeleitungsgleichung

Ersetzt man in Gl. (3.35) die Wärmestromdichte $\boldsymbol{q}(x, y, z, t)$ mit Hilfe von Gl. (3.36) durch den Temperaturgradienten und setzt Homogenität voraus, so ergibt sich als instationäre Wärmeleitungsgleichung

$$-\left(\lambda_x \frac{\partial^2 T}{\partial x^2} + \lambda_y \frac{\partial^2 T}{\partial y^2} + \lambda_z \frac{\partial^2 T}{\partial z^2}\right) + \rho\, c_p \frac{\partial T}{\partial t} = \bar{f}\,. \tag{3.37}$$

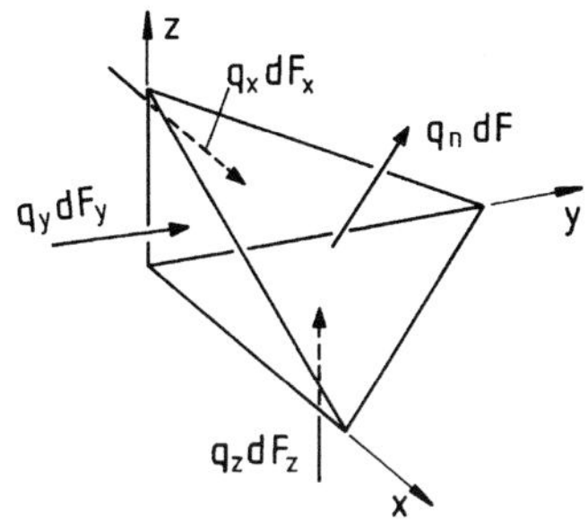

Bild 3.11. Wärmeströme am Rand

Im stationären Fall ändern sich die Zustandsgrößen nicht mit der Zeit. Es verbleibt die stationäre Wärmeleitungsgleichung

$$\left(\lambda_x \frac{\partial^2 T}{\partial x^2} + \lambda_y \frac{\partial^2 T}{\partial y^2} + \lambda_z \frac{\partial^2 T}{\partial z^2}\right) + \bar{f} = 0\,, \tag{3.38}$$

bei der es sich um eine Potentialgleichung handelt.

Randbedingungen

Erste Randbedingung (Dirichletsche Randbedingung): Ist auf einem Randabschnitt eine Temperatur $\bar{T}_R$ vorgegeben, so gilt für den Randwert T_r

$$T_r = \bar{T}_R \text{ auf } R_T\,. \tag{3.39}$$

Zweite Randbedingung (Neumannsche Randbedingung): Fließt auf einem Randabschnitt ein Wärmestrom aus dem Körper heraus, d. h. ist eine Wärmestromdichte $\bar{q}_{nR}$ in Richtung der äußeren Normale gegeben, so muss erst die Wärmestromdichte in Richtung dieser Normalen bestimmt werden (Bild 3.11). Man erhält

$$q_n = \{\cos(x,n), \cos(y,n), \cos(z,n)\} \begin{Bmatrix} q_x \\ q_y \\ q_z \end{Bmatrix} \tag{3.40}$$

und kann jetzt die zweite Randbedingung formulieren:

$$q_{nr} = \bar{q}_{nR} \text{ auf } R_q\,. \tag{3.41}$$

Zur Vermeidung von Fehlern weisen wir ausdrücklich darauf hin, dass bei einer Wärmezufuhr von außen für die Wärmestromdichte $\bar{q}_{nR}$ ein negativer Wert anzugeben ist.

Dritte Randbedingung (Robinsche Randbedingung): Die dritte Randbedingung beschreibt den Wärmedurchgang durch eine auf dem Körper aufgebrachte Schicht oder den Wärmeübergang durch eine ‚Grenzschicht‘ zwischen dem festen Körper und einem strömenden Medium. Der Wärmestrom ist proportional zur Temperaturdifferenz aus T_r, dem Randwert der Temperatur, und einer zweckmäßig definierten, als konstant angesehenen Temperatur $\bar{T}_\mathrm{R}$ (bei strömenden Medien zumeist die Freistrahltemperatur T_∞). Ist $T_\mathrm{r} > \bar{T}_\mathrm{R}$, so strömt Wärme aus dem Körper:

$$q_\mathrm{nr} = \alpha\,(T_\mathrm{r} - \bar{T}_\mathrm{R}) \quad \text{auf } \mathrm{R}_\alpha\,. \tag{3.42}$$

Der Vorfaktor α ist der Wärmeübergangs- oder Wärmedurchgangskoeffizient.

Anfangsbedingungen: Bei der stationären Wärmeleitungsaufgabe ist das Wärmeleitungsproblem mit den Grundgleichungen und den Randbedingungen vollständig beschrieben. Im instationären Fall ist zusätzlich die Angabe von Anfangsbedingungen für die Temperaturverteilung zu einem willkürlichen Zeitpunkt $t = 0$ erforderlich:

$$T(x, y, z, t = 0) = T_0(x, y, z)\,.$$

Die Anfangstemperatur ist typischerweise entweder lokal unveränderlich oder man setzt die stationäre Temperaturverteilung aus einem bereits gelösten Wärmeleitungsproblem ein.

3.6.2 Das Prinzip der virtuellen Temperatur

Integralsatz

Für die Ableitung ist ein entsprechender Integralsatz wie in der Strukturmechanik erforderlich, bei dem es sich um eine dreidimensionale Verallgemeinerung der partiellen Integration handelt:

$$\int\limits_\mathrm{V} \left\{ \delta T \left(\left[\frac{\partial}{\partial x}, \frac{\partial}{\partial y}, \frac{\partial}{\partial z} \right] \begin{Bmatrix} q_\mathrm{x} \\ q_\mathrm{y} \\ q_\mathrm{z} \end{Bmatrix} \right) + \left(\left[\frac{\partial}{\partial x}, \frac{\partial}{\partial y}, \frac{\partial}{\partial z} \right] \delta T \right) \begin{Bmatrix} q_\mathrm{x} \\ q_\mathrm{y} \\ q_\mathrm{z} \end{Bmatrix} \right\} \mathrm{d}V$$
$$= \int\limits_\mathrm{R} \delta T_\mathrm{r}\, q_\mathrm{nr}\, \mathrm{d}F\,. \tag{3.43}$$

Ableitung des Prinzips der virtuellen Temperatur

Wir fordern, dass

- die Wärmebilanzgleichung, Gl. (3.35),
- die Randbedingung bei vorgegebener Wärmestromdichte, Gl. (3.41), und
- die Bedingung in der Grenzschicht, Gl. (3.42),

im Integralmittel, d. h. multipliziert mit Gewichtsfunktionen, die wir als virtuelle Temperaturen δT und virtuelle Randtemperatur δT_R bezeichnen, erfüllt sein sollen:

$$\int\limits_\mathrm{V} \left\{ \delta T \left[\left(\frac{\partial q_\mathrm{x}}{\partial x} + \frac{\partial q_\mathrm{y}}{\partial y} + \frac{\partial q_\mathrm{z}}{\partial z} \right) + \left(\rho\, c_\mathrm{p} \frac{\partial T}{\partial t} \right) - \bar{f} \right] \right\} \mathrm{d}V$$
$$- \int\limits_{\mathrm{R_q}} \delta T_\mathrm{R} \left[q_\mathrm{nr} - \bar{q}_\mathrm{nR} \right] \mathrm{d}F - \int\limits_{\mathrm{R}_\alpha} \delta T_\mathrm{R} \left[q_\mathrm{nr} - \alpha\,(T_\mathrm{r} - \bar{T}_\mathrm{R}) \right] \mathrm{d}F = 0\,. \tag{3.44}$$

Nach Anwendung des Integralsatzes, Gleichsetzen der Randwerte δT_r mit der virtuellen Randtemperatur δT_R auf $\mathrm{R_q}$ und $\mathrm{R_\alpha}$ und Einführen der Forderung $\delta T_\mathrm{r} = 0$ auf $\mathrm{R_T}$ ergibt sich

$$
\begin{aligned}
&- \int\limits_\mathrm{V} \left\{ \frac{\partial \delta T}{\partial x}, \frac{\partial \delta T}{\partial y}, \frac{\partial \delta T}{\partial z} \right\} \begin{Bmatrix} q_\mathrm{x} \\ q_\mathrm{y} \\ q_\mathrm{z} \end{Bmatrix} \mathrm{d}V + \int\limits_{\mathrm{R}_\alpha} \delta T_\mathrm{r}\, \alpha \,(T_\mathrm{r} - \bar{T}_\mathrm{R})\, \mathrm{d}F \\
&= \int\limits_\mathrm{V} \delta T \left(\bar{f} - \rho\, c_\mathrm{p} \frac{\partial T}{\partial t} \right) \mathrm{d}V + \int\limits_{\mathrm{R_q}} \delta T_\mathrm{r} \,(-\bar{q}_\mathrm{nR})\, \mathrm{d}F\,. \qquad (3.45)
\end{aligned}
$$

Ersetzt man die Wärmeflüsse noch durch Temperaturgradienten, so erhält man

$$
\begin{aligned}
&\int\limits_\mathrm{V} \left\{ \frac{\partial \delta T}{\partial x}, \frac{\partial \delta T}{\partial y}, \frac{\partial \delta T}{\partial z} \right\} \begin{bmatrix} \lambda_\mathrm{x} & 0 & 0 \\ 0 & \lambda_\mathrm{y} & 0 \\ 0 & 0 & \lambda_\mathrm{z} \end{bmatrix} \begin{Bmatrix} \partial T/\partial x \\ \partial T/\partial y \\ \partial T/\partial z \end{Bmatrix} \mathrm{d}V + \int\limits_{\mathrm{R}_\alpha} \delta T_\mathrm{r}\, \alpha \,(T_\mathrm{r} - \bar{T}_\mathrm{R})\, \mathrm{d}F \\
&= \int\limits_\mathrm{V} \delta T \left(\bar{f} - \rho\, C_\mathrm{p} \frac{\partial T}{\partial t} \right) \mathrm{d}V + \int\limits_{\mathrm{R_q}} \delta T_\mathrm{r} \,(-\bar{q}_\mathrm{nR})\, \mathrm{d}F \qquad (3.46)
\end{aligned}
$$

mit den Nebenbedingungen

$$T_\mathrm{r} = \bar{T}_\mathrm{R} \quad \text{auf } \mathrm{R_T}\,, \qquad (3.47\mathrm{a})$$

$$\delta T_\mathrm{r} = 0 \quad \text{auf } \mathrm{R_T}\,. \qquad (3.47\mathrm{b})$$

Die in Gl. (3.46) verwendeten Temperaturverläufe müssen C^0-stetig verlaufen, da andernfalls die partiellen Ableitungen im ersten Integral nicht beschränkt bleiben.

3.6.3 Analogie zwischen den Grundgleichungen der Wärmeleitung und den Grundgleichungen der Strukturmechanik

Wenn man sich auf die stationäre Wärmeleitungsaufgabe beschränkt, dann kann man eine Analogie zwischen den Grundgleichungen der Wärmeleitung und denen der Strukturmechanik herstellen. Diese Analogie ist rein formal, da die stationäre Wärmeleitungsgleichung (3.38) eine Potentialgleichung mit der Temperatur als unbekannter Zustandsgröße ist, während die Verschiebungsdifferentialgleichung der Strukturmechanik

$$\mathbf{D}_\mathrm{g} \left[\boldsymbol{C}\, \mathbf{D}_{\varepsilon\mathrm{u}}\, \boldsymbol{u} \right] + \bar{\boldsymbol{p}} = \mathbf{0}$$

im dreidimensionalen Fall ein System von drei partiellen Differentialgleichungen 2. Ordnung darstellt. Eine vollständige Analogie ergibt sich im zweidimensionalen Fall, wenn man zur Gegenüberstellung die Membrangleichung heranzieht. Aber schon aufgrund der formalen Analogie sind Einsichten möglich.

Die Gegenüberstellung in Tabelle 3.5 zeigt welche Größen einander entsprechen. Für die zur Verzerrung $\boldsymbol{\varepsilon}(x, y, z)$ analoge Größe wurde bei der Wärmeleitung kein eigener Begriff eingeführt.

	Wärmeleitung	*dreidimensionales, gebettetes Kontinuum*
Physikalisches Problem	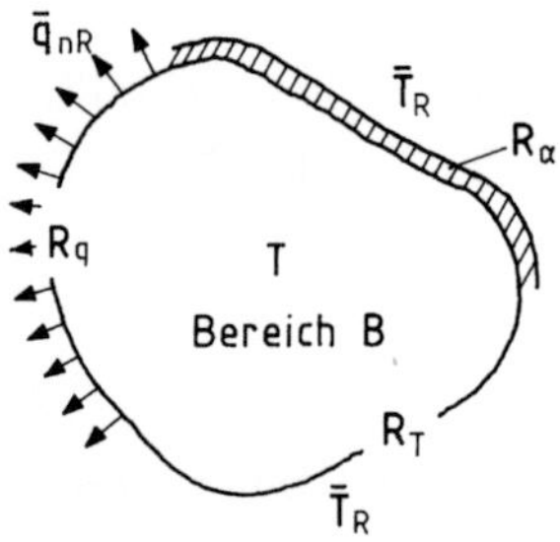	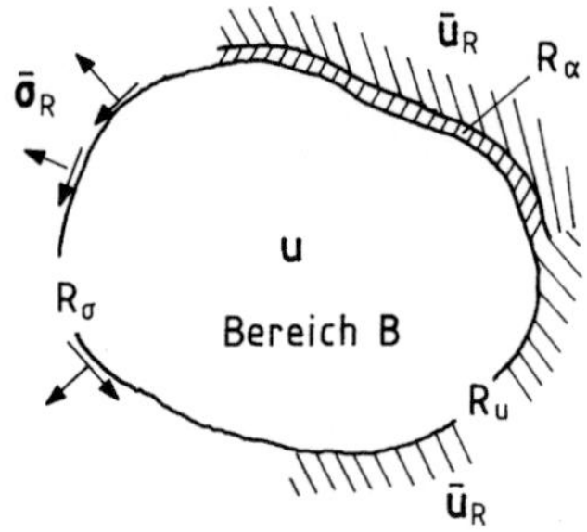
unabhängige und abgeleitete Zustandsgrößen	T $\left\{\frac{\partial T}{\partial x}, \frac{\partial T}{\partial y}, \frac{\partial T}{\partial z}\right\}$ $\{-q_x, -q_y, -q_z\}$ $\bar{f}$	$\boldsymbol{u}$ $\boldsymbol{\varepsilon}^{\mathrm{T}}$ $\boldsymbol{\sigma}^{\mathrm{T}}$ $\bar{\boldsymbol{p}}$
Operatoren und Matrizen in B	$\left[\frac{\partial}{\partial x}, \frac{\partial}{\partial y}, \frac{\partial}{\partial z}\right]$ $\begin{bmatrix} \lambda_x & 0 & 0 \\ 0 & \lambda_y & 0 \\ 0 & 0 & \lambda_z \end{bmatrix}$	$\mathbf{D}_g = \mathbf{D}_{\varepsilon u}^{\mathrm{T}}$ $\boldsymbol{C}$
wesentliche Randbedingungen	auf $\mathrm{R_T}$: $T_r - \bar{T}_R = 0$	auf $\mathrm{R_u}$: $\boldsymbol{u}_r - \bar{\boldsymbol{u}}_R = \mathbf{0}$
zusätzliche Randbedingungen	auf $\mathrm{R_q}$: $q_{nr} - \bar{q}_{nR} = 0$	auf R_σ: $\boldsymbol{\sigma}_r - \bar{\boldsymbol{\sigma}}_R = \mathbf{0}$
Randbedingungen auf R_α	$-q_{nr} = \alpha\,(\bar{T}_R - T_r)$	$\boldsymbol{\sigma}_r = \boldsymbol{C}_R\,(\bar{\boldsymbol{u}}_R - \boldsymbol{u}_r)$

Tabelle 3.5. Analogie zwischen dem dreidimensionalen, stationären Wärmeleitungsproblem und dem dreidimensionalen, gebetteten Kontinuum

Die ‚gemischte' Randbedingung auf R_α hat einen anderen Charakter als die wesentliche und die zusätzliche Randbedingung. Der ‚Rand' R_α ist sowohl in der Strukturmechanik als auch in der Wärmeleitung ein eigenes Kontinuum, allerdings um eine Dimension niedriger. In der Strukturmechanik handelt es sich um eine elastische Bettung (Klebung), in der Wärmeleitung um eine Grenzschicht. In den Prinzipien werden beide ‚Schichten' bei den ‚inneren' Anteilen erfasst.

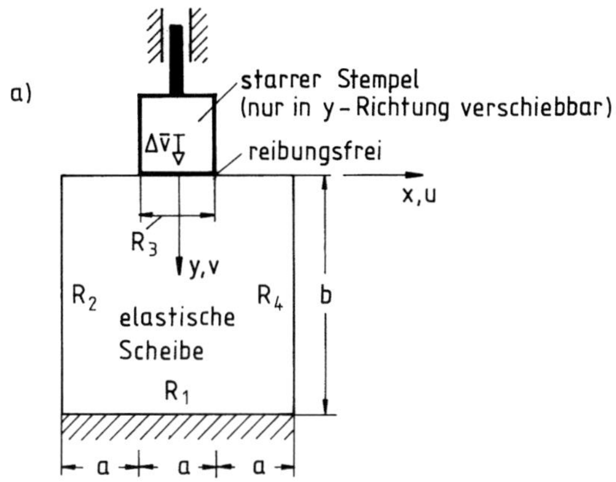

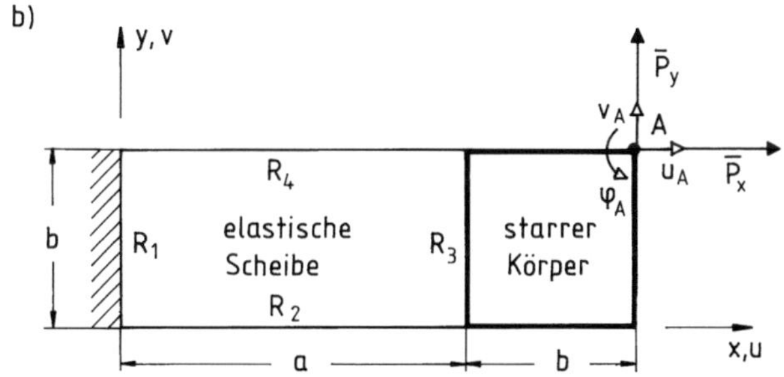

Bild 3.12. Elastische Scheibe unter Stempelpressung (**a**), Kragscheibe mit starrem Anschluss (**b**)

3.7 Übungsaufgaben

Aufgabe 3.1. Angabe des Prinzips der virtuellen Verrückungen für zwei Scheibenprobleme

Bild 3.12 stellt zwei Scheibenprobleme dar, für die das Prinzip der virtuellen Verrückungen einschließlich aller Bedingungen, die von den Verschiebungen eingehalten werden müssen, formuliert werden soll. Beim Tragwerk von Bild 3.12a handelt es sich um eine an der Stelle $y = b$ eingespannte, elastische Scheibe, die durch einen starren Stempel zusammengedrückt wird. Die Kontaktfläche ist reibungsfrei, der Stempel ist nur in y-Richtung verschiebbar. Das Tragwerk von Bild 3.12b ist eine elastische Kragscheibe, die am Rand R_3 ($x = a$) mit einem starren Körper fest verbunden ist. Am starren Körper greifen zwei Einzellasten an.

- Welche Ränder sind Schnittkraftränder R_σ, welche sind Verschiebungsränder R_u?
- Wie lautet für beide Tragwerke das Prinzip der virtuellen Verrückungen?
- Welche Bedingungen müssen die wirklichen Verschiebungen u und v und die virtuellen Verschiebungen δu und δv einhalten?
- Wie werden in den beiden Fällen die Beanspruchungen ($\Delta\bar{v}$ bzw. $\bar{P}_x$, $\bar{P}_y$) berücksichtigt?

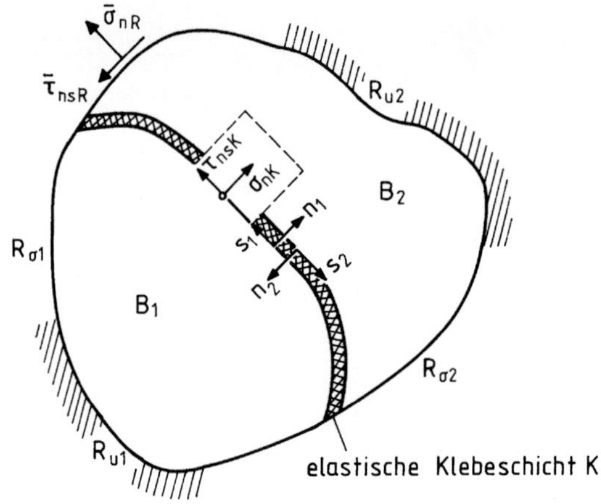

Bild 3.13. Elastische Klebeschicht zwischen zwei Bereichen

Aufgabe 3.2. Plattenberechnung mit globalen Ansatzfunktionen

Für das Beispiel von Bild 3.4 wurden Ansatzfunktionen verwendet, die als Balkenansatzfunktionen auch die Schnittkraftrandbedingungen erfüllen. Man hätte auch wesentlich einfachere Ansatzfunktionen verwenden können, nämlich

$$f(\xi) = \xi(1-\xi)\,,$$
$$g(\eta) = \eta^2\,,$$

die nur die Verschiebungsrandbedingungen erfüllen.

- Welches Ergebnis erhält man dann für den Verschiebungszustand und für die Maximalverschiebung $w(a/2, b)$? Diskutiere das Ergebnis!

Aufgabe 3.3. Prinzip der virtuellen Verrückungen für zwei durch eine Klebeschicht verbundene Körper

Zwei dreidimensionale Teilbereiche B_1 und B_2 werden durch eine Klebeschicht K miteinander verbunden (Bild 3.13). Die Klebeschicht, deren Dicke d viel kleiner als ihre Längenabmessungen ist, kann Normalspannungen und Schubspannungen übertragen.

Die in der Schicht wirkenden Spannungen werden positiv in Richtung des n_1, s_1, t_1-Koordinatensystems definiert:

$$\sigma_{\mathrm{K}}^{\mathrm{T}} = \{\sigma_{\mathrm{nK}}, \tau_{\mathrm{nsK}}, \tau_{\mathrm{ntK}}\}\,.$$

Das Stoffgesetz der Klebeschicht verknüpft die in der Schicht wirkenden Spannungen mit Relativverschiebungen

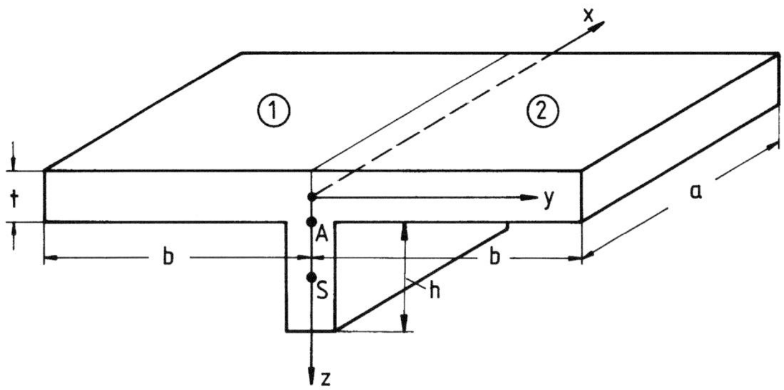

Bild 3.14. Platte mit exzentrischer Steife (allseitig gelenkige Lagerung, konstante Flächenbelastung)

$$\begin{Bmatrix} \sigma_{\mathrm{nK}} \\ \tau_{\mathrm{nsK}} \\ \tau_{\mathrm{ntK}} \end{Bmatrix} = \begin{bmatrix} E_{\mathrm{K}}/d & 0 & 0 \\ 0 & G_{\mathrm{K}}/d & 0 \\ 0 & 0 & G_{\mathrm{K}}/d \end{bmatrix} \begin{Bmatrix} \Delta u_{\mathrm{nK}} \\ \Delta u_{\mathrm{sK}} \\ \Delta u_{\mathrm{tK}} \end{Bmatrix}$$

$$\text{mit} \quad \begin{Bmatrix} \Delta u_{\mathrm{nK}} \\ \Delta u_{\mathrm{sK}} \\ \Delta u_{\mathrm{tK}} \end{Bmatrix} = -\begin{Bmatrix} u_{\mathrm{n2}} \\ u_{\mathrm{s2}} \\ u_{\mathrm{t2}} \end{Bmatrix} - \begin{Bmatrix} u_{\mathrm{n1}} \\ u_{\mathrm{s1}} \\ u_{\mathrm{t1}} \end{Bmatrix} .$$

- Wie lautet das Prinzip der virtuellen Verrückungen für das Gesamtsystem?
- Setze die kinematischen Beziehungen für die virtuellen Schubverzerrungen ein und führe die Integraltransformation aus.
- Fasse die virtuellen Randverschiebungen der beiden an der Klebeschicht verknüpften Körper zu virtuellen Relativverschiebungen zusammen und interpretiere die Schnittkraftausdrücke als einzuhaltende zusätzliche Bedingungen. Welche zusätzlichen Bedingungen (Schnittkraft-Übergangsbedingungen) erhält man am Übergangsrand K?

Aufgabe 3.4. Platte mit Steifen

Gesucht ist das Prinzip der virtuellen Verrückungen für die exzentrisch versteifte, schubweiche Platte von Bild 3.14, die aufgrund der Exzentrizität der Steife auch als Scheibe beansprucht wird? Das isotrope ebene Flächentragwerk besitzt Biege-, Dehn- und Schubsteifigkeit. Die Steife verhält sich gegenüber Verformungen in der x, z-Ebene wie ein Balken mit Biege-, Schub- und Dehnsteifigkeit, sie darf aber bei Verformungen quer zur x, z-Ebene als biege- und torsionsschlaff angesehen werden.

Für die Modellbildung wird angenommen, dass Steife und Platte entlang einer durch den Punkt A gegebene Linie miteinander verknüpft sind.

- Wie lauten die geometrischen Übergangsbedingungen zwischen Platte und Steife?

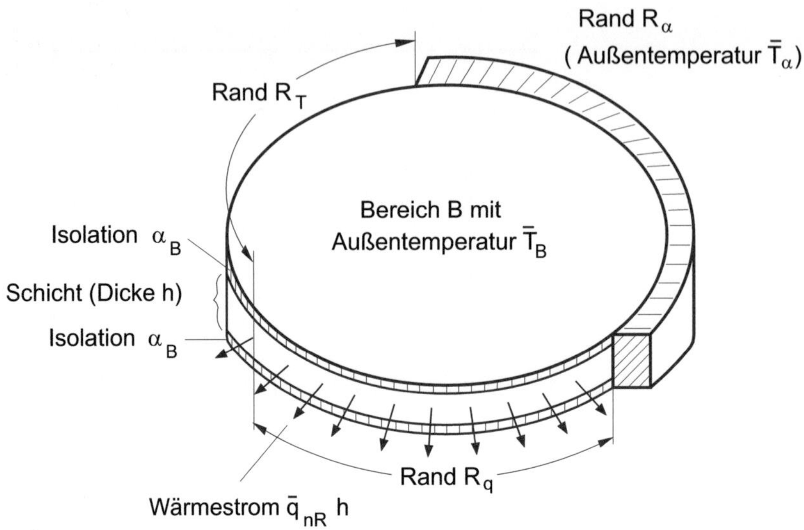

Bild 3.15. Bezeichnungen für das ebene Wärmeleitungsproblem

- Die Steifenanteile im Prinzip der virtuellen Verrückungen sollen durch Einbau der geometrischen Übergangsbedingungen soweit als möglich umgeformt werden. Wie lautet dann das Prinzip der virtuellen Verrückungen?
- Durch Anwendung des Integralsatzes sind die Schnittkraftübergangsbedingungen zwischen den beiden Plattenbereichen ① und ② und zwischen Platte und Steife zu ermitteln.

Aufgabe 3.5. Ebenes Wärmeleitungsproblem

Aus dem Prinzip der virtuellen Temperatur für die dreidimensionale Wärmeleitungsaufgabe ist die entsprechende Formulierung für das ebene Wärmeleitungsproblem (Bild 3.15) herzuleiten. Hierbei ist anzunehmen, dass der Bereich B, in dem die über die Dicke konstante Temperatur $T(x, y)$ herrscht, gegenüber der Außentemperatur $\bar{T}_\mathrm{B}$ durch eine Schicht mit dem Wärmeübergangskoeffizienten α_B isoliert ist. Der Rand R des Bereichs B ist in die Abschnitte $\mathrm{R_T}$, $\mathrm{R_q}$ und R_α unterteilt. Am Rand $\mathrm{R_T}$ herrscht die Temperatur $\bar{T}$, am Rand R_α die Temperatur $\bar{T}_\alpha$.

- Wie lautet das Prinzip der virtuellen Temperatur für diesen Fall?
- Warum tritt im Gegensatz zum Prinzip für das dreidimensionale Problem ein zusätzliches Bereichsintegral auf?
- Kann es ein derartiges zusätzliches Bereichsintegral auch bei der Scheibe oder Platte geben?
- Was ändert sich, wenn man die ebene Wärmeleitungsaufgabe für einen in z-Richtung zylindrischen Körper formuliert, bei dem die Temperaturverteilung nur von x und y, nicht jedoch von der z-Koordinate abhängt?

Aufgabe 3.6. Das Prinzip der virtuellen Verrückungen für eine Membran

Für eine am Rand nicht belastete Membran soll aus den Gleichgewichtsbedingungen (siehe Aufgabe 2.8) das Prinzip der virtuellen Verrückungen abgeleitet werden. Das Prinzip soll so formuliert werden, dass es in symbolischer Schreibweise der bei der Scheibe (ohne Randlasten) verwendeten Fassung

$$\int_{\mathrm{B}} \delta\boldsymbol{\varepsilon}^{\mathrm{T}}\,\boldsymbol{\sigma}\,\mathrm{d}F = \int_{\mathrm{B}} \delta\boldsymbol{u}^{\mathrm{T}}\,\bar{\boldsymbol{p}}\,\mathrm{d}F$$

entspricht.

- Zunächst soll, ausgehend von den in der Lösung zur 2.8 angegebenen Gleichgewichtsbedingungen für den Bereich B

  $$q_{\mathrm{x,x}} + q_{\mathrm{y,y}} + \bar{p}_{\mathrm{z}} = 0$$

  und den homogenen Randbedingungen auf R_σ

  $$q_{\mathrm{nr}} = 0\,,$$

  das Prinzip der virtuellen Verrückungen abgeleitet werden.
- Wie lautet das Prinzip, wenn auch noch die wirklichen Schnittkraftgrößen q_{x} und q_{y} durch wirkliche Verschiebungen ersetzt werden? Welche Nebenbedingungen müssen beim Prinzip der virtuellen Verrückungen eingehalten werden?
- Vergleiche bezüglich der Vorgänge im Bereich B das Prinzip der virtuellen Verrückungen für die Membran mit dem Prinzip der virtuellen Temperatur (stationärer Fall, ohne α_{B}) für die ebene Wärmeleitungsaufgabe (siehe Aufgabe 3.5)!

Aufgabe 3.7. Das Prinzip der virtuellen Verrückungen für das Torsionsproblem zylindrischer Stäbe

Differentialgleichung und Randbedingungen für die Behandlung des Torsionsproblem wurden bereits in der Lösung zur Aufgabe 2.9 angegeben. Im folgenden soll ausgehend vom Prinzip der virtuellen Verrückungen für das dreidimensionale Kontinuum das Prinzip für einen zylindrischen Stab der Länge l unter vorgegebenen Stabendverdrehungen betrachtet wird (Bild 3.16). Dies ist gleichbedeutend damit, dass eine konstante Verdrillung

$$\bar{\kappa}_{\mathrm{x}} = [\,\bar{\beta}_{\mathrm{x1}} - \bar{\beta}_{\mathrm{x0}}\,]\,/\,l$$

vorgegeben wird. Im Prinzip der virtuellen Verrückungen für dreidimensionale Kontinua werden die folgenden Verzerrungsannahmen eingeführt (siehe auch Aufgabe 2.9):

$$\varepsilon_{\mathrm{x}} = 0\,,\quad \varepsilon_{\mathrm{y}} = 0\,,\quad \varepsilon_{\mathrm{z}} = 0\,,\quad \gamma_{\mathrm{yz}} = 0\,.$$

Für die beiden verbleibenden Schubverzerrungen schreibt man wieder:

$$\gamma_{\mathrm{xy}} = \bar{\kappa}_{\mathrm{x}}\left(\frac{\partial\omega}{\partial y} - z\right),$$

$$\gamma_{\mathrm{xz}} = \bar{\kappa}_{\mathrm{x}}\left(\frac{\partial\omega}{\partial z} + y\right).$$

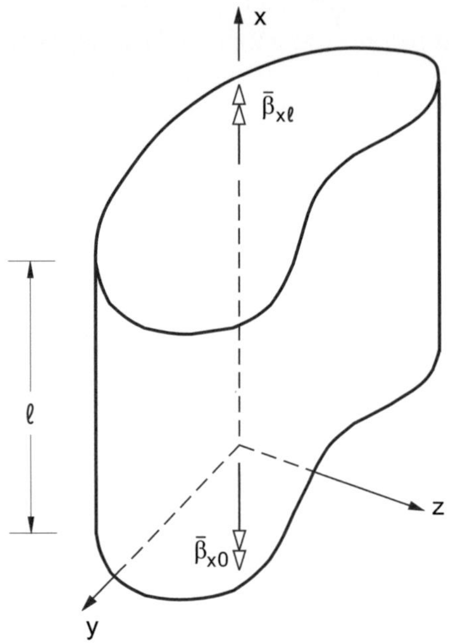

Bild 3.16. Stab unter Torsionsbelastung

- Gibt es eine virtuelle äußere Arbeit? Wie lautet das Prinzip der virtuellen Verrückungen?
- Aus welchen Beziehungen lassen sich die virtuellen Schubverzerrungen bestimmen?
- Setze die Beziehungen für die virtuellen Schubverzerrungen in das Prinzip ein und führe die Integraltransformation aus, so dass unter dem Integral nur noch $\delta\omega$ auftritt!
- Welche Beziehungen ergeben sich mit dem in Abschnitt 14.2 angegebenen Fundamentalsatz der Variationsrechnung im Bereich und auf dem Rand?
- Wie lautet das Prinzip, wenn alle Zustandsgrößen durch ω bzw. $\delta\omega$ ersetzt werden?

Aufgabe 3.8. Das Prinzip der virtuellen Verrückungen für Querkraftbiegung zylindrischer Stäbe mit einfachsymmetrischem Querschnitt

Wird ein Balken an seinen Enden durch Biegemomente und Querkräfte belastet (Bild 3.17), so kommt es wie beim Torsionsproblem zu einer Verwölbung des Querschnitts. Für dieses Problem soll das Prinzip der virtuellen Verrückungen angegeben werden. Ziel ist zunächst die Berechnung der Schubspannungsverteilung im Querschnitt. Davon ausgehend kann man anschließend die Schubsteifigkeit $K_z = GA_z$ ermitteln. Wir beschränken uns hierbei auf Biegung mit Querkraft in der x, z-Ebene (Symmetrieebene). Der Stab ist nur an seinen Enden belastet (Bild 3.17a). Für die Berechnung betrachten wir nur einen Abschnitt der Länge $\mathrm{d}x$ (Bild 3.17b). An diesem Abschnitt greifen am negativen Schnittufer die Normalspannungen $\sigma_x(x, y, z)$,

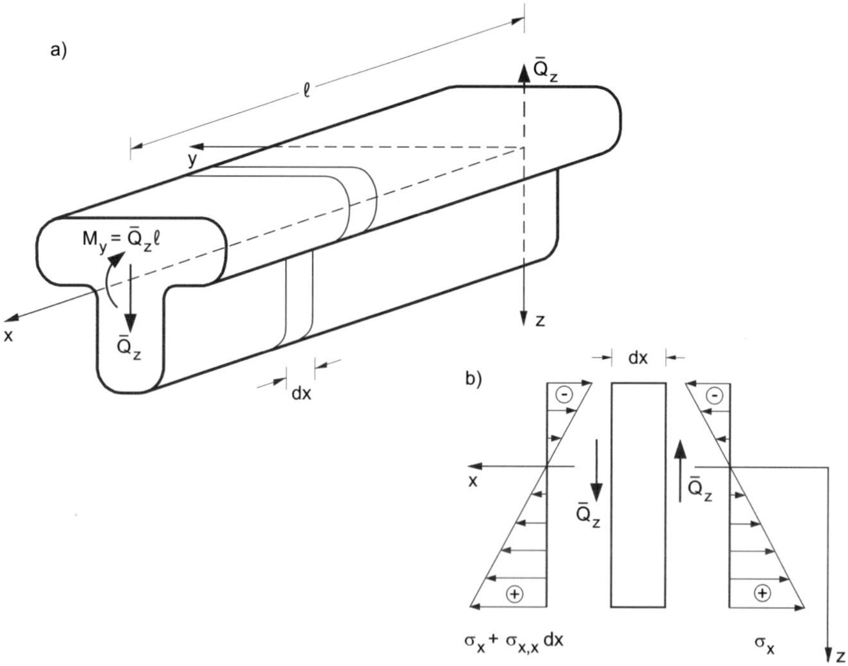

Bild 3.17. **a** Bezeichnungen für einen an den Enden durch Moment und Querkräfte belasteten Balken, **b** Bezeichnungen an einem Balkenabschnitt der Länge dx

am positiven Schnittufer die Normalspannungen $\sigma_x(x, y, z) + \sigma_{x,x}(x, y, z)\,dx$ an. Die Resultierende der angreifenden Schubspannungen $\tau_{xz}(x, y, z)$ ist die Querkraft $\bar{Q}_z$. Die Querkraft ist konstant und greift in der Symmetrieebene an, das Biegemoment M_y ändert sich linear mit x.

Die Schubspannungen $\tau_{xz}(x, y, z)$ und $\tau_{xy}(x, y, z)$ sind unbekannt. Die anderen Spannungen übernehmen wir aus der technischen Balkentheorie. Dass dies zulässig ist, wurde bereits von Saint-Venant [3.12–3.14] gezeigt. Es gilt dann mit der Belastung von Bild 3.17

$$\sigma_x(x, y, z) = \frac{M_y(x)\, z}{I_y} \quad \text{mit} \quad M_y(x) = \bar{Q}_z\, x\,,$$

$$\sigma_{x,x}(x, y, z) = \frac{\bar{Q}_z\, z}{I_y}\,,$$

$$\sigma_y = \sigma_z = \tau_{yz} = 0\,.$$

Wenn die Lasten bei $x = 0$ und $x = l$ geeignet eingeleitet werden, dann hängen die beiden unbekannten Schubspannungen τ_{xz} und τ_{xy} nur von den Querschnittskoordinaten y und z ab, also $\tau_{xz}(x, y, z) = \tau_{xz}(y, z)$ und $\tau_{xy}(x, y, z) = \tau_{xy}(y, z)$. Man kann leicht überprüfen, dass von den drei Gleichgewichtsbedingungen des dreidimensionalen Kontinuums nur die Gleichgewichtsbedingung in x-Richtung nicht a priori erfüllt wird.

Das Prinzip der virtuellen Verrückungen für einen Abschnitt der Länge $\mathrm{d}x$ lautet im vorliegenden Fall:

$$\int_F (\delta\varepsilon_x\,\sigma_x + \delta\gamma_{xy}\,\tau_{xy} + \delta\gamma_{yz}\,\tau_{yz})\,\mathrm{d}F =$$

$$\int_F (\delta u\,\sigma_{x,x} + \delta u_{,x}\,\sigma_x + \delta v\,\tau_{xy,x} + \delta v_{,x}\,\tau_{xy} + \delta w\,\tau_{xz,x} + \delta w_{,x}\,\tau_{xz})\,\mathrm{d}F\,.$$

Die virtuelle äußere Arbeit ist hierbei die Differenz aus $\delta W_a(x + \mathrm{d}x)$ und $\delta W_a(x)$. Der Ausdruck $\delta W_a(x + \mathrm{d}x)$ ergibt sich aus einer Taylor-Entwicklung.

Die Dehnungen und die Schubverzerrung γ_{yz} ergeben sich aus den entsprechenden Spannungen über das Materialgesetz:

$$\varepsilon_x(x,y,z) = \frac{M_y(x)}{E\,I_y}\,z\,,$$

$$\varepsilon_y(x,y,z) = -\nu\,\varepsilon_x(x,y,z)\,,$$

$$\varepsilon_z(x,y,z) = -\nu\,\varepsilon_x(x,y,z)\,,$$

$$\gamma_{yz}(x,y,z) = 0\,.$$

Es fehlen nun noch die Verschiebungsansätze. Die Ermittlung der Verschiebungen und der beiden fehlenden Schubverzerrungen ist recht mühsam, zumal es unterschiedliche Darstellungsmöglichkeiten gibt. Da bei der Belastung von Bild 3.17 kein Torsionsmoment und keine Querkraft $\bar{Q}_y$ auftreten, können wir z. B. ansetzen:

$$u(x,y,z) = C_0 - C_1\,y - C_2\,z + \frac{\int M_y(x)\,\mathrm{d}x}{E\,I_y}\,z + \frac{\nu}{E}\,\frac{\bar{Q}_z}{I_y}\Big(\frac{z^3}{6} - \frac{y^2\,z}{2}\Big) + \omega(y,z)\,,$$

$$v(x,y,z) = C_3 - C_4\,z + C_1\,x - \frac{\nu}{E}\,\frac{M_y(x)}{I_y}\,z\,y\,,$$

$$w(x,y,z) = C_5 - C_4\,y + C_2\,x - \frac{\int\int M_y(x)\,\mathrm{d}x\,\mathrm{d}x}{E\,I_y} - \frac{\nu}{E}\,\frac{M_y(x)}{I_y}\Big(\frac{z^2}{2} - \frac{y^2}{2}\Big)\,.$$

Die Terme mit den Konstanten C_0 bis C_5 erfassen Starrkörperverschiebungen und interessieren im folgenden nicht. Das Doppelintegral ist, bis auf Starrkörperverschiebungen und Verdrehungen, die w-Verschiebung der Bezugslinie:

$$w(x,0,0) = -\frac{\int\int M_y(x)\,\mathrm{d}x\,\mathrm{d}x}{E\,I_y}\,.$$

Man kann leicht kontrollieren, dass sich tatsächlich aus den Verschiebungen die Dehnungen und die Schubverzerrung γ_{yz} ergeben. Für die beiden fehlenden Verzerrungen erhält man:

$$\gamma_{xy}(x,y,z) = \omega(y,z)_{,y} - \frac{2\,\nu}{E}\,\frac{\bar{Q}_z}{I_y}\,z\,y\,,$$

$$\gamma_{zx}(x,y,z) = \omega(y,z)_{,z}\,.$$

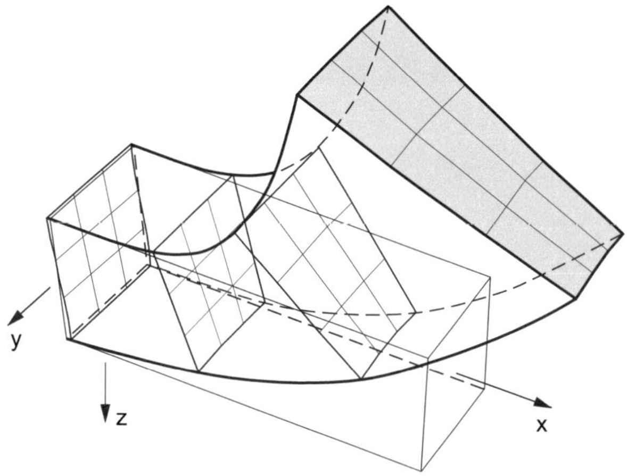

Bild 3.18. Deformierter Zustand eines Balkens mit Quadratquerschnitt unter Querkraftbiegung nach [3.15]

Die einzige unbekannte Größe beim Verschiebungsansatz ist die Funktion $\omega(y,z)$, die eine Verwölbung des Querschnitts beschreibt. Es stört in diesem Zusammenhang nicht, dass auch noch andere Terme zu einer Verwölbung des Querschnitts führen.

Zur Verdeutlichung ist in Bild 3.18 der Verschiebungszustand eines Balkens mit quadratischem Querschnitt unter Querkraftbiegung dargestellt. Die Verschiebungen wurden stark vergrößert. Trotzdem ist die Verwölbung nur bei $x = 0$ schwach zu erkennen.

- Welche Beziehungen erhält man für die im Prinzip der virtuellen Verrückungen auftretenden virtuellen Verschiebungs- und Verzerrungsgrößen?
- Forme das Prinzip anschließend so um, dass unter dem Integral die virtuelle Wölbfunktion $\delta\omega(y,z)$ nur noch ableitungsfrei auftritt. Die wirklichen Schnittkraftgrößen sollen aber zunächst beibehalten werden.
- Welche Differentialgleichung und welche Randbedingung erhält man mit Hilfe des Fundamentalsatzes der Variationsrechnung (siehe Abschnitt 14.2)? Welche mechanische Bedeutung haben die Differentialgleichung und die Randbedingungen?
- Ersetze nun alle unbekannten wirklichen Zustandsgrößen durch die Wölbfunktion. Wie lautet dann das Prinzip der virtuellen Verrückungen? Welche Differentialgleichung und welche Randbedingung muss die Wölbfunktion erfüllen?
- Vergleiche bei dem hier betrachteten Vorgehen nach der Deformationsmethode beide Beziehungen mit denjenigen, die sich beim Torsionsproblem ergeben (Aufgaben 2.9 und 3.7)!
- Ist sichergestellt, dass aus den Schubspannungen nur eine Querkraft $\bar{Q}_{\mathrm{z}}$, hingegen keine Querkraft Q_{y} und kein Torsionsmoment resultieren?
- Ermittle die Schubsteifigkeit $K_{\mathrm{z}} = G\,A_{\mathrm{z}}$ aus der Forderung, dass der aus den Schubspannungen resultierende Beitrag zur Formänderungsenergiedichte gleich dem Beitrag aus den Balkenquerkräften ist.

4 Finite-Elemente-Verfahren für Scheibentragwerke und Fachwerke

In diesem Kapitel stellen wir dar, wie durch Einführung lokal begrenzter Ansatzfunktionen in das Prinzip der virtuellen Verrückungen ein Verfahren der finiten Elemente entsteht.

Im Abschnitt 4.1 entwickeln wir ein Finite-Elemente-Verfahren für Scheibentragwerke. Eine Übertragung auf andere Tragwerke wie das dreidimensionale Kontinuum oder die Membran ist ohne weiteres möglich. Im Abschnitt 4.2 setzen wir uns mit den Mindestanforderungen auseinander, die ein derartiges Verfahren aus mechanischen Gründen erfüllen muss. Im Abschnitt 4.3 wenden wir die gewonnenen Erkenntnisse auf Fachwerke an, die stellvertretend für eindimensionale Kontinua stehen. Hierbei kommt es uns insbesondere darauf an, die Sonderstellung eindimensionaler Strukturen aufzuzeigen.

4.1 Ein Finite-Elemente-Verfahren für Scheibentragwerke

Die Entwicklung eines Finite-Elemente-Verfahrens für Scheibentragwerke soll an Hand eines einfachen Beispiels verdeutlicht werden. Die Scheibe von Bild 4.1 ist am linken Rand eingespannt, sie steht unter Flächenbelastung und ist zusätzlich am oberen Rand belastet.

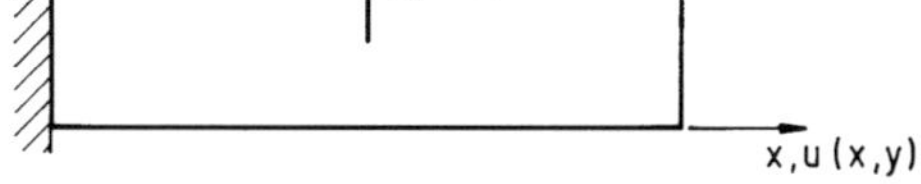

Bild 4.1. Scheibe unter Flächen- und Randlasten

Das Prinzip der virtuellen Verrückungen ohne Temperaturverzerrungen lautet:

$$\int_{\mathrm{B}} \Big\{ [\mathbf{D}_{\varepsilon \mathrm{u}}\, \delta \boldsymbol{u}(x,y)]^{\mathrm{T}}\ \boldsymbol{C}\ [\mathbf{D}_{\varepsilon \mathrm{u}}(x,y)\, \boldsymbol{u}(x,y)] - \delta \boldsymbol{u}^{\mathrm{T}}(x,y)\, \bar{\boldsymbol{p}}(x,y) \Big\}\ \mathrm{d}F$$

$$- \int_{\mathrm{R}_\sigma} \delta \boldsymbol{u}_{\mathrm{r}}^{\mathrm{T}}(s)\ \bar{\boldsymbol{\sigma}}_{\mathrm{R}}(s)\ \mathrm{d}s = 0. \qquad (4.1)$$

Als unbekannte Zustandsgrößen treten nur die im Vektor $\boldsymbol{u}$ zusammengefassten Verschiebungen auf. Bei der Scheibe sind das die Verschiebungen $u(x,y)$ und $v(x,y)$.

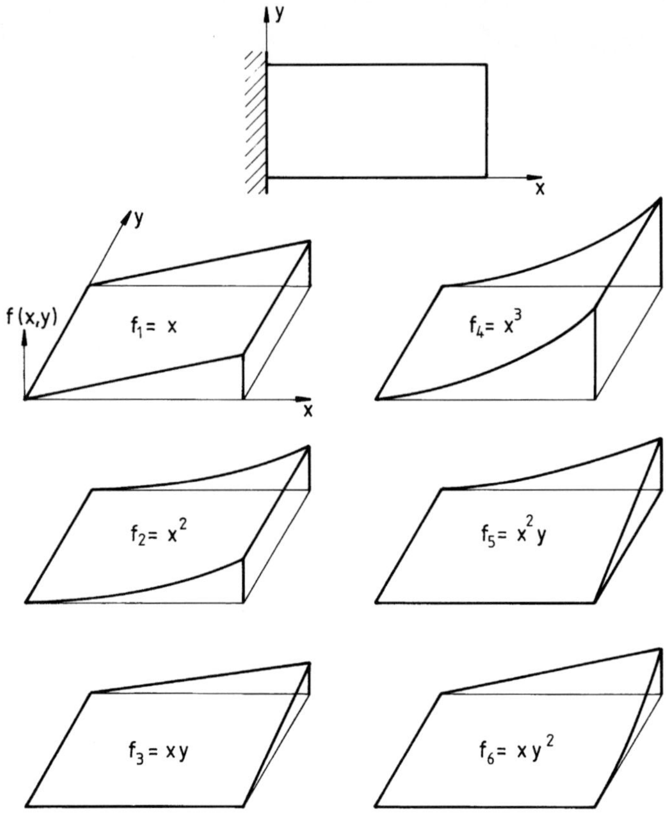

Bild 4.2. Globale Ansatzfunktionen für die Kragscheibe

4.1.1 Vorbemerkung: Globale oder lokal begrenzte Ansätze

Beim klassischen *Ritz-Verfahren* werden für die Verschiebungen Ansatzfunktionen eingeführt, die über das gesamte Tragwerk erstreckt sind. Die Ansatzfunktionen müssen *zulässig* sein, d.h. sie müssen die geometrischen Randbedingungen erfüllen und im Fall der Scheibe C^0-stetig sein. Bei dem Beispiel ist die Angabe globaler Polynomansätze, die die geometrischen Randbedingungen erfüllen, noch sehr einfach (Bild 4.2). Wählt man derartige Polynomansätze, so ist die C^0-Stetigkeit a priori gewährleistet.

Die Ansatzfunktionen von Bild 4.2 dürfen bei der vorhandenen Lagerung sowohl für die u- als auch für die v-Verschiebungen verwendet werden. Man kann also

$$\begin{Bmatrix} u(x,y) \\ v(x,y) \end{Bmatrix} = \begin{bmatrix} f_1 & f_2 & f_3 & f_4 & f_5 & f_6 & 0 & 0 & 0 & 0 & 0 & 0 \\ 0 & 0 & 0 & 0 & 0 & 0 & f_1 & f_2 & f_3 & f_4 & f_5 & f_6 \end{bmatrix} \boldsymbol{q}$$

schreiben, wobei im Vektor $\boldsymbol{q}^{\mathrm{T}} = \{q_1, q_2, \dots q_{12}\}$ die unbekannten Amplituden der Ansatzfunktionen zusammengefasst werden. Bei Scheiben mit unregelmäßiger Berandung und komplizierteren Randbedingungen ist sowohl die Angabe zulässiger

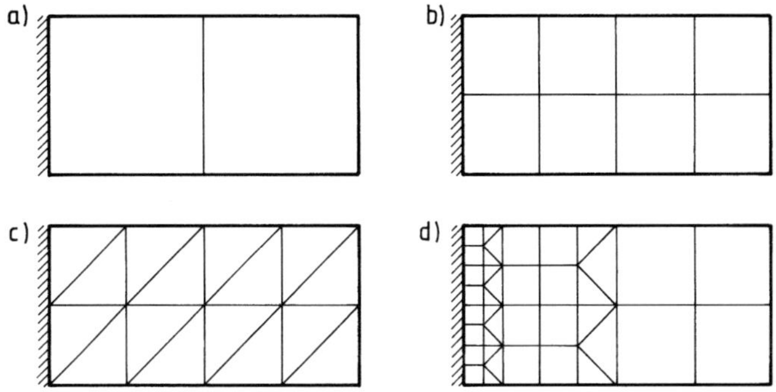

Bild 4.3. Elementierungsmöglichkeiten für die Kragscheibe. **a** Rechteckelemente (grobes Netz), **b** Rechteckelemente (feines Netz), **c** Dreieckelemente, **d** Dreieck- und Rechteckelemente

Ansatzfunktionen als auch die anschließende Auswertung einer Vielzahl von Integralen ein ausgesprochen mühseliges Geschäft. Die *Methode der finiten Elemente* umgeht diese Schwierigkeiten.

In der Methode der finiten Elemente wird der Verschiebungszustand aus Ansätzen aufgebaut, die auf Teilbereiche beschränkt sind. Diese Teilbereiche werden als *finite Elemente* bezeichnet. Für das einfache Tragwerk von Bild 4.1 sind in Bild 4.3 einige mögliche Elementierungen dargestellt. Größe und Form der Einzelelemente ist hierbei unterschiedlich. In Teilen des Tragwerks kann ein verfeinertes Elementnetz (Bild 4.3d) verwendet werden. Außer durch Größe und Form können sich die Elemente auch durch die im Element verwendeten Verschiebungsansätze unterscheiden, was sich aus Bild 4.3 nicht entnehmen lässt.

In Bild 4.4a ist – unter Verwendung der Elementierung aus Bild 4.3b – ein sich über die gesamte Scheibe erstreckender Verschiebungsansatz dargestellt. Obwohl der reale Verschiebungszustand in der Regel keine Knicke aufweist, ist der dargestellte Verschiebungszustand zulässig, da er C^0-stetig verläuft und die geometrischen Randbedingungen befriedigt. Einen derartigen Ansatz kann man entweder knotenweise (Bild 4.4b) oder elementweise (Bild 4.4c) aufbauen. Die knotenorientierte Formulierung hat den Vorteil, a priori die C^0-Stetigkeit des Verschiebungsverlaufes bzw. die Erfüllung der geometrischen Übergangsbedingungen zu gewährleisten. Der große Nachteil besteht darin, dass die Umgebungen der Knoten, in denen die zugehörigen Ansatzfunktionen ungleich Null sind, sehr unterschiedlich sind. Für die Verfahrensentwicklung ist daher der elementweisen Vorgehensweise der Vorzug zu geben, da sich nach Form (Rechteck, Dreieck) und Verschiebungsansatz gleichartige Elemente ein für allemal vorab behandeln lassen und die Erfüllung der geometrischen Übergangsbedingungen einfach zu bewerkstelligen ist.

4.1.2 Verschiebungsansatz für ein Rechteckelement

Ein Element ist erst durch Einführung eines Verschiebungsansatzes vollständig definiert. Dies soll am Beispiel des Rechteckelementes erläutert werden.

Die Ansatzfunktion in einem Rechteckelement, wie sie in Bild 4.4c verwendet wurde, verläuft *bilinear*. Parameter des Funktionsverlaufes sind hier die Funktions-

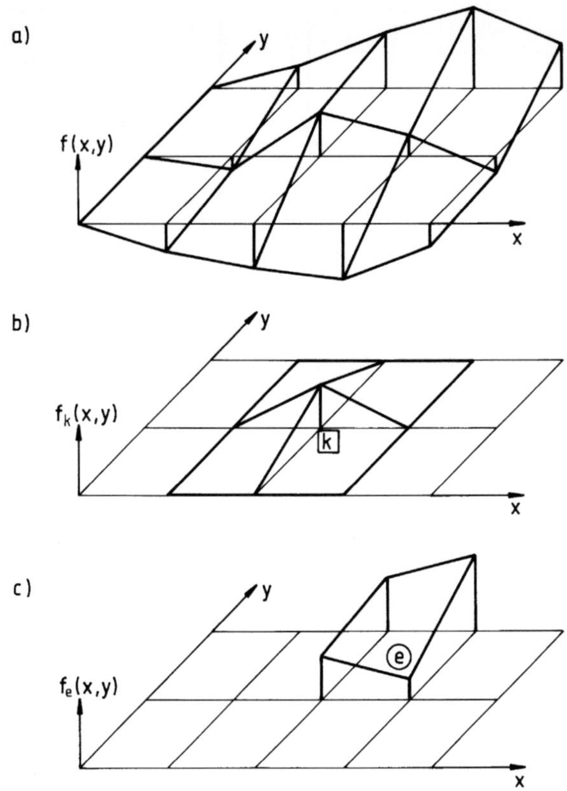

Bild 4.4. Ansatzfunktionen für die Kragscheibe bei Verwendung des Elementnetzes aus Bild 4.3b. Ansatz für die Gesamtscheibe (**a**). Knotenweiser (**b**) oder elementweiser (**c**) Aufbau der Ansatzfunktionen

werte in den vier Elementeckpunkten. Die Parameter werden auch als *Freiheitsgrade* bezeichnet, die Punkte, auf deren Funktionswerte der Ansatz sich abstützt, als *Elementknoten.* Die Knoten eines Elementnetzes werden weitgehend durch Punkte gekennzeichnet. Die zu einem Parameter gehörende Ansatzfunktion nimmt in dem jeweiligen Elementknoten den Wert 1, in allen anderen Knoten den Wert 0 an. Derartige Ansatzfunktionen werden als *Formfunktionen* bezeichnet. Für die Formulierung der Formfunktionen ist es zweckmäßig, dimensionslose Koordinaten ξ und η einzuführen, durch die jedes Rechteck auf ein Quadrat der Seitenlänge 2 abgebildet wird:

$$\begin{aligned} \xi &= \frac{2}{a_\mathrm{e}}\,(x - x_\mathrm{e})\,, \\ \eta &= \frac{2}{b_\mathrm{e}}\,(y - y_\mathrm{e})\,. \end{aligned} \tag{4.2}$$

Unter Verwendung der neuen Koordinaten können die zweidimensionalen Formfunktionen $l_1(\xi,\eta)$ bis $l_4(\xi,\eta)$ sehr leicht durch Produktbildung aus den eindi-

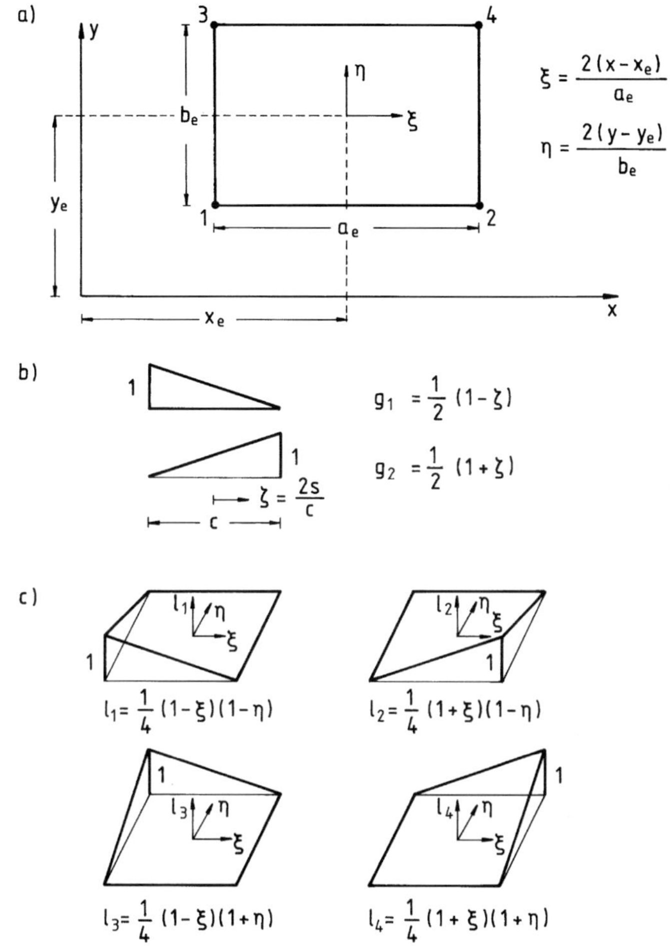

Bild 4.5. Ansatzfunktionen bei einem Rechteckelement für C^0-stetige Probleme. **a** Abmessungen, Elementknotennumerierung, lokales Koordinatensystem; **b** eindimensionale Funktionen $g_1(\zeta)$ und $g_2(\zeta)$; **c** Ansatzfunktionen $l_1(\xi, \eta)$ bis $l_4(\xi, \eta)$

mensionalen Funktionen $g_1(\zeta)$ und $g_2(\zeta)$ entwickelt werden. Dies ist in Bild 4.5 dargestellt.

Der Verlauf der Verschiebung $u(x, y)$ im Element lässt sich folgendermaßen formulieren:

$$u(x,y) = [l_1(\xi,\eta), l_2(\xi,\eta), l_3(\xi,\eta), l_4(\xi,\eta)] \begin{Bmatrix} u_1 \\ u_2 \\ u_3 \\ u_4 \end{Bmatrix}_{\mathrm{e}} \quad \text{mit} \ -1 \leqslant \xi, \eta \leqslant +1\,.$$

Dabei ist e der Elementindex. In gleicher Weise lässt sich der Verschiebungsverlauf $v(x, y)$ beschreiben. In Bild 4.6 sind die Verschiebungszustände eines Elementes

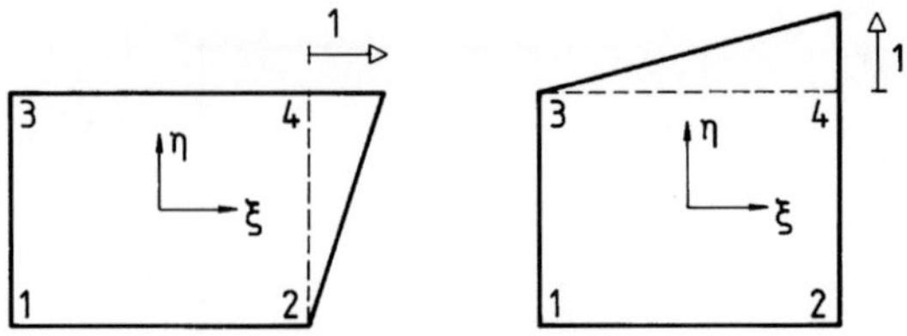

Bild 4.6. Verschiebungszustände eines Elementes für $u_4 = 1$ (links) und $v_4 = 1$ (rechts)

wiedergegeben, die sich einstellen, wenn $u_4 = 1$ bzw. $v_4 = 1$ gesetzt werden. Zusammenfassend erhalten wir für die beiden Verschiebungen $u(x, y)$ und $v(x, y)$

$$\begin{Bmatrix} u(x,y) \\ v(x,y) \end{Bmatrix} = \begin{bmatrix} l_1 & l_2 & l_3 & l_4 & 0 & 0 & 0 & 0 \\ 0 & 0 & 0 & 0 & l_1 & l_2 & l_3 & l_4 \end{bmatrix} \begin{Bmatrix} u_1 \\ u_2 \\ u_3 \\ u_4 \\ v_1 \\ v_2 \\ v_3 \\ v_4 \end{Bmatrix}_{\mathrm{e}} , \tag{4.3a}$$

$$\boldsymbol{u}(x,y) = \boldsymbol{V}_{\mathrm{u}}(\xi,\eta) \, \boldsymbol{u}_{\mathrm{e}} .$$

$\boldsymbol{V}_{\mathrm{u}}(\xi, \eta)$ ist die Matrix der Formfunktionen, $\boldsymbol{u}_{\mathrm{e}}$ der Vektor der Elementknotenverschiebungen (*Elementverschiebungsvektor*). Formal ist der Ansatz für jedes Element gleich. Er unterscheidet sich nur durch den Elementverschiebungsvektor $\boldsymbol{u}_{\mathrm{e}}$.

Die virtuellen Verschiebungen werden ebenso approximiert:

$$\delta \boldsymbol{u}(x,y) = \boldsymbol{V}_{\mathrm{u}}(\xi,\eta) \, \delta \boldsymbol{u}_{\mathrm{e}} . \tag{4.3b}$$

Die virtuellen Verschiebungen eines Elementrandes, an dem eine Linienlast angreift, erhält man aus (4.3b), indem man die entsprechenden Werte für ξ und η einsetzt:

$$\delta \boldsymbol{u}_{\mathrm{r}}(s) = \boldsymbol{V}_{\mathrm{ur}}(\zeta) \, \delta \boldsymbol{u}_{\mathrm{e}} . \tag{4.4}$$

Die Randkoordinate s kann x oder y und ζ entsprechend ξ oder η sein.

Ohne die Matrix $\boldsymbol{V}_{\mathrm{ur}}$ aufzustellen, kann man Bild 4.5c entnehmen, dass der Verschiebungszustand eines Elementrandes linear verläuft und nur von den Verschiebungen der beiden auf dem Rand liegenden Knoten abhängt.

4.1.3 Stetigkeit des Verschiebungsansatzes

Im folgendem wird für die eingespannte Scheibe die einfache Elementierung aus Bild 4.3a herangezogen. Als Belastung wirkt in beiden Elementen eine konstante Flächenlast sowie am oberen Rand eine Linienlast, jeweils in y-Richtung. Die Elemente werden durchnumeriert (① und ②), ebenso die lokalen Elementknoten

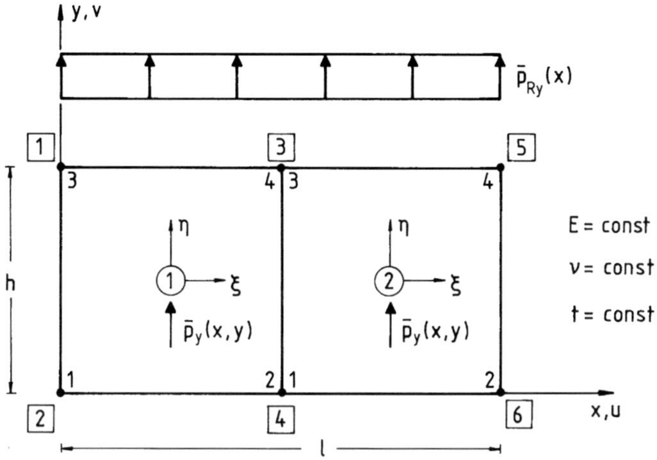

Bild 4.7. Beispiel. Abmessungen und Belastungen, Elementnumerierung, globale und lokale Knotennumerierung

(1 bis 4 in beiden Elementen) und die globalen oder Systemknoten ($\boxed{1}$ bis $\boxed{6}$), siehe Bild 4.7.

Anders als im Kapitel 3 haben wir den virtuellen Randverschiebungszustand aus Vereinfachungsgründen nicht in einem tangentialen, sondern im x, y-Koordinatensystem beschrieben (siehe Gl. (4.4)). Deshalb wird auch der Randlastzustand $\bar{\boldsymbol{\sigma}}_{\mathrm{R}}$, der an den virtuellen Randverschiebungen Arbeit leistet, im x, y-Koordinatensystem formuliert. Wir verdeutlichen das durch die neue Bezeichnung

$$\bar{\boldsymbol{p}}_{\mathrm{R}}^{\mathrm{T}}(s) = \{\bar{p}_{\mathrm{Rx}}(s), \bar{p}_{\mathrm{Ry}}(s)\} \ .$$

Der Verschiebungsansatz für das Gesamtsystem muss einerseits C^0-stetig sein und andererseits die geometrischen Randbedingungen erfüllen. Von der zweiten Forderung, die geometrischen Randbedingungen am Rand $\mathrm{R_u}(x = 0)$ zu befriedigen, befreien wir uns zunächst, indem wir die Scheibe gedanklich freischneiden. Als Folge des Freischneidens treten jetzt unbekannte Randschnittkräfte (Auflagerschnittkräfte) $\boldsymbol{a}^{\mathrm{T}}(s) = \{a_{\mathrm{x}}(s), a_{\mathrm{y}}(s)\}$ auf, die wie äußere Randlasten angetragen werden. Sie sind positiv, wenn ihre Komponenten in Richtung der globalen Koordinaten (x, y) wirken (Bild 4.7). Die C^0-Stetigkeit ist durch den Verschiebungsansatz (4.3a) innerhalb der Elemente gegeben. Es muss also noch der Nachweis der Stetigkeit von Element zu Element geführt werden.

Die beiden Elemente besitzen $2 \times 8 = 16$ Elementknotenverschiebungen (siehe Bild 4.8 oben). Das aus den beiden Elementen bestehende, freigeschnittene System mit den Knoten $\boxed{1}$ bis $\boxed{6}$ besitzt insgesamt $2 \times 6 = 12$ globale Knotenverschiebungen (Bild 4.8 unten), die in einem Vektor der Systemknotenverschiebungen (*Systemverschiebungsvektor*) $\boldsymbol{u}^*$ zusammengefasst werden:

$$\boldsymbol{u}^{*\mathrm{T}} = \{u_1^*, v_1^*, \ldots, u_6^*, v_6^*\} \ ,$$

wobei ausdrücklich darauf hingewiesen wird, dass die Komponenten von $\boldsymbol{u}^*$ knotenweise angeordnet sind. Der Zusammenhang zwischen den Elementverschiebungs-

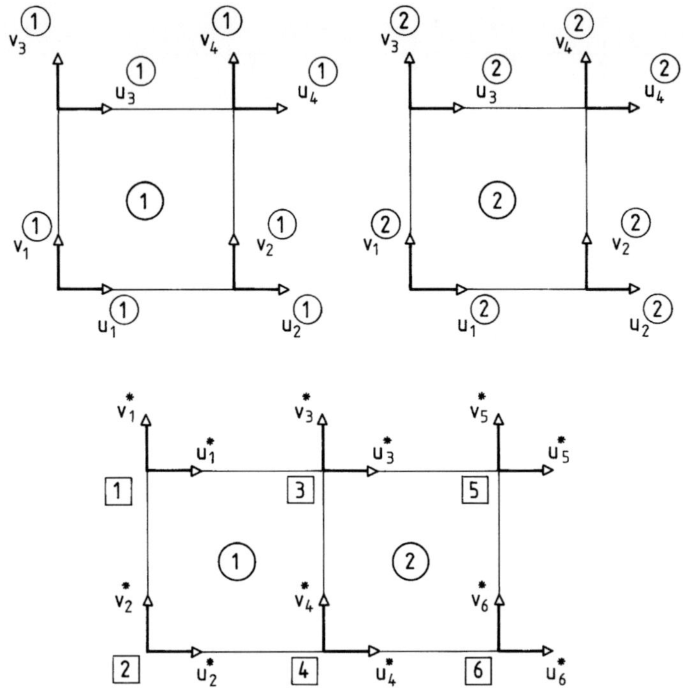

Bild 4.8. Lokale Elementknotenverschiebungen (oben) und globale Systemknotenverschiebungen (unten)

vektoren $\boldsymbol{u}_\mathrm{e}$ und dem Systemverschiebungsvektor $\boldsymbol{u}^*$ wird mit Hilfe von *Zuordnungsmatrizen* hergestellt. Für das Element ② gilt beispielsweise:

$$
\begin{Bmatrix} u_1 \\ u_2 \\ u_3 \\ u_4 \\ v_1 \\ v_2 \\ v_3 \\ v_4 \end{Bmatrix}_{②}
=
\begin{bmatrix}
0 & 0 & 0 & 0 & 0 & 0 & 1 & 0 & 0 & 0 & 0 & 0 \\
0 & 0 & 0 & 0 & 0 & 0 & 0 & 0 & 0 & 0 & 1 & 0 \\
0 & 0 & 0 & 0 & 1 & 0 & 0 & 0 & 0 & 0 & 0 & 0 \\
0 & 0 & 0 & 0 & 0 & 0 & 0 & 0 & 1 & 0 & 0 & 0 \\
0 & 0 & 0 & 0 & 0 & 0 & 0 & 1 & 0 & 0 & 0 & 0 \\
0 & 0 & 0 & 0 & 0 & 0 & 0 & 0 & 0 & 0 & 0 & 1 \\
0 & 0 & 0 & 0 & 0 & 1 & 0 & 0 & 0 & 0 & 0 & 0 \\
0 & 0 & 0 & 0 & 0 & 0 & 0 & 0 & 0 & 1 & 0 & 0
\end{bmatrix}_{②}
\begin{Bmatrix} u1 \\ v1 \\ u2 \\ v2 \\ u3 \\ v3 \\ u4 \\ v4 \\ u5 \\ v5 \\ u6 \\ v6 \end{Bmatrix}^{*}
$$

$$
\boldsymbol{u}_2 \quad = \quad \boldsymbol{A}_2 \quad \boldsymbol{u}^*
$$

Die Zuordnungsvorschriften lauten allgemein:

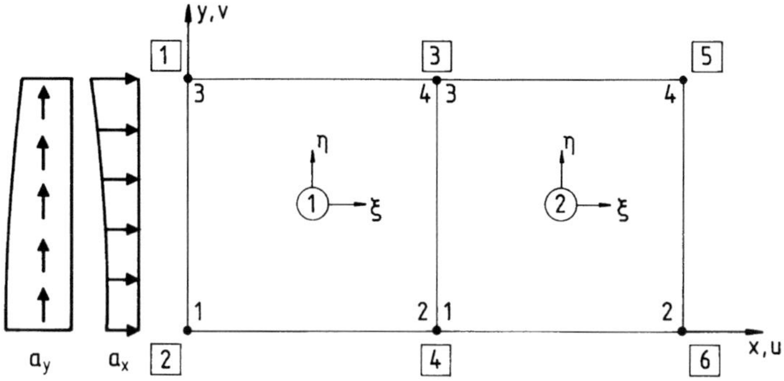

Bild 4.9. Freigeschnittene Randschnittkräfte

$$\begin{aligned} \boldsymbol{u}_\mathrm{e} &= \boldsymbol{A}_\mathrm{e}\,\boldsymbol{u}^*\,, && \text{(4.5a)}\\ \delta\boldsymbol{u}_\mathrm{e} &= \boldsymbol{A}_\mathrm{e}\,\delta\boldsymbol{u}^*\,. && \text{(4.5b)} \end{aligned}$$

Aufgrund der Gln. (4.5a) und (4.5b) ist der Verschiebungsansatz in den Knoten stetig. Damit ist auch die Stetigkeit zwischen den Elementen gewährleistet, da der gewählte Verschiebungsansatz entlang der Elementränder nur lineare Verschiebungsverläufe zulässt.

Hinweis: Die Zuordnungsmatrix $\boldsymbol{A}_2$ ist typischerweise nur schwach besetzt. Deshalb werden bei der programmtechnischen Umsetzung nicht die Zuordnungsmatrizen $\boldsymbol{A}_\mathrm{e}$, sondern unmittelbare Knotenzuordnungen verwendet (siehe Kapitel 5).

4.1.4 Diskretisierung des Prinzips der virtuellen Verrückungen durch Einführung des Verschiebungsansatzes

Der elementweise formulierte Verschiebungsansatz soll nun in das Prinzip der virtuellen Verrückungen eingeführt werden. Das Prinzip muss vorher noch etwas modifiziert werden, da die Scheibe am Verschiebungsrand $\mathrm{R_u}$ freigeschnitten wurde (Bild 4.9). Die freigeschnittenen, unbekannten Randschnittkräfte $\boldsymbol{a}$ müssen im Prinzip der virtuellen Verrückungen durch einen zusätzlichen Term erfasst werden. Sie werden formal wie Randlasten behandelt. Im Hinblick auf die Unterteilung des Systems in n_e Elemente wird auch das Prinzip elementweise angegeben:

$$\sum_{\mathrm{e}=1}^{n_\mathrm{e}} \Bigg\{ \int_{\mathrm{B_e}} [\mathbf{D}_{\varepsilon\mathrm{u}}\,\delta\boldsymbol{u}(x,y)]^\mathrm{T}\ \boldsymbol{C}\ [\mathbf{D}_{\varepsilon\mathrm{u}}\,\boldsymbol{u}(x,y)]\ \mathrm{d}F - \int_{\mathrm{B_e}} \delta\boldsymbol{u}^\mathrm{T}(x,y)\,\bar{\boldsymbol{p}}(x,y)\,\mathrm{d}F - \int_{\mathrm{R}_{\sigma\mathrm{e}}} \delta\boldsymbol{u}_\mathrm{r}^\mathrm{T}(s)\,\bar{\boldsymbol{p}}_\mathrm{R}(s)\,\mathrm{d}s - \int_{\mathrm{R_{ue}}} \delta\boldsymbol{u}_\mathrm{r}^\mathrm{T}(s)\,\boldsymbol{a}(s)\,\mathrm{d}s \Bigg\} = 0\,. \tag{4.6}$$

Nach Einführung der Verschiebungsansätze (4.3) und (4.4) lassen sich die Elementverschiebungsvektoren $\boldsymbol{u}_\mathrm{e}$ und $\delta\boldsymbol{u}_\mathrm{e}$ aus den Integralen herausziehen, da sie nicht von

x und y abhängen:

$$\sum_{e=1}^{n_e} \Bigg\{ \delta \boldsymbol{u}_e^T \int\limits_{B_e} [\mathbf{D}_{\varepsilon u}\, \boldsymbol{V}_u(\xi,\eta)]^T\, \boldsymbol{C}\, [\mathbf{D}_{\varepsilon u}\, \boldsymbol{V}_u(\xi,\eta)]\; dF\, \boldsymbol{u}_e$$

$$- \delta \boldsymbol{u}_e^T \int\limits_{B_e} \boldsymbol{V}_u^T(\xi,\eta)\, \bar{\boldsymbol{p}}(x,y)\; dF - \delta \boldsymbol{u}_e^T \int\limits_{R_{\sigma e}} \boldsymbol{V}_{ur}^T(\zeta)\, \bar{\boldsymbol{p}}_R(s)\; ds$$

$$-\delta \boldsymbol{u}_e^T \int\limits_{R_{ue}} V_{ur}^T(\zeta)\, \boldsymbol{a}(s)\; ds \Bigg\} = 0\,. \tag{4.7}$$

Die verbleibenden Integrale sind die *Elementsteifigkeitsmatrix*

$$\boldsymbol{S}_e = \int\limits_{Be} \boldsymbol{V}_{\varepsilon u}^T(\xi,\eta)\, \boldsymbol{C}\, \boldsymbol{V}_{\varepsilon u}(\xi,\eta)\; dF \tag{4.8}$$

$$\text{mit } \boldsymbol{V}_{\varepsilon u}(\xi,\eta) = \mathbf{D}_{\varepsilon u}\, \boldsymbol{V}_u(\xi,\eta)\,, \tag{4.9}$$

der *Elementvektor aus Flächenlasten*

$$\bar{\boldsymbol{p}}_{B_e} = \int\limits_{B_e} \boldsymbol{V}_u^T(\xi,\eta)\, \bar{\boldsymbol{p}}(x,y)\; dF\,, \tag{4.10}$$

der *Elementvektor aus Randlasten*

$$\bar{\boldsymbol{p}}_{Re} = \int\limits_{R_{\sigma e}} \boldsymbol{V}_{ur}^T(\zeta)\, \bar{\boldsymbol{p}}_R(s)\; ds \tag{4.11}$$

und der *Elementauflagerkraftvektor*

$$\boldsymbol{a}_e = \int\limits_{R_{ue}} \boldsymbol{V}_{ur}^T(\zeta)\, \boldsymbol{a}(s)\; ds\,. \tag{4.12}$$

Die Matrix $\boldsymbol{S}_e$ lässt sich durch Integration ermitteln, ebenso die beiden Vektoren $\bar{\boldsymbol{p}}_{Be}$ und $\bar{\boldsymbol{p}}_{Re}$, da $\bar{\boldsymbol{p}}(x,y)$ und $\bar{\boldsymbol{p}}_R(s)$ gegebene Belastungszustände sind. Der freigeschnittene Randschnittkraftzustand $\boldsymbol{a}(s)$ auf R_u ist hingegen unbekannt. Es lässt sich nur angeben, an welchen Stellen der Auflagerkraftvektor besetzt ist, nicht jedoch mit welchen Werten.

Für Gleichung (4.7) kann man nun abgekürzt schreiben

$$\sum_{e=1}^{n_e} \delta \boldsymbol{u}_e^T \left\{ \boldsymbol{S}_e\, \boldsymbol{u}_e - \bar{\boldsymbol{p}}_{Be} - \bar{\boldsymbol{p}}_{Re} - \boldsymbol{a}_e \right\} = 0\,. \tag{4.13}$$

Bevor wir die Elementverschiebungsvektoren $\boldsymbol{u}_e$ durch den Systemverschiebungsvektor $\boldsymbol{u}^*$ ersetzen, werden wir zuerst die Elementmatrizen berechnen.

4.1.5 Ermittlung der Steifigkeitsmatrix und der Lastvektoren für Rechteckelemente

Elementsteifigkeitsmatrix

Die Berechnungsvorschrift für die Steifigkeitsmatrix lautet:

$$\boldsymbol{S}_{\mathrm{e}} = \int_{\mathrm{Be}} \boldsymbol{V}_{\varepsilon \mathrm{u}}^{\mathrm{T}}(\xi,\eta)\, \boldsymbol{C}\, \boldsymbol{V}_{\varepsilon \mathrm{u}}(\xi,\eta)\,\mathrm{d}F \tag{4.8}$$

$$\text{mit } \boldsymbol{V}_{\varepsilon \mathrm{u}}(\xi,\eta) = \mathbf{D}_{\varepsilon \mathrm{u}}\, \boldsymbol{V}_{\mathrm{u}}(\xi,\eta)\,, \tag{4.9}$$

Wir stellen zunächst die in dieser Vorschrift enthaltenen Matrizen zusammen. Unterhalb der Matrizen geben wir ihre Abmessungen in der Form [Zeilenanzahl × Spaltenanzahl] an.

Die Matrix $\boldsymbol{V}_{\mathrm{u}}$ wird aus Gl. (4.3a) übernommen:

$$\boldsymbol{V}_{\mathrm{u}} = \underset{[2\times 8]}{\begin{bmatrix} l_1 & l_2 & l_3 & l_4 & 0 & 0 & 0 & 0 \\ 0 & 0 & 0 & 0 & l_1 & l_2 & l_3 & l_4 \end{bmatrix}}\,.$$

$l_{\mathrm{i}}(\xi,\eta)$ sind die Formfunktionen des Rechteckelementes, die formelmäßig und graphisch in Bild 4.5 wiedergegeben werden.

Fasst man die vier Ansatzfunktionen in einem Vektor

$$\boldsymbol{l}^{\mathrm{T}} = \{l_1, l_2, l_3, l_4\}$$

zusammen, dann lässt sich $\boldsymbol{V}_{\mathrm{u}}(\xi,\eta)$ kompakter schreiben als

$$\boldsymbol{V}_{\mathrm{u}}(\xi,\eta) = \begin{bmatrix} \boldsymbol{l}^{\mathrm{T}} & \mathbf{0}^{\mathrm{T}} \\ \mathbf{0}^{\mathrm{T}} & \boldsymbol{l}^{\mathrm{T}} \end{bmatrix}.$$

Die Besetzung des Differentialoperators für die Scheibe übernehmen wir aus Kapitel 2:

$$\mathbf{D}_{\varepsilon \mathrm{u}} = \underset{[3\times 2]}{\begin{bmatrix} \dfrac{\partial}{\partial x} & 0 \\ 0 & \dfrac{\partial}{\partial y} \\ \dfrac{\partial}{\partial y} & \dfrac{\partial}{\partial x} \end{bmatrix}}\,.$$

Da die Formfunktionen in Abhängigkeit von den lokalen ξ,η-Koordinaten angegeben sind, müssen die Differentiale mit Hilfe der Kettenregel und unter Verwendung der Gl. (4.2) umgeformt werden:

$$\frac{\partial}{\partial x} = \frac{\partial \xi}{\partial x}\frac{\partial}{\partial \xi} + \frac{\partial \eta}{\partial x}\frac{\partial}{\partial \eta} = \frac{2}{a_{\mathrm{e}}}\frac{\partial}{\partial \xi}\,,$$
$$\frac{\partial}{\partial y} = \frac{\partial \xi}{\partial y}\frac{\partial}{\partial \xi} + \frac{\partial \eta}{\partial y}\frac{\partial}{\partial \eta} = \frac{2}{b_{\mathrm{e}}}\frac{\partial}{\partial \eta}\,.$$

Damit wird

$$\mathbf{D}_{\varepsilon u} = \begin{bmatrix} \frac{2}{a_e}\frac{\partial}{\partial \xi} & 0 \\ 0 & \frac{2}{b_e}\frac{\partial}{\partial \eta} \\ \frac{2}{b_e}\frac{\partial}{\partial \eta} & \frac{2}{a_e}\frac{\partial}{\partial \xi} \end{bmatrix} .$$

Wird der Differentialoperator auf die Matrix der Ansatzfunktionen angewendet, erhält man

$$\boldsymbol{V}_{\varepsilon u}(\xi,\eta) \;=\; \mathbf{D}_{\varepsilon u}\,\boldsymbol{V}_{u}(\xi,\eta) \;=\; \underset{[3\times 8]}{\begin{bmatrix} \frac{2}{a_e}\,\boldsymbol{l}^{T}_{,\xi} & \mathbf{0}^{T} \\ \mathbf{0}^{T} & \frac{2}{b_e}\,\boldsymbol{l}^{T}_{,\eta} \\ \frac{2}{b_e}\,\boldsymbol{l}^{T}_{,\eta} & \frac{2}{a_e}\,\boldsymbol{l}^{T}_{,\xi} \end{bmatrix}} .$$

Die Formfunktionen und ihre Ableitungen nach ξ und η sind in Bild 4.10 zusammengestellt.

Unter der Voraussetzung, dass das Element aus einem homogenen, orthotropen Material besteht, lautet die Stoffmatrix

$$\boldsymbol{C} \;=\; \underset{[3\times 3]}{\begin{bmatrix} D_x & D_{xy} & 0 \\ D_{xy} & D_y & 0 \\ 0 & 0 & D_s \end{bmatrix}} .$$

Besteht das Element aus isotropem Material, so gilt

$$D_x = D_y = D\,,$$
$$D_{xy} = \nu\,D\,,$$
$$D_s = \frac{1}{2}\,(1-\nu)\,D$$

mit der Dehnsteifigkeit $D = \dfrac{Et}{1-\nu^2}$.

Drückt man in Gl. (4.8) das Flächendifferential noch durch

$$\mathrm{d}F = \mathrm{d}x\;\mathrm{d}y = \frac{a_e}{2}\,\mathrm{d}\xi\;\frac{b_e}{2}\,\mathrm{d}\eta = \frac{F_e}{4}\,\mathrm{d}\xi\;\mathrm{d}\eta \tag{4.14}$$

aus und führt Integrationsgrenzen ein, so erhält man

$$\boldsymbol{S}_e = \int\limits_{B_e} \boldsymbol{V}^{T}_{\varepsilon u}(\xi,\eta)\,\boldsymbol{C}\,\boldsymbol{V}_{\varepsilon u}(\xi,\eta)\,\mathrm{d}F = \int\limits_{-1}^{1}\int\limits_{-1}^{1} \boldsymbol{V}^{T}_{\varepsilon u}(\xi,\eta)\,\boldsymbol{C}\,\boldsymbol{V}_{\varepsilon u}(\xi,\eta)\,\frac{F_e}{4}\,\mathrm{d}\xi\;\mathrm{d}\eta\,. \tag{4.15}$$

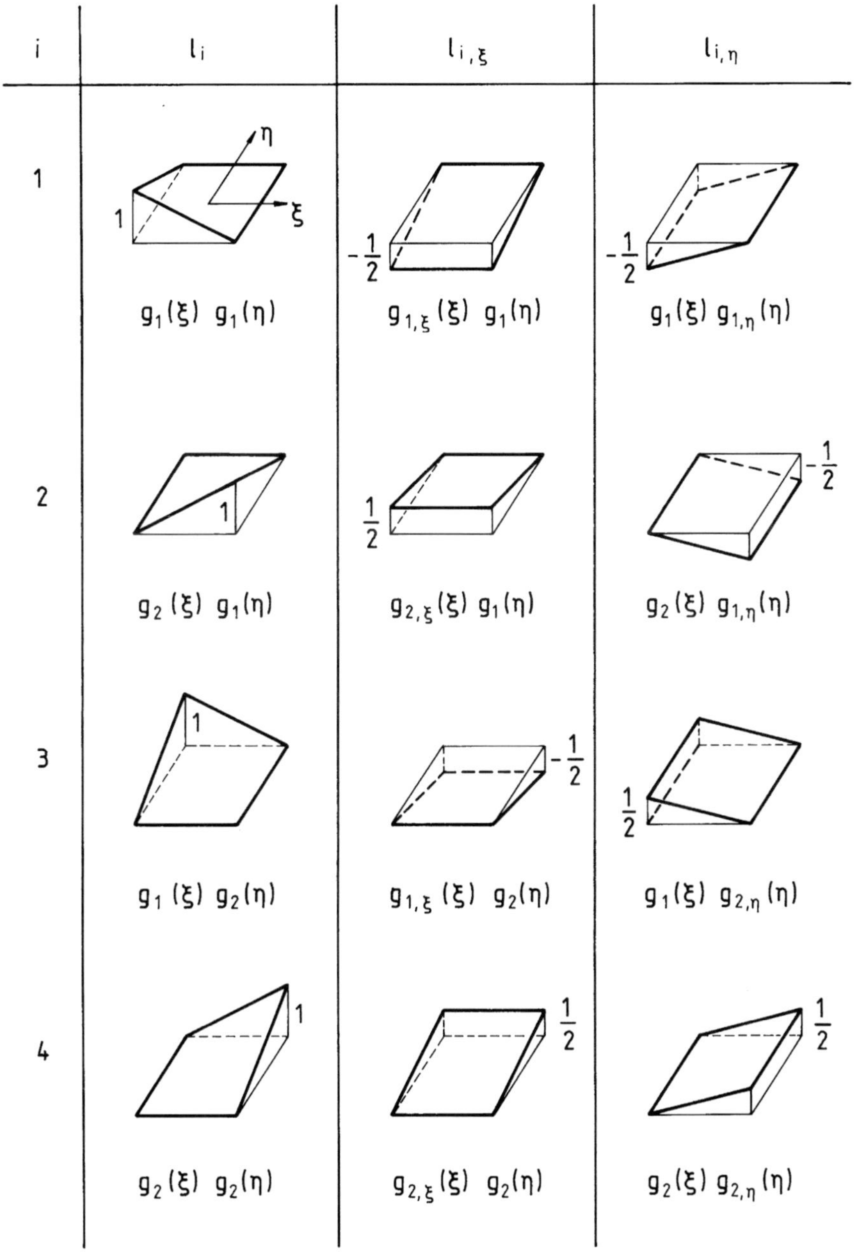

Bild 4.10. Formfunktionen und ihre Ableitungen

Die Matrizenoperation $\boldsymbol{V}_{\varepsilon\mathrm{u}}^{\mathrm{T}}\,\boldsymbol{C}\,\boldsymbol{V}_{\varepsilon\mathrm{u}}$ im Integranden von Gl. (4.15) kann nun durchgeführt werden. Es erweist sich für die Auswertung als zweckmäßig, das Ergebnis nach den Komponenten der Stoffmatrix zu sortieren.

$$
\begin{aligned}
\underset{[8\times 8]}{\boldsymbol{V}_{\varepsilon\mathrm{u}}^{\mathrm{T}}\,\boldsymbol{C}\,\boldsymbol{V}_{\varepsilon\mathrm{u}}} = \frac{4}{F_\mathrm{e}} \Bigg\{ & \frac{1}{\alpha} D_\mathrm{x} \begin{bmatrix} \boldsymbol{l}_{,\xi}\,\boldsymbol{l}_{,\xi}^{\mathrm{T}} & \boldsymbol{0} \\ \boldsymbol{0} & \boldsymbol{0} \end{bmatrix} \\
& + \alpha D_\mathrm{y} \begin{bmatrix} \boldsymbol{0} & \boldsymbol{0} \\ \boldsymbol{0} & \boldsymbol{l}_{,\eta}\,\boldsymbol{l}_{,\eta}^{\mathrm{T}} \end{bmatrix} \\
& + \alpha D_\mathrm{xy} \begin{bmatrix} \boldsymbol{0} & \boldsymbol{l}_{,\xi}\,\boldsymbol{l}_{,\eta}^{\mathrm{T}} \\ \boldsymbol{l}_{,\eta}\,\boldsymbol{l}_{,\xi}^{\mathrm{T}} & \boldsymbol{0} \end{bmatrix} \\
& + D_\mathrm{s} \begin{bmatrix} \alpha\,\boldsymbol{l}_{,\eta}\,\boldsymbol{l}_{,\eta}^{\mathrm{T}} & \boldsymbol{l}_{,\eta}\,\boldsymbol{l}_{,\xi}^{\mathrm{T}} \\ \boldsymbol{l}_{,\xi}\,\boldsymbol{l}_{,\eta}^{\mathrm{T}} & \frac{1}{\alpha}\,\boldsymbol{l}_{,\xi}\,\boldsymbol{l}_{,\xi}^{\mathrm{T}} \end{bmatrix} \Bigg\}
\end{aligned}
\tag{4.16}
$$

mit $\alpha = a_\mathrm{e} \,/\, b_\mathrm{e}$ und $F_\mathrm{e} = a_\mathrm{e}\, b_\mathrm{e}$.

Bei der Auswertung der Flächenintegrale macht man sich zunutze, dass die verwendeten Formfunktionen $l_\mathrm{i}(\xi,\eta)$ $(i = 1,4)$ Produkte aus den eindimensionalen Funktionen $g_\mathrm{j}(\xi)$ und $g_\mathrm{k}(\eta)$ $(j,k = 1,2)$ sind. Dann treten nur Produkte von Linienintegralen des Typs

$$
\int_{-1}^{1} g_\mathrm{j}(\zeta)\, g_\mathrm{k}(\zeta)\,\mathrm{d}\zeta\,, \quad \int_{-1}^{1} g_\mathrm{j}(\zeta)\, g_{\mathrm{k},\zeta}(\zeta)\,\mathrm{d}\zeta\,, \quad \int_{-1}^{1} g_{\mathrm{j},\zeta}(\zeta)\, g_{\mathrm{k},\zeta}(\zeta)\,\mathrm{d}\zeta
$$

auf. Die Ergebnisse dieser Integrationen werden in Tabelle 4.1 zusammengefasst.

Tabelle 4.1. Auswertung der Integrale $\int_{-1}^{1} g_\mathrm{j}(\zeta)\, g_\mathrm{k}(\zeta)\,\mathrm{d}\zeta$, etc.

	g_1	g_2	$g_{1,\zeta}$	$g_{2,\zeta}$
$g_1 = \frac{1}{2}\,(1-\zeta)$	$\frac{2}{3}$	$\frac{1}{3}$	$-\frac{1}{2}$	$\frac{1}{2}$
$g_2 = \frac{1}{2}\,(1+\zeta)$	$\frac{1}{3}$	$\frac{2}{3}$	$-\frac{1}{2}$	$\frac{1}{2}$
$g_{1,\zeta} = -\frac{1}{2}$	$-\frac{1}{2}$	$-\frac{1}{2}$	$\frac{1}{2}$	$-\frac{1}{2}$
$g_{2,\zeta} = \frac{1}{2}$	$\frac{1}{2}$	$\frac{1}{2}$	$-\frac{1}{2}$	$\frac{1}{2}$

Das Endergebnis ist die folgende symmetrische [8 × 8]-Elementsteifigkeitsmatrix

$$\boldsymbol{S}_{\mathrm{e}} = \frac{1}{\alpha} D_{\mathrm{x}} \begin{bmatrix} \boldsymbol{L}_{11} & \mathbf{0} \\ \mathbf{0} & \mathbf{0} \end{bmatrix} + \alpha D_{\mathrm{y}} \begin{bmatrix} \mathbf{0} & \mathbf{0} \\ \mathbf{0} & \boldsymbol{L}_{22} \end{bmatrix} + D_{\mathrm{xy}} \begin{bmatrix} \mathbf{0} & \boldsymbol{L}_{12} \\ \boldsymbol{L}_{12}^{\mathrm{T}} & \mathbf{0} \end{bmatrix} + D_{\mathrm{s}} \begin{bmatrix} \alpha \boldsymbol{L}_{22} & \boldsymbol{L}_{12}^{\mathrm{T}} \\ \boldsymbol{L}_{12} & \frac{1}{\alpha} \boldsymbol{L}_{11} \end{bmatrix} \tag{4.17}$$

mit $\alpha = a_{\mathrm{e}} \,/\, b_{\mathrm{e}}$ und den [4 × 4]-Teilmatrizen

$$\boldsymbol{L}_{11} = \frac{1}{6} \begin{bmatrix} 2 & -2 & 1 & -1 \\ -2 & 2 & -1 & 1 \\ 1 & -1 & 2 & -2 \\ -1 & 1 & -2 & 2 \end{bmatrix}, \quad \boldsymbol{L}_{22} = \frac{1}{6} \begin{bmatrix} 2 & 1 & -2 & -1 \\ 1 & 2 & -1 & -2 \\ -2 & -1 & 2 & 1 \\ -1 & -2 & 1 & 2 \end{bmatrix},$$

$$\boldsymbol{L}_{12} = \frac{1}{4} \begin{bmatrix} 1 & 1 & -1 & -1 \\ -1 & -1 & 1 & 1 \\ 1 & 1 & -1 & -1 \\ -1 & -1 & 1 & 1 \end{bmatrix}.$$

Elementvektor aus Flächenlast

Der Flächenlastvektor wird ausgehend von Gl. (4.10) berechnet:

$$\bar{\boldsymbol{p}}_{\mathrm{B_e}} = \int\limits_{\mathrm{B_e}} \boldsymbol{V}_{\mathrm{u}}^{\mathrm{T}}(\xi, \eta)\, \bar{\boldsymbol{p}}(x, y)\, \mathrm{d}F\,, \tag{4.10}$$

Der Belastungszustand $\bar{\boldsymbol{p}}(x, y)$ braucht im Element nicht konstant zu sein. Unter Annahme einer elementweise bilinearen Veränderlichkeit von $\bar{\boldsymbol{p}}(x, y)$ können wir den Belastungszustand mit den gleichen Formfunktionen darstellen, die bereits beim Verschiebungszustand verwendet wurden:

$$\begin{Bmatrix} \bar{p}_{\mathrm{x}}(x, y) \\ \bar{p}_{\mathrm{y}}(x, y) \end{Bmatrix} = \begin{bmatrix} l_1 & l_2 & l_3 & l_4 & 0 & 0 & 0 & 0 \\ 0 & 0 & 0 & 0 & l_1 & l_2 & l_3 & l_4 \end{bmatrix} \begin{Bmatrix} \bar{q}_{\mathrm{Bx1}} \\ \bar{q}_{\mathrm{Bx2}} \\ \bar{q}_{\mathrm{Bx3}} \\ \bar{q}_{\mathrm{Bx4}} \\ \bar{q}_{\mathrm{By1}} \\ \bar{q}_{\mathrm{By2}} \\ \bar{q}_{\mathrm{By3}} \\ \bar{q}_{\mathrm{By4}} \end{Bmatrix}_{\mathrm{e}}, \tag{4.18}$$

$$\bar{\boldsymbol{p}}(x, y) = \boldsymbol{V}_{\mathrm{u}}(\xi, \eta) \quad \bar{\boldsymbol{q}}_{\mathrm{Be}}\,.$$

Der Vektor $\bar{\boldsymbol{q}}_{\mathrm{Be}}$ fasst die Lastamplituden in den Elementknoten zusammen (Bild 4.11).

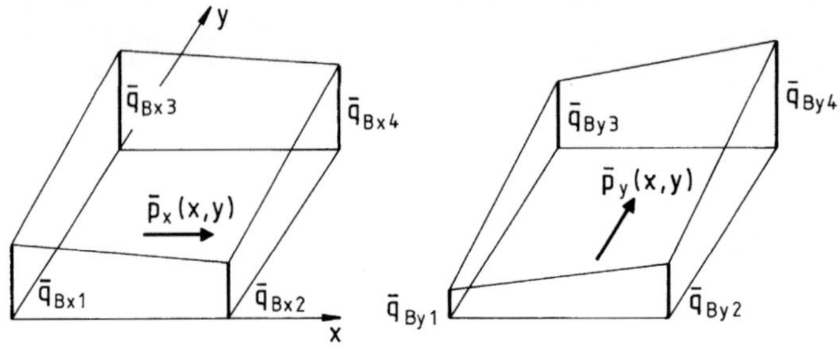

Bild 4.11. Lastamplituden einer bilinear verlaufenden Flächenlast

Mit der bilinearen Lastapproximation (4.18) und der in das lokale Koordinatensystem transformierten Integrationsvorschrift wird aus Gl. (4.10)

$$\bar{\boldsymbol{p}}_{\mathrm{Be}} = \int_{-1}^{1} \int_{-1}^{1} \boldsymbol{V}_{\mathrm{u}}^{\mathrm{T}}(\xi,\eta)\, \boldsymbol{V}_{\mathrm{u}}(\xi,\eta)\, \frac{F_{\mathrm{e}}}{4}\, \mathrm{d}\xi\, \mathrm{d}\eta\, \bar{\boldsymbol{q}}_{\mathrm{Be}}\,. \tag{4.19}$$

Mit dem bei der Berechnung der Steifigkeitsmatrix eingeführten Vektor der Formfunktionen ergibt sich für den Integranden folgender Ausdruck:

$$\boldsymbol{V}_{\mathrm{u}}^{\mathrm{T}}(\xi,\eta)\, \boldsymbol{V}_{\mathrm{u}}(\xi,\eta) = \begin{bmatrix} \boldsymbol{l}(\xi,\eta)\, \boldsymbol{l}^{\mathrm{T}}(\xi,\eta) & \mathbf{0} \\ \mathbf{0} & \boldsymbol{l}(\xi,\eta)\, \boldsymbol{l}^{\mathrm{T}}(\xi,\eta) \end{bmatrix}.$$

Wertet man die Integrale wieder mit Hilfe der Tabelle 4.1 aus, erhält man als Resultat den Lastvektor infolge Flächenlast:

$$\bar{\boldsymbol{p}}_{\mathrm{Be}} = \frac{F_{\mathrm{e}}}{36} \begin{bmatrix} \boldsymbol{L} & \mathbf{0} \\ \mathbf{0} & \boldsymbol{L} \end{bmatrix} \bar{\boldsymbol{q}}_{\mathrm{Be}}$$

$$\text{mit } F_{\mathrm{e}} = a_{\mathrm{e}}\, b_{\mathrm{e}} \text{ und } \boldsymbol{L} = \begin{bmatrix} 4 & 2 & 2 & 1 \\ 2 & 4 & 1 & 2 \\ 2 & 1 & 4 & 2 \\ 1 & 2 & 2 & 4 \end{bmatrix}.$$

Elementvektor aus Randlast

Belastungen, die am Rand einer Struktur angreifen, ordnen wir einem Elementrand zu. Sie ergeben einen Beitrag zum Randlastvektor $\bar{\boldsymbol{p}}_{\mathrm{Re}}$ des Elementes. Formal lautet die Gleichung zur Bestimmung von $\bar{\boldsymbol{p}}_{\mathrm{Re}}$

$$\bar{\boldsymbol{p}}_{\mathrm{Re}} = \int_{\mathrm{R}_{\sigma\mathrm{e}}} \boldsymbol{V}_{\mathrm{ur}}^{\mathrm{T}}(\zeta)\, \bar{\boldsymbol{p}}_{\mathrm{R}}(s)\, \mathrm{d}s \tag{4.11}$$

An welchen Stellen der Randlastvektor nun besetzt ist, hängt davon ab, welcher Elementrand belastet ist. Wir beschränken uns darauf, den Lastvektor für ein am

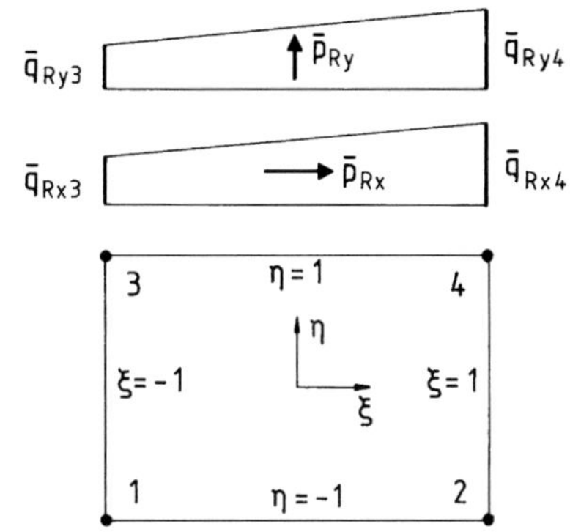

Bild 4.12. Linear veränderliche Randbelastung am Elementrand $\eta = 1$

Rand $\eta = 1$ belastetes Element anzugeben (Bild 4.12). An die Stelle der Koordinaten s und ζ treten dann x und ξ.

Die Ableitung des Randlastvektors erfolgt nun analog zur Ermittlung des Flächenlastvektors. Der Randbelastungszustand wird linear mit Hilfe der Formfunktionen des Verschiebungsansatzes approximiert.

$$\begin{Bmatrix} \bar{p}_{\mathrm{Rx}}(x) \\ \bar{p}_{\mathrm{Ry}}(x) \end{Bmatrix} = \begin{bmatrix} 0 & 0 & g_1(\xi) & g_2(\xi) & 0 & 0 & 0 & 0 \\ 0 & 0 & 0 & 0 & 0 & 0 & g_1(\xi) & g_2(\xi) \end{bmatrix} \begin{Bmatrix} 0 \\ 0 \\ \bar{q}_{\mathrm{Rx3}} \\ \bar{q}_{\mathrm{Rx4}} \\ 0 \\ 0 \\ \bar{q}_{\mathrm{Ry3}} \\ \bar{q}_{\mathrm{Ry4}} \end{Bmatrix}_{\mathrm{e}}, \tag{4.20}$$

$$\bar{\boldsymbol{p}}_{\mathrm{R}}(x,y) = \boldsymbol{V}_{\mathrm{ur}}(\xi) \; \bar{\boldsymbol{q}}_{\mathrm{Re}} \; .$$

Die Matrix $\boldsymbol{V}_{\mathrm{ur}}(\xi)$ ergibt sich aus $\boldsymbol{V}_{\mathrm{u}}(\xi, \eta)$ dadurch, dass $\eta = 1$ gesetzt wird. Bei der Integralauswertung kann wieder auf Tabelle 4.1 zurückgegriffen werden. Als Randlastvektor erhält man im vorliegenden Belastungsfall

$$\bar{\boldsymbol{p}}_{\mathrm{Re}} = \frac{a_{\mathrm{e}}}{6} \begin{Bmatrix} 0 \\ 0 \\ 2\,\bar{q}_{\mathrm{Rx3}} + \bar{q}_{\mathrm{Rx4}} \\ \bar{q}_{\mathrm{Rx3}} + 2\,\bar{q}_{\mathrm{Rx4}} \\ 0 \\ 0 \\ 2\,\bar{q}_{\mathrm{Ry3}} + \bar{q}_{\mathrm{Ry4}} \\ \bar{q}_{\mathrm{Ry3}} + 2\,\bar{q}_{\mathrm{Ry4}} \end{Bmatrix}. \tag{4.21}$$

Der Verschiebungszustand eines Elementrandes hängt nur von den Verschiebungen der beiden auf dem Rand liegenden Knoten ab. Deshalb ist die Matrix $\boldsymbol{V}_{\mathrm{ur}}$ und damit auch der Vektor $\bar{\boldsymbol{p}}_{\mathrm{Re}}$ nur an denjenigen Stellen besetzt, die mit den virtuellen Verschiebungen der Randknoten multipliziert werden. Ist ein anderer Elementrand belastet, ist die Rechnung entsprechend zu modifizieren. Werden mehrere Elementränder belastet, dann setzt sich der Randlastvektor $\bar{\boldsymbol{p}}_{\mathrm{Re}}$ aus entsprechend vielen Anteilen zusammen.

Auch Linienlasten, die an Elementrändern im Innern einer Struktur angreifen, lassen sich mit dem gleichen Algorithmus behandeln.

Elementauflagerkraftvektor

Da der Auflagerkraftvektor formal genauso wie der Randlastvektor berechnet wird, muss er an denselben Stellen wie ein Lastvektor aus vergleichbarer Randbelastung besetzt sein: Nur die Koeffizienten, die mit den virtuellen Verschiebungen der Knoten des freigeschnittenen Randes multipliziert werden, sind von Null verschieden.

4.1.6 Aufbau und Lösen des Gleichungssystems

In diskretisierter Form lautet das Prinzip der virtuellen Verrückungen:

$$\sum_{\mathrm{e}=1}^{n_{\mathrm{e}}} \underset{[1\times 8]}{\delta\boldsymbol{u}_{\mathrm{e}}^{\mathrm{T}}} \left\{ \underset{[8\times 8]}{\boldsymbol{S}_{\mathrm{e}}} \; \underset{[8\times 1]}{\boldsymbol{u}_{\mathrm{e}}} - \underset{[8\times 1]}{\bar{\boldsymbol{p}}_{\mathrm{Be}}} - \underset{[8\times 1]}{\bar{\boldsymbol{p}}_{\mathrm{Re}}} - \underset{[8\times 1]}{\boldsymbol{a}_{\mathrm{e}}} \right\} = 0\,. \tag{4.13}$$

Unter der Gleichung sind noch einmal die Abmessungen der Matrizen und Vektoren angegeben.

Aufbau der Systemmatrizen durch Einbau der geometrischen Übergangsbedingungen

Um die Stetigkeit des Verschiebungsansatzes zu gewährleisten, müssen in Gl. (4.13) die Elementknotenverschiebungen mittels der Zuordnungsvorschriften (4.5a) und (4.5b) durch die globalen Knotenverschiebungen ersetzt werden:

$$\delta\boldsymbol{u}^{*\mathrm{T}} \left\{ \sum_{\mathrm{e}=1}^{n_{\mathrm{e}}} \boldsymbol{A}_{\mathrm{e}}^{\mathrm{T}}\, \boldsymbol{S}_{\mathrm{e}}\, \boldsymbol{A}_{\mathrm{e}}\, \boldsymbol{u}^{*} - \sum_{\mathrm{e}=1}^{n_{\mathrm{e}}} \boldsymbol{A}_{\mathrm{e}}^{\mathrm{T}}\, \bar{\boldsymbol{p}}_{\mathrm{Be}} - \sum_{\mathrm{e}=1}^{n_{\mathrm{e}}} \boldsymbol{A}_{\mathrm{e}}^{\mathrm{T}}\, \bar{\boldsymbol{p}}_{\mathrm{Re}} - \sum_{\mathrm{e}=1}^{n_{\mathrm{e}}} \boldsymbol{A}_{\mathrm{e}}^{\mathrm{T}}\, \boldsymbol{a}_{\mathrm{e}} \right\} = 0\,. \tag{4.22}$$

Da die Komponenten des virtuellen Systemverschiebungsvektors in Gl. (4.22) beliebig sind, ergibt sich das lineare Gleichungssystem

$$\boldsymbol{S}^{*}\, \boldsymbol{u}^{*} = \bar{\boldsymbol{p}}_{\mathrm{B}}^{*} + \bar{\boldsymbol{p}}_{\mathrm{R}}^{*} + \boldsymbol{a}^{*} \tag{4.23}$$

mit der Steifigkeitsmatrix des freigeschnittenen Systems

$$\boldsymbol{S}^{*} = \sum_{\mathrm{e}=1}^{n_{\mathrm{e}}} \boldsymbol{A}_{\mathrm{e}}^{\mathrm{T}}\, \boldsymbol{S}_{\mathrm{e}}\, A_{\mathrm{e}}\,, \tag{4.24}$$

dem Systemvektor aus Flächenlasten

$$\bar{\boldsymbol{p}}_{\mathrm{B}}^{*} = \sum_{\mathrm{e}=1}^{n_{\mathrm{e}}} \boldsymbol{A}_{\mathrm{e}}^{\mathrm{T}}\, \bar{\boldsymbol{p}}_{\mathrm{Be}}\,, \tag{4.25}$$

dem Systemvektor aus Randlasten

$$\bar{\boldsymbol{p}}_{\mathrm{R}}^{*} = \sum_{\mathrm{e}=1}^{n_{\mathrm{e}}} \boldsymbol{A}_{\mathrm{e}}^{\mathrm{T}}\, \bar{\boldsymbol{p}}_{\mathrm{Re}} \tag{4.26}$$

und dem Systemauflagerkraftvektor

$$\boldsymbol{a}^{*} = \sum_{\mathrm{e}=1}^{n_{\mathrm{e}}} \boldsymbol{A}_{\mathrm{e}}^{\mathrm{T}}\, a_{\mathrm{e}}\,. \tag{4.27}$$

Der Systemauflagerkraftvektor ist nur an den Stellen besetzt, die mit den virtuellen Systemverschiebungen des Randes $\mathrm{R_u}$ multipliziert werden.

Einordnung eines Elementflächenlastvektors in den Systemlastvektor: Die Einordnung des Flächenlastvektors von Element ② $\bar{\boldsymbol{p}}_{\mathrm{B2}}$ in den Systemvektor $\bar{\boldsymbol{p}}_{\mathrm{B}}^{*}$ wollen wir konkret durchführen. Die dazu erforderliche Matrix $\boldsymbol{A}_2$ wurde bereits im Abschnitt 4.1.3 angegeben.

$$\underset{\substack{[12\times 8]\\ \boldsymbol{A}_2^{\mathrm{T}}}}{\begin{bmatrix} 0&0&0&0&0&0&0&0\\ 0&0&0&0&0&0&0&0\\ 0&0&0&0&0&0&0&0\\ 0&0&0&0&0&0&0&0\\ 0&0&1&0&0&0&0&0\\ 0&0&0&0&0&0&1&0\\ 1&0&0&0&0&0&0&0\\ 0&0&0&0&1&0&0&0\\ 0&0&0&1&0&0&0&0\\ 0&0&0&0&0&0&0&1\\ 0&1&0&0&0&0&0&0\\ 0&0&0&0&0&1&0&0 \end{bmatrix}_{②}} \underset{\substack{[8\times 1]\\ \bar{\boldsymbol{p}}_{\mathrm{B2}}}}{\begin{Bmatrix} 0\\ 0\\ 0\\ 0\\ \bar{p}_{\mathrm{By1}}\\ \bar{p}_{\mathrm{By2}}\\ \bar{p}_{\mathrm{By3}}\\ \bar{p}_{\mathrm{By4}} \end{Bmatrix}_{②}} = \underset{\substack{[12\times 1]\\ \bar{\boldsymbol{p}}_{\mathrm{B2}}^{*}}}{\begin{Bmatrix} 0\\ 0\\ 0\\ 0\\ 0\\ \bar{p}_{\mathrm{By3}}\\ 0\\ \bar{p}_{\mathrm{By1}}\\ 0\\ \bar{p}_{\mathrm{By4}}\\ 0\\ \bar{p}_{\mathrm{By2}} \end{Bmatrix}_{②}^{*}}$$

Die Multiplikation mit der Matrix $\boldsymbol{A}_2^{\mathrm{T}}$ sorgt dafür, dass die Komponenten von $\bar{\boldsymbol{p}}_{\mathrm{B2}}$ in die richtige Zeile des Vektors $\bar{\boldsymbol{p}}_{\mathrm{B}}^{*}$ einsortiert werden.

Einordnung einer Elementsteifigkeitsmatrix in die Systemsteifigkeitsmatrix: Auch für die Elementsteifigkeitsmatrix $\boldsymbol{S}_2$ und das Matrizenprodukt $\boldsymbol{S}_2^* = \boldsymbol{A}_2^{\mathrm{T}}\ \boldsymbol{S}_2\ \boldsymbol{A}_2$ soll die Besetzung angegeben werden.

$$\boldsymbol{S}_2 = \begin{bmatrix} S_{11} & S_{12} & S_{13} & S_{14} & S_{15} & S_{16} & S_{17} & S_{18} \\ S_{12} & S_{22} & S_{23} & S_{24} & S_{25} & S_{26} & S_{27} & S_{28} \\ S_{13} & S_{23} & S_{33} & S_{34} & S_{35} & S_{36} & S_{37} & S_{38} \\ S_{14} & S_{24} & S_{34} & S_{44} & S_{45} & S_{46} & S_{47} & S_{48} \\ S_{15} & S_{25} & S_{35} & S_{45} & S_{55} & S_{56} & S_{57} & S_{58} \\ S_{16} & S_{26} & S_{36} & S_{46} & S_{56} & S_{66} & S_{67} & S_{68} \\ S_{17} & S_{27} & S_{37} & S_{47} & S_{57} & S_{67} & S_{77} & S_{78} \\ S_{18} & S_{28} & S_{38} & S_{48} & S_{58} & S_{68} & S_{78} & S_{88} \end{bmatrix} ②$$

$$\boldsymbol{S}_2^* = \boldsymbol{A}_2^{\mathrm{T}}\ \boldsymbol{S}_2\ \boldsymbol{A}_2 = \begin{bmatrix} 0 & 0 & 0 & 0 & 0 & 0 & 0 & 0 & 0 & 0 & 0 & 0 \\ 0 & 0 & 0 & 0 & 0 & 0 & 0 & 0 & 0 & 0 & 0 & 0 \\ 0 & 0 & 0 & 0 & 0 & 0 & 0 & 0 & 0 & 0 & 0 & 0 \\ 0 & 0 & 0 & 0 & 0 & 0 & 0 & 0 & 0 & 0 & 0 & 0 \\ 0 & 0 & 0 & 0 & S_{33} & S_{37} & S_{13} & S_{35} & S_{34} & S_{38} & S_{23} & S_{36} \\ 0 & 0 & 0 & 0 & S_{37} & S_{77} & S_{17} & S_{57} & S_{47} & S_{78} & S_{27} & S_{67} \\ 0 & 0 & 0 & 0 & S_{13} & S_{17} & S_{11} & S_{15} & S_{14} & S_{18} & S_{12} & S_{16} \\ 0 & 0 & 0 & 0 & S_{35} & S_{57} & S_{15} & S_{55} & S_{45} & S_{58} & S_{25} & S_{56} \\ 0 & 0 & 0 & 0 & S_{34} & S_{47} & S_{14} & S_{45} & S_{44} & S_{48} & S_{24} & S_{46} \\ 0 & 0 & 0 & 0 & S_{38} & S_{78} & S_{18} & S_{58} & S_{48} & S_{88} & S_{28} & S_{68} \\ 0 & 0 & 0 & 0 & S_{23} & S_{27} & S_{12} & S_{25} & S_{24} & S_{28} & S_{22} & S_{26} \\ 0 & 0 & 0 & 0 & S_{36} & S_{67} & S_{16} & S_{56} & S_{46} & S_{68} & S_{26} & S_{66} \end{bmatrix} ②$$

Die Matrizenmultiplikationen bewirkt eine zeilen- und spaltenweise Einordnung der Komponenten von $\boldsymbol{S}_2$ in die Matrix $\boldsymbol{S}^*$. Da die Matrizen $\boldsymbol{A}_{\mathrm{e}}$ nur sehr schwach besetzt sind, erfolgt die Einordnung im Rahmen eines Programms aus Rechenzeit- und Speicherplatzgründen auf andere Weise. Wir kommen darauf im Kapitel 5 zurück.

Die Besetzung des bei dem Beispiel entstehenden Gleichungssystems deuten wir an, indem wir die zu den Elementen ① und ② gehörigen Terme durch unterschiedliche Schraffur kennzeichnen:

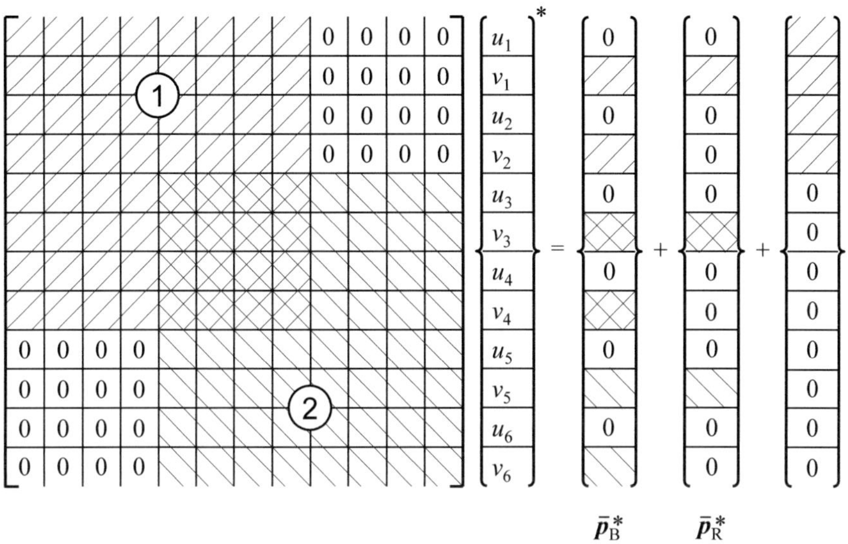

$$S^* \quad u^* = \bar{p}^* + a^* \tag{4.28}$$

Für die Weiterbehandlung werden die beiden Vektoren $\bar{\boldsymbol{p}}^*_{\mathrm{B}}$ und $\bar{\boldsymbol{p}}^*_{\mathrm{R}}$ zum Vektor $\bar{\boldsymbol{p}}^*$ zusammengefasst.

Einbau der geometrischen Randbedingungen und Lösen des Gleichungssystems

Wir haben bisher das ungefesselte, am Rand $\mathrm{R_u}$ freigeschnittene System betrachtet. Die unverschiebliche Lagerung der Scheibe am Rand $\mathrm{R_u}$ (Bild 4.13) wird bei dem diskretisierten System dadurch berücksichtigt, dass

$$u_1^* = 0, \quad v_1^* = 0, \quad u_2^* = 0, \quad v_2^* = 0$$

gesetzt werden. Wird am Rand $\mathrm{R_u}$ eine Verschiebung vorgegeben, so lauten die diskretisierten, inhomogenen Randbedingungen

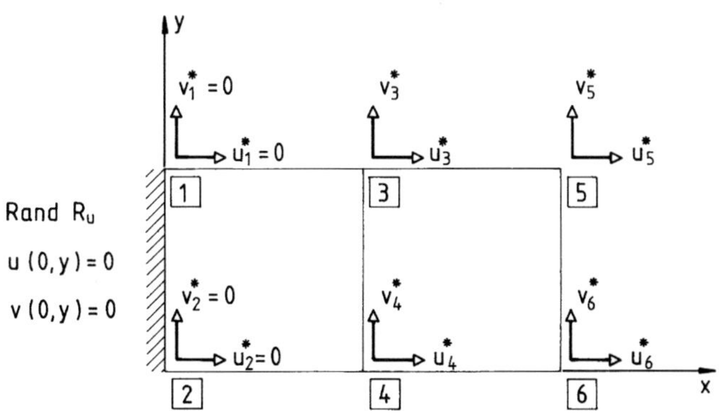

Bild 4.13. Diskretisierte Verschiebungsrandbedingungen

$$u_1^* = \bar{u}_1^*, \quad v_1^* = \bar{v}_1^*, \quad u_2^* = \bar{u}_2^*, \quad v_2^* = \bar{v}_2^* \,.$$

Da die gewählten Ansatzfunktionen zwischen zwei Knoten linear veränderlich sind, werden die inhomogenen Randbedingungen an diesem Randabschnitt exakt erfüllt, wenn die vorgegebenen Randverschiebungen zwischen den Knoten linear verlaufen.

Die Verschiebungsrandbedingungen müssen nun in das Gleichungssystem eingebaut werden. Bei dem Beispiel lässt sich der Systemverschiebungsvektor $\boldsymbol{u}^*$ in zwei Anteile zerlegen:

$$\boldsymbol{u}^{*\mathrm{T}} = \{ \underbrace{u_1^*, v_1^*, u_2^*, v_2^*}_{\boldsymbol{u}_\mathrm{I}^{*\mathrm{T}}}, \underbrace{u_3^*, v_3^*, u_4^*, v_4^*, u_5^*, v_5^*, u_6^*, v_6^*}_{\boldsymbol{u}_\mathrm{J}^{*\mathrm{T}}} \} \,.$$

Damit lauten die Verschiebungsrandbedingungen

$$\boldsymbol{u}_\mathrm{I}^* = \bar{\boldsymbol{u}}_\mathrm{IR}^* \,.$$

Eine entsprechende Aufteilung erfolgt bei den anderen Vektoren und bei der Steifigkeitsmatrix. Das Gleichungssystem hat in der unterteilten Form dann folgendes Aussehen:

$$\begin{bmatrix} \boldsymbol{S}_\mathrm{II}^* & \boldsymbol{S}_\mathrm{IJ}^* \\ \boldsymbol{S}_\mathrm{IJ}^{*\,\mathrm{T}} & \boldsymbol{S}_\mathrm{JJ}^* \end{bmatrix} \begin{Bmatrix} \bar{\boldsymbol{u}}_\mathrm{IR}^* \\ \boldsymbol{u}_\mathrm{J}^* \end{Bmatrix} = \begin{Bmatrix} \bar{\boldsymbol{p}}_\mathrm{I}^* \\ \bar{\boldsymbol{p}}_\mathrm{J}^* \end{Bmatrix} + \begin{Bmatrix} \boldsymbol{a}_\mathrm{I}^* \\ \boldsymbol{0} \end{Bmatrix} \,. \tag{4.29}$$

Die Vektoren der Unbekannten sind durch Schraffur gekennzeichnet. Aus dem zweiten Gleichungssatz

$$\boldsymbol{S}_\mathrm{IJ}^{*\mathrm{T}} \, \bar{\boldsymbol{u}}_\mathrm{IR}^* + \boldsymbol{S}_\mathrm{JJ}^* \, \boldsymbol{u}_\mathrm{J}^* = \bar{\boldsymbol{p}}_\mathrm{J}^*$$

lassen sich zuerst die unbekannten Verschiebungen $\boldsymbol{u}_\mathrm{J}^*$ berechnen:

$$\boldsymbol{u}_\mathrm{J}^* = [\boldsymbol{S}_\mathrm{JJ}^*]^{-1} \{ \bar{\boldsymbol{p}}_\mathrm{J}^* - \boldsymbol{S}_\mathrm{IJ}^{*\mathrm{T}} \, \bar{\boldsymbol{u}}_\mathrm{IR}^* \} \,. \tag{4.30}$$

Der erste Satz von Gleichungen gestattet anschließend die Ermittlung des Auflagerkraftvektors $\boldsymbol{a}_\mathrm{I}^*$:

$$\boldsymbol{a}_\mathrm{I}^* = \boldsymbol{S}_\mathrm{II}^* \, \bar{\boldsymbol{u}}_\mathrm{IR}^* + \boldsymbol{S}_\mathrm{IJ}^* \, \boldsymbol{u}_\mathrm{J}^* - \bar{\boldsymbol{p}}_\mathrm{I}^* \,. \tag{4.31}$$

Liegen wie in unserem Beispiel homogene Randbedingungen vor, muss in den Gln. (4.30) und (4.31) lediglich

$$\bar{\boldsymbol{u}}^*_{\mathrm{IR}} = \mathbf{0}$$

gesetzt werden.

Im allgemeinen erfordert eine Aufteilung des Vektors $\boldsymbol{u}^*$, wie sie bei dem vorliegenden Beispiel vorgenommen wurde, eine Umstellung von $\boldsymbol{u}^*$. Um diesen erheblichen Aufwand zu vermeiden, beschreitet man beim Einbau der Randbedingungen rechentechnisch einen etwas anderen Weg, den wir hier nur kurz skizzieren. Nach Aufstellen der Gl. (4.29) ersetzt man den oberen Gleichungssatz durch die geometrischen Randbedingungen. Der untere Gleichungssatz wird so umgewandelt, dass das Gleichungssystem wieder symmetrisch ist:

$$\begin{bmatrix} \mathbf{I} & \mathbf{0} \\ \mathbf{0} & \boldsymbol{S}^*_{\mathrm{JJ}} \end{bmatrix} \begin{Bmatrix} \boldsymbol{u}^*_{\mathrm{I}} \\ \boldsymbol{u}^*_{\mathrm{J}} \end{Bmatrix} = \begin{Bmatrix} \bar{\boldsymbol{u}}^*_{\mathrm{IR}} \\ \bar{\boldsymbol{p}}^*_{\mathrm{J}} - \boldsymbol{S}^{*\mathrm{T}}_{\mathrm{IJ}} \bar{\boldsymbol{u}}^*_{\mathrm{IR}} \end{Bmatrix} .$$

Als Lösung dieses linearen Gleichungssystems erhält man den Systemverschiebungsvektor $\boldsymbol{u}^*$. Anschließend lassen sich wiederum mit Gl. (4.31) die Auflagerkräfte ermitteln. Diese zweite Vorgehensweise lässt sich, wie wir noch in Kapitel 5 sehen werden, ohne zusätzlichen Aufwand auch auf Problemstellungen übertragen, bei denen die vorgegebenen Verschiebungen nicht kompakt im Vektor $\boldsymbol{u}^*$ stehen.

4.1.7 Berechnung der Schnittkräfte und der Formänderungsenergie

Im letzten Abschnitt wurden die Systemknotenverschiebungen berechnet. In der Regel sind für die Bemessung eines Tragwerks nicht die Verschiebungen, sondern die Schnittkräfte maßgebend. Wie wir in Kapitel 2 gezeigt haben, lässt sich der Schnittkraftzustand mit Hilfe des Materialgesetzes und der Verschiebungs-Verzerrungs-Relation aus dem Verschiebungszustand ermitteln:

$$\boldsymbol{\sigma}(x,y) = \boldsymbol{C}\,[\mathbf{D}_{\varepsilon\mathrm{u}}\,\boldsymbol{u}(x,y)]\,.$$

Die Verschiebungen werden durch den lokalen Ansatz (4.3a) ausgedrückt. Der Elementverschiebungsvektor kann hierbei durch den jetzt bekannten Systemverschiebungsvektor ersetzt werden:

$$\boldsymbol{u}(x,y) = \boldsymbol{V}_{\mathrm{u}}(\xi,\eta)\;\boldsymbol{A}_{\mathrm{e}}\;\boldsymbol{u}^*\,. \tag{4.32}$$

Die Schnittkräfte an einer beliebigen Stelle des Elementes ergeben sich damit zu

$$\boldsymbol{\sigma}(x,y) = \boldsymbol{C}\;\boldsymbol{V}_{\varepsilon\mathrm{u}}(\xi,\eta)\;\boldsymbol{A}_{\mathrm{e}}\;\boldsymbol{u}^* \tag{4.33}$$

$$\text{mit } \boldsymbol{V}_{\varepsilon\mathrm{u}}(\xi,\eta) = \mathbf{D}_{\varepsilon\mathrm{u}}\;\boldsymbol{V}_{\mathrm{u}}(\xi,\eta)\,.$$

Die Matrix $\boldsymbol{C}\;\boldsymbol{V}_{\varepsilon\mathrm{u}}$ bezeichnen wir als Schnittkraftmatrix $\boldsymbol{S}_{\mathrm{K}}$. Beim Rechteckelement hat sie folgende Besetzung:

$$\boldsymbol{S}_{\mathrm{Ke}}(\xi,\eta) = \underset{[3\times 8]}{\begin{bmatrix} D_{\mathrm{x}}\,\dfrac{2}{a_{\mathrm{e}}}\,\boldsymbol{l}^{\mathrm{T}}_{,\xi} & D_{\mathrm{xy}}\,\dfrac{2}{b_{\mathrm{e}}}\,\boldsymbol{l}^{\mathrm{T}}_{,\eta} \\ D_{\mathrm{xy}}\,\dfrac{2}{a_{\mathrm{e}}}\,\boldsymbol{l}^{\mathrm{T}}_{,\xi} & D_{\mathrm{y}}\,\dfrac{2}{b_{\mathrm{e}}}\,\boldsymbol{l}^{\mathrm{T}}_{,\eta} \\ D_{\mathrm{s}}\,\dfrac{2}{b_{\mathrm{e}}}\,\boldsymbol{l}^{\mathrm{T}}_{,\eta} & D_{\mathrm{s}}\,\dfrac{2}{a_{\mathrm{e}}}\,\boldsymbol{l}^{\mathrm{T}}_{,\xi} \end{bmatrix}}\,. \tag{4.34}$$

Die in der Matrix auftretenden Ableitungen der Formfunktionen sind in Bild 4.10 dargestellt. In der Elementmitte beispielsweise haben die Ableitungsvektoren folgende Besetzungen:

$$\boldsymbol{l}_{,\xi}^{\mathrm{T}}(0,0) = \left\{-\frac{1}{4}, +\frac{1}{4}, -\frac{1}{4}, +\frac{1}{4}\right\},$$

$$\boldsymbol{l}_{,\eta}^{\mathrm{T}}(0,0) = \left\{-\frac{1}{4}, -\frac{1}{4}, +\frac{1}{4}, +\frac{1}{4}\right\}.$$

Während die Verschiebungszustände $\boldsymbol{u}(x,y)$ die geometrischen Rand- und Übergangsbedingungen an den Elementgrenzen einhalten müssen, brauchen die Schnittkraftverläufe $\boldsymbol{\sigma}(x,y)$ die statischen Rand- und Übergangsbedingungen an den Elementgrenzen nicht zu erfüllen. Beide werden zusammen mit den Gleichgewichtsbedingungen bei Anwendung des Prinzips der virtuellen Verrückungen nur im Mittel befriedigt. Was das praktisch für Konsequenzen hat, werden wir an einem Beispiel im Abschnitt 4.1.9 sehen.

Neben den Schnittkräften ist häufig auch die *Formänderungsenergie* von Interesse, die ohne Temperaturverzerrung

$$\Pi_{\mathrm{i}} = \frac{1}{2} \int\limits_{\mathrm{B}} \boldsymbol{\varepsilon}^{\mathrm{T}}\, \boldsymbol{C}\, \boldsymbol{\varepsilon}\, \mathrm{d}F$$

lautet. Beim Diskontinuum ergibt sich die Formänderungsenergie zu

$$\Pi_{\mathrm{i}} = \frac{1}{2} \sum_{\mathrm{e}=1}^{n_{\mathrm{e}}} \boldsymbol{u}_{\mathrm{e}}^{\mathrm{T}}\, \boldsymbol{S}_{\mathrm{e}}\, \boldsymbol{u}_{\mathrm{e}} \;\text{ bzw. }\; \Pi_{\mathrm{i}} = \frac{1}{2}\, \boldsymbol{u}^{*\mathrm{T}}\, \boldsymbol{S}^{*}\, \boldsymbol{u}^{*}\,. \tag{4.35a,b}$$

4.1.8 Anschauliche Interpretation

Das endgültige Gleichungssystem (4.23) zur Bestimmung der Systemverschiebungen wurde aus dem Prinzip der virtuellen Verrückungen hergeleitet. Das Prinzip der virtuellen Verrückungen ist äquivalent zu den Gleichgewichtsaussagen, also ist zu erwarten, dass auch die einzelnen Zeilen des endgültigen Gleichungssystems als Gleichgewichtsaussagen interpretiert werden können. Dies zu zeigen, ist Ziel dieses Abschnitts.

Interpretation der Elementknotenkraftvektoren

Ausgangspunkt ist eine Gegenüberstellung des Prinzips der virtuellen Verrückungen in elementweiser Schreibweise vor und nach der Diskretisierung:

$$\sum_{\mathrm{e}=1}^{n_{\mathrm{e}}} \Bigg\{ \int\limits_{\mathrm{B_e}} [\mathbf{D}_{\varepsilon\mathrm{u}}\, \delta\mathrm{u}(x,y)]^{\mathrm{T}}\, \boldsymbol{C}\, [\mathbf{D}_{\varepsilon\mathrm{u}}\, \boldsymbol{u}(x,y)]\, \mathrm{d}F - \int\limits_{\mathrm{B_e}} \delta\boldsymbol{u}^{\mathrm{T}}(x,y)\, \bar{\boldsymbol{p}}(x,y)\, \mathrm{d}F - \int\limits_{\mathrm{R_{\sigma e}}} \delta\boldsymbol{u}_{\mathrm{r}}^{\mathrm{T}}(s)\, \bar{\boldsymbol{p}}_{\mathrm{R}}(s)\, \mathrm{d}s - \int\limits_{\mathrm{R_{ue}}} \delta\boldsymbol{u}_{\mathrm{r}}^{\mathrm{T}}(s)\, \boldsymbol{a}(s)\, \mathrm{d}s \Bigg\} = 0\,, \tag{4.7}$$

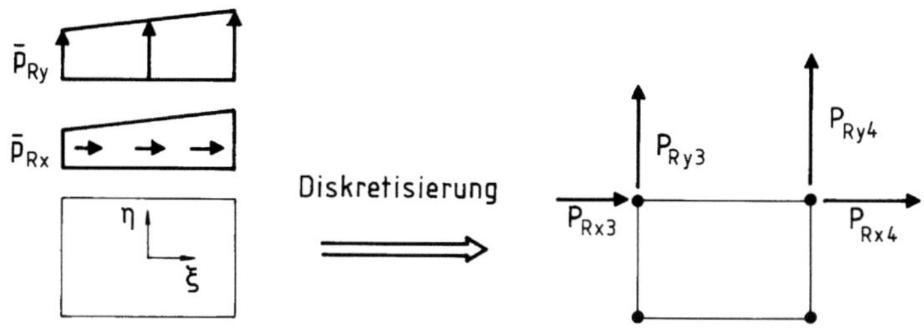

Bild 4.14. Elementknotenlasten infolge einer Randbelastung

$$\sum_{e=1}^{n_e} \delta \boldsymbol{u}_e^T \{\boldsymbol{S}_e\, \boldsymbol{u}_e - \bar{\boldsymbol{p}}_{Be} - \bar{\boldsymbol{p}}_{Re} - \boldsymbol{a}_e\} = 0\,. \tag{4.14}$$

Die vier Einzelausdrücke der beiden Prinzipformulierungen entsprechen einander, z. B.

$$\int_{B_e} \delta \boldsymbol{u}^T(x,y)\, \bar{\boldsymbol{p}}(x,y)\, dF \mathrel{\hat{=}} \delta \boldsymbol{u}_e^T\, \bar{\boldsymbol{p}}_{Be}\,.$$

In der diskretisierten Form ist der Vektor $\bar{\boldsymbol{p}}_{Be}$ ein Lastvektor, dessen Komponenten an den Elementknotenverschiebungen Arbeit leisten. Da es sich nicht um tatsächliche, sondern nur um ‚zugeordnete' Knotenlasten handelt, spricht man auch von *generalisierten Elementknotenlasten.* Es gibt je einen Vektor generalisierter Knotenlasten aus Bereichsbelastungen $\bar{\boldsymbol{p}}_{Be}$ und aus Randbelastungen $\bar{\boldsymbol{p}}_{Re}$ sowie einen Vektor generalisierter Auflagerkräfte $\boldsymbol{a}_e$.

Obwohl es sich nicht um tatsächliche, an den Knoten angreifende Kräfte oder Lasten handelt, ist es zur Veranschaulichung sinnvoll, derartige Größen als Knotenkräfte oder Knotenlasten einzuführen. In Bild 4.14 sind z. B. die Koeffizienten des Vektors $\bar{\boldsymbol{p}}_{Re}$ infolge einer Randbelastung zwischen den Elementknoten 3 und 4 als Kräfte, die *auf die Knoten* 3 und 4 wirken, wiedergegeben.

Auch der bei der diskretisierten Form der virtuellen Formänderungsenergie auftretende Term $\boldsymbol{S}_e\, \boldsymbol{u}_e$ ist dem Vektor $\delta \boldsymbol{u}_e$ zugeordnet und kann ebenfalls als eine *generalisierte Elementknotenkraft* interpretiert werden. Wir führen hierfür die Abkürzung

$$\boldsymbol{s}_e = \boldsymbol{S}_e\, \boldsymbol{u}_e \tag{4.36}$$

ein. Die Komponenten der Matrix $\boldsymbol{S}_e$ sind der Dimension nach Steifigkeiten (Kraft / Verschiebung), weshalb der Begriff Steifigkeitsmatrix für $\boldsymbol{S}_e$ gerechtfertigt ist.

Interpretation der Koeffizienten der Steifigkeitsmatrix

Die Koeffizienten S_{ij} der Elementsteifigkeitsmatrix lassen sich auch anschaulich deuten. Gibt man einen Elementknotenverschiebungsvektor vor, der nur in der j-ten Zeile mit 1 besetzt ist, also z. B.

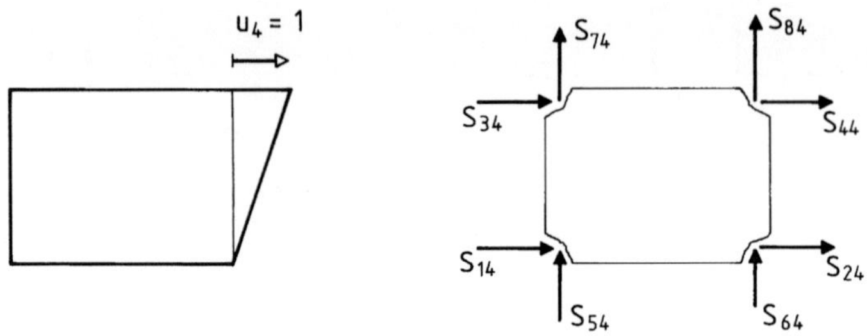

Bild 4.15. Freigeschnittene generalisierte Elementknotenkräfte S_{i4} infolge des Einheitsverschiebungszustandes $u_4 = 1$

$$\boldsymbol{u}_{\mathrm{e}} = \begin{Bmatrix} 0 \\ 0 \\ 0 \\ 1 \\ 0 \\ 0 \\ 0 \\ 0 \end{Bmatrix}, \text{d. h. } u_4 = 1\,,$$

und berechnet mit (4.36) die zugehörigen generalisierten Elementknotenkräfte, so werden dabei nur die Komponenten der j-ten Spalte der Matrix angesprochen:

$$\begin{Bmatrix} S_{x1} \\ S_{x2} \\ S_{x3} \\ S_{x4} \\ S_{y1} \\ S_{y2} \\ S_{y3} \\ S_{y4} \end{Bmatrix} = \begin{bmatrix} \times & \times & \times & S_{14} & \times & \times & \times & \times \\ \times & \times & \times & S_{24} & \times & \times & \times & \times \\ \times & \times & \times & S_{34} & \times & \times & \times & \times \\ \times & \times & \times & S_{44} & \times & \times & \times & \times \\ \times & \times & \times & S_{54} & \times & \times & \times & \times \\ \times & \times & \times & S_{64} & \times & \times & \times & \times \\ \times & \times & \times & S_{74} & \times & \times & \times & \times \\ \times & \times & \times & S_{84} & \times & \times & \times & \times \end{bmatrix} \begin{Bmatrix} 0 \\ 0 \\ 0 \\ 1 \\ 0 \\ 0 \\ 0 \\ 0 \end{Bmatrix}.$$

Dies sind dann gerade die generalisierten Elementknotenkräfte, die bei Vorgabe eines Einheitsverschiebungszustandes $u_{\mathrm{j}} = 1$ *auf das Element* wirken (Bild 4.15).

Wegen des Reaktionsprinzips (*actio* = *reactio*) wirken diese generalisierten Kräfte in umgekehrter Richtung auch auf die Elementknoten.

Zusammenstellung aller generalisierten Kräfte

Die beim vorliegenden Beispiel sich ergebenden Kräfte werden in Bild 4.16 für beide Elemente dargestellt. Die aus der virtuellen Formänderungsenergie $\delta\Pi_{\mathrm{i}}$ resultierenden generalisierten Knotenkräfte (‚innere Kräfte') sind in Bild 4.16b wiedergegeben. Sie wirken in positiver Verschiebungsrichtung *auf das Element.* Die aus der virtuellen äußeren Arbeit resultierenden generalisierten Knotenlasten und

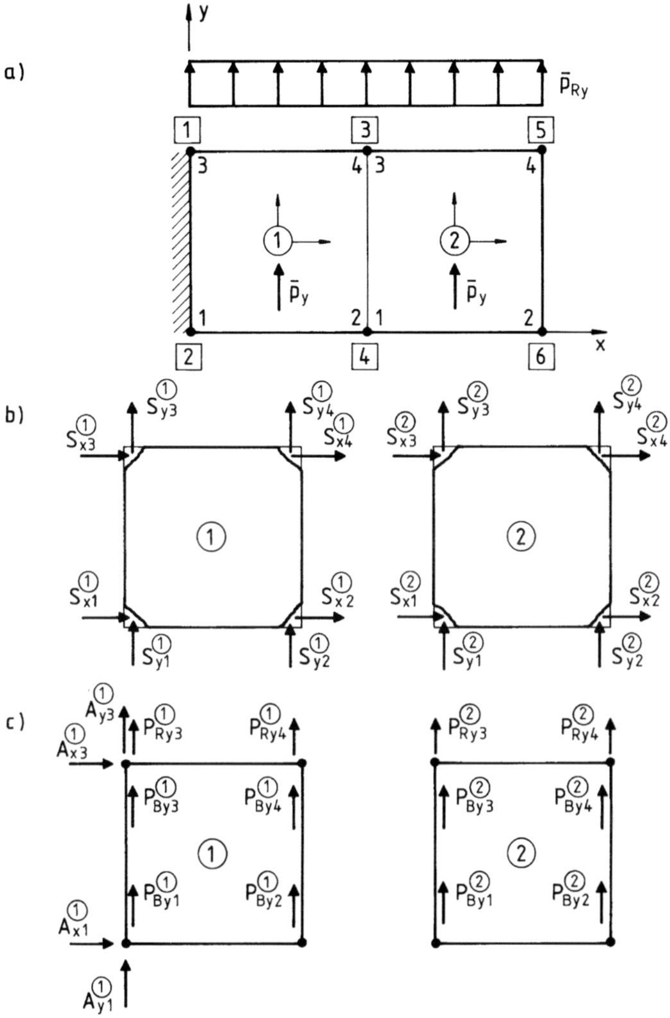

Bild 4.16. **a** Kontinuum mit Elementnetz, **b** Freigeschnittene Elementknotenkräfte aus virtueller Formänderungsenergie, **c** Elementknotenlasten und -auflagerkräfte aus virtueller äußerer Arbeit

Auflagerkräfte (‚äußere Kräfte') wirken in positiver Verschiebungsrichtung *auf die Knoten* (Bild 4.16c).

Beim Aufbau des Gleichungssystems werden die in den Vektoren $\boldsymbol{s}_\mathrm{e}$, $\bar{\boldsymbol{p}}_\mathrm{Be}$, $\bar{\boldsymbol{p}}_\mathrm{Re}$ und $\boldsymbol{a}_\mathrm{e}$ enthaltenen Knotenkräfte, Knotenlasten und Auflagerkräfte den Systemknoten zugeordnet und mit den Beiträgen aus den anderen Elementen zusammengefasst. Für den Systemknoten $\boxed{3}$ ergeben sich beispielsweise folgende Kräfte:

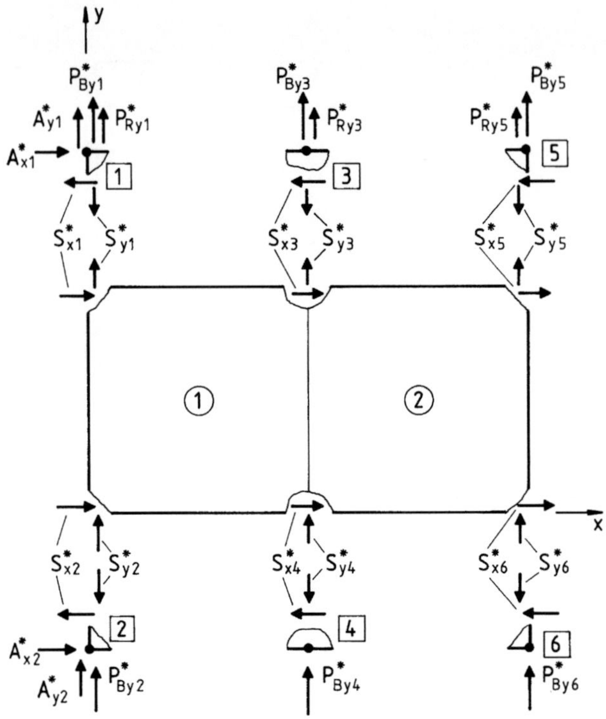

Bild 4.17. Knotenkräfte, Knotenlasten und Auflagerkräfte des Systems

$$S^*_{x3} = S^{①}_{x4} + S^{②}_{x3} \qquad S^*_{y3} = S^{①}_{y4} + S^{②}_{y3}$$

$$P^*_{Bx3} = 0 \qquad P^*_{By3} = P^{①}_{By4} + P^{②}_{By3}$$

$$P^*_{Rx3} = 0 \qquad P^*_{Ry3} = P^{①}_{Ry4} + P^{②}_{Ry3}$$

$$A^*_{x3} = 0 \qquad A^*_{y3} = 0$$

Dabei sind S^*_{x3} und S^*_{y3} Komponenten des Systemknotenkraftvektors $\boldsymbol{s}^*$, die auch aus der Gleichung

$$\boldsymbol{s}^* = \boldsymbol{S}^* \, \boldsymbol{u}^* \tag{4.37}$$

berechnet werden können.

Gleichgewicht an den Systemknoten

In Bild 4.17 sind alle Systemknotenkräfte und -lasten eingetragen, wobei die ‚inneren Kräfte', d. h. die Komponenten S^*_{xk} und S^*_{yk}, sowohl in ihrer Wirkung auf den Elementverband als auch wegen des Reaktionsprinzips in ihrer Wirkung auf die freigeschnittenen Systemknoten berücksichtigt sind.

Da alle an den Systemknoten angreifenden Kräfte erfasst sind, kann das Gleichgewicht gebildet werden. Beispielsweise erhält man am Knoten

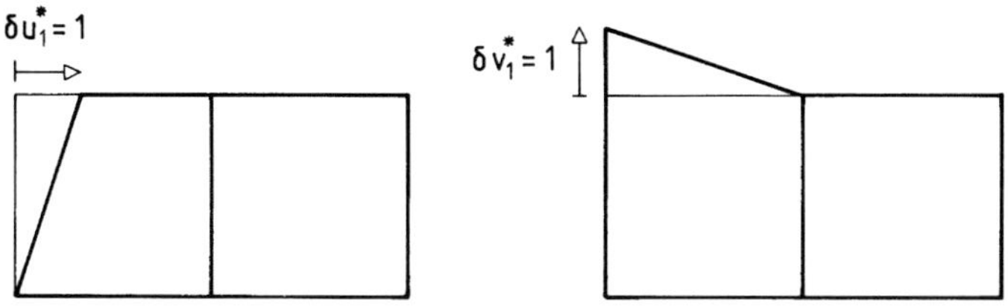

Bild 4.18. Virtuelle Verschiebungszustände $\delta u_1^* = 1$ bzw. $\delta v_1^* = 1$

$$S_{\mathrm{x1}}^* = A_{\mathrm{x1}}^* \,, \tag{4.38a}$$

$$S_{\mathrm{y1}}^* = P_{\mathrm{By1}}^* + P_{\mathrm{Ry1}}^* + A_{\mathrm{y1}}^* \tag{4.38b}$$

oder zusammengefasst für alle Knoten

$$\boldsymbol{s}^* = \bar{\boldsymbol{p}}_{\mathrm{B}}^* + \bar{\boldsymbol{p}}_{\mathrm{R}}^* + \boldsymbol{a}^* \,. \tag{4.39}$$

bzw. mit Gl. (4.37)

$$\boldsymbol{S}^* \, \boldsymbol{u}^* = \bar{\boldsymbol{p}}_{\mathrm{B}}^* + \bar{\boldsymbol{p}}_{\mathrm{R}}^* + \boldsymbol{a}^* \,. \tag{4.23}$$

Alternativ kann man die Gl. (4.38a,b) auch mit Hilfe des Prinzips der virtuellen Verrückungen aufstellen. Dazu geben wir die beiden virtuellen Verschiebungszustände δu_1^* bzw. δv_1^* vor (Bild 4.18) und lassen die generalisierten Kräfte aus Bild 4.17 an ihnen Arbeit leisten. Wir erhalten dann die zu (4.38a,b) äquivalenten Gleichungen

$$\delta u_1^* \, [-S_{\mathrm{x1}}^* + A_{\mathrm{x1}}^*] = 0 \,,$$

$$\delta v_1^* \, [-S_{\mathrm{y1}}^* + P_{\mathrm{By1}}^* + P_{\mathrm{Ry1}}^* + A_{\mathrm{y1}}^*] = 0 \,.$$

Die beiden Gleichgewichtsbedingungen (4.38a,b) sind die beiden ersten Gleichungen der Vektorgleichung (4.39) und damit auch des Gleichungssystems (4.23). Das Gesamtgleichungssystem ist also nichts anderes als die Zusammenfassung der in Systemverschiebungen formulierten Gleichgewichtsbedingungen für die an den Knoten angreifenden generalisierten Kräfte.

Gegenüberstellung Kontinuum – Elementverband

In Bild 4.19 werden die Grundgleichungen des Kontinuums den Beziehungen des diskontinuierlichen Elementverbandes gegenübergestellt. Die geometrischen Übergangsbedingungen und die Schnittkraftrand- und -übergangsbedingungen des Kontinuums werden beim Diskontinuum durch diskrete Zusammenhangs- und Gleichgewichtsbedingungen an den Elementknoten ersetzt. Die Grundgleichungen (Gleichgewicht, Stoffgesetz und Verschiebungs-Verzerrungs-Relation) im Kontinuum werden durch das ‚finite Elastizitätsgesetz' für die Elementknotenkräfte und die Berechnungsvorschriften für die Elementknotenlasten ersetzt.

4.1.9 Zusammenfassung

In knapper Form fassen wir im folgenden die Einzelschritte zusammen, mit denen man, ausgehend vom Prinzip der virtuellen Verrückungen für das jeweilige Kontinuum

	Kontinuum	Diskontinuum
Geometrie	geometrische Übergangsbedingungen	Zusammenhang zwischen den Knotenverschiebungen $\boldsymbol{u}_{\mathrm{e}} = \boldsymbol{A}_{\mathrm{e}}\,\boldsymbol{u}^*$
Geometrie	$\boldsymbol{\varepsilon}(x,y) = \mathbf{D}_{\varepsilon \mathrm{u}}\,\boldsymbol{u}(x,y)$	‚innere' Elementknotenkräfte $\boldsymbol{s}_{\mathrm{e}} = \boldsymbol{S}_{\mathrm{e}}\,\boldsymbol{u}_{\mathrm{e}}$
Stoffgesetz	$\boldsymbol{\sigma}(x,y) = \boldsymbol{C}\,\boldsymbol{\varepsilon}(x,y)$	
Gleichgewicht	$\mathbf{D}_{\mathrm{g}}\,\boldsymbol{\sigma}(x,y) + \bar{\boldsymbol{p}}(x,y) = \mathbf{0}$	‚äußere' Elementknotenlasten und Auflagerkräfte $\bar{\boldsymbol{p}}_{\mathrm{Be}} + \bar{\boldsymbol{p}}_{\mathrm{Re}} + \boldsymbol{a}_{\mathrm{e}}$
Gleichgewicht	Rand- und Übergangsbedingungen für Schnittkräfte	Zusammenfassung der Elementknotenkräfte zu Systemknotenkräften $\boldsymbol{s}^* = \sum_{\mathrm{e}} \boldsymbol{A}_{\mathrm{e}}^{\mathrm{T}}\,\boldsymbol{s}_{\mathrm{e}}$ $\bar{\boldsymbol{p}}^* + \boldsymbol{a}^* = \sum_{\mathrm{e}} \boldsymbol{A}_{\mathrm{e}}^{\mathrm{T}}\,(\bar{\boldsymbol{p}}_{\mathrm{Be}} + \bar{\boldsymbol{p}}_{\mathrm{Re}}) + \sum_{\mathrm{e}} \boldsymbol{A}_{\mathrm{e}}^{\mathrm{T}}\,\boldsymbol{a}_{\mathrm{e}}$ und Bildung des Knotengleichgewichtes $\boldsymbol{s}^* = \bar{\boldsymbol{p}}^* + \boldsymbol{a}^*$

Bild 4.19. Gegenüberstellung von Grundgleichungen des Kontinuums und Beziehungen des diskontinuierlichen Elementverbandes

$$\int\limits_{\mathrm{B}} \left\{\, [\mathbf{D}_{\varepsilon \mathrm{u}}\,\delta \boldsymbol{u}]^{\mathrm{T}}\,\boldsymbol{C}\,[\mathbf{D}_{\varepsilon \mathrm{u}}\,\boldsymbol{u}] - \delta \boldsymbol{u}^{\mathrm{T}}\,\bar{\boldsymbol{p}} \,\right\}\,\mathrm{d}B - \int\limits_{\mathrm{R}_\sigma} \delta \boldsymbol{u}_{\mathrm{r}}^{\mathrm{T}}\,\boldsymbol{\sigma}_{\mathrm{R}}\,\mathrm{d}R = 0\,,$$

zu einem Verfahren der finiten Elemente gelangt.

1. Schritt: Festlegung des Elementtyps

Mit dem Elementtyp wird die Form des Elementes, die Zahl und die Lage der Knoten und die Art der Freiheitsgrade sowie der Verschiebungsansatz

$$\boldsymbol{u}(x,y) = \boldsymbol{V}_{\mathrm{u}}(\xi,\eta)\,\boldsymbol{u}_{\mathrm{e}}$$

festgelegt. Der Verschiebungsansatz muss im Element und an den Elementgrenzen hinreichend stetig sein.

2. Schritt: Differentiation des Verschiebungsansatzes

Zur Ermittlung der Verzerrungsverläufe ist der Verschiebungsansatz zu differenzieren:

$$\boldsymbol{V}_{\varepsilon\mathrm{u}}(\xi,\eta) = \mathbf{D}_{\varepsilon\mathrm{u}}\,\boldsymbol{V}_{\mathrm{u}}(\xi,\eta)\,.$$

Dabei ergibt sich auch der Ausdruck für das Flächendifferential $\mathrm{d}F$ im ξ,η-Koordinatensystem.

3. Schritt: Auswertung der Elementintegrale

Verschiebungsansatz und Verzerrungsverläufe gehen in die Integrale ein, die zur Ermittlung der Elementsteifigkeitsmatrix und der Elementlastvektoren ausgewertet werden müssen:

$$\boldsymbol{S}_{\mathrm{e}} = \int\limits_{\mathrm{B_e}} \boldsymbol{V}_{\varepsilon\mathrm{u}}^{\mathrm{T}}\,\boldsymbol{C}\,\boldsymbol{V}_{\varepsilon\mathrm{u}}\,\mathrm{d}B\,,$$

$$\bar{\boldsymbol{p}}_{\mathrm{Be}} = \int\limits_{\mathrm{B_e}} \boldsymbol{V}_{\mathrm{u}}^{\mathrm{T}}\,\bar{\boldsymbol{p}}\,\mathrm{d}B\,,$$

$$\bar{\boldsymbol{p}}_{\mathrm{Re}} = \int\limits_{\mathrm{R}_{\sigma\mathrm{e}}} \boldsymbol{V}_{\mathrm{ur}}^{\mathrm{T}}\,\bar{\boldsymbol{p}}_{\mathrm{R}}\,\mathrm{d}R\,.$$

Abmessungen und Besetzung der Matrizen sind bei jedem Elementtyp anders. Folglich müssen für jeden Elementtyp spezielle analytische Beziehungen oder numerische Algorithmen für die Integralauswertung bereitgestellt werden.

4. Schritt: Aufbau der Systemmatrizen

Der Aufbau der Systemsteifigkeitsmatrix und des Systemlastvektors ist eine für alle Elementtypen formal gleichartige Zuordnungsvorschrift,

$$\boldsymbol{S}^{*} = \sum_{\mathrm{e}=1}^{n_{\mathrm{e}}} \boldsymbol{A}_{\mathrm{e}}^{\mathrm{T}}\,\boldsymbol{S}_{\mathrm{e}}\,\boldsymbol{A}_{\mathrm{e}}\,,$$

$$\bar{\boldsymbol{p}}^{*} = \sum_{\mathrm{e}=1}^{n_{\mathrm{e}}} \boldsymbol{A}_{\mathrm{e}}^{\mathrm{T}}\,\bar{\boldsymbol{p}}_{\mathrm{Be}} + \sum_{\mathrm{e}=1}^{n_{\mathrm{e}}} \boldsymbol{A}_{\mathrm{e}}^{\mathrm{T}}\,\bar{\boldsymbol{p}}_{\mathrm{Re}}\,,$$

wobei natürlich auch hier von Elementtyp zu Elementtyp kleine Unterschiede bestehen, so z. B. in der Anzahl der Zeilen der $\boldsymbol{A}_{\mathrm{e}}$-Matrix.

5. Schritt: Lösen des Gleichungssystems unter Berücksichtigung der geometrischen Randbedingungen

Formal gleichartig erfolgt bei den unterschiedlichen Elementtypen auch der Einbau der wesentlichen Randbedingungen und das Lösen des Gleichungssystems. Nach einer Unterteilung der Systemfreiheitsgrade $\boldsymbol{u}^{*}$ in vorgegebene Freiheitsgrade $\boldsymbol{u}_{\mathrm{I}}^{*} = \bar{\boldsymbol{u}}_{\mathrm{R}}^{*}$ und unbekannte Freiheitsgrade $\boldsymbol{u}_{\mathrm{J}}^{*}$ und einer entsprechenden Aufteilung der anderen Matrizen ergeben sich die unbekannten Systemfreiheitsgrade durch Lösen des linearen Gleichungssystems

$$\boldsymbol{S}_{\mathrm{JJ}}^{*}\,\boldsymbol{u}_{\mathrm{J}}^{*} = \bar{\boldsymbol{p}}_{\mathrm{J}}^{*} - \boldsymbol{S}_{\mathrm{IJ}}^{*\mathrm{T}}\,\bar{\boldsymbol{u}}_{\mathrm{R}}^{*}\,.$$

Im Bedarfsfall erhält man die generalisierten Auflagerkräfte aus

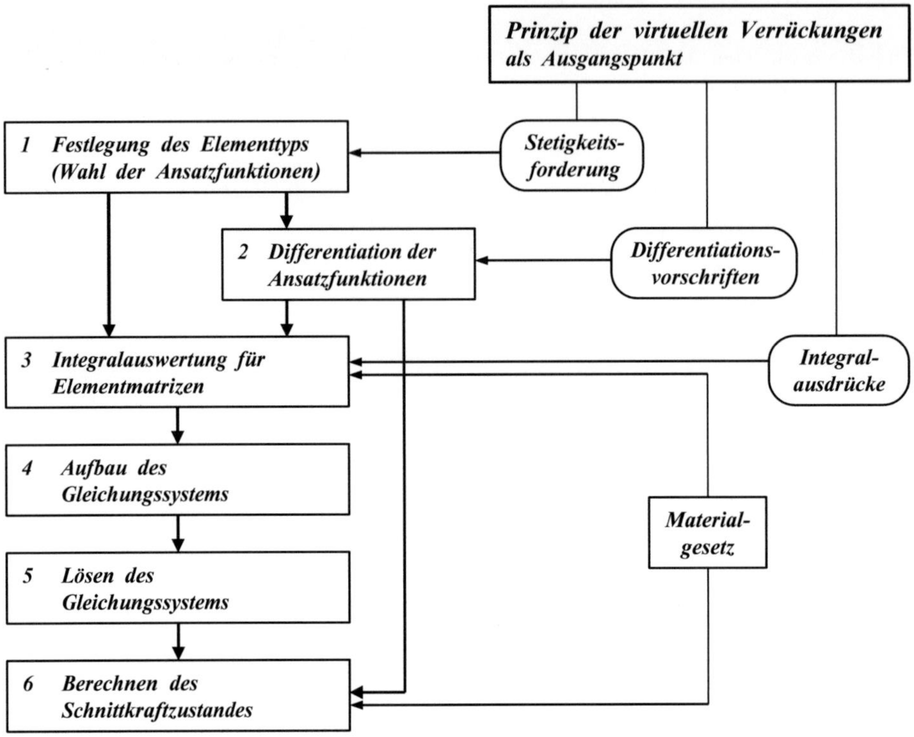

Bild 4.20. Einzelschritte bei der Entwicklung eines Verfahrens der finiten Elemente

$$\boldsymbol{a}_{\mathrm{I}}^{*} = \boldsymbol{S}_{\mathrm{II}}^{*}\, \boldsymbol{u}_{\mathrm{R}}^{*} + \boldsymbol{S}_{\mathrm{IJ}}^{*}\, \boldsymbol{u}_{\mathrm{J}}^{*} - \bar{\boldsymbol{p}}_{\mathrm{I}}^{*}\,.$$

6. Schritt: Berechnung des Elementschnittkraftzustandes

Zur Berechnung des Schnittkraftzustandes im Element benötigt man erst den Vektor der Elementfreiheitsgrade

$$\boldsymbol{u}_{\mathrm{e}} = \boldsymbol{A}_{\mathrm{e}}\, \boldsymbol{u}^{*}\,.$$

Die Vorschrift für die Berechnung des Schnittkraftzustandes an einer beliebigen Stelle des Elementes

$$\boldsymbol{\sigma}(x, y) = \boldsymbol{S}_{\mathrm{Ke}}(\xi, \eta)\, \boldsymbol{u}_{\mathrm{e}} \;\; \text{mit} \;\; \boldsymbol{S}_{\mathrm{Ke}}(\xi, \eta) = \boldsymbol{C}\, \boldsymbol{V}_{\varepsilon \mathrm{u}}(\xi, \eta)$$

ist wiederum vom Elementtyp abhängig.

Fazit

In Bild 4.20 sind die fünf Einzelschritte und die Zusammenhänge zum Prinzip der virtuellen Verrückungen verdeutlicht.

Der formale Verfahrensablauf ist für alle Elementtypen gleich. Der jeweilige Verschiebungsansatz wirkt sich auf die Besetzung und Abmessungen der Elementmatrizen $\boldsymbol{S}_{\mathrm{e}}$ und $\boldsymbol{S}_{\mathrm{Ke}}$ und der Elementvektoren $\bar{\boldsymbol{p}}_{\mathrm{Be}}$ und $\bar{\boldsymbol{p}}_{\mathrm{Re}}$ und der Zuordnungsmatrizen $\boldsymbol{A}_{\mathrm{e}}$ aus.

4.1.10 Einfache Beispielrechnung

Die bisher als Beispiel verwendete Kragscheibe soll nun auch noch numerisch durchgerechnet werden. Um die dabei herauskommenden Ergebnisse beurteilen zu können, benötigt man eine Vergleichslösung, anhand derer sich die Ergebnisse der numerischen Rechnung auf ihre qualitative Richtigkeit hin kontrollieren lassen. Bei der Kragscheibe liegt es nahe, für einen Vergleich auf die Lösung für eines biege- und schubweichen Kragbalkens zurückzugreifen.

Einen praktischen Wert hat eine Rechnung nach der Methode der finiten Elemente für die Kragscheibe natürlich erst dann, wenn sich aus den Ergebnissen mehr Informationen über das Tragverhalten und die Beanspruchung in der Konstruktion als mit der vereinfachten Balkenrechnung gewinnen lassen. Das Beispiel soll einen ersten Eindruck davon vermitteln, welcher beträchtliche Aufwand erforderlich ist, um dieses Ziel zu erreichen.

Aufgrund der Beispielrechnung ist eine erste Bewertung des im Element verwendeten Verschiebungsansatzes möglich, und es ergeben sich Hinweise für Verbesserungsmöglichkeiten.

Vergleichslösung

In Bild 4.21 ist das mechanische System von Bild 4.1 mit allen Abmessungen nochmals dargestellt. Zusätzlich ist der Balken mit Querkraft- und Momentenverlauf wiedergegeben.

Als Schubfläche wurde der Wert für einen Rechteckquerschnitt angesetzt, also 5/6 der Querschnittsfläche (Tabelle 2.4). Als maximale Spannung im Punkt A der Einspannung ergibt sich mit den gewählten Abmessungen

$$\sigma_{\mathrm{x}}(0,0) = 2{,}4\,\mathrm{kN/cm}^2\,.$$

Die maximale Schubspannung ist im Punkt B zu erwarten. Unter der Annahme, dass die Schubspannung über die Höhe parabolisch verläuft, erhält man

$$\tau_{\mathrm{xy}}(0,50) = 0{,}6\,\mathrm{kN/cm}^2\,.$$

Für die Durchsenkung am Ende des Kragbalkens muss außer der Biegedeformation auch noch die Schubdeformation berücksichtigt werden. Mit dem aus der Statik bekannten Prinzip der virtuellen Kräfte folgt für die Verschiebung

$$v(x=l) = \frac{1}{8}\,\frac{q\,l^4}{E\,I} + \frac{1}{2}\,\frac{q\,l^2}{G\,A_{\mathrm{s}}} = 0{,}175\,\mathrm{cm} \equiv v_{\mathrm{C}}(200,50)\,.$$

Als globales Vergleichskriterium eignet sich die Formänderungsenergie:

$$\Pi_{\mathrm{i}} = \frac{1}{2}\left[\int\limits_0^l \frac{M^2(x)}{E\,I}\,\mathrm{d}x + \int\limits_0^l \frac{Q^2(x)}{G\,A_{\mathrm{s}}}\,\mathrm{d}x\right] = 15{,}81\,\mathrm{kN\,cm}\,.$$

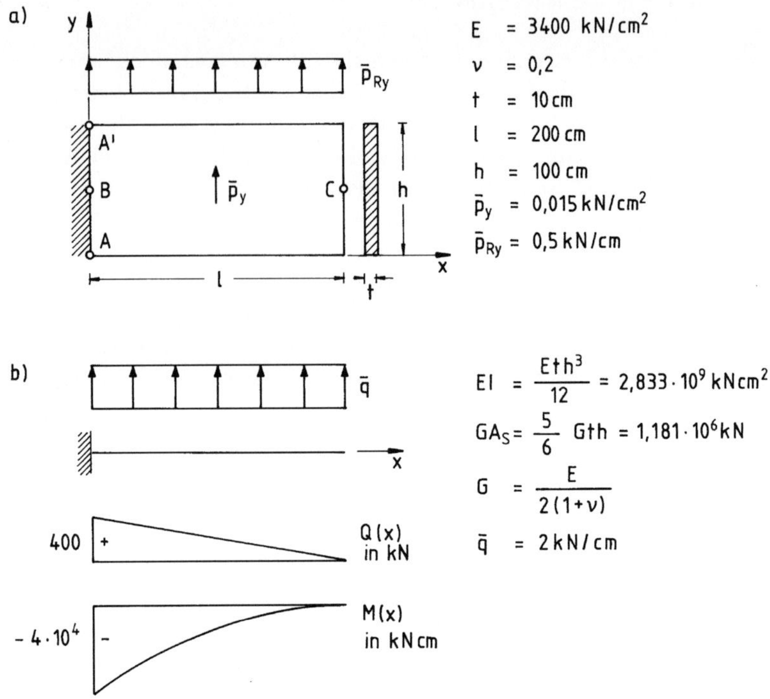

Bild 4.21. Kragscheibe. **a** Mechanisches Modell, **b** Modell der Vergleichslösung

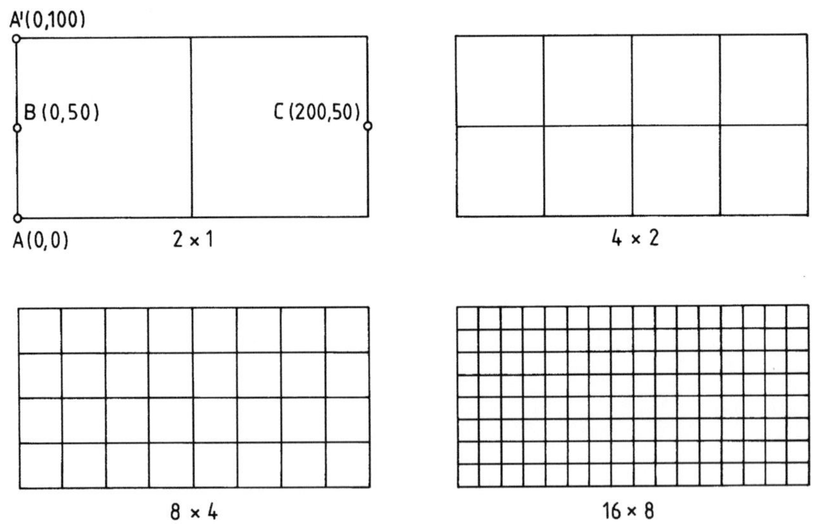

Bild 4.22. Elementierungen für die Beispielrechnungen

Elementierung

Die Rechnung wurde mit vier unterschiedlichen Elementierungen durchgeführt (Bild 4.22), wobei stets elementweise bilineare Verschiebungsansätze verwendet wurden.

Tabelle 4.2. Ergebnisse der Finite-Elemente-Rechnung für die Kragscheibe bei unterschiedlichen Elementierungen

Unterteilung	2×1	4×2	8×4	16×8	*Balken-Vergleichs-lösung*
Elemente	2	8	32	128	
Knoten	6	15	45	153	
Freiheitsgrade	12	30	90	306	
$v_{\mathrm{C}}(200, 50)$ in cm	0,125	0,154	0,168	0,172	0,175
$n_{\mathrm{xA}}(0, 0)$ in kN/cm	10,68	17,24	23,06	27,71	24
$n_{\mathrm{xyB}}(0, 50)$ in kN/cm	7,286	6,588	5,625	4,815	6
Π_{i} in kNcm	11,41	13,82	15,09	15,53	15,81

Die wesentlichen Ergebnisse sind in Tabelle 4.2 zusammengestellt. Die Punkte A(0, 0), B(0, 50) und C(200, 50), für die Zustandsgrößen angegeben wurden, sind in Bild 4.22 mit einem Kreis gekennzeichnet.

Verschiebungszustand und Formänderungsenergie

Aus Tabelle 4.2 ist zu ersehen, dass mit einer Verfeinerung der Elementierung die Formänderungsenergie Π_{i} und die Verschiebung $v_{\mathrm{C}}(200, 50)$ anwachsen. Bezüglich der Formänderungsenergie muss das bei einer Kraftbelastung stets so sein. Bei aufeinander aufbauenden Verfeinerungen nähern sich im vorliegenden Fall die aus den Finite-Elemente-Rechnungen gewonnenen Formänderungsenergien von unten dem exakten Wert an. Bezüglich der Verschiebung $v_{\mathrm{C}}(200, 50)$ kann man anschaulich argumentieren, dass das Tragwerk um so weicher wird und somit größere Verschiebungen erfährt, je feiner die Elementierung gewählt wird. Genauer werden wir uns damit im Abschnitt 8.3 befassen.

Überraschend ist, wie nahe die Balkenvergleichslösungen für Π_{i} und v_{C} und die mit der (16×8)-Elementierung gewonnenen Scheibenlösungen zusammenliegen. Der außerordentlich geringe Aufwand, der für die Balkenlösungen erforderlich ist, ist eine Folge der sehr guten Spannungsannahmen der Balkentheorie (linearer Normalspannungsverlauf n_{x} bzw. σ_{x}, parabolischer Schubspannungsverlauf n_{xy} bzw. τ_{xy} im Balkenquerschnitt). Leider lässt sich nicht sagen, ob die Formänderungsenergie des Kragbalkens (Balkenlösung) ober- oder unterhalb des exakten Wertes für die Formänderungsenergie der Kragscheibe liegt. Erst wenn man die Kragscheibe konsequent nach dem Kraftgrößenverfahren berechnet, also Schnittkraftansätze verwendet, die die Gleichgewichtbedingungen erfüllen und insbesondere noch die Anteile aus n_{y} berücksichtigt, dann erhält man einen Näherungswert für Π_{i}, der oberhalb des exakten Wertes liegt.

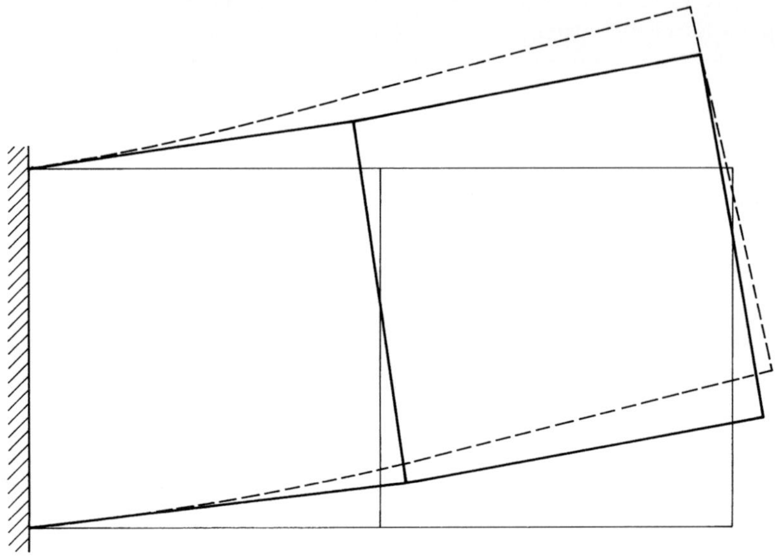

Bild 4.23. Verschiebungszustand der Kragscheibe. Vergleich der auf der Methode der finiten Elemente basierenden Lösung bei grober (2×1)-Elementierung (ausgezogen) mit der Balkenlösung (gestrichelt)

In Bild 4.23 ist der Verschiebungszustand der groben (2×1)-Elementierung dem Verschiebungszustand der Balkenlösung gegenübergestellt. Man erkennt deutlich, dass sich die Balkenlösung erheblich weicher verhält.

Schnittkraftzustand

Die maximalen Schnittkräfte sind im Schnittkraftzustand $n_{\mathrm{x}}(x, y)$ in den Punkten A und A$'$ zu erwarten. Dieser Zustand ist für die beiden groben Elementierungen und für die Balken-Vergleichslösungen in Bild 4.24 dargestellt. Auffallend ist, dass der Schnittkraftzustand nach der Methode der finiten Elemente zumindest in x-Richtung an den Elementgrenzen Sprünge besitzt. Auch in y-Richtung treten (was erst bei den feineren Unterteilungen deutlich wird) Sprünge auf, die wegen des in dieser Richtung linear veränderlichen Verlaufs allerdings wesentlich schwächer ausgeprägt sind.

Ursache des sprunghaft veränderlichen Verlaufes ist die Tatsache, dass zur Schnittkraftberechnung der stetige Verschiebungsverlauf differenziert werden muss. Die sprunghaft veränderlichen Verläufe haben zwei Konsequenzen: Zum einen werden an den Elementgrenzen die Schnittkraft-Übergangsbedingungen gravierend verletzt, zum anderen lässt sich durch den in x-Richtung getreppten n_{x}-Verlauf der stetige n_{x}-Verlauf, vergleiche die Balkenlösung von Bild 4.24c, nur unzureichend approximieren.

Der Schnittkraftzustand $n_{\mathrm{x}}(0, y)$ am eingespannten Rand ist für unterschiedliche Elementierungen in Bild 4.25 wiedergegeben, wobei zum Vergleich auch die Balkenlösung eingezeichnet wurde. Für die beiden groben Elementierungen ergeben

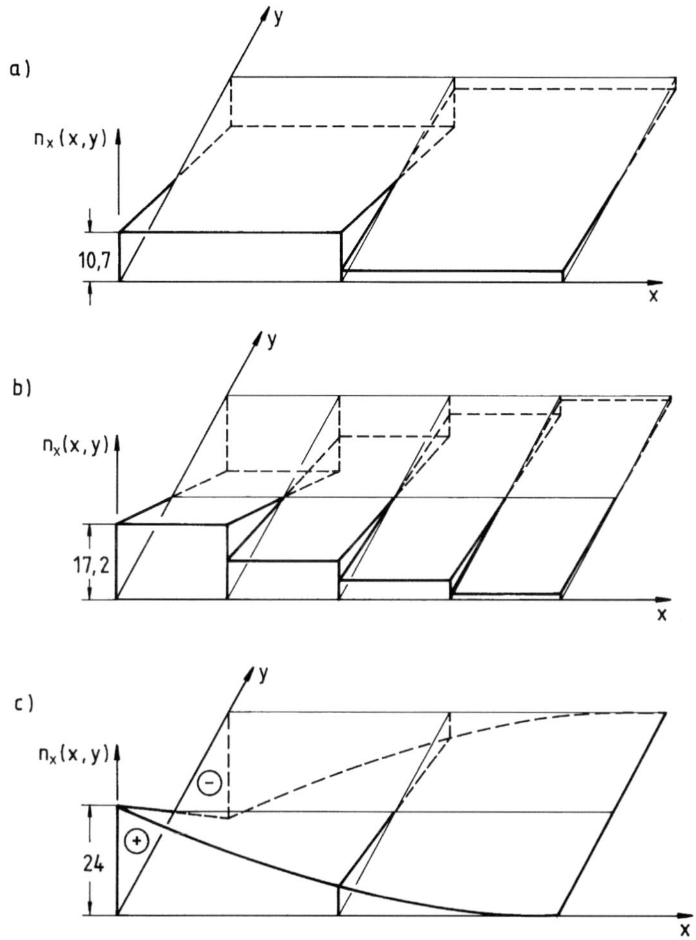

Bild 4.24. Schnittkraftzustand $n_x(x, y)$ bei zwei groben Elementierungen (**a, b**) und bei der Balkenlösung (**c**)

sich viel zu niedrige Einspannschnittkräfte, was im wesentlichen eine Folge des in x-Richtung treppenförmig verlaufenden n_x-Verlaufs (Bild 4.24) ist. Für die superfeine (16 × 8)-Elementierung ergibt sich erkennbar eine vom linearen Verlauf der Balken-Vergleichslösung abweichende Schnittkraftverteilung $n_x(0, y)$.

Ähnlich gravierend sind die Abweichungen beim Verlauf der Schubkräfte am Einspannrand (Bild 4.26). Während die Balkenlösung in den beiden Punkten A und A′ auf Null absinkt, steigt die Finite-Elemente-Näherungslösung zur Ecke hin sogar an. Der Schubkraftverlauf am Einspannrand $n_{xy}(0, y)$ liegt zudem durchwegs über dem Mittelwert $Q(x = 0)/h$ von 4 kN/cm, der sich aus einer globalen Gleichgewichtsbetrachtung ergibt. Verletzt also der Schnittkraftzustand am Rand die globalen Gleichgewichtsbedingungen? In der Tat: Bei der Anwendung des Prinzips der virtuellen Verrückungen ist nicht garantiert, dass die Schnittkräfte die Gleichgewichtsaussagen befriedigen. Betrachtet man aber nicht die Randwerte $n_{xy}(0, y)$

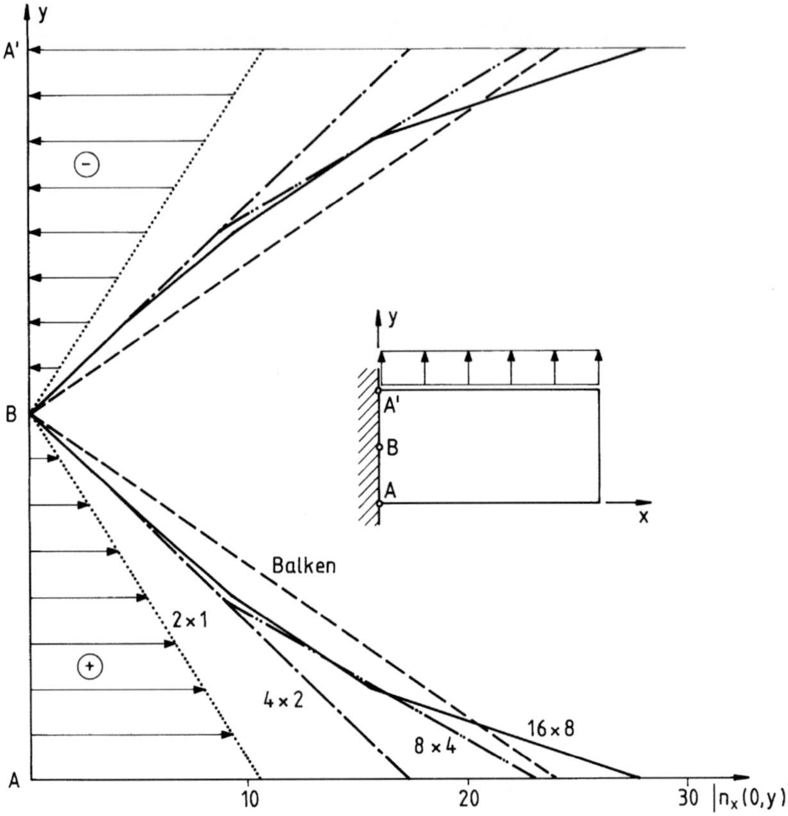

Bild 4.25. Schnittkraftzustand $n_x(0, y)$ am Einspannrand für unterschiedliche Elementierungen und für die Balken-Vergleichslösung (gestrichelt)

des Schnittkraftzustandes, sondern die im Vektor $\boldsymbol{a}^*$ zusammengefassten Auflagerknotenkräfte, die ebenfalls in Bild 4.26 eingetragen wurden, so stellt man fest, dass von ihnen die Gleichgewichtsbedingungen erfüllt werden.

Welche Ursachen sind nun für die Abweichungen von der Balkenlösung verantwortlich? Zum einen ist eine Kragscheibe mit einem (Länge:Höhe)-Verhältnis von 2:1 kein Balken mehr. Damit kann die Abweichung der Normalkräfte am Einspannrand vom linearen Verlauf der Balkentheorie (Bild 4.25) erklärt werden, hingegen nicht das Ansteigen der Schübe zu den Ecken hin.

An der Einspannung, d. h. zwischen den Punkten A und A′, ist die Kragscheibe mit dem unendlich starren Rand verbunden. Selbst wenn die Einspannung die gleichen Elastizitätseigenschaften wie die Kragscheibe besitzt, sind in den beiden Punkten A und A′ Schnittkrafterhöhungen aufgrund von ‚Kerbwirkungen' unvermeidlich. Es ist also zu erwarten, dass die ‚wahre' Lösung in den beiden Punkten eine Singularität in den Schnittkräften zumindest aber in den Schnittkraftgradienten besitzt. Die Finite-Elemente-Rechnung baut beim n_{xy}-Verlauf eine bei der (16×8)-Unterteilung schon erkennbare Singularität auf. Die Abweichungen von der Balkenlösung haben also mechanische Ursachen.

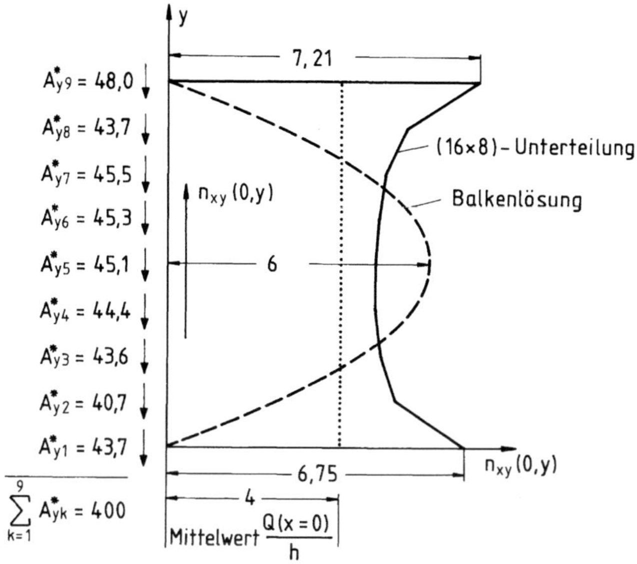

Bild 4.26. Schubkräfte $n_{xy}(0, y)$ am Einspannrand bei der (16 × 8)-Unterteilung in Gegenüberstellung zur Balkenlösung; generalisierte Auflagerknotenkräfte

Mit dieser Singularität wird die Finite-Elemente-Rechnung auch bei der (16×8)-Unterteilung noch nicht fertig. Das wird auch erkennbar, wenn man die Randwerte $n_y(x, 0)$ und $n_{xy}(x, 0)$ betrachtet (Bild 4.27). Beide Verläufe müssten identisch zu Null werden. Dies ist nicht der Fall. Die von der Singularität im Punkt A herrührende Störung klingt entlang des Randes nur langsam ab. Die Verletzungen sind im Vergleich zu der am oberen Rand eingeleiteten Linienlast $\bar{p}_{Ry} = 0{,}5\,\text{kN/cm}$ beträchtlich, bezogen auf den Maximalwert der Normalspannung n_x im Punkt A (27,7 kN/cm) halten sie sich aber in Grenzen.

Schlussfolgerungen

(1) Bei einer Finite-Elemente-Rechnung auf der Grundlage des Prinzips der virtuellen Verrückungen erhält man an den Elementrändern zwar einen stetigen Verschiebungsverlauf, der Schnittkraftverlauf wird jedoch unstetig. Bei Verwendung bilinearer Verschiebungsansätze ist der Scheibenschnittkraftverlauf in einer Richtung getreppt (Bild 4.24b) oder sogar gezackt (Bild 4.27). Übliche Spannungsgradienten, wie sie bereits bei den Biegespannungen einer Kragscheibe auftreten, lassen sich mit dem in einer Richtung elementweise konstanten Spannungsverlauf nur unzureichend erfassen.

(2) Anschaulich kann man sagen, dass die für die Schnittkraftermittlung erforderliche Differentiation den nur C^0-stetigen Verschiebungszustand ‚aufraut'. Die Schnittkraftverläufe werden dadurch immer schlechter als die Verschiebungsverläufe approximiert.

(3) Will man das Tragverhalten und die Beanspruchungen einer Kragscheibe genauer erfassen, als es mit der einfachen Balken-Vergleichslösung möglich ist, so

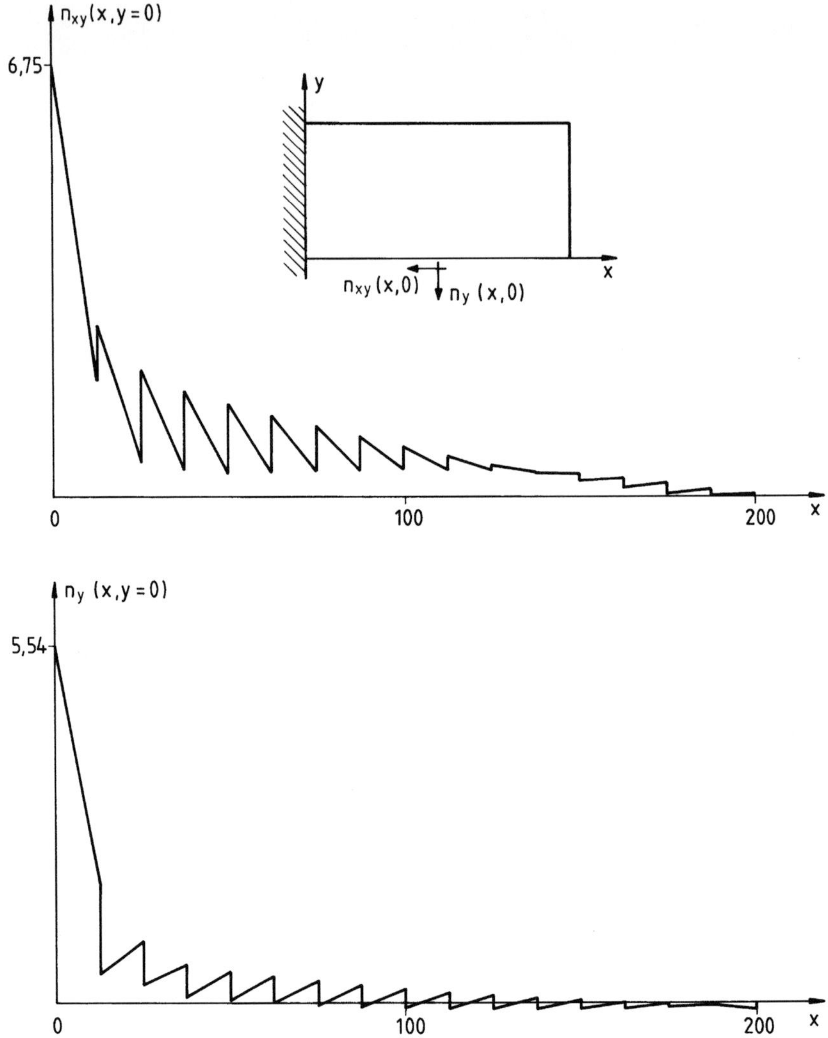

Bild 4.27. Verletzung der Schnittkraftrandbedingungen am Scheibenrand $y = 0$

ist – zumindest bei der Verwendung von Elementen mit bilinearem Verschiebungsansatz – ein erheblicher numerischer Aufwand erforderlich. Erst bei der Verwendung der sehr feinen (16×8)-Unterteilung werden im Normalspannungsverlauf die Abweichung vom linearen Verlauf der Balkenlösung (Bild 4.25) und im Schubspannungsverlauf die Kerbwirkung an den Einspannecken (Bild 4.26) deutlich erkennbar.

Verbesserungsmöglichkeiten

(4) Die sehr feine (16×8)-Unterteilung ist unbefriedigend, da Zonen mit niedrigen Spannungen und geringen Spannungsgradienten genauso fein elementiert wer-

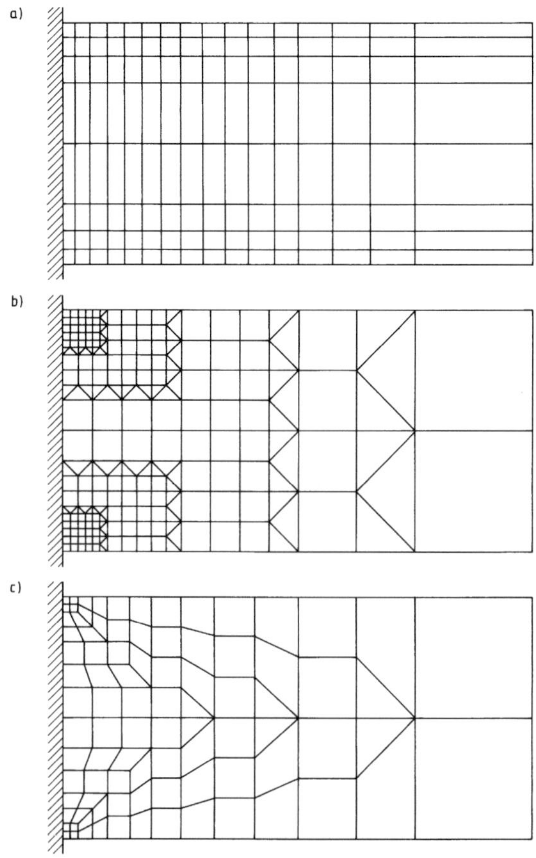

Bild 4.28. Angepasste Elementierung der Kragscheibe unter Verwendung von Rechteckelementen (**a**), Rechteck- und Dreieckelementen (**b**), Rechteck-, Dreieck- und schiefwinkligen Elementen (**c**)

den, wie die Bereiche der Spannungsspitzen. Wünschenswert ist eine *angepasste Elementierung* (Bild 4.28). Diese erfordert die Verwendung von Dreieckelementen oder von schiefwinkligen Elementen.

(5) Anstatt die Unterteilung zu verfeinern, kann man auch den Ansatz für den Verschiebungszustand im Element verbessern. Um beispielsweise in einem Element in beiden Richtungen linear veränderliche Schnittkraftverläufe wiedergeben zu können, ist zumindest ein vollständiger quadratischer Verschiebungsansatz erforderlich. Es ist zu erwarten, dass bei der Verwendung derartiger *‚höherwertiger‘ Elemente* (Kapitel 7) eine genauere Erfassung der extremen Spannungsgradienten in der Ecke und eine bessere Erfüllung der Schnittkraftrandbedingung möglich wird. Unter theoretischen Gesichtspunkten wäre ein Element ideal, das auch die Spannungssingularitäten qualitativ richtig wiedergeben kann.

(6) Höherwertige Ansätze erfassen den Verschiebungsverlauf im Element durch Polynome höherer Ordnung. Ob eine zusätzliche *Erfüllung höherer Stetigkeitsforderungen* an den Elementgrenzen zweckmäßig ist, bleibt zu überprüfen.

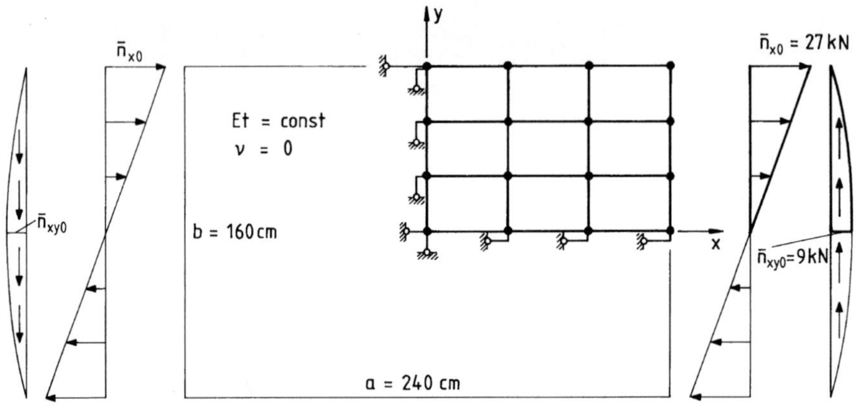

Bild 4.29. Isotrope Scheibe unter Schubbiegung, Elementnetz und Randbedingungen des untersuchten Viertelausschnitts

(7) Eine verbesserte Approximation des Schnittkraftverlaufes ist zu erwarten, wenn es gelingt, die aufrauende Wirkung der elementweisen Differentiation durch eine *verbesserte Auswertung* zu vermindern oder gar zu vermeiden (Abschnitt 4.1.11).

4.1.11 Verbesserte Schnittkraftberechnung

Wie wir im letzten Unterabschnitt gesehen haben, wird bei einer Rechnung nach der Methode der finiten Elemente der Schnittkraftzustand deutlich schlechter als der Verschiebungszustand erfasst. Einige Möglichkeiten, bessere Schnittkraftergebnisse zu erzielen, wollen wir nun an einem Beispiel demonstrieren. Wir betrachten dazu eine freie Scheibe, die am linken und rechten Rand durch Normal- und Schubspannungen belastet wird (Bild 4.29).

Das Problem ist noch exakt lösbar. Man erhält einen bilinearen n_x-Verlauf und einen in x-Richtung konstanten und in y-Richtung parabolischen n_{xy}-Verlauf,

$$n_x = \frac{2x}{a}\,\frac{2y}{b}\,\bar{n}_{x0}\,, \quad n_{xy} = \left[1 - \left(\frac{2y}{b}\right)^2\right]\bar{n}_{xy0}\,.$$

Die Schnittkräfte n_y sind identisch Null.

Bei der Rechnung nach der Methode der finiten Elemente können wir uns wegen der Doppelsymmetrie (siehe Abschnitt 14.3) auf die Untersuchung des rechten oberen Viertels beschränken. Das verwendete Elementnetz und die für die Viertelscheibe erforderlichen Randbedingungen sind ebenfalls in Bild 4.29 angegeben.

Schnittkraftberechnung durch elementweise Differentiation

Ein Vergleich der Ergebnisse des Finite-Elemente-Verfahrens mit der exakten Lösung zeigt, dass die Knotenverschiebungen erwartungsgemäß recht gut erfasst werden (mittlerer Fehler 2,9%). Die Schnittkraftverläufe erhält man durch Differentiation der elementweise bilinear approximierten Verschiebungszustände, im Fall $\nu = 0$ zu

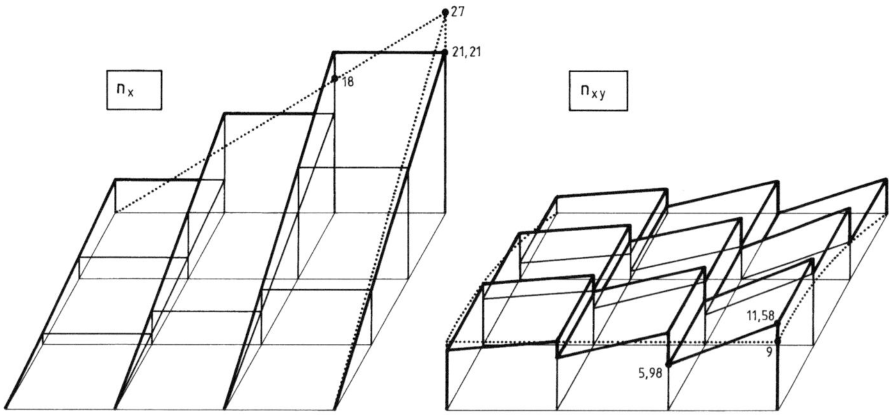

Bild 4.30. Schnittkräfte aus der Rechnung nach der Methode der finiten Elemente (ausgezogen) und exakte Lösung (gepunktet)

$$n_x(x,y) = E\,t\,\frac{\partial u(x,y)}{\partial x}\,, \quad n_{xy}(x,y) = \frac{E\,t}{2}\left[\frac{\partial u(x,y)}{\partial y} + \frac{\partial v(x,y)}{\partial x}\right].$$

Das Ergebnis dieser Rechnung ist in Bild 4.30 dargestellt. Gravierend sind die Verletzungen der Rand- und Übergangsbedingungen. Ein Vergleich mit der exakten Lösung, die in Bild 4.30 gepunktet eingezeichnet ist, zeigt, dass der Fehler in den Elementecken maximal und in den Elementmitten minimal wird.

Glättung der Schnittkraftverläufe durch Mittelwertbildung

Zur Verbesserung der relativ schlechten Schnittkraftergebnisse bietet es sich zunächst an, die Schnittkräfte in den Knoten zu mitteln und den Schnittkraftverlauf im Element bilinear anzunähern (ausgezogenen Kurven in Bild 4.31), wodurch zumindest die Übergangsbedingungen von Element zu Element erfüllt werden. Die Schnittkräfte an den freien Rändern und in der Ecke ($x = a/2$, $y = b/2$), die am stärksten von den exaktem Werten abweichen, werden nur geringfügig oder gar nicht verbessert, da dort eine Mittelwertbildung nur mit einseitigen Werten oder überhaupt nicht möglich ist.

Schnittkraftglättung durch Differentiation quadratisch approximierter Verschiebungsverläufe

Die Mittelwertbildung zur Berechnung von Knotenschnittkräften können wir auch anders interpretieren, wobei wir uns auf die Schnittkraft n_x beschränken, die im betrachteten Fall mit $\nu = 0$ den Wert $E\,t\;\partial u/\partial x$ annimmt. Die Verschiebung u wird längs der Elementränder linear approximiert, so dass die Ableitung in einem Knoten einen Sprung aufweist (Bild 4.32a). An der Stelle $x = 0$ ist der Mittelwert der beiden Ableitungen identisch mit der Ableitung einer quadratischen Funktion, die durch die drei benachbarten Knoten gelegt wird (Bild 4.32b). Die Schnittkraftmittelwertbildung an den Innenknoten ist also im Fall äquidistanter Knotenanordnung gleichbedeutend damit, dass der Verschiebungsverlauf in den vier angrenzenden

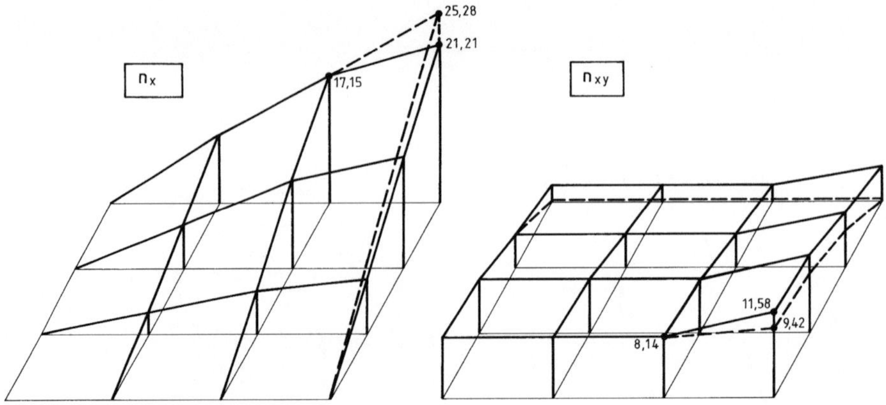

Bild 4.31. Schnittkraftglättung durch Mittelwertbildung in den Knoten (ausgezogen) und durch Differentiation quadratisch approximierter Verschiebungsverläufe (gestrichelt). (Die Symmetrie der Struktur wurde dabei berücksichtigt.)

Elementen biquadratisch approximiert und dann erst differenziert wird. Will man dieses Konzept auf die Schnittkraftermittlung am freien Rand und in der Ecke übertragen, so muss für die biquadratische Approximation des Verschiebungsverlaufes auf weiter im Innern liegende Knoten zurückgegriffen werden. Die zugehörigen Ableitungsvorschriften können aus Bild 4.32b entnommen werden. Der auf diese Weise entstandene Randschnittkraftzustand ist in Bild 4.31 gestrichelt eingetragen worden. Der Vergleich der geglätteten Schnittkräfte mit der exakten Lösung ergibt eine

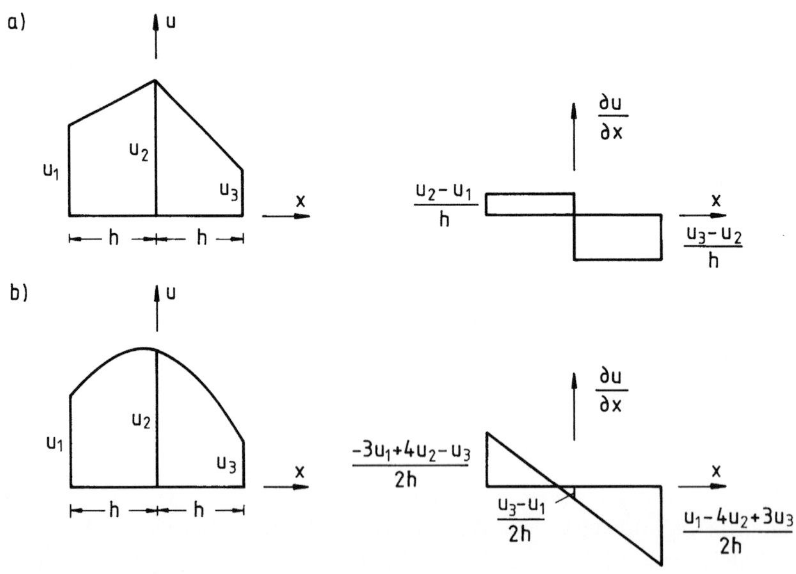

Bild 4.32. Verschiebung u und Ableitung $\partial u/\partial x$. **a** Abschnittsweiser linearer Verlauf (Finite-Elemente-Verfahren), **b** quadratische Approximation

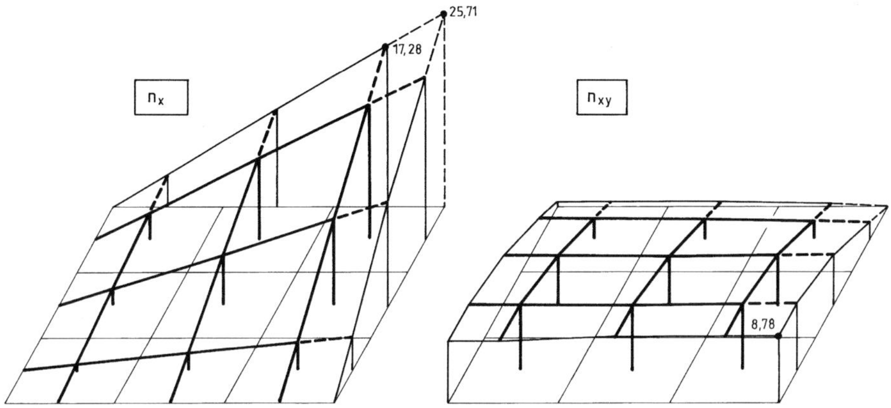

Bild 4.33. Glättung auf Grundlage der Elementmittenschnittkräfte. (Die Symmetrie der Struktur wurde dabei berücksichtigt.)

Tabelle 4.3. Gegenüberstellung der Maximalschnittkräfte

	$n_x(\frac{a}{2}, \frac{b}{2})$ in kN/cm	Fehler in %	$n_{xy}(\frac{a}{2}, 0)$ in kN/cm	Fehler in %
exakt	27	–	9	–
Finite-Elemente-Verfahren	21,21	21,4	11,58	−28,7
Mittelwertbildung in den Knoten	21,21	21,4	11,58	−28,7
Glättung auf Grundlage einer quadratischen Verschiebungsapproximation	25,28	6,4	9,42	−4,7
Glättung auf Grundlage der Elementmittenschnittkräfte	25,71	4,8	8,78	2,4

Verbesserung der Werte in den Knoten, also auch auf dem Rand und in der freien Ecke, bei teilweise leichter Verschlechterung in den Elementmitten.

Glättung auf Grundlage der Elementmittenschnittkräfte

Da die Schnittkräfte aus der Rechnung nach der Methode der finiten Elemente in den Elementmittelpunkten den kleinsten Fehler aufweisen, wollen wir nun eine auf diesen Werten basierende Glättung durchführen (Bild 4.33). Dabei werden durch die Schnittkräfte in der Mitte von vier benachbarten Elementen bilineare Polynome gelegt. Die Werte im Randbereich werden durch Extrapolation aus den angrenzenden Schnittkraftverläufen gewonnen. Diese Vorgehensweise liefert die besten Ergebnisse, wie auch die Gegenüberstellung der Maximalschnittkräfte in Tabelle 4.3 verdeutlicht.

Bewertung der Glättungsalgorithmen

Die Mittelwertbildung in den Knoten hat den Vorteil, dass sie sich in ein Finite-Elemente-Verfahren integrieren lässt, ohne dass Zusatzinformationen benötigt werden. Sie hat allerdings den Nachteil, dass sie im Randbereich und in den Ecken, in dem häufig die maximalen Schnittkräfte auftreten, nur wenig oder keine Verbesserungen erzielt.

Die auf einer quadratischen Verschiebungsapproximation basierende Glättung hat diese Schwäche nicht. Sie lässt sich auch bei einem Elementnetz auf der Grundlage eines nicht-äquidistanten Rechteckrasters durchführen, jedoch wird das Verfahren dann komplizierter. Entsprechendes gilt für die von den Schnittkräften in den Elementmittelpunkten ausgehende Glättung. Beide Verfahren liefern ähnlich gute Ergebnisse. Sie lassen sich aber nicht ohne weiteres in einen Finite-Elemente-Algorithmus eingliedern und sind auch nur schwer auf beliebige Elementraster erweiterbar.

Weitere Glättungsalgorithmen werden in [4.4] beschrieben.

Für eine Glättung der Schnittkraftverläufe gibt es derzeit noch keine in jeder Hinsicht befriedigende Lösung. Auch die Versuche bei Stein in Hannover [4.7–4.9] sind unbefriedigend. Der derzeit gewählte Ausweg besteht darin, extrem fein zu elementieren (siehe Bild 1.1). Das Anwachsen von Rechenzeit und Speicherplatz nimmt man in Kauf, da neue Rechenanlagen mit den damit verbundenen Problemen fertig werden. Trotzdem: Mechanisch zuverlässige Algorithmen, die Schnittkraftzustände genau so gut annähern wie Verschiebungszustände, sind weiterhin wünschenswert.

4.2 Mechanisch begründete Anforderungen an ein Finite-Elemente-Verfahren

Wir haben im letzten Abschnitt ein Finite-Elemente-Verfahren für Scheiben unter Verwendung eines Rechteckelementes mit bilinearem Verschiebungsansatz entwickelt. Dabei haben wir gesehen, dass der Wahl des Verschiebungsansatzes eine zentrale Bedeutung zukommt. Wir werden uns nun mit den Forderungen auseinandersetzen, die man üblicherweise an ein Finite-Elemente-Verfahren stellt, und überprüfen, ob das oben entwickelte Verfahren diesen Anforderungen standhält. Daneben werden wir aus den Anforderungen Kriterien für das Aufstellen von Ansatzfunktionen ableiten, um bei der Entwicklung anderer Scheibenelemente bzw. Elemente anderer Kontinua überflüssige Arbeit zu vermeiden.

Optimal wäre ein Verfahren, von dem bei möglichst geringem numerischem Aufwand alle interessierenden Zustandsgrößen mit einer gewünschten Genauigkeit bestimmt werden. Bei jeder Neuentwicklung eines Verfahrens und der Implementierung als Programm ist das ein Endziel, das – wenn überhaupt – erst nach vielen theoretischen und numerischen Untersuchungen erreicht wird. In jedem Fall soll von dem Verfahren garantiert werden, dass bei einer sinnvollen Elementierung das Tragverhalten des Kontinuums prinzipiell richtig wiedergegeben wird und dass die Näherungslösung bei feiner werdendem Elementnetz gegen die exakte Lösung konvergiert. Zunächst gilt bei der Wahl der Ansatzfunktionen die Forderung nach

- Stetigkeit des Verschiebungsansatzes.

Neben der Stetigkeitsforderung sind zwei Darstellungsforderungen von Bedeutung

- exakte Darstellbarkeit von Starrkörperverschiebungszuständen,
- exakte Darstellbarkeit von konstanten Verzerrungszuständen.

Schließlich verlangt man von der Steifigkeitsmatrix

- Symmetrie der Steifigkeitsmatrix und
- positive Semidefinitheit der Steifigkeitsmatrix,

wobei der Rangabfall gleich der Anzahl der möglichen unabhängigen Starrkörperverschiebungen sein muss.

4.2.1 Stetigkeit des Verschiebungsansatzes

Bei der Ableitung des Prinzips der virtuellen Verrückungen ergab sich als Forderung, dass der virtuelle und wirkliche Verschiebungszustand hinreichend stetig sein müssen. Daraus folgt, dass die Ansatzfunktionen so gewählt werden müssen, dass sich mit ihnen die geometrischen Randbedingungen und die geometrischen Übergangsbedingungen zwischen den Elementen einhalten lassen. Auch wenn die Ansatzfunktionen diese Forderungen erfüllen, muss zusätzlich in jedem Fall sichergestellt sein, dass die Stetigkeit des Gesamtverschiebungszustandes eingehalten wird. Beispielsweise ist das bei der im Bild 4.34 dargestellten Elementierung mit 4-Knoten-Rechteckelementen nicht der Fall. Bei dem betrachteten Beispiel einer eingespannten Scheibe unter Zugbelastung wurde das Netz zur Einspannung hin verfeinert, um dort die Schnittkräfte, die aus der Behinderung der Querkontraktion entstehen, besser erfassen zu können. Wie wir am verschobenen Netz sehen können, treten unzulässige Klaffungen auf. Der Fehler kommt dadurch zustande, dass die Knoten an den Stellen A, B und C, an denen jeweils drei Elemente zusammenkommen, nur zwei Elementen zugeordnet sind.

Subtiler wird die Stetigkeitsverletzung bei Verwendung unterschiedlicher Elementtypen, z. B. 4- und 9-Knoten-Elementen. Wie wir im Kapitel 7 sehen werden, wird der Verschiebungszustand des 9-Knoten-Elementes biquadratisch approximiert. Klaffungen und Überlappungen treten dadurch auf, dass die unterschiedlichen Elementtypen den Randverschiebungszustand nicht gleichartig darstellen.

Bei dem in Bild 4.35 dargestellten Beispielen werden 4- und 9-Knoten-Elemente eingesetzt. Der erste Elementtyp stellt den Randverlauf linear dar, während der zweite ihn quadratisch erfasst. Eine Möglichkeit, derartige Stetigkeitsverletzung zu verhindern, besteht in der Verwendung von Übergangselementen (siehe Kapitel 7).

Wir wollen an dieser Stelle nicht verschweigen, dass bei praktischen Problemstellungen unter Umständen Stetigkeitsverletzungen (Inkompatibilitäten) in Kauf genommen werden, was dazu führt, dass die diskretisierte Struktur weicher wird. Da das Finite-Elemente-Verfahren, sofern es auf dem Prinzip der virtuellen Verrückungen basiert, die reale Struktur zu steif erfasst, können durch den gezielten Einsatz inkompatibler Elemente Ergebnisse für Verschiebungen oder für Eigenfrequenzen, insbesondere bei grober Unterteilung, sogar verbessert werden. Überwiegt der Anteil der Stetigkeitsverletzung, so können die Ergebnisse allerdings unsinnig werden. In der Nähe von einzelnen, lokalen Inkompatibilitäten ergeben sich zumeist völlig

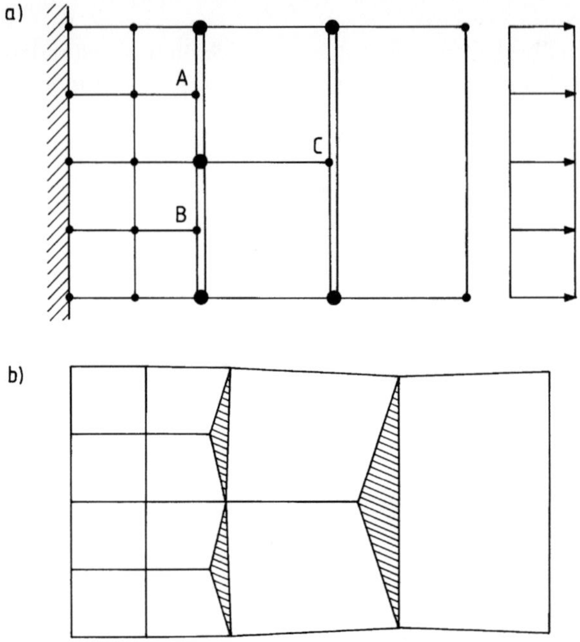

Bild 4.34. Stetigkeitsverletzung bei Verwendung von Elementen gleichen Typs. **a** Elementierung und Belastung, **b** Verschobenes Netz

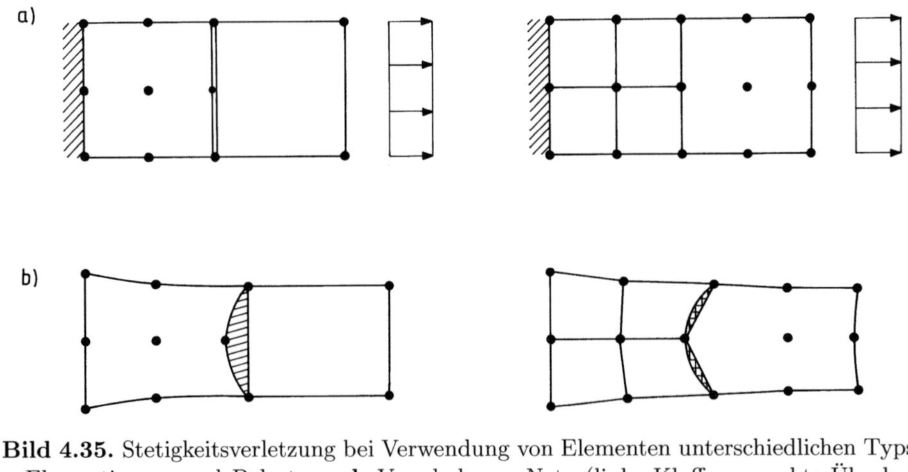

Bild 4.35. Stetigkeitsverletzung bei Verwendung von Elementen unterschiedlichen Typs. **a** Elementierung und Belastung, **b** Verschobenes Netz (links Klaffung, rechts Überlappung)

falsche Schnittkraftverläufe, die aber nach dem Saint-Venantschen Prinzip lokale Störungen sind, die in hinreichender Entfernung abgeklungen sind.

Fazit: Da man die Auswirkungen von Inkompatibilitäten nicht abschätzen kann, sollte man in aller Regel die Stetigkeitsforderung einhalten.

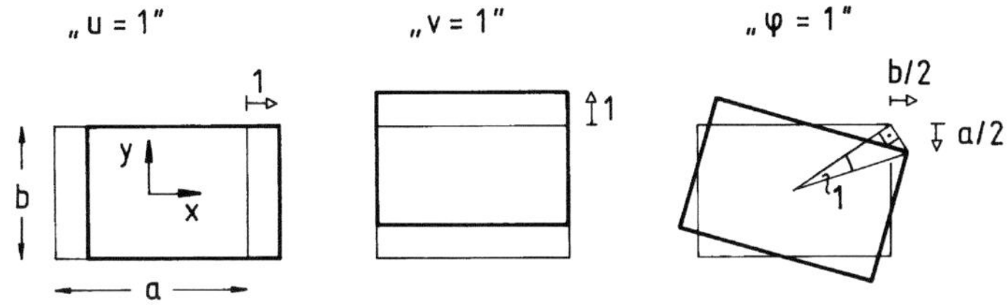

Bild 4.36. Starrkörperverschiebungszustände bei einem Scheibenrechteckelement

4.2.2 Darstellbarkeit von Starrkörperverschiebungszuständen

Bei ebenen Problemstellungen (Scheiben-, Balkenprobleme, etc.) existieren drei unabhängige Starrkörperverschiebungszustände (Bild 4.36):

- Translation in x-Richtung: $u(x,y) = 1, \quad v(x,y) = 0,$
- Translation in y-Richtung: $u(x,y) = 0, \quad v(x,y) = 1,$
- Rotation um den Koordinatenursprung: $u(x,y) = y, \quad v(x,y) = -x.$

Um auch optisch den Eindruck einer kleinen Verschiebung zu vermitteln, wurde bei der Darstellung des rotatorischen Zustandes für die Verschiebungen ein kleinerer Maßstab als für die Geometrie gewählt. Wegen der vorausgesetzten Linearität können bei den numerischen Kontrollen zahlenmäßig durchaus große Verschiebungen vorgegeben werden.

Warum ist die Forderung nach exakter Darstellbarkeit mechanisch sinnvoll, auch wenn die Untersuchung eines reinen Starrkörperverschiebungszustandes praktisch nicht von Interesse ist? Die Antwort gibt das Bild 4.37. Dargestellt ist der Verschiebungszustand eines Kragarms. Wie am Beispiel des schraffierten Elementes demonstriert wird, lässt sich der Elementverschiebungszustand aus einem verzerrungsfreien Starrkörperverschiebungsanteil und einem verzerrungsbehafteten Anteil zusammensetzen: $\boldsymbol{u} = \boldsymbol{u}_{\mathrm{SK}} + \boldsymbol{u}_{\mathrm{e}}$.

Dabei kann wie z. B. bei den Elementen am Ende des Kragarms der verzerrungsfreie Verschiebungsanteil deutlich größer sein. Ein Fehler bei seiner Darstellung würde sich entsprechend stark auswirken!

Wie drückt sich die Forderung nach Darstellbarkeit von Starrkörperverschiebungszuständen im Verfahren aus? Zunächst muss der Verschiebungsansatz im Element in der Lage sein, eine Starrkörperverschiebung zu beschreiben:

$$\boldsymbol{u}_{\mathrm{SK}}(x,y) = \boldsymbol{V}_{\mathrm{u}}(x,h)\,\boldsymbol{u}_{\mathrm{e,SK}}\,. \tag{4.40}$$

$\boldsymbol{u}_{\mathrm{e,SK}}$ ist hierbei der Elementverschiebungsvektor zum Starrkörperverschiebungszustand. Die zugehörigen Verzerrungen werden damit zu Null:

$$\boldsymbol{\varepsilon}_{\mathrm{SK}}(x,y) = \mathbf{D}_{\varepsilon\mathrm{u}}\,\boldsymbol{V}_{\mathrm{u}}(\xi,\eta)\,\boldsymbol{u}_{\mathrm{e,SK}} = \mathbf{0}\,. \tag{4.41}$$

Selbst wenn die Ansatzfunktionen richtig gewählt wurden und damit Gl. (4.41) erfüllt ist, muss die Kontrolle der Erfassung von Starrkörperverschiebungszuständen an den Elementmatrizen erfolgen, da diese den Kern des Verfahrens darstellen.

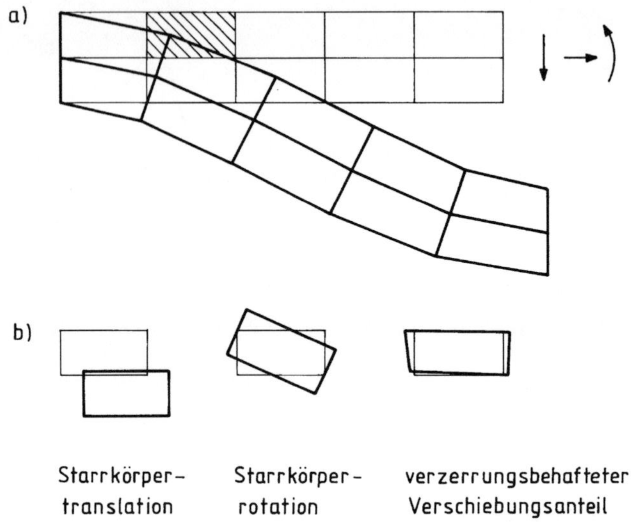

Bild 4.37. Verschiebungszustand eines Kragarms (**a**), Aufteilung des Verschiebungszustandes des schraffierten Elementes in einen Starrkörperverschiebungsanteil und in einen verzerrungsbehafteten Anteil (**b**)

Man kontrolliert damit gleichzeitig die richtige programmtechnische Umsetzung der Matrizen.

Kombiniert man Gl. (4.41) mit den Definitionsgleichungen für die Elementsteifigkeitsmatrix und die Schnittkraftmatrix, so ergeben sich die Forderungen

$$\boldsymbol{S}_{\mathrm{e,SK}} = \boldsymbol{S}_{\mathrm{e}}\, u_{\mathrm{e,SK}} \overset{!}{=} \boldsymbol{0}\,, \tag{4.42a}$$

$$\boldsymbol{\sigma}_{\mathrm{SK}}(x,y) = \boldsymbol{S}_{\mathrm{Ke}}(x,h)\, \boldsymbol{u}_{\mathrm{e,SK}} \overset{!}{=} \boldsymbol{0}\,. \tag{4.43}$$

Infolge eines Starrkörperverschiebungszustandes dürfen keine generalisierten Elementknotenkräfte und keine Schnittkräfte auftreten.

Auch die Systemmatrizen lassen sich mit Hilfe der Starrkörperverschiebungen kontrollieren. Im Fall eines Starrkörperverschiebungszustandes dürfen keine generalisierten Systemknotenkräfte auftreten:

$$\boldsymbol{s}^*_{\mathrm{SK}} = \boldsymbol{S}^*\, \boldsymbol{u}^*_{\mathrm{SK}} \overset{!}{=} \boldsymbol{0}\,. \tag{4.42b}$$

Bei einem existierenden Programm sind die Element- oder Systemsteifigkeitmatrix zumeist nicht zugänglich, so dass sich die Kontrolle in Form von Gl. (4.42a) oder (4.42b) nicht durchführen lässt. In Abschnitt 8.2 wird gezeigt, wie man dann vorzugehen hat.

Für die wirklichen und die virtuellen Verschiebungszustände werden die gleichen Ansatzfunktionen verwendet. Man ist also, wenn die Darstellbarkeit beliebiger *wirklicher* Starrkörperverschiebungszustände sichergestellt ist, auch in der Lage, die entsprechenden *virtuellen* Zustände wiederzugeben. Mechanisch bedeutet das, dass die Kräfte- und Momentengleichgewichtsbedingungen bei Betrachtung des gesamten Elementes eingehalten werden. Dadurch sind beispielsweise die Komponenten des Elementlastvektors

$$\bar{\boldsymbol{p}}_{\mathrm{Be}} = \int_{\mathrm{B_e}} \boldsymbol{V}_{\mathrm{u}}^{\mathrm{T}}(\xi, \eta)\, \bar{\boldsymbol{p}}(x, y)\, \mathrm{d}F$$

zu den Flächenlasten $\bar{\boldsymbol{p}}(x, y)$ statisch gleichwertig, d. h., sie haben die gleichen resultierenden Lasten in x- und y-Richtung und das gleiche resultierende Moment! Für den Elementrandlastvektor gilt das Entsprechende. Da bei der programmtechnischen Umsetzung der Formeln für die Elementlastvektoren Fehler unterlaufen können, sollte man die folgende Forderung kontrollieren:

Der Elementlastvektor muss zu den Elementflächen- und den Elementrandlasten statisch gleichwertig sein, d. h. die gleichen resultierenden Kräfte und das gleiche Moment ergeben.

Auf der Systemebene hat die Darstellbarkeit beliebiger Starrkörperverschiebungszustände die praktische Konsequenz, dass die Auflagerknotenkräfte aus dem Vektor $\boldsymbol{a}^*$ und die Belastung die Gleichgewichtsbedingungen exakt erfüllen. Bei der Abtragung der Last von den Lasteinleitungsstellen zu den Auflagerknoten geht also nichts ‚verloren'.

4.2.3 Darstellbarkeit konstanter Verzerrungszustände

Bei Scheibenproblemen können drei unabhängige konstante Verzerrungszustände auftreten

- konstante Dehnung in x-Richtung:

$$\varepsilon_{\mathrm{x}}(x, y) = 1, \quad \varepsilon_{\mathrm{y}}(x, y) = 0, \quad \gamma_{\mathrm{xy}}(x, y) = 0,$$

- konstante Dehnung in y-Richtung:

$$\varepsilon_{\mathrm{x}}(x, y) = 0, \quad \varepsilon_{\mathrm{y}}(x, y) = 1, \quad \gamma_{\mathrm{xy}}(x, y) = 0,$$

- konstante Gleitung:

$$\varepsilon_{\mathrm{x}}(x, y) = 0, \quad \varepsilon_{\mathrm{y}}(x, y) = 0, \quad \gamma_{\mathrm{xy}}(x, y) = 1.$$

Warum es sinnvoll ist, diese in Bild 4.38 dargestellten Zustände exakt erfassen zu können, demonstrieren wir an der eindimensionalen Struktur aus Bild 4.39. Der linear verlaufende Verzerrungszustand eines Stabes unter Eigengewicht ist abschnittsweise in einen konstanten und in einen linearen Anteil zerlegt. Man erkennt, dass hinsichtlich der Berechnung der Formänderungsenergie der konstante Anteil bei kleiner werdenden Abschnitten dominanter wird. Wenn nun die Elemente in der Lage sind, konstante Verzerrungszustände exakt zu erfassen, dann ist zu erwarten, dass bei feiner werdender Elementierung die numerischen Ergebnisse gegen die exakte Lösung konvergieren.

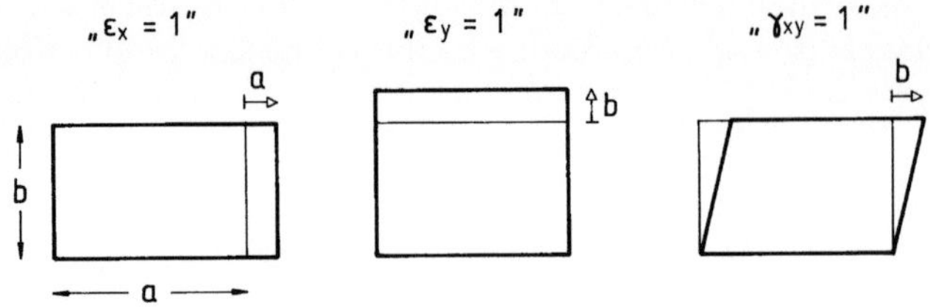

Bild 4.38. Konstante Verzerrungszustände bei einem Scheibenrechteckelement

Auf der Stufe des Verschiebungsansatzes ergibt sich die entsprechende Forderung wie bei der Darstellung des Starrkörperverschiebungszustandes. Der Verschiebungsansatz muss in der Lage sein, bei Vorgabe eines Elementverschiebungsvektors $\boldsymbol{u}_{\mathrm{e,KV}}$, der aus einem konstanten Verzerrungszustand resultiert, den zugehörigen Verschiebungszustand

$$\boldsymbol{u}_{\mathrm{KV}}(x,y) = \boldsymbol{V}_{\mathrm{u}}(x,h)\,\boldsymbol{u}_{\mathrm{e,KV}}$$

richtig wiederzugeben, d. h. so, dass die zugehörigen Verzerrungen wirklich konstant sind:

$$\varepsilon_{\mathrm{KV}} \overset{!}{=} \mathbf{D}_{\varepsilon\mathrm{u}}\,\boldsymbol{V}_{\mathrm{u}}(\xi,\eta)\,\boldsymbol{u}_{\mathrm{e,KV}}\,. \tag{4.44}$$

Die dafür benötigten Elementknotenverschiebungsvektoren $\boldsymbol{u}_{\mathrm{e,KV}}$ lassen sich aus Bild 4.38 entnehmen.

Auch hier kann die Kontrolle wieder auf der Stufe der Elementmatrizen erfolgen. Für die Schnittkraftmatrix ist das einfach. Die analytisch ermittelten Schnittkräfte $\boldsymbol{\sigma}_{\mathrm{KV}}$ müssen mit den numerisch berechneten Größen übereinstimmen. Bei einer der Einfachheit halber als konstant angenommenen Stoffmatrix müssen sie ebenfalls konstant sein:

$$\boldsymbol{\sigma}_{\mathrm{KV}} = \boldsymbol{C}\,\varepsilon_{\mathrm{KV}} \overset{!}{=} \boldsymbol{S}_{\mathrm{Ke}}(\xi,\eta)\,\boldsymbol{u}_{\mathrm{e,KV}}\,. \tag{4.45}$$

Dabei ist $\boldsymbol{S}_{\mathrm{Ke}}(\xi,\eta)$ die Schnittkraftmatrix an beliebiger Stelle des Elementes.

Bei der Elementsteifigkeitsmatrix ist die Kontrolle etwas aufwendiger, da erst die generalisierten Elementknotenkräfte infolge eines konstanten Verzerrungszustandes

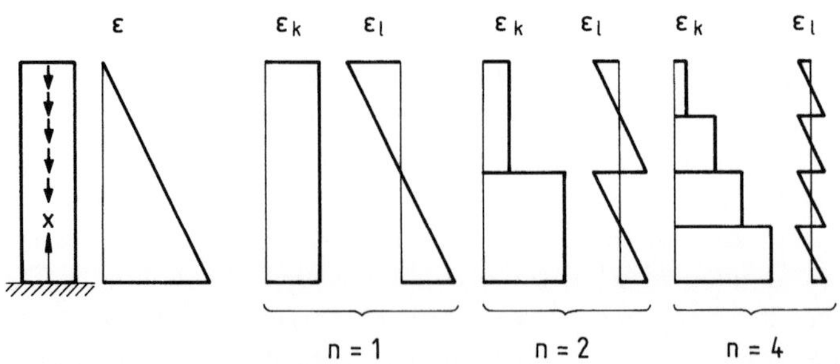

Bild 4.39. Aufspaltung des linearen Verzerrungsverlaufes eines Stabes unter Eigengewicht in konstante und lineare Anteile bei Einteilung des Stabes in 1, 2 und 4 Abschnitte

$$\boldsymbol{s}_{\mathrm{e,KV}} = \boldsymbol{S}_{\mathrm{e}}\, \boldsymbol{u}_{\mathrm{e,KV}}$$

interpretiert werden müssen. Hierzu formen wir den Ausdruck für die virtuelle Formänderungsenergie eines Elementes um:

$$\begin{aligned}
\delta\boldsymbol{u}_{\mathrm{e}}^{\mathrm{T}}\, \boldsymbol{s}_{\mathrm{e,KV}} &= \delta\boldsymbol{u}_{\mathrm{e}}^{\mathrm{T}}\, \boldsymbol{S}_{\mathrm{e}}\, \boldsymbol{u}_{\mathrm{e,KV}} \\
&= \delta\boldsymbol{u}_{\mathrm{e}}^{\mathrm{T}} \int\limits_{\mathrm{B_e}} [\mathbf{D}_{\varepsilon\mathrm{u}}\, \boldsymbol{V}_{\mathrm{u}}(\xi,\eta)]^{\mathrm{T}}\, \boldsymbol{C}\, [\mathbf{D}_{\varepsilon\mathrm{u}}\, \boldsymbol{V}_{\mathrm{u}}(\xi,\eta)]\, \mathrm{d}F\, \boldsymbol{u}_{\mathrm{e,KV}} \\
&= \delta\boldsymbol{u}_{\mathrm{e}}^{\mathrm{T}} \int\limits_{\mathrm{B_e}} [\mathbf{D}_{\varepsilon\mathrm{u}}\, \boldsymbol{V}_{\mathrm{u}}(\xi,\eta)]^{\mathrm{T}}\, \boldsymbol{\sigma}_{\mathrm{KV}}\, \mathrm{d}F\,.
\end{aligned}$$

Auf das letzte Integral wenden wir jetzt den Integralsatz, Gl. (3.6), an, wobei die Randterme im x, y-Koordinatensystem formuliert werden. Das Bereichsintegral verschwindet, da die Schnittkräfte $\boldsymbol{\sigma}_{\mathrm{KV}}$ unter der Voraussetzung von (4.45) konstant sein müssen:

$$\begin{aligned}
\delta\boldsymbol{u}_{\mathrm{e}}^{\mathrm{T}}\, \boldsymbol{s}_{\mathrm{e,KV}} &= \delta\boldsymbol{u}_{\mathrm{e}}^{\mathrm{T}} \int\limits_{\mathrm{B_e}} [\mathbf{D}_{\varepsilon\mathrm{u}}\, \boldsymbol{V}_{\mathrm{u}}(\xi,\eta)]^{\mathrm{T}}\, \boldsymbol{\sigma}_{\mathrm{KV}}\, \mathrm{d}F \\
&= -\delta\boldsymbol{u}_{\mathrm{e}}^{\mathrm{T}} \int\limits_{\mathrm{B_e}} \boldsymbol{V}_{\mathrm{u}}^{\mathrm{T}}(\xi,\eta)\, [\mathbf{D}_{\mathrm{g}}\, \boldsymbol{\sigma}_{\mathrm{KV}}]\, \mathrm{d}F \;+\; \sum_{\mathrm{j}=1}^{4} \delta\boldsymbol{u}_{\mathrm{e}}^{\mathrm{T}} \int\limits_{\mathrm{R_j}} \boldsymbol{V}_{\mathrm{ur}}^{\mathrm{T}}(\zeta)\, \bar{\boldsymbol{p}}_{\mathrm{R,KV}}\, \mathrm{d}s \\
&= \delta\boldsymbol{u}_{\mathrm{e}}^{\mathrm{T}} \sum_{\mathrm{j}=1}^{4} \int\limits_{\mathrm{R_j}} \boldsymbol{V}_{\mathrm{ur}}^{\mathrm{T}}(\zeta)\, \bar{\boldsymbol{p}}_{\mathrm{R,KV}}\, \mathrm{d}s \\
&= \delta\boldsymbol{u}_{\mathrm{e}}^{\mathrm{T}} \sum_{\mathrm{j}=1}^{4} \left\{\bar{\boldsymbol{p}}_{\mathrm{Re,KV}}\right\}_{\mathrm{j}}\,.
\end{aligned}$$

Die Auswertung des Linienintegrals entspricht der Randlastvektorberechnung aus Abschnitt 4.1.4, wobei ζ wiederum die dimensionslose Randkoordinate ist. Man erhält abschließend

$$\boldsymbol{s}_{\mathrm{e,KV}} = \boldsymbol{S}_{\mathrm{e}}\, \boldsymbol{u}_{\mathrm{e,KV}} = \sum_{\mathrm{j}=1}^{4} \left\{\bar{\boldsymbol{p}}_{\mathrm{Re,KV}}\right\}_{\mathrm{j}}\,. \tag{4.46}$$

Jetzt lässt sich formulieren, welche Forderung die Steifigkeitsmatrix erfüllen muss, damit die Darstellbarkeit von konstanten Verzerrungen gewährleistet ist:

Der zu einem Elementverschiebungsvektor $\boldsymbol{u}_{\mathrm{e,KV}}$ gehörende Vektor der generalisierten Elementknotenkräfte $\boldsymbol{s}_{\mathrm{e,KV}}$ muss bei homogenen Material gleich den aufsummierten, aus den analytischen Randschnittkräften resultierenden Randlastvektoren sein.

Entsprechendes gilt bei der Untersuchung einer Systemsteifigkeitsmatrix.

Wie man vorzugehen hat, wenn Element- und Systemsteifigkeitsmatrizen nicht zugänglich sind, wird wiederum in Abschnitt 8.2 gezeigt.

4.2.4 Symmetrie der Steifigkeitsmatrix

Wie wir bereits gesehen haben, ist die Elementsteifigkeitsmatrix symmetrisch, d. h.

$$\boldsymbol{S}_\mathrm{e} = \boldsymbol{S}_\mathrm{e}^\mathrm{T}\,. \tag{4.47}$$

Die Steifigkeitsmatrix wird aus einer quadratischen Form ermittelt:

$$\boldsymbol{S}_\mathrm{e} = \int\limits_{\mathrm{B_e}} \boldsymbol{V}_{\varepsilon\mathrm{u}}^\mathrm{T}\, \boldsymbol{C}\, \boldsymbol{V}_{\varepsilon\mathrm{u}}\, \mathrm{d}F\,.$$

Da wir für die virtuellen und wirklichen Verschiebungen dieselben Ansätze verwendet haben, spiegelt die Symmetrie der Steifigkeitsmatrix nur die Symmetrie der Stoffmatrix wieder. Der physikalische Gehalt der Symmetrieeigenschaft kann daher auch am Beispiel der Stoffmatrix aufgezeigt werden.

In der Symmetrie der Stoffmatrix kommt zum Ausdruck, dass die Formänderungsenergie nur vom Endverzerrungszustand $\boldsymbol{\varepsilon}_1 + \boldsymbol{\varepsilon}_2$ abhängt. Bringt man also auf ein infinitesimales Volumenelement erst eine Verzerrung $\boldsymbol{\varepsilon}_1$ und dann eine Verzerrung $\boldsymbol{\varepsilon}_2$ auf, so muss die gespeicherte Formänderungsenergie die gleiche sein wie bei einem umgekehrten Aufbringen der Verzerrungen. Bei einem eindimensionalen Spannungszustand lässt sich dieser Sachverhalt noch graphisch verdeutlichen (Bild 4.40).

Bei einem mehrdimensionalen Spannungszustand gilt:

$$\begin{aligned} \Pi_\mathrm{i}(\boldsymbol{\varepsilon}_1 + \boldsymbol{\varepsilon}_2) &= \Pi_\mathrm{i}(\boldsymbol{\varepsilon}_2 + \boldsymbol{\varepsilon}_1) \\ \left(\frac{1}{2}\,\boldsymbol{\varepsilon}_1^\mathrm{T}\,\boldsymbol{\sigma}_1 + \boldsymbol{\varepsilon}_2^\mathrm{T}\,\boldsymbol{\sigma}_1 + \frac{1}{2}\,\boldsymbol{\varepsilon}_2^\mathrm{T}\,\boldsymbol{\sigma}_2\right)\mathrm{d}V &= \left(\frac{1}{2}\,\boldsymbol{\varepsilon}_2^\mathrm{T}\,\boldsymbol{\sigma}_2 + \boldsymbol{\varepsilon}_1^\mathrm{T}\,\boldsymbol{\sigma}_2 + \frac{1}{2}\,\boldsymbol{\varepsilon}_1^\mathrm{T}\,\boldsymbol{\sigma}_1\right)\mathrm{d}V\,. \end{aligned}$$

Daraus folgt

$$\boldsymbol{\varepsilon}_2^\mathrm{T}\,\boldsymbol{\sigma}_1 = \boldsymbol{\varepsilon}_1^\mathrm{T}\,\boldsymbol{\sigma}_2$$

und nach Einführen des Stoffgesetzes

$$\boldsymbol{\varepsilon}_2^\mathrm{T}\,\boldsymbol{C}\,\boldsymbol{\varepsilon}_1 = \boldsymbol{\varepsilon}_1^\mathrm{T}\,\boldsymbol{C}\,\boldsymbol{\varepsilon}_2\ (= \boldsymbol{\varepsilon}_2^\mathrm{T}\,\boldsymbol{C}^\mathrm{T}\,\boldsymbol{\varepsilon}_1)\,.$$

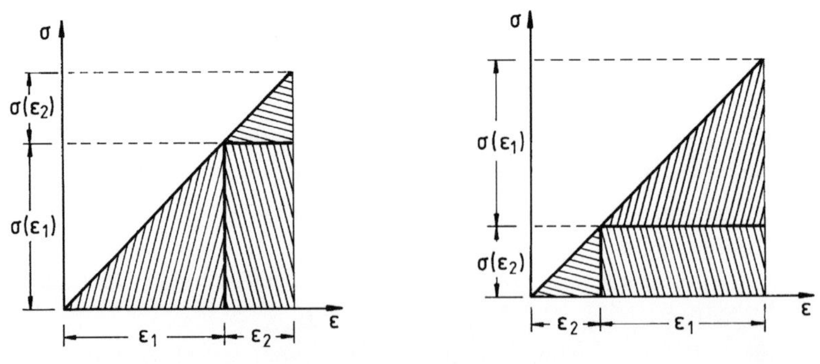

Bild 4.40. Formänderungsenergiedichte (schraffiert) eines eindimensionalen Spannungszustandes bei Aufbringen der Verzerrungen in der Reihenfolge $\varepsilon_1 \div \varepsilon_2$ (links) und $\varepsilon_2 \div \varepsilon_1$ (rechts)

Aus dieser Beziehung ergibt sich die Symmetrie der Stoffmatrix. Die daraus resultierende Symmetrie der Elementsteifigkeitsmatrix hat zur Folge, dass auch die Systemsteifigkeitsmatrix symmetrisch ist. Eine Kontrolle der Symmetrie der Steifigkeitsmatrix ist somit bei einem Finite-Elemente-Verfahren wegen der zugrundeliegenden quadratischen Form und der Symmetrie der Stoffmatrix praktisch überflüssig. Wenn Steifigkeitsmatrizen allerdings auf anderen Wegen gewonnen werden, beispielsweise über ein Übertragungsmatrizenverfahren (siehe Kapitel 12) oder auf Grundlage eines Randelemente- oder eines Finite-Differenzen-Verfahrens, dann sollte die *Symmetriekontrolle* in jedem Fall durchgeführt werden.

4.2.5 Positive Definitheit der Steifigkeitsmatrix

Die Stoffmatrix hat eine weitere Eigenschaft, die sich in der Element- und in der Systemsteifigkeitsmatrix wiederfindet: Sie ist *positiv definit.* Positive Definitheit der Stoffmatrix bedeutet, dass für beliebige Vektoren $\boldsymbol{\varepsilon}$ ($\boldsymbol{\varepsilon} \neq \mathbf{0}$)

$$\boldsymbol{\varepsilon}^{\mathrm{T}}\,\boldsymbol{C}\,\boldsymbol{\varepsilon} > 0$$

wird. Mechanisch bedeutet das, dass in einem infinitesimalen Volumenelement bei Aufbringen einer Verzerrung stets Formänderungsenergie gespeichert und nicht etwa freigesetzt wird:

$$\mathrm{d}\Pi_{\mathrm{i}} = \frac{1}{2}\,\boldsymbol{\varepsilon}^{\mathrm{T}}\,\boldsymbol{C}\,\boldsymbol{\varepsilon}\,\mathrm{d}V > 0\,.$$

Übertragen auf die Element- oder Systemsteifigkeitsmatrix lautet die Forderung

$$\Pi_{\mathrm{i}} = \frac{1}{2}\,\boldsymbol{u}^{\mathrm{T}}\,\boldsymbol{S}\,\boldsymbol{u} \geqslant 0\,. \tag{4.48}$$

Die Steifigkeitsmatrix ist allerdings nur *positiv semidefinit*, da nichttriviale Verschiebungen $\boldsymbol{u} \neq \mathbf{0}$ existieren, die keine Verzerrungen zur Folge haben. Dies sind gerade die Starrkörperverschiebungszustände (siehe Bild 4.36).

Um festzustellen, ob Gl. (4.48) für eine Steifigkeitsmatrix erfüllt ist, lösen wir zunächst die Eigenwertaufgabe (siehe [4.1])

$$\boldsymbol{S}\,\boldsymbol{v} = \lambda\,\boldsymbol{v}\,.$$

Dafür stehen in jedem Recheninstitut Standardprogramme zur Verfügung. Als Ergebnis erhalten wir die Eigenwerte λ_{i} und die Eigenvektoren $\boldsymbol{v}_{\mathrm{i}}$. Ohne Einschränkung der Allgemeinheit können wir voraussetzen, dass die Eigenvektoren orthogonal und normiert sind, d. h.

$$\boldsymbol{v}_{\mathrm{i}}^{\mathrm{T}}\,\boldsymbol{v}_{\mathrm{j}} = \begin{cases} 1, & \text{für i} = \text{j} \\ 0, & \text{für i} \neq \text{j} \end{cases}. \tag{4.49}$$

Damit folgt aus der Eigenwertgleichung

$$\boldsymbol{v}_{\mathrm{i}}^{\mathrm{T}}\,\boldsymbol{S}\,\boldsymbol{v}_{\mathrm{j}} = \begin{cases} \lambda_{\mathrm{i}}, & \text{für i} = \text{j} \\ 0, & \text{für i} \neq \text{j} \end{cases}. \tag{4.50}$$

Jeden Verschiebungsvektor kann man als Linearkombination der Eigenvektoren darstellen

$$\boldsymbol{u} = \sum_{\mathrm{i}} q_{\mathrm{i}}\, \boldsymbol{v}_{\mathrm{i}}\,. \tag{4.51}$$

Mit den Gl. (4.50) und (4.51) lässt sich nun die Forderung (4.48) in

$$\Pi_{\mathrm{i}} = \frac{1}{2} \sum_{\mathrm{i}} q_{\mathrm{i}}^2\, \lambda_{\mathrm{i}} \geqslant 0$$

überführen. Da die generalisierten Verschiebungen q_{i} beliebig sind, muss für jeden Eigenwert gelten

$$\lambda_{\mathrm{i}} \geqslant 0\,. \tag{4.52}$$

Aus der Forderung nach positiver Semidefinitheit der Steifigkeitsmatrix ist damit eine Forderung an die Eigenwerte geworden. Die Eigenwerte lassen sich mit Gl. (4.50) anschaulich als doppelte Formänderungsenergie interpretieren, die sich ergibt, wenn der zugehörige normierte Eigenvektor als Knotenverschiebungszustand vorgegeben wird.

Angewendet auf Scheibenelemente ergeben sich aus Gl. (4.52) folgende Forderungen, damit die Steifigkeitsmatrix positiv semidefinit ist:

(1) *Genau drei Eigenwerte der Steifigkeitsmatrix eines Scheibenelementes müssen sich zu Null ergeben. Die zugehörigen Eigenvektoren müssen Starrkörperverschiebungszustände repräsentieren.*

(2) *Alle anderen Eigenwerte müssen positiv sein. Es dürfen also keine negativen und keine weiteren Null-Eigenwerte auftreten.*

Unzulässige Null-Eigenwerte oder sogar negative Eigenwerte können sich bei unzulänglicher numerischer Integration (siehe Abschnitte 8.1 und 9.3) oder bei Elementmatrizen auf der Basis modifizierter Variationsprinzipien [4.2, 4.3, 4.5] einstellen.

Das Auftreten von Null-Eigenwerten ist gleichbedeutend mit einem entsprechend hohen Rangabfall der Steifigkeitsmatrix (siehe Abschnitt 5.5). Diese Aussage lässt sich für einen einfacheren Nachweis der positiven Definitheit ausnutzen:

Bei der Dreieckszerlegung einer (symmetrischen) Steifigkeitsmatrix $\boldsymbol{S}$ *bzw.* $\boldsymbol{S}^*$ *dürfen keine negativen Diagonalelemente auftreten. Die Zahl der Diagonalelemente, die – gegebenenfalls nach Zeilen- und Spaltentausch – zu Null werden (Rangabfall), muss gleich der Anzahl der unabhängigen Starrkörperverschiebungszustände sein.*

Wegen des Rangabfalls der Steifigkeitsmatrix lässt sich das Gleichungssystem

$$\boldsymbol{S}^*\, \boldsymbol{u}^* = \bar{\boldsymbol{p}}^* + \boldsymbol{a}^*$$

nicht nach $\boldsymbol{u}^*$ auflösen, selbst wenn die Auflagerkräfte $\boldsymbol{a}^*$ gegeben sind. Erst wenn sämtliche Starrkörperverschiebungszustände behindert werden, ist der Verschiebungszustand eindeutig bestimmbar. Im Fall der ungelagerten Scheibe aus Bild 4.41 beispielsweise, bei der die Belastung sich im Gleichgewicht befindet, müssen zuerst die drei Starrkörperverschiebungen durch Vorgabe dreier Knotenverschiebungen unterdrückt werden (Bild 4.41b), bevor das Gleichungssystem aufgelöst werden kann. Besonders bei Symmetrieausnutzung (Bild 4.41c) muss auf die Unterdrückung von Starrkörperverschiebungen geachtet werden!

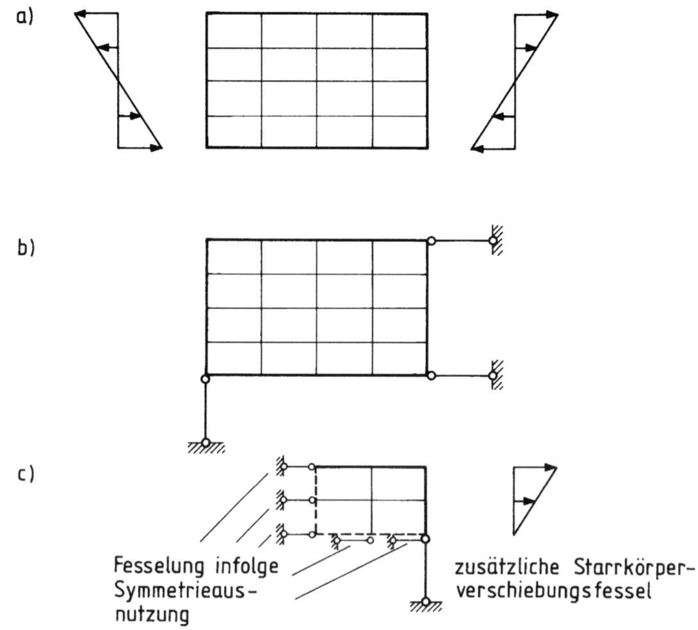

Bild 4.41. **a** Ungelagerte Scheibe, **b** Starrkörperverschiebungsfesseln, **c** Fesselung bei Symmetrieausnutzung

Wie man sich leicht durch Bildung des globalen Gleichgewichts klarmachen kann, dürfen bei der Unterdrückung von Starrkörperverschiebungen keine Auflagerkräfte in Richtung der Starrkörperverschiebungsfesseln auftreten!

4.2.6 Kriterien für die Wahl von Ansatzfunktionen

Die Forderungen, die die Elementmatrizen erfüllen müssen, damit die Darstellbarkeit von Starrkörperverschiebungen und konstanten Verzerrungszuständen garantiert ist, haben wir aus der Forderung hergeleitet, dass sich mit den Ansatzfunktionen derartige Zustände exakt wiedergeben lassen. Die drei Starrkörperverschiebungen und die drei konstanten Verzerrungszustände der Scheibe lassen sich mit einem Polynom 1. Grades für $u(x, y)$ und $v(x, y)$

$$f = \alpha_0 + \alpha_1\, x + \alpha_2\, y$$

beschreiben. Deshalb sind die Darstellbarkeitsforderungen erfüllt, wenn die Ansatzfunktionen in der Lage sind, ein Polynom 1. Grades exakt wiederzugeben.

Neben diesem *Darstellbarkeitskriterium* hatten wir schon ein *Stetigkeitskriterium* für die Ansatzfunktionen aufgestellt: Mit den Ansatzfunktionen müssen sich die geometrischen Randbedingungen und die geometrischen Übergangsbedingungen zwischen den Elementen einhalten lassen. Bei der Angabe von Ansatzfunktionen für andere Elemente werden uns diese beiden Kriterien durchgängig begleiten.

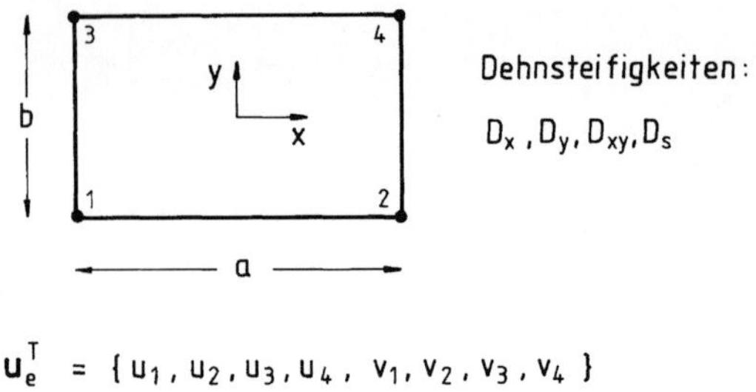

Bild 4.42. Abmessungen, Bezeichnungen und Knotenverschiebungsvektor des 4-Knoten-Rechteckelementes

4.2.7 Überprüfung der Matrizen des 4-Knoten-Rechteckelementes

Wir wollen nun untersuchen, ob die im Abschnitt 4.1 ermittelten Elementmatrizen die aufgestellten Anforderungen erfüllen. Die Abmessungen und Bezeichnungen des zu untersuchenden Elementes können aus Bild 4.42 entnommen werden.

Stetigkeit des Verschiebungsansatzes

Dass mit dem bilinearen Ansatz C^0-Stetigkeit erfüllt werden kann, hatten wir schon im Abschnitt 4.1.1 ausgeführt (siehe Bild 4.4a).

Darstellbarkeit von Starrkörperverschiebungszuständen

Starrkörperverschiebungsvektoren

Die analytischen Beziehungen für Starrkörperverschiebungszustände wurden am Anfang von Abschnitt 4.2.2 angegeben, siehe auch Bild 4.36. Beim Rechteckelement lauten damit die drei Starrkörperverschiebungsvektoren $\boldsymbol{u}_{\mathrm{e,SK}}$ bzw. $\delta\boldsymbol{u}_{\mathrm{e,SK}}$

$$\begin{Bmatrix} 1\\1\\1\\1\\0\\0\\0\\0 \end{Bmatrix} \qquad \begin{Bmatrix} 0\\0\\0\\0\\1\\1\\1\\1 \end{Bmatrix} \qquad \begin{Bmatrix} -b/2\\-b/2\\b/2\\b/2\\a/2\\-a/2\\a/2\\-a/2 \end{Bmatrix}$$

Translation in x-Richtung	Translation in y-Richtung	Rotation um den Koordinatenursprung

Überprüfung der Elementsteifigkeitsmatrix und der Schnittkraftmatrix

Die zu den Starrkörperverschiebungsvektoren zugehörigen generalisierten Elementknotenkräfte ergeben sich erwartungsgemäß zu Null:

$$\boldsymbol{S}_{\mathrm{e}}\, \boldsymbol{u}_{\mathrm{e,SK}} = \boldsymbol{0}\,.$$

Bei dem Nachweis, dass auch keine Schnittkräfte auftreten, beschränken wir uns auf die Betrachtung der Elementmitte. Es gilt

$$\boldsymbol{S}_{\mathrm{Ke}}(0,0)\, \boldsymbol{u}_{\mathrm{e,SK}} = \boldsymbol{0}\,.$$

Überprüfung der Elementlastvektoren

Durch Multiplikation der Starrkörperverschiebungsvektoren mit dem Flächenlastvektor und dem Randlastvektor (Last am Rand $\eta = 1$, siehe Bild 4.12) ergeben sich die richtigen resultierenden Lasten:

	Flächenlast	*Randlast* ($\eta = 1$)
Resultierende Last in x-Richtung	$\frac{ab}{4}\;\; \bar{q}_{\mathrm{Bx1}} + \bar{q}_{\mathrm{Bx2}} + \bar{q}_{\mathrm{Bx3}} + \bar{q}_{\mathrm{Bx4}}\,)$	$\frac{a}{2}\,(\,\bar{q}_{\mathrm{Rx3}} + \bar{q}_{\mathrm{Rx4}}\,)$
Resultierende Last in y-Richtung	$\frac{ab}{4}\,(\;\bar{q}_{\mathrm{By1}} + \bar{q}_{\mathrm{By2}} + \bar{q}_{\mathrm{By3}} + \bar{q}_{\mathrm{By4}}\,)$	$\frac{a}{2}\,(\,\bar{q}_{\mathrm{Ry3}} + \bar{q}_{\mathrm{Ry4}}\,)$
Resultierendes Moment um den Ursprung (Elementmittelpunkt)	$\frac{ab}{24}\,\{\; b\,(-\bar{q}_{\mathrm{Bx1}} - \bar{q}_{\mathrm{Bx2}} + \bar{q}_{\mathrm{Bx3}} + \bar{q}_{\mathrm{Bx4}}\,) + a\,(\;\bar{q}_{\mathrm{By1}} - \bar{q}_{\mathrm{By2}} + \bar{q}_{\mathrm{By3}} - \bar{q}_{\mathrm{By4}}\,)\}$	$\frac{ab}{4}\,(\,\bar{q}_{\mathrm{Rx3}} + \bar{q}_{\mathrm{Rx4}}\,) + \frac{a^2}{12}\,(\,\bar{q}_{\mathrm{Ry3}} - \bar{q}_{\mathrm{Ry4}}\,)$

Darstellbarkeit konstanter Verzerrungszustände

Analytische Lösungen

Die analytische Lösungen für Verschiebungszustände konstanter Verzerrungen lassen sich aus Bild 4.38 entnehmen. Die Knotenverschiebungsvektoren bei konstanten Verzerrungszuständen lauten damit

$$\begin{Bmatrix} 0\\ a\\ 0\\ a\\ 0\\ 0\\ 0\\ 0 \end{Bmatrix} \qquad \begin{Bmatrix} 0\\ 0\\ 0\\ 0\\ 0\\ 0\\ b\\ b \end{Bmatrix} \qquad \begin{Bmatrix} 0\\ 0\\ b\\ b\\ 0\\ 0\\ 0\\ 0 \end{Bmatrix}$$

konstante Dehnung ε_{x} — konstante Dehnung ε_{y} — konstante Gleichung γ_{xy}

Im folgenden beschränken wir uns auf die Untersuchung des Zustandes „$\varepsilon_{\mathrm{x}} = 1$“. Wir benötigen noch die analytischen Lösung für die zugehörigen Schnittkräfte:

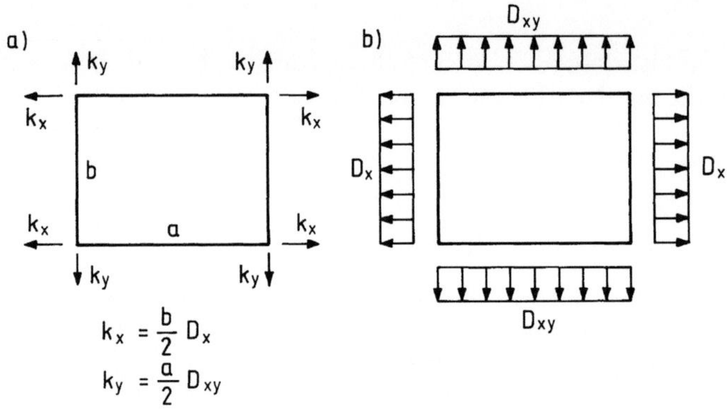

Bild 4.43. Zustand „$\varepsilon_x = 1$“. **a** Generalisierte Elementknotenkräfte, **b** Randschnittkräfte

$$n_x(x,y) = D_x\,, \quad n_y(x,y) = D_{xy}\,, \quad n_{xy}(x,y) = 0\,.$$

Mit der auf die Elementmitte bezogenen Schnittkraftmatrix (siehe Abschnitt 4.1.6) erhält man aus der Gleichung $\boldsymbol{\sigma}_{\mathrm{KV}} = \boldsymbol{S}_{\mathrm{Ke}}(0,0)\,\boldsymbol{u}_{\mathrm{e,KV}}$ dieselben Kräfte wie aus der analytischen Lösung.

Die generalisierten Elementknotenkräfte, die sich durch Multiplikation der Steifigkeitsmatrix mit dem Knotenverschiebungsvektor ergeben, sind in Bild 4.43a dargestellt. Sie sind mit den Knotenlasten identisch, die aus den Randschnittkräften (Bild 4.43b) resultieren. Damit ist nachgewiesen, dass der konstante Verzerrungszustand „$\varepsilon_x = 1$“ exakt erfasst wird.

Positive Definitheit der Steifigkeitsmatrix

Beim 4-Knoten-Rechteckelement lassen sich die Eigenwerte noch analytisch angeben:

$$\begin{aligned}
\lambda_1 &= 0\,,\\
\lambda_2 &= 0\,,\\
\lambda_3 &= 0\,,\\
\lambda_4 &= \frac{1}{3\,a\,b}\,(\,b^2\,D_x + a^2\,D_s\,)\,,\\
\lambda_5 &= \frac{1}{3\,a\,b}\,(\,a^2\,D_y + b^2\,D_s\,)\,,\\
\lambda_6 &= \frac{1}{2\,a\,b}\,(\,b^2\,D_x + a^2\,D_y - \Lambda\,)\,,\\
\lambda_7 &= \frac{a^2+b^2}{a\,b}\,D_s\,,\\
\lambda_8 &= \frac{1}{2\,a\,b}\,(\,b^2\,D_x + a^2\,D_y + \Lambda\,)
\end{aligned}$$

$$\text{mit } \Lambda = \sqrt{(\,b^2\,D_x - a^2\,D_y\,)^2 + 4\,a^2\,b^2\,D_{xy}^2}\,.$$

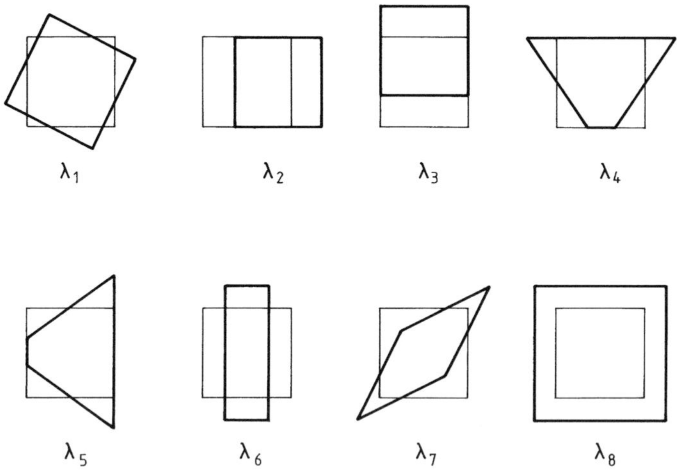

Bild 4.44. Eigenformen eines isotropen 4-Knoten-Quadratelementes

Im Fall eines isotropen Quadratelementes lauten die von Null verschiedenen Eigenwerte:

$$\begin{aligned}
&\lambda_4 = \lambda_5 = \frac{1}{6}\,\mathrm{D}\,(3-\nu)\,,\\
&\lambda_6 = \lambda_7 = \mathrm{D}\,(1-\nu)\,,\\
&\lambda_8 = \mathrm{D}\,(1+\nu)\\
&\text{mit } D = \frac{E\,t}{1-\nu^2}\,.
\end{aligned}$$

Auf die Angabe der Ausdrücke für die Eigenvektoren verzichten wir. Die zugehörigen Eigenformen sind in Bild 4.44 dargestellt. Die Gleichheit des vierten und fünften Eigenwert ist unmittelbar einleuchtend. Die sechste und siebte Eigenform lassen sich durch Vertauschung der u- und v-Komponenten ineinander überführen ($u_\mathrm{k}^{(7)} = v_\mathrm{k}^{(6)}$, $v_\mathrm{k}^{(7)} = -u_\mathrm{k}^{(6)}$). Daher müssen der sechste und siebte Eigenwert gleich groß sein.

4.3 Ein Verfahren der finiten Elemente für Fachwerke

Mit der Entwicklung eines Finite-Elemente-Verfahrens für Fachwerke verfolgen wir ein doppeltes Ziel. Zum einen wollen wir deutlich machen, dass die Logik des Vorgehens die gleiche wie bei der Scheibe ist; wir können uns daher vollständig an der Zusammenfassung im Abschnitt 4.1.8 orientieren (siehe Bild 4.20). Zum anderen sollen am Beispiel des Fachwerks einige Besonderheiten eindimensionaler Elemente erörtert werden. Die wichtigste ist, dass eine exakte Behandlung jedes einzelnen Elementes und damit des gesamten Tragwerks möglich ist. Wir verdeutlichen die Vorgehensweise am ebenen Fachwerk aus Bild 4.45.

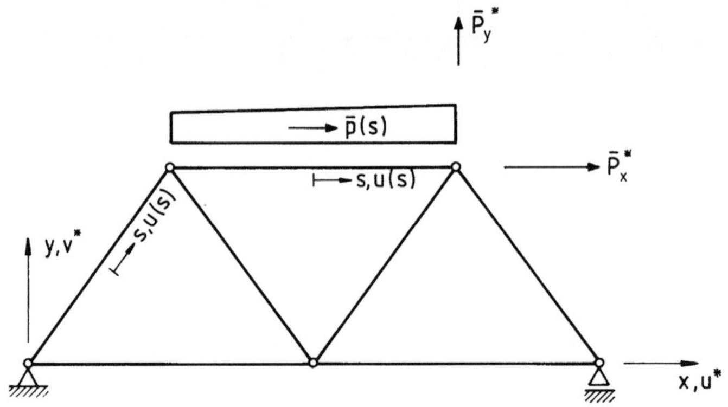

Bild 4.45. Ebener Fachwerkträger

Ein Fachwerk besteht aus Dehnstäben, die an ihren Enden durch reibungsfreie Gelenke miteinander verbunden sind. Die Belastung wird nur in Form von Einzelkräften $\bar{P}_{\mathrm{x}}, \bar{P}_{\mathrm{y}}$ in den Gelenken oder in Form von Streckenlasten $\bar{p}(s)$ in Richtung der Stabachsen vorgegeben, so dass in den Stäben voraussetzungsgemäß nur Normalkräfte auftreten. Eine Lagerung erfolgt nur an den Gelenken, wobei wir uns auf Lagerungen in x- und y-Richtung beschränken.

4.3.1 Elementierung

Im Gegensatz zur Scheibe liegt beim Fachwerk die Elementierung fest. Jeder Stab ist gerade ein *Element*; die Gelenke sind die *Knoten*. Die Streckenlasten entsprechen den *Bereichslasten*, die an den Knoten angreifenden Einzelkräfte den *Randlasten*.

In Bild 4.46 sind für das Fachwerk aus Bild 4.45 die Element- und Knotennummern eingeführt worden (Elementierung). Die Pfeile durch die Elementsymbole geben die Richtung der lokalen s-Koordinaten an. Zusätzlich wurde das Fachwerk an den Lagern freigeschnitten, so dass auch die Auflagerkräfte erkennbar sind.

4.3.2 Das Prinzip der virtuellen Verrückungen

In Kapitel 3 hatten wir schon das Prinzip der virtuellen Verrückungen für einen einzelnen Dehnstab kennengelernt. Davon ausgehend können wir leicht das Prinzip für das Fachwerk angeben, wobei wir die Verschiebungen der Stäbe (Elemente) im lokalen s-Koordinatensystem und die Gelenk- oder Knotenverschiebungen im globalen x, y-Koordinatensystem beschreiben. Für das gelagerte (nicht freigeschnittene) Fachwerk lautet das Prinzip:

$$\sum_{\mathrm{e}=1}^{n_{\mathrm{e}}} \Big\{ \int\limits_{\mathrm{l_e}} [\mathrm{D}_{\varepsilon \mathrm{u}}\, \delta u(s)]\, C\, [\mathrm{D}_{\varepsilon \mathrm{u}}\, u(s)] - \delta u(s)\, \bar{p}(s)\, \mathrm{d}s \Big\} - \sum_{\mathrm{k}=1}^{n_{\mathrm{k}}} \big\{ \delta u_{\mathrm{k}}^{*}\, \bar{P}_{\mathrm{xk}}^{*} + \delta v_{\mathrm{k}}^{*}\, \bar{P}_{\mathrm{yk}}^{*} \big\} = 0 \qquad (4.53)$$

mit n_e = Anzahl der Elemente,

n_k = Anzahl der Knoten,

$$\mathrm{D}_{\varepsilon\mathrm{u}} = \frac{\mathrm{d}}{\mathrm{d}s},$$

$$C = EA.$$

Die wirklichen und virtuellen Verschiebungen müssen die geometrischen Übergangsbedingungen an den Knoten und die geometrischen Randbedingungen an den Auflagern erfüllen.

Beim Prinzip für das freigeschnittene Fachwerk kommt noch der Term

$$-\sum_{\mathrm{k}=1}^{n_\mathrm{k}} \{\delta u_\mathrm{k}^*\, A_\mathrm{xk}^* + \delta v_\mathrm{k}^*\, A_\mathrm{yk}^*\}$$

hinzu, der die virtuelle Arbeit der Auflagerkräfte an den (dann möglichen) virtuellen Auflagerverschiebungen erfasst.

4.3.3 1. Schritt: Festlegung des Elementtyps

Für die Stabverschiebung $u(s)$ wählen wir einen linearen Ansatz, der sich auf die Verschiebungen der Stabenden (Knoten) abstützt:

$$u(s) = \{g_1(\xi), g_2(\xi)\} \begin{Bmatrix} u_1 \\ u_2 \end{Bmatrix}_\mathrm{e} = \boldsymbol{V}_\mathrm{u}(\xi)\, \boldsymbol{u}_\mathrm{e} \tag{4.54}$$

mit $\xi = \dfrac{2s}{l_\mathrm{e}}$, $(-1 \leqslant \xi \leqslant +1)$.

Die Ansatzfunktionen g_1 und g_2 können aus Bild 4.47 entnommen werden. Durch den einfachen Ansatz (4.54), mit dem die geforderte C^0-Stetigkeit des Verschiebungszustandes gewährleistet werden kann, ist der Elementtyp festgelegt.

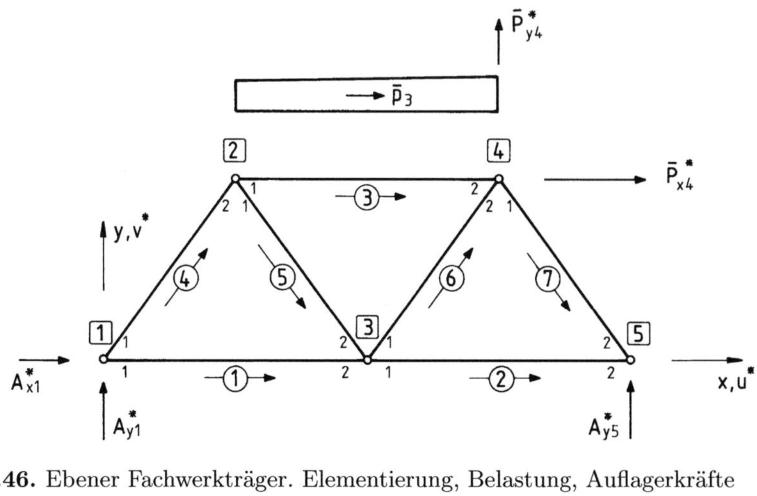

Bild 4.46. Ebener Fachwerkträger. Elementierung, Belastung, Auflagerkräfte

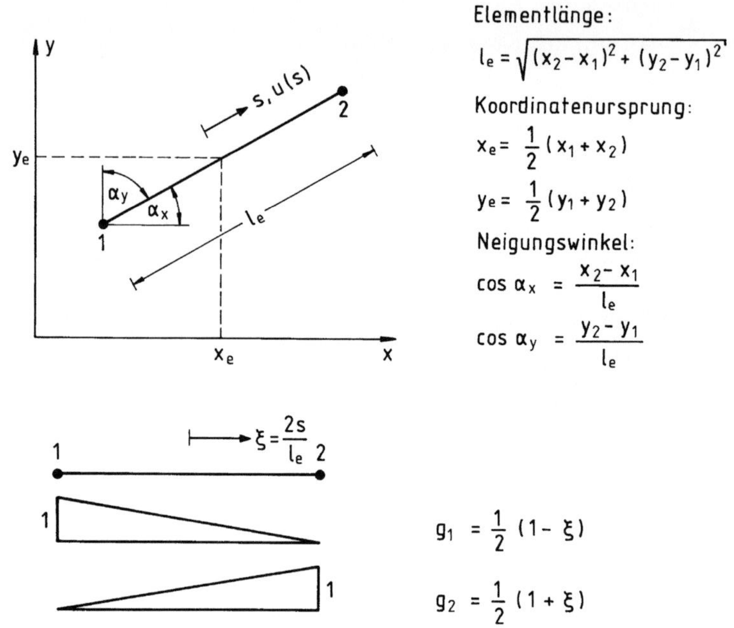

Bild 4.47. Geometrie und Ansatzfunktionen des 2-Knoten-Stabelementes

Das Prinzip der virtuellen Verrückungen für das freigeschnittene Tragwerk lautet nach Einführung des Verschiebungsansatzes (4.54):

$$\sum_{e=1}^{n_e} \left\{ \delta \boldsymbol{u}_e^T \int_{l_e} [D_{\varepsilon u} \boldsymbol{V}_u(\xi)]^T C \, [D_{\varepsilon u} \boldsymbol{V}_u(\xi)] \, ds \, \boldsymbol{u}_e - \delta \boldsymbol{u}_e^T \int_{l_e} \boldsymbol{V}_u^T(\xi) \, \bar{p}(s) \, ds \right\}$$
$$- \delta \boldsymbol{u}^{*T} \bar{\boldsymbol{p}}_R^* - \delta \boldsymbol{u}^{*T} \boldsymbol{a}^* = 0 \,. \tag{4.55}$$

Da die Randlasten und die Auflagerkräfte – anders als bei der Scheibe – diskrete, an den Knoten angreifende Größen sind, brauchen wir zum Aufbau der Systemvektoren $\bar{\boldsymbol{p}}_R^*$ und $\boldsymbol{a}^*$ die Knotenlasten und Auflagerkräfte nur richtig in die jeweiligen Systemvektoren einzuordnen. Bei unserem Beispiel sind sie folgendermaßen besetzt:

$$\bar{\boldsymbol{p}}_R^{*T} = \{\, 0 \,,\, 0 \,,\, 0 \,,\, 0 \,,\, 0 \,,\, 0 \,,\, \bar{P}_{x4}^*, \bar{P}_{y4}^*,\, 0 \,,\, 0 \,\} \,,$$
$$\boldsymbol{a}^{*T} = \{A_{x1}^*, A_{y1}^*,\, 0 \,,\, 0 \,,\, 0 \,,\, 0 \,,\, 0 \,,\, 0 \,,\, 0 \,, A_{y5}^*\} \,.$$

4.3.4 2. Schritt: Differentiation des Verschiebungsansatzes

Mit dem Zusammenhang zwischen ξ und s aus Bild 4.47

$$\xi = \frac{2s}{l_e} \tag{4.56}$$

lässt sich die Differentiation des Verschiebungsansatzes leicht durchführen:

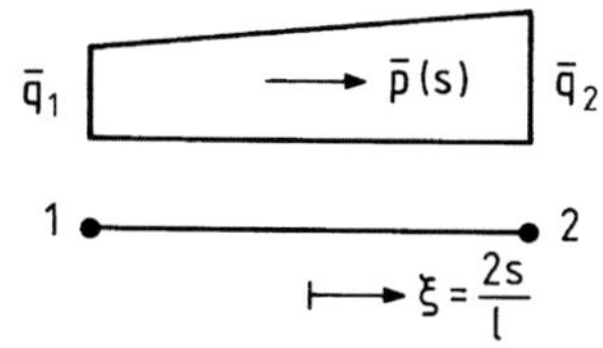

Bild 4.48. Linear verlaufende Längsbelastung $\bar{p}(s)$

$$\boldsymbol{V}_{\varepsilon\mathrm{u}}(\xi) = \mathrm{D}_{\varepsilon\mathrm{u}}\,\boldsymbol{V}_{\mathrm{u}}(\xi) = \frac{2}{l_\mathrm{e}}\,\frac{\mathrm{d}}{\mathrm{d}\xi}\,\boldsymbol{V}_{\mathrm{u}}(\xi) = \frac{1}{l_\mathrm{e}}\,\{-1,+1\}\,. \tag{4.57}$$

Aus dem Differential ds wird

$$\mathrm{d}s = \frac{l_\mathrm{e}}{2}\,\mathrm{d}\xi\,. \tag{4.58}$$

4.3.5 3. Schritt: Auswertung der Elementintegrale

Für die Auswertung der Elementintegrale aus Gl. (4.55) können wir auf die Tabelle 4.1 zurückgreifen.
Die *Elementsteifigkeitsmatrix*

$$\boldsymbol{S}_\mathrm{e} = \int\limits_{\mathrm{l_e}} \boldsymbol{V}_{\varepsilon\mathrm{u}}^{\mathrm{T}}\,\boldsymbol{C}\,\boldsymbol{V}_{\varepsilon\mathrm{u}}\,\mathrm{d}s$$

hat dann folgende Besetzung:

$$\boldsymbol{S}_\mathrm{e} = \frac{E\,A}{l_\mathrm{e}}\begin{bmatrix} 1 & -1 \\ -1 & 1 \end{bmatrix}. \tag{4.59}$$

Unter Annahme einer linear veränderlichen Elementbelastung (Bild 4.48),

$$\bar{p}(s) = \{g_1(\xi), g_2(\xi)\}\begin{Bmatrix} \bar{q}_1 \\ \bar{q}_2 \end{Bmatrix}, \tag{4.60}$$

ergibt sich folgender *Elementlastvektor*:

$$\bar{\boldsymbol{p}}_{\mathrm{Be}} = \int\limits_{\mathrm{l_e}} \boldsymbol{V}_{\mathrm{u}}^{\mathrm{T}}\,\bar{p}\,\mathrm{d}s = \frac{l_\mathrm{e}}{6}\begin{Bmatrix} 2\,\bar{q}_1 + \bar{q}_2 \\ \bar{q}_1 + 2\,\bar{q}_2 \end{Bmatrix}. \tag{4.61}$$

Der Aufbau eines Elementrandlastvektors $\bar{\boldsymbol{p}}_{\mathrm{Re}}$ entfällt, da die Elementrandlasten als Knotenlasten bereits direkt in den Systemlastvektor $\bar{\boldsymbol{p}}_{\mathrm{R}}^{*}$ eingebaut wurden (siehe Abschnitt 4.3.3).

4.3.6 4. Schritt: Aufbau der Systemmatrizen

Die Vorschrift zur Berechnung der Systemmatrizen hatten wir letztendlich aus dem Zusammenhang zwischen den lokalen Elementknotenverschiebungen und den globalen Systemknotenverschiebungen gewonnen. Dieser Zusammenhang wird beim Stabelement in zwei Schritten hergestellt (siehe Bild 4.49).

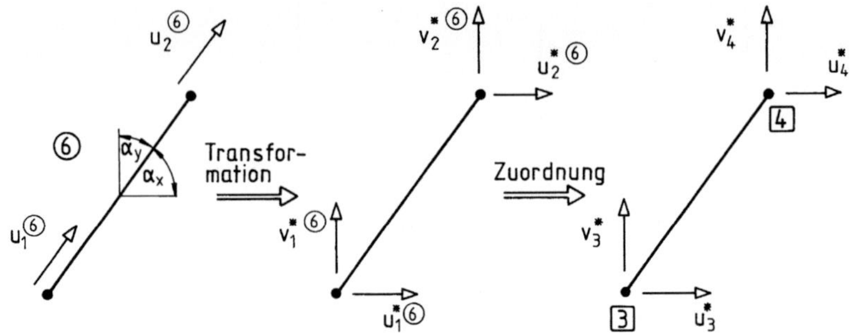

Bild 4.49. Transformation der lokalen Elementfreiheitsgrade in das globale Koordinatensystem und Zuordnung zu den Systemfreiheitsgraden

Da die Elementknotenverschiebungen im lokalen Koordinatensystem formuliert werden, dessen Richtungen (anders als bei der Scheibe) nicht mit denen des globalen Koordinatensystems zusammenfallen, müssen sie zunächst in das globale Koordinatensystem transformiert werden:

$$\begin{Bmatrix} u_1 \\ u_2 \end{Bmatrix}_{\mathrm{e}} = \begin{bmatrix} \cos\alpha_{\mathrm{x}} & \cos\alpha_{\mathrm{y}} & 0 & 0 \\ 0 & 0 & \cos\alpha_{\mathrm{x}} & \cos\alpha_{\mathrm{y}} \end{bmatrix} \begin{Bmatrix} u_1^* \\ v_1^* \\ u_2^* \\ v_2^* \end{Bmatrix}_{\mathrm{e}} ,$$

$$\boldsymbol{u}_{\mathrm{e}} = \boldsymbol{T}_{\mathrm{e}}\, \boldsymbol{u}_{\mathrm{e}}^* . \tag{4.62a}$$

Anschließend werden die transformierten Elementknotenverschiebungen den Systemknotenverschiebungen zugeordnet:

$$\boldsymbol{u}_{\mathrm{e}}^* = \boldsymbol{A}_{\mathrm{e}}\, \boldsymbol{u}^* . \tag{4.62b}$$

Für das Element ⑥ lautet die Zuordnung beispielsweise

$$\begin{Bmatrix} u_1^* \\ v_1^* \\ u_2^* \\ v_2^* \end{Bmatrix}_{⑥} = \begin{bmatrix} 0 & 0 & 0 & 0 & 1 & 0 & 0 & 0 & 0 & 0 \\ 0 & 0 & 0 & 0 & 0 & 1 & 0 & 0 & 0 & 0 \\ 0 & 0 & 0 & 0 & 0 & 0 & 1 & 0 & 0 & 0 \\ 0 & 0 & 0 & 0 & 0 & 0 & 0 & 1 & 0 & 0 \end{bmatrix}_{⑥} \begin{Bmatrix} u_1 \\ v_1 \\ u_2 \\ v_2 \\ u_3 \\ v_3 \\ u_4 \\ v_4 \\ u_5 \\ v_5 \end{Bmatrix}^* .$$

Die beiden Schritte (4.62a) und (4.62b) können noch zusammengefasst werden:

$$\boldsymbol{u}_{\mathrm{e}} = \boldsymbol{T}_{\mathrm{e}}\, \boldsymbol{A}_{\mathrm{e}}\, \boldsymbol{u}^* \,. \tag{4.63a}$$

Für die virtuellen Verschiebungen gilt analog

$$\delta\boldsymbol{u}_{\mathrm{e}} = \boldsymbol{T}_{\mathrm{e}}\, \boldsymbol{A}_{\mathrm{e}}\, \delta\boldsymbol{u}^* \,. \tag{4.63b}$$

Mit den Beziehungen (4.63a) und (4.63b) lässt sich aus Gl. (4.55) das Gleichungssystem für die unbekannten Knotenverschiebungen und Auflagerkräfte ableiten:

$$\boldsymbol{S}^*\, \boldsymbol{u}^* = \bar{\boldsymbol{p}}^*_{\mathrm{B}} + \bar{\boldsymbol{p}}^*_{\mathrm{R}} + \boldsymbol{a}^* \,. \tag{4.64}$$

Dabei ergeben sich die Vorschriften zur Bildung der Systemmatrizen:

$$\boldsymbol{S}^* = \sum_{\mathrm{e}=1}^{n_{\mathrm{e}}} \boldsymbol{A}_{\mathrm{e}}^{\mathrm{T}}\, \boldsymbol{T}_{\mathrm{e}}^{\mathrm{T}}\, \boldsymbol{S}_{\mathrm{e}}\, \boldsymbol{T}_{\mathrm{e}}\, \boldsymbol{A}_{\mathrm{e}} \,, \tag{4.65}$$

$$\bar{\boldsymbol{p}}^*_{\mathrm{B}} = \sum_{\mathrm{e}=1}^{n_{\mathrm{e}}} \boldsymbol{A}_{\mathrm{e}}^{\mathrm{T}}\, \boldsymbol{T}_{\mathrm{e}}^{\mathrm{T}}\, \bar{\boldsymbol{p}}_{\mathrm{Be}} \,. \tag{4.66}$$

4.3.7 5. Schritt: Lösen des Gleichungssystems

Wie wir im letzten Unterabschnitt gesehen haben, ist das Ergebnis der Diskretisierung das formal gleiche lineare Gleichungssystem wie beim Finite-Elemente-Verfahren für Scheibentragwerke, so dass wir den Lösungsalgorithmus aus Abschnitt 4.1.5 vollständig übernehmen können.

Anders als bei der Scheibe muss bei einem Fachwerk stets kontrolliert werden, ob es nach Berücksichtigung der geometrischen Randbedingungen noch (innerlich) kinematisch ist. Diese Kontrolle erfolgt automatisch beim Auflösen des Gleichungssystems, da ein kinematisches Tragwerk auf eine verschwindende Determinante der Steifigkeitsmatrix führt (siehe Abschnitt 5.5).

4.3.8 6. Schritt: Berechnung der Schnittkräfte

Der Schnittkraftverlauf im Element ergibt sich aus dem diskretisierten Stoffgesetz

$$\sigma(s) = C\, \boldsymbol{V}_{\varepsilon\mathrm{u}}(\xi)\, \boldsymbol{u}_{\mathrm{e}} \,. \tag{4.67}$$

Die dafür benötigten Stabendverschiebungen im lokalen Koordinatensystem lassen sich mit Gl. (4.63a) aus den nun bekannten Systemknotenverschiebungen ermitteln. Durch Einsetzen von Gl. (4.57) in Gl. (4.67) erhält man den im Stab konstanten Normalkraftverlauf

$$N = \frac{E\,A}{l_{\mathrm{e}}}\,(u_2 - u_1) \,. \tag{4.68}$$

Diese auf dem Stoffgesetz basierende Vorgehensweise entspricht der Schnittkraftberechnung bei der Scheibe.

Eine andere Möglichkeit der Schnittkraftermittlung besteht in der Anwendung des Prinzips der virtuellen Verrückungen. Dazu wird der einzelne Stab freigeschnitten und die Schnittkräfte an den Stabenden werden als äußere Belastung angetragen (Bild 4.50). Das Prinzip für den Einzelstab lautet in diskretisierter Form:

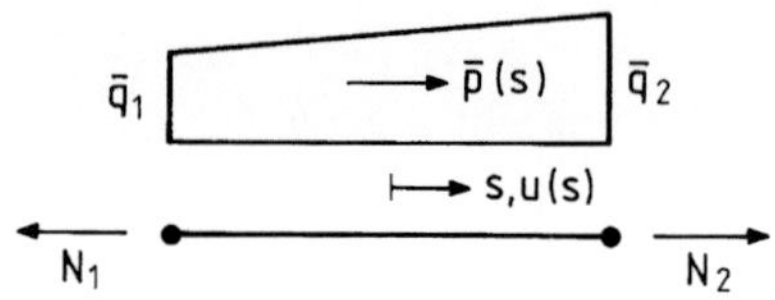

Bild 4.50. Freigeschnittener Einzelstab

$$\delta \boldsymbol{u}_{\mathrm{e}}^{\mathrm{T}}\, \boldsymbol{S}_{\mathrm{e}}\, \boldsymbol{u}_{\mathrm{e}} - \delta \boldsymbol{u}_{\mathrm{e}}^{\mathrm{T}}\, \bar{\boldsymbol{p}}_{\mathrm{Be}} - \{\delta u_1, \delta u_2\}_{\mathrm{e}} \begin{Bmatrix} -N_1 \\ N_2 \end{Bmatrix} = 0\,.$$

Setzt man in diese Gleichung die Ausdrücke für die Elementmatrizen (4.59) und (4.61) ein und berücksichtigt, dass die virtuellen Verschiebungen willkürlich sind, dann ergeben sich die Stabendschnittkräfte

$$N_1 = \frac{E\,A}{l_{\mathrm{e}}}\,(u_2 - u_1) + \frac{l_{\mathrm{e}}}{6}\,(2\,\bar{q}_1 + \bar{q}_2)\,, \tag{4.69a}$$

$$N_2 = \frac{E\,A}{l_{\mathrm{e}}}\,(u_2 - u_1) - \frac{l_{\mathrm{e}}}{6}\,(\bar{q}_1 + 2\,\bar{q}_2)\,, \tag{4.69b}$$

die sich von den über das Stoffgesetz errechneten Größen durch einen Anteil aus der Stablängsbelastung $\bar{p}(s)$ unterscheiden.

Worauf dieser Unterschied beruht und welcher der beiden Ausdrücke ‚richtig' ist, soll im nächsten Unterabschnitt geklärt werden.

4.3.9 Ermittlung des exakten Verschiebungsansatzes

Eine wichtige Besonderheit eindimensionaler Strukturen besteht darin, dass sich als Lösung der Verschiebungsdifferentialgleichung ein geschlossener Integralausdruck angeben lässt, so dass nur Fehler bei einer numerischen Integration auftreten können. Wir sprechen dabei von einer ‚exakten' Lösung. Als Folge davon gelingt es immer, eine für statische Probleme ‚exakte' Steifigkeitsmatrix und einen ‚exakten' Belastungsvektor anzugeben.

Beim Stab lauten die zu lösenden Gleichungen für den Fall konstanter Dehnsteifigkeit

$$E\,A\,\frac{\mathrm{d}^2 u(s)}{\mathrm{d}s^2} + \bar{p}(s) = 0\,, \tag{4.70}$$

$$u(s = -\frac{l}{2}) = u_1\,, \tag{4.71a}$$

$$u(s = +\frac{l}{2}) = u_2\,. \tag{4.71b}$$

Durch Integration der Differentialgleichung (4.70) und Anpassung an die Randbedingungen (4.71a) und (4.71b) ergibt sich unter Berücksichtigung einer linear veränderlichen Elementbelastung (4.60):

$$u(s) = \frac{1}{2}\,(1-\xi)\,u_1 + \frac{1}{2}\,(1+\xi)\,u_2 + \frac{l^2}{48\,E\,A}\,(1-\xi^2)\,\{3\,(\bar{q}_1 + \bar{q}_2) + (\bar{q}_2 - \bar{q}_1)\,\xi\} \tag{4.72}$$

mit $\xi = \dfrac{2s}{l}$.

Die Lösung besteht aus einem homogenen, von den Stabendverschiebungen u_1 und u_2 abhängigen und einem partikulären, von den Lastamplituden q_1 und q_2 abhängigen Anteil:

$$u(\xi) = u^{\mathrm{h}}(\xi) + u^{\mathrm{p}}(\xi)\,. \tag{4.73}$$

Die zugehörige virtuelle Verschiebung besteht nur aus einem homogenen Anteil, da keine virtuellen Belastungen existieren:

$$\delta u(\xi) = \delta u^{\mathrm{h}}(\xi) = \frac{1}{2}\,(1-\xi)\,\delta u_1 + \frac{1}{2}\,(1+\xi)\,\delta u_2\,. \tag{4.74}$$

Setzt man die exakten wirklichen und virtuellen Verschiebungszustände, Gl. (4.72) und (4.74), in das Prinzip der virtuellen Verrückungen (4.53) ein, so erhält man die für statische Probleme exakte Steifigkeitsmatrix und den exakten Belastungsvektor. Der Ansatz für den Verschiebungszustand, den wir in Abschnitt 4.3.3 gewählt haben, unterscheidet sich von dem exakten Verschiebungszustand nur durch den partikulären Anteil des wirklichen Verschiebungsverlaufs. Der exakte Verschiebungszustand liefert nach einsetzen in das Prinzip also noch den Zusatzterm

$$\sum_{\mathrm{e}=1}^{n_{\mathrm{e}}} \int\limits_{\mathrm{l_e}} [\mathrm{D}_{\varepsilon\mathrm{u}}\,\delta u^{\mathrm{h}}(s)]\;C\;[\mathrm{D}_{\varepsilon\mathrm{u}}\,u^{\mathrm{p}}(s)]\;\mathrm{d}s = \sum_{\mathrm{e}=1}^{n_{\mathrm{e}}} \delta\boldsymbol{u}_{\mathrm{e}}^{\mathrm{T}} \int\limits_{\mathrm{l_e}} [\mathrm{D}_{\varepsilon\mathrm{u}}\,\boldsymbol{V}_{\mathrm{u}}]^{\mathrm{T}}\;C\;[\mathrm{D}_{\varepsilon\mathrm{u}}\,u^{\mathrm{p}}(s)]\;\mathrm{d}s\,.$$

Ausgehend von der links vom Gleichheitszeichen stehenden Form, bei der noch keine Ansatzfunktionen eingesetzt wurden, erhält man durch partielle Integration

$$\begin{aligned}
&\sum_{\mathrm{e}=1}^{n_{\mathrm{e}}} \int\limits_{\mathrm{l_e}} [\mathrm{D}_{\varepsilon\mathrm{u}}\,\delta u^{\mathrm{h}}(s)]\;C\;[\mathrm{D}_{\varepsilon\mathrm{u}}\,u^{\mathrm{p}}(s)]\;\mathrm{d}s \\
&= \sum_{\mathrm{e}=1}^{n_{\mathrm{e}}} \Big\{ \delta\boldsymbol{\sigma}_{\mathrm{r}}^{\mathrm{h}^{\mathrm{T}}}\,\boldsymbol{u}_{\mathrm{r}}^{\mathrm{p}} - \int\limits_{\mathrm{l_e}} u^{\mathrm{p}}(s)\;[\mathrm{D_g}\,\delta\sigma^{\mathrm{h}}(s)]\;\mathrm{d}s \Big\}
\end{aligned}$$

mit den Abkürzungen

$$\begin{aligned}
\delta\boldsymbol{\sigma}_{\mathrm{r}}^{\mathrm{h}^{\mathrm{T}}} &= \Big\{ -\delta N^{\mathrm{h}}\big(-\tfrac{l}{2}\big),\quad \delta N^{\mathrm{h}}\big(\tfrac{l}{2}\big) \Big\}\,, \\
\boldsymbol{u}_{\mathrm{r}}^{\mathrm{p}^{\mathrm{T}}} &= \Big\{ -u^{\mathrm{p}}\big(-\tfrac{l}{2}\big)\,,\quad u^{\mathrm{p}}\big(\tfrac{l}{2}\big) \Big\}\,, \\
\delta\sigma^{\mathrm{h}}(s) &= \delta N^{\mathrm{h}}(s) = C\;[\mathrm{D}_{\varepsilon\mathrm{u}}\,\delta u^{\mathrm{h}}(s)]\,.
\end{aligned}$$

Der Zusatzterm verschwindet, da beim partikulären Anteil $u^{\mathrm{p}}(s)$ die Randwerte zu Null werden,

$$\boldsymbol{u}_{\mathrm{r}}^{\mathrm{p}} = \boldsymbol{0}\,,$$

und da die zum homogenen Verschiebungszustand gehörenden Schnittkräfte die homogene Gleichgewichtsbedingung exakt erfüllen,

$$\mathrm{D_g}\,\delta\sigma^{\mathrm{h}}(s) = 0\,.$$

Aus dem Verschwinden des Zusatzterms ergibt sich die folgende Aussage:

Wird als Ansatz der exakte homogene Verschiebungszustand verwendet, dann sind die mit dem Prinzip der virtuellen Verrückungen berechneten Elementsteifigkeitsmatrizen und Elementlastvektoren exakt. Man erhält dann auch die exakten Systemknotenverschiebungen.

Die vollständigen Zustandsgrößen im Innern des Stabes können mit dem exakten Verschiebungszustand (4.72) berechnet werden. Für den Normalkraftverlauf beispielsweise ergibt sich

$$\begin{aligned} N(s) &= E\,A\,\frac{\mathrm{d}u(s)}{\mathrm{d}s} \\ &= E\,A\,\frac{u_2-u_1}{l} - \frac{l}{24}\,\{6\,(\bar{q}_1+\bar{q}_2)\,\xi - (\bar{q}_2-\bar{q}_1)\,(1-3\,\xi^2)\} \end{aligned} \tag{4.75}$$

mit $\xi = \dfrac{2s}{l}$.

Die daraus resultierenden exakten Stabendschnittkräfte sind mit den sich aus dem Prinzip ergebenden Größen (4.69) identisch!

Alle hier gewonnenen Aussagen gelten nicht nur für den als Beispiel betrachteten Stab mit konstanter Dehnsteifigkeit, sondern ebenso für alle anderen eindimensionalen Strukturen. Allerdings kann es bei veränderlichen Steifigkeiten erforderlich werden, die Differentialgleichungen numerisch zu integrieren (siehe Kapitel 12). Bei mehrdimensionalen Strukturen wie beispielsweise der Scheibe ist die Ermittlung eines exakten Verschiebungsansatzes im allgemeinen nicht möglich, so dass die partikulären Zustandsgrößen vernachlässigt werden müssen. Dieser Fehler wird aber um so kleiner, je feiner das Elementnetz wird.

4.3.10 Beispielrechnung

Wir haben mit dem abgeleiteten Verfahren den Verschiebungs- und Schnittkraftzustand (Bild 4.51b und c) des Fachwerks aus Bild 4.51a berechnet. Da die Zustandsgrößen – anders als bei der Scheibe – exakt sind, erübrigt sich eine Diskussion der Ergebnisse. Statt dessen wollen wir uns mit der Frage beschäftigen, welche Vorteile das Finite-Elemente-Verfahren gegenüber einer klassischen Methode wie dem Kraftgrößenverfahren besitzt.

Bei dem vorliegenden Beispiel wird beim Finite-Elemente-Verfahren ein Gleichungssystem mit insgesamt 16 Unbekannten aufgestellt und durch Invertierung einer $[\,12 \times 12\,]$-Matrix gelöst. Das Kraftgrößenverfahren führt auf ein Gleichungssystem mit nur 3 Unbekannten. Trotzdem ist das Finite-Elemente-Verfahren dem Kraftgrößenverfahren überlegen, da das Aufstellen des Gleichungssystems, wie wir gesehen haben, sich sehr leicht schematisieren lässt. Ein weiterer Vorteil liegt in der Bestimmung der abhängigen Zustandsgrößen: Während es beim Finite-Elemente-Verfahren keine Schwierigkeiten macht, aus den berechneten Verschiebungen die Schnittkraftzustände zu ermitteln, ist beim Kraftgrößenverfahren der Aufwand, aus den errechneten Größen die Verschiebungen zu bestimmen, mindestens ebenso aufwendig wie das Aufstellen des Gleichungssystems.

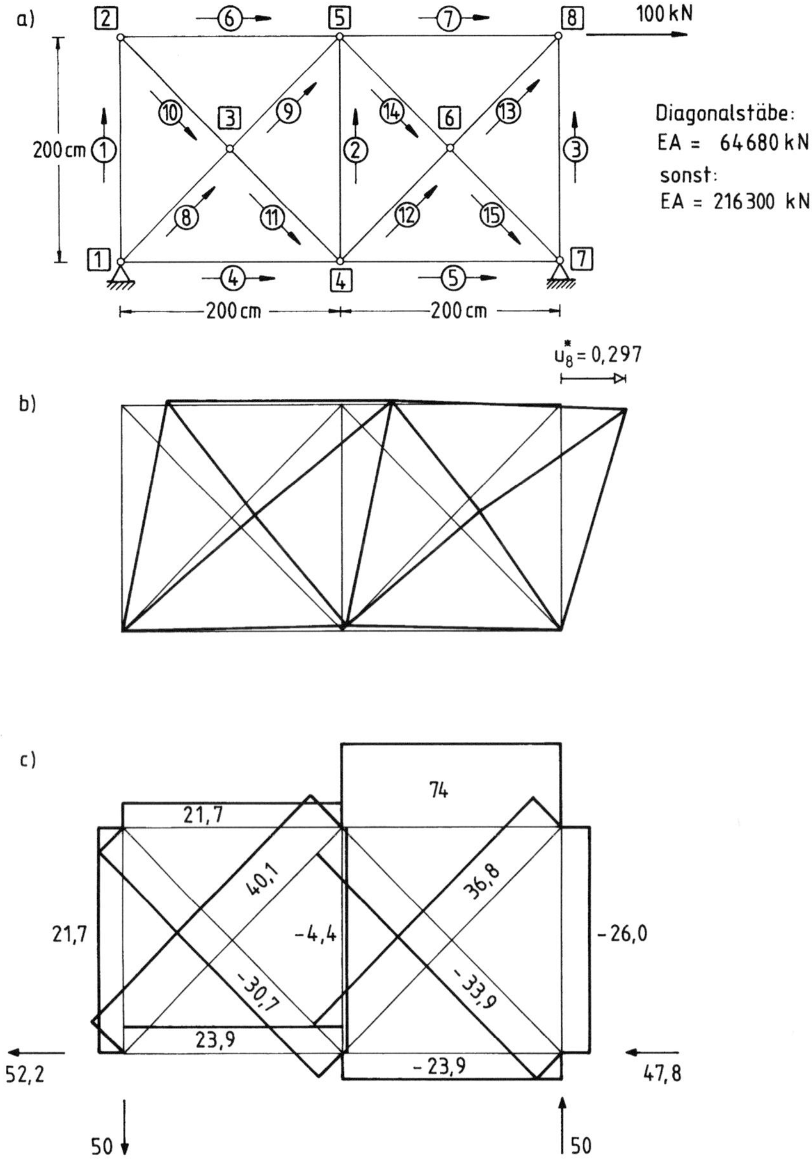

Bild 4.51. Fachwerk. **a** Geometrie, Belastung, Lagerung, Elementierung; **b** Verschiebungszustand; **c** Schnittkraftzustand und Auflagerkräfte

4.3.11 Erweiterung auf räumliche Fachwerke

Beim Prinzip der virtuellen Verrückungen für räumliche Fachwerke ergibt sich gegenüber Gl. (4.53) eine geringfügige Erweiterung, da an den Knoten auch noch Einzelkräfte in z-Richtung auftreten können:

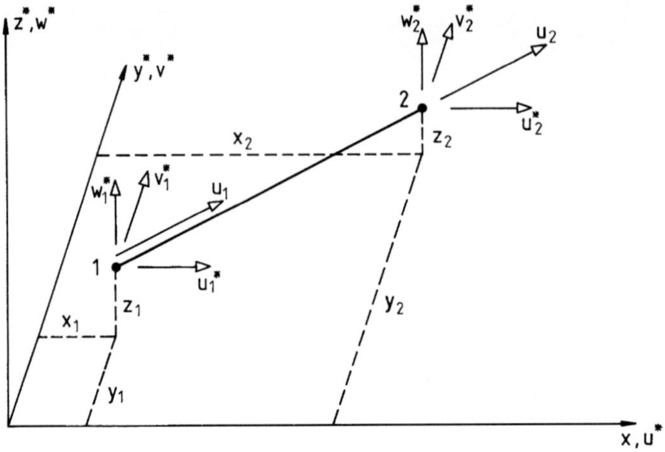

Bild 4.52. Projektion der Stabendverschiebungen u_1 und u_2 in das globale Koordinatensystem

$$\sum_{e=1}^{n_e} \Big\{ \int_{l_e} [D_{\varepsilon u}\, \delta u(s)]\; C\; [D_{\varepsilon u}\, u(s)] - \delta u(s)\, \bar{p}(s)\, ds \Big\}$$

$$- \sum_{k=1}^{n_k} \{ \delta u_k^*\, \bar{P}_x + \delta v_k^*\, \bar{P}_y + \delta w_k^*\, \bar{P}_z \} = 0\,. \tag{4.76}$$

Die Systemknoten des räumlichen Fachwerks besitzen drei statt zwei Verschiebungsfreiheitsgrade. Daraus ergeben sich entsprechend veränderte Abmessungen der Systemmatrizen. Die Elementmatrizen gelten unverändert, da die Zustandsgrößen weiterhin im eindimensionalen s-Koordinatensystem beschrieben werden können. Die für den Aufbau der Systemmatrizen benötigten Transformationsmatrizen gewinnen wir aus der Projektion der Stabendverschiebungen in das globale Koordinatensystem (Bild 4.52):

$$\begin{Bmatrix} u_1 \\ u_2 \end{Bmatrix}_e = \begin{bmatrix} \cos\alpha_x & \cos\alpha_y & \cos\alpha_z & 0 & 0 & 0 \\ 0 & 0 & 0 & \cos\alpha_x & \cos\alpha_y & \cos\alpha_z \end{bmatrix} \begin{Bmatrix} u_1^* \\ v_1^* \\ w_1^* \\ u_2^* \\ v_2^* \\ w_2^* \end{Bmatrix}_e$$

$$\text{mit} \quad \cos\alpha_x = \frac{x_2 - x_1}{l_e}\,, \quad \cos\alpha_y = \frac{y_2 - y_1}{l_e}\,, \quad \cos\alpha_z = \frac{z_2 - z_1}{l_e}$$

$$\text{und} \quad l_e = \sqrt{(x_2 - x_1)^2 + (y_2 - y_1)^2 + (z_2 - z_1)^2}\,.$$

Beim Aufbau der Matrizen $\boldsymbol{A}_e$ ist wieder zu beachten, dass die Systemknoten drei Freiheitsgrade besitzen. Ansonsten läuft das Verfahren formal in gleicher Weise ab.

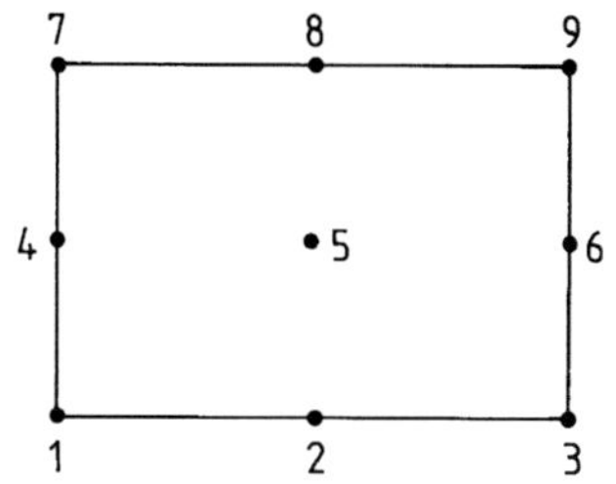

Bild 4.53. Numerierung eines 9-Knoten-Rechteckelementes

4.4 Übungsaufgaben

Aufgabe 4.1. Numerische Vergleichsrechnung

Die Aufgabe 2.1 aus Abschnitt 2.5 bestand darin, die Zustandsgrößen zu vier Lastfällen bei einer Rechteckscheibe analytisch zu ermitteln.

- Bei welchen der in Bild 2.13 dargestellten Lastfälle können mit dem 4-Knoten-Rechteckelement aus Abschnitt 4.1 der Schnittkraft- und Verschiebungszustand exakt ermittelt werden?
- Wie viele Knoten müsste ein zu entwickelndes Rechteckelement mindestens haben, damit alle vier Lastfälle exakt erfasst werden können?

Aufgabe 4.2. 9-Knoten-Rechteckelement

Ähnlich wie in Bild 4.5 sind grafisch die Formfunktionen eines biquadratischen Ansatzes darzustellen, der sich auf neun Elementknoten abstützt (Bild 4.53). Auch hier können die neun Formfunktionen aus eindimensionalen Funktionen in ξ- und η-Richtung aufgebaut werden.

Aufgabe 4.3. Temperaturbelastung

In Abschnitt 3.1 ist das Prinzip der virtuellen Verrückungen mit Berücksichtigung der Temperaturverzerrung, Gl. (3.4), angegeben worden. Infolge des Temperaturterms ergibt sich bei Einführung des Verschiebungsansatzes ein Elementvektor aus Temperaturlasten.

- Wie lautet die Berechnungsvorschrift für den Elementvektor aus Temperaturlasten?
- Werte sie für ein homogenes, orthotropes 4-Knoten-Scheibenrechteckelement aus! Dabei ist der Temperaturverlauf $T(x, y)$ im Element ebenso wie die Verschiebung $u(x, y)$ oder die Flächenlast $\bar{p}_x(x, y)$ in Abhängigkeit von den vier Knotengrößen bilinear zu approximieren!
- An welchen Stellen des in Abschnitt 4.1 dargestellten Verfahrens der finiten Elemente muss die Temperaturbelastung berücksichtigt werden?

Aufgabe 4.4. Globale Gleichgewichtsbedingungen

In Bild 4.26 sind die Schubkräfte und die generalisierten Auflagerkräfte am eingespannten Rand der Kragscheibe wiedergegeben. Warum erfüllen die Auflagerkräfte die globale Gleichgewichtsbedingung $\sum A^*_{\mathrm{yk}} = 400\,\mathrm{kN}$, während die Schubkräfte sie verletzen?

Aufgabe 4.5. Differenzengleichung

Das Prinzip der virtuellen Verrückungen für die Scheibe soll für den Fall ausgewertet werden, dass die wirklichen Verschiebungen $u(x,y)$ und $v(x,y)$ wie in Bild 4.4a bilinear approximiert werden. Als virtueller Verschiebungszustand $\delta u(x,y)$ soll die lokal begrenzte Dachfunktion aus Bild 4.4b eingeführt werden, für die gerade $\delta u(x_{\mathrm{k}}, y_{\mathrm{k}}) = 1$ gilt, während $\delta v(x,y)$ zu Null gesetzt wird. Mit diesem virtuellen Verschiebungszustand erhält man gerade eine Zeile des Gleichungssystems.

- Gib für den Fall einer konstanten Flächenlast in x-Richtung die sich bei einem äquidistanten Rechteckelementnetz ergebende Gleichung durch elementweise Auswertung der Integrale an, wobei auf die Matrizen aus Abschnitt 4.1 zurückgegriffen werden kann! Die entstehende Differenzengleichung soll übersichtlich unter Verwendung von Differenzensternen formuliert werden, also beispielsweise:

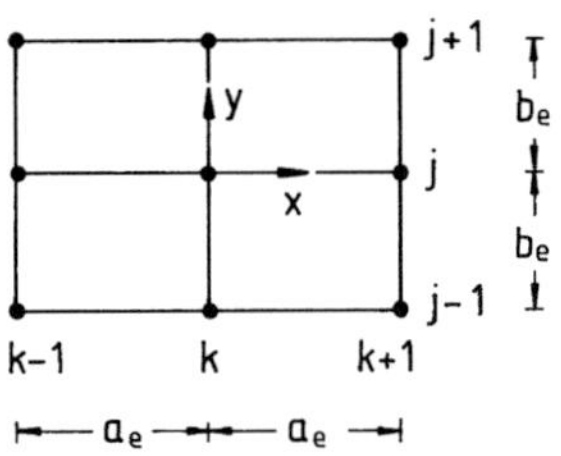

$$\left.\frac{\partial u}{\partial x}\right|_{kj} \approx \frac{u_{k+1j} - u_{k-1j}}{2a_e} \mathrel{\widehat{=}} \begin{array}{|c|c|c|}\hline 0 & 0 & 0 \\ \hline -1 & \boxed{0} & +1 \\ \hline 0 & 0 & 0 \\ \hline \end{array} \; \frac{\{u\}}{2a_e} \, .$$

- Welche Differenzengleichung erhält man im Grenzübergang $a_{\mathrm{e}} \to 0$ und $b_{\mathrm{e}} \to 0$?

Aufgabe 4.6. Elastisch eingespannter Kragarm

Der in Bild 4.54a dargestellte Kragarm ist elastisch eingespannt. Das Stoffgesetz der elastischen Bettung lautet

$$\begin{Bmatrix} n_{\mathrm{x}}(0,y) \\ n_{\mathrm{xy}}(0,y) \end{Bmatrix} = \begin{bmatrix} c_{\mathrm{x}} & 0 \\ 0 & c_{\mathrm{y}} \end{bmatrix} \begin{Bmatrix} u(0,y) \\ v(0,y) \end{Bmatrix} .$$

- Entwickle für das in Bild 4.54b dargestellte Element die Steifigkeitsmatrix und die Lastvektoren!
- Welche Matrizen können aus Abschnitt 4.1 übernommen werden?

Aufgabe 4.7. Elementmatrizen für den ebenen Verzerrungszustand

Der entscheidende Unterschied zwischen dem ebenen Spannungszustand (Scheibe) und dem ebenen Verzerrungszustand ist das Materialgesetz (vergleiche Aufgabe 2.6). Das isotrope Materialgesetz für den ebenen Verzerrungszustand lautet

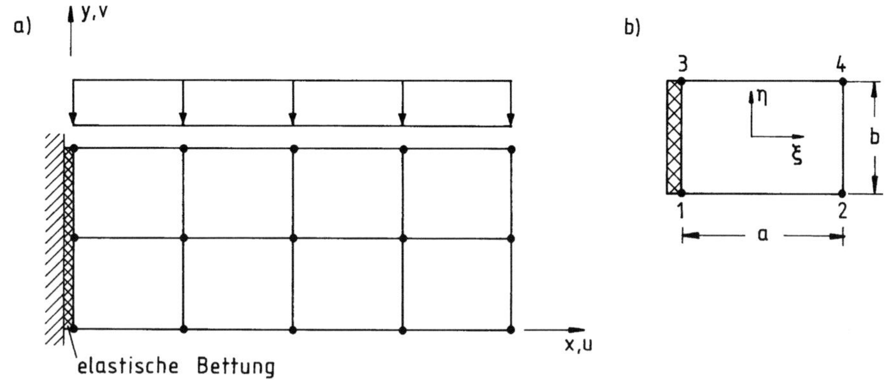

Bild 4.54. **a** Elastisch eingespannter Kragarm, **b** Elastisch gebettetes Scheibenrechteckelement

$$\begin{Bmatrix} n_{\mathrm{x}} \\ n_{\mathrm{y}} \\ n_{\mathrm{xy}} \end{Bmatrix} = \frac{E\,t}{(1+\nu)\,(1-2\,\nu)} \begin{bmatrix} 1-\nu & \nu & 0 \\ \nu & 1-\nu & 0 \\ 0 & 0 & (1-2\,\nu)\,/\,2 \end{bmatrix} \begin{Bmatrix} \varepsilon_{\mathrm{x}} \\ \varepsilon_{\mathrm{y}} \\ \gamma_{\mathrm{xy}} \end{Bmatrix} .$$

- Bestimme nun in Anlehnung an die Abschnitte 4.1.4 und 4.1.6 die Elementvektoren und -matrizen für den ebenen Verzerrungszustand!
- Welche Ergebnisse können aus den Abschnitten 4.1.4 und 4.1.6 übernommen werden?

Aufgabe 4.8. Konduktivitätsmatrix bei der ebenen Wärmeleitung

Das Prinzip der virtuellen Temperatur für die ebene Wärmeleitungsaufgabe eines Zylinders, bei dem die Temperatur sich in z-Richtung (Längsrichtung) nicht ändert, wurde in Aufgabe 3.5 behandelt. Im stationären Fall lautet die Lösung:

$$\underbrace{\int_{\mathrm{B}} \left\{ \frac{\partial \delta T}{\partial x}, \frac{\partial \delta T}{\partial y} \right\} \begin{bmatrix} \lambda_{\mathrm{x}} & 0 \\ 0 & \lambda_{\mathrm{y}} \end{bmatrix} \begin{Bmatrix} \partial T / \partial x \\ \partial T / \partial y \end{Bmatrix} \mathrm{d}F}_{①} + \underbrace{\int_{\mathrm{R}_3} \delta T_{\mathrm{r}}\, \alpha\, (T_{\mathrm{r}} - \bar{T}_{\mathrm{R}})\, \mathrm{d}s}_{②}$$

$$= \underbrace{\int_{\mathrm{B}} \delta T\, \bar{f}\, \mathrm{d}F}_{③} + \underbrace{\int_{\mathrm{R}_{\mathrm{q}}} \delta T_{\mathrm{r}}\, (-\bar{q}_{\mathrm{rR}})\, \mathrm{d}s}_{④} .$$

Dieses Prinzip geht nach Einführung der Ansatzfunktionen über in

$$\sum_{\mathrm{e}=1}^{n_{\mathrm{e}}} \delta \boldsymbol{T}_{\mathrm{e}}^{\mathrm{T}} \Big\{ \big(\underbrace{\boldsymbol{K}_{\mathrm{e}}}_{\text{aus ①}} + \underbrace{\boldsymbol{K}_{\alpha\mathrm{e}}}_{\text{aus ②}} \big)\, \boldsymbol{T}_{\mathrm{e}} - \underbrace{\bar{\boldsymbol{r}}_{\alpha\mathrm{e}}}_{\text{aus ②}} - \underbrace{\bar{\boldsymbol{r}}_{\mathrm{qe}}}_{\text{aus ③}} - \underbrace{\bar{\boldsymbol{r}}_{\mathrm{fe}}}_{\text{aus ④}} \Big\} = 0 .$$

- Für das Element aus Bild 4.5 und mit den dort angegebenen Formfunktionen sollen die Konduktivitätsmatrix $\boldsymbol{K}_{\mathrm{e}}$, die der Elementsteifigkeitsmatrix $\boldsymbol{S}_{\mathrm{e}}$ entspricht, und die Beiträge zu $\boldsymbol{K}_{\mathrm{ae}}$ aus einer Grenzschicht an allen vier Rändern (mit α_{12}, α_{34} etc.) abgeleitet werden! Die Parameter λ_{x}, λ_{y}, α_{12} etc. sind hierbei konstant.
- Eine Scheibensteifigkeitsmatrix soll in der Lage sein, Starrkörperverschiebungen und konstante Verzerrungszustände exakt zu erfassen. Wie lauten die analogen Forderungen für die Konduktivitätsmatrix der Wärmeleitung?

Hinweis: Einzelheiten zur Behandlung der Wärmeleitungsaufgabe mit finiten Elementen findet man z. B. in [4.6].

Aufgabe 4.9. Finite-Elemente-Verfahren für eine Membran

Das Prinzip der virtuellen Verrückungen für eine Membran, die nur unter Zugvorspannungen $n_{\mathrm{x}}^{(0)}$ und $n_{\mathrm{y}}^{(0)}$ steht, lautet

$$\int\limits_{\mathrm{B}} \left\{ \frac{\partial \delta w}{\partial x}, \frac{\partial \delta w}{\partial y} \right\} \begin{bmatrix} n_{\mathrm{x}}^{(0)} & 0 \\ 0 & n_{\mathrm{y}}^{(0)} \end{bmatrix} \begin{Bmatrix} \partial w / \partial x \\ \partial w / \partial y \end{Bmatrix} \mathrm{d}F = \int\limits_{\mathrm{B}} \delta w \, \bar{p}_{\mathrm{z}} \, \mathrm{d}F \, .$$

- Wie muss man vorgehen, wenn man mit einem Finite-Elemente-Programm für die ebene Wärmeleitungsaufgabe eine Membranaufgabe lösen will?

Aufgabe 4.10. Finite-Elemente-Verfahren für die Torsion zylindrischer Stäbe

Das Prinzip der virtuellen Verrückungen zur Bestimmung der Wölbfunktion $\omega(y, z)$ eines Stabes lautet nach Aufgabe 3.7

$$\int\limits_{\mathrm{B}} G \left[\frac{\partial \delta \omega}{\partial y} \left(\frac{\partial \omega}{\partial y} - z \right) + \frac{\partial \delta \omega}{\partial z} \left(\frac{\partial \omega}{\partial z} - y \right) \right] \mathrm{d}F = 0 \, .$$

Die Torsionssteifigkeit $B_{\mathrm{x}} = M_{\mathrm{x}} / \kappa_{\mathrm{x}}$ lässt sich nach Bestimmung der Wölbfunktion aus der Gleichung

$$B_{\mathrm{x}} = \int\limits_{\mathrm{B}} G \left[y^2 + z^2 + y \, \frac{\partial \omega}{\partial z} - z \, \frac{\partial \omega}{\partial y} \right] \mathrm{d}F$$

ermitteln (siehe Lösung zu Aufgabe 2.9).

- Welchen Ausdruck erhält man in symbolischer Schreibweise für die Elementsteifigkeitsmatrix $\boldsymbol{S}_{\mathrm{e}}$, wenn man die Verwölbung im Element durch einen Ansatz der Form

  $$\omega(y, z) = \boldsymbol{l}^{\mathrm{T}} \, \boldsymbol{\omega}_{\mathrm{e}}$$

  approximiert?
- Welchen Beitrag $\boldsymbol{r}_{\mathrm{e}}$ erhält man aus einem Element zum Vektor der rechten Seite? Leite für ein Rechteckelement mit den Bezeichnungen aus Bild 4.5 die Elementsteifigkeitsmatrix $\boldsymbol{S}_{\mathrm{e}}$ und den Vektor $\boldsymbol{r}_{\mathrm{e}}$ her!

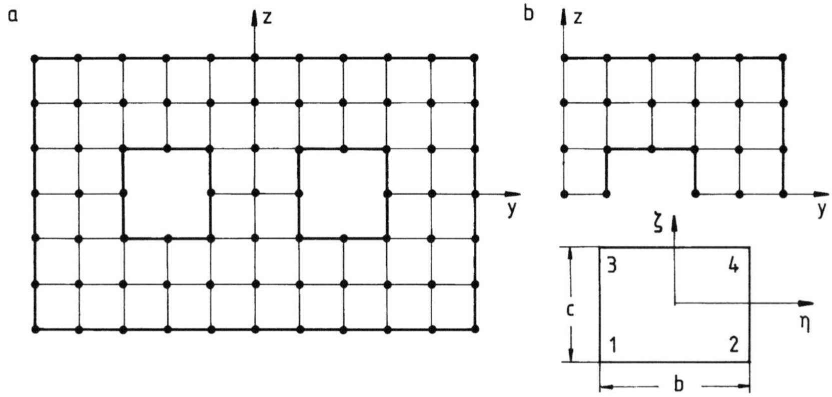

Bild 4.55. doppelt-symmetrischer Querschnitt (links) und Viertelausschnitt bei Symmetrieausnutzung (rechts)

- Muss man bei dem Querschnitt von Bild 4.55, wenn man die Symmetrie nicht ausnutzt, Starrkörperfreiheitsgrade behindern? Wie müssen bei Symmetrieausnutzung die auf den Symmetrielinien liegenden Knoten gelagert werden?
- Wie berechnet man nach Lösen des Gleichungssystems

$$\boldsymbol{S}^* \, \boldsymbol{\omega}^* = \boldsymbol{r}^*$$

auf möglichst einfache Weise die Torsionssteifigkeit?

Aufgabe 4.11. Anschauliche Interpretation des Gleichungssystems beim Finite-Elemente-Verfahren für Fachwerke

In Analogie zum Abschnitt 4.1.7 soll das Gleichungssystem (4.46) anhand des Fachwerks aus Bild 4.46 anschaulich interpretiert werden. Dazu werden die Gln. (4.65) und (4.66) in Gl. (4.64) eingesetzt:

$$\sum_{\mathrm{e}=1}^{n_\mathrm{e}} \boldsymbol{A}_\mathrm{e}^\mathrm{T} \, \boldsymbol{T}_\mathrm{e}^\mathrm{T} \, [\boldsymbol{S}_\mathrm{e} \, \boldsymbol{T}_\mathrm{e} \, \boldsymbol{A}_\mathrm{e} \, \boldsymbol{u}^* - \bar{\boldsymbol{p}}_\mathrm{Be}] = \bar{\boldsymbol{p}}_\mathrm{R}^* + \boldsymbol{a}^* \, .$$

- Welche mechanische Bedeutung hat der Ausdruck in der eckigen Klammer? Was bewirkt seine Multiplikation mit der Transformationsmatrix? Stelle entsprechend Bild 4.16 die sich beim Fachwerk aus Bild 4.46 ergebenden generalisierten Kräfte dar!
- Bilde analog zu Bild 4.17 das Gleichgewicht an den Knoten! Welche generalisierten Kräfte leisten an der virtuellen Verschiebung δu_1^* bzw. δv_1^* Arbeit? Wie lauten die ersten beiden Zeilen des Gleichungssystems?

Aufgabe 4.12. Mechanisch begründete Anforderungen an ein Finite-Elemente-Verfahren für Fachwerke

In Abschnitt 4.2 wurden Anforderungen an ein Finite-Elemente-Verfahren für Scheibentragwerke entwickelt und am 4-Knoten-Rechteckelement überprüft.

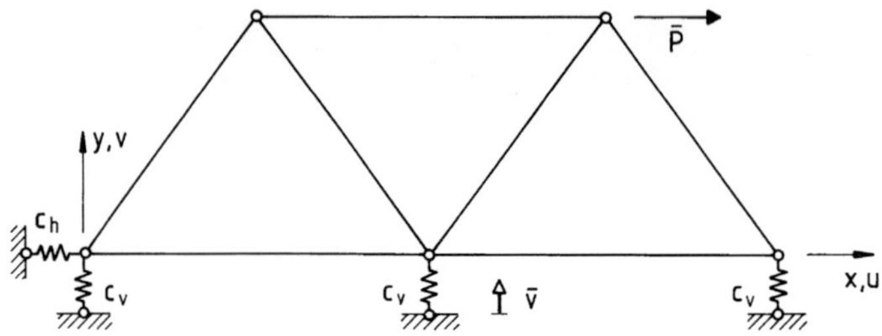

Bild 4.56. Auf Federn gelagertes Fachwerk

- Stelle entsprechende Forderungen für Fachwerke auf und kontrolliere die Matrizen des in Abschnitt 4.3 abgeleiteten Stabelementes!

Die Kontrolle der Darstellbarkeit von Starrkörperverschiebungen und konstanten Schnittkräften soll hierbei an der Matrix $\boldsymbol{T}_\mathrm{e}^\mathrm{T}\ \boldsymbol{S}_\mathrm{e}\ \boldsymbol{T}_\mathrm{e}$ erfolgen, die zu diesem Zweck noch aufgebaut werden muss.

Aufgabe 4.13. Fachwerk auf Federlagern

Elementiere das auf Federn gelagerte Fachwerk aus Bild 4.56!

- Wie werden die Federn (Steifigkeit c_h bzw. c_v) im Verfahren berücksichtigt?
- Skizziere entsprechend Gl. (4.28) die Besetzung der Systemmatrizen!
- An welchen Stellen der Systemmatrizen tauchen Terme infolge der Federlagerung auf?
- Wie wird die vorgegebene Verschiebung $\bar{v}$ des mittleren Auflagers erfasst?

Aufgabe 4.14. Fachwerk mit Spannschloss

Bei dem Fachwerk von Bild 4.57a ist in einem Stab ein Spannschloss (siehe Bild 4.57b) eingebaut, mit dem sich die Durchsenkung des belasteten Knotens bei unterschiedlichen Lasten nachträglich regulieren lässt. Das Finite-Elemente-Verfahren aus Abschnitt 4.3 soll so erweitert werden, dass die Verschiebungen und die Schnittkräfte des Fachwerks bei Vorgabe eines Spannweges $\Delta\bar{u}$ berechnet werden können. Hierbei darf angenommen werden, dass die Abmessungen des Spannschlosses und der Spannweg klein gegenüber der Stablänge l sind und dass die Stäbe nicht ausknicken können.

Die Wirkung eines Spannschlosses wird mit den Bildern 4.51c und d illustriert. Der freie Stab mit einem Spannweg $\Delta\bar{u} = 0$ (Bild 4.57c) lässt sich spannungsfrei in das unbelastete Fachwerk einbauen. Beim Öffnen des Spannschlosses ($\Delta\bar{u} > 0$) wird der freie Stab um den Spannweg länger (Bild 4.57d).

Der Einbau eines derartigen Spannschlossmechanismus in das Prinzip der virtuellen Verrückungen erfolgt z. B. derart, dass die virtuelle Formänderungsenergie des Stabes mit den Verschiebungen der Knoten $\hat{1}$ und 2 formuliert wird und anschließend der kinematische Zusammenhang zwischen $\hat{u}_1$ und u_1 sowie zwischen $\delta\hat{u}_1$ und δu_1 berücksichtigt wird.

- Wie lauten diese kinematischen Beziehungen?

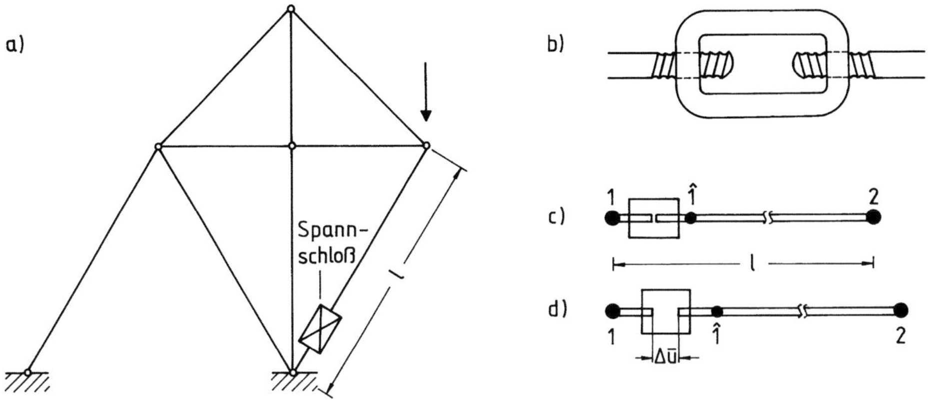

Bild 4.57. Fachwerk mit Spannschloss (**a**), Skizze des Spannschlosses (**b**), freier Stab ohne Vorgabe eines Spannweges (**c**), freier Stab mit Vorgabe eines Spannweges (**d**)

- Warum hat der Spannweg $\Delta\bar{u}$ auf die virtuellen Verschiebungen keinen Einfluss?
- Wie lautet der Anteil des Stabes j zur virtuellen Formänderungsenergie $\delta\Pi_\mathrm{i}$ – siehe Gl. (4.55) – vor und nach Einbau der kinematischen Beziehung?
- Gib, ausgehend von Gl. (4.55), unter Verwendung der Abkürzungen $\boldsymbol{S}_\mathrm{e}$ und $\bar{\boldsymbol{p}}_\mathrm{Be}$ an, wie der Spannweg in das Finite-Elemente-Verfahren eingeht und in welcher Form er im endgültigen Gleichungssystem auftaucht.

5 Umsetzung des Verfahrens zu einem Finite-Elemente-Programm

In diesem Kapitel befassen wir uns mit Problemen, die sich bei der Umsetzung des in Abschnitt 4.1 entwickelten Finite-Elemente-Verfahrens für Scheiben zu einem FORTRAN90-Programm ergeben. Die Problemdarstellung erfolgt anhand des Programms SCHEIB, eines einfachen Finite-Elemente-Programms für Scheibentragwerke, das an der TU Berlin zur Anwendung in der Lehre entwickelt wurde. Bild 5.1 gibt eine Übersicht über die wesentlichen Unterprogramme von SCHEIB. In das Programm ist neben dem behandelten Rechteckelement auch ein einfaches Dreieckelement mit linearem Verschiebungsansatz (siehe Abschnitt 7.5) aufgenommen worden. Kern des Verfahrens sind die folgenden sechs Schritte:

1. Eingabe der System- und der Belastungsdaten (EINGABE),
2. Aufbau der Systemsteifigkeitsmatrix $\boldsymbol{S}^*$ (FORMSM, SCHEIBENELEMENT3/4) und des Systembelastungsvektors $\bar{\boldsymbol{p}}^*$ aus Flächenlasten (FORMSM, SCHEIBENELEMENT3/4) sowie aus Rand- und Knotenlasten (FORMLV, RANDLAST2)
3. Einbau der Verschiebungsrandbedingungen in die Systemmatrizen (RANDBEDINGUNGEN),
4. Berechnung der Knotenverschiebungen durch Lösen des linearen Gleichungssystems (GAUSS),
5. Berechnung der Schnittkräfte (ZUSTANDSGROESSEN),
6. Ausgabe der Ergebnisse (AUSGABE).

Im folgenden erläutern wir die Ein- und Ausgabe (Abschnitt 5.1) und die Schritte 2 (Abschnitt 5.2) und 3 (Abschnitte 5.3 und 5.4) am Beispiel aus Abschnitt 4.1.10, für das wir das Elementnetz und die geometrischen Randbedingungen noch einmal in Bild 5.2 dargestellt haben. Mit dem Lösen des linearen Gleichungssystems befassen wir uns im Abschnitt 5.5. Auf die Berechnung der Schnittkräfte gehen wir nicht ein, da die programmtechnische Umsetzung der Schnittkraftberechnung aus Abschnitt 4.1.6 sehr einfach ist.

5.1 Dateneingabe und Ergebnisausgabe

Anhand des Beispiels aus Bild 5.2 wollen wir auf die *Eingabe* der System- und Belastungsdaten eingehen.

Zu den *Systemdaten* zählen die Steuerwerte (Anzahl der Knoten, Elemente, Randbedingungen, etc.), die geometrischen Daten (Knotenkoordinaten), die topologischen Daten (Zuordnung der Elementknoten zu den Systemknoten, Angabe der

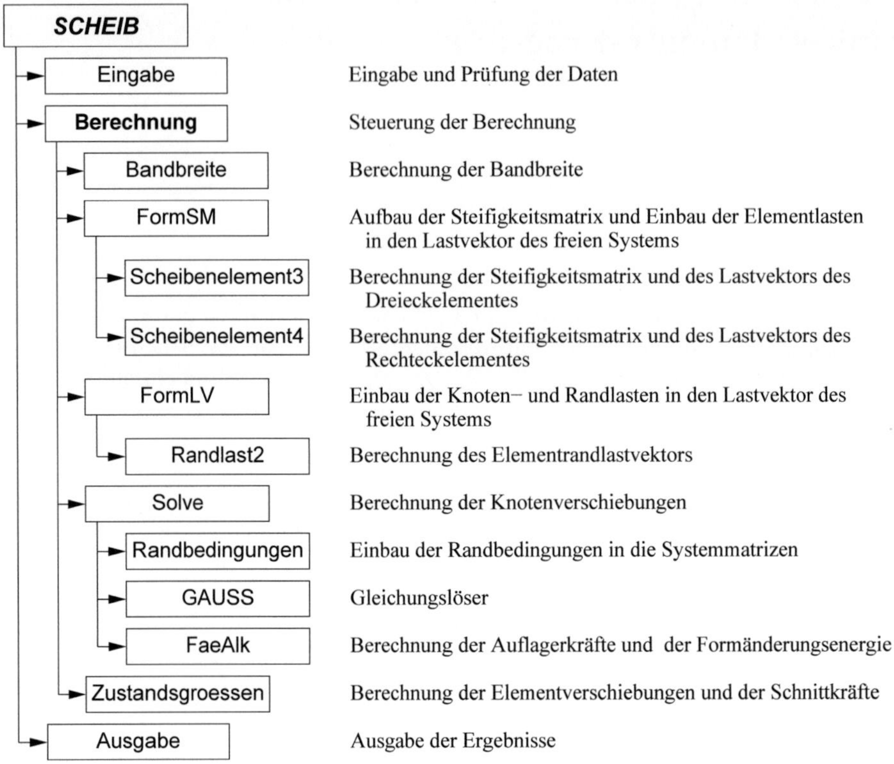

Bild 5.1. Aufbau des Programms Scheib (Ausschnitt)

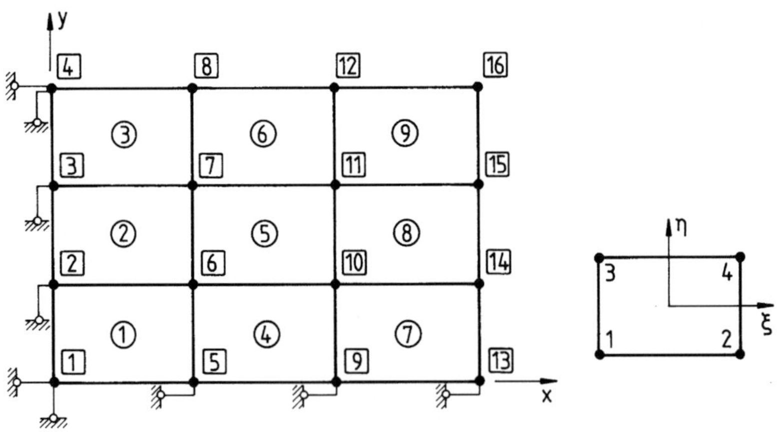

Bild 5.2. Elementierung und Lagerung (links), Elementknotennumerierung (rechts)

Verschiebungsrandbedingungen) und die Materialdaten, zu den *Belastungsdaten* Größe und Angriffsort der Knoten-, Rand- und Flächenlasten.

Tabelle 5.1. Zuordnung der Elementknoten zu den Systemknoten

Element- knoten	Element ①	②	③	④	⑤	⑥	⑦	⑧	⑨
1	1	2	3	5	6	7	9	10	11
2	5	6	7	9	10	11	13	14	15
3	2	3	4	6	7	8	10	11	12
4	6	7	8	10	11	12	14	15	16

In Tabelle 5.1 ist für das Beispiel von Bild 5.2 gezeigt, wie sich die Zuordnung der Element- zu den Systemknoten auf einfache Weise beschreiben lässt. Diese Tabelle, bei deren Erstellung die Reihenfolge der Numerierung der Elementknoten (Bild 5.2 rechts) eingehalten werden muss, wird im Unterprogramm EINGABE als Feld ZESK (Zuordnung der Element- zu den Systemknoten) eingelesen. Die Größe des Feldes wird durch die Anzahl der Knoten pro Element (4) und durch die Anzahl der Elemente ($n_\mathrm{e} = 9$) bestimmt. Von den konkreten Abmessungen abgesehen wird durch diese Tabelle das Elementnetz vollständig beschrieben. Wir weisen an dieser Stelle ausdrücklich darauf hin, dass z. B. die Zuordnung 5–6–1–2 für das erste Element nicht zulässig ist, da im Programm SCHEIB davon ausgegangen wird, dass das lokale ξ, η-Koordinatensystem gegenüber dem globalen x, y-Koordinatensystem nicht gedreht ist. Durch die ersten beiden Knoten in der Zuordnung werden in SCHEIB die ξ-Richtung, durch den ersten und dritten die η-Richtung festgelegt.

Als *Ergebnisse* eines Rechenlaufes mit SCHEIB erhält man die Knotenverschiebungen, die generalisierten Auflagerkräfte und die Schnittkräfte in den Elementmittelpunkten.

5.2 Einbau der Elementmatrizen in die Systemmatrizen

Die Vorschriften zur Berechnung der Systemmatrizen wurden aus dem Prinzip der virtuellen Verrückungen gewonnen, indem der Zusammenhang zwischen den Elementknoten- und den Systemknotenverschiebungen

$$\boldsymbol{u}_\mathrm{e} = \boldsymbol{A}_\mathrm{e}\, \boldsymbol{u}^* \,, \tag{5.1a}$$

$$\delta \boldsymbol{u}_\mathrm{e} = \boldsymbol{A}_\mathrm{e}\, \delta \boldsymbol{u}^* \tag{5.1b}$$

hergestellt wurde. Wir verdeutlichen das noch einmal für die Systemsteifigkeitsmatrix:

$$\delta \Pi_\mathrm{i} = \sum_{\mathrm{e}=1}^{n_\mathrm{e}} \delta \boldsymbol{u}_\mathrm{e}^\mathrm{T}\, \boldsymbol{S}_\mathrm{e}\, \boldsymbol{u}_\mathrm{e} \overset{(5.1)}{=} \delta \boldsymbol{u}^{*\mathrm{T}} \boldsymbol{A}_\mathrm{e}^\mathrm{T} \boldsymbol{S}_\mathrm{e} \boldsymbol{A}_\mathrm{e} \boldsymbol{u}^* = \delta \boldsymbol{u}^{*\mathrm{T}} \boldsymbol{S}^* \boldsymbol{u}^*$$

$$\text{mit } \boldsymbol{S}^* = \sum_{\mathrm{e}=1}^{n_\mathrm{e}} \boldsymbol{A}_\mathrm{e}^\mathrm{T}\, \boldsymbol{S}_\mathrm{e}\, \boldsymbol{A}_\mathrm{e}\,.$$

Da die Berechnung der Systemmatrizen mit Hilfe der $\boldsymbol{A}_\mathrm{e}$-Matrizen hinsichtlich Speicherplatzbedarf und Rechenzeit sehr aufwendig ist, wird programmintern ein anderer Weg beschritten.

Während im Elementknotenverschiebungsvektor zuerst die vier u- und dann die vier v-Verschiebungen angeordnet sind,

$$\boldsymbol{u}_{\mathrm{e}}^{\mathrm{T}} = \{u_1, u_2, u_3, u_4, v_1, v_2, v_3, v_4\}_{\mathrm{e}}\,, \tag{5.2a}$$

werden die Systemverschiebungen knotenweise angegeben,

$$\boldsymbol{u}^{*\mathrm{T}} = \{u_1^*, v_1^*, \ldots\ldots, u_{\mathrm{i}}^*, v_{\mathrm{i}}^*, \ldots\ldots, u_{16}^*, v_{16}^*\}\,. \tag{5.2b}$$

Wenn wir die Systemfreiheitsgrade mit U_{j} bezeichnen, dann hat $\boldsymbol{u}^*$ folgende Besetzung:

$$\boldsymbol{u}^{*\mathrm{T}} = \{U_1, U_2, \ldots, U_{2\,\mathrm{i}-1}, U_{2\,\mathrm{i}}, \ldots., U_{31}, U_{32}\}\,. \tag{5.2c}$$

Bei der neuen Bezeichnung sind der Index des Freiheitsgrades und die Position im Systemverschiebungsvektor identisch. Um nun den Zusammenhang zwischen den (lokalen) Elementfreiheitsgraden und den (globalen) Systemfreiheitsgraden angeben zu können, greifen wir auf die im Feld ZESK abgespeicherten Informationen aus Tabelle 5.1 zurück. Die Zuordnung von $2 \times 4 = 8$ Elementfreiheitsgraden und $2 \times 16 = 32$ Systemfreiheitsgraden erfordert noch eine kleine Umrechnung, bei der berücksichtigt wird, dass bei der Scheibe jeder Knoten zwei Freiheitsgrade besitzt. Beispielsweise ergibt sich für den Verschiebungsvektor des Elementes ⑤

$$\begin{Bmatrix} u_1 \\ u_2 \\ u_3 \\ u_4 \\ v_1 \\ v_2 \\ v_3 \\ v_4 \end{Bmatrix}_{⑤} = \begin{Bmatrix} u_6^* \\ u_{10}^* \\ u_7^* \\ u_{11}^* \\ v_6^* \\ v_{10}^* \\ v_7^* \\ v_{11}^* \end{Bmatrix} \equiv \begin{Bmatrix} U_{11} \\ U_{19} \\ U_{13} \\ U_{21} \\ U_{12} \\ U_{20} \\ U_{14} \\ U_{22} \end{Bmatrix}.$$

Alle für den elementbezogenen Aufbau der Systemsteifigkeitsmatrix erforderlichen Informationen, die bisher in der Matrix $\boldsymbol{A}_5$ steckten, sind jetzt in den Indizes des dritten Vektors enthalten. Diese Indizes werden in einem Indexvektor abgelegt, der sich für das Element ⑤ leicht aus der entsprechenden Spalte von Tabelle 5.1

6	10	7	11

aufbauen lässt. Der Indexvektor des fünften Elementes lautet:

11	19	13	21	12	20	14	22

Unter Verwendung der Indexvektoren lässt sich die Berechnung der Systemsteifigkeitsmatrix nun leicht elementweise aufbauen. Die Berechnung der Beiträge aus der Elementsteifigkeitsmatrix $\boldsymbol{S}_5$ zur Systemsteifigkeitsmatrix $\boldsymbol{S}^*$ (d. h. in Matrizenschreibweise für die Ermittlung von $\boldsymbol{A}_5^{\mathrm{T}}\,\boldsymbol{S}_5\,\boldsymbol{A}_5$) ist in Bild 5.3 dargestellt. Die Indizes, die über und vor der Elementsteifigkeitsmatrix aufgetragen sind, geben an,

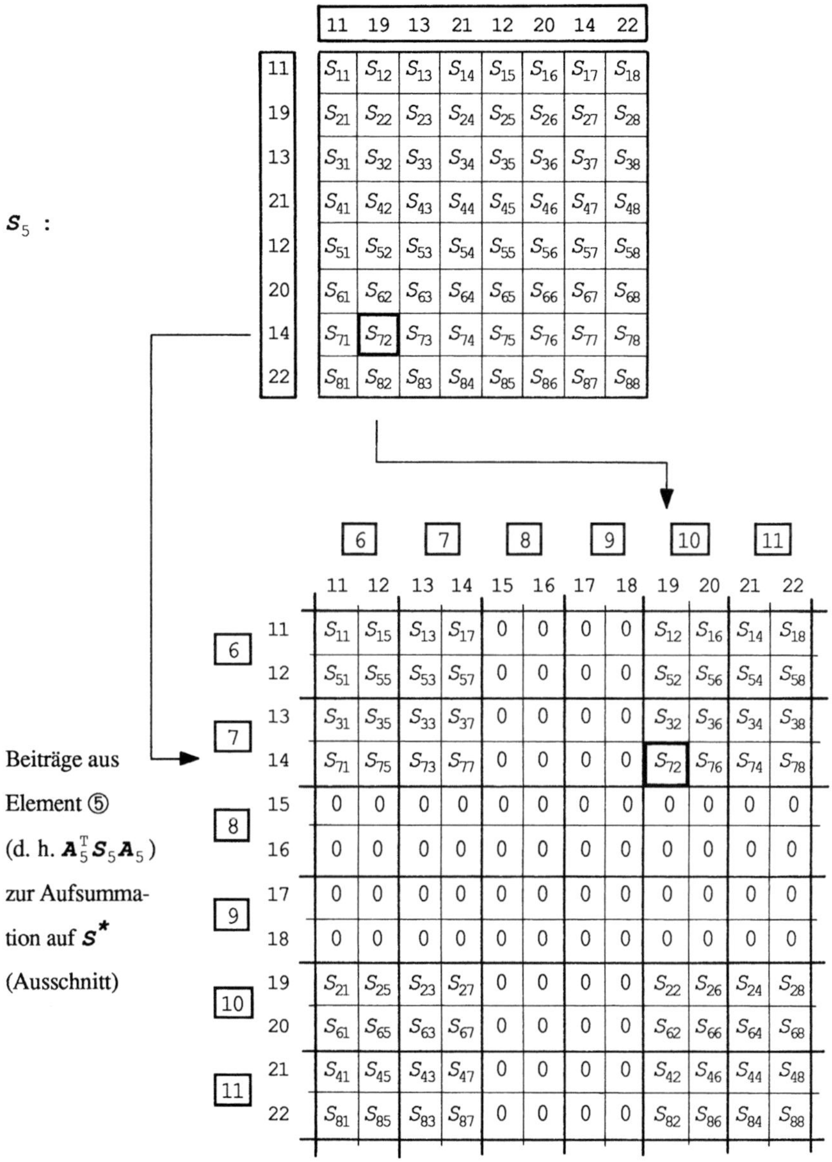

Bild 5.3. Aufstellen der Beiträge von Element ⑤ zur Systemsteifigkeitsmatrix S^* mit Hilfe des Indexvektors

zu welchen Koeffizienten der Systemsteifigkeitsmatrix die Komponenten der Elementmatrix addiert werden müssen. Im unteren Teil von Bild 5.3 haben wir nur den Teil der Matrix S^* dargestellt, auf dem die Komponenten von S_5 aufsummiert werden.

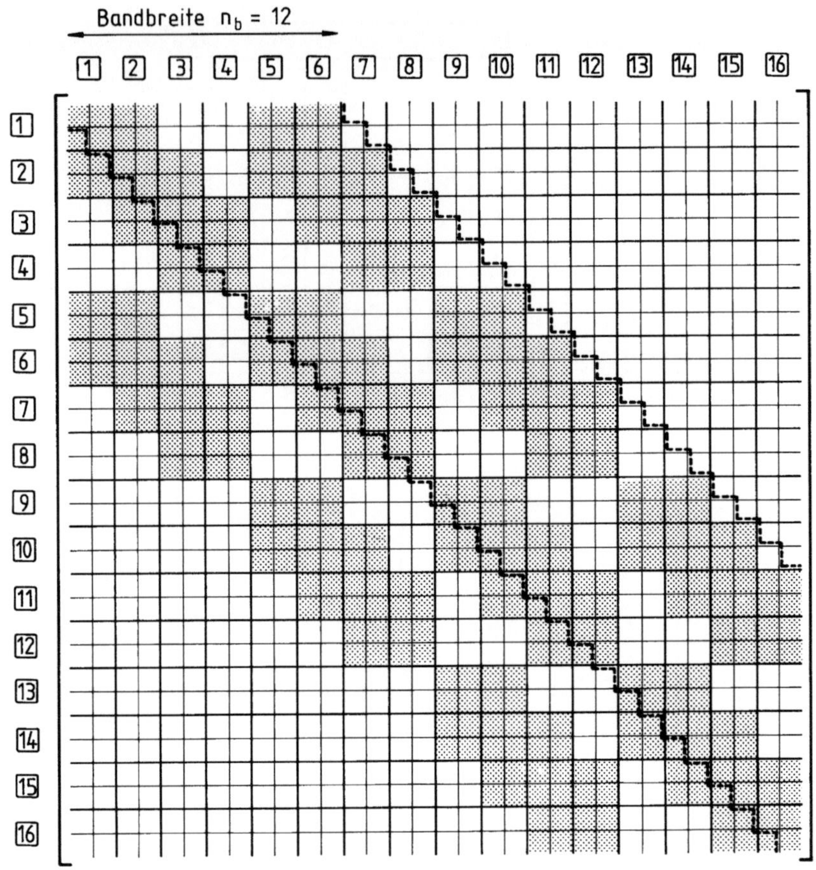

Bild 5.4. Besetzung der Systemsteifigkeitsmatrix $\boldsymbol{S}^*$ beim Beispiel aus Bild 5.2

Bei dem behandelten Beispiel (Bild 5.2) hat die Systemsteifigkeitsmatrix die in Bild 5.4 angegebene Besetzung. Ursache für die schwache Besetzung ist die Verwendung lokal begrenzter Verschiebungsansätze. Das hat zur Folge, dass die Verschiebungen eines Knotens nur in den Knoten der angrenzenden Elemente Kräfte verursacht (Interpretation einer Spalte), bzw. dass in einem Knoten nur durch die Knotenverschiebungen der angrenzenden Elemente Kräfte hervorgerufen werden (Interpretation einer Zeile). Die Matrix ist natürlich auch symmetrisch (d. h. $S_{\mathrm{ij}} = S_{\mathrm{ji}}$, siehe Abschnitt 4.2), so dass es ausreicht, die Komponenten in dem durch die beiden gestrichelten Linien begrenzten Bereich zu ermitteln. Um Speicherplatz zu sparen, wird auch nur dieser Bereich der Systemsteifigkeitsmatrix abgelegt, d. h. $\boldsymbol{S}^*$ wird als *Bandmatrix* gespeichert. Wir verdeutlichen diese Speichertechnik in Bild 5.5 anhand einer kleineren Matrix. Der Zusammenhang zwischen den Koeffizienten der quadratischen Matrix $\boldsymbol{S}$ und denen der Bandmatrix $\boldsymbol{B}$ lautet

$$B_{\mathrm{ik}} = S_{\mathrm{ij}} \ (= \ S_{\mathrm{ji}}) \ \text{mit} \ k = j - i + 1 \,, \tag{5.3}$$

wobei $i \leqslant j$ und $j \leqslant i + n_{\mathrm{b}} - 1$ ist. Die Größe n_{b} ist die *Bandbreite*.

	1	2	3	4	5	6	7	8	9
1	S_{11}	S_{12}	S_{13}	S_{14}					
2	S_{12}	S_{22}	S_{23}	S_{24}	S_{25}				
3	S_{13}	S_{23}	S_{33}	S_{34}	S_{35}	S_{36}			
4	S_{14}	S_{24}	S_{34}	S_{44}	S_{45}	S_{46}	S_{47}		
5		S_{25}	S_{35}	S_{45}	S_{55}	S_{56}	S_{57}	S_{58}	
6			S_{36}	S_{46}	S_{56}	S_{66}	S_{67}	S_{68}	S_{69}
7				S_{47}	S_{57}	S_{67}	S_{77}	S_{78}	S_{79}
8					S_{58}	S_{68}	S_{78}	S_{88}	S_{89}
9						S_{69}	S_{79}	S_{89}	S_{99}

1	2	3	4
S_{11}	S_{12}	S_{13}	S_{14}
S_{22}	S_{23}	S_{24}	S_{25}
S_{33}	S_{34}	S_{35}	S_{36}
S_{44}	S_{45}	S_{46}	S_{47}
S_{55}	S_{56}	S_{57}	S_{58}
S_{66}	S_{67}	S_{68}	S_{69}
S_{77}	S_{78}	S_{79}	
S_{88}	S_{89}		
S_{99}			

Bild 5.5. Abspeichern einer symmetrischen [9×9]-Matrix $\boldsymbol{S}$ mit der Bandbreite $n_{\mathrm{b}} = 4$ (links) als [9×4]-Bandmatrix $\boldsymbol{B}$ (rechts)

Berechnet wird die Bandbreite, indem zunächst aus dem Feld ZESK (Tabelle 5.1) die in den Elementen auftretende größte Knotennummerndifferenz ermittelt wird (bei dem Beispiel aus Bild 5.2 jeweils 5). Anschließend wird die Maximaldifferenz um 1 erhöht, da die Verschiebungen eines Knotens auch Kräfte am Knoten selbst hervorrufen, und mit der Anzahl der Freiheitsgrade pro Knoten multipliziert. Bei dem Beispiel ergibt sich auf diese Weise $n_{\mathrm{b}} = 12$ (siehe Bild 5.4). Die Wahl der Knotennumerierung hat entscheidende Bedeutung für die Größe der Bandbreite. Für ein extrem einfaches Netz wird das in Bild 5.6 demonstriert.

Die Bandstruktur der Steifigkeitsmatrix lässt sich nicht nur beim Abspeichern sondern auch beim Lösen des Gleichungssystems (Abschnitt 5.5) ausnutzen, was zu erheblichen Rechenzeiteinsparungen führt. Aus diesem Grund sind eine Reihe von Algorithmen zur Bandbreitenoptimierung entwickelt worden [5.1–5.5].

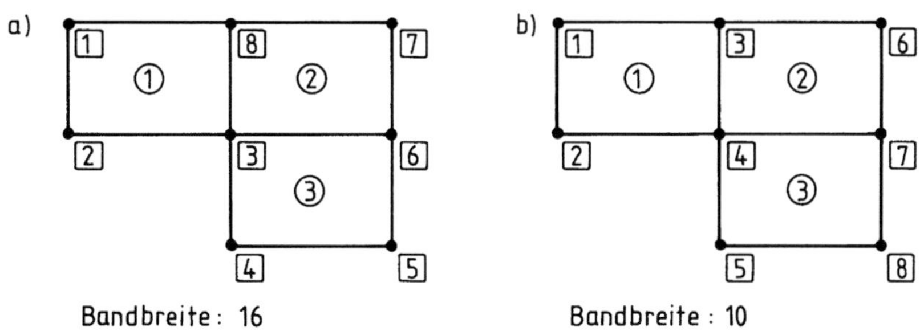

Bild 5.6. Einfluss der Knotennumerierung auf die Bandbreite am Beispiel einer Scheibe. **a** Ungünstige Knotennumerierung, **b** günstige Numerierung

Abschließend geben wir den in SCHEIB implementierten Algorithmus für den Einbau einer Elementsteifigkeitsmatrix (ESM) in die Systemsteifigkeitsmatrix (SSM) an. Darin bedeuten MKE und MEFG die Anzahl der Knoten bzw. Freiheitsgrade pro Element und ENR die Elementnummer. In dem Feld ZESFG (Zuordnung der Element- zu Systemfreiheitsgraden) werden die für die Operation benötigten Elementindexvektoren spaltenweise abgelegt. Der Einbau eines Elementlastvektors in den Systemlastvektor erfolgt analog. Es wird lediglich auf die Schleife über die Spalten verzichtet.

```
!   Zusammenhang zwischen Element- und Systemfreiheitsgraden

    DO  J = 1, MKE

      K = J + MKE
      ZESFG(K,ENR) = ZESK(J,ENR) * MKFG
      ZESFG(J,ENR) = ZESFG(K,ENR) - 1
    END DO
!   Einbau der Elementsteifigkeitsmatrix in die Systemsteifigkeitsmatrix
!   unter Beruecksichtigung der Bandstruktur

    DO  JFE = 1, MEFG

!     Zeilennummer der Systemsteifigkeitsmatrix

      JFS = ZESFG(JFE,ENR)

      DO  KFE = 1, MEFG

!       Spaltennummer der Systemsteifigkeitsmatrix

        KFS = ZESFG(KFE,ENR) - JFS + 1

!       Ein Koeffizient innerhalb des Bandes wird aufsummiert:

        IF (KFS .GE. 1) SSM(JFS,KFS) = SSM(JFS,KFS) + ESM(JFE,KFE)

      END DO
    END DO
```

5.3 Einbau der Verschiebungsrandbedingungen in die Systemmatrizen

Unter Berücksichtigung der Verschiebungsrandbedingungen

$$\boldsymbol{u}_{\mathrm{I}}^{*} = \bar{\boldsymbol{u}}_{\mathrm{IR}}^{*} \tag{5.4}$$

ergab sich in Abschnitt 4.1.6 für das Beispiel aus Bild 4.7 das Gleichungssystem

$$\begin{bmatrix} \boldsymbol{S}^*_{\mathrm{II}} & \boldsymbol{S}^*_{\mathrm{IJ}} \\ \boldsymbol{S}^{*\mathrm{T}}_{\mathrm{IJ}} & \boldsymbol{S}^*_{\mathrm{JJ}} \end{bmatrix} \begin{Bmatrix} \bar{\boldsymbol{u}}^*_{\mathrm{IR}} \\ \boldsymbol{u}^*_{\mathrm{J}} \end{Bmatrix} = \begin{Bmatrix} \bar{\boldsymbol{p}}^*_{\mathrm{I}} \\ \bar{\boldsymbol{p}}^*_{\mathrm{J}} \end{Bmatrix} + \begin{Bmatrix} \boldsymbol{a}^*_{\mathrm{I}} \\ \mathbf{0} \end{Bmatrix} ,$$
$$\boldsymbol{S}^* \quad \boldsymbol{u}^* = \bar{\boldsymbol{p}}^* + \boldsymbol{a}^* , \tag{5.5}$$

aus dem sich die zuerst unbekannten Verschiebungen $\boldsymbol{u}^*_{\mathrm{J}}$

$$\boldsymbol{S}^*_{\mathrm{JJ}}\, \boldsymbol{u}^*_{\mathrm{J}} = \{\bar{\boldsymbol{p}}^*_{\mathrm{J}} - \boldsymbol{S}^{*\mathrm{T}}_{\mathrm{IJ}}\, \bar{\boldsymbol{u}}^*_{\mathrm{IR}}\} \tag{5.6}$$

und anschließend die unbekannten Auflagerkräfte $\boldsymbol{a}^*_{\mathrm{I}}$

$$\boldsymbol{a}^*_{\mathrm{I}} = \boldsymbol{S}^*_{\mathrm{II}}\, \bar{\boldsymbol{u}}^*_{\mathrm{IR}} + \boldsymbol{S}^*_{\mathrm{IJ}}\, \boldsymbol{u}^*_{\mathrm{J}} - \bar{\boldsymbol{p}}^*_{\mathrm{I}} \tag{5.7}$$

bestimmen lassen. Programmtechnische Schwierigkeiten bereitet die Tatsache, dass Gl. (5.5) im Gegensatz zu Gl. (5.6) kein klassisches Gleichungssystem der Form $\boldsymbol{A}\,\boldsymbol{x} = \boldsymbol{b}$ darstellt. Daher beschränkt man sich zunächst darauf, Gl. (5.6) zu lösen. Nach Aufbau der Systemmatrizen $\boldsymbol{S}^*$ und $\bar{\boldsymbol{p}}^*$ wären programmintern bei der Aufstellung dieser Gleichung Umspeicherungen nötig, da die Matrix $\boldsymbol{S}^*_{\mathrm{JJ}}$ im rechten unteren und nicht im linken oberen Quadranten steht. (Während diese Operation bei dem Gleichungssystem (5.5) leicht durchführbar wäre, wäre sie bei dem Beispiel aus Bild 5.2 aufwendiger, da die vorgegebenen Verschiebungen nicht kompakt zu Anfang des Verschiebungsvektors stehen.) Um die im allgemeinen aufwendigen Umspeicherungen zu vermeiden, werden im Programm SCHEIB die oberen Gleichungen aus (5.5) durch die als Gleichungssystem formulierten Verschiebungsrandbedingungen

$$\mathbf{I}\, \boldsymbol{u}^*_{\mathrm{I}} = \bar{\boldsymbol{u}}^*_{\mathrm{IR}} \tag{5.8}$$

ersetzt und die unteren Gleichungen aus Symmetriegründen in die Form (5.6) umgewandelt:

$$\begin{bmatrix} \mathbf{I} & \mathbf{0} \\ \mathbf{0}^{\mathrm{T}} & \boldsymbol{S}^*_{\mathrm{JJ}} \end{bmatrix} \begin{Bmatrix} \boldsymbol{u}^*_{\mathrm{I}} \\ \boldsymbol{u}^*_{\mathrm{J}} \end{Bmatrix} = \begin{Bmatrix} \bar{\boldsymbol{u}}^*_{\mathrm{IR}} \\ \bar{\boldsymbol{p}}^*_{\mathrm{J}} - \bar{\boldsymbol{S}}^{*\mathrm{T}}_{\mathrm{IJ}}\, \bar{\boldsymbol{u}}^*_{\mathrm{IR}} \end{Bmatrix} ,$$
$$\boldsymbol{S}^*_{\mathrm{m}} \quad \boldsymbol{u}^* = \bar{\boldsymbol{p}}^*_{\mathrm{m}} . \tag{5.9}$$

Die Erzeugung des Gleichungssystems (5.9), aus dem unmittelbar der gesamte Systemverschiebungsvektor $\boldsymbol{u}^*$ bestimmt wird, erfolgt randbedingungsorientiert, wobei die Reihenfolge der Randbedingungen keine Rolle spielt. In der Zusammenstellung 5.1 wird allgemeingültig gezeigt, wie eine inhomogene Randbedingung

$$U_{\mathrm{i}} = \bar{U}_{\mathrm{i}} \tag{5.10}$$

in das Gleichungssystem eingebaut wird. Zunächst wird die i-te Spalte der Steifigkeitsmatrix mit der vorgegebenen Verschiebung multipliziert und vom Lastvektor abgezogen. Anschließend werden die i-te Zeile und die i-te Spalte zu Null gesetzt und die Verschiebungsrandbedingung (5.10) in die i-te Zeile des Gleichungssystems geschrieben. Im Zuge der programmtechnischen Umsetzung werden die Verschiebungsrandbedingungen, Gl. (5.8), mit einem positiven Faktor α von der Größenordnung des größten Hauptdiagonalkoeffizienten der Steifigkeitsmatrix gewichtet.

Zusammenstellung 5.1. Veränderung der Systemmatrizen infolge der inhomogenen Randbedingung $U_{\mathrm{i}} = \bar{U}_{\mathrm{i}}$ (Auf eine Kennzeichnung der globalen Größen mit $*$ wird verzichtet.)

Systemmatrizen vor der Veränderung

$$\begin{bmatrix} \boldsymbol{S}_{\mathrm{KK}} & \boldsymbol{s}_{\mathrm{Ki}} & \boldsymbol{S}_{\mathrm{KL}} \\ \boldsymbol{s}_{\mathrm{Ki}}^{\mathrm{T}} & S_{\mathrm{ii}} & \boldsymbol{s}_{\mathrm{Li}}^{\mathrm{T}} \\ \boldsymbol{S}_{\mathrm{KL}}^{\mathrm{T}} & \boldsymbol{s}_{\mathrm{Li}} & \boldsymbol{S}_{\mathrm{LL}} \end{bmatrix} \begin{Bmatrix} \bar{\boldsymbol{p}}_{\mathrm{K}} \\ \bar{p}_{\mathrm{i}} \\ \bar{\boldsymbol{p}}_{\mathrm{L}} \end{Bmatrix}$$

Systemmatrizen nach der Veränderung

$$\begin{bmatrix} \boldsymbol{S}_{\mathrm{KK}} & \boldsymbol{0} & \boldsymbol{S}_{\mathrm{KL}} \\ \boldsymbol{0}^{\mathrm{T}} & 1 & \boldsymbol{0}^{\mathrm{T}} \\ \boldsymbol{S}_{\mathrm{KL}}^{\mathrm{T}} & \boldsymbol{0} & \boldsymbol{S}_{\mathrm{LL}} \end{bmatrix} \begin{Bmatrix} \bar{\boldsymbol{p}}_{\mathrm{K}} - \boldsymbol{s}_{\mathrm{Ki}}\,\bar{U}_{\mathrm{i}} \\ \bar{U}_{\mathrm{i}} \\ \bar{\boldsymbol{p}}_{\mathrm{L}} - \boldsymbol{s}_{\mathrm{Li}}\,\bar{U}_{\mathrm{i}} \end{Bmatrix}$$

Dies ist notwendig, da im Zuge der Auflösung des Gleichungssystems die Pivotelemente auf ‚Null' abgefragt werden (siehe Abschnitt 5.5). Bei dem im folgenden angegebenen Algorithmus für den Einbau einer Verschiebungsrandbedingung in die Systemsteifigkeitsmatrix (SSM) und in den Systemlastvektor (SLV), bei dem die Symmetrie und die Bandstruktur der Steifigkeitsmatrix ausgenutzt wird, bedeuten IFG die Nummer und VORVER die Größe der vorgegebenen Verschiebung, NBAND die Bandbreite und NSFG die Anzahl der Systemfreiheitsgrade.

```
!   Anfang und Ende der Spalte des gesperrten Freiheitsgrades

                       JA = IFG - NBAND + 1
    IF (JA .LT. 1    ) JA = 1

                       JE = IFG + NBAND - 1
    IF (JE .GT. NSFG) JE = NSFG

!   Beruecksichtigung der Belastung aus inhomogener Randbedingung

    IF (ABS(VorVer) .GT. TINY(1.0)) THEN

      DO  J = JA , IFG - 1
        SLV(J) = SLV(J) - VorVer * SSM(J  ,IFG - J + 1)
      END DO

      DO  J = IFG + 1, JE
        SLV(J) = SLV(J) - VorVer * SSM(IFG,J - IFG + 1)
      END DO

    END IF

!   Elimination der Zeile und Spalte des gesperrten Freiheitsgrades

    DO  J = JA , IFG - 1
      SSM(J  ,IFG - J + 1) = 0.0
    END DO

    DO  J = IFG + 1, JE
      SSM(IFG,J - IFG + 1) = 0.0
    END DO
```

```
!   Uebernahme der Randbedingungsformulierung in das Gleichungssystem

    SSM(IFG,1) = ALPHA
    SLV(IFG  ) = ALPHA * VorVer
```

Die weiteren Randbedingungen werden auf dieselbe Art und Weise sukzessiv in das Gleichungssystem eingebaut.

Interessiert man sich auch für den Auflagerkraftvektor $\boldsymbol{a}^*$ oder für die Formänderungsenergie Π_i, so müssen die Systemmatrizen $\boldsymbol{S}^*$ und $\bar{\boldsymbol{p}}^*$ unmittelbar nach ihrem Aufbau abgespeichert werden. Nach Ermittlung des Verschiebungsvektor $\boldsymbol{u}^*$ lassen sich die generalisierten Auflagerkräfte und die Formänderungsenergie aus den Gleichungen

$$\boldsymbol{a}^* = \boldsymbol{S}^*\boldsymbol{u}^* - \bar{\boldsymbol{p}}^* , \tag{5.11}$$

$$\Pi_\mathrm{i} = \boldsymbol{u}^{*\mathrm{T}}\boldsymbol{S}^*\boldsymbol{u}^* \tag{5.12}$$

ermitteln.

5.4 Direkter Aufbau der Matrizen des gefesselten Systems

Bei der im Programm SCHEIB realisierten Vorgehensweise, zunächst die Matrizen des freien Systems aufzustellen und anschließend erst die Randbedingungen zu berücksichtigen, sind alle Knotenverschiebungen, d. h. auch diejenigen, die durch Randbedingungen vorgegeben sind, Freiheitsgrade des Systems. Diese Vorgehensweise erweist sich bei Eigenwertproblemen (z. B. Ermittlung von Eigenfrequenzen bei der Eigenschwingungsberechnung in der Dynamik) als unbrauchbar. Wir erläutern daher am Beispiel aus Bild 5.2 eine Alternative, bei der nur die nichtvorgegebenen Knotenverschiebungen als Freiheitsgrade eingeführt werden. Dabei wird das Gleichungssystem

$$\boldsymbol{S}^*_\mathrm{JJ}\boldsymbol{u}^*_\mathrm{J} = \{\bar{\boldsymbol{p}}^*_\mathrm{J} - \boldsymbol{S}^{*\mathrm{T}}_\mathrm{IJ}\ \bar{\boldsymbol{u}}^*_\mathrm{IR}\} \tag{5.6}$$

direkt aufgebaut.

Zuerst werden programmintern die Freiheitsgrade des gefesselten Systems numeriert. Das Ergebnis ist in Bild 5.7 dargestellt, wobei die Pfeile die Freiheitsgrade U_j symbolisieren und die daneben gesetzten Zahlen die Indizes j angeben. Anschließend werden die Indexvektoren aufgestellt, wobei die gleiche Reihenfolge wie im Abschnitt 5.2 (siehe Bild 5.7 rechts) einzuhalten ist. Beispielsweise ergibt sich für Element ⑤

$$\{\ 4, 11,\ \ 6, 13,\ \ 5, 12,\ \ 7, 14\}$$

und für Element ①

$$\{\ 0,\ \ 0,\ \ 1,\ \ 4,\ \ 0,\ \ 3,\ \ 0,\ \ 5\}.$$

Dabei bedeutet 0, dass der entsprechende Elementfreiheitsgrad gesperrt ist. Die Bandbreite ergibt sich als die um 1 erhöhte größte Differenz der Freiheitsgradindizes im Element. Bei dem Beispiel ist $n_\mathrm{b} = 11$. Der Einbau der Elementmatrizen in

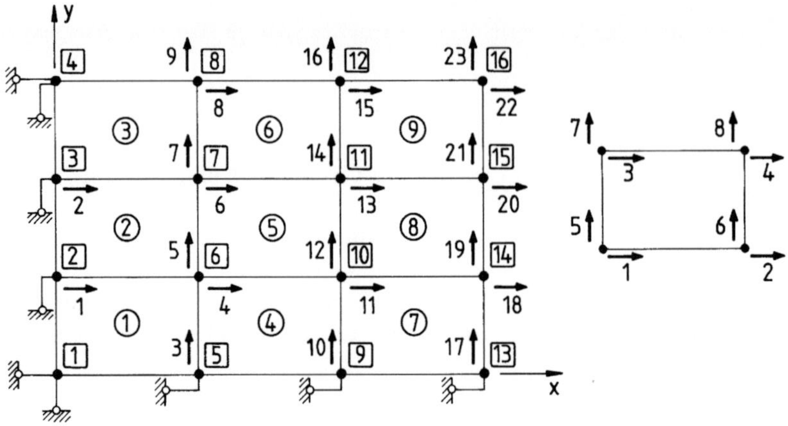

Bild 5.7. Indizierung der durch einen Pfeil symbolisierten Freiheitsgrade des Systems (links) und des Elementes (rechts)

die Systemmatrizen läuft fast genauso wie in der in Abschnitt 5.2 beschriebenen Weise ab, es muss allerdings dafür gesorgt werden, dass Koeffizienten gesperrter Freiheitsgrade übergangen und nicht etwa in die 0-te Zeile oder in die 0-te Spalte eingebaut werden. Liegen inhomogene Randbedingungen vor, dann müssen vor dem Einbau die zugehörigen Spalten der Elementsteifigkeitsmatrizen mit den vorgegebenen Verschiebungen multipliziert und von den Elementlastvektoren abgezogen werden. Wenn es sich nicht um Eigenwertprobleme handelt, ist diese Vorgehensweise nicht zu empfehlen, da der Aufbau der Systemmatrizen und die Berechnung der Auflagerkräfte komplizierter als bei dem im Abschnitt 5.3 beschriebenen Vorgehen ist.

5.5 Lösen des Gleichungssystems

Gaußsches Eliminationsverfahren

Mit den Gln. (5.9) bzw. (5.6) liegt ein lineares Gleichungssystem der Form $\boldsymbol{A}\,\boldsymbol{x} = \boldsymbol{b}$ vor. Das Gleichungssystem lässt sich nur auflösen, wenn die n Gleichungen linear unabhängig voneinander sind. Die Matrix $\boldsymbol{A}$ hat dann den Rang n, ihre Determinante ist ungleich Null.

Der Unbekanntenvektor $\boldsymbol{x}$ wird im Programm SCHEIB mit dem *Gaußschen Eliminationsverfahren* (Bild 5.8) bestimmt. Mit Hilfe der den Informationsgehalt des Gleichungssystems nicht verändernden Zeilenoperationen,

- Vertauschung zweier Zeilen,
- Multiplikation einer Zeile mit einem von Null verschiedenen Skalar,
- Ersetzen der j-ten Zeile durch die Summe aus j-ter und k-ter Zeile,

wird das Gleichungssystem so umgeformt, dass die Matrix $\boldsymbol{A}$ in eine Rechtsdreiecksmatrix übergeht (*Vorwärtselimination*). Aus dieser Form des Gleichungssystems

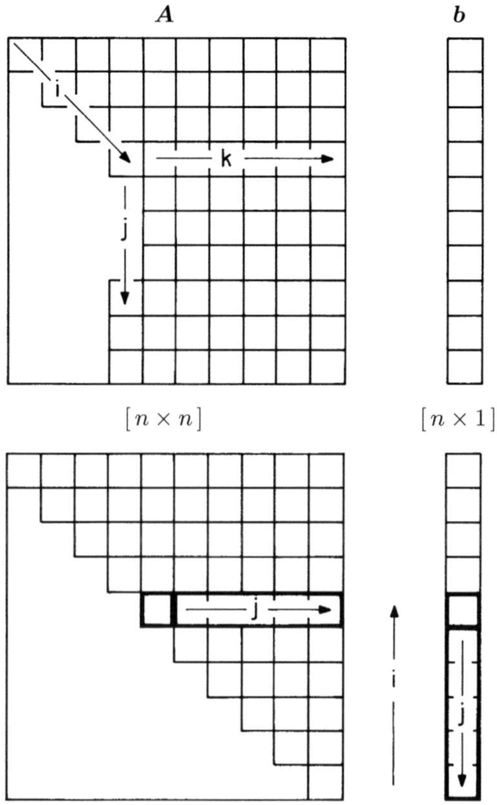

Vorwärtselimination

$i = 1, n-1:$

$\quad j = i+1, n:$

$\quad\quad q_{ji} = a_{ji} \,/\, a_{ii}$

$\quad\quad k = i+1, n:$

$\quad\quad\quad a_{jk} = a_{jk} - q_{ji}\, a_{ik}$

$\quad\quad b_j = b_j - q_{ji}\, b_i$

Rückwärtsauflösung

$i = n, 1:$

$$b_i = \frac{1}{a_{ii}} \left\{ b_i - \sum_{j=i+1}^{n} a_{ij}\, b_j \right\}$$

Bild 5.8. Programmtechnische Umsetzung des Gaußschen Eliminationsverfahrens. Am Ende der Rückwärtsauflösung enthält die rechte Seite $\boldsymbol{b}$ den Unbekanntenvektor $\boldsymbol{x}$.

lassen sich die Unbekannten durch *Rückwärtsauflösung* sehr leicht bestimmen. Eine Erweiterung des Algorithmus auf ein Gleichungssystem mit mehreren rechten Seiten ist leicht möglich.

Den ersten Schritt der Vorwärtselimination demonstrieren wir in der Zusammenstellung 5.2 am Beispiel eines Gleichungssystems mit $n = 4$ Unbekannten. Das a_{k1}/a_{11}-fache der ersten Zeile, der Pivotzeile des ersten Schrittes, wird von der k-ten Zeile abgezogen, wobei sich die Koeffizienten der ersten Spalte unterhalb der Hauptdiagonale zu Null ergeben. Der zweite Eliminationsschritt wird nur noch auf die unterhalb der ersten Zeile und rechts von der ersten Spalte stehende, quadratische Untermatrix angewandt, usw.. Nach insgesamt $n-1$ Schritten ist der Eliminationsprozess abgeschlossen. Wie man aus der Zusammenstellung 5.2 entnehmen kann, ist die Voraussetzung für die Elimination, dass das Hauptdiagonalelement der Pivotzeile, das Pivotelement, ungleich Null ist. Durch Zeilentausch lässt sich diese Voraussetzung immer dann erfüllen, wenn die Matrix $\boldsymbol{A}$ regulär ist, d. h. wenn ihre Determinante ungleich Null ist. Die Determinante von $\boldsymbol{A}$ lässt sich nach der Vorwärtselimination einfach berechnen: Sie ergibt sich als Produkt der Hauptdiagonalelemente. Ist die Matrix singulär, dann ist ihr Rangabfall gleich der Anzahl der

Zusammenstellung 5.2. Erster Schritt der Vorwärtselimination bei einem Gleichungssystem mit 4 Unbekannten.

Lineares Gleichungssystem $\boldsymbol{A}\boldsymbol{x} = \boldsymbol{b}$:

$$\begin{bmatrix} a_{11} & a_{12} & a_{13} & a_{14} \\ a_{21} & a_{22} & a_{23} & a_{24} \\ a_{31} & a_{32} & a_{33} & a_{34} \\ a_{41} & a_{42} & a_{43} & a_{44} \end{bmatrix} \begin{Bmatrix} x_1 \\ x_2 \\ x_3 \\ x_4 \end{Bmatrix} = \begin{Bmatrix} b_1 \\ b_2 \\ b_3 \\ b_4 \end{Bmatrix}$$

Erster Schritt der Vorwärtselimination:

$$\begin{bmatrix} a_{11} & a_{12} & a_{13} & a_{14} \\ 0 & a_{22} - \dfrac{a_{21}}{a_{11}} a_{12} & a_{23} - \dfrac{a_{21}}{a_{11}} a_{13} & a_{24} - \dfrac{a_{21}}{a_{11}} a_{14} \\ 0 & a_{32} - \dfrac{a_{31}}{a_{11}} a_{12} & a_{33} - \dfrac{a_{31}}{a_{11}} a_{13} & a_{34} - \dfrac{a_{31}}{a_{11}} a_{14} \\ 0 & a_{42} - \dfrac{a_{41}}{a_{11}} a_{12} & a_{43} - \dfrac{a_{41}}{a_{11}} a_{13} & a_{44} - \dfrac{a_{41}}{a_{11}} a_{14} \end{bmatrix} \begin{Bmatrix} x_1 \\ x_2 \\ x_3 \\ x_4 \end{Bmatrix} = \begin{Bmatrix} b_1 \\ b_2 - \dfrac{a_{21}}{a_{11}} b_1 \\ b_3 - \dfrac{a_{31}}{a_{11}} b_1 \\ b_4 - \dfrac{a_{41}}{a_{11}} b_1 \end{Bmatrix}$$

nach der Vorwärtselimination entstandenen Null-Hauptdiagonalelemente. Im Spezialfall einer symmetrischen und positiv definiten Matrix $\boldsymbol{A}$ lässt sich der Eliminationsprozess ohne Zeilentausch durchführen. Während des Eliminationsprozess es lässt sich die Symmetrie ausnutzen, da die Untermatrix symmetrisch bleibt; ebenso bleibt eine vorhandene Bandstruktur erhalten (siehe Zusammenstellung 5.2). Im folgenden sind die FORTRAN90-Statements des im Programm SCHEIB implementierten Gaußschen Algorithmus bei einer symmetrischen Matrix mit Bandstruktur (Steifigkeitsmatrix) angegeben. Dabei ist NBAND die Bandbreite und NGLE die Anzahl der Gleichungen, die mit der Anzahl der Systemfreiheitsgrade identisch ist.

```
!   V O R W A E R T S E L I M I N A T I O N

    DO  I = 1, NGLE - 1

!     Ist das I-te Pivotelement gleich Null?

      IF (ABS(A(I,1)) .LT. EPS) RETURN

!     Ende der I-ten Spalte

                          JKE = I + NBAND - 1
      IF (JKE .GT. NGLE) JKE = NGLE

      DO  J = I + 1, JKE

        JvonI = J - I + 1
```

```
!        Ist die Elimination nicht erforderlich?

         IF (ABS(A(I,JvonI)) .GT. KDRZ) THEN

           Q = A(I,JvonI) / A(I,1)

           DO  K = J, JKE
             KvonJ       = K - J + 1
             A(J,KvonJ) = A(J,KvonJ) - Q * A(I,K - I + 1)
           END DO

           B(J) = B(J) - Q * B(I)

         END IF

       END DO

     END DO

!    Ist das letzte Pivotelement gleich Null?

     IF (ABS(A(NGLE,1)) .LT. EPS) RETURN

!    R U E C K W A E R T S A U F L O E S U N G

     DO  I = NGLE, 1, - 1

!      Ende der I-ten Zeile

               JE = I + NBAND - 1
       IF (JE .GT. NGLE) JE = NGLE

       DO  J = I + 1, JE
         B(I) = B(I) - A(I,J - I + 1) * B(J)
       END DO

       B(I) = B(I) / A(I,1)

     END DO
```

Da die Steifigkeitsmatrix nach Einbau der Randbedingungen positiv definit sein muss, ist auf die Möglichkeit eines Zeilentausches verzichtet worden. Die Regularität der Matrix wird aber zur Sicherheit während der Elimination überprüft, indem die Pivotelemente auf Null abgefragt werden. Ist ein Pivotelement gleich Null, d. h. numerisch, ist es betragsmäßig kleiner als die Nullschranke Eps, wird die Berechnung abgebrochen. (Da Eps bei großen Koeffizienten größer als 1 ist, müssen die Verschiebungsrandbedingungen, Gl. (5.8), mit dem Faktor a gewichtet werden, um einen sinnlosen Abbruch zu verhindern.) Die positive Definitheit kann am Ende des Eliminationsprozesses leicht kontrolliert werden, da dann sämtliche Hauptdiagonalelemente größer als Null sein müssen.

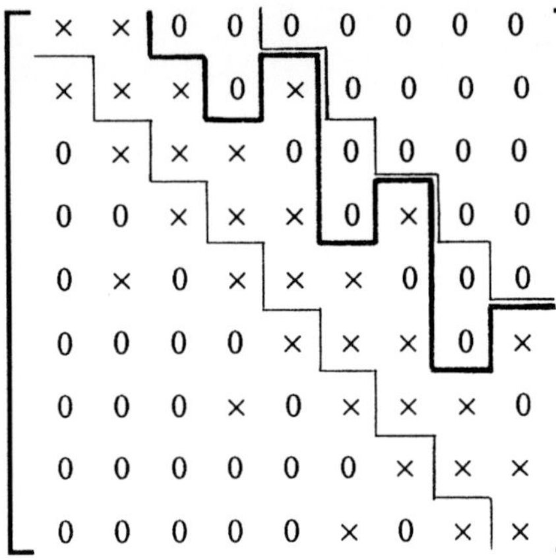

Bild 5.9. Band (Diagonalen zwischen den beiden dünnen Linien) und Skyline-Profil (Bereich unterhalb der dicken Linie bis zur Hauptdiagonalen einschließlich) einer symmetrischen Matrix

Wie man sich anhand der Zusammenstellung 5.2 klarmachen kann, beruht der Erhalt der Bandbreite darauf, dass während des Eliminationsprozesses eine Spalte nur unterhalb ihres höchsten von Null verschiedenen Koeffizienten verändert wird. (Dies ist bei dem angegebenen Algorithmus berücksichtigt worden, um zu verhindern, dass überflüssigerweise das 0-fache der Pivotzeile von einer anderen Zeile abgezogen wird.) Besser im Hinblick auf Rechenzeit und Speicherplatz wird der relevante Spaltenbereich bei der *Skyline*-Speichertechnik ausgenutzt [5.5, 5.7]. Wir verdeutlichen diese Speicherung an der Matrix aus Bild 5.9. Von der Systemsteifigkeitsmatrix wird nur das Profil berechnet, d. h. der Bereich von den höchsten von Null verschiedenen Spaltenkoeffizienten bis zur Hauptdiagonale. Gespeichert wird das Profil spaltenweise in einem (eindimensionalen) Vektor. Für die Verwaltung des Vektors benötigt man lediglich die Position der Hauptdiagonalelemente. Da diese Speichertechnik, die für Ringstrukturen prädestiniert ist, komplizierter als die Bandspeicherung ist, wurden Programmbibliotheken entwickelt, die den Aufbau der Systemsteifigkeitsmatrix und das Lösen des Gleichungssystems übernehmen (z. B. LSD/FEM: Library for the Software Development of F. E. M. [5.12]).

Alternativen, die die schwache Besetzung der Koeffizientenmatrix auszunutzen, werden z. B. in [5.13] aufgezeigt.

Frontlösungsmethode und Blockeliminationsverfahren

Eine weitere Möglichkeit, Speicherplatz zu sparen, ist die *Frontlösungsmethode* [5.5, 5.8], bei der der Aufbau des Gleichungssystems und die Vorwärtselimination parallel ablaufen und die Zwischenergebnisse im Hintergrund gespeichert werden. Das Verfahren beruht darauf, dass für einen Eliminationsschritt nur n_b Zeilen im Kernspeicher zur Verfügung stehen müssen.

Liegen sehr große Matrizen oder Matrizen mit speziellen Besetzungen vor, empfehlen sich in Verbindung mit einer Hintergrundspeicherung *Blockeliminationsverfahren*. Bei diesen Verfahren teilt man die Matrizen in einzelne Blöcke oder Submatrizen auf, die als Koeffizienten von Hypermatrizen aufgefasst werden. In der

Zusammenstellung 5.3. Erster Schritt bei einem Blockeliminationsverfahren nach Gauß.

Lineares Gleichungssystem $\boldsymbol{A}\,\boldsymbol{x} = \boldsymbol{b}$:

$$\begin{bmatrix} \boldsymbol{A}_{11} & \boldsymbol{A}_{12} & \boldsymbol{A}_{13} \\ \boldsymbol{A}_{21} & \boldsymbol{A}_{22} & \boldsymbol{A}_{23} \\ \boldsymbol{A}_{31} & \boldsymbol{A}_{32} & \boldsymbol{A}_{33} \end{bmatrix} \begin{Bmatrix} \boldsymbol{x}_1 \\ \boldsymbol{x}_2 \\ \boldsymbol{x}_3 \end{Bmatrix} = \begin{Bmatrix} \boldsymbol{b}_1 \\ \boldsymbol{b}_2 \\ \boldsymbol{b}_3 \end{Bmatrix}$$

Erster Schritt der Vorwärtselimination:

$$\begin{Bmatrix} \boldsymbol{A}_{11} & \boldsymbol{A}_{12} & \boldsymbol{A}_{13} \\ 0 & \boldsymbol{A}_{22} - \boldsymbol{Q}_{21}\,\boldsymbol{A}_{12} & \boldsymbol{A}_{23} - \boldsymbol{Q}_{21}\,\boldsymbol{A}_{13} \\ \boldsymbol{0} & \boldsymbol{A}_{32} - \boldsymbol{Q}_{31}\,\boldsymbol{A}_{12} & \boldsymbol{A}_{33} - \boldsymbol{Q}_{31}\,\boldsymbol{A}_{13} \end{Bmatrix} \begin{Bmatrix} \boldsymbol{x}_1 \\ \boldsymbol{x}_2 \\ \boldsymbol{x}_3 \end{Bmatrix} = \begin{Bmatrix} \boldsymbol{b}_1 \\ \boldsymbol{b}_2 - \boldsymbol{Q}_{21}\,\boldsymbol{b}_1 \\ \boldsymbol{b}_3 - \boldsymbol{Q}_{31}\,\boldsymbol{b}_1 \end{Bmatrix}$$

mit $\boldsymbol{Q}_{21} = \boldsymbol{A}_{21}\,\boldsymbol{A}_{11}^{-1}$ bzw. $\boldsymbol{A}_{11}^{\mathrm{T}}\,\boldsymbol{Q}_{21}^{\mathrm{T}} = \boldsymbol{A}_{21}^{\mathrm{T}}$

mit $\boldsymbol{Q}_{31} = \boldsymbol{A}_{31}\,\boldsymbol{A}_{11}^{-1}$ bzw. $\boldsymbol{A}_{11}^{\mathrm{T}}\,\boldsymbol{Q}_{31}^{\mathrm{T}} = \boldsymbol{A}_{31}^{\mathrm{T}}$

Zusammenstellung 5.3 ist angedeutet, wie das Gaußsche Verfahren mit Blockstrukturierung abläuft.

Beim Vergleich mit der Zusammenstellung 5.2 erkennt man den Zusammenhang mit dem einfachen Gaußschen Eliminationsverfahren. Der rechenintensivste Teil ist dabei die Bestimmung von $\boldsymbol{Q}_{\mathrm{ij}}$, für die ein Gleichungssystem mit mehreren rechten Seiten gelöst werden muss. Bei einer symmetrischen Hypermatrix $\boldsymbol{A}$ kann das Verfahren weiter optimiert werden. Die Blockeliminationsverfahren sind besonders effizient, wenn zusätzlich eine vorhandene schwache Besetzung der Hypermatrizen ausgenutzt wird.

Cholesky-Verfahren

Wir haben uns bisher mit dem Gaußschen Eliminationsverfahren beschäftigt. Ein weitere klassische Methode, ein lineares Gleichungssystem $\boldsymbol{A}\,\boldsymbol{x} = \boldsymbol{b}$ zu lösen, ist das *Cholesky-Verfahren* [5.6]. Während beim Gaußschen Algorithmus die quadratische Matrix $\boldsymbol{A}$ lediglich regulär sein muss, kann das Cholesky-Verfahren nur bei symmetrischen, positiv definiten Matrizen angewandt werden. Kern des Cholesky-Verfahrens ist die Darstellung der Matrix $\boldsymbol{A}$ als Produkt aus einer Links- und einer Rechtsdreiecksmatrix, wobei die Linksdreiecksmatrix gleich der transponierten Rechtsdreiecksmatrix ist. Nach Bestimmung der Rechtsdreiecksmatrix wird durch Vorwärtsauflösung ein Hilfsvektor $\boldsymbol{y}$ bestimmt, mit dem sich durch Rückwärtsauflösung der Unbekanntenvektor $\boldsymbol{x}$ ermitteln lässt:

1. $\boldsymbol{A} = \boldsymbol{R}^{\mathrm{T}}\,\boldsymbol{R}$ (Cholesky-Zerlegung),
2. $\boldsymbol{R}^{\mathrm{T}}\,\boldsymbol{y} = \boldsymbol{b}$ (Vorwärtsauflösung),
3. $\boldsymbol{R}\,\boldsymbol{x} = \boldsymbol{y}$ (Rückwärtsauflösung).

Bei der programmtechnischen Umsetzung muss außer den Matrizen $\boldsymbol{A}$ und $\boldsymbol{b}$ kein weiterer Speicherplatz zur Verfügung gestellt werden. Während der Cholesky-Zerlegung geht $\boldsymbol{A}$ sukzessiv in die Rechtsdreiecksmatrix $\boldsymbol{R}$ über. Der Vektor $\boldsymbol{b}$ enthält nach der Vorwärtsauflösung den Hilfsvektor $\boldsymbol{y}$ und am Ende der Rückwärtsauflösung den Unbekanntenvektor $\boldsymbol{x}$. Auch beim Cholesky-Verfahren lässt sich eine vorhandene Bandstruktur oder das Skyline-Profil der Koeffizientenmatrix $\boldsymbol{A}$ ausnutzen. Ebenfalls sind auf Hintergrundspeicherung basierende Techniken wie Frontlösungs- und Blockeliminationsverfahren anwendbar [5.5].

Modifizierte Cholesky-Verfahren

Die Matrix $\boldsymbol{A}$ lässt sich auch in der Form $\boldsymbol{A} = \boldsymbol{R}^{\mathrm{T}}\, \boldsymbol{D}\, \boldsymbol{R}$ zerlegen, so dass das Cholesky-Verfahren auch bei indefiniter, regulärer Koeffizientenmatrix angewandt werden kann. $\boldsymbol{R}$ ist dabei wiederum eine Rechtsdreiecksmatrix und $\boldsymbol{D}$ eine nur auf der Hauptdiagonalen besetzte Matrix. Da die Zerlegung im gewissen Maße willkürlich ist, beschränken wir uns darauf, zwei Varianten aufzuführen. Bei der ersten Variante wird vorgegeben, dass sämtliche Hauptdiagonalkoeffizienten der Rechtsdreiecksmatrix $\boldsymbol{R}$ gleich 1 sind. Bei der zweiten Varianten wird festgelegt, dass die Koeffizienten der Diagonalmatrix $\boldsymbol{D}$ nur $+1$ oder -1 sind. Die restliche Zerlegung lässt sich leicht aus der Forderung ableiten, dass $\boldsymbol{A} = \boldsymbol{R}^{\mathrm{T}}\, \boldsymbol{D}\, \boldsymbol{R}$ sein soll. Die modifizierten Cholesky-Verfahren bestehen aus drei Schritten:

1. $\boldsymbol{A} = \boldsymbol{R}^{\mathrm{T}}\, \boldsymbol{D}\, \boldsymbol{R}$ (Zerlegung),
2. $\boldsymbol{R}^{\mathrm{T}}\, \boldsymbol{D}\, \boldsymbol{y} = \boldsymbol{b}$ (Vorwärtsauflösung),
3. $\boldsymbol{R}\, \boldsymbol{x} = \boldsymbol{y}$ (Rückwärtsauflösung).

Rechenaufwand beim Gaußschen Algorithmus und beim Cholesky-Verfahren

Der Gaußsche Algorithmus und das Cholesky-Verfahren zählen zu den *direkten Methoden*, bei denen die Unbekannten nach einer vorher angebbaren Anzahl von Operationen bestimmt werden. Das Gaußsche Verfahren benötigt bei einer symmetrischen Koeffizientenmatrix mit vollbesetztem Band

$$\left\{\frac{1}{6}\, n^3\, (3\, \mu^2 - 2\, \mu^3) + n^2\, (\frac{3}{2}\, \mu - \frac{1}{2}\, \mu^2) - \frac{7}{6}\, n\, (\frac{12}{7} - \frac{5}{7}\, \mu)\right\} \text{ \textit{Additionen} und}$$
$$\left\{\frac{1}{6}\, n^3\, (3\, \mu^2 - 2\, \mu^3) + \frac{3}{2}\, n^2\, (\frac{5}{3}\, \mu - \frac{2}{3}\, \mu^2) - \frac{2}{3}\, n\, (3 - 2\, \mu)\right\} \text{ \textit{Multiplikationen.}}$$

Dabei ist $\mu = n_{\mathrm{b}} \,/\, n$ das Verhältnis zwischen der Bandbreite und der Anzahl der Gleichungen. Das Cholesky-Verfahren ist geringfügig rechenintensiver (zusätzlich n Multiplikationen und n Quadratwurzelbildungen), ist dafür aber numerisch stabiler [5.11]. Das Cholesky-Verfahren ist gegenüber der Gaußschen Methode hinsichtlich des Speicherplatzes dann im Vorteil, wenn sich nur die rechte Seite $\boldsymbol{b}$ ändert, die Matrix $\boldsymbol{A}$ und damit auch die Matrix $\boldsymbol{R}$ aber gleich bleiben. (Beim Gauß-Verfahren müssten zusätzlich die Faktoren q_{ji} abgespeichert werden.) Dieser Vorteil lässt sich beispielsweise beim Cholesky-Blockeliminationsverfahren [5.5] und bei nichtlinearen Berechnungen (modifiziertes Newton-Raphson-Verfahren [5.7, 5.9]) ausnutzen.

Um die Rechenzeit beim Auflösen des Gleichungssystems abschätzen zu können, fassen wir eine Multiplikation und eine Addition zu einer die Rechenzeit bestimmende Operation zusammen, wobei es ausreicht, nur die Terme mit der höchsten Potenz von n zu berücksichtigen. Sowohl beim Gaußschen Algorithmus als auch beim Cholesky-Verfahren werden

$$\frac{1}{2}\, n\, n_\mathrm{b}^2 \left(1 - \frac{2}{3}\,\mu\right) \textit{ Rechenzeitoperationen} \tag{5.13}$$

durchgeführt. Das ergibt als Faustformel bei symmetrischen, vollbesetzten Matrizen

$$\frac{1}{6}\, n^3 \textit{ Rechenzeitoperationen} \tag{5.14a}$$

und bei symmetrischen Bandmatrizen mit kleinem μ

$$\frac{1}{2}\, n\, n_\mathrm{b}^2 \textit{ Rechenzeitoperationen} \tag{5.14b}$$

Iterative Lösung eines linearen Gleichungssystems

Neben den direkten Methoden existieren auch iterative Gleichungslöser, beispielsweise das Gauß-Seidel-Verfahren und das Überrelaxationsverfahren [5.5, 5.9]. Die iterative Verfahren besitzen (Konvergenz vorausgesetzt) gegenüber den direkten Methoden Rechenzeitvorteile, wenn der Startwert für $\boldsymbol{x}$ in der Nähe der exakten Lösung liegt. Dies kann zum Beispiel bei nichtlinearen Rechnungen mit langsamer Laststeigerung der Fall sein.

Reduzierung der Anzahl der Unbekannten

Um den Rechenaufwand beim Lösen des Gleichungssystems zu minimieren, ist es sinnvoll, vorab die Anzahl der Unbekannten zu minimieren. Die einfachste und wirkungsvollste Möglichkeit ist die Ausnutzung vorhandener *Struktursymmetrien* (siehe Abschnitt 14.3). Unter Rechenzeit- und Speicherplatzgesichtspunkten kann es durchaus sinnvoll sein, eine nahezu symmetrische Struktur unter Verzicht auf Details zwangsweise zu symmetrisieren. Weitere Möglichkeiten der Unbekanntenreduktion, die in der Strukturmechanik insbesondere bei der Eigenschwingungsberechnung eingesetzt werden, bestehen in der statischen Kondensation (siehe Abschnitt 7.6) und in der Substrukturtechnik [5.9, 5.10].

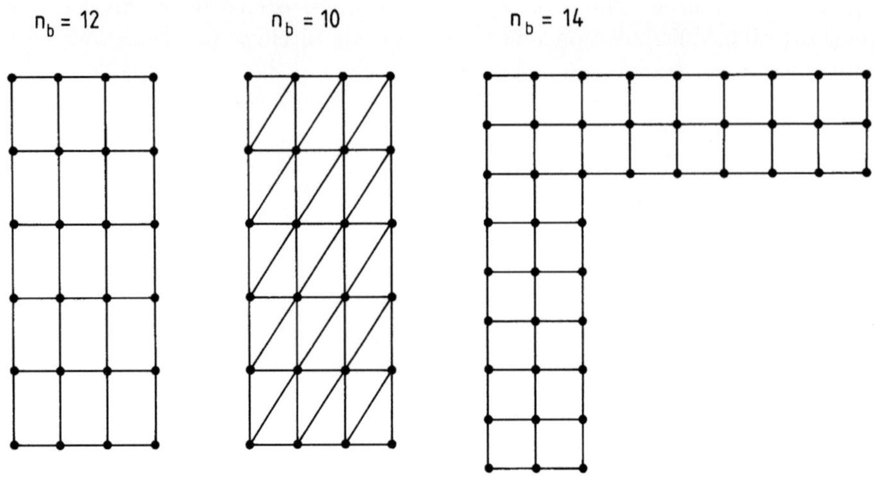

Bild 5.10. Elementnetze dreier Scheibenstrukturen

5.6 Übungsaufgaben

Aufgabe 5.1. Bandbreite

Nummeriere die Knoten der drei Elementnetze aus Bild 5.10 so, dass die angegebene Bandbreite nicht überschritten wird!

Aufgabe 5.2. Besetzung der Systemsteifigkeitsmatrix

Gib entsprechend Bild 5.4 die Besetzung der Systemsteifigkeitsmatrix für die Elementnetze aus Bild 5.6 an, wobei die Anteile der einzelnen Elemente kenntlich zu machen sind!

Aufgabe 5.3. Inhomogene Randbedingungen

Beim Einbau inhomogener Randbedingungen werden die entsprechenden Spalten der Steifigkeitsmatrix mit den vorgegebenen Verschiebungen multipliziert und vom Lastvektor abgezogen. Welche mechanische Bedeutung haben diese Anteile des Lastvektors?

Aufgabe 5.4. Rechenzeiteinsparung durch Symmetrieausnutzung

Bei dem in Bild 5.11 dargestellten Fachwerkrahmen ist die Knotennumerierung für eine Rechnung ohne Symmetrieausnutzung so vorzunehmen, dass die Bandbreite nicht größer als 12 ist.

- Wie groß ist die Anzahl der für die Rechenzeit maßgeblichen Operationen beim Lösen des Gleichungssystems?
- Wie lässt sich bei der vorhandenen Belastung die Symmetrie (siehe Abschnitt 14.3) ausnutzen? Wie lauten die Randbedingungen auf der Symmetrielinie? Nummeriere die Knoten für eine Rechnung mit Symmetrieausnutzung! Wie groß ist die kleinstmögliche Bandbreite? Wie groß ist der Rechenzeitgewinn?

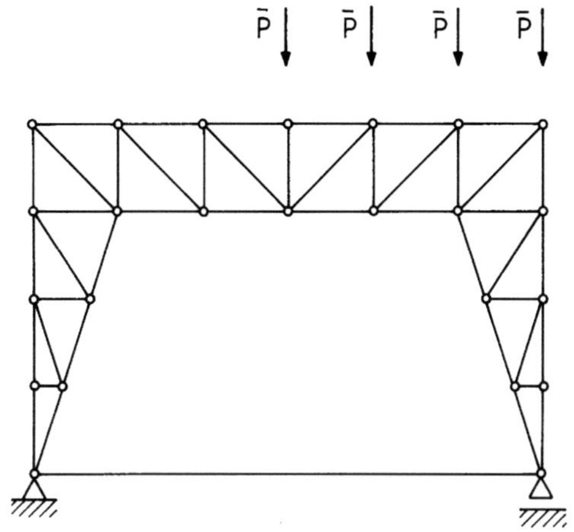

Bild 5.11. Ebener Fachwerkrahmen

Der Fachwerkrahmen ist ohne Symmetrieausnutzung ein Beispiel für eine Ringstruktur, bei der die Skyline-Speichertechnik optimal angewendet werden kann.

- Gib für eine Rechnung ohne Symmetrieausnutzung die Knotennumerierung an, wenn programmintern nur das Profil der Systemsteifigkeitsmatrix aufgebaut wird! Skizziere entsprechend Bild 5.9 die Besetzung der Systemsteifigkeitsmatrix!

Aufgabe 5.5. Singularität der Steifigkeitsmatrix

Bei einer Rechnung mit dem Programm SCHEIB wird beim Auflösen des Gleichungssystems (5.9) die Berechnung mit der Fehlermeldung abgebrochen, dass die Matrix $\boldsymbol{S}^*_{\mathrm{m}}$ singulär ist.

- Welche der im folgenden angegebenen Eingabefehler könnten die Singularität verursacht haben? Begründe die Antwort!
  Mögliche Eingabefehler:
  a) falsche Knotenkoordinaten,
  b) falsche Zuordnung der Element- zu den Systemknoten,
  c) falsche Materialwerte (Elastizitätsmodul, Querkontraktionszahl, Elementdicke)
  d) falsche Randbedingungen,
  e) falsche Lastdaten.
- Welche Fehler können bei einem Rechenlauf schon während der Eingabephase, welche erst beim Aufstellen der Elementsteifigkeitsmatrizen $\boldsymbol{S}_{\mathrm{e}}$ festgestellt werden? Wie kann während der Eingabephase die Kontrolle erfolgen?
- Wird bei der Eingabe der Koordinaten, der Knotenzuordnungen und der Materialwerte kein Fehler gemacht, dann wird die richtige Systemsteifigkeitsmatrix $\boldsymbol{S}^*$ aufgebaut. Welche Bedingung ist dann nicht erfüllt, wenn die Matrix $\boldsymbol{S}^*_{\mathrm{m}}$, die sich durch Modifikation in der in Abschnitt 5.3 vorgestellte Weise aus $\boldsymbol{S}^*$ ergibt, singulär ist?

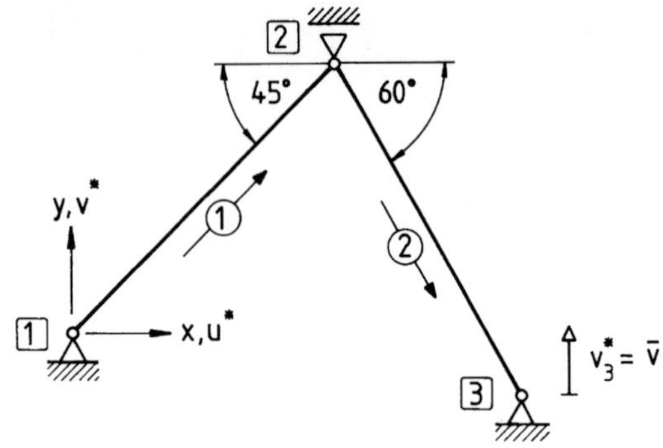

Bild 5.12. Lagerverschiebung bei einem Fachwerk

Aufgabe 5.6. Einbau der Randbedingungen in die Systemmatrizen

Bei dem Fachwerk aus Bild 5.12, das aus zwei Stäben gleicher Länge l und gleicher Dehnsteifigkeit EA besteht, ist nur der Knoten $\boxed{2}$ in x-Richtung frei verschiebbar. Belastet wird das Fachwerk durch eine Lagerverschiebung $v_3^* = \bar{v}$. Die Systemsteifigkeitsmatrix $\boldsymbol{S}^*$ und der Verschiebungsvektor $\boldsymbol{u}^*$ lauten:

$$\boldsymbol{S}^* = \frac{EA}{4\,l}\begin{bmatrix} 2 & 2 & -2 & -2 & 0 & 0 \\ 2 & 2 & -2 & -2 & 0 & 0 \\ -2 & -2 & 3 & \alpha & -1 & \beta \\ -2 & -2 & \alpha & 5 & \beta & -3 \\ 0 & 0 & -1 & \beta & 1 & -\beta \\ 0 & 0 & \beta & -3 & -\beta & 3 \end{bmatrix}, \quad \boldsymbol{u}^* = \begin{Bmatrix} u_1^* \\ v_1^* \\ u_2^* \\ v_2^* \\ u_3^* \\ v_3^* \end{Bmatrix}$$

mit $\alpha = 2 - \beta$, $\beta = \sqrt{3}$.

- Welche Besetzung hat der Systemlastvektor $\bar{\boldsymbol{p}}^*$ im Lastfall Lagerverschiebung (vor dem Einbau der Verschiebungsrandbedingungen)?
- Formuliere die Verschiebungsrandbedingungen und baue sie entsprechend Abschnitt 5.4 in das Gleichungssystem ein! Wie lauten die Matrizen $\boldsymbol{S}_{\mathrm{m}}^*$ und $\bar{\boldsymbol{p}}_{\mathrm{m}}^*$?
- Löse das Gleichungssystem! Wie groß sind die Systemverschiebungen und die Auflagerkräfte? Erfüllen die Auflagerkräfte die Gleichgewichtsbedingungen?

6 Zur Klassifikation von Elementen und Ansatzfunktionen

6.1 Finite Elemente in der Deformationsmethode

Für die Entwicklung der Elementmatrizen spielen die Ansatzfunktionen die entscheidende Rolle. Nachdem wir uns im Kapitel 4 für bilineare Ansatzfunktionen entschieden hatten, war die Ableitung der $[8 \times 8]$-Steifigkeitsmatrix des Scheibenrechteckelementes eine reine Routineangelegenheit.

Bevor wir uns in den Kapiteln 7 und 9 über Elemente und Ansatzfunktionen für einzelne Probleme detailliert Gedanken machen, wollen wir eine Vorstellung davon gewinnen, nach welchen Gesichtspunkten man Elemente und Ansatzfunktionen einteilen kann. Hierzu gehören beispielsweise

- die Dimension des Problems,
- die Form des Elementes und die Anzahl der Knoten,
- die Art der Freiheitsgrade und
- der Typ des mechanischen oder physikalischen Problems.

Dimension des Problems

Naheliegend ist eine Einteilung von Elementen aufgrund der Dimension N des Kontinuums, das untersucht werden soll. Auf dem Gebiet der Strukturmechanik haben wir bereits ein Stabelement ($N = 1$) und ein Scheibenelement ($N = 2$) kennengelernt. Das nächste Element in dieser Reihe wäre ein Volumenelement ($N = 3$). Auch in der Wärmeleitung gibt es eindimensionale, zweidimensionale und dreidimensionale Elemente. Aufgrund der Überlegungen beim Aufbau der Formfunktionen für das Scheibenrechteckelement ahnt man, dass die Angabe von Formfunktionen für ein Quaderelement eine triviale Angelegenheit ist (Bild 6.1). Auch in der dritten Richtung muss noch ein linear veränderlicher Funktionsverlauf angenommen werden, die Formfunktionen sind dann ‚trilinear'.

Form des Elementes und Anzahl der Knoten

Bei einem zweidimensionalen Problem gibt es neben Rechteckelementen auch schiefwinklige oder krummlinig berandete Viereckelemente. Es wird sich zeigen, dass mit bilinearen oder trilinearen Ansätzen der Verlauf der Zustandsgrößen auch in schiefwinkligen Viereckelementen bzw. in entsprechenden dreidimensionalen Elementen (Bild 6.2, Zeile 2) beschrieben werden kann.

Freiheitsgrade sind beim schiefwinkligen Viereckelement für Scheibenprobleme genauso wie beim Rechteckelement die Funktionswerte der unbekannten Zustandsgrößen in den Knoten. Den Algorithmus zur Entwicklung der Formfunktionen und

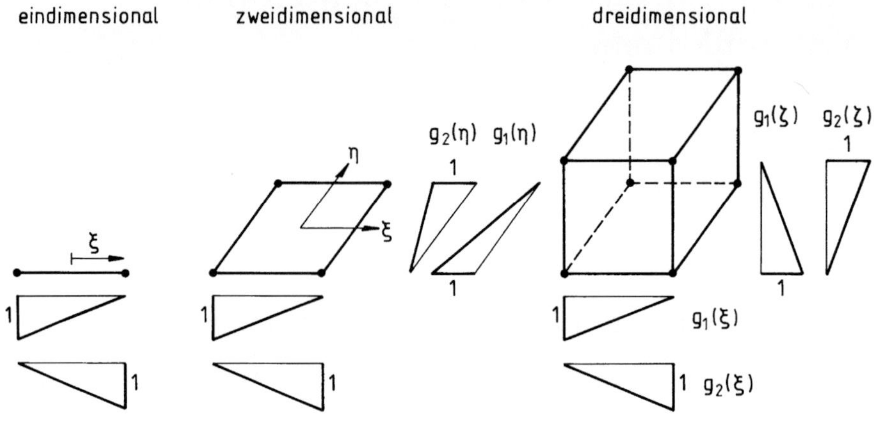

Bild 6.1. Zum Aufbau von linearen, bilinearen und trilinearen Formfunktionen

zur Bestimmung der Matrizen für derartige schiefwinklige Elemente werden wir im Kapitel 7 kennenlernen.

Um auch krummlinige Elementberandungen zu erfassen, reichen zwei Knoten auf einer Seite eines Viereckelementes nicht aus. Man muss mindestens einen weiteren Knoten in der Seitenmitte einführen. Ansätze, die sich auf mehr als zwei Knoten pro Elementrand abstützen, erfordern bereits bei geraden, rechteckigen oder quaderförmigen Elementen quadratische, biquadratische oder triquadratische Ansätze (Bild 6.2, Zeile 3). Es ist zu erwarten, dass sich mit derartigen Ansätzen auch eine weitgehend beliebig krummlinige Berandung erfassen lässt (Bild 6.2, Zeile 4).

Um allgemeine Berandungen erfassen zu können ist bei Scheibenproblemen die Einführung von Dreieckelementen zweckmäßig. Auch hier gibt es krummlinig berandete Elemente. In der Erweiterung auf dreidimensionale Probleme entstehen beispielsweise Tetraederelemente. Die Logik der Elemententwicklung lässt sich von Rechteckelementen auch auf Dreieck- und Tetraederelemente übertragen (Bild 6.2, Zeile 5 bis 7). Zusätzlich existieren noch Elementformulierungen, die an spezielle Koordinatensysteme (z. B. Polarkoordinaten) angepasst sind.

Es ist offensichtlich, dass sich neben linearen und quadratischen auch kubische Elemente und Elemente mit höheren Polynomansätzen aufbauen lassen. In Bild 6.3 ist dargestellt, welche Knoten bei derartigen Elementen eingeführt werden müssen. Auf diesem Wege lassen sich ganze ‚Elementklassen' angeben.

Bei allen bisher genannten Elementen ist C^0-Stetigkeit beim Übergang von einem Element zum Nachbarelement gewährleistet, wenn in beiden Elementen die gleichen Knoten verwendet werden. Das Problem der C^0-Stetigkeit wird im nächsten Kapitel (Bild 7.7) ausführlicher erörtert.

Freiheitsgrade in den Elementknoten

Bisher haben wir stillschweigend vorausgesetzt, dass in allen gekennzeichneten Elementknoten nur die Funktionswerte der unbekannten Zustandsgrößen als Freiheitsgrade auftreten. Das ist für Scheibenelemente ausreichend, da dort nur C^0-Stetigkeit vorliegen muss. Beim schubstarren Balken und bei der schubstarren Plat-

Grundform Verschiebungs-ansatz	*eindimensional*	*zweidimensional*	*dreidimensional*
1. Rechteck linear			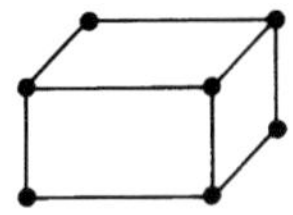
2. schiefwinkliges Viereck linear		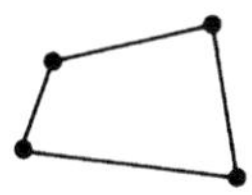	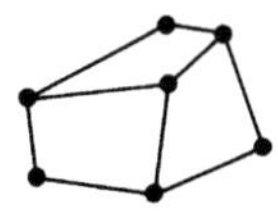
3. Rechteck quadratisch		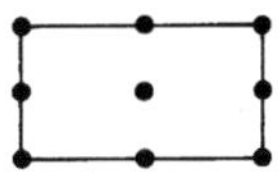	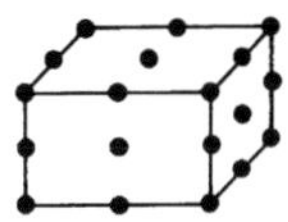
4. krummliniges Viereck quadratisch		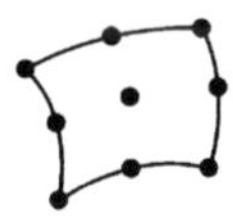	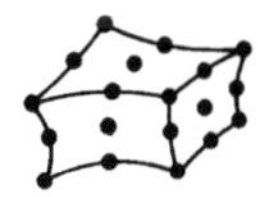
5. Dreieck linear		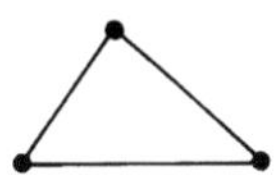	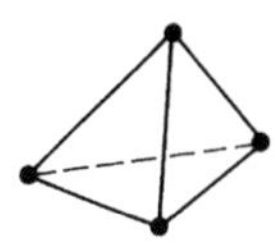
6. Dreieck quadratisch		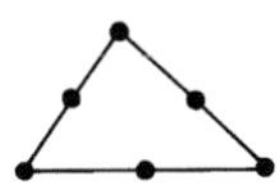	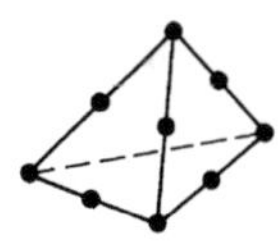
7. krummliniges Dreieck quadratisch		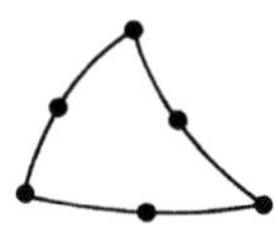	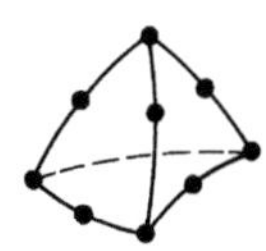

Bild 6.2. Einfache Elementtypen für ein-, zwei- oder dreidimensionale Probleme

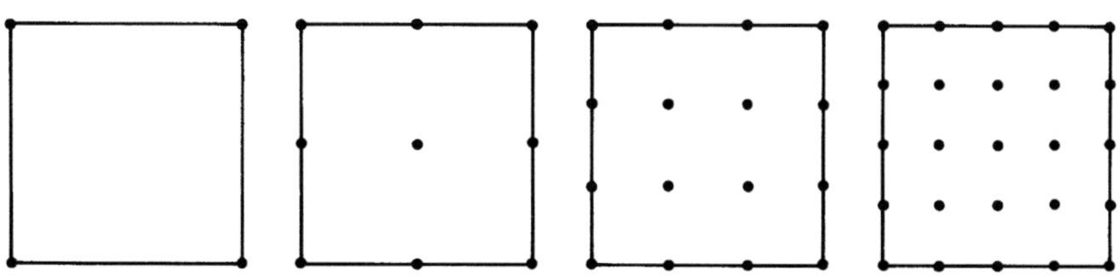

Bild 6.3. Rechteckelemente

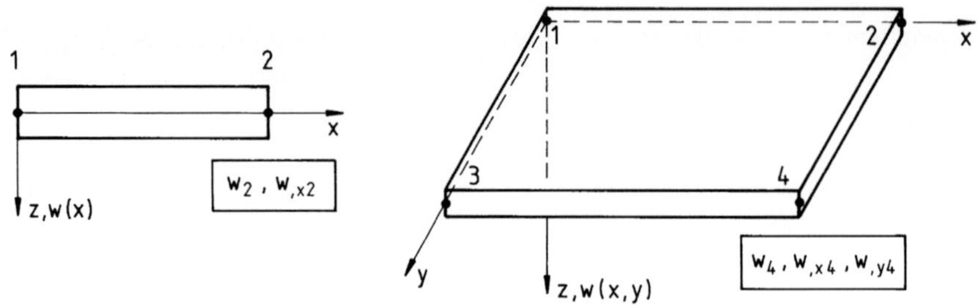

Bild 6.4. Freiheitsgrade für schubstarre Balken- und Plattenelemente

te reicht das nicht aus, da die Ansatzfunktionen für diese Kontinua C^1-Stetigkeit gewährleisten müssen. Hierfür müssen zusätzlich Verschiebungsableitungen als Freiheitsgrade eingeführt werden (Bild 6.4). Auch wenn, wie beim Scheibenproblem, die Ansatzfunktionen nur C^0-Stetigkeit gewährleisten müssen, so kann man natürlich trotzdem Verschiebungsableitungen als Knotenfreiheitsgrade einführen, bei der Scheibe neben u und v auch noch $u_{,\mathrm{x}}, u_{,\mathrm{y}}, v_{,\mathrm{x}}$ und $v_{,\mathrm{y}}$. Mit diesen Freiheitsgraden lassen sich also mehr Rand- und Übergangsbedingungen erfüllen, als unter den Gesichtspunkten der Stetigkeit erforderlich ist, weshalb man von ‚überkompatiblen' Elementen spricht. In den Abschnitten 9.1 und 9.2 werden wir kurz auf überkompatible Plattendreieckelemente eingehen, bei denen auch noch zweite Verschiebungsableitungen, und zwar $w_{,\mathrm{xx}}, w_{,\mathrm{yy}}$ und $w_{,\mathrm{xy}}$, als Knotenfreiheitsgrade auftreten.

Typ des mechanischen oder physikalischen Problems

Entscheidender als die Frage nach der Dimension des Kontinuums, der Form des Elementes und der Anzahl der Knoten ist die Frage, welchem Typ ein mechanisches oder physikalisches Problem, für das Elementmatrizen entwickelt werden sollen, zuzuordnen ist.

Der *Problemtyp* einer mechanischen oder physikalischen Fragestellung wird durch die Operatoren des Variationsprinzips oder der entsprechenden virtuellen Formulierung festgelegt. Derjenige Term des Funktionals, in dem die höchsten lokalen Ableitungen der unabhängigen Zustandsgrößen auftreten, bestimmt die Stetigkeitsforderung. In der Deformationsmethode, d. h. bei Problemen der Kontinuumsmechanik, die in Verschiebungsgrößen formuliert werden, treten die höchsten Ableitungen in der Formänderungsenergie oder der virtuellen Formänderungsenergie auf, bei der Scheibe also in einem Ausdruck der Form:

$$\Pi_\mathrm{i} = \frac{1}{2} \int\limits_\mathrm{B} \left\{ \begin{bmatrix} \partial/\partial x & 0 \\ 0 & \partial/\partial y \\ \partial/\partial y & \partial/\partial x \end{bmatrix} \begin{Bmatrix} u(x,y) \\ v(x,y) \end{Bmatrix} \right\}^\mathrm{T} \boldsymbol{C} \left\{ \begin{bmatrix} \partial/\partial x & 0 \\ 0 & \partial/\partial y \\ \partial/\partial y & \partial/\partial x \end{bmatrix} \begin{Bmatrix} u(x,y) \\ v(x,y) \end{Bmatrix} \right\} \mathrm{d}F\,.$$

Der Typ des mechanischen Problems wird durch den in eckigen Klammern stehenden Verschiebungs-Verzerrungs-Operator $\mathbf{D}_{\varepsilon\mathrm{u}}$ bestimmt. Ohne Belang ist beispielsweise, wie die Stoffmatrix $\boldsymbol{C}$ konkret besetzt ist, ob es sich also um isotropes, orthotropes oder anisotropes Material handelt. Zwar sehen dann die Differentialgleichungen, die in den unabhängigen Zustandsgrößen $u(x,y)$ und $v(x,y)$ formuliert werden, anders aus, der Problemtyp bleibt aber gleich. Der Problemtyp ändert sich auch dann nicht, wenn im Prinzip der virtuellen Verrückungen weitere Integralausdrücke vorkommen, bei denen die unabhängigen Zustandsgrößen mit niedrigeren Ableitungen auftreten (so z. B. die virtuelle Arbeit der Massenkräfte bei dynamischen Problemen oder die virtuelle potentielle Energie aus Anfangslasten bei Problemen der Theorie 2. Ordnung, siehe Kapitel 10).

Fünf Problemtypen, die in der Deformationsmethode vorkommen, sind in Tabelle 6.1 zusammengestellt. Bei ebenen Flächentragwerken handelt es sich um die Membran (I), die Scheibe (II), die schubstarre Platte (III), die schubweiche Platte (IV) und das Cosserat-Scheibenkontinuum[1] (V).

Bei Problemen vom Membrantyp (I), zu denen auch viele andere physikalische Probleme gehören, und bei Problemen vom Scheibentyp (II), muss durch die Ansatzfunktionen C^0-Stetigkeit gewährleistet sein, da im Operator $\mathbf{D}_{\varepsilon\mathrm{u}}$ erste Ableitungen vorkommen. Die beiden Fälle unterscheiden sich u. a. dadurch, dass beim Typ I die unabhängige Zustandsgröße ein Skalar ist, während beim Typ II die unabhängigen Zustandsgrößen einen Vektor (Verschiebungsvektor) bilden. Mit den Ansatzfunktionen und den Elementen für Scheiben- und Membranprobleme befassen wir uns ausführlich im 7. Kapitel.

Auch bei Problemen vom Typ der schubweichen Platte (IV) muss sich mit den Ansatzfunktionen nur C^0-Stetigkeit garantieren lassen. Bei der Betrachtung des Operators $\mathbf{D}_{\varepsilon\mathrm{u}}$ erkennen wir aber eine Besonderheit: Im Operator tritt in den beiden letzten Zeilen zusätzlich der Wert 1 auf. Für die Bildung der Schubverzerrungen werden *Ableitungen* der Querverschiebungen mit *Funktionswerten* der Querschnittsdrehungen kombiniert. Es wird sich zeigen, dass diese Besonderheit zu erheblichen Problemen führt, wenn man ein schubweiches Plattenelement durch Verringerung der Dicke in ein Element für eine schubstarre Platte (Problemtyp III) überführen will. Wir behandeln daher Ansatzfunktionen und Elemente für schubweiche Platten nicht im 7. sondern im 9. Kapitel im Anschluss an die schubstarren Platten, bei denen die Ansatzfunktionen stetig differenzierbar (C^1-stetig) sein müssen.

[1] Cosserat-Kontinua werden nur der Vollständigkeit halber aufgeführt. Beim Cosserat-Scheibenkontinuum handelt es sich um ein scheibenähnliches Flächentragwerk, bei dem als unabhängige Zustandsgrößen neben den Verschiebungen $u(x, y)$ und $v(x, y)$ noch eine Drehung um die Flächennormale auftritt.

Tabelle 6.1. Einteilung von strukturmechanischen Problemen in unterschiedliche Typen in der *Deformationsmethode* (oben) und beim *Kraftgrößenverfahren* (unten)

Problemtyp	I	II	III	IV	V
strukturmechanisches Problem der Deformationsmethode	Seil ($N=1$) **Membran** ($N=2$) {Verwölbung prismatischer Stäbe bei Torsion ($N=2$)}	Dehnstab ($N=1$) **Scheibe** ($N=2$) dreidimensionales Kontinuum ($N=3$)	schubstarrer Balken ($N=1$) **schubstarre Platte** ($N=2$)	schubweicher Balken ($N=1$) **schubweiche Platte** ($N=2$)	**Cosserat-Scheibenkontinuum** ($N=2$) dreidimensionales Cosserat-Kontinuum ($N=3$)
unabhängige Zustandsgrößen und deren Anzahl	Querverschiebung {Wölbfunktion} 1	Verschiebung(en) N	Querverschiebung 1	Querverschiebung 1 Querschnitts-verdrehung(en) N	Verschiebungen N 1 Drehung bei $N=2$ 3 Drehungen bei $N=3$
Operator $\mathbf{D}_{\varepsilon u}$ für $N=2$	$\begin{bmatrix} \partial/\partial x \\ \partial/\partial y \end{bmatrix}$	$\begin{bmatrix} \partial/\partial x & 0 \\ 0 & \partial/\partial y \\ \partial/\partial y & \partial/\partial x \end{bmatrix}$	$\begin{bmatrix} \partial^2/\partial x^2 \\ \partial^2/\partial y^2 \\ 2\,\partial^2/(\partial x\,\partial y) \end{bmatrix}$	$\begin{bmatrix} 0 & \partial/\partial x & 0 \\ 0 & 0 & \partial/\partial y \\ 0 & \partial/\partial y & \partial/\partial x \\ \partial/\partial x & 1 & 0 \\ \partial/\partial y & 0 & 1 \end{bmatrix}$	(nicht behandelt)
Notwendige Stetigkeitsforderung	C^0	C^0	C^1	C^0	C^0
strukturmechanisches Problem des Kraftgrößenverfahrens	Torsion prismatischer Stäbe mit Spannungsfunktion ($N=2$)	Scheibe mit Airyscher Spannungsfunktion ($N=2$)	schubstarre Platte mit Schäferscher Spannungsfunktion ($N=2$)	schubweiche Platte mit Spannungsfunktion ($N=2$)	Cosserat-Scheibenkontinuum mit Spannungsfunktion ($N=2$)
Notwendige Stetigkeitsforderung	C^0	C^1	C^0	C^0	C^0

6.2 Problemtypen beim Kraftgrößenverfahren

Wir wollen abschließend noch ein Problem ansprechen, das eigentlich über den Rahmen einer Einführung in die Methode der finiten Elemente hinausgeht und strukturmechanische Vorkenntnisse voraussetzt, die in den Kapiteln 2 und 3 nicht bereitgestellt wurden. Der Anfänger kann daher den Rest des Kapitels und die zugehörigen Übungsaufgaben übergehen.

Die Ausgangsfrage ist, ob man neue Problemtypen gewinnt, wenn man die Entwicklung eines Finite-Elemente-Verfahrens nicht auf Grundlage der Deformationsmethode sondern des Kraftgrößenverfahrens durchführt, also als unabhängige Zustandsgrößen nicht Verschiebungsgrößen sondern Kraftgrößen verwendet. Auch wenn das Kraftgrößenverfahren im Rahmen der Methode der finiten Elemente bei weitem nicht die Bedeutung wie die Deformationsmethode hat [6.16], so ist aus einer Reihe von Gründen eine Beschäftigung mit dem Kraftgrößenverfahren insbesondere für zweidimensionale Probleme zweckmäßig:

- Die Vorzüge der Deformationsmethode für Finite-Elemente-Verfahren werden erst dann einsichtig, wenn man beide Verfahren verstanden hat.
- Die Dualitäten zwischen Deformationsmethode und Kraftgrößenverfahren einerseits sowie zwischen Scheiben- und Plattenproblemen andererseits sind außerordentlich reizvoll.
- Im Rahmen von gemischten und hybriden Verfahren haben Überlegungen, die schon beim Kraftgrößenverfahren angestellt wurden, neue Bedeutung gewonnen [6.1–6.5].
- Zur Fehlerabschätzung werden in jüngster Zeit Formulierungen aus dem Kraftgrößenverfahren und aus der Deformationsmethode parallel eingesetzt.

Der Grundgedanke des Kraftgrößenverfahrens ist bei zweidimensionalen Problemen der gleiche wie bei Stabwerken. Im Mittelpunkt steht das Prinzip der virtuellen Kräfte: *Für einen virtuellen, das heißt beim Kraftgrößenverfahren für einen statisch möglichen Schnittkraftzustand, ist die virtuelle Formänderungsergänzungsenergie $\delta\Pi_{\mathrm{i}}^{*}$ gleich der virtuellen äußeren Ergänzungsarbeit $\delta W_{\mathrm{a}}^{*}$*. In symbolischer Schreibweise lautet das Prinzip der virtuellen Kräfte für zweidimensionale Probleme

$$\int\limits_{\mathrm{B}} \delta\boldsymbol{\sigma}^{\mathrm{T}}\,\boldsymbol{\varepsilon}\,\mathrm{d}F = \int\limits_{\mathrm{R}_\sigma} \delta\boldsymbol{\sigma}_{\mathrm{r}}^{\mathrm{T}}\,\bar{\boldsymbol{u}}_{\mathrm{R}}\,\mathrm{d}s\,. \tag{6.1}$$

Dem *virtuellen Schnittkraftzustand* kommt hierbei die entsprechende Bedeutung wie dem virtuellen Verschiebungs-Verzerrungszustand in der Deformationsmethode zu. Vom virtuellen Schnittkraftzustand wird nun verlangt, dass er statisch möglich ist, d. h., dass er die homogenen Gleichgewichtsbedingungen

$$\mathbf{D}_{\mathrm{g}}\,\delta\boldsymbol{\sigma} = \mathbf{0} \quad \text{in B} \tag{6.2}$$

und die homogenen statischen Randbedingungen

$$-\delta\boldsymbol{\sigma}_{\mathrm{r}} = \mathbf{0} \quad \text{auf } \mathrm{R}_\sigma \tag{6.3}$$

erfüllt. Entsprechend gilt für den *wirklichen Schnittkraftzustand*, dass er die vollständigen Gleichgewichtsaussagen

$$\mathbf{D}_{\mathrm{g}}\,\boldsymbol{\sigma} + \bar{\boldsymbol{p}} = \mathbf{0} \quad \text{in B} \tag{6.4}$$

und die statischen Randbedingungen

$$-\boldsymbol{\sigma}_{\mathrm{r}} + \bar{\boldsymbol{\sigma}}_{\mathrm{R}} = \mathbf{0} \quad \text{auf } \mathrm{R}_{\sigma} \tag{6.5}$$

zu erfüllen hat.

Wie man dies erreichen kann, hat erstmals Airy [6.6] am Beispiel der Scheibe gezeigt. Wir beschränken uns hier auf die wirklichen Schnittkraftzustände. Diese werden in einen homogenen und einen partikulären Anteil zerlegt:

$$\boldsymbol{\sigma} = \boldsymbol{\sigma}^{\mathrm{h}} + \boldsymbol{\sigma}^{\mathrm{p}}\,. \tag{6.6}$$

Der partikuläre Anteil, durch den die Bereichslast abgetragen wird, ist eine spezielle Lösung der Gleichgewichtsdifferentialgleichung

$$\mathbf{D}_{\mathrm{g}}\,\boldsymbol{\sigma}^{\mathrm{p}} + \bar{\boldsymbol{p}} = \mathbf{0} \quad \text{in B}\,. \tag{6.7}$$

Der homogene Anteil ist die allgemeine Lösung der homogenen Differentialgleichung

$$\mathbf{D}_{\mathrm{g}}\,\boldsymbol{\sigma}^{\mathrm{h}} = \mathbf{0} \quad \text{in B}\,. \tag{6.8}$$

Es handelt sich hierbei um Schnittkraftzustände, die ohne äußere Belastung im Gleichgewicht stehen (Eigenspannungszustände). Airy drückt den homogenen Schnittkraftzustand $\boldsymbol{\sigma}^{\mathrm{h}}$ der Scheibe durch eine skalare Funktion Φ aus, die heute Airysche Spannungsfunktion genannt wird:

$$n_{\mathrm{x}}^{\mathrm{h}} = \Phi_{,\mathrm{yy}}\,, \quad n_{\mathrm{y}}^{\mathrm{h}} = \Phi_{,\mathrm{xx}}\,, \quad n_{\mathrm{xy}}^{\mathrm{h}} = -\Phi_{,\mathrm{xy}} \tag{6.9}$$

oder zusammengefasst

$$\left\{\begin{array}{c} n_{\mathrm{x}}^{\mathrm{h}} \\[2ex] n_{\mathrm{y}}^{\mathrm{h}} \\[2ex] n_{\mathrm{xy}}^{\mathrm{h}} \end{array}\right\} = \left\{\begin{array}{c} \dfrac{\partial^2}{\partial^2} \\ \dfrac{\partial^2}{\partial x^2} \\ -\dfrac{\partial^2}{\partial x \partial y} \end{array}\right\} \Phi\,. \tag{6.10}$$

In symbolischer Form schreiben wir dafür

$$\boldsymbol{\sigma}^{\mathrm{h}} = \mathbf{D}_{\sigma\Phi}\,\Phi\,. \tag{6.11}$$

Für den virtuellen Schnittkraftzustand gilt entsprechend

$$\delta\boldsymbol{\sigma} = \mathbf{D}_{\sigma\Phi}\,\delta\Phi\,. \tag{6.12}$$

Setzt man die Gln. (6.6), (6.11) und (6.12) in das Prinzip der virtuellen Kräfte, Gl. (6.1), ein, so erhält man eine Formulierung des Prinzips, in der als unbekannte Zustandsgröße nur noch die Airysche Spannungsfunktion Φ auftritt:

$$\int\limits_{B} \left[\mathbf{D}_{\sigma\Phi}\, \delta\Phi\right]^{\mathrm{T}} \boldsymbol{C}^{-1} \left[\mathbf{D}_{\sigma\Phi}\, \delta\Phi + \boldsymbol{\sigma}^{\mathrm{p}}\right] \mathrm{d}F = \int\limits_{\mathrm{R}_\sigma} \left[\mathbf{D}_{\sigma\Phi}\, \delta\Phi\right]_{\mathrm{r}}^{\mathrm{T}} \bar{\boldsymbol{u}}_{\mathrm{R}}\, \mathrm{d}s\,. \tag{6.13}$$

Setzt man nur die virtuellen Schnittkraftgrößen (Gl. (6.12)) in das Prinzip (Gl. (6.1)) ein, so erhält man

$$\int\limits_{B} \left[\mathbf{D}_{\sigma\Phi}\, \delta\Phi\right]^{\mathrm{T}} \boldsymbol{\varepsilon}\, \mathrm{d}F = \left[\mathbf{D}_{\sigma\Phi}\, \delta\Phi\right]_{\mathrm{r}}^{\mathrm{T}} \bar{\boldsymbol{u}}_{\mathrm{R}}\, \mathrm{d}s\,. \tag{6.14}$$

Diese Formulierung kann man dazu verwenden, die für die Differentialgleichungsformulierung noch fehlende Grundgleichung zu ermitteln. Es handelt sich um das Analogon zur Gleichgewichtsbedingung bei der Deformationsmethode, die sogenannte Verträglichkeits- oder Kompatibilitätsbedingung:

$$\varepsilon_{\mathrm{x,yy}} + \varepsilon_{\mathrm{y,xx}} - \gamma_{\mathrm{xy,xy}} = 0 \tag{6.15}$$

oder in symbolischer Schreibweise mit dem Kompatibilitätsoperator $\mathbf{D}_{\mathrm{k}} = \mathbf{D}_{\sigma\Phi}^{\mathrm{T}}$

$$\mathbf{D}_{\mathrm{k}}\, \boldsymbol{\varepsilon} = 0\,. \tag{6.16}$$

Die Stelle des Operators $\mathbf{D}_{\varepsilon\mathrm{u}}$ in der Deformationsmethode übernimmt beim Kraftgrößenverfahren der Operator $\mathbf{D}_{\sigma\Phi}$. Der bei der Scheibenberechnung nach dem Kraftgrößenverfahren auftretende Operator $\mathbf{D}_{\sigma\Phi}$ stimmt, von einem Vorzeichen abgesehen, mit dem Operator $\mathbf{D}_{\varepsilon\mathrm{u}}$ der schubstarren Platte überein. Demzufolge ist auch die Differentialgleichung für die Airysche Spannungsfunktion ebenso wie die Differentialgleichung für die Querverschiebung der schubstarren Platte eine Bipotentialgleichung. Es hat sich also kein neuer Typ ergeben. Im Rahmen einer Übungsaufgabe werden wir die Scheibenberechnung nach dem Kraftgrößenverfahren weiter verfolgen und dabei sehen, welche Komplikationen auftreten können.

Um die Frage beantworten zu können, ob neue Problemtypen auftreten, ist somit die Kenntnis des Operators $\mathbf{D}_{\sigma\Phi}$ erforderlich. In der Variationsrechnung gibt es eindeutige Vorschriften, wie man vom Prinzip der virtuellen Verrückungen (Operator $\mathbf{D}_{\varepsilon\mathrm{u}}$) zum Prinzip der virtuellen Kräfte (Operator $\mathbf{D}_{\sigma\Phi}$) gelangt. Es handelt sich hierbei um eine *kanonische Transformation*. Zusammenfassend dargestellt wurde dies erstmals von Prange [6.7].

Ausgehend von der Deformationsgrößenformulierung für die Scheibe mit u und v als unbekannten Zustandsgrößen würde man durch eine kanonische Transformation zur Kraftgrößenformulierung mit der Airyschen Spannungsfunktion als unbekannter Zustandsgröße gelangen. Aus einem Problem vom Typ II (Deformationsmethode für die Scheibe) entsteht bei dieser Transformation ein Problem vom Typ III (Kraftgrößenverfahren für die Scheibe). Bei der schubstarren Platte entsteht durch eine entsprechende Transformation aus dem Problemtyp III (Deformationsmethode) ein Problem vom Typ II (Kraftgrößenverfahren) [6.8], bei der schubweichen Platte aus dem Problemtyp IV (Deformationsmethode) der Problemtyp V (Kraftgrößenverfahren) und beim Cosserat-Scheibenkontinuum aus dem Problemtyp V in umgekehrter Weise der Problemtyp IV (siehe Tabelle 6.1, unten). Bei der Behandlung ebener Flächentragwerke nach der Deformationsmethode oder dem Kraftgrößenverfahren kommt man demnach mit den Problemtypen I bis V aus. Neue Problemtypen treten nicht auf. Unter dem Aspekt der Vollständigkeit findet damit auch die Aufnahme des Cosserat-Scheibenkontinuums eine Rechtfertigung.

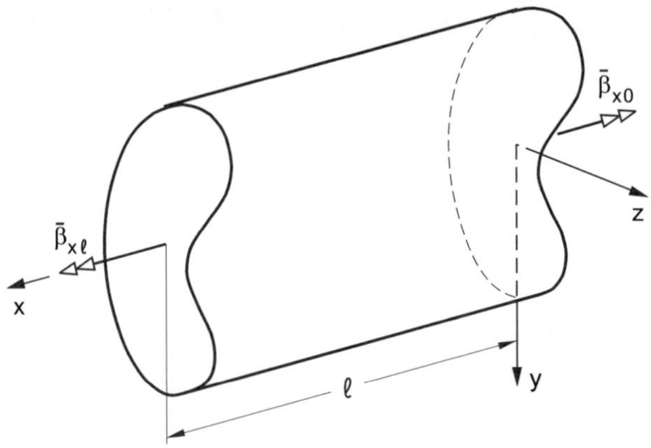

Bild 6.5. Auf Torsion beanspruchter Stab bei Vorgabe von Stabendverdrehungen

Mit dem Übergang auf die Gleichungen des Kraftgrößenverfahrens lässt sich eine vollständige Analogie zwischen Scheiben- und Plattengleichungen formulieren [6.9], die sich auch auf Schalengleichungen [6.10, 6.12] und dreidimensionale Kontinua [6.12] erweitern lässt. In Finite-Elemente-Verfahren für Scheiben und Platten nach dem Kraftgrößenverfahren [6.13–6.15] kann man bei Ausnutzung dieser Analogie die gleichen Elemente einsetzen wie in den entsprechenden Platten- und Scheibenberechnungen nach der Deformationsmethode. Unterschiede und Komplikationen ergeben sich erst bei der Behandlung der Belastung und bei mehrfach zusammenhängenden Bereichen (Strukturen mit Löchern) sowie bei Bereichen, deren R_σ-Rand nicht zusammenhängend ist.

6.3 Übungsaufgaben

Aufgabe 6.1. Torsion zylindrischer Stäbe bei Verwendung einer Spannungsfunktion.

Der in Bild 6.5 dargestellte Stab wird durch Vorgabe einer Verdrillung κ_x beansprucht. Für das Torsionsproblem soll das Prinzip der virtuellen Kräfte formuliert werden, für das symbolisch

$$\int\limits_{\mathrm{B}} \delta\boldsymbol{\sigma}^\mathrm{T}\,\boldsymbol{\varepsilon}\,\mathrm{d}B = \int\limits_{\mathrm{R}_\sigma} \delta\boldsymbol{\sigma}_\mathrm{r}^\mathrm{T}\,\bar{\boldsymbol{u}}_\mathrm{R}\,\mathrm{d}R$$

lautet, wobei das Randintegral nur über die beiden Stirnflächen ausgeführt wird, da an der Zylinderwandung keine Lasten angreifen.

- Wie lautet die auf der linken Seite stehende virtuelle Formänderungsergänzungsenergie, wenn man von der aus den Aufgaben 2.9 und 3.7 bereits bekannten Tatsache ausgeht, dass beim Torsionsproblem nur zwei von Null verschiedene Spannungskomponenten (τ_xy und τ_xz) auftreten?

- Wie lauten die Gleichgewichtsbedingungen, die die verbleibenden wirklichen und virtuellen Spannungskomponenten erfüllen müssen? Wie lautet die statische Randbedingung an der Zylinderwandung?
- Wie lässt sich die virtuelle äußere Ergänzungsarbeit an den beiden Stirnflächen (Endquerschnitten) formulieren, wenn man die Beziehung verwendet, dass die beiden Endquerschnitte sich in der y,z-Ebene wie starre Scheiben verdrehen? Hinweis: Zwischen den Verdrehungen der beiden Endquerschnitte β_{x0} und β_{x1} und der vorgegebenen Verdrillung $\bar{\kappa}_{\mathrm{x}}$ besteht der Zusammenhang:

$$\beta_{\mathrm{x1}} - \beta_{\mathrm{x0}} = \bar{\kappa}_{\mathrm{x}} l\,.$$

Von Prandtl stammt der Vorschlag, die Gleichgewichtsbedingungen dadurch zu erfüllen, dass man die beiden Spannungskomponenten durch eine Spannungsfunktion (Torsionsfunktion) $\phi(y,z)$ ausdrückt:

$$\tau_{\mathrm{xy}} = \phi_{,\mathrm{z}}\,,\ \tau_{\mathrm{xz}} = -\phi_{,\mathrm{y}}\,.$$

- Zeige, dass durch Einführung der Torsionsfunktion ϕ die Gleichgewichtsbedingungen befriedigt werden! Wie muss ϕ auf dem Rand eines einfach zusammenhängenden Querschnitts gewählt werden, so dass auch noch die statische Randbedingungen erfüllt ist? Warum ist die Erfüllung bei mehrfach zusammenhängenden Querschnitten etwas schwieriger?
- Welche Form nimmt die linke Seite des Prinzips der virtuellen Kräfte an, wenn man alle Zustandsgrößen durch ϕ bzw. $\delta\phi$ ersetzt?
- Zeige, dass man den Ausdruck auf der rechten Seite in die Form

  $$\delta W_{\mathrm{a}}^{*} = \bar{\kappa}_{\mathrm{x}}\, l \int\limits_{\mathrm{F}} 2\,\delta\phi\,\mathrm{d}F$$

  überführen kann! Wie lautet jetzt das nur noch in ϕ und $\delta\phi$ formulierte Prinzip der virtuellen Kräfte?
- Welche Differentialgleichung gilt für die Prandtlsche Torsionsfunktion ϕ? Hinweis: Zur Beantwortung dieser Frage muss man das Prinzip durch Anwendung eines Integralsatzes (siehe Abschnitt 14.1) so umformulieren, dass die virtuelle Torsionsfunktion nur noch als $\delta\phi$ und nicht mehr in abgeleiteter Form auftritt. Der unter dem Bereichsintegral auftretende Ausdruck ist nach dem Fundamentalsatz der Variationsrechnung (siehe Abschnitt 14.2) die gesuchte Differentialgleichung.
- Wie ermittelt man anschließend das Torsionsmoment?
- Ist sichergestellt, dass aus den sich ergebenden Schubspannungen keine Querkräfte resultieren?

Aufgabe 6.2. Systemmatrizen bei der Behandlung der Torsion prismatischer Stäbe nach der Deformationsmethode und dem Kraftgrößenverfahren

Für den in Bild 6.6 dargestellten Stab mit Hohlquerschnitt soll die Besetzung der Systemmatrizen angegeben werden, wenn das Torsionsproblem mit einem auf der Deformationsmethode (Wölbfunktion) und einem auf dem Kraftgrößenverfahren (Prandtlsche Torsionsfunktion) basierenden Finite-Elemente-Verfahren behandelt wird.

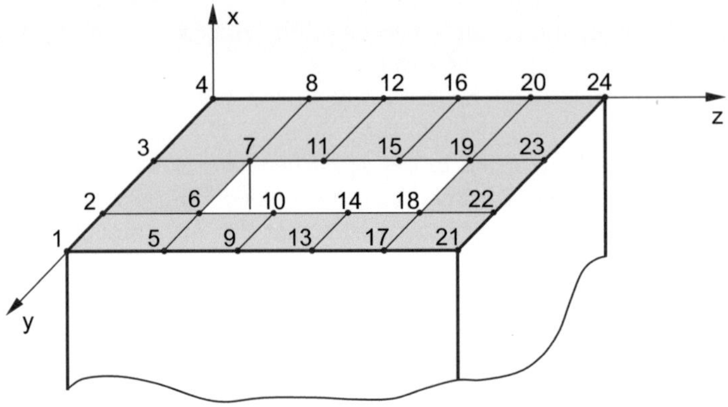

Bild 6.6. Diskretisierung eines dickwandigen Hohlquerschnittes

- Gib zunächst die Besetzung der Systemsteifigkeitsmatrix an, die man bei einer Rechnung nach der Deformationsmethode mit den Knotenwerten der Wölbfunktion als Unbekannten erhält! Die Formulierung des Prinzips der virtuellen Verrückungen kann aus der Lösung zur Aufgabe 3.7 übernommen werden.
- muss die Matrix vor der Lösung des Gleichungssystems modifiziert werden?
- Wie ist die Systemnachgiebigkeitsmatrix (Analogon zur Systemsteifigkeitsmatrix) bei einer Berechnung nach dem Kraftgrößenverfahren mit den Knotenwerten der Torsionsfunktion als Unbekannten vor dem Einbau der Randbedingungen besetzt?
- Welche Randbedingungen müssen beim Kraftgrößenverfahren eingehalten werden? Auf dem Außenrand ist hierbei wie bei Aufgabe 6.1 $\phi(s) = 0$ zu setzen! Welche Bedingung gilt auf dem Innenrand? Gib die Transformationsbeziehung

  $$\boldsymbol{x}^* = \boldsymbol{T}\, \boldsymbol{x}^*_{\mathrm{red}}$$

  an, mit der die 24 im Vektor $\boldsymbol{x}^*$ zusammengefassten Knotenwerte der Torsionsfunktion durch die verbleibenden, unbekannten Werte der Torsionsfunktion ersetzt werden!
- Wie erhält man das Gleichungssystem zur Bestimmung von $\boldsymbol{x}^*_{\mathrm{red}}$?
- Gib qualitativ den Verlauf der Torsionsspannungen im Querschnitt an!

Aufgabe 6.3. Berechnung einer Membran mit einem Spannungsfunktionsansatz

Für die Berechnung einer allseitig gelagerten Membran unter Teillast $\bar{p}_{\mathrm{x}}(x, y) = \bar{p}_{\mathrm{o}}$ (Bild 6.7) nach dem Kraftgrößenverfahren sollen das Prinzip der virtuellen Verrückungen und alle erforderlichen Gleichungen für einen Spannungsfunktionsansatz angegeben werden.

- Wie lautet mit den bei den in Aufgabe 2.8 verwendeten Bezeichnungen das Prinzip der virtuellen Kräfte?
- Wie lautet die Gleichgewichtsbedingung, die von den Schnittkraftgrößen erfüllen werden müssen? Sind auch noch statische Randbedingungen zu erfüllen?

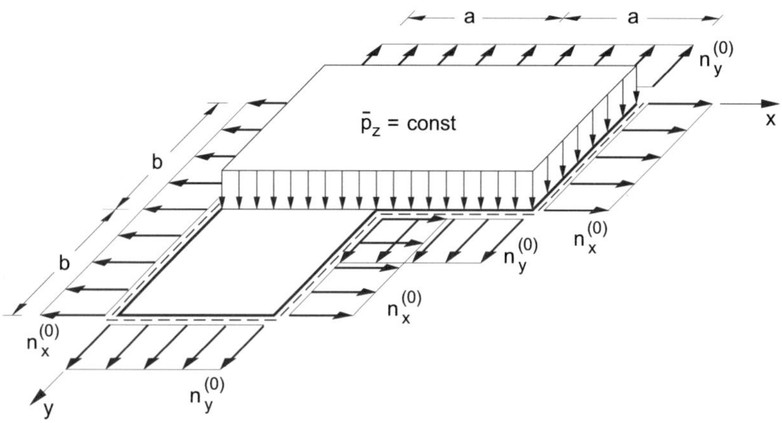

Bild 6.7. Allseitig gelagerte L-förmige Membran unter Gleichlast

- Gib den Spannungsfunktionsansatz für die wirklichen und für die virtuellen Schnittkraftgrößen an!
- Leite aus dem Prinzip der virtuellen Kräfte die Kompatibilitätsbedingungen her!
- Wie lautet das Prinzip der virtuellen Verrückungen, wenn für die wirklichen und die virtuellen Schnittkraftgrößen ein Spannungsfunktionsansatz eingeführt wird?
- Gib für den Fall Gleichlast eine partikuläre Lösung für die Schnittkraftgrößen an!

Aufgabe 6.4. Scheibenberechnung mit Airyschen Spannungsfunktionen

In Gl. (6.9) wurde die Airysche Spannungsfunktion Φ eingeführt. Das Verfahren soll nun bis zur Prinzipformulierung weiterentwickelt werden.

- Zeige, dass die homogenen Gleichgewichtsdifferentialgleichungen der Scheibe durch die Gleichungen (6.7) identisch erfüllt werden!
- An einem Rand R_σ gelten die Randbedingungen $n_{\mathrm{nR}} = \bar{n}_{\mathrm{nR}}$ und $n_{\mathrm{nsR}} = \bar{n}_{\mathrm{nsR}}$. Wie lauten diese Randbedingungen, wenn man die Randwerte der Scheibenschnittkräfte durch die Spannungsfunktion Φ ausdrückt? (Der Einfachheit halber darf angenommen werden, dass der Scheibenrand aus abschnittsweise geraden Stücken besteht.)
- Wie verläuft die Spannungsfunktion an einem unbelasteten Randabschnitt? Gib den Verlauf von $\Phi(s)$ und $\Phi_{\mathrm{n}}(s)$ für das Beispiel von Bild 6.8 an! Hierbei kann man sich folgende Modellvorstellung zu Nutze machen: $\Phi(s)$ und $\Phi_{\mathrm{n}}(s)$ definieren einen Randstreifen entlang R_σ. Als Ergebnis soll der Verlauf des Randstreifens skizziert werden. Sind der Randstreifen und damit der Verlauf von $\Phi(s)$ und $\Phi_{\mathrm{n}}(s)$ eindeutig definiert?
- Gib das Prinzip der virtuellen Kräfte und die einzuhaltenden Nebenbedingungen für das Scheibentragwerk von Bild 6.8 an, wobei zunächst virtuelle Schnittkraftgrößen und wirkliche Verzerrungsgrößen beibehalten werden sollen!

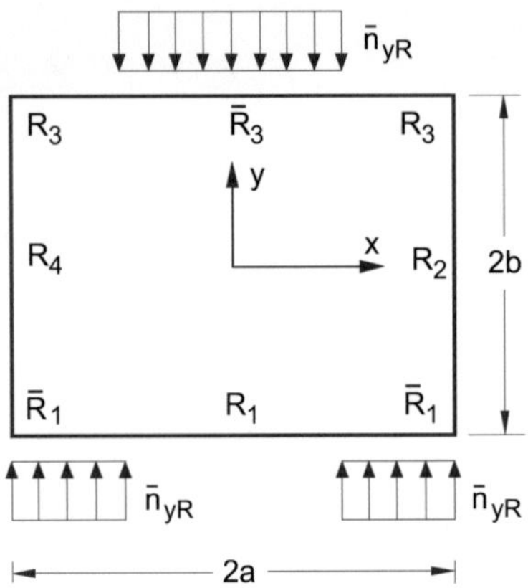

Bild 6.8. Rechteckscheibe unter Randbelastung

- Wie lauten das Prinzip bei isotropem Material und die Nebenbedingungen, wenn man alle Zustandsgrößen durch die Airysche Spannungsfunktion und ihre Ableitungen ersetzt?
- Im Prinzip der virtuellen Verrückungen sollen nur die virtuellen Schnittkräfte durch Ableitungen der Airyschen Spannungsfunktion ersetzt werden. Anschließend sind Integraltransformationen durchzuführen, so dass die virtuelle Airysche Spannungsfunktion nur noch ableitungsfrei auftritt. Nach dem Fundamentalsatz der Variationsrechnung (siehe Abschnitt 14.2) muss der unter dem Flächenintegral bei $\delta\Phi$ auftretende Ausdruck zu Null werden. Welche Beziehungen müssen die Scheibenverzerrungen dann erfüllen?

Aufgabe 6.5. Schematische Darstellung von Zustandsgrößen, Grundgleichungen und Randbedingungen für das Kraftgrößenverfahren

Ähnlich wie es in Bild 2.11 für die Deformationsmethode geschehen ist, sollen Zustandsgrößen, Grundgleichungen und Randbedingungen des Kraftgrößenverfahrens in ihrem Zusammenhang dargestellt werden. Dabei darf auf die Berücksichtigung von Verschiebungsrandbedingungen verzichtet werden.

Aufgabe 6.6. Vergleich von Kraftgrößenverfahren und Deformationsmethode

Finite-Elemente-Berechnungen nach dem Kraftgrößenverfahren und nach der Deformationsmethode sind für das Problem Torsion prismatischer Stäbe (Tabelle 6.1, Spalte 1) miteinander zu vergleichen, wobei die folgenden Gesichtspunkte berücksichtigt werden sollen:

- Ergeben sich beim Aufstellen der Elementmatrizen und beim Aufbau der Systemmatrizen vor dem Einbau eventueller Randbedingungen Unterschiede?
- Wie gehen Flächenlasten und Randlasten in die Berechnung ein?
- Wie lassen sich homogene oder inhomogene geometrische Randbedingungen berücksichtigen?
- Wie wirken sich Löcher in der Struktur (mehrfach zusammenhängende Bereiche) aus?

- Wie wirken sich starre Einschlüsse bei der Berechnung aus?
- Ist die Berechnung von Verschiebungen auf einfache Weise möglich?
- Ist die Berechnung von Schnittkraftgrößen auf einfache Weise möglich? Verlaufen die Schnittkraftgrößen stetig?

7 Ansatzfunktionen für Elemente vom Scheibentyp

7.1 Einleitung

Bei der Entwicklung des Finite-Elemente-Verfahrens in Kapitel 4 war die Festlegung des Elementtyps und damit die Wahl der Ansatzfunktionen der entscheidende Schritt. Die weiteren Schritte des Verfahrens sind ein mathematischer Formalismus. Aufgrund der höchsten Ableitungen, die im Prinzip der virtuellen Verrückungen auftreten, ergeben sich die Stetigkeitsforderungen an die Ansatzfunktionen. Ansatzfunktionen für Probleme vom Scheiben- oder Membrantyp und für dreidimensionale Kontinua müssen C^0-Stetigkeit gewährleisten. Die Darstellbarkeit von Starrkörperverschiebungen und konstanten Verzerrungen ist sichergestellt, wenn sich aus den verwendeten Ansatzfunktionen ein vollständiges Polynom ersten Grades aufbauen lässt.

Bei der Behandlung der einzelnen Elementtypen erweist es sich als zweckmäßig, die Ansatzfunktionen als Formfunktionen anzugeben, d. h. als Funktionsverläufe, die jeweils für einen Elementknoten den Wert 1, für alle anderen Knoten den Wert 0 annehmen.

Das Kapitel 7 soll eine Übersicht darüber vermitteln, welche Möglichkeiten zur Wahl von Ansatzfunktionen bei Problemen von Scheiben- oder Membrantypen bestehen und welche Besonderheiten bei den einzelnen Elementtypen auftreten. In den Abschnitten 7.2 und 7.3 werden Ansatzfunktionen für Rechteckelemente behandelt, wobei sich die Erweiterung auf Volumenelemente als recht einfach erweist (Bild 7.1). In Verbindung mit entsprechenden Transformationsvorschriften lassen

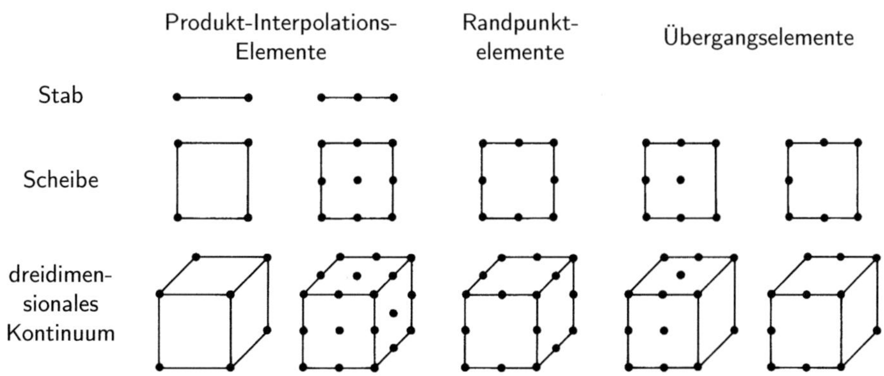

Bild 7.1. Produkt-Interpolations-Elemente, Randpunktelemente und Übergangselemente

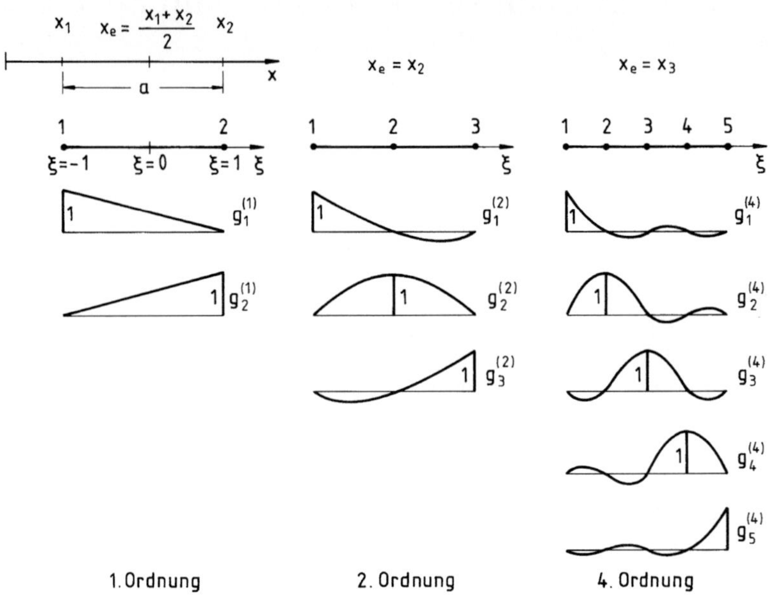

Bild 7.2. Eindimensionale Lagrangesche Interpolationspolynome

sich die Ansatzfunktionen auch für schiefwinklige und krummlinig berandete Elemente einsetzen (Abschnitt 7.4). Dreieck- und Tetraederelemente erfordern besondere Koordinatensysteme. Davon abgesehen verläuft ihre Entwicklung weitgehend analog (Abschnitt 7.5).

7.2 Ansatzfunktionen für Rechteckelemente durch Produktbildung

Die Formfunktionen für das 4-Knoten-Rechteckelement wurden durch Produktbildung aus eindimensionalen Ansatzfunktionen gewonnen. Dieses Konzept lässt sich problemlos zur Entwicklung anderer Produkt-Interpolationspolynome und damit ganzer ‚Elementfamilien' für Rechteck- und Quaderelemente einsetzen.

Eindimensionale Lagrangesche Interpolationspolynome

Ausgangspunkt sind die eindimensionalen Lagrangeschen Interpolationspolynome, die man auch als Formfunktionen für einen Dehnstab einsetzen kann. Der obere Index der Interpolationspolynome $g_{\mathrm{k}}^{(j)}$ bezeichnet den Polynomgrad j, der untere den jeweiligen Knoten k, an dem $g_{\mathrm{k}}^{(j)}$ gleich 1 ist. In Bild 7.2 sind die Formfunktionen für die Polynomgrade $j = 1, 2$ und 4 graphisch dargestellt. Für die formelmäßige Angabe ist die Einführung einer dimensionslosen Koordinate ξ zweckmäßig, deren Ursprung in der Mitte des Intervalls liegt:

$$\xi = \frac{2}{a}\,(x - x_{\mathrm{e}})\,. \tag{7.1}$$

Tabelle 7.1. Eindimensionale Lagrangesche Interpolationspolynome

Knoten	Polynomgrad			
	$j=1$	$j=2$	$j=3$	$j=4$
$k=1$	$\frac{1-\xi}{2}$	$-\frac{1}{2}\xi\,(1-\xi)$	$-\frac{9}{16}(\frac{1}{3}+\xi)(\frac{1}{3}-\xi)(1-\xi)$	$\frac{2}{3}(\frac{1}{2}+\xi)\,\xi\,(\frac{1}{2}-\xi)(1-\xi)$
$k=2$	$\frac{1+\xi}{2}$	$(1+\xi)(1-\xi)$	$\frac{27}{16}(1+\xi)(\frac{1}{3}-\xi)(1-\xi)$	$-\frac{8}{3}(1+\xi)\,\xi\,(\frac{1}{2}-\xi)(1-\xi)$
$k=3$		$\frac{1}{2}(1+\xi)\,\xi$	$\frac{27}{16}(1+\xi)(\frac{1}{3}+\xi)(1-\xi)$	$4\,(1+\xi)(\frac{1}{2}+\xi)(\frac{1}{2}-\xi)(1-\xi)$
$k=4$			$-\frac{9}{16}(1+\xi)(\frac{1}{3}+\xi)(\frac{1}{3}-\xi)$	$\frac{8}{3}(1+\xi)(\frac{1}{2}+\xi)\,\xi\,(1-\xi)$
$k=5$				$-\frac{2}{3}(1+\xi)(\frac{1}{2}+\xi)\,\xi\,(\frac{1}{2}-\xi)$

Die Lagrangeschen Interpolationspolynome lassen sich sehr einfach als Produkt von linear veränderlichen Funktionen aufbauen:

$$g_{\mathrm{k}}^{(j)} = \prod_{\substack{\mathrm{i}=1 \\ \mathrm{i}\neq k}}^{\mathrm{j}+1} \frac{\xi_{\mathrm{i}}-\xi}{\xi_{\mathrm{i}}-\xi_{\mathrm{k}}}\,. \tag{7.2}$$

In Tabelle 7.1 sind die Polynome bis $j=4$ angegeben.

Aufbau von zweidimensionalen Formfunktionen für Rechteckelemente durch Produktbildung aus eindimensionalen Ansatzfunktionen

Die Formfunktionen werden wie im Kapitel 4 im lokalen ξ,η-Koordinatensystem formuliert; das Rechteck wird also für die Einführung der Formfunktionen auf ein Quadrat abgebildet (Bild 7.3). Als Beispiel verwenden wir das 9-Knoten-Rechteckelement, dessen Knotenbezifferung in Bild 7.4 dargestellt ist. Die insgesamt 9 Formfunktionen lassen sich durch Produktbildung aus den drei eindimensionalen Formfunktionen in ξ- bzw. in η-Richtung herleiten. Für eine Formfunktion ist das beispielhaft in Bild 7.5 geschehen. Die drei beim 9-Knoten-Rechteckelement vorhandenen unterschiedlichen Typen von Formfunktionen sind in Bild 7.6 wiedergegeben. Formelmäßig lassen sich die neun Formfunktionen am einfachsten in Matrizenschreibweise angeben. Definiert man als Vektor der eindimensionalen Lagrange-Funktionen

$$\boldsymbol{g}^{(2)}(\zeta)^{\mathrm{T}} = \{g_1^{(2)}(\zeta),\ g_2^{(2)}(\zeta),\ g_3^{(2)}(\zeta)\}$$

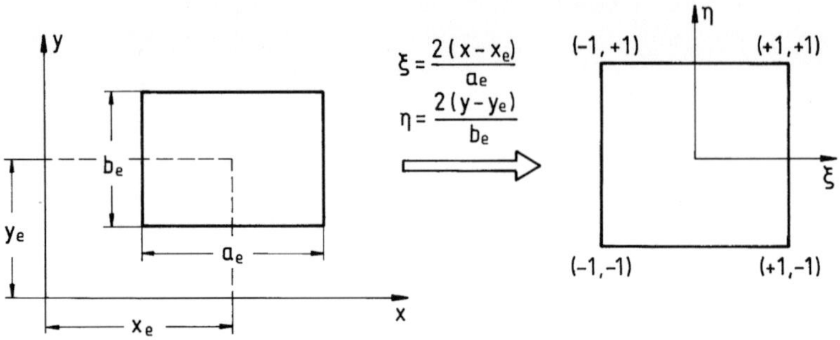

Bild 7.3. Originalbereich (x, y) mit Rechteckelement und Bildbereich (ξ, η) mit Quadratelement

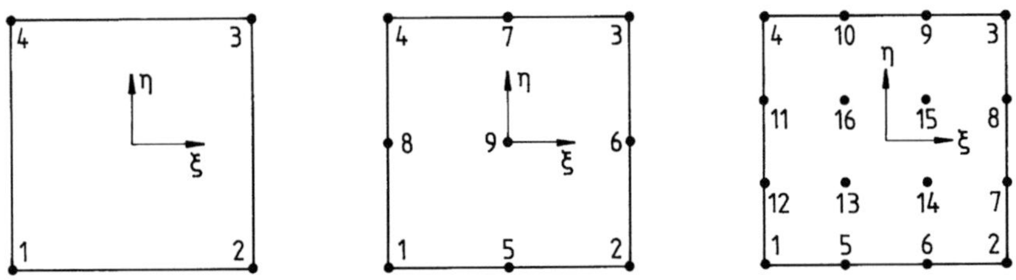

Bild 7.4. Elementknotenbezifferung bei Rechteckelementen mit bilinearem, biquadratischem und bikubischem Ansatz. (Anders als im 4. Kapitel wird hier für das 4-Knoten-Element eine umlaufende Knotennumerierung gewählt.)

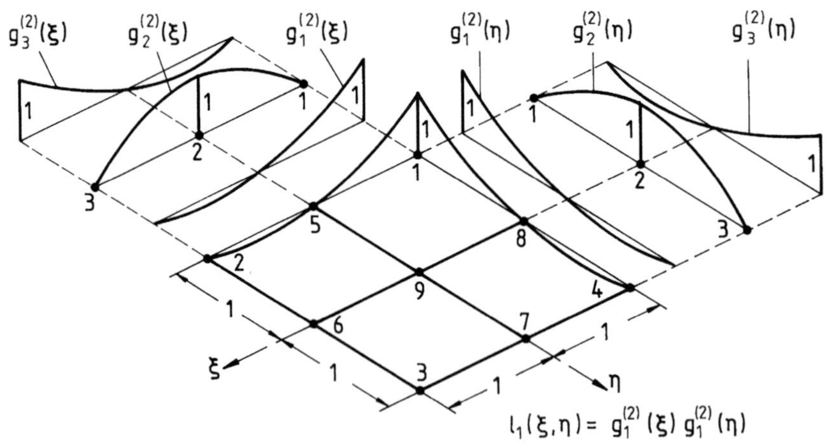

Bild 7.5. Zur Ableitung der Formfunktionen des 9-Knoten-Elementes durch Produktbildung

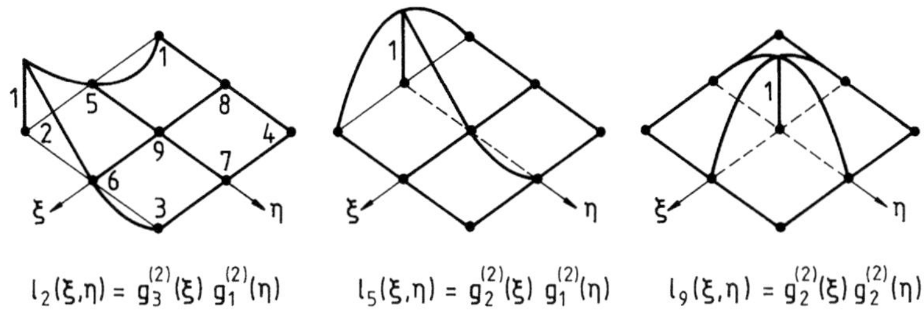

Bild 7.6. Mögliche Formfunktionen beim 9-Knoten-Rechteckelement

und ordnet die neun Formfunktionen $l_\mathrm{k}(\xi,\eta)$ in einer $[\,3\times 3\,]$-Matrix an, so ergibt sich

$$\begin{bmatrix} l_1(\xi,\eta) & l_8(\xi,\eta) & l_4(\xi,\eta) \\ l_5(\xi,\eta) & l_9(\xi,\eta) & l_7(\xi,\eta) \\ l_2(\xi,\eta) & l_6(\xi,\eta) & l(\xi,\eta) \end{bmatrix} = \boldsymbol{g}^{(2)}(\xi)\,\boldsymbol{g}^{(2)}(\eta)^{\mathrm{T}}$$

$$= \begin{bmatrix} g_1^{(2)}(\xi)\,g_1^{(2)}(\eta) & g_1^{(2)}(\xi)\,g_2^{(2)}(\eta) & g_1^{(2)}(\xi)\,g_3^{(2)}(\eta) \\ g_2^{(2)}(\xi)\,g_1^{(2)}(\eta) & g_2^{(2)}(\xi)\,g_2^{(2)}(\eta) & g_2^{(2)}(\xi)\,g_3^{(2)}(\eta) \\ g_3^{(2)}(\xi)\,g_1^{(2)}(\eta) & g_3^{(2)}(\xi)\,g_2^{(2)}(\eta) & g_3^{(2)}(\xi)\,g_3^{(2)}(\eta) \end{bmatrix}. \tag{7.3}$$

Der komplette zweidimensionale Ansatz für die u-Verschiebung beispielsweise lautet damit

$$u(\xi,\eta) = \sum_{\mathrm{k}=1}^{9} l_\mathrm{k}(\xi,\eta)\,u_\mathrm{k} = \boldsymbol{l}^{\mathrm{T}}(\xi,\eta)\,\boldsymbol{u}\,. \tag{7.4}$$

Manchmal ist es zweckmäßig, den Verschiebungsansatz in der Form

$$u(\xi,\eta) = \boldsymbol{g}^{(2)}(\xi)^{\mathrm{T}} \begin{bmatrix} u_1 & u_8 & u_4 \\ u_5 & u_9 & u_7 \\ u_2 & u_6 & u_3 \end{bmatrix} \boldsymbol{g}^{(2)}(\eta) \tag{7.5}$$

anzugeben, bei der die Anteile in ξ- und in η-Richtung in getrennten Vektoren erfasst werden.

Entwicklung und Darstellung der Formfunktionen bei höherwertigen Elementen erfolgt in völlig analoger Weise.

Erfüllung der Stetigkeitsforderung

Stetigkeit im Element ist gewährleistet, da es sich um Polynomansätze handelt. Die Erfüllung der Stetigkeitsforderung beim Übergang von einem Element zum Nachbarelement wird mit zwei Elementen kontrolliert (Bild 7.7).

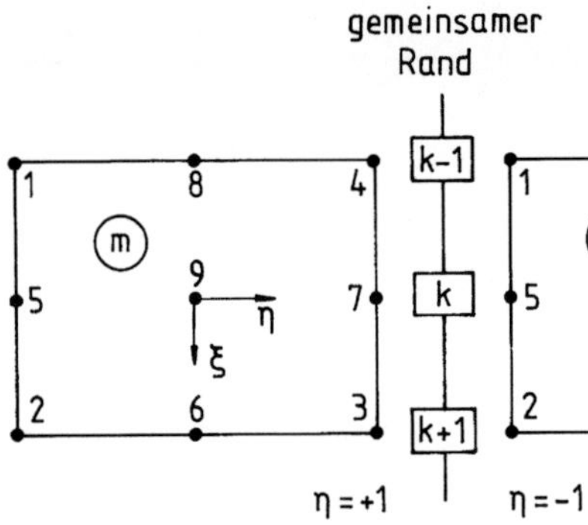

Bild 7.7. Stetigkeit beim Übergang von Element m nach Element n

Die Verschiebungszustände am gemeinsamen Rand werden in der Form (7.5) angegeben, wobei berücksichtigt wird, dass entlang des Randes 3–7–4 von Element m $\eta = +1$ und entlang des Randes 1–5–2 von Element n $\eta = -1$ zu setzen ist:

Element m

$$\eta = +1\colon \boldsymbol{g}^{(2)}(+1) = \begin{Bmatrix} 0 \\ 0 \\ 1 \end{Bmatrix}$$

$$u(\xi,+1) = \boldsymbol{g}^{(2)}(\xi)^{\mathrm{T}} \begin{bmatrix} u_1 & u_8 & u_4 \\ u_5 & u_9 & u_7 \\ u_2 & u_6 & u_3 \end{bmatrix}_{\mathrm{m}} \begin{Bmatrix} 0 \\ 0 \\ 1 \end{Bmatrix}$$

$$u(\xi,+1) = g^{(2)}(\xi)^{\mathrm{T}} \begin{Bmatrix} u_4 \\ u_7 \\ u_3 \end{Bmatrix}_{\mathrm{m}}$$

Element n

$$\eta = -1\colon \boldsymbol{g}^{(2)}(-1) = \begin{Bmatrix} 1 \\ 0 \\ 0 \end{Bmatrix}$$

$$u(\xi,-1) = \boldsymbol{g}^{(2)}(\xi)^{\mathrm{T}} \begin{bmatrix} u_1 & u_8 & u_4 \\ u_5 & u_9 & u_7 \\ u_2 & u_6 & u_3 \end{bmatrix}_{\mathrm{n}} \begin{Bmatrix} 1 \\ 0 \\ 0 \end{Bmatrix}$$

$$u(\xi,-1) = \boldsymbol{g}^{(2)}(\xi)^{\mathrm{T}} \begin{Bmatrix} u_1 \\ u_5 \\ u_2 \end{Bmatrix}_{\mathrm{n}}$$

Die Elementverschiebungen am gemeinsamen Rand hängen nur noch von den Elementknotenverschiebungen auf diesem Randabschnitt ab. Sie stimmen überein, wenn die Verschiebungen in den aufeinanderfallenden Elementknoten gleich sind. Das wird aber durch die Zuordnung beim Einbau der Elementmatrizen (siehe Abschnitt 4.1) gesichert:

$$\begin{Bmatrix} u_4 \\ u_7 \\ u_3 \end{Bmatrix}_{\mathrm{m}} = \begin{Bmatrix} u^*_{\mathrm{k}-1} \\ u^*_{\mathrm{k}} \\ u^*_{\mathrm{k}+1} \end{Bmatrix} = \begin{Bmatrix} u_1 \\ u_5 \\ u_2 \end{Bmatrix}_{\mathrm{n}} .$$

Die Stetigkeitsforderung wird also erfüllt.

Es ist unmittelbar einsichtig, dass auch bei höherwertigen Ansatzfunktionen, die man in analoger Weise durch Produktbildung erhält, stets C^0-Stetigkeit garantiert ist.

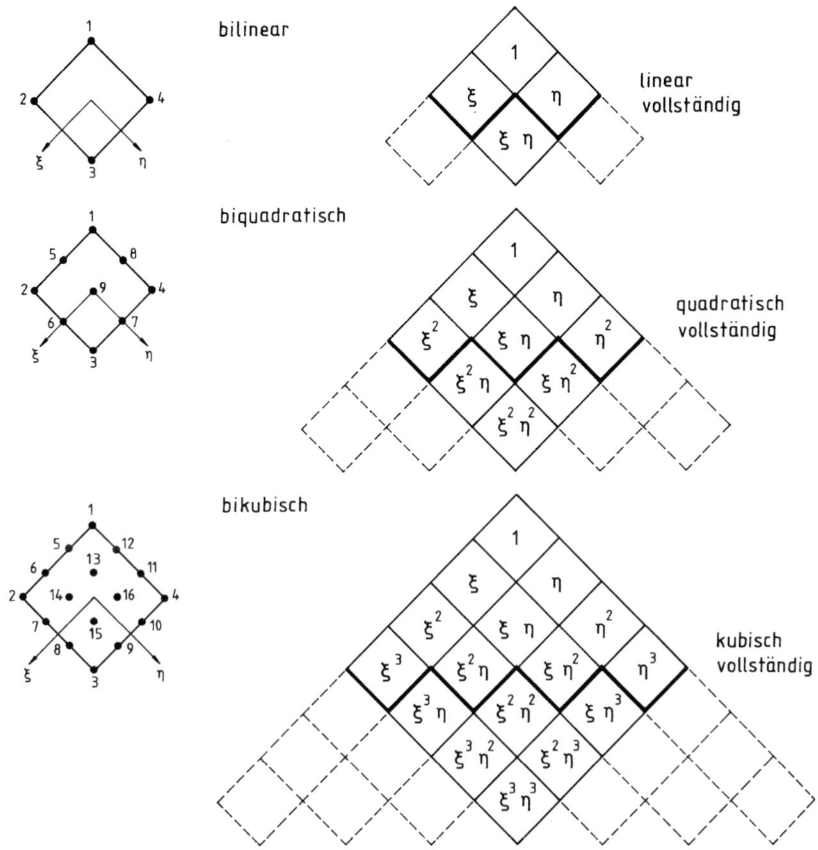

Bild 7.8. Knoten und Polynomglieder der Formfunktionen von Produkt-Interpolations-Elementen

Erfüllung der Darstellbarkeitsforderung

Die Darstellbarkeit von Starrkörperverschiebungen und konstanten Verzerrungen ist gewährleistet, wenn durch die Ansatzfunktionen ein vollständiges Polynom 1. Grades wiedergegeben werden kann. Das ist bei allen Rechteckelementen der Fall, deren Ansatzfunktionen durch Produktansätze aus eindimensionalen Polynomen aufgebaut werden. Je höher der Grad der verwendeten Polynome ist, um so höher ist der Grad des vollständigen Polynoms, das sich mit den Ansatzfunktionen wiedergeben lässt. Dies ist in Bild 7.8 verdeutlicht. Die eindimensionalen Interpolationspolynome entsprechen jeweils einem Polynom vom Grade 1, 2 oder 3. Durch die Produktbildung ergeben sich beim 4-Knoten-Element bilineare, beim 9-Knoten-Element biquadratische und beim 16-Knoten-Element bikubische Polynomansätze. Die Ansätze enthalten zwar auch noch höhere Polynomterme (beim bikubischen Ansatz bis zu einem Term 6. Grades), vollständig sind die Ansätze aber nur bezüglich eines linearen, quadratischen oder kubischen Polynoms. Auch bei höheren Polynomansätzen ist es im Hinblick auf das Konvergenzverhalten (siehe Kapitel 8) erwünscht, dass ein vollständiges Polynom möglichst hoher Ordnung

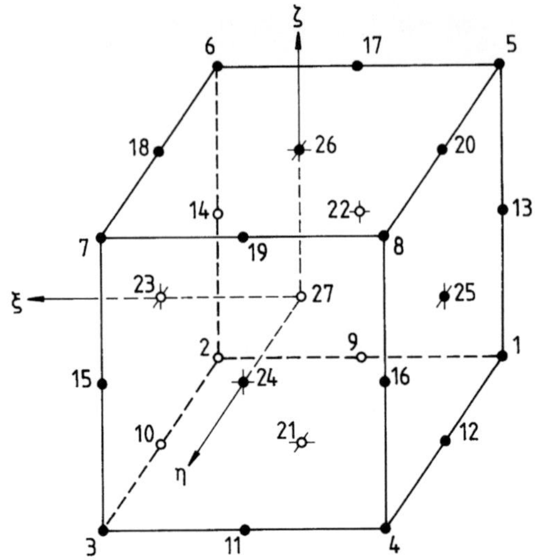

Bild 7.9. Lage der 27 Knoten für ein Würfelelement mit triquadratischen Interpolationspolynomen

dargestellt werden kann. Mit derartigen Polynomen lassen sich nicht nur Starrkörperverschiebungen und Verschiebungszustände mit konstanten Verzerrungen, sondern auch kompliziertere Verschiebungszustände exakt erfassen, wie sie beispielsweise im Rahmen der Balkentheorie in dünnwandigen Profilen bei Biegung oder bei Querkraftbiegung auftreten.

Produkt-Interpolationspolynome für Volumenelemente

Es bereitet keinerlei Schwierigkeiten, für Quaderelemente Produkt-Interpolationspolynome anzugeben.

Der Quader mit den Kantenlängen a, b, c und den Mittelpunktkoordinaten $(x_\mathrm{e}, y_\mathrm{e}, z_\mathrm{e})$ wird durch die Transformation

$$\xi = \frac{2}{a}\,(x - x_\mathrm{e})\,, \tag{7.6a}$$

$$\eta = \frac{2}{b}\,(y - y_\mathrm{e})\,, \tag{7.6b}$$

$$\zeta = \frac{2}{c}\,(z - z_\mathrm{e}) \tag{7.6c}$$

auf einen Einheitswürfel abgebildet. Die Formfunktionen brauchen nur für diesen Würfel angegeben zu werden. Zu einem Quader oder Würfel mit 27 Knoten beispielsweise (Bild 7.9) gehören triquadratische Interpolationspolynome.

Der Ansatz im Element lautet entsprechend wie im Zweidimensionalen

$$u(\xi,\eta,\zeta) = \sum_{\mathrm{k}=1}^{27} l_\mathrm{k}(\xi,\eta,\zeta)\; u_\mathrm{k} = \boldsymbol{l}^\mathrm{T}(\xi,\eta,\zeta)\;\boldsymbol{u}\,. \tag{7.7}$$

Tabelle 7.2. Auswertung der Integrale $\int_{-1}^{1} g_k^{(2)}(\sigma)\, g_l^{(2)}(\sigma)\, d\sigma$ etc.

	$g_1^{(2)}$	$g_2^{(2)}$	$g_3^{(2)}$	$g_{1,\sigma}^{(2)}$	$g_{2,\sigma}^{(2)}$	$g_{3,\sigma}^{(2)}$
$g_1^{(2)}$	$\frac{4}{15}$	$\frac{2}{15}$	$-\frac{1}{15}$	$-\frac{1}{2}$	$\frac{2}{3}$	$-\frac{1}{6}$
$g_2^{(2)}$	$\frac{2}{15}$	$\frac{16}{15}$	$\frac{2}{15}$	$-\frac{2}{3}$	0	$\frac{2}{3}$
$g_3^{(2)}$	$-\frac{1}{15}$	$\frac{2}{15}$	$\frac{4}{15}$	$\frac{1}{6}$	$-\frac{2}{3}$	$\frac{1}{2}$
$g_{1,\sigma}^{(2)}$	$-\frac{1}{2}$	$-\frac{2}{3}$	$\frac{1}{6}$	$\frac{7}{6}$	$-\frac{4}{3}$	$\frac{1}{6}$
$g_{2,\sigma}^{(2)}$	$\frac{2}{3}$	0	$-\frac{2}{3}$	$-\frac{4}{5}$	$\frac{8}{3}$	$-\frac{4}{3}$
$g_{3,\sigma}^{(2)}$	$-\frac{1}{6}$	$\frac{2}{3}$	$\frac{1}{2}$	$\frac{1}{6}$	$-\frac{4}{3}$	$\frac{7}{6}$

Von den 27 durch Produktbildung entstehenden Interpolationspolynomen geben wir vier charakteristische Formfunktionen an:

$$\text{Eckpunkt:} \quad l_1(\xi,\eta,\zeta) = g_1^{(2)}(\xi)\; g_1^{(2)}(\eta)\; g_1^{(2)}(\zeta)\,, \tag{7.8a}$$

$$\text{Kantenmittelpunkt:} \quad l_9(\xi,\eta,\zeta) = g_2^{(2)}(\xi)\; g_1^{(2)}(\eta)\; g_1^{(2)}(\zeta)\,, \tag{7.8b}$$

$$\text{Seitenmittelpunkt:} \quad l_{21}(\xi,\eta,\zeta) = g_2^{(2)}(\xi)\; g_2^{(2)}(\eta)\; g_1^{(2)}(\zeta)\,, \tag{7.8c}$$

$$\text{Volumenmittelpunkt:} \quad l_{27}(\xi,\eta,\zeta) = g_2^{(2)}(\xi)\; g_2^{(2)}(\eta)\; g_2^{(2)}(\zeta)\,. \tag{7.8d}$$

C^0-Stetigkeit und Darstellbarkeit von Starrkörperverschiebungen und konstanten Verzerrungen lassen sich in gleicher Weise wie beim Rechteckelement zeigen.

Mit den Formfunktionen des 27-Knoten-Quaderelementes lassen sich alle 10 Terme eines vollständigen, quadratischen Polynoms in ξ-η-ζ darstellen. Zusätzlich enthalten die Formfunktionen aber auch noch höhere Polynomterme bis zu dem Term 6. Grades ($\xi^2\, \eta^2\, \zeta^2$). Dies ist ein Luxus, durch den Unbekanntenanzahl und damit Rechenzeit in die Höhe getrieben werden (siehe Aufgabe 7.2).

Anmerkung zur Ermittlung der Elementsteifigkeitsmatrizen

Die Steifigkeitsmatrizen der Scheibenelemente werden wie beim 4-Knoten-Rechteckelement durch Auswertung des Integrals in Gl. (4.9) ermittelt, wobei der Integrand aus Gl. (4.15) übernommen werden kann. Bei der Integralauswertung kann man sich wieder auf die Auswertung von Linienintegralen beschränken. Beim 9-Knoten-Element treten nur die in Tabelle 7.2 angegebenen Integrale auf. Bei den Volumenelementen läuft die Ermittlung der Steifigkeitsmatrizen analog ab. Bei der Integralauswertung für das 27-Knoten-Element kann auf die Tabelle 7.2 zurückgegriffen werden.

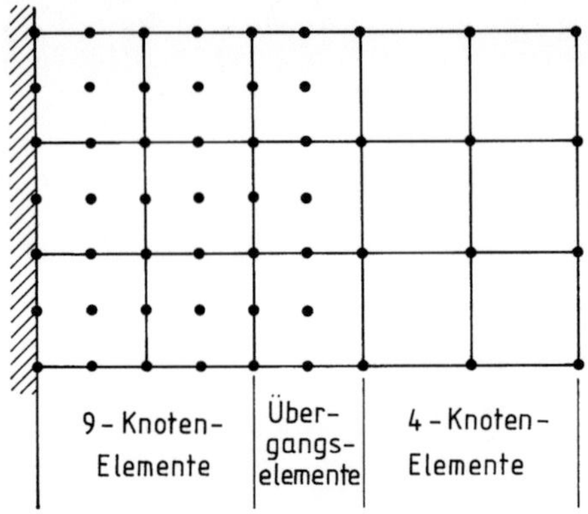

Bild 7.10. Einführung von Übergangselementen zur Verknüpfung von Bereichen mit unterschiedlichen Polynomansätzen

7.3 Ansatzfunktionen für Randpunkt- und Übergangselemente

Produkt-Interpolationspolynome sind aus zwei Gründen unzureichend. Zum einen fehlen Übergangselemente (Bild 7.10), um z. B. Elemente mit linearen Ansätzen und Elemente mit quadratischen Ansätzen verknüpfen zu können. Zum anderen sind – besonders für dreidimensionale Probleme – Formfunktionen erwünscht, bei denen die Darstellbarkeit eines vollständigen Polynoms höherer Ordnung und die Erfüllung der Stetigkeit garantiert ist, bei denen aber durch Verzicht auf die höheren Polynomterme, die für das Konvergenzverhalten (siehe Kapitel 8) überflüssig

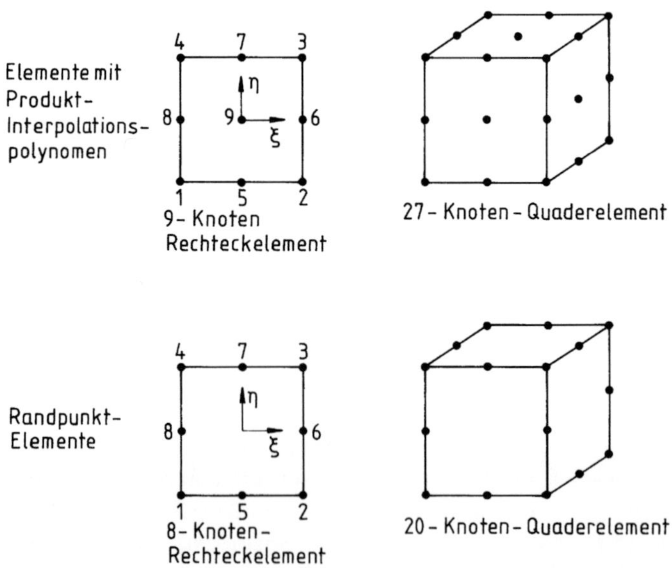

Bild 7.11. Produkt-Interpolations-Elemente und Randpunktelemente

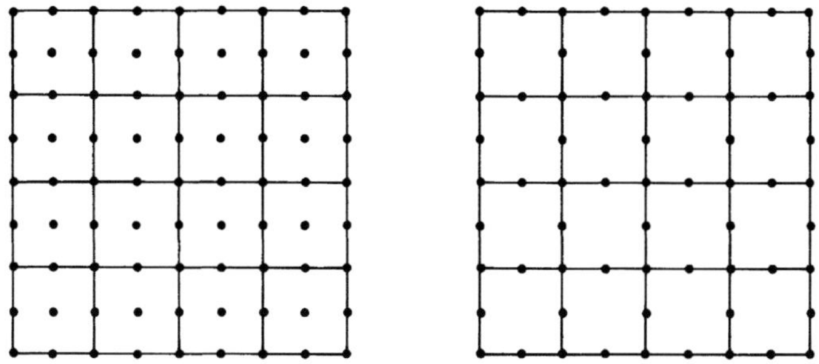

	Produkt-Interpolationspolynome	Randpunkt-Interpolationspolynome
Unbekanntenanzahl n	162	130
Bandbreite n_b	42	34
Rechenzeit $\sim n\, n_b^2$	285 768	150 280

Bild 7.12. Rechenzeitvergleich (vereinfachend ausgedrückt durch $n\, n_b^2$) bei Verwendung von Produkt-Interpolationspolynomen und Randpunkt-Interpolationspolynomen (jeweils vom Grade 2)

sind, eine Einsparung an Unbekannten und damit an Rechenzeit erreicht wird. In Bild 7.11 sind ein 8-Knoten-Rechteckelement und ein 20-Knoten-Quaderelement skizziert, für die die Formfunktionen entwickelt werden sollen. Da bei diesen Elementen die Knoten nur auf den Rändern liegen, bezeichnen wir die Formfunktionen als Randpunkt-Interpolationspolynome.

7.3.1 Formfunktionen für Randpunktelemente

Bevor wir die Formfunktionen für Randpunktelemente (Randpunkt-Interpolationspolynome) exemplarisch am Beispiel des 8-Knoten-Rechteckelementes und des 20-Knoten-Quaderelementes entwickeln, wollen wir die Bedeutung der Randpunktelemente im Hinblick auf die Rechenzeit zeigen.

Rechenzeiteinsparung

Die Rechenzeiteinsparung beim 8-Knoten-Rechteckelement scheint gering zu sein, da man auf Elementebene nur zwei von 18 Freiheitsgraden einspart. Auf Systemebene ist eine Rechenzeiteinsparung erheblich. Nimmt man vereinfachend an, dass die Rechenzeit primär von der zur Lösung des Gleichungssystems erforderlichen Zeit bestimmt wird, so ersieht man an der Gegenüberstellung in Bild 7.12, dass beim Übergang vom 9-Knoten- zum 8-Knoten-Rechteckelement – ausgedrückt durch die Zahl der Operationen zum Lösen des Gleichungssystems – fast 50% der Rechenzeit eingespart wird.

Entwicklung von Randpunkt-Interpolationspolynomen für das 8-Knoten-Rechteckelement

Bei allen Randpunkt-Interpolationspolynomen verzichtet man auf überflüssige, höhere Polynomglieder. Natürlich muss dann auch die Anzahl der Knoten reduziert

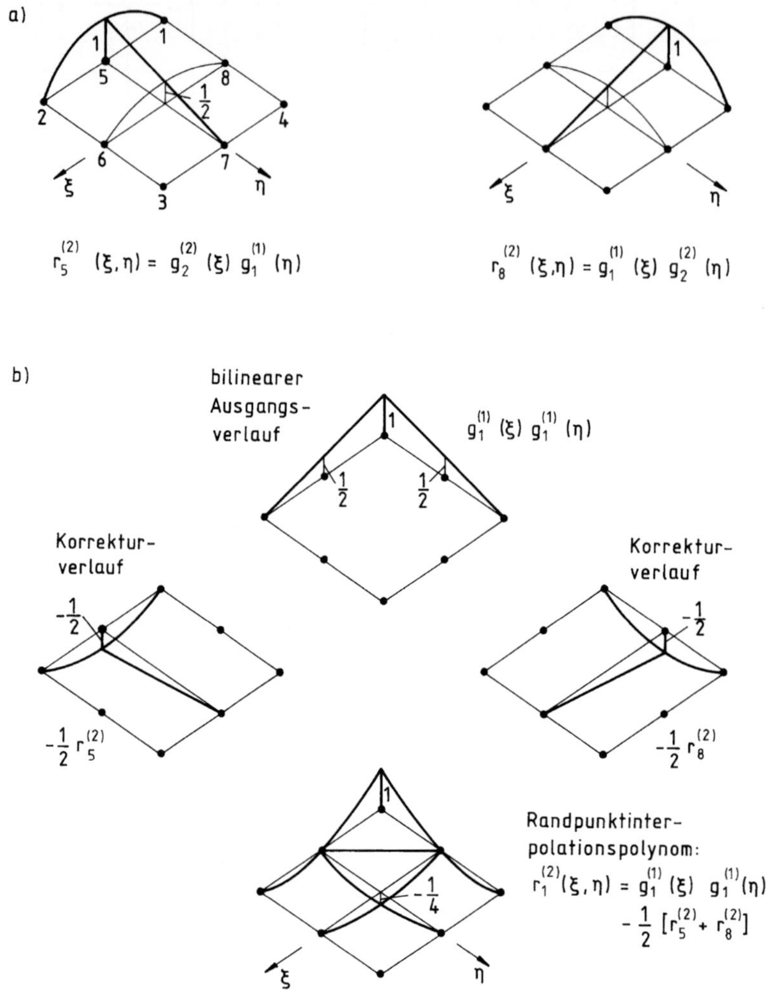

Bild 7.13. Entwicklung von Randpunkt-Interpolationspolynomen am Beispiel eines 8-Knoten-Elementes für Seitenmittelknoten (**a**) und für Eckknoten (**b**)

werden. Da die in den Randpunkten eingeführten Stützwerte (Knotenverschiebungen) zur Formulierung der Stetigkeitsbedingung erforderlich sind, kann man nur Stützwerte im Innern eines Elementes weglassen. Im Gegensatz zum 9-Knoten-Element sollen beim 8-Knoten-Element die Formfunktionen so aufgebaut werden, dass der Polynomterm der höchsten Ordnung ($\xi^2\, \eta^2$) in den Formfunktionen nicht mehr auftritt. Die zweidimensionalen Formfunktionen können also nicht mehr durch Produktbildung aus eindimensionalen, quadratischen Lagrange-Polynomen gewonnen werden.

Bei den in den Seitenmitten liegenden Knoten ist die Konstruktion unmittelbar klar (Bild 7.13a). Man multipliziert beispielsweise das quadratische Polynom $g_2^{(2)}$ in ξ-Richtung mit dem linearen Polynom in η-Richtung. Damit wird gerade erreicht, dass die Formfunktion im Knoten 5 den Wert 1, in allen anderen Knoten den Wert 0 annimmt.

Bei den Eckknoten wird zwar durch ein Produkt aus zwei quadratischen Lagrange-Polynomen der Formfunktionscharakter gewahrt, dadurch tritt aber gerade der unerwünschte Term $\xi^2\,\eta^2$ auf. Man geht daher vom linearen Verlauf $g_1^{(1)}(\xi)\;g_1^{(1)}(\eta)$ aus. Dieser Verlauf muss nun noch so korrigiert werden, dass in den Seitenmittelpunkten der Funktionswert zu Null wird. Als Korrekturfunktionen verwendet man die bereits ermittelten Formfunktionen für die Seitenmittelpunkte (Bild 7.13b).

Wenn man weiß, welche Werte die Randpunkt-Interpolationspolynome an den weggelassenen Innenpunkten annehmen, ist es leicht möglich, sie durch Transformation aus den Produkt-Interpolationspolynomen zu gewinnen:

$$\underset{[8\times 1]}{\boldsymbol{r}^{(2)}(\xi,\eta)} = \underset{[8\times 9]}{\mathbf{T}^{(2)}}\;\underset{[9\times 1]}{\boldsymbol{l}^{(2)}(\xi,\eta)} \tag{7.9}$$

mit den beiden Vektoren

$$\boldsymbol{r}^{(2)}(\xi,\eta)^{\mathrm{T}} = \{r_1^{(2)}(\xi,\eta),\ldots,r_8^{(2)}(\xi,\eta)\}\,,$$

$$\boldsymbol{l}^{(2)}(\xi,\eta)^{\mathrm{T}} = \{\,l_1^{(2)}(\xi,\eta),\ldots\ldots,\,l_9^{(2)}(\xi,\eta)\}\,.$$

Für zwei Randpunkt-Interpolationspolynome ist in Bild 7.14 dargestellt, wie sie sich aus den Produkt-Interpolationspolynomen ergeben. Die Transformationsmatrix für das dargestellte Beispiel lautet:

$$\underset{[8\times 9]}{\mathbf{T}^{(2)}} = \begin{bmatrix} 1 & 0 & 0 & 0 & 0 & 0 & 0 & 0 & -\frac{1}{4} \\ 0 & 1 & 0 & 0 & 0 & 0 & 0 & 0 & -\frac{1}{4} \\ 0 & 0 & 1 & 0 & 0 & 0 & 0 & 0 & -\frac{1}{4} \\ 0 & 0 & 0 & 1 & 0 & 0 & 0 & 0 & -\frac{1}{4} \\ 0 & 0 & 0 & 0 & 1 & 0 & 0 & 0 & \frac{1}{2} \\ 0 & 0 & 0 & 0 & 0 & 1 & 0 & 0 & \frac{1}{2} \\ 0 & 0 & 0 & 0 & 0 & 0 & 1 & 0 & \frac{1}{2} \\ 0 & 0 & 0 & 0 & 0 & 0 & 0 & 1 & \frac{1}{2} \end{bmatrix}. \tag{7.10}$$

Der vollständige Verschiebungsansatz

$$u(\xi,\eta) = \boldsymbol{l}^{(2)}(\xi,\eta)^{\mathrm{T}}\;\boldsymbol{u} \tag{7.11}$$

geht in den reduzierten Ansatz

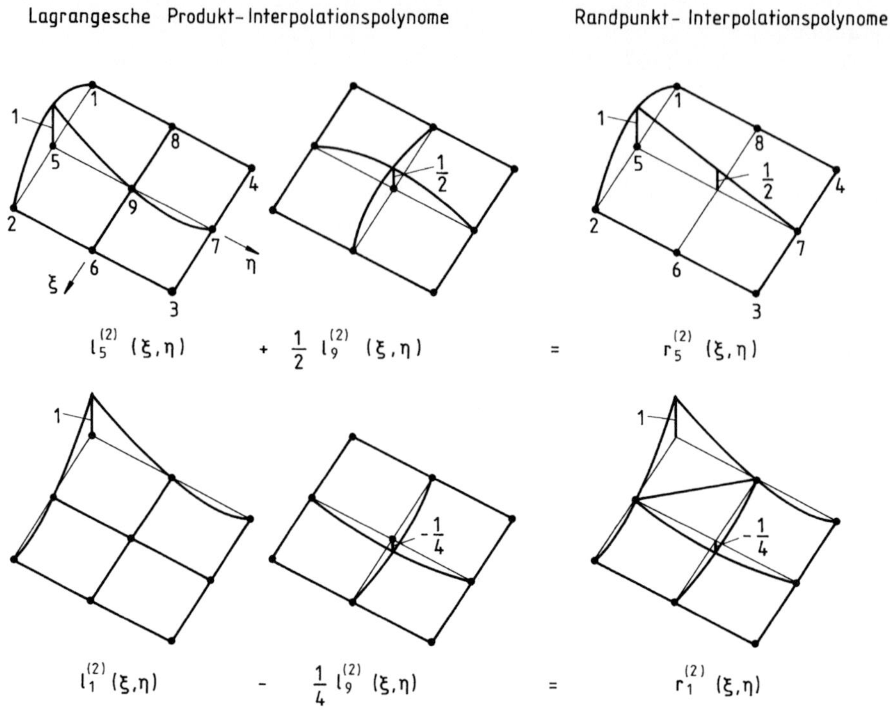

Bild 7.14. Zusammenhang zwischen Produkt- und Randpunkt-Interpolationspolynomen

$$u(\xi,\eta) = \boldsymbol{r}^{(2)}(\xi,\eta)^{\mathrm{T}}\, \boldsymbol{u}_{\mathrm{red}} = \boldsymbol{l}^{(2)}(\xi,\eta)^{\mathrm{T}}\, \mathbf{T}^{(2)^{\mathrm{T}}}\, \boldsymbol{u}_{\mathrm{red}} \tag{7.12}$$

über, wenn

$$\boldsymbol{u} = \mathbf{T}^{(2)^{\mathrm{T}}}\, \boldsymbol{u}_{\mathrm{red}} \tag{7.13}$$

ist. Mit diesem Zusammenhang zwischen $\boldsymbol{u}$ und $\boldsymbol{u}_{\mathrm{red}}$ lässt sich aus der (vollständigen) Steifigkeitsmatrix des Lagrange-Ansatzes die reduzierte Steifigkeitsmatrix gewinnen (siehe Abschnitt 7.3.2).

Stetigkeit und Vollständigkeit der Randpunkt-Interpolationspolynome $r_k^{(2)}(\xi,\eta)$

Die Stetigkeitsforderung wird auch von den Randpunkt-Formfunktionen erfüllt: Aufgrund der Gln. (7.9) und (7.10) ist ersichtlich, dass sie sich von den Lagrangeschen Produkt-Interpolationspolynomen nur um Anteile in $l_9^{(2)}(\xi,\eta)$ unterscheiden, die auf die Stetigkeit in den Elementgrenzen keinen Einfluss haben.

Da bei der Konstruktion der Randpunkt-Formfunktionen nur Produkte aus quadratischen Lagrange-Polynomen in der einen Richtung und linearen in der anderen verwendet wurden (Bild 7.13), lässt sich weiterhin ein vollständiges quadratisches Polynom darstellen (siehe auch Bild 7.15).

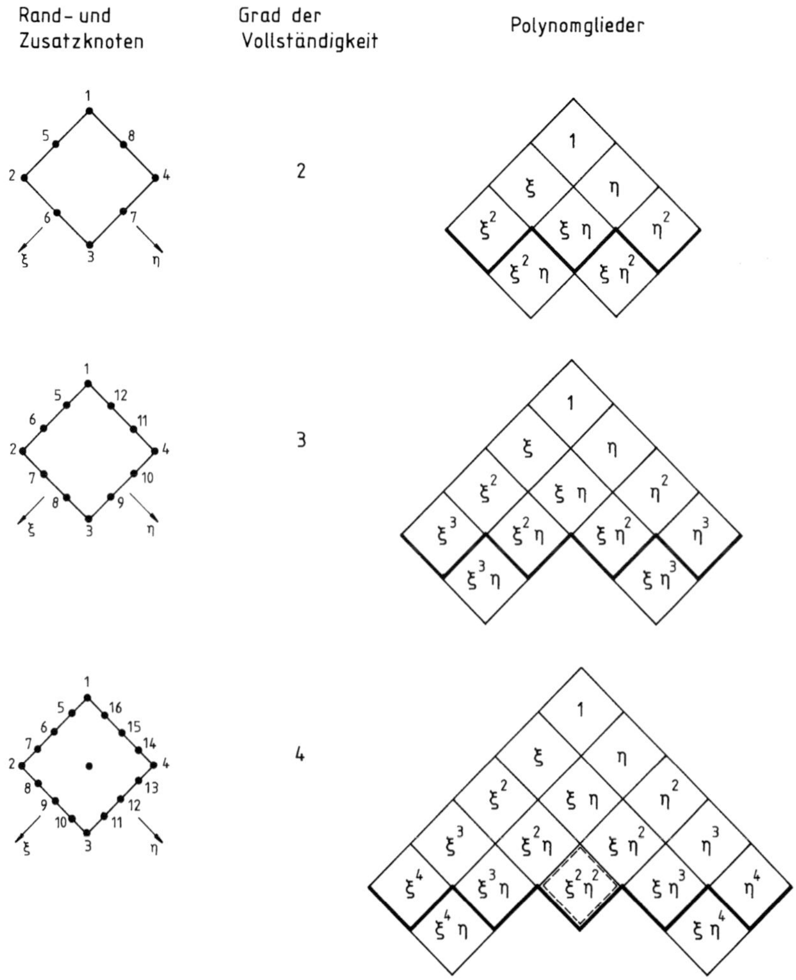

Bild 7.15. Knoten und Polynomglieder der Formfunktionen von Randpunktelementen

Randpunkt-Interpolationspolynome für weitere Rechteckelemente

Mit den Formfunktionen des 8-Knoten-Rechteckelementes lässt sich ein vollständiges Polynom vom Grade 2 aufbauen. Mit den Formfunktionen der nächsthöheren Randpunktelemente sollten sich vollständige Polynome vom Grade 3 bzw. 4 aufbauen lassen, wobei als Stützwerte für die Formfunktionen soweit als möglich nur Funktionswerte in den Randpunkten eingeführt werden sollten. Diese Forderung hat zur Folge, dass von den Polynomgliedern in jedem Fall diejenigen Terme berücksichtigt werden, bei denen das höchstmögliche Polynom in einer Richtung mit einem linearen Polynom in der anderen Richtung kombiniert wird.

In Bild 7.15 sind die bei den Randpunkt-Interpolationspolynomen bis zur Ordnung 4 darstellbaren Polynomterme und die Stützpunkte für die Formfunktionen angegeben. Beim Polynom 4. Ordnung muss zusätzlich ein Freiheitsgrad im Mittelpunkt eingeführt werden, um den Term $\xi^2\,\eta^2$, der für die Vollständigkeit bis zum Grade 4 notwendig ist, berücksichtigen zu können.

Die Ableitung höherwertiger Randpunkt-Interpolationspolynome (Polynomordnung j) läuft nach dem gleichen, einheitlichen Schema ab. Stetigkeit und Vollständigkeit bis zur Ordnung j sind hierbei automatisch gewährleistet.

1. Schritt: Festlegung der zu berücksichtigenden Polynomglieder und der Knoten;

2. Schritt: Aufbau der Randpunkt-Interpolationspolynome für Knoten auf den Seiten, z. B. mit der Formel $g_\mathrm{k}^{(\mathrm{j})}(\xi)\; g_\mathrm{l}^{(1)}(\eta)$ $(k=1,\ldots,j+1;\; l=1,2)$ etc.;

3. Schritt: Aufbau der Randpunkt-Formfunktionen für die Eckknoten durch Superposition aus den bilinearen Verläufen $g_\mathrm{k}^{(1)}(\xi)\; g_\mathrm{l}^{(1)}(\eta)$ und Korrektur mit den Formfunktionen aus dem 1. Schritt;

4. Schritt: Für $j \geqslant 4$ Einführung zusätzlicher Freiheitsgrade im Innern und Aufbau der zugehörigen Formfunktionen, die auf den Rändern verschwinden (sogenannte ‚bubble functions'), vergleiche Aufgabe 7.4;

5. Schritt: Ermittlung der Transformationsmatrix $\mathbf{T}^{(\mathrm{j})}$ für die Superposition der Randpunkt-Interpolationspolynome aus den Produkt-Interpolationspolynomen.

Das gesamte ‚Geheimnis' der Randpunkt-Interpolationspolynome ist auf diese Weise in eine Transformationsmatrix verpackt worden. Für Polynome 3. Ordnung ist die Transformationsmatrix nachstehend angegeben, wobei die Elementknotenbezifferung von Bild 7.16 zugrundegelegt wurde:

$$\underset{[12\times 16]}{\mathbf{T}^{(3)}} = \begin{bmatrix}
1&0&0&0&0&0&0&0&0&0&0&0&-\frac{4}{9}&-\frac{2}{9}&-\frac{1}{9}&-\frac{2}{9}\\
0&1&0&0&0&0&0&0&0&0&0&0&-\frac{2}{9}&-\frac{4}{9}&-\frac{2}{9}&-\frac{1}{9}\\
0&0&1&0&0&0&0&0&0&0&0&0&-\frac{1}{9}&-\frac{2}{9}&-\frac{4}{9}&-\frac{2}{9}\\
0&0&0&1&0&0&0&0&0&0&0&0&-\frac{2}{9}&-\frac{1}{9}&-\frac{2}{9}&-\frac{4}{9}\\
0&0&0&0&1&0&0&0&0&0&0&0&\frac{2}{3}&0&0&\frac{1}{3}\\
0&0&0&0&0&1&0&0&0&0&0&0&0&\frac{2}{3}&\frac{1}{3}&0\\
0&0&0&0&0&0&1&0&0&0&0&0&\frac{1}{3}&\frac{2}{3}&0&0\\
0&0&0&0&0&0&0&1&0&0&0&0&0&0&\frac{2}{3}&\frac{1}{3}\\
0&0&0&0&0&0&0&0&1&0&0&0&0&\frac{1}{3}&\frac{2}{3}&0\\
0&0&0&0&0&0&0&0&0&1&0&0&\frac{1}{3}&0&0&\frac{2}{3}\\
0&0&0&0&0&0&0&0&0&0&1&0&0&0&\frac{1}{3}&\frac{2}{3}\\
0&0&0&0&0&0&0&0&0&0&0&1&\frac{2}{3}&\frac{1}{3}&0&0
\end{bmatrix} \qquad (7.14)$$

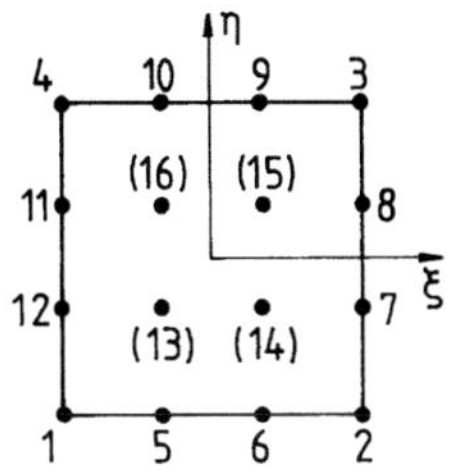

Bild 7.16. Knotenbezifferung für Scheibenelemente mit Polynomansätzen der Ordnung 3

Randpunkt-Interpolationspolynome für Quaderelemente

Der Aufbau von Randpunkt-Interpolationspolynomen für Quaderelemente läuft prinzipiell nach dem gleichen Schema wie bei Rechteckelementen ab. Dies soll am Quaderelement mit einem vollständigen quadratischen Ansatz in ξ-η-ζ erläutert werden.

1. Schritt:

Knoten sollen nach Möglichkeit nur in den Ecken und auf den Kanten des Einheitswürfels eingeführt werden. Während man bei triquadratischen Produkt-Interpolationspolynomen 27 Knoten benötigt, sind jetzt nur noch 20 erforderlich. Mit den Formfunktionen sollen sich Polynome darstellen lassen, die in einer Richtung quadratisch, in den beiden anderen aber nur linear verlaufen. Es entfallen von dem ursprünglich triquadratischen Ansatz folgende Polynomterme:

6. Ordnung: $\xi^2\,\eta^2\,\zeta^2\,;$

5. Ordnung: $\xi\,\eta^2\,\zeta^2\,,\quad \xi^2\,\eta\,\zeta^2\,,\quad \xi^2\,\eta^2\,\zeta\,;$

4. Ordnung: $\eta^2\,\zeta^2\,,\quad \xi^2\,\zeta^2\,,\quad \xi^2\,\eta^2\,.$

2. Schritt:

Die Formfunktionen für die auf einer Kante liegenden Punkte 9, 12, 13 (Bild 7.17) lauten

$$r_9(\xi,\eta,\zeta) = g_2^{(2)}(\xi)\; g_1^{(1)}(\eta)\; g_1^{(1)}(\zeta)\,, \tag{7.15a}$$

$$r_{12}(\xi,\eta,\zeta) = g_1^{(1)}(\xi)\; g_2^{(2)}(\eta)\; g_1^{(1)}(\zeta)\,, \tag{7.15b}$$

$$r_{13}(\xi,\eta,\zeta) = g_1^{(1)}(\xi)\; g_1^{(1)}(\eta)\; g_2^{(2)}(\zeta)\,. \tag{7.15c}$$

3. Schritt:

Die Formfunktion für den Eckpunkt 1 wird wieder als Differenz aus einem trilinearen Ansatz und Korrekturfunktionen aufgebaut, die den Ansatz auch in den Punkten 9, 12 und 13 zum Verschwinden bringen. Als Korrekturfunktionen werden gerade die bereits angegebenen Formfunktionen r_9, r_{12} und r_{13} verwendet. Man erhält

$$
\begin{aligned}
r_1(\xi,\eta,\zeta) &= g_1^{(1)}(\xi)\; g_1^{(1)}(\eta)\; g_1^{(1)}(\zeta) \\
&\quad -\frac{1}{2}\left[r_9(\xi,\eta,\zeta)+r_{12}(\xi,\eta,\zeta)+r_{13}(\xi,\eta,\zeta)\right].
\end{aligned}
\tag{7.16}
$$

4. Schritt:

Zusätzliche Freiheitsgrade im Innern brauchen nicht eingeführt zu werden.

5. Schritt:

Für die Angabe der Transformationsmatrix, mit der sich die Formfunktionen des 20-Knoten-Quaderelementes aus denen des 27-Knoten-Quaderelementes berechnen lassen, legen wir die in Bild 7.17 dargestellte Knotenbezifferung zugrunde. Die Nummern der beim Randpunktelement wegfallenden Knoten sind durch Einklammerung kenntlich gemacht.

Die Ermittlung der Transformationsmatrix erfolgt in völliger Analogie zum Vorgehen beim 8-Knoten-Rechteckelement. Die Transformationsmatrix lautet:

$$
\mathbf{T}^{(2)} = \underset{[20\times 27]}{\begin{bmatrix}
1&0&0&0&0&0&0&0&0&0&0&0&0&0&0&0&0&0&0&0&-\omega&-\omega&0&0&-\omega&0&-\omega\\
0&1&0&0&0&0&0&0&0&0&0&0&0&0&0&0&0&0&0&0&-\omega&-\omega&-\omega&0&0&0&-\omega\\
0&0&1&0&0&0&0&0&0&0&0&0&0&0&0&0&0&0&0&0&-\omega&0&-\omega&-\omega&0&0&-\omega\\
0&0&0&1&0&0&0&0&0&0&0&0&0&0&0&0&0&0&0&0&-\omega&0&0&-\omega&-\omega&0&-\omega\\
0&0&0&0&1&0&0&0&0&0&0&0&0&0&0&0&0&0&0&0&0&-\omega&0&0&-\omega&-\omega&-\omega\\
0&0&0&0&0&1&0&0&0&0&0&0&0&0&0&0&0&0&0&0&0&-\omega&-\omega&0&0&-\omega&-\omega\\
0&0&0&0&0&0&1&0&0&0&0&0&0&0&0&0&0&0&0&0&0&0&-\omega&-\omega&0&-\omega&-\omega\\
0&0&0&0&0&0&0&1&0&0&0&0&0&0&0&0&0&0&0&0&0&0&0&-\omega&-\omega&-\omega&-\omega\\
0&0&0&0&0&0&0&0&1&0&0&0&0&0&0&0&0&0&0&0&\alpha&\alpha&0&0&0&0&\omega\\
0&0&0&0&0&0&0&0&0&1&0&0&0&0&0&0&0&0&0&0&\alpha&0&\alpha&0&0&0&\omega\\
0&0&0&0&0&0&0&0&0&0&1&0&0&0&0&0&0&0&0&0&\alpha&0&\alpha&0&0&0&\omega\\
0&0&0&0&0&0&0&0&0&0&0&1&0&0&0&0&0&0&0&0&\alpha&0&0&\alpha&0&0&\omega\\
0&0&0&0&0&0&0&0&0&0&0&0&1&0&0&0&0&0&0&0&0&\alpha&0&0&\alpha&0&\omega\\
0&0&0&0&0&0&0&0&0&0&0&0&0&1&0&0&0&0&0&0&0&\alpha&\alpha&0&0&0&\omega\\
0&0&0&0&0&0&0&0&0&0&0&0&0&0&1&0&0&0&0&0&0&0&\alpha&\alpha&0&0&\omega\\
0&0&0&0&0&0&0&0&0&0&0&0&0&0&0&1&0&0&0&0&0&0&0&\alpha&\alpha&0&\omega\\
0&0&0&0&0&0&0&0&0&0&0&0&0&0&0&0&1&0&0&0&0&\alpha&0&0&0&\alpha&\omega\\
0&0&0&0&0&0&0&0&0&0&0&0&0&0&0&0&0&1&0&0&0&0&\alpha&0&0&\alpha&\omega\\
0&0&0&0&0&0&0&0&0&0&0&0&0&0&0&0&0&0&1&0&0&0&0&\alpha&0&\alpha&\omega\\
0&0&0&0&0&0&0&0&0&0&0&0&0&0&0&0&0&0&0&1&0&0&0&0&\alpha&\alpha&\omega
\end{bmatrix}}
$$

mit $\alpha = \dfrac{1}{2}$ und $\omega = \dfrac{1}{4}$. (7.17)

7.3.2 Entwicklung der Steifigkeitsmatrix von Randpunktelementen

Zur Ermittlung der Steifigkeitsmatrix von Randpunktelementen sind zwei Wege möglich. Ist die Steifigkeitsmatrix für das Element mit Produkt-Interpolationspolynomen bereits bekannt, so lässt sie sich mit der Transformationsbeziehung

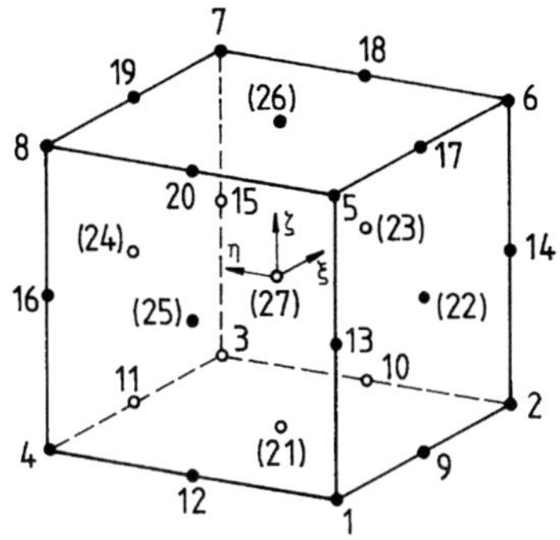

Bild 7.17. Knotenbezifferung für Volumenelemente mit Polynomansätzen der Ordnung 2

(7.13) in die Steifigkeitsmatrix des Randpunktelementes überführen. Die virtuelle Formänderungsenergie lautet in diskretisierter Form

$$\delta\Pi_{\mathrm{i,e}} = \underset{[1\times 18]}{\delta\boldsymbol{u}_{\mathrm{e}}^{\mathrm{T}}} \; \underset{[18\times 18]}{\boldsymbol{S}_{\mathrm{e}}} \; \underset{[18\times 1]}{\boldsymbol{u}_{\mathrm{e}}} \; , \tag{7.18}$$

wobei zur Illustration die Abmessungen der Matrix und der Vektoren im Fall des 9-Knoten-Elementes angegeben wurden. Die Gl. (7.13) gilt analog auch für die v-Verschiebungen. Damit lautet die Transformationsvorschrift für die Elementknotenverschiebungsvektoren

$$\begin{aligned}\begin{Bmatrix}\boldsymbol{u}\\ \boldsymbol{v}\end{Bmatrix} &= \begin{bmatrix}\mathbf{T}^{(2)^{\mathrm{T}}} & \mathbf{0}\\ \mathbf{0} & \mathbf{T}^{(2)^{\mathrm{T}}}\end{bmatrix}_{\mathrm{e}} \begin{Bmatrix}\boldsymbol{u}_{\mathrm{red}}\\ \boldsymbol{v}_{\mathrm{red}}\end{Bmatrix},\\ \underset{[18\times 1]}{\boldsymbol{u}_{\mathrm{e}}} &= \underset{[18\times 16]}{\mathbf{T}_{\mathrm{e}}^{(2)^{\mathrm{T}}}} \; \underset{[16\times 1]}{\boldsymbol{u}_{\mathrm{red,e}}} \, .\end{aligned} \tag{7.19}$$

Eingesetzt in Gl. (7.18) folgt

$$\delta\Pi_{\mathrm{i,e}} = \delta\boldsymbol{u}_{\mathrm{red,e}}^{\mathrm{T}} \, \mathbf{T}_{\mathrm{e}}^{(2)} \, \boldsymbol{S}_{\mathrm{e}} \, \mathbf{T}_{\mathrm{e}}^{(2)^{\mathrm{T}}} \, \boldsymbol{u}_{\mathrm{red,e}} \tag{7.20}$$

mit der Steifigkeitsmatrix des Randpunktelementes

$$\underset{[16\times 16]}{\boldsymbol{S}_{\mathrm{red,e}}} = \underset{[16\times 18]}{\mathbf{T}_{\mathrm{e}}^{(2)}} \; \underset{[18\times 18]}{\boldsymbol{S}_{\mathrm{e}}} \; \underset{[18\times 16]}{\mathbf{T}_{\mathrm{e}}^{(2)^{\mathrm{T}}}} \, . \tag{7.21}$$

Diese erste Vorgehensweise ist dann angebracht, wenn für die Koeffizienten der Matrix $\boldsymbol{S}_{\mathrm{e}}$ analytische Ausdrücke vorliegen. Dann ergeben sich auch für die Koeffizienten von $\boldsymbol{S}_{\mathrm{red,e}}$ analytische Beziehungen. Das ist bei allen Rechteckelementen und bei allen Elementen für rechtwinkligen Quader der Fall.

Müssen die Koeffizienten der Steifigkeitsmatrix durch numerische Integration gewonnen werden – das ist z. B. bei krummlinig berandeten Elementen und bei elastisch-plastischen Problemen der Fall –, dann wird man nicht den Umweg über die Steifigkeitsmatrix von Produkt-Interpolations-Elementen gehen, da man dabei eine zu große Matrix ermittelt, die bei der anschließenden Transformation (7.21) doch wieder komprimiert wird. In diesem Fall berechnet man, ausgehend von den Randpunkt-Interpolationspolynomen $r_{\mathrm{k}}^{(\mathrm{j})}(\xi,\eta)$, unmittelbar die Koeffizienten von $\boldsymbol{S}_{\mathrm{red,e}}$.

7.3.3 Formfunktionen für Übergangselemente

Übergangselemente sind erforderlich, um unterschiedliche Elementtypen miteinander verbinden zu können. Auf diese Weise lassen sich in Bereichen mit hohen Spannungsgradienten höherwertige Elemente, in Bereichen mit nur wenig veränderlichem Spannungszustand hingegen niedrigerwertige Elemente verwenden.

Ein Beispiel

Wir betrachten ein Element, das beim Übergang von 8-Knoten-Rechteckelementen zu 4-Knoten-Rechteckelementen auftritt. Beim 8-Knoten-Element wird der Funktionsverlauf an allen vier Rändern quadratisch approximiert, beim 4-Knoten-Element linear. Im Übergangselement muss, damit Stetigkeit garantiert ist, der Funktionsverlauf am gemeinsamen Rand mit dem 4-Knoten-Element linear, am gemeinsamen Rand mit dem 8-Knoten-Element hingegen quadratisch approximiert werden. Bei dem Übergangselement ② in Bild 7.18 haben wir angenommen, dass nur ein Rand an ein 4-Knoten-Element anschließt. Das Übergangselement ist also ein 7-Knoten-Element.

Wäre das Element ② ein 8-Knoten-Element, so müsste der Funktionswert im Punkt 8 (er wurde in Bild 7.18 durch × markiert) gerade gleich dem arithmetischen Mittel aus den Werten $\boldsymbol{u}_1$ und $\boldsymbol{u}_4$ sein:

$$u_8 = \frac{1}{2}\,(u_1 + u_4)\,. \tag{7.22}$$

Das 7-Knoten-Übergangselement lässt sich damit als Sonderfall eines 8-Knoten-Elementes auffassen, da zwischen den Vektoren der Knotenverschiebungen folgender Zusammenhang besteht:

$$\begin{Bmatrix} u_1 \\ u_2 \\ u_3 \\ u4 \\ u_5 \\ u_6 \\ u_7 \\ u_8 \end{Bmatrix} = \begin{bmatrix} 1 & 0 & 0 & 0 & 0 & 0 & 0 \\ 0 & 1 & 0 & 0 & 0 & 0 & 0 \\ 0 & 0 & 1 & 0 & 0 & 0 & 0 \\ 0 & 0 & 0 & 1 & 0 & 0 & 0 \\ 0 & 0 & 0 & 0 & 1 & 0 & 0 \\ 0 & 0 & 0 & 0 & 0 & 1 & 0 \\ 0 & 0 & 0 & 0 & 0 & 0 & 1 \\ \frac{1}{2} & 0 & 0 & \frac{1}{2} & 0 & 0 & 0 \end{bmatrix} \begin{Bmatrix} u_1 \\ u_2 \\ u_3 \\ u_4 \\ u_5 \\ u_6 \\ u_7 \end{Bmatrix}, \tag{7.23}$$

$$\boldsymbol{u} \quad = \quad \mathbf{T}^{\mathrm{T}} \quad \boldsymbol{u}_{\ddot{\mathrm{u}}}\,.$$

Aus dem allgemeinen Ansatz für das 8-Knoten-Element,

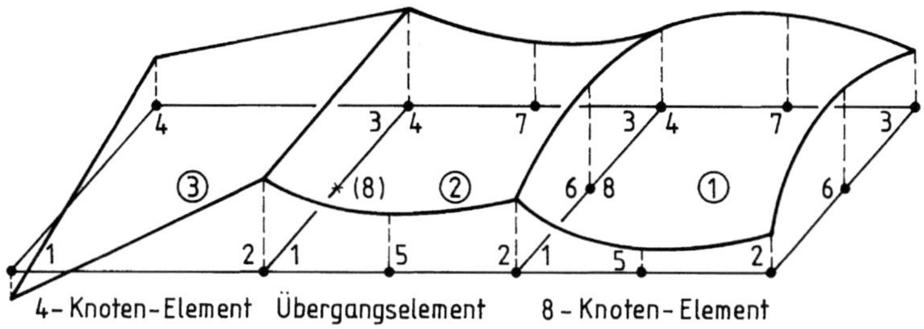

Bild 7.18. Übergangselement zwischen einem 4-Knoten und einem 8-Knoten-Element mit Angabe des Funktionsverlaufes

$$\underset{}{u(\xi,\eta)} = \underset{[1\times 8]}{\boldsymbol{r}^{\mathrm{T}}(\xi,\eta)}\ \underset{[8\times 1]}{\boldsymbol{u}}\,, \tag{7.24}$$

ergibt sich mit der Transformationsbeziehung (7.23) der reduzierte Ansatz

$$u(\xi,\eta) = \underset{[1\times 8]}{\boldsymbol{r}^{\mathrm{T}}(\xi,\eta)}\ \underset{[8\times 7]}{\mathbf{T}^{\mathrm{T}}}\ \underset{[7\times 1]}{\boldsymbol{u}_{\ddot{\mathrm{u}}}} = \underset{[1\times 7]}{\boldsymbol{r}_{\ddot{\mathrm{u}}}^{\mathrm{T}}(\xi,\eta)}\ \underset{[7\times 1]}{\boldsymbol{u}_{\ddot{\mathrm{u}}}}\,, \tag{7.25}$$

aus dem sich die Formfunktionen für das Übergangselement entnehmen lassen:

$$\boldsymbol{r}_{\ddot{\mathrm{u}}}(\xi,\eta) = \mathbf{T}\,\boldsymbol{r}(\xi,\eta)\,. \tag{7.26}$$

Es handelt sich auch hier, ebenso wie beim Übergang vom Lagrangeschen 9-Knoten-Element zum 8-Knoten-Randpunkt-Element, um eine Unbekanntenreduktion. Alles weitere, speziell der Aufbau der Steifigkeitsmatrix, läuft analog ab. Man bestimmt sich zunächst mit Gl. (7.23) den Zusammenhang zwischen den Vektoren der Elementknotenverschiebungen,

$$\begin{aligned} \begin{Bmatrix} \boldsymbol{u} \\ \boldsymbol{v} \end{Bmatrix} &= \begin{bmatrix} \mathbf{T}^{\mathrm{T}} & \mathbf{0} \\ \mathbf{0} & \mathbf{T}^{\mathrm{T}} \end{bmatrix}_{\mathrm{e}} \begin{Bmatrix} \boldsymbol{u}_{\ddot{\mathrm{u}}} \\ \boldsymbol{v}_{\ddot{\mathrm{u}}} \end{Bmatrix}, \\ \boldsymbol{u}_{\mathrm{e}} &= \mathbf{T}_{\mathrm{e}}^{\mathrm{T}}\ \boldsymbol{u}_{\ddot{\mathrm{u}},\mathrm{e}}\,, \end{aligned} \tag{7.27}$$

und erhält dann durch Matrizenmultiplikationen die Steifigkeitsmatrix des Übergangselementes:

$$\underset{[14\times 14]}{\boldsymbol{S}_{\ddot{\mathrm{u}},\mathrm{e}}} = \underset{[14\times 16]}{\mathbf{T}_{\mathrm{e}}}\ \underset{[16\times 16]}{\boldsymbol{S}_{\mathrm{e}}}\ \underset{[16\times 14]}{\mathbf{T}_{\mathrm{e}}^{\mathrm{T}}}\ . \tag{7.28}$$

Alternativ kann die Steifigkeitsmatrix auch mit den ermittelten neuen Formfunktionen (7.26) durch Integration gewonnen werden. Dies bietet sich allerdings nur dann an, wenn die Steifigkeitsmatrix des höherwertigen Elementes formelmäßig nicht bekannt ist.

Der Verlauf der beiden für den Übergangsrand maßgeblichen Formfunktionen ist in Bild 7.19 wiedergegeben. Da der Funktionsverlauf zwischen den Knoten 1

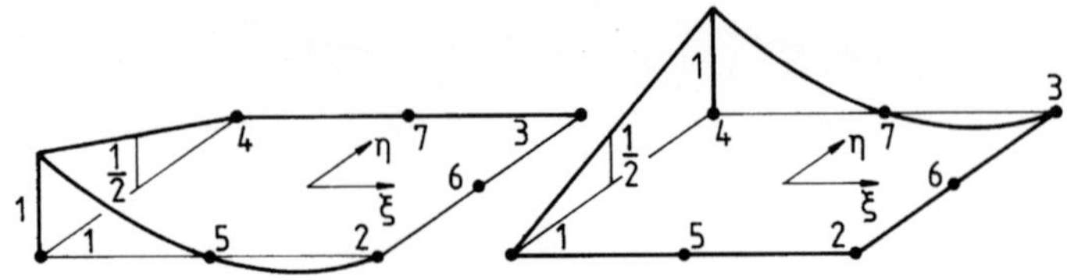

Bild 7.19. Formfunktionen bei einem Übergangselement.

und 4 nur linear ist, lässt sich mit den sieben Formfunktionen kein vollständiges Polynom 2. Ordnung mehr darstellen.

Die Entwicklung von Formfunktionen und Steifigkeitsmatrizen für Übergangselemente reduziert sich also auf die Angabe der Transformationsmatrix $\mathbf{T}_e$. Wir wollen zu ihrer Herleitung stets von dem höherwertigeren der beiden Elemente, die verknüpft werden sollen, ausgehen.

- Jeder Übergangsrand wird für sich betrachtet.
- Es wird angegeben, welche Bedingungen die Freiheitsgrade des Polynoms höherer Ordnung an diesem Rand erfüllen müssen, damit sich nur der niedrigere Polynomverlauf einstellen kann, z. B. Gl. (7.22). Diese Bedingungen werden in die Transformationsmatrix eingebaut.
- Anschließend wird entweder die (bekannte) Steifigkeitsmatrix des höherwertigen Elementes transformiert, Gl. (7.28), oder es werden die neuen Formfunktionen ermittelt, Gl. (7.26), von denen ausgehend die Matrix durch Integration bestimmt wird.

In Aufgabe 7.5 wird in diesem Sinn der Übergang zwischen einem 12-Knoten-Element (Randpunkt-Interpolationspolynom der Ordnung 3) und einem 8-Knoten-Element (Polynomordnung 2) behandelt.

7.4 Schiefwinklige und krummlinig berandete Elemente

7.4.1 Einleitung

In diesem Abschnitt beschränken wir uns auf schiefwinklige und krummlinig berandete Scheibenelemente, da eine Erweiterung auf Volumenelemente prinzipiell nichts Neues bringt. In Bild 7.20 sind zwei Beispiele wiedergegeben, bei denen die Ränder nicht mehr durch Koordinatenlinien eines kartesischen Koordinatensystems beschrieben werden können. In beiden Fällen ist es zweckmäßig, die Berandung dadurch zu erfassen, dass man schiefwinklige oder krummlinig berandete Elemente verwendet. Dieses Vorgehen geht auf Ergatoudis, Irons und Zienkiewicz [7.1] zurück. Eine denkbare, sehr grobe Elementierung ist bei beiden Beispielen in Bild 7.20 angegeben. Netzverfeinerungen durch Intervallhalbierungen sind ohne weiteres möglich.

Um die Formfunktionen eines beliebigen, krummlinig berandeten Viereckelementes zu erhalten, könnte man von einem in kartesischen Koordinaten formulierten Polynomansatz ausgehen, beispielsweise bei den schiefwinkligen 4-Knoten-Elementen aus Bild 7.20b von einem Ansatz der Form

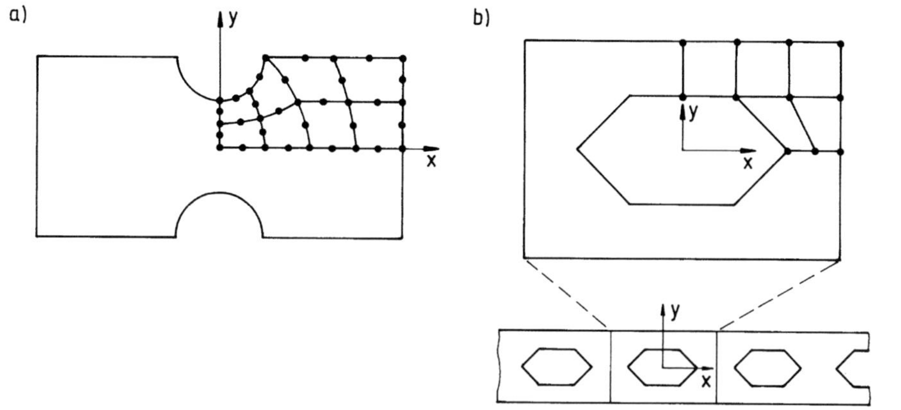

Bild 7.20. Scheibe mit Halbkreiskerben (**a**) und Ausschnitt aus einem Wabenträger (**b**) als Beispiele für den Einsatz schiefwinkliger oder krummlinig berandeter Elemente

$$u(x,y) = \{1,\ x,\ y,\ xy\} \begin{Bmatrix} c_1 \\ c_2 \\ c_3 \\ c_4 \end{Bmatrix} . \tag{7.29}$$

Die Darstellbarkeit von Starrkörperverschiebungen und konstanten Verzerrungen ist gewährleistet, da der Ansatz ein vollständiges Polynom 1. Grades beinhaltet. Die Stetigkeitsforderung ist hingegen in der Regel verletzt. Man erkennt dies, wenn man die aus Gl. (7.29) abgeleitete Formfunktion

$$l_1(x,y) = 1 - \frac{x}{h} - \frac{y}{h} + \frac{x\,y}{h^2}$$

des trapezförmigen Elementes von Bild 7.21a betrachtet. Entlang des Randes 2–3 wird sie anders als beim Rechteckelement nicht zu Null (Bild 7.21b). Stetigkeit ist damit nur noch in den Knotenpunkten erreichbar.

C^0-Stetigkeit längs des gesamten Randes lässt sich nur erreichen, wenn der Verschiebungsansatz in einem Koordinatensystem beschrieben wird, in dem die

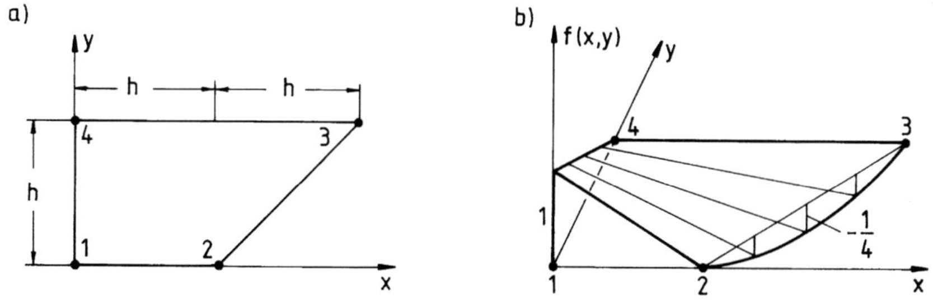

Bild 7.21. Abmessungen eines trapezförmigen Elementes (**a**) sowie die Formfunktion $l_1(x,y)$ (**b**)

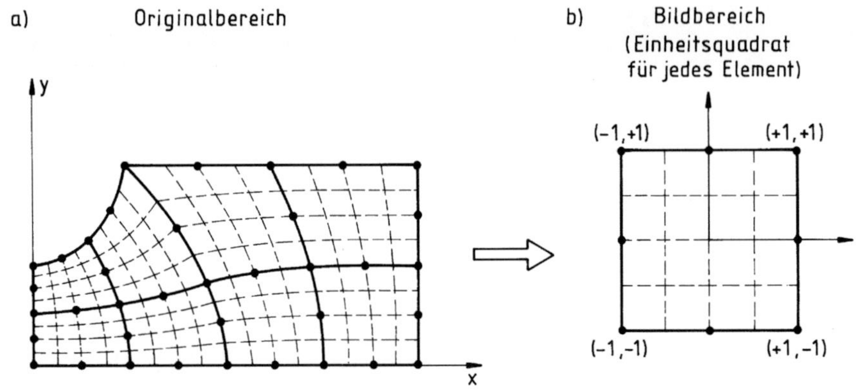

Bild 7.22. Originalbereich (**a**) und Bildbereich (**b**) krummlinig berandeter Elemente

Elementränder Koordinatenlinien sind. In Bild 7.22 ist ein derartiges elementspezifisches Koordinatensystem dargestellt. In jedem Element der Kerbscheibe aus Bild 7.20 sind ξ, η-Koordinatenlinien (gestrichelt) eingezeichnet. Alle Zustände werden nicht im x, y-Koordinatensystem (*Originalbereich*, Bild 7.22a), sondern im ξ, η-Koordinatensystem (*Bildbereich*, Bild 7.22b) beschrieben. Dies erleichtert auch die Integration bei der Berechnung der Elementmatrizen. Es muss jetzt nur noch geprüft werden, ob Starrkörperverschiebungen und konstante Verzerrungen darstellbar sind.

7.4.2 Abbildungsvorschriften zur Approximation der Elementgeometrie

Damit die Elementränder Koordinatenlinien in einem elementspezifischen ξ, η-Koordinatensystem werden, muss eine Abbildungsvorschrift oder Transformationsbeziehung zwischen jedem krummlinig berandeten Viereck (Originalbereich) von Bild 7.22a und einem Quadrat (Bildbereich) bekannt sein. Die Transformationsbeziehung lautet formal

$$x(\xi, \eta) = \boldsymbol{f}^{\mathrm{T}}(\xi, \eta)\, \boldsymbol{x}\,, \tag{7.30a}$$

$$y(\xi, \eta) = \boldsymbol{f}^{\mathrm{T}}(\xi, \eta)\, \boldsymbol{y}\,. \tag{7.30b}$$

Die Vektoren $\boldsymbol{x}$ und $\boldsymbol{y}$ enthalten die Koordinaten der Elementknoten. Der Vektor $\boldsymbol{f}$ fasst die Formfunktionen $f_{\mathrm{i}}(\xi, \eta)$ zusammen, die im Knoten i den Wert 1 und in den restlichen Knoten den Wert 0 annehmen. Bei dem 9-Knoten-Element sind dies die biquadratischen Lagrange-Polynome, bei einem 8-Knoten-Element Randpunkt-Interpolationspolynome.

Die Transformationsbeziehung (7.30a) für das 9-Knoten-Element aus Bild 7.23 lautet:

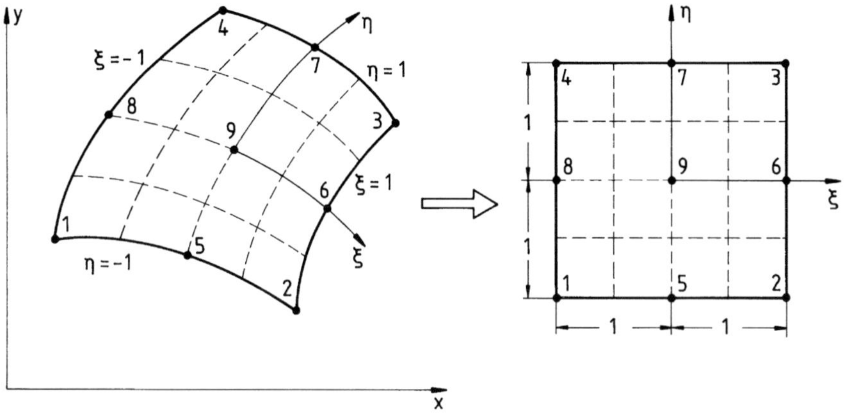

Bild 7.23. Abbildung des krummlinig berandeten 9-Knoten-Elementes auf ein Quadrat

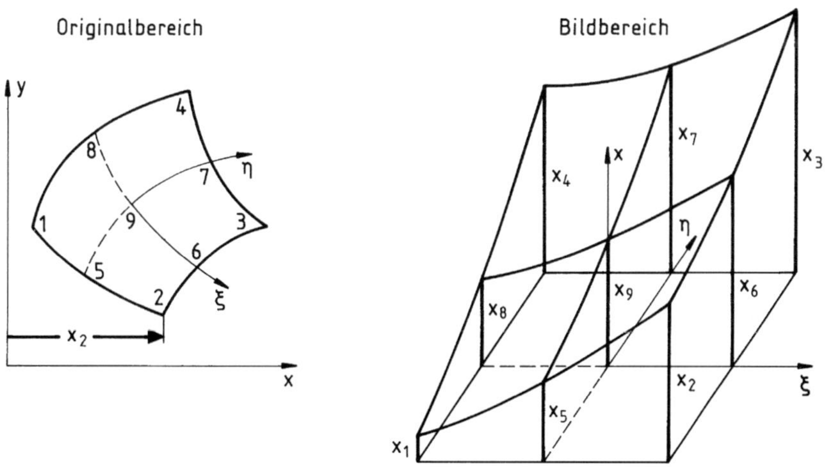

Bild 7.24. Approximation der x-Koordinate eines 9-Knoten-Elementes

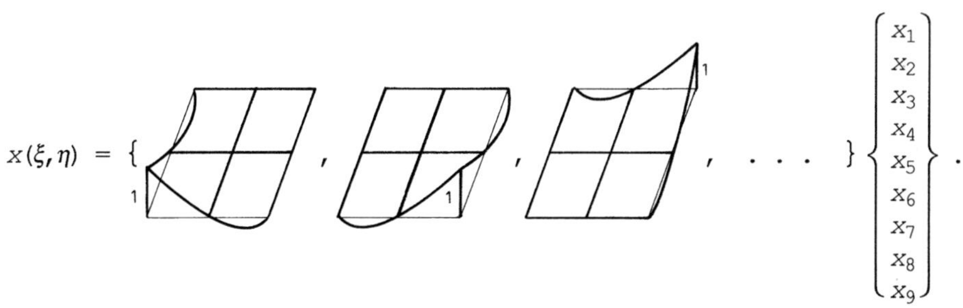

Die Transformation kann auch als Ansatz für die ‚Funktion' x im ξ, η-Koordinatensystem interpretiert werden. Die x-Werte in den Knoten werden hierbei exakt erfasst, der Verlauf zwischen den Knoten wird für jede Koordinate quadratisch interpoliert (Bild 7.24). Das gesamte Gebiet wird hierdurch ohne Klaffungen von

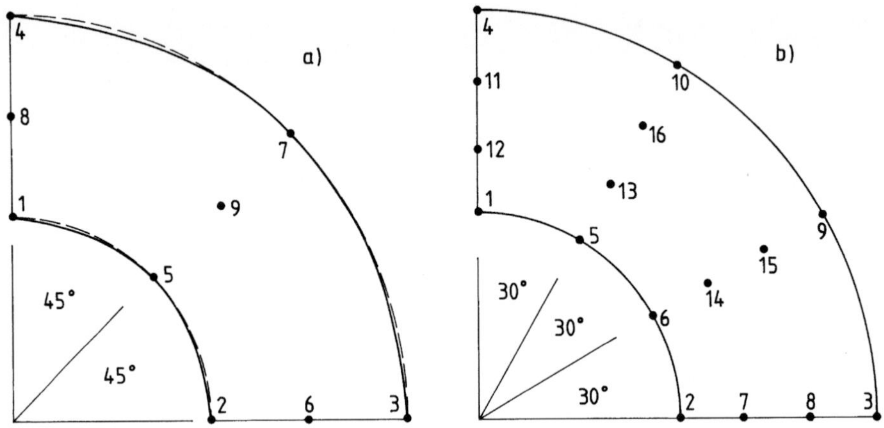

Bild 7.25. Abbildung eines Viertelkreisringes mit einem 9-Knoten-Element (**a**) und mit einem 16-Knoten-Element (**b**)

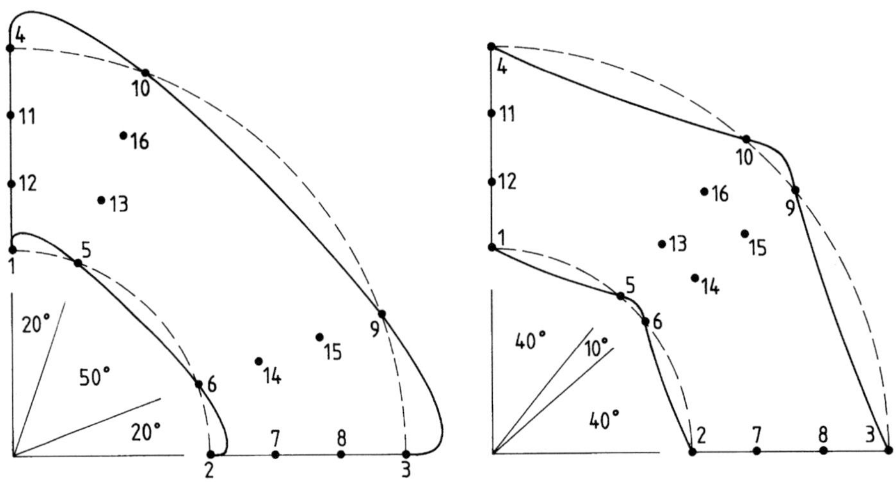

Bild 7.26. Einfluss der Lage der Knoten auf die Abbildung

krummlinig berandeten Vierecken überdeckt. Nur bei der Approximation krummer Ränder kann es zu Abweichungen kommen.

In Bild 7.25 ist exemplarisch die Abbildung eines Viertelkreisringes mit Hilfe eines 9-Knoten-Elementes und eines 16-Knoten-Elementes dargestellt. Während beim 9-Knoten-Element noch Abweichungen von dem gestrichelt dargestellten Kreis optisch erkennbar sind, ist dies beim 16-Knoten-Element nicht mehr der Fall.

Die erstaunlich gute Abbildung ist eine Folge der Lage der Knotenpunkte. Bei einer veränderten Lage (Bild 7.26) wird die Approximation des Kreises verschlechtert. Nur in wenigen Ausnahmefällen wird man diesen Effekt gezielt einsetzen. Normalerweise gilt die Regel: Die Rand- und Innenknoten sollen in ihrer ‚natürli-

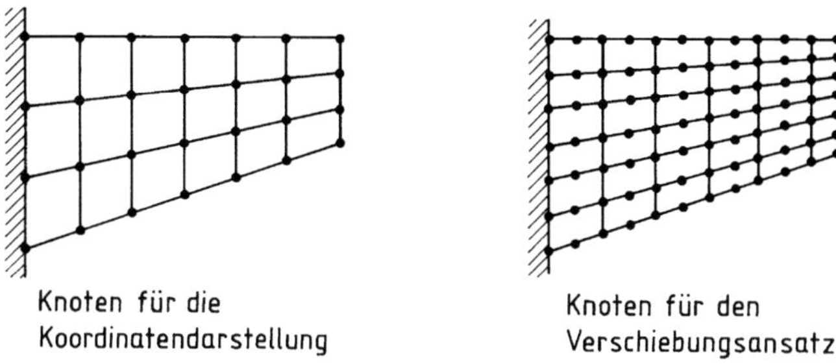

Bild 7.27. Subparametrische Darstellung bei einer Konsole

chen Lage‘ eingeführt werden, beim 9-Knoten-Element auf den Mittellinien, beim 16-Knoten-Element in den Drittelspunkten.

7.4.3 Einführung des Verschiebungsansatzes

Jede Zustandsgröße, insbesondere also der Verschiebungszustand, wird nun im ξ, η-Koordinatensystem approximiert:

$$u(\xi, \eta) = \boldsymbol{h}^{\mathrm{T}}(\xi, \eta)\, \boldsymbol{u}\,, \tag{7.31a}$$

$$v(\xi, \eta) = \boldsymbol{h}^{\mathrm{T}}(\xi, \eta)\, \boldsymbol{v}\,. \tag{7.31b}$$

Die Vektoren $\boldsymbol{u}$ und $\boldsymbol{v}$ enthalten die Knotenverschiebungen des Elementes, der Vektor $\boldsymbol{h}$ die Formfunktionen h_{i}. Wir haben die Formfunktionen vorerst mit $h_{\mathrm{i}}(\xi, \eta)$ bezeichnet, da prinzipiell drei verschiedene Approximationen möglich sind:

Bei der *isoparametrischen* Darstellung werden für die Koordinatendarstellung (7.30) und für den Verschiebungsansatz (7.31) die gleichen Formfunktionen verwendet.

Bei der *superparametrischen* Darstellung stützt sich die Koordinatendarstellung auf mehr Knotenwerte ab als der Verschiebungsansatz.

Bei der *subparametrischen* Darstellung basiert die Koordinatendarstellung auf weniger Knotenwerten als der Verschiebungsansatz. Dies bietet sich zum Beispiel bei dem Kragarm aus Bild 7.27 an, dessen Berandung schon durch 4-Knoten-Viereckelemente exakt approximiert wird. Hingegen kann es durchaus sinnvoll sein, für den Verschiebungszustand einen biquadratischen oder bikubischen Ansatz zu wählen.

Die Stetigkeit des Verschiebungsansatzes im ξ, η-Koordinatensystem braucht nicht gesondert nachgewiesen werden, da Lagrange-Produkt-Interpolationspolynome oder Randpunkt-Interpolationspolynome verwendet werden. Die C^0-Stetigkeit des Verschiebungsansatzes wird durch die Abbildungsvorschrift nicht verletzt, weil auch die Koordinatenabbildung C^0-stetig ist.

Kontrolle der Darstellbarkeit von Starrkörperverschiebungen und konstanten Verzerrungen

Die Darstellbarkeit von Starrkörperverschiebungen und konstanten Verzerrungszuständen ist gewährleistet, wenn der Verschiebungszustand (7.31) das lineare Polynom

$$u = \alpha_0 + \alpha_1\, x + \alpha_2\, y \tag{7.32}$$

exakt darstellen kann. Um feststellen zu können, wann dies der Fall ist, werden die Gln. (7.30) und (7.31) etwas umformuliert:

$$x = \sum_{\mathrm{k}=1}^{\mathrm{n}} f_{\mathrm{k}}(\xi,\eta)\, x_{\mathrm{k}}\,, \tag{7.33a}$$

$$y = \sum_{\mathrm{k}=1}^{\mathrm{n}} f_{\mathrm{k}}(\xi,\eta)\, y_{\mathrm{k}}\,, \tag{7.33b}$$

$$u = \sum_{\mathrm{j}=1}^{\mathrm{m}} h_{\mathrm{j}}(\xi,\eta)\, u_{\mathrm{j}}\,. \tag{7.34}$$

Aus den Gln. (7.32) bis (7.34) erhält man die Beziehung

$$\sum_{\mathrm{j}=1}^{\mathrm{m}} h_{\mathrm{j}}(\xi,\eta)\,(\alpha_0 + \alpha_1\, x_{\mathrm{j}} + \alpha_2\, y_{\mathrm{j}}) = \alpha_0 + \alpha_1 \sum_{\mathrm{k}=1}^{\mathrm{n}} f_{\mathrm{k}}(\xi,\eta)\, x_{\mathrm{k}} + \alpha_2 \sum_{\mathrm{k}=1}^{\mathrm{n}} f_{\mathrm{k}}(\xi,\eta)\, y_{\mathrm{k}}\,.$$

Da α_{k} beliebige Koeffizienten sind, ist die Darstellung des linearen Polynoms (7.32) gewährleistet, wenn folgende Bedingungen gelten:

$$(1) \quad \sum_{\mathrm{j}=1}^{\mathrm{m}} h_{\mathrm{j}}(\xi,\eta) \;=\; 1\,,$$

$$(2) \quad \sum_{\mathrm{j}=1}^{\mathrm{m}} h_{\mathrm{j}}(\xi,\eta)\, x_{\mathrm{j}} \;=\; \sum_{\mathrm{k}=1}^{\mathrm{n}} f_{\mathrm{k}}(\xi,\eta)\, x_{\mathrm{k}}\,,$$

$$(3) \quad \sum_{\mathrm{j}=1}^{\mathrm{m}} h_{\mathrm{j}}(\xi,\eta)\, y_{\mathrm{j}} \;=\; \sum_{\mathrm{k}=1}^{\mathrm{n}} f_{\mathrm{k}}(\xi,\eta)\, y_{\mathrm{k}}\,.$$

Die Bedingung (1) wird immer dann erfüllt, wenn sich die Formfunktionen aus Funktionstermen (z. B. Polynomtermen) aufbauen lassen, zu denen auch der Term ‚1‘ gehört. Die Bedingungen (2) und (3) werden bei Verwendung der *isoparametrischen* Darstellung ($n = m$) in jedem Fall eingehalten, weil dann sowohl die Vektoren $\boldsymbol{f}$ und $\boldsymbol{h}$ als auch die Knoten des Koordinaten- und des Verschiebungsansatzes identisch sind. Die *superparametrische* Darstellung ($n > m$) verletzt die beiden letzten Bedingungen in der Regel. Eine gewisse Berechtigung hat die *subparametrische* Darstellung ($n < m$), wenn die Geometrie sich auf einfache Weise genügend genau beschreiben lässt, der Verschiebungszustand aber höherwertiger approximiert werden soll. Die ‚natürlichen Lage‘ der Knoten des Verschiebungsansatzes muss sich dann aus dem Geometrieansatz ergeben (Bild 7.28). Außerdem müssen die n Ansatzfunktionen der Koordinatenapproximation sich als Linearkombination der m Funktionen des Verschiebungsansatzes darstellen lassen.

Schlussfolgerung

Das *isoparametrische* Vorgehen, bei dem sich die Koordinatendarstellung und die Approximation der Zustandsgrößen auf die gleichen Knoten abstützen und die gleichen Formfunktionen verwendet werden, sollte bevorzugt werden. Stetigkeits- und

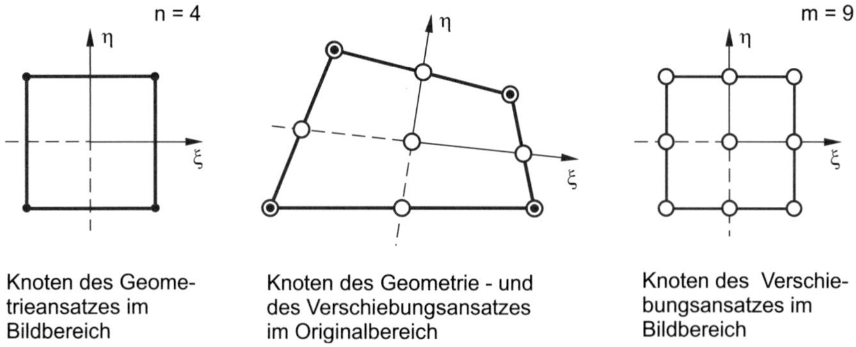

Bild 7.28. Subparametrische Darstellung mit einem bilinearen Geometrieansatz und einem biquadratischen Verschiebungsansatz

Darstellbarkeitsforderung sind hierbei immer erfüllt. Bei der *subparametrischen* Vorgehensweise ist dies im einzelnen zu prüfen. Die *superparametrische* Vorgehensweise ist abzulehnen, da die Darstellbarkeitsforderung in der Regel verletzt wird.

7.4.4 Transformation des Differentialoperators und des Bereichsdifferentials

Die Approximation des Verschiebungszustandes im Bildbereich garantiert C^0-Stetigkeit und die Darstellbarkeit von Starrkörperverschiebungen und konstanten Verzerrungszuständen. Sie ist aber mit dem Nachteil verbunden, dass für die Ermittlung der Elementmatrizen auch der Differentialoperator und das Bereichsdifferential in den Bildbereich transformiert werden müssen.

Die Berechnungsvorschrift für die Steifigkeitsmatrix lautet gemäß Gl. (4.8)

$$\boldsymbol{S}_\mathrm{e} = [\mathbf{D}_{\varepsilon\mathrm{u}}\, \boldsymbol{V}_\mathrm{u}(\xi,\eta)]^\mathrm{T}\, \boldsymbol{C}\, [\mathbf{D}_{\varepsilon\mathrm{u}}\, \boldsymbol{V}_\mathrm{u}(\xi,\eta)]\, \mathrm{d}F\,, \tag{7.35}$$

wobei der Verschiebungsansatz in der Form

$$\boldsymbol{u}(\xi,\eta) = \begin{Bmatrix} u(\xi,\eta) \\ v(\xi,\eta) \end{Bmatrix} = \begin{bmatrix} \boldsymbol{f}^\mathrm{T}(\xi,\eta) & \mathbf{0}^\mathrm{T} \\ \mathbf{0}^\mathrm{T} & \boldsymbol{f}^\mathrm{T}(\xi,\eta) \end{bmatrix} \begin{Bmatrix} \boldsymbol{u} \\ \boldsymbol{v} \end{Bmatrix} = \boldsymbol{V}_\mathrm{u}(\xi,\eta)\, \boldsymbol{u}_\mathrm{e} \tag{7.36}$$

geschrieben wird. Wendet man den Differentialoperator $\mathbf{D}_{\varepsilon\mathrm{u}}$ auf die Matrix $\boldsymbol{V}_\mathrm{u}(\xi,\eta)$ an, so erhält man

$$\boldsymbol{V}_{\varepsilon\mathrm{u}}(\xi,\eta) = \mathbf{D}_{\varepsilon\mathrm{u}}\, \boldsymbol{V}_\mathrm{u}(\xi,\eta) = \begin{bmatrix} \boldsymbol{f}^\mathrm{T}_{,\mathrm{x}}(\xi,\eta) & \mathbf{0}^\mathrm{T} \\ \mathbf{0}^\mathrm{T} & \boldsymbol{f}^\mathrm{T}_{,\mathrm{y}}(\xi,\eta) \\ \boldsymbol{f}^\mathrm{T}_{,\mathrm{y}}(\xi,\eta) & \boldsymbol{f}^\mathrm{T}_{,\mathrm{x}}(\xi,\eta) \end{bmatrix}. \tag{7.37}$$

Das ist formal der gleiche Ausdruck wie beim Rechteckelement, nur dass die Integrations- und Differentiationsvorschriften im x, y-Koordinatensystem formuliert sind, während die Ansatzfunktionen von ξ und η abhängen. Von wenigen Ausnahmen abgesehen lassen sich ξ und η nicht durch x und y ausdrücken, deshalb müssen die Integrations- und Differentiationsvorschriften in das ξ, η-Koordinatensystem transformiert werden. Für diese Transformation spricht auch, dass die Integration im ξ, η-Koordinatensystem erheblich einfacher wird, da die Ränder Koordinatenlinien sind.

Transformation des Differentialoperators

Im Differentialoperator $\mathbf{D}_{\varepsilon \mathrm{u}}$ treten partielle Ableitungen $\partial/\partial x$ und $\partial/\partial y$ auf. Nach der Kettenregel könnte man hierfür schreiben

$$\frac{\partial}{\partial x} = \xi_{,\mathrm{x}} \frac{\partial}{\partial \xi} + \eta_{,\mathrm{x}} \frac{\partial}{\partial \eta}, \quad \frac{\partial}{\partial y} = \xi_{,\mathrm{y}} \frac{\partial}{\partial \xi} + \eta_{,\mathrm{y}} \frac{\partial}{\partial \eta},$$

was aber nicht weiterhilft, da die funktionale Abhängigkeit $\xi(x, y)$ und $\eta(x, y)$ unbekannt ist. Wir gehen daher von der inversen Formulierung aus, die wir sofort in Matrizenschreibweise angeben:

$$\begin{Bmatrix} \dfrac{\partial}{\partial \xi} \\ \dfrac{\partial}{\partial \eta} \end{Bmatrix} = \begin{bmatrix} x_{,\xi} & y_{,\xi} \\ x_{,\eta} & y_{,\eta} \end{bmatrix} \begin{Bmatrix} \dfrac{\partial}{\partial x} \\ \dfrac{\partial}{\partial y} \end{Bmatrix} = \boldsymbol{J}(\xi, \eta) \begin{Bmatrix} \dfrac{\partial}{\partial x} \\ \dfrac{\partial}{\partial y} \end{Bmatrix}. \tag{7.38}$$

Die Matrix $\boldsymbol{J}(\xi, \eta)$ wird Jacobi-Matrix genannt. Durch Inversion erhält man die gesuchte Beziehung

$$\begin{Bmatrix} \dfrac{\partial}{\partial x} \\ \dfrac{\partial}{\partial y} \end{Bmatrix} = \boldsymbol{J}^{-1} \begin{Bmatrix} \dfrac{\partial}{\partial \xi} \\ \dfrac{\partial}{\partial \eta} \end{Bmatrix} = \frac{1}{|\boldsymbol{J}|} \begin{bmatrix} y_{,\eta} & -y_{,\xi} \\ -x_{,\eta} & x_{,\xi} \end{bmatrix} \begin{Bmatrix} \dfrac{\partial}{\partial \xi} \\ \dfrac{\partial}{\partial \eta} \end{Bmatrix} \tag{7.39}$$

mit der Funktionaldeterminanten oder Jacobi-Determinanten

$$|\boldsymbol{J}| = x_{,\xi}\, y_{,\eta} - x_{,\eta}\, y_{,\xi}\,.$$

Für die Anwendung der Differentiationsvorschrift auf den transponierten Vektor der Formfunktionen gilt:

$$\begin{Bmatrix} \dfrac{\partial \boldsymbol{f}^{\mathrm{T}}}{\partial x} \\ \dfrac{\partial \boldsymbol{f}^{\mathrm{T}}}{\partial y} \end{Bmatrix} = \boldsymbol{J}^{-1} \begin{Bmatrix} \dfrac{\partial \boldsymbol{f}^{\mathrm{T}}}{\partial \xi} \\ \dfrac{\partial \boldsymbol{f}^{\mathrm{T}}}{\partial \eta} \end{Bmatrix} = \frac{1}{|\boldsymbol{J}|} \begin{Bmatrix} y_{,\eta}\, \boldsymbol{f}^{\mathrm{T}}_{,\xi} - y_{,\xi}\, \boldsymbol{f}^{\mathrm{T}}_{,\eta} \\ x_{,\xi}\, \boldsymbol{f}^{\mathrm{T}}_{,\eta} - x_{,\eta}\, \boldsymbol{f}^{\mathrm{T}}_{,\xi} \end{Bmatrix} \tag{7.40}$$

$$\text{mit } x_{,\xi}(\xi, \eta) = \boldsymbol{f}^{\mathrm{T}}_{,\xi}(\xi, \eta)\, \boldsymbol{x}\,, \quad \xi_{,\eta}(\xi, \eta) = \boldsymbol{f}^{\mathrm{T}}_{,\eta}(\xi, \eta)\, \boldsymbol{x} \text{ etc. aus Gl. 7.30}\,.$$

Transformation des Flächendifferentials

Das Flächendifferential $\mathrm{d}F = \mathrm{d}x\ \mathrm{d}y$ des Integrals darf nicht einfach durch $\mathrm{d}\xi\ \mathrm{d}\eta$ ersetzt werden. Das würde schon von der Dimension her nicht stimmen, da ξ und η dimensionslose Koordinaten sind, die von -1 bis $+1$ laufen. Aus Bild 7.29 ist ersichtlich, dass das Flächendifferential sich als Kreuzprodukt der Vektoren ergibt, die das Flächenelement aufspannen:

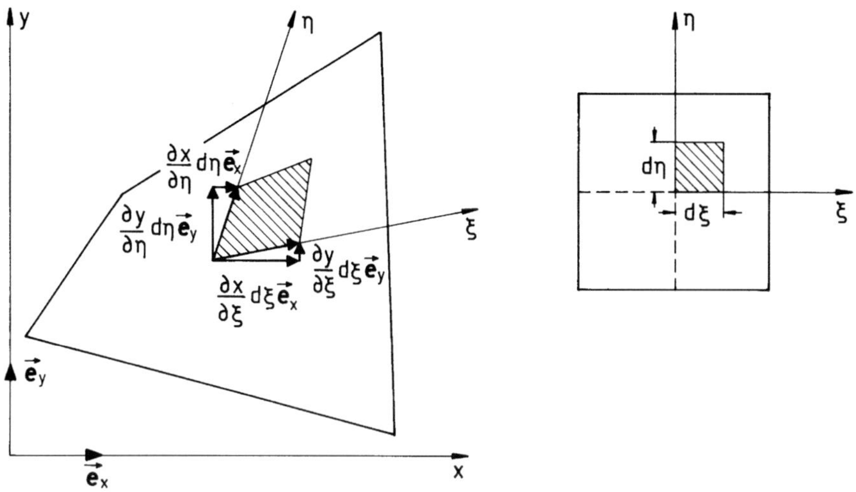

Bild 7.29. Zur Bestimmung des Flächendifferentials dF

$$\vec{e}_{\mathrm{z}}\,\mathrm{d}F = (x_{,\xi}\,\mathrm{d}\xi\,\vec{e}_{\mathrm{x}} + y_{,\xi}\,\mathrm{d}\xi\,\vec{e}_{\mathrm{y}}) \times (x_{,\eta}\,\mathrm{d}\eta\,\vec{e}_{\mathrm{x}} + y_{,\eta}\,\mathrm{d}\eta\,\vec{e}_{\mathrm{y}})$$

oder ausgewertet mit $\vec{e}_{\mathrm{x}} \times \vec{e}_{\mathrm{y}} = -\vec{e}_{\mathrm{y}} \times \vec{e}_{\mathrm{x}}$ und $\vec{e}_{\mathrm{x}} \times \vec{e}_{\mathrm{x}} = \vec{e}_{\mathrm{y}} \times \vec{e}_{\mathrm{y}} = 0$

$$\mathrm{d}F = (x_{,\xi}\,y_{,\eta} - x_{,\eta}\,y_{,\xi})\,\mathrm{d}\xi\,\mathrm{d}\eta = |\boldsymbol{J}|\,\mathrm{d}\xi\,\mathrm{d}\eta\,. \tag{7.41}$$

7.4.5 Aufbau von Elementmatrizen und -vektoren

Elementsteifigkeitsmatrix

Der Ausdruck für die Elementsteifigkeitsmatrix wird wie beim Rechteckelement für den Fall eines orthotropen Stoffgesetzes

$$\boldsymbol{C} = \begin{bmatrix} D_{\mathrm{x}} & D_{\mathrm{xy}} & 0 \\ D_{\mathrm{xy}} & D_{\mathrm{y}} & 0 \\ 0 & 0 & D_{\mathrm{s}} \end{bmatrix}$$

angegeben. Setzt man die Gln. (7.37) und (7.41) in (7.35) ein, so folgt

$$\begin{aligned}\boldsymbol{S}_{\mathrm{e}} = \int_{-1}^{1}\int_{-1}^{1} \Bigg\{ \quad & D_{\mathrm{x}} \begin{bmatrix} \boldsymbol{f}_{,\mathrm{x}}\,\boldsymbol{f}_{,\mathrm{x}}^{\mathrm{T}} & \boldsymbol{0} \\ \boldsymbol{0} & \boldsymbol{0} \end{bmatrix} \\ + \; & D_{\mathrm{y}} \begin{bmatrix} \boldsymbol{0} & \boldsymbol{0} \\ \boldsymbol{0} & \boldsymbol{f}_{,\mathrm{y}}\,\boldsymbol{f}_{,\mathrm{y}}^{\mathrm{T}} \end{bmatrix} \\ + \; & D_{\mathrm{xy}} \begin{bmatrix} \boldsymbol{0} & \boldsymbol{f}_{,\mathrm{x}}\,\boldsymbol{f}_{,\mathrm{y}}^{\mathrm{T}} \\ \boldsymbol{f}_{,\mathrm{y}}\,\boldsymbol{f}_{,\mathrm{x}}^{\mathrm{T}} & \boldsymbol{0} \end{bmatrix} \\ + \; & D_{\mathrm{s}} \begin{bmatrix} \boldsymbol{f}_{,\mathrm{y}}\,\boldsymbol{f}_{,\mathrm{y}}^{\mathrm{T}} & \boldsymbol{f}_{,\mathrm{y}}\,\boldsymbol{f}_{,\mathrm{x}}^{\mathrm{T}} \\ \boldsymbol{f}_{,\mathrm{x}}\,\boldsymbol{f}_{,\mathrm{y}}^{\mathrm{T}} & \boldsymbol{f}_{,\mathrm{x}}\,\boldsymbol{f}_{,\mathrm{x}}^{\mathrm{T}} \end{bmatrix} \Bigg\}\, |\boldsymbol{J}|\,\mathrm{d}\xi\,\mathrm{d}\eta\,. \end{aligned} \tag{7.42}$$

Die abgeleiteten Formfunktionen $\boldsymbol{f}_{,\mathrm{x}}$ und $\boldsymbol{f}_{,\mathrm{y}}$ werden aus Gl. (7.40) übernommen. Im Hinblick auf eine programmtechnische Umsetzung ist es nicht sinnvoll, die analytischen Ausdrücke von Gl. (7.40) in (7.42) einzusetzen, da numerisch integriert wird.

Schnittkraftmatrix

Mit der Schnittkraftmatrix können die Komponenten des Vektors $\boldsymbol{\sigma}(x,y)$ an einer beliebigen Stelle des Elements berechnet werden,

$$\boldsymbol{\sigma}(\xi,\eta) = \boldsymbol{C}\,[\mathbf{D}_{\varepsilon\mathrm{u}}\,\boldsymbol{V}_{\mathrm{u}}(\xi,\eta)]\,\boldsymbol{u}_{\mathrm{e}} = \boldsymbol{S}_{\mathrm{Ke}}(\xi,\eta)\,\boldsymbol{u}_{\mathrm{e}}\,. \tag{7.43}$$

Mit dem Ausdruck für $\mathbf{D}_{\varepsilon\mathrm{u}}\,\boldsymbol{V}_{\mathrm{u}}(\xi,\eta)$, Gl. (7.37), wird

$$\boldsymbol{S}_{\mathrm{Ke}}(\xi,\eta) = \begin{bmatrix} D_{\mathrm{x}}\,\boldsymbol{f}^{\mathrm{T}}_{,\mathrm{x}} & D_{\mathrm{xy}}\,\boldsymbol{f}^{\mathrm{T}}_{,\mathrm{y}} \\ D_{\mathrm{xy}}\,\boldsymbol{f}^{\mathrm{T}}_{,\mathrm{x}} & D_{\mathrm{y}}\,\boldsymbol{f}^{\mathrm{T}}_{,\mathrm{y}} \\ D_{\mathrm{s}}\,\boldsymbol{f}^{\mathrm{T}}_{,\mathrm{y}} & D_{\mathrm{s}}\,\boldsymbol{f}^{\mathrm{T}}_{,\mathrm{x}} \end{bmatrix}. \tag{7.44}$$

Auch hier müssen $\boldsymbol{f}_{,\mathrm{x}}$ und $\boldsymbol{f}_{,\mathrm{y}}$ wieder mit Gl. (7.40) bestimmt werden.

Elementvektor aus Flächenlasten

Der Elementflächenlastvektor ergibt sich aus dem Ausdruck von Gl. (4.10)

$$\bar{\boldsymbol{p}}_{\mathrm{Be}} = \int\limits_{\mathrm{B_e}} \boldsymbol{V}^{\mathrm{T}}_{\mathrm{u}}(\xi,\eta)\,\bar{\boldsymbol{p}}(\xi,\eta)\,\mathrm{d}F\,. \tag{7.45}$$

Die Flächenlasten werden mit demselben Ansatz wie die Verschiebungen approximiert:

$$\bar{\boldsymbol{p}}(\xi,\eta) = \begin{Bmatrix} \bar{p}_{\mathrm{x}}(\xi,\eta) \\ \bar{p}_{\mathrm{y}}(\xi,\eta) \end{Bmatrix} = \begin{bmatrix} \boldsymbol{f}^{\mathrm{T}}(\xi,\eta) & \mathbf{0}^{\mathrm{T}} \\ \mathbf{0}^{\mathrm{T}} & \boldsymbol{f}^{\mathrm{T}}(\xi,\eta) \end{bmatrix} \begin{Bmatrix} \bar{\boldsymbol{q}}_{\mathrm{Bx}} \\ \bar{\boldsymbol{q}}_{\mathrm{By}} \end{Bmatrix} = \boldsymbol{V}_{\mathrm{u}}(\xi,\eta)\,\bar{\boldsymbol{q}}_{\mathrm{Be}}\,. \tag{7.46}$$

Die Vektoren $\bar{\boldsymbol{q}}_{\mathrm{Bx}}$ und $\bar{\boldsymbol{q}}_{\mathrm{By}}$ enthalten die Lastamplituden in den Elementknoten in x- und y-Richtung. Nach Einführung in Gl. (7.45) kann die Integration über ξ und η ausgeführt werden. Sie liefert

$$\bar{\boldsymbol{p}}_{\mathrm{Be}} = \int\limits_{-1}^{1}\int\limits_{-1}^{1} \begin{bmatrix} \boldsymbol{f}\,\boldsymbol{f}^{\mathrm{T}} & \mathbf{0} \\ \mathbf{0} & \boldsymbol{f}\,\boldsymbol{f}^{\mathrm{T}} \end{bmatrix} \begin{Bmatrix} \bar{\boldsymbol{q}}_{\mathrm{Bx}} \\ \bar{\boldsymbol{q}}_{\mathrm{By}} \end{Bmatrix} |\boldsymbol{J}|\,\mathrm{d}\xi\,\mathrm{d}\eta\,. \tag{7.47}$$

Elementvektor aus Randlasten

Der Elementrandlastvektor kann aus der Beziehung nach Gl. (4.11)

$$\bar{\boldsymbol{p}}_{\mathrm{Re}} = \int\limits_{\mathrm{R}_{\sigma\mathrm{e}}} \boldsymbol{V}^{\mathrm{T}}_{\mathrm{ur}}(\zeta)\,\bar{\boldsymbol{p}}_{\mathrm{R}}(\zeta)\,\mathrm{d}s \tag{7.48}$$

ermittelt werden. Die Randlast wird mit demselben Ansatz approximiert:

$$\bar{\boldsymbol{p}}_{\mathrm{R}}(\sigma) = \begin{Bmatrix} \bar{p}_{\mathrm{Rx}}(\zeta) \\ \bar{p}_{\mathrm{Ry}}(\zeta) \end{Bmatrix} = \begin{Bmatrix} \boldsymbol{f}_{\mathrm{r}}^{\mathrm{T}}(\zeta) & \boldsymbol{0}^{\mathrm{T}} \\ \boldsymbol{0}^{\mathrm{T}} & \boldsymbol{f}_{\mathrm{r}}^{\mathrm{T}}(\zeta) \end{Bmatrix} \begin{Bmatrix} \bar{\boldsymbol{q}}_{\mathrm{Rx}} \\ \bar{\boldsymbol{q}}_{\mathrm{Ry}} \end{Bmatrix} = \boldsymbol{V}_{\mathrm{ur}}(\zeta)\, \bar{\boldsymbol{q}}_{\mathrm{Re}} \,. \tag{7.49}$$

Die Vektoren $\bar{\boldsymbol{q}}_{\mathrm{Rx}}$ und $\bar{\boldsymbol{q}}_{\mathrm{Ry}}$ enthalten die Lastamplituden in den Randknoten in x- und y-Richtung. Die Funktionen $\boldsymbol{f}_{\mathrm{r}}(\zeta)$ sind die Randverläufe der Formfunktionen $f_{\mathrm{i}}(\xi, \eta)$. Die Koordinate ζ längs des Randes im Bildbereich kann entweder ξ oder η sein. Längs des Randes im Originalbereich ergeben sich die Koordinaten aus der Abbildungsvorschrift:

$$x_{\mathrm{r}}(\zeta) = \boldsymbol{f}_{\mathrm{r}}^{\mathrm{T}}(\zeta)\, \boldsymbol{x}\,, \quad y_{\mathrm{r}}(\zeta) = \boldsymbol{f}_{\mathrm{r}}^{\mathrm{T}}(\zeta)\, \boldsymbol{y}\,.$$

Damit lässt sich der Zusammenhang zwischen den Randdifferentialen $\mathrm{d}s$ und $\mathrm{d}\zeta$ angeben:

$$\begin{aligned} \mathrm{d}s = \frac{\mathrm{d}s}{\mathrm{d}\zeta}\,\mathrm{d}\zeta &= \sqrt{\left(\frac{\mathrm{d}x_{\mathrm{r}}(\zeta)}{\mathrm{d}\zeta}\right)^2 + \left(\frac{\mathrm{d}y_{\mathrm{r}}(\zeta)}{\mathrm{d}\zeta}\right)^2}\,\mathrm{d}\zeta \\ &= \sqrt{\left(\boldsymbol{f}_{\mathrm{r},\zeta}^{\mathrm{T}}(\zeta)\,\boldsymbol{x}_{\mathrm{r}}\right)^2 + \left(\boldsymbol{f}_{\mathrm{r},\zeta}^{\mathrm{T}}(\zeta)\,\boldsymbol{y}_{\mathrm{r}}\right)^2}\,\mathrm{d}\zeta\,. \end{aligned}$$

Für den Elementvektor aus Randlasten erhält man letztendlich den Ausdruck

$$\bar{\boldsymbol{p}}_{\mathrm{Re}} = \int_{-1}^{1} \begin{bmatrix} \boldsymbol{f}_{\mathrm{r}}\,\boldsymbol{f}_{\mathrm{r}}^{\mathrm{T}} & \boldsymbol{0} \\ \boldsymbol{0} & \boldsymbol{f}_{\mathrm{r}}\,\boldsymbol{f}_{\mathrm{r}}^{\mathrm{T}} \end{bmatrix} \begin{Bmatrix} \bar{\boldsymbol{q}}_{\mathrm{Rx}} \\ \bar{\boldsymbol{q}}_{\mathrm{Ry}} \end{Bmatrix} \frac{\mathrm{d}s}{\mathrm{d}\zeta}\,\mathrm{d}\zeta\,. \tag{7.50}$$

Zusammenfassung

Formelmäßig sehen die Ausdrücke für Elementmatrizen und Elementvektoren fast gleich aus wie beim Rechteckelement. Der wesentliche Unterschied besteht darin, dass das Flächendifferential $\mathrm{d}F$ durch $|\boldsymbol{J}|\,\mathrm{d}\xi\,\mathrm{d}\eta$ ersetzt wird und das Liniendifferential $\mathrm{d}s$ durch $(\mathrm{d}s/\mathrm{d}\zeta)\,\mathrm{d}\zeta$.

In der Steifigkeitsmatrix tauchen Ableitungen der Formfunktionen nach x und y auf, die mit Hilfe von Gl. (7.40) berechnet werden können. Wir werden im nächsten Abschnitt sehen, dass man dabei und bei der anschließenden Integration nicht mehr analytisch, sondern rein numerisch vorgeht.

7.4.6 Anmerkungen zur numerischen Integration und zur programmtechnischen Umsetzung

Im allgemeinen kann die Integration der Steifigkeitsmatrix, Gl. (7.42), nur numerisch durchgeführt werden. Bei den differenzierten Formfunktionen $\boldsymbol{f}_{,\mathrm{x}}$ und $\boldsymbol{f}_{,\mathrm{y}}$ tritt im Nenner die Funktionaldeterminante $|\boldsymbol{J}|$ auf, die sich nur einmal herauskürzt, so dass eine gebrochen rationale Funktion in ξ und η zu integrieren ist. Man versucht hierbei, den Integrationsaufwand so niedrig wie möglich zu halten. Aus diesem Grund arbeitet man nicht mit äquidistanten Stützstellen (Quadratur nach Newton-Côtes), sondern ermittelt die Stützstellen und Gewichte so, dass ein

Tabelle 7.3. Stützstellen und Gewichtungsfaktoren der Gaußschen Quadraturformel [7.2]

$$\int_{-1}^{1} g(\zeta)\,\mathrm{d}\zeta = \sum_{\mathrm{j}=1}^{\mathrm{n}} w_{\mathrm{j}}\, g(\zeta_{\mathrm{j}})$$

Anzahl der Stützstellen	Stützstelle	Gewichtungsfaktor
n	ζ_{j}	w_{j}
1	0,000 000 000 000 000	2,000 000 000 000 000
2	± 0,577 350 269 189 626	1,000 000 000 000 000
3	± 0,774 596 669 241 483	0,555 555 555 555 556
	0,000 000 000 000 000	0,888 888 888 888 889
4	± 0,861 136 311 594 053	0,347 854 845 137 454
	± 0,339 981 043 584 856	0,652 145 154 862 546
5	± 0,906 179 845 938 664	0,236 926 885 056 189
	± 0,538 469 310 105 683	0,478 628 670 499 366
	0,000 000 000 000 000	0,568 888 888 888 889
6	± 0,932 469 514 203 152	0,171 324 492 379 170
	± 0,661 209 386 466 265	0,360 761 573 048 139
	± 0,238 619 186 083 197	0,467 913 934 572 691

Polynom einer möglichst hohen Ordnung noch exakt integriert wird (Gaußsche Quadratur).

Das Integral einer eindimensionalen Funktion $g(\zeta)$ wird näherungsweise durch eine Summation über gewichtete Funktionswerte an den Stützstellen ζ_{j} ersetzt:

$$\int_{-1}^{1} g(\zeta)\,\mathrm{d}\zeta = \sum_{\mathrm{j}=1}^{\mathrm{n}} w_{\mathrm{j}}\, g(\zeta_{\mathrm{j}}) \tag{7.51}$$

Mit dieser Gaußschen Quadraturformel mit n Stützstellen wird ein Polynom der Ordnung $(2\,n-1)$ exakt integriert. Die Stützstellen ζ_{j} und die Gewichtungsfaktoren w_{j} bis $n = 6$ sind in Tabelle 7.3 wiedergegeben. Als Formel für die Integration einer zweidimensionalen Funktion ergibt sich bei gleicher Stützstellenanzahl in beiden Richtungen aus (7.51)

$$\int_{-1}^{1}\int_{-1}^{1} f(\xi,\eta)\,\mathrm{d}\xi\,\mathrm{d}\eta = \sum_{\mathrm{j}=1}^{\mathrm{n}}\sum_{\mathrm{k}=1}^{\mathrm{n}} w_{\mathrm{j}}\, w_{\mathrm{k}}\, f(\xi_{\mathrm{j}},\eta_{\mathrm{k}})\,. \tag{7.52}$$

Im Interesse einer Verringerung des Rechenaufwands ist man bestrebt, die Zahl der Integrationspunkte möglichst niedrig zu halten. Im Kapitel 8 wollen wir diese Frage weiter verfolgen.

Die Rechenzeit, die in erster Linie durch die Anzahl der Multiplikationen bestimmt wird, kann zusätzlich durch Optimierung der Rechenvorschrift verringert werden. Wir verdeutlichen das an Hand zweier Möglichkeiten, den Elementlastvektor zu berechnen. Bei der ersten Möglichkeit werden die Lastamplituden, die nicht von ξ und η abhängen, aus dem Integral herausgezogen:

$$\bar{\boldsymbol{p}}_{\mathrm{Be}} = \left[\sum_{\mathrm{j}=1}^{\mathrm{n}} \sum_{\mathrm{k}=1}^{\mathrm{n}} \begin{bmatrix} \boldsymbol{Q}(\xi_{\mathrm{j}}, \eta_{\mathrm{k}}) & \mathbf{0} \\ \mathbf{0} & \boldsymbol{Q}(\xi_{\mathrm{j}}, \eta_{\mathrm{k}}) \end{bmatrix} \right] \begin{Bmatrix} \bar{\boldsymbol{q}}_{\mathrm{Bx}} \\ \bar{\boldsymbol{q}}_{\mathrm{By}} \end{Bmatrix}$$

$$\text{mit } \boldsymbol{Q}(\xi_{\mathrm{j}}, \eta_{\mathrm{k}}) = \Big\{ \big(w_{\mathrm{j}}\, w_{\mathrm{k}}\, |\boldsymbol{J}(\xi_{\mathrm{j}}, \eta_{\mathrm{k}})| \big)\, \boldsymbol{f}(\xi_{\mathrm{j}}, \eta_{\mathrm{k}}) \Big\}\, \boldsymbol{f}^{\mathrm{T}}(\xi_{\mathrm{j}}, \eta_{\mathrm{k}})\,.$$

Die Klammern geben hierbei an, in welcher Reihenfolge die Berechnung erfolgen soll. Setzen wir voraus, dass die Funktionswerte $f(\xi_{\mathrm{j}}, \eta_{\mathrm{k}})$, die für alle Elemente gleich sind, bekannt sind, dann sind insgesamt $\big(n^2\,(2+m+m^2)+2\,m^2\big)$ Multiplikationen erforderlich, wobei m die Anzahl der Elementknoten ist. Bei der zweiten Möglichkeit, bei der das Aufstellen einer Matrix vermieden wird,

$$\bar{\boldsymbol{p}}_{\mathrm{Be}} = \sum_{\mathrm{j}=1}^{\mathrm{n}} \sum_{\mathrm{k}=1}^{\mathrm{n}} \begin{Bmatrix} \alpha_{\mathrm{jk}}\, \big(\boldsymbol{f}^{\mathrm{T}}(\xi_{\mathrm{j}}, \eta_{\mathrm{k}})\, \bar{\boldsymbol{q}}_{\mathrm{Bx}}\big)\, \boldsymbol{f}(\xi_{\mathrm{j}}, \eta_{\mathrm{k}}) \\ \alpha_{\mathrm{jk}}\, \big(\boldsymbol{f}^{\mathrm{T}}(\xi_{\mathrm{j}}, \eta_{\mathrm{k}})\, \bar{\boldsymbol{q}}_{\mathrm{By}}\big)\, \boldsymbol{f}(\xi_{\mathrm{j}}, \eta_{\mathrm{k}}) \end{Bmatrix}$$

$$\text{mit } \alpha_{\mathrm{jk}} = w_{\mathrm{j}}\, w_{\mathrm{k}}\, |\boldsymbol{J}(\xi_{\mathrm{j}}, \eta_{\mathrm{k}})|\,,$$

beträgt die Anzahl der Multiplikationen nur $4\,n^2\,(1+m)$. Bei einem 9-Knoten-Element und 3×3 Integrationspunkten beispielsweise bedeutet die zweite Variante eine Rechenzeitersparnis von über 60% gegenüber der ersten.

Die Ermittlung des Elementrandlastvektors erfolgt analog. Für die Berechnung der Steifigkeitsmatrix mit Gl. (7.42) sind Operationen der folgenden Art auszuführen

$$\begin{aligned} \boldsymbol{S}_{\mathrm{e}} = \sum_{\mathrm{j}=1}^{\mathrm{n}} \sum_{\mathrm{k}=1}^{\mathrm{n}} \Bigg\{ \quad & D_{\mathrm{x}}\, \alpha_{\mathrm{jk}} \begin{bmatrix} \boldsymbol{F}_{,\mathrm{xx}}(\xi_{\mathrm{j}}, \eta_{\mathrm{k}}) & \mathbf{0} \\ \mathbf{0} & \mathbf{0} \end{bmatrix} \\ + \; & D_{\mathrm{y}}\, \alpha_{\mathrm{jk}} \begin{bmatrix} \mathbf{0} & \mathbf{0} \\ \mathbf{0} & \boldsymbol{F}_{,\mathrm{yy}}(\xi_{\mathrm{j}}, \eta_{\mathrm{k}}) \end{bmatrix} \\ + \; & D_{\mathrm{xy}}\, \alpha_{\mathrm{jk}} \begin{bmatrix} \mathbf{0} & \boldsymbol{F}_{,\mathrm{xy}}(\xi_{\mathrm{j}}, \eta_{\mathrm{k}}) \\ \boldsymbol{F}^{\mathrm{T}}_{,\mathrm{xy}}(\xi_{\mathrm{j}}, \eta_{\mathrm{k}}) & \mathbf{0} \end{bmatrix} \\ + \; & D_{\mathrm{s}}\, \alpha_{\mathrm{jk}} \begin{bmatrix} \boldsymbol{F}_{,\mathrm{yy}}(\xi_{\mathrm{j}}, \eta_{\mathrm{k}}) & \boldsymbol{F}^{\mathrm{T}}_{,\mathrm{xy}}(\xi_{\mathrm{j}}, \eta_{\mathrm{k}}) \\ \boldsymbol{F}_{,\mathrm{xy}}(\xi_{\mathrm{j}}, \eta_{\mathrm{k}}) & \boldsymbol{F}_{,\mathrm{xx}}(\xi_{\mathrm{j}}, \eta_{\mathrm{k}}) \end{bmatrix} \Bigg\} \end{aligned}$$

$$\begin{aligned} \text{mit } \alpha_{\mathrm{jk}} &= w_{\mathrm{j}}\, w_{\mathrm{k}}\, |\boldsymbol{J}(\xi_{\mathrm{j}}, \eta_{\mathrm{k}})|\,, \\ \boldsymbol{F}_{,\mathrm{xx}}(\xi_{\mathrm{j}}, \eta_{\mathrm{k}}) &= \boldsymbol{f}_{,\mathrm{x}}\, \boldsymbol{f}^{\mathrm{T}}_{,\mathrm{x}}\,, \\ \boldsymbol{F}_{,\mathrm{yy}}(\xi_{\mathrm{j}}, \eta_{\mathrm{k}}) &= \boldsymbol{f}_{,\mathrm{y}}\, \boldsymbol{f}^{\mathrm{T}}_{,\mathrm{y}}\,, \\ \boldsymbol{F}_{,\mathrm{xy}}(\xi_{\mathrm{j}}, \eta_{\mathrm{k}}) &= \boldsymbol{f}_{,\mathrm{x}}\, \boldsymbol{f}^{\mathrm{T}}_{,\mathrm{y}}\,. \end{aligned}$$

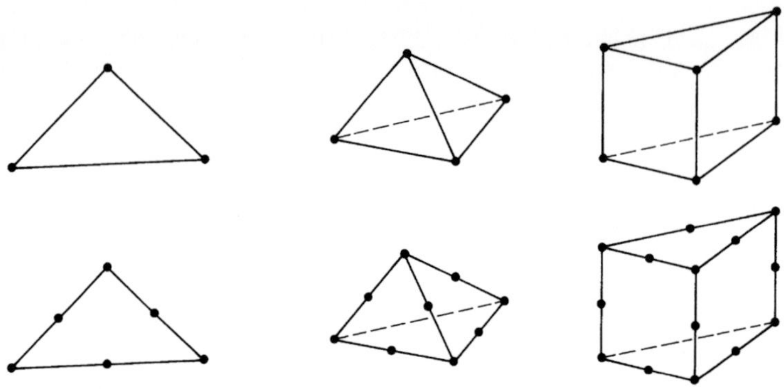

Bild 7.30. Zweidimensionale Dreieckelemente und räumliche Verallgemeinerungen

Die Vektoren $\boldsymbol{f}_{,\mathrm{x}}(\xi,\eta)$ und $\boldsymbol{f}_{,\mathrm{y}}(\xi,\eta)$ werden hierbei mit Hilfe von Gl. (7.40) in allen Integrationspunkten ($j = 1,\ldots,n;\ k = 1,\ldots,n$) berechnet. Die dafür benötigten Vektoren $\boldsymbol{f}_{,\xi}(\xi,\eta)$ und $\boldsymbol{f}_{,\eta}(\xi,\eta)$ sind für alle Elemente gleich und können daher vorab ermittelt werden.

7.5 Ansatzfunktionen für Dreieckelemente

Zur Vervollständigung eines Vorrats an Ansatzfunktionen erweist es sich als zweckmäßig, neben Rechteckelementen sowie schiefwinkligen und krummlinig berandeten Viereckelementen auch noch Dreieckelemente und entsprechende räumliche Elemente (Bild 7.30) zur Verfügung zu haben. Wir beschränken uns auf die Behandlung von ebenen Dreieckelementen.

7.5.1 Dreieckskoordinaten

Wie bei schiefwinkligen und krummlinig berandeten Viereckelementen werden auch beim Dreieck spezielle Koordinaten verwendet, durch die sichergestellt ist, dass die Seiten des Dreiecks Koordinatenlinien werden (Bild 7.31). Die drei Scharen von Koordinatenlinien laufen parallel zu den Dreiecksseiten, wobei sie vom Wert $\xi_\mathrm{i} = 0$ auf der Dreiecksseite linear bis zum Wert $\xi_\mathrm{i} = 1$ im Punkt i ansteigen. Die Dreieckskoordinaten können als linear veränderliche Ansatzfunktionen interpretiert werden. In entsprechender Weise wie bei den krummlinig berandeten Viereckelementen können dann die kartesischen Koordinaten (x,y) durch die Koordinaten (ξ_1,ξ_2,ξ_3) mit den Eckpunktkoordinaten (x_1,y_1), (x_2,y_2) und (x_3,y_3) als Parametern ausgedrückt werden:

$$\begin{aligned} x &= L_1(\xi_1,\xi_2,\xi_3)\,x_1 + L_2(\xi_1,\xi_2,\xi_3)\,x_2 + L_3(\xi_1,\xi_2,\xi_3)\,x_3 \\ &= \xi_1\,x_1 + \xi_2\,x_2 + \xi_3\,x_3\,, \end{aligned} \tag{7.53a}$$

$$\begin{aligned} y &= L_1(\xi_1,\xi_2,\xi_3)\,y_1 + L_2(\xi_1,\xi_2,\xi_3)\,y_2 + L_3(\xi_1,\xi_2,\xi_3)\,y_3 \\ &= \xi_1\,y_1 + \xi_2\,y_2 + \xi_3\,y_3 \end{aligned} \tag{7.53b}$$

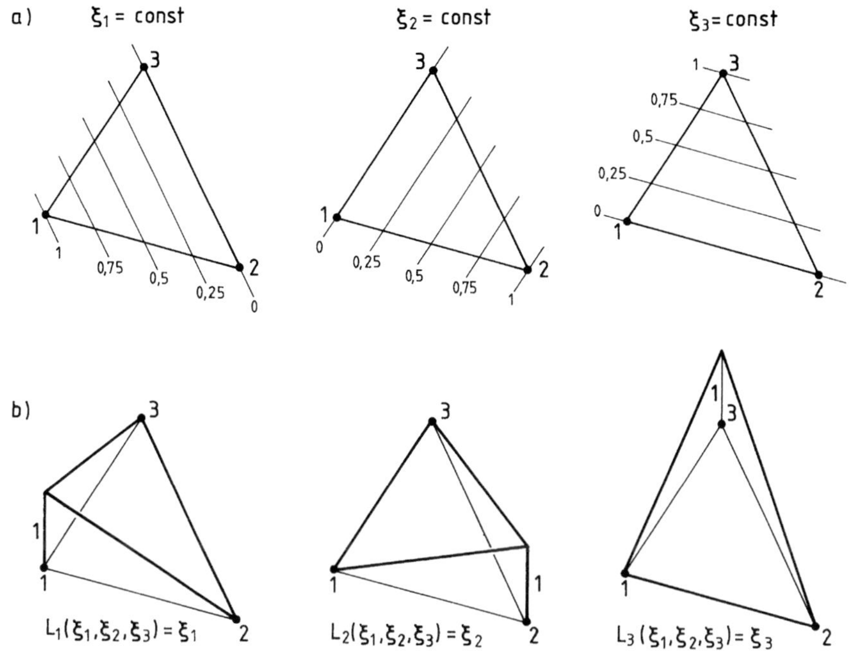

Bild 7.31. Koordinatenlinien von Dreieckskoordinaten (**a**) und Interpretation der Dreieckskoordinaten als Formfunktionen (**b**)

mit der zusätzlichen Nebenbedingung, die sich aus der Überlagerung aller drei Ansatzfunktionen ergibt:

$$1 = L_1 + L_2 + L_3 = \xi_1 + \xi_2 + \xi_3 \,. \tag{7.53c}$$

In Matrizenform zusammengefasst ergibt sich

$$\begin{Bmatrix} x \\ y \\ 1 \end{Bmatrix} = \begin{bmatrix} x_1 & x_2 & x_3 \\ y_1 & y_2 & y_3 \\ 1 & 1 & 1 \end{bmatrix} \begin{Bmatrix} \xi_1 \\ \xi_2 \\ \xi_3 \end{Bmatrix} = \boldsymbol{Z} \begin{Bmatrix} \xi_1 \\ \xi_2 \\ \xi_3 \end{Bmatrix} \tag{7.54}$$

oder invertiert

$$\begin{Bmatrix} \xi_1 \\ \xi_2 \\ \xi_3 \end{Bmatrix} = \frac{1}{|\boldsymbol{Z}|} \begin{bmatrix} y_2 - y_3 & x_3 - x_2 & x_2\, y_3 - x_3\, y_2 \\ y_3 - y_1 & x_1 - x_3 & x_3\, y_1 - x_1\, y_3 \\ y_1 - y_2 & x_2 - x_1 & x_1\, y_2 - x_2\, y_1 \end{bmatrix} \begin{Bmatrix} x \\ y \\ 1 \end{Bmatrix} , \tag{7.55}$$

wobei

$$|\boldsymbol{Z}| = (x_1\, y_2 - x_2\, y_1) + (x_2\, y_3 - x_3\, y_2) + (x_3\, y_1 - x_1\, y_3) = 2\, F \tag{7.56}$$

die doppelte Fläche des Dreiecks ist.

Es soll an dieser Stelle, obwohl es strenggenommen nicht erforderlich ist, noch auf eine anschauliche Deutung von Dreieckskoordinaten verwiesen werden

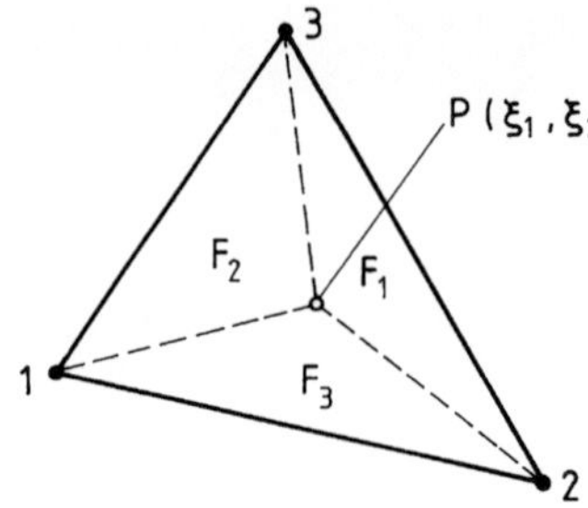

Bild 7.32. Dreieckskoordinaten als Flächenkoordinaten

(Bild 7.32), bei der die Dreieckskoordinaten als das Verhältnis der Teilflächen $F_{\rm i}$ zur Gesamtfläche des Dreiecks

$$\xi_{\rm i} = \frac{F_{\rm i}}{F} \tag{7.57}$$

interpretiert werden. Dies führt natürlich genau auf die oben angegebene Transformationsbeziehung (7.55).

7.5.2 Formfunktionen für gradlinig berandete Dreieckelemente

Formfunktionen für gradlinig berandete Dreieckelemente mit regelmäßig angeordneten Knoten lassen sich stets aus vollständigen Polynomen vom Grade j aufbauen. In Bild 7.33 sind für das lineare, quadratische und kubische Element die Stützstellen und die berücksichtigten Polynomglieder angegeben.

Die Formfunktion zum Knoten k bei einem Ansatz der Ordnung j wird als $L_{\rm k}^{(\rm j)}$ bezeichnet. Sie nimmt im Knoten k den Wert 1, in allen anderen Knoten den Wert 0 an. Dafür kann man auch unter Verwendung des Kronecker-Symbols $\delta_{\rm ik}$ schreiben

$$L_{\rm k}^{(\rm j)}(x_{\rm i}, y_{\rm i}) = \delta_{\rm ik} \,. \tag{7.58}$$

Mit diesen Formfunktionen lässt sich der Ansatz im Element formulieren als

$$u(x, y) = \sum_{\rm k=1}^{\rm K} L_{\rm k}^{(\rm j)}(x, y)\, u_{\rm k} \,. \tag{7.59}$$

Es handelt sich wieder um Lagrangesche Interpolationspolynome, die zur Unterscheidung zu den Formfunktionen des Rechteckelementes mit L bezeichnet werden. Sinnvollerweise wird man die Formfunktionen $L_{\rm k}^{(\rm j)}$ in Dreieckskoordinaten angeben.

Formfunktionen 1. Ordnung:

Die Formfunktionen 1. Ordnung liegen bereits vor. Es sind gerade die Dreieckskoordinaten

$$L_{\rm k}^{(1)} = \xi_{\rm k} \,. \tag{7.60}$$

Hiervon ausgehend, kann man die Formfunktionen höherer Ordnung, ähnlich wie bei den eindimensionalen Lagrange-Polynomen, durch Produktbildung bestimmen.

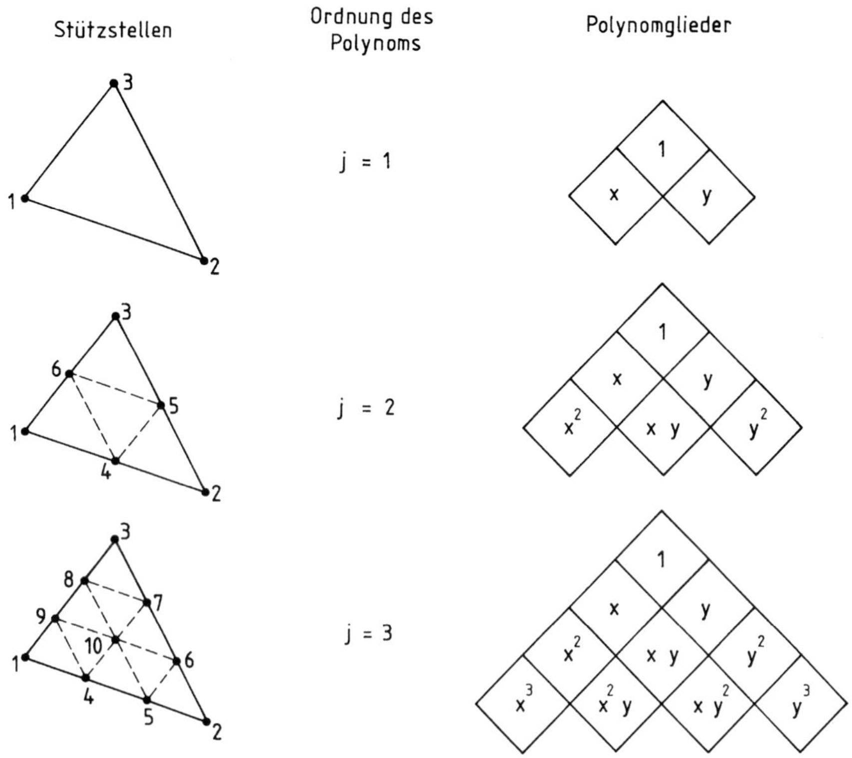

Bild 7.33. Stützstellen und Polynomglieder von Formfunktionen bis zur Ordnung 3

Formfunktionen 2. Ordnung:

Die Konstruktion von $L_1^{(2)}$ lässt sich aus Bild 7.34 entnehmen. Die quadratische Funktion $L_1^{(2)}$ kann als Produkt aus zwei linearen Funktionen dargestellt werden, die so gewählt werden, dass $L_1^{(2)}$ entlang der Seite 2–3 und in den Punkten 4 und 6 gerade verschwindet:

$$L_1^{(2)} = \xi_1 \, (2\,\xi_1 - 1)\,. \tag{7.61a}$$

Aus Bild 7.35 ist in entsprechender Weise zu ersehen, aus welchen Funktionen man durch Produktbildung die Formfunktion $L_4^{(2)}$ darstellen kann.

Für die Formfunktion erhält man dann die folgende Gleichung:

$$L_4^{(2)} = 4\,\xi_1\,\xi_2\,. \tag{7.62a}$$

Durch zyklische Vertauschung lassen sich aus den Gln. (7.61a) und (7.62a) alle Formfunktionen herleiten:

$$L_1^{(2)} = \xi_1 \, (2\,\xi_1 - 1)\,, \tag{7.61a}$$
$$L_2^{(2)} = \xi_2 \, (2\,\xi_2 - 1)\,, \tag{7.61b}$$
$$L_3^{(2)} = \xi_3 \, (2\,\xi_3 - 1)\,, \tag{7.61c}$$

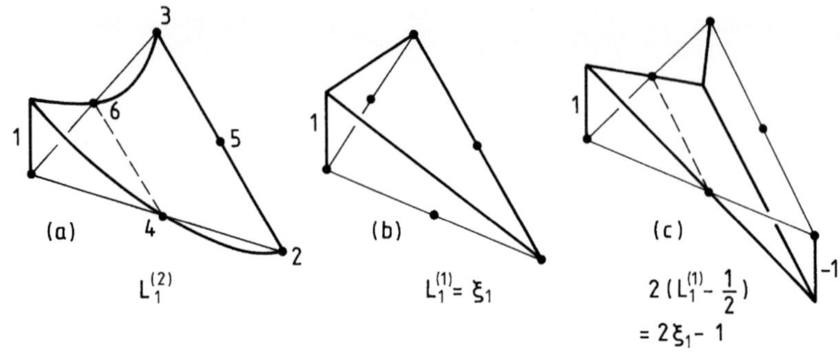

Bild 7.34. Zur Konstruktion der Formfunktion $L_1^{(2)}$

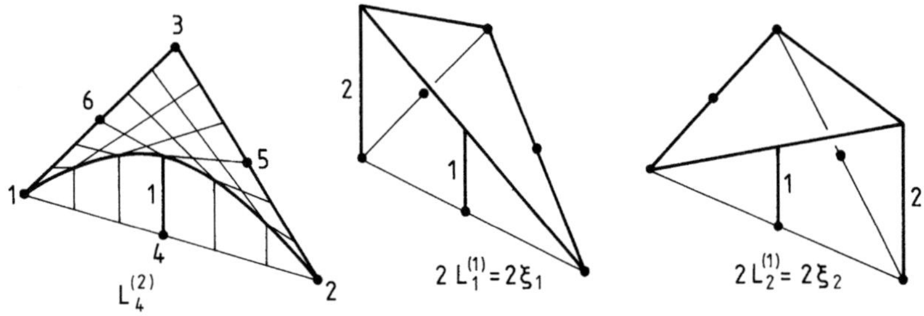

Bild 7.35. Zur Konstruktion der Formfunktion $L_4^{(2)}$

$$L_4^{(2)} = 4\,\xi_1\,\xi_2\,, \tag{7.62a}$$
$$L_5^{(2)} = 4\,\xi_2\,\xi_3\,, \tag{7.62b}$$
$$L_6^{(2)} = 4\,\xi_3\,\xi_1\,. \tag{7.62c}$$

Formfunktionen 3. Ordnung

Formfunktionen höherer Ordnung kann man ganz entsprechend konstruieren. Ausgehend von Bild 7.36, erhält man für $L_1^{(3)}$

$$L_1^{(3)} = \frac{1}{2}\,\xi_1\,(3\,\xi_1 - 1)\,(3\,\xi_1 - 2) \tag{7.63a}$$

sowie durch zyklische Vertauschung

$$L_2^{(3)} = \frac{1}{2}\,\xi_2\,(3\,\xi_2 - 1)\,(3\,\xi_2 - 2)\,, \tag{7.63b}$$
$$L_3^{(3)} = \frac{1}{2}\,\xi_3\,(3\,\xi_3 - 1)\,(3\,\xi_3 - 2)\,. \tag{7.63c}$$

Als Formfunktionen für die Knoten 4 und 5 ergibt sich:

$$L_4^{(3)} = \frac{9}{2}\,\xi_1\,\xi_2\,(3\,\xi_1 - 1)\,, \tag{7.64a}$$
$$L_5^{(3)} = \frac{9}{2}\,\xi_1\,\xi_2\,(3\,\xi_2 - 1)\,. \tag{7.64b}$$

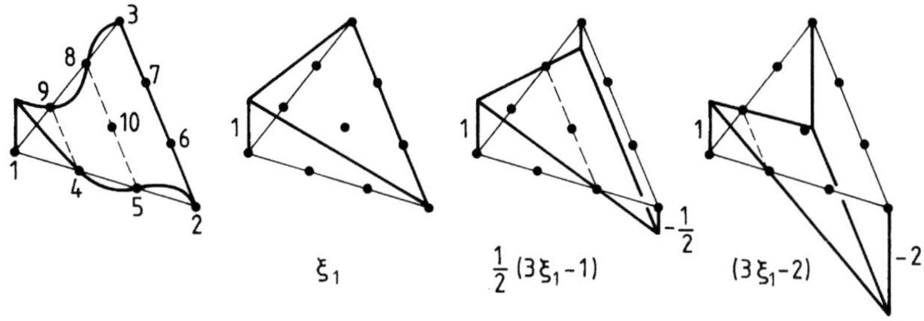

Bild 7.36. Zur Konstruktion der Formfunktion $L_1^{(3)}$

$L_6^{(3)}$ bis $L_9^{(3)}$ erhält man wieder durch zyklische Vertauschung.

Eine zehnte Formfunktion, für die zusätzlich ein Innenpunkt eingeführt werden muss, ist erforderlich, um das vollständige Polynom 3. Grades mit seinen 10 Polynomgliedern darstellen zu können:

$$L_{10}^{(3)} = 27\,\xi_1\,\xi_2\,\xi_3\,. \tag{7.65}$$

Erfüllung der Stetigkeitsforderung

Die Formfunktionen entsprechen einem Polynom j-ter Ordnung. Demzufolge ist auch der in Abhängigkeit von der Randkoordinate formulierte Funktionsverlauf an jedem der Dreiecksränder ein vollständiges Polynom der Ordnung j. Auf jedem der Dreiecksränder liegen gerade $(j+1)$ Knoten, durch die eindeutig ein Polynom j-ter Ordnung festgelegt wird. Beim Zusammenbau der Elemente zum Gesamtsystem wird die Stetigkeitsforderung für die Knotenverschiebungen erfüllt. Damit ist dann auch die Stetigkeit entlang des gesamten Randes gewährleistet.

7.5.3 Transformation des Differentialoperators und des Flächendifferentials

Im Hinblick auf die anschließende Behandlung krummlinig berandeter Elemente gehen wir bei der Ableitung der Differentiationsvorschrift entsprechend wie bei krummlinig berandeten Viereckelementen vor. Es muss jetzt allerdings darauf geachtet werden, dass den drei Dreieckskoordinaten (ξ_1, ξ_2, ξ_3) nur zwei kartesische Koordinaten (x, y) entsprechen. Man berücksichtigt das z. B. dadurch, dass ξ_1 und ξ_2 als unabhängige Koordinaten angesehen werden und

$$\xi_3 = 1 - \xi_1 - \xi_2 \tag{7.66}$$

gesetzt wird. Damit ergibt sich beispielsweise für die in der Funktionalmatrix $\boldsymbol{J}$ auftretende Ableitung von x nach ξ_1

$$\frac{\mathrm{d}x(\xi_1, \xi_2, \xi_3(\xi_1, \xi_2))}{\mathrm{d}\xi_1} = \frac{\partial x}{\partial \xi_1} + \frac{\partial x}{\partial \xi_3}\,\frac{\mathrm{d}\xi_3}{\mathrm{d}\xi_1} = \frac{\partial x}{\partial \xi_1} - \frac{\partial x}{\partial \xi_3}\,.$$

Die Differentiationsvorschrift lässt sich nun unter Verwendung der Kettenregel transformieren. In Matrizenschreibweise gilt

$$\left\{\begin{array}{c}\dfrac{\partial}{\partial \xi_1}\\ \dfrac{\partial}{\partial \xi_2}\end{array}\right\} = \begin{bmatrix}\dfrac{\partial x}{\partial \xi_1} - \dfrac{\partial x}{\partial \xi_3} & \dfrac{\partial y}{\partial \xi_1} - \dfrac{\partial y}{\partial \xi_3}\\ \dfrac{\partial x}{\partial \xi_2} - \dfrac{\partial x}{\partial \xi_3} & \dfrac{\partial y}{\partial \xi_2} - \dfrac{\partial y}{\partial \xi_3}\end{bmatrix} \left\{\begin{array}{c}\dfrac{\partial}{\partial x}\\ \dfrac{\partial}{\partial y}\end{array}\right\} = \boldsymbol{J} \left\{\begin{array}{c}\dfrac{\partial}{\partial x}\\ \dfrac{\partial}{\partial y}\end{array}\right\} \tag{7.67}$$

oder unter Verwendung von Gl. (7.54)

$$\left\{\begin{array}{c}\dfrac{\partial}{\partial \xi_1}\\ \dfrac{\partial}{\partial \xi_2}\end{array}\right\} = \begin{bmatrix} x_1 - x_3 & y_1 - y_3\\ x_2 - x_3 & y_2 - y_3\end{bmatrix} \left\{\begin{array}{c}\dfrac{\partial}{\partial x}\\ \dfrac{\partial}{\partial y}\end{array}\right\} = \boldsymbol{J} \left\{\begin{array}{c}\dfrac{\partial}{\partial x}\\ \dfrac{\partial}{\partial y}\end{array}\right\}. \tag{7.68}$$

Daraus erhält man durch Inversion

$$\left\{\begin{array}{c}\dfrac{\partial}{\partial x}\\ \dfrac{\partial}{\partial y}\end{array}\right\} = \frac{1}{|\boldsymbol{J}|} \begin{bmatrix} y_2 - y_3 & y_3 - y_1\\ x_3 - x_2 & x_1 - x_3\end{bmatrix} \left\{\begin{array}{c}\dfrac{\partial}{\partial \xi_1}\\ \dfrac{\partial}{\partial \xi_2}\end{array}\right\}, \tag{7.69}$$

wobei

$$|\boldsymbol{J}| = (x_1 - x_3)\,(y_2 - y_3) - (x_2 - x_3)\,(y_1 - y_3) = 2\,F \tag{7.70}$$

die doppelte Dreiecksfläche ist. Tritt in einer zu differenzierenden Funktion ξ_3 auf, so ist Gl. (7.66) zu berücksichtigen.

Um die Differentiationsvorschrift zu transformieren, hätte man natürlich auch unmittelbar von (7.55) ausgehen können. Dieser Weg ist aber bei krummlinigen Koordinaten versperrt, da dort zwar die Abbildungsvorschrift $x(\xi_1, \xi_2, \xi_3)$ und $y(\xi_1, \xi_2, \xi_3)$ existiert, nicht aber die inverse Vorschrift.

Für das Flächendifferential ergibt sich mit der entsprechenden Ableitung wie beim schiefwinkligen Viereckelement

$$\mathrm{d}F = |\boldsymbol{J}|\, \mathrm{d}\xi_1\, \mathrm{d}\xi_2 = 2\,F\,\xi_1\, \mathrm{d}\xi_2\,. \tag{7.71}$$

7.5.4 Integration

Bei der Berechnung der Koeffizienten der Elementmatrizen treten Integrale der Form

$$I_{\alpha\beta\gamma} = \int_{\mathrm{F}} \xi_1^{\alpha}\ \xi_2^{\beta}\ \xi_3^{\gamma}\ \mathrm{d}F \tag{7.72}$$

auf. Dabei sind α, β und γ positive Exponenten der Koordinaten. Führt man die Integration über ξ_2 zuerst aus, so hängt dabei die obere Integrationsgrenze noch von ξ_1 ab (Bild 7.37). Für das Integral kann man dann schreiben

$$I_{\alpha\beta\gamma} = 2\,F \int_{\xi_1=0}^{1} \xi_1^{\alpha} \left(\int_{\xi_2=0}^{1-\xi_1} \xi_2^{\beta}\ [1 - \xi_1 - \xi_2]^{\gamma}\ \mathrm{d}\xi_2 \right) \mathrm{d}\xi_1\,.$$

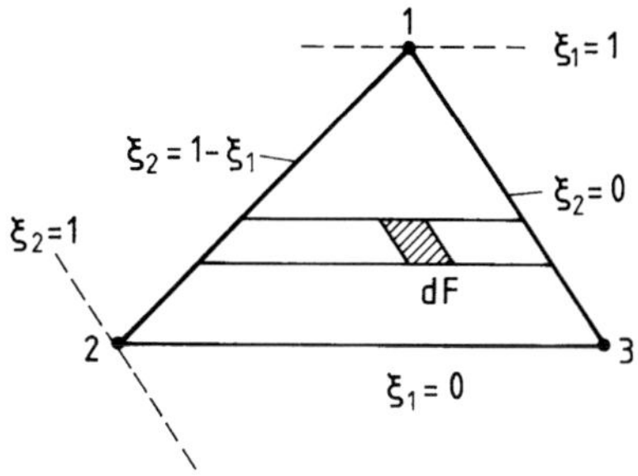

Bild 7.37. Angabe der Integrationsgrenzen

Die Auswertung liefert allgemein

$$I_{\alpha\beta\gamma} = 2\,F\,\frac{\alpha!\;\beta!\;\gamma!}{(\alpha+\beta+\gamma+2)!} \tag{7.73}$$

und für die ersten Integrale

$$\begin{aligned}
\alpha+\beta+\gamma=0:\; & I_{000} = F\,,\\
\alpha+\beta+\gamma=1:\; & I_{100} = I_{010} = I_{001} = \frac{1}{3}\,F\,,\\
\alpha+\beta+\gamma=2:\; & I_{200} = I_{020} = I_{002} = \frac{1}{6}\,F\,,\\
& I_{110} = I_{011} = I_{101} = \frac{1}{12}\,F\,,\\
\alpha+\beta+\gamma=3:\; & I_{300} = I_{030} = I_{003} = \frac{1}{10}\,F\,,\\
& I_{210} = I_{120} = I_{102} = I_{201} = \cdots = \frac{1}{30}\,F\,,\\
& I_{111} = \frac{1}{60}\,F\,.
\end{aligned}$$

7.5.5 Krummlinig berandete Dreieckelemente

Die Abbildungsvorschrift beim krummlinig berandeten Dreieck entspricht der beim Viereck, Gl. (7.30). Allgemein kann man schreiben

$$x(\xi_1,\xi_2,\xi_3) = \sum_{\mathrm{k}=1}^{\mathrm{K}} L_{\mathrm{k}}^{(\mathrm{j})}(\xi_1,\xi_2,\xi_3)\; x_{\mathrm{k}}\,, \tag{7.74a}$$

$$y(\xi_1,\xi_2,\xi_3) = \sum_{\mathrm{k}=1}^{\mathrm{K}} L_{\mathrm{k}}^{(\mathrm{j})}(\xi_1,\xi_2,\xi_3)\; y_{\mathrm{k}} \tag{7.74b}$$

mit $K = j\,(j+1)/2$.

Stetigkeit der Abbildung ist gewährleistet. Damit lässt sich auch die C^0-Stetigkeitsforderung für die Verschiebungen erfüllen. Der Nachweis, dass bei isoparametrischen Ansätzen auch die Darstellbarkeit von Starrkörperverschiebungen und konstanten Verzerrungen gewährleistet ist, erfolgt in gleicher Weise wie bei krummlinig berandeten Viereckelementen.

Die Transformationsvorschrift für den Differentialoperator und die Beziehung für das Flächenelement dF liegen mit den Gln. (7.69) bis (7.71) bereits vor. Die Koeffizienten von $\boldsymbol{J}$ sind jetzt allerdings nicht mehr konstant, so dass wieder numerisch integriert werden muss. Integrationspunkte und Gewichte werden beispielsweise in [7.3] angegeben, weitere Formeln bis zur 10. Ordnung und viele praktische Hinweise findet man bei Laursen und Gellert [7.4].

7.6 Anmerkungen zu inkompatiblen Ansätzen

Mit dem einfachen 4-Knoten-Scheibenelement ist sowohl die Erfüllung der Stetigkeitsforderung als auch die Darstellbarkeit von Starrkörperverschiebungen und konstanten Verzerrungen gewährleistet. Wir haben aber gesehen, dass sehr feine Unterteilungen erforderlich sind, um brauchbare Ergebnisse zu erhalten. Das Element weist, wie wir im nächsten Kapitel sehen werden, ein sehr schlechtes Konvergenzverhalten auf. Beim quadratischen 8- und 9-Knoten-Element sind Genauigkeit und Konvergenzverhalten bei gleicher Unbekanntenanzahl natürlich besser, allerdings um den Preis einer höheren Rechenzeit.

Von Wilson [7.5] ist eine Modifikation vorgeschlagen worden, bei der ein Teil der positiven Eigenschaften des 8-Knoten-Elementes bereits beim 4-Knoten-Element zur Geltung kommen sollen. Ausgangspunkt der Überlegungen war hierbei, dass der bilineare Verschiebungsansatz für ein 4-Knoten-Rechteckelement nicht mehr in der Lage ist, einen Biegezustand, wie er beispielsweise im Stegblech eines I-Profiles auftritt, korrekt wiederzugeben. Notwendig wäre hierzu, dass im Verschiebungsansatz auch noch ein vollständiges quadratisches Polynom enthalten ist (Bild 7.38).

Wilson versucht, diese quadratischen Zusatzeffekte dadurch zu berücksichtigen, dass er den bisherigen Ansatz erweitert:

$$\begin{Bmatrix} u(\xi,\eta) \\ v(\xi,\eta) \end{Bmatrix} = \left[\begin{array}{cccc} \boldsymbol{f}^{\mathrm{T}}(\xi,\eta) & \mathbf{0}^{\mathrm{T}} & \boldsymbol{g}^{\mathrm{T}}(\xi,\eta) & \mathbf{0}^{\mathrm{T}} \\ \mathbf{0}^{\mathrm{T}} & \boldsymbol{f}^{\mathrm{T}}(\xi,\eta) & \mathbf{0}^{\mathrm{T}} & \boldsymbol{g}^{\mathrm{T}}(\xi,\eta) \end{array} \right] \begin{Bmatrix} \boldsymbol{u}_{\mathrm{e}} \\ \boldsymbol{b}_{\mathrm{e}} \end{Bmatrix} . \tag{7.75}$$

ursprünglicher Ansatz *Erweiterung*

Für den ursprünglichen Ansatz gilt hierbei

$$\boldsymbol{f}^{\mathrm{T}}(\xi,\eta) = \left\{ \frac{(1-\xi)(1-\eta)}{4}, \frac{(1+\xi)(1-\eta)}{4}, \frac{(1+\xi)(1+\eta)}{4}, \frac{(1-\xi)(1+\eta)}{4} \right\} \tag{7.76a}$$

und für die quadratischen Zusatzterme

$$\boldsymbol{g}^{\mathrm{T}}(\xi,\eta) = \{1-\xi^2,\ 1-\eta^2\} \tag{7.76b}$$

mit den beiden Vektoren $\boldsymbol{u}_{\mathrm{e}}$ und $\boldsymbol{b}_{\mathrm{e}}$

$$\begin{aligned} \boldsymbol{u}_{\mathrm{e}}^{\mathrm{T}} &= \{u_1, u_2, u_3, u_4, v_1, v_2, v_3, v_4\} , \\ \boldsymbol{b}_{\mathrm{e}}^{\mathrm{T}} &= \{b_1, b_2, b_3, b_4\} . \end{aligned}$$

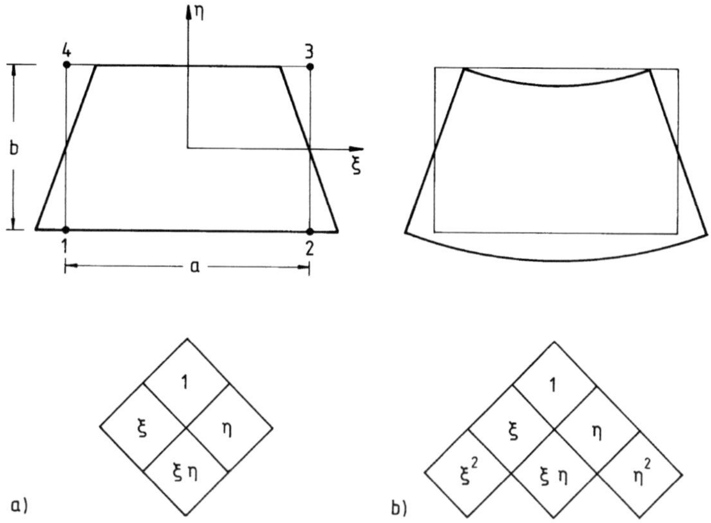

Bild 7.38. Erfassung eines Biegezustandes in einem Rechteckelement durch ein 4-Knoten-Element mit bilinearem Verschiebungsansatz (**a**) oder durch die analytische Lösung mit quadratischen Zusatztermen (**b**)

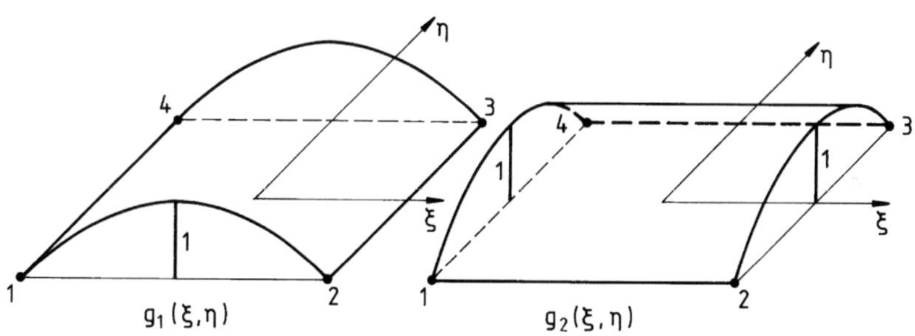

Bild 7.39. Quadratische Zusatzfunktionen

Die quadratischen Zusatzfunktionen (Bild 7.39) werden so festgelegt, dass sie in den vier Elementeckpunkten zu Null werden. Es sind quadratische Überhöhungen des bilinearen Verschiebungsansatzes, die unabhängig voneinander in allen Elementen eingeführt werden. Die Stetigkeitsforderung wird dann in der Regel verletzt, man spricht daher von einem inkompatiblen Verschiebungsansatz, der im Rahmen des Prinzips der virtuellen Verrückungen oder des Prinzips vom Minimum der potentiellen Energie eigentlich unzulässig ist.

Der erweiterte Ansatz wird in das aus Abschnitt 4.1 übernommene Prinzip der virtuellen Verrückungen

$$\sum_{e=1}^{n_e} \left\{ \int_{B_e} \left[\mathbf{D}_{\varepsilon u}\,\delta\boldsymbol{u}\right]^T \boldsymbol{C} \left[\mathbf{D}_{\varepsilon u}\,\boldsymbol{u}\right] \mathrm{d}F - \int_{B_e} \delta\boldsymbol{u}^T \bar{\boldsymbol{p}}\, \mathrm{d}F \right.$$

$$\left. - \int_{R_{\sigma e}} \delta\boldsymbol{u}_r^T\, \bar{\boldsymbol{p}}_R\, \mathrm{d}s - \int_{R_{ue}} \delta\boldsymbol{u}_r^T\, \boldsymbol{a}\, \mathrm{d}s \right\} = 0 \tag{7.77}$$

eingesetzt. Teilt man die Matrizen und Vektoren in Anteile auf, die zu $\boldsymbol{u}_e$ und $\boldsymbol{b}_e$ gehören, so wird

$$\sum_{e=1}^{n_e} \{\delta\boldsymbol{u}_e^T, \delta\boldsymbol{b}_e^T\} \left\{ \begin{bmatrix} \boldsymbol{S}_{uu} & \boldsymbol{S}_{ub} \\ \boldsymbol{S}_{ub}^T & \boldsymbol{S}_{bb} \end{bmatrix}_e \begin{Bmatrix} \boldsymbol{u}_e \\ \boldsymbol{b}_e \end{Bmatrix} - \begin{Bmatrix} \bar{\boldsymbol{p}}_{ue} \\ \bar{\boldsymbol{p}}_{be} \end{Bmatrix} - \begin{Bmatrix} \boldsymbol{a}_e \\ \boldsymbol{0} \end{Bmatrix} \right\} = 0\,. \tag{7.78}$$

Da die Zusatzverschiebungen $\boldsymbol{b}_e$ in jedem Element unabhängig voneinander eingeführt werden, müssen die zu $\delta\boldsymbol{b}_e$ gehörenden Zeilen in jedem Element zu Null werden,

$$\boldsymbol{S}_{ub}^T \boldsymbol{u}_e + \boldsymbol{S}_{bb} \boldsymbol{b}_e - \bar{\boldsymbol{p}}_{be} = \boldsymbol{0}\,, \tag{7.79}$$

womit sich $\boldsymbol{b}_e$ elementweise zwischeneliminieren lässt:

$$\boldsymbol{b}_e = -\boldsymbol{S}_{bb}^{-1}\, \boldsymbol{S}_{ub}^T\, \boldsymbol{u}_e + \boldsymbol{S}_{bb}^{-1}\, \bar{\boldsymbol{p}}_{be}\,. \tag{7.80}$$

Setzt man die auf diese Weise ermittelten Werte für $\boldsymbol{b}_e$ wieder in die Gl. (7.78) ein, so verbleibt

$$\sum_{e=1}^{n_e} \delta\boldsymbol{u}_e^T \Big(\underbrace{\left[\boldsymbol{S}_{uu} - \boldsymbol{S}_{ub}\, \boldsymbol{S}_{bb}^{-1}\, \boldsymbol{S}_{ub}^T\right]}_{\textit{modifizierte Element-steifigkeitsmatrix}} \boldsymbol{u}_e - \underbrace{\left\{\bar{\boldsymbol{p}}_u - \boldsymbol{S}_{ub}\, \boldsymbol{S}_{bb}^{-1}\, \bar{\boldsymbol{p}}_b\right\} - \boldsymbol{a}_e}_{\textit{modifizierter Element-lastvektor}} \Big) = 0\,. \tag{7.81}$$

Diese Form der Zwischenelimination der Zusatzunbekannten wird auch als *statische Kondensation* bezeichnet.

Ein völlig analoges Vorgehen zum Einbau von quadratischen Zusatzfunktionen ist auch bei Quaderelementen möglich. Die Elemente sind in einer Reihe von älteren Programmen realisiert, so z. B. in SAP. Rechteck- und Parallelogrammelemente sowie die entsprechenden Quaderelemente verhalten sich numerisch hervorragend, obwohl die Ansatzfunktionen die geometrischen Übergangsbedingungen verletzen. Wendet man die gleiche Vorgehensweise jedoch bei beliebig schiefwinkligen Viereckelementen an, so erhält man zum Teil, vor allem für die Schnittkräfte im Element, völlig unsinnige Ergebnisse [7.6]. Damit ist das Element für den allgemeinen Einsatz unbrauchbar.

Es bleibt die Frage, ob Modifikationen denkbar sind, so dass die bei Rechteck- und Parallelogrammelementen überzeugenden Eigenschaften nicht verlorengehen. Ein Weg wird beispielsweise in [7.7] aufgezeigt. Hinweise zur Entwicklung von optimalen Scheibenelementen niedriger Ordnung aus jüngster Zeit finden sich in [7.8].

Die Erfahrungen mit dem Wilson-Element machen deutlich, dass man unkonventionelle Elemente, also beispielsweise solche die die Stetigkeitsbedingung verletzen, vor ihrem Einsatz sehr gründlich testen soll. Der Patch-Test, den wir im

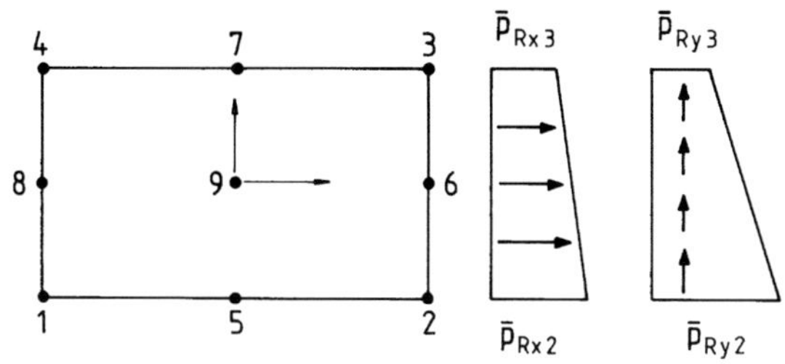

Bild 7.40. Bezeichnungen der Randbelastungen

Kapitel 8 kennenlernen werden, ist eine Möglichkeit hierzu. Bei jedem inkompatiblen Element sollte sichergestellt sein, dass eine Verfeinerung der Unterteilung gegen die exakte Lösung konvergiert. Dieses Problem wurde in der numerisch-mathematischen Spezialliteratur ausführlich erörtert, z. B. in [7.10, 7.11]. Für praktische Untersuchungen sind Standard-Testbeispiele, wie sie beispielsweise in [7.8, 7.9] beschrieben werden, mindestens ebenso wichtig.

7.7 Übungsaufgaben

Aufgabe 7.1. Randlastvektor des 9-Knoten-Rechteckelementes

Es soll der Belastungsvektor für das Element aus Bild 7.40, auf das an einem Rand eine linear veränderliche Linienlast einwirkt, ermittelt werden.

- Wie lautet der Vektor?
- Ändern sich die Zahlenwerte, wenn es sich nicht um ein 9-Knoten-Element sondern um ein 8-Knoten-Element handelt?

Aufgabe 7.2. Aufstellen und Kontrollieren der Steifigkeitsmatrix des 9-Knoten-Rechteckelementes

- Berechne mit Tabelle 7.2 den mit D_x behafteten Anteil der Steifigkeitsmatrix eines 9-Knoten-Rechteckelementes!
- Überprüfe anschließend bezüglich dieses Anteils die Darstellbarkeit von Starrkörperverschiebungen und konstanten Verzerrungszuständen!

Aufgabe 7.3. Bestimmung der Unbekanntenanzahl, Bandbreite und Rechenzeit bei Verwendung von Quaderelementen

Ein einseitig eingespannter, gedrungener Balken (Bild 7.41) soll mit dreidimensionalen Quaderelementen berechnet werden.

- Wie lässt sich kontrollieren, ob die im Randlastvektor stehenden Knotenlasten und die Linienlasten statisch gleichwertig sind?
- Wie groß sind Unbekanntenanzahl und Bandbreite bei Verwendung von a) 27-Knoten-Elementen und b) 20-Knoten-Elementen?

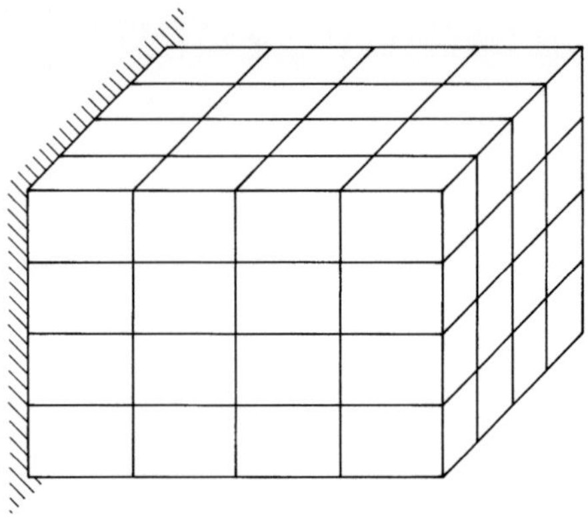

Bild 7.41. Eingespannter Balken

- In welchem Verhältnis stehen die Rechenzeiten zum Lösen des Gleichungssystems?

Aufgabe 7.4. Formfunktionen beim kubischen Randpunktelement

In Bild 7.15 ist die Knotenbezifferung für ein kubisches Randpunkt-Element angegeben.

- Skizziere die Formfunktionen $r_2(\xi, \eta)$ und $r_5(\xi, \eta)$!
- Warum enthalten die Formfunktionen keine Polynomterme $\xi^2\ \eta^2$, $\xi^3\ \eta^2$, $\xi^2\ \eta^3$ und $\xi^3\ \eta^3$ mehr?

Aufgabe 7.5. Formfunktionen beim quadratischen Randpunktelement

Bei Randpunktelementen, mit denen vollständige Polynome vom Grade 4 dargestellt werden können, reicht es nicht aus, nur Verschiebungen in den Randpunkten als Stützwerte einzuführen.

- Wie sieht die zum Punkt 17 gehörende Formfunktion aus?
- Wenn die eigentlichen Randpunkt-Interpolationspolynome weiter so wie im 1. bis 3. Schritt aufgebaut werden, dann handelt es sich bei ihnen nicht um Formfunktionen, da sie im Punkt 17 nicht zu Null werden. Warum stört das bei der Ableitung der Steifigkeitsmatrix nicht?

Aufgabe 7.6. Übergangselement quadratisch-kubisch

Um 8-Knoten-Rechteckelemente mit quadratischen Ansätzen und 12-Knoten-Rechteckelemente mit kubischen Ansätzen miteinander verknüpfen zu können, sind Übergangselemente erforderlich.

- Wie lautet entsprechend Gl. (7.23) die hierfür erforderliche Transformationsmatrix, wenn die Knotenbezifferung von Bild 7.42 zugrunde gelegt wird?
- Skizziere die Formfunktionen $r_{ü,2}(\xi, \eta)$ und $r_{ü,7}(\xi, \eta)$!

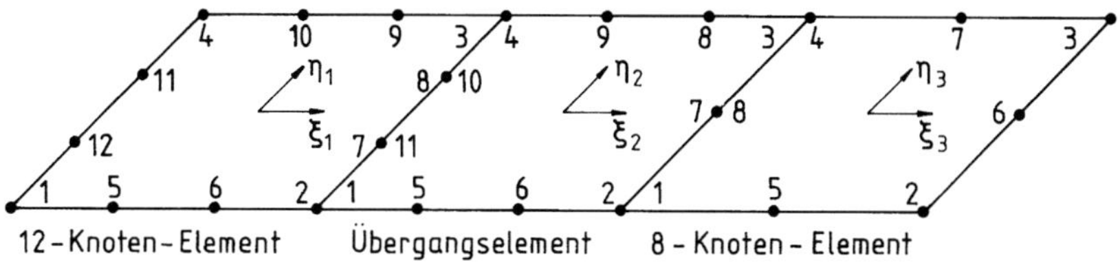

Bild 7.42. Übergangselement zwischen einem 8-Knoten- und einem 12-Knoten-Element

- Welches ist das höchste vollständige Polynom, das sich im Übergangselement darstellen lässt?

Aufgabe 7.7. Übergangselement quadratisch-linear

In Abschnitt 7.3.2 wurde angegeben, wie sich aus der Steifigkeitsmatrix des 9-Knoten-Elementes die Matrix des 8-Knoten-Elementes gewinnen lässt. Eine ähnliche Vorgehensweise ergab sich für die Entwicklung der Steifigkeitsmatrix eines 7-Knoten-Übergangselementes aus der Matrix des 8-Knoten-Elementes.

- Wie lauten die entsprechenden Berechnungsvorschriften, um aus dem Lastvektor des 9-Knoten-Elementes den Vektor des 8-Knoten-Elementes und aus diesem den Lastvektor des 7-Knoten-Übergangselementes zu erzeugen?

Aufgabe 7.8. Mindestanzahl der Gauß-Integrationspunkte bei isoparametrischen Elementen

- Wie viele Gauß-Integrationspunkte sind bei isoparametrischen Elementen mit 2×2, 3×3, 4×4 bzw. 5×5 Knoten erforderlich, um die Steifigkeitsmatrix eines Rechteckelementes exakt zu integrieren?

Aufgabe 7.9. Isoparametrisches Stabelement

Bei dem Tragwerk in Bild 7.43 wird der Randstringer als Stab mit der Dehnsteifigkeit $D = E\,A$ idealisiert. Da die Scheibe mit 8-Knoten-Elementen diskretisiert wird, sind beim Stab aus Stetigkeitsgründen entsprechende Elememte erforderlich.

- Berechne dafür die Steifigkeitsmatrix eines isoparametrischen 3-Knoten-Elementes (Bild 7.43), ohne die erforderlichen Integrationen explizit auszuführen!
- Wie groß darf die Exzentrizität Δx von Knoten 2 werden, ohne dass die Jacobi-Determinante $|\boldsymbol{J}|$ innerhalb des Elementes zu Null oder negativ wird?
- Trage für die Fälle $\Delta x = 0$, $l/4$, $l/2$ die Größen x/l und $|\boldsymbol{J}|/l$ über ξ auf, wobei $x_1 = 0$ gesetzt werden darf!
- Welche Eigenschaft besitzt $x(\xi)$ an der Stelle, an der $|\boldsymbol{J}| = 0$ wird?
- Diskutiere das Ergebnis!

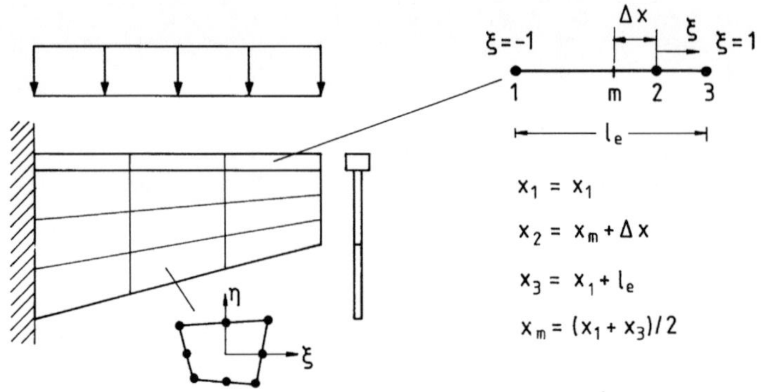

Bild 7.43. Eingespannte Scheibe mit Randstringer

Aufgabe 7.10. Elementformulierung in Polarkoordinaten

Die Vorgehensweise von Abschnitt 7.4.4 kann prinzipiell auch dazu verwendet werden, Differentiationsvorschriften für Formulierungen in Polarkoordinaten herzuleiten.

Mit den Beziehungen aus Bild 7.44 lauten die exakten Transformationsvorschriften zwischen den kartesischen x, y-Koordinaten und den dimensionslosen ξ, η-Polarkoordinaten

$$x = \frac{1}{2}\left[r_\mathrm{a}\,(1+\xi) + r_\mathrm{i}\,(1-\xi)\right]\,\cos\left\{\frac{1}{2}\left[\varphi_\mathrm{d}\,(1+\eta) + \varphi_\mathrm{c}\,(1-\eta)\right]\right\},$$

$$y = \frac{1}{2}\left[r_\mathrm{a}\,(1+\xi) + r_\mathrm{i}\,(1-\xi)\right]\,\sin\left\{\frac{1}{2}\left[\varphi_\mathrm{d}\,(1+\eta) + \varphi_\mathrm{c}\,(1-\eta)\right]\right\}.$$

- Wie lautet die Transformationsbeziehung zwischen $(\partial/\partial x,\ \partial/\partial y)$ und $(\partial/\partial\xi,\ \partial/\partial\eta)$?
- Wie lautet das Flächendifferential in Abhängigkeit von $\mathrm{d}\xi\ \mathrm{d}\eta$?
- Ist die Darstellbarkeit von Starrkörperverschiebungen und konstanten Verzerrungszuständen gewährleistet, wenn man für u und v einen Verschiebungsansatz

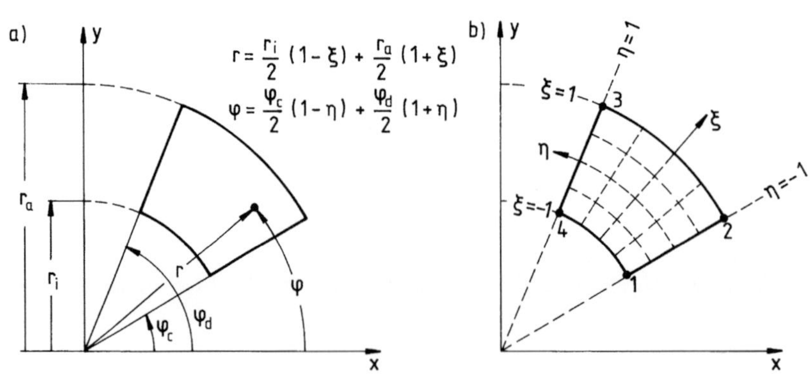

Bild 7.44. Dimensionsbehaftete r, φ- (**a**) und dimensionslose ξ, η-Polarkoordinaten (**b**)

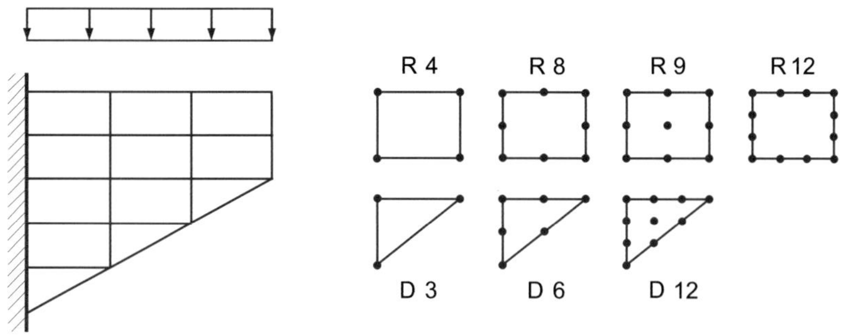

Bild 7.45. Eingespannte Scheibe unter Randlast, Elementnetz, vorhandene Elementtypen

wählt, der sich auf neun Knoten abstützt (Bild 7.44b), und als Formfunktionen biquadratische Lagrange-Interpolationspolynome in ξ, η verwendet?

- Ist die Darstellbarkeitsforderung erfüllt, wenn das Prinzip der virtuellen Verrückungen vollständig in Polarkoordinaten r, φ mit u_r und u_φ als unbekannten Zustandsgrößen formuliert wird und als Formfunktionen für die Geometrie- und Verschiebungsapproximation biquadratische Lagrange-Interpolationspolynome in r, φ verwendet werden?

Aufgabe 7.11. Statische Kondensation

In Abschnitt 7.3.2 wurde aus der Steifigkeitsmatrix des biquadratischen 9-Knoten-Elementes die Matrix des 8-Knoten-Randpunktelementes erzeugt. Eine andere Möglichkeit, aus dem 9-Knoten-Element ein 8-Knoten-Element zu gewinnen, besteht in der statischen Kondensation (siehe Abschnitt 7.6) der Freiheitsgrade des Elementmittelknotens.

- Wie lauten die entsprechenden Vorschriften für die Ermittlung der Steifigkeitsmatrix und des Elementlastvektors?
- Ist die Steifigkeitsmatrix des 8-Knoten-Kondensationselementes identisch mit der des 8-Knoten-Randpunktelementes?
- Wie lassen sich bei beiden 8-Knoten-Elementen die Verschiebungen des Elementmittelpunktes berechnen?

Aufgabe 7.12. Verknüpfung von Rechteck- und Dreieckelementen

Bei der in Bild 7.45 dargestellten Scheibe soll die Diskretisierung mit Rechteck- und Dreieckelementen erfolgen.

- Welche der im Bild 7.45 angegebenen Elementtypen können miteinander verknüpft werden, wenn die Stetigkeit nicht verletzt werden soll?

8 Numerische Probleme

8.1 Hinweise für den Einsatz krummlinig berandeter Elemente

In Kapitel 7 wurden Rechteckelemente und krummlinig berandete Viereckelemente vorgestellt. In einem allgemeinen Finite-Elemente-Programm wird man krummlinig berandete Viereckelemente bevorzugt einsetzen, zumal sie als Sonderfälle auch Rechteckelemente enthalten. Mit dem Algorithmus für krummlinig berandete Elemente lässt sich auch ohne weiteres ein gegenüber dem globalen Koordinatensystem gedrehtes Rechteckelement erfassen, da die Drehung durch die Abbildungsvorschrift automatisch berücksichtigt wird. Diese Vorteile werden allerdings mit einem höheren Aufwand bei der Ermittlung der Elementmatrizen erkauft, da durchgängig numerisch integriert werden muss.

Die Qualität der mit krummlinig berandeten Elementen berechneten Ergebnisse ist von zwei Faktoren abhängig, nämlich von der *Lage der Knoten* und von der *Ordnung der numerischen Integration.*

8.1.1 Lage der Knoten

Eindeutigkeit der Abbildung

Die Lage der Knoten ist verantwortlich dafür, ob die Eindeutigkeit der Abbildung gewährleistet ist oder nicht. Die Abbildung des Originalbereiches in den Bildbereich ist dann eindeutig, wenn jedem Punkt des Originalbereiches genau ein Punkt des Bildbereiches zugeordnet ist. Bei dem in Bild 8.1 dargestellten 4-Knoten-Element liegt eine nicht-eindeutige Abbildung vor: zum Punkt A im Originalbereich gehören die beiden Punkte A$'$ und A$''$ im Bildbereich.

Für das 4-Knoten-Element lässt sich noch ein einfaches Eindeutigkeitskriterium angeben, das sich schon bei der Dateneingabe überprüfen lässt: Kein Innenwinkel darf im Originalbereich größer als 180° werden. Bei höheren Elementen existiert ein derart einfaches Kriterium leider nicht (vergleiche die Beispiele von Bild 8.2). Generell lässt sich allerdings sagen, dass eine eindeutige Abbildung vorliegt, wenn im ganzen Element die Jacobi-Determinante positiv ist. Da man diese Forderung im allgemeinen nur punktweise überprüfen kann, ist es am einfachsten, im Zweifelsfall ausgewählte ξ, η-Koordinatenlinien im Originalbereich von einem Plotter zeichnen zu lassen und optisch die Eindeutigkeit der Abbildung zu kontrollieren.

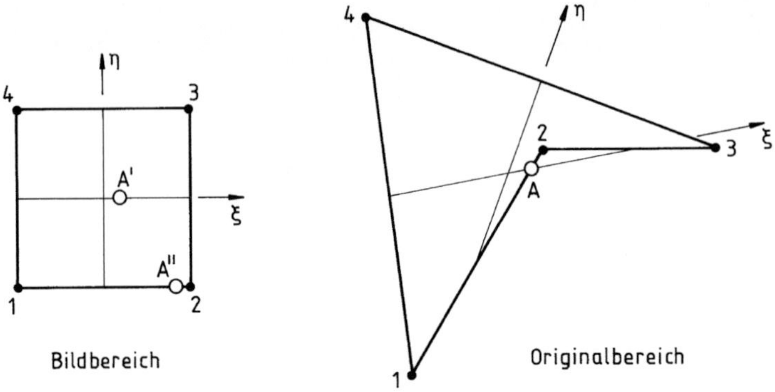

Bild 8.1. 4-Knoten-Element mit mehrdeutiger Abbildung

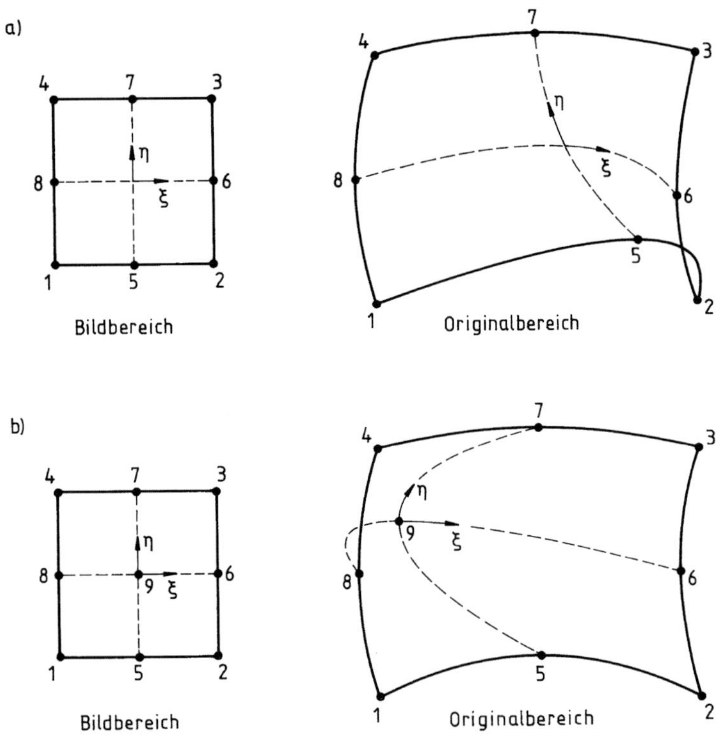

Bild 8.2. Unzulässige Elemente. **a** 8-Knoten-Element, **b** 9-Knoten-Element

Qualität der Ergebnisse

Nicht nur die Eindeutigkeit der Abbildung sondern auch die Qualität der Ergebnisse einer Finite-Elemente-Rechnung werden durch die Lage der Knoten massiv beeinflusst. Wir zeigen das an dem einfachen Beispiel der Rechteckscheibe unter Biegung aus Abschnitt 4.2.5 (Bild 4.41). Wir führen die Rechnung unter Symmetrieausnutzung mit einem einzigen 8-Knoten-Element durch, wobei wir die Seiten-

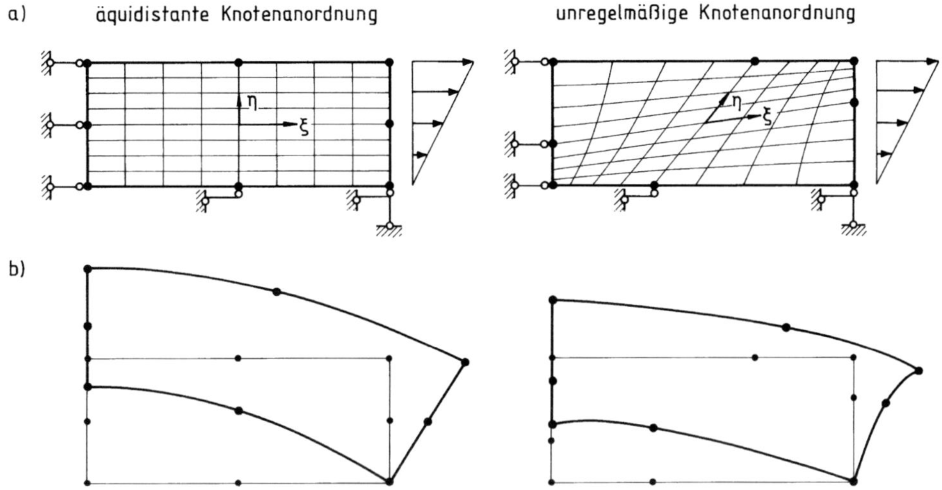

Bild 8.3. Untersuchung einer Rechteckscheibe unter Biegung (Viertelausschnitt) mit einem 8-Knoten-Element mit äquidistanter Knotenanordnung (links) und mit unregelmäßiger Knotenanordnung (rechts). **a** Element mit Koordinatenlinien $\xi, \eta = 0, \pm 0.25, \pm 0.5$ etc.; Randbedingungen und Belastung; **b** Verschiebungszustand

knoten einmal genau in die Seitenhälften legen (Bild 8.3 links) und sie beim zweiten Mal in die Seitendrittelspunkte verschieben (Bild 8.3 rechts). In beiden Fällen wird die äußere Kontur der Viertelscheibe richtig erfasst. Die Ergebnisse sind aber natürlich nicht identisch, wie man bereits am Verschiebungszustand (Bild 8.3) erkennt. Während das Element mit der äquidistanten Knotenanordnung den Lastfall Biegung exakt erfasst, treten bei der Rechnung mit unregelmäßiger Knotenanordnung besonders in den Schnittkräften erhebliche Abweichungen gegenüber der exakten Lösung auf (Bild 8.4). Die exakte Lösung ist, soweit sie nicht zu Null wird, zum Vergleich gestrichelt eingetragen.

Warum hat bei diesem Beispiel die Knotenanordnung einen so großen Einfluss auf den Schnittkraftzustand, obwohl in beiden Fällen derselbe Elementtyp verwendet wird und die Abbildungen eindeutig sind? Einen Hinweis liefert das ξ, η-Koordinatennetz im Originalbereich. Bei der regelmäßigen Knotenanordnung (Bild 8.3a links) spannen die ξ, η-Koordinatenlinien nicht nur im Bild- sondern auch im Originalbereich ein äquidistantes Gitternetz auf. Alle Flächenelemente ΔF zwischen den Koordinatenlinien, die ein Maß für $|\boldsymbol{J}|$ sind (siehe Abschnitt 7.4.4), sind gleich groß. Die Jacobi-Determinante ist also im gesamten Element konstant. Bei der unregelmäßigen Anordnung werden die Flächenelemente nahe den Ecken rechts oben und links unten und damit die Jacobi-Determinante $|\boldsymbol{J}|$ in diesem Bereich merklich kleiner. Ein völliges Zusammenschrumpfen der Flächenelemente und damit ein Verschwinden der Jacobi-Determinanten würde sogar zu Schnittkraftsingularitäten führen. Das unregelmäßige Koordinatennetz zeigt im Bereich der kleinen Flächenelemente eine Tendenz zu solchen singulären Schnittkraftverläufen (siehe Bild 8.4). Wenn man singuläre Verläufe nicht gerade explizit simulieren will, ist dieser Effekt unerwünscht. Man wird die Knoten daher so legen, dass

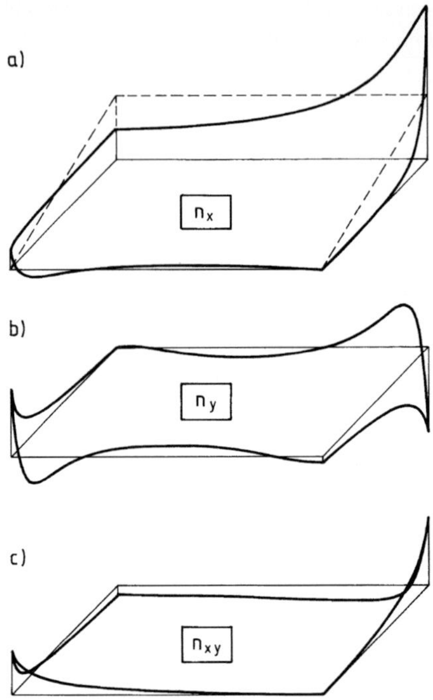

Bild 8.4. Verlauf der Randschnittkräfte bei einer Rechnung mit unregelmäßiger Knotenanordnung. **a** n_x, **b** n_y, **c** n_{xy}

im Originalbereich ein möglichst gleichförmiges Koordinatennetz mit etwa gleich großen Flächenelementen entsteht. Wir sprechen dann von einer *natürlichen Lage* der Knoten. Will man z. B. ein Rechteck oder ein schiefwinkliges Viereck durch ein 8-Knoten-Element erfassen, dann ist die natürliche Lage der Seitenknoten die Seitenmitte. In Bild 8.5 wurden bei einem krummlinig berandeten Bereich die Seitenknoten eines 8-Knoten-Elementes so angeordnet, dass die ξ, η-Koordinatenlinien auch im Originalbereich ein gleichmäßiges Netz aufspannen, so dass sich die Jacobi-Determinante im Element nur wenig verändert.

Risselement

Ein Beispiel, bei dem ein singulärer Verlauf der Schnittkräfte simuliert werden soll, sind Scheiben mit Rissen. Bild 8.6 zeigt zwei Möglichkeiten, wie die Knoten eines 8-Knoten-Elementes angeordnet werden müssen, damit in der Rissspitze gerade eine $r^{-1/2}$-Singularität der Schnittkräfte auftritt, die in der Bruchmechanik an derartigen Stellen zu erwarten ist [8.1]. Während bei dem Rechteckelement die gewünschte $r^{-1/2}$-Singularität nur entlang der Linien 2–5–1 und 4–8–1 auftritt [8.11–8.13], stellt sich bei dem Dreieckelement die gewünschte Singularität in der Rissspitze entlang jeder Koordinatenlinie durch die Rissspitze ein. Die numerische Integration darf sich bei solchen Elementen natürlich nicht auf Punkte in der Rissspitze abstützen, da dort die Jacobi-Determinante zu Null wird. Bei Verwendung der Gaußschen Quadratur ist das sichergestellt.

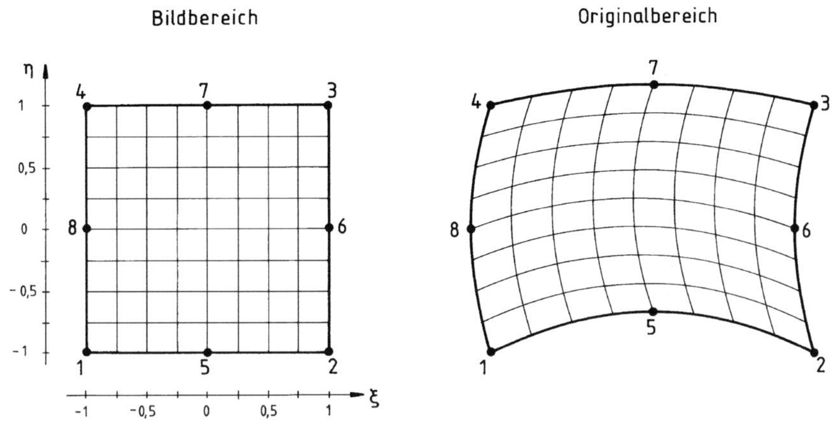

Bild 8.5. Krummlinig berandetes 8-Knoten-Element mit nur wenig veränderlicher Jacobi-Determinante

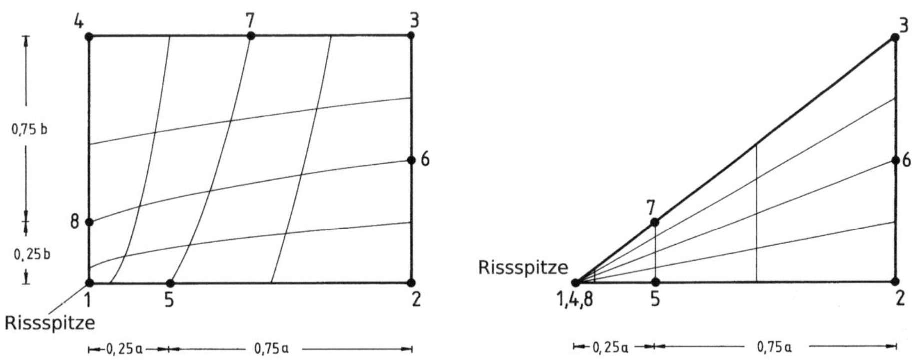

Bild 8.6. Zwei 8-Knoten-Elemente mit $r^{-1/2}$-Singularität in der Rissspitze [8.1]

8.1.2 Ordnung der numerischen Integration

Zuverlässige Integration

Wie wir schon im Abschnitt 7.4.6 gesehen haben, ist eine Integration der Steifigkeitsmatrix (Gl. (7.42)) bei krummlinig berandeten Elementen nur numerisch möglich, da im Nenner die von ξ und η abhängige Jacobi-Determinante steht. In Sonderfällen kann die Integration analytisch durchgeführt werden. Ein solcher Sonderfall mit einer konstanten Jacobi-Determinanten liegt bei Rechteck- und Parallelogrammelementen vor, bei denen die Knoten in der natürlichen Lage angeordnet sind. Mit einer ausreichenden Zahl von Stützstellen liefert die numerische Integration in diesen Fällen dieselbe Steifigkeitsmatrix. Die minimale Anzahl der Stützstellen, die für eine exakte Integration der Steifigkeitsmatrix eines Rechteckelementes erforderlich ist, bezeichnen wir als *zuverlässige Integrationsordnung.* Auch bei krummlinig berandeten Elementen ist es in der Regel ausreichend, die Integration mit dieser Stützstellenanzahl durchzuführen.

Tabelle 8.1. Stützstellenanzahl (Anzahl in ξ-Richtung $\times$ Anzahl in η-Richtung) für die Integration der Matrizen des 4-, 8-, 9-, 12- und 16-Knoten-Elementes nach Gauß und nach Newton-Côtes

Elementtyp	zuverlässige Integration		reduzierte Gauß-Integration	
	Gauß Stützstellen	Newton-Côtes Stützstellen	Stützstellen	unzulässige Null-Energie-Eigenformen
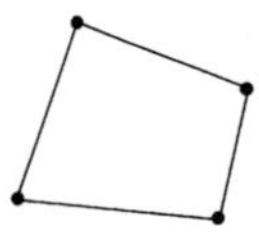	2×2	3×3	1	2
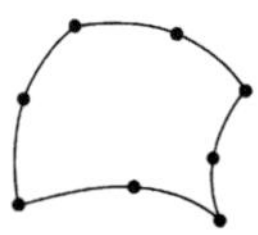	3×3	5×5	2×2	1
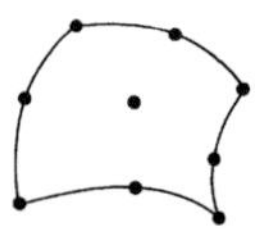	3×3	5×5	2×2	3
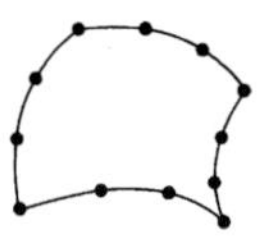	4×4	7×7	3×3 (fast zuverlässig)	0
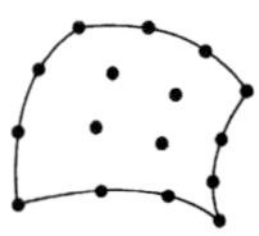	4×4	7×7	3×3	3

In Tabelle 8.1 ist die Stützstellenanzahl einer zuverlässigen Integration für verschiedene Scheibenelemente angegeben. Gegenübergestellt werden dabei die Integrationsverfahren von Gauß (Abschnitt 7.4.6) und Newton-Côtes [8.2]. Die Überlegenheit des Gauß-Verfahrens ist offensichtlich. Das Newton-Côtes-Verfahren, das auf äquidistanten Stützstellen basiert, benötigt für eine zuverlässige Integration bei zweidimensionalen Problemen mehr als das Doppelte an Stützstellen und damit an Rechenzeit wie die Gaußsche Quadratur.

Reduzierte Integration

Eine nicht unerhebliche Rechenzeitersparnis ist möglich, wenn man die Stützstellenanzahl gegenüber der zuverlässigen Integration reduziert. Man spricht dann von *reduzierter Integration.* Wir gehen im folgenden auf die dabei auftretenden Probleme ein. Bei der reduzierten Integration nach Gauß wird das Verhalten des Elementes zu weich wiedergegeben. Dies führt dazu, dass bei den in Tabelle 8.1 aufgeführten Elementen mit Ausnahme des 12-Knoten-Elementes die Forderung nach positiver Definitheit (siehe Abschnitt 4.2.5, Forderungen (1) und (2)) verletzt ist. Die Steifigkeitsmatrix besitzt Eigenwerte $\lambda_i = 0$, deren zugehörigen Eigenvektoren keine Starrkörperverschiebungszustände repräsentieren. In Anlehnung an die in Abschnitt 4.2.5 aufgestellte Interpretation der Eigenwerte als Formänderungsenergien bezeichnen wir diese Eigenformen als *unzulässige Null-Energie-Eigenformen.* In Bild 8.7 ist die unzulässige Null-Energie-Eigenform eines 8-Knoten-Quadratelementes dargestellt, dessen Steifigkeitsmatrix mit 2×2 Integrationspunkten berechnet wurde.

Rein optisch erweckt der Verschiebungszustand von Bild 8.7 den Eindruck, dass zu ihm auch ein von Null verschiedener Verzerrungszustand und damit eine positive Formänderungsenergie gehört. Bei einer analytischen Integration ist das auch der Fall. Bei einer numerischen Integration wird der Verzerrungszustand aber nur durch die Verzerrungen ε_x, ε_y und γ_{xy} in den Stützstellen repräsentiert. Diese Verzerrungen stellen sich bei einer unzulässigen Null-Energie-Eigenform gerade so ein, dass sie in allen Integrationspunkten verschwinden.

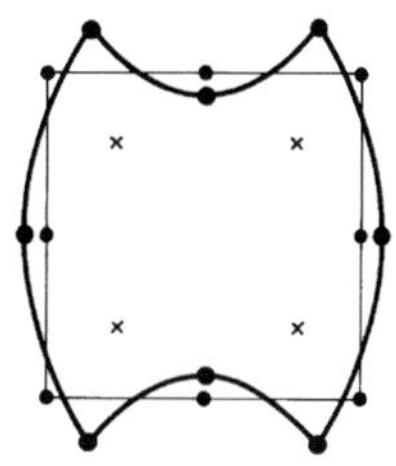

Bild 8.7. Unzulässige Null-Energie-Eigenform eines 8-Knoten-Elementes bei reduzierter Integration (Gauß) mit 2×2 Stützstellen (gekennzeichnet mit $\times$)

Das Auftreten von unzulässigen Null-Energie-Freiheitsgraden auf Elementebene muss nicht zwangsweise zur Folge haben, dass solche Formen sich auch auf Systemebene wiederfinden, da ihr Auftreten durch die Interelementverbindungen und durch die Lagerung kraftlos verhindert werden kann. Ist das der Fall, dann kann die Anwendung der reduzierten Integration sogar zu besseren Ergebnissen führen. Woran liegt das? Bei einem auf der Deformationsmethode basierenden Finite-Elemente-Verfahren wird bei exakter Integration die Steifigkeit des Tragwerks überschätzt; infolge der reduzierten Gauß-Integration wird die Steifigkeit des Finite-Elemente-Modells kleiner, was im Absinken der Eigenwerte zum Ausdruck kommt. Im Idealfall kompensieren sich diese Fehler annähernd, im ungünstigsten Fall kann die Steifigkeit durch die reduzierte Integration aber so weit abgemindert werden, dass die Matrix des Gleichungssystems auch bei verhinderten Starrkörperverschiebungen singulär ist.

Die Problematik der reduzierten Integration verdeutlichen wir an der Kerbscheibe unter Zug aus Bild 8.8. Für die Elementierung werden sowohl 9-Knoten-Elemente (siehe Bild 8.8b) als auch 8-Knoten-Elemente (gleiches Netz ohne Elementinnenknoten) verwendet. Die Gauß-Integration wird reduziert mit 2×2 und zuverlässig mit 3×3 Stützstellen durchgeführt. Als Formänderungsenergie der Viertelscheibe und Verschiebungen der rechten oberen Ecke (Punkt A in Bild 8.8a) ergeben sich die in Tabelle 8.2 zusammengestellten Daten.

Nimmt man die mit 9-Knoten-Elementen und zuverlässiger Integration erzielten Ergebnisse als Referenzlösung, dann lässt sich in diesem Fall mit 8-Knoten-Elementen eine Ergebnisverbesserung durch reduzierte Integration feststellen. Die Ergebnisse bei Verwendung von 9-Knoten-Elementen und reduzierter Integration sind hingegen unsinnig. Besonders deutlich wir dies, wenn man die Verschiebungszustände bei zuverlässiger (Bild 8.8b) und reduzierter Integration (Bild 8.8c) gegenüberstellt. Warum verhält sich bei reduzierter Integration das 8-Knoten-Element

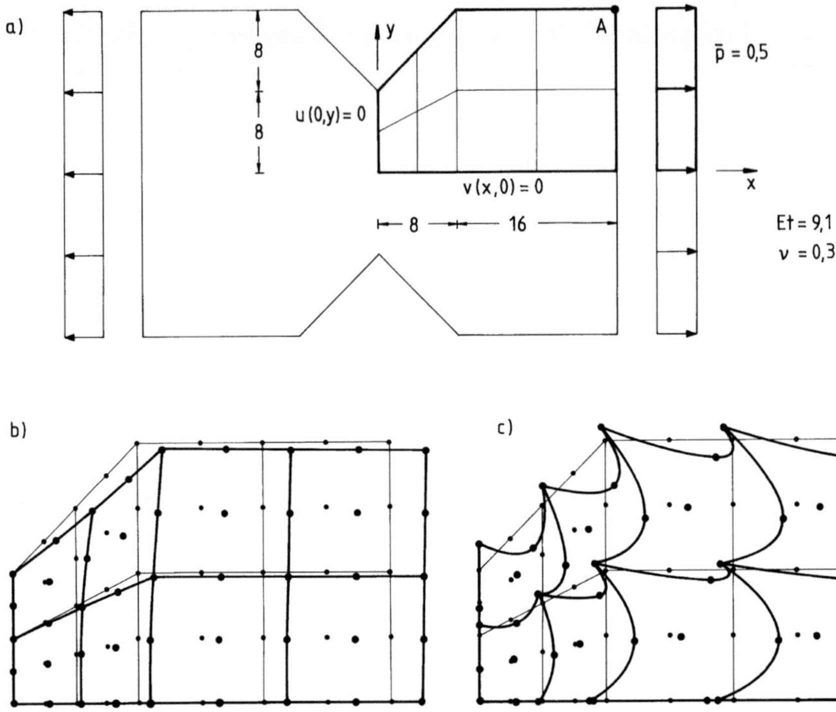

Bild 8.8. Kerbscheibe unter Zug (**a**), Verschiebungszustand der mit 9-Knoten-Elementen abgebildeten Viertelscheibe bei zuverlässiger (**b**) und reduzierter Integration (**c**)

Tabelle 8.2. Ergebnisse der Kerbscheibenberechnung

Elementtyp	8-Knoten-Elemente		9-Knoten-Elemente	
Integrationspunkte	2×2	3×3	2×2	3×3
Π_i	6,911	6,877	7,414	6,961
u_A	1,856	1,844	−0,551	1,865
v_A	−0,4271	−0,4247	0,5801	−0,4277

besser als das 9-Knoten-Element? Das liegt zum einen daran, dass das 8-Knoten-Element nur eine unzulässige Null-Energie-Eigenform besitzt (siehe Bild 8.7), das 9-Knoten-Element hingegen drei derartige Formen (siehe Bild 8.9). Wichtiger ist aber ein zweiter Grund, der sich am einfachsten an einem Verband aus Rechteckelementen veranschaulichen lässt: Mit den Eigenformen II und III lassen sich – zumindest solange nur Starrkörperfesseln vorhanden sind – zwängungsfrei Verschiebungszustände aufbauen, bei denen es sich dann um globale Null-Energie-Eigenformen handelt. Auch bei der Kerbscheibe, die nicht nur mit Quadrat- sondern auch mit schiefwinkligen Viereckelementen abgebildet wird, treten ohne Lagerungen zwei globale unzulässige Null-Energie-Eigenformen auf, die durch die Lagerung in ihrer Ausbildung nur unzureichend behindert werden. Die Null-Energie-Eigenform I von Bild 8.9, die als einzige auch bei reduzierter Integration des 8-Knoten-Elementes

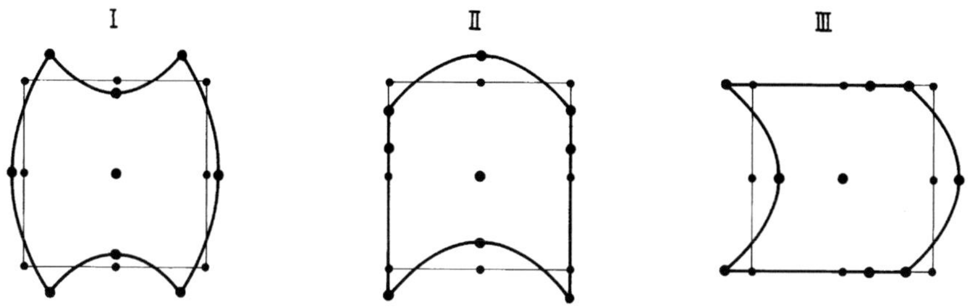

Bild 8.9. Unzulässige Null-Energie-Eigenformen eines 9-Knoten-Elementes bei reduzierter Integration (Gauß) mit 2 × 2 Stützstellen

auftritt (Bild 8.7), zeigt diese Schwäche nicht. Sie wird bei Anordnung eines Elementes im Verband im Normalfall unterdrückt.

Für Konvergenzuntersuchungen hat der Einsatz der reduzierten Integration einen weiteren Nachteil zur Folge: Es lässt sich nicht mehr sagen, ob die berechnete Formänderungsenergie kleiner als die Formänderungsenergie der exakten Lösung ist. Der Schrankencharakter von Finite-Elemente-Lösungen (siehe Abschnitt 8.3) ist damit nicht mehr gewährleistet.

Fazit: Da der Aufweichungseffekt infolge reduzierter Integration sich ohne Vergleichslösung nicht abschätzen lässt, ist im allgemeinen von der reduzierten Integration abzuraten. Nach unseren Erfahrungen kann allenfalls der Einsatz des 8- oder 12-Knoten-Elementes mit reduzierter Integration bedingt empfohlen werden.

Selektive Integration

Neben der reduzierten Integration wird auch mit der *selektiven Integration* [8.3, 8.30] experimentiert, bei der verschiedene Terme der Verzerrungsenergie mit unterschiedlicher Ordnung integriert werden. So wird beispielsweise bei Platten- und Schalenberechnungen mit Volumenelementen nur der Schubanteil reduziert integriert, um den Schubversteifungseffekt des Volumenelementes (‚Shear-Locking-Effekt‘, siehe Abschnitt 9.4) abzuschwächen.

8.2 Kontrollalgorithmen für Element- und Systemsteifigkeitsmatrizen

Ist für einen neuen Elementtyp die Entwicklung und programmtechnische Implementierung der Steifigkeitsmatrix abgeschlossen, so muss kontrolliert werden, ob die drei Hauptforderungen (positive Definitheit, Darstellbarkeit von Starrkörperverschiebungen und konstanten Verzerrungen) erfüllt werden. Eine derartige Kontrolle ist auch dann erforderlich, wenn – wie im Fall isoparametrischer Elemente – die Erfüllung der Darstellbarkeitsforderungen theoretisch sichergestellt ist. Programmfehler sind nie auszuschließen! Die Matrizen isoparametrischer Elemente können – anders als die Matrizen von Rechteckelementen – nur numerisch überprüft werden.

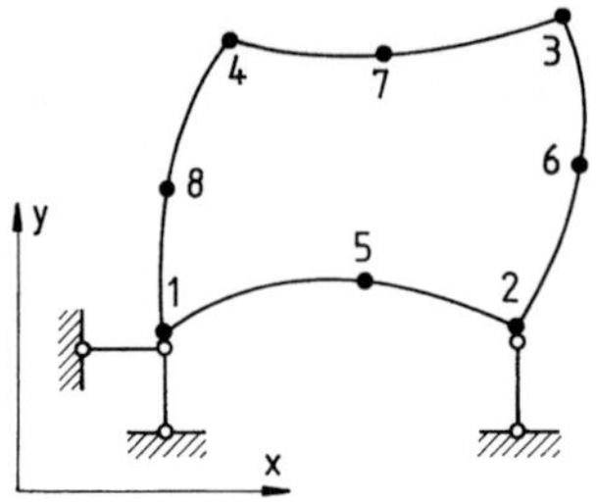

Translation in x-Richtung:

$$u_1 = 1\,, \quad v_1 = v_2 = 0$$

Translation in y-Richtung:

$$u_1 = 0\,, \quad v_1 = v_2 = 1$$

Rotation um den Koordinatenursprung:

$$u_1 = y_1\,, \quad v_1 = -x_1\,, \quad v_2 = -x_2$$

Bild 8.10. Kontrolle der Darstellbarkeit von Starrkörperverschiebungen bei einem 8-Knoten-Element

Kontrolle der Darstellbarkeit von Starrkörperverschiebungen

Die Kontrolle der Darstellbarkeit der drei linear unabhängigen Starrkörperverschiebungszustände lässt sich leicht an einem Element durchführen. Man gibt bei der numerischen Kontrolle, anders als in Abschnitt 4.2.2, nicht den gesamten Verschiebungsvektor sondern jeweils nur drei Knotenverschiebungen vor (Bild 8.10) und überprüft, ob sich die restlichen Knotenverschiebungen und die in den Integrationspunkten berechneten Schnittkräfte richtig einstellen. Bei reduziert integrierten Elementen ist das Auflösen des Gleichungssystems zur Ermittlung der restlichen Knotenverschiebungen nicht möglich (Ausnahme: 12-Knoten-Element)!

An dem gelagerten Element kann auch die positive Definitheit überprüft werden: Eine Eigenwertanalyse der Steifigkeitsmatrix darf nur positive Eigenwerte ergeben.

Patch-Test zur Kontrolle der Darstellbarkeit konstanter Verzerrungen

Eine Kontrolle der Darstellbarkeit konstanter Verzerrungszustände an einem krummlinigen Element ist etwas mühsam. Man geht bei einer derartigen Kontrolle nicht von einem einzelnen Element aus sondern von einem Elementverband, einem ‚patch', bei dem die Elementränder im Innern beliebig verlaufen können, die Außenränder aber ein Rechteck bilden. Der Vorteil besteht darin, dass sich im Gegensatz zu einem einzelnen krummlinigen Element bei einer Rechteckstruktur die Randschnittkräfte, die als äußere Belastung auf den Verband aufgebracht werden (Bild 8.11), leicht angeben lassen. Da sich die Belastungen im globalen Gleichgewicht befinden, müssen lediglich die Starrkörperverschiebungen durch Vorgabe dreier Knotenverschiebungen behindert werden. Der Patch-Test ist bestanden, wenn die Rechnung die Verschiebungen und Schnittkräfte der analytischen Lösung liefert.

Beim Patch-Test sollten nur drei Knotenverschiebungen zur Verhinderung von Starrkörperverschiebungen vorgegeben werden, da andernfalls nicht ausgeschlossen werden kann, dass die Steifigkeitsmatrix des Verbandes unzulässige Null-Energie-Eigenformen besitzt. Eine Vorgabe sämtlicher Knotenverschiebungen würde sogar dazu führen, dass nur die Schnittkraftmatrizen kontrolliert werden.

Mit dem Patch-Test wird die Darstellbarkeit konstanter Verzerrungszustände überprüft, die noch nichts über die Eindeutigkeit der Abbildungsvorschrift aussagt. Wir verdeutlichen das an Hand der beiden Elementnetze aus Bild 8.12 für den Zustand „$\gamma_{xy} = 1$". Sowohl die Schnittkräfte als auch die Knotenverschiebungen

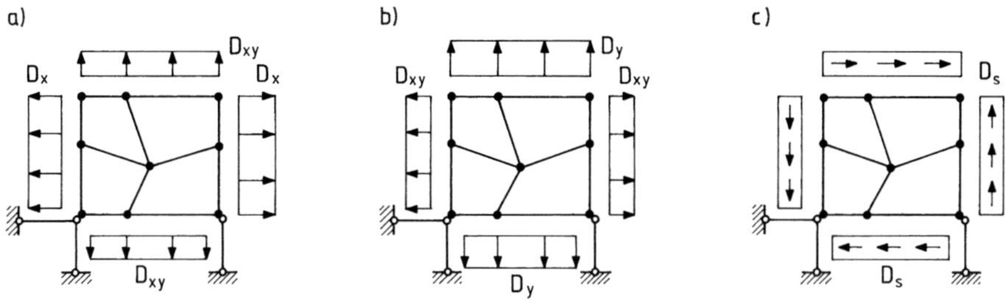

Bild 8.11. Patch-Test mit 4-Knoten-Elementen aus orthotropem Material. **a** Zustand „$\varepsilon_x = 1$“, **b** Zustand „$\varepsilon_y = 1$“, **c** Zustand „$\gamma_{xy} = 1$“

werden bei beiden Netzen richtig berechnet, obwohl das rechte Netz unzulässig ist. Der schon im Ausgangszustand außerhalb des Elementes liegende Knoten A wird im Sinne einer konstanten Schubverzerrung richtig in die Lage A′ verschoben.

Der Patch-Test kann auch dazu eingesetzt werden, zu kontrollieren, ob ‚höhere‘ Zustände exakt dargestellt werden können oder welche Fehler bei ihrer Darstellung auftreten. Die exakte Darstellbarkeit weiterer Zustände ist möglich, wenn die isoparametrischen Elemente in Rechtecke mit *natürlicher Knotenlage* übergehen. Beispielsweise sind dann das 8- und 9-Knoten-Rechteckelement in der Lage, einen reinen Biegezustand (Bild 7.38) exakt zu erfassen. Darüber hinaus können das 12- und 16-Knoten-Rechteckelement auch den Schubbiegezustand (Bild 4.29) fehlerfrei darstellen. Es können auch einzelne Polynomterme des Verschiebungsansatzes als Verschiebungszustand vorgegeben werden. So muss das 4-Knoten-Rechteckelement den Zustand „$u = xy$“ (siehe Aufgabe 8.2) richtig wiedergeben können. Im allgemeinen müssen bei höheren Zuständen außer Randbelastungen auch Bereichsbelastungen vorgegeben werden. Bei allgemeinen, isoparametrischen Elementen, aber auch schon bei Rechteckelementen mit *allgemeiner Knotenlage* können höhere Zustände nicht mehr exakt dargestellt werden. Mit dem Patch-Test lässt sich dann aber zumindest kontrollieren, wie stark etwa die Formänderungsenergie vom exakten Wert abweicht.

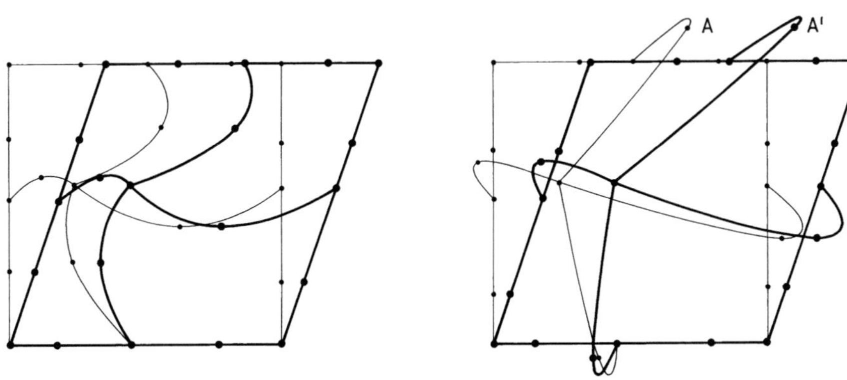

Bild 8.12. Verschiebungen des Zustandes „$\gamma_{xy} = 1$“ bei zulässigem (links) und unzulässigem Elementnetz (rechts)

Allgemeine Verwendbarkeit des Patch-Tests?

Der von uns beschriebene Patch-Test wurde von Irons ursprünglich ingenieurmäßig-intuitiv entwickelt, um die Brauchbarkeit sogenannter inkompatibler Elemente (siehe Abschnitt 7.6) nachzuweisen. Die Arbeit von Irons und Razzaque [8.14] gibt auch heute noch einen schönen Überblick über diese Bemühungen. Für beide Autoren ist der Patch-Test ein unbezahlbares Instrument, um Elemente, die inkompatibel sind, Singularitäten enthalten, nur angenähert integriert werden oder keine so eindeutige physikalische Grundlage wie das Prinzip der virtuellen Verrückungen besitzen, abzusichern. Bedauert wurde in der Veröffentlichung, dass eine mathematische Fundierung des Patch-Tests bis zu diesem Zeitpunkt nicht vorlag. Ein derartiger Nachweis wurde in der Veröffentlichung von Strang [8.15] und später in dem Buch von Strang und Fix [8.16] vorgelegt, dessen 1. Auflage bereits 1973 erschien.

Ein ‚klassisches' Testobjekt ist das inkompatible 4-Knoten-Element von Wilson, das wir im Abschnitt 7.6 vorgestellt haben. Setzt man das Element als Rechteck- oder Parallelogrammelement ein, so besteht es den Patch-Test. Bei Verbänden, die wie in Bild 8.11 allgemeine Viereckelemente enthalten, wird der Patch-Test nicht erfüllt.

In der Folgezeit wurde allerdings von Stummel [8.17] dargelegt, dass der von Irons und Strang entwickelte Patch-Test keine hinreichende Bedingung dafür ist, dass eine mit einem inkompatiblen Element erzielte Lösung bei Verfeinerung gegen die exakte Lösung konvergiert: Man kann sehr abstruse, inkompatible Elemente entwerfen, die den Patch-Test bestehen und bei denen trotzdem keine Konvergenz gegen die exakte Lösung garantiert ist. Stummel gibt auch einen ‚verallgemeinerten Patch-Test' an [8.18], der diesen Mangel nicht hat. Allerdings ist er mit dem Nachteil behaftet, dass er kein so einfaches ‚Kochrezept' wie der Test von Irons und Strang darstellt. Unter welchen Bedingungen der Patch-Test ohne Bedenken zur Überprüfung von Elementen mit inkompatiblen Ansatzfunktionen eingesetzt werden darf, ist derzeit noch ungeklärt.

Was hat das für praktische Konsequenzen? Ein Einsatz des Patch-Tests zur Kontrolle, ob ein Element, das theoretisch alle Forderungen erfüllt, auch richtig in ein Programm implementiert wurde, ist in jedem Fall zulässig. Möchte man Elementmatrizen überprüfen, bei deren Entwicklung inkompatible Ansätze verwendet wurden oder die von anderen Variationsprinzipien als dem Prinzip vom Minimum der potentiellen Energie ausgehen, so ist Vorsicht geboten. Ein leicht zu handhabender, verallgemeinerter Patch-Test nach Art des Patch-Tests von Irons und Strang, mit dem sich aufwendige Konvergenzuntersuchungen umgehen lassen, wäre außerordentlich sinnvoll.

8.3 Genauigkeit und Konvergenzverhalten

Diskretisierungsfehler sind bei jeder Finite-Elemente-Rechnung unvermeidlich, da man das Tragwerk für die Berechnung durch ein Diskontinuum ersetzt, wobei man schon aus Kostengründen nie beliebig fein unterteilen kann. Es soll aber zumindest sichergestellt sein, dass die Näherungslösung bei beliebig feiner Unterteilung gegen die exakte Lösung konvergiert und dass der Fehler um so kleiner wird, je feiner unterteilt wird.

Das Konvergenzverhalten von Finite-Elemente-Näherungslösungen wird seit Ende der 60er Jahre in zahlreichen Spezialveröffentlichungen untersucht, z. B. [8.16, 8.24–8.27,8.31], wobei durchwegs funktionalanalytische Methoden eingesetzt werden, die einige mathematische Vorkenntnisse voraussetzen [8.28]. Eine Einführung in die Finite-Elemente-Methode für Ingenieure kann nicht den Anspruch erheben, auch nur einen annähernden Überblick über diese Literatur zu geben.

Der aufwendige mathematische Apparat dürfte auch der Grund dafür sein, dass der in der Praxis mit Finite-Elemente-Rechnungen befasste Ingenieur Genauigkeits- und Konvergenzbetrachtungen zumeist mit Skepsis begegnet. Im vorliegenden Abschnitt 8.3 wird versucht, diese Skepsis etwas abzubauen. Hierzu gehört, dass wir uns mit einigen Begriffen des Konvergenzverhaltens beschäftigen (Abschnitt 8.3.1), ehe einige grundlegende Fragen angesprochen werden:

- Kann man eine gesuchte exakte Lösung durch Näherungslösungen eingrenzen, die man mit der Methode der finiten Elemente erhält (Abschnitt 8.3.2)?
- Welche Diskretisierungsfehler treten bei einer Finite-Elemente-Modellierung auf und wie begegnet man ihnen (Abschnitt 8.3.3)?
- Was bedeutet Konvergenz und Konvergenzordnung einer Finite-Elemente-Lösung und wie stellt man das Konvergenzverhalten dar (Abschnitt 8.3.4)?

Bei der Behandlung der letzten Frage werden wir nicht darum herumkommen, uns mit einem einfachen Konvergenzbeweis zu befassen. Dabei wird sich ergeben, dass die Ergebnisse der theoretischen Konvergenzuntersuchungen durchaus praktisch nutzbar gemacht werden können.

8.3.1 Definition von Begriffen

Lokale und globale Fehler

Fehler, die bei den Verschiebungen, den Verzerrungen oder Spannungen in einem Punkt des Kontinuums auftreten, bezeichnen wir als *lokale Fehler. Globale Fehler* beziehen sich stets auf Größen, mit denen das Verhalten des gesamten Kontinuums beschrieben wird, also beispielsweise auf die Formänderungsenergie oder die Eigenfrequenzen.

Hierarchisches System von Ansatzfunktionen

In der von uns behandelten Form ist die Methode der finiten Elemente ein Ritz-Verfahren mit lokal begrenzten Ansatzfunktionen. Wann kann man allgemein davon ausgehen, dass eine mit dem Ritz-Verfahren gewonnene Näherungslösung gegen die exakte Lösung konvergiert? Man benötigt sicherlich ein System von unendlich vielen Ansatzfunktionen. Konvergenz ist garantiert, wenn dieses Funktionensystem ‚vollständig' ist [8.29].

Bei einer Erhöhung der Unterteilungszahl n beispielsweise entsteht nur dann ein Funktionensystem im Sinne des Ritz-Verfahrens, wenn das neue Gitternetz durch Verfeinerung aus dem gröberen Netz entsteht (Bild 8.13). Für die potentielle Energie gilt bei derartigen *hierarchisch aufgebauten Systemen von Ansatzfunktionen*

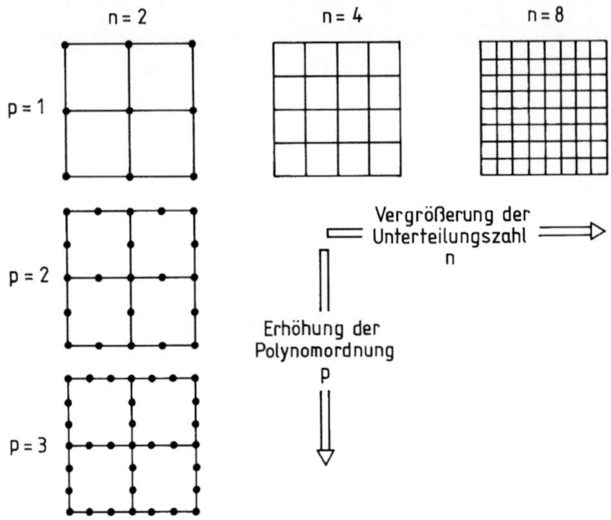

Bild 8.13. Vergrößerung der Zahl der Ansatzfunktionen durch Verfeinerung der Unterteilung oder Erhöhung der Polynomordnung

$$\begin{aligned}
&\Pi^{(D)}(n=2) \geqslant \Pi^{(D)}(n=4) \geqslant \Pi^{(D)}(n=8) \geqslant \Pi^{(D)}_{\text{ex}}\,, \\
&\Pi^{(D)}(n=3) \geqslant \Pi^{(D)}(n=6) \geqslant \Pi^{(D)}_{\text{ex}}\,, \\
&\Pi^{(D)}(p=1) \geqslant \Pi^{(D)}(p=2) \geqslant \Pi^{(D)}(p=3) \geqslant \Pi^{(D)}_{\text{ex}}\,.
\end{aligned}$$

Konvergenzverhalten

Um das Konvergenzverhalten zu veranschaulichen, kann man die Näherungswerte von lokalen oder globalen Größen oder die Fehler dieser Näherungswerte über der Unterteilungszahl n auftragen. In Bild 8.14 sind Ergebnisse einer Finite-Elemente-Rechnung für eine Quadratscheibe unter Schubbiegung bei Verwendung von 4-Knoten-Rechteckelementen wiedergegeben. Dargestellt ist die Formänderungsenergie und der maximale Schub $n_{\text{xy}}(a,0)$. Zwei Effekte, die ähnlich auch bei anderen Rechnungen auftreten, sind erwähnenswert:

- Der Näherungswert der Formänderungsenergie konvergiert monoton von unten gegen den exakten Wert. Der Näherungswert für den Schub hingegen liegt erst unter und dann über dem exakten Wert, er konvergiert also nicht monoton.
- Der Betrag des Fehlers der Formänderungsenergie wird schneller kleiner als der des maximalen Schubes, die Formänderungsenergie hat also ein besseres Konvergenzverhalten.

Rechenaufwand und Ertrag

Bei der Auftragung des Fehlers über dem Unterteilungsmaß lässt sich das unterschiedliche Konvergenzverhalten von Formänderungsenergie, Schnittkräften oder Verschiebungen leicht beurteilen. Will man allerdings Elementtypen miteinander

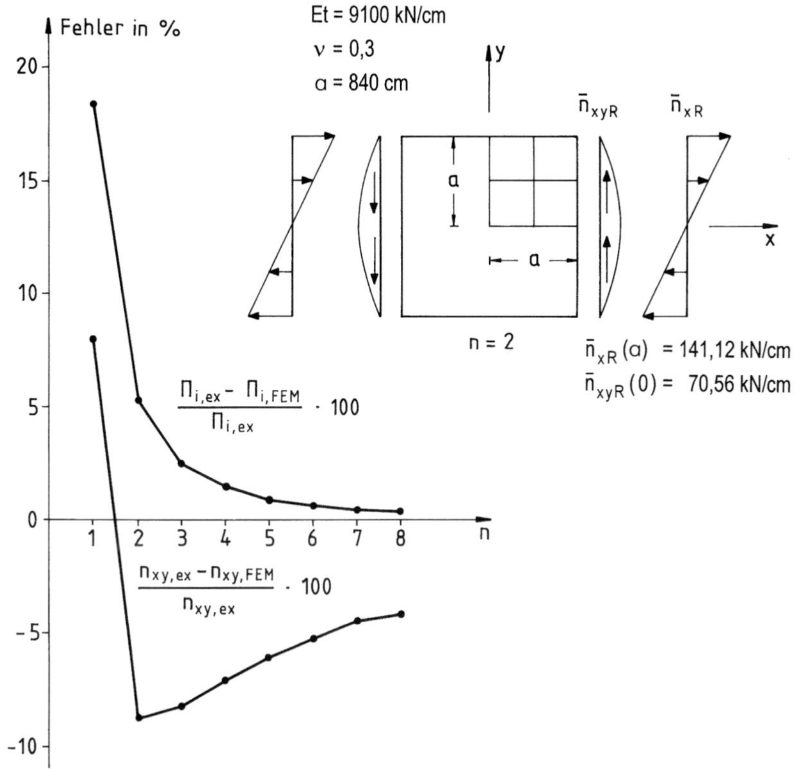

Bild 8.14. Konvergenzverhalten für die Formänderungsenergie Π_i und die maximale Schubkraft $n_{xy}(a, 0)$ in Abhängigkeit vom Unterteilungsmaß n bei einer Rechteckscheibe unter Schubbiegung

vergleichen, um festzustellen, bei welchem Elementtyp eine gewünschte Genauigkeit mit dem geringsten Rechenaufwand erreicht wird, so muss man strenggenommen den Fehler über der Rechenzeit auftragen. Der Einfachheit halber wird als Maß für die Rechenzeit zumeist die Anzahl der Operationen zum Lösen eines Gleichungssystems verwendet (Abschnitt 5.5). Wir kommen bei zwei Beispielen im Abschnitt 8.5 (Bild 8.25 und 8.32) darauf zurück.

8.3.2 Schrankencharakter von Energiegrößen

Für den Berechnungsingenieur ist es von Interesse, dass er bei einer Näherungslösung – sei es eine Verschiebung, eine Spannung oder eine Eigenfrequenz – auch weiß, welches der maximale Fehler ist, mit dem die Lösung behaftet sein kann. Mathematisch einwandfrei lässt sich diese Frage dann beantworten, wenn man mit zwei unterschiedlichen Rechnungen eine obere und eine untere Schranke für die gesuchte exakte Lösung ermitteln kann. Gibt es solche Näherungslösungen mit Schrankeneigenschaften?

Die Deformationsmethode, mit der wir uns durchgängig beschäftigen, geht vom Prinzip der virtuellen Verrückungen oder vom Prinzip vom Minimum der poten-

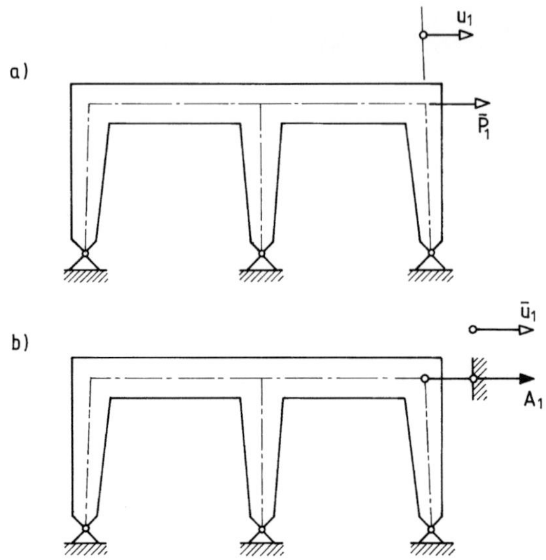

Bild 8.15. Rahmenbelastung durch eine Einzelkraft (**a**) oder durch Vorgabe einer Auflagerverschiebung (**b**)

tiellen Energie aus. Sofern Ansatzfunktionen, die die Stetigkeitsforderungen des Prinzips erfüllen, verwendet werden und andere Fehler, beispielsweise Fehler bei der Erfassung der Belastung und der Berandung, ausgeschlossen sind, ist die mit einem Finite-Elemente-Verfahren berechnete Näherungslösung für die potentielle Energie, wie schon in der Bezeichnung des Prinzips zum Ausdruck kommt, immer eine obere Schranke für die exakte potentielle Energie (Abschnitt 3.3).

Da die potentielle Energie dem Ingenieur wenig sagt, sind in Tabelle 8.3 noch weitere Größen angegeben, die Schrankeneigenschaft besitzen. Das Beispiel von Bild 8.14 ist also bezüglich der Formänderungsenergie verallgemeinerbar: Bei fortlaufender Verfeinerung des Gitternetzes wird bei einer Rechnung nach der Deformationsmethode die Formänderungsenergie eines durch Kräfte beanspruchten Tragwerks stets von unten approximiert.

Auf den ersten Blick ist überraschend, dass die Formänderungsenergie bei Verschiebungsbeanspruchung, also beispielsweise bei der Vorgabe von Auflagerverschiebungen, von oben approximiert wird. Wir wollen das an dem Beispiel aus Bild 8.15 erläutern.

Anschaulich wird ein Tragwerk bei jeder Näherungslösung auf der Grundlage der Deformationsmethode zu steif erfasst, da nicht alle denkbaren sondern nur ausgewählte Verschiebungsmöglichkeiten zugebilligt werden. Eine zu steife Erfassung des Tragwerks hat bei der Belastung von Bild 8.15a zur Folge, dass die Verschiebung u_1 unter der Einzellast $\bar{P}_1$ im Vergleich zur exakten Lösung zu klein ist. Man erhält eine *untere Schranke* für die Verschiebung u_1. Aus dem gleichen Grund ist aber die Kraft A_1 im Fesselstab bei Vorgabe einer Verschiebung $\bar{u}_1$ (Bild 8.15b) gegenüber der Auflagerkraft bei der exakten Lösung zu hoch. Man erhält eine *obere Schranke.* Die Formänderungsenergie, d. h. die im Tragwerk gespeicherte Energie,

Tabelle 8.3. Schrankeneigenschaften

Art der Beanspruchung	*berechnete Größe*	*exakte Lösung*	*Finite-Elemente-Näherungslösung*
allgemeine Beanspruchung	potentielle Energie	Minimum	obere Schranke
statische Beanspruchung durch Kräfte	Formänderungs-energie, äußere Arbeit	Maximum	untere Schranke
statische Beanspruchung durch Randverschiebungen	Formänderungs-energie, äußere Ergänzungsarbeit	Minimum	obere Schranke
Temperatur-beanspruchung	Formänderungs-energie	Maximum	untere Schranke
Eigenschwingungen	Eigenfrequenzen	Minimum	obere Schranke
Knicken Beulen	Knicklast Beullast	Minimum	obere Schranke

ist bei Lastvorgabe gleich der bei der Beanspruchung aufgebrachten äußeren Arbeit: $\Pi_\mathrm{i} = W_\mathrm{a}$, bei Verschiebungsvorgabe gleich der äußeren Ergänzungsarbeit (Kapitel 6). Da Last und Verschiebung im linearen Fall proportional anwachsen, gilt für die äußere Arbeit

$$\text{Fall a:} \quad W_\mathrm{a} = \frac{1}{2}\,\bar{P}_1\,u_1\,,$$

$$\text{Fall b:} \quad W_\mathrm{a}^* = \frac{1}{2}\,A_1\,\bar{u}_1\,.$$

Das hat die in der Tabelle angegebenen Schrankeneigenschaft für die Formänderungsenergie zu Folge:

Steht ein Tragwerk nur unter Kraftbelastungen, so macht von allen kinematisch zulässigen Verschiebungszuständen der exakte Zustand die Formänderungsenergie Π_i und die äußere Arbeit W_a zu einem Maximum.

Steht ein Tragwerk nur unter Verschiebungsbelastungen, so macht von allen kinematisch zulässigen Zuständen der exakte Zustand sowohl die Formänderungsenergie Π_i als auch die Arbeit der Auflagerkräfte an den vorgegebenen Verschiebungen zu einem Minimum.

Wird ein Tragwerk gleichzeitig durch Kräfte und Auflagerverschiebungen beansprucht, so bleibt die Schrankeneigenschaft für die potentielle Energie erhalten, die Schrankeneigenschaft für die Formänderungsenergie geht allerdings verloren.

Technisch am relevantesten sind die Schrankeneigenschaften für die Eigenfrequenzen und die Knicklast, die in den letzten Zeilen der Tabelle 8.3 angegeben sind. Eine Finite-Elemente-Näherungslösung auf der Basis der Deformationsmethode liefert stets obere Schranken für die Eigenfrequenzen. Auch dies kann man

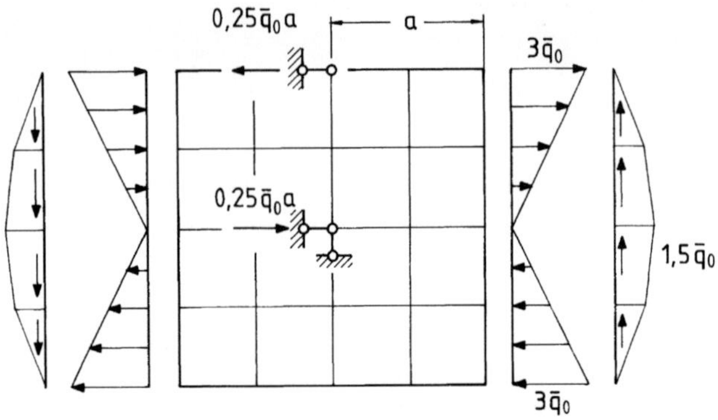

Bild 8.16. Rechteckscheibe unter dem Lastfall Schubbiegung; Polygonale Approximation der Belastung

wieder anschaulich erklären: Durch Einführung eines Verschiebungsansatzes wird das Tragwerk immer zu steif approximiert. Entsprechendes gilt für die Knicklast.

In Anbetracht des zu Beginn des Abschnitts formulierten Anspruchs, Näherungslösungen mit beidseitigen Schrankeneigenschaften für globale und lokale Größen angeben zu können, sind die Ergebnisse für den Praktiker enttäuschend. Was vorliegt, sind nur einseitige Schranken für globale Größen. Theoretisch ist es zwar möglich, beidseitige Schranken selbst für lokale Größen anzugeben, worum sich in Deutschland vor allem Aachener Mechaniker bemüht haben [8.19–8.21], in Finite-Elemente-Programmen haben derartige Überlegungen zur Angabe von Fehlerschranken aber bisher keinen Eingang gefunden. Das liegt vor allem daran, dass für eine der Schranken eine Rechnung nach dem Kraftgrößenverfahren erforderlich ist, die bei allgemeinen Tragwerken ungleich schwieriger als eine Rechnung nach der Deformationsmethode ist, vergleiche [8.32].

8.3.3 Fehlerquellen

Es hat wenig Sinn, eine Fehlerursache mit viel Mühe anzugehen, wenn gleichzeitig das Ergebnis aufgrund anderer Fehlerquellen mit großen Ungenauigkeiten behaftet ist. Fehlerhafte Ergebnisse aufgrund einer falsch eingesetzten reduzierten Integration (Abschnitt 8.1.2) lassen sich nicht kompensieren, eine mehr als zuverlässige Integration bringt keinen prinzipiellen Genauigkeitsgewinn. Grobe Schnitzer bei der Festlegung eines Elementnetzes oder bei der Wahl der Lage der Elementknoten können nicht durch Gitternetzverfeinerungen aufgefangen werden. Diskretisierungsfehler ergeben sich nicht nur aus der Erfassung des Kontinuums durch ein diskretes Netz sondern auch aus der Lastdiskretisierung, der Approximation der Berandung und der Erfassung von Singularitäten. Auf die letzten Diskretisierungsfehlerquellen wollen wir im folgenden kurz eingehen.

Approximation der Belastung

Bei der Scheibe von Bild 8.16 liegt eine parabolische Schubbelastung vor, die für die Finite-Elemente-Rechnung stückweise linear (polygonal) approximiert wird.

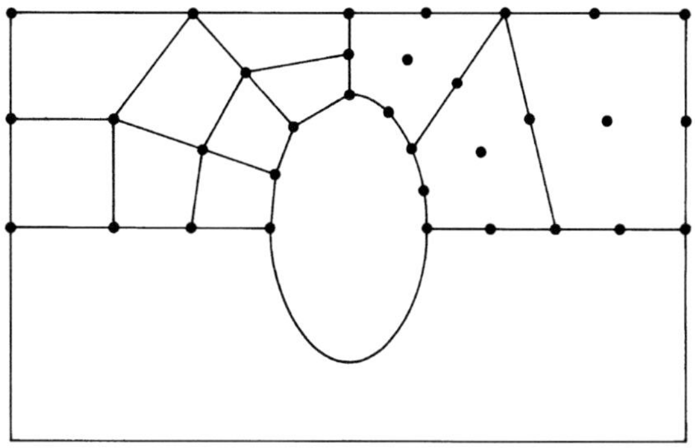

Bild 8.17. Diskretisierung einer Lochscheibe mit linearen und quadratischen Elementen

Der Fehler in der resultierenden Last und damit der Fehler der äußeren Arbeit oder der Formänderungsenergie ist von der Ordnung $O(h^2)$ und entspricht damit genau, wie wir später sehen werden, dem Diskretisierungsfehler des 4-Knoten-Rechteckelementes. Die Approximation der Belastung ist damit auf das 4-Knoten-Rechteckelement abgestimmt. Unbefriedigend ist trotzdem, dass die resultierende Belastung nicht korrekt erfasst wird. Die zur Unterbindung von Starrkörperverschiebungen eingeführten Fesseln sind jetzt nicht mehr – wie es eigentlich sein müsste – kräftefrei: Für die Erfüllung des globalen Momentengleichgewichts wird ein Kräftepaar aufgebaut, das allerdings bei Verfeinerung des Elementnetzes kleiner wird.

Beseitigen lässt sich dieser Fehler nur, wenn man eine bessere Lastapproximation verwendet. Zur korrekten Erfassung der quadratisch veränderlichen Randbelastung müsste auf jeder Elementseite ein weiterer Stützpunkt für die Lastapproximation eingeführt werden, was beim 4-Knoten-Rechteckelement dem Konzept einer einheitlichen Datenorganisation für alle Größen zuwiderläuft. Für genaue Vergleichsrechnungen wird man daher die generalisierten Knotenlasten durch eine vorgezogene, auf den exakten Lastverlauf basierende Integration ermitteln. Bei der Rechnung, deren Ergebnisse in Bild 8.14 dargestellt werden, haben wir das getan.

Geht man auf 8- oder 9-Knoten-Rechteckelemente über, so lassen sich im Rahmen einer einheitlichen Datenorganisation elementweise quadratisch veränderliche Belastungsverläufe exakt erfassen. Bei praktischen Fragestellungen treten kompliziertere Belastungsverläufe in der Regel nicht auf, so dass unter dem Gesichtspunkt der Lastapproximation 8- oder 9-Knoten-Rechteckelemente ausreichend sind.

Approximation der Berandung

Eine ähnliche Situation ergibt sich, wenn ein krummliniger Rand durch gradlinig berandete Dreieck- oder Viereckelemente approximiert werden soll. Bei der Lochscheibe von Bild 8.17 wurde die Diskretisierung bewusst sehr grob gewählt, um den Fehler bei der Approximation der Berandung mit linearen Elementen zu verdeutlichen. Da man in der Regel in der Nähe von starken Krümmungsänderungen der Berandungskurve zur Erfassung der dort zu erwartenden hohen Spannungsgradienten sowieso feiner als in den übrigen Bereichen unterteilen wird, wirkt sich aber ein Fehler durch eine polygonale Approximation nicht so gravierend aus. Zweckmäßiger ist es aber ohne Zweifel, mit isoparametrischen Elementen zu arbeiten. Eindeutige Regeln zur Diskretisierung an krummen Rändern insbesondere unter dem Aspekt, eine gewünschte Genauigkeit mit möglichst geringem Aufwand zu erreichen, gibt es nicht. Beispielrechnungen dafür, wie sich unterschiedliche Diskretisierungen bei einer Lochscheibe unter einachsigem Zug auswirken, findet man in [8.4].

Singularitäten

Bei einer Singularität bleiben die unbekannten Zustandsgrößen oder Ableitungen dieser Zustandsgrößen nicht mehr beschränkt. Derartige Singularitäten treten insbesondere an Lasteinleitungsstellen oder bei einspringenden Ecken auf. Einige bei der Scheibe vorkommenden Singularitäten sind in Bild 8.18 zusammengestellt.

Solche Singularitäten können das Konvergenzverhalten negativ beeinflussen, da die Voraussetzungen für die theoretische Konvergenzordnung, die wir im nächsten Abschnitt kennenlernen werden, praktisch immer verletzt werden. Bei der Behandlung von Problemen mit Singularitäten oder mit ‚Fast-Singularitäten' nach der Methode der finiten Elemente muss man daher auf einige Dinge achten:

- Interessiert man sich für den tatsächlichen Lösungsverlauf in der Nähe von Lasteinleitungen oder von einspringenden Ecken, so ist als erstes eine realitätsgerechte Modellierung erforderlich, ehe man Netzverfeinerungen im Finite-Elemente-Modell vornimmt. Einspringende Ecken sind in der Realität zumeist leicht ausgerundet; Einzellasten oder abgestufte Lasten treten in der Praxis kaum auf. Nach einer realitätsgerechteren Modellierung erhält man nur in ganz wenigen Fällen noch Singularitäten in den Spannungsverläufen, so z. B. in der Bruchmechanik an der Rissspitze [8.1].
- Es hat wenig Sinn, im Hinblick auf eine Singularität im gesamten Bereich gleichmäßig zu verfeinern, statt dessen empfiehlt sich eine angepasste Verfeinerung in der Nähe der starken Spannungsgradienten, wofür teilweise auch schon selbstadaptive Verfahren [8.9, 8.10] existieren. Das Entsprechende gilt für schwache Singularitäten, bei denen zwar die Verschiebungen und die Schnittkräfte noch beschränkt, Ableitungen davon aber nicht mehr beschränkt bleiben. Vielfach werden sie gar nicht erkannt, können aber die Konvergenzordnung nachhaltig beeinflussen.
- Eine weitere Möglichkeit besteht darin, nur in der Nähe von starken oder schwachen Singularitäten Elemente höherer Polynomordnung zu verwenden, mit denen das Lösungsverhalten besser erfasst wird.
- Bei starken Singularitäten kann man auch Sonderelemente einführen, durch die das singuläre Lösungsverhalten qualitativ erheblich besser wiedergegeben wird. Das gilt besonders für die Singularität in der Nähe einer Rissspitze [8.1, 8.11–8.13].

Solche Singularitäten können das Konvergenzverhalten negativ beeinflussen, da die Voraussetzungen für die theoretische Konvergenzordnung, die wir im nächsten Abschnitt kennenlernen werden, praktisch immer verletzt werden. Bei der Behandlung von Problemen mit Singularitäten oder mit ‚Fast-Singularitäten' nach der Methode der finiten Elemente muss man daher auf einige Dinge achten:

Beispiel	Auswirkung der Singularität	Literatur
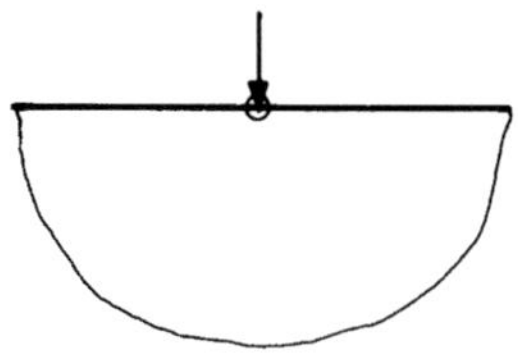	Verschiebungen und Schnittkräfte singulär	[8.5, 8.6]
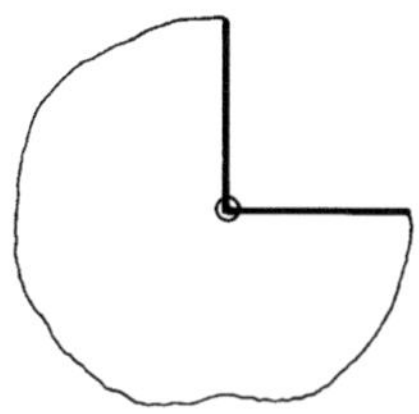	Verschiebungen regulär, Schnittkräfte singulär	[8.7, 8.8]
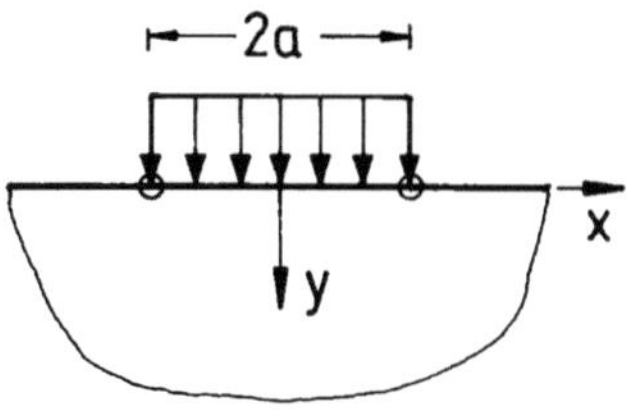	Verschiebungsableitungen und Schnittkräfte zum Teil singulär $v_{,\mathrm{x}}(x, 0) \sim \ln(a + x) - \ln(a - x)$ mit $\lvert x \rvert \leqslant a$	[8.6]
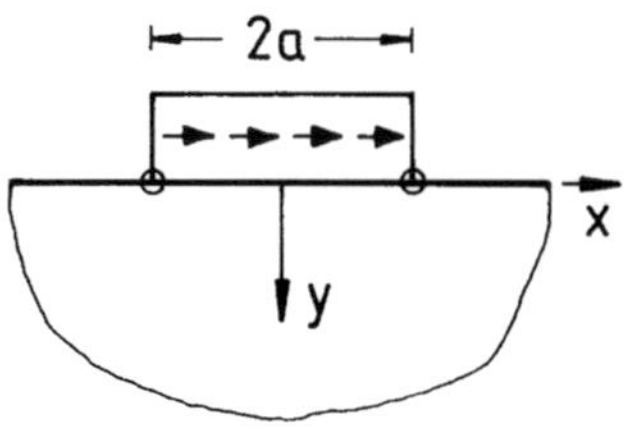	Verschiebungsableitungen regulär, Schnittkräfte zum Teil singulär $n_{\mathrm{x}}(x, 0) \sim \ln(a + x) - \ln(a - x)$ + reguläre Terme mit $\lvert x \rvert \leqslant a$	[8.6]

Bild 8.18. Beispiele für verschiedene Singularitäten bei der Scheibe

- Interessiert man sich für den tatsächlichen Lösungsverlauf in der Nähe von Lasteinleitungen oder von einspringenden Ecken, so ist als erstes eine realitätsgerechte Modellierung erforderlich, ehe man Netzverfeinerungen im Finite-Elemente-Modell vornimmt. Einspringende Ecken sind in der Realität zumeist leicht ausgerundet; Einzellasten oder abgestufte Lasten treten in der Praxis kaum auf. Nach einer realitätsgerechteren Modellierung erhält man nur in ganz wenigen Fällen noch Singularitäten in den Spannungsverläufen, so z. B. in der Bruchmechanik an der Rissspitze [8.1].
- Es hat wenig Sinn, im Hinblick auf eine Singularität im gesamten Bereich gleichmäßig zu verfeinern, statt dessen empfiehlt sich eine angepasste Verfeinerung in der Nähe der starken Spannungsgradienten, wofür teilweise auch schon selbstadaptive Verfahren [8.9, 8.10] existieren. Das Entsprechende gilt für schwache Singularitäten, bei denen zwar die Verschiebungen und die Schnittkräfte noch

beschränkt, Ableitungen davon aber nicht mehr beschränkt bleiben. Vielfach werden sie gar nicht erkannt, können aber die Konvergenzordnung nachhaltig beeinflussen.

- Eine weitere Möglichkeit besteht darin, nur in der Nähe von starken oder schwachen Singularitäten Elemente höherer Polynomordnung zu verwenden, mit denen das Lösungsverhalten besser erfasst wird.
- Bei starken Singularitäten kann man auch Sonderelemente einführen, durch die das singuläre Lösungsverhalten qualitativ erheblich besser wiedergegeben wird. Das gilt besonders für die Singularität in der Nähe einer Rissspitze [8.1, 8.11–8.13].

8.3.4 Ein einfacher Konvergenzbeweis

Konvergenzbeweise für Finite-Elemente-Näherungslösungen erfordern funktionalanalytische Methoden, die beispielsweise in dem Buch von Mikhlin [8.28] dargestellt sind. Der im folgenden wiedergegebene Konvergenzbeweis, der sich an eine Arbeit von Cowper [8.22] anlehnt, verzichtet auf den funktionalanalytischen Begriffsapparat und mag dadurch etwas schwerfällig wirken. Er ist dafür aber auch (hoffentlich!) für Ingenieure noch verständlich.

Bezeichnungen

Bei der Untersuchung des Konvergenzverhaltens werden drei Lösungen unterschieden:

$\boldsymbol{u}$ die exakte Lösung,

$\boldsymbol{v}_\mathrm{N}$ die mit dem Finite-Elemente-Verfahren ermittelte Näherungslösung, die sich elementweise darstellen lässt als

$$\boldsymbol{v}_\mathrm{Ne} = \boldsymbol{V}_\mathrm{u}\,\boldsymbol{A}_\mathrm{e}\,\boldsymbol{v}^* \,, \tag{8.1a}$$

$\boldsymbol{u}_\mathrm{N}$ eine weitere Näherungslösung, die aus den Formfunktionen der Finite-Elemente-Lösung und den Knotenwerten der exakten Lösung berechnet wird,

$$\boldsymbol{u}_\mathrm{Ne} = \boldsymbol{V}_\mathrm{u}\,\boldsymbol{A}_\mathrm{e}\,\boldsymbol{u}^* \,. \tag{8.1b}$$

Energienormen als Maß für die Abweichung

Im Abschnitt 3.3 wurde gezeigt, dass die Formänderungsenergie zur Verschiebungsdifferenz $\boldsymbol{v}-\boldsymbol{u}$ als ein Maß für den Abstand einer Näherungslösung $\boldsymbol{v}$ von der exakten Lösung $\boldsymbol{u}$ verwendet werden kann:

$$\Pi^{(\mathrm{D})}(\boldsymbol{v}) - \Pi^{(\mathrm{D})}(\boldsymbol{u}) = \Pi_\mathrm{i}(\boldsymbol{v}-\boldsymbol{u}) \geqslant 0 \,. \tag{8.2}$$

Je kleiner dieser Abstand wird, um so besser ist die Näherungslösung.

Die Finite-Element-Näherungslösung $\boldsymbol{v}_\mathrm{N}$ ist in jedem Fall besser als $\boldsymbol{u}_\mathrm{N}$, da bei beiden Näherungslösungen die gleichen Ansatzfunktionen verwendet werden, die in Gleichung (8.1a) verwendeten Koeffizienten $\boldsymbol{v}^*$ aber gerade auf der Grundlage des

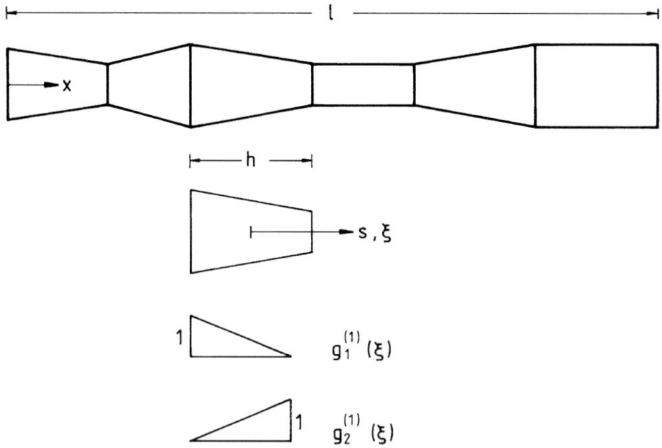

Bild 8.19. Ein Beispiel für die Abschätzung des Energieabstandes

Prinzips vom *Minimum* der potentiellen Energie berechnet werden. Für die beiden Näherungslösungen gilt also

$$\Pi^{(D)}(\boldsymbol{u}_N) - \Pi^{(D)}(\boldsymbol{u}) \geqslant \Pi^{(D)}(\boldsymbol{v}_N) - \Pi^{(D)}(\boldsymbol{u}) \geqslant 0 \tag{8.3a}$$

oder

$$\Pi_i(\boldsymbol{u}_N - \boldsymbol{u}) \geqslant \Pi_i(\boldsymbol{v}_N - \boldsymbol{u}) \geqslant 0\,. \tag{8.3b}$$

Wenn es gelingt, den Abstand $\Pi_i(\boldsymbol{u}_N - \boldsymbol{u})$ abzuschätzen, so liegt damit auch eine Abschätzung für den Energieabstand der Finite-Elemente-Näherungslösung $\boldsymbol{v}_N$ von der exakten Lösung vor.

Abschätzung des Energieabstandes $\Pi_i(\boldsymbol{u}_N - \boldsymbol{u})$

Der Energieabstand $\Pi_i(\boldsymbol{u}_N - \boldsymbol{u})$ soll am Beispiel des Stabes aus Bild 8.19 abgeschätzt werden. Bei diesem Beispiel lautet der Energieausdruck

$$\Pi_i(u_N - u) = \frac{1}{2} \sum_{e=1}^{n_e} \int_{h_e} D_e(s)\, [u_N'(s) - u'(s)]^2 \, ds\,, \tag{8.4}$$

wobei mit $(\ )'$ die Ableitung nach s abgekürzt wird. Für die Näherungslösung $u_N(s)$ wählen wir einen elementweise linearen Verschiebungsansatz mit den exakten Knotenverschiebungen als Stützwerte, vergleiche Abschnitt 7.2. Die exakte Lösung $u(s)$ lässt sich durch eine Taylor-Reihe mit Restglied darstellen:

$$u(s) = u(0) + u'(0)\, s + R_2(s)\,.$$

Unabhängig davon wird $u'(s)$ ebenfalls durch eine Taylor-Reihe mit Restglied ersetzt:

$$u'(s) = u'(0) + R_1(s)\,.$$

Die Ausdrücke für die beiden Restglieder einer beliebige Stelle s im Element werden aus einer mathematischen Formelsammlung entnommen:

$$R_2(s) = \frac{1}{2}\, s^2\, u''(\vartheta_2\, s)\,, \quad 0 \leqslant \vartheta_2(s) \leqslant 1\,,$$

$$R_1(s) = \quad s\, u''(\vartheta_1\, s)\,, \quad 0 \leqslant \vartheta_1(s) \leqslant 1\,.$$

Damit lassen sich die Restglieder elementweise abschätzen:

$$|R_2(s)| \leqslant \frac{1}{8}\, h^2 \, \max|u''(s_0)|\,, \quad -\frac{h}{2} \leqslant s_0 \leqslant \frac{h}{2}\,,$$

$$|R_1(s)| \leqslant \frac{1}{2}\, h \, \max|u''(s_0)|\,, \quad -\frac{h}{2} \leqslant s_0 \leqslant \frac{h}{2}\,.$$

Bei der Näherungslösung $u_\mathrm{N}(s)$ ersetzen wir nun die Knotenwerte durch die entsprechenden Ausdrücke der Taylor-Reihe von $u(s)$:

$$\begin{aligned} u_\mathrm{N}(s) &= g_1^{(1)}(\xi)\, u\big(s = -\frac{h}{2}\big) + g_2^{(1)}(\xi)\, u\big(s = \frac{h}{2}\big) \\ &= \Big\{ g_1^{(1)} + g_2^{(1)} \Big\}\, u(0) + \Big\{ -g_1^{(1)} + g_2^{(1)} \Big\}\, \frac{h}{2}\, u'(0) \\ &\quad + g_1^{(1)}\, R_2\big(s = -\frac{h}{2}\big) + g_2^{(1)}\, R_2\big(s = \frac{h}{2}\big) \\ &= u(0) + s\, u'(0) + g_1^{(1)}\, R_2\big(s = -\frac{h}{2}\,\big) + g_2^{(1)}\, R_2\big(s = \frac{h}{2}\big)\,. \end{aligned}$$

Für die Verschiebungsdifferenz gilt somit

$$u_\mathrm{N}(s) - u(s) = g_1^{(1)}\, R_2\big(s = -\frac{h}{2}\big) + g_2^{(1)}\, R_2\big(s = \frac{h}{2}\big) - R_2(s)$$

oder mit der Abschätzung für das Restglied

$$|u_\mathrm{N}(s) - u(s)| \leqslant \frac{3}{8}\, h^2\, \max|u''(s_0)|\,, \quad -\frac{h}{2} \leqslant s_0 \leqslant \frac{h}{2}\,. \tag{8.5}$$

Entsprechend ergibt sich für die Differenz der Verschiebungsableitungen

$$|u'_\mathrm{N}(s) - u'(s)| \leqslant \frac{3}{4}\, h\, \max|u''(s_0)|\,, \quad -\frac{h}{2} \leqslant s_0 \leqslant \frac{h}{2}\,. \tag{8.6}$$

Nehmen wir der Einfachheit halber noch an, dass alle Elemente gleich lang sind, so gilt für den Energieabstand

$$\begin{aligned} \Pi_\mathrm{i}(u_\mathrm{N} - u) &\leqslant \frac{1}{2} \sum_{\mathrm{e}=1}^{n_\mathrm{e}} \int_\mathrm{h} D_\mathrm{e}(s)\, \mathrm{d}s\, \frac{9}{16}\, h^2\, \big[\max|u''(s_0)|\big]^2 \\ &\leqslant \frac{1}{2} \int_\mathrm{l} D(x)\, \mathrm{d}x\, \frac{9}{16}\, h^2\, \big[\max|u''(x_0)|\big]^2, \quad 0 \leqslant x_0 \leqslant l\,. \end{aligned} \tag{8.7}$$

Der Energieabstand ist demnach zum Quadrat des Maximalwertes der 2. Verschiebungsableitung proportional und geht bei Verkleinerung der Elementlänge quadratisch gegen Null, sofern die 2. Verschiebungsableitung in allen Elementen beschränkt ist:

$$\Pi_{\mathrm{i}}(u_{\mathrm{N}} - u) \sim h^2 \left[\max|u''(x_0)|\right]^2 , \quad 0 \leqslant x_0 \leqslant l\,. \tag{8.8}$$

Die bisherige Abschätzung geschah unter der Annahme, dass im Element ein linearer Verschiebungsansatz verwendet wird. An der Abschätzung ändert sich prinzipiell nichts, wenn man einen höherwertigen Verschiebungsansatz (Polynom vom Grade p) zugrunde legt. Das Restglied der Taylor-Reihe lautet dann

$$R_{\mathrm{p+1}}(s) = \frac{s^{\mathrm{p+1}}}{(p+1)!}\, u^{(\mathrm{p+1})}(\vartheta\, s)\,.$$

Die Abschätzung ergibt für die Verschiebungsdifferenz

$$|u_{\mathrm{N}}(s) - u(s)| \sim h^{\mathrm{p+1}} \;\max|u^{(\mathrm{p+1})}(s_0)| \tag{8.9}$$

und für die Ableitungsdifferenz

$$|u'_{\mathrm{N}}(s) - u'(s)| \sim h^{\mathrm{p}} \;\max|u^{(\mathrm{p+1})}(s_0)| \tag{8.10}$$

sowie für den Energieabstand

$$\Pi_{\mathrm{i}}(u_{\mathrm{N}} - u) \sim h^{2\,\mathrm{p}} \left[\max|u^{(\mathrm{p+1})}(x_0)|\right]^2 . \tag{8.11}$$

Abschätzung des Energieabstandes der Finite-Elemente-Näherungslösung

Mit Gl. (8.7) ist der linke und damit auch der mittlere Ausdruck von Gl. (8.3b) für das Beispiel des Stabes abgeschätzt. Beide Aussagen zusammengefasst ergeben

$$C\,h^2 \left[\max|u''(x_0)|\right]^2 \;\geqslant\; \Pi_{\mathrm{i}}(v_{\mathrm{N}} - u) \;\geqslant\; 0\,. \tag{8.12}$$

Die Größe der Konstanten C ergibt sich aus Gl. (8.7). Für die potentielle Energie der Finite-Elemente-Näherungslösung folgt damit aus Gl. (8.3a)

$$C\,h^2 \left[\max|u''(x_0)|\right]^2 \;\geqslant\; \Pi^{(\mathrm{D})}(v_{\mathrm{N}}) - \Pi^{(\mathrm{D})}(u) \;\geqslant\; 0\,. \tag{8.13}$$

Die potentielle Energien $\Pi^{(\mathrm{D})}(v_{\mathrm{N}})$ und $\Pi^{(\mathrm{D})}(u)$ sind etwas unanschauliche Größen. Es lässt sich aber zeigen (Aufgabe 8.3), dass bei reiner Kraftbelastung

$$\Pi^{(\mathrm{D})}(u) = -\Pi_{\mathrm{i}}(u) \;\text{ und }\; \Pi^{(\mathrm{D})}(v_{\mathrm{N}}) = -\Pi_{\mathrm{i}}(v_{\mathrm{N}})$$

gesetzt werden kann. Damit folgt aus Gl. (8.13)

$$\underbrace{C\,h^2 \left[\max|u''(x_0)|\right]^2}_{A_{\mathrm{n}}} \;\geqslant\; \underbrace{\Pi_{\mathrm{i}}(u) - \Pi_{\mathrm{i}}(v_{\mathrm{N}})}_{B_{\mathrm{n}}} \;\geqslant\; 0\,. \tag{8.14}$$

Bild 8.20 verdeutlicht diese Gleichung. Da die Elementabmessung $h = l\,/\,n$ umgekehrt proportional zum Unterteilungsmaß n ist, wird die Energiedifferenz $\Pi_{\mathrm{i}}(u) - \Pi_{\mathrm{i}}(v_{\mathrm{N}})$ von einer Kurve eingegrenzt, die mit $1/n^2$ gegen Null konvergiert.

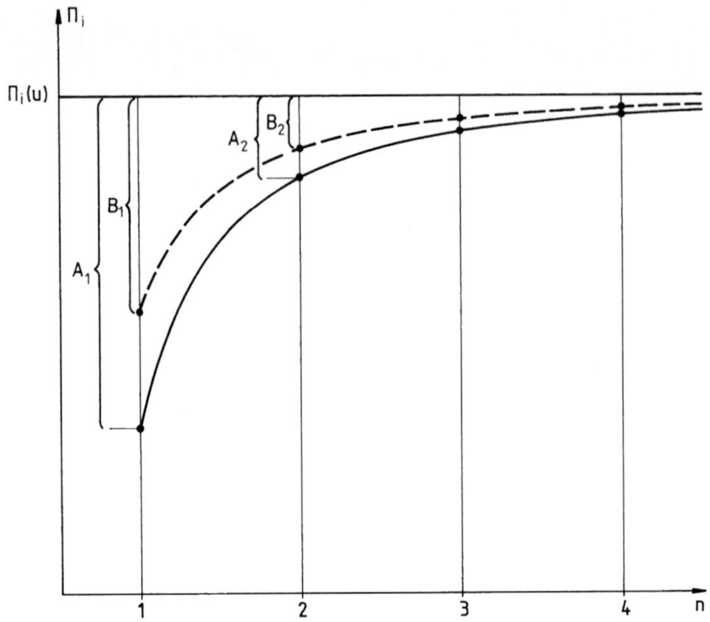

Bild 8.20. Illustration der Gl. (8.14)

Konvergenzordnung bei der Scheibe und der schubstarren Platte

Geht man vom Stab zur Membran, zur Scheibe oder zum dreidimensionalen Kontinuum über, so läuft die Abschätzung ganz entsprechend ab. Allerdings benötigt man die Taylor-Entwicklung für Funktionen von zwei oder drei Veränderlichen. Beim schubstarren Balken oder bei der schubstarren Platte ergibt sich eine kleine Modifikation, da die in der Formänderungsenergie auftretenden Verzerrungsgrößen (Krümmungen) zweite Verschiebungsableitungen sind. Dadurch ergeben sich etwas andere Konvergenzordnungen für Verschiebungen, Schnittkräfte und Energiegrößen.

In Tabelle 8.4 sind die Ergebnisse dieser einfachen Konvergenzbetrachtung zusammengestellt. Hierbei wurden auch Konvergenzordnungen für die Verschiebungsgrößen und die Schnittkräfte mit aufgenommen, obwohl bei diesen Größen keine Schrankeneigenschaft vorliegt.

Maßgebend für die Konvergenzordnung ist, welches vollständige Polynom vom Grade p mit den Formfunktionen noch darstellbar ist. Damit diese theoretische Konvergenzordnung auch zur Geltung kommen kann, ist allerdings erforderlich, dass die exakte Lösung beschränkte Ableitungen bis zum Grade $p + 1$ besitzt.

Ein einfaches Beispiel

Als Beispiel zur Illustration der theoretischen Überlegungen zur Konvergenzordnung betrachten wir wieder die Scheibe unter Schubbiegung (Bild 8.21). Das Beispiel hat den Vorteil, dass die analytische Lösung bekannt ist. Alle Ableitungen sind beschränkt.

Tabelle 8.4. Konvergenzordnungen α

	Vollständiges Polynom im Element von der Ordnung	Beschränktheitsforderung für exakte Lösung bis zur Ableitung vom Grade	Grad der höchsten Ableitung zur Verzerrungsermittlung	Konvergenzordnung α für		
				Energien Eigenwerte	Verschiebungen	Verzerrungen Schnittkräfte
allgemein	p	$p+1$	m	$2\,(p+1-m)$	$p+1$	$p+1-m$
Stab, Scheibe, Membran, dreidimensionales Kontinuum	p	$p+1$	1	$2\,p$	$p+1$	p
schubstarrer Balken, schubstarre Platte	p	$p+1$	2	$2\,(p-1)$	$p+1$	$p-1$

Für das Beispiel lässt sich die Konvergenzordnung einfach überprüfen, wenn man den Fehler für einzelne Funktionswerte in doppelt-logarithmischer Darstellung über der Elementabmessung h oder dem Unterteilungsmaß n aufträgt:

$$\frac{f_{\text{ex}} - f_{\text{N}}}{f_{\text{ex}}} = K_{\text{h}}\, h^{\alpha} \;+\; \text{Glieder höherer Ordnung} \;=\; O\big(h^{\alpha}\big)\,,$$

$$\frac{f_{\text{ex}} - f_{\text{N}}}{f_{\text{ex}}} = K_{\text{n}}\, \frac{1}{n^{\alpha}} \;+\; \text{Glieder höherer Ordnung} \;=\; O\big(\frac{1}{n^{\alpha}}\big)$$

mit f_{N}: Funktionswert der Näherungslösung

und f_{ex}: Funktionswert der exakten Lösung.

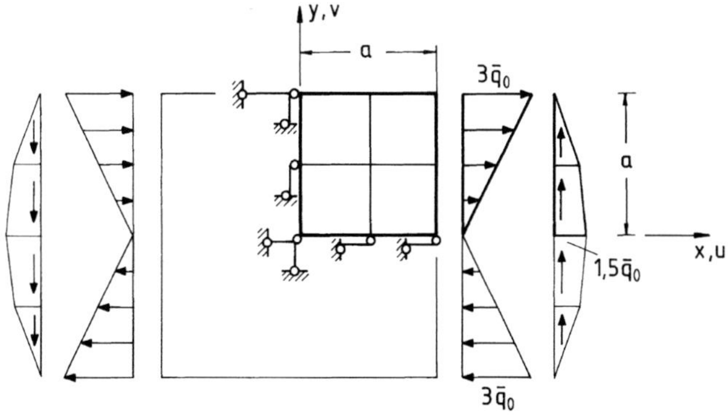

Bild 8.21. Quadratscheibe unter Schubbiegung; Elementierung eines Quadranten mit dem Unterteilungsmaß $n = 2$

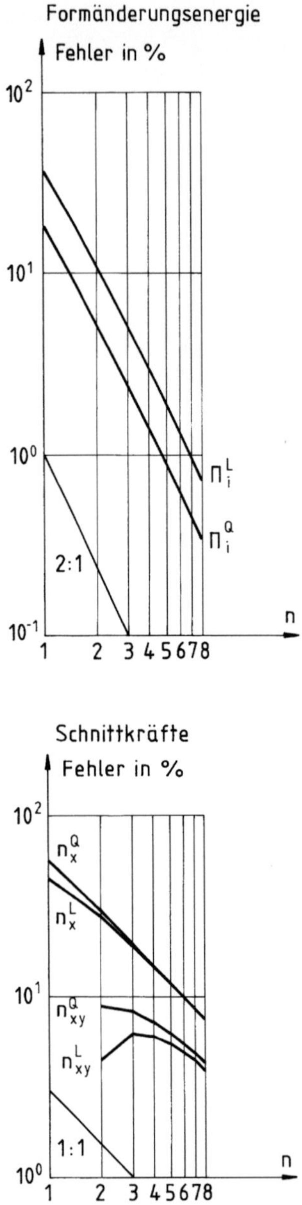

Bild 8.22. Konvergenzverhalten der Lösung bei der Scheibe unter Schubbiegung von Bild 8.21 (Erläuterungen siehe Text)

Nach Tabelle 8.4 ist bei Verwendung von 4-Knoten-Rechteckelemente ($p = 1$) für die Schnittkräfte eine Konvergenzordnung $\alpha = 1$ und für die Verschiebungen und die Formänderungsenergie eine Konvergenzordnung $\alpha = 2$ zu erwarten.

In Bild 8.22 sind von fünf Größen die Fehler in Abhängigkeit vom Unterteilungsmaß dargestellt:

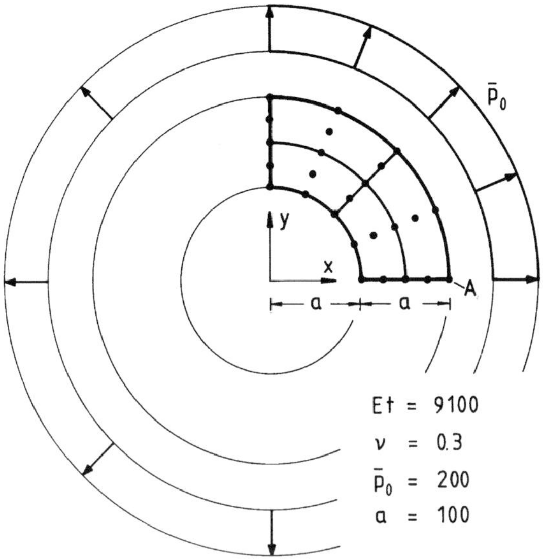

Bild 8.23. Kreisring. System und Abmessungen, Unterteilung in 2 × 2 Elemente

- der Fehler der Formänderungsenergie,
- die Fehler der Maximalverschiebungen $u(a, a)$ und $v(a, a)$ sowie
- die Fehler der Schnittkräfte $n_{\mathrm{x}}(a, a)$ und $n_{\mathrm{xy}}(a, 0)$.

Bei jeder Unterteilung wurden außerdem zwei Rechnungen durchgeführt, wobei in einem Fall der parabolisch verlaufende Randschub abschnittsweise linear approximiert wurde (Oberindex L) während bei der zweiten Rechnung die korrekten generalisierten Knotenbelastungen zu den quadratischen Schubverläufen ermittelt wurden (Oberindex Q). Da die Verschiebung $v^{\mathrm{L}}(a, a)$ und die Schnittkräfte $n^{\mathrm{L}}_{\mathrm{xy}}(a, 0)$ und $n^{\mathrm{Q}}_{\mathrm{xy}}(a, 0)$ von oben gegen die exakte Lösung konvergieren, werden wegen der logarithmischen Darstellung die (negativen) Fehler dieser Größen betragsmäßig wiedergegeben.

Alle Größen konvergieren bei Verfeinerung der Unterteilung. Bei der globalen Energiegröße ist die Fehlerordnung schnell erkennbar, bei den lokalen Größen hingegen ist die theoretische Fehlerordnung zum Teil auch bei $n = 8$ noch nicht erreicht. Besonders ‚beeindruckend' ist der große Fehler bei den Schnittkraftgrößen, der wegen der niedrigen Konvergenzordnung 1 bei einer Vergrößerung der Unterteilung nur sehr langsam abgebaut wird. Dies macht noch einmal deutlich, wie wichtig eine verbesserte Schnittkraftauswertung ist (Abschnitt 4.1.10).

Ein zweites Beispiel

Als zweites Beispiel, bei dem Elemente höherer Ordnung, und zwar krummlinig berandete 8- und 9-Knoten-Elemente, verwendet werden, untersuchen wir einen Kreisring unter Zugbeanspruchung am Außenrand (Bild 8.23). Auch bei diesem Beispiel ist die analytische Lösung bekannt. Die Elementierung mit 9-Knoten-Elementen bei einem Unterteilungsmaß $n = 2$ ist ebenfalls in Bild 8.23 dargestellt. Es wurde

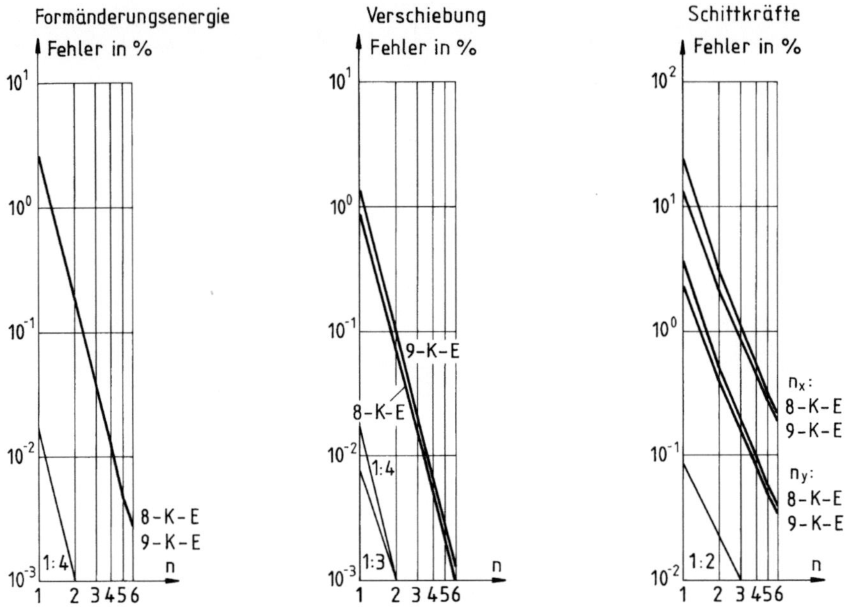

Bild 8.24. Relative Fehler bei der Kreisringscheibe von Bild 8.23 für die Formänderungsenergie, die Verschiebung u_A und die Schnittkräfte n_{xA} und n_{xyA} an der Stelle $(2a, 0)$ bei Verwendung von 8-Knoten-Elementen (8-K-E) und 9-Knoten-Elementen (9-K-E)

stets so elementiert, dass alle Punkte in Umfangsrichtung und in radialer Richtung gleichen Abstand besitzen. Als Konvergenzordnung ist bei beiden Elementen zu erwarten:

$\alpha_\Pi = 4$ für die Formänderungsenergie,

$\alpha_u = 3$ für die Verschiebungen und

$\alpha_\sigma = 2$ für die Schnittkräfte.

Betrachtet werden außer der Formänderungsenergie die Verschiebung in radialer Richtung und die Radialspannung sowie die Umfangsspannung im Punkt A. In Bild 8.24 sind die relativen Fehler für diese Größen in doppelt logarithmischer Darstellung über dem Unterteilungsmaß aufgetragen. Hinsichtlich der Formänderungsenergie und der Schnittkräfte stellt sich etwa die theoretische Fehlerordnung ein, bei der Verschiebung liegt die Fehlerordnung zwischen $\alpha = 3$ und $\alpha = 4$ und ist damit besser als vorhergesagt. Das ist damit zu erklären, dass die Verschiebung am belasteten Außenrand proportional zur äußeren Arbeit W_a ist, für die sich wiederum eine theoretische Fehlerordnung $\alpha = 4$ einstellen muss.

Bei den Verschiebungen und bei den Schnittkräften ist – bezogen auf das Unterteilungsmaß – die Lösung für das 9-Knoten-Element erwartungsgemäß geringfügig besser als die für das 8-Knoten-Element. Bei der Formänderungsenergie ist ein solcher Unterschied optisch nicht erkennbar. Wenn man allerdings als Bezugsgröße die Zahl der Rechenzeitoperationen verwendet (Bild 8.25), ist das 8-Knoten-Element überlegen. Das entspricht den Erwartungen von Abschnitt 7.3.1.

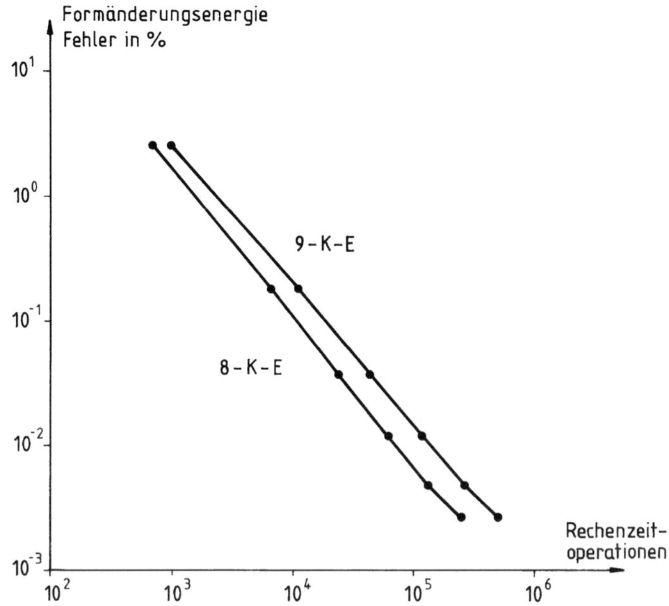

Bild 8.25. Relativer Fehler für die Formänderungsenergie in Abhängigkeit von der Zahl der Rechenzeitoperationen

Es wäre voreilig, aus den beiden behandelten Beispielen schon allgemeine Schlussfolgerungen zu ziehen. Beide Beispiele sind nicht besonders praxisnah, und zwar schon deswegen nicht, weil die Lösung sehr glatt verläuft. Wir wollen daher ergänzend noch das Konvergenzverhalten bei zwei etwas komplizierteren Scheibenproblemen untersuchen, zu denen allerdings keine analytischen Vergleichslösungen existieren. Wir müssen daher erst einmal überlegen, wie man durch Extrapolation aus unterschiedlichen Finite-Elemente-Näherungslösungen einen erheblich verbesserten Schätzwert für die exakte Lösung gewinnen kann.

8.4 Richardson-Extrapolation

Das Konvergenzverhalten von Lösungen der Finite-Elemente-Methode macht man sich bei der Richardson-Extrapolation zu Nutze. Aus zwei Lösungen für unterschiedliche Diskretisierungen lässt sich hierbei ein verbesserter Schätzwert für die exakte Lösung gewinnen. Voraussetzung ist, dass

- die Konvergenzordnung bekannt ist und dass
- die beiden Näherungslösungen mit Gitternetzen ermittelt wurden, die sich nur durch ihr Unterteilungsmaß n unterscheiden.

Zwei derartige Gitternetze sind in Bild 8.26 für eine Quadratscheibe dargestellt.

Wir nehmen zusätzlich an, dass die Näherungslösungen bereits so gut sind, dass in den Fehlern der Näherungslösung der Anteil aus dem niedrigsten Glied der Taylor-Reihe überwiegt. Die Konvergenzordnung für verschiedene Funktionswerte

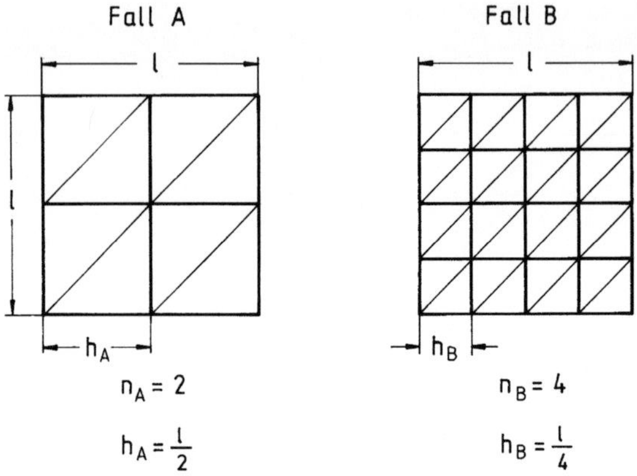

Bild 8.26. Zwei Gitternetze für die Richardson-Extrapolation

lässt sich aus Tabelle 8.4 entnehmen. Bei einem Unterteilungsmaß n lautet dann der Zusammenhang zwischen dem exakten Funktionswert f_{ex} und der Finite-Elemente-Näherung f_{n}

$$f_{\mathrm{ex}} = f_{\mathrm{n}} + K\,\frac{1}{n^{\alpha}} \tag{8.15a}$$

und für ein zweites Unterteilungsmaß m

$$f_{\mathrm{ex}} = f_{\mathrm{m}} + K\,\frac{1}{m^{\alpha}}\,. \tag{8.15b}$$

Aus den Gln. (8.15) lässt sich die unbekannte Konstante K eliminieren. Man erhält

$$\frac{f_{\mathrm{ex}} - f_{\mathrm{n}}}{f_{\mathrm{ex}} - f_{\mathrm{m}}} = \frac{m^{\alpha}}{n^{\alpha}} \tag{8.16}$$

oder aufgelöst nach f_{ex}

$$f_{\mathrm{ex}} = f_{\mathrm{n}} + \frac{f_{\mathrm{m}} - f_{\mathrm{n}}}{1 - \dfrac{n^{\alpha}}{m^{\alpha}}}\,. \tag{8.17}$$

Es ist damit gelungen, ausgehend von den Ergebnissen zweier Finite-Elemente-Rechnungen bei Kenntnis der Fehlerordnung α einen Schätzwert für den exakten Funktionswert zu gewinnen. Dieses Vorgehen bezeichnet man als Richardson-Extrapolation. Voraussetzung für die Extrapolation ist neben der Kenntnis der Fehlerordnung allerdings, dass das erste Glied der Taylor-Reihe beim Fehler tatsächlich überwiegt. Je feiner die Unterteilung wird, desto besser ist diese Voraussetzung erfüllt.

Ein Beispiel zur Richardson-Extrapolation

Als Beispiel betrachten wir wieder die Quadratscheibe unter Schubbiegung aus Bild 8.14, wobei die Belastung korrekt, also in ihrem parabolischen Verlauf, erfasst wird. In Tabelle 8.5 sind die Ergebnisse von Finite-Elemente-Rechnungen für

Tabelle 8.5. Ergebnisse unterschiedlicher Finite-Elemente-Rechnungen für die Scheibe unter Schubbiegung (Bild 8.14)

Unterteilungs-maß n	Formänderungs-energie Π_i	Verschiebungen		Schnittkräfte	
		$u(a,a)$	$v(a,a)$	$n_x(a,a)$	$n_{xy}(a,0)$
	kN cm	cm	cm	kN/cm	kN/cm
1	288 627	5,98840	6,99464	61,999	64,936
2	334 970	6,28254	7,51859	99,797	76,728
3	345 018	6,39403	7,65695	113,520	76,370
4	348 659	6,44000	7,71605	120,426	75,568
5	350 367	6,46344	7,74683	124,571	74,864
6	351 301	6,47703	7,76502	127,333	74,310
7	351 867	6,48563	7,77671	129,305	73,873
8	352 235	6,49144	7,78470	130,784	73,522
exakt	353 443	6,51323	7,81588	141,120	70,560

Tabelle 8.6. Richardson-Extrapolation für die Funktionswerte von Tabelle 8.5

Extrapolation	Π_i	$u(a,a)$	$v(a,a)$	$n_x(a,a)$	$n_{xy}(a,0)$
	kN cm	cm	cm	kN/cm	kN/cm
1–2	350 418	6,38059	7,69324	137,595	–
2–4	353 222	6,49249	7,78187	141,055	74,408
4–8	353 427	6,50859	7,80758	141,142	71,476
7–8	353 437	6,51042	7,81080	141,137	71,065

Unterteilungsmaße $n = 1$ bis $n = 8$ zusammengestellt. Für die Verschiebungen und die Formänderungsenergie gilt die Konvergenzordnung $\alpha_u = \alpha_\Pi = 2$, für die Schnittkräfte $\alpha_\sigma = 1$.

Die Extrapolation erfolgt mit Hilfe von Gl. (8.17). Exemplarisch wollen wir ausgehend von den Werten für $n = 4$ und $m = 8$ die Schnittkraft $n_x(a,a)$ und die Formänderungsenergie Π_i extrapolieren:

$$n_x(a,a) \approx 120{,}426 + \frac{130{,}784 - 120{,}426}{1 - (4/8)^1} = 141{,}142\,;$$

$$\Pi_i \approx 348\,659 + \frac{352\,235 - 348\,659}{1 - (4/8)^2} = 353\,427\,.$$

In beiden Fällen wird der Fehler deutlich verringert, bei der Schnittkraft von −7,3% auf +0,15%, bei der Formänderungsenergie von −0,34% auf −0,045%.

Andere Ergebnisse der Extrapolation sind in Tabelle 8.6 wiedergegeben. Nur bei der Extrapolation von $n_{xy}(a,0)$ aus den Werten $n_A = 1$ und $n_b = 2$ wird keine Verringerung des Fehlers erreicht. Das liegt daran, dass bei diesen beiden Werten noch keine monotone Konvergenz der Schnittkraft vorliegt (siehe Bild 8.14). Beim Fehler spielt in diesem Fall neben dem ersten Glied der Taylor-Reihe zumindest noch ein

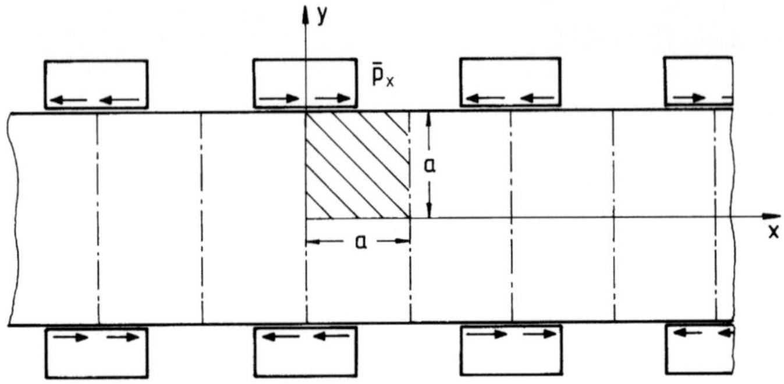

Bild 8.27. Scheibenstreifen unter stufenförmigem, periodischem Randschub

weiteres Glied mit. Es muss also zusätzlich gesichert sein, dass die Funktionswerte bereits erkennbar monoton konvergieren.

8.5 Beispielrechnungen

Es wurde bereits darauf hingewiesen, dass die theoretische Konvergenzordnung sich in vielen Fällen nicht erreichen lässt, da die exakte Lösung nicht die erforderlichen Stetigkeitseigenschaften besitzt. In Bild 8.18 wurden bereits eine Reihe von Singularitäten bei der Scheibe als Folge von Lasteinleitungen oder Unstetigkeiten im Berandungsverlauf angesprochen. Mit zwei Beispielen sollen nun exemplarisch die folgenden Fragen untersucht werden:

- Wie wirkt sich eine belastungsbedingte Singularität auf das Konvergenzverhalten bei anderen Zustandsgrößen aus, die aufgrund der analytischen Lösung regulär bleiben (Abschnitt 8.5.1)?
- Welchem Rechteckelement ist unter dem Gesichtspunkt, eine gewünschte Genauigkeit mit möglichst geringem Aufwand zu erreichen, der Vorzug zu geben, wenn im Funktionsverlauf an einzelnen Stellen Singularitäten zu erwarten sind (Abschnitt 8.5.2)?

8.5.1 Scheibenstreifen unter periodischer, treppenförmiger Randschubbelastung

Ein Scheibenstreifen steht, wie in Bild 8.27 dargestellt, unter periodischem, stufenförmigem Randschub. Aufgrund von Bild 8.18 ist bekannt, dass an der Stelle, an der sich der Randschub sprunghaft ändert, eine logarithmische Singularität im Verlauf der Schnittkraft n_{x} zu erwarten ist.

Für die Diskretisierung werden sämtliche Symmetrie- und Antimetrieeigenschaften ausgenutzt. Man kann sich dann auf den in Bild 8.27 schraffierten Quadranten beschränken. Die Berechnung wurde mit 4-Knoten-Rechteckelementen durchgeführt. Der Quadrant wurde mit vier unterschiedlichen Unterteilungen untersucht: $n = 2, 4, 8, 16$. Im Bild 8.28 sind der Schubverlauf $n_{\mathrm{xy}}(x, a)$ und der randparallele

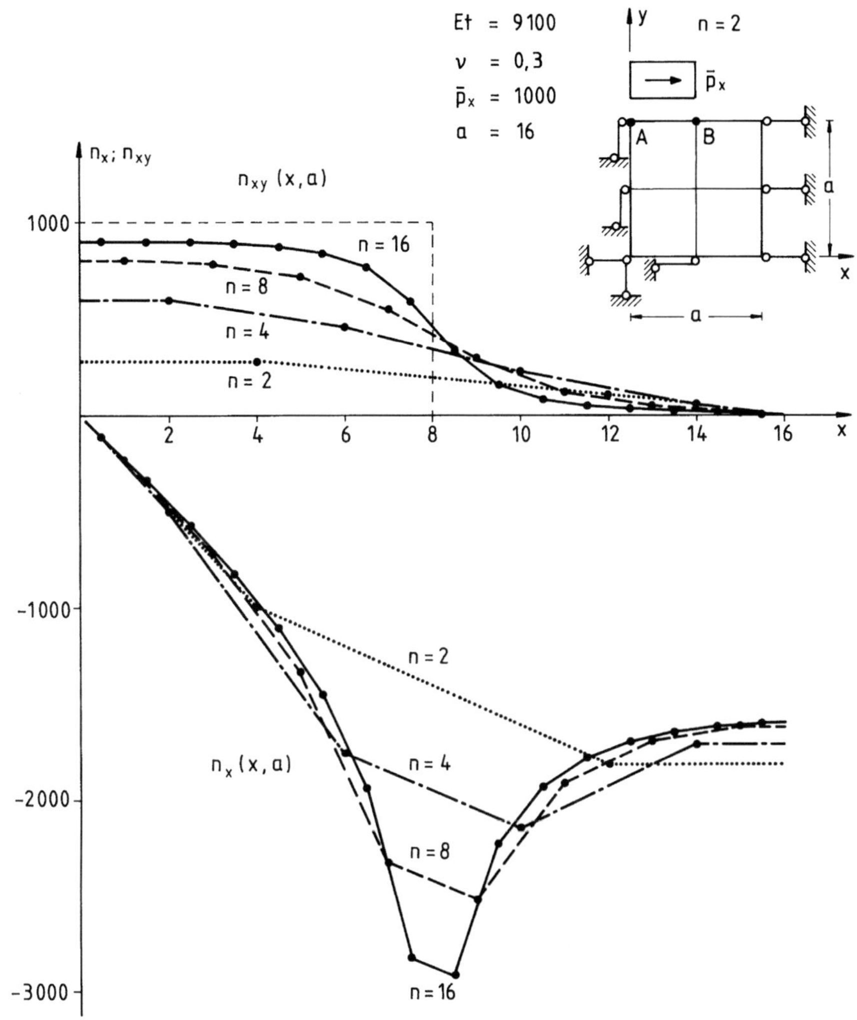

Bild 8.28. Geglätteter Randschnittkraftverlauf bei dem Scheibenstreifen von Bild 8.27 bei unterschiedlichen Unterteilungen (gestrichelte dünne Linie: exakter n_{xy}-Verlauf am oberen Rand)

Normalkraftverlauf $n_x(x, a)$ dargestellt. Es wurden im Interesse der Übersichtlichkeit nur die Schnittkräfte in den Seitenmitten der Randelemente aufgetragen und miteinander verbunden. Die Verbindungslinien stellen also nicht die Spannungsverläufe der Finite-Elemente-Rechnung sondern geglättete Verläufe dar! Man erkennt, wie bei Verfeinerung der Unterteilung die logarithmische Singularität im n_x-Verlauf an der Stelle B angenähert wird.

In Tabelle 8.7 sind die Werte für die Formänderungsenergie, für den Randwert des Schubkraftverlaufes in der Mitte des ersten Elementes und für die Verschiebung u_A zusammengestellt. Weil eine exakte Vergleichslösung (vom Randschub abgesehen) nicht vorliegt, wurde die Konvergenzordnung α aus den Werten für

Tabelle 8.7. Ergebnisse zu dem Beispiel von Bild 8.27 bei unterschiedlichen Unterteilungen

Unterteilungsmaß n	Π_{i}	$u_{\mathrm{A}}(0,a)$	$n_{\mathrm{xy}}\left(\frac{a}{2\,n},a\right)$
2	7695	2,336	278,0
4	8947	2,581	596,9
8	9352	2,648	802,6
16	9473	2,665	901,8
extrapolierte Konvergenzordnung α	1,74	1,98	1,05

$n = 4, 8, 16$ extrapoliert (siehe Aufgabe 8.4). Für die Verschiebung u_A und für den Randwert des Schubkraftverlaufes ergibt sich überraschenderweise nahezu die theoretische Konvergenzordnung ($\alpha_{\mathrm{u}} = 2$ bzw. $\alpha_\sigma = 1$), nicht aber für die Formänderungsenergie ($\alpha_\Pi = 2$). Man kann dies dahingehend interpretieren, dass die beiden lokalen Größen hinreichend weit von der Stelle der Singularität entfernt sind, so dass die Auswirkung der Singularität gering bleibt. Die Formänderungsenergie enthält als globale Größe den vollen Fehler, der sich daraus ergibt, dass mit den bilinearen Verschiebungsverläufen die Singularität nicht erfassbar ist. Die theoretische Fehlerordnung wird dadurch bei der Formänderungsenergie nicht erreicht, die Fehlerordnung wird vielmehr von der Singularität ‚diktiert', vergleiche z. B. auch [8.23].

8.5.2 Kragscheibe unter Rand- und Flächenlasten

Das Tragverhalten einer Kragscheibe unter Rand- und Flächenlasten (Bild 8.29) wurde im Kapitel 4 bereits mit 4-Knoten-Rechteckelementen untersucht. Die Ergebnisse legten die Vermutung nahe, dass die Einspannung am Übergang vom eingespannten zum freien Randabschnitt eine Singularität zur Folge hat, die durch das 4-Knoten-Element nur unzureichend erfasst werden kann (Bild 4.27).

Das gleiche Beispiel soll nun auch dazu dienen, Ergebnisse, die man bei Verwendung unterschiedlicher Elementtypen (8-, 9-, 12- und 16-Knoten-Elemente) erhält, miteinander zu vergleichen. Für die Beispielrechnungen wurden jeweils die vier Elementierungen aus Bild 8.29 verwendet. Aufgrund der (vermuteten) Singularität darf man nicht erwarten, dass sich jeweils die theoretische Konvergenzordnung einstellt. Aber natürlich muss bei jeder Elementierung gelten

$$\Pi_{\mathrm{i},4} \leqslant \Pi_{\mathrm{i},8} \leqslant \Pi_{\mathrm{i},9} \leqslant \Pi_{,16}\,, \tag{8.18a}$$

$$\Pi_{\mathrm{i},4} \leqslant \Pi_{\mathrm{i},8} \leqslant \Pi_{\mathrm{i},12} \leqslant \Pi_{\mathrm{i},16}\,, \tag{8.18b}$$

da die Formfunktionen eines Elementes mit weniger Knoten jeweils in denen mit mehr Knoten enthalten sind.

Die Ergebnisse für die Formänderungsenergie Π_{i} und für die Schnittkraft $n_{\mathrm{x}}(0,0)$ im Punkt A (siehe Bild 8.29) sind in Tabelle 8.8 zusammengestellt, wobei die unterschiedlichen Elemente durch ihre Knotenanzahl gekennzeichnet werden.

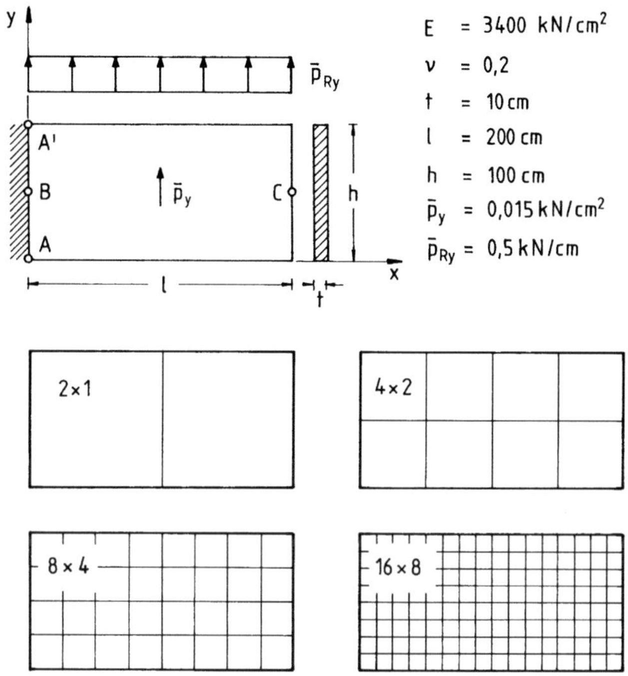

Bild 8.29. Kragscheibe unter Rand- und Flächenlasten. System und Elementierungen

Tabelle 8.8. Ergebnisse der Finite-Elemente-Rechnung für die Kragscheibe aus Bild 8.29

Größe	Elementtyp	Elementierung			
		2×1	4×2	8×4	16×8
	4	11,4100	13,8168	15,0937	15,5351
	8	14,7036	15,4739	15,6587	15,7053
Π_i	9	14,8784	15,5781	15,6900	15,7151
	12	15,2284	15,5432	15,6697	15,7080
	16	15,6336	15,6931	15,7154	15,7225
	4	10,6834	17,2416	23,0571	27,7142
	8	22,3303	25,2796	29,4146	33,5413
$n_{\mathrm{xA}}(0,0)$	9	22,6703	27,9793	32,0221	36,4014
	12	24,6934	25,7420	30,1869	34,4931
	16	29,1180	32,3267	36,7569	41,8315

In Bild 8.30 sind die berechneten Werte für die Formänderungsenergie über dem Unterteilungsmaß n, d. h. über der Anzahl der Elemente in y-Richtung, aufgetragen, wobei die Werte für zwei aufeinanderfolgende Unterteilungszahlen linear miteinander verbunden werden. Die so entstandenen Formänderungsenergieverläufe der Elementtypen 8, 9, 12 und 16 konvergieren augenscheinlich für $n \to \infty$ gegen

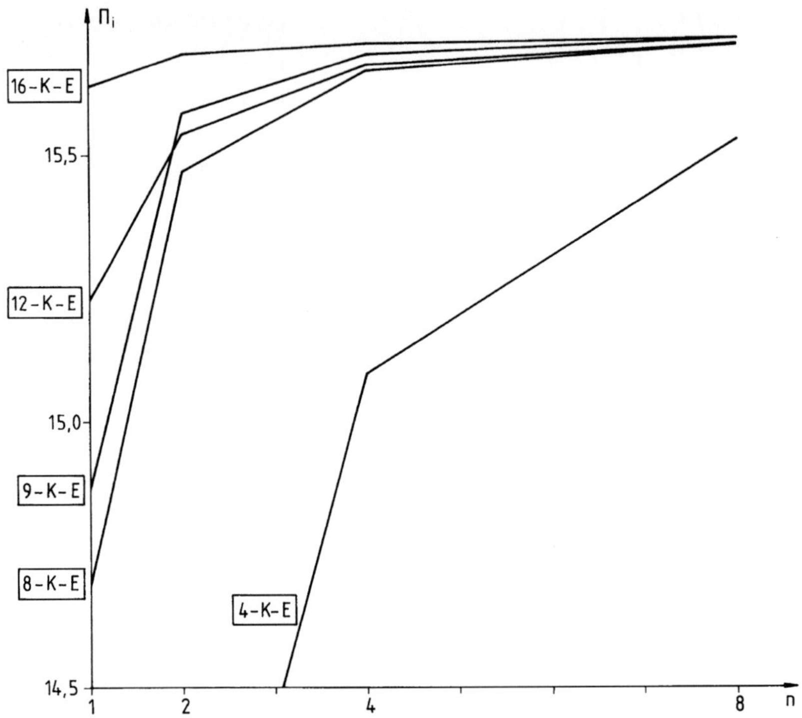

Bild 8.30. Formänderungsenergie Π_i der Kragscheibe aus Bild 8.29 in Abhängigkeit vom Unterteilungsmaß n bei Verwendung von 4-Knoten-Elemente (4-K-E), 8-Knoten-Elemente (8-K-E) etc.

den gleichen Wert. Dies dürfte auch für das 4-Knoten-Element gelten, das aber deutlich schlechter als die anderen vier Elemente abschneidet.

Noch deutlicher werden die Unterschiede zwischen den Elementen, wenn man statt der Formänderungsenergie den Fehler $(\Pi_{\mathrm{i,ex}} - \Pi_{\mathrm{i,FEM}})/\Pi_{\mathrm{i,ex}}$ aufträgt und dafür eine doppelt-logarithmische Darstellung wählt. Für diese Art der Auftragung benötigt man allerdings den Wert $\Pi_{\mathrm{i,ex}}$. Eine gute Näherung hierfür lässt sich mit der Richardson-Extrapolation aus drei aufeinander aufbauenden Elementierungen bestimmen (siehe Aufgabe 8.5): $\Pi_{\mathrm{i,ex}} \approx 15{,}725$. In Bild 8.31 ist links der Fehler über dem Unterteilungsmaß n und rechts über der Anzahl der Systemfreiheitsgrade aufgetragen. Aus der Darstellung über dem Unterteilungsmaß lässt sich die Konvergenzordnung entnehmen. Nach Tabelle 8.4 beträgt die Konvergenzordnung beim 4-Knoten-Element 2, beim 8- und 9-Knoten-Element 4 und beim 12- und 16-Knoten-Element 6. Aus Bild 8.31 geht nun hervor, dass die erreichte Konvergenzordnung für alle Elementtypen etwa gleich ist und sogar noch unter 2 liegt. Verantwortlich hierfür ist, dass die Beschränktheitsforderung wegen der Singularität verletzt wird, und zwar schon beim 4-Knoten-Element. Die Konvergenzordnung wird also auch bei diesem Beispiel von der Singularität diktiert. Davon abgesehen verlaufen die Kurven erwartungsgemäß. Einzige Ausnahme ist das 12-Knoten-Element, das nur bei der gröbsten Unterteilung ($n = 1$) die Erwartung

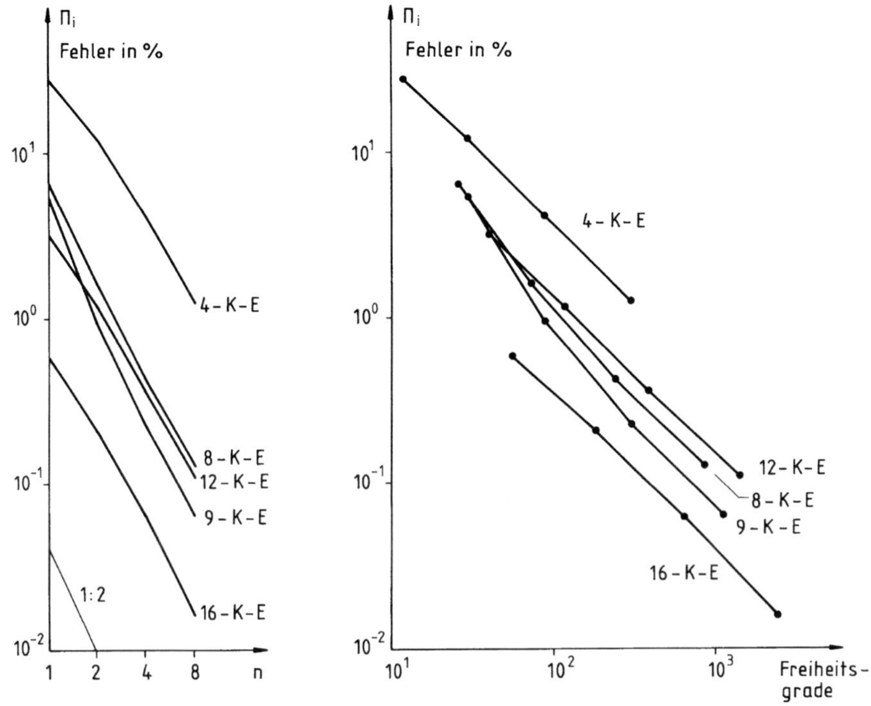

Bild 8.31. Formänderungsenergiefehler bei der Kragscheibe aus Bild 8.29 in Abhängigkeit vom Unterteilungsmaß n und von der Anzahl der Systemfreiheitsgrade

erfüllt. Geht man hingegen zu Unterteilungen $n > 1$ über, so ist beim Vergleich des 12-Knoten-Elementes mit dem 9-Knoten-Element der Fehler bei gleicher Unterteilung beim 12-Knoten-Element trotz höherer Anzahl der Freiheitsgrade größer. Das ist aber kein Verstoß gegen die Konvergenzaussagen, da die Formfunktionen des 9-Knoten-Elementes nicht in denen des 12-Knoten-Elementes enthalten sind. Bezogen auf eine feste Anzahl an Systemfreiheitsgraden ist das 12-Knoten-Element sogar schlechter als das 8-Knoten-Element.

Von größerer Bedeutung für eine Finite-Elemente-Rechnung ist ein Vergleich unterschiedlicher Elementtypen bezüglich Rechenzeit- und Speicherplatzbedarf. In Bild 8.32 ist der Formänderungsenergiefehler über der Anzahl der Rechenzeitoperationen zum Auflösen des Gleichungssystems nach Gl. (5.13) dargestellt. Das qualitativ gleiche Bild ergibt sich, wenn man den Fehler über der Anzahl der Speicherplätze aufträgt, die für den Aufbau des Gleichungssystems benötigt werden. Es ergibt sich kein großer Unterschied zu der auf die Systemfreiheitsgrade bezogenen Darstellung (Bild 8.31), nur dass in Bild 8.32 die Kurven näher zusammengerückt sind.

Bevor wir zu einer abschließenden Bewertung der Elementtypen kommen und Schlussfolgerungen für allgemeine Tragwerke ziehen (Abschnitt 8.6), wollen wir wie beim 4-Knoten-Element in Abschnitt 4.1.9 den Schnittkraftverlauf am Rand $y = 0$ bei Verwendung der 4×2-Elementierung betrachten (Bild 8.33). Wie das 4-Knoten-Element so sind auch die höheren Elemente nicht in der Lage, die Schnittkraftsin-

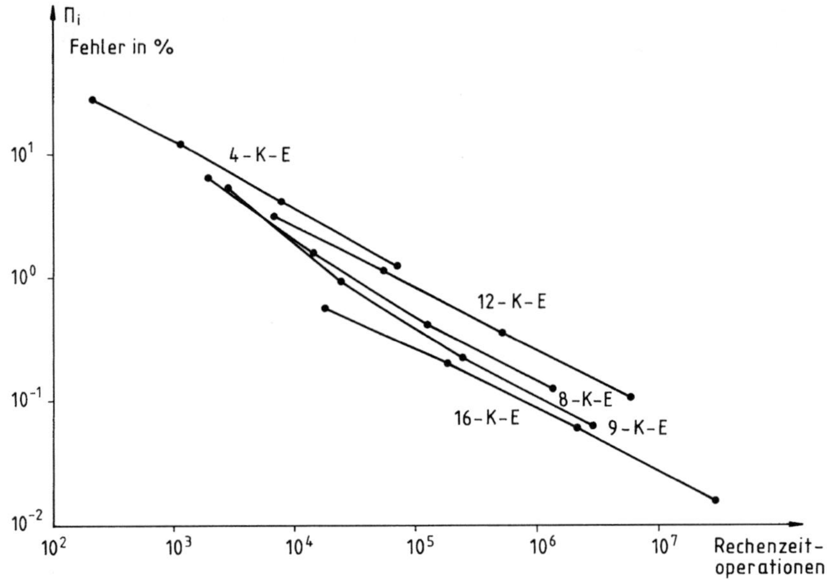

Bild 8.32. Formänderungsenergiefehler bei der Kragscheibe aus Bild 8.29 in Abhängigkeit von der Anzahl der Rechenzeitoperationen

gularität an der Stelle $x = 0$ qualitativ richtig zu erfassen. Dieser Mangel hat zur Folge, dass die Schnittkraftrandbedingungen $n_y(x, 0) = 0$ und $n_{xy}(x, 0) = 0$ vor allem im ersten Element neben dem Einspannrand merklich verletzt wird. Zusätzlich kommt es an den Elementgrenzen zu Sprüngen in den Schnittkraftverläufen. Am besten wird noch das 16-Knoten-Element mit der Singularität fertig; ab Mitte des zweiten Elementes verlaufen die Schnittkräfte erwartungsgemäß.

Von den übrigen Elementen liefert das 9-Knoten-Element, gemessen am Anfangswert $n_x(0, 0)$ und am Schnittkraftsprung im n_x-Verlauf beim Übergang vom ersten zum zweiten Element, die besten Ergebnisse. Obwohl das 12-Knoten-Element das Vierfache der Rechenzeit des 8-Knoten-Elementes benötigt, sind die Ergebnisse beider Elemente gleichwertig.

8.6 Einige praktische Schlussfolgerungen aus den Untersuchungen zum Genauigkeits- und Konvergenzverhalten

Genauigkeits- und Konvergenzuntersuchungen liefern Aussagen, wie nahe man mit einer Finite-Elemente-Näherungslösung an die exakte Lösung herankommt. Leider gibt es bisher keine praktisch einsetzbaren Verfahren, mit denen sich eine beliebige, gesuchte Größe durch zwei unterschiedliche Rechnungen von oben und von unten eingrenzen lässt. Insofern sind die Ergebnisse für den Praktiker enttäuschend.

Die Sicherheit, dass eine Lösung bei Verfeinerung der Unterteilung wenigstens im Mittel (also beispielsweise bezüglich der Formänderungsenergie oder der Eigenwerte) gegen die exakte Lösung konvergiert, hat man dann, wenn man mit kompatiblen Elementen arbeitet, die alle notwendigen Stetigkeitsforderungen erfüllen. Die

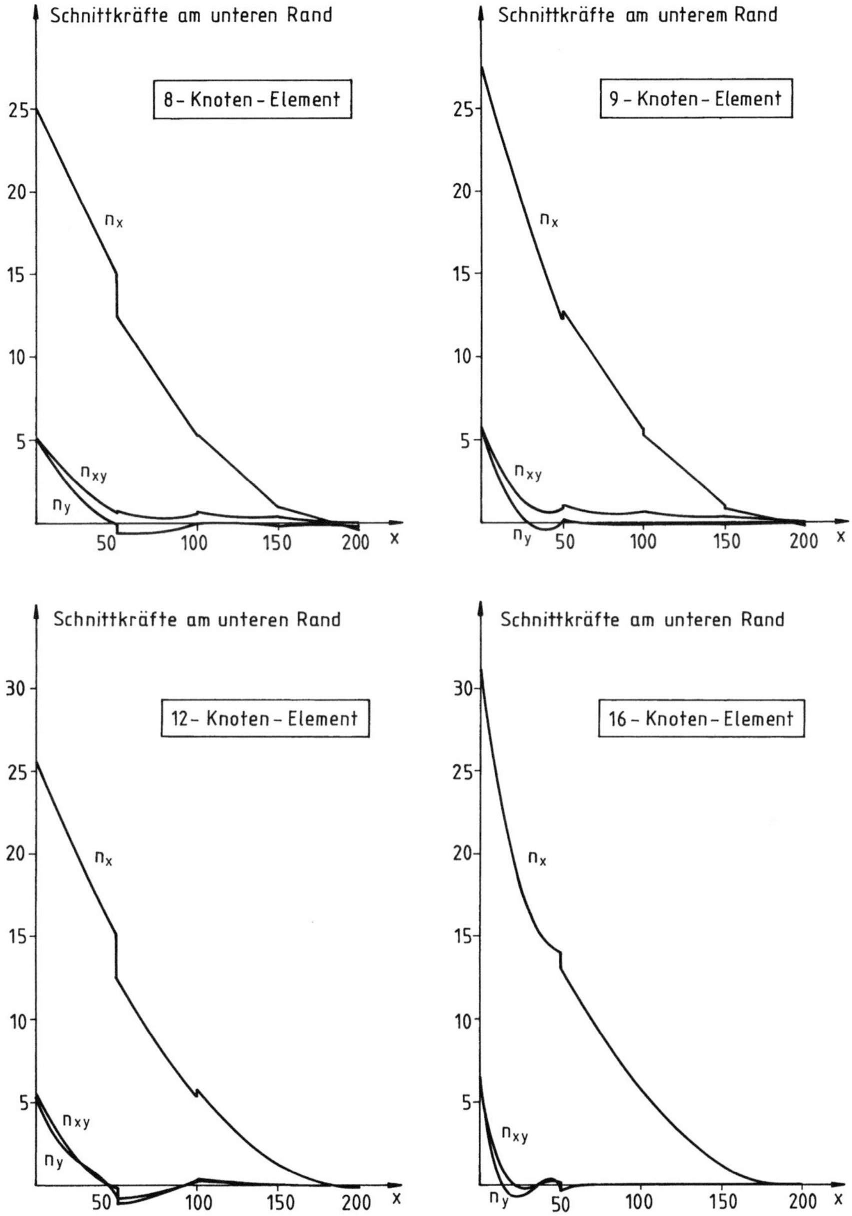

Bild 8.33. Schnittkraftverlauf bei der Kragscheibe aus Bild 8.29 am Rand $y = 0$ bei der 4×2-Elementierung

Konvergenz bei Schnittkräften oder Spannungen ist in der Regel schlechter; bei Singularitäten in den Schnittkraftverläufen lässt sich eine Konvergenz an den Stellen der Singularität nur dann erreichen, wenn das singuläre Lösungsverhalten durch die Ansatzfunktionen erfasst wird. Bei inkompatiblen Elementen wird in jedem Fall zur

Vorsicht geraten, zumindest solange keine eindeutigen Konvergenznachweise vorliegen. Auch der Einsatz eines Patch-Tests kann einen solchen Konvergenzbeweis nicht ersetzen.

Theoretische Konvergenzordnung bei Erfüllung der Beschränktheitsforderung

Solange die Beschränktheitsforderung erfüllt ist, d. h., solange die (nicht bekannte!) exakte Lösung einschließlich gewisser Ableitungen beschränkt bleibt, wird die Konvergenzordnung von Finite-Elemente-Näherungslösungen bei fortlaufender Verfeinerung der Elementierung vom Grad des vollständigen Polynoms bestimmt, das sich aus den im Element verwendeten Formfunktionen aufbauen lässt. Die Ergebnisse der beiden Beispiele im Abschnitt 8.3 bestätigen diese Erwartungen.

Bei der Scheibe muss wenigstens ein vollständiges lineares Polynom darstellbar sein ($p = 1$). Dies entspricht genau der Forderung nach Darstellbarkeit von Starrkörperverschiebungen und konstanten Verzerrungen. Bei der schubstarren Platte, die wir im nächsten Kapitel behandeln werden, muss wenigstens ein quadratisches Polynom ($p = 2$) exakt darstellbar sein. Auch dies entspricht der Forderung nach Darstellbarkeit von Starrkörperverschiebungen und konstanten Verzerrungsgrößen (Krümmungen). Unsere bisher anschaulich begründeten Darstellbarkeitsforderungen sind damit auch mathematisch begründet.

Die Verwendung von Elementen, mit denen sich vollständige Polynome der Ordnung p noch darstellen lassen, mag verlockend sein; eine Verbesserung der Konvergenzordnung darf man aber nur dann erwarten, wenn alle Ableitungen der exakten Lösung im Element bis zum Grad $p+1$ beschränkt bleiben. Leider ist das bei vielen praktischen Problemen nicht der Fall.

Konvergenzverhalten und Genauigkeit bei praktischen Problemen

Bei praktischen Problemen treten Verletzungen der Beschränktheitsforderung bei höheren Ableitungen oder sogar singuläre Schnittkraftverläufe auf. Einen Eindruck von dem dann zu erwartenden Konvergenzverhalten vermitteln die Beispielrechnungen in Abschnitt 8.5. Die Konvergenzordnung wird von der Singularität bestimmt. Trotzdem erweisen sich auch hier die höheren Elemente bei einem Vergleich von Aufwand (Rechenzeit) und Genauigkeit (gemessen an der Erfassung der Formänderungsenergie) als überlegen.

Eindeutiger Testsieger ist das 16-Knoten-Element. Es folgen auf den Plätzen 2 und 3 das 9- und 8-Knoten-Element. Weit abgeschlagen ist das 4-Knoten-Element. Das 12-Knoten-Element leistet in Anbetracht des hohen Rechenzeitbedarfs zu wenig.

Lassen sich diese Ergebnisse verallgemeinern, d. h., ist der Einsatz des 16-Knoten-Elementes mit bikubischen Formfunktionen generell zu empfehlen? Das ist nicht der Fall: Der hochwertige Ansatz des 16-Knoten-Elementes kommt bei dem Beispiel voll zum Tragen, weil es sich bei der Kragscheibe um ein rechteckig berandetes Tragwerk handelt und weil wir völlig gleichmäßig unterteilt haben. Bei einer komplexen Konstruktion mit Versteifungen, Löchern, krummlinigen Berandungen, etc. reicht es aus, statt des ‚teuren‘ 16-Knoten-Elementes das 9-Knoten-Element zu verwenden, da schon die Erfassung der irregulären Geometrie, etwa in der Nähe einer Kerbe, eine feinere Elementierung erforderlich macht. Wenn wir bei dem Beispiel der Kragscheibe an der Ecke, an der freier und eingespannter Rand zusammenstoßen, feiner elementiert hätten, wäre der Vorsprung des 16-Knoten-Elementes aufgezehrt worden. Hinzu kommt, dass bei irregulären Strukturen oder bei elastisch-plastischen Problemen die numerische Integration zur Ermittlung der Steifigkeitsmatrizen bei der Rechenzeitermittlung nicht mehr vernachlässigt werden darf. Das gibt dann weitere Minus-Punkte für das 16-Knoten-Element gegenüber dem 9- und 8-Knoten-Element. Das 4-Knoten-Element hat allerdings auch in diesem Fall keine Chance, da die elementweise getreppten Spannungsverläufe einen steilen Spannungsgradienten nur unvollkommen approximieren können (Bild 8.28). Ob das 8- oder das 9-Knoten-Element bei einer irregulären Struktur bei Berücksichtigung des kompletten Rechenzeit- und Speicherplatzbedarfs überlegen ist, müsste mit einer Fülle von Beispielrechnungen im einzelnen überprüft werden.

Fazit: Bei allgemeinen Scheibenproblemen empfiehlt sich der Einsatz des 9- und 8-Knoten-Elementes als akzeptabler Kompromiss.

Aus den bisherigen Ergebnissen lassen sich auch einige Hinweise für die dreidimensionale Rechnung ableiten. Bei den schiefwinkligen und krummlinigen ‚Quader'elementen konkurrieren das trilineare 8-Knoten-Volumenelement, das 20-Knoten-Randpunktelement, das triquadratische 27-Knoten-Volumenelement, das 32-Knoten-Randpunktelement und das trikubische 64-Knoten-Volumenelement. Das 8-Knoten-Volumenelement leidet an den gleichen Schwächen wie das 4-Knoten-Scheibenelement und wird daher ähnlich schlechte Ergebnisse liefern. Rechenzeitgesichtspunkte haben bei dreidimensionalen Problemen ungleich mehr Gewicht als bei zweidimensionalen Aufgabenstellungen: Das 32- und das 64-Knoten-Element sind unter diesem Gesichtspunkt nicht zu bezahlen. Von den beiden verbleibenden Elementen, dem triquadratischen 27-Knoten-Element und dem 20-Knoten-Randpunktelement ist das letztere unter Rechenzeitgesichtspunkten voraussichtlich im Vorteil.

Fazit: Bei dreidimensionalen Problemen empfiehlt sich der Einsatz des 20- oder des 27-Knoten-Elementes.

8.7 Übungsaufgaben

Aufgabe 8.1. Eigenwerte des 4-Knoten-Elementes bei reduzierter Integration

Die Steifigkeitsmatrix eines 4-Knoten-Quadratelementes, die durch numerische Integration mit einer Stützstelle in der Elementmitte berechnet wird, hat dieselben Eigenvektoren und zugehörigen Eigenformen wie die analytisch ermittelte Steifigkeitsmatrix (siehe Bild 4.44).

- Begründe mit Hilfe der Schnittkraftzustände, die sich einstellen, wenn die Eigenformen als Verschiebungszustände vorgegeben werden, warum sich die Eigenwerte λ_4 und λ_5 unzulässigerweise zu Null ergeben, während die restlichen Eigenwerte richtig erfasst werden!

Aufgabe 8.2. Kontrolle der Matrizen des 4-Knoten-Rechteckelementes

Für die Kontrolle der Matrizen des 4-Knoten-Rechteckelementes, dessen Mittelpunkt mit dem Ursprung des x, y-Koordinatensystems zusammenfällt, soll der Zustand „$u = xy$, $v = 0$“ vorgegeben werden.

- Bestimme mit den Gln. (2.8) und (2.5) die zugehörigen Schnittkräfte!
- Welche Flächenlasten müssen auf das Element aufgebracht werden, damit das Gleichgewicht (Gl. (2.2)) erfüllt ist?
- Wie lauten die als Randlasten vorgegebenen Randschnittkräfte?
- Reicht es aus, nur die Starrkörperverschiebungen zu behindern? Wie lauten die geometrischen Randbedingungen?
- Welche Elementmatrizen werden im Zuge der Rechnung getestet?

Aufgabe 8.3. Zusammenhang zwischen potentieller Energie und Formänderungsenergie

- Weise nach, dass bei reiner Kraftbelastung sowohl für die exakte Lösung $\boldsymbol{u}$ als auch für die Finite-Elemente-Näherungslösung $\boldsymbol{v}_\mathrm{N}$ gilt, dass die potentielle Energie gleich der negativen Formänderungsenergie ist, so dass sich aus der Abschätzung für die potentielle Energie, Gl. (8.13), die Abschätzung für die Formänderungsenergie, Gl. (8.14), ergibt!
- Warum gilt die Gleichheit nicht, wenn gleichzeitig Kraftbelastungen und Randverschiebungen vorgegeben werden?

Lösungshinweis: Bei der exakten Lösung ist nach Anwendung des Integralsatzes zu berücksichtigen, dass die exakte Lösung auch die Gleichgewichtsbedingungen und die Schnittkraftrandbedingungen befriedigt. Bei der Finite-Elemente-Näherungslösung muss die entsprechende Näherungsaussage herangezogen werden.

Aufgabe 8.4. Minimaleigenschaft der Formänderungsenergie bei Vorgabe von Randverschiebungen

Im Abschnitt 8.3.2 wurde auf Grundlage einfacher Beispiele allgemein behauptet, dass bei Vorgabe von Randverschiebungen $\bar{\boldsymbol{u}}_\mathrm{R}$ die Formänderungsenergie Π_i zu einem Minimum wird und dass auch für die äußere Ergänzungsarbeit W_a^*, d. h. für das über den Rand $\mathrm{R_u}$ aufintegrierte Produkt aus Randverschiebungen und Randschnittkräften, eine derartige Minimaleigenschaft gilt.

- Zeige zunächst die Minimaleigenschaft der Formänderungsenergie! Bezüglich welcher Vergleichsfunktionen (siehe Abschnitt 14.2 gilt die Minimaleigenschaft?
- Beweise anschließend die Minimaleigenschaft von W_a^*!

Hinweis: Es empfiehlt sich, zunächst die geometrische Randbedingung am Rand $\mathrm{R_u}$ mit Lagrangeschen Multiplikatoren (siehe Abschnitt 14.2) in das Prinzip vom Minimum der potentiellen Energie einzubauen.

- Wie lautet das entstehende Variationsprinzip? Wie kann der Lagrangesche Multiplikator interpretiert werden?
- Wie lautet die zugehörige virtuelle Arbeitsaussage?

Tabelle 8.9. Weitere Ergebnisse der Finite-Elemente-Rechnung für die Kragscheibe aus Bild 8.29

Größe	Elementtyp	Elementierung			
		2×1	4×2	8×4	16×8
$v_C(200,50)$	4	0,125040	0,154113	0,167848	0,172284
	8	0,165968	0,172256	0,173586	0,173932
	9	0,167588	0,173006	0,173823	0,174009
	12	0,170511	0,172799	0,173665	0,173953
	16	0,173512	0,173842	0,174010	0,174065
$n_{xyB}(0,50)$	4	7,28576	6,58777	5,62468	4,81450
	8	4,98902	3,53772	3,73786	3,73314
	9	4,64554	4,15613	3,79177	3,74365
	12	3,99019	2,52774	3,79156	3,72975
	16	3,50590	3,58526	3,71058	3,74122

- Die virtuelle Arbeitsaussage gilt sicher auch dann, wenn als virtuelle Größen die wirklichen Größen der Lösung eingeführt werden. Welche Beziehung ergibt sich?

Aufgabe 8.5: Richardson-Extrapolation bei unbekannter Konvergenzordnung

- Es liegen Ergebnisse einer Finite-Elemente-Rechnung vor, bei denen die Konvergenzordnung α der Funktionswerte nicht bekannt ist. Lässt sich dennoch der exakte Wert extrapolieren und die Fehlerordnung näherungsweise ermitteln, wenn die Funktionswerte für die Unterteilungsmaße n, $2\,n$ und $4\,n$ vorliegen?
- Bestimme einen Schätzwert für die Verschiebung $v(200,50)$ im Punkt C und für die Schnittkraft $n_{xy}(0,50)$ im Punkt B der Kragscheibe aus Bild 8.29 aus den in Tabelle 8.9 angegebenen Näherungswerten!
- Wie groß ist die Konvergenzordnung?
- Interpretiere das Ergebnis!

9 Finite Elemente für Balken und Platten

9.1 Vorbemerkung

Balken, Platten und Schalen, d. h. Tragwerke, die einen großen Teil der Belastung über Biegung abgetragen, haben technisch eine erhebliche Bedeutung. Im Hinblick auf die bei der Modellierung auftretenden Probleme ist es gerechtfertigt, sich mit finiten Elementen für Biegestrukturen gesondert zu befassen. Wir beschränken uns hierbei auf Balken und Platten. Die Beschäftigung mit finiten Elementen für Schalen würde den Rahmen einer Einführung sprengen.

Platten und Scheiben ist gemeinsam, dass die Dickenabmessung klein gegenüber den Längenabmessungen ist. Im Vergleich zu den Scheibenverschiebungen werden Plattenverschiebungen häufig so groß, dass eine geometrisch nichtlineare Rechnung erforderlich wird. Aber schon im Rahmen einer linearen Theorie treten bei Platten und Balken Zusatzeffekte auf: Biegestrukturen neigen, besonders wenn sie nicht nur senkrecht zur Mittelfläche, sondern auch in der Mittelfläche beansprucht werden, zu Instabilitäten (Beulen, Knicken). Zur Behandlung dieser Instabilitäten sind Erweiterungen im Prinzip der virtuellen Verrückungen erforderlich, die wir bis zum Kapitel 10 zurückstellen wollen.

Zur Modellierung von Biegestrukturen durch Finite-Elemente-Modelle gibt es mehrere Möglichkeiten, die in Bild 9.1 am Beispiel eines Balkens mit Rechteckquerschnitt erläutert werden. Der Kragbalken wird in drei Abschnitte (Elemente) unterteilt, wobei die konkrete Strukturmodellierung offen bleibt. In den Elementen stellt sich ein ebener Spannungszustand ein. Es liegt daher nahe, unmittelbar Ansätze für die beiden Verschiebungen $u(x, z)$ und $w(x, z)$ einzuführen (Bild 9.1a). Aus der Sicht eines Finite-Elemente-Verfahrens ist dies der angenehmste Weg, da man mit den bisherigen Scheibenelementen auskommt. Ein Balkenelement ist bei einer derartigen Modellierung nur ein spezielles Scheibenrechteckelement, dessen eine Seitenabmessung durch Verringerung der Balkenhöhe h sehr klein werden kann. In entsprechender Weise erhält man aus einem Quaderelement durch Verkleinerung einer Seitenabmessung ein Plattenelement.

Bei diesem Vorgehen verzichtet man bewusst darauf, die grundlegenden Hypothesen für Balkentragwerke (Eben- und Senkrechtbleiben der Querschnitte), bereits auf der Ebene der Kontinuumsmechanik zu berücksichtigen. Man geht davon aus, dass sich ein derartiges Strukturverhalten durch Verringerung der Elementdicke von selbst einstellt. Außerdem nimmt man eine höhere Zahl von Freiheitsgraden in Kauf, da die Grundhypothesen ihrem Charakter nach kinematische Zwangsbedingungen sind, durch die die Zahl der Freiheitsgrade in einem Querschnitt verringert wird.

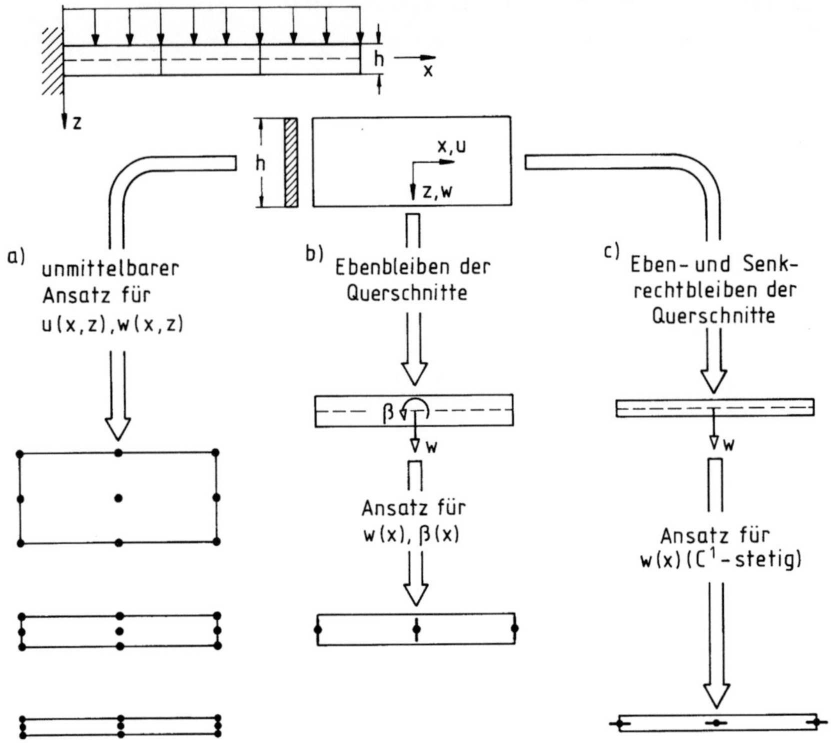

Bild 9.1. Unterschiedliche Modellierungsmöglichkeiten eines Balkens mit Rechteckquerschnitt: **a** als ebener Spannungszustand, **b** als schubweicher Balken, **c** als schubstarrer Balken

Führt man für das zweidimensionale Scheibenkontinuum die Hypothese ein, dass die Querschnitte eben und ungedehnt bleiben (Bild 9.1b),

$$u(x,z) = z\,\beta(x)\,, \quad w(x,z) = w(x,0)\,,$$

so erhält man den schubweichen Balken (Timoshenko-Balken). Als Freiheitsgrad tritt neben der Balkenverschiebung $w(x) \equiv w(x,0)$ die Querschnittsneigung $\beta(x)$ auf. Zur schubweichen Platte der Reissnerschen oder Mindlinschen Plattentheorie gelangt man, indem man in entsprechender Weise für ein dünnes, dreidimensionales Kontinuum die Hypothese vom Erhaltenbleiben der Normalenelemente einführt: Ein Normalenabschnitt senkrecht zur Plattenmittelfläche bleibt bei der Deformation gerade und ungedehnt. Die Grundgleichungen und die Prinzipformulierung für schubweiche Balken und Platten wurden bereits in den Tabellen 2.4 und 3.2 angegeben.

Werden Balken und Platten noch dünner, so kann man beide Tragwerke als schubstarr ansehen. Als zusätzliche Hypothese wird eingeführt, dass der Balkenquerschnitt (das Normalenelement der Platte) auch im verformten Zustand senkrecht auf der verformten Mittellinie (Mittelfläche) stehen bleibt (Bild 9.1c). Grundgleichungen und Prinzipformulierung für den Euler-Bernoulli-Balken und die Kirchhoff-Platte sind in den Tabellen 2.5 und 3.3 angegeben. Aufgrund der

Normalenhypothese ist die Querschnittsneigung beim Balken keine unabhängige Zustandsgröße mehr: $\beta = -w_{,\mathrm{x}}$. Freiheitsgrade lassen sich auf diese Weise allerdings nicht einsparen: Die Querverschiebung w muss bei einer Finite-Elemente-Diskretisierung C^1-stetig approximiert werden. Beim Übergang von einem Balkenelement zum Nachbarelement muss daher neben w auch $w_{,\mathrm{x}}$ als Freiheitsgrad eingeführt werden.

Die in Bild 9.1 vorgenommene Einteilung bestimmt im wesentlichen die Gliederung des neunten Kapitels. Ziel ist es, *allgemein einsetzbare Elemente* zu gewinnen, die ähnlich wie bei den Scheibenelementen eine ganze Reihe von *Forderungen* erfüllen müssen. Diese Forderungen werden im folgenden Abschnitt 9.2 zusammengestellt. Anschließend werden Elemente für schubstarre (Abschnitt 9.3) und für schubweiche Balken und Platten (Abschnitt 9.4) untersucht. Der Abschnitt 9.5 befasst sich kurz mit ‚degenerierten' Volumenelementen, die als Platten- und sogar als Schalenelemente eingesetzt werden, und mit ‚degenerierten' Scheibenelementen, die als Balken- und Bogenelemente Verwendung finden.

Auf die formale Ableitung der Elementmatrizen wird nur sehr knapp eingegangen, auf die Entwicklung des Finite-Elemente-Verfahrens gar nicht, da beides weitgehend analog zur Scheibe abläuft.

9.2 Forderungen an Balken- und Plattenelemente

Ausgehend von den Forderungen, die in Abschnitt 4.2 für Scheibenelemente und die zugehörigen Ansatzfunktionen formuliert wurden, sollen nun entsprechende Forderungen für Balken- und Plattenelemente angegeben werden. Der Forderungskatalog hilft uns insbesondere bei der Bewertung der vielen Plattenelemente, die in den folgenden Abschnitten vorgestellt werden.

1. *Stetigkeitsforderung:* Bei der Modellierung von Biegestrukturen durch *degenerierte zwei- oder dreidimensionale Elemente* (Bild 9.1a) müssen die Ansatzfunktionen C^0-stetig verlaufen. Bei der Modellierung einer Biegestruktur mit *schubweichen Balken- oder Plattenelementen* (Bild 9.1b) müssen sowohl die Verschiebung w, als auch die Querschnittsneigungen (β bzw. β_x, β_y) C^0-stetig verlaufen. Bei einer Modellierung durch *schubstarre Balken- oder Plattenelemente* (Bild 9.1c) muss für die C^1-Stetigkeit der Verschiebung w gesorgt werden.

2. *Darstellbarkeitsforderung:* Zur Darstellbarkeit von Starrkörperverschiebungen sind keine besonderen Anmerkungen erforderlich. Anders sieht es bei den konstanten Verzerrungszuständen aus. Zur Illustration betrachten wir ein schubweiches Balkenelement, bei dem als Verzerrungen die Schubverzerrung γ und die Krümmung κ eingeführt werden.

   Die Forderung nach Darstellbarkeit einer konstanten Krümmung ist gleichbedeutend damit, dass bei Verwendung des Scheibenelementes von Bild 9.1a eine in z-Richtung linear veränderliche Dehnung $\varepsilon_\mathrm{x} = z\,\kappa$ exakt erfasst werden muss. Zu $\kappa = 1$ gehört unter der Voraussetzung einer konstanten Biegesteifigkeit ein konstantes Biegemoment $M = EI$. Die beiden Biegemomente an den Balkenenden stehen dann im Gleichgewicht (Bild 9.2a). Eine entsprechende Forderung gilt für Platten.

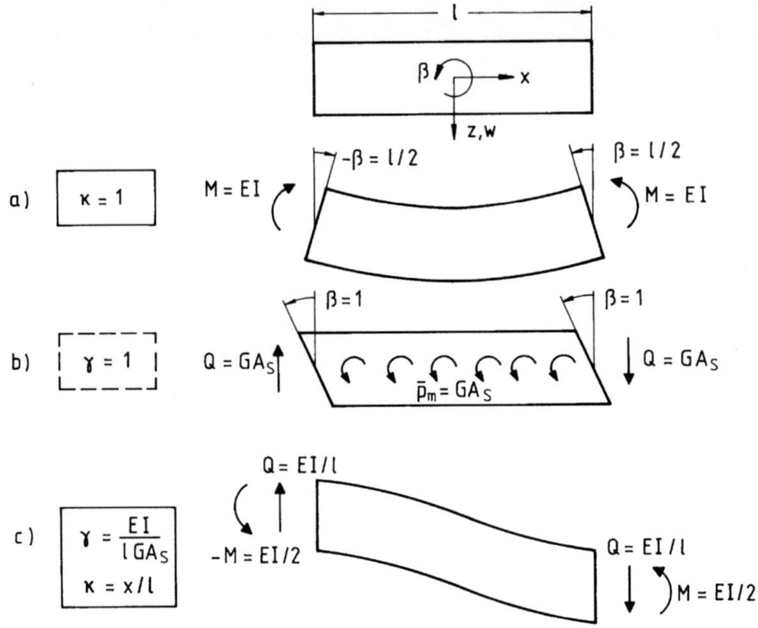

Bild 9.2. Zur Darstellbarkeit konstanter Verzerrungsgrößen bei einem Balkenelement. **a** Reine Biegung, **b** reiner Schub, **c** Schubbiegung

Die Forderung nach Darstellbarkeit einer konstanten Schubverzerrung ist unvollständig. Den Grund erläutern wir mit Bild 9.2. Zu einer konstanten Schubverzerrung γ gehört eine konstante Querkraft Q. Die beiden an den Balkenenden entgegengesetzt wirkenden Querkräfte bilden ein resultierendes Moment. Zur Gleichgewichtsbildung hat man zwei Möglichkeiten: Man kann entweder ein Linienmoment $\bar{p}_{\mathrm{m}} = Q$ oder Biegemomente $-M(-l/2) = M(l/2) = Q\, l/2$ an den Balkenenden (Bild 9.2c) einführen. Für den Verschiebungs-Verzerrungszustand bedeutet die zweite Möglichkeit, dass eine konstante Schubverzerrung und eine linear veränderliche Krümmung gerade so miteinander kombiniert werden, dass die Schnittkräfte an den Enden des Balkenelementes untereinander im Gleichgewicht stehen, ohne dass zusätzliche Linienbelastungen nötig sind. Die Darstellbarkeit dieses Zustandes ist sicher wichtiger als die des Zustandes aus Bild 9.2b. Die beiden Zustände aus Bild 9.2a und c, deren Darstellbarkeit gewährleistet sein sollte, sind letztlich Schnittkraftzustände, die in gleicher Form auch beim schubstarren Balken auftreten können. Für ein Balkenelement ergibt sich mithin die folgende Darstellbarkeitsforderung: Ein Balkenelement sollte beliebige linienlastfreie (homogene) Zustände exakt darstellen können. Bei einem Balken mit konstanter Steifigkeit ist das gleichbedeutend mit der Darstellbarkeit einer konstanter Krümmung (reine Biegung) und einer konstanter Schubverzerrung in Verbindung mit einer linear veränderlichen Krümmung (Schubbiegung). Entsprechende Forderungen gelten für Platten.

3. *Konvergenzforderung:* Konvergenz gegen die exakte Lösung ist dann sichergestellt, wenn die Stetigkeitsforderung erfüllt ist und wenn alle im Funktional auftretenden Verzerrungsgrößen konstant darstellbar sind. Bei Verletzung der Stetigkeitsforderung kann trotzdem noch Konvergenz vorliegen, allerdings sind dann mühsame mathematische Konvergenzuntersuchungen erforderlich. Man setzt dafür üblicherweise den Patch-Test [9.8, 9.22] ein, was nicht ganz unproblematisch ist (siehe Abschnitt 8.2), oder greift auf Untersuchungen aus der Literatur [9.1, 9.20, 9.43] zurück. Zum Komplex mathematischer Konvergenzuntersuchungen existieren inzwischen zahlreiche Arbeiten, darunter auch eine deutschsprachige Monographie [9.44], die umfangreiche Literaturangaben enthält.

4. *Forderung nach positiver Definitheit:* Die Forderung nach positiver Definitheit der Steifigkeitsmatrix unterscheidet sich nicht von der entsprechenden Forderung bei Scheibenelementen. Bezogen auf die Eigenformen gilt wieder: Die Steifigkeitsmatrix darf keine energiefreisetzenden Eigenformen und keine überflüssigen Null-Energie-Eigenformen besitzen. Eine Verletzung dieser Forderung kann z. B. im Zusammenhang mit einer ‚reduzierten' Integration oder bei Elementen auf der Grundlage modifizierter Variationsprinzipien (Abschnitt 14.2) auftreten.

5. *Forderung nach Drehungsinvarianz oder geometrischer Isotropie:* Bei der Entwicklung schubstarrer Plattendreieckelemente hat die Zusatzforderung nach Drehungsinvarianz oder geometrischer Isotropie eine gewisse Bedeutung erlangt. Führt man die Freiheitsgrade (w, $w_{,\mathrm{x}}$ und $w_{,\mathrm{y}}$) in einem globalen Koordinatensystem ein und formuliert die Ansatzfunktionen in einem demgegenüber gedrehten lokalen kartesischen Koordinatensystem, so sollte die Elementsteifigkeitsmatrix von der gegenseitigen Lage der Koordinatensysteme unabhängig sein. Das Problem der Drehungsinvarianz tritt nicht auf, wenn die Ansatzfunktionen im elementspezifischen Koordinatensystem (z. B. Dreieckskoordinaten) formuliert werden. Daher ist uns diese Forderung bei der Scheibe nicht begegnet.

6. *Beschränkung auf Knoten mit gleichartigen Freiheitsgraden:* In einem Element sollen für alle Knoten nach Möglichkeit die gleichen Freiheitsgrade eingeführt werden, da dies erhebliche programmorganisatorische Vorteile hat.

7. *Verzicht auf Verwendung überkompatibler Knotenfreiheitsgrade:* Es sollen möglichst nur Knotenfreiheitsgrade eingeführt werden, die der Stetigkeitsforderung entsprechen, d. h. w, $w_{,\mathrm{x}}$ und $w_{,\mathrm{y}}$ bei der schubstarren und w, β_{x} und β_{y} bei der schubweichen Platte, jedoch keine höheren Ableitungen. Die Bedeutung dieser Forderung werden wir im Zusammenhang mit einem Balkenelement diskutieren.

Alle sieben Forderungen sind in Tabelle 9.1 in Form einer Check-Liste zusammengefasst. Anders als bei Scheibenelementen macht es, wie wir sehen werden, bei Plattenelementen große Mühe, alle Forderungen gleichzeitig zu erfüllen.

Tabelle 9.1. Check-Liste für Balken- und Plattenelemente

1 Ist die Stetigkeitsforderung erfüllt?

2 Sind die Darstellbarkeitsforderungen, und zwar zumindest
  a) die Darstellbarkeit von Starrkörperverschiebungen,
  b) die Darstellbarkeit von konstanten Momenten
  sowie möglichst auch noch
  c) die Darstellbarkeit von linienlastfreien (flächenlastfreien) Zuständen mit linear veränderlichen Momenten und konstanten Querkräften,
  erfüllt?

3 Ist Konvergenz sichergestellt, gegebenenfalls trotz Verletzung der Stetigkeits- oder der Darstellbarkeitsforderung?

4 Ist die Steifigkeitsmatrix positiv definit?

5 Ist Drehungsinvarianz gewährleistet?

6 Besitzen alle Knoten gleichartige Freiheitsgrade?

7 Wird auf überkompatible Knotenfreiheitsgrade verzichtet?

9.3 Elemente für schubstarre Balken und Platten

9.3.1 Hermite-Ansätze für Balkenelemente

Ansatzfunktionen, die man für schubstarre Balken verwenden will, müssen C^1-Stetigkeit sicherstellen. Die Lagrangeschen Interpolationspolynome sind dafür ungeeignet. Am einfachsten führt man an den beiden Elementenden außer den Funktionswerten w_1 und w_2 auch noch die Tangentenneigungen $w_{,\mathrm{x}1}$ und $w_{,\mathrm{x}2}$ als Freiheitsgrade ein. Das sind dann pro Element gerade vier Freiheitsgrade. Die entsprechenden Formfunktionen sind kubische Polynome, die als Hermitesche Interpolationspolynome bezeichnet werden. Sie sind in Bild 9.3 dargestellt, wobei anstelle der Tangentenneigungen im Hinblick auf den schubweichen Balken die Querschnittsneigungen $\beta_\mathrm{i} = -w_{,\mathrm{xi}}$ als Freiheitsgrade verwendet werden. Damit lässt sich der Verschiebungszustand folgendermaßen approximieren:

$$w(x) = \boldsymbol{f}^\mathrm{T}(\xi)\,\boldsymbol{u}_\mathrm{e} \tag{9.1}$$

$$\text{mit } \boldsymbol{f}^\mathrm{T}(\xi) = \{f_1(\xi), f_2(\xi), f_3(\xi), f_4(\xi)\}$$
$$\text{und } \boldsymbol{u}_\mathrm{e}^\mathrm{T} = \{\, w_1 \;,\; w_2 \;,\; \beta_1 \;,\; \beta_2 \;\}\,.$$

Der Verschiebungsansatz erfüllt alle einleitend gestellten Forderungen, sofern es sich um einen Balken konstanter Biegesteifigkeit handelt. Wir wollen hier nur kurz auf die Forderung nach Darstellbarkeit beliebiger linienlastfreier Zustände erörtern. Darunter wird verstanden, dass es möglich sein soll, mit den Ansätzen die allgemeine Lösung der homogenen Verschiebungsdifferentialgleichung

$$\big(E\,I(x)\;w_{,\mathrm{xx}}(x)\big)_{,\mathrm{xx}} = 0 \tag{9.2}$$

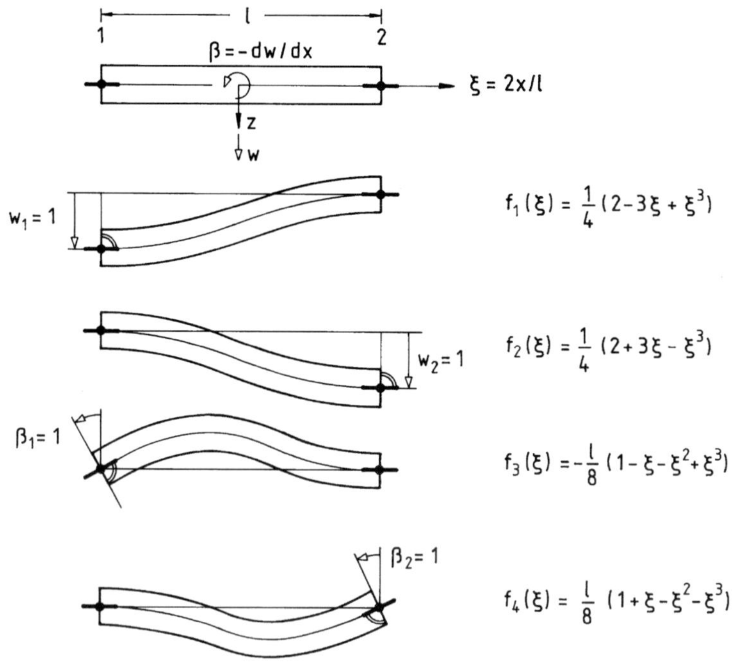

Bild 9.3. Hermite-Ansatzfunktionen für ein schubstarres Balkenelement

darzustellen. Im Fall konstanter Biegesteifigkeit ist dies gerade ein allgemeines Polynom dritten Grades, das sich mit den vier Hermite-Ansatzfunktionen darstellen lässt.

Verwendet man die gleichen Ansatzfunktionen für einen Balken veränderlicher Steifigkeit, so ist die Stetigkeitsforderung weiterhin erfüllt, auch beliebige Starrkörperverschiebungszustände lassen sich darstellen. Die Darstellbarkeit linienlastfreier Zustände ist hingegen nicht mehr möglich. Zwar lässt sich noch ein konstanter Krümmungsverlauf exakt darstellen, aber nicht mehr der unter Gleichgewichtsaspekten interessantere Fall eines konstanten Biegemomentes ($M(x) = M_0$) und der Fall Schubbiegung ($Q(x) = Q_0$, $M(x) = M_0 + Q_0\, x$). Man muss dann entweder mit gemischt-hybriden Variationsprinzipien arbeiten und Ansatzfunktionen für die Schnittkräfte einführen [9.38,9.62] (siehe Abschnitt 9.4.2) oder die exakten homogenen Ansatzfunktionen durch numerische Integration gewinnen (siehe Kapitel 12).

Steifigkeitsmatrix und Belastungsvektor erhält man, indem man für das Balkenelement von Bild 9.4 das Prinzip der virtuellen Verrückungen formuliert (siehe Tabelle 3.3) und hierin den Ansatz (9.1) einführt.

Aus dem Prinzip der virtuellen Verrückungen für das Balkenelement von Bild 9.4

$$\int_{\mathrm{l_e}} (-\delta w_{,\mathrm{xx}})\; E\,I\; (-w_{,\mathrm{xx}})\; \mathrm{d}x - \int_{\mathrm{l_e}} \delta w\; \bar{p}_{\mathrm{z}}\; \mathrm{d}x = \delta \boldsymbol{u}_{\mathrm{e}}^{\mathrm{T}}\; \boldsymbol{s}_{\mathrm{e}} \tag{9.3}$$

$$\text{mit } \boldsymbol{s}_{\mathrm{e}}^{\mathrm{T}} = \{-Q_1,\quad Q_2, -M_1,\quad M_2\}$$

ergibt sich

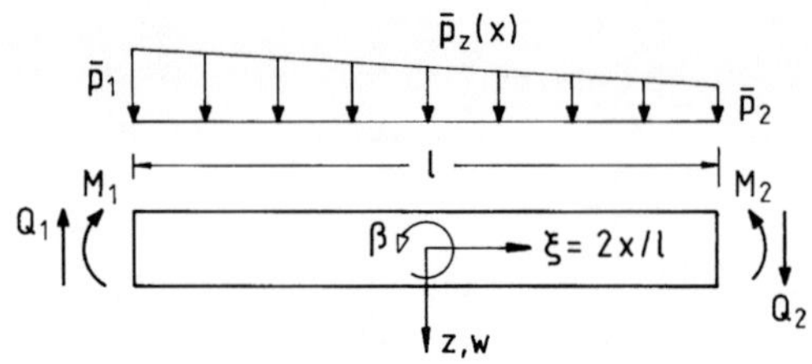

Bild 9.4. Bezeichnungen beim Balkenelement

$$\delta \boldsymbol{u}_{\mathrm{e}}^{\mathrm{T}} \, \boldsymbol{S}_{\mathrm{e}} \, \boldsymbol{u}_{\mathrm{e}} - \delta \boldsymbol{u}_{\mathrm{e}}^{\mathrm{T}} \, \bar{\boldsymbol{p}}_{\mathrm{Be}} = \delta \boldsymbol{u}_{\mathrm{e}}^{\mathrm{T}} \, \boldsymbol{s}_{\mathrm{e}} \tag{9.4}$$

mit der Elementsteifigkeitsmatrix

$$\boldsymbol{S}_{\mathrm{e}} = \int\limits_{\mathrm{l_e}} \boldsymbol{f}_{,\mathrm{xx}} \, E\,I \, \boldsymbol{f}_{,\mathrm{xx}}^{\mathrm{T}} \, \mathrm{d}x \tag{9.5}$$

und dem Elementlastvektor

$$\bar{\boldsymbol{p}}_{\mathrm{Be}} = \int\limits_{\mathrm{l_e}} \boldsymbol{f} \, \bar{p}_{\mathrm{z}} \, \mathrm{d}x \, . \tag{9.6}$$

Die explizite Ermittlung von Steifigkeitsmatrix und Belastungsvektor erfolgt in Aufgabe 9.1.

Die Entwicklung weiterer schubstarrer Balkenelemente vom Hermite-Typ ist möglich. So kann man auch noch Zusatzknoten im Elementinnern einführen (Bild 9.5a) oder an den Elementenden neben w und $\beta_{\mathrm{x}} = -w_{,\mathrm{x}}$ noch höhere Verschiebungsableitungen als Freiheitsgrade einführen (Bild 9.5b). Wir wollen kurz erörtern, wieso der Weg aus Bild 9.5b nicht sinnvoll ist. Fügt man zwei Balken aneinander, so gilt zwar stets, dass w und β stetig verlaufen müssen. Die nächsthöhere Zustandsgröße, für die aus Gleichgewichtsgründen Stetigkeit gelten muss, ist das Biegemoment M. Stetigkeit in der Krümmung κ, die bei dem in Bild 9.5b dargestellten Element erzwungen wird, gilt nur dann, wenn auch die Biegesteifigkeit $E\,I$ stetig verläuft (Bild 9.6).

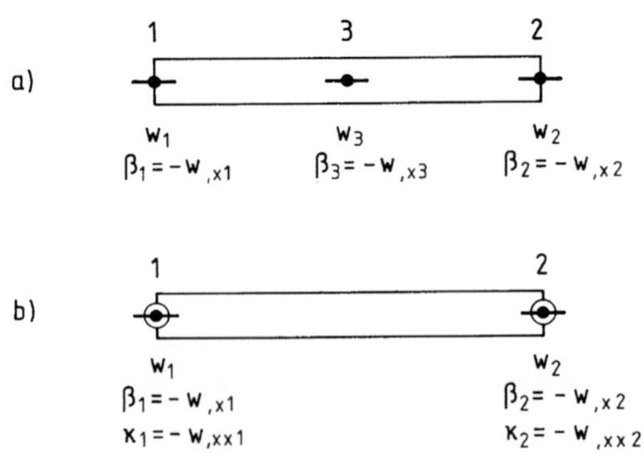

Bild 9.5. Höherwertige Hermite-Elemente durch Einführung von Zusatzknoten im Elementinnern (**a**) und durch höhere Verschiebungsableitungen als Freiheitsgrade (**b**)

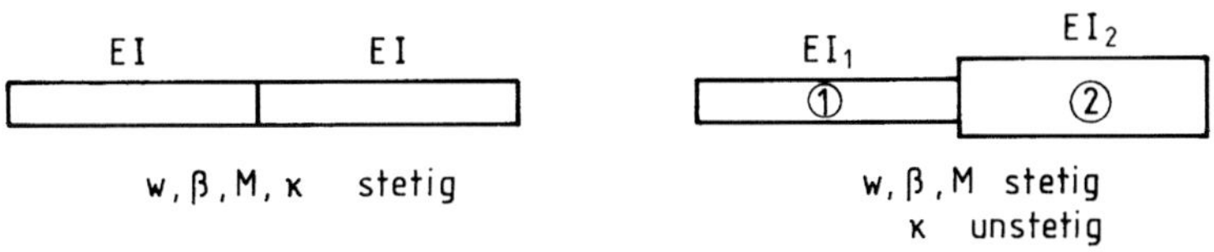

Bild 9.6. Zur Stetigkeit von M bzw. κ

Es hat auch keinen Sinn, M statt κ als zusätzlichen Freiheitsgrad einzuführen, da schon bei einem allgemeinen, ebenen Rahmentragwerk mit biegesteifen Anschlüssen zwar die Stabendverschiebungen und -neigungen (w, β) durch Knotenwerte ausgedrückt werden, nicht hingegen die Stabendmomente M. Für diese gilt eine eigene Momentengleichgewichtsbedingung, die als Zusatzforderung einzuhalten ist. Das kann beispielsweise dadurch erfolgen, dass man diese Bedingungen mit Lagrangeschen Multiplikatoren (Kapitel 14.2) auf Systemebene einbaut. Damit verlässt man aber den Rahmen der Deformationsmethode. Aus diesen Überlegungen folgt Forderung 7 der Check-Liste (Tabelle 9.1), dass man nach Möglichkeit Freiheitsgrade vermeiden sollte, die auf ‚Überkompatibilität' führen.

9.3.2 Ein kompatibles Plattenrechteckelement

Ansatzfunktionen für Rechteckelemente bei schubstarren Platten, die sowohl die Stetigkeits- als auch die Darstellbarkeitsforderung erfüllen, lassen sich in völliger Analogie zur Erzeugung von Ansatzfunktionen für Scheibenrechteckelemente durch Produktbildung aus den Balkenansatzfunktionen von Bild 9.3 erzeugen [9.2, 9.3]. Man erhält auf diese Weise insgesamt $4 \times 4 = 16$ Formfunktionen. Die vier Formfunktionen, die dem Eckpunkt 1 zugeordnet sind, sind in Bild 9.7 dargestellt. Bei den ersten drei Formfunktionen ist unmittelbar klar, dass die zugehörigen Freiheitsgrade die Knotenverschiebungen w_1 und die Querschnittsneigungen $\beta_{\text{x1}} = -w_{,\text{x1}}$ und $\beta_{\text{y1}} = -w_{,\text{y1}}$ sind. Aber welcher Freiheitsgrad gehört zur vierten Formfunktion? Bildet man von dieser Formfunktion die gemischte zweite Ableitung, so stellt man fest, dass sie im Eckpunkt 1 gerade den Wert 1 annimmt. Es handelt sich also bei dem vierten Freiheitsgrad um $w_{,\text{xy1}}$. Den gesamten Ansatz kann man analog zu Gl. (7.5) in der Form

$$w(x,y) = \boldsymbol{f}^{\text{T}}(\xi) \begin{bmatrix} w_1 & w_3 & \beta_{\text{y1}} & \beta_{\text{y3}} \\ w_2 & w_4 & \beta_{\text{y2}} & \beta_{\text{y4}} \\ \beta_{\text{x1}} & \beta_{\text{x3}} & w_{,\text{xy1}} & w_{,\text{xy3}} \\ \beta_{\text{x2}} & \beta_{\text{x4}} & w_{,\text{xy2}} & w_{,\text{xy4}} \end{bmatrix} \boldsymbol{f}(\eta) \tag{9.7}$$

schreiben. Führt man $h_{\text{i}}(\xi,\eta)$ $(i = 1, \ldots, 16)$ als Abkürzung für die Produkte aus den Balkenansatzfunktionen ein, so lautet der Ansatz

$$w(x,y) = \boldsymbol{h}^{\text{T}}(\xi,\eta)\, \boldsymbol{u}_{\text{e}} \tag{9.8}$$

$$\begin{aligned} \text{mit } \boldsymbol{h}^{\text{T}}(\xi,\eta) &= \{h_1, \ldots, h_4\,,\ h_5\,, \ldots, h_8\,,\ h_9\,, \ldots, h_{12},\ h_{13}\ \ , \ldots, h_{16}\ \} \\ \text{und } \boldsymbol{u}_{\text{e}}^{\text{T}} &= \{w_1, \ldots, w_4,\ b_{\text{x1}}, \ldots, b_{\text{x4}},\ b_{\text{y1}}, \ldots, b_{\text{y4}}\,,\ w_{,\text{xy1}}, \ldots, w_{,\text{xy4}}\}\,. \end{aligned}$$

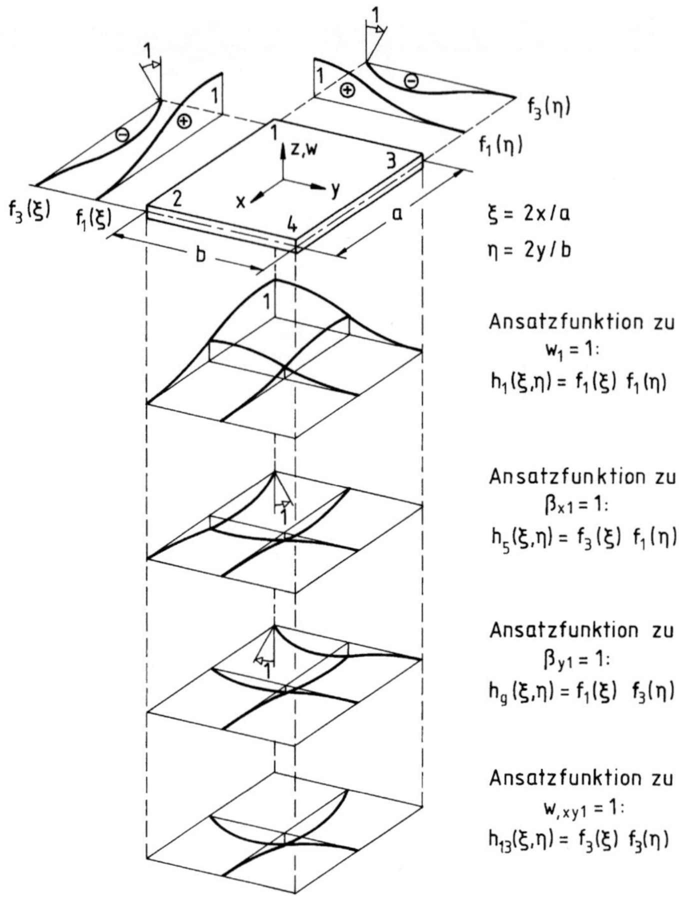

Bild 9.7. Formfunktionen der Freiheitsgrade im Knoten 1 bei einem schubstarren Plattenrechteckelement

Die Formfunktionen $h_i(\xi, \eta)$ sind zweidimensionale, Hermitesche Interpolationspolynome.

Erfüllung der Darstellbarkeitsforderungen

Die in den Vektoren $\boldsymbol{f}(\xi)$ und $\boldsymbol{f}(\eta)$ zusammengefassten Balkenansatzfunktionen sind vollständige kubische Polynome. Die Plattenansatzfunktionen können als dyadisches Produkt aus den beiden Vektoren dargestellt werden:

$$\begin{bmatrix} h_1 & h_3 & h_9 & h_{11} \\ h_2 & h_4 & h_{10} & h_{12} \\ h_5 & h_7 & h_{13} & h_{15} \\ h_6 & h_8 & h_{14} & h_{16} \end{bmatrix} = \begin{Bmatrix} f_1(\xi) \\ f_2(\xi) \\ f_3(\xi) \\ f_4(\xi) \end{Bmatrix} \{f_1(\eta), f_2(\eta), f_3(\eta), f_4(\eta)\}\,.$$

Beispielsweise ist $h_{10}(\xi, \eta) = f_2(\xi)\ f_3(\eta)$.

Bei dem gewählten Verschiebungsansatz handelt es sich also um einen bikubischen Ansatz, der die folgenden 16 Polynomglieder des Pascalschen Dreiecks enthält:

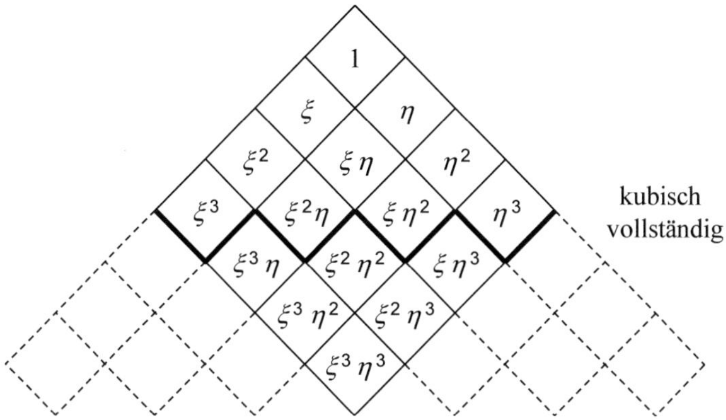

Damit lassen sich Starrkörperverschiebungen und Starrkörperdrehungen $(1, x, y)$, konstante Krümmungen (x^2, y^2) und konstante Verwindung $(x\,y)$ darstellen. Das entspricht der Darstellbarkeit konstanter Biege- und Drillmomente bei Platten konstanter Biegesteifigkeit. Bei derartigen Platten ist auch die exakte Erfassung flächenlastfreier Zustände mit linear veränderlichen Biege- und Drillmomenten und konstanten Querkraftverläufen sichergestellt, da im Ansatz ein vollständiges Polynom vom Grade 3 enthalten ist.

Erfüllung der Stetigkeitsforderung

Ausgehend von Gl. (9.7) lässt sich leicht zeigen, dass die Stetigkeitsforderung für die Verschiebungen und die Verschiebungsableitungen erfüllt ist. Betrachtet man z. B. den Rand 1–2 des Elementes von Bild 9.7, an dem $\eta = -1$ gilt, so wird

$$\boldsymbol{f}^{\mathrm{T}}(\eta = -1) = \{1, 0, 0, 0\}\,,$$

und man erhält aus dem Ansatz (9.7)

$$w(x, y = -b/2) = \boldsymbol{f}^{\mathrm{T}}(\xi) \begin{Bmatrix} w_1 \\ w_2 \\ \beta_{\mathrm{x}1} \\ \beta_{\mathrm{x}2} \end{Bmatrix}.$$

Der Verschiebungsverlauf auf dem Rand hängt also nur noch von Freiheitsgraden ab, die zu den Knoten dieses Randes gehören. Beim Zusammenbau zum Gesamtsystem werden sie mit den Freiheitsgraden des Nachbarelementes gleichgesetzt, so dass Stetigkeit in w entlang des ganzen Randes gewährleistet ist. Da der Verschiebungsverlauf $w(x, y = -b/2)$ C^1-stetig ist, ist auch automatisch die Stetigkeit der Verschiebungsableitung $w_{,\mathrm{x}}$ längs des Randes gesichert. Für die Verschiebungsableitung $w_{,\mathrm{y}}$ am Rand $\eta = -1$ erhält man

$$w_{,\mathrm{y}}(x, y = -b/2) = -\beta_{\mathrm{y}}(x, y = -b/2) = -\boldsymbol{f}^{\mathrm{T}}(\xi) \begin{Bmatrix} \beta_{\mathrm{y1}} \\ \beta_{\mathrm{y2}} \\ w_{,\mathrm{xy1}} \\ w_{,\mathrm{xy2}} \end{Bmatrix}$$

und kann dann ebenso wie bei der Verschiebung argumentieren.

Erfüllung der weiteren Forderungen aus der Check-Liste

Auch alle weiteren Forderungen der Check-Liste (Tabelle 9.1) sind erfüllt. Der Knotenfreiheitsgrad $w_{,\mathrm{xyk}}$ ist – anders als es auf den ersten Blick erscheint – kein überkompatibler Freiheitsgrad. Wenn entlang des gesamten Randes 1–2 des Elementes von Bild 9.7 beim Übergang zum Nachbarelement $w_{,\mathrm{y}}$ stetig verlaufen soll, so verläuft zwangsläufig auch $(w_{,\mathrm{y}})_{,\mathrm{x}}$ stetig. Das stört auch bei Platten mit elementweise veränderlicher Biegesteifigkeit nicht, da das Drillmoment m_{xy} im Rahmen der Kirchhoffschen Plattentheorie an den Interelementgrenzen nicht stetig zu verlaufen braucht [9.4, 9.6]. Der entscheidene Nachteil des Elementes besteht darin, dass sich mit ihm zunächst nur Plattenstrukturen behandeln lassen, bei denen die Ränder parallel zu den Koordinatenlinien eines kartesischen Koordinatensystems verlaufen.

Steifigkeitsmatrix und Belastungsvektor

Elementsteifigkeitsmatrix und Elementbelastungsvektor eines derartigen Plattenrechteckelementes lassen sich ohne weiteres durch Einführung des Ansatzes (9.6) in das Prinzip der virtuellen Verrückungen (Tabelle 3.3) ermitteln, wobei das orthotrope Stoffgesetz

$$\begin{Bmatrix} m_{\mathrm{x}} \\ m_{\mathrm{y}} \\ m_{\mathrm{xy}} \end{Bmatrix} = \begin{bmatrix} B_{\mathrm{x}} & B_{\mathrm{xy}} & 0 \\ B_{\mathrm{xy}} & B_{\mathrm{y}} & 0 \\ 0 & 0 & B_{\mathrm{s}} \end{bmatrix} \begin{Bmatrix} \kappa_{\mathrm{x}} \\ \kappa_{\mathrm{y}} \\ 2\,\kappa_{\mathrm{xy}} \end{Bmatrix} \tag{9.9}$$

verwendet wird. Besteht das Element aus isotropem Material, so gilt

$$B_{\mathrm{x}} = B_{\mathrm{y}} = B,\ B_{\mathrm{xy}} = \nu\,B,\ B_{\mathrm{s}} = \frac{1}{2}\,(1-\nu)\,B$$

$$\text{mit der Biegesteifigkeit } B = \frac{E\,t^3}{12\,(1-\nu^2)}\,.$$

Für die virtuelle Formänderungsenergie eines Elementes erhält man

$$\delta\Pi_{\mathrm{i,e}} = \delta\boldsymbol{u}_{\mathrm{e}}^{\mathrm{T}}\,\boldsymbol{S}_{\mathrm{e}}\,\boldsymbol{u}_{\mathrm{e}}$$

mit der Elementsteifigkeitsmatrix

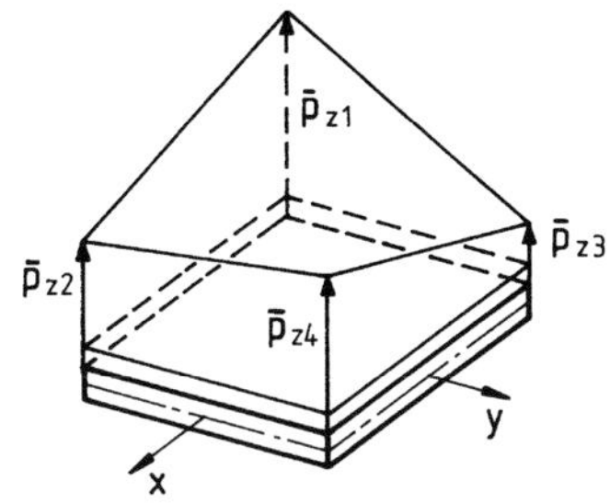

Bild 9.8. Belastungsverlauf

$$\boldsymbol{S}_\mathrm{e} = 4\,a\,b\,\Bigg\{\frac{B_\mathrm{x}}{a^4}\int_{-1}^{1}\int_{-1}^{1}\boldsymbol{h}_{,\xi\xi}\,\boldsymbol{h}^\mathrm{T}_{,\xi\xi}\,\mathrm{d}\xi\,\mathrm{d}\eta + \frac{B_\mathrm{y}}{b^4}\int_{-1}^{1}\int_{-1}^{1}\boldsymbol{h}_{,\eta\eta}\,\boldsymbol{h}^\mathrm{T}_{,\eta\eta}\,\mathrm{d}\xi\,\mathrm{d}\eta$$
$$+\frac{B_\mathrm{xy}}{a^2\,b^2}\int_{-1}^{1}\int_{-1}^{1}\boldsymbol{h}_{,\xi\xi}\,\boldsymbol{h}^\mathrm{T}_{,\eta\eta} + \boldsymbol{h}_{,\eta\eta}\,\boldsymbol{h}^\mathrm{T}_{,\xi\xi}\,\mathrm{d}\xi\,\mathrm{d}\eta$$
$$+\frac{B_\mathrm{s}}{a^2\,b^2}\int_{-1}^{1}\int_{-1}^{1}\boldsymbol{h}_{,\xi\eta}\,\boldsymbol{h}^\mathrm{T}_{,\xi\eta}\,\mathrm{d}\xi\,\mathrm{d}\eta\Bigg\}. \tag{9.10}$$

Für die numerische Auswertung empfiehlt sich die Einführung eines Elementverschiebungsvektors, bei dem alle Komponenten die gleiche Längendimension besitzen:

$$\tilde{\boldsymbol{u}}^\mathrm{T}_\mathrm{e} = \{w_1, \ldots, a\,\beta_{\mathrm{x}1}, \ldots, b\,\beta_{\mathrm{y}1}, \ldots, a\,b\,w_{,\mathrm{xy}1}, \ldots\}\,.$$

Natürlich müssen dann auch die Ansatzfunktionen entsprechend modifiziert werden:

$$\tilde{\boldsymbol{h}}^\mathrm{T} = \{h_1, \ldots, \frac{1}{a}\,h_5, \ldots, \frac{1}{b}\,h_9, \ldots, \frac{1}{a\,b}\,h_{13}, \ldots\}\,.$$

Für die Ermittlung des Elementbelastungsvektors nehmen wir einen bilinearen Belastungsverlauf im Element an (Bild 9.8):

$$\bar{p}_\mathrm{z}(x,y) = \boldsymbol{l}^\mathrm{T}(\xi,\eta)\,\bar{\boldsymbol{p}}_\mathrm{ze}$$
$$\text{mit } \bar{\boldsymbol{p}}^\mathrm{T}_\mathrm{ze} = \{\bar{p}_{\mathrm{z}1}, \bar{p}_{\mathrm{z}2}, \bar{p}_{\mathrm{z}3}, \bar{p}_{\mathrm{z}4}\}\,.$$

(Die dabei verwendeten bilinearen Interpolationspolynome sind in Bild 4.5 wiedergegeben.) Man erhält als Anteil eines Elementes an der virtuellen äußeren Arbeit aus Flächenlast

$$\delta W_\mathrm{a,Be} = \delta\boldsymbol{u}^\mathrm{T}_\mathrm{e}\,\bar{\boldsymbol{p}}_\mathrm{Be}$$

mit dem Elementlastvektor

$$\bar{\boldsymbol{p}}_\mathrm{Be} = \frac{a\,b}{4}\int_{-1}^{1}\int_{-1}^{1}\boldsymbol{h}(\xi,\eta)\,\boldsymbol{l}^\mathrm{T}(\xi,\eta)\,\mathrm{d}\xi\,\mathrm{d}\eta\;\bar{\boldsymbol{p}}_\mathrm{ze}\,. \tag{9.11}$$

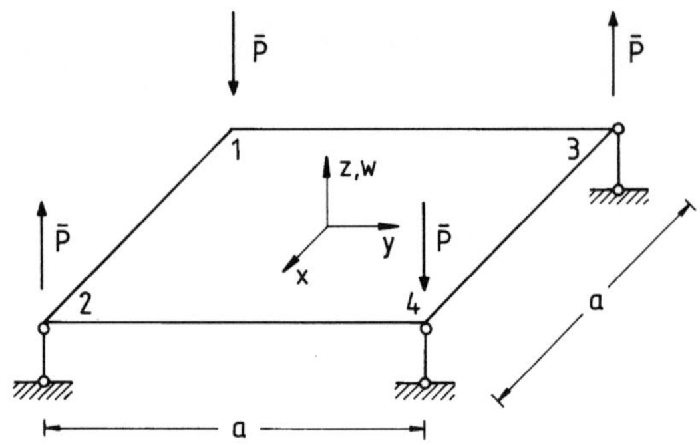

Bild 9.9. Durch Eckkräfte beanspruchte schubstarre Quadratplatte (Die Fesselstäbe dienen nur der Behinderung der Starrkörperverschiebungen.)

Die Matrizen sind z. B. in [9.5] angegeben. Beispiele, bei denen das Element eingesetzt wird, werden im Abschnitt 10.6 im Zusammenhang mit Stabilitäts- und Schwingungsproblemen vorgestellt.

9.3.3 Zwei Plattenrechteckelemente mit 12 Freiheitsgraden

Ein erster Versuch

Wenn man die Formfunktionen des Plattenelementes durch Produktbildung aus Balken-Ansatzfunktionen aufbaut, dann ergibt sich zwingend, dass in jedem Knoten neben w, $w_{,\mathrm{x}}$ und $w_{,\mathrm{y}}$ auch noch $w_{,\mathrm{xy}}$ als zusätzlicher Freiheitsgrad eingeführt werden muss. Dieser Freiheitsgrad erweist sich spätestens dann als lästig, wenn man das Plattenrechteckelement mit anderen Elementen kombinieren will. Es gibt beispielsweise kein Plattendreieckelement, bei dem $w_{,\mathrm{xy}}$ als Knotenfreiheitsgrad auftritt, so dass man nicht weiß, was man an derartigen Übergangsrändern mit diesem Freiheitsgrad machen soll. Kann man diese Knotenfreiheitsgrade (und damit die zugehörigen Formfunktionen) nicht einfach weglassen? Wir wollen dies am Beispiel einer aus einem Element bestehenden isotropen Quadratplatte überprüfen, wobei der Lastfall ‚Verwindung' untersucht werden soll.

Der Lastfall ‚Verwindung' (m_{xy} = const.) wird in der Kirchhoffschen Plattentheorie dadurch simuliert, dass die Quadratplatte wie in Bild 9.9 durch Einzelkräfte in den Ecken beansprucht wird [9.6]. Die Starrkörperverschiebungen werden durch Lagerung der Knoten 2, 3 und 4 ($w_2 = w_3 = w_4 = 0$) verhindert. Die exakte Lösung für die Verschiebung lautet dann

$$w(x,y) = -\frac{\bar{p}}{2\,(1-\nu)\,B}\,\frac{a^2}{4}\,\Big(1-\frac{2\,x}{a}\Big)\,\Big(1-\frac{2\,y}{a}\Big)\,.$$

Als Momentenverlauf erhält man

$$m_{\mathrm{x}}(x,y) = 0,\;\; m_{\mathrm{y}}(x,y) = 0,\;\; m_{\mathrm{xy}}(x,y) = \frac{1}{2}\,\bar{P}\,.$$

Das Beispiel wird nun mit dem Plattenrechteckelement behandelt. Bei einer ersten Rechnung werden die Verwindungen in den Ecken mitgenommen, bei einer zweiten

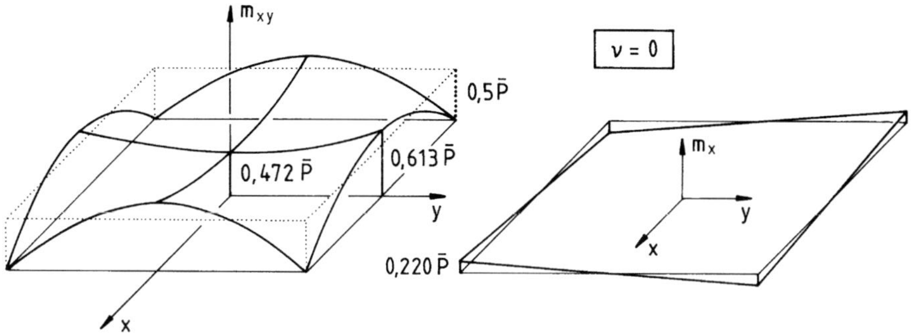

Bild 9.10. Verlauf des Drillmomentes (links) und des Biegemomentes (rechts) bei der durch Eckkräfte beanspruchten Platte von Bild 9.9 (ausgezogen: ohne $w_{,\mathrm{xyk}}$ als Freiheitsgrade; gepunktet: mit $w_{,\mathrm{xyk}}$ als Freiheitsgrade)

Rechnung werden sie zu Null gesetzt. Dies entspricht dann einem Element, bei dem die Verwindungsfreiheitsgrade einfach weggelassen werden.

In Bild 9.10 ist der Drillmomentenverlauf bei der Rechnung ohne (ausgezogen) und mit Verwindungsfreiheitsgraden (punktiert) dargestellt. Die bei der ersten Rechnung auftretenden Abweichungen von der exakten Lösung sind erheblich. Bei der zweiten Rechnung dagegen wird der Zustand „$m_{\mathrm{xy}} = \mathrm{const.}$“ exakt erfasst, man erhält demzufolge die exakte Lösung. Eine Vernachlässigung der Verwindungsfreiheitsgrade beim Rechteckelement für schubstarre Platten führt also zur Verletzung der Darstellbarkeitsforderung im Fall „$m_{\mathrm{xy}} = \mathrm{const.}$“, da in allen Knoten $m_{\mathrm{xyk}} = 0$ erzwungen wird.

Inkompatibles Element bei Erfüllung der Darstellbarkeitsforderungen

Geht man auf die Stufe der Polynomterme zurück, die in den 12 Ansatzfunktionen h_1 bis h_{12} enthalten sind, so stellt man fest, dass der Term $x\,y$ bzw. $\xi\,\eta$ fehlt, der für die exakte Darstellung des Lastfalls Verwindung benötigt wird. Naheliegend ist es nun, einen Ansatz mit den nachfolgenden 12 Polynomtermen zu wählen:

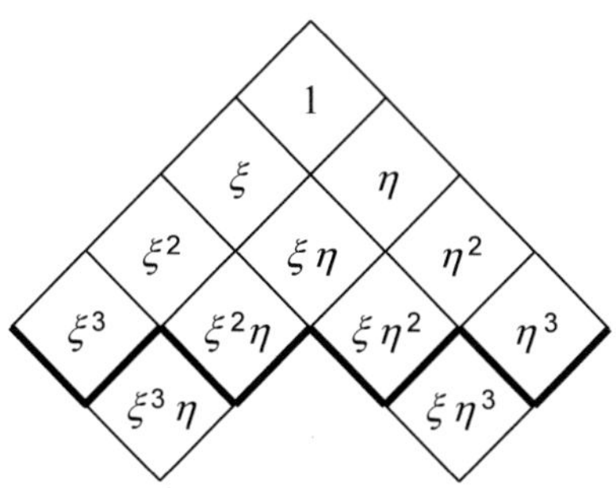

Dieser Ansatz umfasst ein vollständiges kubisches Polynom. Die Formfunktionen dürfen höchstens Produkte aus kubischen Polynomen in der einen Richtung und linearen in der dazu senkrechten Richtung enthalten. Für den Aufbau geht man ganz ähnlich wie bei den Randpunkt-Interpolationspolynomen in Bild 7.13 vor. Die Erzeugung der Formfunktionen zu $\beta_{\mathrm{xi}} = 1$ und $\beta_{\mathrm{yi}} = 1$ ist recht einfach:

$$\beta_{\mathrm{x}1} = 1: \quad \tilde{h}_5(\xi,\eta) = f_3(\xi)\, g_1(\eta) = f_3(\xi)\, \frac{1}{2}\,(1-\eta)\,,$$

$$\beta_{\mathrm{y}1} = 1: \quad \tilde{h}_9(\xi,\eta) = g_1(\xi)\, f_3(\eta) = \frac{1}{2}\,(1-\xi)\, f_3(\eta)\,.$$

Diese beiden Formfunktionen und die zu $\beta_{\mathrm{x}2} = 1$ und $\beta_{\mathrm{y}3} = 1$ gehörenden Funktionen zieht man zur Darstellung der zu $w_1 = 1$ gehörenden Formfunktionen heran:

$$w_1 = 1: \quad \tilde{h}_1(\xi,\eta) = g_1(\xi)\, g_1(\eta) - \frac{1}{a}\left[\tilde{h}_5(\xi,\eta) + \tilde{h}_6(\xi,\eta)\right] - \frac{1}{b}\left[\tilde{h}_9(\xi,\eta) + \tilde{h}_{11}(\xi,\eta)\right].$$

Mit diesem Ansatz, der von Adini [9.7] verwendet wurde, sind bei einer homogenen Rechteckplatte alle Darstellbarkeitsforderungen erfüllt, ebenso die Punkte 4 bis 6 der Check-Liste aus Tabelle 9.1. Verletzt wird jetzt allerdings die Forderung nach C^1-Stetigkeit. Stetigkeit in der Funktion ist an den Interelementgrenzen noch garantiert; die Normalableitung verläuft hingegen unstetig. Trotz dieser Verletzung der Stetigkeitsforderung ist Konvergenz gegen die exakte Lösung sichergestellt [9.1].

Fazit: Bei einem Plattenrechteckelement mit 12 Freiheitsgraden, das nur Polynomansätze verwendet, ist die gleichzeitige Erfüllung der C^1-Stetigkeitsforderung und aller Darstellbarkeitsforderungen offensichtlich nicht möglich (siehe auch Aufgabe 9.6).

9.3.4 Einige Bemerkungen zu isoparametrischen Viereckelementen für schubstarre Platten

Bei Scheiben und dreidimensionalen Kontinua sind isoparametrische Elemente ein hervorragendes Hilfsmittel, um krummlinig berandete und schiefwinklige Strukturen zu behandeln. Lassen sich isoparametrische Elemente auch für Probleme entwickeln, bei denen C^1-Stetigkeit gefordert wird? Ist also eine Generalisierung des Plattenrechteckelementes mit 16 Freiheitsgraden hin zu einem krummlinig berandeten oder schiefwinkligen Element möglich?

Zur Illustration betrachten wir die in vier Elemente unterteilte Platte von Bild 9.11a, bei der die Elementgeometrie durch einen elementweise bilinearen Ansatz dargestellt wird. Abgesehen davon, dass es sich dabei nicht um ein isoparametrisches Vorgehen handelt, ergeben sich zwei Schwierigkeiten:

(1) Die Koordinatenlinien haben an den Elementgrenzen erkennbare Knicke. Ein bikubischer Ansatz für die Verschiebung w, der im Bildbereich (d. h. bei einer Formulierung in ξ,η-Koordinaten) C^1-stetig verläuft, hat dadurch nach der Transformation in den x,y-Bereich Knicke.

(2) Als Elementfreiheitsgrade werden in allen Elementknoten die Größen w, $w_{,\xi}$, $w_{,\eta}$ und $w_{,\xi\eta}$ eingeführt. Der Freiheitsgrad $w_{,\xi\eta}$ ist bei den in Bild 9.11a verwendeten Koordinatenlinien als globale Knotengröße nicht definiert.

Beide Schwierigkeiten lassen sich überwinden, wenn der Elementverband durch Koordinatenlinien einer globalen, C^1-stetigen Abbildungsvorschrift erfasst wird. Das ist in Bild 9.11b der Fall, bei dem ein globaler, biquadratischer Lagrange-Ansatz

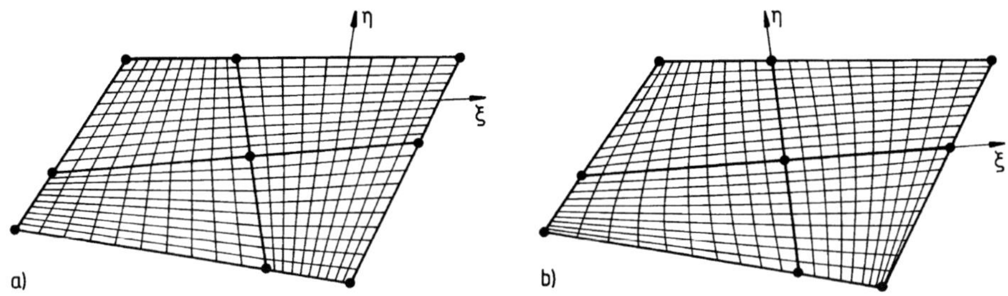

Bild 9.11. Geometrieapproximation durch einen elementweise bilinearen Ansatz (**a**) und durch einen globalen biquadratischen Ansatz (**b**)

für $x(\xi, \eta)$ und $y(\xi, \eta)$ verwendet wird, der sich auch ohne Schwierigkeiten als lokaler, bikubischer Hermite-Ansatz formulieren lässt. Die Darstellbarkeit konstanter Krümmungen und Verwindungen $w_{,\mathrm{xx}}$, $w_{,\mathrm{yy}}$ und $w_{,\mathrm{xy}}$ im Originalbereich und damit konstanter Biege- und Drillmomentenverläufe ist allerdings nur dann gewährleistet, wenn es sich um eine globale, bilineare Abbildungsvorschrift handelt [9.9]. Bei Einhaltung dieser Bedingung lassen sich neben Rechteckplatten auch Parallelogrammplatten und gepfeilte Platten untersuchen. Für derartige Spezialfälle kann ein isoparametrisches schubstarres Plattenviereckelement [9.9] also durchaus sehr gute Dienste leisten. Wir demonstrieren das an einer Platte unter Gleichlast (Bild 9.12), bei der es sich um eine sehr grobe Idealisierung eines gepfeilten Flugzeugflügels handelt. Wie unterscheidet sich das Tragverhalten einer eingespannten, gepfeilten Platte von dem Tragverhalten einer rechteckigen Kragplatte? Um diese Frage beantworten zu können, sind in Bild 9.12 die berechneten Hauptspannungen an der Plattenoberseite in ausgewählten Integrationspunkten dargestellt. Versucht man in Gedanken, den Verlauf der Hauptspannungstrajektorien in das Bild einzutragen, so erkennt man, dass die Trajektorien in den Elementen fern vom Einspannungsrand etwa parallel zur Plattenmittellinie verlaufen, während sie in der Nähe des Einspannungsrandes umbiegen und fast senkrecht in den Rand einlaufen. Die Angabe von Werten für die Spannungen in der einspringenden Ecke (Element ①) ist natürlich nicht möglich, da dort bei einer rein elastischen Rechnung unendlich große Spannungen auftreten.

Das Element ist ein typisches Element für ein Single-Purpose-Programm. Der entscheidende Nachteil ist, dass sich nur Plattenstrukturen behandeln lassen, bei denen die Ränder durch die Koordinatenlinien eines globalen, bilinearen Ansatzes beschrieben werden können. Von Balken abgesehen ist eine Kombination mit anderen Tragwerkstypen kaum möglich.

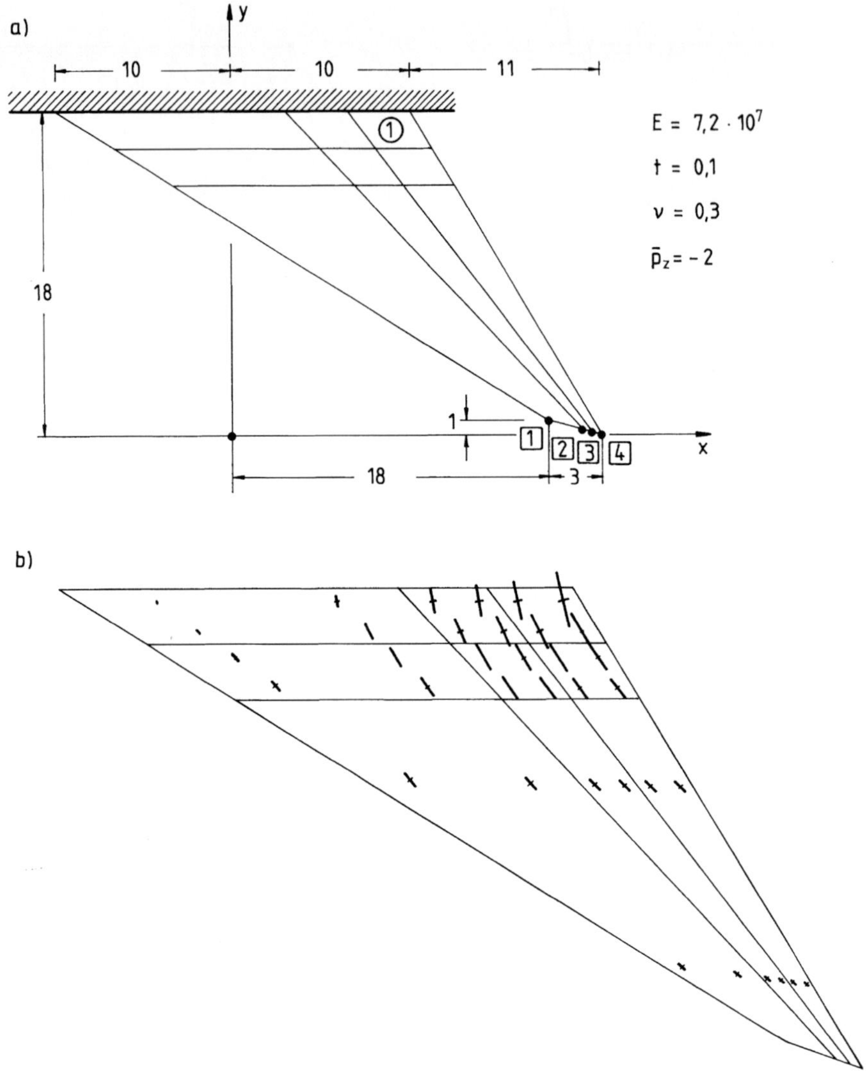

	Knotenverschiebungen und -verdrehungen			Schnittkräfte im Element ①				
	w	β_x	β_y	x	y	m_x	m_y	m_{xy}
1	-3.64074	0.146194	-0.215519	8.629	16.383	88.09	222.64	-90.40
2	-4.07870	0.142878	-0.224828	7.794	17.515	83.56	268.19	-42.77
3	-4.18720	0.141315	-0.224009	10.285	16.374	67.74	202.17	-128.72
4	-4.29444	0.138445	-0.222583	9.547	17.512	113.37	374.68	-66.29

Bild 9.12. Gepfeilte Platte. **a** System; **b** Hauptspannungen, Verschiebungen und Verdrehungen der Knoten des unteren Randes, Schnittkräfte im Element ①

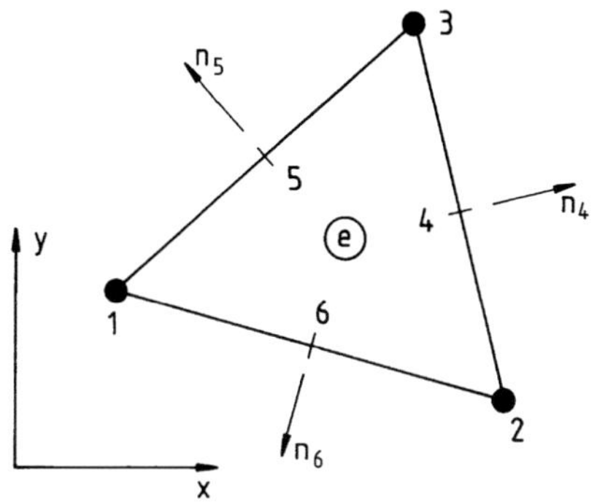

Bild 9.13. Knotenbezifferung und Freiheitsgrade bei Element A

9.3.5 Dreieckelemente für schubstarre Platten

Schubstarre Plattenviereckelemente sind, wie in den letzten Abschnitten dargestellt wurde, nur in Spezialfällen einsetzbar. Um schubstarre Platten mit allgemeiner Berandung behandeln zu können, sind daher Dreieckelemente erforderlich. Die Entwicklung derartiger Dreieckelemente stand Ende der sechziger Jahre im Zentrum der Bemühungen. Zusammenfassende Darstellungen findet man beispielsweise in [9.10–9.12, 9.63].

Anhand der Tabelle 9.2 wollen wir einen knappen Überblick über einige dieser Plattendreieckelemente geben, wobei wir uns auf Elemente beschränken, für deren Entwicklung nur Verschiebungsansätze im Rahmen des Prinzips der virtuellen Verrückungen verwendet werden. Die in der Tabelle verwendeten Symbole kennzeichnen die in den Knoten eingeführten Freiheitsgrade:

- ● Knotenverschiebung w,
- — Verschiebungsableitung in der gekennzeichneten Richtung,
- ○ Krümmungen $w_{,\mathrm{xx}}$, $w_{,\mathrm{yy}}$ und Verwindung $w_{,\mathrm{xy}}$.

Ziel der Übersicht ist es, festzustellen, ob es Plattendreieckelemente gibt, die alle Kriterien des Katalogs aus Tabelle 9.1 erfüllen. Diese Kriterien werden, soweit sie nicht von allen behandelten Elementen erfüllt werden, in den beiden ersten Zeilen aufgeführt. Wir behandeln zunächst die beiden ‚Extreme', das Element A und die Elemente E1 und E2, anschließend die restlichen Elemente aus Tabelle 9.2.

Element A

Knotenbezifferung und Freiheitsgrade für das Element A sind im Bild 9.13 dargestellt. Bei der Entwicklung der Formfunktionen geht man von dem folgenden vollständigen Polynom aus:

$$w(x,y) = \boldsymbol{x}^{\mathrm{T}}\,\boldsymbol{a}_{\mathrm{e}} \tag{9.12}$$

$$\text{mit}\quad \boldsymbol{x}^{\mathrm{T}} = \{1\,,\,x\,,\,y\,,x^2, x\,y, y^2\}$$

$$\text{und}\quad \boldsymbol{a}_{\mathrm{e}}^{\mathrm{T}} = \{a_1, a_2, a_3, a_4\,,\,a_5\,,a_6\}\,.$$

Tabelle 9.2. Übersicht über Dreieckelemente für schubstarre Platten (Die Kriterien 4 und 5 der Check-Liste aus Tabelle 9.1 werden von allen Elementen erfüllt.)

Kriterium			1		2	3	6	7
Element	Autoren Literatur	Freiheitsgrade pro Element	C^0-stetig? C^1-stetig?	Ansatz	Sind konstante Krümmungen darstellbar?	Ist Konvergenz gesichert?	Haben alle Knoten gleiche Freiheitsgrade?	Werden überkompatible Freiheitsgrade vermieden?
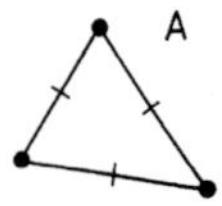 A	Morley [9.13]	6	nein nein	vollständig quadratisch	ja	ja [9.1]	nein	ja
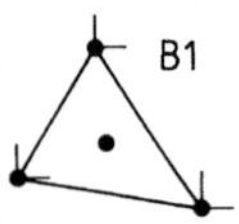 B1	Tocher [9.18]	10 bzw. 9 nach statischer Kondensation	ja nein	vollständig kubisch	ja	nein	nein (10) ja (9)	ja
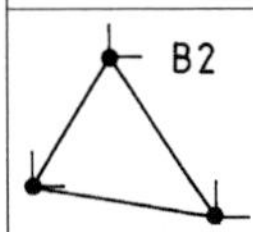 B2	Bazeley u. a. [9.14]	9	ja nein	vollständig quadratisch, unvollständig kubisch	ja	nein, Ausnahme siehe [9.14], [9.20]	ja	ja
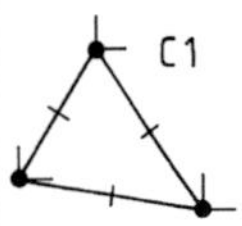 C1		12	ja ja	vollständig quadratisch, unvollständig kubisch, singuläre Zusatzterme	ja	ja	nein	ja
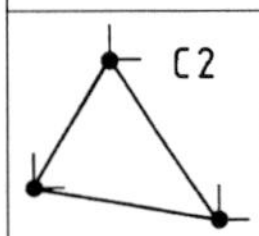 C2	Bazeley u. a. [9.14]	9	ja ja	wie Element C1, aber Zwischenelimination von $\partial w/\partial n$	ja	ja	ja	ja
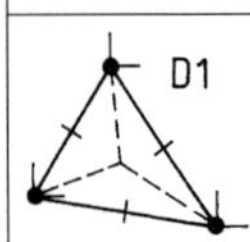 D1	Gallagher [9.10] Zienkiewicz [9.12]	12	ja ja	vollständig kubisch in jedem Subelement	ja	ja	nein	ja
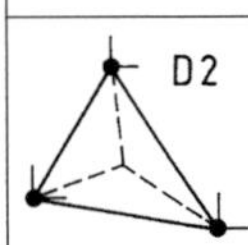 D2	Clough, Tocher [9.15] Bazeley u. a. [9.14]	9	ja ja	wie Element D1, aber Zwischenelimination von $\partial w/\partial n$	ja	ja	ja	ja
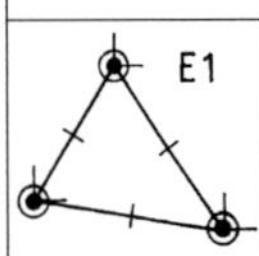 E1	Argyris u. a. [9.16] Cowper u. a. [9.19]	21	ja ja	vollständiges Polynom 5. Grades	ja, zusätzlich Schubbiegung u. a.	ja	nein	nein
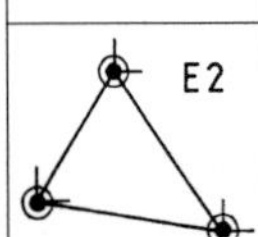 E2	Argyris u. a. [9.16] Cowper u. a. [9.19]	18	ja ja	wie Element E1, aber Zwischenelimination von $\partial w/\partial n$	ja, zusätzlich Schubbiegung u. a.	ja	ja	nein

Freiheitsgrade des Elementes sind die Verschiebungen in den Eckpunkten 1 bis 3 und die Normalableitungen in den Seitenmittelpunkten 4 bis 6. Man ermittelt sie über die Beziehungen

$$\begin{aligned} w_{\mathrm{i}} &= \boldsymbol{x}^{\mathrm{T}}(x_{\mathrm{i}}, y_{\mathrm{i}})\, \boldsymbol{a}_{\mathrm{e}} \qquad (i = 1, 2, 3)\,, \\ w_{,\mathrm{nj}} &= \boldsymbol{x}^{\mathrm{T}}_{,\mathrm{n}}(x_{\mathrm{j}}, y_{\mathrm{j}})\, \boldsymbol{a}_{\mathrm{e}} \qquad (j = 4, 5, 6)\,, \end{aligned}$$

die man in der Gleichung

$$\boldsymbol{u}_{\mathrm{e}} = \boldsymbol{X}\, \boldsymbol{a}_{\mathrm{e}} \tag{9.13}$$

$$\text{mit} \quad \boldsymbol{u}_{\mathrm{e}}^{\mathrm{T}} = \{w_1, w_2, w_3, w_{,\mathrm{n}4}, w_{,\mathrm{n}5}, w_{,\mathrm{n}6}\}$$

zusammen fassen kann. Gl. (9.13) lässt sich ohne Schwierigkeiten invertieren, da die Matrix $\boldsymbol{X}$, sofern keine Eckpunkte zusammenfallen, regulär ist:

$$\boldsymbol{a}_{\mathrm{e}} = \boldsymbol{X}^{-1}\, \boldsymbol{u}_{\mathrm{e}}\,. \tag{9.14}$$

Führt man diesen Ausdruck in Gl. (9.12) ein, so lautet der Verschiebungsansatz

$$w(x, y) = \boldsymbol{x}^{\mathrm{T}}\, \boldsymbol{X}^{-1}\, \boldsymbol{u}_{\mathrm{e}} = \boldsymbol{V}_{\mathrm{u}}(x, y)\, \boldsymbol{u}_{\mathrm{e}}\,, \tag{9.15}$$

bei dem in der Matrix $\boldsymbol{V}_{\mathrm{u}}$ die Formfunktionen zusammengefasst sind.

Das Element A von Morley garantiert nicht einmal C^0-Stetigkeit. Da die Formfunktionen einem vollständigen Polynom 2. Grades entsprechen, sind aber konstante Krümmungen darstellbar. Es lässt sich mathematisch zeigen (z. B. [9.1]), dass trotz der Verletzung der C^0-Stetigkeit bei Verfeinerung der Unterteilung Konvergenz gegen die exakte Lösung sichergestellt ist. Numerische Untersuchungen ergeben allerdings ein relativ schlechtes Konvergenzverhalten [9.10], das allenfalls dadurch ausgeglichen wird, dass sich für die Koeffizienten der Steifigkeitsmatrix sehr einfache, analytische Ausdrücke angeben lassen [9.21]. Ein erheblich größerer Nachteil ist, dass die Art der Freiheitsgrade nicht für alle Knoten gleich ist. Das Element lässt sich dadurch praktisch nur in einem Single-Purpose-Programm verwenden. Schon der Versuch, das Element mit Balkenelementen zu kombinieren, wirft erhebliche Schwierigkeiten auf.

Elemente E1 und E2

Erst bei Verwendung eines Polynoms 5. Grades gelangt man zu einem Element, das beim Übergang zum Nachbarelement Stetigkeit in der Funktion und in der Normalableitung garantiert. Es handelt sich um das 21-Freiheitsgrade-Element E1 [9.16, 9.17, 9.19]. Welche Freiheitsgrade eingeführt werden, lässt sich aus der Skizze in Tabelle 9.2 entnehmen. Der Verschiebungsverlauf $w(s)$ entlang einer Seite wird durch 6 Knotengrößen bestimmt (Aufgabe 9.3), so dass ein Polynom 5. Grades eindeutig dargestellt wird. Für die Normalableitung $w_{,\mathrm{n}}(s)$ stehen 5 Freiheitsgrade zur Verfügung, mit denen sich wiederum ein Polynom 4. Grades eindeutig erfassen lässt. Es ist also C^1-Stetigkeit garantiert. Die zweiten Ableitungen $w_{,\mathrm{xx}}$, $w_{,\mathrm{yy}}$ und $w_{,\mathrm{xy}}$ sind nur noch in den Eckpunkten stetig. Mit dem Polynom 5. Grades lassen sich nicht nur konstante Krümmungen sondern auch noch andere flächenlastfreie

Zustände (Schubbiegung) oder die Abtragung konstanter Flächenlasten durch Balkenlösungen exakt darstellen. Das Element verspricht daher ein hervorragendes Konvergenzverhalten.

Auch bei diesem Element ist störend, dass zu den Eckknoten und zu den Seitenmittelknoten unterschiedliche Freiheitsgrade gehören. Dieser Mangel lässt sich beheben, indem man die Freiheitsgrade $w_{,\mathrm{n}}$ in den Seitenmitten auf Elementebene durch die Forderung zwischeneliminiert, dass die Normalableitungen nur noch kubisch verlaufen. Man erhält dann das 18-Freiheitsgrad-Element E2, das eine etwas niedrigere Konvergenzordnung als das Element E1 hat.

Für die Untersuchung von Platten ohne Steifigkeitssprünge ist das Element E1 hervorragend geeignet. Ein gravierender, nicht behebbarer Mangel ist die Überkompatibilität. Sie hat zur Folge, dass bei einem Einsatz für Platten mit Steifigkeitssprüngen oder in Verbindung mit anderen Elementen die Vorzüge des Elementes verloren gehen. Als Single-Purpose-Element ist es jedoch überragend, zumal eine Erweiterung für Schalenprobleme möglich ist.

Die Hauptbemühungen galten daher der Entwicklung von Plattendreieckelementen mit neun Freiheitsgraden. Die wesentlichen Stufen dieser Entwicklung sind mit den Elementen B1 bis D2 charakterisiert.

Element B1

Der Ansatz im Element B1 entspricht einem vollständig kubischen Polynom. Neben den Verschiebungen w und den Neigungen $w_{,\mathrm{x}}$ und $w_{,\mathrm{y}}$ in den drei Eckknoten wird die Schwerpunktverschiebung als zehnter Freiheitsgrad eingeführt. Eine besonders einfache und elegante Darstellung der Formfunktionen erhält man, wenn man Dreieckskoordinaten (ξ_1, ξ_2, ξ_3) verwendet und als Neigungsfreiheitsgrade nicht $w_{,\mathrm{x}}$ und $w_{,\mathrm{y}}$ sondern die Ableitungen $w_{,\eta}$ und $w_{,\zeta}$ in Richtung der schiefwinkligen Koordinaten η und ζ einführt, siehe Bild 9.14 [9.11]. Der Übergang auf $w_{,\mathrm{x}}$ und $w_{,\mathrm{y}}$ erfordert eine einfache Koordinatentransformation.

Eigentlich müsste man H_1 bis H_9 so korrigieren, dass sie im Schwerpunkt den Wert Null annehmen. Das ist aber überflüssig, da man den zu H_{10} gehörenden inneren Freiheitsgrad statisch kondensieren kann, so dass entsprechend der Zielsetzung ein Element mit neun Freiheitsgraden übrigbleibt. Die Eigenschaften des Elementes ändern sich durch die statische Kondensation nicht. Das Element kann nicht nur konstante sondern auch linear veränderliche Krümmungen und Verwindungen darstellen, es ist aber nur C^0-stetig (Aufgabe 9.4). Numerische Rechnungen zeigen, dass sich das Element bei weitem zu weich verhält. Es konvergiert gegen völlig falsche Verschiebungen.

Das Element B1 ist ein Vertreter der Gruppe der DKT-Elemente (discrete Kirchhoff triangle). Elemente dieser Gruppe werden z. B. bei Braess [9.44] ausführlich diskutiert.

Element B2

Ausgehend vom Element B1 sind eine Vielzahl von Modifikationen untersucht worden, bei denen nur mit neun Formfunktionen für die Knotenverschiebungen w und für die beiden Knotenneigungen $w_{,\mathrm{x}}$ und $w_{,\mathrm{y}}$ in den Eckpunkten gearbeitet wird.

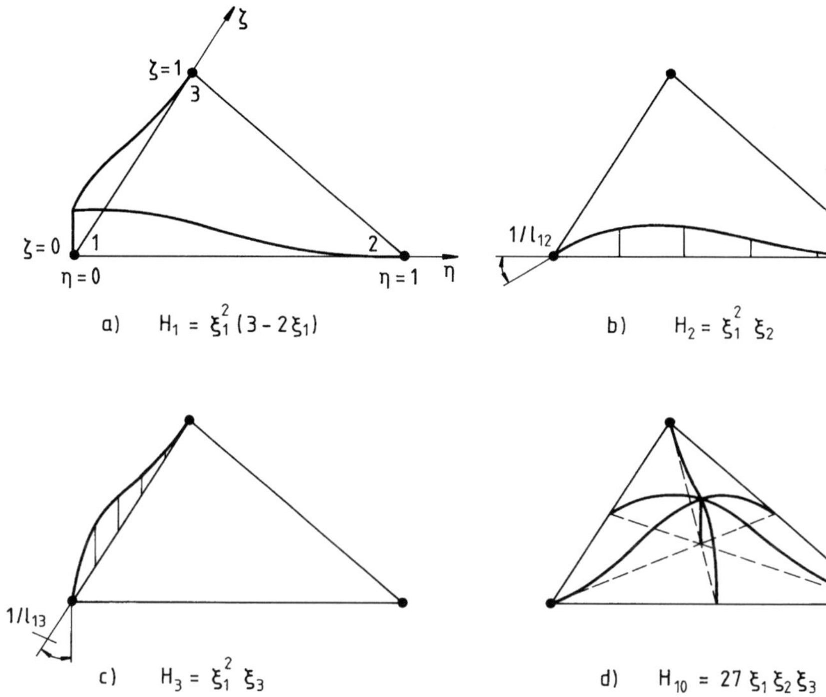

Bild 9.14. Kubische Formfunktionen vom Hermite-Typ für Dreieckelemente (Die Formfunktionen H_4 bis H_9 entstehen durch zyklische Vertauschung.)

Die gelungenste Modifikation stammt von Bazeley d. h. [9.14]; das Element wurde als ‚Zienkiewicz-Dreieck' bekannt. Wir folgen hier der Darstellung bei Schwarz [9.11]. Bei Betrachtung von Bild 9.14 sieht man, dass man die Formfunktion H_{10} den neun Ansatzfunktionen H_1 bis H_9 überlagern kann, ohne dass Verschiebungen und Ableitungen in den Eckpunkten des Dreiecks sich ändern. Mit der Superposition ist natürlich die Darstellbarkeit beliebiger, flächenlastfreier Zustände mit linear veränderlichen Krümmungen und Verwindungen nicht mehr gewährleistet. Man muss aber dafür sorgen, dass sich bereits mit den neuen Formfunktionen 1 bis 9 wenigstens alle Starrkörperverschiebungszustände und konstanten Krümmungen und Verwindungen erfassen lassen. Die ersten drei Formfunktionen lauten

$$
\begin{aligned}
w_1 &= 1: \quad \tilde{H}_1(\xi_1,\xi_2,\xi_3) = \xi_1^2\,(3-2\,\xi_1) + 2\,\xi_1\,\xi_2\,\xi_3\,,\\
w_{,\eta 1} &= 1: \quad \tilde{H}_2(\xi_1,\xi_2,\xi_3) = \xi_1^2\,\xi_2 + \xi_1\,\xi_2\,\xi_3\,/\,2\,,\\
w_{,\zeta 1} &= 1: \quad \tilde{H}_3(\xi_1,\xi_2,\xi_3) = \xi_1^2\,\xi_3 + \xi_1\,\xi_2\,\xi_3\,/\,2\,.
\end{aligned}
$$

Das Element B2 ist weiterhin nur C^0-stetig. Es zeigt sich, dass Konvergenz gegen die exakte Lösung nur garantiert ist, wenn die Seiten aller Dreieckelemente parallel zu drei Richtungen in der Ebene verlaufen [9.20]. Bei unregelmäßigen Gitternetzen ist das nicht mehr der Fall. Ein Ausweg besteht darin, dass man zu einem ‚Penalty'-Verfahren übergeht, bei dem die Verletzung der C^1-Kompatibilität in einem Strafterm erfasst wird [9.20, 9.44].

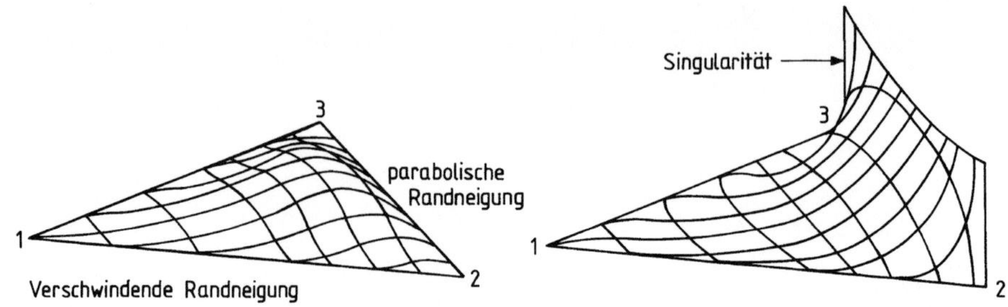

Bild 9.15. Zusatzfunktionen (nach [9.27]) mit parabolischem Normalableitungsverlauf entlang der Seite 2–3 (**a**) und zugehöriger Krümmungsverlauf in ξ_1-Richtung (**b**)

Elemente C1 und C2

Ein großer Nachteil der Elemente B1 und B2 besteht darin, dass sie nicht die Forderung nach C^1-Stetigkeit erfüllen. Da bei diesen Elementen kubische Verschiebungsansätze verwendet werden, verläuft die Normalableitung $w_{,\mathrm{n}}$ längs eines Elementrandes quadratisch. Die Normalableitung würde beim Übergang von einem Element zum anderen nur dann stetig verlaufen, wenn sie sich auf drei Parameter des Übergangsrandes abstützen würde. Zur Verfügung stehen bei den Elementen B1 und B2 allerdings nur zwei Randparameter, nämlich die Normalableitungen in den beiden Knoten des Randes. Man kann nun versuchen, zusätzliche Formfunktionen einzuführen, bei denen $w_{,\mathrm{n}}$ entlang einer Dreiecksseite gerade quadratisch verläuft, bei denen aber die Freiheitsgrade w, $w_{,\mathrm{x}}$ und $w_{,\mathrm{y}}$ in jedem Eckpunkt zu Null werden. Eine einfache Polynomdarstellung für solche Zusatzformfunktionen gelingt nicht. Von Bazeley d. h. [9.14] werden daher Zusatzterme in Form von gebrochen rationalen Funktionen verwendet (Bild 9.15), bei denen in den Ecken Singularitäten in höheren Ableitungen auftreten. Bei Verwendung dieser Zusatzfunktionen kann man entweder die Normalableitungen in den Seitenmitten als zusätzliche Freiheitsgrade mitführen, so dass wieder Knoten mit unterschiedlicher Art von Freiheitsgraden auftreten (Element C1), oder man erzwingt durch geeignete Superposition, dass $w_{,\mathrm{n}}$ sich entlang jeder Seite nur noch linear verändert und damit eindeutig durch die Eckpunktneigungen festgelegt wird (Element C2).

Die Singularität bei den Zusatzformfunktionen hat zur Folge, dass die zweiten Ableitungen und damit die Biegemomente in den Eckpunkten des Dreiecks davon abhängen, aus welcher Richtung man sich dem Eckpunkt nähert. Problematischer ist, dass die singulären Funktionen nur numerisch integriert werden können und dass hierfür eine relativ hohe Zahl von Gauß-Punkten erforderlich ist [9.27]. Trotz der singulären Zusatzfunktionen sind die Elemente C1 und C2 in der Lage, konstante Krümmungen darzustellen.

Elemente D1 und D2

Eine andere Möglichkeit, durch Einführung von Zusatzfunktionen zu einem C^1-stetigen Plattendreieckelement mit neun Freiheitsgraden zu gelangen, geht auf eine Idee von Hsieh zurück, die von Clough und Tocher [9.15] aufgegriffen wurde. Wir wählen hier eine etwas andere Darstellung als in der Arbeit von Clough und Tocher.

Zur Gewinnung der drei Zusatzfunktionen mit parabolischem Normalableitungsverlauf entlang jeweils einer Seite wird das Dreieckelement in drei Subdreiecke unterteilt (Bild 9.16).

Die Normalableitung der Zusatzfunktion soll in einem Seitenmittelpunkt, z. B. Punkt 4, den Wert 1 annehmen, in allen anderen Seitenmittelpunkten zu Null werden. Ebenso sollen w, $w_{,\mathrm{x}}$ und $w_{,\mathrm{y}}$ in den Eckpunkten 1, 2 und 3 zu Null werden. In jedem Subdreieck ①, ② und ③ wird ein vollständiges kubisches Polynom eingeführt, zweckmäßigerweise wieder unter Verwendung von Dreieckkoordinaten. Das ergibt $3 \times 10 = 30$ freie Parameter. Zu ihrer Bestimmung sind 30 Gleichungen erforderlich:

(1) In jedem Eckknoten müssen die Verschiebungen und Neigungen der beiden angrenzenden Subelemente zu Null werden:
3 Knoten × 2 Subelemente × 3 Freiheitsgrade = 18 Gln.

(2) Die Normalableitungen in den Seitenmitten 4, 5, 6 müssen entweder den Wert 0 oder den Wert 1 annehmen: 3 Gln.

(3) Im gemeinsamen Innenpunkt 10 müssen Verschiebungen und Neigungen der Subdreiecke gleichgesetzt werden: 6 Gln.

(4) In den Punkten 7, 8 und 9 müssen die Normalableitungen gleich sein: 3 Gln.

Das ergibt gerade die erforderlichen 30 Gleichungen.

Die auf diese Weise entstehenden Zusatzformfunktionen verlaufen über die Grenzen der Subdreiecke hinaus C^1-stetig. Es sei ausdrücklich darauf hingewiesen, dass in den Punkten 7, 8, 9 und 10 keine eigenen Freiheitsgrade eingeführt werden. Diese Innenpunkte werden nur dazu verwendet, Gleichheit der Verschiebungen und der Ableitungen zwischen den angrenzenden Subdreiecken sicherzustellen.

Für den Verlauf der Formfunktionen in den Subdreiecken lassen sich noch geschlossene Ausdrücke angeben. Beispielsweise erhält man für die Normalableitung

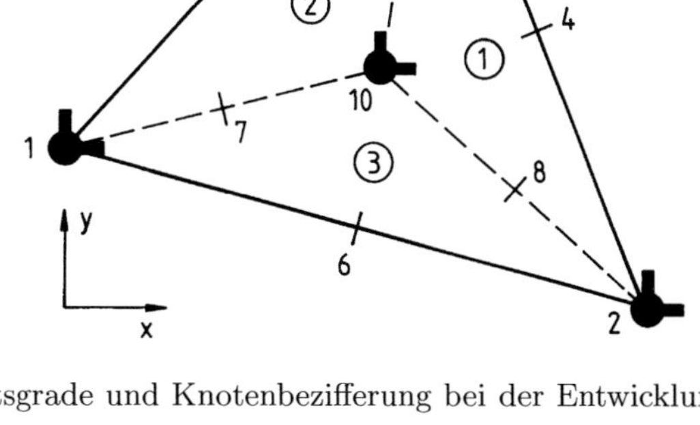

Bild 9.16. Freiheitsgrade und Knotenbezifferung bei der Entwicklung der Elemente D1 und D2

$w_{,\mathrm{n}4}$ im Knoten 4 die Funktion H_{10}

$$\begin{aligned}
&\text{Subdreieck ①:} && H_{10}^{①}(\xi_1, \xi_2, \xi_3) = \xi_1 \, (5\,\xi_1^2 - 3\,\xi_1 + 6\,\xi_2\,\xi_3) \,/\, 6\,, \\
&\text{Subdreieck ②:} && H_{10}^{②}(\xi_1, \xi_2, \xi_3) = \xi_2^2 \, (3\,\xi_3 - \xi_2) \,/\, 6\,, \\
&\text{Subdreieck ③:} && H_{10}^{③}(\xi_1, \xi_2, \xi_3) = \xi_3^2 \, (3\,\xi_2 - \xi_3) \,/\, 6\,.
\end{aligned}$$

Man kann wieder die Normalableitungen als eigene Freiheitsgrade beibehalten (Element D1) oder die Normalableitungen in den Knoten 4, 5 und 6 mit der Forderung eines lineare Verlaufs zwischen zwei Eckknoten zwischeneliminieren (Element D2).

Vergleich der schubstarren Plattendreieckelemente

Welches Element man zweckmäßigerweise verwendet, hängt auch vom tatsächlichen Konvergenzverhalten ab. Wir geben daher in Bild 9.17 numerische Ergebnisse für eine gelenkig gelagerte, in der Mitte mit eine Einzellast beanspruchte Quadratplatte wieder.

Das Element E1 liefert erwartungsgemäß die weitaus besten Ergebnisse, obwohl natürlich die Singularität unter der Einzellast das Konvergenzverhalten beeinträchtigt. Element A von Morley konvergiert zwar, liefert aber auch bei sehr feiner Unterteilung noch recht schlechte Ergebnisse. Das von Bazeley d. h. eingeführte inkompatible Element B2 konvergiert bei der für die Beispielrechnung verwendeten Netzunterteilung ebenfalls, allerdings (da die C^1-Stetigkeit verletzt wird) von oben. Mit singulären Korrekturfunktionen (Element C2) ergibt sich zwar Konvergenz von unten, allerdings mit großen absoluten Fehlern. Ähnlich sieht es bei der Subelementformulierung aus (Element D2). Behält man die Normalableitungen als Freiheitsgrade bei (Element D1), so ergibt sich ein erheblich geringerer Fehler. Das zweitbeste Ergebnis liefert das Rechteckelement mit 16 Freiheitsgraden, während das inkompatible Rechteckelement mit 12 Freiheitsgraden – zumal es nicht zu einem beliebigen Viereckelement verallgemeinert werden kann – nicht überzeugt.

Abschließend sei darauf hingewiesen, dass bei einer Auftragung des Fehlers über $n\,n_\mathrm{b}^2$ als Maß für die Rechenzeit (siehe Abschnitt 5.5) die Elemente mit 9 Freiheitsgraden erheblich besser als beispielsweise das 21-Freiheitsgrad-Element E1 abschneiden, siehe [9.29].

9.3.6 Schlussfolgerungen

Wir haben in den Abschnitten 9.3.2 bis 9.3.5 unterschiedliche Möglichkeiten ausgelotet, wie man ausgehend von Hermite-Ansätzen für schubstarre Balken im Rahmen der Deformationsmethode zu Elementen für schubstarre Platten gelangt. Das Element sollte nach Möglichkeit alle Forderungen des Kriterienkataloges, Tabelle 9.1, erfüllen und beliebig einsetzbar sein. Diese unterschiedlichen Möglichkeiten sind in Bild 9.18 nochmals zusammenfassend dargestellt.

Das Rechteckelement mit 16 Freiheitsgraden ist die konsequente Erweiterung des bei der Scheibe erprobten Konzepts, zweidimensionale Formfunktionen durch Produktbildung aus eindimensionalen Funktionen zu gewinnen. Der entscheidende Nachteil des Elementes ist, dass es nur bei rechtwinklig berandeten Bereichen und

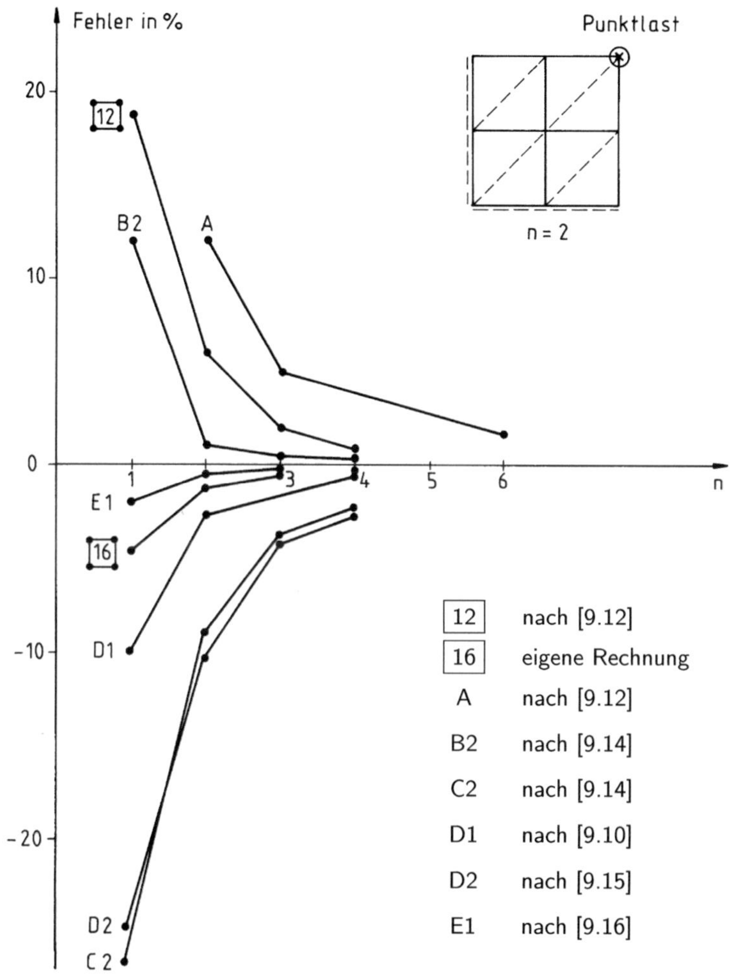

Bild 9.17. Gelenkig gelagerte Quadratplatte unter zentrischer Einzellast. Fehler der Mittendurchsenkung bei verschiedenen Elementen (Rechteck- und Dreieckelemente) in Abhängigkeit vom Unterteilungsmaß n

mithin nicht allgemein einsetzbar ist. Störend erscheint außerdem der Freiheitsgrad $w_{,xy}$. Versuche in den ersten Jahren der Elemententwicklung, unter Verzicht auf diesen Freiheitsgrad zu Plattenelementen mit nur 12 Freiheitsgraden zu gelangen, führen entweder zur Verletzung der Darstellbarkeitsforderung und damit zu Konvergenzversagen oder zur Verletzung der Stetigkeitsforderung, womit man den Rahmen der klassischen Deformationsmethode mit stetigen Ansatzfunktionen verlässt.

Der nächste Versuch, das Rechteckelement mit 16 Freiheitsgraden zu einem isoparametrischen, schiefwinkligen oder krummlinig berandeten Viereckelement zu verallgemeinern, ergibt zwar ein reizvolles Element für Parallelogrammplatten oder

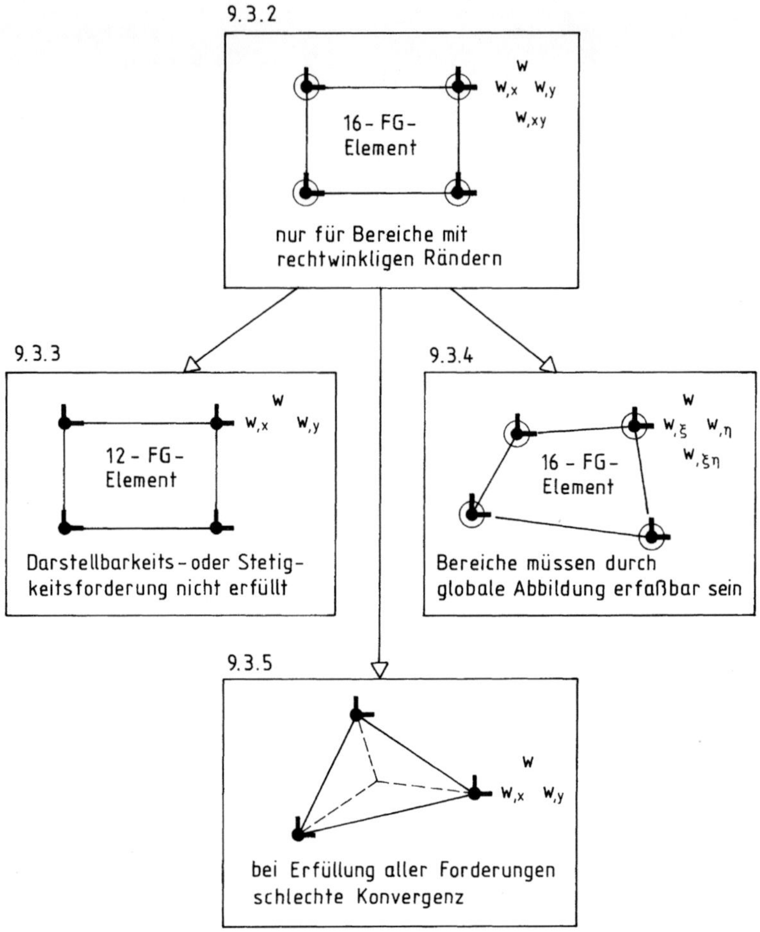

Bild 9.18. Unterschiedliche Wege zur Erzeugung schubstarrer Plattenelemente

gepfeilte Platten, die allgemeine Einsetzbarkeit ist aber auch hier nicht gewährleistet. Man bleibt auf Plattentragwerke beschränkt, die sich so elementieren lassen, dass die Elementränder Koordinatenlinien eines globalen, schiefwinkligen Koordinatensystems sind.

In einem letzten Schritt werden daher unterschiedliche Versuche dargestellt, im Rahmen der Deformationsmethode geeignete Dreieckelemente für schubstarre Platten zu entwickeln. Mit einer Reihe von ‚Klimmzügen‘ gelingt es in der Tat, allgemein einsetzbare Dreieckelemente zu entwickeln, die alle Forderungen des Kriterienkataloges erfüllen. Das gilt insbesondere für das in Teildreiecke unterteilte Element, das auch in einer Reihe von Programmsystemen zum Einsatz kommt. Das Konvergenzverhalten dieses Elements überzeugt aber nicht vollständig. Sieht man einmal von der hier nicht behandelten Möglichkeit ab, z. B. das Zienkiewicz-Dreieckelement durch Strafterme so zu modifizieren, dass Konvergenz sichergestellt ist, so lässt sich feststellen, dass bei Zugrundelegung der Check-Liste von Tabelle 9.1 letztlich kein in jeder Hinsicht befriedigendes schubstarres Plattenelement existiert. Aus diesem Grund werden wir uns im folgenden Abschnitt mit Elementen für schubweiche Platten beschäftigen, bei denen der ‚Stolperstein‘ der C^1-Stetigkeit entfällt. Wir hoffen, dass es gelingt, ein allgemein einsetzbares schubweiches Plattenelement zu entwickeln, mit dem sich bei Verringerung der Plattendicke auch der Grenzfall der schubstarren Platte erfassen lässt.

9.4 Elemente für schubweiche Balken und Platten

Wenn man dünne Biegestrukturen als schubstarr betrachtet, so ist das in erster Linie historisch bedingt. Solange man vorwiegend analytisch rechnete, hatte die Behandlung der Bipotentialgleichung der schubstarren Platte deutliche Vorteile gegenüber der Behandlung der Differentialgleichungen der schubweichen Platte. Im letzten Abschnitt haben wir gesehen, dass das, was bei der analytischen Lösung ein Vorteil ist, sich als Nachteil bei der Entwicklung finiter Elemente herausstellt: Die Ansatzfunktionen schubstarrer Plattenelemente müssen C^1-Stetigkeit garantieren. Für ein Näherungsverfahren wie die Finite-Elemente-Methode ist es relativ gleichgültig, ob eine oder drei unbekannte Zustandsgrößen approximiert werden müssen. Entscheidend ist allerdings, dass für die drei Zustandsgrößen der schubweichen Platte $(w, \beta_{\mathrm{x}}, \beta_{\mathrm{y}})$ nur C^0-Stetigkeit sichergestellt sein muss. Man wird daher erwarten, dass die Entwicklung isoparametrischer Plattenviereckelemente keinerlei Probleme bereitet. Man braucht einfach nur die Abbildungsvorschriften und die Ansatzfunktionen der Scheibe zu übernehmen. Auch die Darstellbarkeit eines vollständigen linearen Polynoms ist sowohl für w als auch für β_{x} und β_{y} automatisch sichergestellt. Wenn es nun noch gelingt, durch Verringerung der Elementdicke den Grenzübergang von einer dicken zu einer dünnen Platte richtig zu beschreiben, dann stehen Elemente zur Verfügung, mit denen nicht nur schubweiche sondern auch schubstarre Platten behandelbar sind. Schon hier verweisen wir auf eine ausführliche Darstellung in [9.24].

Die negativen Erfahrungen des vorangegangen Abschnitts berücksichtigend, wenden wir uns nicht gleich der Platte zu sondern setzen uns zuerst gründlich mit Elementen für schubweiche Balken auseinander. Was dabei nicht gut geht, wird bei der schubweichen Platte sicherlich auch nicht zum Erfolg führen. Erst dann behandeln wir Elemente für schubweiche Platten, wobei wir als Testfall ansehen, ob es gelingt, mit isoparametrischen, schubweichen Plattenelementen das Tragverhalten der gepfeilten Kragplatte bei sehr kleiner Plattendicke (vergleiche Bild 9.12) richtig zu erfassen.

9.4.1 Elemente für schubweiche Balken

Bei schubweichen Balken müssen für die Querverschiebung w und die Querschnittsneigung β unabhängig voneinander Ansatzfunktionen eingeführt werden. Bild 9.19 gibt fünf Elemente wieder, bei denen fortlaufend mehr Knotenverschiebungen bzw. -querschnittsneigungen als Freiheitsgrade eingeführt werden.

Als Formfunktionen können durchwegs die eindimensionalen Lagrangeschen Interpolationspolynome aus Abschnitt 7.2 verwendet werden. Für das Balkenelement mit linearem w- und β-Ansatz sind in Bild 9.20 die vier Formfunktionen dargestellt.

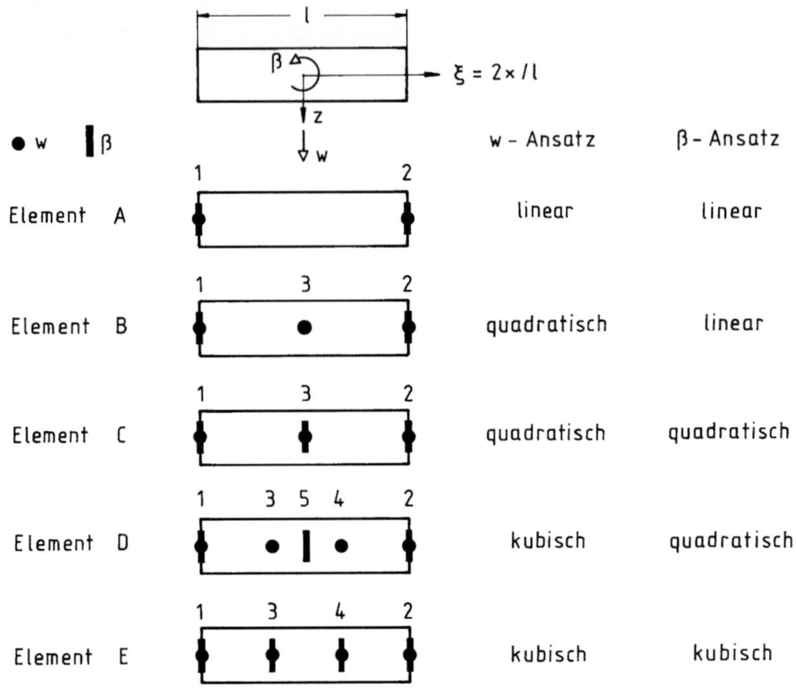

Bild 9.19. Elemente mit Lagrange-Ansatzfunktionen für schubweiche Balken

Die Stetigkeitsforderung ist, da w und β bei allen Elementen an beiden Enden als Freiheitsgrade eingeführt werden, immer erfüllbar. Es bleibt zu prüfen, in welcher Weise die Elemente die Darstellbarkeitsforderung erfüllen. Wir stellen dazu erst fest, welcher Verschiebungszustand in den beiden linienlastfreien Zuständen

a) ‚reine Biegung' ($M(x) = M_0$) und
b) ‚Schubbiegung' ($Q(x) = Q_0,\ M(x) = M_0 + Q_0\, x$)

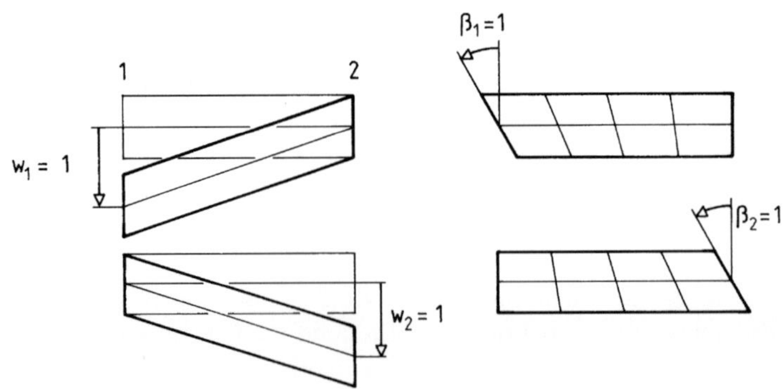

Bild 9.20. Formfunktionen eines schubweichen Balkenelementes mit linearen w- und β-Ansätzen

Tabelle 9.3. Darstellbarkeit von linienlastfreien Zuständen bei schubweichen Balkenelementen

	Starrkörper-verschiebungen	*Biegung* $\kappa = \text{konstant}$	*Schubbiegung* $\gamma = \text{konstant}$ $\kappa = \text{linear}$
	für die Darstellbarkeit erforderlicher Polynomansatz		
w β	linear konstant	quadratisch linear	kubisch quadratisch
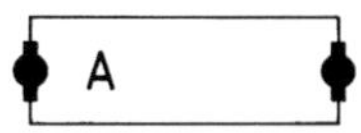	darstellbar	nicht darstellbar	nicht darstellbar
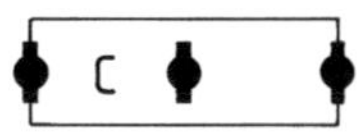	darstellbar	darstellbar	nicht darstellbar
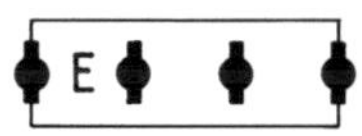	darstellbar	darstellbar	darstellbar

auftritt. Als Lösung der Differentialgleichungen

$$M(x) = E\,I\,\beta_{,\mathrm{x}}(x) = M_0 + Q_0\,x\,, \tag{9.16a}$$

$$Q(x) = G\,A_\mathrm{S}(w_{,\mathrm{x}}(x) + \beta(x)) = Q_0 \tag{9.16b}$$

erhält man

$$\begin{Bmatrix} w(x) \\ \beta(x) \end{Bmatrix} = \begin{bmatrix} 1 & -x & -\dfrac{x^2}{2\,E\,I} & \dfrac{x}{G\,A_\mathrm{S}} - \dfrac{x^3}{6\,E\,I} \\ 0 & 1 & \dfrac{x}{E\,I} & \dfrac{x^2}{2\,E\,I} \end{bmatrix} \begin{Bmatrix} w_0 \\ \beta_0 \\ M_0 \\ Q_0 \end{Bmatrix} . \tag{9.17}$$

Starrkörper-verschiebung   *reine Biegung*   *Schubbiegung*

Ausgehend von dieser Lösung lässt sich angeben, welche Polynomansätze erforderlich sind, um die einzelnen Zustände darzustellen (Tabelle 9.3, oben). Man erkennt, dass der w-Ansatz stets eine Ordnung höher gewählt werden muss als der β-Ansatz. Unter diesem Gesichtspunkt ließe sich mit Elementtyp B von Bild 9.19 ein konstantes Moment und mit Elementtyp D der Lastfall Schubbiegung darstellen. Beide Elemente widersprechen aber der Forderung nach Knoten mit gleichartigen Freiheitsgraden. Welche der Darstellbarkeitsforderungen durch die verbleibenden Elemente A, C und E erfüllt werden, ist in Tabelle 9.3 unten angegeben.

Wir wollen nun an zwei Beispielen die Auswirkungen eines unzureichenden Polynomansatzes untersuchen. Wir betrachten dazu (Bild 9.21) einen Balken unter reiner Biegung. Für die Modellierung wird das einfachste schubweiche Balkenelement (Element A) verwendet, das nur Starrkörperverschiebungen exakt darstellen

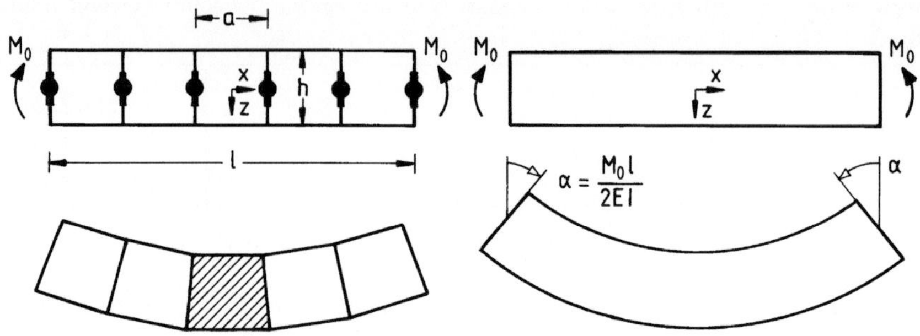

Bild 9.21. Finite-Elemente-Modellierung (links) eines Balkens unter Biegebeanspruchung (rechts)

kann. Der zu erwartende Deformationszustand des Finite-Elemente-Modells und des Balkenkontinuums sind ebenfalls in Bild 9.21 wiedergegeben. Der Vergleich zwischen Balkenkontinuum und Finite-Elemente-Modell erfolgt bezüglich der Formänderungsenergie Π_i. Für das Balkenkontinuum erhält man

$$\Pi_\mathrm{i} = \frac{1}{2}\,\frac{M_0^2\, l}{E I}\,. \tag{9.18}$$

Die Formänderungsenergie des Finite-Elemente-Modells von Bild 9.21 (links) gewinnen wir durch Addition aus den einzelnen Elementanteilen. Im Lastfall Biegung sind alle diese Anteile gleich groß. Die Starrkörperverschiebung leistet keinen Beitrag zur Formänderungsenergie und kann durch geeignete Lagerung unterbunden werden (Bild 9.22 links). Nutzt man noch die Symmetrie aus ($\beta_1 = -\beta_2$), dann vereinfacht sich der lineare Verschiebungsansatz zu

$$w(x) = 0\,,\quad \beta(x) = \frac{2\,x}{a}\,\beta_2\,. \tag{9.19}$$

Die unbekannte Querschnittsneigung β_2 erhält man durch Anwendung des Prinzips der virtuellen Verrückungen auf das einzelne Element (Bild 9.22 links):

$$\beta_2 = \frac{6\,M_0\,a}{12\,E I + a^2\,G A_\mathrm{S}}\,. \tag{9.20}$$

Damit ergibt sich die Formänderungsenergie eines einzelnen Elementes zu

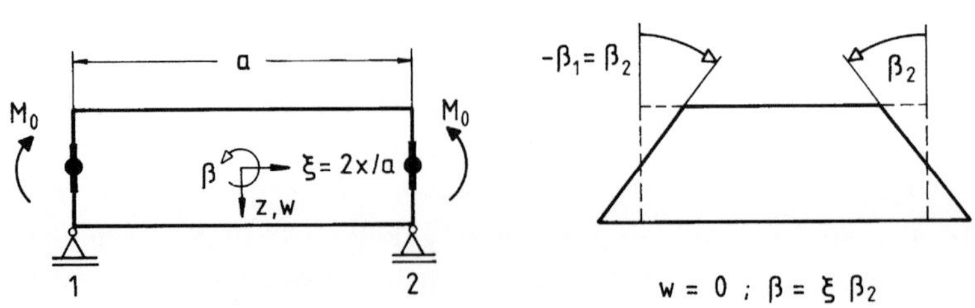

Bild 9.22. Belastung und Lagerung eines Elementes für die Formänderungsenergieberechnung im Lastfall Biegung (links) und zugehöriger Elementverschiebungszustand (rechts)

Tabelle 9.4. Formänderungsenergiefehler im Lastfall Biegung bei Verwendung von schubweichen 2-Knoten-Elementen mit linearem w,β-Ansatz ($\nu = 0{,}3$)

$a\,/\,h$	0	0,1	0,2	0,5	1	2	5	10	20	50	100
Fehler in %	0	0,3	1,3	7,4	24,3	56,2	88,9	97,0	99,2	99,9	100
gedrungener Balken $l\,/\,h = 10$	$n = \infty$	100	50	20	10	5	2	1			
schlanker Balken $l\,/\,h = 100$	$n = \infty$	1000	500	200	100	50	20	10	5	2	1

$$\Pi_{\mathrm{i,e}} = \frac{1}{2}\,\frac{M_0^2\,a}{E\,I}\left[1 - \frac{1}{1 + \dfrac{12\,E\,I}{a^2\,G\,A_{\mathrm{S}}}}\right]. \tag{9.21}$$

Die Formänderungsenergie des Finite-Elemente-Modells erhält man durch Summation über die Elementanteile, wobei wir für die Fehlerabschätzung annehmen, dass der Balken einen Rechteckquerschnitt mit der Höhe h besitzt:

$$\Pi_{\mathrm{i}} = \frac{1}{2}\,\frac{M_0^2\,l}{E\,I}\left[1 - \frac{1}{1 + \dfrac{12\,(1+\nu)}{5}\left(\dfrac{h}{a}\right)^2}\right]. \tag{9.22}$$

Der zweite Term in der eckigen Klammer erfasst den Fehler des Finite-Elemente-Modells. Er hängt nur von dem Verhältnis der Elementabmessungen a/h ab. Unterteilt man einen gedrungenen Balken ($l/h = 10$) in zehn Elemente ($n = 10$), was einem Verhältnis von $a/h = 1$ entspricht, ergibt sich ein inakzeptabler Fehler von 24%. Ein schlanker Balken ($l/h = 100$) liefert bei zehn Elementen sogar einen Fehler von fast 100% (Tabelle 9.4).

Das Element ist damit praktisch unbrauchbar. Es konvergiert zwar für $a/h \to 0$ gegen die exakte Lösung, um aber einen akzeptablen Fehler zu erhalten, muss man die Elementlänge kleiner als die Balkenhöhe wählen. Die Fehlerursache ist darin zu suchen, dass in der Gleichung zur Bestimmung von β_2 neben der Biegesteifigkeit $E\,I$ auch die Schubsteifigkeit $G\,A_{\mathrm{S}}$ auftritt. Aus der Sicht der exakten Lösung dürfte die Schubsteifigkeit keinen Einfluss haben. Das Auftreten von $G\,A_{\mathrm{S}}$ ist eine Folge davon, dass der Verschiebungsansatz nicht imstande ist, den Fall eines konstanten Biegemomentes (oder einer konstanten Krümmung) darzustellen, mit dem verheerenden Ergebnis, dass für $a/h \to \infty$ die Formänderungsenergie und damit der Differenzwinkel zwischen den beiden Stabendquerschnitten zu Null wird. Das Element wird damit unendlich steif. Da dieser Effekt eine Folge der falsch eingebrachten Schubsteifigkeit ist, bezeichnet man ihn auch als *Schubversteifung* (englisch: *shear locking*).

Wir wollen nun noch klären, ob eine ähnliche Schubversteifung auch bei dem schubweichen Balkenelement mit quadratischen Ansätzen für w und β auftritt. Aus Tabelle 9.3 ist zu entnehmen, dass mit diesem Element der Zustand eines

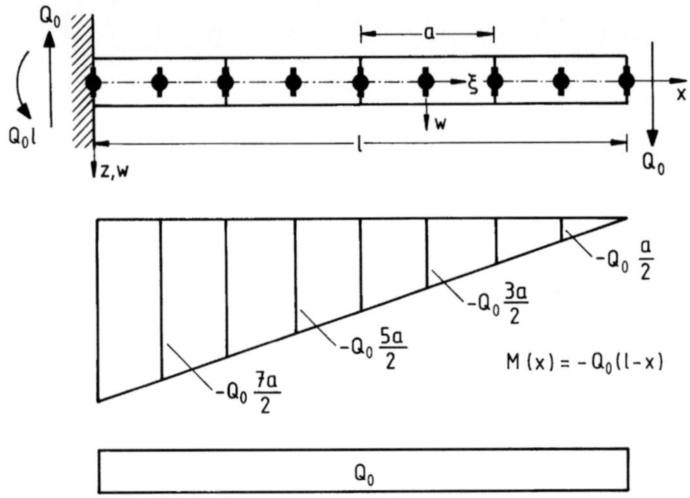

Bild 9.23. Beanspruchung durch Schubbiegung am Beispiel eines Kragarms unter Einzellast

konstanten Biegemomentes zwar exakt darstellbar ist, nicht hingegen der Zustand Schubbiegung, dem wir uns daher sofort zuwenden. Ein typisches Beispiel, bei dem Schubbiegung auftritt, ist ein Kragarm unter Einzellast (Bild 9.23), für den wir die Formänderungsenergie mit einem Finite-Elemente-Modell bestimmen wollen.

Auch in diesem Fall kann man sich auf ein Element beschränken. Die Beanspruchung der einzelnen Elemente lässt sich aus dem Lastfall Schubbiegung und dem Lastfall Biegung (Bild 9.24) superponieren, wobei allerdings die Größe des Biegemomentes im Lastfall Biegung von dem betrachteten Element abhängig ist. Die Berechnung der Formänderungsenergie läuft prinzipiell genauso wie oben ab, sie ist allerdings erheblich mühsamer. Daher geben wir nur das Endergebnis an:

$$\Pi_{\mathrm{i}} = \frac{1}{2}\left(\frac{Q_0^2\, l^3}{3\, E\, I} + \frac{Q_0^2\, l}{G\, A_{\mathrm{S}}}\right)\chi \tag{9.23}$$

$$\text{mit } \chi = 1 - \left(\frac{a}{2\,l}\right)^2 \frac{1}{1 + \frac{3\,(1+\nu)}{5}\left(\frac{h}{l}\right)^2}\, \frac{1}{1 + 12\,(1+\nu)\left(\frac{h}{a}\right)^2}\,.$$

Der zweite Term im Faktor χ erfasst den Fehler des Finite-Elemente-Modells. Im Fehlerterm tritt jetzt allerdings ein zusätzlicher Vorfaktor $(a/l)^2 = 1/n^2$ auf. Der Fehler wird also in jedem Fall mit der Elementanzahl n quadratisch kleiner. Das liegt daran, dass der Formänderungsenergieanteil infolge des konstanten Momentes (siehe Bild 9.24), der richtig erfasst wird, bei feiner werdender Elementierung immer mehr dominiert. Bei sehr grober Elementierung tritt zwar auch hier noch eine Versteifung auf (siehe Tabelle 9.5), die man wieder als Shear-Locking bezeichnen kann, der Fehler ist aber bedingt durch den Vorfaktor nicht mehr so gravierend.

Beim nächsten Element mit kubischen Ansätzen für w und β (Element E, Bild 9.19) sind alle linienlastfreien Zustände exakt darstellbar. Damit treten keine Schubversteifungen mehr auf. Zum vollständigen Vermeiden der Schubversteifung

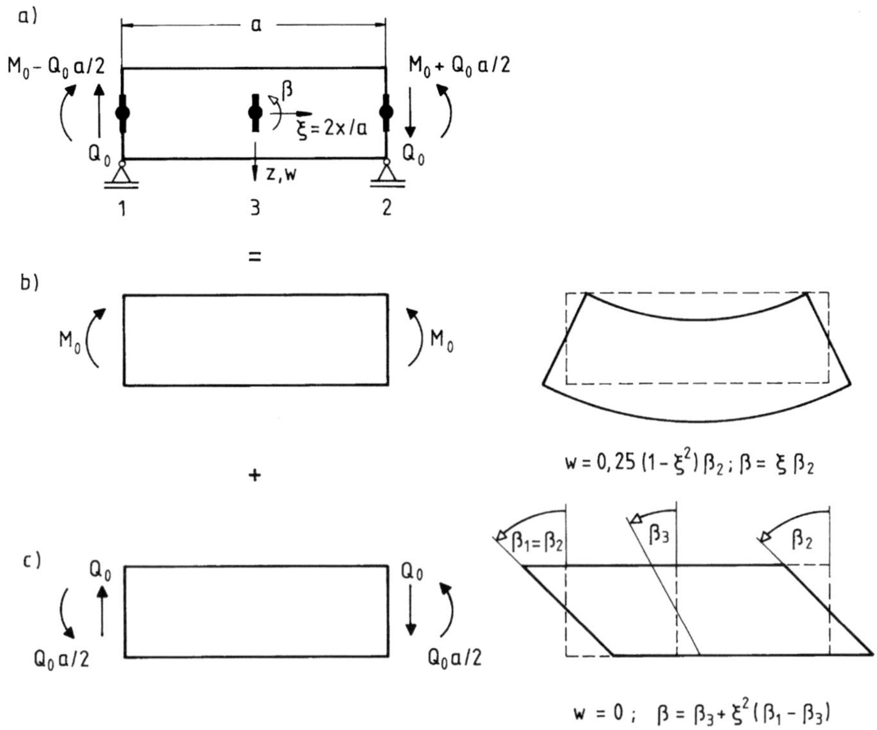

Bild 9.24. Belastung und Lagerung eines Elementes für die Berechnung der Formänderungsenergie des Kragarms unter Einzellast (**a**) und Superposition der Belastung (links) aus dem Lastfall Biegung (**b**) und dem Lastfall Schubbiegung (**c**) und zugehörige Elementverschiebungszustände (rechts)

Tabelle 9.5. Formänderungsenergiefehler beim Kragarm unter Einzellast (Schubbiegung) bei Verwendung von schubweichen 3-Knoten-Elementen mit quadratischem w-β-Ansatz ($\nu = 0{,}3$)

Elementanzahl n	1	2	5	10
$l\,/\,h = 10$	21,5 %	3,8 %	0,2%	0,01%
$l\,/\,h = 100$	25,0 %	6,2 %	1,0 %	0,2 %

würde es bereits ausreichen, mit quadratischen β- und kubischen w-Ansätzen zu arbeiten (Element D, Bild 9.19). Auf die Behandlung dieses Elements verzichten wir, da dabei die Forderung 6 der Check-Liste verletzt wird. Von allen behandelten schubweichen Balkenelementen erfüllt also nur Element E sämtliche Forderungen.

Ausgehend von Element E kann man durch statische Kondensation der inneren Unbekannten zu einem Element gelangen, bei dem nur die Verschiebungen und Verdrehungen an den Stabenden als Unbekannte auftreten. Der Verschiebungsansatz von Element E (Bild 9.25a) lautet

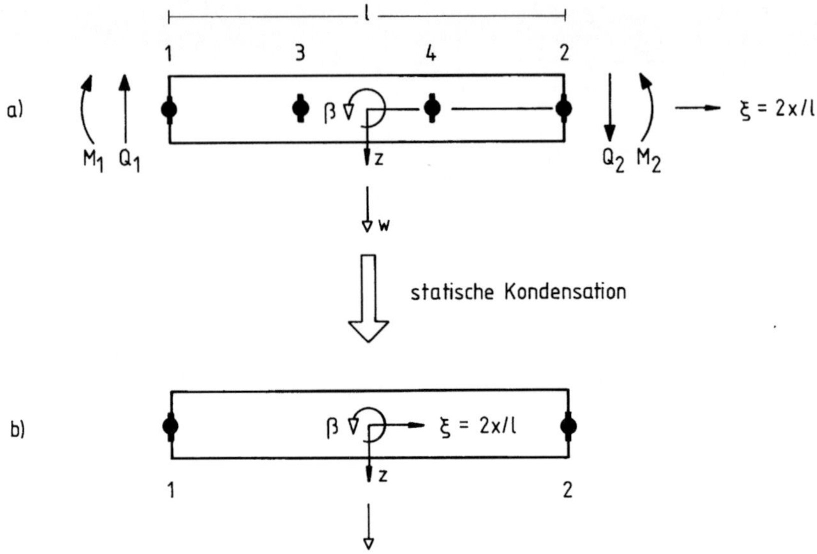

Bild 9.25. Überführen des kubischen Lagrange-Elementes mit 8 Freiheitsgraden (**a**) in ein statisch gleichwertiges Element mit 4 Freiheitsgraden (**b**)

$$\begin{Bmatrix} w \\ \beta \end{Bmatrix} = \begin{bmatrix} g_1^{(3)}(\xi) & g_2^{(3)}(\xi) & 0 & 0 & g_3^{(3)}(\xi) & g_4^{(3)}(\xi) & 0 & 0 \\ 0 & 0 & g_1^{(3)}(\xi) & g_2^{(3)}(\xi) & 0 & 0 & g_3^{(3)}(\xi) & g_4^{(3)}(\xi) \end{bmatrix} \begin{Bmatrix} w_1 \\ w_2 \\ \beta_1 \\ \beta_2 \\ w_3 \\ w_4 \\ \beta_3 \\ \beta_4 \end{Bmatrix} . \tag{9.24}$$

Die dabei verwendeten Ansatzfunktionen ergeben sich aus Gl. (7.2). Im Hinblick auf die statische Kondensation formen wir den Verschiebungsansatz ein wenig um:

$$\begin{Bmatrix} w \\ \beta \end{Bmatrix} = \boldsymbol{G}_1\, \boldsymbol{u}_1 + \boldsymbol{G}_2\, \boldsymbol{u}_2 \tag{9.25}$$

$$\text{mit} \quad \boldsymbol{u}_1^{\mathrm{T}} = \{w_1, w_2, \beta_1, \beta_2\}$$
$$\text{und} \quad \boldsymbol{u}_2^{\mathrm{T}} = \{w_3, w_4, \beta_3, \beta_4\} .$$

Die Matrizen $\boldsymbol{G}_{\mathrm{i}}$ ergeben sich aus dem Vergleich mit Gl. (9.24). Das Prinzip der virtuellen Verrückungen in diskretisierter Form lautet für ein einzelnes Element ohne Linienlasten (Bild 9.25a)

$$\begin{bmatrix} \boldsymbol{S}_{11} & \boldsymbol{S}_{12} \\ \boldsymbol{S}_{12}^{\mathrm{T}} & \boldsymbol{S}_{22} \end{bmatrix} \begin{Bmatrix} \boldsymbol{u}_1 \\ \boldsymbol{u}_2 \end{Bmatrix} = \begin{Bmatrix} \boldsymbol{s}_1 \\ \boldsymbol{0} \end{Bmatrix} \tag{9.26}$$

mit $\boldsymbol{s}_1^{\mathrm{T}} = \{-Q_1, \quad Q_2, -M_1, \quad M_2\}$.

Durch Teilinversion gewinnt man die Beziehung

$$\boldsymbol{u}_2 = -\boldsymbol{S}_{22}^{-1}\,\boldsymbol{S}_{12}^{\mathrm{T}}\,\boldsymbol{u}_1\,, \tag{9.27}$$

die wir in Gl. (9.25) einsetzen:

$$\begin{Bmatrix} w \\ \beta \end{Bmatrix} = \left[\boldsymbol{G}_1 - \boldsymbol{G}_2\,\boldsymbol{S}_{22}^{-1}\,\boldsymbol{S}_{12}^{\mathrm{T}}\right] \boldsymbol{u}_1\,. \tag{9.28}$$

Der Verschiebungszustand des Elementes ist damit nur noch von den Stabendverschiebungen $\boldsymbol{u}_1$ abhängig. Als Endergebnis erhält man den Verschiebungsansatz des in Bild 9.25b dargestellten Elementes:

$$\begin{Bmatrix} w(x) \\ \beta(x) \end{Bmatrix} = \begin{bmatrix} f_1^{\mathrm{s}}(\xi) & f_2^{\mathrm{s}}(\xi) & f_3^{\mathrm{s}}(\xi) & f_4^{\mathrm{s}}(\xi) \\ g_1^{\mathrm{s}}(\xi) & g_2^{\mathrm{s}}(\xi) & g_3^{\mathrm{s}}(\xi) & g_4^{\mathrm{s}}(\xi) \end{bmatrix} \begin{Bmatrix} w_1 \\ w_2 \\ \beta_1 \\ \beta_2 \end{Bmatrix} \tag{9.29}$$

mit den Ansatzfunktionen

$$f_1^{\mathrm{s}}(\xi) = \frac{1}{2}(1-\xi) - \frac{1}{4}\,\psi\,(\xi-\xi^3)\,, \tag{9.30a}$$

$$f_2^{\mathrm{s}}(\xi) = \frac{1}{2}(1+\xi) + \frac{1}{4}\,\psi\,(\xi-\xi^3)\,, \tag{9.30b}$$

$$f_3^{\mathrm{s}}(\xi) = -\frac{l}{8}\,\{1-\xi^2-\psi\,(\xi-\xi^3)\}\,, \tag{9.30c}$$

$$f_4^{\mathrm{s}}(\xi) = \frac{l}{8}\,\{1-\xi^2+\psi\,(\xi-\xi^3)\}\,, \tag{9.30d}$$

$$g_1^{\mathrm{s}}(\xi) = \frac{3}{2\,l}\,\psi\,(1-\xi^2)\,, \tag{9.31a}$$

$$g_2^{\mathrm{s}}(\xi) = -\frac{3}{2\,l}\,\psi\,(1-\xi^2)\,, \tag{9.31b}$$

$$g_3^{\mathrm{s}}(\xi) = \frac{1}{2}(1-\xi) - \frac{3}{4}\,\psi\,(1-\xi^2)\,, \tag{9.31c}$$

$$g_4^{\mathrm{s}}(\xi) = \frac{1}{2}(1+\xi) - \frac{3}{4}\,\psi\,(1-\xi^2) \tag{9.31d}$$

und dem Schubparameter

$$\psi = \frac{1}{1 + 12\,\dfrac{E\,I}{l^2\,G\,A_{\mathrm{S}}}}\,. \tag{9.32}$$

Ist der Balken schubstarr, wird $\psi = 1$; die Funktionen $f_{\mathrm{i}}^{\mathrm{s}}(\xi)$ gehen dann in die Hermite-Ansatzfunktionen $f_{\mathrm{i}}(\xi)$ über. Im schubschlaffen Grenzfall gilt $\psi = 0$.

Auffallend ist an dem Ansatz (9.29), dass die Verschiebung $w(x)$ und die Querschnittsneigung $\beta(x)$ über die vier Freiheitsgrade an den Balkenenden miteinander verknüpft sind. Obwohl das Element nur genauso viele Freiheitsgrade wie das einfachste (lineare) Lagrange-Element besitzt, ist es mit dem kubischen Lagrange-Element, dessen Ansatz von acht Freiheitsgraden abhängt, statisch gleichwertig.

Einfacher ist es natürlich, die beiden Sätze von Formfunktionen, Gln. (9.30) und (9.31), unmittelbar durch Lösen der homogenen Verschiebungsdifferentialgleichungen und Anpassung an die geometrischen Randbedingungen zu gewinnen. Wir sind hier aber den etwas umständlicheren Weg gegangen, um den Zusammenhang zwischen den beiden in Bild 9.25 dargestellten Elementen zu zeigen.

Im Hinblick auf die recht mühsame Auswertung geben wir die Steifigkeitsmatrix und den Lastvektor des Elementes explizit an. Da die Formfunktionen die exakten Lösungen der homogenen Verschiebungsdifferentialgleichungen sind, erhält man die exakte Steifigkeitsmatrix und den exakten Belastungsvektor, die im Fall $\psi = 1$ in die entsprechenden Matrizen des schubstarren Balkens übergehen.

Elementsteifigkeitsmatrix:

$$\boldsymbol{S}_{\mathrm{e}} = \frac{E\,I}{l^3} \begin{bmatrix} 12\,\psi & -12\,\psi & -6\,l\,\psi & -6\,l\,\psi \\ -12\,\psi & 12\,\psi & 6\,l\,\psi & 6\,l\,\psi \\ -6\,l\,\psi & 6\,l\,\psi & l^2\,(\ \ 1+3\,\psi) & l^2\,(-1+3\,\psi) \\ -6\,l\,\psi & 6\,l\,\psi & l^2\,(-1+3\,\psi) & l^2\,(\ \ 1+3\,\psi) \end{bmatrix}, \tag{9.33}$$

Elementlastvektor aus linear veränderlicher Linienlast (siehe Bild 9.4):

$$\boldsymbol{p}_{\mathrm{Be}} = \frac{l}{60} \begin{bmatrix} 30 & -10-2\,\psi \\ 30 & 10+2\,\psi \\ -5\,l & l\,\psi \\ 5\,l & l\,\psi \end{bmatrix} \begin{Bmatrix} \dfrac{p_1+p_2}{2} \\ \dfrac{p_2-p_1}{2} \end{Bmatrix}. \tag{9.34}$$

9.4.2 Elemente für schubweiche Balken auf der Grundlage eines modifizierten Variationsprinzips

Im Abschnitt 14.2.8 wird für Flächentragwerke das gemischt-hybride Variationsprinzip von Pian angegeben, bei dem als Zustandsgrößen im Element Schnittkraftgrößen eingeführt werden, auf den Elementrändern aber weiterhin Verschiebungsgrößen verwendet werden:

$$\begin{aligned} \Pi^{(\mathrm{P})}(\boldsymbol{\sigma}, \boldsymbol{u}_{\mathrm{R}}) \;\equiv\; & \sum_{\text{Elemente}} \Big\{ \int_{\mathrm{B}} \frac{1}{2}\,\boldsymbol{\sigma}^{\mathrm{T}}\,\boldsymbol{C}^{-1}\,\boldsymbol{\sigma}\,\mathrm{d}F - \oint_{\mathrm{R_e}} \boldsymbol{u}_{\mathrm{R}}^{\mathrm{T}}\,\boldsymbol{\sigma}_{\mathrm{R}}\,\mathrm{d}s \Big\} \\ & + \int_{\mathrm{R}_\sigma} \boldsymbol{u}_{\mathrm{R}}^{\mathrm{T}}\,\bar{\boldsymbol{\sigma}}_{\mathrm{R}}\,\mathrm{d}s = \text{stationär} \end{aligned} \tag{9.35}$$

Im Hinblick auf die Entwicklung der Steifigkeitsmatrix und des Lastvektors eines schubweichen Balkens reicht es aus, das entsprechende Prinzip für ein einzelnes Balkenelement (Bild 9.26) zu formulieren:

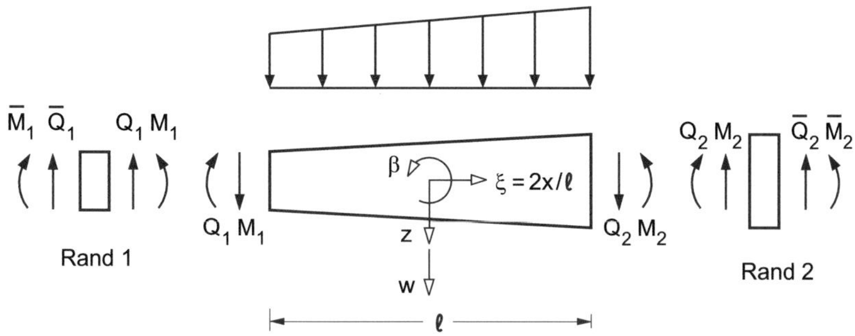

Bild 9.26. Bezeichnungen an einem Balkenelement für die Ermittlung der Steifigkeitsmatrix mit dem Verfahren von Pian

$$\Pi^{(\mathrm{P})}(Q, M; \boldsymbol{u}_\mathrm{R}) \equiv \int\limits_{l} \left[\frac{1}{2} \frac{Q^2}{G A_\mathrm{S}} + \frac{1}{2} \frac{M^2}{E I} \right] \mathrm{d}x - \boldsymbol{u}_\mathrm{R}^\mathrm{T} \, \boldsymbol{s}_\mathrm{r} + \boldsymbol{u}_\mathrm{R}^\mathrm{T} \, \bar{\boldsymbol{s}}_\mathrm{R} = \text{stationär} \quad (9.36)$$

mit dem Randverschiebungsvektor

$$\boldsymbol{u}_\mathrm{R}^\mathrm{T} = \{w_1, w_2, \beta_1, \beta_2\} \,, \quad (9.37)$$

den Randwerten der Balkenschnittkräfte

$$\boldsymbol{s}_\mathrm{r}^\mathrm{T} = \{-Q_1, \quad Q_2, -M_1, \quad M_2\} \quad (9.38)$$

und den vorgegebenen Randschnittkräfte

$$\bar{\boldsymbol{\sigma}}_\mathrm{R}^\mathrm{T} = \{-\bar{Q}_1, \quad \bar{Q}_2, -\bar{M}_1, \quad \bar{M}_2\} \,. \quad (9.39)$$

Die Variation des Pianschen Variationsprinzips (siehe Abschnitt 14.2.8) liefert das zugehöriges Prinzip der virtuellen Arbeiten

$$\begin{aligned} \delta\Pi^{(\mathrm{P})}(Q, M; \boldsymbol{u}_\mathrm{R}) \;=\; & \int\limits_{l} \left[\frac{\delta Q \, Q}{G A_\mathrm{S}} + \frac{\delta M \, M}{E I} \right] \mathrm{d}x \\ & - \delta \boldsymbol{s}_\mathrm{r}^\mathrm{T} \, \boldsymbol{u}_\mathrm{R} - \delta \boldsymbol{u}_\mathrm{R}^\mathrm{T} \, \boldsymbol{s}_\mathrm{r} + \delta \boldsymbol{u}_\mathrm{R}^\mathrm{T} \, \bar{\boldsymbol{s}}_\mathrm{R} = 0 \,. \end{aligned} \quad (9.40)$$

Man kann die Querkraft und das Moment im Stab so approximieren, dass die Gleichgewichtsbedingungen erfüllt werden. Wir teilen hierzu die Schnittkräfte in eine allgemeine Lösung der homogenen Differentialgleichung und in eine spezielle Lösung der inhomogenen Differentialgleichung auf:

$$\begin{aligned} \begin{Bmatrix} Q(\xi) \\ M(\xi) \end{Bmatrix} &= \begin{bmatrix} 0 & 2/l \\ 1 & \xi \end{bmatrix} \begin{Bmatrix} X_1 \\ X_2 \end{Bmatrix} + \begin{Bmatrix} Q^\mathrm{p}(\xi) \\ M^\mathrm{p}(\xi) \end{Bmatrix} , \\ \boldsymbol{s} \quad &= \quad \boldsymbol{V}_\mathrm{s} \qquad \boldsymbol{x} \quad + \quad \boldsymbol{s}^\mathrm{p} \quad . \end{aligned} \quad (9.41a)$$

Q^p und M^p sind die partikulären (lastabhängigen) Lösungen der inhomogenen Gleichgewichtsdifferentialgleichungen. Die virtuellen Schnittkräfte ergeben sich durch Variation aus Gl. (9.41a):

$$\begin{Bmatrix} \delta Q(\xi) \\ \delta M(\xi) \end{Bmatrix} = \begin{bmatrix} 0 & 2\,/\,l \\ 1 & \xi \end{bmatrix} \begin{Bmatrix} \delta X_1 \\ \delta X_2 \end{Bmatrix} , \qquad \delta \boldsymbol{s} = \boldsymbol{V}_{\mathrm{s}} \, \delta \boldsymbol{x} \, . \tag{9.41b}$$

Aus dem Integral von Gl. (9.40) wird dann

$$\int\limits_{l} \left[\frac{\delta Q \, Q}{G \, A_{\mathrm{S}}} + \frac{\delta M \, M}{E \, I} \right] \mathrm{d}x = \delta \boldsymbol{x}^{\mathrm{T}} \left\{ \boldsymbol{F} \, \boldsymbol{x} + \boldsymbol{f}^{\mathrm{p}} \right\} \tag{9.42}$$

mit der Nachgiebigkeitsmatrix $\boldsymbol{F}$

$$\boldsymbol{F} = \begin{bmatrix} F_{11} & F_{12} \\ F_{12} & F_{22} \end{bmatrix} = \frac{l}{2} \begin{bmatrix} \int\limits_{-1}^{1} \frac{1}{E\,I} \, \mathrm{d}\xi & \int\limits_{-1}^{1} \frac{\xi}{E\,I} \, \mathrm{d}\xi \\ \int\limits_{-1}^{1} \frac{\xi}{E\,I} \, \mathrm{d}\xi & \int\limits_{-1}^{1} \frac{4}{l^2 \, G \, A_{\mathrm{S}}} + \frac{\xi^2}{E\,I} \, \mathrm{d}\xi \end{bmatrix} \tag{9.43}$$

und dem Vektor $\boldsymbol{f}^{\mathrm{p}}$

$$\boldsymbol{f}^{\mathrm{p}} = \begin{Bmatrix} f_1^{\mathrm{p}} \\ f_2^{\mathrm{p}} \end{Bmatrix} = \frac{l}{2} \begin{Bmatrix} \int\limits_{-1}^{1} \frac{M^{\mathrm{p}}(\xi)}{E\,I} \, \mathrm{d}\xi \\ \int\limits_{-1}^{1} \frac{Q^{\mathrm{p}}(\xi)}{G\,A_{\mathrm{S}}} + \frac{\xi \, M^{\mathrm{p}}(\xi)}{E\,I} \, \mathrm{d}\xi \end{Bmatrix} . \tag{9.44}$$

Mit dem Ansatz (9.41a) erhält man für die Randwerte der Balkenschnittkräfte

$$\boldsymbol{s}_{\mathrm{r}} = \begin{Bmatrix} -Q_1 \\ Q_2 \\ -M_1 \\ M_2 \end{Bmatrix} = \begin{Bmatrix} -Q(-1) \\ Q(+1) \\ -M(-1) \\ M(+1) \end{Bmatrix} = \begin{bmatrix} 0 & -2\,/\,l \\ 0 & 2\,/\,l \\ -1 & 1 \\ 1 & 1 \end{bmatrix} \begin{Bmatrix} X_1 \\ X_2 \end{Bmatrix} + \begin{Bmatrix} -Q_1^{\mathrm{p}} \\ Q_2^{\mathrm{p}} \\ -M_1^{\mathrm{p}} \\ M_2^{\mathrm{p}} \end{Bmatrix} \tag{9.45a}$$

oder abgekürzt

$$\boldsymbol{s}_{\mathrm{r}} = \boldsymbol{V}_{\mathrm{sr}} \, \boldsymbol{x} + \boldsymbol{s}_{\mathrm{r}}^{\mathrm{p}} \tag{9.45b}$$

und durch Variation die virtuellen Randschnittkräfte

$$\delta \boldsymbol{s}_{\mathrm{r}} = \boldsymbol{V}_{\mathrm{sr}} \, \delta \boldsymbol{x} \, . \tag{9.45c}$$

Das Piansche Prinzip der virtuellen Arbeiten lautet damit letztendlich

$$\delta \boldsymbol{x}^{\mathrm{T}} \left\{ \boldsymbol{F} \, \boldsymbol{x} + \boldsymbol{f}^{\mathrm{p}} - \boldsymbol{V}_{\mathrm{sr}}^{\mathrm{T}} \, \boldsymbol{u}_{\mathrm{R}} \right\} - \delta \boldsymbol{u}_{\mathrm{R}}^{\mathrm{T}} \left\{ \boldsymbol{V}_{\mathrm{sr}} \, \boldsymbol{x} + \boldsymbol{s}_{\mathrm{r}}^{\mathrm{p}} - \bar{\boldsymbol{s}}_{\mathrm{R}} \right\} = 0 \, . \tag{9.46}$$

Man erkennt, dass es sich um zwei Gleichungen handelt. Die in geschweiften Klammern stehenden Ausdrücke werden zu Null. Aus der ersten Gleichung erhält man

$$\boldsymbol{x} = -\boldsymbol{F}^{-1}\,\boldsymbol{f}^{\mathrm{p}} + \boldsymbol{F}^{-1}\,\boldsymbol{V}_{\mathrm{sr}}^{\mathrm{T}}\,\boldsymbol{u}_{\mathrm{R}} \tag{9.47}$$

und durch Einsetzen in die zweite Beziehung

$$\bar{\boldsymbol{s}}_{\mathrm{R}} = \boldsymbol{V}_{\mathrm{sr}}\,\boldsymbol{F}^{-1}\,\boldsymbol{V}_{\mathrm{sr}}^{\mathrm{T}}\,\boldsymbol{u}_{\mathrm{R}} - \{\boldsymbol{V}_{\mathrm{sr}}\,\boldsymbol{F}^{-1}\,\boldsymbol{f}^{\mathrm{p}} - \boldsymbol{s}_{\mathrm{r}}^{\mathrm{p}}\}\,. \tag{9.48}$$

Der Vektor $\bar{\boldsymbol{s}}_{\mathrm{R}}$ auf der linken Seite ist mit dem Elementknotenkraftvektor $\bar{\boldsymbol{s}}_{\mathrm{e}}$ aus der Deformationsmethode identisch. Auch für die Terme auf der rechten Seite können die Bezeichnungen aus der Deformationsmethode eingeführt werden:

$$\bar{\boldsymbol{s}}_{\mathrm{e}} = \boldsymbol{S}_{\mathrm{e}}\,\boldsymbol{u}_{\mathrm{e}} - \boldsymbol{p}_{\mathrm{Be}}\,.$$

Die auf diese Weise gewonnenen Beziehungen für die Elementsteifigkeitsmatrix

$$\boldsymbol{S}_{\mathrm{e}} = \boldsymbol{V}_{\mathrm{sr}}\,\boldsymbol{F}^{-1}\,\boldsymbol{V}_{\mathrm{sr}}^{\mathrm{T}} \tag{9.49}$$

und für den Elementlastvektor

$$\boldsymbol{p}_{\mathrm{Be}} = \boldsymbol{V}_{\mathrm{sr}}\,\boldsymbol{F}^{-1}\,\boldsymbol{f}^{\mathrm{p}} - \boldsymbol{s}_{\mathrm{r}}^{\mathrm{p}} \tag{9.50}$$

lassen sich leicht allgemein auswerten:

$$\boldsymbol{S}_{\mathrm{e}} = \frac{1}{|\boldsymbol{F}|}\begin{bmatrix} \dfrac{4\,F_{11}}{l^2} & -\dfrac{4\,F_{11}}{l^2} & -\dfrac{2\,(F_{11}+F_{12})}{l} & -\dfrac{2\,(F_{11}-F_{12})}{l} \\ -\dfrac{4\,F_{11}}{l^2} & \dfrac{4\,F_{11}}{l^2} & \dfrac{2\,(F_{11}+F_{12})}{l} & \dfrac{2\,(F_{11}-F_{12})}{l} \\ -\dfrac{2\,(F_{11}+F_{12})}{l} & \dfrac{2\,(F_{11}+F_{12})}{l} & \begin{matrix} F_{11}+2\,F_{12} \\ +F_{22}\end{matrix} & F_{11}-F_{22} \\ -\dfrac{2\,(F_{11}-F_{12})}{l} & \dfrac{2\,(F_{11}-F_{12})}{l} & F_{11}-F_{22} & \begin{matrix} F_{11}-2\,F_{12} \\ +F_{22}\end{matrix} \end{bmatrix}, \tag{9.51}$$

$$\boldsymbol{p}_{\mathrm{Be}} = \frac{1}{|\boldsymbol{F}|}\left\{\begin{matrix} -\dfrac{2\,(F_{11}\,f_2^{\mathrm{p}} - F_{12}\,f_1^{\mathrm{p}}}{l} \\ \dfrac{2\,(F_{11}\,f_2^{\mathrm{p}} - F_{12}\,f_1^{\mathrm{p}})}{l} \\ F_{11}\,f_2^{\mathrm{p}} - F_{12}\,(f_1^{\mathrm{p}} - f_2^{\mathrm{p}}) - F_{22}\,f_1^{\mathrm{p}} \\ F_{11}\,f_2^{\mathrm{p}} - F_{12}\,(f_1^{\mathrm{p}} + f_2^{\mathrm{p}}) + F_{22}\,f_1^{\mathrm{p}} \end{matrix}\right\} - \left\{\begin{matrix} -Q_1^{\mathrm{p}} \\ Q_2^{\mathrm{p}} \\ -M_1^{\mathrm{p}} \\ M_2^{\mathrm{p}} \end{matrix}\right\} \tag{9.52}$$

mit $|\boldsymbol{F}| = F_{11}\,F_{22} - F_{12}^2\,.$

Die Ermittlung der Steifigkeitsmatrix und des Lastvektors erfolgt elementweise, ausgehend von Schnittkraftansätzen, in einer statisch unbestimmten Rechnung im Element. Auf Systemebene kann hingegen mit Verschiebungen weitergearbeitet werden. Entscheidender Vorteil ist hierbei, dass Schubversteifungseffekte (Shear-Locking) nicht auftreten können, da im Ausdruck für die Nachgiebigkeitsmatrix, Gl. (9.43), die Schubsteifigkeit $G\,A_\mathrm{S}$ im Nenner auftritt. Auch bei Balken veränderlicher Steifigkeit ergibt sich bis auf Fehler bei der numerischen Integration die exakte Balkensteifigkeitsmatrix. Die Übertragung der Vorgehensweise auf Bögen ist ebenfalls problemlos möglich [9.46].

Ein Nachteil stellt sich bei dynamischen Problemen und bei Rechnungen nach Theorie 2. Ordnung ein, da in beiden Fällen die Gleichgewichtsbedingungen durch Schnittkraftansätze nicht zu befriedigen sind. Man kann sich aber behelfen, indem man Schnittkraftansätze verwendet, die nur die homogenen Gleichgewichtsbedingungen erfüllen. Das hat dann zur Folge, dass zwar die Steifigkeitsmatrix weiterhin über Schnittkraftansätze ermittelt wird, so dass keine unzulässigen Versteifungseffekte auftreten, Lastvektor, Massenmatrix und geometrische Steifigkeitsmatrix aber mit Hilfe von Verschiebungsansätzen bestimmt werden. Das zugehörige Prinzip ist ein modifiziertes kanonisches Variationsprinzip [9.46].

9.4.3 Viereckelemente für schubweiche Platten

Verschiebungsansatz

Die Formfunktionen von Viereckelementen für schubweiche Platten lassen sich in gleicher Weise wie die Formfunktionen von Scheibenelementen durch Produktbildung im Bildbereich aus den eindimensionalen Funktionen gewinnen. Für ein 9-Knoten-Element kann sowohl für $w(x,y)$ als auch für $\beta_\mathrm{x}(x,y)$ und $\beta_\mathrm{y}(x,y)$ unmittelbar der Ansatz (7.3) übernommen werden. Allgemein lautet der vollständige Verschiebungsansatz

$$\begin{Bmatrix} w(x,y) \\ \beta_\mathrm{x}(x,y) \\ \beta_\mathrm{y}(x,y) \end{Bmatrix} = \begin{bmatrix} \boldsymbol{l}^\mathrm{T}(\xi,\eta) & \mathbf{0}^\mathrm{T} & \mathbf{0}^\mathrm{T} \\ \mathbf{0}^\mathrm{T} & \boldsymbol{l}^\mathrm{T}(\xi,\eta) & \mathbf{0}^\mathrm{T} \\ \mathbf{0}^\mathrm{T} & \mathbf{0}^\mathrm{T} & \boldsymbol{l}^\mathrm{T}(\xi,\eta) \end{bmatrix} \begin{Bmatrix} \boldsymbol{w}_\mathrm{e} \\ \boldsymbol{\beta}_\mathrm{xe} \\ \boldsymbol{\beta}_\mathrm{ye} \end{Bmatrix}, \tag{9.53}$$

wobei als Formfunktionen natürlich auch die Randpunkt-Interpolationspolynome verwendet werden können. Die Vektoren $\boldsymbol{w}_\mathrm{e}$, $\boldsymbol{\beta}_\mathrm{xe}$ und $\boldsymbol{\beta}_\mathrm{ye}$ fassen die entsprechenden Knotenfreiheitsgrade zusammen.

Steifigkeitsmatrix schubweicher Plattenrechteckelemente

Von den Elementmatrizen leiten wir exemplarisch nur die Beziehungen für die Steifigkeitsmatrix eines *rechteckigen* Plattenelementes ab, wobei wir die Anteile aus Biege- und Schubdeformationen getrennt behandeln.

Ausgehend von dem Ansatz (9.53) erhält man für die Krümmungen

$$\begin{Bmatrix} \kappa_\mathrm{x} \\ \kappa_\mathrm{y} \\ 2\,\kappa_\mathrm{xy} \end{Bmatrix} = -\begin{bmatrix} \mathbf{0}^\mathrm{T} & 2\,\boldsymbol{l}^\mathrm{T}_{,\xi}\,/\,a & \mathbf{0}^\mathrm{T} \\ \mathbf{0}^\mathrm{T} & \mathbf{0}^\mathrm{T} & 2\,\boldsymbol{l}^\mathrm{T}_{,\eta}\,/\,b \\ \mathbf{0}^\mathrm{T} & 2\,\boldsymbol{l}^\mathrm{T}_{,\eta}\,/\,b & 2\,\boldsymbol{l}^\mathrm{T}_{,\xi}\,/\,a \end{bmatrix} \begin{Bmatrix} \boldsymbol{w}_\mathrm{e} \\ \boldsymbol{\beta}_\mathrm{xe} \\ \boldsymbol{\beta}_\mathrm{ye} \end{Bmatrix},$$

$$\boldsymbol{\kappa} = \boldsymbol{V}_{\kappa\mathrm{u}}(\xi,\eta)\;\boldsymbol{u}_\mathrm{e} \tag{9.54}$$

und für die Schubverzerrungen

$$
\begin{Bmatrix} \gamma_{\mathrm{xz}} \\ \gamma_{\mathrm{yz}} \end{Bmatrix} = \begin{bmatrix} 2\,\boldsymbol{l}_{,\xi}^{\mathrm{T}} \,/\, a & \boldsymbol{l}^{\mathrm{T}} & \mathbf{0}^{\mathrm{T}} \\ 2\,\boldsymbol{l}_{,\eta}^{\mathrm{T}} \,/\, b & \mathbf{0}^{\mathrm{T}} & \boldsymbol{l}^{\mathrm{T}} \end{bmatrix} \begin{Bmatrix} \boldsymbol{w}_{\mathrm{e}} \\ \boldsymbol{\beta}_{\mathrm{xe}} \\ \boldsymbol{\beta}_{\mathrm{ye}} \end{Bmatrix} , \qquad (9.55)
$$

$$
\gamma = \boldsymbol{V}_{\gamma\mathrm{u}}(\xi,\eta) \quad \boldsymbol{u}_{\mathrm{e}} \quad .
$$

Der Biegeanteil der Steifigkeitsmatrix wird völlig analog wie bei der Scheibe entwickelt, Gl. (4.15) und Gl. (4.16):

$$
\boldsymbol{S}_{\kappa\mathrm{e}} = \int_{-1}^{1}\int_{-1}^{1} \boldsymbol{V}_{\kappa\mathrm{u}}^{\mathrm{T}}(\xi,\eta)\,\boldsymbol{C}_{\kappa}\,\boldsymbol{V}_{\kappa\mathrm{u}}(\xi,\eta)\,\frac{F_{\mathrm{e}}}{4}\,\mathrm{d}\xi\,\mathrm{d}\eta \qquad (9.56)
$$

mit der orthotropen Stoffmatrix für die Biegedeformationen

$$
\boldsymbol{C}_{\kappa} = \begin{bmatrix} B_{\mathrm{x}} & B_{\mathrm{xy}} & 0 \\ B_{\mathrm{xy}} & B_{\mathrm{y}} & 0 \\ 0 & 0 & B_{\mathrm{s}} \end{bmatrix} . \qquad (9.57)
$$

Für den Schubanteil gilt entsprechend

$$
\boldsymbol{S}_{\gamma\mathrm{e}} = \int_{-1}^{1}\int_{-1}^{1} \boldsymbol{V}_{\gamma\mathrm{u}}^{\mathrm{T}}(\xi,\eta)\,\boldsymbol{C}_{\gamma}\,\boldsymbol{V}_{\gamma\mathrm{u}}(\xi,\eta)\,\frac{F_{\mathrm{e}}}{4}\,\mathrm{d}\xi\,\mathrm{d}\eta \qquad (9.58)
$$

mit der orthotropen Stoffmatrix für die Schubdeformationen

$$
\boldsymbol{C}_{\gamma} = \begin{bmatrix} S_{\mathrm{x}} & 0 \\ 0 & S_{\mathrm{y}} \end{bmatrix} \qquad (9.59)
$$

Die vollständige Steifigkeitsmatrix erhält man durch Superposition:

$$
\boldsymbol{S}_{\mathrm{e}} = \boldsymbol{S}_{\kappa\mathrm{e}} + \boldsymbol{S}_{\gamma\mathrm{e}} \,. \qquad (9.60)
$$

Selektive Integration zur Vermeidung der Schubversteifung

Bei schubweichen Plattenelementen kann es wie bei schubweichen Balkenelementen zu Schubversteifungen kommen: Je dünner die Platten werden, um so schlechter werden dann die Ergebnisse. Da sich ein Element beim Shear-Locking zu steif verhält, die reduzierte Integration das Element im Mittel aber weicher macht (vergleiche Abschnitt 8.1), versucht man, der Schubversteifung dadurch entgegenzuwirken, dass man reduziert integriert.

Da der Shear-Locking-Effekt aus Schubenergiebeiträgen herrührt, kann man sich darauf beschränken, nur die Komponenten von $\boldsymbol{S}_{\gamma\mathrm{e}}$ reduziert zu integrieren. Man hofft, dass man durch diese *selektive Integration* sowohl der Skylla des Shear-Locking als auch der Charybdis unzulässiger Null-Energie-Eigenformen entgeht.

Tabelle 9.6. Auftreten von Null-Energie-Eigenformen und Schubversteifung beim Einsatz schubweicher Plattenelemente für eine eingespannte Quadratplatte unter Gleichlast nach [9.24]

	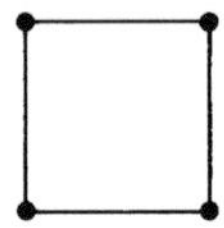		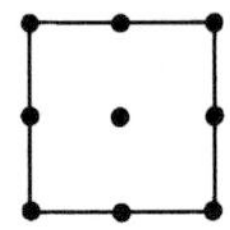		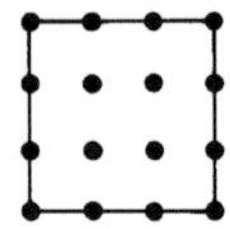	
Integration	voll	selektiv	voll	selektiv	voll	selektiv
Integrations-punkte	$\boldsymbol{S}_{\kappa e}: 2 \times 2$ $\boldsymbol{S}_{\gamma e}: 2 \times 2$	2×2 1×1	3×3 3×3	3×3 2×2	4×4 4×4	4×4 3×3
unzulässige Null-Energie-Eigenformen	0	2	0	1	0	1
Auftreten von Schubverstei-fung	stark	sehr schwach	schwach	praktisch nicht	nicht	nicht
Durchsenkung bei dünnen Platten	—	etwas zu gering	etwas zu gering	korrekt	korrekt	korrekt

Um das Schubversteifungsverhalten beurteilen zu können, sind numerische Untersuchungen oder mathematische Konvergenzbetrachtungen [9.44] erforderlich. Exemplarisch ziehen wir die in [9.24] wiedergegebenen Ergebnisse für eine eingespannte Quadratplatte unter Gleichlast (Diskretisierung: 8×8 Quadratelemente, Dickenverhältnisse von $l/h = 10$ bis $l/h = 1000$) heran.

Durch den Einsatz von *selektiv integrierten Randpunktelementen* vermeidet man zwar unzulässige Null-Energie-Eigenformen, weiterhin kommt es aber bei 8- und 12-Knoten-Elementen zu Schubversteifungen. Randpunktelemente sind damit für schubweiche Platten unbrauchbar. Eine Charakterisierung der *Lagrange-Elemente* aufgrund der numerischen Ergebnisse aus [9.24] ist in Tabelle 9.6 enthalten. Bei *voller (zuverlässiger) Integration* treten zwar keine Null-Energie-Eigenformen auf. Das 4-Knoten-Element ist aber infolge Schubversteifung völlig unbrauchbar. Das 9-Knoten-Element reagiert bei Verringerung der Plattendicke etwas zu steif. Erst das 16-Knoten-Element ist frei von Shear-Locking. Bei *selektiver Integration* hingegen sind Null-Energie-Eigenformen bei allen untersuchten Elementen unvermeidbar. Negativ fällt insbesondere das 4-Knoten-Element auf. Das Auftreten von zwei Null-Energie-Eigenformen mit den damit verbundenen Steifigkeitsabminderungen macht es für Beuluntersuchungen unbrauchbar, da dann der durch Druckvorspannungen verursachte Destabilisierungseffekt (Kapitel 10) verfälscht wird [9.40].

Die numerischen Untersuchungen aus [9.24], die allerdings nur mit Quadratelementen durchgeführt wurden, lassen die Schlussfolgerung zu, dass nur das voll integrierte 16-Knoten-Element uneingeschränkt und das selektiv integrierte 16-Knoten-Element sowie die beiden 9-Knoten-Elemente mit gewissen Einschränkungen einsetzbar sind. Ob diese Schlussfolgerungen auch für schiefwinklige und krummlinig

Tabelle 9.7. Vergleich der Ergebnisse für eine gepfeilte Kragplatte unter Gleichlast bei einer Berechnung mit isoparametrischen 4-Knoten-Elementen oder mit schubweichen 16-Knoten-Elementen (Eingabedaten siehe Bild 9.12)

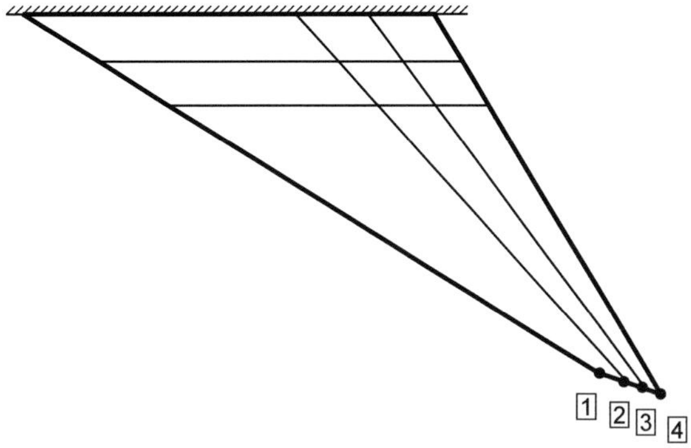

	w_1	w_2	w_3	w_4	Π_i	n	n_b
schubstarres 4-Knoten-Element	−3.64074	−4.07870	−4.18720	−4.29444	157,394	64	24
schubweiches 16-Knoten-Element	−3.64388	−4.07934	−4.18830	−4.29760	157,638	300	102
Abweichung	0,9‰	0,16‰	0,26‰	0,74‰	1,5‰		

berandete Elemente gelten, muss durch weitere numerische Untersuchungen geklärt werden.

Ein Beispiel für den Einsatz schiefwinkliger, schubweicher Plattenelemente

Das isoparametrische 16-Knoten-Element soll nun dazu verwendet werden, die gepfeilte Kragplatte unter Gleichlast aus Bild 9.12 zu berechnen, bei der es sich aufgrund des extremen Dicken-Längen-Verhältnisses von 1:180 praktisch um eine schubstarre Platte handelt. Die Rechnung ist demnach ein Test dafür, ob mit dem schubweichen 16-Knoten-Element der schubstarre Grenzfall auch bei schiefwinkligen Strukturen richtig erfasst wird.

Für die Rechnung wurde die gleiche Elementierung wie in Bild 9.12 verwendet. Der Verschiebungszustand $w(x, y)$ wird in beiden Fällen elementweise bikubisch approximiert, allerdings mit völlig unterschiedlichen Stützwerten. Das 16-Knoten-Element verwendet zusätzlich noch eine unabhängige, bikubische Approximation der beiden Querschnittsneigungen. Die Zahl der Freiheitsgrade (und damit die Rechenzeit) ist aufgrund dessen bei Verwendung des 16-Knoten-Elements erheblich höher.

Die Übereinstimmung der mit schubstarren und mit schubweichen Elementen erzielten Ergebnisse (Tabelle 9.7) im ‰-Bereich ist frappierend. Sie spricht für die

Zuverlässigkeit beider Verfahren. Trotz der fünfmal so hohen Zahl von Freiheitsgraden lässt sich mit dem 16-Knoten-Element bei der sehr dünnen Platte kein genaueres Ergebnis (ausgedrückt durch eine höhere Formänderungsenergie) erreichen, da die 200 β_{x}- und β_{y}-Freiheitsgrade beim Übergang zum schubstarren Fall kinematischen Zwängungen ($\beta_{\mathrm{x}} = -w_{,\mathrm{x}}$, $\beta_{\mathrm{y}} = -w_{,\mathrm{y}}$) unterliegen. Die Übereinstimmung der Ergebnisse ist ein Indiz dafür, dass auch bei dem schiefwinkligen schubweichen 16-Knoten-Element kein Shear-Locking auftritt, sofern die Elementknoten in der natürlichen Lage (Abschnitt 7.4.2) eingeführt werden. Bei krummlinig berandeten 16-Knoten-Elementen kann es hingegen, wie Beispielrechnungen zeigen (siehe z. B. [9.41]), zu Shear-Locking kommen.

Grenzschichteffekt bei schubweichen Platten

Schubweiche Platten zeigen als weitere Besonderheit, auf die hier nur hingewiesen werden soll, eine Art *Grenzschichteffekt*: Bei Einleitung von Lasten an einem R_σ-Rand kann es in einer Entfernung vom Rand, die etwa der Plattendicke entspricht, zu ausgeprägten Lastumlagerungen kommen. Will man derartige Effekte präzise erfassen, ist man gezwungen, in der Nähe des Randes sehr fein zu elementieren. Das gilt auch, wenn man, wie im folgenden Abschnitt dargestellt, anstelle von Plattenelementen dreidimensionale Elemente verwendet.

9.5 Gemischt-hybride Verfahren zur Entwicklung von Steifigkeitsmatrizen für Flächentragwerke

Die Ermittlung von Balkensteifigkeitsmatrizen mit dem Pianschen Variationsprinzip, ausgehend von Schnittkraftansätzen im Element und Verschiebungsansätzen auf den Gitterlinien, war ein – zugegebenermaßen einfaches – Beispiel, um die Einsetzbarkeit alternativer Variationsprinzipien zu verdeutlichen. Auch für die Ermittlung von Steifigkeitsmatrizen für zwei- und dreidimensionale Kontinua ist das Piansche Variationsprinzip eine außerordentlich reizvolle Variante. Nach dem ersten Vorschlag von Pian zum Scheibenproblem [9.23] gab es Ende der sechziger Jahre eine Reihe von Veröffentlichungen zu Plattenproblemen [9.30–9.33, 9.38]. Die Mehrzahl der Arbeiten befasste sich zunächst mit schubstarren Platten, die damals im Mittelpunkt des Interesses standen. Eine Erweiterung auf schubweiche Platten bereitet aber prinzipiell keine Probleme, da in diesem Fall nur ein Zusatzterm im Flächenintegral auftritt. Der offenkundige Vorteil ist, dass durch die Einführung von Schnittkraftansätzen im Element wie beim Balken Schubversteifungseffekte vermieden werden können. Durch Verschiebungsansätze auf den Gitterlinien werden die Stetigkeitsforderungen automatisch erfüllt. Heute wird meist nicht das von uns nach Pian benannte Funktional sondern ein kanonisches (oder Hellinger-Reissnersches) Funktional als Ausgangspunkt für die Elemententwicklung verwendet, da dann nur Flächenintegrale ausgewertet werden müssen und die Ableitung von Massenmatrizen und geometrischen Steifigkeitsmatrizen unmittelbar möglich ist.

Pian und seine Mitarbeiter haben sich über mehr als zwei Jahrzehnte hinweg mit der Problematik der Entwicklung von Steifigkeitsmatrizen auf der Grundlage von

Schnittkraftansätzen befasst [9.38, 9.45, 9.47–9.52, 9.62]. Sehr bald prägte sich für derartige Verfahren, bei denen nicht nur Zustandsgrößen im Bereich sondern unabhängig davon auch Zustandsgrößen auf den Gitterlinien eingeführt werden oder bei denen von zwei verwendeten Zustandsgrößen (Verschiebungen und Schnittkräften) nur eine stetig zu verlaufen braucht, der Begriff ‚hybrid' oder ‚gemischt-hybrid' ein. Eine Übersicht über hybride Elemente, die bis Mitte der achtziger Jahre entwickelt wurden, gibt eine Arbeit von Pian [9.52]. Ergänzend sei auf die Behandlung von Schalenelementen in [9.53–9.55] hingewiesen.

Man stößt bei gemischt-hybriden Verfahren mit Schnittkraftansätzen allerdings auf ein anderes Problem: Da Schnittkraftansätze im Element und Verschiebungsansätze im Element oder auf den Gitterlinien unabhängig voneinander eingeführt werden können, müssen beide Ansätze aufeinander abgestimmt werden. Wenn man sich für einen bestimmten Verlauf der Verschiebungen auf den Gitterlinien entschieden hat, beispielsweise bei einer schubstarren Platte für kubische Verschiebungsverläufe und quadratische Verläufe der Querschnittsneigungen, dann hat es keinen Sinn, für die Schnittkraftverläufe (Momente und Querkräfte) Ansätze einer sehr hohen Polynomordnung zu wählen. Es gibt ein Optimum. Wählt man zu hohe Schnittkraftansätze, dann werden die Ergebnisse, die man mit solchen Elementen erzielt, wieder ungenauer.

Dieses Problem ist nur ein Teilaspekt des Gesamtproblems, dass uns im Kapitel 9 beschäftigt hat. Man möchte Plattenelemente zur Verfügung haben, die keine Versteifungseffekte aufweisen, die mathematisch stabil sind (also zumindest keine unzulässigen Null-Energie-Eigenformen aufweisen) und die auf Abweichungen der Elementform von der Quadratform unempfindlich reagieren. Mit gemischt-hybriden Verfahren lässt sich das Auftreten von Versteifungseffekten relativ problemlos ausschließen. Um mathematische Stabilität zu garantieren, sind schon erhebliche Zusatzüberlegungen erforderlich. Die Unempfindlichkeit gegenüber Abweichungen von der Quadratform kann derzeit nur durch numerische Vergleichsuntersuchungen festgestellt werden.

Eine deutschsprachige Arbeit, die sich mit gemischt-hybriden Verfahren für Flächentragwerke beschäftigt, und in der die Probleme von Versteifungsfreiheit und Stabilität ausführlich und soweit als möglich auch anschaulich erörtert werden, ist die Dissertation von Andelfinger [9.40]. Andelfinger behandelt drei Typen von gemischt-hybriden Elementen:

- Da sind zunächst Elemente vom Pianschen Typ, d. h. Elemente mit Schnittkraftansätzen, deren Freiwerte auf Elementebene zwischeneliminiert werden. Ausgangspunkt ist eine Formulierung des kanonischen (Hellinger-Reissnerschen) Variationsprinzips. Literaturangaben dazu findet man weiter oben.
- Die nächste Gruppe sind Elemente auf der Grundlage des Variationsprinzips von Hu-Washizu. Hier werden neben Schnittkraft- und Verschiebungsansätzen auch noch Verzerrungsansätze verwendet, wobei die Freiwerte der Schnittkraft- und Verzerrungsansätze wiederum auf Elementebene zwischeneliminiert werden.
- Schließlich gibt es zwei Gruppen von Elementen, bei denen im Element auch noch Verzerrungsansätze betrachtet werden. Unterschieden wird hier zwischen der ‚assumed natural strain'- (ANS) [9.56–9.60] und der ‚enhanced assumed strain'-Formulierung (EAS) [9.61].

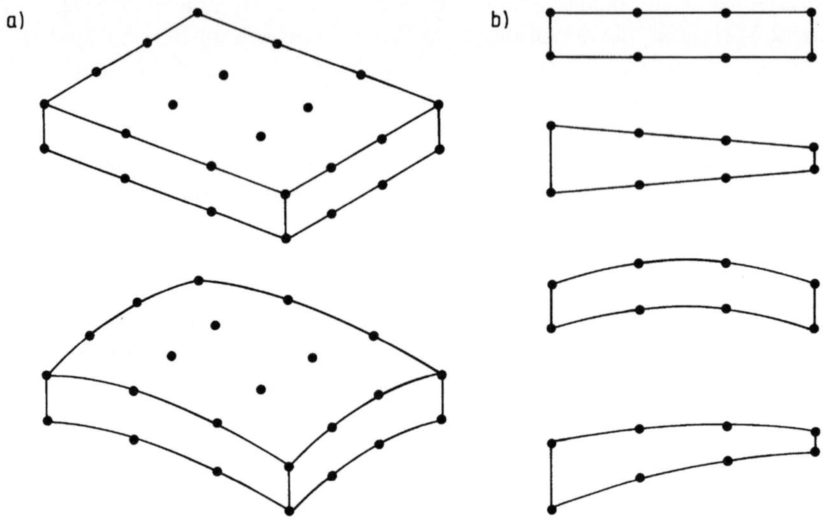

Bild 9.27. Isoparametrische Volumenelemente für Platten- und Schalenstrukturen (**a**) sowie Scheibenelemente für Balken- und Bogenstrukturen (**b**) mit veränderlicher Dicke

Im Detail kann im Rahmen einer Einführung in die Methode der finiten Elemente auf diese unterschiedlichen Möglichkeiten nicht eingegangen werden. Die numerischen Untersuchungen von Andelfinger zeigen sehr klar, dass es kein optimales Element gibt, sondern dass man für Schalenelemente gezwungen sein kann, unterschiedliche Strategien zu kombinieren.

9.6 Verwendung von isoparametrischen Scheiben- und Volumenelementen für Balken- und Plattenstrukturen

Eine weitere, bereits einleitend in Bild 9.1 dargestellte Möglichkeit bei der Untersuchung von Balken- und Plattenstrukturen besteht darin, Scheibenelemente für die Modellierung von Balken mit Rechteckquerschnitt und entsprechend Volumenelemente für die Modellierung von Platten einzusetzen. Ein unbestreitbarer Vorteil ist bei dieser Strategie, dass sich mit isoparametrischen Elementen ohne weiteres Tragwerke mit veränderlicher Dicke und gekrümmte Strukturen behandeln lassen (Bild 9.27).

Die Problematik dieser Vorgehensweise lässt sich schon bei der Modellierung von Balkenstrukturen mit Scheibenelementen demonstrieren. Von den in Abschnitt 8.5.2 verwendeten Scheibenelementen erfüllen nur das 12- und das 16-Knoten-Element sämtliche Forderungen der Check-Liste für Balkenelemente (Tabelle 9.1). Während das 8- und das 9-Knoten-Element nur die Forderung nach exakter Darstellbarkeit des Lastfalls Schubbiegung verletzen, erweist sich das 4-Knoten-Scheibenelement bei der Darstellung eines konstanten Momentenverlaufes (Lastfall Biegung) ähnlich unbrauchbar wie das 2-Knoten-Balkenelement (siehe Tabelle 9.4). Der Formänderungsenergiefehler $(\Pi_{\mathrm{i,exakt}} - \Pi_{\mathrm{i,FEM}})/\Pi_{\mathrm{i,exakt}}$ im Lastfall

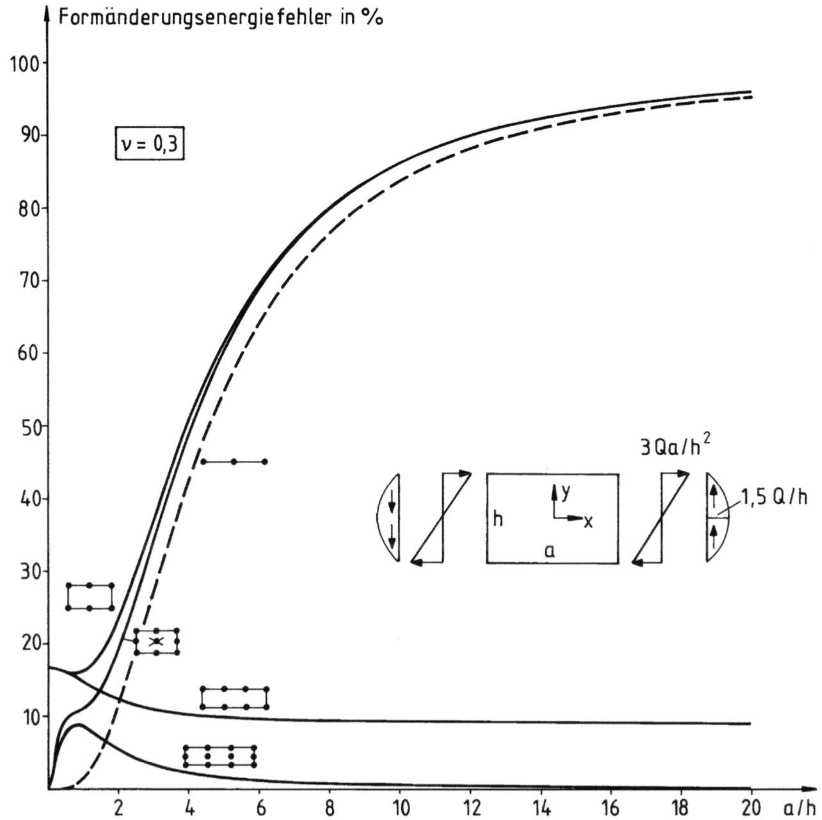

Bild 9.28. Analytisch ermittelter Formänderungsenergiefehler im Lastfall Schubbiegung bei Verwendung eines 9- (8-), 3 × 2-, 4 × 2- und eines 4 × 3-Knoten-Scheibenelementes im Vergleich zu einem 3-Knoten-Balkenelement (gestrichelt)

Schubbiegung bei Verwendung eines 8- bzw. 9-Knoten-Elementes ist in Bild 9.28 in Abhängigkeit vom Längen-Dicken-Verhältnis aufgetragen. Neben dem 9- und dem in diesem Fall gleichwertigen 8-Knoten-Element sind noch drei Elemente aufgenommen, die aus Gründen der Kostenersparnis in Dickenrichtung weniger Knoten als in Längsrichtung besitzen. Die Verschiebungsansätze dieser Elemente werden wieder durch Produkt-Interpolation gewonnen. Beim 3 × 2-Knoten-Element beispielsweise wird der Verschiebungszustand in Längsrichtung quadratisch und in Dickenrichtung linear approximiert. Aus Bild 9.28 ergibt sich, dass die Anzahl der Knoten in Elementlängsrichtung das Lösungsverhalten im wesentlichen bestimmt. Bei den Scheibenelementen mit drei Knoten in Längsrichtung tritt ein ähnlicher Shear-Locking-Effekt wie bei dem 3-Knoten-Balkenelement aus Abschnitt 9.4 auf, dessen Fehler gestrichelt dargestellt ist. Das etwas bessere Verhalten des Balkenelementes ist damit zu erklären, dass durch die Einführung der Schubfläche A_S implizit ein parabolischer Schubspannungsverlauf in Dickenrichtung angenommen wird. Bei dem 4 × 2-Knoten-Element geht der Fehler gegen ν^2. Der gleiche, vom Abmessungsverhältnis a/h unabhängige Fehler tritt im Lastfall Biegung bei den beiden Elementen

Tabelle 9.8. Formänderungsenergiefehler beim Kragarm unter Einzellast aus Bild 9.23 ($\nu = 0{,}3$)

Elementtyp	$l\,/\,h$	$n = 1$	2	5	10
3-Knoten-Balkenelement	10	21,5%	3,8%	0,20%	0,01%
	100	25,0%	6,2%	0,96%	0,22%
8- oder 9-Knoten-Scheibenelement	10	22,1%	4,2%	0,34%	0,11%
	100	25,0%	6,2%	0,97%	0,22%
3 × 2-Knoten-Scheibenelement	10	28,8%	12,7%	9,3%	9,1%
	100	31,7%	14,7%	9,9%	9,2%
4 × 2-Knoten-Scheibenelement	10	9,06%	9,06%	9,06%	9,06%
	100	9,00%	9,00%	9,00%	9,00%
4 × 3-Knoten-Scheibenelement	10	0,101%	0,100%	0,097%	0,087%
	100	0,001%	0,001%	0,001%	0,001%

mit zwei Knoten über die Dicke auf. Das 4 × 3-Knoten-Element kann den exakten parabolischen Schubspannungsverlauf in Dickenrichtung nicht einwandfrei erfassen und hat deshalb bei $a/h \approx 1$ (hier dominiert der Schubanteil!) einen Fehler von knapp 10%. Es ist aber bei üblichen Balkenabmessungen ($a/h > 5$), bei denen der Biegeanteil dominiert, nahezu fehlerfrei, so dass man es als praktisch gleichwertig mit dem bikubischen 16-Knoten-Element und dem 12-Knoten-Randpunktelement ansehen kann.

Der Shear-Locking-Effekt wird kleiner, je mehr Elemente in Längsrichtung angeordnet werden. Wir demonstrieren das am Beispiel des Kragarms unter Einzellast aus Bild 9.23. Bei der analytischen Bestimmung der Formänderungsenergie wird die Auswirkung der Singularität im Bereich der Einspannung vernachlässigt, indem dort entsprechend der Balkentheorie eine lineare Normalspannungsverteilung und ein parabolischer Schubspannungsverlauf angenommen werden. Die Ergebnisse sind in Tabelle 9.8 zusammengestellt. Auch bei dieser Betrachtung erweist sich das 4 × 3-Knoten-Element als quasi fehlerfrei. Die falsche Erfassung der Querkontraktion (ν^2-Fehler) bei den Elementen mit zwei Knoten über die Dicke kann natürlich nicht durch eine feinere Elementierung in Längsrichtung kompensiert werden. Das 4 × 3-Knoten-Element und (bei Inkaufnahme eines ν^2-Fehlers) das 4 × 2-Knoten-Element sind mit dem 4-Knoten-Balkenelement aus Abschnitt 9.4 gleichwertig. Der Rechenaufwand ist aber bei den Scheibenelementen höher als beim Balkenelement. Von Vorteil ist hingegen, dass mit den Scheibenelementen auch gekrümmte Stäbe veränderlicher Dicke, die gleichzeitig auf Biegung und Dehnung beansprucht werden, ohne weiteres modelliert werden können.

Beim Einsatz dreidimensionaler Elemente zur Modellierung von Plattenstrukturen ergeben sich zunächst keine neuen Erkenntnisse. Um Shear-Locking-Effekte zu vermeiden, sind $4 \times 4 = 16$ Knotenreihen in der Plattenebene erforderlich. Über die Dicke sind zwar wiederum drei Knoten erforderlich, nimmt man aber einen Fehler in der Größenordnung von ν^2 in Kauf, dann reicht es aus, nur zwei Knoten zu verwenden. Völlig indiskutabel sind natürlich Elemente mit 2×2 Knotenreihen. Zur Not noch akzeptabel sind Elemente mit 3 × 3 Knotenreihen in der Plattenebene, durch die sich zumindest konstante Momentenverläufe darstellen lassen. Allerdings darf dann das Verhältnis der Elementdicke zu den beiden anderen Elementabmessungen nicht zu klein sein (vergleiche Tabelle 9.8).

Eine weitere Möglichkeit für Schalen- oder Plattenelemente bieten sogenannte *degenerierte Volumenelemente*, die von Ahmad, Irons und Zienkiewicz [9.41] vorgeschlagen und in Deutschland beispielsweise von Ramm [9.42] weiterentwickelt wurden. Man geht hierbei von isoparametrischen Volumenelementen aus, bei denen in Dickenrichtung der Schale zwei Knotenschichten angeordnet sind (vergleiche Bild 9.26). Durch Einführung der Hypothese vom Erhaltenbleiben der Normalen (d. h.: eine auf der Mittelfläche senkrechte Normale bleibt bei der Deformation gerade und ungedehnt) lassen sich die sechs Freiheitsgrade zweier übereinanderliegender Knoten durch die drei Verschiebungen der Mittelfläche und durch die zwei Neigungen der Normalen ausdrücken. In Verbindung mit der Normalenhypothese werden die zur Mittelfläche senkrechten Spannungen zu Null gesetzt. Als Folge davon wird der ν^2-Fehler vermieden. Auch die Schubfläche kann bei der Behandlung der Querkraftschübe korrekt erfasst werden. Das ist nicht verwunderlich, denn letztlich handelt es sich – trotz des als Ausgangspunkt gewählten isoparametrischen Volumenelementes – um Schalen- oder Plattenelemente. Damit ist aber auch eine Zuordnung degenerierter Volumenelemente zu den schubweichen Plattenelementen gerechtfertigt.

Bei Verwendung von Volumenelementen für Schalenstrukturen muss berücksichtigt werden, dass neben Shear-Locking-Effekten auch sogenannte *Membrane-Locking-Effekte* [9.37] auftreten können.

9.7 Zusammenfassender Vergleich der Elemente für die Behandlung von Biegestrukturen

In Bild 9.1 wurden am Beispiel eines Balkens drei Gruppen von Elementen vorgestellt, die bei der Behandlung von Biegestrukturen, speziell von Balken und Platten, eingesetzt werden.

- Die *1. Gruppe* sind Elemente für schubstarre Balken und Platten (Abschnitt 9.3),
- die *2. Gruppe* bilden die Elemente für schubweiche Balken und Platten (Abschnitt 9.4),
- die *3. Gruppe* sind isoparametrische Scheiben- und Volumenelemente, unter Umständen mit verringerter Knotenanzahl in Dickenrichtung (Abschnitt 9.5), wobei die degenerierten Volumenelemente allerdings in die 2. Gruppe eingeordnet werden.

Alle Elemente basieren auf der Deformationsmethode. Ihre Vorzüge und Nachteile sollen abschließend kurz zusammengestellt werden.

Als Hauptproblem bei Elementen der *1. Gruppe* erweist sich die Forderung nach C^1-Stetigkeit des Verschiebungsansatzes. Ein allgemein verwendbares, C^1-stetiges, isoparametrisches Viereckelement existiert nicht. C^1-stetige Dreieckelemente zur Behandlung beliebig berandeter Strukturen befriedigen ebenfalls nicht in jeder Hinsicht. Als Hauptnachteil erweist sich bei dem hochgenauen 21-Freiheitsgrade-Element, dass Dickensprünge Probleme bereiten und dass das Element nicht mit anderen Strukturelementen (z. B. Balkenelementen) kombinierbar ist. Alle Elemente dieser Gruppe sind definitionsgemäß nur für sehr dünne und damit schubstarre Platten einsetzbar.

Bei den Elementen der *2. Gruppe* für schubweiche Platten und degenerierten Volumenelementen entfallen die Probleme, die sich aus der Forderung nach C^1-Stetigkeit ergeben. Dafür tritt als neues Problem Shear-Locking auf. Verzichtet man auf selektive Integration, so lässt sich Shear-Locking erst dann vermeiden, wenn man 16-Knoten-Elemente verwendet. Auch bei schiefwinkligen Strukturen kann das 16-Knoten-Element erfolgreich eingesetzt werden, sofern die Knoten ihre natürliche Lage einnehmen. Bei krummlinig berandeten Strukturen kann trotz des Einsatzes von 16-Knoten-Elementen noch Shear-Locking auftreten. Zusätzlich erfordern 16-Knoten-Elemente einen beträchtlichen Rechenaufwand. Unproblematisch ist die Kombination mit Balken- oder Schalenelementen mit entsprechenden Ansätzen. Man erkauft sich also mit dem höheren Aufwand eine Erweiterung des Einsatzbereiches. Die Kombination mit dreidimensionalen Elementen erfordert eine Fülle von Zusatzüberlegungen.

Bei den Volumenelementen der *3. Gruppe* gilt hinsichtlich des Shear-Locking-Effektes das Entsprechende. In der Plattenmittelebene müssen wiederum 16 Knoten eingeführt werden, um eine Schubversteifung auszuschließen. Verwendet man in Dickenrichtung nur zwei Knoten, so nimmt man einen ν^2-Fehler in Kauf. Erst mit drei Knoten in Dickenrichtung hat man hinsichtlich der Biegesteifigkeitseffekte die gleiche Güte wie bei dem entsprechenden schubweichen Plattenelement erreicht.

Der unbestreitbare Vorteil von Volumenelementen besteht darin, dass der Einsatz bei Schalenstrukturen möglich ist und dass keine Übergangsprobleme zwischen unterschiedlichen Strukturen auftreten, sofern man alle Strukturen volumenhaft modelliert. Der numerische Aufwand beim Einsatz von Volumenelementen ist immens, auch wenn man berücksichtigt, dass man das Platten- und das Scheibenproblem gleichzeitig behandelt. Die nochmalige Erweiterung des Einsatzbereiches erfordert einen höheren Aufwand an Rechenzeit und Speicherplatz, der allerdings mit den heute verfügbaren Finite-Elemente-Programmen geleistet werden kann.

Welche Entwicklung ist für die Zukunft zu erwarten? Es ist absehbar, dass mit weiteren Leistungssteigerungen der Rechenanlagen Volumenelemente mit Verschiebungsansätzen höherer Ordnung auch für flächenhafte Strukturen verstärkt Verwendung finden werden. Bei Elementen auf Grundlage der Deformationsmethode sind allerdings weitere Untersuchungen erforderlich, damit im Fall einer flächenhaften Struktur die ‚Shear-Locking-Falle' sicher umgangen werden kann. Das Entsprechende gilt auch für schubweiche Platten- und Schalenelemente höherer Ordnung. Die Möglichkeiten zur Entwicklung zuverlässiger Platten- und Schalenelemente mit nur vier Knoten einschließlich der degenerierten Volumenelemente, die unter Rechenzeitgesichtspunkten attraktiv erscheinen, sind im Rahmen der Deformationsmethode ausgereizt. Weitere Möglichkeiten eröffnen sich, wenn man, wie kurz in Abschnitt 9.5 dargestellt, mit gemischt-hybriden Variationsprinzipien arbeitet, bei denen im Element Schnittkräfte oder Verzerrungen als unbekannte Zustandsgrößen eingeführt werden, Knotenverschiebungen und -verdrehungen aber als Elementfreiheitsgrade beibehalten werden, siehe auch [9.24–9.36, 9.39,9.40, 9.45–9.52, 9.62]. Eine umfangreiche bibliographische Zusammenstellung mit fast 500 Titeln findet man in [9.39]. Einige interessante Elemente werden in dem Buch von Hinton [9.24]

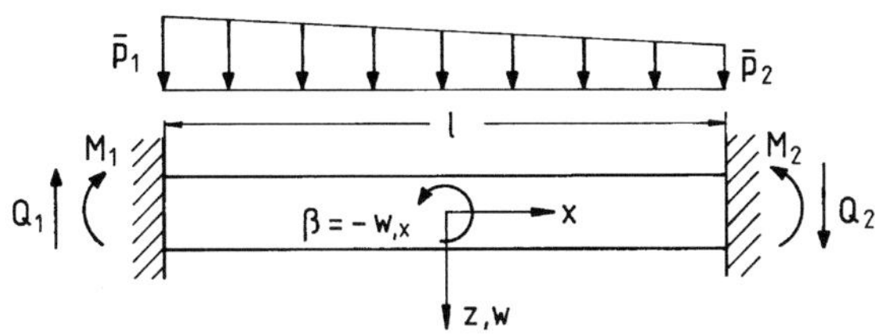

Bild 9.29. Bezeichnungen beim beidseitig eingespannten Balken

ausführlich dargestellt. Eine schöne vergleichende Übersicht bietet die Dissertation von Andelfinger [9.40]. Elemente auf der Grundlage gemischt-hybrider Verfahren mit höheren Polynomansätzen eröffnen neue Perspektiven.

9.8 Übungsaufgaben

Aufgabe 9.1. Steifigkeitsmatrix und Belastungsvektor eines schubstarren Balkenelementes

Für den schubstarren Balken aus Bild 9.4 mit konstanter Biegesteifigkeit sollen die Steifigkeitsmatrix $\boldsymbol{S}_\mathrm{e}$ und der Belastungsvektor $\bar{\boldsymbol{p}}_\mathrm{e}$ aufgestellt werden. Als Belastung ist eine linear veränderliche Streckenlast anzusetzen:

$$\bar{p}(\xi) = \frac{1}{2}\,(1-\xi)\,\bar{p}_1 + \frac{1}{2}\,(1+\xi)\,\bar{p}_2\,.$$

- Wie sind die Steifigkeitsmatrix $\boldsymbol{S}_\mathrm{e}$ und der Belastungsvektor $\bar{\boldsymbol{p}}_\mathrm{e}$ besetzt?
- Überprüfe durch Vorgabe geeigneter Elementverschiebungsvektoren, dass durch die Steifigkeitsmatrix Starrkörperverschiebungszustände exakt dargestellt werden können.
- Berechne mit der Steifigkeitsmatrix die Stabendverschiebungen eines bei $x = 0$ eingespannten Kragbalkens unter Einzelmoment und Einzellast und prüfe auf diese Weise, dass auch linienlastfreie Zustände exakt erfasst werden!

Aufgabe 9.2. Interpretation des Belastungsvektors als exakter Stabendschnittkraftvektor

Wenn man den in Aufgabe 9.1 ermittelten Belastungsvektor mit den Einspannmomenten und den Auflagerkräften eines beiderseits eingespannten Balkens (Bild 9.29) vergleicht, so stellt man fest, dass das Prinzip der virtuellen Verrückungen die exakten Stabendschnittkräfte des beiderseits eingespannten Balkens liefert. Wir behaupten: *Werden Verschiebungsansätze verwendet, die sich als exakte Lösung der homogenen Verschiebungsdifferentialgleichung*

$$\frac{\mathrm{d}^2}{\mathrm{d}x^2}\left(E\,I\,\frac{\mathrm{d}^2 w}{\mathrm{d}x^2}\right) = 0$$

ergeben, so erhält man als Komponenten des Belastungsvektors die exakten Stabendschnittkräfte des beiderseits eingespannten Balkens.

- Beweise diese Behauptung für den Fall eines schubstarren Balkenelementes!

Aufgabe 9.3. Vollkompatibles Platten-Dreieckelement mit 21 Freiheitsgraden

- Weise nach, dass mit den Ansatzfunktionen des Elementes E1 aus Tabelle 9.2 (vollständige Polynome 5. Grades) C^1-Stetigkeit garantiert ist!

Aufgabe 9.4. Inkompatibles Platten-Dreieckelement mit 10 Freiheitsgraden

- Weise nach, dass das Platten-Dreieckelement B1 mit 10 Freiheitsgraden (w, $w_{,\mathrm{x}}$ und $w_{,\mathrm{y}}$ in den Eckpunkten, w im Elementschwerpunkt) nur C^0-stetig ist!

Aufgabe 9.5. Schubweiches Plattendreieckelement

Es soll ein schubweiches Plattendreieckelement entwickelt werden, mit dem auch der Lastfall ‚Schubbiegung' noch exakt dargestellt werden kann. Im Fall Querkraftbiegung ist z. B. die Querkraft q_{x} konstant, das Biegemoment m_{x} linear veränderlich. Für diesen Lastfall lässt sich bei einer freien Rechteckplatte noch eine analytische Lösung angeben.

- Welches vollständige Polynom ist für die Darstellung der Verschiebungen und welches für die Darstellung der Querschnittsneigungen erforderlich?
- Wie viele Knoten (Freiheitsgrade w, β_{x} und β_{y}) muss ein solches Element besitzen?
- Was ist beim Übergang zum schubstarren Fall durch Verringerung der Plattendicke zu erwarten?

Aufgabe 9.6. Zusatzfunktionen zur Erfüllung der C^1-Stetigkeit bei inkompatiblen Plattenelementen

In Abschnitt 9.3.3 wurde ein inkompatibles Plattenrechteckelement mit 12 Freiheitsgraden vorgestellt.

- Warum gewährleistet dieses Element nur C^0-Stetigkeit, nicht aber C^1-Stetigkeit? Für die Antwort ist der Verlauf der Formfunktion $\tilde{h}_5(\xi,\eta)$, die mit der Verdrehung $\beta_{\mathrm{x}1}$ gewichtet wird, in Bild 9.30 dargestellt! Welche Stetigkeitsbedingung ist verletzt?

Um zu einer Formfunktion zu gelangen, mit der sich auch die C^1-Stetigkeitsforderung erfüllen lässt, ist eine Zusatzfunktion erforderlich, bei der sich die Verschiebungen w_{k} und die Neigungen $w_{,\mathrm{xk}}$ und $w_{,\mathrm{yk}}$ in den Eckpunkten zu Null ergeben, die unerwünschte Stetigkeitsverletzung korrigiert wird und keine andere Stetigkeitsverletzung eingebracht wird (Bild 9.30).

- Stelle die Zusatzfunktion grafisch dar, die man der Formfunktion $\tilde{h}_5(\xi,\eta)$ überlagern muss, damit die endgültige Formfunktion C^1-Stetigkeit garantiert
- Zeige, dass es nicht möglich ist, die gewünschten Zusatzfunktion aus Polynomansätzen aufzubauen!

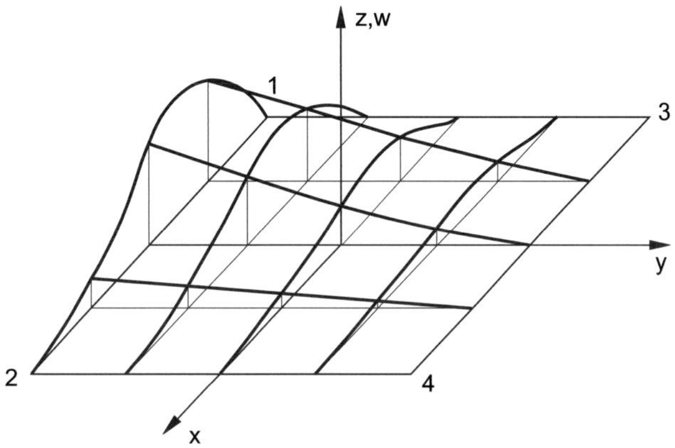

Bild 9.30. Darstellung der zum Freiheitsgrad β_{x1} zugehörigen Formfunktion $\tilde{h}_5(\xi, \eta)$

10 Theorie 2. Ordnung, Stabilität, Schwingungen

10.1 Vorbemerkung

Bereits in der Vorbemerkung von Kapitel 9 haben wir darauf hingewiesen, dass bei Biegestrukturen die Verschiebungen senkrecht zur Mittelfläche oder Mittellinie vielfach so groß werden, dass eine geometrisch nichtlineare Rechnung erforderlich wird. Typische Beispiele hierfür sind die Untersuchung des Nachbeulverhaltens von Platten und Schalen oder des Verhaltens von Stäben mit ideal-elastischem Materialverhalten nach Überschreiten der Knicklast. Geometrische Nichtlinearitäten treten auch auf, wenn man ein Seilnetz oder eine Gummimembran (beides keine Biegestrukturen) bei großen Deformationen betrachtet. Ein weiteres Beispiel ist das Tiefziehen von Blechen. Zumindest beim letzten Beispiel kommen auch noch physikalische Nichtlinearitäten (Plastizität) mit ins Spiel.

Geometrisch nichtlineare Probleme, zu deren Behandlung die nichtlinearen Verschiebungs-Verzerrungs-Relationen herangezogen werden müssen, werden von uns erst in Kapitel 13 behandelt. Es gibt aber eine Zwischenstufe zwischen geometrisch linearer und geometrisch nichtlinearer Rechnung, mit der wir uns in diesem Kapitel beschäftigen. Betrachtet man den Ausdruck für die virtuelle Formänderungsenergie

$$\delta \Pi_{\mathrm{i}} = \int\limits_{\mathrm{B}} \delta \boldsymbol{\varepsilon}^{\mathrm{T}} \, \boldsymbol{\sigma} \, \mathrm{d}B \,,$$

so gehen die nichtlinearen kinematischen Beziehungen an zwei Stellen ein. Nichtlinear sind zum einen die wirklichen Verzerrungen $\boldsymbol{\varepsilon}$, mit denen der Schnittkraftzustand $\boldsymbol{\sigma}$ ermittelt wird. Zum anderen müssen auch die virtuellen Verzerrungen $\delta\boldsymbol{\varepsilon}$ ausgehend von den nichtlinearen kinematischen Beziehungen bestimmt werden. Wir betrachten Fälle, bei denen bereits am Anfang einer Rechnung ein Schnittkraft- oder Spannungszustand $\boldsymbol{\sigma}^{(0)}$ vorhanden ist, der unabhängig von der im Verlauf der Rechnung aufgebrachten Belastung ist. Linearisiert man die nichtlinearen Beziehungen für $\delta\boldsymbol{\varepsilon}$ bezüglich der wirklichen Verschiebungen $\boldsymbol{u}$, so erhält man aus dem Produkt $\delta\boldsymbol{\varepsilon}^{\mathrm{T}} \, \boldsymbol{\sigma}^{(0)}$ einen zusätzlichen linearen Term im Prinzip der virtuellen Verrückungen. Berücksichtigt man diesen Term, so handelt es sich um eine Rechnung nach Theorie 2. Ordnung. Sie ist mechanisch gleichbedeutend damit, dass das Gleichgewicht am schwach verformten System gebildet wird. In Abschnitt 10.2 geben wir, ausgehend von einer nichtlinearen Betrachtung, das Prinzip der virtuellen Verrückungen nach Theorie 2. Ordnung für Balken an. Hiermit sind zugleich Stabilitätsuntersuchungen möglich. In Abschnitt 10.3 erfolgt die Übertragung auf Plattentragwerke.

Eine Erweiterung des Prinzips wird auch erforderlich, wenn dynamische Probleme untersucht werden sollen (Abschnitt 10.4).

Für realitätsgerechte Schwingungsberechnungen müssen Dämpfungseigenschaften berücksichtigt werden. Hierfür ist in erster Linie eine Erweiterung des Stoffgesetzes notwendig, mit der wir uns kurz in Abschnitt 10.5 befassen. Einige Beispiele zu Stabilitäts- und Schwingungsproblemen von Platten (Abschnitt 10.6) runden das Kapitel ab.

10.2 Das Prinzip der virtuellen Verrückungen nach Theorie 2. Ordnung für Balken

In Bild 10.1 ist am Beispiel eines beiderseits gelenkig gelagerten Balkens (bzw. Seils) illustriert, wann eine Rechnung nach Theorie 2. Ordnung erforderlich ist und wann nichtlinear gerechnet werden muss.

Beim Balken unter Druckbeanspruchung lässt sich die kritische Last P_{crit}, bei der es zum Knicken kommt (Eulerlast), nur nach Theorie 2. Ordnung ermitteln. Zur Untersuchung des Nachbeulverhaltens (besser: Nachknickverhaltens) nach Überschreiten der kritischen Last ist eine nichtlineare Rechnung erforderlich. Ist zusätzlich eine Querbelastung vorhanden, so spielt auch noch die Querverschiebung w eine Rolle. Querverschiebungen, die im Vergleich zur Balkenhöhe sehr groß sind, erfordern in jedem Fall eine nichtlineare Rechnung. Ein biegeschlaffes Seil erfordert bereits bei sehr kleinen Verschiebungen eine Rechnung nach Theorie 2. Ordnung.

Das Prinzip der virtuellen Verrückungen für Rechnungen nach Theorie 2. Ordnung lässt sich für beliebige Tragwerke formulieren. Technisch interessant sind aber in erster Linie Biegestrukturen (und damit im Grenzfall verschwindender Biegesteifigkeit auch vorgespannte Seile und Membranen). Wir betrachten zuerst einen schubstarren Balken und gehen anschließend auf den schubweichen Balken ein.

Ausgangsannahmen, Bezeichnungen

Der betrachtete, schubstarre Balken sei im unbelasteten Zustand völlig gerade. Bei einer Rechnung nach Theorie 2. Ordnung muss man bereits Informationen über die in den Stäben vorhandenen Normalkräfte besitzen. Bei einer Reihe von Problemen, so beispielsweise bei dem Kragarm von Bild 10.2 oder bei einer rotierenden Turbinenschaufel, die durch Fliehkräfte in Längsrichtung belastet wird, ist das trivial. Bei einem Rahmentragwerk (Bild 1.5) behilft man sich vielfach dadurch, dass man die Normalkräfte erst einmal nach Theorie 1. Ordnung bestimmt. Die in den Stäben vorhandenen Normalkräfte kennzeichnen wir mit $^{(0)}$. Sie werden vielfach auch als ‚Anfangsschnittkräfte' $N^{(0)}$ bezeichnet, da sie am Anfang einer Rechnung nach Theorie 2. Ordnung bekannt sein müssen.

10.2.1 Nichtlineare Formulierung des Prinzips der virtuellen Verrückungen

Nichtlineare kinematische Beziehungen

Ziel unserer folgenden Ableitungen ist es, vollständig linear zu rechnen. Trotzdem ist es zweckmäßig, mit einer nichtlinearen Betrachtung zu beginnen, da daran deut-

<table>
<tr><td></td><td>Theorie 1. Ordnung</td><td>Theorie 2. Ordnung</td><td>nichtlineare Theorie</td></tr>
<tr><td>wirkliche Verzerrung</td><td colspan="2">lineare kinematische Beziehungen</td><td>nichtlineare kinematische Beziehungen</td></tr>
<tr><td>virtuelle Verzerrung</td><td>aus linearer kinematischer Beziehung</td><td colspan="2">aus nichtlinearer kinematischer Beziehung
-linearisiert -   - nichtlinear -</td></tr>
<tr><td>Gleichgewicht</td><td>am unverformten System</td><td>am schwach verformten System</td><td>am stark verformten System</td></tr>
<tr><td>Balken unter Druckbelastung</td><td>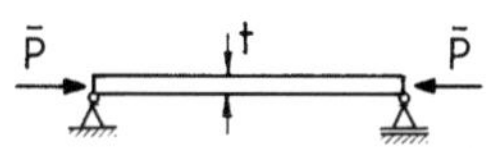</td><td>Knicken
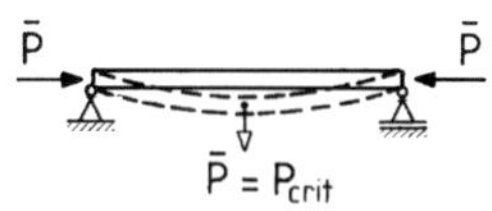</td><td>Verhalten nach Ausknicken
</td></tr>
<tr><td>Balken unter Druck- und Querbelastung</td><td>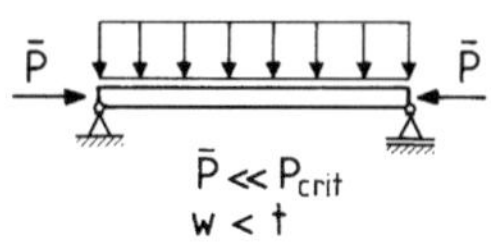</td><td>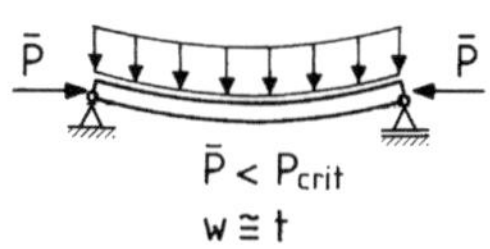</td><td>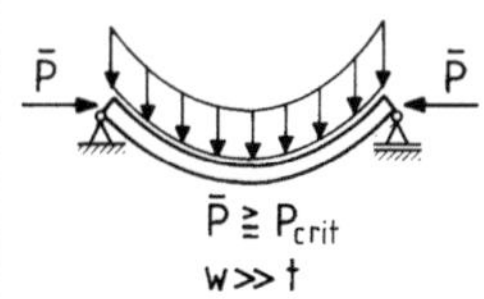</td></tr>
<tr><td>Seil (biegeschlaff)</td><td></td><td>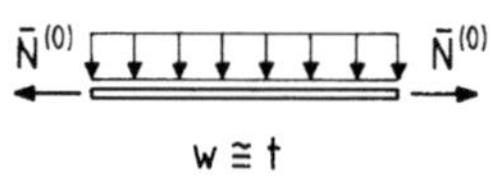</td><td>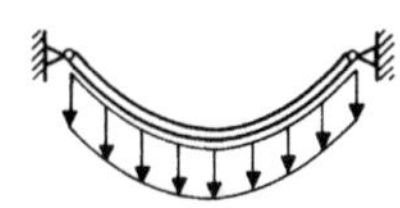</td></tr>
</table>

Bild 10.1. Gegenüberstellung: Rechnung nach Theorie 1. Ordnung, nach Theorie 2. Ordnung und nach geometrisch nichtlinearer Theorie

lich wird, dass das Prinzip der virtuellen Verrückungen auch im nichtlinearen Fall auf die Gleichgewichtsbedingungen führt, diesmal allerdings auf die Gleichgewichtsbedingungen am verformten System. Im Hinblick auf das angestrebte Ziel reicht es aus, mit dem Ingenieurdehnungsmaß [10.1] zu arbeiten. Für eine vollständig nichtlineare Rechnung sollte man kontinuumsmechanisch konsistente Verzerrungs- und Spannungstensoren verwenden [10.2–10.6], siehe auch Abschnitt 13.1.

Die Ableitung der nichtlinearen kinematischen Beziehungen erfolgt am Beispiel des in Bild 10.2 dargestellten Kragarms, der als Balken und als Dehnstab beansprucht wird. Anders als im linearen Fall können bei der nichtlinearen Betrachtung Biegung und Dehnung nicht entkoppelt werden. Als Ingenieurdehnungsmaß ergibt sich aus Bild 10.2c

$$\varepsilon = \frac{\mathrm{d}s - \mathrm{d}x}{\mathrm{d}x} = \sqrt{(1+u_{,\mathrm{x}})^2 + w_{,\mathrm{w}}^2} - 1 \,. \tag{10.1}$$

Die Krümmungsdefinition bleibt unverändert,

$$\kappa = \beta_{,\mathrm{x}} \,, \tag{10.2}$$

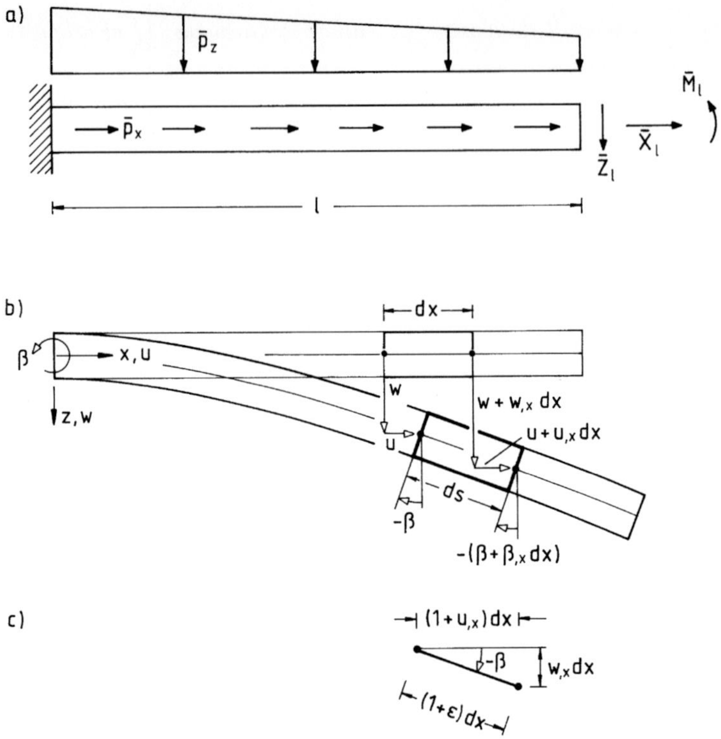

Bild 10.2. Kragarm. **a** Unverformter Zustand, **b** verformter Zustand, **c** Abmessungen des verformten Elementes der Bezugslinie

wobei nach Bild 10.2c für den Winkel β gilt

$$\sin\beta = -\frac{w_{,\mathrm{x}}}{1+\varepsilon}, \tag{10.3a}$$

$$\cos\beta = \frac{1+u_{,\mathrm{x}}}{1+\varepsilon}, \tag{10.3b}$$

$$\tan\beta = -\frac{w_{,\mathrm{x}}}{1+u_{,\mathrm{x}}}. \tag{10.3c}$$

Die Beziehungen für die virtuellen Größen $\delta\varepsilon$, $\delta\kappa$ und $\delta\beta$ erhält man nach den Regeln der Variationsrechnung [10.7]. Formal erfolgt die Bildung der virtuellen oder variierten Größen in gleicher Weise wie die Bildung eines totalen Differentials (siehe auch Abschnitt 14.2). Man differenziert den zu variierenden Ausdruck sukzessiv nach allen in ihm auftretenden Zustandsgrößen oder deren Ableitungen und multipliziert mit der Variation dieser Größen, also beispielsweise

$$\begin{aligned}\delta\varepsilon &= \frac{\partial\varepsilon}{\partial u_{,\mathrm{x}}}\,\delta u_{,\mathrm{x}} + \frac{\partial\varepsilon}{\partial w_{,\mathrm{x}}}\,\delta w_{,\mathrm{x}} \\ &= \frac{1+u_{,\mathrm{x}}}{\sqrt{(1+u_{,\mathrm{x}})^2+w_{,\mathrm{x}}^2}}\,\delta u_{,\mathrm{x}} + \frac{w_{,\mathrm{x}}}{\sqrt{(1+u_{,\mathrm{x}})^2+w_{,\mathrm{x}}^2}}\,\delta w_{,\mathrm{x}}\,.\end{aligned}$$

Im Interesse der Übersichtlichkeit werden noch die Ausdrücke $\sin\beta$, $\cos\beta$ und $(1+\varepsilon)$ als Abkürzungen eingeführt. Das ergibt schließlich

$$\delta\varepsilon = \cos\beta\ \delta u_{,\mathrm{x}} - \sin\beta\ \delta w_{,\mathrm{x}}\,, \tag{10.4}$$

$$\delta\kappa = \delta\beta_{,\mathrm{x}}\,, \tag{10.5}$$

$$\delta\beta = -\frac{\cos\beta\ \delta w_{,\mathrm{x}} + \sin\beta\ \delta u_{,\mathrm{x}}}{1+\varepsilon}\,. \tag{10.6}$$

Prinzip der virtuellen Verrückungen (nichtlineare Formulierung)

Für den Kragarm aus Bild 10.2 lautet das Prinzip der virtuellen Verrückungen formal wie bisher

$$\int_{\mathrm{l}} \delta\varepsilon\ N + \delta\kappa\ M\ \mathrm{d}x - \int_{\mathrm{l}} \delta u\ \bar{p}_{\mathrm{x}} + \delta w\ \bar{p}_z\ \mathrm{d}x$$
$$- \left[\delta u(l)\ \bar{X}_{\mathrm{l}} + \delta w(l)\ \bar{Z}_{\mathrm{l}} + \delta\beta(l)\ \bar{M}_{\mathrm{l}}\right] = 0\,, \tag{10.7}$$

nur dass jetzt für die virtuellen Größen $\delta\varepsilon$, $\delta\kappa$ und $\delta\beta$ die Ausdrücke aus (10.4) bis (10.6) eingeführt werden müssen.

Gleichgewicht am verformten System

Durch Einführung der nichtlinearen kinematischen Beziehungen (10.4) und (10.5) in das Prinzip der virtuellen Verrückungen (10.7), anschließender partieller Integration und Ordnen nach δu und δw lassen sich die Gleichgewichtsbedingungen ableiten, wobei noch Gl. (10.6) berücksichtigt werden muss. Mit dem Momentengleichgewicht am verformten System (siehe Bild 10.3b)

$$Q = \frac{M_{,\mathrm{x}}}{1+\varepsilon} \tag{10.8}$$

lässt sich dabei die Querkraft als Abkürzung einführen. Man erhält

$$[N\ \cos\beta + Q\ \sin\beta]_{,\mathrm{x}} + \bar{p}_{\mathrm{x}} = 0\,, \tag{10.9a}$$

$$[Q\ \cos\beta - N\ \sin\beta]_{,\mathrm{x}} + \bar{p}_{\mathrm{z}} = 0\,, \tag{10.9b}$$

$$M(l) - \bar{M}_{\mathrm{l}} = 0\,, \tag{10.10a}$$

$$N(l)\ \cos\beta(l) + Q(l)\ \sin\beta(l) - \bar{X}_{\mathrm{l}} = 0\,, \tag{10.10b}$$

$$Q(l)\ \cos\beta(l) - N(l)\ \sin\beta(l) - \bar{Z}_{\mathrm{l}} = 0\,. \tag{10.10c}$$

Die Gleichungen (10.9) sind die (nichtlinearen) Gleichgewichtsdifferentialgleichungen bezüglich des verformten Systems, die Gleichungen (10.10) sind die Schnittkraftrandbedingungen (vergleiche Bild 10.3b).

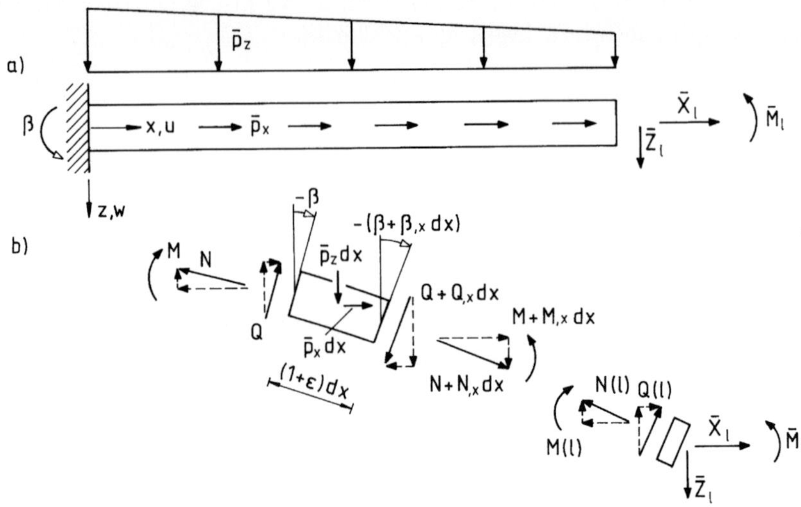

Bild 10.3. Kragarm. **a** Unverformter Zustand, **b** Gleichgewicht am verformten System

10.2.2 Linearisierte Formulierung des Prinzips der virtuellen Verrückungen

Aus der vollständig nichtlinearen Formulierung des Prinzips der virtuellen Verrückungen, Gl. (10.7), leiten wir nun eine linearisierte Fassung ab, mit der das Gleichgewicht am schwach verformten System berücksichtigt wird. Ausgangspunkt sind die nichtlinearen Beziehungen für die virtuellen Größen $\delta\varepsilon$ und $\delta\beta$, Gl. (10.4) und (10.6), in die die Beziehungen für den Winkel β eingesetzt werden:

$$\delta\varepsilon = \frac{1}{1+\varepsilon}\ \{(1+u_{,\mathrm{x}})\,\delta u_{,\mathrm{x}} + w_{,\mathrm{x}}\,\delta w_{,\mathrm{x}}\}\ ,$$

$$\delta\beta = -\delta w_{,\mathrm{x}} + \frac{1}{(1+\varepsilon)^2}\ \left\{(1+u_{,\mathrm{x}})\,u_{,\mathrm{x}}\,\delta w_{,\mathrm{x}} + w_{,\mathrm{x}}^2\,\delta w_{,\mathrm{x}} + w_{,\mathrm{x}}\,\delta u_{,\mathrm{x}}\right\}\ .$$

Die ε-behafteten Terme werden in einer Potenzreihe bis zu linearen Termen entwickelt:

$$\frac{1}{1+\varepsilon} = \frac{1}{\sqrt{(1+u_{,\mathrm{x}})^2 + w_{,\mathrm{x}}^2}} = 1 - u_{,\mathrm{x}} + \text{Terme höherer Ordnung}\,,$$

$$\frac{1}{(1+\varepsilon)^2} = \frac{1}{(1+u_{,\mathrm{x}})^2 + w_{,\mathrm{x}}^2} = 1 - 2\,u_{,\mathrm{x}} + \text{Terme höherer Ordnung}\,.$$

Setzt man die Potenzreihen ein und vernachlässigt sämtliche Terme, in denen die wirklichen Verschiebungen quadratisch auftreten, dann ergeben sich die linearisierten Beziehungen

$$\delta\varepsilon = \delta u_{,\mathrm{x}} + w_{,\mathrm{x}}\,\delta w_{,\mathrm{x}}\,, \tag{10.11}$$

$$\delta\beta = -\delta w_{,\mathrm{x}} + [u_{,\mathrm{x}}\,\delta w_{,\mathrm{x}} + w_{,\mathrm{x}}\,\delta u_{,\mathrm{x}}]\,. \tag{10.12}$$

Damit lässt sich unter Berücksichtigung der Gl. (10.5) für $\delta\kappa$ die linearisierte Formulierung des Prinzips der virtuellen Verrückungen angeben. An allen Stellen, an denen aufgrund von Gl. (10.11) und (10.12) Terme auftreten, die linear in u oder w sind, müssen die eigentlich unbekannten Schnittkräfte N und M durch die als bekannt vorausgesetzten Anfangskräfte $N^{(0)}$ und $M^{(0)}$ ersetzt werden.

$$\begin{aligned}
&\int\limits_{l} \delta\varepsilon_{\,\text{linear}}\, N + \delta\kappa_{\,\text{linear}}\, M \,\mathrm{d}x - \int\limits_{l} \delta u\, \bar{p}_{\mathrm{x}} + \delta w\, \bar{p}_{\mathrm{z}} \,\mathrm{d}x \\
&-\Big[\delta u(l)\, \bar{X}_{\mathrm{l}} + \delta w(l)\, \bar{Z}_{\mathrm{l}} + \delta\beta_{\,\text{linear}}(l)\, \bar{M}_{\mathrm{l}}\Big] \\
&+ \underbrace{\int\limits_{l} w_{,\mathrm{x}}\, \delta w_{,\mathrm{x}}\, N^{(0)} \,\mathrm{d}x}_{①} + \underbrace{\int\limits_{l} \big[u_{,\mathrm{x}}\, \delta w_{,\mathrm{x}} + w_{,\mathrm{x}}\, \delta u_{,\mathrm{x}}\big]_{,\mathrm{x}}\, M^{(0)} \,\mathrm{d}x}_{②} \\
&- \underbrace{\big[u_{,\mathrm{x}}(l)\, \delta w_{,\mathrm{x}}(l) + w_{,\mathrm{x}}(l)\, \delta u_{,\mathrm{x}}(l)\big]\, \bar{M}_{\mathrm{l}}}_{③} = 0
\end{aligned} \tag{10.13}$$

mit $\quad \delta\varepsilon_{\,\text{linear}} = \delta u_{,\mathrm{x}}\,, \quad \delta\kappa_{\,\text{linear}} = -\delta w_{,\mathrm{xx}}\,, \quad \delta\beta_{\,\text{linear}} = -\delta w_{,\mathrm{x}}\,.$

Die in Gl. (10.13) auftretenden Schnittkräfte N und M ergeben sich aus

$$N = E\,A\,u_{,\mathrm{x}}\,, \tag{10.14a}$$

$$M = -E\,I\,w_{,\mathrm{xx}}\,. \tag{10.14b}$$

Es gelten also das Elastizitätsgesetz und die kinematischen Beziehungen für die wirklichen Verzerrungen nach Theorie 1. Ordnung! Das linearisierte Prinzip der virtuellen Verrückungen, Gl. (10.13), unterscheidet sich von dem Prinzip nach Theorie 1. Ordnung durch die drei gekennzeichneten Zusatzterme. Der Term ① erfasst den Einfluss der Normalkraft im verformten Zustand auf das Gleichgewicht in z-Richtung. Die Terme ② und ③ berücksichtigen im wesentlichen den Einfluss der Querkraft auf das Gleichgewicht in x-Richtung. Üblicherweise werden die Terme ② und ③ vernachlässigt, d. h., statt Gl. (10.12) gilt

$$\delta\beta = -\delta w_{,\mathrm{x}}\,. \tag{10.15}$$

Die Berechtigung hierzu ergibt sich aus folgender Überlegung: Eine Rechnung nach Theorie 2. Ordnung ist nur dann erforderlich, wenn die Normalkraft in die Größenordnung der Knicklast kommt. Die Querkraft ist dann wesentlich kleiner, so dass die Projektion der Querkraft in x-Richtung gegenüber der Normalkraft vernachlässigt werden kann. Mit dieser zusätzlichen Vereinfachung lassen sich Dehnung und Biegung wieder entkoppeln. Für den Dehnstabanteil ergibt sich keine Änderung gegenüber dem Prinzip nach Theorie 1. Ordnung:

$$\int\limits_{l} \delta u_{,\mathrm{x}}\, E\,A\,u_{,\mathrm{x}} \,\mathrm{d}x - \int\limits_{l} \delta u\, \bar{p}_{\mathrm{x}} \,\mathrm{d}x - \delta u(l)\, \bar{X}_{\mathrm{l}} = 0\,. \tag{10.16}$$

Für den Balkenanteil lautet das Prinzip der virtuellen Verrückungen nach Theorie 2. Ordnung

$$\int\limits_{\mathrm{l}} \delta w_{,\mathrm{xx}}\, E\, I\, w_{,\mathrm{xx}}\, \mathrm{d}x + \int\limits_{\mathrm{l}} \delta w_{,\mathrm{x}}\, w_{,\mathrm{x}}\, N\, \mathrm{d}x - \int\limits_{\mathrm{l}} \delta w\, \bar{p}_{\mathrm{z}}\, \mathrm{d}x$$
$$- \left[\delta w(l)\, \bar{Z}_{\mathrm{l}} + \delta\beta(l)\, \bar{M}_{\mathrm{l}}\right] = 0\,, \tag{10.17}$$

wobei im Fall des Kragarms (Bild 10.2) $N^{(0)} = \bar{X}_{\mathrm{l}}$ zu setzen ist.

Mit dem angegebenen Prinzip der virtuellen Verrückungen, das sich ohne größere Probleme auf Rahmentragwerke erweitern lässt, lassen sich Schnittkraftberechnungen nach Theorie 2. Ordnung durchführen, bei denen das Gleichgewicht am schwach verformten System berücksichtigt wird. Zusätzlich ist aber immer erst einmal eine Stabilitätsuntersuchung erforderlich. Es muss geprüft werden, ob das Tragwerk unter der Wirkung der Anfangsnormalkräfte $N^{(0)}$ noch stabil ist oder ob es ausknickt. Wir werden darauf in Kapitel 11 eingehen.

Geometrische Steifigkeitsmatrix

Gl. (10.17) ist das Prinzip der virtuellen Verrückungen für den schubstarren Balken. Im schubweichen Fall gelten dieselben Beziehungen für $\delta\varepsilon$ und für $\delta\kappa$. Üblicherweise wird in der Theorie 2. Ordnung für die virtuelle Schubverzerrung $\delta\gamma$ dieselbe Beziehung wie bei Theorie 1. Ordnung angesetzt. Damit ergibt sich beim schubweichen Balken auch der gleiche Zusatzterm im Prinzip der virtuellen Verrückungen wie beim schubstarren Balken.

Der Zusatzterm liefert bei einer Diskretisierung im Rahmen eines Finite-Elemente-Verfahrens die geometrische Steifigkeitsmatrix oder Anfangskraftsteifigkeitsmatrix $\boldsymbol{S}_{\mathrm{ge}}$:

$$\int\limits_{\mathrm{l_e}} \delta w_{,\mathrm{x}}\, w_{,\mathrm{x}}\, N\, \mathrm{d}x = \delta \boldsymbol{u}_{\mathrm{e}}^{\mathrm{T}}\, \boldsymbol{S}_{\mathrm{ge}}\, \boldsymbol{u}_{\mathrm{e}}\,.$$

Mit den Ansatzfunktionen des schubweichen Balkens, Gl. (9.30a-d), und der Annahme einer elementweise konstanten Anfangskraft $N^{(0)}$ ergibt sich

$$\boldsymbol{S}_{\mathrm{ge}} = \frac{N^{(0)}}{60\, l} \begin{bmatrix} 60 + 12\,\psi^2 & -60 - 12\,\psi^2 & -6\, l\, \psi^2 & -6\, l\, \psi^2 \\ -60 - 12\,\psi^2 & 60 + 12\,\psi^2 & 6\, l\, \psi^2 & 6\, l\, \psi^2 \\ -6\, l\, \psi^2 & 6\, l\, \psi^2 & l^2\,(\ \ 5 + 3\,\psi^2) & l^2\,(-5 + 3\,\psi^2) \\ -6\, l\, \psi^2 & 6\, l\, \psi^2 & l^2\,(-5 + 3\,\psi^2) & l^2\,(\ \ 5 + 3\,\psi^2) \end{bmatrix}$$
$$\text{mit } \psi = \frac{1}{1 + 12\, \dfrac{E\, I}{l^2\, G\, A_{\mathrm{S}}}}\,. \tag{10.18}$$

Die geometrische Steifigkeitsmatrix des schubstarren Balkens erhält man aus Gl. (10.18), indem man den Schubparameter $\psi = 1$ setzt. Der zugehörige Elementverschiebungsvektor, der die Freiheitsgrade an den Balkenenden zusammenfasst (siehe Bild 9.25), lautet

$$\boldsymbol{u}_{\mathrm{e}}^{\mathrm{T}} = \{w_1, w_2, \beta_1, \beta_2\}\,.$$

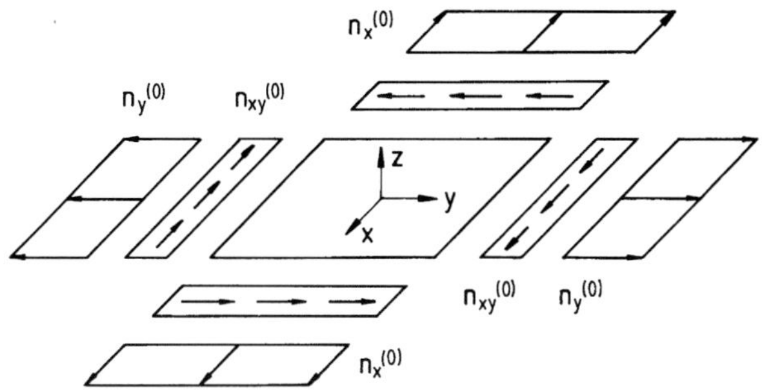

Bild 10.4. Anfangskräfte $n_{\mathrm{x}}^{(0)}$, $n_{\mathrm{y}}^{(0)}$ und $n_{\mathrm{xy}}^{(0)}$ bei der Platte

10.3 Das Prinzip der virtuellen Verrückungen nach Theorie 2. Ordnung für Platten

Platten, bei denen bereits im Bezugszustand Scheibenkräfte $n_{\mathrm{x}}^{(0)}$, $n_{\mathrm{y}}^{(0)}$ und $n_{\mathrm{xy}}^{(0)}$ in der Mittelebene vorhanden sind (Bild 10.4), werden analog zu Balken behandelt. Die virtuellen Plattenverzerrungen gelten bei einer Rechnung nach Theorie 2. Ordnung unverändert, während bei den virtuellen Scheibenverzerrungen $\delta\varepsilon_{\mathrm{x}}$, $\delta\varepsilon_{\mathrm{y}}$ und $\delta\gamma_{\mathrm{xy}}$ noch die Anteile mitgenommen werden müssen, in denen die Plattenverschiebung linear vorkommt:

$$\begin{Bmatrix} \delta\varepsilon_{\mathrm{x}} \\ \delta\varepsilon_{\mathrm{y}} \\ \delta\gamma_{\mathrm{xy}} \end{Bmatrix} = \begin{bmatrix} \dfrac{\partial}{\partial x} & 0 \\ 0 & \dfrac{\partial}{\partial y} \\ \dfrac{\partial}{\partial y} & \dfrac{\partial}{\partial x} \end{bmatrix} \begin{Bmatrix} \delta u \\ \delta v \end{Bmatrix} + \begin{Bmatrix} w_{,\mathrm{x}}\, \delta w_{,\mathrm{x}} \\ w_{,\mathrm{y}}\, \delta w_{,\mathrm{y}} \\ w_{,\mathrm{x}}\, \delta w_{,\mathrm{y}} + w_{,\mathrm{y}}\, \delta w_{,\mathrm{x}} \end{Bmatrix}. \tag{10.19}$$

Diese Anteile liefern einen linearen Zusatzterm im Prinzip der virtuellen Verrückungen, der der Bildung des Plattengleichgewichts am schwach verformten System entspricht:

$$\int_{\mathrm{F}} w_{,\mathrm{x}}\, \delta w_{,\mathrm{x}}\, n_{\mathrm{x}}^{(0)} + w_{,\mathrm{y}}\, \delta w_{,\mathrm{y}}\, n_{\mathrm{y}}^{(0)} + \left(w_{,\mathrm{x}}\, \delta w_{,\mathrm{y}} + w_{,\mathrm{y}}\, \delta w_{,\mathrm{x}}\right) n_{\mathrm{xy}}^{(0)}\, \mathrm{d}F$$

$$= \int_{\mathrm{F}} \{\delta w_{,\mathrm{x}}\, \delta w_{,\mathrm{y}}\} \begin{bmatrix} n_{\mathrm{x}}^{(0)} & n_{\mathrm{xy}}^{(0)} \\ n_{\mathrm{xy}}^{(0)} & n_{\mathrm{y}}^{(0)} \end{bmatrix} \begin{Bmatrix} w_{,\mathrm{x}} \\ w_{,\mathrm{y}} \end{Bmatrix} \mathrm{d}F\,. \tag{10.20}$$

Die auf der rechten Seite von Gl. (10.20) stehende Formulierung des Zusatzterms entspricht genau dem Ausdruck, den man bei einer Membran (siehe Aufgabe 3.6) erhält. Anders als bei der Membran braucht jetzt allerdings die Matrix

$$\begin{bmatrix} n_{\mathrm{x}}^{(0)} & n_{\mathrm{xy}}^{(0)} \\ n_{\mathrm{xy}}^{(0)} & n_{\mathrm{y}}^{(0)} \end{bmatrix}$$

auf Grund der vorhandenen Biegesteifigkeit der Platte nicht positiv definit zu sein.

Der Zusatzterm liefert bei der Entwicklung eines Finite-Elemente-Verfahrens die geometrische Steifigkeitsmatrix der Platte. In [10.8, S. 519 f] ist die geometrische Steifigkeitsmatrix des Plattenrechteckelementes mit 16 Freiheitsgraden wiedergegeben, bei deren Ableitung wie schon beim Balken vorausgesetzt wurde, dass die Anfangsschnittkräfte $n_{\mathrm{x}}^{(0)}$, $n_{\mathrm{y}}^{(0)}$ und $n_{\mathrm{xy}}^{(0)}$ elementweise konstant sind.

10.4 Das Prinzip der virtuellen Verrückungen für dynamische Probleme

Der Übergang auf dynamische Probleme erfordert, zumindest auf der Ebene des Prinzips der virtuellen Verrückungen, nur geringfügige Veränderungen.

Voraussetzungen und Bezeichnungen

Wir setzen voraus, dass das Tragwerk in der Bezugskonfiguration in Ruhe ist oder sich mit konstanter Geschwindigkeit bewegt. Ausgeschlossen ist also insbesondere, dass das Tragwerk rotiert (z. B. rotierende Räder, Flügel eines Rotors, Fahrzeuge bei schneller Kurvenfahrt). Hierzu wird auf [10.8–10.11] verwiesen.

Die wirklichen Zustandsgrößen und die Belastungsgrößen hängen jetzt nicht nur von Ortskoordinaten sondern auch noch von der Zeit ab, während die virtuellen Größen weiterhin zeitunabhängig sind. Zeitableitungen werden wie folgt gekennzeichnet:

$$\frac{\partial}{\partial t}(\;) = (\;)^{\bullet}\,.$$

D'Alembertsche Massenträgheitskräfte

Die Erweiterung des Prinzips der virtuellen Verrückungen erfolgt dadurch, dass zusätzlich zu den Belastungen Massenträgheitskräfte eingeführt werden, die proportional zur jeweiligen Beschleunigung sind und entgegengesetzt zur Verschiebung wirken [10.8, 10.11]. Am Beispiel eines eingespannten Balkens ist das in Bild 10.5 illustriert. Ein infinitesimal kleines Balkenelement besitzt zwei Bewegungsmöglichkeiten (Verschiebung w und Drehung β), dementsprechend müssen eine Massenträgheitskraft $(-\mu\, w^{\bullet\bullet})$ und ein Massenträgheitsmoment $(-\tilde{\mu}\, \beta^{\bullet\bullet})$, die auf die Längeneinheit bezogen werden, eingeführt werden. Hierbei ist (homogenes Material vorausgesetzt) $\mu = \rho\, A$ die Massenbelegung und $\tilde{\mu} = \rho\, I$ die Drehmassenbelegung mit der Dichte ρ, der Querschnittsfläche A und dem Trägheitsmoment I.

Man kann das Prinzip der virtuellen Verrückungen sehr einfach in symbolischer Schreibweise formulieren, wenn man eine Massenbelegungsmatrix $[\boldsymbol{\mu}]$ einführt. Der Belastungsvektor $\bar{\boldsymbol{p}}$ muss dann nur durch $(\bar{\boldsymbol{p}} - [\boldsymbol{\mu}]\, \boldsymbol{u}^{\bullet\bullet})$ ersetzt werden. Das Prinzip der virtuellen Verrückungen lautet dann

$$\int\limits_{\mathrm{B}} \delta\boldsymbol{\varepsilon}^{\mathrm{T}}\, \boldsymbol{\sigma}\, \mathrm{d}B - \int\limits_{\mathrm{B}} \delta\boldsymbol{u}^{\mathrm{T}}\, \left(\bar{\boldsymbol{p}} - [\boldsymbol{\mu}]\, \boldsymbol{u}^{\bullet\bullet}\right) \mathrm{d}B - \int\limits_{\mathrm{R}_\sigma} \delta\boldsymbol{u}_{\mathrm{r}}^{\mathrm{T}}\, \bar{\boldsymbol{\sigma}}_{\mathrm{R}}\, \mathrm{d}R = 0\,. \tag{10.21}$$

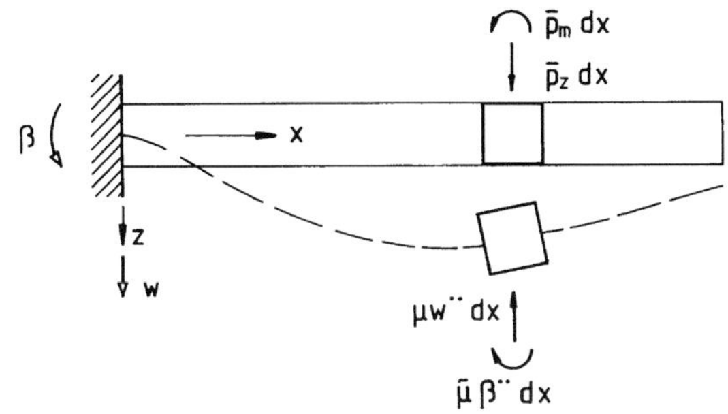

Bild 10.5. Äußere Belastung und Massenträgheitskraft und -moment an einem infinitesimal kleinen Balkenelement

Die einzige Aufgabe besteht nun darin, die Massenbelegungsmatrix $[\boldsymbol{\mu}]$ und damit die Massenträgheitskräfte und -momente für unterschiedliche Kontinua anzugeben. Für die von uns behandelten Kontinua ist das in Tabelle 10.1 (Seite 371) geschehen.

Für schubstarre Balken und Platten können die Größen der schubweichen Kontinua übernommen werden, wobei allerdings die Drehmassenbelegungen zu Null gesetzt werden können, da sie in diesem Fall einen völlig untergeordneten Einfluss haben.

Massenmatrix

Der Zusatzterm im Prinzip der virtuellen Verrückungen liefert bei der Entwicklung eines Finite-Elemente-Verfahrens die Massenmatrix $\boldsymbol{M}_\mathrm{e}$:

$$\int\limits_{\mathrm{B_e}} \delta \boldsymbol{u}^\mathrm{T} \, [\boldsymbol{\mu}] \, \boldsymbol{u}^{\cdot\cdot} \, \mathrm{d}B = \delta \boldsymbol{u}_\mathrm{e}^\mathrm{T} \, \boldsymbol{M}_\mathrm{e} \, \boldsymbol{u}_\mathrm{e}^{\cdot\cdot}$$

$$\text{mit } \boldsymbol{M}_\mathrm{e} = \int\limits_{\mathrm{B_e}} \boldsymbol{V}_\mathrm{u}^\mathrm{T} \, [\boldsymbol{\mu}] \, \boldsymbol{V}_\mathrm{u} \, \mathrm{d}B \,. \tag{10.22}$$

Beim Dehnstab mit einem linearen Verschiebungsansatz, Gl. (4.54), ergibt sich

$$\boldsymbol{M}_\mathrm{e} = \frac{\mu l}{6} \begin{bmatrix} 2 & 1 \\ 1 & 2 \end{bmatrix} \tag{10.23}$$

$$\text{mit } \boldsymbol{u}_\mathrm{e}^{\cdot\cdot\,\mathrm{T}} = \{u_1^{\cdot\cdot}, u_2^{\cdot\cdot}\} \,.$$

Beim schubweichen Balken erhält man nach Einführung der Ansatzfunktionen (9.30, 9.31)

$$\boldsymbol{M}_\mathrm{e} = \boldsymbol{M}_{\mu\mathrm{e}} + \boldsymbol{M}_{\tilde{\mu}\mathrm{e}} \tag{10.24}$$

mit den Matrizen $\boldsymbol{M}_{\mu\mathrm{e}}$, Gl.(10.25), und $\boldsymbol{M}_{\tilde{\mu}\mathrm{e}}$, Gl.(10.26), aus der Zusammenstellung auf Seite 370. In [10.8] ist die Massenmatrix eines schubstarren Plattenrechteckelementes wiedergegeben.

Zusammenstellung. Massenmatrizen und Elementbeschleunigungsvektor des schubweichen Balkens

Massenmatrix aus Massenbelegung μ:

$$\boldsymbol{M}_{\mu\mathrm{e}} = \frac{\mu l}{840}\begin{bmatrix} 280+28\,\psi+4\,\psi^2 & 140-28\,\psi-4\,\psi^2 & -l\,(35+7\,\psi+2\,\psi^2) & l\,(35-7\,\psi-2\,\psi^2) \\ 140-28\,\psi-4\,\psi^2 & 280+28\,\psi+4\,\psi^2 & -l\,(35-7\,\psi-2\,\psi^2) & l\,(35+7\,\psi+2\,\psi^2) \\ -l\,(35+7\,\psi+2\,\psi^2) & -l\,(35-7\,\psi-2\,\psi^2) & l^2\,(7+\psi^2) & -l^2\,(7-\psi^2) \\ l\,(35-7\,\psi-2\,\psi^2) & l\,(35+7\,\psi+2\,\psi^2) & -l^2\,(7-\psi^2) & l^2\,(7+\psi^2) \end{bmatrix} \tag{10.25}$$

Massenmatrix aus Drehmassenbelegung $\tilde{\mu}$:

$$\boldsymbol{M}_{\tilde{\mu}\mathrm{e}} = \frac{\tilde{\mu}}{30\,l}\begin{bmatrix} 36\,\psi^2 & -36\,\psi^2 & l\,(15\,\psi-18\,\psi^2) & l\,(15\,\psi-18\,\psi^2) \\ -36\,\psi^2 & 36\,\psi^2 & -l\,(15\,\psi-18\,\psi^2) & -l\,(15\,\psi-18\,\psi^2) \\ l\,(15\,\psi-18\,\psi^2) & -l\,(15\,\psi-18\,\psi^2) & l^2\,(10-15\,\psi+9\,\psi^2) & l^2\,(\ 5-15\,\psi+9\,\psi^2) \\ l\,(15\,\psi-18\,\psi^2) & -l\,(15\,\psi-18\,\psi^2) & l^2\,(\ 5-15\,\psi+9\,\psi^2) & l^2\,(10-15\,\psi+9\,\psi^2) \end{bmatrix} \tag{10.26}$$

Elementbeschleunigungsvektor:

$$\boldsymbol{u}_{\mathrm{e}}^{\cdot\cdot\,\mathrm{T}} = \{\ddot{w}_1,\ \ddot{w}_2,\ \ddot{\beta}_1,\ \ddot{\beta}_2\} \qquad \psi = \frac{1}{1+12\,\dfrac{E\,I}{l^2\,GA_{\mathrm{S}}}} \quad \text{(Schubparameter)}$$

Tabelle 10.1. Massenbelegungsmatrizen $[\boldsymbol{\mu}]$

	Stab	*schubweicher Balken*	*Scheibe*	*schubweiche Platte*	*dreidimensionales Kontinuum*
$\boldsymbol{u}^{\mathrm{T}}$	$\{u\}$	$\{w, \beta\}$	$\{u, v\}$	$\{w, \beta_{\mathrm{x}}, \beta_{\mathrm{y}}\}$	$\{u, v, w\}$
$\bar{\boldsymbol{p}}^{\mathrm{T}}$	$\{\bar{p}_{\mathrm{x}}\}$	$\{\bar{p}_{\mathrm{z}}, \bar{p}_{\mathrm{m}}\}$	$\{\bar{p}_{\mathrm{x}}, \bar{p}_{\mathrm{y}}\}$	$\{\bar{p}_{\mathrm{z}}, \bar{p}_{\mathrm{mx}}, \bar{p}_{\mathrm{my}}\}$	$\{\bar{X}, \bar{Y}, \bar{Z}\}$
$[\boldsymbol{\mu}]$	$[\mu]$	$\begin{bmatrix} \mu & 0 \\ 0 & \tilde{\mu} \end{bmatrix}$	$\begin{bmatrix} \mu & 0 \\ 0 & \mu \end{bmatrix}$	$\begin{bmatrix} \mu & 0 & 0 \\ 0 & \tilde{\mu} & 0 \\ 0 & 0 & \tilde{\mu} \end{bmatrix}$	$\begin{bmatrix} \rho & 0 & 0 \\ 0 & \rho & 0 \\ 0 & 0 & \rho \end{bmatrix}$
Massenbelegung	$\mu = \rho\, A$	$\mu = \rho\, A$	$\mu = \rho\, t$	$\mu = \rho\, t$	
Drehmassenbelegung		$\tilde{\mu} = \rho\, I$		$\tilde{\mu} = \rho\, t^3 \;/\; 12$	

10.5 Berücksichtigung von Dämpfung im Stoffgesetz

Für Werkstoffe mit dämpfenden Materialeigenschaften kann bei dynamischen Aufgaben das Prinzip der virtuellen Verrückungen in der Form

$$\int\limits_{\mathrm{B}} \delta\boldsymbol{\varepsilon}^{\mathrm{T}}\, \boldsymbol{\sigma}\, \mathrm{d}B - \int\limits_{\mathrm{B}} \delta\boldsymbol{u}^{\mathrm{T}} \left(\bar{\boldsymbol{p}} - [\boldsymbol{\mu}]\, \boldsymbol{u}^{\cdot\cdot}\right) \mathrm{d}B - \int\limits_{\mathrm{R}_\sigma} \delta\boldsymbol{u}_{\mathrm{r}}^{\mathrm{T}}\, \bar{\boldsymbol{\sigma}}_{\mathrm{R}}\, \mathrm{d}R = 0\,. \tag{10.21}$$

übernommen werden. Anstelle des linear-elastischen Stoffgesetzes

$$\boldsymbol{\sigma} = \boldsymbol{C}\, (\boldsymbol{\varepsilon} - \bar{\boldsymbol{\varepsilon}}_{\mathrm{T}}) \tag{10.27}$$

muss jetzt allerdings ein Stoffgesetz, das die Dämpfung berücksichtigt, eingeführt werden. Andernfalls treten bei einer harmonischen Erregung Resonanzstellen mit theoretisch unendlich großen Ausschlägen auf. Zu einer Begrenzung dieser unendlichen Amplituden kommt es durch dämpfende Materialeigenschaften.

Üblicherweise wird unterschieden zwischen *innerer Dämpfung* (*viskose Dämpfung* oder *Strukturdämpfung*), bei der es sich um eine Materialeigenschaft handelt, und *äußerer Dämpfung*, die aus dem die Struktur umgebenden Medium herrührt. Auf äußere Dämpfung wollen wir an dieser Stelle nicht eingehen.

Viskose Dämpfung

Das Dämpfungsverhalten von Kunststoffen (Polymeren) lässt sich sehr gut in Form der viskosen Dämpfung beschreiben. Ein einfaches, sogenanntes Zwei-Parameter-Modell stammt von Voigt und Kelvin. Bei der eindimensionalen Veranschaulichung dieses Modells (Bild 10.6a) sind eine Hookesche Feder und ein Newtonsches Dämpfungsglied parallel geschaltet. Zur Beschreibung der elastischen Eigenschaften der Feder wird der Elastizitätsmodul E verwendet, zur Erfassung des viskosen Verhaltens ist ein weiterer Parameter, beispielsweise die Retardationszeit (Verzögerungszeit) t_{R} erforderlich. Diese Retardationszeit lässt sich bestimmen, indem man auf

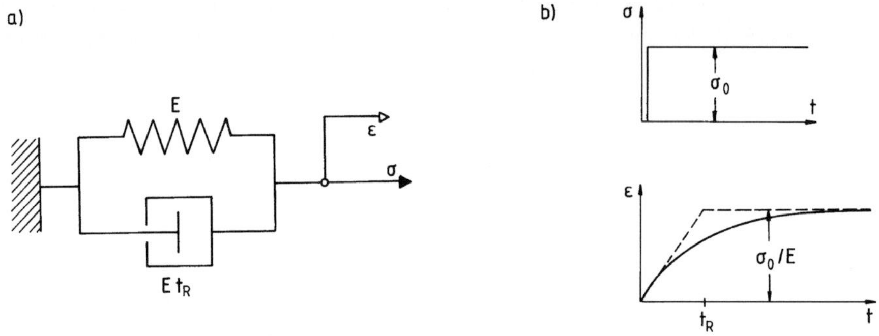

Bild 10.6. Voigt-Kelvin-Modell für Dämpfungsvorgänge bei viskoelastischen Materialien. **a** Eindimensionales Modell, **b** Dehnungsverlauf (unten) bei Sprungbelastung (oben)

das Modell eine Belastung in Form einer Sprungfunktion aufbringt und den Verlauf der Dehnung misst (Bild 10.6b). Aus der Anfangsneigung dieser Kurve und der Enddehnung ergibt sich t_{R}:

$$t_{\mathrm{R}} = \frac{\sigma_0 \;/\; E}{\varepsilon^{\boldsymbol{\cdot}}(0)} \,. \tag{10.28}$$

Manchmal ist das Voigt-Kelvin-Modell nicht ausreichend, insbesondere wenn man das Materialverhalten in einem größeren Frequenzbereich beschreiben will. Man kann dann mehrere Voigt-Kelvin-Modelle in Reihe schalten [10.12]. Der lineare Standardkörper (Poynting-Modell) ist eine Reihenschaltung einer Feder mit einem Voigt-Kelvin-Modell.

Für die Übertragung dieses Gesetzes auf ein Kontinuum, beispielsweise auf den schubstarren, homogenen Balken von Bild 10.7, nimmt man an, dass in jeder Faser des Balkens ein Hookesches Federelement und ein Newtonsches Dämpferelement parallel geschaltet sind. Aus dem Stoffgesetz (ohne Temperaturdehnung) für das eindimensionale Modell von Bild 10.6a,

$$\sigma = E\,\varepsilon + E\,t_{\mathrm{R}}\,\varepsilon^{\boldsymbol{\cdot}} \,, \tag{10.29}$$

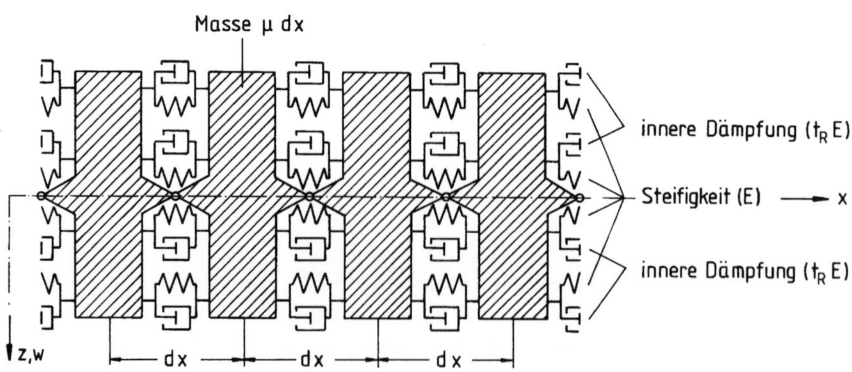

Bild 10.7. Übertragung des Voigt-Kelvin-Modells auf einen schubstarren Balken

wird dann bei homogenem Material der folgende Zusammenhang zwischen Moment und Krümmung

$$M = E\,I\,\kappa + E\,I\,t_{\mathrm{R}}\,\kappa^{\bullet}\,. \tag{10.30}$$

Entsprechend erhält man für den Dehnstab

$$N = E\,A\,\varepsilon + E\,A\,t_{\mathrm{R}}\,\varepsilon^{\bullet}\,. \tag{10.31}$$

Bei der Übertragung auf homogene Platten, Scheiben, schubweiche Balken und dreidimensionale Kontinua muss man streng genommen schon bei isotropem Material eine zweite Retardationszeit einführen. Wir nehmen aber vereinfachend an, dass nur eine Retardationszeiten auftritt. Das Stoffgesetz lautet dann in symbolischer Schreibweise

$$\boldsymbol{\sigma} = \boldsymbol{C}\,(\varepsilon - \bar{\varepsilon}_{\mathrm{T}}) + t_{\mathrm{R}}\,\boldsymbol{C}\,(\varepsilon^{\bullet} - \bar{\varepsilon}^{\bullet}_{\mathrm{T}})\,. \tag{10.32}$$

Die zeitliche Ableitung der Temperaturdehnung kann in der Regel vernachlässigt werden, da instationäre Wärmeleitungsvorgänge im Vergleich zu Schwingungsvorgängen sehr langsam ablaufen.

Aus dem Stoffgesetz (10.32) ergibt sich ein weiterer Zusatzterm im Prinzip der virtuellen Verrückungen, aus dem sich für ein Finite-Elemente-Verfahren die Dämpfungsmatrix $\boldsymbol{D}_{\mathrm{e}}$ ableiten lässt:

$$\int_{\mathrm{B}} \delta\boldsymbol{\varepsilon}^{\mathrm{T}}\,t_{\mathrm{R}}\,\boldsymbol{C}\,\boldsymbol{\varepsilon}^{\bullet}\,\mathrm{d}B = \delta\boldsymbol{u}_{\mathrm{e}}^{\mathrm{T}}\,\boldsymbol{D}_{\mathrm{e}}\,\boldsymbol{u}_{\mathrm{e}}^{\bullet}\,.$$

$$\text{mit } \boldsymbol{D}_{\mathrm{e}} = t_{\mathrm{R}}\,\boldsymbol{S}_{\mathrm{e}}\,. \tag{10.33}$$

Bei der von uns durchweg angenommenen Proportionalität zwischen Steifigkeit und Dämpfung wird somit auch die Dämpfungsmatrix proportional zur Steifigkeitsmatrix.

Strukturdämpfung

Das Dämpfungsverhalten von Stahl und Beton wird durch das Voigt-Kelvin-Modell nicht richtig erfasst. Das zeigen experimentelle Untersuchungen mit einer harmonischen Erregung [10.11], bei der die Dehnung in jeder Faser cosinusförmig schwankt:

$$\varepsilon = \hat{\varepsilon}\,\cos\Omega\,t\,.$$

Im viskosen Fall erhält man als Verlustenergie je Volumeneinheit infolge Dämpfung in einem Zyklus rechnerisch

$$W_{\mathrm{D}} = \int_0^{2\pi/\Omega} \sigma(t)\,\mathrm{d}\varepsilon = \int_0^{2\pi/\Omega} E\,(\varepsilon + t_{\mathrm{R}}\,\varepsilon^{\bullet})\,\varepsilon^{\bullet}\,\mathrm{d}t = E\,\hat{\varepsilon}^{\,2}\,\pi\,\Omega\,t_{\mathrm{R}}\,,$$

also eine lineare Abhängigkeit von der Erregerkreisfrequenz Ω, die bei vielen Kunststoffen in einem begrenzten Frequenzbereich auch vorliegt, während sich experimentell bei Stahl und Beton herausstellt, dass W_{D} in einem großen Frequenzbereich konstant ist. Das viskose Voigt-Kelvin-Modell lässt sich nur dann ‚retten', wenn man t_R umgekehrt proportional zu Ω ansetzt:

$$t_\mathrm{R} = k_0 \,/\, \Omega\,.$$

Als Stoffgesetz für homogene Kontinua erhält man dann, allerdings beschränkt auf periodische Vorgänge

$$\varepsilon = \hat{\varepsilon}\,\mathrm{e}^{\mathrm{i}\,\Omega\,t}\,, \tag{10.34}$$

die Beziehung

$$\hat{\boldsymbol{\sigma}} = (1 + \mathrm{i}\,k_0)\,\boldsymbol{C}\,\hat{\boldsymbol{\varepsilon}}\,. \tag{10.35}$$

Strukturdämpfung lässt sich bei periodischer Erregung also durch einen komplexen Elastizitätsmodul beschreiben, der als Vorfaktor der Stoffmatrix auftritt. Der Wert für k_0 schwankt für Stahl zwischen 0,004 und 0,04, für ungerissenen Stahlbeton zwischen 0,01 und 0,05 und für gerissenen Stahlbeton zwischen 0,02 und 0,1. Der Übergang zu sehr langsam veränderlichen Vorgängen ($\Omega \to 0$) ist nicht möglich.

10.6 Einige numerische Ergebnisse zum Beulen und Schwingen von Platten

In diesem Abschnitt demonstrieren wir die Anwendung des für Rechnungen nach Theorie 2. Ordnung und für Schwingungsberechnungen erweiterten Prinzips der virtuellen Verrückungen im Rahmen eines Finite-Elemente-Verfahrens. Exemplarisch untersuchen wir dabei schubstarre, isotrope Rechteckplatten. Die Bestimmungsgleichungen der Elementmatrizen $\boldsymbol{S}_\mathrm{e}$, $\bar{\boldsymbol{p}}_\mathrm{Be}$, $\boldsymbol{S}_\mathrm{ge}$ und $\boldsymbol{M}_\mathrm{e}$ des 16-Freiheitsgrad-Elementes wurden in den Abschnitten 9.3.2, 10.3 und 10.4 angegeben. Die berechneten Matrizen findet man beispielsweise in [10.8].

10.6.1 Plattenbeulen

Den Ablauf einer Rechnung nach Theorie 2. Ordnung erläutern wir am Beispiel der allseitig gelenkig gelagerten Rechteckplatte aus Bild 10.8a. Die Platte wird durch eine konstante Flächenlast $\bar{p}_\mathrm{z} = \bar{p}_0$ beansprucht. Zusätzlich wirken in der Plattenmittelfläche Scheibenrandlasten, die eine Anfangsschnittkraft $n_\mathrm{x}^{(0)} = -\bar{p}_\mathrm{D}$ zur Folge haben. Anders als bei der Scheibe in Abschnitt 4.1.3 werden die Auflagerkräfte nicht freigeschnitten, so dass in die Systemgleichung

$$\left[\boldsymbol{S}^* + \boldsymbol{S}_\mathrm{g}^*\right]\,\boldsymbol{u}^* = \bar{\boldsymbol{p}}^*\,, \tag{10.36}$$

die sich aus dem Prinzip ergibt, nur die nicht-vorgegebenen Knotenfreiheitsgrade eingehen (siehe Abschnitt 5.4). Diese Modifikation ist notwendig, da zur Bestimmung der Beullast eine Eigenwertaufgabe zu lösen ist. Der Aufbau der geometrischen Systemsteifigkeitsmatrix $\boldsymbol{S}_\mathrm{g}^*$ aus den geometrischen Elementsteifigkeitsmatrizen $\boldsymbol{S}_\mathrm{ge}$ erfolgt genauso wie der Aufbau von $\boldsymbol{S}^*$. Die für die Ermittlung von $\boldsymbol{S}_\mathrm{ge}$

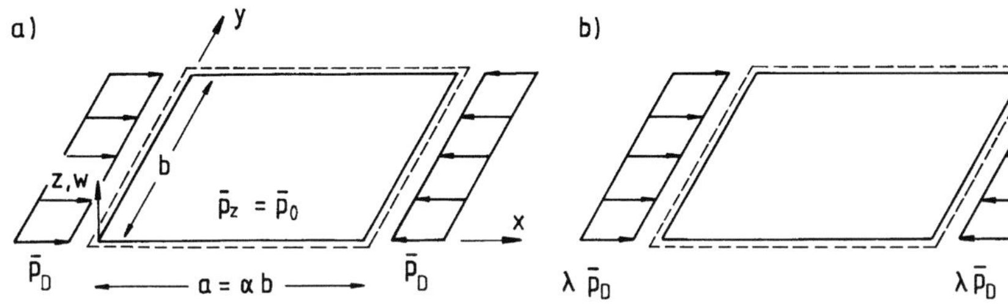

Bild 10.8. Gelenkig gelagerte Rechteckplatte. **a** Belastung für eine Verschiebungs- und Schnittkraftberechnung nach Theorie 2. Ordnung, **b** Belastung für die Bestimmung der Beullast

benötigten Anfangsschnittkräfte $n_{\mathrm{x}}^{(0)}$, $n_{\mathrm{y}}^{(0)}$ und $n_{\mathrm{xy}}^{(0)}$ lassen sich bei dem betrachteten Beispiel unmittelbar angeben:

$$n_{\mathrm{x}}^{(0)} = -\bar{p}_{\mathrm{D}}\,, \quad n_{\mathrm{y}}^{(0)} = n_{\mathrm{xy}}^{(0)} = 0\,.$$

Es muss natürlich sichergestellt sein, dass die Platte infolge der Anfangsschnittkräften nicht ausbeult. Liegt Stabilitätsversagen vor, dann ist die Matrix $[\boldsymbol{S}^* + \boldsymbol{S}_{\mathrm{g}}^*]$ nicht positiv definit. Dies lässt sich beim Auflösen des linearen Gleichungssystems (10.36) leicht überprüfen (siehe Abschnitt 5.5). Man weiß dann allerdings nur, ob der vorhandene Anfangskraftzustand unter- oder oberhalb der Beullast liegt, nicht aber, wie groß die Beullast ist.

Um die Beullast $p_{\mathrm{crit}} = \lambda_{\mathrm{crit}}\,\bar{p}_{\mathrm{D}}$ zu bestimmen, bringt man nur die mit einem zunächst unbekannten Laststeigerungsfaktor λ gewichteten Anfangskräfte auf die Platte auf (Bild 10.8b). Der kritische Laststeigerungsfaktor λ_{crit} ergibt sich als kleinster Eigenwert des Eigenwertproblems

$$\big[\boldsymbol{S}^* + \lambda\,\boldsymbol{S}_{\mathrm{g}}^*(\bar{p}_{\mathrm{D}})\big]\,\boldsymbol{u}^* = \boldsymbol{0}\,. \tag{10.37}$$

Für den Vergleich der numerisch berechneten Ergebnisse erweist es sich als vorteilhaft, dass sich bei dem vorliegenden Beispiel die Eigenwerte λ noch analytisch bestimmen lassen.

Hierzu wird in die homogene Verschiebungsdifferentialgleichung nach Theorie 2. Ordnung der Ansatz

$$w = A_{\mathrm{mn}}\,\sin\frac{m\,\pi\,x}{a}\,\sin\frac{n\,\pi\,y}{b}$$

eingeführt [10.14, 10.15]. Als Lösung erhält man in Abhängigkeit vom Seitenverhältnis α und von der Anzahl der Sinus-Halbwellenzahlen m und n die Eigenwerte

$$\lambda_{\mathrm{mn}} = \frac{B}{\bar{p}_{\mathrm{D}}}\left(\frac{\pi}{b}\right)^2\left[\frac{m}{\alpha} + n^2\,\frac{\alpha}{m}\right]^2$$

$$\text{mit } B = \frac{E\,t^3}{12\,(1-\nu^2)} \quad \text{und } \alpha = \frac{a}{b}\,.$$

Um nicht immer den Vorfaktor vor der eckigen Klammer angeben zu müssen, werden die normierten Größen

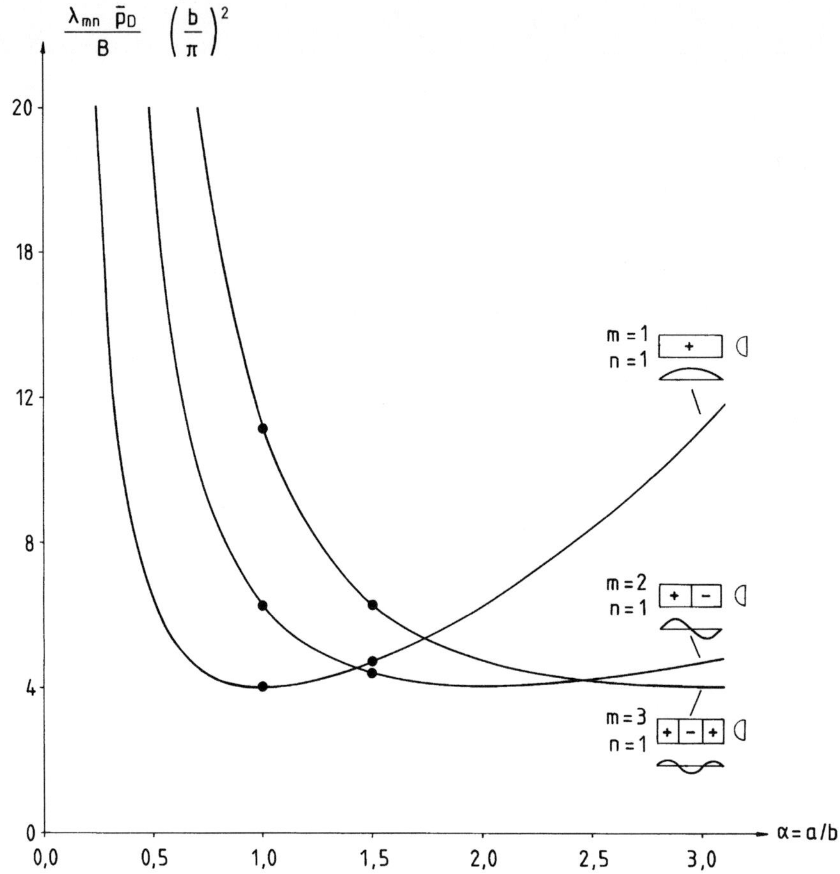

Bild 10.9. Analytische Lösung der im Bereich $\alpha = 1$ bis $\alpha = 3$ maßgebenden Beul-Eigenwerte λ_{mn} für die gedrückte Platte aus Bild 10.8

$$\lambda^*_{\mathrm{mn}} = \frac{\bar{p}_{\mathrm{D}}}{B}\left(\frac{b}{\pi}\right)^2 \lambda_{\mathrm{mn}}\,, \quad \lambda^*_{\mathrm{i}} = \frac{\bar{p}_{\mathrm{D}}}{B}\left(\frac{b}{\pi}\right)^2 \lambda_{\mathrm{i}}\,, \quad \lambda^*_{\mathrm{crit}} = \frac{\bar{p}_{\mathrm{D}}}{B}\left(\frac{b}{\pi}\right)^2 \lambda_{\mathrm{crit}}$$

eingeführt. Im Fall der Schubbelastung wird $\bar{p}_{\mathrm{D}}$ durch $\bar{p}_{\mathrm{S}}$ ersetzt.

Der kleinste Wert λ^*_{mn} ist der kritische Laststeigerungsfaktor $\lambda^*_{\mathrm{crit}}$. In Bild 10.9 sind die im Bereich $\alpha = 1$ bis $\alpha = 3$ maßgebenden Beul-Eigenwerte λ^*_{11}, λ^*_{21} und λ^*_{31} und andeutungsweise die zugehörigen Beulformen dargestellt.

Bei der numerischen Behandlung des Eigenwertproblems (10.37) für zwei Platten mit den Seitenverhältnissen $\alpha = 1$ und $\alpha = 1{,}5$ wird ein Netz von 4×4 Elementen verwendet. Anders als bei der analytischen Lösung hängt die Anzahl und die Genauigkeit der Eigenwerte λ_{i} und der Eigenvektoren $\boldsymbol{u}^*_{\mathrm{i}}$ von der Anzahl der Freiheitsgrade des Finite-Elemente-Modells ab.

In Tabelle 10.2 werden die ersten drei normierten Beul-Eigenwerte aus der Finite-Elemente-Rechnung mit den analytisch ermittelten Werten verglichen. Wie wir schon in Tabelle 8.3 ausgeführt haben, stellt die Finite-Elemente-Näherungslösung eine obere Schranke dar. Je besser der Verschiebungsansatz der

Tabelle 10.2. Vergleich der analytisch ermittelten normierten Beul-Eigenwerte λ^*_{mn} mit den sich aus einer Finite-Elemente-Rechnung ergebenden normierten Eigenwerten λ^*_{i} für die Rechteckplatte aus Bild 10.8

$\alpha = 1$			$\alpha = 1{,}5$		
exakt	Finite-Elemente-Näherungslösung	Fehler in %	exakt	Finite-Elemente-Näherungslösung	Fehler in %
$\lambda^*_{11} = 4$	$\lambda^*_1 = 4{,}001$	$-0{,}03$	$\lambda^*_{21} = 4{,}340$	$\lambda^*_1 = 4{,}354$	$-0{,}31$
$\lambda^*_{21} = 6{,}25$	$\lambda^*_2 = 6{,}280$	$-0{,}48$	$\lambda^*_{11} = 4{,}694$	$\lambda^*_2 = 4{,}696$	$-0{,}03$
$\lambda^*_{31} = 11{,}111$	$\lambda^*_3 = 11{,}411$	$-2{,}69$	$\lambda^*_{31} = 6{,}25$	$\lambda^*_3 = 6{,}382$	$-2{,}12$

Finite-Elemente-Rechnung die Beulform abbilden kann, um so kleiner wird der Eigenwertfehler $(\lambda_{\mathrm{FEM}} - \lambda_{\mathrm{exakt}})/\lambda_{\mathrm{exakt}}$. Bild 10.10 gibt die zu λ_1 und λ_2 zugehörigen Beulformen wieder, die sich aus den Eigenvektoren $\boldsymbol{u}^*_1$ und $\boldsymbol{u}^*_2$ ermitteln lassen. Zusammenfassend ergibt der Vergleich, dass bei den vorhandenen Seitenabmessungen die Elementierung fein genug gewählt wurde, so dass sowohl die Beullast $p_{\mathrm{crit}} = \lambda_{\mathrm{crit}}\, \bar{p}_{\mathrm{D}}$ als auch die zugehörige Beulform mit dem Finite-Elemente-Verfahren nahezu fehlerfrei ermittelt wurden.

Ein zweites Beispiel, bei dem sich keine analytische Lösung angeben lässt, ist die gelenkig gelagerte Quadratplatte unter Schubbelastung $n^{(0)}_{\mathrm{xy}} = \bar{p}_{\mathrm{S}}$ aus Bild 10.11, bei der die Finite-Elemente-Rechnung mit 4×4 Elementen einen kritischen Laststeigerungsfaktor $\lambda^*_{\mathrm{crit}} = 9{,}42$ liefert. Die zugehörige Beulform ist ebenfalls in Bild 10.11

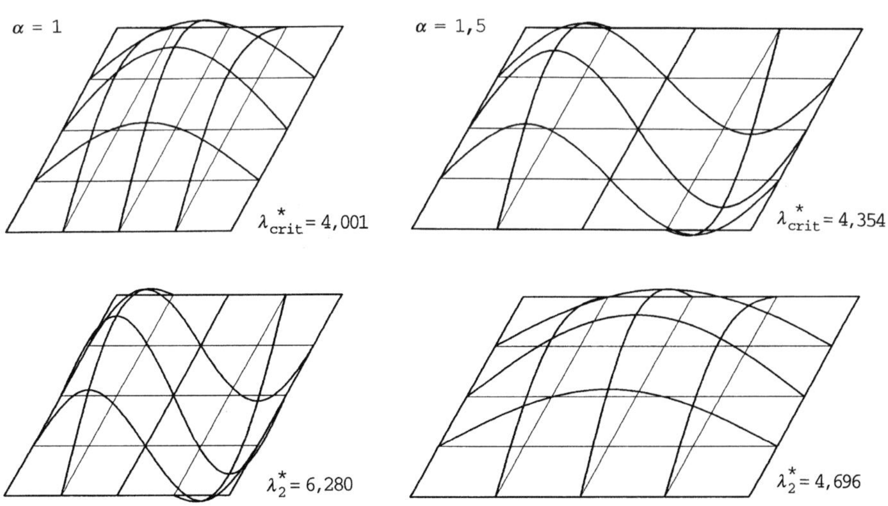

Bild 10.10. Die ersten beiden Beulformen aus einer Finite-Elemente-Rechnung mit 4×4 Elementen für die Rechteckplatte aus Bild 10.8 mit Seitenverhältnissen $\alpha = 1$ (links) und $\alpha = 1{,}5$ (rechts)

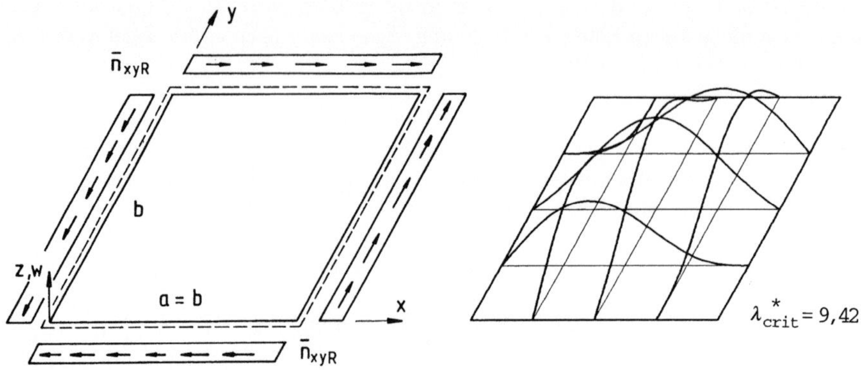

Bild 10.11. Gelenkig gelagerte Quadratplatte unter Schub (links) und erste Beulform (rechts)

dargestellt. Auch in diesem Fall wird mit der verhältnismäßig groben Elementierung ein sehr gutes Ergebnis erzielt, wie aus einem Vergleich mit dem in [10.17] angegebenen Beulwert $\lambda^*_{\text{crit}} = 9{,}34$ hervorgeht.

10.6.2 Plattenschwingungen

Die Diskretisierung des Prinzips der virtuellen Verrückungen liefert für Tragwerke mit viskoser Dämpfung

$$\boldsymbol{S}^* \, \boldsymbol{u}^* + \boldsymbol{D}^* \, \boldsymbol{u}^{*\,\boldsymbol{\cdot}} + \boldsymbol{M}^* \, \boldsymbol{u}^{*\,\boldsymbol{\cdot\cdot}} = \bar{\boldsymbol{p}}^* \, . \qquad (10.38)$$

Dabei werden die Systemdämpfungsmatrix $\boldsymbol{D}^*$ und die Systemmassenmatrix $\boldsymbol{M}^*$ analog zu $\boldsymbol{S}^*$ aus den Elementmatrizen $\boldsymbol{D}_{\text{e}} = t_{\text{R}} \, \boldsymbol{S}_{\text{e}}$ und $\boldsymbol{M}_{\text{e}}$ aufgebaut. Bei einer periodischen Anregung

$$\bar{\boldsymbol{p}}^* = \hat{\bar{\boldsymbol{p}}}^* \, \mathrm{e}^{\mathrm{i} \, \Omega \, t}$$

ergibt sich im eingeschwungenen Zustand

$$\boldsymbol{u}^* = \hat{\boldsymbol{u}}^* \, \mathrm{e}^{\mathrm{i} \, \Omega \, t} \, .$$

Aus Gl. (10.38) folgt damit als algebraische Gleichung für die komplexen Amplituden $\hat{\boldsymbol{u}}^*$ des eingeschwungenen Zustandes

$$\boldsymbol{S}^* \, \hat{\boldsymbol{u}}^* + \mathrm{i} \, \Omega \, \boldsymbol{D}^* \, \hat{\boldsymbol{u}}^* - \Omega^2 \, \boldsymbol{M}^* \, \hat{\boldsymbol{u}}^* = \hat{\bar{\boldsymbol{p}}}^* \, . \qquad (10.39)$$

Bei einer homogenen Platte gilt unter Berücksichtigung von Gl. (10.33)

$$\left[(1 + \mathrm{i} \, \Omega \, t_{\text{R}}) \, \boldsymbol{S}^* - \Omega^2 \, \boldsymbol{M}^* \right] \hat{\boldsymbol{u}}^* = \hat{\bar{\boldsymbol{p}}}^* \, . \qquad (10.40)$$

Im folgenden untersuchen wir, ausgehend von Gl.(10.38), den wichtigen Sonderfall einer ungedämpften Eigenschwingung, d. h.

$$\bar{\boldsymbol{p}}^* = \boldsymbol{0} \text{ und } \boldsymbol{D}^* = \boldsymbol{0} \, .$$

Tabelle 10.3. Vergleich der analytisch ermittelten normierten Eigenkreisfrequenzen ω^*_{mn} nach Theorie 1. und 2. Ordnung mit den sich aus einer Finite-Elemente-Rechnung ergebenden normierten Eigenwerten ω^*_{i} für die Rechteckplatte aus Bild 10.8 ($\alpha = 1$)

Theorie 1. Ordnung ($\bar{p}_{\mathrm{D}} = 0$)			*Theorie 2. Ordnung* ($\bar{p}_{\mathrm{D}} = p_{\mathrm{crit}}$)		
exakt	Finite-Elemente-Näherungslösung	Fehler in %	exakt	Finite-Elemente-Näherungslösung	Fehler in %
$\omega^*_{11} = 2$	$\omega^*_1 = 2{,}000$	−0,01	$\omega^*_{11} = 1$	$\omega^*_1 = 1{,}001$	−0,05
$\omega^*_{21} = 5$	$\omega^*_2 = 5{,}013$	−0,26	$\omega^*_{21} = 3{,}606$	$\omega^*_2 = 3{,}606$	−0,48
$\omega^*_{12} = \omega^*_{21}$	$\omega^*_3 = \omega^*_2$	−0,26	$\omega^*_{12} = 4{,}690$	$\omega^*_3 = 4{,}704$	−0,30
$\omega^*_{22} = 8$	$\omega^*_4 = 8{,}017$	−0,22	$\omega^*_{22} = 7{,}211$	$\omega^*_4 = 7{,}230$	−0,26
$\omega^*_{31} = 10$	$\omega^*_5 = 10{,}151$	−1,51	$\omega^*_{31} = 8{,}544$	$\omega^*_5 = 8{,}715$	−2,01
$\omega^*_{13} = \omega^*_{31}$	$\omega^*_6 = \omega^*_5$	−1,51	$\omega^*_{13} = 9{,}849$	$\omega^*_6 = 10{,}002$	−1,56

Für die Verschiebung gilt dann

$$\boldsymbol{u}^* = \hat{\boldsymbol{u}}^* \, \mathrm{e}^{\mathrm{i}\,\omega\, t} \,.$$

Ziel der Untersuchung ist die Bestimmung der unbekannten Eigenkreisfrequenzen ω_{i}. Dabei wollen wir zusätzlich den Einfluss zeitlich konstanter Anfangsschnittkräfte berücksichtigen. Die Anfangskräfte dürfen natürlich kein Stabilitätsversagen (Beulen) zur Folge haben. Die Eigenfrequenzen ω_{i} nach Theorie 2. Ordnung ergeben sich aus der Eigenwertgleichung

$$\left[(\boldsymbol{S}^* + \boldsymbol{S}^*_{\mathrm{g}}) - \omega^2 \, \boldsymbol{M}^*\right] \, \hat{\boldsymbol{u}}^* = \boldsymbol{0} \,. \tag{10.41}$$

Für eine Eigenschwingungsberechnung nach Theorie 1. Ordnung muss in Gl. (10.41) lediglich $\boldsymbol{S}^*_{\mathrm{g}} = \boldsymbol{0}$ gesetzt werden.

Wir beschäftigen uns nun wiederum mit der Platte aus Bild 10.8 mit einem Seitenverhältnis $\alpha = 1$ und einem Anfangswert $\lambda^* = 0{,}75\ \lambda^*_{\mathrm{crit}} = 3$. Es wird dieselbe Elementierung wie bei der Beullastberechnung verwendet. Die ersten sechs Eigenkreisfrequenzen nach Theorie 1. und 2. Ordnung sind in Tabelle 10.3 wiedergegeben. Zusätzlich ist die analytische Lösung angegeben. Auch die Eigenkreisfrequenzen werden in normierter Form angegeben:

$$\omega^{*\,2}_{\mathrm{mn}} = \frac{\mu}{B} \left(\frac{b}{\pi}\right)^4 \omega^2_{\mathrm{mn}} \,, \quad \omega^{*\,2}_{\mathrm{i}} = \frac{\mu}{B} \left(\frac{b}{\pi}\right)^4 \omega^2_{\mathrm{i}} \,.$$

Aus Tabelle 10.3 geht hervor, dass die Finite-Elemente-Näherungslösung wiederum eine obere Schranke darstellt. Der Fehler wird mit Anwachsen der Frequenzen größer. Anders als bei der Beullastberechnung, bei der nur der kleinste Eigenwert technisch relevant ist, sind bei einer Eigenschwingungsberechnung auch höhere Eigenfrequenzen von Interesse, so dass man im allgemeinen feiner elementieren muss.

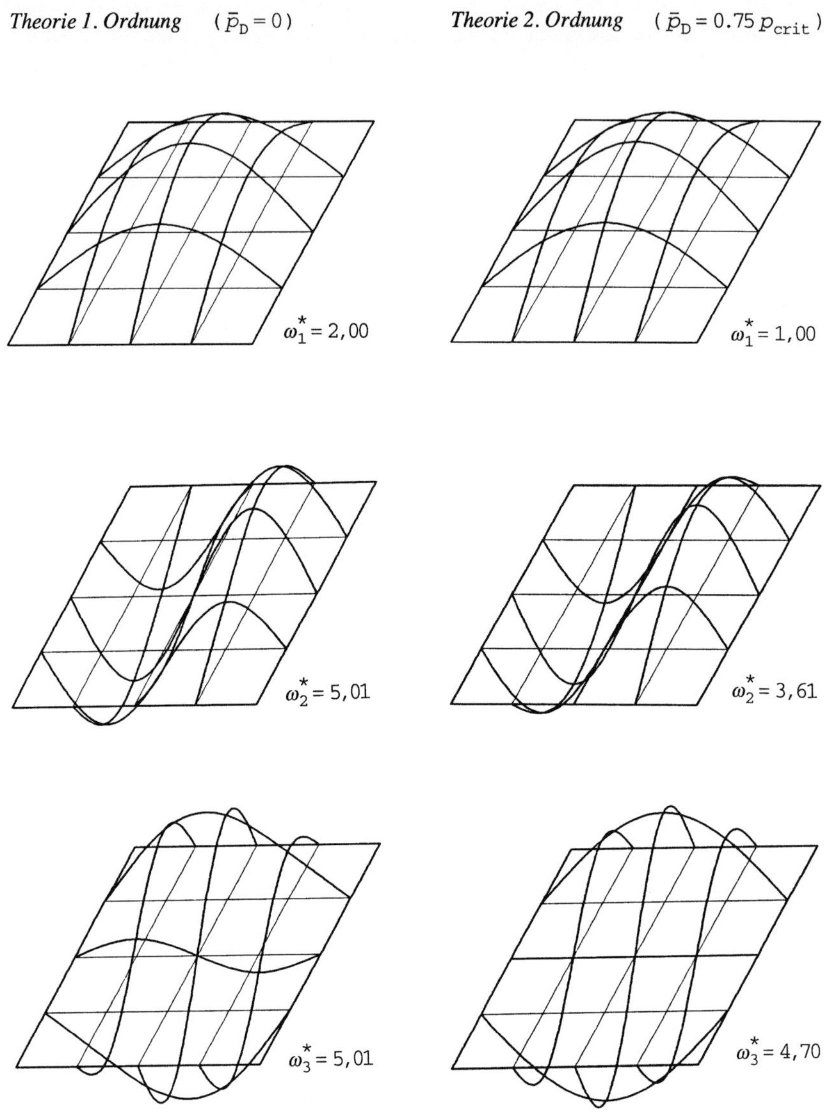

Bild 10.12. Die ersten drei Eigenschwingungsformen nach Theorie 1. Ordnung (links) und nach Theorie 2. Ordnung (rechts) aus einer Finite-Elemente-Rechnung mit 4×4 Elementen für die Rechteckplatte aus Bild 10.8 ($\alpha = 1$)

Die Gegenüberstellung der Eigenfrequenzen nach Theorie 1. und 2. Ordnung ergibt, dass eine Druckvorbelastung $\bar{p}_\mathrm{D}$ einen Abfall der Eigenwerte zur Folge hat. Die Platte verhält sich ‚weicher'. Bei einer Zugvorbelastung würde sich die Struktur steifer verhalten, die Eigenwerte würden also größer werden. Bei höheren Eigenfrequenzen wird der relative Einfluss des Anfangskraftzustandes in der Regel geringer.

In Bild 10.12 sind beispielhaft die ersten drei numerisch ermittelten Eigenschwingungsformen nach Theorie 1. und 2. Ordnung dargestellt. Die analytische

Lösung für die ersten drei Eigenformen lautet ohne Unterschied zwischen Theorie 1. und 2. Ordnung

$$\hat{w}_{\mathrm{mn}} = A_{\mathrm{mn}} \sin\frac{m\,\pi\,x}{a}\ \sin\frac{n\,\pi\,y}{a}$$

$$\begin{aligned} \text{mit }\ &1.\ m = n = 1\,,\\ &2.\ m = 2\,,\ \ n = 1\,,\\ &3.\ m = 1\,,\ \ n = 2\,. \end{aligned}$$

Bei der numerisch ermittelten zweiten und dritten Eigenform nach Theorie 1. Ordnung ergeben sich merkliche Abweichungen von den analytischen Lösungen $\hat{w}_{12}$ und $\hat{w}_{21}$, wie man speziell am Verschiebungsverlauf der Mittellinien ($x = y = a/2$) erkennt. Wie lassen sich diese Abweichungen erklären?

Bei einer Rechnung nach Theorie 1. ergeben sich, da die quadratische Platte auch bezüglich der Diagonalen symmetrisch ist, paarweise gleiche Eigenwerte ω^2, zu denen aber unterschiedliche Eigenvektoren gehören, so ist zum Beispiel $\omega_2^2 = \omega_3^2$ und $\hat{\boldsymbol{u}}_2^* \neq \hat{\boldsymbol{u}}_3^*$. Die Eigenwerte ω_{i}^2 und die zugehörigen Eigenvektoren $\hat{\boldsymbol{u}}_{\mathrm{i}}^*$ erfüllen Gl. (10.41), also

$$\begin{aligned} \left[\boldsymbol{S}^* - \omega_2^2\,\boldsymbol{M}^*\right]\hat{\boldsymbol{u}}_2^* &= \boldsymbol{0}\,,\\ \left[\boldsymbol{S}^* - \omega_2^2\,\boldsymbol{M}^*\right]\hat{\boldsymbol{u}}_3^* &= \boldsymbol{0}\,. \end{aligned}$$

Es ist unmittelbar ersichtlich, dass auch eine beliebige Linearkombination von $\hat{\boldsymbol{u}}_2^*$ und $\hat{\boldsymbol{u}}_3^*$ ein Eigenvektor zu ω_2 ist:

$$\left[\boldsymbol{S}^* - \omega_2^2\,\boldsymbol{M}^*\right]\left\{C_1\,\hat{\boldsymbol{u}}_2^* + C_2\,\hat{\boldsymbol{u}}_3^*\right\} = \boldsymbol{0}\,.$$

Das Eigenwertprogramm weiß nichts von der Diagonalsymmetrie der Struktur. Welcher Eigenvektor als $\hat{\boldsymbol{u}}_2^*$ und welcher als $\hat{\boldsymbol{u}}_3^*$ ausgegeben wird, hängt von programminternen Normierungen ab. Beide Eigenvektoren müssen allerdings orthogonal zueinander sein. Durch Linearkombination von $\hat{w}_{12}$ und $\hat{w}_{21}$ ließen sich Eigenformen erzeugen, die den beiden numerisch ermittelten Eigenformen entsprechen.

Bei einer Rechnung nach Theorie 2. Ordnung taucht das Phänomen gleicher Eigenwerte nicht auf, da die Anfangskräfte bezüglich der Diagonalen unsymmetrisch sind.

Als zweites Beispiel bestimmen wir die Eigenfrequenzen der durch einen konstanten Randschub $\bar{p}_{\mathrm{S}} = 0,75\ p_{\mathrm{crit}}$ ($\lambda^* = 7{,}01$) belasteten Platte aus Bild 10.11. Da wir keine Vergleichslösung angeben können, beschränken wir uns auf die Angabe der ersten Eigenkreisfrequenz und der Darstellung der zugehörigen Eigenschwingung in Bild 10.13.

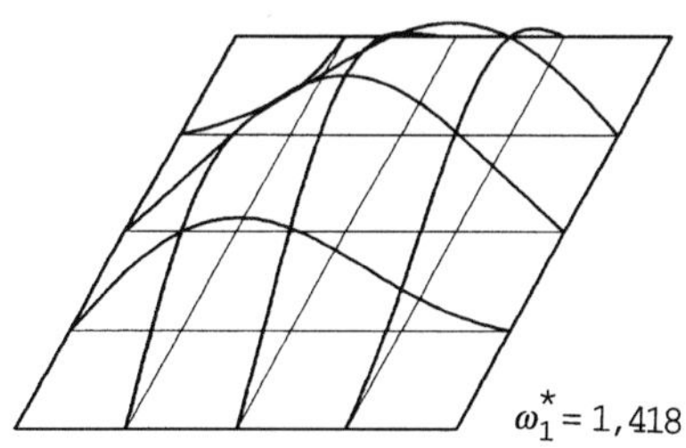

Bild 10.13. Erste Eigenschwingung der Platte aus Bild 10.11 ($\bar{p}_{\mathrm{S}} = 0{,}75\ p_{\mathrm{crit}}$)

10.6.3 Ausnutzung der Symmetrie bei Rechnungen nach Theorie 2. Ordnung

Bei der Ausnutzung von Symmetrie bei Rechnungen nach Theorie 2. Ordnung können sehr leicht Fehler gemacht werden. Deshalb empfehlen wir dem Unerfahrenen, die Rechnung für das Teilsystem durch eine Rechnung für das Gesamtsystem zu kontrollieren. Im folgenden haben wir thesenhaft zusammengestellt, was man bei Symmetrieausnutzung neben den Ausführungen im Kapitel 13 beachten muss.

1. Symmetrie lässt sich nur ausnutzen, wenn der Anfangsschnittkraftzustand symmetrisch ist (vergleiche Bilder 10.10 bis 10.13). Der Anfangsschnittkraftzustand muss also hinsichtlich der Symmetrie als Bestandteil der Struktur aufgefasst werden.
2. Bei symmetrischer Anfangsschnittkraft kann das System bezüglich der Symmetrieachsen symmetrisch oder antimetrisch ausbeulen (Bild 10.10) bzw. symmetrische oder antimetrische Eigenschwingungen ausführen (Bild 10.12). Man muss also stets beide Möglichkeiten bezüglich der Symmetrieachsen untersuchen.
3. Verschiebungs- und Schnittkraftzustände einzelner Lastfälle lassen sich nur dann superponieren, wenn in den einzelnen Lastfällen dieselben Anfangsschnittkraftzustände vorliegen.
4. Bei Berechnungen von Zustandsgrößen an einem Teilsystem (bei der Rechteckplatte aus Bild 10.8 an einem Viertelsystem) ist unter Berücksichtigung von Punkt 2 durch Eigenwertberechnungen (bei einem Viertelsystem durch vier Eigenwertberechnungen) nachzuweisen, dass die Anfangsschnittkraft unterhalb der Beullast liegt. Es reicht nicht aus, die positive Definitheit der Matrix $[\boldsymbol{S}^* + \boldsymbol{S}_\mathrm{g}^*]$ des Teilsystems zu überprüfen.

10.7 Übungsaufgaben

Aufgabe 10.1. Gleichgewichtsbedingung nach Theorie 2. Ordnung

Die Gleichgewichtsbedingung eines schubstarren Balkens nach Theorie 2. Ordnung lässt sich ausgehend von Gleichung (10.17) als Eulersche Differentialgleichung (siehe Abschnitt 14.2) herleiten. Man integriert so lange partiell, bis unter dem Linienintegral nur noch δw auftritt und wendet dann den Fundamentalsatz der Variationsrechnung (siehe Abschnitt 14.2) an.

- Wie lautet die Gleichgewichtsbedingung in z-Richtung?
- Wie lautet für den Stab von Bild 10.2 die Schnittkraftrandbedingung in z-Richtung an der Stelle $x = l$?

Aufgabe 10.2. Berücksichtigung von Imperfektionen

Bei einer Rechnung nach Theorie 2. Ordnung müssen auch kleine, ungewollte Imperfektionen $z^{(0)}$, die bereits vor jeder Belastung vorhanden sind, berücksichtigt werden. Derartige Imperfektionen lassen sich bereits mit einer linearisierten Gleichgewichtsbedingung in z-Richtung erfassen. Die Gleichgewichtsbedingung für eine

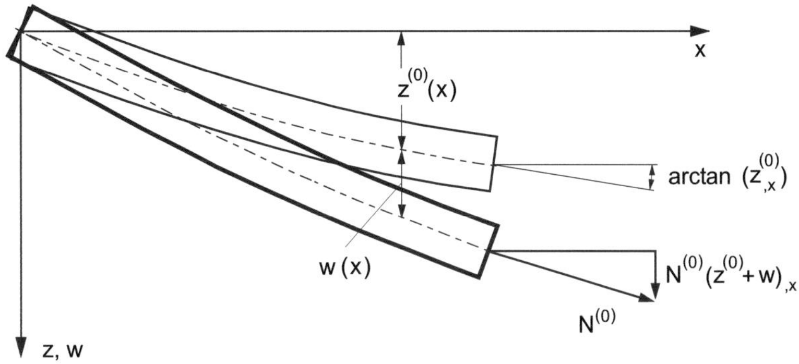

Bild 10.14. z-Komponente der Anfangskraft $N^{(0)}$ bei Berücksichtigung von Imperfektionen

Rechnung nach Theorie 2. Ordnung ohne Imperfektionen liegt als Ergebnis von Aufgabe 10.1 vor. Mit Imperfektionen erhält man ausgehend von Bild 10.14:

$$Q_{,\mathrm{x}} + \left[N^{(0)} (z^{(0)} + w)_{,\mathrm{x}} \right]_{,\mathrm{x}} + \bar{p}_{\mathrm{z}} = 0 \,.$$

- Wie lautet jetzt für den Stab von Bild 10.2 die Schnittkraftrandbedingung in z-Richtung an der Stelle $x = l$?
- Wie lautet das Prinzip der virtuellen Verrückungen?

Aufgabe 10.3. Differentialgleichungen des schubweichen Balkens nach Theorie 2. Ordnung

In Gleichung (10.17) wurde das Prinzip der virtuellen Verrückungen für den schubstarren Balken bei einer Rechnung nach Theorie 2. Ordnung angegeben.

- Wie lautet entsprechend Gl. (10.17) das Prinzip der virtuellen Verrückungen nach Theorie 2. Ordnung für den schubweichen Balken? Leite aus dem Prinzip die Gleichgewichtsbedingungen als Eulersche Differentialgleichungen (siehe Abschnitt 14.2) ab! Wie erhält man die Verschiebungsdifferentialgleichungen?
- Erfüllen die bei der Ermittlung der geometrischen Steifigkeitsmatrix des schubweichen Balkens verwendeten Ansatzfunktionen die homogenen Verschiebungsdifferentialgleichungen?

Aufgabe 10.4. Prinzip der virtuellen Verrückungen für das Kippproblem

Bei balkenförmigen Strukturen können außer Knicken auch noch andere Fälle von Stabilitätsversagen auftreten [10.15, 10.16]. Einer dieser Fälle, der bei einfach- und doppelt-symmetrischen Querschnitten beobachtet wird, ist das *Kippen.*

Der Balken von Bild 10.15a steht unter Anfangsbeanspruchung durch ein in x-Richtung veränderliches Moment $M^{(0)}(x) = M_0^{(0)} + Q^{(0)}\, x$ und durch eine Normalkraft $N^{(0)}$. Der Obergurt steht dabei unter Druckspannungen, die eine Stabilitätsgefährdung darstellen. Der Träger kann seitlich wegkippen. Im Untergurt liegen Zugspannungen vor, die stabilisierend wirken. Bei einem seitlichen Ausweichen des

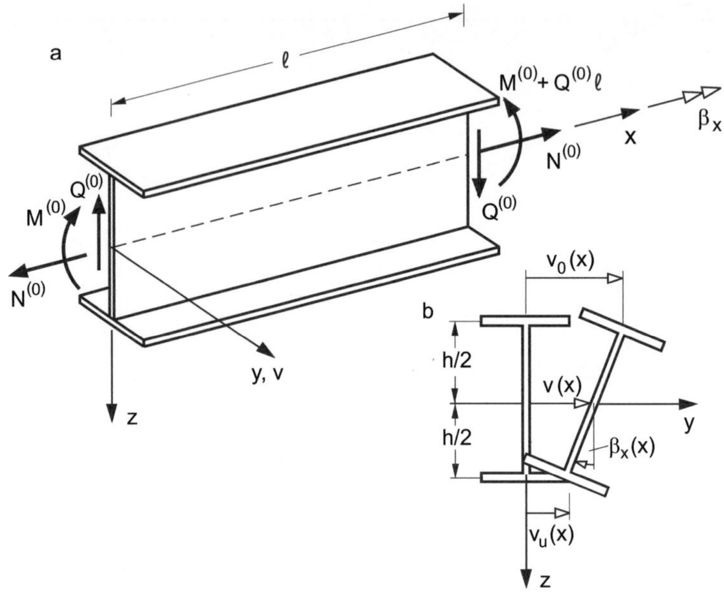

Bild 10.15. Kippgefährdeter Träger. **a** Schnittkräfte in der Bezugskonfiguration (Anfangsschnittkräfte), **b** Bezeichnungen beim Kippen

Obergurts und einem geringeren Ausweichen des Untergurts kommt es auch noch zu einer Verdrillung des Stabes (Saint-Venant-Torsion) (siehe Bild 10.15b). Bei der Behandlung dieses Problems darf von folgenden vereinfachenden Annahmen ausgegangen werden:

1. Die Normalspannungen aus der Anfangsbeanspruchung werden ausschließlich von Obergurt und Untergurt aufgenommen. Für die beiden Normalkräfte gilt

$$N_{\mathrm{u}}^{(0)} = \frac{1}{2}\,N^{(0)} + \frac{1}{h}\,M^{(0)}(x)\,,$$
$$N_{\mathrm{o}}^{(0)} = \frac{1}{2}\,N^{(0)} - \frac{1}{h}\,M^{(0)}(x)\,.$$

2. Bei der Ausbiegung in y-Richtung brauchen nur die Biegesteifigkeiten von Ober- und Untergurt berücksichtigt zu werden. Der Steg kann vernachlässigt werden.
3. Der Träger ist doppelt-symmetrisch. Ober- und Untergurt haben das gleiche Trägheitsmoment I_{zG}. Die Schubsteifigkeit von Ober- und Untergurt darf vernachlässigt werden.

Für die Problemformulierung soll zusätzlich berücksichtigt werden, dass Ober- und Untergurt in y-Richtung durch Streckenlasten $\bar{p}_{\mathrm{yo}}$ und $\bar{p}_{\mathrm{yu}}$ belastet werden.

An den beiden Enden des Trägers wird eine Gabellagerung vorgesehen (Bild 10.16). Ober- und Untergurt sind hierbei seitlich unverschieblich gelagert. Eine Drehung β_{x} kann damit ebenfalls nicht auftreten.

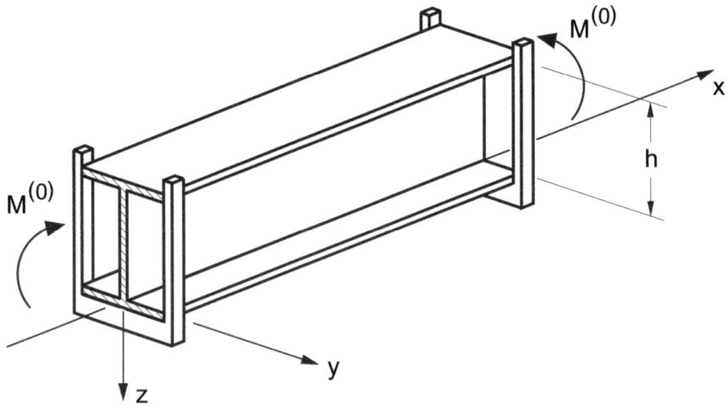

Bild 10.16. Gabellagerung eines I-Träger

- Wie lautet die virtuelle Formänderungsenergie für das Kippproblem, wobei eine Biegung des Ober- und Untergurts, Saint-Venant-Torsion sowie Effekte aus Anfangsschnittkräften im Ober- und Untergrund berücksichtigt werden sollen?
- Wie lautet die virtuelle Arbeit der äußeren Kräfte, wenn der Balken gabelgelagert ist und Ober- und Untergurt an den Enden nicht durch Momente belastet werden?
- Gib das in $v(x)$ und $\beta(x)$ formulierte Prinzip der virtuellen Verrückungen an!
- Wie lauten die Eulerschen Differentialgleichungen (siehe Abschnitt 14.2), wie die natürlichen Randbedingungen?
- Für den Spezialfall $N^{(0)} = Q^{(0)} = 0$ sowie $\bar{p}_{\text{yo}} = \bar{p}_{\text{yu}} = 0$ soll das Kippmoment M_{crit} ermittelt werden. Welche Ansätze müssen für $v(x)$ und $\beta(x)$ eingeführt werden?
- Wie lautet die Gleichung zur Bestimmung von M_{crit}? Welchen Wert erhält man für M_{crit}?
- Wie sehen die Eigenvektoren aus?
- Interpretiere die Ergebnisse!

Aufgabe 10.5. Kontrolle der geometrischen Steifigkeitsmatrix

In Abschnitt 10.2 ist die geometrische Steifigkeitsmatrix des schubweichen Balkens angegeben.

- Überprüfe, ob mit der Matrix Starrkörperverschiebungszustände (Verschiebung und Verdrehung) exakt dargestellt werden können!

Aufgabe 10.6. Knicklastberechnung mit der Finite-Elemente-Methode

Die exakte Knicklast des schubstarren Balkens aus Bild 10.17 lautet:

$$P_{crit} = \pi^2 \frac{E\,I}{a^2}\,.$$

Mit einem Finite-Elemente-Verfahren sollen für P_{crit} Näherungen ermittelt und mit der exakten Lösung verglichen werden. Für die Aufstellung der Systemgleichung

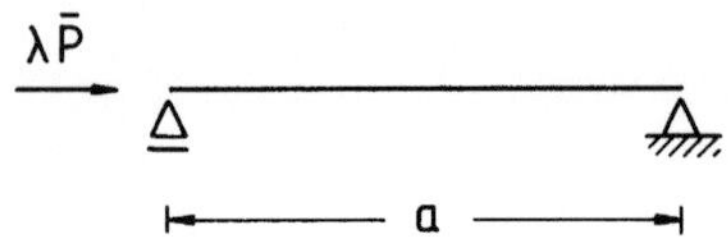

Bild 10.17. Beidseitig gelenkig gelagerter, schubstarrer Balken mit konstanten Steifigkeiten

$$\left[\boldsymbol{S}^* + \lambda\, \boldsymbol{S}_{\mathrm{g}}^*\right] \boldsymbol{u}^* = \boldsymbol{0}$$

können die Matrizen des schubweichen Balkens, Gln. (9.33) und (10.18), verwendet werden, wobei $\psi = 1$ zu setzen ist. Die Bestimmungsgleichung für die Eigenwerte λ_{i} ergibt sich dadurch, dass die Determinante der Matrix $[\boldsymbol{S}^* + \lambda\, \boldsymbol{S}_{\mathrm{g}}^*]$ zu Null gesetzt wird.

- Welche Koeffizientenmatrizen ergeben sich und welche Eigenwerte erhält man, wenn man nur ein Element verwendet und keine Symmetrie ausnutzt. Wie groß ist der Fehler für die erste Knicklast?
- Nach Berechnung der Eigenwerte λ_{i} lassen sich aus der Systemgleichung die Eigenvektoren $\boldsymbol{u}_{\mathrm{i}}^*$ und damit die Eigenformen ermitteln. Skizziere den Verlauf der ersten Knickform und den zugehörigen Momentenverlauf!

Da die Finite-Elemente-Rechnung eine relativ schlechte Lösung liefert, soll unter Ausnutzung der Symmetrie ein besseres Ergebnis erzielt werden.

- Wie lauten die geometrischen Randbedingungen auf der Symmetrieachse bezüglich der ersten Knickform?
- Ermittle die Knicklast, wobei das halbe System mit nur einem Element abgebildet werden soll! Wie groß ist jetzt der Fehler?

Aufgabe 10.7. Kontrolle der Elementmassenmatrix eines Balkenrechteckelementes

Bei einer Elementmassenmatrix $\boldsymbol{M}_{\mu\mathrm{e}}$ lassen sich ähnlich wie bei der Steifigkeitsmatrix und der geometrischen Steifigkeitsmatrix Kontrollen zur Darstellbarkeit von Starrkörperverschiebungszuständen (Starrkörpertranslation, Index T, Starrkörperrotation, Index R) durchführen. Statt Verschiebungsvektoren $\boldsymbol{u}_{\mathrm{e}}$ gibt man hierbei Geschwindigkeitsvektoren $\boldsymbol{u}_{\mathrm{e}}^{\cdot} = \mathrm{d}\boldsymbol{u}_{\mathrm{e}}/\mathrm{d}t$ vor.

- Wie lautet beim Balkenelement der Vektor $\boldsymbol{u}_{\mathrm{Te}}^{\cdot}$, wenn der Balken eine konstanten Geschwindigkeit vom Betrag 1 in z-Richtung besitzt?
- Welches Ergebnis ist zu erwarten, wenn mit diesem Geschwindigkeitsvektor der Ausdruck $\boldsymbol{u}_{\mathrm{Te}}^{\cdot\mathrm{T}}\, \boldsymbol{M}_{\mu\mathrm{e}}\, \boldsymbol{u}_{\mathrm{Te}}^{\cdot}$ gebildet wird?
- Wie lautet der Vektor $\boldsymbol{u}_{\mathrm{Re}}^{\cdot}$ für den Fall einer Drehung um den Balkenmittelpunkt mit einer konstanten Winkelgeschwindigkeit von 1?
- Welches Ergebnis ist jetzt bei der Bildung des Ausdrucks $\boldsymbol{u}_{\mathrm{Re}}^{\cdot\mathrm{T}}\, \boldsymbol{M}_{\mu\mathrm{e}}\, \boldsymbol{u}_{\mathrm{Re}}^{\cdot}$ zu erwarten?
- Führe beide Kontrollen mit der Elementmassenmatrix von Gl. (10.25) aus!

Aufgabe 10.8. Eigenkreisfrequenz eines Druckstabes

Für einen beiderseits gelenkig gelagerten, schubstarren Balken, der unter einer Druckbelastung $\bar{P}_{\mathrm{D}} < P_{\mathrm{crit}}$ steht, soll mit nur einem Element die niedrigste Eigenkreisfrequenz in Abhängigkeit von der Druckkraft ermittelt werden.

- Wie lautet das Gleichungssystem, wenn man für die zeitlich veränderlichen Verschiebungen wie in Abschnitt 10.6.2 einen Ansatz der Form

  $$\boldsymbol{u}^* = \hat{\boldsymbol{u}}^* \, \mathrm{e}^{\mathrm{i}\,\Omega\,t}$$

  einführt? Die Massenmatrix kann hierbei aus Gl. (10.25) übernommen werden, wobei für φ der Wert 1 einzusetzen ist.
- Welche Gleichung erhält man, wenn man nur den symmetrischen Verschiebungszustand betrachtet? Wie lautet die Eigenkreisfrequenz? Gib diese Beziehung in normierter Form an, wobei die Eigenkreisfrequenz auf 1 und die Druckkraft $\bar{P}_{\mathrm{D}}$ auf P_{crit} normiert werden soll!
- Stelle den Zusammenhang zwischen ω und $\bar{P}_{\mathrm{D}}$ grafisch dar!

11 Ein Verfahren der finiten Elemente für ebene Rahmentragwerke

In diesem Kapitel beschäftigen wir uns mit ebenen Rahmentragwerken, bei denen im Gegensatz zu Fachwerken die Stäbe überwiegend biegesteif miteinander verbunden sind. Dies hat zur Folge, dass der einzelne Stab sowohl auf Biegung als auch auf Dehnung beansprucht wird.

Die Entwicklung eines Finite-Elemente-Verfahrens für ebene Rahmentragwerke erfolgt nach derselben Logik wie die Verfahrensentwicklung bei Scheiben (siehe Abschnitt 4.1.8, Bild 4.20). Darüber hinaus treten bei eindimensionalen Strukturen Besonderheiten auf, die wir schon bei Fachwerken in Abschnitt 4.3 kennengelernt haben:

- Es lassen sich zumindest für statische Probleme durch Lösen der Verschiebungsdifferentialgleichungen exakte Verschiebungsansätze bestimmen.
- Für die fehlerfreie Ermittlung der Verschiebungen und Schnittkräfte an den Elementenden benötigt man nur den homogenen Anteil der exakten Verschiebungsansätze.
- Auch im Elementinneren lassen sich im statischen Fall die Zustandsgrößen exakt bestimmen. Dann muss allerdings zusätzlich der partikuläre Anteil der Verschiebungsansätze bekannt sein.

Bei anderen als statischen Problemen liefert eine entsprechende Vorgehensweise erhebliche Verbesserungen bei der Schnittkraftermittlung.

Bei der Verfahrensentwicklung, die am Beispiel des einfachen Rahmens aus Bild 11.1 erfolgt, beschränken wir uns auf statische Fragestellungen nach Theorie 1. und 2. Ordnung. Für dynamische Probleme werden nur die Elementformulierungen angegeben, die Verfahrensentwicklung selber ist dann unproblematisch (siehe Abschnitt 10.6.2).

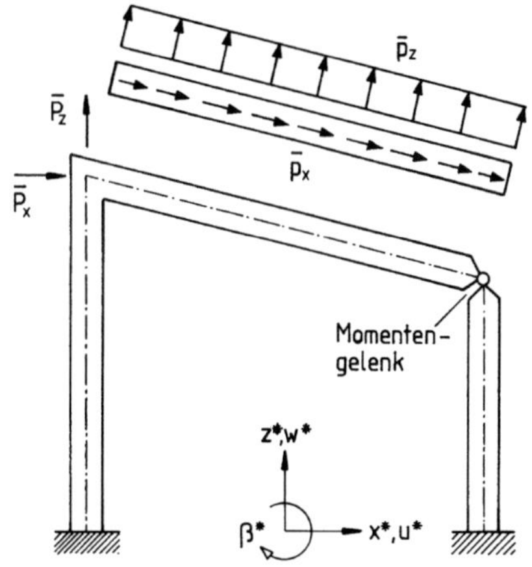

Bild 11.1. Ebenes Rahmentragwerk

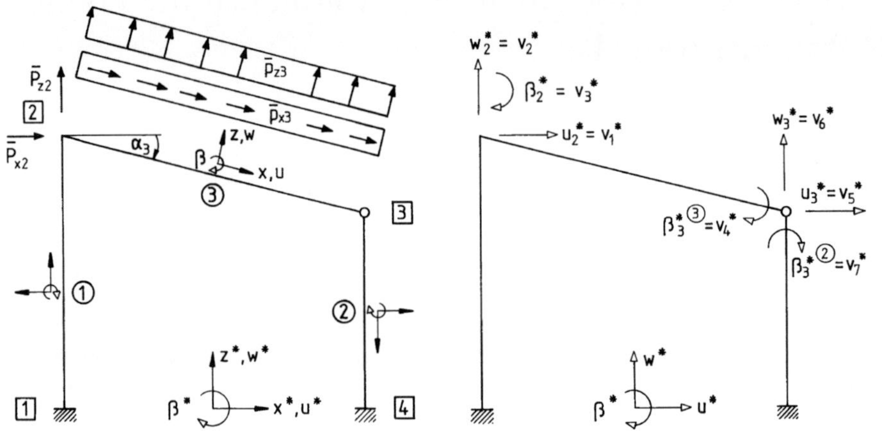

Bild 11.2. Elementierung des Rahmens aus Bild 11.1 (links), Systemfreiheitsgrade (rechts)

11.1 Elementierung

Zur Illustration der Verfahrensentwicklung haben wir eine einfache Elementierung des Rahmens aus Bild 11.1 in Bild 11.2 (links) vorgegeben. Neben dem globalen Koordinatensystem ist für jedes Element ein lokales Koordinatensystem eingeführt worden, das gegenüber dem globalen Koordinatensystem um den Winkel α gedreht ist. Die Elementverschiebungen u, w, β werden im lokalen, die Systemknotenverschiebungen u^*, w^*, β^* im globalen Koordinatensystem angegeben. Wie bei den Plattentragwerken (Abschnitt 10.6) führen wir im Hinblick auf die entstehenden Eigenwertprobleme nur die nicht-vorgegebenen Knotenverschiebungen als Systemfreiheitsgrade ein. Sie werden der Reihe nach beziffert (Bild 11.2 rechts). Die Einhaltung der geometrischen Randbedingungen ist im vorliegenden Fall besonders einfach, da es sich nur um homogene Verschiebungsrandbedingungen handelt. Ebenso einfach lassen sich bei dieser Vorgehensweise Gelenke erfassen, indem man in den angrenzenden Stäben unterschiedliche Verdrehungsfreiheitsgrade einführt.

11.2 Das Prinzip der virtuellen Verrückungen für statische Probleme nach Theorie 1. und 2. Ordnung

Das in Abschnitt 10.2 abgeleitete Prinzip der virtuellen Verrückungen nach Theorie 2. Ordnung für einen Kragarm unter Längs- und Querbelastung, Gl. (10.16) und (10.17), lässt sich leicht auf ein schubweiches Rahmentragwerk übertragen:

$$\sum_{\mathrm{e}=1}^{n_\mathrm{e}} \left\{ \int_{\mathrm{l_e}} \left[\delta u_{,\mathrm{x}}\, E A\ u_{,\mathrm{x}} + \delta\beta_{,\mathrm{x}}\, E I\, \beta_{,\mathrm{x}} + (\delta\beta + \delta w_{,\mathrm{x}})\, G A_\mathrm{S}\ (\beta + w_{,\mathrm{x}}) \right] \mathrm{d}x \right.$$

$$\left. + \int_{\mathrm{l_e}} \delta w_{,\mathrm{x}}\ w_{,\mathrm{x}}\ N^{(0)}\ \mathrm{d}x - \int_{\mathrm{l_e}} \left[\delta u\ \bar{p}_\mathrm{x} + \delta w\ \bar{p}_\mathrm{z} \right] \mathrm{d}x \right\} - \text{Knotenterme} = 0 \quad (11.1)$$

mit n_e = Anzahl der Elemente.

Nach Auswertung der Integrale (siehe Abschnitt 11.3) lautet das Prinzip für den Rahmen aus Bild 11.1

$$\sum_{\mathrm{e}=1}^{n_\mathrm{e}} \left\{ \delta\boldsymbol{u}_\mathrm{e}^\mathrm{T}\ \boldsymbol{S}_\mathrm{e}\ \boldsymbol{u}_\mathrm{e} + \delta\boldsymbol{u}_\mathrm{e}^\mathrm{T}\ \boldsymbol{S}_\mathrm{g}^\mathrm{e}\ \boldsymbol{u}_\mathrm{e} - \delta\boldsymbol{u}_\mathrm{e}^\mathrm{T}\ \bar{\boldsymbol{p}}_\mathrm{Be} \right\} - \delta\boldsymbol{u}^{*\mathrm{T}}\ \bar{\boldsymbol{p}}_\mathrm{R}^* = 0 \quad (11.2)$$

$$\text{mit } \delta\boldsymbol{u}^{*\mathrm{T}} = \left\{ \delta v_1^*, \delta v_2^*, \delta v_3^*, \delta v_4^*, \delta v_5^*, \delta v_6^*, \delta v_7^* \right\}$$

$$\text{und } \bar{\boldsymbol{p}}_\mathrm{R}^{*\mathrm{T}} = \left\{ \bar{P}_\mathrm{x2}, \bar{P}_\mathrm{z2},\ 0\ ,\ 0\ ,\ 0\ ,\ 0\ ,\ 0\ \right\}.$$

Bei einer Rechnung nach Theorie 1. Ordnung muss $N^{(0)} = 0$ bzw. $\boldsymbol{S}_\mathrm{ge} = \boldsymbol{0}$ gesetzt werden.

11.3 Matrizen des schubweichen Stabelementes

Vereinfachend setzen wir voraus, dass die einzelnen Stabelemente wie beim Rahmen aus Bild 11.1 gerade sind und konstante Steifigkeiten besitzen. Die Auswertung der Elementintegrale aus Gl. (11.1), die mit der Festlegung des Elementtyps verknüpft ist (siehe Bild 4.20), kann dann aus den Abschnitten 4.3.5, 9.4.1 und 10.2.2 übernommen werden. Die Elementmatrizen werden aus den $[\,2 \times 2\,]$-Matrizen des Dehnstabes (gekennzeichnet durch den oberen Index D) und den $[\,4 \times 4\,]$-Matrizen des schubweichen Balkens (oberer Index B) zusammengesetzt, wobei wir hinter den Teilmatrizen deren Gleichungsnummern angeben:

Elementsteifigkeitsmatrix

$$\boldsymbol{S}_\mathrm{e} = \begin{bmatrix} \boldsymbol{S}_\mathrm{e}^\mathrm{D}\ (4.59) & \boldsymbol{0} \\ \boldsymbol{0} & \boldsymbol{S}_\mathrm{e}^\mathrm{B}\ (9.33) \end{bmatrix}, \quad (11.3)$$

Elementvektor aus linear veränderlichen Bereichslasten

$$\bar{\boldsymbol{p}}_\mathrm{Be} = \begin{Bmatrix} \bar{\boldsymbol{p}}_\mathrm{Be}^\mathrm{D}\ (4.61) \\ \bar{\boldsymbol{p}}_\mathrm{Be}^\mathrm{B}\ (9.34) \end{Bmatrix}, \quad (11.4)$$

geometrische Elementsteifigkeitsmatrix bei konstanter Anfangsschnittkraft $N^{(0)}$

$$\boldsymbol{S}_\mathrm{ge} = \begin{bmatrix} \boldsymbol{0} & \boldsymbol{0} \\ \boldsymbol{0} & \boldsymbol{S}_\mathrm{ge}^\mathrm{B}\ (10.18) \end{bmatrix}. \quad (11.5)$$

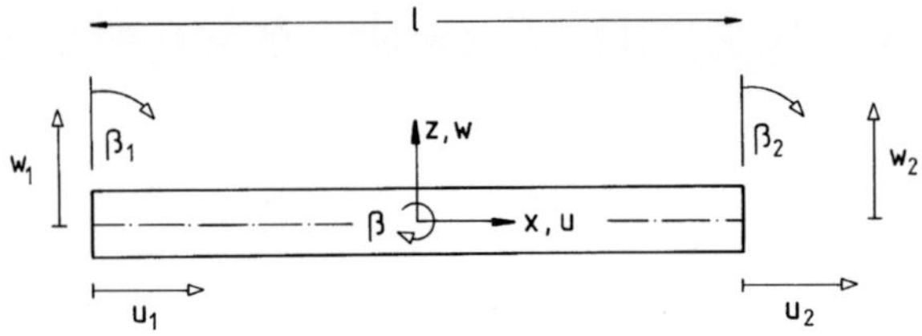

Bild 11.3. Freiheitsgrade des ebenen Stabelementes

Der zugehörige Elementverschiebungsvektor, dessen Komponenten in Bild 11.3 dargestellt sind, lautet

$$\boldsymbol{u}_{\mathrm{e}}^{\mathrm{T}} = \{u_1, u_2; w_1, w_2, \beta_1, \beta_2\} \,. \tag{11.6}$$

Die den Matrizen $\boldsymbol{S}_{\mathrm{e}}$, $\bar{\boldsymbol{p}}_{\mathrm{Be}}$ und $\boldsymbol{S}_{\mathrm{ge}}$ zugrundeliegenden Verschiebungsansätze (4.54) und (9.29) erfüllen nur die homogenen Verschiebungsdifferentialgleichungen nach Theorie 1. Ordnung. Eine Finite-Elemente-Rechnung nach Theorie 2. Ordnung mit diesen Matrizen liefert also lediglich eine Näherungslösung. Inwieweit es sinnvoll ist, Verschiebungsansätze zu verwenden, die die homogenen Verschiebungsdifferentialgleichungen nach Theorie 2. Ordnung erfüllen, werden wir in Abschnitt 11.6.2 diskutieren.

Die für eine dynamische Berechnung benötigte *Elementmassenmatrix* wird ebenfalls aus den entsprechenden Teilmatrizen aufgebaut:

$$\boldsymbol{M}_{\mathrm{e}} = \begin{bmatrix} \boldsymbol{M}_{\mathrm{e}}^{\mathrm{D}}\,(10.25) & \mathbf{0} \\ & \\ \mathbf{0} & \boldsymbol{M}_{\mathrm{e}}^{\mathrm{B}}\,(10.26) \end{bmatrix} . \tag{11.7}$$

Die *Elementdämpfungsmatrix* verhält sich im Fall einer viskosen Dämpfung proportional zur Steifigkeitsmatrix (siehe Abschnitt 10.5):

$$\boldsymbol{D}_{\mathrm{e}} = t_{\mathrm{R}}\, \boldsymbol{S}_{\mathrm{e}} \,. \tag{11.8}$$

Auch die Matrizen $\boldsymbol{M}_{\mathrm{e}}$ und $\boldsymbol{D}_{\mathrm{e}}$ stellen nur Näherungslösungen dar.

11.4 Aufbau der Systemmatrizen

Die Vorschriften zum Aufbau der Systemmatrizen ergeben sich aus dem Zusammenhang zwischen den lokalen Elementverschiebungen und den globalen Systemverschiebungen. Dieser Zusammenhang wird in zwei Schritten hergestellt (vergleiche Abschnitt 4.3.6). Zunächst werden die Elementfreiheitsgrade in das globale Koordinatensystem transformiert (Bild 11.4):

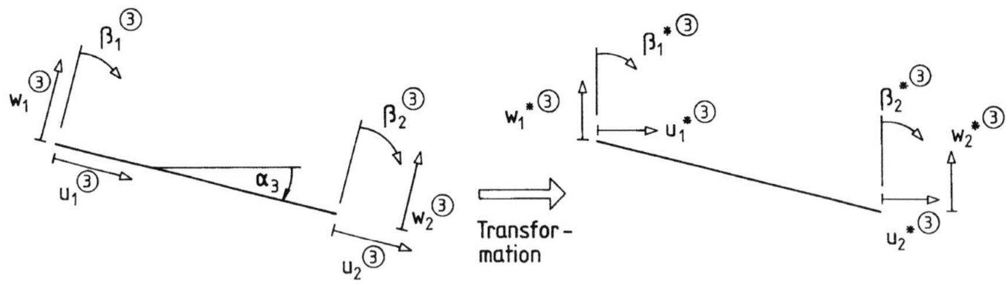

Bild 11.4. Transformation der lokalen Freiheitsgrade von Element ③ in das globale Koordinatensystem

$$\begin{Bmatrix} u_1 \\ u_2 \\ w_1 \\ w_2 \\ \beta_1 \\ \beta_2 \end{Bmatrix}_{\mathrm{e}} = \begin{bmatrix} \cos\alpha & 0 & -\sin\alpha & 0 & 0 & 0 \\ 0 & \cos\alpha & 0 & -\sin\alpha & 0 & 0 \\ \sin\alpha & 0 & \cos\alpha & 0 & 0 & 0 \\ 0 & \sin\alpha & 0 & \cos\alpha & 0 & 0 \\ 0 & 0 & 0 & 0 & 1 & 0 \\ 0 & 0 & 0 & 0 & 0 & 1 \end{bmatrix} \begin{Bmatrix} u_1^* \\ u_2^* \\ w_1^* \\ w_2^* \\ \beta_1^* \\ \beta_2^* \end{Bmatrix}_{\mathrm{e}} ,$$

$$\boldsymbol{u}_{\mathrm{e}} = \boldsymbol{T}_{\mathrm{e}}\, \boldsymbol{u}_{\mathrm{e}}^* . \tag{11.9a}$$

Anschließend werden die transformierten Elementfreiheitsgrade den Systemfreiheitsgraden zugeordnet:

$$\boldsymbol{u}_{\mathrm{e}}^* = \boldsymbol{A}_{\mathrm{e}}\, \boldsymbol{u}^* . \tag{11.9b}$$

Dabei werden automatisch die homogenen Verschiebungsrandbedingungen eingehalten. Für das Element ② beispielsweise lautet die Zuordnung

$$\begin{Bmatrix} u_1^* \\ u_2^* \\ w_1^* \\ w_2^* \\ \beta_1^* \\ \beta_2^* \end{Bmatrix}_{②} = \begin{bmatrix} 0&0&0&0&1&0&0 \\ 0&0&0&0&0&0&0 \\ 0&0&0&0&0&1&0 \\ 0&0&0&0&0&0&0 \\ 0&0&0&0&0&0&1 \\ 0&0&0&0&0&0&0 \end{bmatrix}_{②} \begin{Bmatrix} v_1^* \\ v_2^* \\ v_3^* \\ v_4^* \\ v_5^* \\ v_6^* \\ v_7^* \end{Bmatrix} .$$

Natürlich wird bei der programmtechnischen Umsetzung nicht mit den $\boldsymbol{A}_{\mathrm{e}}$-Matrizen sondern mit Indexvektoren operiert (siehe Abschnitte 5.2 und 5.4).

Die beiden Schritte (11.9a) und (11.9b) können noch zusammengefasst werden:

$$\boldsymbol{u}_{\mathrm{e}} = \boldsymbol{T}_{\mathrm{e}}\, \boldsymbol{A}_{\mathrm{e}}\, \boldsymbol{u}^* . \tag{11.10a}$$

Analog gilt für die virtuellen Freiheitsgrade

$$\delta\boldsymbol{u}_{\mathrm{e}} = \boldsymbol{T}_{\mathrm{e}}\, \boldsymbol{A}_{\mathrm{e}}\, \delta\boldsymbol{u}^* . \tag{11.10b}$$

Führt man die Beziehungen (11.10a) und (11.10b) in das diskretisierte Prinzip der virtuellen Verrückungen (11.2) ein, dann erhält man letztendlich die Systemgleichung nach Theorie 2. Ordnung

$$\left[\boldsymbol{S}^* + \boldsymbol{S}_{\mathrm{g}}^*\right] \boldsymbol{u}^* = \bar{\boldsymbol{p}}_{\mathrm{B}}^* + \bar{\boldsymbol{p}}_{\mathrm{R}}^* \tag{11.11}$$

mit der Systemsteifigkeitsmatrix

$$\boldsymbol{S}^* = \sum_{\mathrm{e}=1}^{n_{\mathrm{e}}} \boldsymbol{A}_{\mathrm{e}}^{\mathrm{T}}\, \boldsymbol{T}_{\mathrm{e}}^{\mathrm{T}}\, \boldsymbol{S}_{\mathrm{e}}\, \boldsymbol{T}_{\mathrm{e}}\, \boldsymbol{A}_{\mathrm{e}}\,, \tag{11.12}$$

der geometrischen Systemsteifigkeitsmatrix

$$\boldsymbol{S}_{\mathrm{g}}^* = \sum_{\mathrm{e}=1}^{n_{\mathrm{e}}} \boldsymbol{A}_{\mathrm{e}}^{\mathrm{T}}\, \boldsymbol{T}_{\mathrm{e}}^{\mathrm{T}}\, \boldsymbol{S}_{\mathrm{ge}}\, \boldsymbol{T}_{\mathrm{e}}\, \boldsymbol{A}_{\mathrm{e}} \tag{11.13}$$

und dem Systemlastvektor aus den Bereichslasten

$$\bar{\boldsymbol{p}}_{\mathrm{B}}^* = \sum_{\mathrm{e}=1}^{n_{\mathrm{e}}} \boldsymbol{A}_{\mathrm{e}}^{\mathrm{T}}\, \boldsymbol{T}_{\mathrm{e}}^{\mathrm{T}}\, \bar{\boldsymbol{p}}_{\mathrm{Be}}\,. \tag{11.14}$$

Für eine Rechnung nach Theorie 1. Ordnung muss lediglich $\boldsymbol{S}_{\mathrm{g}}^* = \boldsymbol{0}$ gesetzt werden!

Wird das Tragwerk auch durch inhomogene Verschiebungsrandbedingungen beansprucht, muss der Algorithmus zum Aufbau der Systemmatrizen noch etwas erweitert werden (siehe Abschnitt 5.4).

11.5 Berechnung der Verschiebungen und der Schnittkräfte an den Elementenden

Die Systemverschiebungen $\boldsymbol{u}^*$ ergeben sich durch Lösen des linearen Gleichungssystems (11.11). Bei einer Rechnung nach Theorie 2. Ordnung stellt sich natürlich nur dann eine technisch sinnvolle Lösung ein, wenn der Anfangsschnittkraftzustand, der in die geometrische Systemsteifigkeitsmatrix eingeht, unterhalb der Knicklast liegt. Sofern sämtliche Starrkörperverschiebungen behindert sind, ist das gleichbedeutend damit, dass die Matrix $[\boldsymbol{S}^* + \boldsymbol{S}_{\mathrm{g}}^*]$ positiv definit ist (siehe Abschnitt 10.6.1).

Die Elementverschiebungen $\boldsymbol{u}_{\mathrm{e}}$ lassen sich leicht aus den Systemverschiebungen $\boldsymbol{u}^*$ ermitteln (Gl. (11.10a)). Für die Bestimmung der Schnittkräfte an den Elementenden wenden wir wie beim Fachwerk (siehe Abschnitt 4.3.8) das Prinzip der virtuellen Verrückungen auf das freigeschnittene Stabelement (Bild 11.5) an. Das diskretisierte Prinzip für statische Probleme nach Theorie 2. Ordnung lautet

$$\delta\boldsymbol{u}_{\mathrm{e}}^{\mathrm{T}} \left\{ [\boldsymbol{S}_{\mathrm{e}} + \boldsymbol{S}_{\mathrm{ge}}]\, \boldsymbol{u}_{\mathrm{e}} - \bar{\boldsymbol{p}}_{\mathrm{Be}} - \boldsymbol{s}_{\mathrm{e}} \right\} = 0\,.$$

Der Vektor $\boldsymbol{s}_{\mathrm{e}}$ enthält die generalisierten Elementkräfte in Richtung der virtuellen Verschiebungen $\delta\boldsymbol{u}_{\mathrm{e}}$:

$$\boldsymbol{s}_{\mathrm{e}}^{\mathrm{T}} = \left\{ -X_1, \quad X_2, -Z_1, \quad Z_2, -M_1, \quad M_2 \right\}.$$

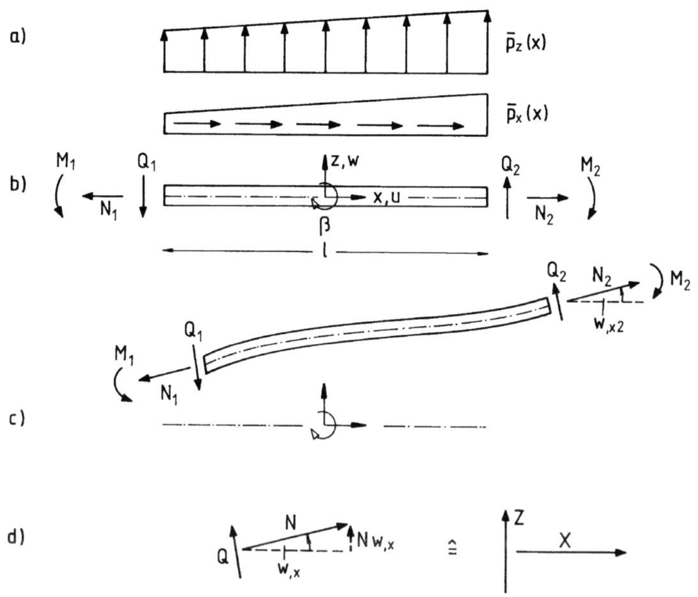

Bild 11.5. Freigeschnittenes schubweiches Stabelement. **a** Bereichslasten (Linienlasten) $\bar{p}_\mathrm{x}$ und $\bar{p}_\mathrm{z}$, **b** Schnittkräfte am unverformten System (Theorie 1. Ordnung), **c** Schnittkräfte am verformten System (Theorie 2. Ordnung), **d** Zusammenhang zwischen den Schnittkräften N und Q und den generalisierten Elementkräften X und Z nach Theorie 2. Ordnung

Bei einer Rechnung nach Theorie 2. Ordnung, bei der das Gleichgewicht am verformten System (Bild 11.5c) gebildet wird, besteht der folgende Zusammenhang zwischen den generalisierten Elementkräften X und Z und den Schnittkräften N und Q:

$$X = N, \; Z = Q + N\, w_{,\mathrm{x}} \,. \tag{11.15}$$

Der Einfluss der Querkraft auf das Gleichgewicht in x-Richtung wird dabei wie in Abschnitt 10.2 vernachlässigt. Die Verschiebungsableitung ergibt sich aus Gl. (9.29):

$$\begin{aligned} w_{,\mathrm{x}} \;&=\; \frac{1}{l}\,\left[(2+\psi\,(1-3\,\xi^2)\right]\,\frac{w_2-w_1}{2} \\ &\quad + \frac{1}{2}\,\psi\,(1-3\,\xi^2)\,\frac{\beta_1+\beta_2}{2} - \frac{\beta_2-\beta_1}{2}\,\xi \end{aligned} \tag{11.16}$$

$$\text{mit} \quad \xi = \frac{2\,x}{l} \quad \text{und} \quad \psi = \frac{1}{1+12\,\dfrac{E\,I}{l^2\,G\,A_\mathrm{S}}}\,.$$

Damit lautet die (indirekte) Bestimmungsgleichung für die Elementschnittkräfte

$$\boldsymbol{s}_\mathrm{e} = \left[\boldsymbol{S}_\mathrm{e} + \boldsymbol{S}_\mathrm{ge}\right]\boldsymbol{u}_\mathrm{e} - \bar{\boldsymbol{p}}_\mathrm{Be} \tag{11.17}$$

$$\text{mit} \quad \boldsymbol{s}_\mathrm{e}^\mathrm{T} = \{-N_1, \quad N_2, -Q_1 - N_1\,w_{,\mathrm{x1}}, \quad Q_2 + N_2\,w_{,\mathrm{x2}}, -M_1, \quad M_2\}\,.$$

Bei einer Rechnung nach Theorie 1. Ordnung wird das Gleichgewicht am unverformten System (Bild 11.5b) gebildet. Die Elementschnittkräfte ergeben sich dann unmittelbar:

$$\boldsymbol{s}_{\rm e} = \boldsymbol{S}_{\rm e}\, \boldsymbol{u}_{\rm e} - \bar{\boldsymbol{p}}_{\rm Be} \qquad (11.18)$$

$$\text{mit } \boldsymbol{s}_{\rm e}^{\rm T} = \{-N_1, \quad N_2, -Q_1, \quad Q_2, -M_1, \quad M_2\}\,.$$

Die Möglichkeit, die generalisierten Elementkräfte physikalisch zu interpretieren, ist eine Besonderheit eindimensionaler Strukturen. Vorteilhaft ist daran, dass die so ermittelten Knotenschnittkräfte die globalen Gleichgewichtsbedingungen nicht nur im Mittel sondern exakt erfüllen.

11.6 Zustandsgrößen im Element

11.6.1 Zustandsgrößen bei einer statischen Rechnung nach Theorie 1. Ordnung

Da wir bei der Ermittlung der Elementmatrizen Ansatzfunktionen verwendet haben, die die homogenen Verschiebungsdifferentialgleichungen nach Theorie 1. Ordnung befriedigen, liefern die im Abschnitt 11.5 angegebenen Berechnungsvorschriften die exakten Verschiebungen und Schnittkräfte an den Elementenden. Im Element erhält man unter Zugrundelegung dieser Ansatzfunktionen natürlich nur die homogenen Anteile der Zustandsgrößen. Bei einer groben Elementierung (siehe Bild 11.6b) kann der Fehler aus Vernachlässigung der partikulären Lösung sehr groß werden. Man kann natürlich den Fehler durch feinere Elementierung verringern (Bild 11.6c), sinnvoller ist es aber, zusätzlich die partikuläre Lösung zu ermitteln, weil dann schon eine grobe Elementierung die exakten Zustandsgrößen im Element liefert. Dies ist die wesentlichste Besonderheit eindimensionaler Strukturen. Bei mehrdimensionalen Strukturen (z. B. bei Scheiben) wird lediglich ein Näherungsansatz für den homogenen Verschiebungszustand aufgestellt, so dass entsprechend fein elementiert werden muss.

Im folgenden geben wir die vollständigen Zustandsgrößen (homogener und partikulärer Anteil) bei linear veränderlichen Bereichslasten nach Theorie 1. Ordnung an. Da vorausgesetzt wurde, dass die Elemente gerade sind und konstante Steifigkeiten besitzen, können wir die Beziehungen für u und N aus Abschnitt 4.3.9 übernehmen.

Zustandsgrößen infolge Dehnung

$$u = u_{\rm s} + u_{\rm a}\,\xi + \frac{l^2}{24\,E\,A}\,(1-\xi^2)\,\{3\,\bar{p}_{\rm xs} + \bar{p}_{\rm xa}\,\xi\}\,, \qquad (11.19)$$

$$N = \frac{2\,E\,A}{l}\,u_{\rm a} - \frac{l}{12}\,\{6\,\bar{p}_{\rm xs}\,\xi - \bar{p}_{\rm xa}\,(1-3\,\xi^2)\} \qquad (11.20)$$

$$\text{mit} \quad u_{\rm s} = \frac{u_1+u_2}{2}\,, \quad u_{\rm a} = \frac{u_2-u_1}{2}\,,$$

$$\bar{p}_{\rm xs} = \frac{\bar{p}_{\rm x1}+\bar{p}_{\rm x2}}{2}\,, \quad \bar{p}_{\rm xa} = \frac{\bar{p}_{\rm x2}-\bar{p}_{\rm x1}}{2}$$

$$\text{und} \quad \xi = \frac{2\,x}{l}\,.$$

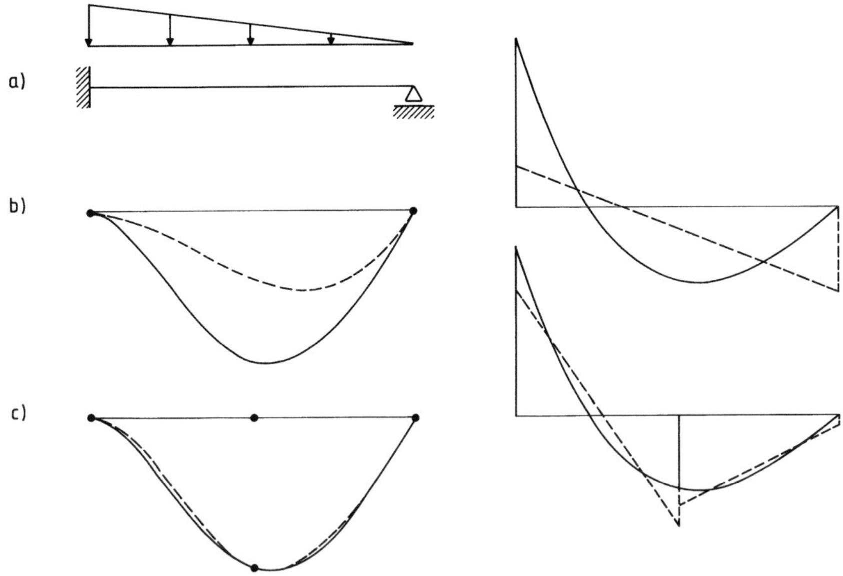

Bild 11.6. Träger unter linear veränderlicher Bereichslast (**a**), homogener (gestrichelt) und vollständiger (durchgezogen) Verschiebungszustand (links) und Momentenverlauf (rechts) bei einer Rechnung nach Theorie 1. Ordnung mit einem Element (**b**) und mit zwei Elementen (**c**)

Die Zustandsgrößen w und β erhält man durch Lösen der Verschiebungsdifferentialgleichungen (siehe Kapitel 2)

$$G\,A_{\mathrm{S}}\,(\beta + w_{,\mathrm{x}})_{,\mathrm{x}} + \bar{p}_{\mathrm{z}} = 0\,, \tag{11.21}$$

$$E\,I\,\beta_{,\mathrm{xx}} - G\,A_{\mathrm{S}}\,(\beta + w_{,\mathrm{x}}) = 0 \tag{11.22}$$

und Anpassen der Lösung an die Elementfreiheitsgrade w_1, w_2, β_1 und β_2. Die Schnittkräfte M und Q können anschließend aus dem Stoffgesetz ermittelt werden.

Zustandsgrößen infolge Biegung

$$\begin{aligned} w \;=\;& w_{\mathrm{s}} + w_{\mathrm{a}}\,\xi + \frac{1}{4}\,(1-\xi^2)\,(l\,\beta_{\mathrm{a}} + \Gamma\,\xi) \\ &+ \frac{l^4}{1920\,E\,I}\,(1-\xi^2)\,\Big\{5\,\bar{p}_{\mathrm{zs}}\,\Big[1-\xi^2+48\,\frac{E\,I}{l^2\,G\,A_{\mathrm{S}}}\Big] \\ &\qquad + \bar{p}_{\mathrm{za}}\,\xi\,\Big[1-\xi^2+80\,\frac{E\,I}{l^2\,G\,A_{\mathrm{S}}} + \frac{4}{3}\,(1-\psi)\Big]\Big\}\,, \end{aligned} \tag{11.23}$$

$$\begin{aligned} \beta \;=\;& \beta_{\mathrm{s}} + \beta_{\mathrm{a}}\,\xi + \frac{3}{2\,l}\,\Gamma\,(1-\xi^2) \\ &+ \frac{l^3}{192\,E\,I}\,(1-\xi^2)\,\Big\{4\,\bar{p}_{\mathrm{zs}}\,\xi - \bar{p}_{\mathrm{za}}\,(1-\xi^2-\frac{4}{5}\,\psi)\Big\}\,, \end{aligned} \tag{11.24}$$

$$M = \frac{2\,EI}{l}\left(\beta_{\mathrm{a}} + \frac{3}{l}\,\Gamma\,\xi\right) + \frac{l^2}{24}\left\{\bar{p}_{\mathrm{zs}}\,(1 - 3\,\xi^2) + \bar{p}_{\mathrm{za}}\,\xi\,(1 - \xi^2 - \frac{2}{5}\,\psi)\right\}, \tag{11.25}$$

$$Q = \frac{12\,EI}{l^3}\,\Gamma - \frac{l}{12}\left\{6\,\bar{p}_{\mathrm{zs}}\,\xi - \bar{p}_{\mathrm{za}}\,(1 - 3\,\xi^2 - \frac{2}{5}\,\psi)\right\} \tag{11.26}$$

mit $w_{\mathrm{s}} = \dfrac{w_1 + w_2}{2}$, $w_{\mathrm{a}} = \dfrac{w_2 - w_1}{2}$, $\beta_{\mathrm{s}} = \dfrac{\beta_1 + \beta_2}{2}$, $\beta_{\mathrm{a}} = \dfrac{\beta_2 - \beta_1}{2}$,

$$\bar{p}_{\mathrm{zs}} = \frac{\bar{p}_{\mathrm{z1}} + \bar{p}_{\mathrm{z2}}}{2}, \quad \bar{p}_{\mathrm{za}} = \frac{\bar{p}_{\mathrm{z2}} - \bar{p}_{\mathrm{z1}}}{2},$$

$$\xi = \frac{2\,x}{l}, \quad \Gamma = \psi\,(2\,w_{\mathrm{a}} + l\,\beta_{\mathrm{s}}), \quad \psi = \frac{1}{1 + 12\,\dfrac{EI}{l^2\,G A_{\mathrm{S}}}}.$$

11.6.2 Zustandsgrößen bei einer statischen Rechnung nach Theorie 2. Ordnung

Bei einer Rechnung nach Theorie 2. Ordnung gelten weiterhin die Beziehungen für die Zustandsgrößen u und N, Gln. (11.19) und (11.20). Von den beiden Verschiebungsdifferentialgleichungen (11.21) und (11.22), aus denen letztendlich die Zustandsgrößen infolge Biegung bestimmt werden, ändert sich Gl. (11.21) (siehe Aufgabe 10.3):

$$G A_{\mathrm{S}}\,(\beta + w_{,\mathrm{x}})_{,\mathrm{x}} + (N^{(0)}\,w_{,\mathrm{x}})_{,\mathrm{x}} + \bar{p}_{\mathrm{z}} = 0\,. \tag{11.27}$$

Um im Sinne des Finite-Elemente-Verfahrens konsistente Zustandsgrößen zu erhalten, müssen bei der Berücksichtigung des Terms $(N^{(0)}\,w_{,\mathrm{x}})_{,\mathrm{x}}$ dieselben Vereinfachungen wie bei der Ermittlung der geometrischen Steifigkeitsmatrix eingeführt werden:

- Der Anfangsschnittkraftzustand $N^{(0)}$ wird elementweise konstant angenommen.
- Für die Verschiebung w wird der homogene Verschiebungszustand nach Theorie 1. Ordnung angesetzt.

Mit diesen Vereinfachungen ergibt sich

$$(N^{(0)}\,w_{,\mathrm{x}})_{,\mathrm{x}} = N^{(0)}\,w^{\mathrm{h}}_{,\mathrm{xx}} = -\frac{N^{(0)}}{l^2}\,(2\,l\,\beta_{\mathrm{a}} + 6\,\Gamma\,\xi)\,.$$

Da der Term $N^{(0)}\,w^{\mathrm{h}}_{,\mathrm{xx}}$, den wir für die Berechnung der Zustandsgrößen mit der Bereichslast $\bar{p}_{\mathrm{z}}$ zusammenfassen, linear verläuft, können die Gleichungen (11.23) bis (11.26) unmittelbar übernommen werden, wobei für die Lastamplituden

$$\bar{p}_{\mathrm{zs}} = \frac{\bar{p}_{\mathrm{z1}} + \bar{p}_{\mathrm{z2}}}{2} - 2\,\frac{N^{(0)}}{l^2}\,l\,\beta_{\mathrm{a}}\,, \quad \bar{p}_{\mathrm{za}} = \frac{\bar{p}_{\mathrm{z2}} - \bar{p}_{\mathrm{z1}}}{2} - 6\,\frac{N^{(0)}}{l^2}\,\Gamma$$

zu setzen ist.

Die Vorgehensweise, Zusatzterme wie Bereichslasten aufzufassen, lässt sich auch auf dynamische Probleme übertragen. Beispielsweise führt die Mitnahme der Massenträgheitskräfte bei der Schnittkraftberechnung zu einer deutlichen Verbesserung der Ergebnisse (siehe [11.1, S. 355 ff]).

In Abschnitt 11.3 wurde die Frage aufgeworfen, ob es sinnvoll ist, Ansätze zu verwenden, die die homogenen Verschiebungsdifferentialgleichungen nach Theorie 2. Ordnung

$$G\,A_{\mathrm{S}}\,(\beta + w_{,\mathrm{x}})_{,\mathrm{x}} + (N^{(0)}\,w,\mathrm{x})_{,\mathrm{x}} = 0\,, \tag{11.28}$$

$$E\,I\,\beta_{,\mathrm{xx}} - G\,A_{\mathrm{S}}\,(\beta + w_{,\mathrm{x}}) = 0 \tag{11.29}$$

erfüllen. Bevor wir diese Frage beantworten, wollen wir die Ermittlung derartiger Ansätze kurz erläutern. Die allgemeine Lösung der beiden Differentialgleichungen lautet unter der Voraussetzung einer konstanten Anfangsschnittkraft $N^{(0)}$

$$w = K_1 + K_2\,\vartheta\,\xi + K_3\,\cosh(\vartheta\,\xi) + K_4\,\sinh(\vartheta\,\xi)\,,$$

$$\beta = -\frac{2}{l}\,\vartheta\,\left\{K_2 + \left(1 + \frac{N^{(0)}}{G\,A_{\mathrm{S}}}\right)\left(K_3\,\sinh(\vartheta\,\xi) + K_4\,\cosh(\vartheta\,\xi)\right)\right\}$$

$$\text{mit}\quad \vartheta^2 = \frac{l^2\,N^{(0)}}{4\,E\,I\left(1 + \dfrac{N^{(0)}}{G\,A_{\mathrm{S}}}\right)}\,.$$

Ersetzt man die Konstanten K_1 bis K_4 durch die Elementfreiheitsgrade w_1, w_2, β_1 und β_2 und führt die Verschiebungsansätze in die entsprechenden Bestimmungsgleichungen ein, dann erhält man für Balken mit Anfangsschnittkräften die exakten Elementmatrizen $\boldsymbol{S}_{\mathrm{e}}^{\mathrm{II}} \equiv \boldsymbol{S}_{\mathrm{e}} + \boldsymbol{S}_{\mathrm{ge}}$ und $\bar{\boldsymbol{p}}_{\mathrm{Be}}$ in Abhängigkeit von $N^{(0)}$, $\sinh\vartheta$ und $\cosh\vartheta$. Daraus lassen sich auch die Matrizen für den Fall $\vartheta^2 < 0$ (Drucklast) ableiten, die dann von $N^{(0)}$, $\sin|\vartheta|$ und $\cos|\vartheta|$ abhängen.

Der Vorteil dieser Vorgehensweise liegt auf der Hand: Man erhält bereits mit der gröbsten Elementierung die exakte Lösung. Die Nachteile sind numerischer Natur:

- Im Fall $N^{(0)} = 0$ erhält man die Matrizen nach Theorie 1. Ordnung erst nach einem Grenzübergang (l'Hospitalsche Regel).
- Es muss unterschieden werden, ob ϑ^2 kleiner oder größer als Null ist.
- Der kritische Laststeigerungsfaktor λ_{crit} (siehe Abschnitt 10.6.1) ergibt sich nicht als kleinster Eigenwert des Problems

  $$[\boldsymbol{S}^* + \lambda\,\boldsymbol{S}_{\mathrm{g}}^*(N^{(0)}]\,\boldsymbol{u}^* = \boldsymbol{0}$$

  sondern als kleinste Nullstelle der Determinanten der Gesamtsteifigkeitsmatrix:

  $$\det\,\boldsymbol{S}^{\mathrm{II}*}(\lambda\,N^{(0)}) = 0\,.$$

  Ein Determinantensuchverfahren ist aber nur bei Systemen mit wenigen Freiheitsgraden sinnvoll (siehe [11.1]).

Hinweis: Auch bei dynamischen Problemen von Rahmentragwerken mit Stäben konstanter Steifigkeit können exakte Elementmatrizen verwendet werden. Ein entsprechendes Verfahren stammt von Koloušek [11.2]. Weitere Ausführungen zu Schwingungsproblemen von Rahmentragwerken findet man beispielsweise in [11.1].

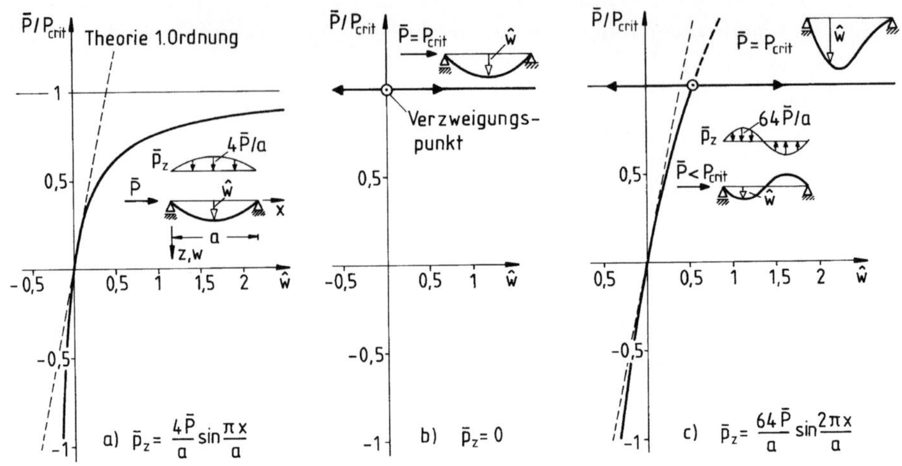

Bild 11.7. Last-Verschiebungs-Diagramme nach Theorie 2. Ordnung eines gelenkig gelagerten, schubstarren Balkens. **a** Spannungsproblem, **b** Verzweigungsproblem, **c** Spannungsproblem mit Verzweigungspunkt

11.7 Beispielrechnungen

Den Ablauf einer Finite-Elemente-Rechnung nach Theorie 2. Ordnung haben wir bereits in Abschnitt 10.6.1 beschrieben. Anders als bei der Platte wird für die Bestimmung der Anfangsschnittkräfte $N^{(0)}$ die Gesamtbelastung aufgebracht, da bei Rahmentragwerken im allgemeinen Dehnung und Biegung nicht entkoppelt sind.

Um das prinzipielle Tragverhalten nach Theorie 2. Ordnung zu demonstrieren, beschäftigen wir uns zunächst mit einem gelenkig gelagerten, schubstarren Balken unter Drucklast $\bar{P}$ und sinusförmiger Querbelastung $\bar{p}_z$ (Bild 11.7), bei dem sich die Lösung noch analytisch angeben lässt. Die Anfangsschnittkraft $N^{(0)}$ wird allein durch die Drucklast $\bar{P}$ hervorgerufen: $N^{(0)} = -\bar{P}$. Als erste Knicklast ergibt sich $P_{\text{crit}} = \pi^2\, E\,I/a^2$ mit der zugehörigen Knickform $w = A_1\,\sin(\pi\,x/a)$. In Bild 11.7 ist für drei unterschiedliche Belastungen $\bar{p}_z$ die Größe der charakteristischen Verschiebung in Abhängigkeit von der Belastung dargestellt. Die Kurven repräsentieren drei Problemtypen: a) das *Spannungsproblem*, b) das *Verzweigungsproblem*, c) das *Spannungsproblem mit Verzweigungspunkt.*

Im allgemeinen liegt bei einer Rechnung nach Theorie 2. Ordnung ein Spannungsproblem (Bild 11.7a) vor. Während eine positive Anfangsschnittkraft $N^{(0)}(\bar{P} < 0)$ unproblematisch ist, wachsen mit Zunahme der Drucklast $\bar{P}$ die Querverschiebungen w nach Theorie 2. Ordnung überproportional an, bis sie bei Erreichen der Knicklast unendlich groß werden. Beim Verzweigungsproblem (Bild 11.7b), bei dem unterhalb der Knicklast P_{crit} keine Querverschiebungen und damit auch keine Biegespannungen auftreten, bildet sich mit Erreichen der kritischen Last die Knickform schlagartig aus. Die Verschiebungsamplitude kann positiv oder negativ sein. Beim Spannungsproblem mit Verzweigungspunkt (Bild 11.7c) verursacht die Querbelastung $\bar{p}_z$ einen Verschiebungszustand, der orthogonal zur ersten Knickform ist. Die Last-Verschiebungs-Kurve verläuft daher ähnlich wie beim Spannungspro-

Tabelle 11.1. Berechnung der ersten Knicklast des Balkens aus Bild 11.7 mit der Finite-Elemente-Methode

	Anzahl der Elemente 1	2	4	exakte Lösung	Konvergenzordnung α
P_{crit}	1,21585	1,00752	1,00051	1	4,9
Fehler in %	−21,6	−0,75	−0,05		

blem ohne Verzweigungspunkt erst tendenziell gegen eine höhere Knicklast. Bei Erreichen der ersten Knicklast bildet sich allerdings wie beim Verzweigungsproblem schlagartig die erste Knickform aus.

Für das betrachtete Beispiel haben wir die Knicklast P_{crit} unter Verwendung unterschiedlicher Elementierungen berechnet (Tabelle 11.1). Erfreulich ist das schnelle Konvergenzverhalten. In Bild 11.8 ist die Knickform aus der Rechnung mit nur einem Element dargestellt. Für den Vergleich wurde die exakte Lösung so normiert, dass sie dieselbe Anfangsneigung wie die Finite-Elemente-Lösung besitzt. Man erkennt, dass durch Berücksichtigung der Abtriebskraft $(N^{(0)}\ w_{,\text{x}})_{,\text{x}}$ bei der Verschiebungsberechnung (siehe Abschnitt 11.6.2) die Finite-Elemente-Lösung deutlich verbessert wird.

Da wir den Elementbelastungsvektor nur für linear veränderliche Bereichslasten aufgestellt haben, verzichten wir auf die numerische Untersuchung des Spannungsproblems mit und ohne Verzweigungspunkt und wenden uns einem zweiten Beispiel zu, bei dem die gleichen Phänomene auftreten.

Von dem Rahmen unter Einzellasten aus Bild 11.9 haben wir die ersten beiden Knicklasten und die zugehörigen Eigenformen (Bild 11.10) berechnet. Die verwendete Elementierung ist ebenfalls in Bild 11.9 dargestellt. Um zu einem Spannungsproblem mit und ohne Verzweigungspunkt zu gelangen, lassen wir die Einzellasten geringfügig exzentrisch angreifen. Vereinfachend simulieren wir das durch Einführung zusätzlicher Momentenbelastungen (Bild 11.11a). Je nach Richtung der Ex-

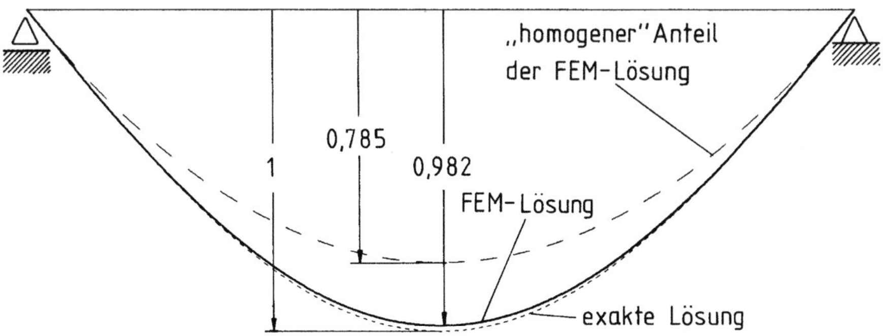

Bild 11.8. Erste Knickform des Balkens aus Bild 11.7: Vergleich der mit einem Element berechneten Näherungslösung mit der exakten Lösung. Die gestrichelte Kurve ist der Anteil der Finite-Elemente-Näherungslösung aus Stabendverschiebungen (‚homogener Anteil'), die durchgezogene Kurve enthält zusätzlich den Anteil aus der Abtriebskraft $(N^{(0)}\ w_{,\text{x}})_{,\text{x}}$.

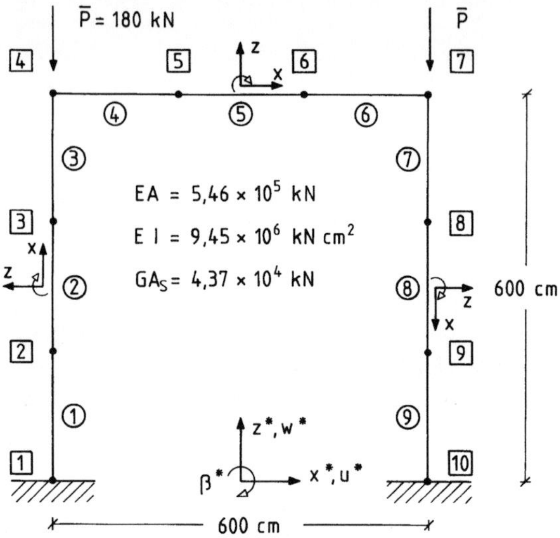

Bild 11.9. Rahmen unter Einzellasten

zentrizitäten ergeben sich die gewünschten Problemtypen (Bild 11.11b). Die Lastexzentrizitäten sind so gering, dass der Anfangskraftzustand (Stiele: $N^{(0)} \approx \bar{P}$, Riegel: $N^{(0)} \approx 0$) und damit die Knicklasten sich praktisch nicht ändern.

Die Ergebnisse der Rechnungen, die mit den Aussagen aus Bild 11.7 übereinstimmen, sind in Bildern 11.12 und 11.13 dargestellt. Da der Anfangsschnittkraftzustand nur geringfügig unter der ersten Knicklast ($\lambda_{\text{crit}} = 1{,}07$) liegt, ergeben sich beim Spannungsproblem ohne Verzweigungspunkt (Bild 11.12) gegenüber der Rechnung nach Theorie 1. Ordnung erheblich größere Zustandsgrößen nach Theorie 2. Ordnung (vergleiche auch Bild 11.7a). Der Verschiebungszustand entspricht nahezu der ersten Knickform. Beim Spannungsproblem mit Verzweigungspunkt (Bild 11.13), bei dem der Verschiebungszustand orthogonal zur ersten Knickform ist, liegt der Anfangsschnittkraftzustand deutlich unterhalb der zweiten Knicklast ($\lambda_2 = 3{,}65$). Daher sind die Unterschiede der Zustandsgrößen nach Theorie

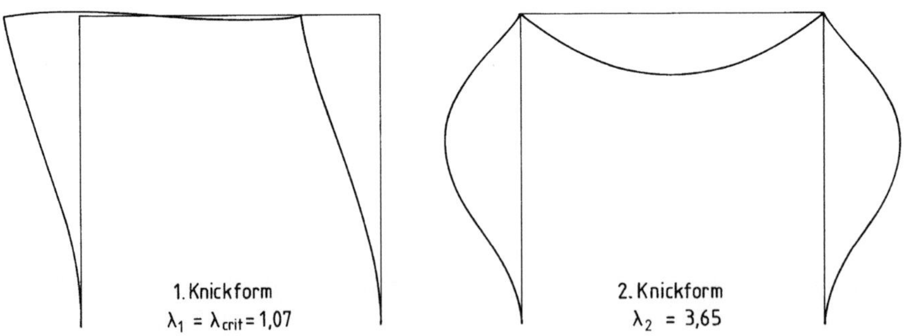

Bild 11.10. Knickformen des Rahmens aus Bild 11.9

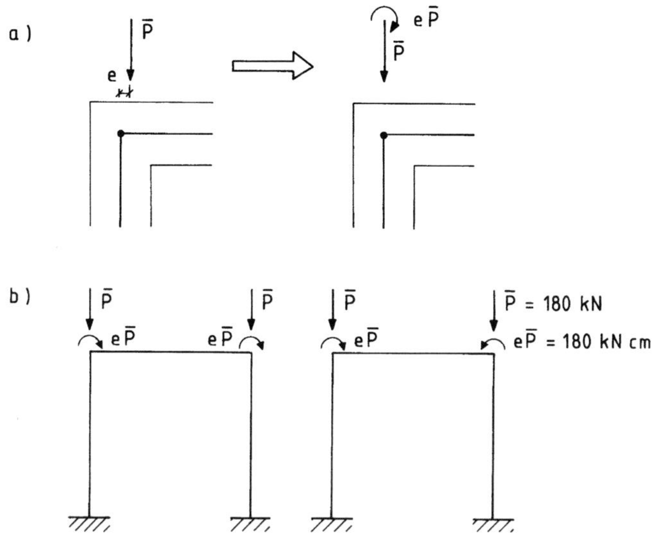

Bild 11.11. **a** Erfassung der Lastexzentrizität durch Einführung eines zusätzlichen Lastmomentes, **b** Spannungsproblem ohne (links) und mit Verzweigungspunkt (rechts) infolge Lastexzentrizitäten

1. und 2. Ordnung bezüglich einer Bemessung der Bauteile nur gering (vergleiche Bild 11.7c).

Die Tatsache, dass sich beim Spannungsproblem mit Verzweigungspunkt das Knickversagen nicht durch starkes Anwachsen der Zustandsgrößen ankündigt, lässt es ratsam erscheinen, sich nicht darauf zu beschränken, beim Auflösen des Gleichungssystems

$$[\boldsymbol{S}^* + \boldsymbol{S}_\mathrm{g}^*]\,\boldsymbol{u}^* = \bar{\boldsymbol{p}}_\mathrm{B}^* + \bar{\boldsymbol{p}}_\mathrm{R}^*$$

zu überprüfen, ob der Anfangskraftzustand ober- oder unterhalb der Knicklast liegt, sondern in jedem Fall eine explizite Knicklastberechnung durch Lösen des Eigenwertproblems

$$[\boldsymbol{S}^* + \lambda\,\boldsymbol{S}_\mathrm{g}^*]\,\boldsymbol{u}^* = \boldsymbol{0}$$

durchzuführen. Erst dann ist man vor unliebsamen Überraschungen sicher!

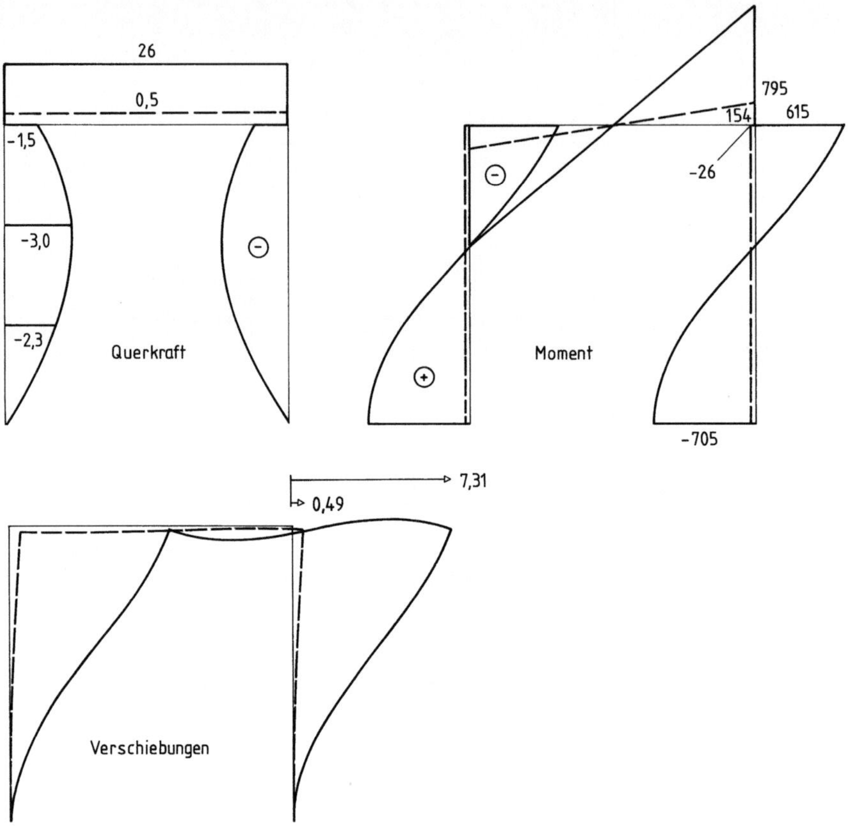

Bild 11.12. Zustandsgrößen nach Theorie 1. Ordnung (gestrichelt) und nach Theorie 2. Ordnung (durchgezogen) des Rahmens aus Bild 11.9 beim Spannungsproblem ohne Verzweigungspunkt (antimetrische Momentenbelastung)

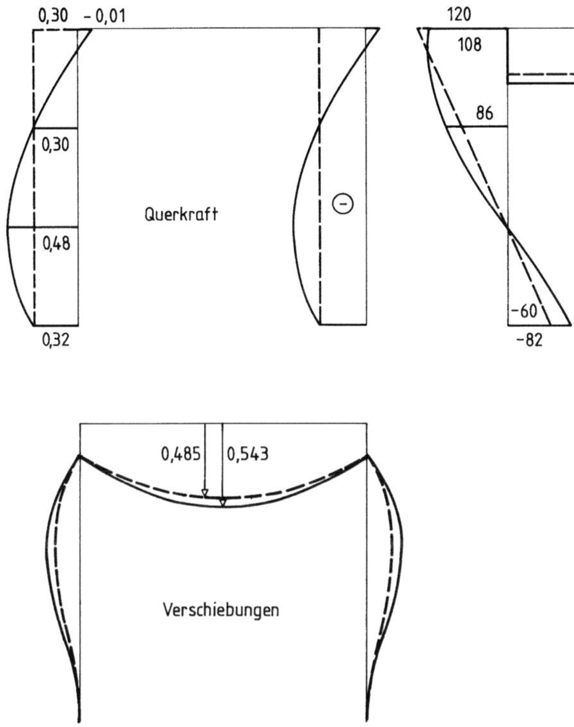

Bild 11.13. Zustandsgrößen nach Theorie 1. Ordnung (gestrichelt) und nach Theorie 2. Ordnung (durchgezogen) des Rahmens aus Bild 11.9 beim Spannungsproblem mit Verzweigungspunkt (symmetrische Momentenbelastung)

11.8 Übungsaufgaben

Aufgabe 11.1. Rahmenknicken

Für den Rahmen von Bild 11.14 soll ein Finite-Elemente-Verfahren zur Ermittlung der Knicklast eingesetzt werden. Zur Vereinfachung darf angenommen werden, dass beide Stäbe dehnstarr und schubstarr sind. Um die Dehnstarrheit zu erfassen, kann man beispielsweise zunächst die Systemmatrizen bei Berücksichtigung von Dehnsteifigkeit aufstellen und anschließend die Bedingung der Dehnstarrheit durch eine geeignete Transformation einführen.

- Wie viele Freiheitsgrade (abgesehen von den durch die Lagerungen verhinderten) hat der Rahmen bei Berücksichtigung der Dehnsteifigkeit, wie viele bei dehnstarren Stäben? Gib die Transformationsbeziehung zwischen den beiden Verschiebungsvektoren an!
- Welche Anfangsschnittkräfte $N^{(0)}$ erhält man?
- Welche Systemmatrizen ergeben sich für den Rahmen mit dehnstarren Stäben?
- Eliminiere die Drehung β_3^* mit Hilfe der Gleichungen nach Theorie 1. Ordnung, d. h. ohne die Anteile aus der geometrischen Steifigkeitsmatrix! Dies entspricht einer statischen Kondensation. Wie lauten dann die kondensierten Systemmatrizen?

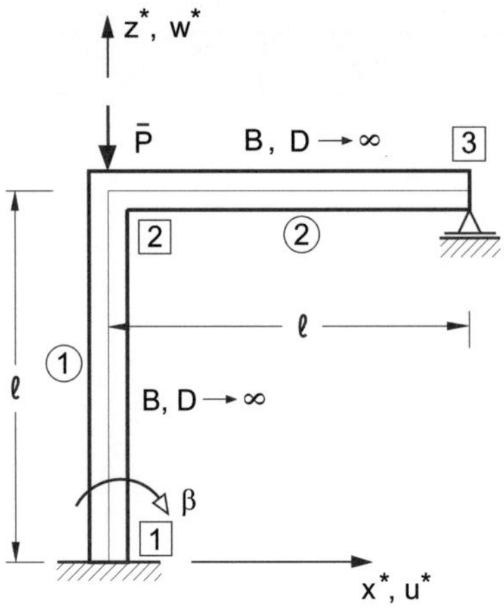

Bild 11.14. Einhüftiger Rahmen. System, Abmessungen, Belastung, Bezeichnungen

- Wie groß ist die kritische Last P_{crit}?

Aufgabe 11.2. Spannungsproblem mit Verzweigungspunkt

Bild 11.15 stellt einen schubstarren Balken mit konstanten Steifigkeiten dar, der durch exzentrisch angreifende Drucklasten beansprucht wird. Daneben ist das Modell für eine Finite-Elemente-Rechnung wiedergegeben.

- Ermittle unter Verwendung eines einzigen Elementes die Querschnittsneigungen β an den Balkenenden nach Theorie 2. Ordnung!
- Skizziere den zugehörigen Verschiebungszustand!
- Trage den Verlauf der Querschnittsneigung β am Balkenanfang über λ auf! Wie verformt sich der Balken, wenn $\bar{P} = P_{\text{crit}}$ ist? Wie groß ist dann die Querschnittsneigung β am Balkenanfang?
- Interpretiere die Ergebnisse!

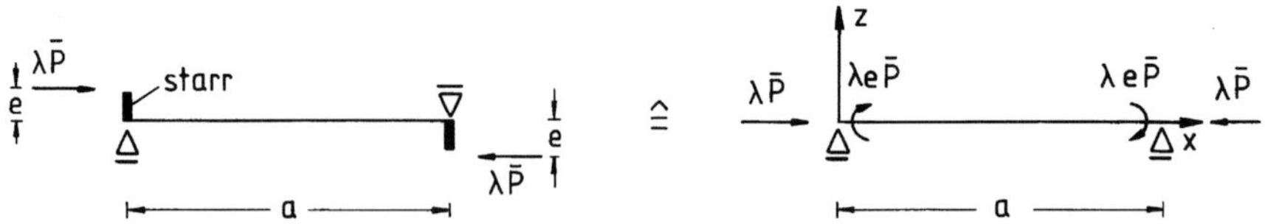

Bild 11.15. Schubstarrer Balken mit exzentrisch angreifenden Drucklasten

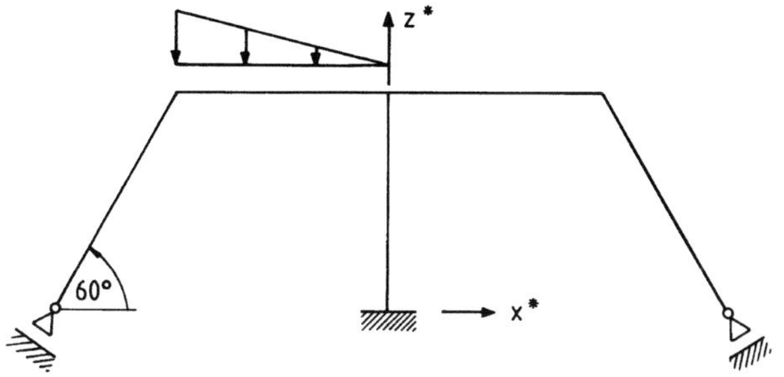

Bild 11.16. Rahmen mit schiefen Gleitlagern

Aufgabe 11.3. Schiefe Randbedingungen

In Bild 11.16 ist ein Rahmentragwerk dargestellt, für das eine Rechnung nach Theorie 2. Ordnung durchgeführt werden soll.

- Elementiere den Rahmen und führe die Systemfreiheitsgrade ein (vergleiche Bild 11.2)!
- Skizziere einen Algorithmus für die verfahrenstechnische Erfassung der schiefen Gleitlager, wobei anders als in Bild 11.16 auch eine beliebige Gleitrichtung (also nicht senkrecht zur Stabachse) möglich sein soll.!
- Warum lässt sich die Symmetrie des Systems bei einer Rechnung nach Theorie 2. Ordnung nicht ausnutzen?

Aufgabe 11.4. Elementmatrizen für die Behandlung des Kippens von Balken

Der Träger in Bild 11.17 wird in der Ebene durch eine Streckenlast $\bar{\boldsymbol{p}}_{\mathrm{z}}^*$ belastet. Zusätzlich greifen am Ober- und Untergurt Streckenlasten $\bar{\boldsymbol{p}}_{\mathrm{yo}}^*$ und $\bar{\boldsymbol{p}}_{\mathrm{yu}}^*$ an. Die Ermittlung der Verschiebungen und Schnittkräfte aufgrund der Beanspruchungen in der x^*, z^*-Ebene sei abgeschlossen. Die sich dabei ergebenden Biegemomente werden in Normalkräfte $N_{\mathrm{o}}^{(0)}$ und $N_{\mathrm{u}}^{(0)}$ im Ober- und Untergurt umgerechnet. Die Elementierung sei so fein, dass man mit elementweise konstanten Schnittkräften arbeiten darf. Die Streckenlasten in y^*-Richtung sind elementweise linear veränderlich. Ausgangspunkt für die Behandlung bildet das Prinzip der virtuellen Verrückungen in der Lösung zu Aufgabe 11.3.

- Welche Ansatzfunktionen wird man für $v_{\mathrm{o}}(x)$, $v_{\mathrm{u}}(x)$ und $\beta_{\mathrm{x}}(x)$ verwenden?
- Sind gesonderte Integralauswertungen erforderlich oder kann man auf vorhandene Matrizen und Vektoren zurückgreifen?
- Wie lautet das Prinzip in diskretisierter Form? (Im Hinblick auf die Stabilitätsuntersuchung sollen hierbei die Anfangsschnittkräfte $N^{(0)}$ mit einem Faktor λ multipliziert werden.)
- Wie hat man vorzugehen, wenn man zusätzlich abschnittsweise linear veränderliche Imperfektionen $y_{\mathrm{o}}^{(0)}$ und $y_{\mathrm{u}}^{(0)}$ berücksichtigen möchte? Kann man hier schon vorhandene Matrizen und Vektoren benutzen?

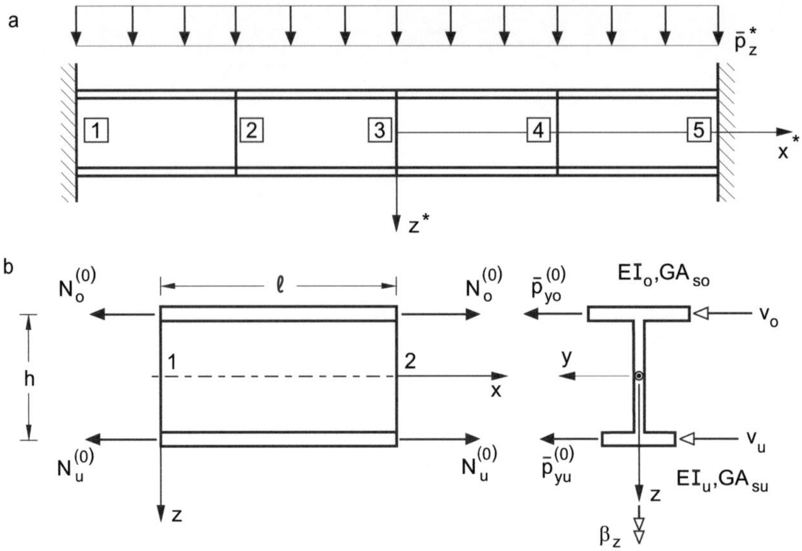

Bild 11.17. Kippgefährdeter Träger. **a** System. **b** Element und Querschnitt

- Welche Randbedingungen muss man bei dem Träger von Bild 11.17 einführen? Welche Abmessungen hat der Systemverschiebungsvektor $\boldsymbol{u}^*$, wenn wie in Abschnitt 11.4 Verschiebungen, die aufgrund der Randbedingungen gegeben sind, nicht im Vektor $\boldsymbol{u}^*$ mitgeführt werden?

Aufgabe 11.5. Makroelemente

Die in Abschnitt 7.6 beschriebene statische Kondensation kann dazu genutzt werden, *Makroelemente* zu entwickeln. Beispielsweise könnten bei dem Rahmen aus Bild 11.9 die drei Elemente des Riegels bzw. der Stiele zu einem Makroelement zusammengefasst werden. Das ist insbesondere dann sinnvoll, wenn ein Stab veränderlicher Steifigkeit durch ein Makroelement mit mehreren Subelementen konstanter Steifigkeit (Bild 11.18a) erfasst werden soll. Bei einem Makroelement (siehe

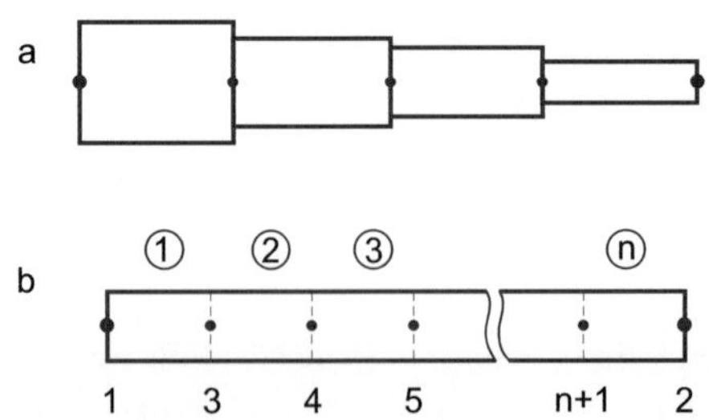

Bild 11.18. Makroelement, **a** bestehend aus Subelementen konstanter Steifigkeit; **b** Bezifferung der Haupt- und Zwischenknoten

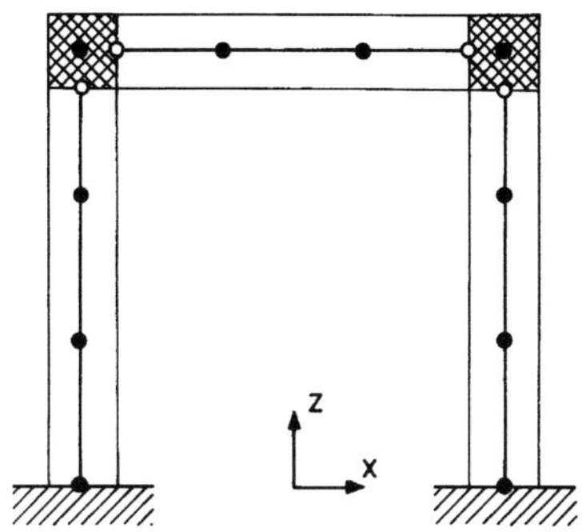

Bild 11.19. Elementierung des Rahmens aus Bild 11.9 unter Verwendung von Starrkörperelementen

Bild 11.18b), das aus n Subelementen besteht, werden die Verschiebungen der Zwischenknoten durch die Verschiebungen der Stabendknoten ausgedrückt.

- Skizziere die Entwicklung der Matrizen $\boldsymbol{S}_\mathrm{e}$, $\bar{\boldsymbol{p}}_\mathrm{Be}$ und $\boldsymbol{S}_\mathrm{ge}$ eines Makroelementes unter Verwendung der Bezeichnungen aus Bild 11.18.
- Welche Vor- und Nachteile hat die Verwendung von Makroelementen?

Aufgabe 11.6. Starrkörperelemente

Im allgemeinen werden Rahmenecken so steif ausgeführt, dass sie sich gegenüber den anschließenden Stäben wie starre Körper verhalten. Dieses Verhalten kann durch *Starrkörperelemente* erfasst werden (Bild 11.19). Die Entwicklung eines Starrkörperelementes, die am Stabelement aus Bild 11.20 erfolgt, sei hier nur skizziert.

Die virtuelle Formänderungsenergie des Elementes aus Bild 11.20 lautet

$$\delta \Pi_{\mathrm{i,e}} = \delta \hat{\boldsymbol{u}}_\mathrm{e}^\mathrm{T} \, \hat{\boldsymbol{S}}_\mathrm{e} \, \hat{\boldsymbol{u}}_\mathrm{e} \, .$$

Dabei sind $\hat{\boldsymbol{u}}_\mathrm{e}$ die Verschiebungen der in Bild 11.20 durch offene Kreise gekennzeichneten Enden des elastischen Bereiches $\hat{1}$-$\hat{2}$. Die Stabenden 1 und 2 sind durch gefüllte Kreise markiert. Die zugehörigen Verschiebungengen sind im Vektor $\boldsymbol{u}_\mathrm{e}$ zusammengefasst. Die Verschiebungen $\hat{\boldsymbol{u}}_\mathrm{e}$ können nun durch die Stabendverschiebungen $\boldsymbol{u}_\mathrm{e}$ ausgedrückt werden:

$$\hat{\boldsymbol{u}}_\mathrm{e} = \boldsymbol{R}_\mathrm{e} \, \boldsymbol{u}_\mathrm{e} \, .$$

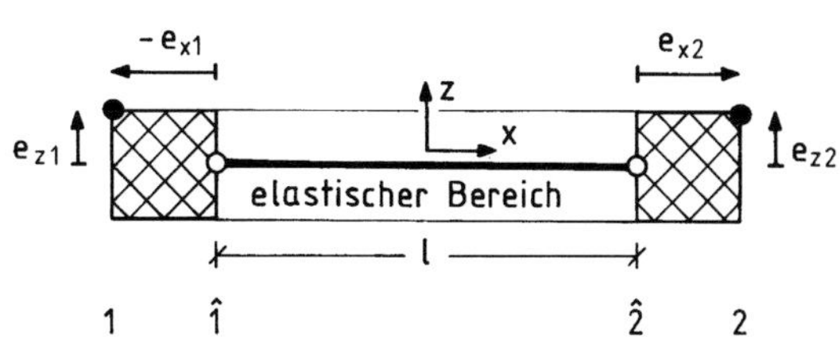

Bild 11.20. Stabelement mit starren Enden

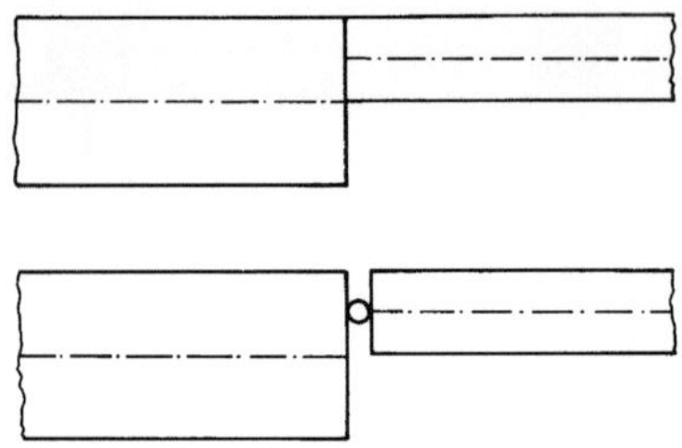

Bild 11.21. Biegesteifer (oben) und gelenkiger (unten) exzentrischer Anschluss

Damit erhält man

$$\delta\Pi_{\mathrm{i,e}} = \delta\boldsymbol{u}_{\mathrm{e}}^{\mathrm{T}}\, \boldsymbol{R}_{\mathrm{e}}^{\mathrm{T}}\, \hat{\boldsymbol{S}}_{\mathrm{e}}\, \boldsymbol{R}_{\mathrm{e}}\, \boldsymbol{u}_{\mathrm{e}}\,.$$

Daraus ergibt sich die modifizierte Steifigkeitsmatrix $\boldsymbol{S}_{\mathrm{e}}$ unter Berücksichtigung der starren Elementenden. Analog läuft die Entwicklung des modifizierten Belastungsvektors $\bar{\boldsymbol{p}}_{\mathrm{Be}}$ aus der virtuellen äußeren Arbeit ab.

- Vervollständige diese Schilderung! Wie lauten die Verschiebungsvektoren $\hat{\boldsymbol{u}}_{\mathrm{e}}$ und $\boldsymbol{u}_{\mathrm{e}}$? Trage ihre Komponenten in das Bild 11.20 ein! Wie ist die Matrix $\boldsymbol{R}_{\mathrm{e}}$ besetzt? Formuliere die Berechnungsvorschriften für die Matrizen $\boldsymbol{S}_{\mathrm{e}}$ und $\bar{\boldsymbol{p}}_{\mathrm{Be}}$!
- Bei dem Element aus Bild 11.20 sind beide Enden starr. Was ändert sich, wenn nur ein Ende starr ist?
- Ist die Lage des Bezugspunktes des starren Körpers frei wählbar? Wie ändert sich der Verschiebungs- und Schnittkraftzustand des Rahmens aus Bild 11.19, wenn die Bezugspunkte der beiden starren Körper in den Ursprung des globalen Koordinatensystems gelegt werden?
- Das auf die beschriebene Weise entwickelte Starrkörper‚element‘ wird letztendlich durch eine kinematische Transformation erfasst. Können damit auch exzentrische Stabanschlüsse (Bild 11.21) beschrieben werden?

12 Ein kombiniertes Verfahren für rotationssymmetrische Flächentragwerke

12.1 Problemdefinition

Rotationssymmetrische Bauteile sind häufig verwendete Konstruktionselemente im Maschinenbau und im Bauwesen, sei es als Schale, als Platten-Scheiben-Tragwerk oder als dickwandige, nur dreidimensional behandelbare Struktur. Ein typisches Beispiel ist der Radsatz eines Schienenfahrzeugs (Bild 12.1).Während bei rotationssymmetrischer Belastung (z. B. Radsatz unter Fliehkraftbelastung) ein dreidimensionales Problem automatisch in ein zweidimensionales Problem (und ein zweidimensionales in ein eindimensionales) übergeht, muss eine allgemeine Belastung erst in eine Fourier-Reihe zerlegt werden, ehe man die Verringerung der Dimension des Problems ausnutzen kann. Man erzielt eine erhebliche Einsparung an Speicherplatz und Rechenzeit, wenn man anstelle eines dreidimensionalen Problems unter Ausnutzung aller Symmetrieeigenschaften eine Reihe fourierzerlegter zweidimensionaler Probleme löst und das Gesamtergebnis durch Superposition ermittelt, zumal oft nur wenige Fourier-Reihenterme berücksichtigt werden müssen. Bei den in [12.1, 12.2] dargestellten Ergebnissen für die Eigenschwingungsberechnung des Radsatzes mit dreidimensionalen Elementen (Bild 12.2) wurden ca. 4500 Unbekannte eingeführt. Da nur Eigenformen mit maximal drei Knotenlinien interessierten, hätte man sich bei konsequenter Ausnutzung der Rotationssymmetrie auf vier

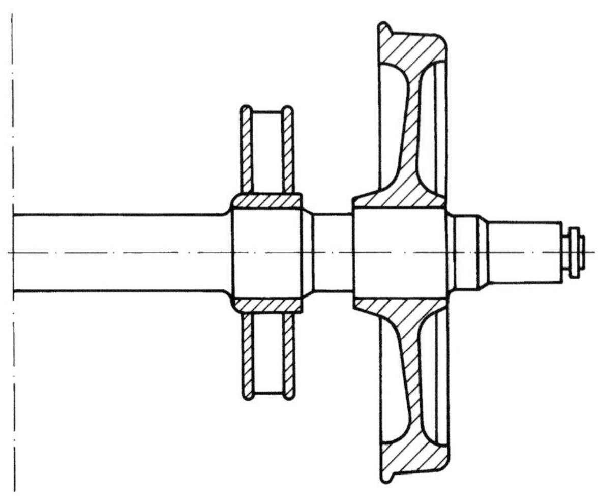

Bild 12.1. Radsatz Baureihe 92 der Deutschen Bahn AG

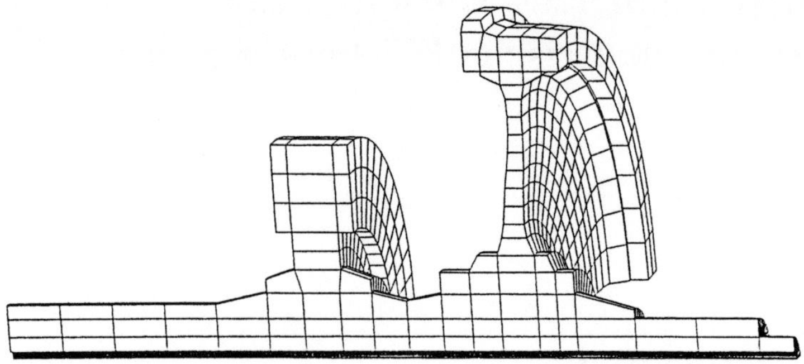

Bild 12.2. Modellierung des Radsatzes von Bild 12.1 mit dreidimensionalen Elementen (nach [12.2])

Rechnungen mit 450 Unbekannten beschränken können, was wegen der stark verringerten Bandbreite zu einer noch viel drastischeren Einsparung an Speicherplatz und Rechenzeit geführt und eine leichtere Interpretation der Ergebnisse ermöglicht hätte. Frühzeitig sind daher Ringelemente für rotationssymmetrische Strukturen entwickelt worden (Bild 12.3). Die drastische Reduktion des Rechenaufwandes bei Verwendung von Ringelementen führt dazu, dass man geringfügige Störungen der Rotationssymmetrie häufig vernachlässigt.

Eine weitere Möglichkeit eröffnet sich, wenn man bei der Modellierung der rotationssymmetrischen Ausgangsstrukturen nur zweidimensionale Strukturkomponenten (Platten, Scheiben und Schalen) und eindimensionale Komponenten (Balken, Stäbe) einzuführen braucht. Durch die Fourier-Zerlegung wird das Tragwerk in diesem Fall auf eine Linie abgebildet. Linienförmige, eindimensionale Tragwerke lassen sich mit dem Verfahren der Übertragungsmatrizen besonders elegant behandeln.

Im folgenden Kapitel wird daher ein Verfahren zur Behandlung rotationssymmetrischer Tragwerke mit eindimensionalen und zweidimensionalen (flächenhaften) Strukturkomponenten vorgestellt, bei dem systematisch Gedanken der Fourier-Zerlegung, des Übertragungsmatrizenverfahrens und des Finite-Elemente-Verfahrens miteinander kombiniert werden.

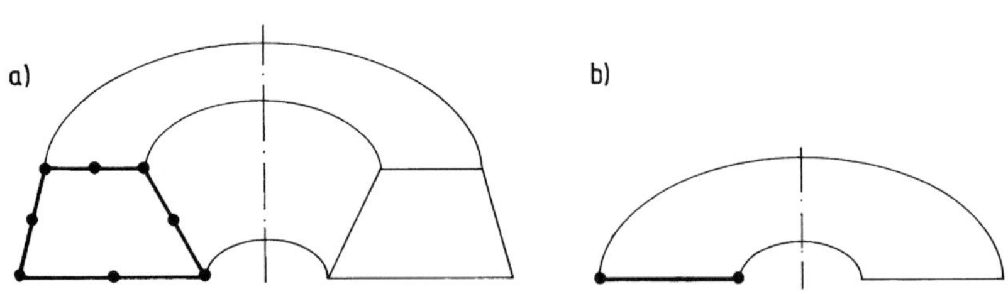

Bild 12.3. Dreidimensionales Ringelement (**a**) und Plattenringelement (**b**)

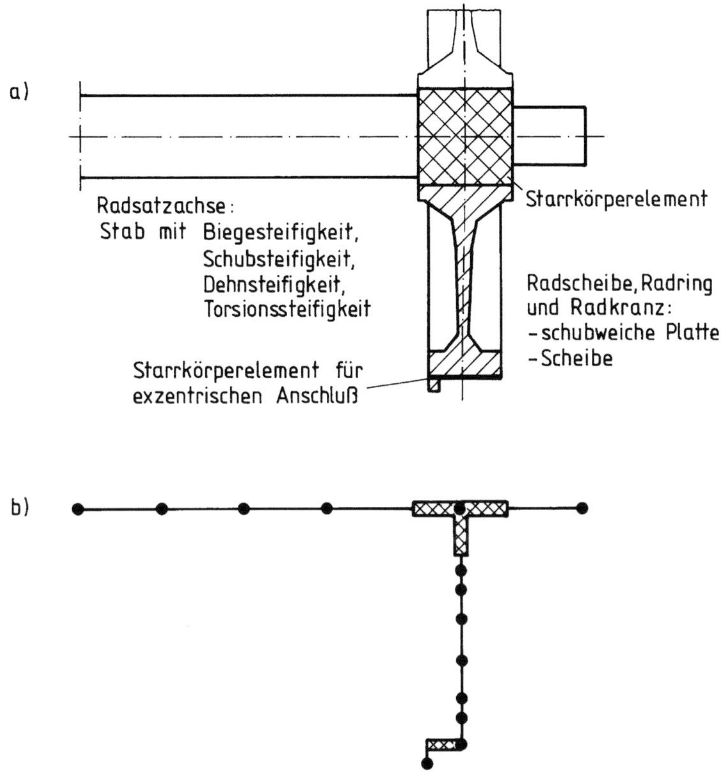

Bild 12.4. Radsatzmodellierung, Strukturkomponenten (**a**) und Elementierung (**b**)

12.2 Voraussetzungen und Grundgedanken des Verfahrens

Die entscheidende Voraussetzung des kombinierten Verfahrens ist, dass es sich bei der zu untersuchenden Struktur um ein rotationssymmetrisches Tragwerk handelt, für dessen Modellierung nur ebene, zweidimensionale Strukturkomponenten (Scheiben, Platten) und eindimensionale Komponenten (Stäbe, Balken) erforderlich sind.

Rotationsschalen lassen sich prinzipiell in gleicher Weise behandeln, wobei natürlich mit anderen Ausgangsgleichungen gearbeitet werden muss. Bei der Modellierung des Radsatzes (Bild 12.4a) werden zur Erfassung der exzentrischen Anschlüsse der Achse und der Radscheibe an der Nabe sowie zur Berücksichtigung des exzentrischen Radkranzanschlusses noch Starrkörperelemente eingesetzt.

Die Dicke der Scheiben-Platten-Strukturkomponenten kann in radialer Richtung veränderlich sein. In Bild 12.4b ist eine mögliche Elementierung für die abschließende Finite-Elemente-Rechnung dargestellt. In den dicken Punkten werden Freiheitsgrade eingeführt. Dass hierbei einzelne der ringförmigen Plattenelemente ein extrem ungünstiges Höhen-Längen-Verhältnis haben stört nicht, da das flächenhafte Verhalten von der Radscheibe als Ganzes bestimmt wird.

Berücksichtigt werden alle für die Strukturkomponenten maßgebenden Steifigkeitseigenschaften und Massenbelegungen [12.3]. Nicht erfasst werden in der nun folgenden Darstellung alle Effekte aufgrund einer Rotation der Scheibe (Gyroskopie, Anfangslasten infolge Zentrifugalkräfte) sowie die elastische Einspannung der Radscheibe und der Achse in der Nabe. Hinsichtlich der Erfassung gyroskopischer Effekte verweisen wir auf [12.4].

Die Grundgedanken des gesamten Vorgehens sind in der Übersicht in Bild 12.5 zusammengestellt.

1. Schritt: Die mathematische Beschreibung erfolgt für den homogenen statischen Fall durch ein System von partiellen Differentialgleichungen, für das dynamische Problem durch das Prinzip der virtuellen Verrückungen.

2. Schritt: Bei beiden Formulierungen wird die Abhängigkeit vom Umfangswinkel φ durch einen Fourier-Ansatz eliminiert.

3. Schritt: Im homogenen (belastungsfreien) statischen Fall lässt sich das verbleibende System von gewöhnlichen Differentialgleichungen elementweise als Anfangswertaufgabe, d. h. bei Vorgabe von Einheitswerten für die Zustandsgrößen am Elementanfang, durch numerische Integration praktisch beliebig genau lösen. Man erhält an jeder beliebigen Stelle r den Zustandsvektor in Abhängigkeit von den Anfangswerten. Am Elementende ergibt das gerade die Übertragungsmatrix.

4. Schritt: Eine Teilinversion ergibt (bis auf Fehler bei der numerischen Integration) die statisch exakte Steifigkeitsmatrix. Daraus erhält man in Kombination mit den Ergebnissen des 3. Schrittes die statisch exakten Einheitsverschiebungszustände.

5. Schritt: Diese Einheitsverschiebungszustände werden für jeden Fourier-Reihenterm als Ansatzfunktionen in das bereits eindimensional formulierte Prinzip der virtuellen Verrückungen eingeführt und liefern den Elementbelastungsvektor und die Elementmassenmatrix.

6. Schritt: Für jeden Fourier-Reihenterm kann jetzt ein Gesamtgleichungssystem

$$\boldsymbol{S}^* \, \boldsymbol{u}^* + \boldsymbol{M}^* \, \boldsymbol{u}^{*\cdot\cdot} = \bar{\boldsymbol{p}}^*$$

aufgebaut werden.

12.3 Differentialgleichungsformulierung und Prinzipformulierung

Differentialgleichungsformulierung

Die Grundgleichungen für die Kreisscheibe und die schubweiche Kreisplatte übernehmen wir aus [12.3], vergleiche auch [12.6–12.9]. Möchte man die Vorgehensweise auf Rotationsschalen erweitern, wie es in [12.4] geschehen ist, kann man die erforderlichen Grundgleichungen für Rotationsschalen beispielsweise aus [12.5] übernehmen. Mit den Bezeichnungen von Bild 12.6 lassen sich Impuls- und Drallsatz für Scheiben- und Plattenanteile formulieren, wobei Zeitableitungen folgendermaßen gekennzeichnet werden:

$$\frac{\partial}{\partial t}(\,) = (\,)^{\boldsymbol{\cdot}} \,.$$

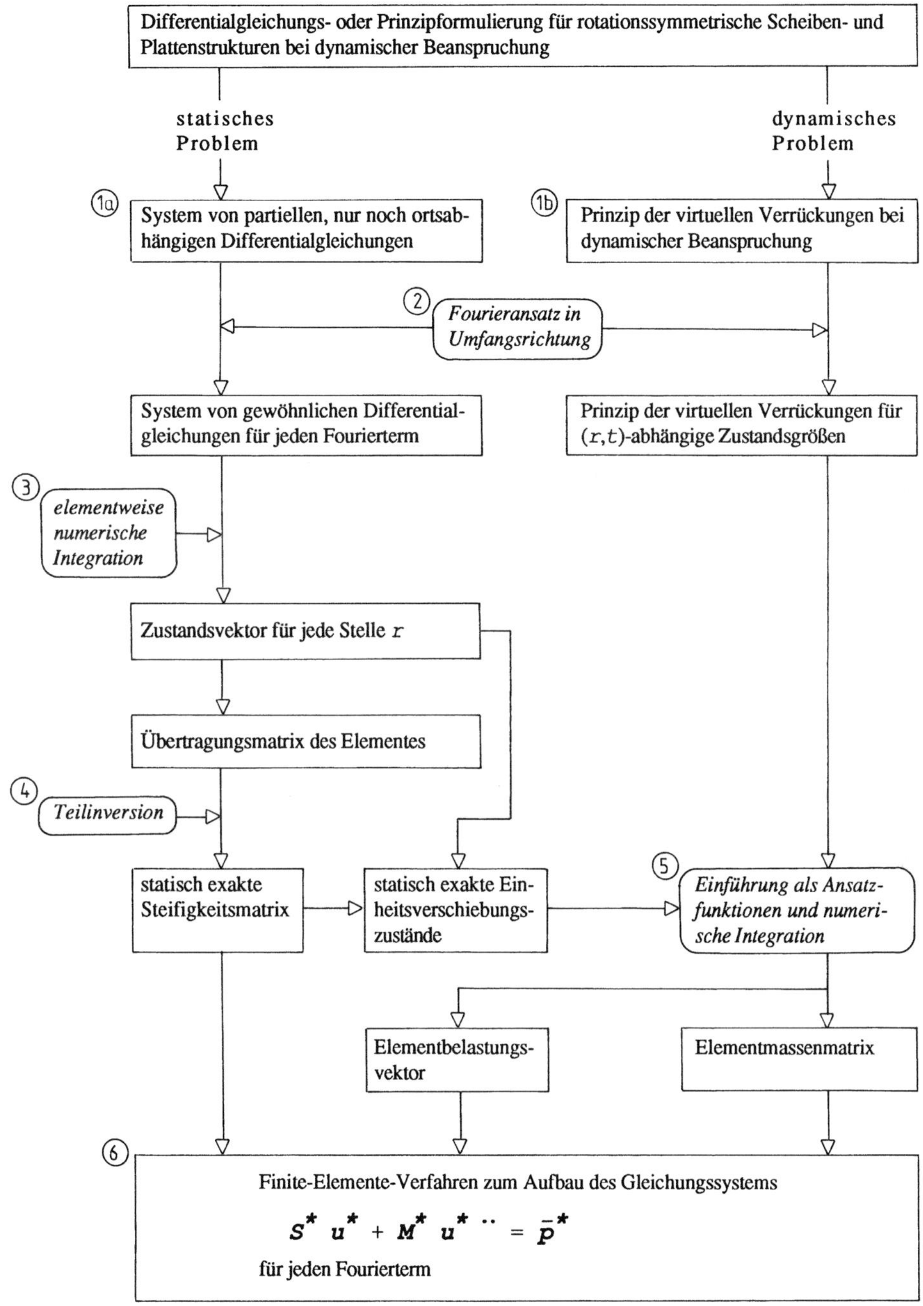

Bild 12.5. Grundgedanken des kombinierten Verfahrens

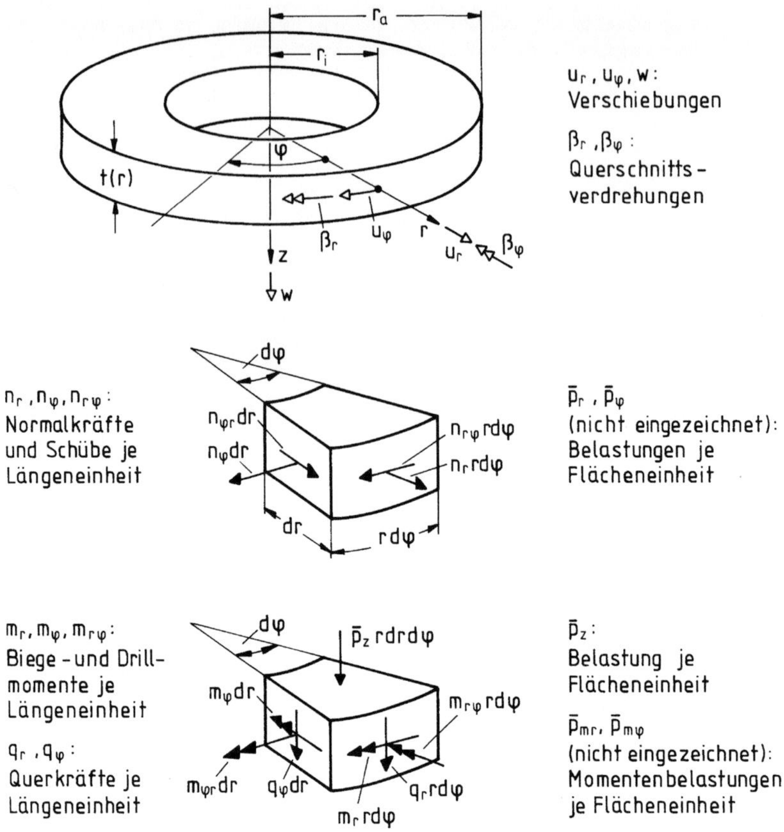

Bild 12.6. Bezeichnungen für Scheiben- und Plattengrößen bei Verwendung von Polarkoordinaten

SCHEIBE:
$$\frac{1}{r}\,\frac{\partial(r\,n_{\mathrm{r}})}{\partial r}+\frac{1}{r}\,\frac{\partial n_{\varphi\mathrm{r}}}{\partial\varphi}-\frac{1}{r}\,n_{\varphi}+\bar{p}_{\mathrm{r}}=\mu\,\ddot{u}_{\mathrm{r}}\,, \tag{12.1}$$

$$\frac{1}{r}\,\frac{\partial(r\,n_{\mathrm{r}\varphi})}{\partial r}+\frac{1}{r}\,\frac{\partial n_{\varphi}}{\partial\varphi}+\frac{1}{r}\,n_{\varphi\mathrm{r}}+\bar{p}_{\varphi}=\mu\,\ddot{u}_{\varphi}\,, \tag{12.2}$$

PLATTE:
$$\frac{1}{r}\,\frac{\partial(r\,q_{\mathrm{r}})}{\partial r}+\frac{1}{r}\,\frac{\partial q_{\varphi}}{\partial\varphi}+\bar{p}_{\mathrm{z}}=\mu\,\ddot{w}\,, \tag{12.3}$$

$$\frac{1}{r}\,\frac{\partial(r\,m_{\mathrm{r}})}{\partial r}+\frac{1}{r}\,\frac{\partial m_{\varphi\mathrm{r}}}{\partial\varphi}-\frac{1}{r}\,m_{\varphi}-q_{\mathrm{r}}+\bar{p}_{\mathrm{mr}}=\tilde{\mu}\,\ddot{\beta}_{\mathrm{r}}\,, \tag{12.4}$$

$$\frac{1}{r}\,\frac{\partial(r\,m_{\mathrm{r}\varphi})}{\partial r}+\frac{1}{r}\,\frac{\partial m_{\varphi}}{\partial\varphi}+\frac{1}{r}\,m_{\varphi\mathrm{r}}-q_{\varphi}+\bar{p}_{\mathrm{m}\varphi}=\tilde{\mu}\,\ddot{\beta}_{\varphi}\,. \tag{12.5}$$

Das Stoffgesetz (Elastizitätsgesetz), bei dem ausgenutzt wird, dass $n_{\varphi\mathrm{r}}=n_{\mathrm{r}\varphi}$ und $m_{\varphi\mathrm{r}}=m_{\mathrm{r}\varphi}$ ist, unterscheidet sich prinzipiell nicht von der Formulierung in kartesischen Koordinaten:

$$\text{SCHEIBE:} \quad \begin{Bmatrix} n_\mathrm{r} \\ n_\varphi \\ n_{\mathrm{r}\varphi} \end{Bmatrix} = D \begin{bmatrix} 1 & \nu & 0 \\ \nu & 1 & 0 \\ 0 & 0 & \dfrac{1-\nu}{2} \end{bmatrix} \begin{Bmatrix} \varepsilon_\mathrm{r} \\ \varepsilon_\varphi \\ \gamma_{\mathrm{r}\varphi} \end{Bmatrix}, \tag{12.6}$$

$$\text{PLATTE:} \quad \begin{Bmatrix} m_\mathrm{r} \\ m_\varphi \\ m_{\mathrm{r}\varphi} \end{Bmatrix} = B \begin{bmatrix} 1 & \nu & 0 \\ \nu & 1 & 0 \\ 0 & 0 & \dfrac{1-\nu}{2} \end{bmatrix} \begin{Bmatrix} \kappa_\mathrm{r} \\ \kappa_\varphi \\ 2\,\kappa_{\mathrm{r}\varphi} \end{Bmatrix}, \tag{12.7}$$

$$\begin{Bmatrix} q_\mathrm{r} \\ q_\varphi \end{Bmatrix} = S \begin{bmatrix} 1 & 0 \\ 0 & 1 \end{bmatrix} \begin{Bmatrix} \gamma_\mathrm{rz} \\ \gamma_{\varphi\mathrm{z}} \end{Bmatrix} \tag{12.8}$$

$$\text{mit} \quad D = \frac{E\,t(r)}{1-\nu^2}, \quad S = \frac{5\,E\,t(r)}{12\,(1+\nu)}, \quad B = \frac{E\,t^3(r)}{12\,(1-\nu^2)}.$$

Die kinematischen Beziehungen lauten in Polarkoordinaten natürlich anders:

$$\text{SCHEIBE:} \quad \begin{Bmatrix} \varepsilon_\mathrm{r} \\ \varepsilon_\varphi \\ \gamma_{\mathrm{r}\varphi} \end{Bmatrix} = \begin{bmatrix} \dfrac{\partial}{\partial t} & 0 \\ \dfrac{1}{r} & \dfrac{1}{r}\dfrac{\partial}{\partial\varphi} \\ \dfrac{1}{r}\dfrac{\partial}{\partial\varphi} & \dfrac{\partial}{\partial r} - \dfrac{1}{r} \end{bmatrix} \begin{Bmatrix} u_\mathrm{r} \\ u_\varphi \end{Bmatrix}, \tag{12.9}$$

$$\text{PLATTE:} \quad \begin{Bmatrix} \kappa_\mathrm{r} \\ \kappa_\varphi \\ 2\,\kappa_{\mathrm{r}\varphi} \end{Bmatrix} = \begin{bmatrix} \dfrac{\partial}{\partial t} & 0 \\ \dfrac{1}{r} & \dfrac{1}{r}\dfrac{\partial}{\partial\varphi} \\ \dfrac{1}{r}\dfrac{\partial}{\partial\varphi} & \dfrac{\partial}{\partial r} - \dfrac{1}{r} \end{bmatrix} \begin{Bmatrix} \beta_\mathrm{r} \\ \beta_\varphi \end{Bmatrix}, \tag{12.10}$$

$$\begin{Bmatrix} \gamma_\mathrm{rz} \\ \gamma_{\varphi\mathrm{z}} \end{Bmatrix} = \begin{bmatrix} \dfrac{\partial}{\partial r} & 1 & 0 \\ \dfrac{1}{r}\dfrac{\partial}{\partial\varphi} & 0 & 1 \end{bmatrix} \begin{Bmatrix} w \\ \beta_\mathrm{r} \\ \beta_\varphi \end{Bmatrix}. \tag{12.11}$$

Prinzipformulierung

Das Prinzip der virtuellen Verrückungen für einen Kreisring mit Vorgabe von Schnittkräften an den Rändern $r = r_\mathrm{a}$ und $r = r_\mathrm{i}$ lautet in Polarkoordinaten ähnlich wie bei Verwendung von kartesischen Koordinaten,

$$\int_0^{2\pi}\int_{r_\mathrm{i}}^{r_\mathrm{a}} \delta\boldsymbol{\varepsilon}^\mathrm{T}\,\boldsymbol{\sigma}\,r\,\mathrm{d}r\,\mathrm{d}\varphi - \int_0^{2\pi}\int_{r_\mathrm{i}}^{r_\mathrm{a}} \delta\boldsymbol{u}^\mathrm{T}\,(\bar{\boldsymbol{p}} - [\,\boldsymbol{\mu}\,]\,\boldsymbol{u}^{\cdot\cdot})\,r\,\mathrm{d}r\,\mathrm{d}\varphi$$

$$- \int_0^{2\pi} \delta\boldsymbol{u}_\mathrm{r}^\mathrm{T}\,\bar{\boldsymbol{\sigma}}_\mathrm{R}\,r\,\mathrm{d}\varphi\,\Big|_{r_\mathrm{i}}^{r_\mathrm{a}} = 0\,, \tag{12.12}$$

wobei die Zustands- und Belastungsgrößen von Scheibe und Platte in Vektoren zusammengefasst werden,

$$\begin{aligned}
\boldsymbol{\varepsilon}^\mathrm{T} &= \{\varepsilon_\mathrm{r}\,,\,\varepsilon_\varphi\,,\,\gamma_{\mathrm{r}\varphi}\,,\,\gamma_\mathrm{rz}\,,\,\gamma_{\varphi\mathrm{z}}\,,\,\kappa_\mathrm{r}\,,\,\kappa_\varphi\,,\,2\,\kappa_{\mathrm{r}\varphi}\}\,,\\
\boldsymbol{\sigma}^\mathrm{T} &= \{n_\mathrm{r}\,,\,n_\varphi\,,\,n_{\mathrm{r}\varphi}\,,\,q_\mathrm{r}\,,\,q_\varphi\,,\,m_\mathrm{r}\,,\,m_\varphi\,,\,m_{\mathrm{r}\varphi}\}\,,\\
\boldsymbol{u}^\mathrm{T} &= \{u_\mathrm{r}\,,\,u_\varphi\,,\,w\,,\,\beta_\mathrm{r}\,,\,\beta_\varphi\}\,,\\
\bar{\boldsymbol{p}}^\mathrm{T} &= \{\bar{p}_\mathrm{r}\,,\,\bar{p}_\varphi\,,\,\bar{p}_\mathrm{z}\,,\,\bar{p}_\mathrm{mr}\,,\,\bar{p}_{\mathrm{m}\varphi}\}\,,\\
\boldsymbol{u}_\mathrm{r}^\mathrm{T} &= \{u_\mathrm{r}\,,\;\,u_\varphi\,,\,w\,,\,\beta_\mathrm{r}\,,\,\beta_\varphi\}_\mathrm{r}\,,\\
\bar{\boldsymbol{\sigma}}_\mathrm{R}^\mathrm{T} &= \{\bar{n}_\mathrm{r}\,,\,\bar{n}_{\mathrm{r}\varphi}\,,\,\bar{q}_\mathrm{r}\,,\,\bar{m}_\mathrm{r}\,,\,\bar{m}_{\mathrm{r}\varphi}\}_\mathrm{R}\,,
\end{aligned}$$

und die Massen- und Drehmassenbelegungen in einer Diagonalmatrix (vergleiche Tabelle 10.1, Abschnitt 10.4) angeordnet sind.

12.4 Ausnutzung der Rotationssymmetrie

Für Zustandsgrößen und Belastungen wird ein Fourier-Ansatz in Umfangsrichtung eingeführt. Im Hinblick auf den anschließenden Koeffizientenvergleich wird berücksichtigt, dass beispielsweise die den Verschiebungszustand beschreibenden u_r- und u_φ-Verläufe um 90° gegeneinander phasenverschoben sind; zu einem cosinusförmigen u_r-Verlauf gehört ein sinusförmiger u_φ-Verlauf. Wir wollen zur Erfassung der φ-Abhängigkeit die komplexe Schreibweise verwenden, wobei die mit großen Buchstaben gekennzeichneten Amplitudenfunktionen noch vom Radius r und von der Zeit t abhängen. Dann ergibt sich für die Scheibengrößen

$$u_\mathrm{r}(r,\varphi,t) \;=\; \sum_{\mathrm{k}=-\infty}^{\infty} U_\mathrm{rk}(r,t)\,\mathrm{e}^{\mathrm{i}\,k\,\varphi}\,, \tag{12.13a}$$

$$n_\mathrm{r}(r,\varphi,t) \;=\; \sum_{\mathrm{k}=-\infty}^{\infty} N_\mathrm{rk}(r,t)\,\mathrm{e}^{\mathrm{i}\,k\,\varphi}\,, \tag{12.13b}$$

$$n_\varphi(r,\varphi,t) \;=\; \sum_{\mathrm{k}=-\infty}^{\infty} N_{\varphi\mathrm{k}}(r,t)\,\mathrm{e}^{\mathrm{i}\,k\,\varphi}\,, \tag{12.13c}$$

$$\bar{p}_\mathrm{r}(r,\varphi,t) \;=\; \sum_{\mathrm{k}=-\infty}^{\infty} \bar{P}_\mathrm{rk}(r,t)\,\mathrm{e}^{\mathrm{i}\,k\,\varphi}\,. \tag{12.13d}$$

Entsprechend lauten die Ansätze für die Plattengrößen w, β_r, m_r, m_φ, q_r, $\bar{p}_\mathrm{z}$, $\bar{p}_\mathrm{mr}$. Unter Berücksichtigung einer Phasenverschiebung erhält man

$$u_\varphi(r,\varphi,t) = \sum_{k=-\infty}^{\infty} U_{\varphi k}(r,t)\,\mathrm{e}^{\mathrm{i}\,(k\,\varphi - \operatorname{sgn} k\,\pi/2)}, \tag{12.14a}$$

$$n_{r\varphi}(r,\varphi,t) = \sum_{k=-\infty}^{\infty} N_{r\varphi k}(r,t)\,\mathrm{e}^{\mathrm{i}\,(k\,\varphi - \operatorname{sgn} k\,\pi/2)}, \tag{12.14b}$$

$$\bar{p}_\varphi(r,\varphi,t) = \sum_{k=-\infty}^{\infty} \bar{P}_{\varphi k}(r,t)\,\mathrm{e}^{\mathrm{i}\,(k\,\varphi - \operatorname{sgn} k\,\pi/2)} \tag{12.14c}$$

$$\text{mit}\quad \operatorname{sgn} k = \begin{cases} 1, & k>0 \\ 0, & k=0 \\ -1, & k<0 \end{cases}.$$

Analog lauten die Reihenansätze für die Plattengrößen β_φ, $m_{r\varphi}$, q_φ, $\bar{p}_{m\varphi}$.

Die Einführung eines Phasenwinkels $\pm\pi/2$ entspricht, wie bereits erwähnt, einem abgestimmten sin-cos-Ansatz. Beim Übergang zu Differentialgleichungen, die nur noch von der Ortsvariablen r abhängen, erhält man (wegen $\mathrm{e}^{\pm\mathrm{i}\,\pi/2} = \pm\mathrm{i}$) Gleichungen zwischen rein reellen Größen. Mit den Reihenansätzen ergibt sich beispielsweise aus den Scheibengleichungen nach Elimination der Verzerrungen das folgende System von Differentialgleichungen, wobei der Index k der Zustands- und Belastungsgrößen gleich wieder weggelassen wurde:

$$N_r = D\left(\frac{\mathrm{d}U_r}{\mathrm{d}r} + \frac{\nu}{r}\,U_r + |\,k\,|\,\frac{\nu}{r}\,U_\varphi\right), \tag{12.15}$$

$$N_\varphi = D\left(\nu\,\frac{\mathrm{d}U_r}{\mathrm{d}r} + \frac{1}{r}\,U_r + |\,k\,|\,\frac{1}{r}\,U_\varphi\right), \tag{12.16}$$

$$N_{r\varphi} = D\,\frac{1-\nu}{2}\left(-\,|\,k\,|\,\frac{1}{r}\,U_r + \frac{\mathrm{d}U_\varphi}{\mathrm{d}r} - \frac{1}{r}\,U_\varphi\right), \tag{12.17}$$

$$\frac{1}{r}\,\frac{\mathrm{d}(r\,N_r)}{\mathrm{d}r} + |\,k\,|\,\frac{1}{r}\,N_{r\varphi} - \frac{1}{r}\,N_\varphi + \bar{P}_r - \mu\,\ddot{U}_r = 0\,, \tag{12.18}$$

$$\frac{1}{r}\,\frac{\mathrm{d}(r\,N_{r\varphi})}{\mathrm{d}r} - |\,k\,|\,\frac{1}{r}\,N_\varphi + \frac{1}{r}\,N_{r\varphi} + \bar{P}_\varphi - \mu\,\ddot{U}_\varphi = 0\,. \tag{12.19}$$

Ein entsprechendes Differentialgleichungssystem erhält man für die Biegeanteile. Genauso gut hätte man natürlich auch mit einem sin-cos-Ansatz arbeiten können [12.4].

12.5 Numerische Integration des homogenen Differentialgleichungssystems im statischen Fall

Im statischen Fall lässt sich das Differentialgleichungssystem (12.15) bis (12.19) bei Vorgabe aller Zustandsgrößen am Innenrand $r = r_i$ integrieren. Im Fall einer konstanten Dehnsteifigkeit existiert sogar eine analytische Lösung mit Besselfunktionen; bei variabler Dehnsteifigkeit infolge einer in r-Richtung veränderlichen Dicke muss numerisch integriert werden. Wir setzen hierbei die Belastung und die Massenterme zu Null, beschränken uns also auf den homogenen statischen Fall.

Die Amplitudenfunktionen hängen dann nur noch von der Stelle r und nicht mehr von der Zeit t ab. Man erhält auf diese Weise alle Zustandsgrößen für $r_\mathrm{i} \leqslant r \leqslant r_\mathrm{a}$ in Abhängigkeit von den (zunächst unbekannten) Zustandsgrößen am Innenrand. Für die numerische Integration wird das Differentialgleichungssystem noch etwas aufbereitet. Zunächst wird N_φ eliminiert. Weiterhin werden als Zustandsgrößen nicht die Schnittkräfte $(N_\mathrm{r}, N_{\mathrm{r}\varphi})$ sondern die mit r multiplizierten Schnittkräfte $(r\ N_\mathrm{r}, r\ N_{\mathrm{r}\varphi})$ verwendet. Für die Scheibenanteile verbleibt dann folgendes Gleichungssystem

$$\frac{\mathrm{d}}{\mathrm{d}r}\begin{Bmatrix} U_\mathrm{r} \\ U_\varphi \\ r\ N_\mathrm{r} \\ r\ N_{\mathrm{r}\varphi} \end{Bmatrix} = \begin{bmatrix} -\dfrac{\nu}{r} & -|\,k\,|\,\dfrac{\nu}{r} & \dfrac{1}{r\ D} & 0 \\ |\,k\,|\,\dfrac{1}{r} & \dfrac{1}{r} & 0 & \dfrac{2}{r\ D\ (1-\nu)} \\ \dfrac{D\ (1-\nu^2)}{r} & |\,k\,|\,\dfrac{D\ (1-\nu^2)}{r} & \dfrac{\nu}{r} & -|\,k\,|\,\dfrac{1}{r} \\ |\,k\,|\,\dfrac{D\ (1-\nu^2)}{r} & k^2\,\dfrac{D\ (1-\nu^2)}{r} & |\,k\,|\,\dfrac{\nu}{r} & -\dfrac{1}{r} \end{bmatrix} \begin{Bmatrix} U_\mathrm{r} \\ U_\varphi \\ r\ N_\mathrm{r} \\ r\ N_{\mathrm{r}\varphi} \end{Bmatrix} \tag{12.20}$$

oder mit entsprechenden Abkürzungen für den Zustandsvektor und für die Matrix

$$\frac{\mathrm{d}}{\mathrm{d}r}\,\boldsymbol{z}(r) = \boldsymbol{A}(r)\ \boldsymbol{z}(r)\,. \tag{12.21}$$

Dieses System von gewöhnlichen Differentialgleichungen wird als Anfangswertaufgabe durch numerische Integration gelöst. Im vorliegenden Fall wurde für die numerische Integration ein explizites Runge-Kutta-Verfahren [12.10] verwendet. Um alle denkbaren Anfangswerte zu erfassen, wird der Zustandsvektor für $r = r_\mathrm{i}$ durch eine mit dem unbekannten Amplitudenvektor $\boldsymbol{z}(r_\mathrm{i})$ multiplizierte Einheitsmatrix ausgedrückt:

$$\boldsymbol{z}(r_\mathrm{i}) = \mathbf{I}\ \boldsymbol{z}(r_\mathrm{i})\,. \tag{12.22}$$

Zu jeder Spalte der Einheitsmatrix gehört eine Lösung. Alle vier Lösungen werden für jede Stelle r wieder in einer Matrix $\boldsymbol{T}(r)$ zusammengefasst, so dass gilt

$$\boldsymbol{z}(r) = \boldsymbol{T}(r)\ \boldsymbol{z}(r_\mathrm{i}) \tag{12.23}$$

und für $r = r_\mathrm{a}$

$$\boldsymbol{z}(r_\mathrm{a}) = \boldsymbol{T}(r_\mathrm{a})\ \boldsymbol{z}(r_\mathrm{i}) = \boldsymbol{T}_\mathrm{a}\ \boldsymbol{z}(r_\mathrm{i})\,. \tag{12.24}$$

Die Matrix $\boldsymbol{T}_\mathrm{a}$ wird als Übertragungsmatrix bezeichnet. Die im Zuge der numerischen Integration aufgestellten Matrizen $\boldsymbol{T}(r)$ in den Zwischenintegrationspunkten werden abgespeichert, da die Zwischenwerte der Zustandsgrößen beispielsweise noch für die Ermittlung des Belastungsvektors und der Massenmatrix benötigt werden.

Im rotationssymmetrischen Beanspruchungsfall, also im Fall $k = 0$, entkoppeln sich $(U_\mathrm{r}, r\ N_\mathrm{r})$ und $(U_\varphi, r\ N_{\mathrm{r}\varphi})$. Für negative k-Werte braucht das Gleichungssystem (12.20) natürlich nicht gesondert integriert zu werden.

12.6 Teilinversion zur Ermittlung der Steifigkeitsmatrix und Berechnung von Einheitsverschiebungszuständen

Steifigkeitsmatrix

Nach Partitionierung der Übertragungsmatrix erhält man aus Gl. (12.24)

$$\begin{Bmatrix} U_{\mathrm{ra}} \\ U_{\varphi\mathrm{a}} \\ r_{\mathrm{a}}\, N_{\mathrm{ra}} \\ r_{\mathrm{a}}\, N_{\mathrm{r}\varphi\mathrm{a}} \end{Bmatrix} = \begin{bmatrix} \boldsymbol{T}_{11} & \boldsymbol{T}_{12} \\ \boldsymbol{T}_{21} & \boldsymbol{T}_{22} \end{bmatrix} \begin{Bmatrix} U_{\mathrm{ri}} \\ U_{\varphi\mathrm{i}} \\ r_{\mathrm{i}}\, N_{\mathrm{ri}} \\ r_{\mathrm{i}}\, N_{\mathrm{r}\varphi\mathrm{i}} \end{Bmatrix}. \tag{12.25}$$

Durch Teilinversion lässt sich daraus eine Beziehung zwischen den Verschiebungsamplituden und den mit r multiplizierten Schnittkraftamplituden erzeugen:

$$\begin{Bmatrix} -r_{\mathrm{i}}\, N_{\mathrm{ri}} \\ -r_{\mathrm{i}}\, N_{\mathrm{r}\varphi\mathrm{i}} \\ r_{\mathrm{a}}\, N_{\mathrm{ra}} \\ r_{\mathrm{a}}\, N_{\mathrm{r}\varphi\mathrm{a}} \end{Bmatrix} = \frac{1}{2\,\pi} \begin{bmatrix} \boldsymbol{S}_{11} & \boldsymbol{S}_{12} \\ \boldsymbol{S}_{21} & \boldsymbol{S}_{22} \end{bmatrix} \begin{Bmatrix} U_{\mathrm{ri}} \\ U_{\varphi\mathrm{i}} \\ U_{\mathrm{ra}} \\ U_{\varphi\mathrm{a}} \end{Bmatrix} \tag{12.26}$$

$$\text{mit} \quad \begin{bmatrix} \boldsymbol{S}_{11} & \boldsymbol{S}_{12} \\ \boldsymbol{S}_{21} & \boldsymbol{S}_{22} \end{bmatrix} = 2\,\pi \begin{bmatrix} \boldsymbol{T}_{12}^{-1}\, \boldsymbol{T}_{11} & -\boldsymbol{T}_{12}^{-1} \\ \boldsymbol{T}_{21} - \boldsymbol{T}_{22}\, \boldsymbol{T}_{12}^{-1}\, \boldsymbol{T}_{11} & \boldsymbol{T}_{22}\, \boldsymbol{T}_{12}^{-1} \end{bmatrix}. \tag{12.27}$$

Wir haben die Untermatrizen in Gl. (12.26) als $\boldsymbol{S}_{\mathrm{ij}}$ bezeichnet und einen Faktor $2\,\pi$ eingeführt, weil es sich dann bei der verknüpfenden Matrix, von Fehlern bei der numerischen Integration abgesehen, gerade um die statisch exakte Steifigkeitsmatrix handelt. Die Symmetrie der verknüpfenden Matrix, $\boldsymbol{S} = \boldsymbol{S}^{\mathrm{T}}$, mit der man die Güte der numerischen Integration kontrollieren kann, ist nur dann gegeben, wenn man die Matrix für die mit r multiplizierten Schnittkräfte N_{r} und $N_{\mathrm{r}\varphi}$ formuliert. Die Berechtigung des Faktors $2\,\pi$ macht man sich am einfachsten durch Umformung des Ausdrucks für die virtuelle Formänderungsenergie von Gl. (12.12)

$$\delta\Pi_{\mathrm{i}} = \int_0^{2\,\pi} \int_{r_{\mathrm{i}}}^{r_{\mathrm{a}}} \delta\boldsymbol{\varepsilon}^{\mathrm{T}}\, \boldsymbol{\sigma}\; r\; \mathrm{d}r\; \mathrm{d}\varphi$$

klar. Bei der numerischen Integration erhält man (wiederum bis auf eventuelle Integrationsfehler) die exakten homogenen Zustandsgrößen. Daher lässt sich das Flächenintegral für die virtuelle Formänderungsenergie durch das Randintegral über den Außen- und Innenrand des Kreisringes ausdrücken (siehe Aufgabe 12.1):

$$\delta\Pi_{\mathrm{i}} = \int_0^{2\,\pi} \delta\boldsymbol{u}_{\mathrm{r}}^{\mathrm{T}}\, \boldsymbol{\sigma}_{\mathrm{r}}\; r\; \mathrm{d}\varphi \,\Bigg|_{r_{\mathrm{i}}}^{r_{\mathrm{a}}}.$$

Für den Scheibenanteil ergibt sich also

$$\delta\Pi_\mathrm{i}^\mathrm{S} = \int\limits_0^{2\pi} \{\delta u_\mathrm{r}, \delta u_\varphi\} \begin{Bmatrix} r\, n_\mathrm{r} \\ r\, n_{\mathrm{r}\varphi} \end{Bmatrix} \mathrm{d}\varphi \Bigg|_{r_\mathrm{i}}^{r_\mathrm{a}} .$$

Um die Integration über φ ausführen zu können, muss man noch die Ansätze (12.13) und (12.14) einführen, wobei Integration und Summation vertauscht werden können:

$$\delta\Pi_\mathrm{i}^\mathrm{S} = \sum_{\mathrm{k}=-\infty}^{\infty} \sum_{\mathrm{l}=-\infty}^{\infty} \Bigg[\delta U_{\mathrm{r,k}}\, r\, N_{\mathrm{r,l}} \int\limits_0^{2\pi} \mathrm{e}^{\mathrm{i\,k}\,\varphi}\, \mathrm{e}^{\mathrm{i\,l}\,\varphi}\, \mathrm{d}\varphi$$

$$+ \delta U_{\varphi,\mathrm{k}}\, r\, N_{\mathrm{r}\varphi,\mathrm{l}} \int\limits_0^{2\pi} \mathrm{e}^{\mathrm{i\,(k}\,\varphi - \mathrm{sgn\,k}\,\pi/2)}\, \mathrm{e}^{\mathrm{i\,(l}\,\varphi - \mathrm{sgn\,l}\,\pi/2)}\, \mathrm{d}\varphi \Bigg] \Bigg|_{r_\mathrm{i}}^{r_\mathrm{a}} .$$

Die Integrale liefern nur dann von Null verschiedene Werte, wenn $k = -l$ ist, da

$$\int\limits_0^{2\pi} \mathrm{e}^{\mathrm{i\,m}\,\varphi}\, \mathrm{d}\varphi = \begin{cases} 2\,\pi & \text{für } m = 0 \\ 0 & \text{für } m \neq 0 \end{cases}$$

gilt. Damit verbleibt nur noch eine Einfachsumme

$$\delta\Pi_\mathrm{i}^\mathrm{S} = \sum_{\mathrm{k}=-\infty}^{\infty} 2\,\pi\, \{\delta U_\mathrm{ri}\,, \delta U_{\varphi\mathrm{i}}\,, \delta U_\mathrm{ra}\,, \delta U_{\varphi\mathrm{a}}\}_{-\mathrm{k}} \begin{Bmatrix} -r_\mathrm{i}\, N_\mathrm{ri} \\ -r_\mathrm{i}\, N_{\mathrm{r}\varphi\mathrm{i}} \\ r_\mathrm{a}\, N_\mathrm{ra} \\ r_\mathrm{a}\, N_{\mathrm{r}\varphi\mathrm{a}} \end{Bmatrix}_\mathrm{k} .$$

Die Einführung des Faktors r bei den Schnittkräften erweist sich damit auch vom Prinzip her gerechtfertigt. Der Faktor $2\,\pi$ kürzt sich heraus, wenn man Gl. (12.26) einführt. Die virtuelle Formänderungsenergie ergibt sich dann erwartungsgemäß zu

$$\delta\Pi_\mathrm{i} = \sum_{\mathrm{k}=-\infty}^{\infty} \delta\boldsymbol{U}_{-\mathrm{k}}^\mathrm{T}\ \boldsymbol{S}_\mathrm{k}\ \boldsymbol{U}_\mathrm{k} .$$

Einheitsverschiebungszustände

Die Ermittlung der statisch exakten Einheitsverschiebungszustände (und gegebenenfalls der zugehörigen Schnittkräfte) ist ebenfalls einfach, da man mit der Steifigkeitsmatrix die (homogenen) Schnittkräfte am Innenrand infolge der Einheitsverschiebungen ausrechnen kann (Gl. (12.27)). Damit erhält man

$$\begin{Bmatrix} U_\mathrm{r}(r) \\ U_\varphi(r) \\ r\, N_\mathrm{r}(r) \\ r\, N_{\mathrm{r}\varphi}(r) \end{Bmatrix} = \Big[\ \boldsymbol{T}(r)\ \Big] \begin{bmatrix} \mathbf{I} & \mathbf{0} \\ -\boldsymbol{T}_{12}^{-1}\,\boldsymbol{T}_{11} & \boldsymbol{T}_{12}^{-1} \end{bmatrix} \begin{Bmatrix} U_\mathrm{ri} \\ U_{\varphi\mathrm{i}} \\ U_\mathrm{ra} \\ U_{\varphi\mathrm{a}} \end{Bmatrix}$$

$$= \begin{bmatrix} \boldsymbol{f}_\mathrm{ur}^\mathrm{T} \\ \boldsymbol{f}_{\mathrm{u}\varphi}^\mathrm{T} \\ \boldsymbol{f}_\mathrm{nr}^\mathrm{T} \\ \boldsymbol{f}_{\mathrm{nr}\varphi}^\mathrm{T} \end{bmatrix} \begin{Bmatrix} U_\mathrm{ri} \\ U_{\varphi\mathrm{i}} \\ U_\mathrm{ra} \\ U_{\varphi\mathrm{a}} \end{Bmatrix} . \qquad (12.28)$$

Die Vektoren $\boldsymbol{f}_{\mathrm{ur}}$ und $\boldsymbol{f}_{\mathrm{u}\varphi}$ sind in der Regel voll besetzt, d. h. zu einem Einheitsverschiebungszustand in r- oder φ-Richtung gehört in der Scheibe ein Verschiebungszustand in beiden Richtungen (siehe Bild 12.8). Sie sind gleichermaßen für positive und negative k-Werte gültig. Bei der Eigenfrequenzberechnung braucht deshalb nicht zwischen $-k$ und $+k$ unterschieden zu werden, so wie sich bei reeller Betrachtung auch für $\sin k\,\varphi$ und $\cos k\,\varphi$ die gleiche Eigenwertaufgabe ergibt.

12.7 Ermittlung der Massenmatrix und des Belastungsvektors mit dem Prinzip der virtuellen Verrückungen

Ausgangspunkt der Ermittlung der Massenmatrix und des Belastungsvektors ist das Prinzip der virtuellen Verrückungen, Gl. (12.12). Der Term

$$\int_0^{2\pi}\int_{r_i}^{r_a} \delta \boldsymbol{u}^{\mathrm{T}}\,[\boldsymbol{\mu}]\,\ddot{\boldsymbol{u}}\; r\,\mathrm{d}r\,\mathrm{d}\varphi$$

liefert die Massenmatrix (vergleiche Abschnitt 10.4). Für die Scheibenanteile erhält man nach Einführung des Fourier-Ansatzes und nach Ausführung der Integration in Umfangsrichtung (vergleiche Berechnung der virtuellen Formänderungsenergie in Abschnitt 12.6)

$$\begin{aligned}&\int_0^{2\pi}\int_{r_i}^{r_a} \left[\delta u_{\mathrm{r}}(r,\varphi)\;\mu\;\ddot{u}_{\mathrm{r}}(r,\varphi,t) + \delta u_{\varphi}(r,\varphi)\;\mu\;\ddot{u}_{\varphi}(r,\varphi,t)\right] r\,\mathrm{d}r\,\mathrm{d}\varphi\\ &= \sum_{\mathrm{k}=-\infty}^{\infty} 2\,\pi \int_{r_i}^{r_a} \left[\delta U_{\mathrm{r},-\mathrm{k}}(r)\;\mu\;\ddot{U}_{\mathrm{r,k}}(r,t) + \delta U_{\varphi,-\mathrm{k}}(r)\;\mu\;\ddot{U}_{\varphi,\mathrm{k}}(r,t)\right] r\,\mathrm{d}r\,.\end{aligned}$$

Mit den Ansatzfunktionen aus Gl. (12.28) erhält man schließlich als Ausdruck für die Massenmatrix

$$\boldsymbol{M}_{\mathrm{k}} = 2\,\pi \int_{r_i}^{r_a} \mu\,\left[\boldsymbol{f}_{\mathrm{ur,k}}\,\boldsymbol{f}_{\mathrm{ur,k}}^{\mathrm{T}} + \boldsymbol{f}_{\mathrm{u}\varphi,\mathrm{k}}\,\boldsymbol{f}_{\mathrm{u}\varphi,\mathrm{k}}^{\mathrm{T}}\right] r\,\mathrm{d}r\,. \tag{12.29}$$

Da $\boldsymbol{f}_{\mathrm{ur}}$ und $\boldsymbol{f}_{\mathrm{uj}}$ nur punktweise vorliegen, müssen die Integrale durch numerische Integration ausgewertet werden.

Im Bedarfsfall lässt sich der Belastungsvektor ohne Probleme ebenfalls aus dem entsprechenden Term des Prinzips durch numerische Integration ermitteln.

12.8 Aufbau des Gleichungssystems

Die Elementmatrizen von ringförmigen Scheibenelementen liegen jetzt vor. Für schubweiche Plattenringelemente erfolgt die Ermittlung der Elementmatrizen in

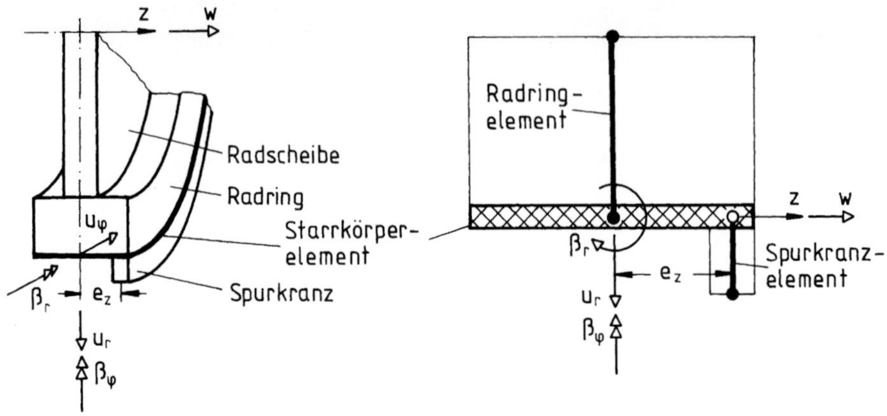

Bild 12.7. Exzentrischer Spurkranzanschluss

völliger Analogie. In den Fällen $k = 0$ bzw. $|\,k\,| = 1$ müssen noch Effekte aus der Dehnung, Torsion und Biegung der Achse berücksichtigt werden. Für $|\,k\,| \geqslant 2$ bleibt die Achse undeformiert, solange man nicht dreidimensional modelliert.

Die Eigenfrequenzberechnung des kompletten Radsatzes sollte auch die Exzentrizität des Spurkranzes und den Anschluss der Radscheibe an die Achse über eine als starr betrachtete Nabe (siehe Bild 12.4) berücksichtigen. Exemplarisch stellen wir die erforderlichen Transformationen für den exzentrischen Spurkranzanschluss (Bild 12.7) dar, der eine Kopplung von Platten- und Scheibenfreiheitsgraden zur Folge hat.

Um den exzentrischen Anschluss zu erfassen, wird ein Starrkörperelement eingeführt, durch das die Freiheitsgrade am Innenumfang des Spurkranzes vollständig durch Freiheitsgrade am Außenumfang des Radrings ausgedrückt werden. Für beliebige k-Werte gilt:

$$\begin{Bmatrix} U_{\mathrm{ri}} \\ U_{\varphi \mathrm{i}} \\ W_{\mathrm{i}} \\ B_{\mathrm{ri}} \\ B_{\varphi \mathrm{i}} \end{Bmatrix}_{\text{Spurkranz}} = \begin{bmatrix} 1 & 0 & 0 & e_{\mathrm{z}} & 0 \\ 0 & 1 & 0 & 0 & e_{\mathrm{z}} \\ 0 & 0 & 1 & 0 & 0 \\ 0 & 0 & 0 & 1 & 0 \\ 0 & 0 & 0 & 0 & 1 \end{bmatrix} \begin{Bmatrix} U_{\mathrm{ra}} \\ U_{\varphi \mathrm{a}} \\ W_{\mathrm{a}} \\ B_{\mathrm{ra}} \\ B_{\varphi \mathrm{a}} \end{Bmatrix}_{\text{Radring}} .$$

Mit dieser Transformationsmatrix müssen die Elementmatrizen des Spurkranzes umgeformt werden, bevor sie in das Gleichungssystem eingebaut werden. Ansonsten läuft der Aufbau des Gleichungssystems in bekannter Weise ab.

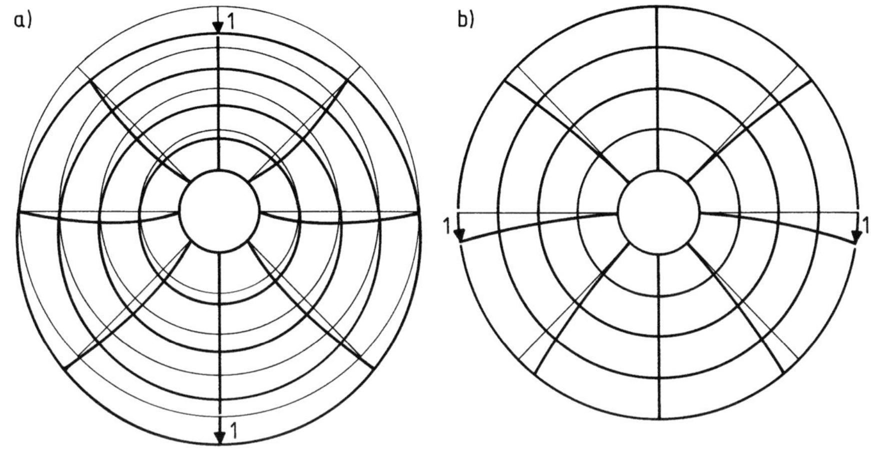

Bild 12.8. Reelle Anteile der Einheitsverschiebungszustände einer Kreisringscheibe mit einer Periodenzahl $k = 1$. **a** Außenrandverschiebung $U_{\mathrm{ra}} = 1$, **b** Außenrandverschiebung $U_{\varphi\mathrm{a}} = 1$

12.9 Einige Ergebnisse

Die Ansatzfunktionen (Einheitsverschiebungszustände) sind ebenso wie die Steifigkeitsmatrix statisch exakte Lösungen. In Bild 12.8 sind zur Illustration zwei Einheitsverschiebungszustände einer Kreisringscheibe bei einer Periodenzahl $k = 1$ wiedergeben. Die Einheitsverschiebungszustände sind zunächst einmal nur von r abhängig, siehe Gl. (12.28). Zur Veranschaulichung ist es aber besser, auf eine zweidimensionale Darstellung überzugehen. In Gl. (12.13a) und (12.14a) wird bezüglich φ ein komplexer $\mathrm{e}^{\mathrm{i}\,k\,\varphi}$-Ansatz verwendet. Man kann sich aber bei der Darstellung auf die reellen Anteile von $u_{\mathrm{r}}(r\ \varphi)$ und $u_{\varphi}(r\ \varphi)$ beschränken, da die imaginären Anteile lediglich um 90° phasenverschoben sind. (Bei einer reellen Belastung ist natürlich auch der endgültige Verschiebungszustand reell, siehe Aufgabe 12.3.) Vorgegeben wird am Außenrand eine Verschiebung in radialer bzw. in tangentialer Richtung. Bei dem radialen Verschiebungszustand erkennt man deutlich, dass neben radialen auch tangentiale Verschiebungskomponenten auftreten. Ebenfalls ist gut zu erkennen, dass die u_{r}- und u_{φ}-Verläufe um 90° gegeneinander phasenverschoben sind: Die Verschiebung u_{r} hat ihr Maximum bei $\varphi = 0, \pi$, die Verschiebung u_{φ} bei $\varphi = \pm\pi/2$. Der tangentiale Einheitsverschiebungszustand lässt zudem klar die Abweichung vom linearen Verlauf in r-Richtung erkennen.

Am Beispiel einer am Innenrand eingespannten, am Außenrand freien Kreisscheibe (Bild 12.9) mit $r_{\mathrm{i}} = 0{,}1\,\mathrm{m}$ und $r_{\mathrm{a}} = 0{,}5\,\mathrm{m}$ (Materialdaten siehe Bild 12.9, die konstante Scheibendicke ist ohne Einfluss) lassen sich Genauigkeit und Konvergenzverhalten demonstrieren. Die Vergleichswerte, die aus einer analytischen Lösung unter Verwendung von Besselfunktionen entwickelt wurden, werden in Tabelle 12.1 in Abhängigkeit von der Anzahl der Knotenlinien k und der Ordnungszahl l angegeben. Während k als Periodenzahl bereits im Ansatz enthalten ist, wird l zusätzlich eingeführt, um unterschiedliche Eigenfrequenzen einer Periodenzahl zu unterscheiden. Bei Kreisplatten entspricht l der Anzahl der Knotenkreise.

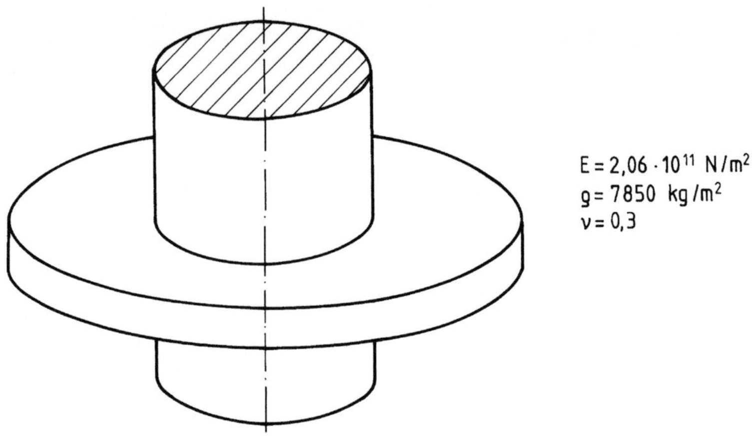

Bild 12.9. Kreisringscheibe, am Innenrand eingespannt

Tabelle 12.1. Vergleichslösungen für die Eigenfrequenzen der Kreisringscheibe von Bild 12.9 in Abhängigkeit von der Periodenzahl k und der Ordnungszahl l [12.3]

	$k = 0$	1	2
$l = 0$	602,4 (‚Torsion')	1 571,5	2 634,8
1	3 3767,2 (Aufweitung)	3 625,2	4 451,9
2	5 890,3	6 974,7	8 825,3
3	10 416,9	9 244,7	9 187,7

In Bild 12.10 sind die Fehler bei Verfeinerung der Elementierung in doppeltlogarithmischer Darstellung wiedergegeben. Deutlich erkennbar ist ein Konvergenzverhalten mit der Fehlerordnung 2. Der Fehler ist um so größer, je größer die exakte Eigenfrequenz ist: Durch die statisch exakten Ansatzfunktionen werden nur die unteren Eigenfrequenzen besser approximiert. Das erkennt man besonders deutlich, wenn man sich für die Fälle $(k, l) = (0, 0)$ und $(k, l) = (0, 1)$, bei denen es sich um eine rein tangentiale Eigenform (‚Torsion') bzw. radiale Eigenform (Aufweitung) handelt, Näherungslösungen mit dem Rayleigh-Quotienten bei Verwendung eines linearen Verschiebungsansatzes beschafft (Tabelle 12.2).

Das kombinierte Verfahren ist bei der Torsionseigenschwingung eindeutig überlegen, während bei der Aufweitungseigenschwingung keine Verbesserung mehr erkennbar ist. Für die Berechnung der Eigenschwingungen homogener Kreisringscheiben würde demnach der Aufwand, den man bei den kombinierten Verfahren treibt, kaum lohnen.

Bei realen Konstruktionen wie dem Radsatz von Bild 12.11 sieht das aus zwei Gründen anders aus: Zum einen dominieren bei den unteren Frequenzen bis 2 000 Hz die Platteneffekte, bei denen die Verbesserung durch die statisch exakten Ansatzfunktionen gegenüber den elementweise linearen Verläufen für w und β_r schon

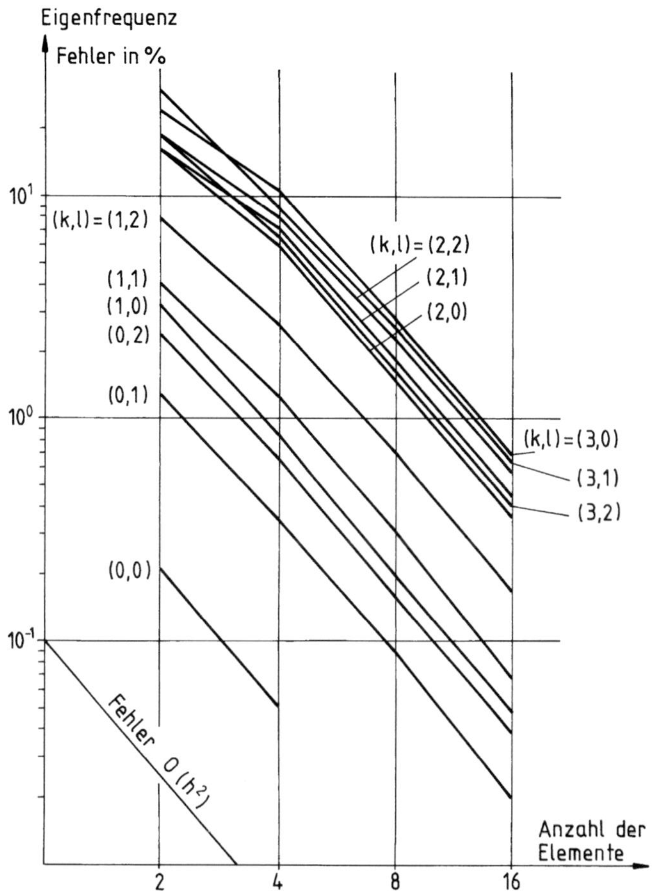

Bild 12.10. Fehler der Eigenfrequenz bei zunehmend feinerer Elementierung

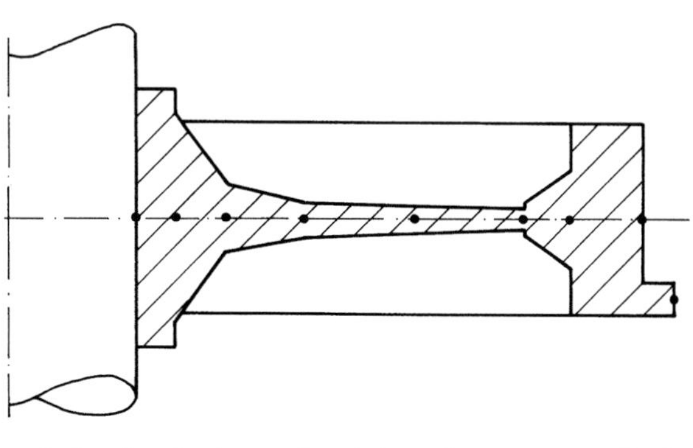

Bild 12.11. Querschnitt durch ein an der Achse eingespanntes Rad mit exzentrischem Spurkranz, Elementierung (Daten siehe [12.3])

Tabelle 12.2. Eigenfrequenzen eines Ein-Element-Modells aus einer Berechnung mit dem kombinierten Verfahren (statisch exakte Ansatzfunktionen) und mit dem Rayleigh-Quotienten bei Verwendung eines linearen Verschiebungsansatzes

		exakte Eigenfrequenz	kombiniertes Verfahren	linearer Ansatz
‚Torsion‘	$(k,l) = (0,0)$	602,4	606,1	979,2
Aufweitung	$(k,l) = (0,1)$	3 767,2	4 174,3	4 171,3

wegen des Shear-Locking-Effekts durchschlagend ist; zum anderen wird mit den statisch exakten Ansatzfunktionen auch der Einfluss von Dickenänderungen richtig erfasst, während bei Verwendung linear veränderlicher Ansatzfunktionen in r-Richtung viel feiner unterteilt werden müsste. Überraschend ist an den Ergebnissen in Tabelle 12.3, dass die Spurkranzexzentrizität bei der Eigenfrequenz im Fall $(k,l) = (2,0)$ eine Frequenzverschiebung von über 10 % zur Folge hat.

In [12.4] wurde das Verfahren auf Rotationsschalen erweitert. Zusätzlich wurden gyroskopische Effekte und Effekte aus Fliehkräften berücksichtigt, die beide bei hohen Geschwindigkeiten eine Rolle spielen. Als ein Beispiel einer derartigen Berechnung ist in Bild 12.12 die laterale Eingangsrezeptanz, d. h. die laterale Verschiebungsamplitude des Lastangriffspunktes infolge harmonischer Kraftanregung in der Lauffläche in lateraler (axialer) Richtung wiedergegeben. Bei bestimmten Resonanzen ist, wenn man von $v = 0$ zu $v = 216\,\text{km/h}$ übergeht, deutlich die Gyroskopieaufspaltung zu erkennen. Obwohl es sich um den gleichen Radsatz wie

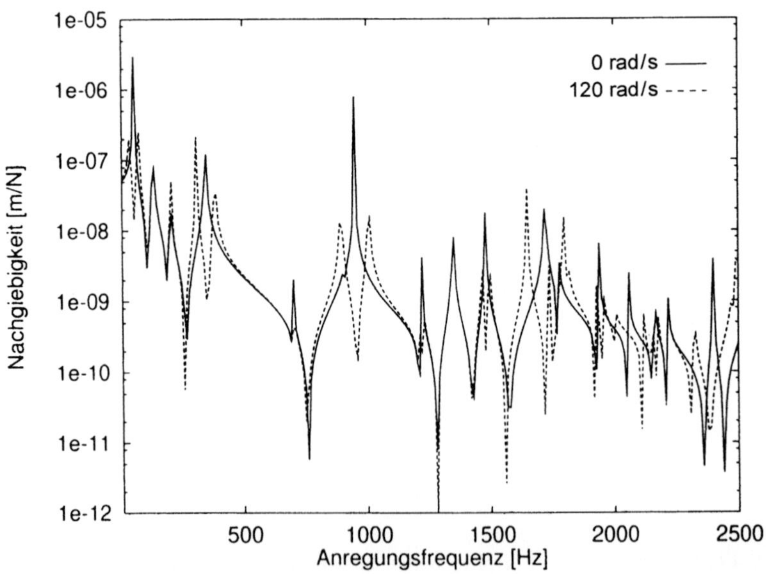

Bild 12.12. Laterale Nachgiebigkeit (Eingangsrezeptanz) bei Anregung des Radsatzes in der Lauffläche in lateraler Richtung nach [12.4] ($\Omega = 0$ und $\Omega = 120\,\text{rad/s}$ entsprechend einer Fahrgeschwindigkeit von 216 km/h)

Tabelle 12.3. Eigenfrequenzen des Rades von Bild 12.11 mit und ohne Exzentrizität des Spurkranzes (P: Plattenschwingungen dominant, S: Scheibenschwingungen dominant)

Knoten-linien k	Ordnungs-zahl l	dominanter Anteil	*Eigenfrequenz* (Hz) ohne Exzentrizität	*Eigenfrequenz* (Hz) mit Exzentrizität	Abweichung (%)
0	0	P	215,4	215,4	0,00
	1	P	1441,6	1394,1	−3,30
	2	P	2746,3	2685,0	−2,23
	0	S	3085,1	3084,0	0,04
1	0	P	162,6	163,6	0,63
	0	S	1386,1	1384,2	0,14
	1	P	1506,5	1519,8	−0,88
	2	P	2801,8	2759,3	−1,49
	1	S	6953,3	6952,9	−0,01
2	0	P	292,9	331,7	13,25
	1	P	1708,8	1814,5	6,19
	0	S	2065,4	2067,4	0,01
	2	P	2985,5	3020,7	1,18
	1	S	4326,8	4329,1	0,05
	2	S	8818,8	8806,0	0,14

bei den Rechnungen zu Tabelle 12.3 handelt, ist ein Vergleich von Eigenfrequenzen und Resonanzfrequenzen nur in wenigen Fällen möglich, da einmal die Radscheibe, das andere Mal der ganze Radsatz betrachtet wurden.

12.10 Einsatzgrenzen des Verfahrens

Die Einsatzgrenzen des Verfahrens sind erreicht, wenn das Verhältnis der Elementlänge (bei der Platte oder Scheibe der Wert $r_a - r_i$) zur Elementdicke $t(r)$ größer als 4 ist. Die Steifigkeitsmatrix lässt sich von einem bestimmten Längen-Dicken-Verhältnis an nicht mehr numerisch invertieren. Woran liegt das?

In [12.4] wurde für eine Zylinderschale (Radius $r = 1\,\text{m}$, Wanddicke $h = 0{,}02\,\text{m}$, $\nu = 0{,}3$) gezeigt, dass sich die Eigenwerte der Matrix $\boldsymbol{A}$ in diesem Fall um mehr als 600 unterscheiden. Es gibt also Zustände, die sehr schnell abklingen und zu denen im Rahmen der Rechengenauigkeit am Abschnittsende keine Informationen mehr vorliegen. Diese Informationen sind aber für die Teilinversion erforderlich. Anhand der Einheitsverschiebungszustände kann man erkennen, das es sich in erster Linie um die zu $\beta_{\varphi i} = 1$ und $\beta_{\varphi a} = 1$ gehörenden Zustände handelt. Bei schubstarren Platten oder Schalen würden diese Zustände aufgrund der Kirchhoff-Hypothese gar nicht mehr auftreten. Je dünner eine Kreisplatte oder Rotationsschale wird, um so mehr nähert sie sich dem schubstarren Fall an, bei dem der Abklingvorgang in einer infinitesimal dünnen Grenzschicht erfolgt.

Man muss also die Abschnittslänge im Verhältnis zur Dicke hinreichend klein halten. Bei Radsätzen ist das unproblematisch, da man aus konstruktiven Gründen sowieso mit relativ kurzen Abschnitten arbeitet (siehe Bild 12.4). Bei dünnwandigen Schalen lassen sich mehrere kurze Abschnitte zu einem Makroelement zusammenfassen, wobei die Zustandsvektoren an den Innenpunkten beibehalten werden [12.4]. Mathematisch entspricht das einer Mehrzielmethode [12.11].

12.11 Schlussfolgerungen

Das beschriebene Verfahren, bei dem die konsequente Ausnutzung der Rotationssymmetrie durch Fourier-Ansätze mit einem Übertragungsverfahren kombiniert wird und bei dem erst zum Schluss auf die Finite-Elemente-Logik übergegangen wird, ist ein typisches Beispiel für ein Single-Purpose-Verfahren. Im engen Anwendungsbereich der Eigenschwingungsberechnung rotationssymmetrischer Scheiben, Platten und Schalen mit veränderlicher Dicke ist ein derartiges Verfahren Multi-Purpose-Finite-Elemente-Programmen natürlich überlegen.

Eine Schwäche des Verfahrens besteht darin, dass die elastische Einspannung der Welle und der Radscheibe auf der Nabe nicht erfasst wird. Dieser Mangel ließe sich zumindest näherungsweise noch beheben, wenn man (ähnlich wie das Abbas [12.12] bei Turbinenschaufeln praktiziert) die elastische Einspannwirkung durch eine Vorabrechnung in entsprechende Federn umrechnet. Damit würde noch eine weitere Methode in das kombinierte Verfahren integriert werden.

Entsprechend durch Verfahrenskombinationen entwickelte Single-Purpose-Verfahren lassen sich an einer Fülle von anderen Stellen einsetzen. Bei periodischen, bis ins Unendliche erstreckten Strukturen (Beispiel: diskret gelagerte Eisenbahnschienen) lässt sich beispielsweise eine Grundeinheit sehr leicht mit finiten Elementen modellieren, während der Einfluss der Erstreckung bis ins Unendliche am einfachsten durch ein Übertragungsverfahren erfasst wird [12.13]. Interessiert man sich für das Zusammenwirken von inhomogenen Strukturen auf elastischen oder viskoelastischen Halbräumen (Beispiele: Zusammenwirken von Fundamenten und Baugrund [12.14], Zusammenwirken Gleisrost und Untergrund [12.15]), so modelliert man die inhomogene Struktur mit finiten Elementen und erfasst den Einfluss des Halbraumes durch ein Randelementverfahren. Die Vorteile der jeweiligen Verfahren kommen bei derartigen Kombinationen optimal zu Geltung.

12.12 Kopplung von Finite-Elemente- und Mehrkörpersystem-Modellen

Auf ein anderes kombiniertes Verfahren, das zunehmend an Bedeutung gewinnt, soll hier noch kurz eingegangen werden. Für die Behandlung dynamischer Probleme von technischen Systemen, die als sogenannte Mehrkörpersysteme modelliert werden können, wurden eine Reihe von Programmen entwickelt, darunter ADAMS, MEDYNA und SIMPACK. Anwendungsgebiete derartiger Mehrkörpersystem-Programme sind z. B. die Fahrzeugdynamik, die Maschinendynamik oder die Biodynamik. Das betrachtete System wird hierbei nicht in finite Elemente sondern in einzelne starre

Körper zerlegt [12.1], die über Federn, Dämpfer oder Gelenke miteinander verknüpft sind. Eine derartige Modellierung ist gerechtfertigt, wenn sich die Systemkomponenten in dem Frequenzbereich, in dem die Rechnung gültig sein soll, tatsächlich wie starre Körper verhalten. Bei einem konventionellen Reisezugwagen eines Schienenfahrzeugs etwa liegt die unterste Biegeeigenfrequenz des Wagenkastens vielfach über 20 Hz. Solange man sich nur für Vorgänge im Frequenzbereich bis 20 Hz interessiert, darf man dann nicht nur die Radsätze und Drehgestelle sondern auch den Wagenkasten selber als einen starren Körper behandeln.

Mit der Einführung ausgeprägter Leichtbaukonstruktionen auch im Schienenfahrzeugbau wird eine solche Modellierung fragwürdig. Bei dem Wagenkasten aus Bild 1.2 etwa liegen die niedrigsten Eigenfrequenzen in der Nähe von 10 Hz. Der Wagenkasten verhält sich also wie ein elastischer Körper. Die elastischen Eigenschaften des Wagenkastens müssen in einer numerischen Untersuchung berücksichtigt werden, da sie sich sowohl auf das Fahrverhalten als auch auf den Fahrkomfort auswirken.

Man kann sich nun fragen, warum man nicht von vornherein eine Finite-Elemente-Modellierung anstelle einer Mehrkörpersystem-Modellierung verwendet. Dies ist eine Frage des Rechenaufwandes. Um etwa die Wagenkasteneigenformen von Bild 1.2 zu erfassen, sind Zehntausende von Elementen bzw. Freiheitsgraden erforderlich. Für die Strukturanalyse ist das unproblematisch, eine Untersuchung der Fahrdynamik hingegen ist mit einer derart großen Zahl von Freiheitsgraden insbesondere aufgrund der Nichtlinearitäten in den Verbindungselementen und aufgrund der Vorgänge im Kontakt von Rad und Schiene überfordert. Ungefähr 200 mechanische Freiheitsgrade sind hier eine Obergrenze. Daher wurde eine Strategie entwickelt, zusätzlich zu den *Starrkörperfreiheitsgraden* (sechs für jeden räumlichen Körper) auch noch *elastische Freiheitsgrade* zu berücksichtigen. Man spricht dann von einem elastischen Mehrkörpersystem. Die Reduktion der komplexen elastischen Teilstruktur Wagenkasten auf wenige elastische Freiheitsgrade erfolgt mit einem Finite-Elemente-Programm, ebenso die an die Fahrdynamikuntersuchung anschließende Festigkeitsberechnung. In Bild 12.13 ist der Ablauf einer solchen Rechnung für das schematisierte Fahrzeug von Bild 12.14 skizziert:

- Zunächst wird in einer Vorabrechnung der freigeschnittene Wagenkasten als Finite-Elemente-Modell behandelt. Auf die Zahl der Freiheitsgrade kommt es hierbei nicht an. Als Ergebnis einer *Eigenschwingungsberechnung* erhält man *Eigenfrequenzen* und *Eigenschwingungsformen.* Zu jeder Eigenschwingungsform lassen sich eine *generalisierte Masse* und eine *generalisierte Steifigkeit* ermitteln. Neben den sechs Starrkörpereigenformen, zu denen die Frequenz 0 Hz und der Wert 0 für die generalisierte Steifigkeit gehören, braucht man nur die Eigenschwingungsformen zu berücksichtigen, deren Eigenfrequenzen unter einer vorher festgelegten oberen Frequenzgrenze liegen. In der anschließenden Fahrdynamikberechnung werden nur die generalisierten Massen und Steifigkeiten sowie die Werte der Eigenschwingungsformen an den Anschlusspunkten von Verbindungselementen (bei dem Wagenkasten von Bild 12.14 sind das die Punkte A und B) benötigt. Es handelt sich also um eine extreme Datenreduktion. Eine ähnliche dynamische Kondensation erfolgt für alle Körper, bei denen niedrige Eigenfrequenzen auftreten. Einzelheiten des Vorgehens werden in [12.1] beschrieben.

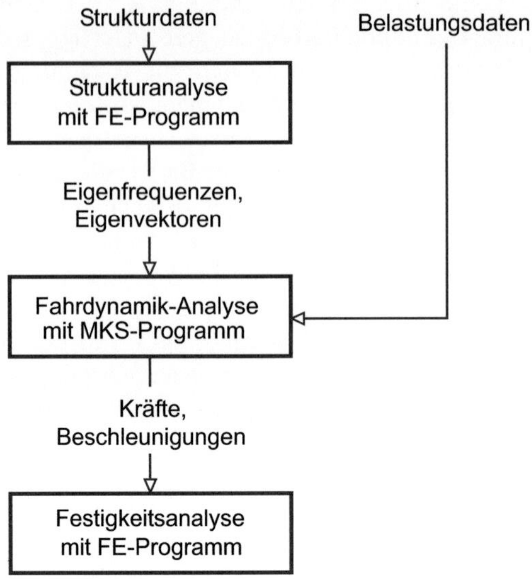

Bild 12.13. Rechenablauf einer gekoppelten Finite-Elemente-Mehrkörpersystem-Rechnung

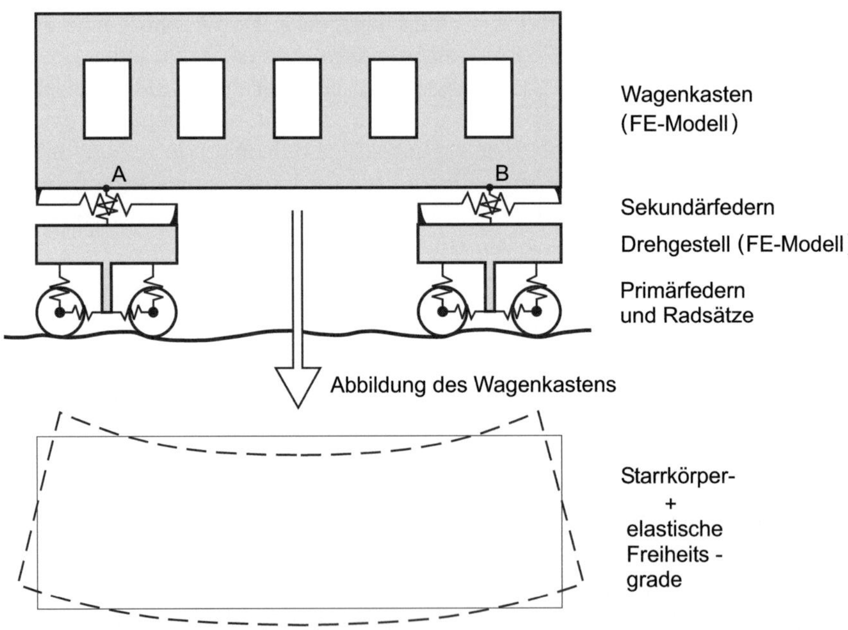

Bild 12.14. Schematische Darstellung eines Schienenfahrzeugs für eine gekoppelte Finite-Elemente-Mehrkörpersystem-Rechnung

- Die Fahrdynamikberechnung kann im Anschluss an die Finite-Elemente-Rechnung mit wesentlich weniger Freiheitsgraden erfolgen. Wenn beim Wagenkasten vier und bei den beiden Drehgestellen je eine elastische Eigenform mitgenommen werden, dann sind neben den 42 Starrkörperfreiheitsgraden für die sieben Körper nur sechs weitere elastische Freiheitsgrade zu berücksichtigen. Wenn der Kontakt zwischen Rad und Schiene immer gewährleistet ist, dann verringert sich die Zahl der Freiheitsgrade wegen der acht Zwangsbedingungen noch weiter, und es verbleiben 40 Freiheitsgrade. Ein derartiges Gleichungssystem lässt sich, auch wenn Nichtlinearitäten berücksichtigt werden, noch mit erträglichem Aufwand lösen.
- Für die nachfolgende Festigkeitsanalyse eines Drehgestells oder Komfortuntersuchung eines Wagenkastens werden in jedem Zeitschritt die Kräfte in den Verbindungselementen und die Beschleunigungsgrößen zu jedem der Freiheitsgrade übergeben. Um den Aufwand bei der Spannungsberechnung möglichst niedrig zu halten, sind eine Fülle von Zusatzüberlegungen erforderlich (siehe hierzu [12.1, 12.16–12.19]).

Eine derartige Kombination, die in einigen Mehrkörpersystem-Programmen bereits vorgesehen ist, verknüpft die Vorteile beider Verfahren: Mit der Methode der finiten Elemente lassen sich sehr komplexe Strukturen behandeln. Verfahren für Mehrkörpersysteme gestatten es, rechenzeitökonomisch den zeitlichen Verlauf von Bewegungsvorgängen zu untersuchen. Hierbei kommt es vor allem darauf an, die Datenkomprimierung des Finite-Elemente-Modells so vorzunehmen, dass bei der am Abschluss stehenden Festigkeitsberechnung bei geringem Rechenzeitaufwand eine möglichst hohe Genauigkeit erreicht wird.

Eine ausführliche Darstellung der Problematik elastischer Mehrkörpersysteme findet man in dem Buch von Schwertassek und Wallrapp [12.20].

12.13 Übungsaufgaben

Aufgabe 12.1. Ersatz des Flächenintegrals für $\delta\Pi_\mathrm{i}$ durch ein Randintegral

Im Abschnitt 12.6 wird am Beispiel der Kreisringscheibe das Flächenintegral für $\delta\Pi_\mathrm{i}$ durch ein Randintegral ersetzt.

- Warum ist ein solcher Ersatz bei dem hier vorgestellten Verfahren immer möglich?

Aufgabe 12.2. Kreisringscheibe unter Randlast

Eine am Innenrand eingespannte Kreisringscheibe wird am freien Außenrand durch eine cosinusförmige Linienlast $\bar{\sigma}_\mathrm{rR} = \bar{S}_\mathrm{rRc} \cos\varphi$ beansprucht.

- Wie lautet der zugehörige komplexe Ansatz für die Belastung nach Gl. (12.13d)?
- Wieso muss man die Verschiebungsberechnung nur für $k = 1$ und nicht auch für $k = -1$ durchführen?
- Wie lässt sich die reelle Verschiebung $u_\mathrm{r}(r, \varphi)$ ermitteln, wenn $U_\mathrm{r1}(r)$ bekannt ist?

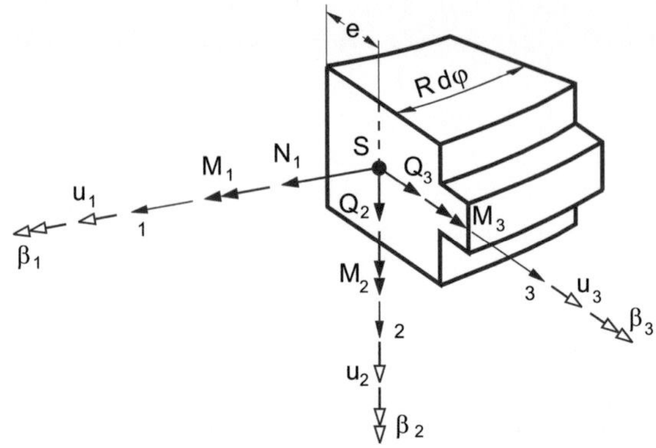

Bild 12.15. Bezeichnungen der Schnittkräfte und Verschiebungen bei einem Kreisbogen

Aufgabe 12.3. Radreifenmodellierung als Kreisbogen

Radring und Radkranz hätte man, statt sie als Platten-Scheiben-Struktur zu erfassen, auch als einen kreisringförmigen Balken modellieren können. Zur Vereinfachung darf angenommen werden, dass der Radkranz zentrisch auf dem Ring sitzt. Für die Schnittkräfte und Verschiebungen gelten die Bezeichnungen von Bild 12.15, die denen des räumlichen Stabes von Bild 2.18 entsprechen. Es soll angegeben werden, wie der als Kreisbogen modellierte Radreifen in das kombinierte Verfahren integriert werden kann.

- Wie lauten die Gleichgewichtsbedingungen für den Kreisbogen, wenn Linienlasten und Massenträgheitskräfte berücksichtigt werden, die Schnittkräfte, die sich aus der anschließenden Radscheibe ergeben, aber vernachlässigt werden?
- Wie lautet das Stoffgesetz und wie lauten die kinematischen Beziehungen? Es soll sich um einen schubweichen Bogen handeln, bei dem Schwerpunkt und Schubmittelpunkt zusammenfallen.
- Wie erfolgt der Einbau des Kreisbogens in die Steifigkeitsmatrix des Gesamtsystems? Welche Abmessungen hat hierbei für jeden Fourier-Reihenterm k die Elementsteifigkeitsmatrix des Kreisbogens? Welche Größen stehen im Elementverschiebungsvektor?
- Wie berücksichtigt man den Anschluss des äußeren Ringes der Radscheibe an den Kreisbogen?

Aufgabe 12.4. Gummiringgefederter Radreifen

Bei den bisher in Kapitel 12 behandelten Radsätzen handelt es sich um kompakte Radsätze. Jetzt soll ein gummiringgefederter Radreifen betrachtet werden.

- Kann das Verfahren so erweitert werden, dass dynamische Untersuchungen für Räder mit gummiringgefederten Radreifen (Bild 12.16) möglich werden. Es darf vereinfacht angenommen werden, dass der Gummiring sich im wesentlichen wie eine elastische Bettung verhält (vergleiche Aufgabe 3.3). Der äußere Teil der Radscheibe, auf der der Gummiring aufsitzt, und der anschließende Radreifen können wie bisher modelliert werden.

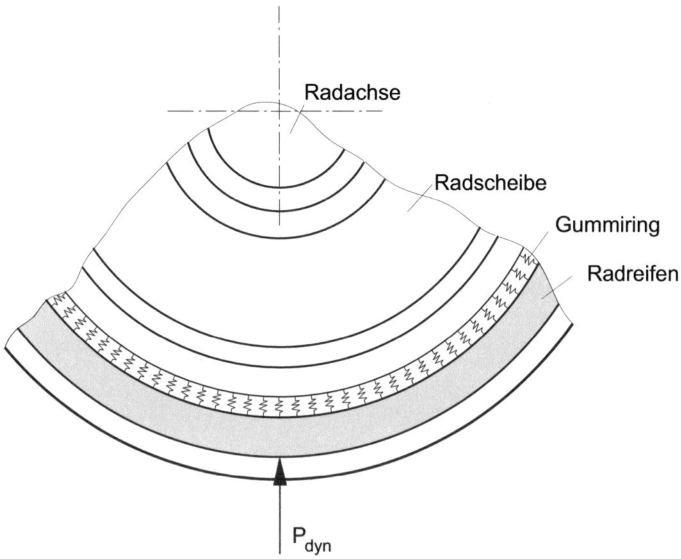

Bild 12.16. Gummiringgefederter Radreifen

- Die Gummiringbettung soll durch drei Bettungskonstanten erfasst werden. Wie erhält man diese Bettungskonstanten?

13 Einstieg in nichtlineare Berechnungsmethoden

Nichtlineare Rechnungen mit der Methode der finiten Elemente sind zwei Missverständnissen ausgesetzt. Einerseits hat der mit dem linearen Theorie Vertraute eine große Hochachtung vor einer nichtlinearen Betrachtung und ist skeptisch, ob ihm der Einstieg in dieses Gebiet gelingt; andererseits wird der Praktiker ohne Bedenken große Finite-Elemente-Programme benutzen, wenn es gilt, nichtlineare Probleme zu behandeln. Die Autoren haben sich daher entschlossen, in einem eigenen Kapitel die Entwicklung eines einfachen Finite-Elemente-Verfahrens für dreidimensionale Kontinua darzustellen. Dem Skeptiker soll klar gemacht werden, dass sich zumindest in der Logik der Finite-Elemente-Methode nur wenige Änderungen ergeben, der ‚bedenkenlose' Praktiker soll sehen, dass man sich für aufwendige nichtlineare Rechnungen mit den Hintergründen vertraut machen muss, um Fallgruben umgehen zu können.

Es gibt in der Kontinuumsmechanik im wesentlichen drei Arten von Nichtlinearitäten. Bei großen Deformationen spricht man von ‚geometrischen Nichtlinearitäten'; bei nichtlinearen Materialgesetzen handelt es sich um ‚physikalische Nichtlinearitäten' oder ‚Materialnichtlinearitäten'. Eine dritte Art, die wir hier nur der Vollständigkeit wegen erwähnen, sind die ‚Nichtlinearitäten infolge von Randbedingungen' wie sie z. B. bei Reibungs- und Kontaktproblemen auftreten. Auf die Herleitung der entsprechenden Grundgleichungen wird verzichtet, da dies den Rahmen des Buches sprengen würde. Die Grundgleichungen zur Behandlung geometrischer Nichtlinearitäten werden weitgehend aus der Kontinuumsmechanik übernommen. Ausführliche Beschreibungen befinden sich z. B. in [13.1–13.5].

Die Darstellung erfolgt im Interesse der Allgemeingültigkeit für dreidimensionale Kontinua. In den Abschnitten 13.1–13.11 stehen geometrische Nichtlinearitäten im Mittelpunkt der Betrachtung. Wie Materialnichtlinearitäten prinzipiell zu behandeln sind, wird am Beispiel des Neo-Hookeschen (nichtlinear-elastischen) Materialverhaltens erläutert. In Abschnitt 13.12 wird die Behandlung nichtlinearer Materialgesetze exemplarisch an einem einfachen elastisch-plastischen Materialmodell demonstriert.

Die Vorgehensweise ist ähnlich wie in der linearen Theorie. Ausgangspunkt sind wie in Kapitel 2 die *Gleichgewichtsbedingungen* im Gebiet und auf dem Rand. Im Unterschied zur linearen Theorie 1. Ordnung müssen sie allerdings (wie bereits in der Theorie 2. Ordnung, siehe Abschnitt 10.2.1) für das verformte System aufgestellt werden. Zusätzlich benötigt man die *kinematischen Beziehungen* für große Deformationen und ein entsprechendes *Materialgesetz*. Bei großen Deformationen gibt es mehrere gleichwertige Spannungs- und Verzerrungsmaße, auf die wir im Abschnitt 13.1 eingehen. Durch Gewichtung der Gleichgewichtsbedingungen mit virtuellen Verschiebungsfunktionen und Integration über das Gebiet und den Rand ergibt sich wie in der linearen Theorie (Abschnitt 3.2) das *Prinzip der virtuellen Verrückungen.* Nach Einführung von Verschiebungsansätzen (siehe Abschnitt 4.1.2 und Kapitel 7 erhält man ein nichtlineares Gleichungssystem. Es kann nur noch iterativ gelöst werden. Dafür wird in der Regel das Newton-Verfahren verwendet.

13.1 Spannungs- und Verzerrungsmaße

Während es in der linearen Theorie nur eine Art von Spannungen und Verzerrungen gibt, existieren in der nichtlinearen Kontinuumsmechanik eine Reihe von Spannungs- und Verzerrungsmaßen. Um das Gleichgewicht in der verformten Lage zu formulieren, verwendet man die sogenannten Cauchy-Spannungen σ_{ij} (‚wahre Spannungen'). Die Indizes i und j laufen von 1 bis 3 und kennzeichnen die Koordinaten x, y, z. Wir übernehmen die in der Kontinuumsmechanik übliche Bezeichnungsweise, um einen Konflikt mit bisher verwendeten Bezeichnungen zu vermeiden und um die Herkunft aus der Kontinuumsmechanik zu kennzeichnen. Aus dem Drehimpulserhaltungssatz (Momentengleichgewicht) ergibt sich, dass die Cauchy-Spannungen symmetrisch sind ($\sigma_{\mathrm{ij}} = \sigma_{\mathrm{ji}}$). Man kann die Gleichgewichtsbedingung auch in die unverformte Ausgangslage zurückführen. Die dabei sich ergebenden Größen sind die Nominalspannungen P_{ij}, die auch als 1. Piola-Kirchhoff-Spannungen bezeichnet werden. Bei einem einachsigen, homogenen Zugversuch beispielsweise gilt

$$\bar{N}_{\mathrm{x}} = P_{11}\, A_{\mathrm{Ausgangszustand}} = \sigma_{11}\, A_{\mathrm{aktueller\ Zustand}} \,.$$

Dabei sind $\bar{N}_{\mathrm{x}}$ die vorgegebene Zugkraft und A die Querschnittsfläche in der Ausgangslage bzw. im deformierten Zustand. Der Zusammenhang zwischen den Spannungen ist durch

$$\left[P_{\mathrm{ij}}\right] = \det \boldsymbol{F}\, \boldsymbol{F}^{-1} \left[\sigma_{\mathrm{ij}}\right] \tag{13.1}$$

gegeben. Die Spannungen sind dabei anders als in Kapitel 2 in 3×3-Matrizen angeordnet, was durch eckige Klammern verdeutlicht wird. Die Matrix $\boldsymbol{F}$ ist der sogenannte Deformationsgradient, der folgendermaßen definiert ist:

$$\boldsymbol{F} = \begin{bmatrix} F_{11} & F_{12} & F_{13} \\ F_{21} & F_{22} & F_{23} \\ F_{31} & F_{32} & F_{33} \end{bmatrix} = \begin{bmatrix} 1+\dfrac{\partial u}{\partial x} & \dfrac{\partial u}{\partial y} & \dfrac{\partial u}{\partial z} \\ \dfrac{\partial v}{\partial x} & 1+\dfrac{\partial v}{\partial y} & \dfrac{\partial v}{\partial z} \\ \dfrac{\partial w}{\partial x} & \dfrac{\partial w}{\partial y} & 1+\dfrac{\partial w}{\partial z} \end{bmatrix} . \tag{13.2}$$

Im Gegensatz zu den Cauchy-Spannungen sind die Nominalspannungen nicht symmetrisch. Um wieder zu einer symmetrischen Spannungsdefinition zu gelangen, wird die Spannungsbeziehung (13.1) von rechts mit der transponierten Inversen von $\boldsymbol{F}$ multipliziert:

$$\left[P_{\mathrm{ij}}\right] \left(\boldsymbol{F}^{-1}\right)^{\mathrm{T}} = \det \boldsymbol{F}\, \boldsymbol{F}^{-1} \left[\sigma_{\mathrm{ij}}\right] \left(\boldsymbol{F}^{-1}\right)^{\mathrm{T}} = \left[S_{\mathrm{ij}}\right] . \tag{13.3}$$

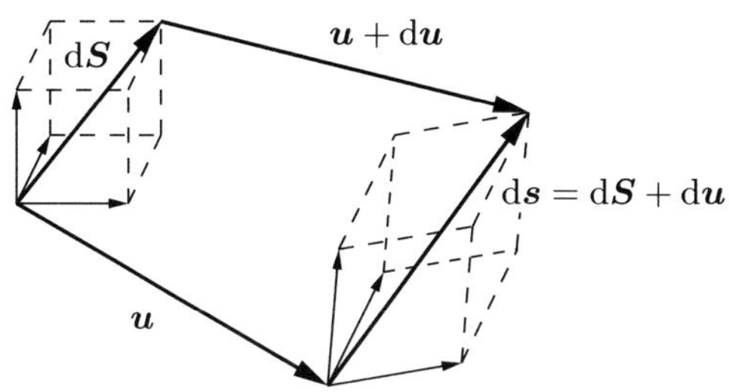

Bild 13.1. Deformation eines infinitesimalen Linienelementes

S_{ij} sind die 2. Piola-Kirchhoff-Spannungen. Sie lassen sich zwar anschaulich nur schwer interpretieren, haben aber den Vorteil, dass sie wie die Spannungen der linearen Theorie symmetrisch sind und sich auf die unverformte Ausgangslage beziehen.

$\boldsymbol{F}$ ist ein Grunddeformationsmaß. Es beschreibt den Übergang eines unverformten, infinitesimalen Linienelementes $\mathrm{d}\boldsymbol{S}$ in den verformten Zustand $\mathrm{d}\boldsymbol{s}$ (siehe Bild 13.1):

$$\mathrm{d}\boldsymbol{s} = \begin{Bmatrix} \mathrm{d}x + \mathrm{d}u \\ \mathrm{d}y + \mathrm{d}v \\ \mathrm{d}z + \mathrm{d}w \end{Bmatrix} = \boldsymbol{F} \begin{Bmatrix} \mathrm{d}x \\ \mathrm{d}y \\ \mathrm{d}z \end{Bmatrix} = \boldsymbol{F}\,\mathrm{d}\boldsymbol{S}\,. \tag{13.4}$$

Mit ihm werden u. a. die sogenannten rechten Cauchy-Green-Verzerrungen C_{ij} und die Green-Lagrange-Verzerrungen E_{ij} definiert:

$$[C_{\mathrm{ij}}] = \boldsymbol{F}^{\mathrm{T}}\,\boldsymbol{F}\,, \tag{13.5}$$

$$[E_{\mathrm{ij}}] = \frac{1}{2}\,(\,\boldsymbol{F}^{\mathrm{T}}\,\boldsymbol{F} - \mathbf{I}\,)\,. \tag{13.6}$$

$\mathbf{I}$ ist dabei eine 3×3-Einheitsmatrix. Da wir die Green-Lagrange-Verzerrungen später benötigen, werten wir die letzte Gleichung aus:

$$E_{11} = \frac{1}{2}\left(F_{11}\,F_{11} + F_{21}\,F_{21} + F_{31}\,F_{31} - 1\right), \tag{13.7a}$$

$$E_{22} = \frac{1}{2}\left(F_{12}\,F_{12} + F_{22}\,F_{22} + F_{32}\,F_{32} - 1\right), \tag{13.7b}$$

$$E_{33} = \frac{1}{2}\left(F_{13}\,F_{13} + F_{23}\,F_{23} + F_{33}\,F_{33} - 1\right), \tag{13.7c}$$

$$2\,E_{12} = 2\,E_{21} = F_{11}\,F_{12} + F_{21}\,F_{22} + F_{31}\,F_{32}\,, \tag{13.7d}$$

$$2\,E_{23} = 2\,E_{32} = F_{12}\,F_{13} + F_{22}\,F_{23} + F_{32}\,F_{33}\,, \tag{13.7e}$$

$$2\,E_{31} = 2\,E_{13} = F_{13}\,F_{11} + F_{23}\,F_{21} + F_{33}\,F_{31}\,. \tag{13.7f}$$

Substituiert man mit Hilfe von Gl. (13.2) die Komponenten des Deformationsgradienten noch durch die Verschiebungsableitungen, dann ergibt sich

$$E_{11} = \frac{\partial u}{\partial x} + \frac{1}{2}\left[\left(\frac{\partial u}{\partial x}\right)^2 + \left(\frac{\partial v}{\partial x}\right)^2 + \left(\frac{\partial w}{\partial x}\right)^2\right], \tag{13.8a}$$

$$E_{22} = \frac{\partial v}{\partial y} + \frac{1}{2}\left[\left(\frac{\partial u}{\partial y}\right)^2 + \left(\frac{\partial v}{\partial y}\right)^2 + \left(\frac{\partial w}{\partial y}\right)^2\right], \tag{13.8b}$$

$$E_{33} = \frac{\partial w}{\partial z} + \frac{1}{2}\left[\left(\frac{\partial u}{\partial z}\right)^2 + \left(\frac{\partial v}{\partial z}\right)^2 + \left(\frac{\partial w}{\partial z}\right)^2\right], \tag{13.8c}$$

$$2\,E_{12} = \left[\frac{\partial u}{\partial y} + \frac{\partial v}{\partial x}\right] + \left[\frac{\partial u}{\partial x}\frac{\partial u}{\partial y} + \frac{\partial v}{\partial x}\frac{\partial v}{\partial y} + \frac{\partial w}{\partial x}\frac{\partial w}{\partial y}\right], \tag{13.8d}$$

$$2\,E_{23} = \left[\frac{\partial v}{\partial z} + \frac{\partial w}{\partial y}\right] + \left[\frac{\partial u}{\partial y}\frac{\partial u}{\partial z} + \frac{\partial v}{\partial y}\frac{\partial v}{\partial z} + \frac{\partial w}{\partial y}\frac{\partial w}{\partial z}\right], \tag{13.8e}$$

$$2\,E_{31} = \left[\frac{\partial w}{\partial x} + \frac{\partial u}{\partial z}\right] + \left[\frac{\partial u}{\partial z}\frac{\partial u}{\partial x} + \frac{\partial v}{\partial z}\frac{\partial v}{\partial x} + \frac{\partial w}{\partial z}\frac{\partial w}{\partial x}\right]. \tag{13.8f}$$

Der jeweils erste Term beschreibt den linearen, der zweite Term den zusätzlichen quadratischen Anteil der nichtlinearen Verschiebungs-Verzerrungs-Relation. Bei dem in Bild 13.2 dargestellten eindimensionalen, konstanten Verzerrungszustand (Zug-Druck-Versuch mit behinderter bzw. nichtvorhandener Querdehnung), bei dem die Beziehungen

$$u = \alpha\, x\,, \quad E_{11} = \alpha + \alpha^2/2 \quad \text{mit} \quad \alpha = -1 + \sqrt{2\,E_{11} + 1}$$

gelten, können die Unterschiede anschaulich interpretiert werden. Die lineare Beziehung ergibt sich aus der Differenz der Länge nach (l) und vor der Deformation (L):

$$\varepsilon_{\mathrm{x}} = \frac{l - L}{L} = \frac{\Delta L}{L}\,.$$

Für die nichtlineare Beziehung bildet man die Differenz der Längenquadrate:

$$E_{11} = \frac{1}{2}\,\frac{l^2 - L^2}{L^2} = \frac{\Delta L}{L} + \frac{1}{2}\left(\frac{\Delta L}{L}\right)^2.$$

Überträgt man diese Vorgehensweise auf einen allgemeinen dreidimensionalen Verzerrungszustand, dann erhält man mit der Beziehung (13.4)

$$\left[E_{\mathrm{ij}}^{\mathrm{linear}}\right] \mathrm{d}\boldsymbol{S} = \mathrm{d}\boldsymbol{s} - \mathrm{d}\boldsymbol{S} = \left(\,\boldsymbol{F} - \mathbf{I}\,\right) \mathrm{d}\boldsymbol{S} \approx \left(\,\frac{1}{2}\left[\boldsymbol{F} + \boldsymbol{F}^{\mathrm{T}}\right] - \mathbf{I}\,\right) \mathrm{d}\boldsymbol{S}\,,$$

$$\mathrm{d}\boldsymbol{S}^{\mathrm{T}} \left[E_{\mathrm{ij}}\right] \mathrm{d}\boldsymbol{S} = \frac{1}{2}\left(\mathrm{d}\boldsymbol{s}^2 - \mathrm{d}\boldsymbol{S}^2\right) = \frac{1}{2}\,\mathrm{d}\boldsymbol{S}^{\mathrm{T}}\left(\,\boldsymbol{F}^{\mathrm{T}}\,\boldsymbol{F} - \mathbf{I}\,\right) \mathrm{d}\boldsymbol{S}\,.$$

13.2 Materialgesetz

Die Spannungen sind im allgemeinen eine Funktion des Deformationszustandes, der Lastgeschichte, der Temperatur, der Zeit etc. (siehe z. B. [13.6]). Selbst wenn man sich auf metallische Materialien beschränkt, ist die Ableitung eines Materialgesetzes insbesondere für große Deformationen ein mühseliges Geschäft (siehe [13.1, 13.2,

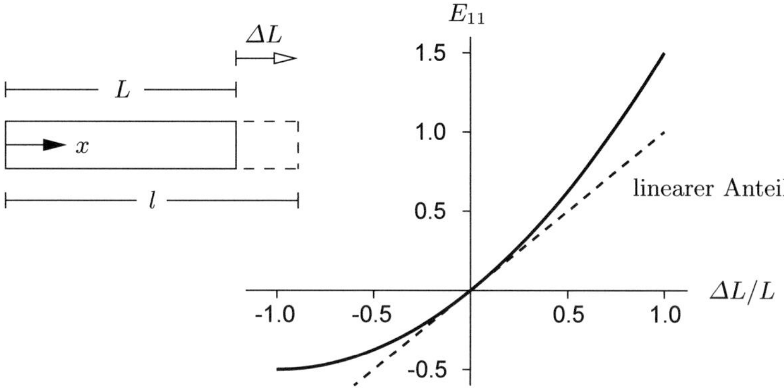

Bild 13.2. Eindimensionaler konstanter Dehnungszustand

13.4, 13.7–13.10]). Einen Sonderfall stellt das Gesetz von St. Venant-Kirchhoff für isotropes, elastisches Material dar, das formal mit dem Gesetz aus der linearen Theorie (siehe Abschnitt 2.2.7) übereinstimmt:

$$\begin{Bmatrix} S_{11} \\ S_{22} \\ S_{33} \\ S_{12} \\ S_{23} \\ S_{31} \end{Bmatrix} = \begin{bmatrix} 2\,G+\lambda & \lambda & \lambda & 0 & 0 & 0 \\ \lambda & 2\,G+\lambda & \lambda & 0 & 0 & 0 \\ \lambda & \lambda & 2\,G+\lambda & 0 & 0 & 0 \\ 0 & 0 & 0 & G & 0 & 0 \\ 0 & 0 & 0 & 0 & G & 0 \\ 0 & 0 & 0 & 0 & 0 & G \end{bmatrix} \begin{Bmatrix} E_{11} \\ E_{22} \\ E_{33} \\ 2\,E_{12} \\ 2\,E_{23} \\ 2\,E_{31} \end{Bmatrix} \tag{13.9}$$

$$\text{mit} \quad G = \frac{E}{2\,(1+\nu)} \quad \text{und} \quad \lambda = \frac{E\,\nu}{(1+\nu)(1-2\,\nu)}\,.$$

Die Erweiterung auf ein orthotrop elastisches Material ist problemlos möglich. Aber schon das Stoffgesetz für elastische Neo-Hooke-Materialien (siehe [13.2]) ist komplizierter aufgebaut:

$$\left[S_{\mathrm{ij}}\right] = \left(\lambda\,\ln\sqrt{\det\left[C_{\mathrm{ij}}\right]} - G\right)\,\left[C_{\mathrm{ij}}\right]^{-1} + G\,\mathbf{I}\,. \tag{13.10}$$

Im Fall des einachsigen Dehnungszustandes aus dem letzten Abschnitt ergeben sich mit den beiden Stoffgesetzen die in Bild 13.3 (links) dargestellten S_{11}-E_{11}-Beziehungen. Aussagekräftiger ist der Auftrag der Spannung über die auf die Ausgangslänge bezogene Verschiebung, d. h. über die lineare Dehnung. Das Gesetz von St. Venant-Kirchhoff verletzt die ‚Wachstumsbedingung' (siehe [13.4]), dass bei einem gegen Null zusammengepressten Volumen ($\Delta L/L = -1$) die dabei auftretenden Spannungen gegen $-\infty$ gehen müssen. Tatsächlich ergibt sich aber bei diesem Gesetz ein endlicher Wert. Sein Einsatz sollte daher auf Problemstellungen mit großen Rotationen beschränkt werden, bei denen nur mäßige Verzerrungen insbesondere im Druckbereich auftreten.

Weitere Materialgesetze sind im Regelfall sehr komplex und können hier mit Ausnahme des in Abschnitt 13.12 skizzierten elastisch-plastischen Stoffgesetzes für

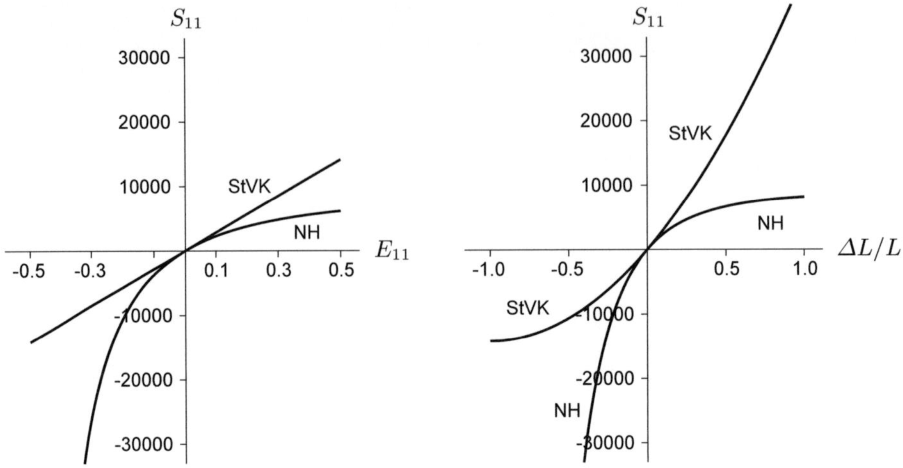

Bild 13.3. Vergleich der Stoffgesetze für St. Venant-Kirchhoff- (StVK) und Neo-Hooke-Materialien (NH) beim einachsigen konstanten Dehnungszustand aus Bild 13.2 mit den Materialparametern $E = 21\,000\,\mathrm{kN/cm^2}$ und $\nu = 0{,}3$. Verlauf der Spannung S_{11} in Abhängigkeit von E_{11} (links) und $\Delta L/L$ (rechts)

kleine Deformationen nicht behandelt werden. Wir verweisen daher auf die entsprechende Literatur [13.3, 13.9, 13.11].

13.3 Prinzip der virtuellen Verrückungen

Das Prinzip der virtuellen Verrückungen für ein dreidimensionales Kontinuum lautet in der linearen Theorie gemäß Gln. (3.18a) und (4.6)

$$\int\limits_{\mathrm{V}} \delta\boldsymbol{\varepsilon}^{\mathrm{T}}\boldsymbol{\sigma}\,\mathrm{d}V = \int\limits_{\mathrm{V}} \delta\boldsymbol{u}^{\mathrm{T}}\bar{\boldsymbol{p}}\,\mathrm{d}V + \int\limits_{\mathrm{R}_\sigma} \delta\boldsymbol{u}_{\mathrm{r}}^{\mathrm{T}}\,\bar{\boldsymbol{p}}_{\mathrm{R}}\,\mathrm{d}F + \int\limits_{\mathrm{R}_\mathrm{u}} \delta\boldsymbol{u}_{\mathrm{r}}^{\mathrm{T}}\,\boldsymbol{a}\,\mathrm{d}F\,. \tag{13.11}$$

Dabei sind $\bar{\boldsymbol{p}}_{\mathrm{R}}$ die im globalen Koordinatensystem formulierten vorgegebenen Randspannungen und $\boldsymbol{a}$ die unbekannten Auflagerspannungen (siehe Abschnitt 4.1.3). Die Formulierung kann formal für die nichtlineare Berechnung übernommen werden, allerdings müssen ‚konsistente' (d. h. zueinander passende) Spannungs- und Dehnungsmaße gewählt werden. Für die Entwicklung des Finite-Elemente-Verfahrens wählen wir die Formulierung, die sich wie in der linearen Theorie auf die Ausgangslage bezieht. Man bezeichnet sie als ‚Total-Lagrange-Formulierung'. Eine Alternative ist die ‚Updated-Lagrange-Formulierung', die sich auf die deformierte Lage des vorangegangenen Berechnungsschrittes bezieht. Die bei der Total-Lagrange-Formulierung konsistenten Spannungs- und Verzerrungsmaße sind die (virtuellen) Green-Lagrange-Verzerrungen, die 2. Piola-Kirchhoff-Spannungen im Gebiet und die Nominalspannungen auf den Rändern R_σ und R_u. Die Vektoren $\delta\boldsymbol{\varepsilon}$ und $\boldsymbol{\sigma}$ haben demnach folgende Belegung:

$$\delta\boldsymbol{\varepsilon}^{\mathrm{T}} = \{\delta E_{11}, \delta E_{22}, \delta E_{33}, 2\,\delta E_{12}, 2\,\delta E_{23}, 2\,\delta E_{31}\}\,, \tag{13.12}$$

$$\boldsymbol{\sigma}^{\mathrm{T}} = \{\, S_{11}\ ,\ S_{22}\ ,\ S_{33}\ ,\ S_{12}\ ,\ S_{23}\ ,\ S_{31}\ \}\,. \tag{13.13}$$

Die anderen Vektoren können aus Abschnitt 2.2.7 übernommen werden.

Die Komponenten δE_{ij} müssen nun durch die virtuellen Verschiebungen ausgedrückt werden. Dazu greifen wir auf die Gln. (13.7) und (13.2) zurück und erhalten

$$\delta E_{11} = F_{11}\,\frac{\partial \delta u}{\partial x} + F_{21}\,\frac{\partial \delta v}{\partial x} + F_{31}\,\frac{\partial \delta w}{\partial x}\,, \tag{13.14a}$$

$$\delta E_{22} = F_{12}\,\frac{\partial \delta u}{\partial y} + F_{22}\,\frac{\partial \delta v}{\partial y} + F_{32}\,\frac{\partial \delta w}{\partial y}\,, \tag{13.14b}$$

$$\delta E_{33} = F_{13}\,\frac{\partial \delta u}{\partial z} + F_{23}\,\frac{\partial \delta v}{\partial z} + F_{33}\,\frac{\partial \delta w}{\partial z}\,, \tag{13.14c}$$

$$2\,\delta E_{12} = F_{11}\,\frac{\partial \delta u}{\partial y} + F_{12}\,\frac{\partial \delta u}{\partial x} + F_{21}\,\frac{\partial \delta v}{\partial y} + F_{22}\,\frac{\partial \delta v}{\partial x} + F_{31}\,\frac{\partial \delta w}{\partial y} + F_{32}\,\frac{\partial \delta w}{\partial x}\,, \tag{13.14d}$$

$$2\,\delta E_{23} = F_{12}\,\frac{\partial \delta u}{\partial z} + F_{13}\,\frac{\partial \delta u}{\partial y} + F_{22}\,\frac{\partial \delta v}{\partial z} + F_{23}\,\frac{\partial \delta v}{\partial y} + F_{32}\,\frac{\partial \delta w}{\partial z} + F_{33}\,\frac{\partial \delta w}{\partial y}\,, \tag{13.14e}$$

$$2\,\delta E_{31} = F_{13}\,\frac{\partial \delta u}{\partial x} + F_{11}\,\frac{\partial \delta u}{\partial z} + F_{23}\,\frac{\partial \delta v}{\partial x} + F_{21}\,\frac{\partial \delta v}{\partial z} + F_{33}\,\frac{\partial \delta w}{\partial x} + F_{31}\,\frac{\partial \delta w}{\partial z}\,. \tag{13.14f}$$

Daraus ergeben sich die Beziehungen der Theorie 1. Ordnung, wenn man die Hauptdiagonalkoeffizienten $F_{\mathrm{ii}} = 1$ und die restlichen Koeffizienten $F_{\mathrm{ij}} = 0$ setzt.

13.4 Geometrie- und Verschiebungsansätze

Die Geometrie der unverformten Konfiguration und der Verschiebungszustand werden elementweise isoparametrisch approximiert (siehe Abschnitte 7.4.2 und 7.4.3):

$$x(\xi,\eta,\zeta) = \boldsymbol{f}^{\mathrm{T}}(\xi,\eta,\zeta)\ \boldsymbol{x}\,, \tag{13.15a}$$

$$y(\xi,\eta,\zeta) = \boldsymbol{f}^{\mathrm{T}}(\xi,\eta,\zeta)\ \boldsymbol{y}\,, \tag{13.15b}$$

$$z(\xi,\eta,\zeta) = \boldsymbol{f}^{\mathrm{T}}(\xi,\eta,\zeta)\ \boldsymbol{z}\,, \tag{13.15c}$$

$$u(\xi,\eta,\zeta) = \boldsymbol{f}^{\mathrm{T}}(\xi,\eta,\zeta)\ \boldsymbol{u}\,, \tag{13.16a}$$

$$v(\xi,\eta,\zeta) = \boldsymbol{f}^{\mathrm{T}}(\xi,\eta,\zeta)\ \boldsymbol{v}\,, \tag{13.16b}$$

$$w(\xi,\eta,\zeta) = \boldsymbol{f}^{\mathrm{T}}(\xi,\eta,\zeta)\ \boldsymbol{w}\,. \tag{13.16c}$$

Die Vektoren $\boldsymbol{x}$, $\boldsymbol{y}$ und $\boldsymbol{z}$ sind die Koordinaten, $\boldsymbol{u}$, $\boldsymbol{v}$ und $\boldsymbol{w}$ die Verschiebungen der Elementknoten. Im Vektor $\boldsymbol{f}$ sind die zugehörigen dreidimensionalen Ansatzfunktionen zusammengefasst. Sie können beispielsweise durch Produktbildung aus eindimensionalen Interpolationspolynomen gewonnen werden (siehe Abschnitt 7.2). In Bild 7.9 ist ein quaderförmiges Element mit 27 Knoten dargestellt, dem ein triquadratischer Ansatz zugrunde liegt. Der Verschiebungsansatz (13.16) lautet in kompakter Form

$$\boldsymbol{u}(\xi,\eta,\zeta) = \begin{Bmatrix} u(\xi,\eta,\zeta) \\ v(\xi,\eta,\zeta) \\ w(\xi,\eta,\zeta) \end{Bmatrix} = \begin{bmatrix} \boldsymbol{f}^{\mathrm{T}} & \boldsymbol{0}^{\mathrm{T}} & \boldsymbol{0}^{\mathrm{T}} \\ \boldsymbol{0}^{\mathrm{T}} & \boldsymbol{f}^{\mathrm{T}} & \boldsymbol{0}^{\mathrm{T}} \\ \boldsymbol{0}^{\mathrm{T}} & \boldsymbol{0}^{\mathrm{T}} & \boldsymbol{f}^{\mathrm{T}} \end{bmatrix} \begin{Bmatrix} \boldsymbol{u} \\ \boldsymbol{v} \\ \boldsymbol{w} \end{Bmatrix} = \boldsymbol{V}_{\mathrm{u}}(\xi,\eta,\zeta)\,\boldsymbol{u}_{\mathrm{e}}\,. \tag{13.17}$$

Die virtuellen Verschiebungen werden analog approximiert:

$$\delta\boldsymbol{u}(\xi,\eta,\zeta) = \boldsymbol{V}_{\mathrm{u}}(\xi,\eta,\zeta)\,\delta\boldsymbol{u}_{\mathrm{e}}\,. \tag{13.18}$$

Die Funktion $\delta\boldsymbol{u}_{\mathrm{r}}$ enthält die Randwerte von $\delta\boldsymbol{u}$. Sie ergibt sich aus Gl. (13.18) durch Einsetzen der entsprechenden Randkoordinaten:

$$\delta\boldsymbol{u}_{\mathrm{r}}(\xi,\eta,\zeta) = \boldsymbol{V}_{\mathrm{u}}(\xi,\eta,\zeta)_{\mathrm{r}}\,\delta\boldsymbol{u}_{\mathrm{e}} = \boldsymbol{V}_{\mathrm{ur}}\,\delta\boldsymbol{u}_{\mathrm{e}}\,. \tag{13.19}$$

Auf einem Rand $\zeta = 1$ beispielsweise ist $(\xi,\eta,\zeta)_{\mathrm{r}} = (\xi,\eta,1)$ zu setzen.

Die zugehörigen virtuellen Verzerrungen erhält man, indem man die virtuellen Verschiebungen aus Gl. (13.18) in die Beziehung (13.14) einführt. Ordnet man sie entsprechend der Definition (13.12) in einem Vektor an, dann ergibt sich

$$\delta\boldsymbol{\varepsilon} = \boldsymbol{V}_{\varepsilon\mathrm{u}}(\xi,\eta,\zeta)\,\delta\boldsymbol{u}_{\mathrm{e}}$$

$$\text{mit } \boldsymbol{V}_{\varepsilon\mathrm{u}} = \begin{bmatrix} F_{11}\,\boldsymbol{f}^{\mathrm{T}}_{,\mathrm{x}} & F_{21}\,\boldsymbol{f}^{\mathrm{T}}_{,\mathrm{x}} & F_{31}\,\boldsymbol{f}^{\mathrm{T}}_{,\mathrm{x}} \\ F_{12}\,\boldsymbol{f}^{\mathrm{T}}_{,\mathrm{y}} & F_{22}\,\boldsymbol{f}^{\mathrm{T}}_{,\mathrm{y}} & F_{32}\,\boldsymbol{f}^{\mathrm{T}}_{,\mathrm{y}} \\ F_{13}\,\boldsymbol{f}^{\mathrm{T}}_{,\mathrm{z}} & F_{23}\,\boldsymbol{f}^{\mathrm{T}}_{,\mathrm{z}} & F_{33}\,\boldsymbol{f}^{\mathrm{T}}_{,\mathrm{z}} \\ F_{11}\,\boldsymbol{f}^{\mathrm{T}}_{,\mathrm{y}} + F_{12}\,\boldsymbol{f}^{\mathrm{T}}_{,\mathrm{x}} & F_{21}\,\boldsymbol{f}^{\mathrm{T}}_{,\mathrm{y}} + F_{22}\,\boldsymbol{f}^{\mathrm{T}}_{,\mathrm{x}} & F_{31}\,\boldsymbol{f}^{\mathrm{T}}_{,\mathrm{y}} + F_{32}\,\boldsymbol{f}^{\mathrm{T}}_{,\mathrm{x}} \\ F_{12}\,\boldsymbol{f}^{\mathrm{T}}_{,\mathrm{z}} + F_{13}\,\boldsymbol{f}^{\mathrm{T}}_{,\mathrm{y}} & F_{22}\,\boldsymbol{f}^{\mathrm{T}}_{,\mathrm{z}} + F_{23}\,\boldsymbol{f}^{\mathrm{T}}_{,\mathrm{y}} & F_{32}\,\boldsymbol{f}^{\mathrm{T}}_{,\mathrm{z}} + F_{33}\,\boldsymbol{f}^{\mathrm{T}}_{,\mathrm{y}} \\ F_{13}\,\boldsymbol{f}^{\mathrm{T}}_{,\mathrm{x}} + F_{11}\,\boldsymbol{f}^{\mathrm{T}}_{,\mathrm{z}} & F_{23}\,\boldsymbol{f}^{\mathrm{T}}_{,\mathrm{x}} + F_{21}\,\boldsymbol{f}^{\mathrm{T}}_{,\mathrm{z}} & F_{33}\,\boldsymbol{f}^{\mathrm{T}}_{,\mathrm{x}} + F_{31}\,\boldsymbol{f}^{\mathrm{T}}_{,\mathrm{z}} \end{bmatrix}. \tag{13.20}$$

Anders als in der Theorie 1. Ordnung ist die Matrix $\boldsymbol{V}_{\varepsilon\mathrm{u}}$ wegen der darin auftretenden Komponenten von $\boldsymbol{F}$ deformationsabhängig. Darüber hinaus ist sie voll besetzt. Der Deformationsgradient (13.2) lautet nach Einsetzen der Verschiebungsansätze (13.16)

$$\boldsymbol{F} = \begin{bmatrix} F_{11} & F_{12} & F_{13} \\ F_{21} & F_{22} & F_{23} \\ F_{31} & F_{32} & F_{33} \end{bmatrix} = \begin{bmatrix} 1 + \boldsymbol{f}^{\mathrm{T}}_{,\mathrm{x}}\,\boldsymbol{u} & \boldsymbol{f}^{\mathrm{T}}_{,\mathrm{y}}\,\boldsymbol{u} & \boldsymbol{f}^{\mathrm{T}}_{,\mathrm{z}}\,\boldsymbol{u} \\ \boldsymbol{f}^{\mathrm{T}}_{,\mathrm{x}}\,\boldsymbol{v} & 1 + \boldsymbol{f}^{\mathrm{T}}_{,\mathrm{y}}\,\boldsymbol{v} & \boldsymbol{f}^{\mathrm{T}}_{,\mathrm{z}}\,\boldsymbol{v} \\ \boldsymbol{f}^{\mathrm{T}}_{,\mathrm{x}}\,\boldsymbol{w} & \boldsymbol{f}^{\mathrm{T}}_{,\mathrm{y}}\,\boldsymbol{w} & 1 + \boldsymbol{f}^{\mathrm{T}}_{,\mathrm{z}}\,\boldsymbol{w} \end{bmatrix}. \tag{13.21}$$

13.5 Transformationen

Für die Auswertung der Integrale aus Gl. (13.11) benötigen wir noch die Transformation der Differentiationsvorschriften sowie des Volumen- und Flächendifferentials in den Bildbereich (siehe Abschnitt 7.4.4). Die partiellen Ableitungen der Ansatzfunktionen nach den Koordinaten x, y und z, die bei Ermittlung der Verzerrungen E_{ij} auftreten, können nicht ohne weiteres gebildet werden, da im allgemeinen die funktionalen Abhängigkeiten $\xi(x,y,z)$, $\eta(x,y,z)$ und $\zeta(x,y,z)$ nicht bekannt sind. Wir gehen daher von der inversen Differentiationsvorschrift

$$\left\{\begin{matrix} \dfrac{\partial}{\partial \xi} \\ \dfrac{\partial}{\partial \eta} \\ \dfrac{\partial}{\partial \zeta} \end{matrix}\right\} = \begin{bmatrix} x_{,\xi} & y_{,\xi} & z_{,\xi} \\ x_{,\eta} & y_{,\eta} & z_{,\eta} \\ x_{,\zeta} & y_{,\zeta} & z_{,\zeta} \end{bmatrix} \left\{\begin{matrix} \dfrac{\partial}{\partial x} \\ \dfrac{\partial}{\partial y} \\ \dfrac{\partial}{\partial z} \end{matrix}\right\} = \boldsymbol{J}(\xi,\eta,\zeta) \left\{\begin{matrix} \dfrac{\partial}{\partial x} \\ \dfrac{\partial}{\partial y} \\ \dfrac{\partial}{\partial z} \end{matrix}\right\} \tag{13.22}$$

aus und erhalten durch Inversion

$$\left\{\begin{matrix} \dfrac{\partial}{\partial x} \\ \dfrac{\partial}{\partial y} \\ \dfrac{\partial}{\partial z} \end{matrix}\right\} = \boldsymbol{J}^{-1} \left\{\begin{matrix} \dfrac{\partial}{\partial \xi} \\ \dfrac{\partial}{\partial \eta} \\ \dfrac{\partial}{\partial \zeta} \end{matrix}\right\} . \tag{13.23}$$

Die Matrix $\boldsymbol{J}$ ist die aus Abschnitt 7.4.4 bekannte Jacobi-Matrix. Für die dabei auftretenden Ableitungen der kartesischen Koordinaten nach den Bildkoordinaten benötigt man wiederum die Ansätze (13.15). Mit ihnen ergibt sich beispielsweise

$$x_{,\xi} = \boldsymbol{f}^{\text{T}}_{,\xi}(\xi,\eta,\zeta)\,\boldsymbol{x}\,,\; x_{,\eta} = \boldsymbol{f}^{\text{T}}_{,\eta}(\xi,\eta,\zeta)\,\boldsymbol{x}\,,\; x_{,\zeta} = \boldsymbol{f}^{\text{T}}_{,\zeta}(\xi,\eta,\zeta)\,\boldsymbol{x}\,,\; y_{,\xi} = \boldsymbol{f}^{\text{T}}_{,\xi}(\xi,\eta,\zeta)\,\boldsymbol{y}\,.$$

Zusammengefasst lautet damit die Berechnungsvorschrift für die Jacobi-Matrix

$$\boldsymbol{J} = \begin{bmatrix} \boldsymbol{f}^{\text{T}}_{,\xi} \\ \boldsymbol{f}^{\text{T}}_{,\eta} \\ \boldsymbol{f}^{\text{T}}_{,\zeta} \end{bmatrix} \begin{bmatrix} \boldsymbol{x} & \boldsymbol{y} & \boldsymbol{z} \end{bmatrix} . \tag{13.24}$$

Wendet man die Differentiationsvorschrift (13.23) auf den transponierten Vektor der Ansatzfunktionen an, so erhält man die Ableitungen

$$\begin{bmatrix} \boldsymbol{f}^{\text{T}}_{,\text{x}} \\ \boldsymbol{f}^{\text{T}}_{,\text{y}} \\ \boldsymbol{f}^{\text{T}}_{,\text{z}} \end{bmatrix} = \boldsymbol{J}^{-1} \begin{bmatrix} \boldsymbol{f}^{\text{T}}_{,\xi} \\ \boldsymbol{f}^{\text{T}}_{,\eta} \\ \boldsymbol{f}^{\text{T}}_{,\zeta} \end{bmatrix} , \tag{13.25}$$

die für das Aufstellen der Matrix $\boldsymbol{V}_{\varepsilon\text{u}}$ aus Gl. (13.20) und des Deformationsgradienten $\boldsymbol{F}$aus Gl. (13.21) erforderlich sind.

Bei der Transformation des Volumenelements dV in den Bildbereich tritt wie schon in Abschnitt 7.4.4 die Determinante der Jacobi-Matrix auf:

$$\text{d}V = \text{d}x\;\text{d}y\;\text{d}z = |\boldsymbol{J}|\;\text{d}\xi\;\text{d}\eta\;\text{d}\zeta\,. \tag{13.26}$$

Für die Übertragung des Flächenelements dF gehen wir sinngemäß wie in Abschnitt 7.4.4 vor. Wir betrachten exemplarisch eine Fläche mit $\zeta = 1$. Anders als in Bild 7.29 ändert sich im allgemeinen längs der Fläche nicht nur die x- und y- sondern auch die z-Koordinate, so dass die Vektoren, die das Flächendifferential aufspannen, dreidimensional sind. Das Kreuzprodukt dieser beiden Vektoren liefert

$$\begin{aligned} \vec{\boldsymbol{n}}\,\mathrm{d}F &= (x_{,\xi}\,\mathrm{d}\xi\,\vec{\boldsymbol{e}_x} + y_{,\xi}\,\mathrm{d}\xi\,\vec{\boldsymbol{e}_y} + z_{,\xi}\,\mathrm{d}\xi\,\vec{\boldsymbol{e}_z}) \times (x_{,\eta}\,\mathrm{d}\eta\,\vec{\boldsymbol{e}_x} + y_{,\eta}\,\mathrm{d}\eta\,\vec{\boldsymbol{e}_y} + z_{,\eta}\,\mathrm{d}\eta\,\vec{\boldsymbol{e}_z}) \\ &= \left\{\vec{\boldsymbol{x}}_{,\xi} \times \vec{\boldsymbol{x}}_{,\eta}\right\}\mathrm{d}\xi\,\mathrm{d}\eta \\ &= \left\{(y_{,\xi}\,z_{,\eta} - y_{,\eta}\,z_{,\xi})\,\vec{\boldsymbol{e}_x} + (x_{,\eta}\,z_{,\xi} - x_{,\xi}\,z_{,\eta})\,\vec{\boldsymbol{e}_y} \right. \\ &\qquad \left. + (x_{,\xi}\,y_{,\eta} - x_{,\eta}\,y_{,\xi})\,\vec{\boldsymbol{e}_z}\right\}\mathrm{d}\xi\,\mathrm{d}\eta\,. \end{aligned} \tag{13.27}$$

$\vec{\boldsymbol{n}}$ ist dabei der Normaleneinheitsvektor. Die Koordinatenableitungen können von oben übernommen werden, wobei jetzt $\zeta = 1$ zu setzen ist. Durch Betragsbildung ergibt sich

$$\mathrm{d}F = \left|\vec{\boldsymbol{x}}_{,\xi} \times \vec{\boldsymbol{x}}_{,\eta}\right|\mathrm{d}\xi\,\mathrm{d}\eta = |\boldsymbol{J}_\mathrm{r}|\,\mathrm{d}\xi\,\mathrm{d}\eta\,, \tag{13.28}$$

so dass damit die Jacobi-Determinante der Randfläche

$$|\boldsymbol{J}_\mathrm{r}| = \sqrt{(y_{,\xi}\,z_{,\eta} - y_{,\eta}\,z_{,\xi})^2 + (x_{,\eta}\,z_{,\xi} - x_{,\xi}\,z_{,\eta})^2 + (x_{,\xi}\,y_{,\eta} - x_{,\eta}\,y_{,\xi})^2} \tag{13.29}$$

bestimmt ist. Als Nebenprodukt erhält man dabei den Normaleneinheitsvektor

$$\vec{\boldsymbol{n}} = \frac{1}{|\boldsymbol{J}_\mathrm{r}|}\left(\vec{\boldsymbol{x}}_{,\xi} \times \vec{\boldsymbol{x}}_{,\eta}\right)\,, \tag{13.30}$$

der z. B. bei Innendruck- und Kontaktproblemen benötigt wird.

13.6 Aufstellen des Gleichungssystems

In das Prinzip der virtuellen Verrückungen (13.11) werden die Verschiebungsansätze aus Abschnitt 13.4 eingesetzt. Bei den folgenden Betrachtungen können wir uns auf ein aus einem Element bestehendes System beschränken, ohne dass die Allgemeinheit der Aussagen darunter leidet. In Kapitel 4 ist die Handhabung von elementierten Systemen ausführlich und erschöpfend dargestellt. Beim Aufbau des Gesamtsystems ergibt sich kein Unterschied zu linearen Verfahren.

Das diskretisierte Prinzip der virtuellen Verrückungen lautet

$$\delta\boldsymbol{u}_\mathrm{e}^\mathrm{T}\int\limits_\mathrm{V}\boldsymbol{V}_{\varepsilon\mathrm{u}}^\mathrm{T}\,\boldsymbol{\sigma}\,\mathrm{d}V = \delta\boldsymbol{u}_\mathrm{e}^\mathrm{T}\int\limits_\mathrm{V}\boldsymbol{V}_\mathrm{u}^\mathrm{T}\,\bar{\boldsymbol{p}}\,\mathrm{d}V + \delta\boldsymbol{u}_\mathrm{e}^\mathrm{T}\int\limits_{\mathrm{R}_\sigma}\boldsymbol{V}_\mathrm{ur}^\mathrm{T}\,\bar{\boldsymbol{p}}_\mathrm{R}\,dF + \delta\boldsymbol{u}_\mathrm{e}^\mathrm{T}\int\limits_{\mathrm{R}_\mathrm{u}}\boldsymbol{V}_\mathrm{ur}^\mathrm{T}\,\boldsymbol{a}\,dF\,. \tag{13.31}$$

Führt man die Integrationen zunächst rein formal durch, dann erhält man daraus das (nichtlineare) Gleichungssystem

$$\boldsymbol{s}_\mathrm{e} = \bar{\boldsymbol{p}}_\mathrm{Be} + \bar{\boldsymbol{p}}_\mathrm{Re} + \boldsymbol{a}_\mathrm{e} = \bar{\boldsymbol{p}}_\mathrm{e} + \boldsymbol{a}_\mathrm{e} \tag{13.32}$$

mit dem Elementvektor der inneren Kräfte (Elementknotenkraftvektor, siehe Abschnitt 4.1.8)

$$\boldsymbol{s}_{\mathrm{e}} = \int\limits_{\mathrm{V}} \boldsymbol{V}_{\varepsilon\mathrm{u}}^{\mathrm{T}}\, \boldsymbol{\sigma}\, \mathrm{d}V\,, \tag{13.33}$$

dem Elementvektor aus Bereichs- und Randlasten

$$\bar{\boldsymbol{p}}_{\mathrm{e}} = \bar{\boldsymbol{p}}_{\mathrm{Be}} + \bar{\boldsymbol{p}}_{\mathrm{Re}} = \int\limits_{\mathrm{V}} \boldsymbol{V}_{\mathrm{u}}^{\mathrm{T}}\, \bar{\boldsymbol{p}}\, \mathrm{d}V \; + \int\limits_{\mathrm{R}_\sigma} \boldsymbol{V}_{\mathrm{ur}}^{\mathrm{T}}\, \bar{\boldsymbol{p}}_{\mathrm{R}}\, dF \tag{13.34}$$

sowie dem Elementauflagerkraftvektor

$$\boldsymbol{a}_{\mathrm{e}} = \int\limits_{\mathrm{R}_\mathrm{u}} \boldsymbol{V}_{\mathrm{ur}}^{\mathrm{T}}\, \boldsymbol{a}\, dF\,. \tag{13.35}$$

Der Vektor der inneren Kräfte kann noch nicht unmittelbar aufgestellt werden, da $\boldsymbol{V}_{\varepsilon\mathrm{u}}$ deformationsabhängig und $\boldsymbol{\sigma}$ noch nicht bekannt ist. Beim Auflagerkraftvektor interessiert uns nur seine Belegung. Wie wir bereits wissen (siehe Abschnitt 4.1.5), sind nur die Koeffizienten, die mit den virtuellen Verschiebungen der Randknoten multipliziert werden, von Null verschieden. Die Berechnung des Lastvektors kann hingegen schon durchgeführt werden, sofern die Belastung deformationsunabhängig ist. Dies trifft auch auf das Eigengewicht zu, denn ein Element wird nicht schwerer, wenn man es in die Länge zieht. Anders ist es z. B. bei Innendruck: Bei einem aufgeblasenen Ballon wird die auf ein Element wirkende Belastung überproportional größer, wenn der Innendruck gesteigert wird, da nicht nur die Lastamplitude sondern auch die Elementfläche größer wird.

Die Total-Lagrange-Formulierung, bei der über die unverformte Ausgangslage integriert wird, hat den Vorteil, dass die Belastungsterme formal identisch mit denen der linearen Theorie sind, so dass das Aufstellen des Lastvektors aus den Kapiteln 4 und 7 übernommen werden kann. Approximiert man die Lasten wie die Verschiebungen (siehe Abschnitt 7.4.5), dann lautet die Berechnungsvorschrift für den Elementvektor aus Bereichslasten analog Gl. 7.47

$$\bar{\boldsymbol{p}}_{\mathrm{Be}} = \int\limits_{-1}^{+1}\int\limits_{-1}^{+1}\int\limits_{-1}^{+1} \begin{bmatrix} \boldsymbol{f}\,\boldsymbol{f}^{\mathrm{T}} & \boldsymbol{0} & \boldsymbol{0} \\ \boldsymbol{0} & \boldsymbol{f}\,\boldsymbol{f}^{\mathrm{T}} & \boldsymbol{0} \\ \boldsymbol{0} & \boldsymbol{0} & \boldsymbol{f}\,\boldsymbol{f}^{\mathrm{T}} \end{bmatrix} \begin{Bmatrix} \bar{\boldsymbol{q}}_{\mathrm{Bx}} \\ \bar{\boldsymbol{q}}_{\mathrm{By}} \\ \bar{\boldsymbol{q}}_{\mathrm{Bz}} \end{Bmatrix} |\boldsymbol{J}|\, \mathrm{d}\xi\, \mathrm{d}\eta\, \mathrm{d}\zeta\,. \tag{13.36}$$

$\bar{\boldsymbol{q}}_{\mathrm{Bx}}$, $\bar{\boldsymbol{q}}_{\mathrm{By}}$ und $\bar{\boldsymbol{q}}_{\mathrm{Bz}}$ sind die Lastamplituden in den Elementknoten. Ein typisches Beispiel für eine Volumenlast ist das Eigengewicht, das wegen der Total-Lagrange-Formulierung in der Ausgangslage gemessen wird (Kraft pro Referenzvolumen).

Auch die Randlasten werden entsprechend den Verschiebungen approximiert. Die Berechnungsvorschrift für den Elementvektor aus Randlasten lautet analog Gl. (7.50) beispielsweise für eine Elementfläche mit $\zeta = 1$

$$\bar{\boldsymbol{p}}_{\mathrm{Re}} = \int\limits_{-1}^{+1}\int\limits_{-1}^{+1} \begin{bmatrix} \boldsymbol{f}_{\mathrm{r}}\,\boldsymbol{f}_{\mathrm{r}}^{\mathrm{T}} & \boldsymbol{0} & \boldsymbol{0} \\ \boldsymbol{0} & \boldsymbol{f}_{\mathrm{r}}\,\boldsymbol{f}_{\mathrm{r}}^{\mathrm{T}} & \boldsymbol{0} \\ \boldsymbol{0} & \boldsymbol{0} & \boldsymbol{f}_{\mathrm{r}}\,\boldsymbol{f}_{\mathrm{r}}^{\mathrm{T}} \end{bmatrix} \begin{Bmatrix} \bar{\boldsymbol{q}}_{\mathrm{Rx}} \\ \bar{\boldsymbol{q}}_{\mathrm{Ry}} \\ \bar{\boldsymbol{q}}_{\mathrm{Rz}} \end{Bmatrix} |\boldsymbol{J}_{\mathrm{r}}|\, \mathrm{d}\xi\, \mathrm{d}\eta \tag{13.37}$$

$$\text{mit} \quad \boldsymbol{f}_{\mathrm{r}} = \boldsymbol{f}(\xi, \eta, 1)\,.$$

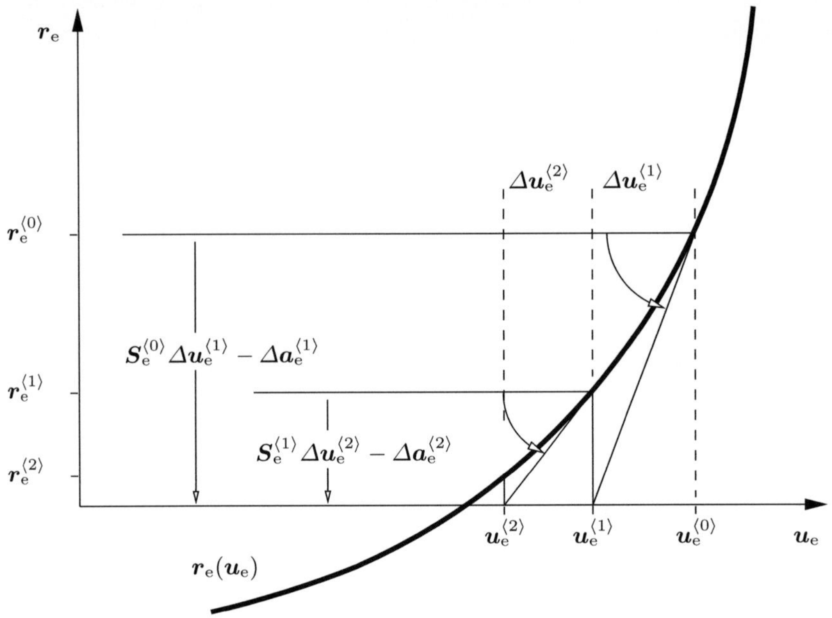

Bild 13.4. Newton-Iteration

$\bar{q}_{Rx}$, $\bar{q}_{Ry}$ und $\bar{q}_{Rz}$ sind die Lastamplituden in den Elementknoten (siehe Gl. 4.20).

13.7 Iterationsvorschrift

Eine nichtlineare Gleichung der Form $f(x) = 0$ lässt sich iterativ mit Hilfe des in Bild 13.4 dargestellten Newton-Verfahrens lösen. Hierzu wird $f(x)$ in eine Taylor-Reihe bis zum linearen Term (siehe [13.12]) entwickelt:

$$f(x^{\langle i \rangle}) \approx f(x^{\langle i-1 \rangle}) + \left(\frac{\partial f(x)}{\partial x} \right)^{\langle i-1 \rangle} \left(x^{\langle i \rangle} - x^{\langle i-1 \rangle} \right),$$

wobei der hochgestellte Index i die entsprechende Iteration kennzeichnet. $\partial f / \partial x$ kann geometrisch als Steigung der Tangente an die Kurve $f(x)$ gedeutet werden. Solange $x^{\langle i-1 \rangle}$ noch nicht mit der Lösung x übereinstimmt, ist $f(x^{\langle i \rangle})$ nicht gleich Null, sondern gleich einem Wert, den man als Residuum r bezeichnet. Wenn $x^{\langle i-1 \rangle}$ in der Nähe der Lösung x ist, wird der Schnittpunkt der Tangente mit der x-Achse zu einem verbesserten Wert $x^{\langle i \rangle}$ führen. Daraus ergibt sich die Iterationsvorschrift

$$x^{\langle i \rangle} = x^{\langle i-1 \rangle} - \left[\left(\frac{\partial f(x)}{\partial x} \right)^{\langle i-1 \rangle} \right]^{-1} f(x^{\langle i-1 \rangle}) .$$

$x^{\langle i \rangle}$ wird als Näherungslösung der Gleichung $f(x) = 0$ akzeptiert, wenn der Betrag von $f(x^{\langle i \rangle})$ kleiner als eine vorgegebene Toleranz ϵ ist. Wichtig für die Konvergenz des Verfahrens ist die gute Vorschätzung für den Startwert $x^{\langle 0 \rangle}$.

Die Übertragung auf ein System mit n Gleichungen und n Unbekannten der Form $\boldsymbol{f}(\boldsymbol{x})=\mathbf{0}$ liefert

$$\boldsymbol{x}^{\langle \mathrm{i}\rangle} = \boldsymbol{x}^{\langle \mathrm{i}-1\rangle} - \left[\left(\frac{\partial \boldsymbol{f}(\boldsymbol{x})}{\partial \boldsymbol{x}}\right)^{\langle \mathrm{i}-1\rangle}\right]^{-1} \boldsymbol{f}(\boldsymbol{x}^{\langle \mathrm{i}-1\rangle})\,.$$

$\partial \boldsymbol{f}/\partial \boldsymbol{x}$ ist hierbei eine quadratische Matrix der Abmessung $n\times n$. Allgemein ergibt die Differentiation eines m-zeiligen Vektors $\boldsymbol{a}$ nach einem n-zeiligen Vektor $\boldsymbol{b}$ eine $m \times n$-Matrix $\boldsymbol{C}$mit $C_{\mathrm{ij}}=\partial a_i/\partial b_j$.

Im Hinblick auf die Newton-Iteration wird nun Gl. (13.32) unter Einführung eines Residualvektors $\boldsymbol{r}_{\mathrm{e}}$ umgeformt:

$$\boldsymbol{r}_{\mathrm{e}}(\boldsymbol{u}_{\mathrm{e}}) = \boldsymbol{s}_{\mathrm{e}} - \bar{\boldsymbol{p}}_e - \boldsymbol{a}_{\mathrm{e}} = \mathbf{0}\,. \tag{13.38}$$

Die Iterationsvorschrift lautet in diesem Fall

$$\boldsymbol{u}_{\mathrm{e}}^{\langle \mathrm{i}\rangle} = \boldsymbol{u}_{\mathrm{e}}^{\langle \mathrm{i}-1\rangle} - \left[\left(\frac{\partial \boldsymbol{r}_{\mathrm{e}}(\boldsymbol{u}_{\mathrm{e}})}{\partial \boldsymbol{u}_{\mathrm{e}}}\right)^{\langle \mathrm{i}-1\rangle}\right]^{-1} \boldsymbol{r}_{\mathrm{e}}(\boldsymbol{u}_{\mathrm{e}}^{\langle \mathrm{i}-1\rangle})$$

oder umgestellt

$$\left[\left(\frac{\partial \boldsymbol{r}_{\mathrm{e}}(\boldsymbol{u}_{\mathrm{e}})}{\partial \boldsymbol{u}_{\mathrm{e}}}\right)^{\langle \mathrm{i}-1\rangle}\right] \Delta\boldsymbol{u}_{\mathrm{e}}^{\langle \mathrm{i}\rangle} = -\boldsymbol{r}_{\mathrm{e}}(\boldsymbol{u}_{\mathrm{e}}^{\langle \mathrm{i}-1\rangle}) \quad \text{mit} \quad \Delta\boldsymbol{u}_{\mathrm{e}}^{\langle \mathrm{i}\rangle} = \boldsymbol{u}_{\mathrm{e}}^{\langle \mathrm{i}\rangle} - \boldsymbol{u}_{\mathrm{e}}^{\langle \mathrm{i}-1\rangle}\,.$$

Die linke Seite lässt sich noch weiter aufbereiten:

$$\begin{aligned}\left[\left(\frac{\partial \boldsymbol{r}_{\mathrm{e}}(\boldsymbol{u}_{\mathrm{e}})}{\partial \boldsymbol{u}_{\mathrm{e}}}\right)^{\langle \mathrm{i}-1\rangle}\right] \Delta\boldsymbol{u}_{\mathrm{e}}^{\langle \mathrm{i}\rangle} &= \left[\left(\frac{\partial \boldsymbol{s}_{\mathrm{e}}}{\partial \boldsymbol{u}_{\mathrm{e}}}\right)^{\langle \mathrm{i}-1\rangle} - \left(\frac{\partial \bar{\boldsymbol{p}}_e}{\partial \boldsymbol{u}_{\mathrm{e}}}\right)^{\langle \mathrm{i}-1\rangle} - \left(\frac{\partial \boldsymbol{a}_{\mathrm{e}}}{\partial \boldsymbol{u}_{\mathrm{e}}}\right)^{\langle \mathrm{i}-1\rangle}\right] \Delta\boldsymbol{u}_{\mathrm{e}}^{\langle \mathrm{i}\rangle}\\ &= \left[\boldsymbol{S}_{\mathrm{e}}^{\langle \mathrm{i}-1\rangle} - \boldsymbol{S}_{\mathrm{pe}}^{\langle \mathrm{i}-1\rangle}\right] \Delta\boldsymbol{u}_{\mathrm{e}}^{\langle \mathrm{i}\rangle} - \Delta\boldsymbol{a}_{\mathrm{e}}^{\langle \mathrm{i}\rangle}\,.\end{aligned}$$

$\boldsymbol{S}_{\mathrm{e}}$ ist die (tangentiale) Elementsteifigkeitsmatrix. $\boldsymbol{S}_{\mathrm{pe}}$ ist ein Anteil zur Steifigkeitsmatrix, der nur bei Belastungen auftritt, die wie beispielsweise Innendruck deformationsabhängig sind. Bei deformationsunabhängigen Lasten, die wir im folgenden voraussetzen, verschwindet der Term. $\Delta\boldsymbol{a}_{\mathrm{e}}$ ist der Vektor der unbekannten Auflagerkraftzuwächse und hat dieselbe Belegung wie $\boldsymbol{a}_{\mathrm{e}}$. Zusammengefasst ergibt sich damit das in Bild 13.4 skizzierte Iterationsverfahren

$$\boldsymbol{S}_{\mathrm{e}}^{\langle \mathrm{i}-1\rangle}\,\Delta\boldsymbol{u}_{\mathrm{e}}^{\langle \mathrm{i}\rangle} - \Delta\boldsymbol{a}_{\mathrm{e}}^{\langle \mathrm{i}\rangle} = -\boldsymbol{r}_{\mathrm{e}}^{\langle \mathrm{i}-1\rangle} \tag{13.39a}$$

$$\text{mit} \quad \boldsymbol{r}_{\mathrm{e}}^{\langle \mathrm{i}-1\rangle} = \boldsymbol{s}_{\mathrm{e}}^{\langle \mathrm{i}-1\rangle} - \bar{\boldsymbol{p}}_e - \boldsymbol{a}_{\mathrm{e}}^{\langle \mathrm{i}-1\rangle}\,. \tag{13.39b}$$

In Gl. (13.39b) ist berücksichtigt, dass bei deformationsunabhängigen Belastungen der Lastvektor vollständig bekannt ist und im Verlauf der Iteration nicht aktualisiert werden muss.

13.8 Elementsteifigkeitsmatrix

Die Elementsteifigkeitsmatrix ergibt sich als Ableitung des Vektors der inneren Kräfte nach den Elementknotenverschiebungen:

$$\boldsymbol{S}_{\mathrm{e}} = \frac{\partial \boldsymbol{s}_{\mathrm{e}}}{\partial \boldsymbol{u}_{\mathrm{e}}} = \frac{\partial}{\partial \boldsymbol{u}_{\mathrm{e}}} \int\limits_{\mathrm{V}} \boldsymbol{V}_{\varepsilon \mathrm{u}}^{\mathrm{T}} \boldsymbol{\sigma} \, \mathrm{d}V = \int\limits_{\mathrm{V}} \frac{\partial \boldsymbol{V}_{\varepsilon \mathrm{u}}^{\mathrm{T}}}{\partial \boldsymbol{u}_{\mathrm{e}}} \boldsymbol{\sigma} \, \mathrm{d}V + \int\limits_{\mathrm{V}} \boldsymbol{V}_{\varepsilon \mathrm{u}}^{\mathrm{T}} \frac{\partial \boldsymbol{\sigma}}{\partial \boldsymbol{u}_{\mathrm{e}}} \, \mathrm{d}V = \boldsymbol{S}_{\mathrm{ge}} + \boldsymbol{S}_{\mathrm{me}} \, . \tag{13.40}$$

Die zunächst nur formal eingeführten Matrizen $\boldsymbol{S}_{\mathrm{ge}}$ und $\boldsymbol{S}_{\mathrm{me}}$ sind die geometrische und die materielle Elementsteifigkeitsmatrix. Die Matrix $\boldsymbol{V}_{\varepsilon \mathrm{u}}$ ist in Gl. (13.20) definiert.

In der Theorie 1. Ordnung entfällt die geometrische Steifigkeitsmatrix, da dort die virtuellen Verschiebungen nicht vom wirklichen Deformationszustand abhängig sind. In der (linearen) Theorie 2. Ordnung hingegen treten bei der Bildung der virtuellen Verzerrungen zusätzlich zu den Ableitungen der virtuellen Verschiebungen auch noch Produkte von Ableitungen virtueller und wirklicher Verschiebungen auf (siehe Gln. (10.11) und (10.19)), so dass dort ebenfalls geometrische Steifigkeitsmatrizen bei der Entwicklung eines Finite-Elemente-Verfahrens anfallen (siehe Abschnitte 10.2.2 und 10.3).

Für die Auswertung der beiden Integrale werden die Ableitungen der Komponenten des Deformationsgradienten nach den Knotenverschiebungen $\boldsymbol{u}_{\mathrm{e}}^{\mathrm{T}} = \{\boldsymbol{u}^{\mathrm{T}}, \boldsymbol{v}^{\mathrm{T}}, \boldsymbol{w}^{\mathrm{T}}\}_{\mathrm{e}}$ benötigt. Ausgehend von Gl. (13.21) erhält man mit dem Verschiebungsansatz (13.16) beispielsweise für die Ableitung von F_{11}

$$\frac{\partial F_{11}}{\partial \boldsymbol{u}_{\mathrm{e}}} = \boldsymbol{f}_{,\mathrm{x}}^{\mathrm{T}} \frac{\partial \boldsymbol{u}}{\partial \boldsymbol{u}_{\mathrm{e}}} = \boldsymbol{f}_{,\mathrm{x}}^{\mathrm{T}} \, [\mathbf{I} \, , \, \mathbf{0} \, , \, \mathbf{0}] \, .$$

$\mathbf{I}$ ist eine Einheitsmatrix der Abmessung $m \times m$, wobei m die Anzahl der Elementknoten ist. $\mathbf{0}$ ist eine Null-Matrix gleicher Abmessung. Die Multiplikation mit $\boldsymbol{f}_{,\mathrm{x}}^{\mathrm{T}}$ liefert demnach einen Zeilenvektor mit $3\,m$ Koeffizienten. Letztendlich erhält man folgende Zusammenstellung:

$$\begin{aligned}
\frac{\partial F_{11}}{\partial \boldsymbol{u}_{\mathrm{e}}} &= \{\, \boldsymbol{f}_{,\mathrm{x}}^{\mathrm{T}}, \mathbf{0}^{\mathrm{T}}, \mathbf{0}^{\mathrm{T}} \,\}, &
\frac{\partial F_{12}}{\partial \boldsymbol{u}_{\mathrm{e}}} &= \{\, \boldsymbol{f}_{,\mathrm{y}}^{\mathrm{T}}, \mathbf{0}^{\mathrm{T}}, \mathbf{0}^{\mathrm{T}} \,\}, &
\frac{\partial F_{13}}{\partial \boldsymbol{u}_{\mathrm{e}}} &= \{\, \boldsymbol{f}_{,\mathrm{z}}^{\mathrm{T}}, \mathbf{0}^{\mathrm{T}}, \mathbf{0}^{\mathrm{T}} \,\}, \\
\frac{\partial F_{21}}{\partial \boldsymbol{u}_{\mathrm{e}}} &= \{\, \mathbf{0}^{\mathrm{T}}, \boldsymbol{f}_{,\mathrm{x}}^{\mathrm{T}}, \mathbf{0}^{\mathrm{T}} \,\}, &
\frac{\partial F_{22}}{\partial \boldsymbol{u}_{\mathrm{e}}} &= \{\, \mathbf{0}^{\mathrm{T}}, \boldsymbol{f}_{,\mathrm{y}}^{\mathrm{T}}, \mathbf{0}^{\mathrm{T}} \,\}, &
\frac{\partial F_{23}}{\partial \boldsymbol{u}_{\mathrm{e}}} &= \{\, \mathbf{0}^{\mathrm{T}}, \boldsymbol{f}_{,\mathrm{z}}^{\mathrm{T}}, \mathbf{0}^{\mathrm{T}} \,\}, \\
\frac{\partial F_{31}}{\partial \boldsymbol{u}_{\mathrm{e}}} &= \{\, \mathbf{0}^{\mathrm{T}}, \mathbf{0}^{\mathrm{T}}, \boldsymbol{f}_{,\mathrm{x}}^{\mathrm{T}} \,\}, &
\frac{\partial F_{32}}{\partial \boldsymbol{u}_{\mathrm{e}}} &= \{\, \mathbf{0}^{\mathrm{T}}, \mathbf{0}^{\mathrm{T}}, \boldsymbol{f}_{,\mathrm{y}}^{\mathrm{T}} \,\}, &
\frac{\partial F_{33}}{\partial \boldsymbol{u}_{\mathrm{e}}} &= \{\, \mathbf{0}^{\mathrm{T}}, \mathbf{0}^{\mathrm{T}}, \boldsymbol{f}_{,\mathrm{z}}^{\mathrm{T}} \,\}.
\end{aligned} \tag{13.41}$$

Die dabei auftretenden Ableitungen der Ansatzfunktionen $\boldsymbol{f}_{,\mathrm{x}}^{\mathrm{T}}$, $\boldsymbol{f}_{,\mathrm{y}}^{\mathrm{T}}$ und $\boldsymbol{f}_{,\mathrm{z}}^{\mathrm{T}}$ ergeben sich aus der Beziehung (13.25). Der Integrand der geometrischen Steifigkeitsmatrix aus Gl. (13.40) kann nun ausgewertet werden:

$$\frac{\partial \boldsymbol{V}_{\varepsilon \mathrm{u}}^{\mathrm{T}}}{\partial \boldsymbol{u}_{\mathrm{e}}} \boldsymbol{\sigma} = \begin{bmatrix} \boldsymbol{H} & 0 & 0 \\ 0 & \boldsymbol{H} & 0 \\ 0 & 0 & \boldsymbol{H} \end{bmatrix} \tag{13.42}$$

$$\begin{aligned} \text{mit} \quad \boldsymbol{H} = {} & S_{11}\ \boldsymbol{f}_{,\mathrm{x}}\, \boldsymbol{f}_{,\mathrm{x}}^{\mathrm{T}} + S_{22}\ \boldsymbol{f}_{,\mathrm{y}}\, \boldsymbol{f}_{,\mathrm{y}}^{\mathrm{T}} + S_{33}\ \boldsymbol{f}_{,\mathrm{z}}\, \boldsymbol{f}_{,\mathrm{z}}^{\mathrm{T}} \\ & + S_{12}\ \left[\boldsymbol{f}_{,\mathrm{x}}\, \boldsymbol{f}_{,\mathrm{y}}^{\mathrm{T}} + \boldsymbol{f}_{,\mathrm{y}}\, \boldsymbol{f}_{,\mathrm{x}}^{\mathrm{T}}\right] \\ & + S_{23}\ \left[\boldsymbol{f}_{,\mathrm{y}}\, \boldsymbol{f}_{,\mathrm{z}}^{\mathrm{T}} + \boldsymbol{f}_{,\mathrm{z}}\, \boldsymbol{f}_{,\mathrm{y}}^{\mathrm{T}}\right] \\ & + S_{31}\ \left[\boldsymbol{f}_{,\mathrm{z}}\, \boldsymbol{f}_{,\mathrm{x}}^{\mathrm{T}} + \boldsymbol{f}_{,\mathrm{x}}\, \boldsymbol{f}_{,\mathrm{z}}^{\mathrm{T}}\right] . \end{aligned}$$

Wie man unschwer erkennt, sind der Integrand und damit die geometrische Steifigkeitsmatrix symmetrisch. Sie muss wegen der darin auftretenden Spannungen in jeder Iteration neu berechnet werden.

Der Integrand der materiellen Steifigkeitsmatrix aus Gl. (13.40) muss noch aufbereitet werden:

$$\boldsymbol{V}_{\varepsilon \mathrm{u}}^{\mathrm{T}}\, \frac{\partial \boldsymbol{\sigma}}{\partial \boldsymbol{u}_{\mathrm{e}}} = \boldsymbol{V}_{\varepsilon \mathrm{u}}^{\mathrm{T}}\, \frac{\partial \boldsymbol{\sigma}}{\partial \boldsymbol{\varepsilon}}\, \frac{\partial \boldsymbol{\varepsilon}}{\partial \boldsymbol{u}_{\mathrm{e}}} .$$

Die Ableitung der Spannungen nach den Verzerrungen ist die *tangentiale Stoffmatrix*

$$\boldsymbol{C} = \frac{\partial \boldsymbol{\sigma}}{\partial \boldsymbol{\varepsilon}} . \tag{13.43}$$

Mit der im allgemeinen deformationsabhängigen tangentialen Stoffmatrix wird der Zusammenhang zwischen den differentiellen Spannungs- und den Verzerrungsänderungen beschrieben:

$$\mathrm{d}\boldsymbol{\sigma} = \boldsymbol{C}\ \mathrm{d}\boldsymbol{\varepsilon} . \tag{13.44}$$

Beim Materialgesetz von St. Venant-Kirchhoff ist $\boldsymbol{C}$ die (konstante) Stoffmatrix aus Beziehung (13.9). Für Neo-Hooke-Materialien kann die Matrix beispielsweise aus [13.2] übernommen werden. Während bei diesen beiden Materialgesetzen die tangentiale Stoffmatrix symmetrisch ist, können sich bei elastisch-plastischen Materialgesetzen unsymmetrische Matrizen einstellen (siehe [13.14, 13.15]). Im allgemeinen werden sie dann zwangssymmetrisiert, um die Symmetrie der Systemsteifigkeitsmatrix zu erhalten.

Für das Aufstellen von $\partial \boldsymbol{\varepsilon} / \partial \boldsymbol{u}_{\mathrm{e}}$ werden zunächst die Ableitungen von F_{ij} gebildet. Aus der Definition der Green-Lagrange-Verzerrungen (13.7) ergibt sich

$$\frac{\partial E_{11}}{\partial \boldsymbol{u}_{\mathrm{e}}} = F_{11}\, \frac{\partial F_{11}}{\partial \boldsymbol{u}_{\mathrm{e}}} + F_{21}\, \frac{\partial F_{21}}{\partial \boldsymbol{u}_{\mathrm{e}}} + F_{31}\, \frac{\partial F_{31}}{\partial \boldsymbol{u}_{\mathrm{e}}} , \tag{13.45a}$$

$$\frac{\partial E_{22}}{\partial \boldsymbol{u}_{\mathrm{e}}} = F_{12}\, \frac{\partial F_{12}}{\partial \boldsymbol{u}_{\mathrm{e}}} + F_{22}\, \frac{\partial F_{22}}{\partial \boldsymbol{u}_{\mathrm{e}}} + F_{32}\, \frac{\partial F_{32}}{\partial \boldsymbol{u}_{\mathrm{e}}} , \tag{13.45b}$$

$$\frac{\partial E_{33}}{\partial \boldsymbol{u}_{\mathrm{e}}} = F_{13}\, \frac{\partial F_{13}}{\partial \boldsymbol{u}_{\mathrm{e}}} + F_{23}\, \frac{\partial F_{23}}{\partial \boldsymbol{u}_{\mathrm{e}}} + F_{33}\, \frac{\partial F_{33}}{\partial \boldsymbol{u}_{\mathrm{e}}} , \tag{13.45c}$$

$$\begin{aligned} 2\, \frac{\partial E_{12}}{\partial \boldsymbol{u}_{\mathrm{e}}} = {} & F_{11}\, \frac{\partial F_{12}}{\partial \boldsymbol{u}_{\mathrm{e}}} + F_{12}\, \frac{\partial F_{11}}{\partial \boldsymbol{u}_{\mathrm{e}}} + F_{21}\, \frac{\partial F_{22}}{\partial \boldsymbol{u}_{\mathrm{e}}} \\ & + F_{22}\, \frac{\partial F_{21}}{\partial \boldsymbol{u}_{\mathrm{e}}} + F_{31}\, \frac{\partial F_{32}}{\partial \boldsymbol{u}_{\mathrm{e}}} + F_{32}\, \frac{\partial F_{31}}{\partial \boldsymbol{u}_{\mathrm{e}}} , \end{aligned} \tag{13.45d}$$

$$2\,\frac{\partial E_{23}}{\partial \boldsymbol{u}_\mathrm{e}} = F_{12}\,\frac{\partial F_{13}}{\partial \boldsymbol{u}_\mathrm{e}} + F_{13}\,\frac{\partial F_{12}}{\partial \boldsymbol{u}_\mathrm{e}} + F_{22}\,\frac{\partial F_{23}}{\partial \boldsymbol{u}_\mathrm{e}} + F_{23}\,\frac{\partial F_{22}}{\partial \boldsymbol{u}_\mathrm{e}} + F_{32}\,\frac{\partial F_{33}}{\partial \boldsymbol{u}_\mathrm{e}} + F_{33}\,\frac{\partial F_{32}}{\partial \boldsymbol{u}_\mathrm{e}}\,, \tag{13.45e}$$

$$2\,\frac{\partial E_{31}}{\partial \boldsymbol{u}_\mathrm{e}} = F_{13}\,\frac{\partial F_{11}}{\partial \boldsymbol{u}_\mathrm{e}} + F_{11}\,\frac{\partial F_{13}}{\partial \boldsymbol{u}_\mathrm{e}} + F_{23}\,\frac{\partial F_{21}}{\partial \boldsymbol{u}_\mathrm{e}} + F_{21}\,\frac{\partial F_{23}}{\partial \boldsymbol{u}_\mathrm{e}} + F_{33}\,\frac{\partial F_{31}}{\partial \boldsymbol{u}_\mathrm{e}} + F_{31}\,\frac{\partial F_{33}}{\partial \boldsymbol{u}_\mathrm{e}}\,. \tag{13.45f}$$

Ersetzt man noch die Ableitungen $\partial F_\mathrm{ij}/\partial \boldsymbol{u}_\mathrm{e}$ mit Hilfe von Gl. (13.41), dann erhält man

$$\boldsymbol{V}_{\varepsilon\mathrm{u}}^\mathrm{T}\,\frac{\partial \boldsymbol{\sigma}}{\partial \boldsymbol{u}_\mathrm{e}} = \boldsymbol{V}_{\varepsilon\mathrm{u}}^\mathrm{T}\,\frac{\partial \boldsymbol{\sigma}}{\partial \boldsymbol{\varepsilon}}\,\frac{\partial \boldsymbol{\varepsilon}}{\partial \boldsymbol{u}_\mathrm{e}} = \boldsymbol{V}_{\varepsilon\mathrm{u}}^\mathrm{T}\,\boldsymbol{C}\,\boldsymbol{V}_{\varepsilon\mathrm{u}}\,. \tag{13.46}$$

Unter der Voraussetzung, dass die tangentiale Stoffmatrix $\boldsymbol{C}$ symmetrisch ist, sind auch der Integrand und damit die materielle Steifigkeitsmatrix symmetrisch.

Damit sind die Berechnungsvorschriften für die Elementmatrizen und -vektoren zusammengestellt. Die darin auftretenden Integrationen werden numerisch im Bildbereich durchgeführt (siehe Abschnitt 7.4.6). Die Beschreibung des Materialverhaltens (tangentiale Stoffmatrix) und die Spannungsberechnung erfolgen daher nur in den Integrationspunkten. Die Total-Lagrange-Formulierung hat den Vorteil, dass nicht nur die Ansatzfunktionen und deren Ableitungen nach den Bildkoordinaten ξ, η, ζ, sondern auch die Ableitungen nach den Originalkoordinaten x, y, z sowie die Jacobi-Determinante während der Berechnung konstant sind, so dass sie vorab in den Integrationspunkten berechnet werden können. Dies hat insbesondere zur Folge, dass sich die Vektoren infolge deformationsunabhängiger Lasten schon vor der Iteration aufstellen lassen.

13.9 Kontrolle der Elementmatrizen

In Abschnitt 4.2 wurden Anforderungen an ein lineares Finite-Elemente-Verfahren bzw. an die zugehörigen Elementmatrizen aufgestellt. Mit einem nichtlinearen Verfahren müssen sich als Grenzfall auch lineare Probleme behandeln lassen. Insofern muss das nichtlineare Verfahren die Anforderungen bei kleinen Deformationen erfüllen. Anders als bei der Überprüfung des Scheibenelementes in Abschnitt 4.2.7 kann die Kontrolle hierbei nur numerisch mit einem Finite-Elemente-Programm erfolgen.

Für den Fall großer Deformationen müssen die Anforderungen entsprechend angepasst werden. Bezüglich *Starrkörpertranslationen* wird weiterhin gefordert, dass $\boldsymbol{S}_\mathrm{e}\;\boldsymbol{u}_\mathrm{e,SKTrans} = \boldsymbol{0}$ exakt erfüllt ist. Programmtechnisch bedeutet diese Forderung, dass bei Vorgabe der Knotenverschiebungen $\boldsymbol{u}_\mathrm{e,SKTrans}$ keine Auflagerkräfte auftreten dürfen. Im Gegensatz zur Starrkörpertranslation wird die *Starrkörperrotation* in der nichtlinearen Theorie anders als in der linearen Theorie beschrieben. Bei der Starrkörperrotation bewegt sich jeder Punkt auf einer Kreisbahn um die Drehachse. Linearisiert man diesen Bewegungsvorgang bei kleinen Rotationen, dann

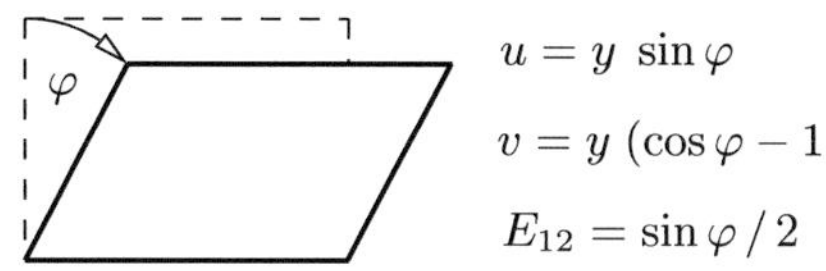

Bild 13.5. ‚Einfache' (links) und ‚reine' Schubdeformation (rechts)

bewegt sich jeder Punkt auf der Tangente an seine Kreisbahn. Der Körper weitet sich hierbei zwar auf, im Rahmen der linearen Theorie gehören dazu aber keine Verzerrungen, da die Aufweitung quadratisch klein ist.

Ein weiterer Unterschied besteht darin, dass in der nichtlinearen Theorie bei Starrkörperrotationen nur dann keine Auflagerkräfte entstehen, wenn das System vor der Rotation spannungsfrei war. Andernfalls verursachen die in die Berechnung der geometrischen Steifigkeitsmatrix eingehenden Spannungen, auch wenn sie vor der Drehung das Knotengleichgewicht erfüllen, am gedrehten System Auflagerkräfte. Dieser Effekt tritt auch schon in der (linearen) Theorie 2. Ordnung auf und kann an der geometrischen Steifigkeitsmatrix des schubweichen Balkens aus Abschnitt 10.2.2 durch Ausführung von $\boldsymbol{S}_{\text{ge}}\ \boldsymbol{u}_{e,\text{SKRot}}$ nachvollzogen werden (siehe Übungsaufgabe 13.2).

Die Darstellbarkeit von Starrkörpertranslationen ist gleichbedeutend damit, dass sich bei der *Eigenwertanalyse der Elementsteifigkeitsmatrix* mindestens 3 Eigenwerte zu Null ergeben müssen (siehe Abschnitt 4.2.5). Ist das betrachtete Element (noch) spannungsfrei, müssen sich zusätzlich drei weitere Null-Eigenwerte einstellen. Dies ist gleichbedeutend mit drei unabhängigen Starrkörperrotationen, bei denen keine Auflagerkräfte entstehen. Bei einem allgemeinen Spannungszustand treten diese Null-Eigenwerte nicht auf!

Da in der Verschiebungs-Verzerrungs-Relation (13.8) nur 1. Ableitungen der Verschiebungen auftreten, liefert ein beliebiger linearer Verschiebungszustand einen *konstanten Verzerrungszustand* (siehe Abschnitt 4.2.3). Allerdings sind Zustände, bei denen nur eine Verzerrungskomponente ungleich Null ist, wegen der quadratischen Terme in Gl. (13.8) nicht so einfach wie in der linearen Theorie zu bestimmen. So tritt bei einem vorgegebenen Verschiebungszustand $u = \alpha\, x$ als einzige Verzerrung $E_{11} = \alpha + \alpha^2/2$ auf. Bei dem in Bild 13.5 dargestellten Zustand $u = \varphi\, y$, der in der linearen Theorie eine konstante Schubverzerrung zur Folge hat, ergibt sich mit Gl. (13.8) nicht nur eine Schubverzerrung E_{12} sondern auch eine Normalverzerrung E_{22}. Bei dieser Verschiebung erfährt das Element eine Aufweitung in y-Richtung, die in der linearen Theorie ähnlich wie bei der Starrkörperrotation keine Verzerrung bzw. Spannung zur Folge hat. Ein Zustand, der nur E_{12} zur Folge hat, ist ebenfalls in Bild 13.5 wiedergegeben. Bei kleinen Verschiebungen gehen die beiden Zustände aus Bild 13.5 ineinander über.

Ob die *positive Semidefinitheit der Steifigkeitsmatrix* gewährleistet ist, hängt vom aktuellen Deformationszustand ab. Zum einen ist die positive Definitheit der (tangentialen) Stoffmatrix, die die Voraussetzung für die positive Semidefinitheit der materiellen Steifigkeitsmatrix ist (siehe Abschnitt 4.2.5), nicht mehr a priori gegeben, sondern hängt vom vorliegenden Materialverhalten (Material mit Entfestigung, ideal-plastisches Material etc.) ab. Zum anderen kann auch der geometrische

Anteil der Steifigkeitsmatrix je nach Spannungszustand dazu beitragen, dass die Elementsteifigkeitsmatrix negative Eigenwerte besitzt (geometrische Instabilität).

In Abschnitt 8.2. werden weitere Kontrollalgorithmen insbesondere der Patch-Test beschrieben. Mit den obigen Ausführungen kann er leicht in die nichtlineare Welt portiert werden (siehe Übungsaufgabe 13.3).

13.10 Ablauf des Verfahrens

Die an einem einzelnen Element entwickelte Iterationsvorschrift (13.39) kann unmittelbar auf ein elementiertes System übertragen werden:

$$\boldsymbol{S}^{*\langle \mathrm{i}-1\rangle}\,\Delta\boldsymbol{u}^{*\langle \mathrm{i}\rangle} - \Delta\boldsymbol{a}^{*\langle \mathrm{i}\rangle} = -\boldsymbol{r}^{*\langle \mathrm{i}-1\rangle}\,. \tag{13.47a}$$

Der Systemresidualvektor ergibt sich dabei unter der Voraussetzung deformationsunabhängiger Lasten zu

$$\boldsymbol{r}^{*\langle \mathrm{i}-1\rangle} = \boldsymbol{s}^{*\langle \mathrm{i}-1\rangle} - \bar{\boldsymbol{p}}^{*} - \boldsymbol{a}^{*\langle \mathrm{i}-1\rangle}\,. \tag{13.47b}$$

Als Startwerte $\boldsymbol{S}^{*\langle 0\rangle}$ und $\boldsymbol{r}^{*\langle 0\rangle}$ dienen die Steifigkeitsmatrix nach Theorie 1. Ordnung und der negative Lastvektor. Wie die Systemmatrizen und -vektoren aus den entsprechenden Elementgrößen aufgebaut werden, kann aus den Abschnitten 4.1.6 bzw. 5.2 entnommen werden. Gl. (13.47a) beinhaltet ein lineares Gleichungssystem mit den Systemknotenverschiebungen und den Systemauflagerkräften als Unbekannten. Seine Handhabung kann aus der linearen Theorie übernommen werden (siehe Abschnitte 4.1.6, 5.3 und 5.5). Allerdings erhält man nicht die Gesamtgrößen, sondern nur die iterativen Zuwächse. Die Gesamtgrößen müssen in jeder Iteration aktualisiert werden:

$$\boldsymbol{u}^{*\langle \mathrm{i}\rangle} = \boldsymbol{u}^{*\langle \mathrm{i}-1\rangle} + \Delta\boldsymbol{u}^{*\langle \mathrm{i}\rangle}\,, \tag{13.48a}$$

$$\boldsymbol{a}^{*\langle \mathrm{i}\rangle} = \boldsymbol{a}^{*\langle \mathrm{i}-1\rangle} + \Delta\boldsymbol{a}^{*\langle \mathrm{i}\rangle}\,. \tag{13.48b}$$

Daraus lassen sich ähnlich wie in der linearen Theorie die Elementknotenverschiebungen $\boldsymbol{u}_{\mathrm{e}}^{\langle \mathrm{i}\rangle}$ sowie die Verzerrungen $\boldsymbol{\varepsilon}^{\langle \mathrm{i}\rangle}$ und die Spannungen $\boldsymbol{\sigma}^{\langle \mathrm{i}\rangle}$ in den Integrationspunkten ermitteln, aus denen dann wiederum die Residualvektoren $\boldsymbol{r}_{\mathrm{e}}^{\langle \mathrm{i}\rangle}$ bzw. $\boldsymbol{r}^{*\langle \mathrm{i}\rangle}$ berechnet werden können. Das Iterationsverfahren wird abgebrochen, wenn mit genügender Genauigkeit $\boldsymbol{r}^{*\langle \mathrm{i}\rangle} = \boldsymbol{0}$ erfüllt ist. Alternativ kann der Abbruch erfolgen, wenn $\Delta\boldsymbol{u}^{*\langle \mathrm{i}\rangle} = \boldsymbol{0}$ ausreichend genau erreicht ist.

Speziell in den ersten Iterationen kann der tangentiale Driftfehler so groß werden, dass das Verfahren divergiert. Um das zu verhindern, können die iterativen Verschiebungszuwächse direkt oder indirekt beispielsweise durch Kontrolle des Verzerrungszuwachses beschränkt werden: $\Delta\hat{\boldsymbol{u}}^{*\langle \mathrm{i}\rangle} = \kappa\,\Delta\boldsymbol{u}^{*\langle \mathrm{i}\rangle}$ mit $0 < \kappa \leqslant 1$ (siehe Bild 13.6). Das Iterationsverfahren darf natürlich erst dann beendet werden, wenn die Verschiebungszuwächse nicht mehr skaliert werden ($\kappa = 1$) und die Abbruchkriterien erfüllt sind.

In Anlehnung an die Theorie 1. Ordnung werden neben den Verschiebungen auch die Lagerkräfte iterativ bestimmt. Sie können aber auch direkt nach Abschluss

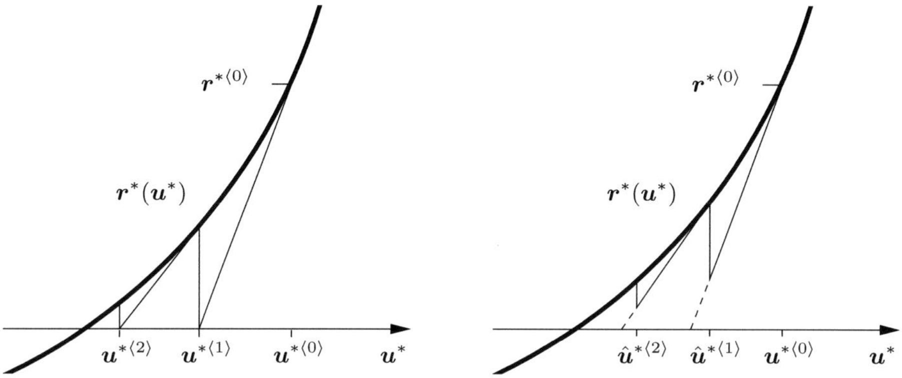

Bild 13.6. Newton-Iteration ohne (links) und mit Beschränkung des iterativen Verschiebungszuwachses (rechts)

der Iteration ermittelt werden. Dazu werden in den Systemgleichungen (13.47) die Lagerkraftanteile mit Gl. (13.48b) zusammengefasst:

$$\boldsymbol{S}^{*\langle \mathrm{i}-1\rangle}\ \Delta\boldsymbol{u}^{*\langle \mathrm{i}\rangle} = -\breve{\boldsymbol{r}}^{*\langle \mathrm{i}-1\rangle} \tag{13.49a}$$

$$\text{mit}\quad \breve{\boldsymbol{r}}^{*\langle \mathrm{i}-1\rangle} = \boldsymbol{s}^{*\langle \mathrm{i}-1\rangle} - \bar{\boldsymbol{p}}^* - \boldsymbol{a}^{*\langle \mathrm{i}\rangle}\ . \tag{13.49b}$$

Der modifizierte Residualvektor lässt sich nicht vollständig berechnen, da die Lagerkräfte unbekannt sind. Mit der (gedanklichen) Aufteilung entsprechend Gl. (4.29)

$$\begin{aligned}\begin{bmatrix} \boldsymbol{S}_{\mathrm{II}}^{*\langle \mathrm{i}-1\rangle} & \boldsymbol{S}_{\mathrm{IJ}}^{*\langle \mathrm{i}-1\rangle} \\ \boldsymbol{S}_{\mathrm{IJ}}^{*\langle \mathrm{i}-1\rangle\,T} & \boldsymbol{S}_{\mathrm{JJ}}^{*\langle \mathrm{i}-1\rangle} \end{bmatrix} \begin{Bmatrix} \Delta\bar{\boldsymbol{u}}_{\mathrm{IR}}^{*\langle \mathrm{i}\rangle} \\ \Delta\boldsymbol{u}_{\mathrm{J}}^{*\langle \mathrm{i}\rangle} \end{Bmatrix} &= -\begin{Bmatrix} \boldsymbol{s}_{\mathrm{I}}^{*\langle \mathrm{i}-1\rangle} \\ \boldsymbol{s}_{\mathrm{J}}^{*\langle \mathrm{i}-1\rangle} \end{Bmatrix} + \begin{Bmatrix} \bar{\boldsymbol{p}}_{\mathrm{I}}^* \\ \bar{\boldsymbol{p}}_{\mathrm{J}}^* \end{Bmatrix} + \begin{Bmatrix} \boldsymbol{a}_{\mathrm{I}}^{*\langle \mathrm{i}\rangle} \\ \boldsymbol{0} \end{Bmatrix} \\ &= -\begin{Bmatrix} \breve{\boldsymbol{r}}_{\mathrm{I}}^{*\langle \mathrm{i}-1\rangle} \\ \breve{\boldsymbol{r}}_{\mathrm{J}}^{*\langle \mathrm{i}-1\rangle} \end{Bmatrix} \end{aligned} \tag{13.50}$$

lässt sich immerhin der Anteil $\breve{\boldsymbol{r}}_{\mathrm{J}}^{*\langle \mathrm{i}-1\rangle} = \boldsymbol{r}_{\mathrm{J}}^{*\langle \mathrm{i}-1\rangle}$ aufstellen, da vom Auflagerkraftvektor die Belegung bekannt ist. Damit lassen sich die Verschiebungszuwächse ermitteln (siehe Abschnitt 4.1.6):

$$\begin{bmatrix} \mathbf{I} & \mathbf{0} \\ \mathbf{0} & \boldsymbol{S}_{\mathrm{JJ}}^{*\langle \mathrm{i}-1\rangle} \end{bmatrix} \begin{Bmatrix} \Delta\boldsymbol{u}_{\mathrm{I}}^{*\langle \mathrm{i}\rangle} \\ \Delta\boldsymbol{u}_{\mathrm{J}}^{*\langle \mathrm{i}\rangle} \end{Bmatrix} = \begin{Bmatrix} \Delta\bar{\boldsymbol{u}}_{\mathrm{IR}}^{*\langle \mathrm{i}\rangle} \\ -\breve{\boldsymbol{r}}_{\mathrm{J}}^{*\langle \mathrm{i}-1\rangle} - \boldsymbol{S}_{\mathrm{IJ}}^{*\langle \mathrm{i}-1\rangle\,T}\ \Delta\bar{\boldsymbol{u}}_{\mathrm{IR}}^{*\langle \mathrm{i}\rangle} \end{Bmatrix}\ . \tag{13.51}$$

Aus den Zuwächsen ergeben sich dann wie bisher die Gesamtverschiebungen sowie die aktuellen Verzerrungen und Spannungen. Der Iterationsprozess wird abgebrochen, wenn die Bedingungen bezüglich $\breve{\boldsymbol{r}}_{\mathrm{J}}^{*\langle \mathrm{i}\rangle}$ und $\Delta\boldsymbol{u}^{*\langle \mathrm{i}\rangle}$ erfüllt sind. Die endgültigen Lagerkräfte lassen sich anschließend aus der Beziehung

$$\boldsymbol{a}^* = \boldsymbol{s}^* - \bar{\boldsymbol{p}}^* \tag{13.52}$$

bestimmen.

Das bisher geschilderte Verfahren kann bei elastischen St. Venant-Kirchhoff- und Neo-Hooke-Materialien ohne weiteres angewandt werden. Bei diesen Materialien hängt der Spannungszustand nur vom aktuellen Deformationszustand ab (Wegunabhängigkeit). Im allgemeinen wird das Materialverhalten aber von der Lastgeschichte (Lastpfad) beeinflusst, die mit Hilfe sogenannter *innerer Variablen* (siehe Abschnitt 13.12) beschrieben wird. Damit iterative Zwischenzustände keinen Einfluss auf das Lösungsverhalten haben, wird die Belastung stückweise aufgebracht. In jedem Inkrement, das hinreichend klein gewählt werden muss, um den Lastpfad möglichst genau zu verfolgen, wird dann das Materialverhalten während der iterativen Bestimmung des zugehörigen Deformationszustandes (siehe Bild 13.7) wegunabhängig idealisiert [13.15]. Dies geschieht dadurch, dass man in jeder Iteration von dem durch die inneren Variablen beschriebenen Materialverhalten zu Beginn des Inkrementes ausgeht und zu dem iterativ verbesserten Deformationszustand die Spannungen ermittelt. Diese Spannungen erfüllen zwar das Gleichgewicht, nicht aber die Materialnebenbedingungen wie z. B. die Fließbedingung. Daher werden die Spannungen und die inneren Variablen derartig modifiziert, dass die Nebenbedingungen (bei Verletzung des Gleichgewichts) eingehalten werden. Die Modifikation wird nur für die aktuelle Iteration durchgeführt und hat damit keinen Einfluss auf die nächste Iteration. Auf Basis der modifizierten Werte werden dann die tangentialen Stoffmatrizen aufgestellt. Erst wenn das Gleichgewicht erfüllt bzw. das Residuum verschwunden ist und alle Nebenbedingungen bezüglich des Materialverhaltens eingehalten sind, wird der inkrementelle Iterationsprozess abgebrochen und die modifizierten Werte aus der letzten Iteration übernommen (Aktualisierung des Spannungszustandes und der Lastgeschichte). Der inkrementelle Zuwachs der Spannungen und inneren Variablen ist damit nur vom Deformationszustand am Ende des Inkrementes abhängig (inkrementbezogene Wegunabhängigkeit). Da bei der vorgestellten Vorgehensweise die iterativen Zwischenzustände keinen Einfluss auf das Materialverhalten haben, können die iterativen Verschiebungszuwächse wie oben beschrieben auch skaliert werden, um den Driftfehler zu beschränken (siehe Bild 13.6).

Bei dem im folgenden beschriebenen inkrementellen Iterationsverfahren, das in Bild 13.7 skizziert ist, verzichten wir wie allgemein üblich auf die iterative Bestimmung der Auflagerkräfte. Sie können im Bedarfsfall am Ende der Berechnung mittels der Beziehung (13.52) bestimmt werden. Mit dem Iterationsindex i und dem Inkrementindex k lauten die Systemgleichungen (13.49) nun

$$\boldsymbol{S}^{*\langle \mathrm{i-1,\,k} \rangle}\, \Delta\Delta\boldsymbol{u}^{*\langle \mathrm{i,\,k} \rangle} = -\boldsymbol{r}^{*\langle \mathrm{i-1,\,k} \rangle} \tag{13.53a}$$

$$\text{mit} \quad \boldsymbol{r}^{*\langle \mathrm{i-1,\,k} \rangle} = \boldsymbol{s}^{*\langle \mathrm{i-1,\,k} \rangle} - \bar{\boldsymbol{p}}^{*\langle \mathrm{k} \rangle} - \boldsymbol{a}^{*\langle \mathrm{i,\,k} \rangle}\ . \tag{13.53b}$$

Hierbei kennzeichnet ein Δ den inkrementellen und ein zweites Δ den iterativen Zuwachs. Das Verfahren wird dahingehend modifiziert, dass eine Iteration mit der Berechnung der Spannungen $\boldsymbol{\sigma}^{\langle \mathrm{i-1,\,k} \rangle}$ und der tangentialen Stoffmatrizen $\boldsymbol{C}^{\langle \mathrm{i-1,\,k} \rangle}$ gestartet wird. Grundlage dafür ist der Deformationszustand am Ende der vorigen Iteration. Vereinfachend setzen wir voraus, dass zu Beginn des Verfahrens das Tragwerk undeformiert ist. Anschließend wird das Gleichungssystem insoweit aufgebaut, dass sich die iterativen Verschiebungszuwächse bestimmen lassen. Wenn die Abbruchkriterien nicht erfüllt werden, wird die Iteration mit der Aktualisierung der inkrementellen Verschiebungszuwächse und der Gesamtgrößen fortgesetzt:

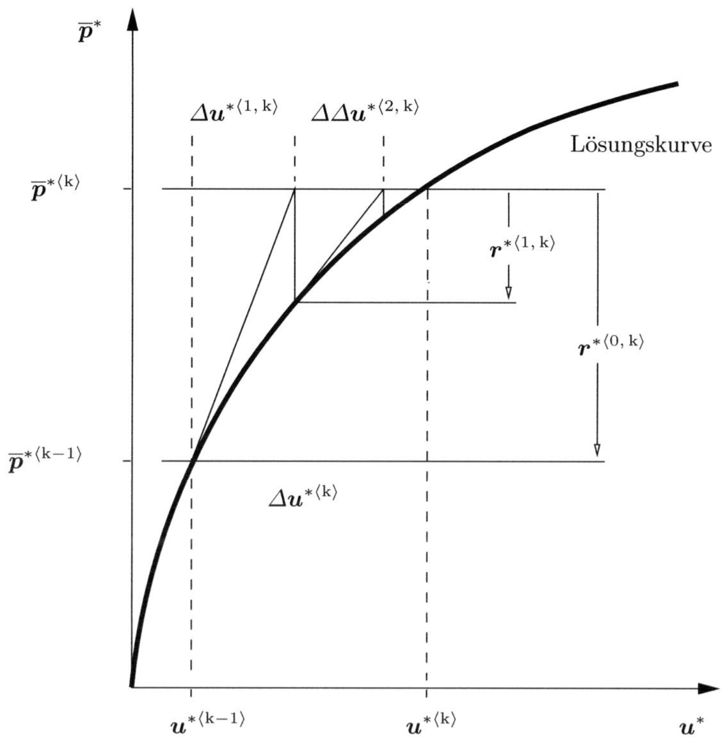

Bild 13.7. Inkrementelle Iteration

$$\Delta \boldsymbol{u}^{*\langle \mathrm{i},\,\mathrm{k}\rangle} = \Delta \boldsymbol{u}^{*\langle \mathrm{i}-1,\,\mathrm{k}\rangle} + \Delta\Delta \boldsymbol{u}^{*\langle \mathrm{i},\,\mathrm{k}\rangle}\,, \tag{13.54a}$$

$$\boldsymbol{u}^{*\langle \mathrm{i},\,\mathrm{k}\rangle} = \boldsymbol{u}^{*\langle \mathrm{k}-1\rangle} + \Delta \boldsymbol{u}^{*\langle \mathrm{i},\,\mathrm{k}\rangle} = \boldsymbol{u}^{*\langle \mathrm{i}-1,\,\mathrm{k}\rangle} + \Delta\Delta \boldsymbol{u}^{*\langle \mathrm{i},\,\mathrm{k}\rangle}\,. \tag{13.54b}$$

Aus den Verschiebungen werden die Deformationsgradienten $\boldsymbol{F}^{\langle \mathrm{i},\,\mathrm{k}\rangle}$ und die Verzerrungen $\boldsymbol{\varepsilon}^{\langle \mathrm{i},\,\mathrm{k}\rangle}$ berechnet. Danach wird die nächste Iteration gestartet.

Der Iterationsprozess wird beendet, wenn die iterativen Verschiebungszuwächse bzw. die Residualkräfte genügend klein sind. Im allgemeinen fordert man, dass die Beträge oder die betragsgrößten Koeffizienten der entsprechenden Vektoren kleiner als eine geeignet zu wählende Schranke ϵ sind. Während die Schranke für die Verschiebungen noch leicht auf Grund der gewünschten geometrischen Genauigkeit festgelegt werden kann, ist die Wahl einer Schranke für die Residualkräfte schwieriger, da diese Kräfte von der Feinheit der Diskretisierung abhängig sind.

Den Abschluss eines Inkrementes bildet die Aktualisierung der inneren Variablen, mit denen die Entwicklung der Materialeigenschaften in den Integrationspunkten erfasst wird. Bei elastischen St. Venant-Kirchhoff- und Neo-Hooke-Materialien entfällt dieser Schritt.

Der Berechnungsablauf ist in Bild 13.8 dargestellt. Die Teilvektoren $\boldsymbol{r}_{\mathrm{J}}^*$, $\boldsymbol{s}_{\mathrm{J}}^*$ und $\bar{\boldsymbol{p}}_{\mathrm{J}}^*$ ergeben sich aus der Aufteilung des Gleichungssystems entsprechend Gl. (13.50). Die Größen $\|\Delta\Delta \boldsymbol{u}^*\|_\infty$ und $\|\boldsymbol{r}^*\|_\infty$ sind die betragsgrößten Komponenten bzw. Unendlich-Normen von $\Delta\Delta \boldsymbol{u}^*$ bzw. $\boldsymbol{r}^*$. λ ist der Laststeigerungsfaktor, mit dem die Endlast gewichtet wird: $\bar{\boldsymbol{p}}^{*\langle \mathrm{k}\rangle} = \lambda^{\langle \mathrm{k}\rangle}\, \bar{\boldsymbol{p}}^*$ mit $0 < \lambda^{\langle \mathrm{k}\rangle} \leqslant 1$. Die inkrementelle

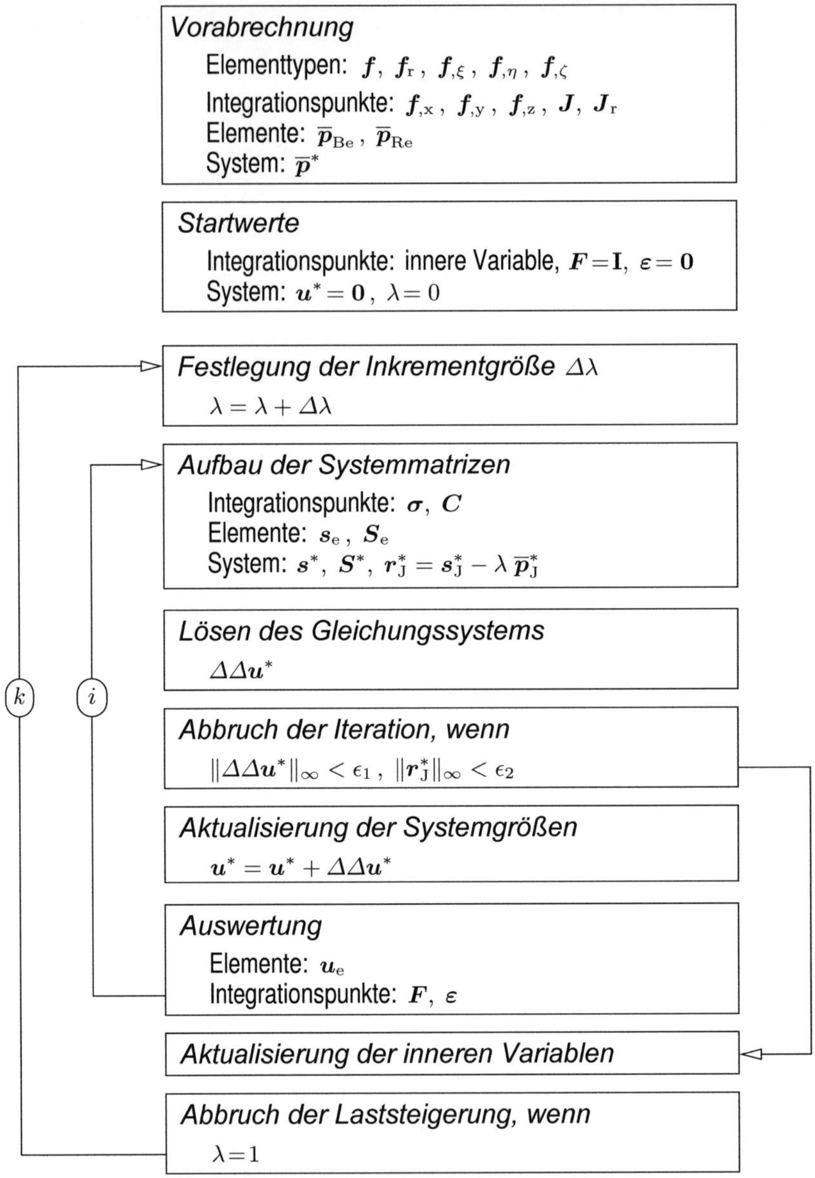

Bild 13.8. Ablauf einer geometrisch und physikalisch nichtlinearen Rechnung

Größe $\Delta\lambda$ kann auch als normierter Lastschritt interpretiert werden. Seine Wahl hat einen großen Einfluss auf das Konvergenzverhalten, es ist daher sinnvoll, ihn dynamisch anzupassen. Ein wichtiger Indikator für die Modifikation ist die Anzahl der Newton-Iterationen.

Mit dem hier dargestellten Laststeigerungsverfahren können strukturmechanische Problemstellungen bis an die Stabilitätsgrenze heran behandelt werden. Solan-

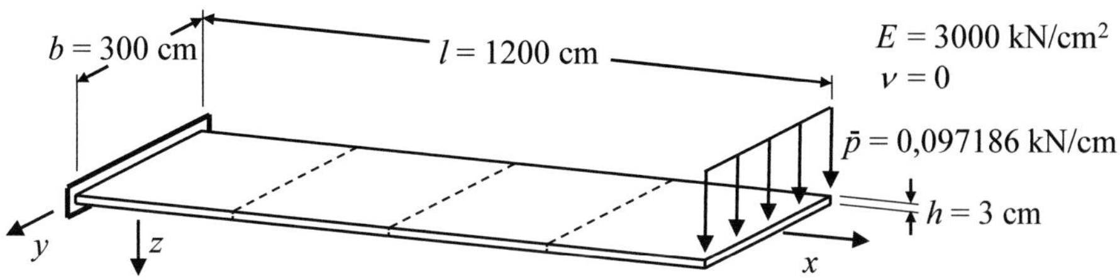

Bild 13.9. Geometrie, Belastung, Materialparameter und Elementnetz einer Kragplatte. Diskretisierung mit 4 Elementen

ge alle Eigenwerte der Systemsteifigkeitsmatrix positiv sind, ist die Struktur stabil. Tritt nach einer Laststeigerung ein negativer Eigenwert auf (dies ist gleichbedeutend mit einem negativen Hauptdiagonalkoeffizienten in der Matrix der linken Seite nach Lösen des Gleichungssystems), so hat man die Stabilitätsgrenze überschritten. Durch entsprechend kleine Laststeigerungen lässt sich auf diese Weise die Knick- bzw. Beulbelastung ermitteln. Will man das Verhalten oberhalb der Stabilitätsgrenze (Nachbeulverhalten etc.) untersuchen, ist es nötig, von der einfachen Laststeuerung auf Last-Verschiebungs-Methoden (Bogenlängenverfahren) umzusteigen (siehe [13.1, 13.2, 13.4]).

13.11 Beispiel

Im Folgenden werden die Endverschiebungen der Kragplatte aus Bild 13.9 bestimmt, die bereits in Kapitel 9 mit der linearen Theorie behandelt wurde (siehe Bild 9.23). Sie wird am freien Ende durch eine konstante Linienlast beansprucht. Aufgrund der Lagerung und der nichtvorhandenen Querkontraktion handelt es sich praktisch um ein Balkenproblem. In [13.13] sind für die Endverschiebungen der Kragplatte ‚analytische Vergleichslösungen' angegeben.

Die Berechnung wird zunächst mit 4 triquadratischen und mit 4 trikubischen quaderförmigen Elementen durchgeführt. Da das triquadratische Netz deutlich weniger Knoten als das trikubische besitzt, wird eine weitere Rechnung mit einer in allen drei Richtungen verfeinerten Vernetzung (32 Elemente) durchgeführt. Das Verhältnis Elementlänge zu Elementdicke beträgt in allen Rechnungen 100. Zusätzlich wird eine Vernetzung mit trilinearen Elementen vorgenommen, die dieselben Knoten und damit die gleiche Anzahl von Freiheitsgraden wie das Netz aus den trikubischen Elementen besitzt (108 Elemente). In Bild 13.10 sind die sich aus den vier Rechnungen ergebenden Biegelinien maßstabsgetreu dargestellt. Die berechneten Plattenendverschiebungen sind in Tabelle 13.1 zusammengestellt.

Das trikubische Element schneidet, wie aufgrund der Untersuchung in Kapitel 9 zu erwarten ist, am besten ab. Schon mit 4 Elementen hat man bei ingenieurmäßiger Betrachtung eine ausreichende Genauigkeit erreicht. Die mit den 4 triquadratischen Elementen erzielten Ergebnisse sind deutlich schlechter. Das liegt zum einen an der geringeren Freiheitsgradanzahl, zum anderen treten bei diesem Element im vorliegenden Lastfall Schubversteifungen auf (siehe Kapitel 9). Aber auch wenn das

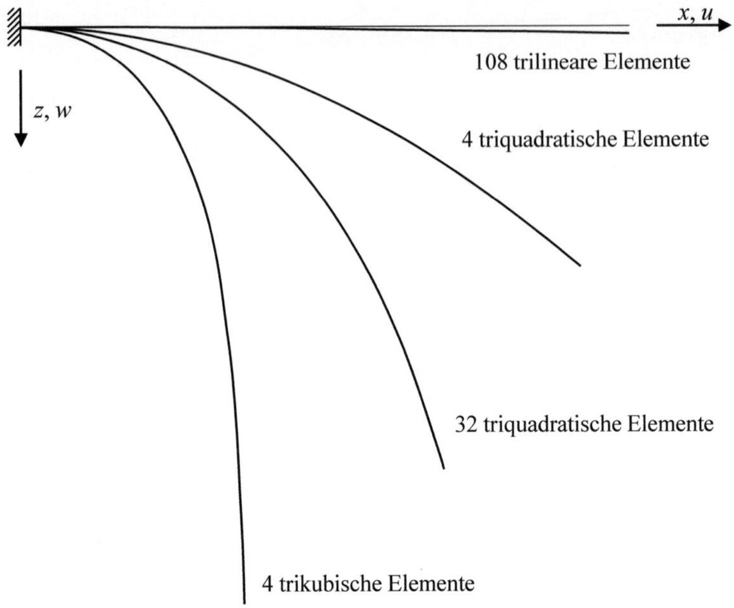

Bild 13.10. Verschiebungen der Kragplatte mit 108 trilinearen, 4 bzw. 32 triquadratischen und 4 trikubischen Quaderelementen (identische Verschiebungs- und Längenmaßstäbe)

Tabelle 13.1. Endverschiebungen der Kragplatte aus Bild 13.10. Berechnung mit trilinearen, triquadratischen und trikubischen Kontinuumselementen und ‚analytische Vergleichslösung' aus [13.13]

Ansatz		trilinear	triquadratisch		trikubisch	Vergleich
Knoten pro Element		2×2×2	3×3×3		4×4×4	
Elemente		108	4	32	4	
Knoten		208	81	425	208	
Freiheitsgrade		624	243	1275	624	
u_l	Wert in cm	-0.14	-117,3	-421,2	-798,2	-827,4
	normiert	0,000	0,142	0,509	0,965	1
w_l	Wert in cm	14,98	453,9	793,6	1014,6	1045,3
	normiert	0,014	0,434	0,759	0,971	1

Netz in allen drei Richtungen verfeinert wird (8×2×2 Elemente), ist immer noch ein deutlicher Qualitätsunterschied zum trikubischen Element zu erkennen (siehe Tabelle 13.1). Völlig indiskutabel sind die mit den trilinearen Elementen erzielten Ergebnisse. Ursache dafür ist die sich bei diesem Element und dem vorliegenden Längen-Dicken-Verhältnis dominant auswirkende Schubversteifung (vergleiche Tabelle 9.5).

Die wichtigste Erkenntnis bei diesem kleinen Beispiel ist, dass auch bei nichtlinearen Biegeproblemen dünnwandiger Strukturen auf die ‚Fallgrube Schubversteifung' besonders geachtet werden muss (siehe auch Abschnitte 9.4.1 und 9.6).

13.12 Hinweise zu einer Berechnung mit einem elastisch-plastischen Materialmodell

Bisher haben wir uns im wesentlichen auf Problemstellungen mit linear elastischem Materialverhalten beschränkt. Kommerzielle Finite-Elemente-Programmsysteme erlauben ein leichtes Umstellen von einer linear elastischen auf eine elastisch-plastische Analyse, auch wenn der Anwender nicht über die nötigen Kenntnisse der physikalischen Hintergründe verfügt. Wir möchten daher dem eingangs dieses Kapitels bereits erwähnten ‚bedenkenlosen' Praktiker ein gewisses Grundverständnis einer elastisch-plastischen Finite-Elemente-Berechnung vermitteln. Wir beschränken uns dabei auf Metalle, die sich durch ein duktiles Versagensverhalten auszeichnen.

13.12.1 Eindimensionaler Spannungszustand

Zunächst betrachten wir den Zugversuch einer Stahlprobe ohne ausgeprägte Streckgrenze (siehe [13.17, 13.18]), der in Bild 13.11 idealisiert dargestellt ist. Bei dem Versuch werden die Kraft der Zugmaschine und die Längenänderung der Probe aufgenommen, aus denen sich durch Division durch den Probenausgangsquerschnitt und die Probenausgangslänge die Nominalspannung σ und die lineare Dehnung ϵ ergeben. Bezieht man die Zugkraft auf den jeweils aktuellen Querschnitt, dann erhält man die gestrichelt angedeutete Cauchy-Spannung (‚wahre Spannung'). Sie erhöht sich also weiterhin auch nach Überschreiten der maximalen Zugkraft. Bis zum Erreichen der Fließspannung σ_F verhält sich die Probe elastisch, danach fängt das Material an zu fließen. Die dabei entstehende Formänderung setzt sich aus einem elastischen, reversiblen und einem plastischen, irreversiblen Anteil zusammen. Letzteres ist gleichbedeutend damit, dass ein Teil der mechanischen Energie, der für die Deformation aufgebracht wird, in Wärmeenergie dissipiert wird (siehe [13.19, 13.20]).

Um die beiden Anteile zu separieren, führen wir ein kleines Gedankenexperiment durch. Wir belasten die ‚jungfräuliche' Probe bis zum Zustand 1 (siehe Bild 13.11) und entlasten danach vollständig bis zum Zustand 2. Da die Entlastung rein elastisch erfolgt, verläuft sie im Spannungs-Dehnungs-Diagramm parallel zur elastischen Anfangsgeraden. Die im Zustand 2 verbleibende, auf die Ausgangslänge bezogene Längenänderung ist der bis zum Zustand 1 aufgebaute plastische Dehnungsanteil: $\varepsilon^\mathrm{p}(1) = \varepsilon^\mathrm{p}(2)$. Der elastische Anteil im Zustand 1 ist die Differenz aus der Gesamtdehnung und dem plastischen Anteil: $\varepsilon^\mathrm{e}(1) = \varepsilon(1) - \varepsilon^\mathrm{p}(1)$. Darüber hinaus ergibt sich, dass nur der elastische Anteil einen Beitrag zur Spannung liefert: $\sigma(1) = E\,\varepsilon^\mathrm{e}(1)$. Bei einer anschließenden Wiederbelastung von Zustand 2 aus, verhält sich das Material über die Anfangsfließspannung σ_F hinaus bis zum Punkt 1 elastisch, d. h. durch die Vorbelastung hat sich das Material verfestigt (siehe [13.6, 13.21–13.23]). Danach fängt das Material wieder an zu fließen.

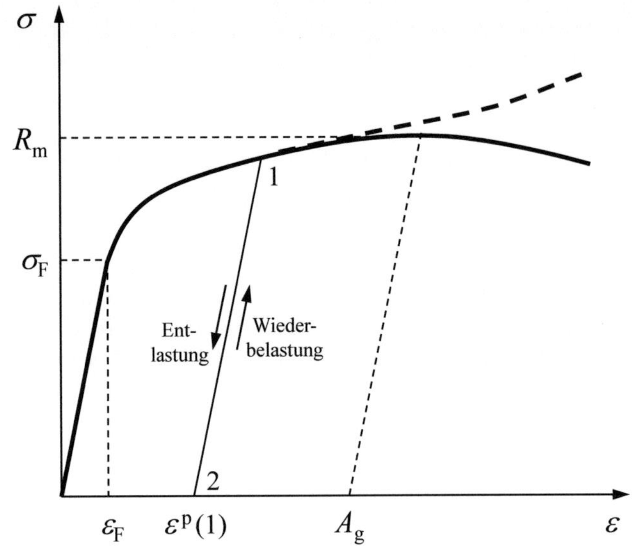

Bild 13.11. Idealisiertes Spannungs-Dehnungs-Diagramm eines Zugversuchs

Nach Erreichen der maximalen Nominalspannung R_m, der ‚Zugfestigkeit', schnürt sich die Probe bis zum Bruch ein, wobei sich ein mehrachsiger Spannungszustand einstellt. Der plastische Dehnungsanteil beim Erreichen der Höchstkraft wird als ‚Gleichmaßdehnung' A_g bezeichnet.

13.12.2 Mehrdimensionaler Spannungszustand

Bei duktilen Metallen tritt bei einer reinen Volumenänderung wie beispielsweise bei einem allseitigen Druck keine Plastizierung auf. Von daher liegt es nahe, für die Untersuchung des Fließverhaltens einen dreidimensionalen Spannungszustand in einen *hydrostatischen*, volumenändernden und einen *deviatorischen*, gestaltändernden Anteil zu zerlegen, wobei wir die Matrixschreibweise aus Abschnitt 13.1 benutzen:

$$\begin{bmatrix}\sigma_{11} & \sigma_{12} & \sigma_{13}\\ \sigma_{21} & \sigma_{22} & \sigma_{23}\\ \sigma_{31} & \sigma_{32} & \sigma_{33}\end{bmatrix} = \begin{bmatrix}\sigma_m & 0 & 0\\ 0 & \sigma_m & 0\\ 0 & 0 & \sigma_m\end{bmatrix} + \begin{bmatrix}\sigma_{11}-\sigma_m & \sigma_{12} & \sigma_{13}\\ \sigma_{21} & \sigma_{22}-\sigma_m & \sigma_{23}\\ \sigma_{31} & \sigma_{32} & \sigma_{33}-\sigma_m\end{bmatrix}$$

$$\text{mit} \quad \sigma_m = \frac{1}{3}\left(\sigma_{11}+\sigma_{22}+\sigma_{33}\right) . \tag{13.55}$$

In kompakter Form lautet diese Gleichung

$$\left[\sigma_{ij}\right] = \left[\sigma_{ij}^{H}\right] + \left[\sigma_{ij}^{D}\right] .$$

Um den mehrachsigen Spannungszustand bewerten zu können, kann beispielsweise die *Fließbedingung* nach Huber, von Mises, Hencky (siehe [13.17, 13.19, 13.24,

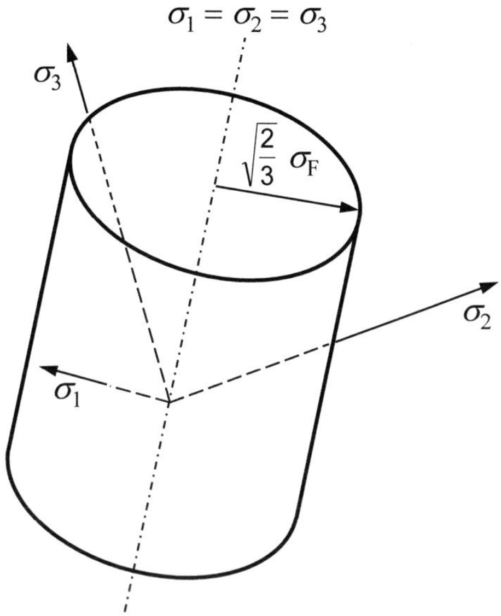

Bild 13.12. Fließbedingung nach Huber, von Mises, Hencky im Hauptspannungsraum

13.25]) verwendet werden, die auf der 2. Invarianten des Spannungsdeviators basiert:

$$\frac{1}{3}\,\sigma_{\mathrm{F}}^2 = J_2^{\mathrm{D}} = \frac{1}{2}\,\left[\sigma_{\mathrm{ij}}^{\mathrm{D}}\right] \cdot\cdot \left[\sigma_{\mathrm{ij}}^{\mathrm{D}}\right] = \frac{1}{2}\,\sum_{i=1}^{3}\sum_{j=1}^{3}(\sigma_{\mathrm{ij}}^{\mathrm{D}})^2\,. \tag{13.56}$$

Dabei symbolisiert das Zeichen ·· das Doppelskalarprodukt. Ersetzt man mittels Gl. (13.55) die deviatorischen durch die vollständigen Spannungen, dann erhält man letztendlich unter Einführung der Fließfunktion f die in den Hauptspannungen formulierte Fließbedingung

$$f \equiv \frac{1}{3}\,\left\{(\sigma_1-\sigma_2)^2+(\sigma_2-\sigma_3)^2+(\sigma_3-\sigma_1)^2\right\} - \frac{2}{3}\,\sigma_{\mathrm{F}}^2 = 0\,. \tag{13.57}$$

Sie lässt sich als Mantelfläche eines (unendlich langen) Kreiszylinders im Hauptspannungsraum interpretieren (siehe Bild 13.12). Der erste Term der Fließfunktion ist der quadratische Abstand des durch die Hauptspannungen charakterisierten Spannungsbildpunktes von der Zylinderachse, der zweite Term ist das Quadrat des Zylinderradius. Spannungsbildpunkte innerhalb des Zylinders ($f < 0$) repräsentieren einen elastischen, Punkte genau auf der Mantelfläche ($f = 0$) einen plastischen Zustand. Punkte außerhalb des Zylinders ($f > 0$) sind physikalisch nicht denkbar. Die Zylinderachse kennzeichnet hydrostatische Spannungszustände.

Die Fließbedingung nach Huber, von Mises, Hencky gilt für isotropes Material, kann aber ohne großen Aufwand für anisotrope Materialien erweitert werden (siehe [13.7, 13.24]).

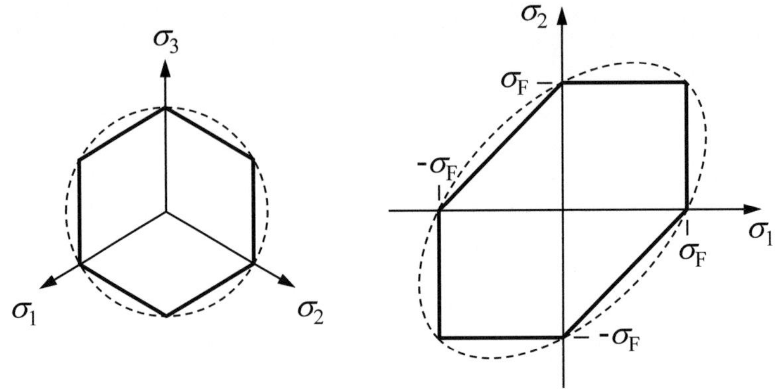

Bild 13.13. Fließbedingung nach Tresca im drei- und zweidimensionalen Hauptspannungsraum mit der gestrichelt dargestellten Bedingung nach Huber, von Mises, Hencky

Eine auf der 2. und 3. Invarianten[1] des Spannungsdeviators basierende, insbesondere für Aluminium geeignete Fließbedingung (siehe [13.26]) wurde von Tresca entwickelt (siehe [13.17, 13.19, 13.20, 13.24, 13.27, 13.28]). Statt eines kreisförmigen Querschnitts, besitzt sie einen hexagonalen Querschnitt (siehe Bild 13.13). Ihre Form erfüllt ebenso wie die der Fließbedingung nach Huber, von Mises, Hencky die Konvexitätsbedingung, die sich aus den Postulaten zur Werkstoffstabilität von Drucker ergibt (siehe [13.19, 13.27, 13.29–13.31]). Weitere Fließbedingungen werden beispielsweise in [13.7] und [13.32] vorgestellt.

Mit der Fließbedingung nach Huber, von Mises, Hencky bzw. nach Tresca wird der Anfangsfließzustand beschrieben. Wie man am Zugversuch (siehe Abschnitt 13.12.1) erkennen kann, verfestigt sich bei weiterer Laststeigerung das Material. Prinzipiell existieren zwei Grundformen der Verfestigung: die *isotrope* und die *kinematische Verfestigung* (siehe [13.19, 13.25, 13.33, 13.34]). Bei der isotropen Verfestigung weitet sich der Fließzylinder affin auf, bei der kinematischen erfolgt eine Parallelverschiebung der Fließzylinderachse. Für die Fließbedingung nach Huber, von Mises, Hencky erläutern wir die beiden Verfestigungsarten an einem einachsigen Zug-Druck-Versuch, bei dem wir vereinfachend ein bilineares Stoffgesetz zugrunde legen (siehe Bild 13.14). Die äußere Last wird so gesteuert, dass sich der Pfad 1–2–3–4–5 im σ,ε-Diagramm einstellt (siehe Bild 13.14 unten). Bei beiden Verfestigungsarten ist der Belastungspfad 1–2–3 identisch, bei dem am Punkt 2 der Werkstoff erstmals zu fließen beginnt. Die kombinierten Entlastungs-/Belastungspfade 3–4–5 unterscheiden sich durch ihre Längen. Bei der isotropen Verfestigung sind die Abschnitte 3–4 bzw. 4–5 aufgrund der Aufweitung des Fließzylinders deutlich länger als der Abschnitt 1–2, hingegen sind bei der kinematischen Verfestigung die Abschnitte 1–2, 3–4 und 4–5 gleich lang. Dies ist gleichbedeutend damit, dass das erneute Fließen des Materials im Punkt 5 bei der kinematischen Verfestigung früher als bei der isotropen Verfestigung einsetzt. Dass aufgrund der Vorbelastung der Fließbeginn betragsmäßig unterhalb von σ_F liegt, wird als Bauschinger-Effekt

[1] Die 3. Invariante ist die Determinante des Spannungsdeviators.

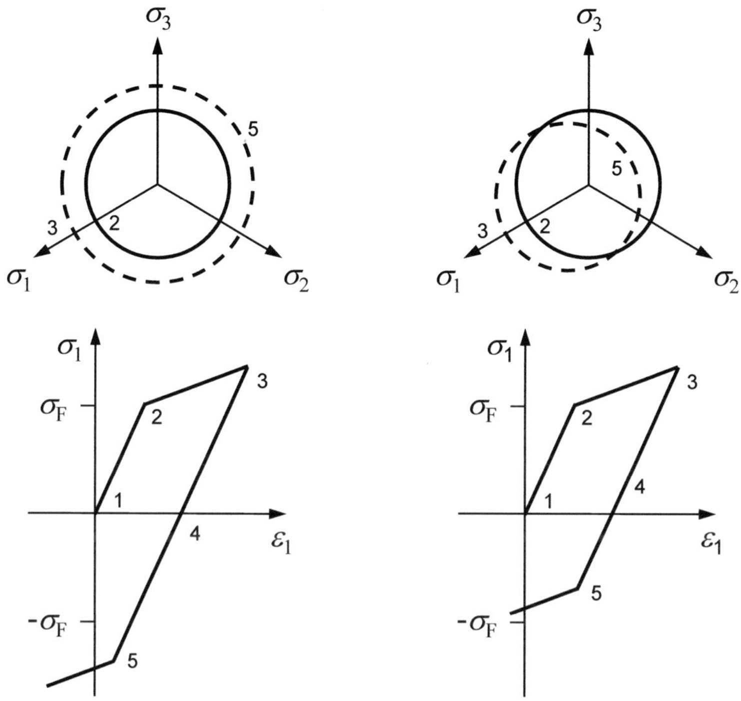

Bild 13.14. Isotrope (links) und kinematische Verfestigung (rechts) bei einem einachsigen Spannungszustand im Hauptspannungsraum (oben) und im σ,ε-Diagramm (unten)

bezeichnet (siehe [13.25, 13.28, 13.33, 13.35]). Im oberen Teil des Bildes 13.14 sind die Entwicklungen der Fließzylinder für den Lastpfad 1–2–3–4–5 angedeutet.

13.12.3 Ein elastisch-plastisches Stoffgesetz mit isotroper Verfestigung

Im Folgenden skizzieren wir die Ableitung eines elastisch-plastischen Stoffgesetzes mit isotroper Verfestigung, das auf Prandtl und Reuss zurückgeführt wird (siehe [13.19, 13.20, 13.25, 13.34]). Neben einem isotropen Materialverhalten setzen wir dabei kleine Deformationen voraus, so dass geometrisch nichtlineare Effekte vernachlässigt werden können.

Wegen der physikalischen Nichtlinearität kann das Stoffgesetz nur bezüglich der differentiellen Zuwächse der Spannungen und Verzerrungen formuliert werden.[2] Die Verzerrungszuwächse können additiv in einen elastischen und plastischen Anteil aufgeteilt werden:

$$\mathrm{d}\varepsilon_{\mathrm{ij}} = \mathrm{d}\varepsilon_{\mathrm{ij}}^{\mathrm{e}} + \mathrm{d}\varepsilon_{\mathrm{ij}}^{\mathrm{p}} \,. \tag{13.58}$$

[2] In der Literatur wird häufig statt mit differentiellen Zuwächsen mit Geschwindigkeiten (Raten) gearbeitet, wobei der Zusammenhang zwischen den beiden Formulierungen durch $d() = \dfrac{d()}{dt}\, dt = ()^{\cdot}\, dt$ gegeben ist.

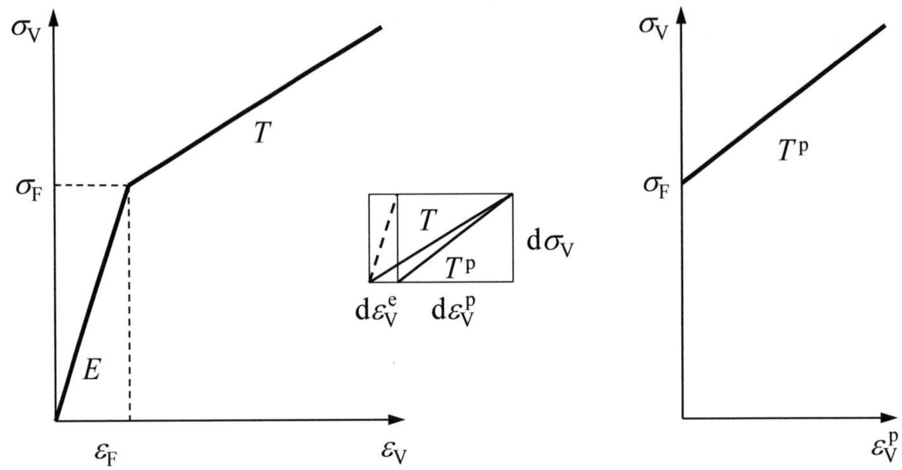

Bild 13.15. Vergleichskurve (links) und Fließkurve (rechts)

Da die Volumenänderung rein elastisch ist, besitzen die plastischen Verzerrungen keinen hydrostatischen Anteil: $d\varepsilon_{11}^p + d\varepsilon_{22}^p + d\varepsilon_{33}^p = 0$ bzw. $(d\varepsilon_{ij}^p)^D = d\varepsilon_{ij}^p$.

Unter Berücksichtigung, dass die plastischen Deformationen keinen Beitrag zu den Spannungen liefern (siehe Zugversuch in Abschnitt 13.12.1), lautet das Stoffgesetz rein formal $d\boldsymbol{\sigma} = \boldsymbol{C}^e \left(d\boldsymbol{\varepsilon} - d\boldsymbol{\varepsilon}^p\right)$. Dabei ist $\boldsymbol{C}^e$ die elastische Stoffmatrix aus Abschnitt 2.2.7.

Für die Bestimmung der plastischen Verzerrungszuwächse benötigt man die Fließbedingung unter Berücksichtigung der Verfestigung, die wir hier zur Unterscheidung von der *Anfangs*fließbedingung auch als *Verfestigungsbedingung* bezeichnen. Im Fall der isotropen Verfestigung entspricht sie der Fließbedingung mit Aufweitung des Fließzylinders. Mit der Formulierung nach Huber, von Mises, Hencky, Gl. (13.56), lautet sie unter Einführung der Verfestigungsfunktion g

$$g \equiv \frac{1}{2}\,\left[\sigma_{ij}^D\right] \cdot\cdot \left[\sigma_{ij}^D\right] - \frac{1}{3}\,\sigma_V^2 = 0\,. \qquad (13.59)$$

Die Drucker-Postulate zur Werkstoffstabilität ermöglichen die Übertragung nichtlinearer Charakteristika des eindimensionalen Zugversuchs auf den mehrdimensionalen Spannungszustand (siehe [13.19]). Damit ergibt sich der Radius des Fließzylinders σ_V aus der auf dem Zugversuch basierenden eindimensionalen *Vergleichskurve*, die wir vereinfachend bilinear unter Verwendung des Elastizitätsmoduls E und des Tangentenmoduls T approximiert haben (siehe Bild 13.15). Alternativ verwendet man auch die um die elastischen Anteile bereinigte *Fließkurve* mit dem plastischen Tangentenmodul T^p. Aus der Beziehung $d\sigma_V = T\ d\varepsilon_V = E\ d\varepsilon_V^e = T^p\ d\varepsilon_V^p$ (siehe Bild 13.15) und Gl. (13.58) ergibt sich

$$T^p = \frac{E\,T}{E - T}\,. \qquad (13.60)$$

Die *assoziierte Fließregel*, bei der die Fließfunktion g als ‚plastisches Potential' angesehen wird und die sich auch aus den Drucker-Postulaten ableiten lässt (siehe

[13.19, 13.31, 13.34, 13.36, 13.37]), besagt, dass die plastischen Verzerrungszuwächse normal zur Fließfläche stehen:

$$\mathrm{d}\varepsilon_{\mathrm{ij}}^{\mathrm{p}} = \mathrm{d}\lambda\, \frac{\partial g}{\partial \sigma_{\mathrm{ij}}}\,. \tag{13.61}$$

Angewandt auf Gl. (13.59) folgt daraus

$$\mathrm{d}\varepsilon_{\mathrm{ij}}^{\mathrm{p}} = \mathrm{d}\lambda\, \sigma_{\mathrm{ij}}^{\mathrm{D}}\,. \tag{13.62}$$

Der Proportionalitätsfaktor $\mathrm{d}\lambda$ lässt sich aus dem Vergleich der plastischen Dissipationsarbeit im einachsigen

$$\mathrm{d}W^{\,\mathrm{p}} = \sigma_{\mathrm{V}}\, \mathrm{d}\varepsilon_{\mathrm{V}}^{\mathrm{p}}$$

und im dreidimensionalen Spannungszustand

$$\mathrm{d}W^{\,\mathrm{p}} = \left[\sigma_{\mathrm{ij}}\right] \cdot\cdot \left[\mathrm{d}\varepsilon_{\mathrm{ij}}^{\mathrm{D}}\right] = \left[\sigma_{\mathrm{ij}}^{\mathrm{D}}\right] \cdot\cdot \left[\mathrm{d}\varepsilon_{\mathrm{ij}}^{\mathrm{D}}\right] = \left[\sigma_{\mathrm{ij}}^{\mathrm{D}}\right] \cdot\cdot \left[\sigma_{\mathrm{ij}}^{\mathrm{D}}\right] \mathrm{d}\lambda = \frac{2}{3}\, \sigma_{\mathrm{V}}^{2}\, \mathrm{d}\lambda$$

ermitteln:

$$\mathrm{d}\lambda = \frac{3}{2}\, \frac{\mathrm{d}\varepsilon_{\mathrm{V}}^{\mathrm{p}}}{\sigma_{\mathrm{V}}}\,.$$

Aus Bild 13.15 entnehmen wir $\mathrm{d}\varepsilon_{\mathrm{V}}^{\mathrm{p}} = \mathrm{d}\sigma_{\mathrm{V}} / T^{\mathrm{p}}$. Für die Bestimmung des Vergleichsspannungszuwachses wird die Verfestigungsbedingung, Gl. (13.59), differenziert:

$$\left[\sigma_{\mathrm{ij}}^{\mathrm{D}}\right] \cdot\cdot \left[\mathrm{d}\sigma_{\mathrm{ij}}^{\mathrm{D}}\right] = \left[\sigma_{\mathrm{ij}}^{\mathrm{D}}\right] \cdot\cdot \left[\mathrm{d}\sigma_{\mathrm{ij}}\right] = \frac{2}{3}\, \sigma_{\mathrm{V}}\, \mathrm{d}\sigma_{\mathrm{V}}\,.$$

Damit erhält man

$$\mathrm{d}\lambda = \frac{9}{4}\, \frac{1}{\sigma_{\mathrm{V}}^{2}}\, \frac{1}{T^{\mathrm{p}}}\, \left[\sigma_{\mathrm{ij}}^{\mathrm{D}}\right] \cdot\cdot \left[\mathrm{d}\sigma_{\mathrm{ij}}\right]$$

und eingesetzt in die Gln. (13.62) und (13.58)

$$\mathrm{d}\varepsilon_{\mathrm{ij}} = \mathrm{d}\varepsilon_{\mathrm{ij}}^{\mathrm{e}} + \frac{9}{4}\, \frac{1}{\sigma_{\mathrm{V}}^{2}}\, \frac{1}{T^{\mathrm{p}}}\, \sigma_{\mathrm{ij}}^{\mathrm{D}} \left[\sigma_{\mathrm{ij}}^{\mathrm{D}}\right] \cdot\cdot \left[\mathrm{d}\sigma_{\mathrm{ij}}\right]. \tag{13.63}$$

Die elastischen Verzerrungszuwächse lassen sich noch mittels des elastischen Stoffgesetzes aus Abschnitt 2.2.7 durch die Spannungszuwächse ausdrücken. Damit liegt das elastisch-plastische Stoffgesetz in der Form $\mathrm{d}\boldsymbol{\varepsilon} = \boldsymbol{C}^{-1}\, \mathrm{d}\boldsymbol{\sigma}$ vor. Für ein Finite-Elemente-Verfahren benötigt man allerdings die inverse Formulierung. Wir verzichten auf eine ausführlich Ableitung und geben das elastisch-plastisches Stoffgesetz unmittelbar an, wobei wir im Hinblick auf eine programmtechnische Umsetzung wieder zur Voigt-Darstellung übergehen:

$$\mathrm{d}\boldsymbol{\sigma} = \boldsymbol{C}\, \mathrm{d}\boldsymbol{\varepsilon} = \left[\boldsymbol{C}^{\,\mathrm{e}} - \boldsymbol{C}^{\,\mathrm{p}}\right] \mathrm{d}\boldsymbol{\varepsilon} \tag{13.64}$$

$$\text{mit } \mathrm{d}\boldsymbol{\sigma}^{\mathrm{T}} = \left\{\sigma_{11}, \sigma_{22}, \sigma_{33}, \sigma_{12}, \sigma_{23}, \sigma_{31}\right\}, \quad \mathrm{d}\boldsymbol{\varepsilon}^{\mathrm{T}} = \left\{\epsilon_{11}, \epsilon_{22}, \epsilon_{33}, \gamma_{12}, \gamma_{23}, \gamma_{31}\right\}.$$

Man beachte, dass $\gamma_{\mathrm{ij}} = 2\,\epsilon_{\mathrm{ij}}$ definiert ist. Die Matrix $\boldsymbol{C}^{\mathrm{e}}$ ist die elastische Stoffmatrix aus Abschnitt 2.2.7, die Matrix $\boldsymbol{C}^{\mathrm{p}}$ der plastische Anteil:

$$\boldsymbol{C}^{\mathrm{p}} = \frac{9\,G^2}{3\,G + T^{\mathrm{p}}}\,\frac{1}{\sigma_{\mathrm{V}}^2}\,\boldsymbol{\sigma}^{\mathrm{D}}\,(\boldsymbol{\sigma}^{\mathrm{D}})^{\mathrm{T}} \tag{13.65}$$

$$\text{mit} \quad G = \frac{E}{2\,(1+\nu)} \quad \text{und} \quad (\boldsymbol{\sigma}^{\mathrm{D}})^{\mathrm{T}} = \{\sigma_{11}^{\mathrm{D}}, \sigma_{22}^{\mathrm{D}}, \sigma_{33}^{\mathrm{D}}, \sigma_{12}^{\mathrm{D}}, \sigma_{23}^{\mathrm{D}}, \sigma_{31}^{\mathrm{D}}\}\ .$$

In dem soeben abgeleiteten Stoffgesetz wird die Aufteilung in elastische und plastische Verzerrungszuwächse implizit berücksichtigt, so dass anders als bei der weiter oben angegebenen Berechnungsvorschrift auf eine explizite Bestimmung der plastischen Verzerrungszuwächse verzichtet werden kann. Allerdings benötigt man für die Ermittlung der aktuellen Vergleichsspannung noch die plastische Vergleichsdehnung (siehe Bild 13.15), die als innere Variable (siehe Abschnitt 13.10) die Entwicklung eines materiellen Punktes beschreibt. Die Berechnungsvorschrift ihres Zuwachses geben wir ohne Herleitung an:

$$\mathrm{d}\varepsilon_{\mathrm{V}}^{\mathrm{p}} = \frac{3\,G}{3\,G + T^{\mathrm{p}}}\,\frac{1}{\sigma_{\mathrm{V}}}\,\mathrm{d}\boldsymbol{\varepsilon}^{\mathrm{T}}\,\boldsymbol{\sigma}^{\mathrm{D}}\ . \tag{13.66}$$

Die Gln. (13.65) und (13.66) gelten auch für den Fall eines *linear-elastischen, ideal-plastischen* Materials (bilineare Vergleichskurve mit $T = T^{\mathrm{p}} = 0$, siehe Bild 13.15).

13.12.4 Physikalisch nichtlineare Berechnung

Der Ablauf einer nichtlinearen Berechnung inklusive der Schnittstellen zur Berücksichtigung von Materialnichtlinearitäten wurde bereits ausführlich in Abschnitt 13.10 erläutert. Die Belastung wird inkrementweise aufgebracht. In jedem Inkrement wird das Gleichgewicht sowie die Nebenbedingungen mittels Newton-Iteration erfüllt, wobei in jeder Iteration das Gleichungssystem linearisiert wird. Bezogen auf das Stoffgesetz bedeutet das, dass die differentielle Formulierung (13.64) in eine iterativ inkrementelle Formulierung mit Iterationsindex i und Inkrementindex k überführt wird:

$$\Delta\Delta\boldsymbol{\sigma}^{\langle\mathrm{i,k}\rangle} = \boldsymbol{C}^{\langle\mathrm{i-1,k}\rangle}\,\Delta\Delta\boldsymbol{\varepsilon}^{\langle\mathrm{i,k}\rangle} = \left[\boldsymbol{C}^{\mathrm{e}} - (\boldsymbol{C}^{\mathrm{p}})^{\langle\mathrm{i-1,k}\rangle}\right]\boldsymbol{V}_{\varepsilon\mathrm{u}}^{\mathrm{T}}\,\Delta\Delta\boldsymbol{u}^{\langle\mathrm{i,k}\rangle}\ . \tag{13.67}$$

Dabei ist unter Voraussetzung kleiner Deformationen sowohl die elastische Stoffmatrix $\boldsymbol{C}^{\mathrm{e}}$ als auch die Matrix $\boldsymbol{V}_{\varepsilon\mathrm{u}}$ nicht vom Deformationszustand abhängig. Der plastische Anteil ist vom jeweils aktuellen Spannungszustand abhängig:

$$(\boldsymbol{C}^{\mathrm{p}})^{\langle\mathrm{i-1,k}\rangle} = \frac{9\,G^2}{3\,G + T^{\mathrm{p}}}\,\frac{1}{\left(\sigma_{\mathrm{V}}^{\langle\mathrm{i-1,k}\rangle}\right)^2}\,(\boldsymbol{\sigma}^{\mathrm{D}})^{\langle\mathrm{i-1,k}\rangle}\,\left((\boldsymbol{\sigma}^{\mathrm{D}})^{\langle\mathrm{i-1,k}\rangle}\right)^{\mathrm{T}}\ . \tag{13.68}$$

Da voraussetzungsgemäß die Deformationen klein sind, entfällt bei der Berechnung der Elementsteifigkeitsmatrix (siehe Abschnitt 13.8) der geometrische Anteil $\boldsymbol{S}_{\mathrm{ge}}$ und es verbleibt nur der materielle Anteil. Die Berechnungsvorschrift im Hinblick auf das iterativ inkrementelle Verfahren aus Abschnitt 13.10 lautet damit

$$\boldsymbol{S}_{\mathrm{e}}^{\langle\mathrm{i-1,k}\rangle} = \int\limits_{\mathrm{V}} \boldsymbol{V}_{\varepsilon\mathrm{u}}^{\mathrm{T}}\,\boldsymbol{C}^{\langle\mathrm{i-1,k}\rangle}\,\boldsymbol{V}_{\varepsilon\mathrm{u}}\,\mathrm{d}V\ . \tag{13.69}$$

Die Integration erfolgt wiederum numerisch. Dies hat zur Folge, dass die Spannungen nur in den Integrationspunkten ermittelt werden. Entsprechend wird auch die Materialentwicklung nur in den Integrationspunkten verfolgt. Zu Beginn der Lastaufbringung sind alle Integrationspunkte elastisch ($\boldsymbol{C}^{\mathrm{p}} = \mathbf{0}$). Im vorliegenden Fall, in dem nur physikalisch nichtlinear gerechnet wird, ist das Tragverhalten bis zum Plastizieren des ersten Integrationspunktes linear. Die dann erreichte ‚elastische Grenzlast' kann also in einem einzigen Inkrement ohne Iteration aufgebracht werden.

Wenn ein Integrationspunkt plastiziert, gibt es bei verfestigendem Material prinzipiell drei Möglichkeiten, wenn die äußere Belastung weiter gesteigert wird: 1. Der Integrationspunkt wird entlastet. 2. Der Spannungsbildpunkt wandert genau auf der Fließfläche, das bedeutet, dass sich die Spannungen ohne Zunahme der Vergleichsspannung ändern. 3. Der Integrationspunkt wird ‚plastisch belastet', so dass sich der Fließzylinder weiter aufweitet. Bei einem ideal-plastischen Material (keine Verfestigung) entfällt die dritte Möglichkeit. Formelmäßig lauten die drei Möglichkeiten allgemein:

$$\sum_{i=1}^{3}\sum_{j=1}^{3}\frac{\partial g}{\partial\sigma_{\mathrm{ij}}}\,\mathrm{d}\sigma_{\mathrm{ij}}\begin{cases}<0 & : \text{ Entlastung}\\ =0 & : \text{ neutrale Spannungsänderung}\\ >0 & : \text{ plastische Belastung}\end{cases} \tag{13.70}$$

Mit der Verfestigungsfunktion nach Huber, von Mises, Hencky ergibt sich aus der Doppelsumme (siehe Aufgabe 13.11)

$$\sum_{i=1}^{3}\sum_{j=1}^{3}\frac{\partial g}{\partial\sigma_{\mathrm{ij}}}\,\mathrm{d}\sigma_{\mathrm{ij}} = \left[\sigma_{\mathrm{ij}}^{\mathrm{D}}\right]\cdot\cdot\left[\mathrm{d}\sigma_{\mathrm{ij}}\right].$$

In Bild 13.16 ist das Wandern eines Spannungsbildpunktes während der Iteration schematisch dargestellt, wobei die Spannungszuwächse zur Verdeutlichung stark überhöht sind. Der Spannungszustand $\boldsymbol{\sigma}^{\langle \mathrm{k}-1\rangle}$ am Ende des Inkrementes $k-1$ bzw. zu Beginn des Inkrementes k erfüllt sowohl die Gleichgewichts- als auch die Fließbedingung. Dadurch dass die mit dem elastisch-plastischen Stoffgesetz ermittelten Spannungszuwächse nicht mehr differentiell sondern endlich sind, driftet der Spannungsbildpunkt tangential von der sich aufweitenden Fließfläche weg. Die Spannungen $\tilde{\boldsymbol{\sigma}}^{\langle 1,\mathrm{k}\rangle} = \boldsymbol{\sigma}^{\langle \mathrm{k}-1\rangle} + \Delta\Delta\boldsymbol{\sigma}^{\langle 1,\mathrm{k}\rangle}$ erfüllen demnach zwar das Gleichgewicht, verletzen aber die Verfestigungsbedingung. Dies wird dadurch korrigiert, dass der Spannungsbildpunkt in radialer Richtung unter Berücksichtigung der Aufweitung auf die Mantelfläche des Fließzylinders zurückgezogen wird. Der aktuelle Fließzylinderradius ergibt sich nach Bestimmung der plastischen Vergleichsdehnung $(\varepsilon_{\mathrm{V}}^{\mathrm{p}})^{\langle 1,\mathrm{k}\rangle} = (\varepsilon_{\mathrm{V}}^{\mathrm{p}})^{\langle \mathrm{k}-1\rangle} + (\Delta\Delta\varepsilon_{\mathrm{V}}^{\mathrm{p}})^{\langle 1,\mathrm{k}\rangle}$ aus der Fließkurve (siehe Bild 13.15). Die korrigierten Spannungen $\hat{\boldsymbol{\sigma}}^{\langle 1,\mathrm{k}\rangle}$ erfüllen jetzt die Verfestigungsbedingung, verletzen aber das Gleichgewicht. Im anschließenden 2. Iterationsschritt (siehe Abschnitt 13.10) werden die Spannungsdifferenzen $\tilde{\boldsymbol{\sigma}}^{\langle 1,\mathrm{k}\rangle} - \hat{\boldsymbol{\sigma}}^{\langle 1,\mathrm{k}\rangle}$ aus allen Integrationspunkten als äußere Belastung aufgebracht. Daraus ergeben sich dann die Spannungen $\tilde{\boldsymbol{\sigma}}^{\langle 2,\mathrm{k}\rangle}$, die die Verfestigungsbedingung wiederum (hoffentlich weniger als in der 1. Iteration) verletzen, sodass eine erneute Korrektur erforderlich ist. Die Iteration wird solange wiederholt, bis sowohl das Gleichgewicht als auch die Verfestigungsbedingung genügend genau erfüllt sind. Im Fall einer Divergenz muss das Inkrement mit

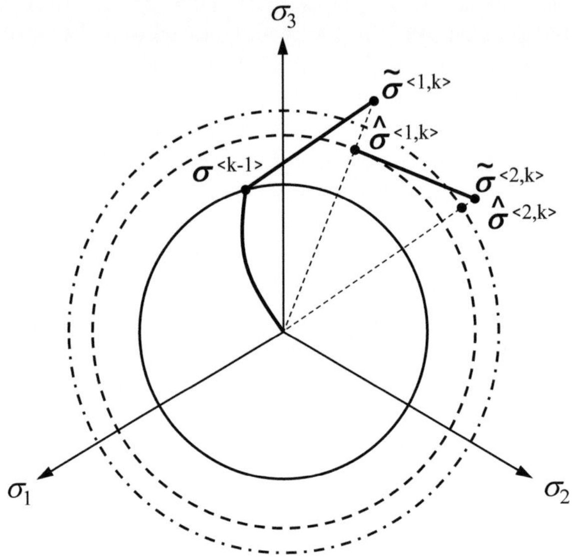

Bild 13.16. Wandern eines Spannungsbildpunktes im Hauptspannungsraum während der Newton-Iteration

einem kleineren Lastschritt wiederholt werden. Der Ablauf der weiteren Rechnung kann aus Abschnitt 13.10 entnommen werden.

13.13 Übungsaufgaben

Aufgabe 13.1. Nichtlineares Materialgesetz bei kleinen Deformationen

In Abschnitt 13.9 wurde ausgeführt, dass ein nichtlineares Verfahren bei kleinen Deformationen die gleiche Lösung wie ein lineares Verfahren liefern muss. Eine Voraussetzung dafür ist, dass das nichtlineare Materialgesetz bei kleinen Deformationen in das lineare Stoffgesetz übergeht. Anders als beim Gesetz von St. Venant-Kirchhoff ist der Nachweis beim Neo-Hooke-Modell nicht trivial. Wir beschränken uns daher darauf, es exemplarisch für einen eindimensionalen Dehnungszustand $E_{11} \neq 0$ nachzuweisen. Wie lautet in diesem Fall das Neo-Hooke-Gesetz? Wie lauten die skalaren Gleichungen für die verbleibenden Spannungen? Für den Nachweis entwickelt man die ‚unhandlichen' Ausdrücke in Potenzreihen und lässt anschließend Terme quadratischer und höherer Ordnung weg. Welche Spannungen erhält man dann?

Aufgabe 13.2. Darstellbarkeit von Starrkörperverschiebungen durch die geometrische Steifigkeitsmatrix

In Abschnitt 13.9 wurde festgestellt, da in der nichtlinearen Theorie bei einer Starrkörperrotation anders als bei einer Starrkörpertranslation generalisierte Knotenkräfte (Lagerkräfte) entstehen können. Dieser Effekt, der durch die geometrische

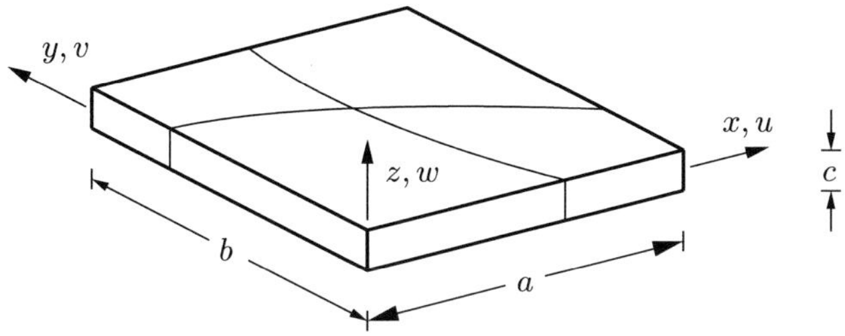

Bild 13.17. Elementverband

Steifigkeitsmatrix erfasst wird, kann schon an der geometrischen Steifigkeitsmatrix des schubweichen Balkens aus Abschnitt 10.2.2 gezeigt und interpretiert werden.

Definiere für ein ebenes Balkenelement einen Starrkörperverschiebungsvektor bei kleinen Rotationen, wobei entsprechend der Theorie 2. Ordnung zu linearisieren ist. Berechne damit den Anteil der generalisierten Knotenkräfte aus der geometrischen Steifigkeitsmatrix! Wie können sie mechanisch interpretiert werden? Wie lautet daher die Forderung hinsichtlich einer Starrkörperverschiebung, die von der geometrischen Steifigkeitsmatrix erfüllt werden muss?

Aufgabe 13.3. Starrkörperverschiebungen bei einem Elementverband

An dem quaderförmigen, aus vier Elementen bestehen Patch aus Bild 13.17 soll mit einem Finite-Elemente-Programm die Darstellbarkeit von Starrkörperverschiebungen getestet werden. Der Elementverband soll so gelagert werden, dass nur die Starrkörperverschiebungen behindert werden. Gib eine mögliche Lagerung an! Der Test soll durch Vorgabe von inhomogenen Randbedingungen durchgeführt werden! Wie lauten die Randbedingungen? Obwohl der Elementverband in der Ausgangslage spannungsfrei ist, treten bei den Rotationen im Laufe der Iteration Spannungen auf. Wie sind diese Spannungen zu erklären? Welche Bedingungen müssen die Spannungen und Auflagerkräfte am Ende der Iteration erfüllen? Wird bei diesem Test mit spannungsfreier Ausgangslage auch die geometrische Steifigkeitsmatrix kontrolliert?

Aufgabe 13.4. Iterationsvorschrift bei Innendruck

In Abschnitt 13.7 ist die Iterationsvorschrift für den Fall deformationsunabhängiger Lasten angegeben. Wie lautet sie im Lastfall Innendruck? Wie können die vom Innendruck abhängigen Terme interpretiert werden?

Aufgabe 13.5. Randlast infolge Innendruck

Infolge Innendruck $\bar{p}_i$ wird ein Element auf der Fläche $\zeta = -1$ belastet. Der Innendruck wirkt am verformten System normal auf die Lastangriffsfläche. In Abschnitt 13.5 wurde der Normaleneinheitsvektor $\boldsymbol{n}$ für die unverformte Ausgangslage aufgestellt. Wie erhält man die Definition für den aktuellen Zustand? Die Randlast infolge Innendruck lautet prinzipiell

$$\bar{\boldsymbol{p}}_i = \begin{Bmatrix} \bar{p}_{ix} \\ \bar{p}_{iy} \\ \bar{p}_{iz} \end{Bmatrix} = \pm \bar{p}_i \, \boldsymbol{n} \, .$$

Welches Vorzeichen gilt?

Aufgabe 13.6. Elementlastvektor infolge Innendruck

Die am verformten System wirkende Randlast infolge Innendruck hat den Charakter einer Cauchy-Randspannung. Man kann den Innendruck in die Ausgangslage umrechnen (Nominalspannung) und mit Gl. (13.37) den Randlastvektor infolge Innendruck berechnen. Derselbe Randlastvektor ergibt sich aber auch, wenn man die Integration am verformten System durchführt (siehe [13.2]). Beide Varianten führen also zu den identischen generalisierten Knotenkräften, was der Beobachtung beim Zugversuch aus Abschnitt 13.1 hinsichtlich der Kraft $\bar{N}_x$ entspricht. Da man sowieso schon die Normaleneinheitsvektoren und damit die Jacobi-Determinanten $|\boldsymbol{J}_\mathrm{r}|$ am verformten System berechnen muss, um die aktuelle Cauchy-Randlast zu ermitteln, empfiehlt sich der zweite Weg. Wie lautet mit den Lastdaten aus Aufgabe 13.2 die Berechnungsvorschrift für den Elementrandlastvektor?

Aufgabe 13.7. Anteil zur Steifigkeitsmatrix infolge Innendruck

Wie berechnet man mit den Lastdaten aus Aufgabe 13.2 den Innendruck-Anteil zur Steifigkeitsmatrix? Ist dieser Anteil symmetrisch?

Aufgabe 13.8. Hydrostatische und deviatorische Spannungen

Wie lautet der hydrostatische und deviatorische Anteil bei einem einachsigen Spannungszustand? Was ergibt die entsprechende Zerlegung bei einem ebenen Spannungszustand mit den Hauptspannungen $\sigma_1 = \sigma_2 = \sigma$? Existiert ein rein hydrostatischer, ebener Spannungszustand?

Aufgabe 13.9. Abstand eines Spannungsbildpunktes von der Fließzylinderachse

In Abschnitt 13.12.2 wurde der erste Term der Fließfunktion f in Gl. (13.57) geometrisch als quadratischer Abstand des Spannungsbildpunktes von der Fließzylinderachse interpretiert (siehe Bild 13.12). Um dies nachzuweisen, ist es sinnvoll den Spannungsbildpunkt $\boldsymbol{\sigma} = \sigma_1 \, \boldsymbol{e}_1 + \sigma_2 \, \boldsymbol{e}_2 + \sigma_3 \, \boldsymbol{e}_3$ in einem kartesisches Koordinatensystem zu formulieren, bei dem die z-Achse mit der Fließzylinderachse zusammenfällt (siehe Bild 13.18). Wie lauten die Einheitsvektoren $\boldsymbol{e}_i$ im x, y, z-Koordinatensystem? Beachte, dass die i-Achsen bei $\sigma_\mathrm{i} = \sigma_\mathrm{F}$ die Mantelfläche durchstoßen! Wie lauten die Komponenten des Spannungsbildpunktes im x, y, z-Koordinatensystem? Wie berechnet sich der Abstand des Spannungsbildpunktes von der z-Achse? Interpretiere die z-Komponente des Spannungsbildpunktes!

Aufgabe 13.10. Fließbedingung im ebenen Spannungszustand

In Bild 13.13 ist die Fließbedingung nach Huber, von Mises, Hencky für den zweidimensionalen Spannungszustand gestrichelt dargestellt. Wie lautet sie formelmäßig bzgl. der Hauptspannungen σ_1 und σ_2? Welche Koordinaten haben die Maximal-

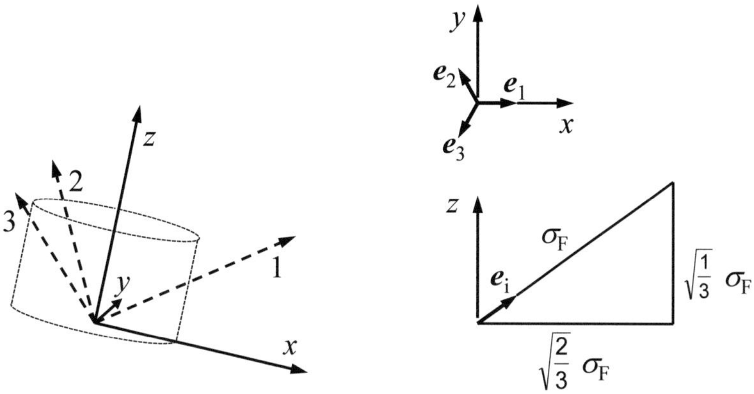

Bild 13.18. Zusammenhang zwischen 1, 2, 3- und dem x, y, z-Koordinatensystem

spannungen und der maximale Schub ($\sigma_1 = -\sigma_2$)? Anders als im dreidimensionalen Fall kann die hydrostatische Spannung σ_m nicht beliebig anwachsen. Wie groß ist sie in den extremalen Punkten der Fließbedingung? Die Fließbedingung kann geometrisch als Ellipse interpretiert werden. Wie lang sind die Haupt- und Nebenachse der Ellipse? Welche Bedeutung haben sie physikalisch? Wie lautet die Fließbedingung bzgl. der kartesischen Spannungen σ_ij? Wie kann sie geometrisch interpretiert werden? Wie groß ist die maximale Schubspannung?

Aufgabe 13.11. Isotrope und kinematische Verfestigung

Wo liegen in Bild 13.14 (oben) die Spannungsbildpunkte 1 und 4? Wie verändert sich der Fließzylinder bei isotroper und kinematischer Verfestigung, wenn bei steigender Drucklast die Spannung kleiner als $\sigma(5)$ wird?

Aufgabe 13.12. Spannungen bei einem ebenen Balken

Ein Rechteckquerschnitt eines ebenen Balkens aus einem linear-elastischen, idealplastischen Material (bilineares Stoffgesetz mit $T = 0$) wird durch ein Moment belastet, bis der Querschnitt vollständig plastiziert ist. Wie verlaufen dann die Spannungen über den Querschnitt? Wie groß ist das Moment? Anschließend wird das Moment auf Null zurückgefahren. Wie ist der Spannungsverlauf infolge des Entlastungsmomentes? Wie ist der Spannungsverlauf nach Be- und Entlastung?

Aufgabe 13.13. Ableitung der Verfestigungsfunktion nach den Spannungen

Für die Herleitung des elastisch-plastischen Stoffgesetzes in Abschnitt 13.12.3 wurde beispielsweise für Gl. (13.61) die Ableitung der Verfestigungsfunktion nach den Spannungen benötigt. Zeige für die Verfestigungsfunktion nach Huber, von Mises, Hencky, dass die Beziehung

$$\frac{\partial g}{\partial \sigma_\mathrm{ij}} = \sigma_\mathrm{ij}^\mathrm{D} \ .$$

gilt.

14 Anhang

14.1 Einige Bemerkungen zu den Integralsätzen

Bei Verwendung der symbolischen Schreibweise lassen sich bei geeignet festgelegten $\boldsymbol{\sigma}$ und $\boldsymbol{\varepsilon} = \mathbf{D}_{\varepsilon \mathrm{u}}\, \boldsymbol{u}$ die Integralsätze für Kontinua stets in der Form

$$\int\limits_{\mathrm{B}} \left\{ \boldsymbol{\sigma}^{\mathrm{T}} \left[\mathbf{D}_{\varepsilon \mathrm{u}}\, \delta \boldsymbol{u} \right] + \delta \boldsymbol{u}^{\mathrm{T}} \left[\mathbf{D}_{\mathrm{g}}\, \boldsymbol{\sigma} \right] \right\} \, \mathrm{d}B = \oint\limits_{\mathrm{R}} \delta \boldsymbol{u}_{\mathrm{r}}^{\mathrm{T}}\, \boldsymbol{\sigma}_{\mathrm{r}} \, \mathrm{d}R \tag{14.1}$$

angeben. Exemplarisch wird dies für die Membran, die Scheibe und die schubstarre Platte in den Abschnitten 14.1.2 bis 14.1.4 bewiesen.

14.1.1 Greensche Formel

Die Integralsätze für zweidimensionale Kontinua (Scheibe, Platte, Membran, etc.) lassen sich mit Hilfe des Gaußschen Integralsatzes [14.1] bzw. der Greenschen Formel [14.2]

$$\int\limits_{\mathrm{B}} \left[\frac{\partial Q(x,y)}{\partial x} + \frac{\partial P(x,y)}{\partial y} \right] \, \mathrm{d}x \, \mathrm{d}y = \oint\limits_{\mathrm{R}} \left[Q(s) \, \cos(x,n) + P(s) \, \cos(y,n) \right] \, \mathrm{d}s \tag{14.2}$$

herleiten, wobei n die äußere Normale ist (Bild 14.1). Der Nachweis der Greenschen Formel erfolgt so, dass der Bereich B in Streifen infinitesimaler Breite unterteilt wird, wobei für die Behandlung des ersten Terms die Streifen in x-Richtung gelegt werden (Bild 14.1). Für einen Streifen der Breite $\mathrm{d}y$ führen wir bei dem ersten Term die Integration bezüglich x aus:

$$\int\limits_{1}^{2} \frac{\mathrm{d}Q(x,\bar{y})}{\mathrm{d}x} \, \mathrm{d}x = Q(x_2,\bar{y}) - Q(x_1,\bar{y}) \, . \tag{14.3}$$

Das Differential $\mathrm{d}y$ lässt sich in den Punkten 1 und 2 (Bild 14.1) noch durch ds ausdrücken,

$$\begin{aligned} &\text{Punkt 1: } \mathrm{d}y = -\mathrm{d}s \, \cos(x,n) \, , \\ &\text{Punkt 2: } \mathrm{d}y = \mathrm{d}s \, \cos(x,n) \, , \end{aligned}$$

womit sich für das erste der beiden Flächenintegrale

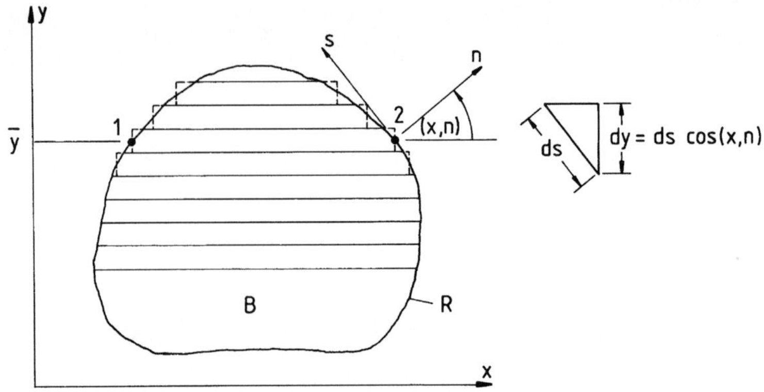

Bild 14.1. Zur Ableitung der Greenschen Formel

$$\int_B \frac{\partial Q(x,y)}{\partial x}\,\mathrm{d}x\,\mathrm{d}y = \oint_R Q(s)\;\cos(x,n)\;\mathrm{d}s$$

ergibt. Der zweite Term wird entsprechend umgewandelt.

Voraussetzung für die Anwendung der Greenschen Formel ist, dass R eine positiv durchlaufene geschlossene Kurve ist und dass die Funktionen $P(x,y)$ und $Q(x,y)$ stetig differenzierbar in B und auf R sind [14.1, 14.2].

Als Anwendung der Greenschen Formel erhält man beispielsweise die Beziehung

$$\int_F \left[u\;(v_{,\mathrm{xx}} + v_{,\mathrm{yy}}) + u_{,\mathrm{x}}\;v_{,\mathrm{x}} + u_{,\mathrm{y}}\;v_{,\mathrm{y}}\right]\mathrm{d}F = \oint_R u\;v_{,\mathrm{n}}\;\mathrm{d}s \tag{14.4}$$

und daraus durch Vertauschen von u und v und Subtraktion dieser Gleichung von Gl. (14.4)

$$\int_F \left[u\;(v_{,\mathrm{xx}} + v_{,\mathrm{yy}}) - v\;(u_{,\mathrm{xx}} + u_{,\mathrm{yy}})\right]\mathrm{d}F = \oint_R \left[u\;v_{,\mathrm{n}} - v\;u_{,\mathrm{n}}\right]\mathrm{d}s\,. \tag{14.5}$$

Im Dreidimensionalen gelten völlig analoge Beziehungen zur Umwandlung von Volumen- in Oberflächenintegrale

$$\int_B \left[\frac{\partial P(x,y,z)}{\partial x} + \frac{\partial Q(x,y,z)}{\partial y} + \frac{\partial R(x,y,z)}{\partial z}\right]\mathrm{d}B$$

$$= \oint_R \left[Q(s,t)\;\cos(x,n) + P(s,t)\;\cos(y,n) + R(s,t)\;\cos(z,n)\right]\mathrm{d}F\,, \tag{14.6}$$

wobei n die äußere Normale des Flächenelementes ist.

14.1.2 Integralsatz für die Membran

Zustandsgrößen und Operatoren für die Membran wurden in der Lösung von Aufgabe 2.8 angegeben:

$$\boldsymbol{u}^{\mathrm{T}} = \{w\}\,, \quad \boldsymbol{\sigma}^{\mathrm{T}} = \{q_{\mathrm{x}}, q_{\mathrm{y}}\}\,, \quad \bar{\boldsymbol{p}}^{\mathrm{T}} = \{z\}\,, \quad \mathbf{D}_{\mathrm{g}} = \left[\frac{\partial}{\partial x}, \frac{\partial}{\partial y}\right] = \mathbf{D}_{\varepsilon\mathrm{u}}^{\mathrm{T}}\,.$$

Führt man diese Ausdrücke in die linke Seite von Gl. (14.1) ein, so kann man je zwei Ausdrücke zusammenfassen und diese anschließend mit der Greenschen Formel in Umlaufintegrale umformen:

$$\int\limits_{\mathrm{B}} \left[\frac{\partial(\delta w\; q_{\mathrm{x}})}{\partial x} + \frac{\partial(\delta w\; q_{\mathrm{y}})}{\partial y}\right] \mathrm{d}x\;\mathrm{d}y = \oint\limits_{\mathrm{R}} \delta w\;\left[q_{\mathrm{x}}\;\cos(x,n) + q_{\mathrm{y}}\;\cos(y,n)\right]\,\mathrm{d}s\,.$$

Die beiden Querkraftterme lassen sich ersetzen durch die Querkraft im Normalenschnitt, so dass sich schließlich ergibt

$$\int\limits_{\mathrm{B}} \left[\frac{\partial(\delta w\; q_{\mathrm{x}})}{\partial x} + \frac{\partial(\delta w\; q_{\mathrm{y}})}{\partial y}\right] \mathrm{d}x\;\mathrm{d}y = \oint\limits_{\mathrm{R}} \delta w\; q_{\mathrm{n}}\,\mathrm{d}s\,. \tag{14.7}$$

Man erkennt an diesem einfachen Fall sehr schön, dass man zwei Flächenintegrale so zusammenzufassen muss, dass sich die Greensche Formel anwenden lässt.

Entsprechende Integralsätze wie der von Gl. (14.7) gelten natürlich auch für andere Potentialprobleme, so für die Wärmeleitungsaufgabe oder für Torsions- und Schubdeformationsprobleme von Balkenquerschnitten.

14.1.3 Integralsatz für die Scheibe

Der Beweis des Integralsatzes für die Scheibe erfolgt, indem auf der linken Seite von Gl. (14.1) die skalaren Scheibengrößen eingesetzt und anschließend zu vier Termen zusammengefasst werden:

$$\begin{aligned}
&\int\limits_{\mathrm{B}} \left[\{n_{\mathrm{x}}, n_{\mathrm{y}}, n_{\mathrm{xy}}\} \begin{Bmatrix} \delta u_{,\mathrm{x}} \\ \delta v_{,\mathrm{y}} \\ \delta u_{,\mathrm{y}} + \delta v_{,\mathrm{x}} \end{Bmatrix} + \{\delta u, \delta v\} \begin{Bmatrix} n_{\mathrm{x,x}} + n_{\mathrm{xy,y}} \\ n_{\mathrm{y,y}} + n_{\mathrm{xy,x}} \end{Bmatrix}\right] \mathrm{d}F \\
&= \int\limits_{\mathrm{B}} \left[(n_{\mathrm{x}}\;\delta u)_{,\mathrm{x}} + (n_{\mathrm{y}}\;\delta v)_{,\mathrm{y}} + (n_{\mathrm{xy}}\;\delta v)_{,\mathrm{x}} + (n_{\mathrm{xy}}\;\delta u)_{,\mathrm{y}}\right] \mathrm{d}F\,.
\end{aligned}$$

Jetzt lässt sich die Greensche Formel (14.2) anwenden. Man erhält als Ergebnis das Randintegral

$$\oint\limits_{\mathrm{R}} \left[n_{\mathrm{x}}\;\delta u\;\cos(x,n) + n_{\mathrm{y}}\;\delta v\;\cos(y,n) + n_{\mathrm{xy}}\;\delta v\;\cos(x,n) + n_{\mathrm{xy}}\;\delta u\;\cos(y,n)\right]\,\mathrm{d}s\,.$$

Ersetzt man noch die Verschiebungen δu und δv auf dem Rand durch δu_{n} und δu_{s},

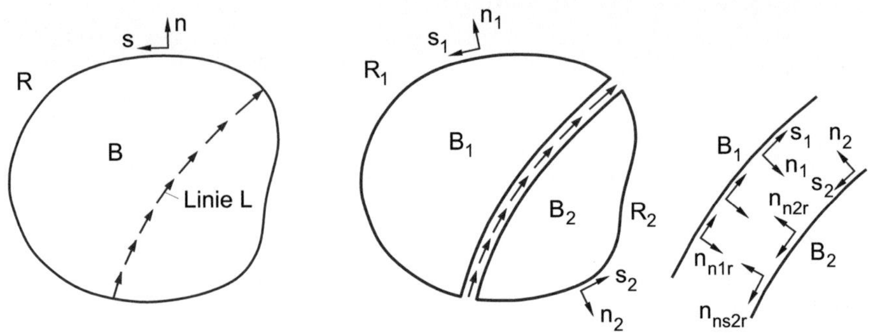

Bild 14.2. Aufteilung eines Bereiches B in zwei Teilbereiche zur Ausgrenzung einer Linienlast

$$\delta u = \delta u_{\mathrm{n}} \; \cos\alpha - \delta u_{\mathrm{s}} \; \sin\alpha \, ,$$
$$\delta v = \delta u_{\mathrm{n}} \; \sin\alpha + \delta u_{\mathrm{s}} \; \cos\alpha \, ,$$

wobei $\cos\alpha = \cos(x,n)$ und $\sin\alpha = \sin(x,n) = \cos(y,n)$ ist, und fasst die Schnittkräfte mit Gl. (2.20) zu Randschnittkräften zusammen, so ergibt sich in der Tat für die Scheibe

$$\int\limits_{\mathrm{B}} \left\{ \boldsymbol{\sigma}^{\mathrm{T}} \left[\mathbf{D}_{\varepsilon \mathrm{u}} \, \delta \boldsymbol{u} \right] + \delta \boldsymbol{u}^{\mathrm{T}} \left[\mathbf{D}_{\mathrm{g}} \, \boldsymbol{\sigma} \right] \right\} \; \mathrm{d}F = \oint\limits_{\mathrm{R}} \delta \boldsymbol{u}_{\mathrm{r}}^{\mathrm{T}} \; \boldsymbol{\sigma}_{\mathrm{r}} \; \mathrm{d}s \, . \tag{14.8}$$

Es ist nun noch die Forderung der Greenschen Formel einzuhalten, dass $P(x,y)$ und $Q(x,y)$ stetig differenzierbar sein müssen. Daraus ergeben sich entsprechende Forderungen für die virtuellen Funktionen δu, δv und für die Schnittkräfte n_{x}, n_{y}, n_{xy} im Bereich. Bei den üblichen Finite-Elemente-Ansätze sind diese Forderungen zwar im Element, nicht aber beim Übergang von einem Element zum Nachbarelement erfüllt. Werden im Bereich Linienlasten eingeleitet, dann verlaufen die Schnittkräfte entlang dieser Linie sogar unstetig. Man braucht diese Fälle aber nicht aus der Betrachtung auszuschließen, sondern kann den Bereich B in Teilbereiche B_1 und B_2 (Bild 14.2) unterteilen. In jedem Teilbereich ist der Integralsatz dann anwendbar ist. Unter der Bedingung, dass am Übergang der beiden Bereiche die Verschiebung $\delta \boldsymbol{u}$ stetig verläuft ($\delta \boldsymbol{u}_{\mathrm{r}1} = -\delta \boldsymbol{u}_{\mathrm{r}2} = \delta \boldsymbol{u}_{\mathrm{r}}$), erhält man

$$\sum_{\mathrm{j}=1}^{2} \int\limits_{\mathrm{B_j}} \left\{ \boldsymbol{\sigma}^{\mathrm{T}} \left[\mathbf{D}_{\varepsilon \mathrm{u}} \, \delta \boldsymbol{u} \right] + \delta \boldsymbol{u}^{\mathrm{T}} \left[\mathbf{D}_{\mathrm{g}} \, \boldsymbol{\sigma} \right] \right\} \mathrm{d}F$$
$$= \oint\limits_{\substack{\text{Außen-}\\\text{rand}}} \delta \boldsymbol{u}_{\mathrm{r}}^{\mathrm{T}} \; \boldsymbol{\sigma}_{\mathrm{r}} \; \mathrm{d}s + \int\limits_{\substack{\text{Über-}\\\text{gangs-}\\\text{rand}}} \delta \boldsymbol{u}_{\mathrm{r}}^{\mathrm{T}} \left(\boldsymbol{\sigma}_{\mathrm{r}1} - \boldsymbol{\sigma}_{\mathrm{r}2} \right) \mathrm{d}s \, . \tag{14.8a}$$

Das Linienintegral verschwindet nun, wenn die Randwerte der Schnittkräfte aus beiden Bereichen im Gleichgewicht stehen. Andernfalls tritt im Prinzip der virtuellen Verrückungen neben dem Flächen- und dem Randlastterm ein zusätzlicher Linienlastterm auf, den man einfach wie einen Randlastterm eines der beiden Bereiche behandeln kann. Einzuhalten sind bei der Anwendung des Prinzips die Forderungen des Greenschen Satzes in jedem Teilbereich sowie die Stetigkeit der Verschiebungen an den Elementübergängen.

14.1.4 Integralsatz für die schubstarre Platte

Bei der schubstarren Platte treten in den Differentialoperatoren $\mathbf{D}_{\varepsilon\mathrm{u}}$ und $\mathbf{D}_{\mathrm{g}}$ zweite Ableitungen auf. An der Ableitung des Integralsatzes ändert das zunächst prinzipiell nichts. Bei der Umformung der Integranden zu Ausdrücken der Form $\partial P/\partial x$ und $\partial Q/\partial y$ muss nur geschickt vorgegangen werden. Man erhält

$$\int\limits_{\mathrm{F}} \left[\{-\delta w_{,\mathrm{xx}}, -\delta w_{,\mathrm{yy}}, -2\,\delta w_{,\mathrm{xy}}\} \begin{Bmatrix} m_{\mathrm{x}} \\ m_{\mathrm{y}} \\ m_{\mathrm{xy}} \end{Bmatrix} + \delta w \begin{Bmatrix} m_{\mathrm{x,xxx}} \\ m_{\mathrm{y,yy}} \\ 2\,m_{\mathrm{xy,xy}} \end{Bmatrix} \right] \mathrm{d}F$$

$$= \oint\limits_{\mathrm{R}} \left[\delta w\, q_{\mathrm{n}} - \delta w_{,\mathrm{n}} m_{\mathrm{n}} - \delta w_{,\mathrm{s}}\, m_{\mathrm{ns}} \right] \mathrm{d}s\,.$$

Den dritten Term des Umlaufintegrals formt man noch etwas um.

$$\oint\limits_{\mathrm{R}} \delta w_{,\mathrm{s}}\, m_{\mathrm{ns}}\, \mathrm{d}s = \oint\limits_{\mathrm{R}} [\delta w\, m_{\mathrm{ns}}]_{,\mathrm{s}}\, \mathrm{d}s - \oint\limits_{\mathrm{R}} \delta w\, m_{\mathrm{ns,s}}\, \mathrm{d}s\,.$$

Für das gesamte Umlaufintegral ergibt sich somit

$$\oint\limits_{\mathrm{R}} \left[\delta w\, (q_{\mathrm{n}} + m_{\mathrm{ns,s}}) - \delta w_{,\mathrm{n}}\, m_{\mathrm{n}} \right] \mathrm{d}s - \oint\limits_{\mathrm{R}} [\delta w\, m_{\mathrm{ns}}]_{,\mathrm{s}}\, \mathrm{d}s\,.$$

Im Integranden des ersten Umlaufintegrals steht der Ausdruck $\delta \boldsymbol{u}_{\mathrm{r}}^{\mathrm{T}}\ \boldsymbol{\sigma}_{\mathrm{r}}$ mit der Kirchhoffschen Ersatzquerkraft $q_{\mathrm{n}}^* = q_{\mathrm{n}} + m_{\mathrm{ns,s}}$ (siehe Abschnitt 2.4). Das zweite, gesondert angegebene Umlaufintegral darf nur dann zu Null gesetzt werden, wenn $\delta w(s)$ und $m_{\mathrm{ns}}(s)$ stetig verlaufen. Bezüglich $\delta w(s)$ stimmt das immer, nicht hingegen bezüglich $m_{\mathrm{ns}}(s)$. Lässt man einen unstetigen Verlauf von $m_{\mathrm{ns}}(s)$ an den Stellen s_{k} zu, so ergibt sich

$$\int\limits_{\mathrm{F}} \left[\{-\delta w_{,\mathrm{xx}}, -\delta w_{,\mathrm{yy}}, -2\,\delta w_{,\mathrm{xy}}\} \begin{Bmatrix} m_{\mathrm{x}} \\ m_{\mathrm{y}} \\ m_{\mathrm{xy}} \end{Bmatrix} + \delta w \begin{Bmatrix} m_{\mathrm{x,xx}} \\ m_{\mathrm{y,yy}} \\ 2\,m_{\mathrm{xy,xy}} \end{Bmatrix} \right] \mathrm{d}F$$

$$= \oint\limits_{\mathrm{R}} \left[\delta w\, q_{\mathrm{n}}^* - \delta w_{,\mathrm{n}}\, m_{\mathrm{n}} \right] \mathrm{d}s - \sum_{\mathrm{k}} \delta w(s_{\mathrm{k}}) \left[m_{\mathrm{ns}}(s_{\mathrm{k}}+\varepsilon) - m_{\mathrm{ns}}(s_{\mathrm{k}}-\varepsilon) \right]. \qquad (14.9)$$

Der Summenausdruck erfasst insbesondere die Eckkräfte der Kirchhoffschen Plattentheorie (siehe Abschnitt 2.4).

14.2 Grundlagen und Grundbegriffe der Variationsrechnung

Auch wenn im Rahmen des Buches vorwiegend die virtuellen Arbeitssätze (Prinzip der virtuellen Verrückungen und Prinzip der virtuellen Kräfte) verwendet werden, ist es an einigen Stellen zweckmäßig, wenn das Handwerkszeug der Variationsrechnung zur Verfügung steht. Die Variationsrechnung wird im vorliegenden Abschnitt bereitgestellt, wobei nicht einmal annähernd der Anspruch auf Vollständigkeit und auf Ableitung jeder Einzelaussage erhoben wird. Hierzu wird der interessierte Leser auf Standardwerke [14.3,14.4] oder auf eines der mathematischen Lehrbücher [14.5] verwiesen.

Die wesentlichen Grundbegriffe, die im folgenden behandelt werden, sind:

- Funktional, Nebenbedingungen, wesentliche Randbedingungen,
- Eulersche Differentialgleichungen sowie zusätzliche Randbedingungen und
- Lagrangesche Multiplikatorentechnik.

Die Behandlung dieser Grundbegriffe erfolgt an den wesentlichen Beispielen, die auch sonst im Buch im Mittelpunkt stehen: am Variationsprinzip zum Prinzip der virtuellen Verrückungen (Prinzip vom Minimum der potentiellen Energie) und am Variationsprinzip zum Prinzip der virtuellen Temperatur im stationären Fall. Anschließend wird gezeigt, dass die Lagrangesche Multiplikatorentechnik ein hervorragendes Instrument ist, um zu neuen Variationsprinzipien zu gelangen.

14.2.1 Fundamentalsatz der Variationsrechnung

Für die Ableitung der sogenannten Eulerschen Differentialgleichungen und der zusätzlichen Randbedingungen zu einem Variationsprinzip ist ein Hilfssatz erforderlich, der als Fundamentalsatz der Variationsrechnung bezeichnet wird. Dieser Satz lässt sich für einfache Integrale folgendermaßen formulieren:

Wenn für eine im abgeschlossenen Intervall $[a,b]$ stetige Funktion $\phi(x)$ bezüglich aller in $[a,b]$ stetigen und für $x=a$ und $x=b$ verschwindenden Funktionen $v(x)$ die Beziehung

$$\int_a^b \phi(x)\, v(x)\, \mathrm{d}x = 0 \tag{14.10}$$

gilt, so ist im Intervall $[a,b]$

$$\phi(x) \equiv 0\,. \tag{14.11}$$

Zum Beweis des Satzes nimmt man zunächst an, dass es abweichend von Gl. (14.11) einen Punkt $x=x_0$ in $[a,b]$ gibt, für den $\phi(x_0)>0$ wird. Da die Funktion $\phi(x)$ voraussetzungsgemäß stetig sein soll, muss in der Nähe von $x=x_0$ ein Intervall $[x_0-\alpha, x_0+\alpha]$ existieren derart, dass in diesem Intervall $\phi(x_0)>0$ ist. Man betrachtet nun nicht alle möglichen Funktionen $v(x)$ sondern nur die in Bild 14.3 dargestellte, spezielle Funktion $\tilde{v}(x)$. Hiermit wird offensichtlich

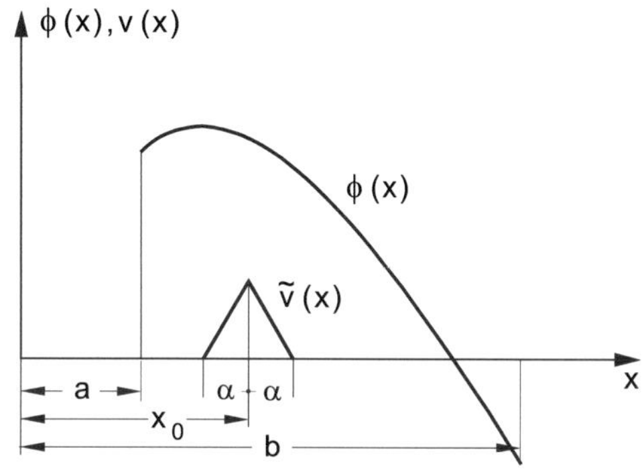

Bild 14.3. Zum Fundamentalsatz der Variationsrechnung

$$\int_a^b \phi(x)\,\tilde{v}(x)\,\mathrm{d}x = \int_{x_0-\alpha}^{x_0+\alpha} \phi(x)\,\tilde{v}(x)\,\mathrm{d}x > 0\,. \tag{14.12}$$

Da Gl. (14.12) im Widerspruch zu Gl. (14.10) steht, kann es keinen Punkt geben, für den $\phi(x_0) > 0$ ist. Völlig analog lässt sich zeigen, dass es keinen Punkt geben kann, für den $\phi(x_0) < 0$ ist. Es muss also $\phi(x) \equiv 0$ im Intervall $[a, b]$ gelten. Das ist aber gerade die Behauptung des Fundamentalsatzes.

14.2.2 Variationsprinzip, Funktional, Nebenbedingungen, wesentliche Randbedingungen

Während die Differentialrechnung sich mit *Funktionen* von einer oder mehr Veränderlichen befasst, deren Eigenschaften untersucht werden, beschäftigt sich die Variationsrechnung mit *Funktionalen* und deren Eigenschaften. Ein derartiges Funktional haben wir im Abschnitt 3.3 kennengelernt, die *potentielle Energie* oder das *Dirichletsche Funktional.*

1. Beispiel: Potentielle Energie

Das Prinzip vom Minimum der potentiellen Energie (oder das Dirichletsche Variationsprinzip) lautet:

Von allen geometrisch möglichen (zulässigen) Verschiebungszuständen $\boldsymbol{v}$ *macht der wirkliche Zustand* $\boldsymbol{u}$ *die potentielle Energie* P *zu einem Minimum.*

Formelmäßig lautet das Prinzip ohne Berücksichtigung von Temperaturverzerrungen

$$\Pi^{(\mathrm{D})}(\boldsymbol{u}) \equiv \int_{\mathrm{B}} \big[\frac{1}{2}\,\boldsymbol{\varepsilon}^{\mathrm{T}}\,\boldsymbol{C}\,\boldsymbol{\varepsilon} - \boldsymbol{u}^{\mathrm{T}}\,\bar{\boldsymbol{p}}\big]\,\mathrm{d}B - \int_{\mathrm{R}_\sigma} \boldsymbol{u}_{\mathrm{r}}^{\mathrm{T}}\,\bar{\boldsymbol{\sigma}}_{\mathrm{R}}\,\mathrm{d}R = \text{Minimum}\,. \tag{14.13}$$

Hierbei sind $\Pi^{(\mathrm{D})}$ das *Funktional* und $\boldsymbol{u}$ die zu *variierende Zustandsgröße.* Der Ausdruck in eckigen Klammern unter dem Bereichsintegral wird vielfach als *Grundfunktion* bezeichnet. Im betrachteten Fall ist die Grundfunktion die potentielle

Energiedichte π, die sich aus der Formänderungsenergiedichte

$$\pi_\mathrm{i} = \frac{1}{2}\,\boldsymbol{\varepsilon}^\mathrm{T}\,\boldsymbol{C}\,\boldsymbol{\varepsilon}$$

und der potentiellen Energiedichte der äußeren Kräfte im Bereich B

$$\pi_\mathrm{a} = -\boldsymbol{u}^\mathrm{T}\,\bar{\boldsymbol{p}}$$

zusammensetzt. Da zur Erreichung des Minimums nur $\boldsymbol{u}$ variiert werden darf, gilt für den Verzerrungsvektor $\boldsymbol{\varepsilon}$ die *Nebenbedingung*

$$\boldsymbol{\varepsilon} = \mathbf{D}_{\varepsilon\mathrm{u}}\,\boldsymbol{u} \;\text{ in B}\,. \tag{14.14}$$

Die *wesentliche Randbedingung*, die $\boldsymbol{u}$ einhalten muss, lautet

$$\boldsymbol{u}_\mathrm{r} = \bar{\boldsymbol{u}}_\mathrm{R} \;\text{ auf } \mathrm{R_u}\,. \tag{14.15}$$

Die Bedingungen (14.14) und (14.15) sind gleichbedeutend damit, dass $\boldsymbol{u}$ ein geometrisch möglicher Verschiebungszustand ist.

2. Beispiel: Potentielle Ergänzungsenergie

Ein zweites Beispiel ist die potentielle Ergänzungsenergie, das Castiglianosche Funktional $\Pi^{(\mathrm{C})}$. In einer entsprechenden Formulierung wie beim Prinzip vom Minimum der Ergänzungsenergie lautet das Prinzip vom Minimum der potentiellen Ergänzungsenergie:

Von allen statisch möglichen Schnittkraftzuständen $\boldsymbol{\sigma}_\mathrm{v}$ macht der wirkliche Zustand $\boldsymbol{\sigma}$ die potentielle Ergänzungsenergie $\Pi^{(\mathrm{C})}$ zu einem Minimum.

Auch hier verzichten wir bei der Angabe auf die Berücksichtigung von Temperatureffekten:

$$\Pi^{(\mathrm{C})}(\boldsymbol{\sigma}) \equiv \int\limits_\mathrm{B} \frac{1}{2}\,\boldsymbol{\sigma}^\mathrm{T}\,\boldsymbol{C}^{-1}\,\boldsymbol{\sigma}\,\mathrm{d}B - \int\limits_{\mathrm{R}_\sigma} \boldsymbol{\sigma}_\mathrm{r}^\mathrm{T}\,\bar{\boldsymbol{u}}_\mathrm{R}\,\mathrm{d}R = \text{Minimum}\,. \tag{14.16}$$

Hierbei sind $\Pi^{(\mathrm{C})}$ das *Funktional* und $\boldsymbol{\sigma}$ die zu *variierende Zustandsgröße*. Die *Grundfunktion* unter dem Bereichsintegral ist die Formänderungsergänzungsenergiedichte

$$\pi_\mathrm{i}^* = \frac{1}{2}\,\boldsymbol{\sigma}^\mathrm{T}\,\boldsymbol{C}^{-1}\,\boldsymbol{\sigma}\,. \tag{14.17}$$

Da im Bereich B keine Verschiebungen vorgegeben werden können, gibt es einen Ausdruck π_a^* nicht.

Die Ausdrücke Formänderungsenergiedichte π_i und Formänderungsergänzungsenergiedichte π_i^* sollen anhand von Bild 14.4 für den eindimensionalen Fall illustriert werden. Die Formänderungsergänzungsenergiedichte π_i^* ergänzt die Formänderungsenergiedichte π_i zum ‚Rechteck' $\boldsymbol{\sigma}^\mathrm{T}\,\boldsymbol{\varepsilon}$. Es ist unmittelbar einsichtig, dass auch bei einer nichtlinearen Abhängigkeit $\boldsymbol{\sigma}(\boldsymbol{\varepsilon})$ die Angabe einer Ergänzungsenergiedichte noch möglich ist (Bild 14.4).

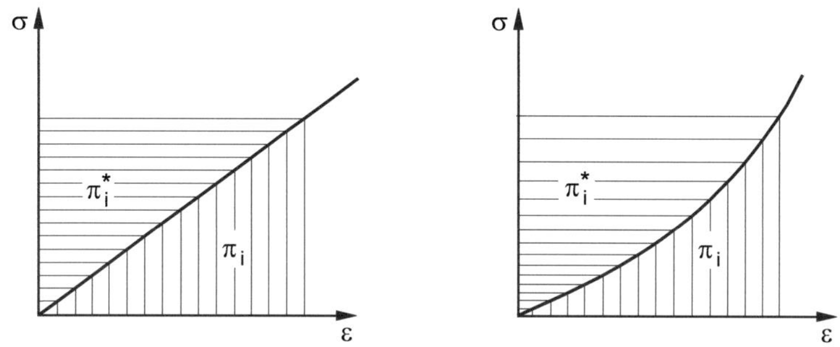

Bild 14.4. Zur Definition der Formänderungsergänzungsenergiedichte bei linearem und nichtlinearem Stoffgesetz

Der zu variierende Schnittkraftzustand muss als *Nebenbedingung* die Gleichgewichtsbedingung

$$\mathbf{D}_g\,\boldsymbol{\sigma} + \bar{\boldsymbol{p}} = \mathbf{0} \text{ in } B \tag{14.18}$$

und als *wesentliche Randbedingung* die statische Randbedingung

$$-\boldsymbol{\sigma}_r + \bar{\boldsymbol{\sigma}}_R = \mathbf{0} \text{ auf } R_\sigma \tag{14.19}$$

erfüllen. Die beiden Bedingungen (14.18) und (14.19) sind gleichbedeutend damit, dass $\boldsymbol{\sigma}$ ein statisch möglicher Schnittkraftzustand ist.

3. Beispiel: Funktional der stationären Wärmeleitungsaufgabe

Als 3. Beispiel geben wir noch das Funktional der stationären (zeitunabhängigen) Wärmeleitungsaufgabe für den dreidimensionalen Fall an:

$$\begin{aligned} J(T) \;\equiv\; & \int\limits_V \left\{ \frac{1}{2} \left\{ \frac{\partial T}{\partial x}, \frac{\partial T}{\partial y}, \frac{\partial T}{\partial z} \right\} \begin{bmatrix} \lambda_x & 0 & 0 \\ 0 & \lambda_y & 0 \\ 0 & 0 & \lambda_z \end{bmatrix} \begin{Bmatrix} \partial T/\partial x \\ \partial T/\partial y \\ \partial T/\partial z \end{Bmatrix} - T\,\bar{f} \right\} \mathrm{d}V \\ & + \int\limits_{R_\alpha} \frac{1}{2}\, \alpha\, (T_R - \bar{T}_R)^2\, \mathrm{d}F + \int\limits_{R_q} T_r\, \bar{q}_n\, \mathrm{d}F = \text{Minimum} \end{aligned} \tag{14.20}$$

Im Bereich V brauchen keine Nebenbedingungen eingeführt zu werden, da die Grundfunktion bereits vollständig in T formuliert ist. Als *wesentliche Randbedingung* muss

$$T_r = \bar{T}_R \text{ auf } R_T \tag{14.21}$$

befriedigt werden.

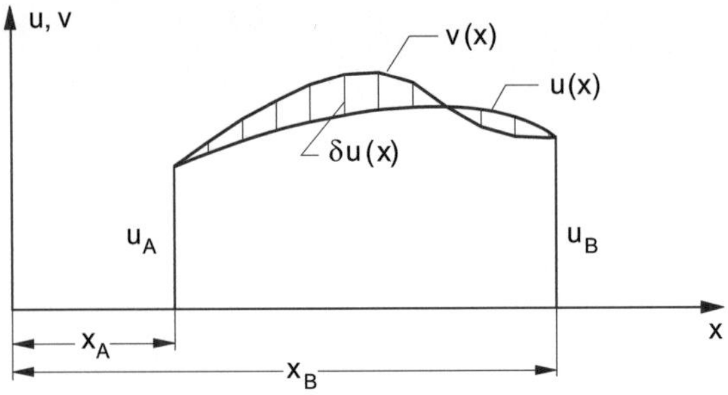

Bild 14.5. Zulässige Vergleichsfunktion (eindimensionaler Fall)

14.2.3 Durchführung der Variation

Um in der *Differentialrechnung* die notwendigen Bedingungen angeben zu können, die gelten müssen, damit eine Funktion einen Extremwert (zumeist ein Maximum oder Minimum) annimmt, muss man die Funktion *differenzieren* und die erste Ableitung zu Null setzen. Um in der *Variationsrechnung* in entsprechender Weise die notwendigen Bedingungen für den Extremwert eines Funktionals formulieren zu können, muss man das Funktional *variieren* und die erste Variation zu Null setzen.

Am Beispiel des Funktionals $\Pi^{(D)}(\boldsymbol{u})$ wird die Durchführung der Variation erläutert. Man setzt in das Funktional an Stelle von $\boldsymbol{u}$ eine zulässige Vergleichsfunktion $\boldsymbol{v}$ ein. Zulässige Vergleichsfunktionen sind solche, die die wesentlichen Randbedingungen erfüllen (im Falle von $\Pi^{(D)}(\boldsymbol{u})$ die geometrischen Randbedingungen) und die hinreichend stetig sind. Hinreichend C^0-stetig ist eine Vergleichsfunktion dann, wenn beim Einsetzen dieser Vergleichsfunktion das Funktional definiert ist (d. h.: die im Funktional vorkommenden Ableitungen müssen beschränkt bleiben), wenn sich alle später erforderlichen Umformungen durchführen lassen und wenn der Fundamentalsatz angewandt werden kann. Bei Scheiben und dreidimensionalen Kontinua sowie bei der stationären Wärmeleitungsaufgabe müssen die zulässigen Vergleichsfunktionen C^0-stetig sein. In Bild 14.5 ist für ein eindimensionales Kontinuum, beim dem an beiden Enden wesentliche Randbedingungen vorgegeben sind, eine solche zulässige Vergleichsfunktion angegeben. Für $v(x)$ wurde hierbei ganz bewusst ein Polygonzug gewählt, da dieser der einfachsten Approximation im Rahmen eines Finite-Elemente-Verfahrens entspricht.

Die mit einem vorgesetzten δ gekennzeichnete Verschiebung $\delta u(x) = v(x) - u(x)$ wird als *Variation der gesuchten Funktion* $u(x)$ bezeichnet. Damit gleichbedeutend ist der Begriff *virtuelle Funktion.* Die Variation $\delta u(x)$ muss grundsätzlich die gleichen Bedingungen wie $v(x)$ erfüllen. Der Funktionalausdruck $\Pi^{(D)}(\boldsymbol{v}) = \Pi^{(D)}(\boldsymbol{u} + \delta\boldsymbol{u})$ soll nun in das Funktional der gesuchten Funktion und in Anteile, in denen die Variation der gesuchten Funktion linear, quadratisch oder in höheren Potenzen auftritt (1. Variation, 2. Variation, etc.), aufgeteilt werden:

$$\begin{aligned} \Pi^{(D)}(\boldsymbol{u} + \delta\boldsymbol{u}) &= \Pi^{(D)}(\boldsymbol{u}) + \delta\Pi^{(D)}(\boldsymbol{u}) + \delta^2\Pi^{(D)}(\boldsymbol{u}) \\ &\quad + \text{Terme höherer Ordnung}\,. \end{aligned} \tag{14.22}$$

Bei dem vorliegenden Problem der linearen Elastizitätstheorie ist die Bildung der ersten und zweiten Variation trivial, siehe Abschnitt 3.3. Man multipliziert aus und ordnet nach Termen, die frei von $\delta\boldsymbol{u}$ sind oder in denen $\delta\boldsymbol{u}$ linear oder quadratisch vorkommt, siehe Gl. (3.26).

Etwas komplizierter wird es, wenn die zu variierende Funktion in der Grundfunktion (oder in einem entsprechenden Ausdruck des Randintegrals) nicht nur in linearer oder quadratischer Form vorkommt. Wir setzen dann voraus, dass die Variation klein bleibt, so dass eine Entwicklung der Grundfunktion in eine Taylor-Reihe möglich ist. Als Beispiel betrachten wir ein Funktional $J(u)$ mit der Grundfunktion $f(x, u(x), \mathrm{d}u(x)/\mathrm{d}x)$ und den wesentlichen Randbedingungen $u(x_\mathrm{A}) = u_\mathrm{A}$ und $u(x_\mathrm{B}) = u_\mathrm{B}$:

$$J(u) \equiv \int\limits_{x_\mathrm{A}}^{x_\mathrm{B}} f(x, u, u_{,\mathrm{x}})\,\mathrm{d}x = \text{Minimum}\,. \tag{14.23}$$

Setzt man anstelle von u eine zulässige Vergleichsfunktion $u+\delta u$ ein, so erhält man nach einer Taylor-Entwicklung bis zu quadratischen Termen in δu den Ausdruck

$$\begin{aligned} J(u+\delta u) &= \int\limits_{x_\mathrm{A}}^{x_\mathrm{B}} f(x, (u+\delta u), (u+\delta u)_{,\mathrm{x}})\,\mathrm{d}x \\ &= \int\limits_{x_\mathrm{A}}^{x_\mathrm{B}} f(x, u, u_{,\mathrm{x}})\,\mathrm{d}x + \int\limits_{x_\mathrm{A}}^{x_\mathrm{B}} \left\{ \frac{\partial f}{\partial u}\,\delta u + \frac{\partial f}{\partial u_{,\mathrm{x}}}\,\delta u_{,\mathrm{x}} \right\} \mathrm{d}x \\ &\quad + \frac{1}{2} \int\limits_{x_\mathrm{A}}^{x_\mathrm{B}} \left\{ \frac{\partial^2 f}{\partial u^2}\,(\delta u)^2 + 2\,\frac{\partial^2 f}{\partial u\,\partial u_{,\mathrm{x}}}\,(\delta u\,\delta u_{,\mathrm{x}}) + \frac{\partial^2 f}{\partial u_{,\mathrm{x}}^2}\,(\delta u_{,\mathrm{x}})^2 \right\} \mathrm{d}x \\ &\quad + \text{Terme höherer Ordnung} \\ &= J(u) + \delta J(u, \delta u) + \frac{1}{2}\,\delta^2 J(u, \delta u) \\ &\quad + \text{Terme höherer Ordnung}\,. \end{aligned} \tag{14.24}$$

Die Bildung der ersten und zweiten Variation ist auch möglich, wenn an die Stelle der skalaren Größe u eine vektorielle Größe $\boldsymbol{u}$ tritt. Die Schreibweise kann im wesentlichen beibehalten werden, wenn man die Ableitung nach einem Vektor geeignet definiert. Man erhält damit folgende *Regel zur Bildung der 1. Variation eines Funktionals*:

Die erste Variation eines Funktionals J ermittelt man, indem man die Grundfunktion für eine variierte Nachbarlage (oder, was damit gleichbedeutend ist, für eine zulässige Vergleichsfunktion) in eine Taylor-Reihe nach der Variation und deren Ableitungen entwickelt und dann diejenigen Terme berücksichtigt, in denen die Variation oder ihre Ableitungen linear vorkommen. Treten im Funktional zusätzlich Randintegrale oder integralfreie Terme auf, so wird entsprechend verfahren.

Damit $\Pi^{(\mathrm{D})}(\boldsymbol{u})$ ein *Extremum* (Minimum oder Maximum) ist, muss als *notwendige Bedingung* die erste Variation $\delta\Pi^{(\mathrm{D})}(\boldsymbol{u})$ verschwinden. Dies entspricht der Forderung nach dem Verschwinden der 1. Ableitung bei Extremalaufgaben der Differentialrechnung. Je nachdem, ob die zweite Variation $\delta^2\Pi^{(\mathrm{D})}(\boldsymbol{u})$ positiv oder negativ ist, handelt es sich bei dem Extremum um ein *Minimum* oder *Maximum*.

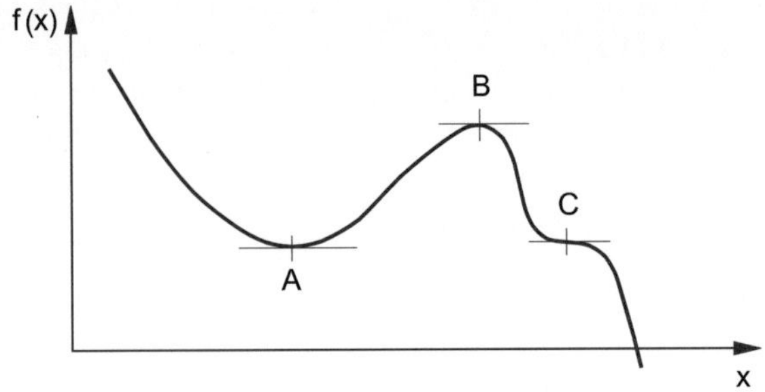

Bild 14.6. Minimum (A), Maximum (B) und Sattelpunkt (C) bei Extremalaufgaben der Differentialrechnung

Für den Fall, dass die 2. Variation kein eindeutiges Vorzeichen besitzt sondern je nach Wahl der virtuellen Funktionen positiv oder negativ wird, liegt ein *Sattelpunkt* vor. Bei Extremalaufgaben der Differentialrechnung kann man diesen Sachverhalt sehr schön bildlich verdeutlichen (Bild 14.6).

Im Rahmen der linearen Elastizitätstheorie und bei einer Rechnung nach Theorie 1. Ordnung gilt stets

$$\delta^2 \Pi^{(\mathrm{D})}(\boldsymbol{u}) = \frac{1}{2} \int\limits_{\mathrm{B}} \delta\boldsymbol{\varepsilon}^{\mathrm{T}}\, \boldsymbol{C}\, \delta\boldsymbol{\varepsilon}\; \mathrm{d}B \tag{14.25}$$

$$\text{mit } \delta\boldsymbol{\varepsilon} = \mathbf{D}_{\varepsilon\mathrm{u}}\, \delta\boldsymbol{u} \text{ in B}\,.$$

Die 2. Variation ist also die Formänderungsenergie, die man erhält, wenn man als Verschiebungszustand nur die Variation $\delta\boldsymbol{u}$ der gesuchten Funktion betrachtet. Dieser Ausdruck ist stets positiv oder wird, falls $\delta\boldsymbol{u}$ ein Starrkörperverschiebungszustand ist, zu Null.

14.2.4 Eulersche Differentialgleichung

Bei Extremalaufgaben der Differentialrechnung lässt sich die Forderung, dass die 1. Ableitung verschwinden muss, relativ leicht auswerten. Man erhält einen oder mehrere Werte der abhängigen Variablen, bei denen die Funktion einen Extremwert annimmt und kann diesen Extremwert berechnen. Bei Extremalaufgaben der Variationsrechnung ist die Forderung, dass die 1. Variation zu Null werden muss, nicht so leicht auswertbar. Man kann aber noch eine Differentialgleichung (oder ein System von Differentialgleichungen) sowie zusätzliche Randbedingungen angeben, die mit der Forderung nach Verschwinden der 1. Variation gleichwertig sind. Diese Differentialgleichung nennt man *Eulersche Differentialgleichung*, die zusätzlichen Randbedingungen werden als *natürliche Randbedingungen* bezeichnet.

Durch Variation des Prinzips vom Minimum der potentiellen Energie (14.13) ergibt sich das Prinzip der virtuellen Verrückungen

$$\delta \Pi^{(\mathrm{D})}(\boldsymbol{u}) \equiv \int\limits_{\mathrm{B}} \left[\delta\boldsymbol{\varepsilon}^{\mathrm{T}}\, \boldsymbol{C}\, \boldsymbol{\varepsilon} - \delta\boldsymbol{u}^{\mathrm{T}}\, \bar{\boldsymbol{p}}\right] \mathrm{d}B - \int\limits_{\mathrm{R}_\sigma} \delta\boldsymbol{u}_{\mathrm{r}}^{\mathrm{T}}\, \bar{\boldsymbol{\sigma}}_{\mathrm{R}}\; \mathrm{d}R = 0 \tag{14.26}$$

mit der Nebenbedingung, dass die Verzerrungen die Verschiebungs-Verzerrungs-Relationen erfüllen müssen. Ersetzt man mit Hilfe der Nebenbedingung $\delta\boldsymbol{\varepsilon}$ durch $\delta\boldsymbol{u}$ und formt dann unter Verwendung des Integralsatzes so lange um, bis $\delta\boldsymbol{u}$ unter dem Integral nicht mehr in abgeleiteter Form auftritt, dann erhält man unter Berücksichtigung der geometrischen Randbedingung für $\delta\boldsymbol{u}$

$$\delta\boldsymbol{u}_{\mathrm{r}} = \mathbf{0} \ \text{ auf } \mathrm{R_u} \tag{14.15}$$

als *1. Variation des Funktionals*

$$\delta\Pi^{(\mathrm{D})}(\boldsymbol{u}) \equiv -\int\limits_{\mathrm{B}} \delta\boldsymbol{u}^{\mathrm{T}}\big[\mathbf{D}_{\mathrm{g}}\,\{\boldsymbol{C}\,\boldsymbol{\varepsilon}\} + \bar{\boldsymbol{p}}\big]\,\mathrm{d}B + \int\limits_{\mathrm{R}_\sigma} \delta\boldsymbol{u}_{\mathrm{r}}^{\mathrm{T}}\big[\boldsymbol{\sigma}_{\mathrm{r}} - \bar{\boldsymbol{\sigma}}_{\mathrm{R}}\big]\,\mathrm{d}R = 0\,. \tag{14.27}$$

Diese Beziehung stimmt im wesentlichen mit Gleichung (3.12) überein, die sich im 1. Schritt bei der Ableitung des Prinzips der virtuellen Verrückungen ergeben hat.

Die nun folgende Argumentation ist typisch für die Anwendung des *Fundamentalsatzes.* Da $\boldsymbol{v}$ und somit $\delta\boldsymbol{u}$ bis auf die im vorigen Abschnitt genannten Voraussetzungen beliebig sind, setzt man zunächst $\delta\boldsymbol{u}_{\mathrm{r}} = \mathbf{0}$ auf R_σ. Aus der verbleibenden Beziehung

$$\int\limits_{\mathrm{B}} \delta\boldsymbol{u}^{\mathrm{T}}\big[\mathbf{D}_{\mathrm{g}}\,\{\boldsymbol{C}\,\boldsymbol{\varepsilon}\} + \bar{\boldsymbol{p}}\big]\,\mathrm{d}B = 0$$

folgt nun für ein in B beliebiges $\delta\boldsymbol{u}$

$$\mathbf{D}_{\mathrm{g}}\,\{\boldsymbol{C}\,\boldsymbol{\varepsilon}\} + \bar{\boldsymbol{p}} = \mathbf{0} \ \text{ in B}\,. \tag{14.28}$$

Dabei stört nicht, dass $\delta\boldsymbol{u}$ ein Vektor ist, da man beispielsweise im Fall der Scheibe zunächst $\delta\boldsymbol{u}^{\mathrm{T}} = \{\delta u, 0\}$ und anschließend $\delta\boldsymbol{u}^{\mathrm{T}} = \{0, \delta v\}$ setzen kann. Da im allgemeinen $\delta\boldsymbol{u}_{\mathrm{r}}$ auf R_σ von Null verschieden ist, so muss zur Erfüllung von Gl. (14.27) auch noch gelten

$$\boldsymbol{\sigma}_{\mathrm{r}} - \bar{\boldsymbol{\sigma}}_{\mathrm{R}} = \mathbf{0} \ \text{ auf } \mathrm{R}_\sigma\,. \tag{14.29}$$

Gl. (14.28) ist ein System von *Eulerschen Differentialgleichungen*; Gl. (14.29) liefert die *natürlichen Randbedingungen* des Dirichletschen Variationsprinzip. Beim Prinzip vom Minimum der potentiellen Energie sind die Eulerschen Differentialgleichungen gerade die Gleichgewichtsbedingungen, die natürlichen (oder zusätzlichen) Randbedingungen sind die Schnittkraftrandbedingungen.

Wir weisen an dieser Stelle auf Bild 3.6 hin: Aus diesem Bild geht hervor, dass bei Durchführung der Variation und Anwendung des Fundamentalsatzes der Variationsrechnung gerade der umgekehrte Weg wie in Kapitel 3 beschritten wird.

14.2.5 Einbau von Nebenbedingungen mit Lagrangeschen Multiplikatoren

Vorbemerkung und Motivation

Formuliert man beim Prinzip vom Minimum der potentiellen Energie die Formänderungsenergie in Verzerrungen, Gl. (14.13), so muss die Verschiebungs-Verzerrungs-Relation, Gl. (14.14), als Nebenbedingung eingeführt werden. Der Einbau dieser Nebenbedingung ist trivial, da man nur $\boldsymbol{\varepsilon}$ durch $\mathbf{D}_{\varepsilon\mathrm{u}}\boldsymbol{u}$ ersetzen muss.

Bei anderen Problemen ist das nicht der Fall. Ein typisches Beispiel hierfür ist die Inkompressibilitätsbedingung. Das Prinzip vom Minimum der potentiellen Energie für dreidimensionale Kontinua lautet wieder

$$\Pi^{(\mathrm{D})}(\boldsymbol{u}) \equiv \int\limits_{\mathrm{B}} \left[\frac{1}{2}\,\boldsymbol{\varepsilon}^{\mathrm{T}}\,\boldsymbol{C}\,\boldsymbol{\varepsilon} - \boldsymbol{u}^{\mathrm{T}}\,\bar{\boldsymbol{p}}\right] \mathrm{d}B - \int\limits_{\mathrm{R}_\sigma} \boldsymbol{u}_{\mathrm{r}}^{\mathrm{T}}\,\bar{\boldsymbol{\sigma}}_{\mathrm{R}}\,\mathrm{d}R = \text{Minimum}\,. \tag{14.13}$$

mit der Nebenbedingung

$$\boldsymbol{\varepsilon} = \mathbf{D}_{\varepsilon\mathrm{u}}\,\boldsymbol{u} \quad \text{in B}\,. \tag{14.14}$$

und der wesentlichen Randbedingung

$$\boldsymbol{u}_{\mathrm{r}} = \bar{\boldsymbol{u}}_{\mathrm{R}} \quad \text{auf } \mathrm{R_u}\,. \tag{14.15}$$

wobei $\boldsymbol{u}$, $\bar{\boldsymbol{p}}$, $\boldsymbol{\sigma}$ und $\boldsymbol{\varepsilon}$ sowie $\mathbf{D}_{\varepsilon\mathrm{u}}$ aus Abschnitt 2.2.7 übernommen werden können. Für inkompressible Materialien gilt zusätzlich die Nebenbedingung

$$\varepsilon_{\mathrm{x}} + \varepsilon_{\mathrm{y}} + \varepsilon_{\mathrm{z}} = 0\,. \tag{14.30}$$

Diese Nebenbedingung ist gleichbedeutend damit, dass die Querkontraktionszahl im Materialgesetz (siehe Abschnitt 2.2.7) den Wert 1/2 annimmt. Übliche Finite-Elemente-Programme versagen dann. Der Einbau derartiger, in Verschiebungsableitungen formulierter Nebenbedingungen ist nicht mehr so einfach wie die Substitution $\boldsymbol{\varepsilon} = \mathbf{D}_{\varepsilon\mathrm{u}}\,\boldsymbol{u}$. In derartigen Fällen versucht man, das Variationsprinzip so zu modifizieren, dass die schwer zu befriedigende innere Nebenbedingung (hier: Inkompressibilität) von den Ansatzfunktionen nicht mehr erfüllt zu werden braucht oder, wie man auch sagt, *befreit* ist. Die Nebenbedingung wird hierzu mit *Lagrangeschen Multiplikatoren* in das Variationsprinzip eingebaut.

Lagrangesche Multiplikatorentechnik für Extremalaufgaben der Differentialrechnung

Die Methode der Lagrangeschen Multiplikatoren wird zunächst am Beispiel der Differentialrechnung dargestellt, vergleiche hierzu z. B. [14.6]. Gegeben sei eine von zwei unabhängigen Variablen x und y abhängige Funktion $f(x, y)$, für die die Forderung

$$f(x, y) = \text{Extremum} \tag{14.31}$$

unter der Nebenbedingung

$$\phi(x, y) = 0 \tag{14.32}$$

erfüllt werden soll. Wenn sich Gl. (14.32) nach einer der beiden Variablen, beispielsweise y, auflösen lässt, dann ergibt sich nach Einsetzen in Gl. (14.31) die Extremalaufgabe

$$f(x, y(x)) = \text{Extremum}\,. \tag{14.33}$$

Ist dies nicht möglich oder möchte man diesen Weg nicht beschreiten, so bildet man eine neue Funktion

$$F(x,y,\lambda) \equiv f(x,y) + \lambda\,\phi(x,y)\,, \tag{14.34}$$

die jetzt von den drei Variablen x, y und λ abhängt. Anstelle der Extremalforderung gilt dann die Stationaritätsforderung

$$F(x,y,z) = \text{stationär}\,. \tag{14.35}$$

Die Stationaritätsforderung als Verallgemeinerung der Extremalforderung ist gleichbedeutend mit

$$\frac{\partial F}{\partial x} = 0\,, \quad \frac{\partial F}{\partial y} = 0\,, \quad \frac{\partial F}{\partial \lambda} = 0\,.$$

Natürlich ist die Stationaritätsforderung (14.35) mit der ursprünglichen Extremalforderung (14.31) und der Nebenbedingung (14.32) gleichwertig.

Lagrangesche Multiplikatorentechnik für Extremalaufgaben der Variationsrechnung mit Nebenbedingungen

Die Lagrangesche Multiplikatorentechnik für Extremalaufgaben der Variationsrechnung mit Nebenbedingungen soll am Beispiel des Dirichletschen Variationsproblems erläutert werden, wobei die Verzerrungen $\boldsymbol{\varepsilon}$ nicht durch $\mathbf{D}_{\varepsilon\mathrm{u}}$ ersetzt werden. Vielmehr wird die Nebenbedingung

$$\boldsymbol{\varepsilon} = \mathbf{D}_{\varepsilon\mathrm{u}}\,\boldsymbol{u} \quad \text{in B} \tag{14.14}$$

mit einem *Lagrangeschen Multiplikator* $\boldsymbol{\lambda}$ in das Variationsprinzip eingebaut. $\boldsymbol{\lambda}$ unterscheidet sich in doppelter Hinsicht vom Faktor λ, der bei der Extremalaufgabe der Differentialrechnung verwendet wurde. Zum einen ist $\boldsymbol{\lambda}$ eine vektorielle Größe, da auch die Nebenbedingung (14.14) vektoriell ist. Zum anderen ist $\boldsymbol{\lambda}$ eine (variierbare) Vektorfunktion, bei zweidimensionalen Problemen z. B. $\boldsymbol{\lambda}(x,y)$, während λ eine einfache Variable ist.

Wir wollen das Funktional $\Pi^{(\mathrm{D})}(\boldsymbol{u})$ nicht nur von der *Nebenbedingung* (14.14) sondern gleichzeitig auch von der *wesentlichen Randbedingung*

$$\boldsymbol{u}_\mathrm{r} = \bar{\boldsymbol{u}}_\mathrm{R} \quad \text{auf R}_\mathrm{u} \tag{14.15}$$

befreien und verwenden hierzu die von der Randkoordinate s abhängige Vektorfunktion $\boldsymbol{\lambda}(s)$. Der Einbau der Nebenbedingung und der wesentlichen Randbedingung erfolgt im Argument des entsprechenden Funktionals. Das neu entstehende Funktional

$$\begin{aligned}\Pi^{(\mathrm{mod})}(\boldsymbol{u},\boldsymbol{\varepsilon},\boldsymbol{\lambda},\boldsymbol{\lambda}_\mathrm{R}) \quad &\equiv \quad \int\limits_\mathrm{B} \left[\frac{1}{2}\,\boldsymbol{\varepsilon}^\mathrm{T}\,\boldsymbol{C}\,\boldsymbol{\varepsilon} - \boldsymbol{\lambda}^\mathrm{T}\,(\boldsymbol{\varepsilon} - \mathbf{D}_{\varepsilon\mathrm{u}}\boldsymbol{u}) - \boldsymbol{u}^\mathrm{T}\,\bar{\boldsymbol{p}}\right]\,\mathrm{d}B \\ &\quad - \int\limits_{\mathrm{R}_\sigma} \boldsymbol{u}_\mathrm{r}^\mathrm{T}\,\bar{\boldsymbol{\sigma}}_\mathrm{R}\,\mathrm{d}R - \int\limits_{\mathrm{R}_\mathrm{u}} \boldsymbol{\lambda}_\mathrm{R}^\mathrm{T}\,(\boldsymbol{u}_\mathrm{r} - \bar{\boldsymbol{u}}_\mathrm{R})\,\mathrm{d}R \\ &= \quad \text{stationär}\end{aligned} \tag{14.36}$$

braucht keine Nebenbedingungen mehr zu erfüllen, hängt dafür aber von den variierbaren Funktionen $\boldsymbol{u}$, $\boldsymbol{\varepsilon}$, $\boldsymbol{\lambda}$ in B und $\boldsymbol{\lambda}_\mathrm{R}$ auf $\mathrm{R_u}$ ab.

Um die physikalische Bedeutung von $\boldsymbol{\lambda}$ zu erkennen, variieren wir nur nach $\boldsymbol{\varepsilon}$ und kennzeichnen das durch einen Index am Variationssymbol:

$$\delta_\varepsilon \Pi^{(\mathrm{mod})}(\boldsymbol{u}, \boldsymbol{\varepsilon}, \boldsymbol{\lambda}, \boldsymbol{\lambda}_\mathrm{R}) \equiv \int_\mathrm{B} \delta\boldsymbol{\varepsilon}^\mathrm{T} \left(\boldsymbol{C}\,\boldsymbol{\varepsilon} - \boldsymbol{\lambda}\right) \mathrm{d}B = 0\,. \tag{14.37}$$

Die sich hieraus ergebende Eulersche Gleichung

$$\boldsymbol{C}\,\boldsymbol{\varepsilon} - \boldsymbol{\lambda} = \boldsymbol{0} \tag{14.38}$$

(bei der es sich formal um eine algebraische Gleichung und nicht um eine Differentialgleichung handelt) ist die Definitionsgleichung für $\boldsymbol{\lambda}$. Die als Lagrangescher Multiplikator eingeführte Vektorfunktion ist mit dem Schnittkraftvektor $\boldsymbol{\sigma}$ identisch und kann durch diesen ersetzt werden.

Variiert man das modifizierte Funktional, nachdem man $\boldsymbol{\lambda}$ durch $\boldsymbol{\sigma}$ ersetzt hat, nach $\boldsymbol{u}$ und führt anschließend eine Integraltransformation durch, so ergibt sich

$$\begin{aligned} \delta_\mathrm{u} \Pi^{(\mathrm{mod})}(\boldsymbol{u}, \boldsymbol{\varepsilon}, \boldsymbol{\lambda}, \boldsymbol{\lambda}_\mathrm{R}) \;\equiv\; & -\int_\mathrm{B} \delta\boldsymbol{u}^\mathrm{T} \left[\mathbf{D}_\mathrm{g}\,\boldsymbol{\sigma} + \bar{\boldsymbol{p}}\right] \mathrm{d}B \\ & -\int_{\mathrm{R}_\sigma} \delta\boldsymbol{u}_\mathrm{r}^\mathrm{T} \left[\bar{\boldsymbol{\sigma}}_\mathrm{R} - \boldsymbol{\sigma}_\mathrm{r}\right] \mathrm{d}R \\ & -\int_{\mathrm{R_u}} \delta\boldsymbol{u}_\mathrm{r}^\mathrm{T} \left[\boldsymbol{\lambda}_\mathrm{R} - \boldsymbol{\sigma}_\mathrm{r}\right] \mathrm{d}R \;=\; 0\,. \end{aligned} \tag{14.39}$$

Die zugehörige Eulersche Differentialgleichung ist die Gleichgewichtsbedingung

$$\mathbf{D}_\mathrm{g}\,\boldsymbol{\sigma} + \bar{\boldsymbol{p}} = \boldsymbol{0} \quad \text{in B}\,. \tag{14.18}$$

Als *zusätzliche Randbedingung* erhält man die statische Randbedingung

$$-\boldsymbol{\sigma}_\mathrm{r} + \bar{\boldsymbol{\sigma}}_\mathrm{R} = \boldsymbol{0} \quad \text{auf } \mathrm{R}_\sigma \tag{14.19}$$

sowie die Definitionsgleichung für $\boldsymbol{\lambda}_\mathrm{R}$

$$\boldsymbol{\lambda}_\mathrm{R} = \boldsymbol{\sigma}_\mathrm{r}\,. \tag{14.40}$$

Nach Ersetzen der Lagrangeschen Multiplikatoren nimmt das modifizierte Funktional die Form

$$\begin{aligned} \Pi^{(\mathrm{H-W})}(\boldsymbol{u}, \boldsymbol{\varepsilon}, \boldsymbol{\sigma}) \;\equiv\; & \int_\mathrm{B} \left[\frac{1}{2}\,\boldsymbol{\varepsilon}^\mathrm{T}\,\boldsymbol{C}\,\boldsymbol{\varepsilon} - \boldsymbol{\sigma}^\mathrm{T}\left(\boldsymbol{\varepsilon} - \mathbf{D}_{\varepsilon\mathrm{u}}\,\boldsymbol{u}\right) - \boldsymbol{u}^\mathrm{T}\,\bar{\boldsymbol{p}}\right] \mathrm{d}B \\ & -\int_{\mathrm{R}_\sigma} \boldsymbol{u}_\mathrm{r}^\mathrm{T}\,\bar{\boldsymbol{\sigma}}_\mathrm{R}\,\mathrm{d}R - \int_{\mathrm{R_u}} \boldsymbol{\sigma}_\mathrm{r}^\mathrm{T}\left(\boldsymbol{u}_\mathrm{r} - \bar{\boldsymbol{u}}_\mathrm{R}\right) \mathrm{d}R \\ \;=\; & \text{stationär} \end{aligned} \tag{14.41}$$

an. Dieses *Dreifeldfunktional* wird auch als *Funktional von Hu und Washizu* [14.7] bezeichnet.

Die Lagrangesche Multiplikatorentechnik bietet damit nicht nur die Möglichkeit, ein Funktional von schwer oder gar nicht zu erfüllenden Nebenbedingungen zu befreien, sie kann auch dazu verwendet werden, neue Funktionale zu erzeugen.

14.2.6 Kanonisches Variationsprinzip

Ausgehend vom Variationsprinzip von Hu-Washizu lassen sich weitere Funktionale ermitteln, indem man bestimmte Nebenbedingungen vorschreibt. Offenkundig erhält man $\Pi^{(\mathrm{D})}$ unmittelbar aus $\Pi^{(\mathrm{H-W})}$, wenn man verlangt, dass

$$\boldsymbol{\varepsilon} = \mathbf{D}_{\varepsilon \mathrm{u}}\, \boldsymbol{u} \quad \text{in B} \tag{14.14}$$

und

$$\boldsymbol{u}_{\mathrm{r}} = \bar{\boldsymbol{u}}_{\mathrm{R}} \quad \text{auf } \mathrm{R_u} \tag{14.15}$$

gesetzt werden. Man kann aber auch $\boldsymbol{\varepsilon}$ durch $\boldsymbol{\sigma}$ ersetzen:

$$\boldsymbol{\varepsilon} = \boldsymbol{c}^{-1}\, \boldsymbol{\sigma}\,. \tag{14.42}$$

Dann ergibt sich ein *Zweifeldfunktional*, bei dem $\boldsymbol{u}$ und $\boldsymbol{\sigma}$ unbekannte Zustandsgrößen sind. Wir wollen für das Funktional und das zugehörigen Variationsprinzip aus Gründen, die gleich einsichtig sein werden, die Begriffe *kanonisches Funktional* und *kanonisches Variationsprinzip* verwenden:

$$\begin{aligned} \Pi^{(\mathrm{kan})}(\boldsymbol{u},\boldsymbol{\sigma}) \;\equiv\; & \int\limits_{\mathrm{B}} \Big[-\frac{1}{2}\, \boldsymbol{\sigma}^{\mathrm{T}}\, \boldsymbol{C}^{-1}\, \boldsymbol{\sigma} + \boldsymbol{\sigma}^{\mathrm{T}}\, \mathbf{D}_{\varepsilon \mathrm{u}}\, \boldsymbol{u} - \boldsymbol{u}^{\mathrm{T}}\, \bar{\boldsymbol{p}} \Big]\, \mathrm{d}B \\ & - \int\limits_{\mathrm{R}_\sigma} \boldsymbol{u}_{\mathrm{r}}^{\mathrm{T}}\, \bar{\boldsymbol{\sigma}}_{\mathrm{R}}\, \mathrm{d}R - \int\limits_{\mathrm{R_u}} \boldsymbol{\sigma}_{\mathrm{r}}^{\mathrm{T}}\, (\boldsymbol{u}_{\mathrm{r}} - \bar{\boldsymbol{u}}_{\mathrm{R}})\, \mathrm{d}R = \text{stationär} \end{aligned} \tag{14.43}$$

oder nach einer Integraltransformation

$$\begin{aligned} \Pi^{(\mathrm{kan})}(\boldsymbol{u},\boldsymbol{\sigma}) \;\equiv\; & \int\limits_{\mathrm{B}} \Big[-\frac{1}{2}\, \boldsymbol{\sigma}^{\mathrm{T}}\, \boldsymbol{C}^{-1}\, \boldsymbol{\sigma} - \boldsymbol{u}^{\mathrm{T}}\, \mathbf{D}_{\mathrm{g}}\, \boldsymbol{\sigma} - \boldsymbol{u}^{\mathrm{T}}\, \bar{\boldsymbol{p}} \Big]\, \mathrm{d}B \\ & - \int\limits_{\mathrm{R}_\sigma} \boldsymbol{u}_{\mathrm{r}}^{\mathrm{T}}\, (\bar{\boldsymbol{\sigma}}_{\mathrm{R}} - \boldsymbol{\sigma}_{\mathrm{r}})\, \mathrm{d}R + \int\limits_{\mathrm{R_u}} \boldsymbol{\sigma}_{\mathrm{r}}^{\mathrm{T}}\, \bar{\boldsymbol{u}}_{\mathrm{R}}\, \mathrm{d}R = \text{stationär} \end{aligned} \tag{14.44}$$

Das von uns als ‚kanonisch' bezeichnete Funktional wurde erstmals 1914 in einer Übersichtsarbeit von Hellinger [14.8] angegeben. Darauf aufbauend hat Prange 1916 in seiner Habilitationsschrift [14.9] am Beispiel des Fachwerks und des dreidimensionalen Kontinuums und 1918 in einem gesonderten Artikel für ebene Rahmentragwerke [14.10] aufgezeigt, dass das *kanonische Funktional* den Übergang vom *Dirichletschen Funktional* (Prinzip vom Minimum der potentiellen Energie) zum *Castiglianoschen Funktional* (Prinzip vom Minimum der potentiellen Ergänzungsenergie) darstellt. Bei Hellinger und Reissner wird deutlich, dass eine Analogie zwischen dem Hamiltonschen Prinzip der Dynamik und dem von Hellinger und Prange angegebenen Prinzip der Kontinuumsmechanik besteht: Die Eulerschen Gleichungen des Variationsprinzips von Hellinger und Prange entsprechen den sogenannten kanonischen Differentialgleichungen, die man als Eulersche Differentialgleichungen aus dem Hamiltonschen Prinzip erhält. So wie Lage- und Impulskoordinaten die kanonischen Variablen des Hamiltonschen Prinzips sind, kann man Verschiebungs- und Schnittkraftgrößen als kanonische Variablen der Kontinuumsmechanik bezeichnen. Der entscheidende Unterschied ist natürlich, dass beim Hamiltonschen Prinzip alle Zustandsgrößen von der Zeit abhängen, bei dem von Hellinger und Prange angegebenen Prinzip hingegen von den Ortskoordinaten.

Prange selbst hat keine numerischen Rechnungen durchgeführt. Er wollte nur den inneren Zusammenhang zwischen Deformationsmethode ($\Pi^{(\mathrm{D})}(\boldsymbol{u})$) und Kraftgrößenverfahren ($\Pi^{(\mathrm{C})}(\boldsymbol{\sigma})$) deutlich machen.Wiederentdeckt wurde das Variationsprinzip mit Verschiebungen und Spannungen als unbekannten Zustandsgrößen 1950 von Reissner [14.11], der es dann auch numerisch einsetzte. Anstatt von einem Hellinger-Prange-Reissnerschen Variationsprinzip zu sprechen, erscheint es im Hinblick auf die Analogie zur Hamiltonschen Dynamik und dem dort verwendeten Begriff ‚kanonisch' zweckmäßig, das entsprechende Funktional der Kontinuumsmechanik als *kanonisches Funktional* zu bezeichnen [14.22].

14.2.7 Übergang zum Castiglianoschen Funktional

Das *kanonische Funktional* ist ein *Zweifeldfunktional* ohne Nebenbedingungen. Man gewinnt, ausgehend von der Fassung aus Gl. (14.43), das Dirichletschen Variationsprinzip, wenn man fordert, dass der über das Materialgesetz mit $\boldsymbol{\sigma}$ verknüpfte Verzerrungszustand $\boldsymbol{\varepsilon}$ die kinematischen Beziehungen erfüllt,

$$\boldsymbol{\sigma} = \boldsymbol{C}\ \mathbf{D}_{\varepsilon \mathrm{u}}\, \boldsymbol{u}\,, \tag{14.45}$$

und dass die geometrischen Randbedingungen

$$\boldsymbol{u}_{\mathrm{r}} = \bar{\boldsymbol{u}}_{\mathrm{R}} \ \text{ auf } \mathrm{R}_{\mathrm{u}} \tag{14.15}$$

erfüllt werden. Aus der Fassung von Gl. (14.44) ist unmittelbar zu ersehen, welche Nebenbedingungen und wesentlichen Randbedingungen erfüllt sein müssen, damit ein Einfeldfunktional mit Schnittkräften (Spannungen) als unbekannten Zustandsgrößen entsteht:

$$\mathbf{D}_{\mathrm{g}}\, \boldsymbol{\sigma} + \bar{\boldsymbol{p}} = \mathbf{0} \ \text{ in } B\,, \tag{14.18}$$

$$-\boldsymbol{\sigma}_{\mathrm{r}} + \bar{\boldsymbol{\sigma}}_{\mathrm{R}} = \mathbf{0} \ \text{ auf } \mathrm{R}_{\sigma}\,. \tag{14.19}$$

Man erhält mit diesen *Nebenbedingungen* das *Castiglianosche Variationsprinzip*

$$\Pi^{(\mathrm{C})}(\boldsymbol{\sigma}) \equiv \int\limits_{\mathrm{B}} \frac{1}{2}\, \boldsymbol{\sigma}^{\mathrm{T}}\, \boldsymbol{C}^{-1}\, \boldsymbol{\sigma}\, \mathrm{d}B - \int\limits_{\mathrm{R}_{\sigma}} \boldsymbol{\sigma}_{\mathrm{r}}^{\mathrm{T}}\, \bar{\boldsymbol{u}}_{\mathrm{R}}\, \mathrm{d}R = \text{Minimum}\,. \tag{14.16}$$

Der unmittelbare Einsatz des Castiglianoschen Variationsprinzips in der vorliegenden Fassung für die Finite-Elemente-Methode ist kaum möglich, da die Nebenbedingung (14.18) im allgemeinen nicht ohne weiteres befriedigt werden kann. Erst wenn man Gl. (14.18) durch einen Spannungsfunktionsansatz befriedigt, kann man auf eine Finite-Elemente-Formulierung übergehen (Abschnitt 6.2). Aber auch dann treten als Folge der Randbedingung (14.19) noch Komplikationen auf, die zur Folge haben, dass Finite-Elemente-Verfahren auf der Grundlage des Castiglianoschen Variationsprinzips nur sehr selten eingesetzt werden.

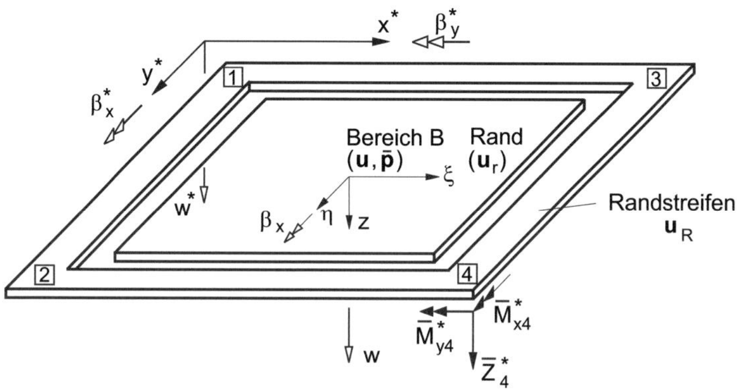

Bild 14.7. Bezeichnungen im Bereich und auf dem Randstreifen

14.2.8 Einbau von Übergangsbedingungen mit Lagrangeschen Multiplikatoren: Das Funktional von Pian

Die am Ende des letzten Abschnitts geschilderte Schwierigkeit lässt sich umgehen, wenn man in jedem Element Schnittkraftzustände einführt, die die Gleichgewichtsbedingungen erfüllen (damit handelt es sich um eine Rechnung nach dem Kraftgrößenverfahren), auf den Interelementgrenzen aber davon unabhängige Verschiebungszustände. Ein entsprechender Vorschlag geht zurück auf Pian [14.12]. Die Idee wurde anschließend von ihm und seinen Mitarbeitern, insbesondere von Tong, ausgearbeitet und erweitert. [14.13–14.16]. Auch eine Reihe anderer Autoren haben den Grundgedanken des Vorgehens von Pian eingesetzt und modifiziert, siehe z. B. [14.17, 14.18, 14.19]. Eine Übersicht über andere Variationsprinzipien, bei denen Übergangsbedingungen gelockert werden, findet sich in [14.20].

Im Hinblick auf die Vorgehensweise von Pian ist es zweckmäßig, die Begriffsdefinition etwas zu erweitern. Wir beschränken uns hierbei auf zweidimensionale Strukturen und unterscheiden zwischen dem Bereich $\mathrm{B_e}$ des Elementes und dem Randstreifen $\mathrm{R_e}$, der das Element einschließt (Bild 14.7):

- Im Bereich sind die Zustandsgrößen $\boldsymbol{u}$, $\boldsymbol{\varepsilon}$ und $\boldsymbol{\sigma}$ sowie die Flächenlast $\bar{\boldsymbol{p}}$ definiert.
- Auf dem Randstreifen sind nur Randverschiebungen $\boldsymbol{u}_{\mathrm{R}}$ definiert.
- Die Randwerte der Bereichsverschiebungen werden weiterhin mit $\boldsymbol{u}_{\mathrm{r}}$, die Randwerte der Schnittkräfte im Bereich mit $\boldsymbol{\sigma}_{\mathrm{r}}$ bezeichnet.

Der Randstreifen ist zugleich die Grenze zwischen zwei Elemente. Die Ansätze in zwei benachbarten Elementen können dann völlig unabhängig voneinander formuliert werden.

Baut man die Übergangsbedingungen zwischen zwei Elementen mit Lagrangeschen Multiplikatoren in das Variationsprinzip ein, dann erweisen sich die Lagrangeschen Multiplikatoren als Zustandsgrößen auf den Randstreifen. Wir führen diesen Prozess des Einbaus von Übergangsbedingungen nicht im einzelnen vor, sondern geben nur das modifiziertes Castiglianosche Funktional an, das man auf diesem Wege erhält. Da ein derartiges Funktional erstmals von Pian eingesetzt wurde, bezeichnen wir es als *Piansches Variationsprinzip*:

$$\Pi^{(\mathrm{P})}(\boldsymbol{\sigma}, \boldsymbol{u}_\mathrm{R}) \equiv \sum_{\text{Elemente}} \left\{ \int_\mathrm{B} \frac{1}{2} \boldsymbol{\sigma}^\mathrm{T} \boldsymbol{C}^{-1} \boldsymbol{\sigma} \, \mathrm{d}F - \oint_{\mathrm{R_e}} \boldsymbol{u}_\mathrm{R}^\mathrm{T} \boldsymbol{\sigma}_\mathrm{R} \, \mathrm{d}s \right\} + \int_{\mathrm{R}_\sigma} \boldsymbol{u}_\mathrm{R}^\mathrm{T} \bar{\boldsymbol{\sigma}}_\mathrm{R} \, \mathrm{d}s = \text{stationär} \tag{14.46}$$

Pian bezeichnet das Vorgehen zumeist als ‚Assumed Stress Hybrid Method' [14.19], wobei in der Bezeichnung ‚Assumed Stress' zum Ausdruck kommt, dass im Element Schnittkraftansätze verwendet werden. ‚Hybrid' verweist auf die Tatsache, dass zusätzlich zu den Bereichsansätzen auf den Randstreifen Verschiebungsansätze eingeführt werden. Unbekannte *Zustandsgrößen* bei diesem Prinzip sind die Schnittkräfte $\boldsymbol{\sigma}$ im Element und die Verschiebungen $\boldsymbol{u}_\mathrm{R}$ auf den Randstreifen.[1] *Nebenbedingungen* sind zunächst die Gleichgewichtsbedingungen im Element,

$$\mathbf{D}_\mathrm{g} \boldsymbol{\sigma} + \bar{\boldsymbol{p}} = \mathbf{0} \ \text{ in } B_\mathrm{e} \,. \tag{14.18}$$

Um diese Bedingungen zu erfüllen, kann man entweder die Schnittkräfte im Element durch Spannungsfunktionen ausdrücken oder sofort Schnittkraftzustände verwenden, die die Gleichgewichtsbedingungen erfüllen (Eigenkraftgruppen). Bei Verwendung kartesischer Koordinaten im Element ist das relativ problemlos. Die wesentliche Randbedingung ist die Verschiebungsrandbedingung

$$\boldsymbol{u}_\mathrm{R} = \bar{\boldsymbol{u}}_\mathrm{R} \ \text{ auf } \mathrm{R_u} \,, \tag{14.47}$$

deren Erfüllung ebenfalls keine Schwierigkeiten bereitet.

Wie lauten nun die Eulerschen Differentialgleichungen und die natürlichen Randbedingungen bzw. Übergangsbedingungen des Pianschen Variationsprinzips? Um die *Eulerschen Differentialgleichungen* im Element zu gewinnen, muss man die Schnittkraftgrößen durch Spannungsfunktionen ersetzen. Man erhält nach Variation der Spannungsfunktionen die *Kompatibilitätsbedingungen* (Abschnitt 6.2). Die natürlichen Rand- und Übergangsbedingungen gewinnt man durch Variation von $\boldsymbol{u}_\mathrm{R}$. Man hat hierbei zu berücksichtigen, dass die Randstreifen zweier nebeneinander liegender Elemente 1 und 2 zusammenfallen. Allerdings sind bei gleichbleibendem Umlaufsinn die Koordinatensysteme der beiden Randstreifen entgegengesetzt orientiert, so dass $\boldsymbol{u}_\mathrm{R1} = -\boldsymbol{u}_\mathrm{R2}$ gilt. Durch Variation der Verschiebungen des gemeinsamen Randstreifens der Elemente 1 und 2 erhält man zunächst

$$\delta \boldsymbol{u}_\mathrm{R1}^\mathrm{T} \boldsymbol{\sigma}_\mathrm{r1} + \delta \boldsymbol{u}_\mathrm{R2}^\mathrm{T} \boldsymbol{\sigma}_\mathrm{r2} = 0 \ \text{ auf } \mathrm{R}_{1-2}$$

und mit der *natürlichen Übergangsbedingung* $\delta \boldsymbol{u}_\mathrm{R1} = -\delta \boldsymbol{u}_\mathrm{R2}$ letztendlich

$$\boldsymbol{\sigma}_\mathrm{r1} = \boldsymbol{\sigma}_\mathrm{r2} \ \text{ auf } R_{1-2} \,. \tag{14.48}$$

Abschließend sei auf die Übersicht über modifizierte Funktionale in [14.20] verwiesen.

[1] Wir bezeichnen eine derartige Vorgehensweise als ‚gemischt-hybrid'. Mit ‚gemischt' verdeutlichen wir, dass verschiedene Typen von Zustandsgrößen approximiert werden, ‚hybrid' kennzeichnet die Tatsache, dass sowohl innerhalb des Elementes als auch auf dem Elementrand Ansätze für die Zustandsgrößen eingeführt werden.

14.2.9 Einbau von Randbedingungen mit Lagrangeschen Multiplikatoren in das diskretisierte Dirichletsche Funktional

Im letzten Abschnitt zur Variationsrechnung beschäftigen wir uns mit der Frage, ob es für ein Finite-Elemente-Verfahren sinnvoll ist, die geometrischen Randbedingungen mit Lagrangeschen Multiplikatoren zu berücksichtigen. Ausgangspunkt unserer Betrachtungen ist jetzt die diskretisierte Fassung des Dirichletschen Funktionals

$$\Pi^{(\mathrm{D})}(\boldsymbol{u}^*) \equiv \frac{1}{2}\, \boldsymbol{u}^{*\mathrm{T}}\, \boldsymbol{S}^*\, \boldsymbol{u}^* - \boldsymbol{u}^{*\mathrm{T}}\, \bar{\boldsymbol{p}}^* = \text{Minimum}\,, \tag{14.49}$$

wobei wir die Bezeichnungen aus Abschnitt 4.1.6 übernehmen. Die geometrischen Randbedingungen lauten allgemein

$$\boldsymbol{u}^*_{\mathrm{R}} = \boldsymbol{B}^*\, \boldsymbol{u}^*\,. \tag{14.50}$$

Dabei ist $\boldsymbol{B}^*$ eine schwach besetzte, boolesche Matrix, die aus dem Vektor $\boldsymbol{u}^*$ die vorgegebenen Verschiebungskomponenten herausfiltert. Der Einbau der Randbedingungen ergibt das modifizierte, diskretisierte Funktional

$$\begin{aligned}\Pi^{(\mathrm{mod})}(\boldsymbol{u}^*, \boldsymbol{\lambda}^*_{\mathrm{R}}) \;&\equiv\; \frac{1}{2}\, \boldsymbol{u}^{*\mathrm{T}}\, \boldsymbol{S}^*\, \boldsymbol{u}^* - \boldsymbol{u}^{*\mathrm{T}}\, \bar{\boldsymbol{p}}^* \\ &\quad - \;\boldsymbol{\lambda}^{*\mathrm{T}}_{\mathrm{R}}\, (\bar{\boldsymbol{u}}^*_{\mathrm{R}} - \boldsymbol{B}^*\, \boldsymbol{u}^*) = \text{stationär}\,,\end{aligned} \tag{14.51}$$

das nach den Systemverschiebungen $\boldsymbol{u}^*$ und den Lagrangeschen Multiplikatoren $\boldsymbol{\lambda}^*_{\mathrm{R}}$ variiert werden kann:

$$\begin{aligned}\delta\Pi^{(\mathrm{mod})} \;&=\; \delta\boldsymbol{u}^{*\mathrm{T}}\, \left[\boldsymbol{S}^*\, \boldsymbol{u}^* - \bar{\boldsymbol{p}}^* + \boldsymbol{B}^{*\mathrm{T}}\, \boldsymbol{\lambda}^*_{\mathrm{R}}\right] \\ &\quad - \;\delta\boldsymbol{\lambda}^{*\mathrm{T}}_{\mathrm{R}}\, (\bar{\boldsymbol{u}}^*_{\mathrm{R}} - \boldsymbol{B}^*\, \boldsymbol{u}^*) = 0\,.\end{aligned} \tag{14.52}$$

Da die virtuellen Größen beliebig sind, entsteht aus dem variierten Funktional folgendes Gleichungssystem:

$$\begin{bmatrix} \mathbf{0} & \boldsymbol{B}^* \\ \boldsymbol{B}^{*\mathrm{T}} & \boldsymbol{S}^* \end{bmatrix} \begin{Bmatrix} \boldsymbol{\lambda}^*_{\mathrm{R}} \\ \boldsymbol{u}^* \end{Bmatrix} = \begin{Bmatrix} \bar{\boldsymbol{u}}^*_{\mathrm{R}} \\ \bar{\boldsymbol{p}}^* \end{Bmatrix}\,. \tag{14.53}$$

Wir partitionieren nun wie schon in den Kapiteln 4 und 5 das Gleichungssystem entsprechend vorgegebener ($\boldsymbol{u}^*_{\mathrm{I}}$) und freier Systemverschiebungen ($\boldsymbol{u}^*_{\mathrm{J}}$):

$$\begin{bmatrix} \mathbf{0} & \mathbf{I} & \mathbf{0} \\ \mathbf{I} & \boldsymbol{S}^*_{\mathrm{II}} & \boldsymbol{S}^*_{\mathrm{IJ}} \\ \mathbf{0}^{\mathrm{T}} & \boldsymbol{S}^{*\mathrm{T}}_{\mathrm{IJ}} & \boldsymbol{S}^*_{\mathrm{JJ}} \end{bmatrix} \begin{Bmatrix} \boldsymbol{\lambda}^*_{\mathrm{IR}} \\ \boldsymbol{u}^*_{\mathrm{I}} \\ \boldsymbol{u}^*_{\mathrm{J}} \end{Bmatrix} = \begin{Bmatrix} \bar{\boldsymbol{u}}^*_{\mathrm{IR}} \\ \bar{\boldsymbol{p}}^*_{\mathrm{I}} \\ \bar{\boldsymbol{p}}^*_{\mathrm{J}} \end{Bmatrix}\,. \tag{14.54}$$

Durch Vergleich mit Abschnitt 4.1.6 lassen sich jetzt die Lagrangeschen Multiplikatoren als negative generalisierte Auflagerkräfte identifizieren:

$$\boldsymbol{\lambda}^*_{\mathrm{IR}} = -\boldsymbol{a}^*_{\mathrm{I}}\,. \tag{14.55}$$

Das Gleichungssystem (14.54) stellt den Zusammenhang zwischen den beiden Gleichungssystemen aus den Kapiteln 4 und 5 her. Setzt man den oberen Gleichungssatz von (14.54) (die geometrischen Randbedingungen) in das restliche Gleichungssystem ein, ergibt sich

$$\begin{bmatrix} \boldsymbol{S}^*_{\mathrm{II}} & \boldsymbol{S}^*_{\mathrm{IJ}} \\ \boldsymbol{S}^{*\mathrm{T}}_{\mathrm{IJ}} & \boldsymbol{S}^*_{\mathrm{JJ}} \end{bmatrix} \begin{Bmatrix} \bar{\boldsymbol{u}}^*_{\mathrm{IR}} \\ \boldsymbol{u}^*_{\mathrm{J}} \end{Bmatrix} = \begin{Bmatrix} \bar{\boldsymbol{p}}^*_{\mathrm{I}} \\ \bar{\boldsymbol{p}}^*_{\mathrm{J}} \end{Bmatrix} + \begin{Bmatrix} \boldsymbol{a}^*_{\mathrm{I}} \\ \boldsymbol{0} \end{Bmatrix} . \tag{4.29}$$

Da die unbekannten Auflagerkräfte nur in dem mittleren Gleichungssatz von (14.54) auftreten, reicht es aus, alternativ nur den oberen und den unteren Gleichungssatz zur Bestimmung der unbekannten Verschiebungen heranzuziehen:

$$\begin{bmatrix} \mathbf{I} & \mathbf{0} \\ \mathbf{0}^{\mathrm{T}} & \boldsymbol{S}^*_{\mathrm{JJ}} \end{bmatrix} \begin{Bmatrix} \boldsymbol{u}^*_{\mathrm{I}} \\ \boldsymbol{u}^*_{\mathrm{J}} \end{Bmatrix} = \begin{Bmatrix} \bar{\boldsymbol{u}}^*_{\mathrm{R}} \\ \bar{\boldsymbol{p}}^*_{\mathrm{J}} - \boldsymbol{S}^{*\mathrm{T}}_{\mathrm{IJ}}\, \boldsymbol{u}^*_{\mathrm{R}} \end{Bmatrix} . \tag{5.9}$$

Wie in Abschnitt 5.3 ausgeführt wurde, lässt sich mit nur geringfügigen Modifikationen ein zu Gl. (5.9) adäquates Gleichungssystem aufbauen, wenn die vorgegebenen Verschiebungen nicht kompakt am Anfang oder Ende des Verschiebungsvektors stehen. Auf eine Partitionierung, mit der im allgemeinen größere Umspeicherungen verbunden sind, kann also verzichtet werden. Darüber hinaus hat im Hinblick auf eine numerische Umsetzung in einem Finite-Elemente-Verfahren Gl. (5.9) gegenüber Gl. (4.29) den immensen Vorteil, das die Matrix der linken Seite (zumindest bei einer linear-elastischen Rechnung) positiv definit ist, sofern sämtliche Starrkörperverschiebungen behindert sind.

Stellt der Einbau der geometrischen Randbedingungen mit Lagrangeschen Multiplikatoren im Hinblick auf ein Finite-Elemente-Verfahren eine Alternative dar? Von Vorteil ist, dass man auf eine Partitionierung nicht angewiesen ist und dass die Matrix der linken Seite von Gl. (14.53) regulär (allerdings nicht positiv definit) ist. Äußerst nachteilig ist aber, dass man beim Auflösen des Gleichungssystems um kombinierte Zeilen- und Spaltenvertauschungen nicht herum kommt, wie man leicht am Gleichungssystem (14.53) erkennen kann. Ein kombinierter Zeilen-Spalten-Tausch macht jedoch die Ausnutzung der schwachen Besetzung (Bandbreiten-, Skyline-Speicherung, etc.) zunichte. Für die numerische Umsetzung in einem Finite-Elemente-Verfahren ist demnach die Erfassung der geometrischen Randbedingungen mit Lagrangeschen Multiplikatoren nicht sinnvoll, sie vermittelt aber sehr elegant den Zusammenhang zwischen den unterschiedlichen Gleichungssystemen.

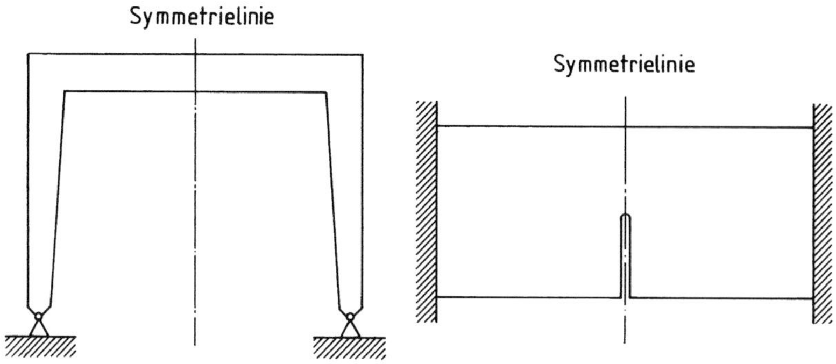

Bild 14.8. Ebener Rahmen (**a**) und Kerbscheibe (**b**) mit einer Symmetrielinie

14.3 Ausnutzung von Symmetrieeigenschaften

Die Ausnutzung von Symmetrieeigenschaften bei der Berechnung von Tragwerken ermöglicht eine zum Teil drastische Verringerung des Speicherplatzbedarfes und des Rechenzeitaufwandes. Die *Struktursymmetrie* ist hierbei eine notwendige Voraussetzung. Die *Symmetrie* bzw. *Antimetrie der Belastung* lässt sich immer erreichen, sofern eine Superposition der Zustandsgrößen zulässig ist.

14.3.1 Struktursymmetrie

Ein räumliches Tragwerk ist *struktursymmetrisch*, wenn bei Spiegelung an einer Ebene, der Symmetrieebene, ein Teil des Tragwerks mit allen geometrischen und physikalischen Eigenschaften in das dazu struktursymmetrischen Tragwerksteil übergeht. Bei ebenen Tragwerken tritt an die Stelle der Symmetrieebene die Symmetrielinie.

Zu den geometrischen Eigenschaften zählen neben der Tragwerksform alle geometrischen Rand- und Übergangsbedingungen (z. B. Gelenke). Zu den physikalischen Eigenschaften gehören die Steifigkeiten, die Anfangsschnittkräfte (siehe Abschnitt 10.6.3) sowie bei dynamischen Problemen Massenbelegungen und Dämpfungseigenschaften.

Bild 14.8 zeigt ein symmetrisches, ebenes Rahmentragwerk und ein symmetrisches Scheibentragwerk.

14.3.2 Symmetrische und antimetrische Belastung

Eine Belastung ist *symmetrisch*, wenn alle die Belastung charakterisierenden Kraftpfeile bei Spiegelung an der Symmetrieebene in den jeweils symmetrischen Belastungsanteil übergehen. Die gleiche Aussage gilt im Fall einer Verschiebungsbeanspruchung für die Verschiebungspfeile. Eine Belastung ist bezüglich einer Ebene *antimetrisch*, wenn sämtliche Kraftpfeile, die die Belastung symbolisieren, bei Spiegelung an dieser Ebene und zusätzlicher Umkehr der Kraftpfeile in den jeweils antimetrischen Belastungsanteil übergehen. Momentenpfeile sind für die Spiegelung gedanklich durch Kräftepaare zu ersetzen!

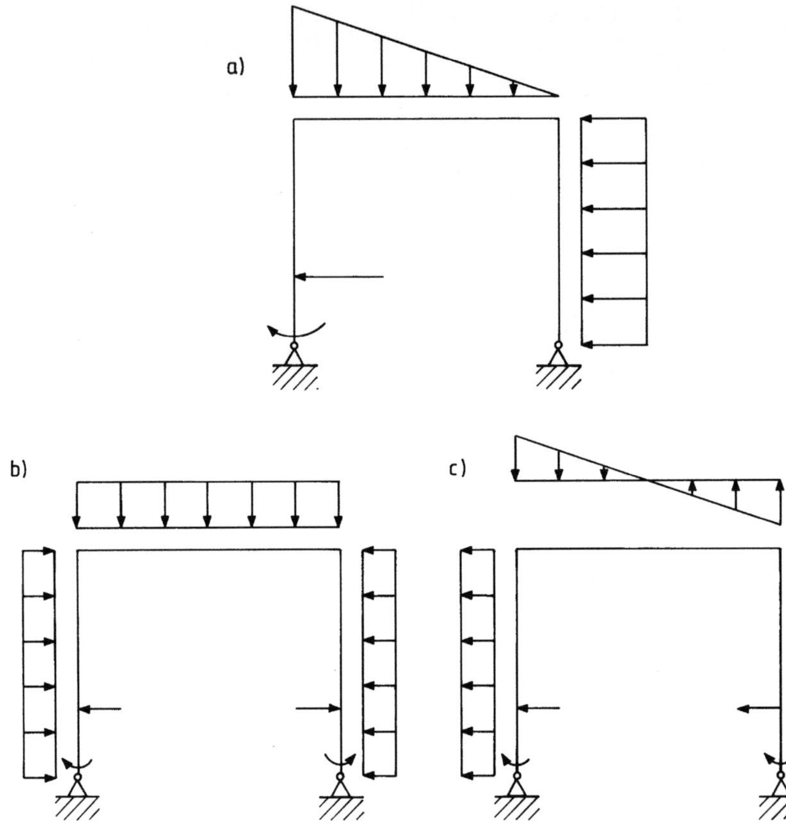

Bild 14.9. Rahmen unter allgemeiner Belastung (**a**), Zerlegung der Last in einen symmetrischen (**b**) und einen antimetrischen Anteil (**c**)

Eine *allgemeine* Belastung kann in einen symmetrischen und einen antimetrischen Anteil zerlegt werden. Den symmetrischen Anteil erhält man, indem man die Belastung mit der an der Symmetrieebene gespiegelten Belastung zusammenfasst und halbiert. Der antimetrische Anteil ergibt sich, wenn man die Belastung und die an der Symmetrieebene gespiegelte, in entgegengesetzter Richtung wirkende Belastung superponiert und halbiert. Beide Anteile zusammengefasst müssen natürlich wieder die ursprüngliche Belastung ergeben.

In Bild 14.9 ist zu einer allgemeinen Belastung eines Rahmentragwerks die Aufteilung in einen symmetrischen und einen antimetrischen Belastungsanteil angegeben.

14.3.3 Behandlung einer Teilstruktur

Ist bei einem struktursymmetrischen Tragwerk die Belastung symmetrisch oder antimetrisch, dann sind auch der Verschiebungs- und der Schnittkraftzustand symmetrisch bzw. antimetrisch. In Bild 14.10 sind ein symmetrischer und antimetrischer Verschiebungszustand eines Scheibentragwerks dargestellt, bei denen zur Verdeut-

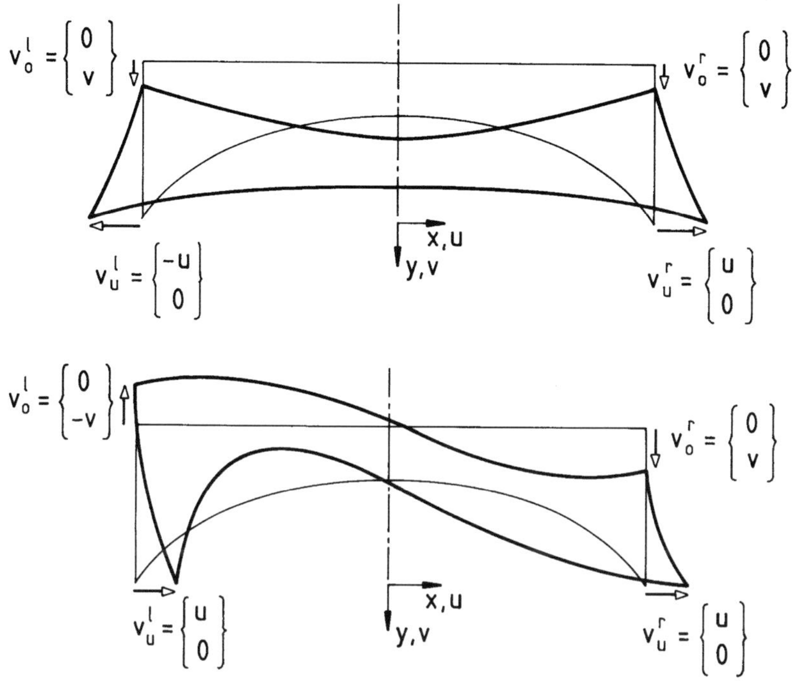

Bild 14.10. Verschiebungszustand einer Scheibe bei symmetrischer (oben) und antimetrischer Belastung (unten)

lichung der Symmetrieeigenschaften die Verschiebungsvektoren $\boldsymbol{v}$ der Eckpunkte eingezeichnet wurden. Die Symmetrie bzw. Antimetrie der zugehörigen Schnittkraftzustände erkennt man am besten, wenn man die Hauptschnittkräfte darstellt (Bild 14.11). Der dafür benötigte Zusammenhang zwischen den Schnittkräften n_{x}, n_{y}, n_{xy} und den Hauptschnittkräften n_{I}, n_{II} sowie dem Winkel φ zwischen der n_{I}-Richtung und der x-Achse lautet:

$$n_{\mathrm{I,II}} = \frac{1}{2}\left\{n_{\mathrm{x}} + n_{\mathrm{y}} \pm \sqrt{(n_{\mathrm{x}} - n_{\mathrm{y}})^2 + 4\,n_{\mathrm{xy}}^2}\right\}, \tag{14.56a}$$

$$\varphi = \frac{1}{2}\,\arctan\frac{2\,n_{\mathrm{xy}}}{n_{\mathrm{x}} - n_{\mathrm{y}}}\,. \tag{14.56b}$$

In Tabelle 14.1 sind für eine zur y-Achse struktursymmetrische Scheibe die Eigenschaften zusammengefasst, die sich für die Verschiebungen u und v und die exakten Schnittkräfte n_{x}, n_{y} und n_{xy} bei symmetrischer und antimetrischer Belastung ergeben. Daraus ergibt sich auch, welche Verschiebungen und Schnittkräfte auf der Symmetrieachse verschwinden. Mit Hilfe von Tabelle 14.1 kann man sich auf die Untersuchung einer Tragwerkshälfte beschränken. Dabei werden die Bedingungen auf der Symmetrielinie (Spalte 2 bzw. 4) als Randbedingungen eingeführt. Bei einer Finite-Elemente-Rechnung auf Grundlage der Deformationsmethode können natürlich nur die Verschiebungsrandbedingungen vorgegeben werden. Die Schnittkraftrandbedingungen auf der Symmetrielinie werden nur im Mittel eingehalten. Das bedeutet: Für die Schnittkräfte gelten in jedem Fall die allgemeinen Bedin-

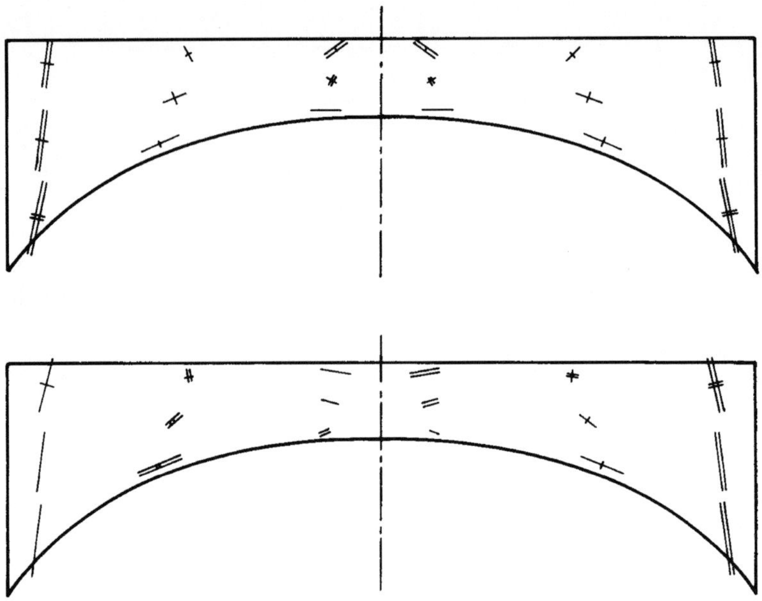

Bild 14.11. Hauptschnittkraftzustand einer Scheibe bei symmetrischer (oben) und antimetrischer Belastung (unten) (negative Hauptschnittkräfte sind durch Doppelstriche gekennzeichnet)

gungen, die Bedingungen auf der Symmetrielinie brauchen aber nicht erfüllt zu sein.

Hinsichtlich einer Finite-Elemente-Rechnung sind in Tabelle 14.2 für dreidimensionale Kontinua die geometrischen Randbedingungen in der Symmetrieebene bei symmetrischer und antimetrischer Belastung zusammengestellt. Die n-Richtung steht senkrecht auf der Ebene der Struktursymmetrie, die s- und t-Achse liegen in der Symmetrieebene. Daraus lassen sich auch die Verschiebungsrandbedingungen

Tabelle 14.1. Symmetrieeigenschaften einer zur y-Achse struktursymmetrischen Scheibe bei symmetrischer und antimetrischer Belastung

symmetrischer Lastfall		antimetrischer Lastfall	
allgemeine Bedingung	Bedingung auf Symmetrielinie	allgemeine Bedingung	Bedingung auf Symmetrielinie
$u(x,y) = -u(-x,y)$	$u(0,y) = 0$	$u(x,y) = u(-x,y)$	
$v(x,y) = v(-x,y)$		$v(x,y) = -v(-x,y)$	$v(0,y) = 0$
$n_{\mathrm{x}}(x,y) = n_{\mathrm{x}}(-x,y)$		$n_{\mathrm{x}}(x,y) = -n_{\mathrm{x}}(-x,y)$	$n_{\mathrm{x}}(0,y) = 0$
$n_{\mathrm{y}}(x,y) = n_{\mathrm{y}}(-x,y)$		$n_{\mathrm{y}}(x,y) = -n_{\mathrm{y}}(-x,y)$	
$n_{\mathrm{xy}}(x,y) = -n_{\mathrm{xy}}(-x,y)$	$n_{\mathrm{xy}}(0,y) = 0$	$n_{\mathrm{xy}}(x,y) = n_{\mathrm{xy}}(-x,y)$	

Tabelle 14.2. Geometrische Randbedingungen in der Symmetrieebene bei symmetrischer und antimetrischer Belastung

	Koordinatensysteme Freiheitsgrade	symmetrische Belastung	antimetrische Belastung
dreidimen-sionales Kontinuum	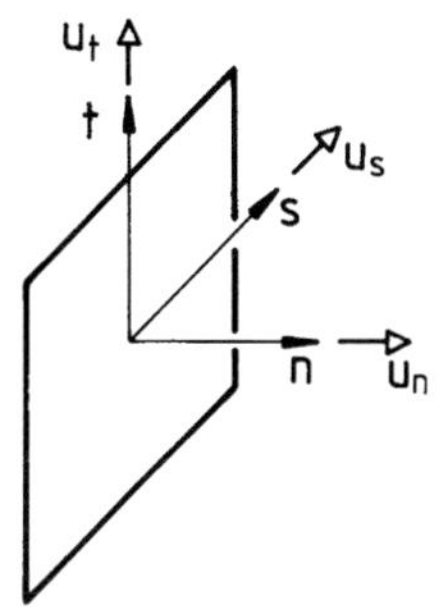	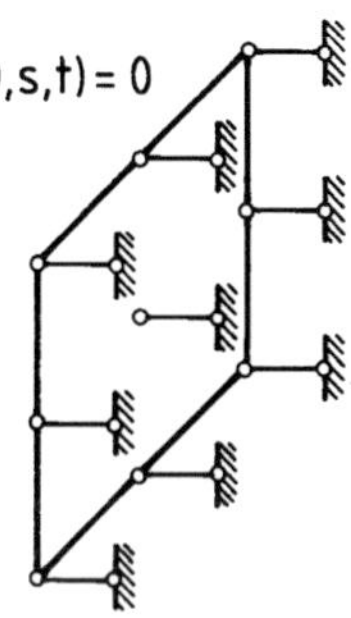 $u_n(0,s,t)=0$	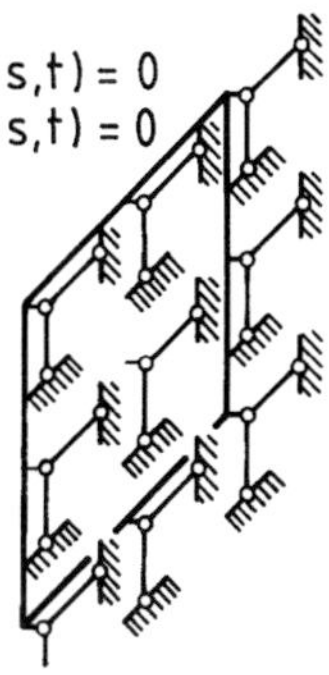 $u_s(0,s,t)=0$ $u_t(0,s,t)=0$
Scheiben-tragwerk	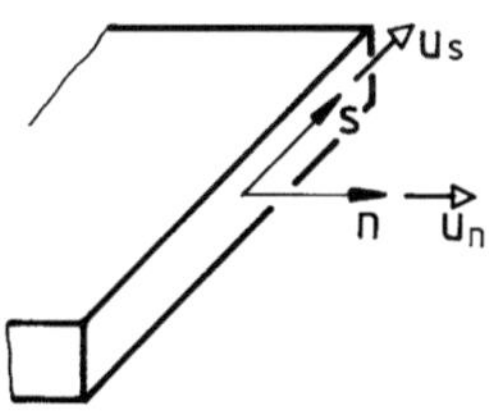	$u_n(0,s)=0$ 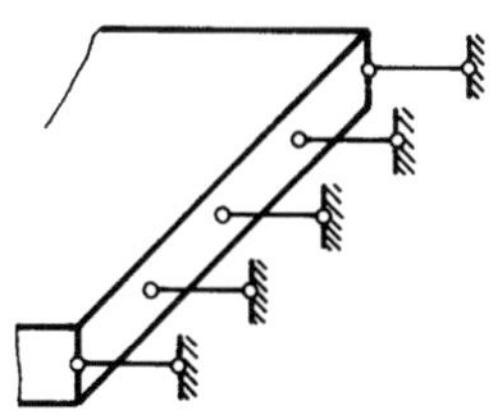	$u_s(0,s)=0$ 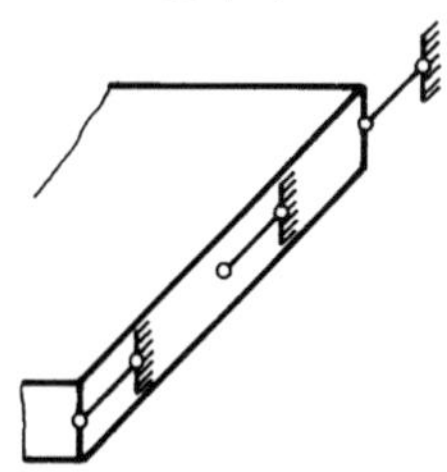
Rahmen-tragwerk	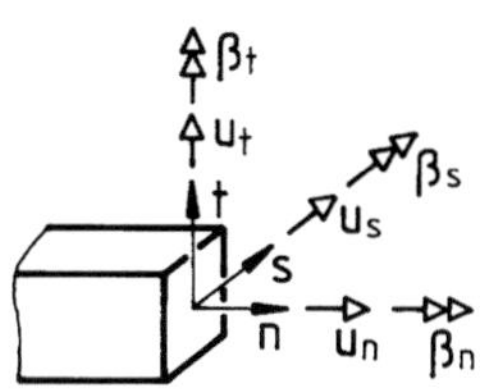	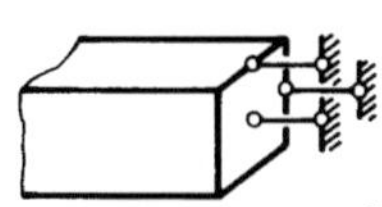 $u_n=0$ $\beta_s=0$ $\beta_t=0$	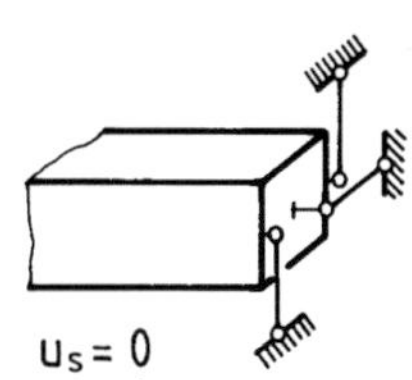 $u_s=0$ $u_t=0$ $\beta_n=0$

für andere Tragwerke ableiten. Beispielhaft ist das für Scheiben und räumliche Rahmentragwerke geschehen.

Im Fall einer allgemeinen Belastung muss die Berechnung für den symmetrischen Belastungsanteil am halben Tragwerk mit den Symmetrierandbedingungen durchgeführt werden, während für die Berechnung des antimetrischen Lastfalls das halbe Tragwerk mit den Antimetrierandbedingungen verwendet werden muss. Die Ergebnisse der beiden Rechnungen können (Linearität vorausgesetzt!) anschließend zur Gesamtlösung superponiert werden. In Bild 14.12 sind für das Rahmentragwerk aus Bild 14.9 Teilstruktur und Belastung für die Berechnung des symmetrischen und antimetrischen Lastfalls wiedergegeben.

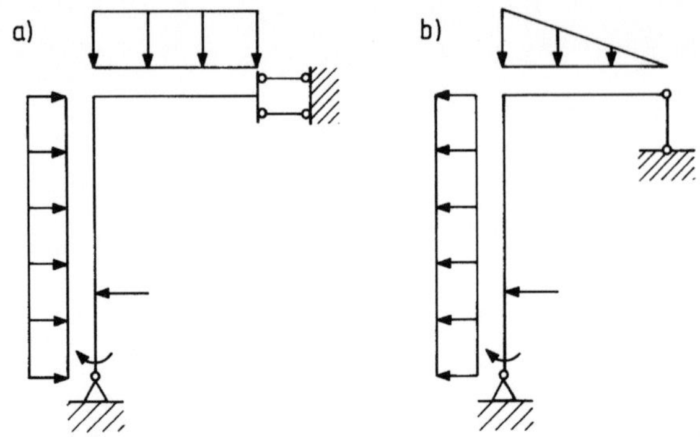

Bild 14.12. Halbes Rahmentragwerk. **a** Symmetrischer Belastungsanteil mit Symmetrierandbedingungen, **b** antimetrischer Belastungsanteil mit Antimetrierandbedingungen

Bei einer Finite-Elemente-Rechnung hat das halbe Tragwerk auch etwa nur halb so viele Unbekannte wie das Gesamtsystem. Während man in jedem Fall weniger Speicherplätze benötigt, ist bei Durchführung von zwei Rechnungen (symmetrischer und antimetrischer Lastfall) eine Rechenzeiteinsparung nur dann gegeben, wenn sich beim halben System eine kleinere Bandbreite als beim vollen System ergibt (siehe Gl. (5.13)).

14.3.4 Mehrfachsymmetrie

Besonders groß sind die Einsparungen an Rechenzeit und Speicherplatz bei Tragwerken mit Mehrfachsymmetrie. In den üblichen Finite-Elemente-Programmen lässt sich die Mehrfachsymmetrie nur dann ausnutzen, wenn die Symmetrieebenen parallel zueinander oder aufeinander senkrecht stehen.

In Bild 14.13 ist eine auf Biegung beanspruchte Kerbscheibe dargestellt, die zwei zueinander senkrechte Struktursymmetrielinien besitzt. Die Belastung ist bezüglich einer der beiden Symmetrielinien symmetrisch, bezüglich der anderen antimetrisch. Bei Ausnutzung der Doppelsymmetrie braucht für die Berechnung nur ein Viertel der Scheibe betrachtet zu werden (Bild 14.13b). Außer den Symmetrie- und Antimetrierandbedingungen wurde zur Verhinderung von Starrkörperverschiebungen im Koordinatenursprung noch eine zusätzliche Fesselung in y-Richtung eingeführt.

Bei regulär aufgebauten, bis ins Unendliche erstreckten Strukturen kann die Symmetrieausnutzung voll zur Geltung kommen. Dies wollen wir an einem Beispiel illustrieren.

Für den Wabenträger von Bild 14.14 soll eine mittlere Biegesteifigkeit ermittelt werden, es soll also festgestellt werden, wie groß die Ersatzbiegesteifigkeit eines in x-Richtung homogenen, ungelochten Trägers ist. Die Schnittlinien I-I und I′-I′ sind, von einer Starrkörperdrehung abgesehen, bei der Untersuchung des Lastfalls Biegung Symmetrieränder. Die Berechnung kann sich auf den schraffierten Bereich beschränken.

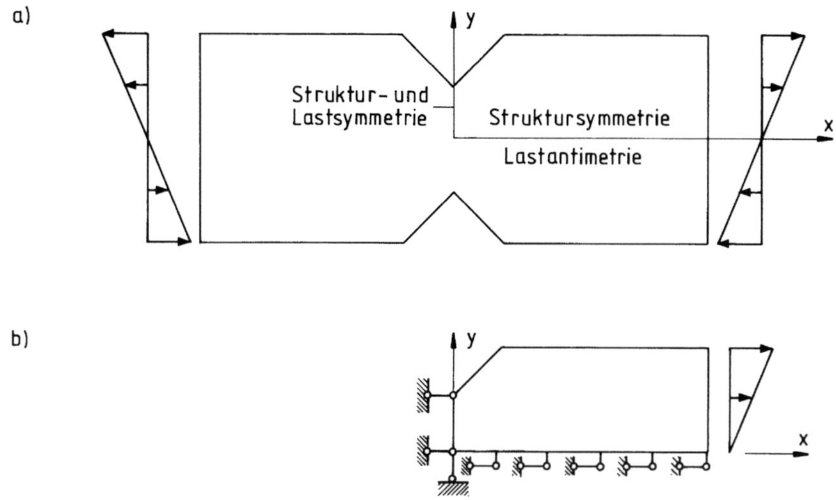

Bild 14.13. Kerbscheibe unter Biegebeanspruchung (**a**), Viertelscheibe mit Symmetrie- und Antimetrierandbedingungen (**b**)

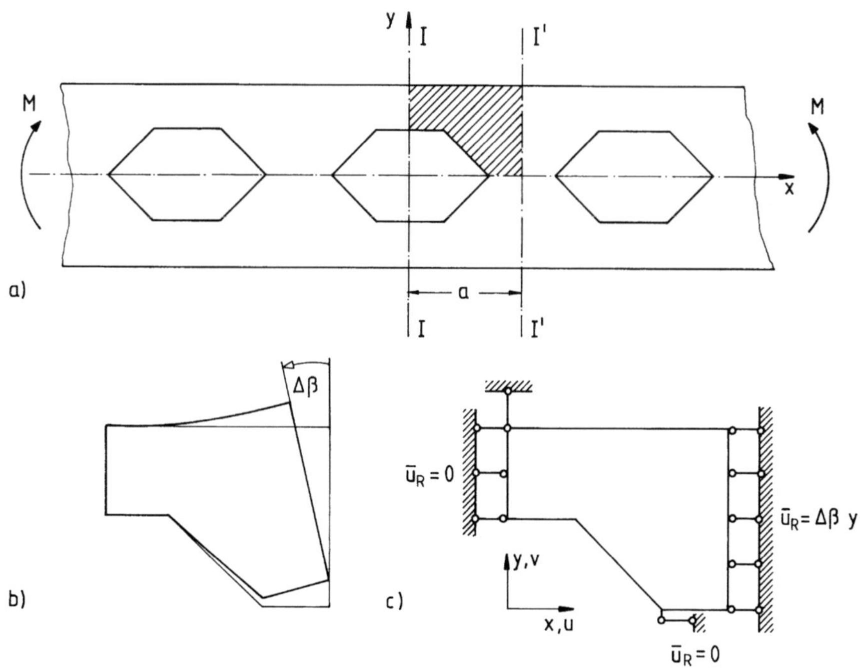

Bild 14.14. Wabenträger unter Biegebeanspruchung (**a**), Ausschnitt im unverschobenen und im verschobenen Zustand (**b**), Symmetrie- und Antimetrierandbedingungen mit Verschiebungsvorgaben und Starrkörperfessel (**c**)

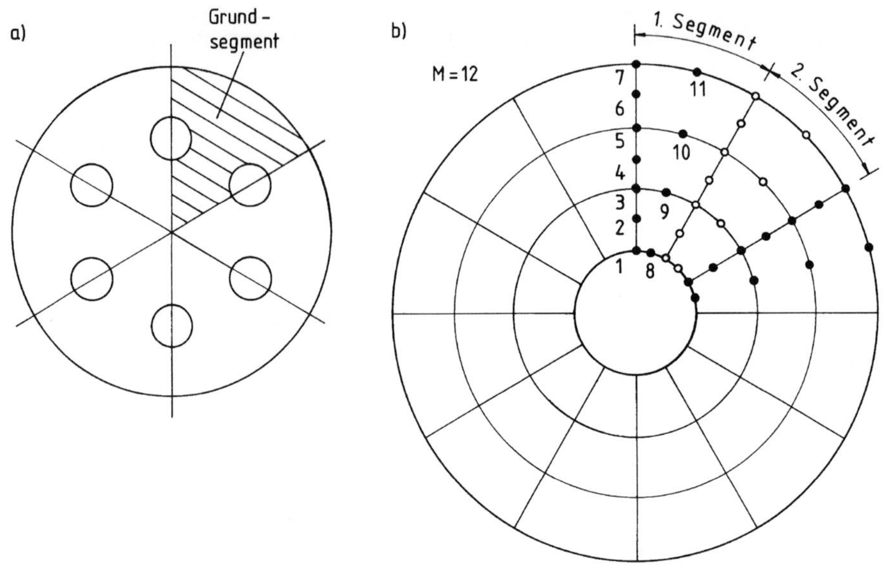

Bild 14.15. Zyklisch rotationssymmetrische Strukturen. **a** Kreisscheibe mit Löchern, **b** Kreisringscheibe

Die Vorgabe von Schnittkräften an den beiden Rändern I-I und I′-I′ ist nicht möglich. Vielmehr müssen die beiden Ränder gegeneinander verdreht werden (Bild 14.14b), und es muss die hierbei im Ausschnitt gespeicherte Formänderungsenergie mit der Formänderungsenergie eines homogenen, ungelochten Ausschnitts verglichen werden. Die an den Rändern einzuführenden Randbedingungen sind in Bild 14.14c angegeben.

14.3.5 Zyklische Rotationssymmetrie

Ein Spezialfall, bei dem ebenfalls eine extreme Symmetrieausnutzung möglich ist, sind zyklisch rotationssymmetrische Strukturen von der Art der regelmäßig gelochten Kreisscheibe aus Bild 14.15a. Im Fall einer rein rotationssymmetrischen Belastung (z. B. Fliehkraftbeanspruchung) sind die beiden geraden Ränder des schraffierten Grundsegmentes Symmetrielinien. Will man sich bei der Berechnung auf dieses Grundsegment beschränken, so müssen die Verschiebungen normal zu diesen beiden Symmetrielinien behindert werden. Da die Systemfreiheitsgrade zumeist in Richtung eines globalen, kartesischen Koordinatensystems eingeführt werden, lassen sich diese Symmetrierandbedingungen nicht durch Nullsetzen von Symmetrieverschiebungen realisieren, so dass bereits im Fall einer rotationssymmetrischen Belastung Programmodifikationen erforderlich werden. Wie eine beliebige Belastung erfasst werden kann, ist nicht unmittelbar zu übersehen.

Zyklisch rotationssymmetrische Strukturen ergeben sich auch, wenn man bei einem vollständig rotationssymmetrischen Tragwerk auf einen Fourier-Ansatz (siehe Kapitel 12) verzichtet und stattdessen isoparametrische Elemente (siehe Abschnitt 7.4.2) für die Diskretisierung verwendet (Bild 14.15b). Wir gehen davon aus, dass die Verschiebungsfreiheitsgrade der Kreisringscheibe in Polarkoordinaten formuliert werden. Die Scheibe wird in ‚Segmente' unterteilt, zu denen jeweils bestimmte Knoten und damit Freiheitsgrade gehören. Die zum ersten Segment gehörenden Knoten sind mit ausgefüllten Kreisen, die zum zweiten Segment gehörenden Knoten mit offenen Kreisen gekennzeichnet. Beziffert man die Knoten segmentweise gleichartig, so ergibt sich eine charakteristische Matrizenbesetzung:

$$\begin{bmatrix} \boldsymbol{A} & \boldsymbol{B} & 0 & 0 & . & . & 0 & 0 & \boldsymbol{B}^{\mathrm{T}} \\ \boldsymbol{B}^{\mathrm{T}} & \boldsymbol{A} & \boldsymbol{B} & 0 & . & . & 0 & 0 & 0 \\ 0 & \boldsymbol{B}^{\mathrm{T}} & \boldsymbol{A} & \boldsymbol{B} & . & . & 0 & 0 & 0 \\ 0 & 0 & \boldsymbol{B}^{\mathrm{T}} & \boldsymbol{A} & . & . & 0 & 0 & 0 \\ . & . & . & . & . & . & . & . & . \\ . & . & . & . & . & . & . & . & . \\ 0 & 0 & 0 & 0 & . & . & \boldsymbol{A} & \boldsymbol{B} & 0 \\ 0 & 0 & 0 & 0 & . & . & \boldsymbol{B}^{\mathrm{T}} & \boldsymbol{A} & \boldsymbol{B} \\ \boldsymbol{B} & 0 & 0 & 0 & . & . & 0 & \boldsymbol{B}^{\mathrm{T}} & \boldsymbol{A} \end{bmatrix} \begin{Bmatrix} \boldsymbol{u}_1 \\ \boldsymbol{u}_2 \\ \boldsymbol{u}_3 \\ \boldsymbol{u}_4 \\ . \\ . \\ \boldsymbol{u}_{\mathrm{M}-2} \\ \boldsymbol{u}_{\mathrm{M}-1} \\ \boldsymbol{u}_{\mathrm{M}} \end{Bmatrix} = \begin{Bmatrix} \boldsymbol{p}_1 \\ \boldsymbol{p}_2 \\ \boldsymbol{p}_3 \\ \boldsymbol{p}_4 \\ . \\ . \\ \boldsymbol{p}_{\mathrm{M}-2} \\ \boldsymbol{p}_{\mathrm{M}-1} \\ \boldsymbol{p}_{\mathrm{M}} \end{Bmatrix} .$$

Das Gleichungssystem lässt sich auch knapper formulieren:

$$\boldsymbol{B}^{\mathrm{T}}\,\boldsymbol{u}_{\mathrm{k}-1} + \boldsymbol{A}\,\boldsymbol{u}_{\mathrm{k}} + \boldsymbol{B}\,\boldsymbol{u}_{\mathrm{k}+1} = \boldsymbol{p}_{\mathrm{k}}\,, \quad 1 \leqslant k \leqslant M \tag{14.57}$$

$$\text{mit } \boldsymbol{u}_0 \mathrel{\hat{=}} \boldsymbol{u}_{\mathrm{M}}\,, \quad \boldsymbol{u}_{\mathrm{M}+1} \mathrel{\hat{=}} \boldsymbol{u}_1\,.$$

Bei der Kreisringscheibe aus Bild 14.15b beträgt beispielsweise die Segmentanzahl $M = 12$. Die Submatrizen $\boldsymbol{A}$ und $\boldsymbol{B}$ haben die Abmessungen 22×22, das Gesamtgleichungssystem hat demnach 264 Unbekannte.

Man hat den Verdacht, dass es möglich sein müsste, das Systemverhalten bei Beschränkung auf ein Grundsegment bereits vollständig zu erfassen. Wir werden sehen, dass dies in der Tat gelingt.

Um die Ausgangsgleichung (14.57) in ein Gleichungssystem überführen zu können, in dem als Unbekannte nur noch die Verschiebungen des Grundsegmentes auftauchen, verwenden wir eine Reihe von Eigenschaften der komplexen M-ten Einheitswurzeln ε_{m} (siehe beispielsweise [14.21]), die man sich am Bild 14.16 klarmachen kann:

$$\varepsilon_{\mathrm{m}}^{\mathrm{M}} = 1\,, \tag{14.58}$$

$$\varepsilon_{\mathrm{m}} = \cos\varphi_{\mathrm{m}} + \mathrm{i}\,\sin\varphi_{\mathrm{m}} = \mathrm{e}^{\mathrm{i}\,\varphi_{\mathrm{m}}} \tag{14.59}$$

$$\text{mit } \varphi_{\mathrm{m}} = \frac{2\,\pi\,m}{M}\,,$$

$$\sum_{\mathrm{k}=1}^{\mathrm{M}} \varepsilon_{\mathrm{m}-\mathrm{j}}^{\mathrm{k}} = \delta_{\mathrm{mj}}\,M = \begin{cases} M: & m = j \\ 0: & m \neq j \end{cases}\,, \quad 1 \leqslant j, m \leqslant M\,, \tag{14.60}$$

$$\varepsilon_{\mathrm{m}}\,\varepsilon_{\mathrm{j}} = \varepsilon_{\mathrm{m}+\mathrm{j}}\,. \tag{14.61}$$

Mit ε_{m} ist stets auch die konjugiert komplexe Größe $\bar{\varepsilon}_{\mathrm{m}}$,

$$\bar{\varepsilon}_{\mathrm{m}} = \cos\varphi_{\mathrm{m}} - \mathrm{i}\,\sin\varphi_{\mathrm{m}} = \mathrm{e}^{-\mathrm{i}\,\varphi_{\mathrm{m}}}\,, \tag{14.62}$$

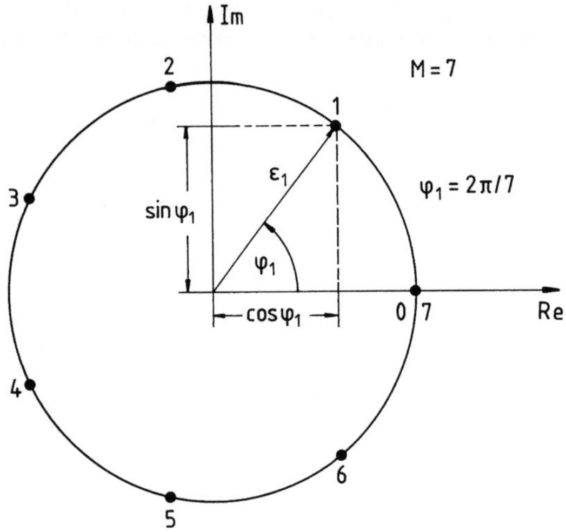

Bild 14.16. Zur Interpretation der Einheitswurzeln in der komplexen Zahlenebene (Im: Imaginärteil, Re: Realteil)

eine Einheitswurzel, für die gilt

$$\varepsilon_\mathrm{m}\,\bar{\varepsilon}_\mathrm{m} = 1\,, \tag{14.63}$$

$$\varepsilon_\mathrm{m}\,\bar{\varepsilon}_\mathrm{j} = \varepsilon_\mathrm{m-j}\,. \tag{14.64}$$

Die Segmentverschiebungsvektoren $\boldsymbol{u}_\mathrm{k}$ lassen sich eindeutig durch M Vektoren $\boldsymbol{y}_\mathrm{m}$, die noch mit k-ten Potenzen der Einheitswurzeln multipliziert werden, ausdrücken:

$$\boldsymbol{u}_\mathrm{k} = \sum_{\mathrm{m}=1}^{\mathrm{M}} \varepsilon_\mathrm{m}^\mathrm{k}\,\boldsymbol{y}_\mathrm{m}\,, \qquad 1 \leqslant k \leqslant M\,. \tag{14.65}$$

Mit diesem Ansatz lässt sich das Gleichungssystem (14.57) bei Verwendung der Eigenschaften (14.61) und (14.64) umformen:

$$\sum_{\mathrm{m}=1}^{\mathrm{M}} \varepsilon_\mathrm{m}^\mathrm{k}\left[\bar{\varepsilon}_\mathrm{m}\,\boldsymbol{B}^\mathrm{T} + \boldsymbol{A} + \varepsilon_\mathrm{m}\,\boldsymbol{B}\right]\boldsymbol{y}_\mathrm{m} = \boldsymbol{p}_\mathrm{k}\,, \quad 1 \leqslant k \leqslant M\,. \tag{14.66}$$

Die erste Gleichung ($k = 1$) wird nun mit $\bar{\varepsilon}_\mathrm{j}^1$, die zweite mit $\bar{\varepsilon}_\mathrm{j}^2$ multipliziert, usw., anschließend werden alle Gleichungen addiert:

$$\sum_{\mathrm{k}=1}^{\mathrm{M}}\sum_{\mathrm{m}=1}^{\mathrm{M}} \bar{\varepsilon}_\mathrm{j}^\mathrm{k}\,\varepsilon_\mathrm{m}^\mathrm{k}\left[\bar{\varepsilon}_\mathrm{m}\,\boldsymbol{B}^\mathrm{T} + \boldsymbol{A} + \varepsilon_\mathrm{m}\,\boldsymbol{B}\right]\boldsymbol{y}_\mathrm{m} = \sum_{\mathrm{k}=1}^{\mathrm{M}} \bar{\varepsilon}_\mathrm{j}^\mathrm{k}\,\boldsymbol{p}_\mathrm{k}\,. \tag{14.67}$$

Bei Verwendung der Gln. (14.64) und (14.60) vereinfacht sich diese Beziehung erheblich, und man erhält als Bestimmungsgleichung für $\boldsymbol{y}_\mathrm{j}$:

$$M\left[\bar{\varepsilon}_\mathrm{j}\,\boldsymbol{B}^\mathrm{T} + \boldsymbol{A} + \varepsilon_\mathrm{j}\,\boldsymbol{B}\right]\boldsymbol{y}_\mathrm{j} = \sum_{\mathrm{k}=1}^{\mathrm{M}} \bar{\varepsilon}_\mathrm{j}^\mathrm{k}\,\boldsymbol{p}_\mathrm{k}\,, \quad 1 \leqslant j \leqslant M\,. \tag{14.68}$$

Mit einem Gleichungslöser für komplexe Matrizen lassen sich die Vektoren $\boldsymbol{y}_\mathrm{j}$ und daraus mit Gl. (14.65) die Segmentverschiebungsvektoren $\boldsymbol{u}_\mathrm{k}$ bestimmen.

Man kann aber auch rein reell rechnen. Wie ε_j und $\bar{\varepsilon}_\mathrm{j}$ (siehe Gl. (14.59) und (14.62)) lassen sich auch die Unbekanntenvektoren $\boldsymbol{y}_\mathrm{j}$ in einen Realteil und einen Imaginärteil aufteilen:

$$\boldsymbol{y}_\mathrm{j} = \boldsymbol{y}_\mathrm{j,Re} + \mathrm{i}\; \boldsymbol{y}_\mathrm{j,Im}\,. \tag{14.69}$$

Damit kann Gl. (14.68) in ein doppelt so großes, rein reelles Gleichungssystem überführt werden:

$$\begin{bmatrix} \boldsymbol{A} + \cos\varphi_\mathrm{j}\,(\boldsymbol{B}^\mathrm{T} + \boldsymbol{B}) & \sin\varphi_\mathrm{j}\,(\boldsymbol{B}^\mathrm{T} - \boldsymbol{B}) \\ \sin\varphi_\mathrm{j}\,(\boldsymbol{B}^\mathrm{T} - \boldsymbol{B})^\mathrm{T} & \boldsymbol{A} + \cos\varphi_\mathrm{j}\,(\boldsymbol{B}^\mathrm{T} + \boldsymbol{B}) \end{bmatrix} \begin{Bmatrix} \boldsymbol{y}_\mathrm{j,Re} \\ \boldsymbol{y}_\mathrm{j,Im} \end{Bmatrix}$$

$$= \frac{1}{M} \sum_{\mathrm{k=1}}^{\mathrm{M}} \begin{Bmatrix} \cos(k\,\varphi_\mathrm{j})\,\boldsymbol{p}_\mathrm{k} \\ -\sin(k\,\varphi)\,\boldsymbol{p}_\mathrm{k} \end{Bmatrix} \tag{14.70}$$

$$\text{mit } \varphi_\mathrm{j} = \frac{2\,\pi\,j}{M}\,.$$

Gl. (14.70) umfasst M Gleichungssysteme zur Bestimmung der M Unbekanntenvektoren $\boldsymbol{y}_\mathrm{j}$. Es müssen aber nicht alle Gleichungssysteme explizit gelöst werden. Da $\varphi_\mathrm{M-j} = -\varphi_\mathrm{j}$ ist (siehe Bild 14.16), gilt

$$\boldsymbol{y}_\mathrm{M-j,Re} = \boldsymbol{y}_\mathrm{j,Re}\,, \tag{14.71a}$$

$$\boldsymbol{y}_\mathrm{M-j,Im} = -\boldsymbol{y}_\mathrm{j,Im}\,. \tag{14.71b}$$

Für $j = M$ bzw. $\varphi_\mathrm{M} = 0$ entkoppelt sich das Gleichungssystem, und es ergibt sich

$$\left[\boldsymbol{A} + (\boldsymbol{B}^\mathrm{T} + \boldsymbol{B})\right] \boldsymbol{y}_\mathrm{M,Re} = \frac{1}{M} \sum_{\mathrm{k=1}}^{\mathrm{M}} \boldsymbol{p}_\mathrm{k}\,, \tag{14.72a}$$

$$\boldsymbol{y}_\mathrm{M,Im} = \boldsymbol{0}\,.$$

Ebenso entkoppelt sich das Gleichungssystem bei gerader Segmentanzahl M für $j = M/2$. Dann ist $\varphi_\mathrm{M}/2 = \pi$, und man erhält

$$\left[\boldsymbol{A} - (\boldsymbol{B}^\mathrm{T} + \boldsymbol{B})\right] \boldsymbol{y}_\mathrm{M/2,Re} = \frac{1}{M} \sum_{\mathrm{k=1}}^{\mathrm{M}} (-1)^\mathrm{k}\,\boldsymbol{p}_\mathrm{k}\,, \tag{14.72b}$$

$$\boldsymbol{y}_\mathrm{M,Im} = \boldsymbol{0}\,. \tag{14.72c}$$

Nach Auswertung der Gln. (14.70) bis (14.72) lassen sich die gesuchten Segmentverschiebungsvektoren $\boldsymbol{u}_\mathrm{k}$, die natürlich rein reell sind, berechnen:

M gerade:

$$\boldsymbol{u}_\mathrm{k} = \boldsymbol{y}_\mathrm{M,Re} + \boldsymbol{y}_\mathrm{M/2,Re} + \sum_{\mathrm{m=1}}^{\mathrm{(M-2)/2}} 2\left[\cos(k\,\varphi_\mathrm{m})\,\boldsymbol{y}_\mathrm{m,Re} - \sin(k\,\varphi_\mathrm{m})\,\boldsymbol{y}_\mathrm{m,Im}\right], \tag{14.73a}$$

M ungerade:

$$\boldsymbol{u}_{\mathrm{k}} = \boldsymbol{y}_{\mathrm{M,Re}} + \sum_{\mathrm{m}=1}^{(\mathrm{M}-1)/2} 2\left[\cos(k\,\varphi_{\mathrm{m}})\,\boldsymbol{y}_{\mathrm{m,Re}} - \sin(k\,\varphi_{\mathrm{m}})\,\boldsymbol{y}_{\mathrm{m,Im}}\right] . \tag{14.73b}$$

Bei der Kreisringscheibe aus Bild 14.15b müssen auf diese Weise statt eines Gleichungssystems mit 264 Unbekannten fünf Gleichungssysteme mit 44 Unbekannten und zwei Gleichungssysteme mit 22 Unbekannten gelöst werden. Gegenüber einem Blockeliminationsverfahren (siehe Abschnitt 5.5), das die spezielle Besetzung der Matrix aus Gl. (14.57) ausnutzt, beträgt der Rechenzeitgewinn des beschriebenen Verfahrens im Fall der Kreisringscheibe über 75%.

Besonders elegant lässt sich bei zyklisch rotationssymmetrischen Strukturen die Eigenwertberechnung durchführen (Aufgabe 14.9).

14.4 Übungsaufgaben

Aufgabe 14.1. Anwendung der Greenschen Formel

Beweise mit Hilfe der Greenschen Formel (14.2) die Beziehung (14.4)!

Aufgabe 14.2. Integralsatz für die schubweiche Platte

In Abschnitt 14.1.3 wurde der Integralsatz für die Scheibe bewiesen.

- Beweise in entsprechender Weise den Integralsatz für die schubweiche, isotrope Platte!
- Welche Voraussetzungen müssen für die Anwendung des Integralsatzes erfüllte sein?
- Bei einem elementierten Tragwerk sind die Schnittkraftverläufe an den Elementgrenzen unstetig. Ist die Anwendung des Integralsatzes trotzdem zulässig?

Aufgabe 14.3. Eulersche Differentialgleichung

Wie lautet die Eulersche Differentialgleichung zu dem Funktional $J(u)$ von Gl. (14.23)?

Aufgabe 14.4. Eulersche Differentialgleichung zum Funktional der stationären Wärmeleitung

In Gl. (14.20) wurde das Funktional für die stationäre Wärmeleitungsaufgabe angegeben.

- Leite die zugehörige Eulersche Differentialgleichung ab und gib die natürliche Randbedingung an!
- Zeige, dass $J(T)$ ein Minimum wird!

Aufgabe 14.5. Symmetrieeigenschaften eines räumlichen Rahmentragwerkes

In Tabelle 14.1 sind die Symmetrieeigenschaften der Zustandsgrößen einer Scheibe angegeben. Erstelle eine analoge Tabelle für ein räumliches Rahmentragwerk,

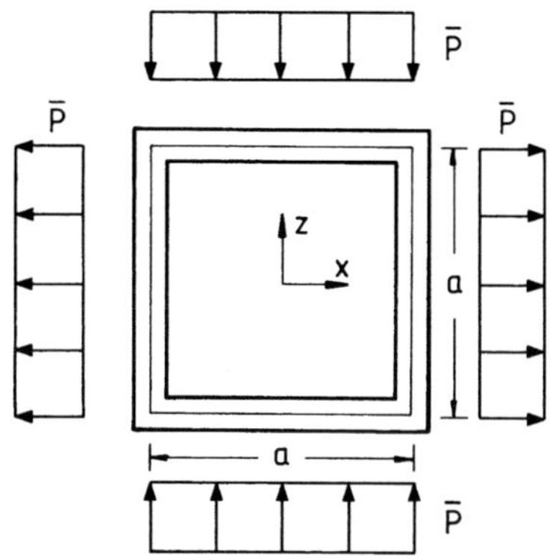

Bild 14.17. Quadratischer, ungelagerter Rahmen unter konstanten Linienlasten

das bezüglich der Ebene $x = 0$ struktursymmetrisch ist! Die Verschiebungen und Schnittkräfte eines räumlichen Stabes sind in Bild 2.18 dargestellt.

Aufgabe 14.6. Rechenzeiteinsparung bei Symmetrieausnutzung

Die in Abschnitt 4.1.9 behandelte Kragscheibe (Bild 4.21) ist bezüglich der Linie $y = h/2$ struktursymmetrisch.

- Wie lässt sich bei der vorhandenen Belastung die Symmetrie ausnutzen?
- Wie lauten die geometrischen Randbedingungen auf der Symmetrielinie? Müssen zusätzlich noch Starrkörperverschiebungen behindert werden?
- Wie groß ist die Rechenzeiteinsparung, wenn man statt einer 16×8-Elementierung des ganzen Systems (siehe Bild 4.22) unter Ausnutzung der Symmetrie eine entsprechend feine 16×4-Elementierung des halben Systems verwendet?

Aufgabe 14.7. Mehrfachsymmetrie bei einem Rahmentragwerk

In Bild 14.17 ist ein dreifach statisch unbestimmter Rahmen dargestellt. Durch Ausnutzung der Mehrfachsymmetrie können die Schnittkräfte N, Q, M an einem statisch bestimmten Teilsystem ermittelt werden. Gib die Schnittkraftverläufe N, Q, M im Teilsystem und im gesamten System an!

Aufgabe 14.8. Ausnutzung von Symmetrie- und Antimetriebedingungen

Die in Bild 14.18 dargestellten Scheibenstrukturen besitzen eine oder mehrere Symmetrielinien. Es ist anzugeben, welcher Ausschnitt für eine Finite-Elemente-Rechnung herangezogen werden kann, welche geometrischen Randbedingungen auf den Symmetrielinien eingeführt werden müssen und ob Zusatzfesseln zur Verhinderung von Starrkörperverschiebungen erforderlich sind. Die gewählten Diskretisierungen (einfache Dreieck- und Rechteckelemente) dienen nur der Illustration, sie gestatten in der Regel noch keine ausreichend genaue Berechnung.

Bei den beiden Beispielen aus Bild 14.18a und 14.18b sind die Randbelastungen gegeben, gesucht sind die Beanspruchungen in der Scheibe.

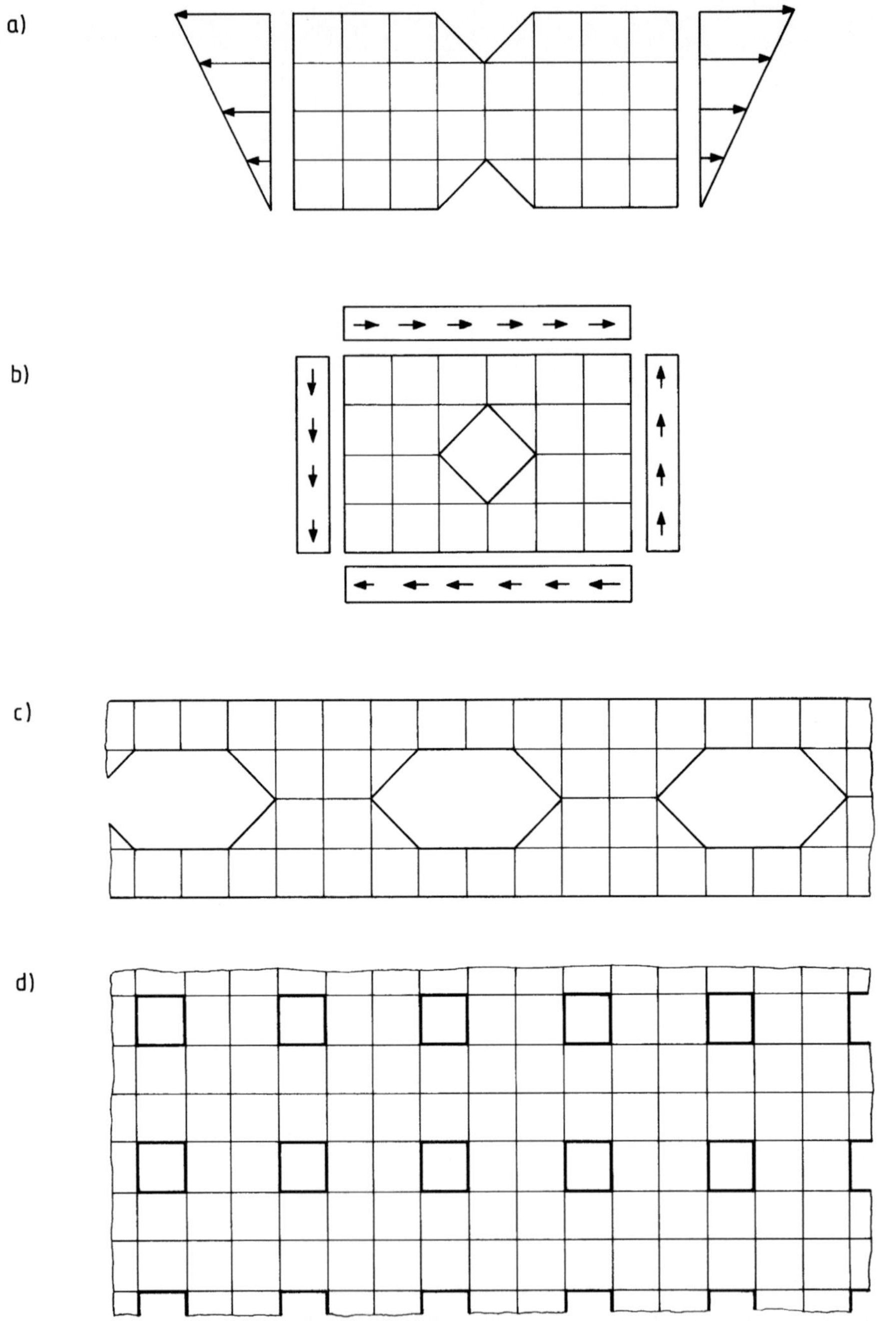

Bild 14.18. Symmetrische Scheibenstrukturen. **a** Kerbscheibe unter linear veränderlichen Randlasten, **b** Lochscheibe unter allseitiger Schubbeanspruchung, **c** unendlich langer Wabenträger, **d** unendlich ausgedehnte Lochscheibe

Für den Wabenträger von Bild 14.18c soll eine mittlere Dehnsteifigkeit und für die Lochscheibe aus 14.18d soll eine mittlere Schubsteifigkeit bestimmt werden. Beschreibe die Berechnungsabläufe!

Aufgabe 14.9. Eigenschwingungsberechnung bei zyklisch rotationssymmetrischen Strukturen

Für die zyklisch rotationssymmetrischen Strukturen aus Bild 14.15 wurde nur der Fall statischer Beanspruchung betrachtet. Wie hat man im Fall einer Eigenschwingungsberechnung vorzugehen, bei der neben der Steifigkeitsmatrix noch eine Massenmatrix auftritt? Die ursprüngliche Eigenwertaufgabe lautet

$$[\boldsymbol{S} - \omega^2 \, \boldsymbol{M}] \, \boldsymbol{u} = \boldsymbol{0} \, ,$$

wobei die Massenmatrix ähnlich wie die Steifigkeitsmatrix aufgebaut ist (siehe Abschnitt 14.3):

$$\boldsymbol{M} = \begin{bmatrix} \boldsymbol{C} & \boldsymbol{D} & \boldsymbol{0} & \boldsymbol{0} & . & . & \boldsymbol{0} & \boldsymbol{0} & \boldsymbol{D}^{\mathrm{T}} \\ \boldsymbol{D}^{\mathrm{T}} & \boldsymbol{C} & \boldsymbol{D} & \boldsymbol{0} & . & . & \boldsymbol{0} & \boldsymbol{0} & \boldsymbol{0} \\ \boldsymbol{0} & \boldsymbol{D}^{\mathrm{T}} & \boldsymbol{C} & \boldsymbol{D} & . & . & \boldsymbol{0} & \boldsymbol{0} & \boldsymbol{0} \\ \boldsymbol{0} & \boldsymbol{0} & \boldsymbol{D}^{\mathrm{T}} & \boldsymbol{C} & . & . & \boldsymbol{0} & \boldsymbol{0} & \boldsymbol{0} \\ . & . & . & . & . & . & . & . & . \\ . & . & . & . & . & . & . & . & . \\ \boldsymbol{0} & \boldsymbol{0} & \boldsymbol{0} & \boldsymbol{0} & . & . & \boldsymbol{C} & \boldsymbol{D} & \boldsymbol{0} \\ \boldsymbol{0} & \boldsymbol{0} & \boldsymbol{0} & \boldsymbol{0} & . & . & \boldsymbol{D}^{\mathrm{T}} & \boldsymbol{C} & \boldsymbol{D} \\ \boldsymbol{D} & \boldsymbol{0} & \boldsymbol{0} & \boldsymbol{0} & . & . & \boldsymbol{0} & \boldsymbol{D}^{\mathrm{T}} & \boldsymbol{C} \end{bmatrix} .$$

- Wie lautet die Eigenwertaufgabe bei Ausnutzung der zyklischen Rotationssymmetrie?
- Wieviele Eigenwerte und Eigenvektoren erhält man?

15 Lösungen der Übungsaufgaben

15.1 Vorbemerkungen

Die nachfolgend formulierten Übungsaufgaben dienen zur Vertiefung der in den jeweiligen Kapiteln behandelten Fragestellungen. In vielen Fällen gehen die Übungsaufgaben über den unmittelbar behandelten Stoff hinaus, so beispielsweise in den Kapitel 2 und 3, wenn Differentialgleichungen und Prinzipformulierungen auch für andere Probleme als für diejenigen angesprochen werden, die in den Kapitel behandelt werden. Der Leser wird ermuntert, nicht sofort die Lösung nachzuschlagen, sondern sich selbst auf den Weg zu machen, auch wenn dieser Weg zunächst etwas steinig erscheint.

In einigen Fällen sind die Lösungen nicht angegeben. Das hat unterschiedliche Gründe. Einer dieser Gründe ist, dass die formulierten Übungsaufgaben (oder Teile davon) von Studenten in der Lehrveranstaltung *Finite Methoden zur Konstruktionsberechnung* an der TU Berlin bearbeitet werden sollen.

15.2 Lösungen zu Kapitel 2

Lösung zu Aufgabe 2.1. Analytische Vergleichslösungen bei Rechteckscheiben

Die Lösungen werden nur für die Fälle a bis c angegeben, da Fall d von Studenten in der Lehrveranstaltung an der TU Berlin bearbeitet wird. Die Lösungen sind in Tabelle 15.1 zusammengestellt.

Lösung zu Aufgabe 2.2. Randbedingungen bei einem Kontaktproblem

Die geometrischen Randbedingungen am Übergang zum Kern lauten

$$u_\mathrm{r}(x_\mathrm{r}, y_\mathrm{r}) = 0\,, \quad w_\mathrm{r}(x_\mathrm{r}, y_\mathrm{r}) = \bar{w}\,.$$

Randbedingungen und Kontrollbedingungen im Kontaktgebiet lassen sich folgendermaßen formulieren, wobei die Bedeutung von $w(x)$ und $p_\mathrm{zr}(x)$ aus Bild 15.1 zu ersehen ist:

$$\bar{f}(x) - w_\mathrm{r}(x) = 0\,, \quad n_\mathrm{xzr} = 0\,, \quad p_\mathrm{zr} = -n_\mathrm{zr} > 0\,.$$

Für die Randbedingungen und die Kontrollbedingungen außerhalb des Kontaktgebietes gelten die Beziehungen

$$\bar{f}(x) - w_\mathrm{r}(x) > 0\,, \quad n_\mathrm{xzr} = 0\,, \quad n_\mathrm{zr} = 0\,.$$

Tabelle 15.1. Analytische Vergleichslösungen für die Rechteckscheibe aus Bild 2.13

	Fall a	Fall b	Fall c
Randbedingungen	$n_{xr1} = \bar{p}_A\,,\; n_{xyr1} = 0$ $n_{yr2} = 0\,,\; n_{xyr2} = 0$	$n_{xr1} = 0\,,\; n_{xyr1} = \bar{p}_B$ $n_{yr2} = 0\,,\; n_{xyr2} = \bar{p}_B$	$n_{xr1} = \frac{2\,y}{b}\,\bar{p}_C$ $n_{xyr1} = 0$ $n_{yr2} = 0\,, n_{xyr2} = 0$
Schnittkraftverläufe	$n_x = \bar{p}_A$ $n_y = 0$ $n_{xy} = 0$	$n_x = 0$ $n_y = 0$ $n_{xy} = \bar{p}_B$	$n_x = \frac{2\,y}{b}\,\bar{p}_C$ $n_y = 0$ $n_{xy} = 0$
Verschiebungszustand	$u = \frac{1}{E\,t}\,\bar{p}_A\,x$ $+a_1 + a_2\,y$ $v = -\frac{\nu}{E\,t}\,\bar{p}_A\,y$ $+a_3 - a_2\,x$	$u = \frac{1+\nu}{E\,t}\bar{p}_B\,y$ $+a_1 + a_2\,y$ $v = \frac{1+\nu}{E\,t}\,\bar{p}_B\,x$ $+a_3 - a_2\,x$	$u = \frac{2\,x\,y}{E\,t\,b}\,\bar{p}_C$ $+a_1 + a_2\,y$ $v = -\frac{\bar{p}_C}{E\,t\,b}(x^2 + \nu y^2)$ $+a_3 - a_2\,x$
Bedeutung der Integrationskonstanten	freie Parameter der beiden Starrkörperverschiebungen a_1, a_3 und der Starrkörperdrehung a_2		
Randbedingungen bei Symmetrieausnutzung	$u(x=0) = 0$ $n_{xy}(x=0) = 0$ $v(y=0) = 0$ $n_{xy}(y=0) = 0$	$v(x=0) = 0$ $n_x(x=0) = 0$ $u(y=0) = 0$ $n_y(y=0) = 0$	$u(x=0) = 0$ $n_{xy}(x=0) = 0$ $u(y=0) = 0$ $n_y(y=0) = 0$
freie Konstante	keine	eine (a_2)	eine (a_3)

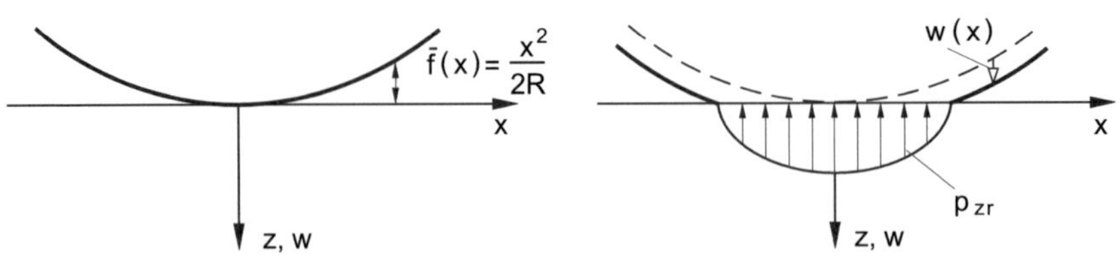

Bild 15.1. Bezeichnung von Verschiebungs- und Schnittkraftgrößen im Kontaktgebiet

Lösung zu Aufgabe 2.3. Gemischte Randbedingungen

Die Randwerte der Scheibenschnittkräfte sind bei einer gemischten Randbedingung proportional zu den jeweiligen Relativverschiebungen. Nur bei den Vorzeichen muss man aufpassen. Es gilt

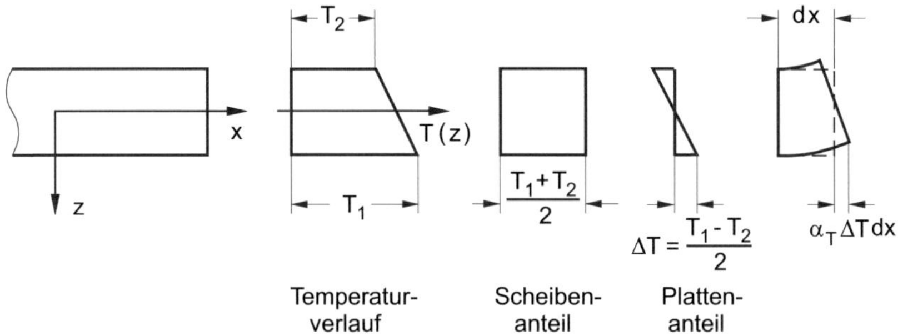

Bild 15.2. Aufteilung der Temperatur in einen Scheibenanteil und in einen Plattenanteil. Krümmung eines Abschnitts der Länge dx infolge ungleichmäßiger Erwärmung.

$$\begin{aligned} n_{\mathrm{nr}} &= -\, c_{\mathrm{n}}\,(u_{\mathrm{nr}} - n_{\mathrm{R}})\,, \\ n_{\mathrm{nsr}} &= -\, c_{\mathrm{s}}\,(u_{\mathrm{sr}} - s_{\mathrm{R}})\,. \end{aligned}$$

Lösung zu Aufgabe 2.4. Platte unter Temperaturbelastung

Es ändert sich nur das Stoffgesetz für die Biegemomente. Die Verzerrungs-Verschiebungs-Beziehungen, die Gleichgewichtsbedingungen und das Stoffgesetz für die Querkräfte (bei einer schubweichen Platte) bleiben unverändert. Für das geänderte Stoffgesetz gilt bei der Platte (und entsprechend beim Balken):

$$\text{PLATTE}: \quad \begin{Bmatrix} m_{\mathrm{x}} \\ m_{\mathrm{y}} \\ m_{\mathrm{xy}} \end{Bmatrix} = \frac{E\,t^3}{12\,(1-\nu^2)} \begin{bmatrix} 1 & \nu & 0 \\ \nu & 1 & 0 \\ 0 & 0 & \frac{1-\nu}{2} \end{bmatrix} \left\{ \begin{Bmatrix} \kappa_{\mathrm{x}} \\ \kappa_{\mathrm{y}} \\ \kappa_{\mathrm{xy}} \end{Bmatrix} - \begin{Bmatrix} \bar\kappa_{\mathrm{T}} \\ \bar\kappa_{\mathrm{T}} \\ 0 \end{Bmatrix} \right\}$$

$$\text{BALKEN}: \quad \{M\} = [E\,I]\,\{\kappa - \bar\kappa_{\mathrm{T}}\}$$

Zur Ermittlung der Temperaturkrümmung $\bar\kappa_{\mathrm{T}}$ wird der Temperaturverlauf $T(z)$ zunächst in einen über die Höhe konstanten Scheibenanteil und in einen linear veränderlichen Plattenanteil mit der Randtemperatur ΔT aufgespalten (Bild 15.2). Die Temperaturkrümmung ist dann die Änderung der Querschnittsneigung infolge der Randdehnung zu diesem ΔT, d. h.

$$\bar\kappa_{\mathrm{T}} = \frac{\alpha_{\mathrm{T}}\,\Delta T}{h}\,.$$

Lösung zu Aufgabe 2.5. Randbedingungen bei einer Platte

Die Randbedingungen an den Rändern R_1 bis R_4 sind in Tabelle 15.2 zusammengestellt. Bei Ausnutzung der Struktursymmetrie lauten die Randbedingungen im Fall einer Belastung, die zu $x = a/2$ symmetrisch ist (z. B. Gleichlast):

schubstarre Platte: $w_{,\mathrm{x}}(a/2,y) = 0\,,\ q^*_{\mathrm{x}}(a/2,y) = 0\,,$

schubweiche Platte: $\beta_{\mathrm{x}}(a/2,y) = 0\,,\ q_{\mathrm{x}}(a/2,y) = 0\,,\ m_{\mathrm{xy}}(a/2,y) = 0\,.$

Tabelle 15.2. Randbedingungen der Platte aus Bild 2.16.

	R_1	R_2, R_4	R_3
Art des Randes	R_σ	überlappend	R_u
schubstarre Platte	$m_{yr} = \bar{m}_{yR}(=0)$ $q^*_{yr} = \bar{q}^*_{yR}(=0)$	$w_r = \bar{w}_R(=0)$ $m_{xr} = \bar{m}_{xR}(=0)$	$w_r = \bar{w}_R(=0)$ $-(w_{,y})_r = \bar{\beta}_{yR}(=0)$
schubweiche Platte	$m_{yr} = \bar{m}_{yR}(=0)$ $m_{xyr} = \bar{m}_{xyR}(=0)$ $q_{yr} = \bar{q}_{yR}(=0)$	$w_r = \bar{w}_R(=0)$ $\beta_{yr} = \bar{\beta}_{yR}(=0)$ $m_{xr} = \bar{m}_{xR}(=0)$	$w_r = \bar{w}_R(=0)$ $\beta_{yr} = \bar{\beta}_{yR}(=0)$ $\beta_{xr} = \bar{\beta}_{xR}(=0)$

Im Fall einer antimetrischen Belastung müssen entlang $x = a/2$ die gleichen Randbedingungen wie bei R_2 bzw. R_4 eingeführt werden.

Lösung zu Aufgabe 2.6. Ebener Verzerrungszustand

Die *Zustandsgrößen*, mit denen das Problem beschrieben wird, sind

$$\begin{aligned}
\boldsymbol{u}^{\mathrm{T}} &= \{u\,,v\,\}\,,\\
\boldsymbol{\sigma}^{\mathrm{T}} &= \{\sigma_x, \sigma_y, \tau_{xy}\}\,,\\
\boldsymbol{\varepsilon}^{\mathrm{T}} &= \{\varepsilon_x\,,\varepsilon_y\,,\gamma_{xy}\}\,.
\end{aligned}$$

Die Belastung im Bereich wird durch den Vektor

$$\bar{\boldsymbol{p}}^{\mathrm{T}} = \{\bar{X}, \bar{Y}\}\,.$$

erfasst. Für die Grundgleichungen gilt: Der Gleichgewichtsoperator $\mathbf{D}_g$ und der Verschiebungs-Verzerrungs-Operator $\mathbf{D}_{\varepsilon u}$ können vom Scheibenproblem übernommen werden. Zur Ermittlung des Stoffgesetzes geht man vom Stoffgesetz für das dreidimensionale Kontinuum aus und setzt $\varepsilon_z = 0$, $\gamma_{yz} = 0$ und $\gamma_{zx} = 0$. Dann erhält man im temperaturbelastungsfreien Fall die Beziehung

$$\begin{Bmatrix} \sigma_x \\ \sigma_y \\ \tau_{xy} \end{Bmatrix} = \begin{bmatrix} 2\,G+\lambda & \lambda & 0 \\ \lambda & 2\,G+\lambda & 0 \\ 0 & 0 & G \end{bmatrix} \begin{Bmatrix} \varepsilon_x \\ \varepsilon_y \\ \gamma_{xy} \end{Bmatrix}$$

$$\text{mit } G = \frac{E}{2\,(1+\nu)} \quad \text{und } \lambda = \frac{E\,\nu}{(1+\nu)\,(1-2\,\nu)}\,.$$

Für die Normalspannung σ_z gilt

$$\sigma_z = \lambda\,(\varepsilon_x + \varepsilon_y)\,.$$

Für die Walze mit kreisförmigem Querschnitt lauten die Randbedingungen entlang der Mantelfläche im s, n-Koordinatensystem

$$\sigma_{\rm nr} = \bar{q}_{\rm nR} \,, \quad \tau_{\rm snr} = 0 \,,$$

wobei $\bar{q}_{\rm nR}$ die gegebenen Randbelastung ist (siehe Bild 2.17).

Lösung zu Aufgabe 2.7. Räumlicher Stab

Es sei zunächst explizit darauf hingewiesen, dass die Vorzeichendefinition und die Definition der Indizes bei räumlichen Stabtragwerken nicht einheitlich ist. Die Zustandsvektoren haben folgende Gestalt:

$$\begin{array}{ll} \text{Schnittkraftvektor} & \boldsymbol{\sigma}^{\rm T} = \{N, Q_{\rm y}, Q_{\rm z}, M_{\rm x}, M_{\rm y}, M_{\rm z}\} \,, \\ \text{Verzerrungsvektor} & \boldsymbol{\varepsilon}^{\rm T} = \{\varepsilon_{\rm x}, \gamma_{\rm xy}, \gamma_{\rm xz}, \kappa_{\rm x}, \kappa_{\rm y}, \kappa_{\rm z}\} \,, \\ \text{Verschiebungsvektor} & \boldsymbol{u}^{\rm T} = \{u, v, w, \beta_{\rm x}, \beta_{\rm y}, \beta_{\rm z}\} \,. \end{array}$$

Ferner gilt für den

$$\text{Belastungsvektor} \quad \bar{\boldsymbol{p}}^{\rm T} = \{\bar{p}_{\rm x}, \bar{p}_{\rm y}, \bar{p}_{\rm z}, \bar{p}_{\rm mx}, \bar{p}_{\rm my}, \bar{p}_{\rm mz}\} \,.$$

Die beiden Differentialoperatoren lauten

$$\mathbf{D}_{\varepsilon \rm u} = \begin{bmatrix} \partial/\partial x & 0 & 0 & 0 & 0 & 0 \\ 0 & \partial/\partial x & 0 & 0 & 0 & 1 \\ 0 & 0 & \partial/\partial x & 0 & 1 & 0 \\ 0 & 0 & 0 & \partial/\partial x & 0 & 0 \\ 0 & 0 & 0 & 0 & \partial/\partial x & 0 \\ 0 & 0 & 0 & 0 & 0 & \partial/\partial x \end{bmatrix} ,$$

$$\mathbf{D}_{\rm g} = \begin{bmatrix} \partial/\partial x & 0 & 0 & 0 & 0 & 0 \\ 0 & \partial/\partial x & 0 & 0 & 0 & 0 \\ 0 & 0 & \partial/\partial x & 0 & 0 & 0 \\ 0 & 0 & 0 & \partial/\partial x & 0 & 0 \\ 0 & 0 & 1 & 0 & \partial/\partial x & 0 \\ 0 & -1 & 0 & 0 & 0 & \partial/\partial x \end{bmatrix} .$$

Die Stoffmatrix $\boldsymbol{C}$ ist, da es sich um einen Stab mit doppelt-symmetrischem Querschnitt handelt, nur auf der Diagonalen besetzt. Die sechs Diagonalterme lauten der Reihe nach

$$D = E\,A\,, \quad K_{\rm y} = G\,A_{\rm y}\,, \quad K_{\rm z} = G\,A_{\rm z}\,, \quad B_{\rm x} = G\,I_{\rm T}\,, \quad B_{\rm y} = E\,I_{\rm y}\,, \quad B_{\rm z} = E\,I_{\rm z}\,.$$

Lösung zu Aufgabe 2.8. Grundgleichungen einer Membran

Für die Querkräfte $q_{\rm x}$ und $q_{\rm y}$ gelten die Beziehungen

$$q_{\rm x} = n_{\rm x}^{(0)}\, w_{,\rm x} + n_{\rm xy}^{(0)}\, w_{,\rm y} \,,$$
$$q_{\rm y} = n_{\rm y}^{(0)}\, w_{,\rm y} + n_{\rm xy}^{(0)}\, w_{,\rm x} \,.$$

Als Gleichgewichtsbedingung ergibt sich

$$q_{\mathrm{x,x}} + q_{\mathrm{y,y}} + \bar{p}_{\mathrm{z}} = 0\,.$$

Für die Randbedingung auf $\mathrm{R_u}$ gilt

$$w_{\mathrm{r}} = \bar{w}_{\mathrm{R}}\,.$$

Die Randbedingung auf R_σ lautet

$$q_{\mathrm{nr}} = \bar{q}_{\mathrm{nR}} \quad \text{mit} \quad q_{\mathrm{nr}} = q_{\mathrm{x}} \cos(x,n) + q_{\mathrm{y}} \cos(y,n)\,.$$

Bei Verwendung der symbolische Schreibweise haben die Vektoren und Operatoren folgende Bedeutung:

$$\boldsymbol{u}^{\mathrm{T}} = \{w\}\,, \ \ \boldsymbol{\sigma}^{\mathrm{T}} = \{q_{\mathrm{x}}\,, \ \ q_{\mathrm{y}}\}, \ \bar{\boldsymbol{p}}^{\mathrm{T}} = \{z\}\,,$$
$$\mathbf{D}_{\mathrm{g}} = \left\{\frac{\partial}{\partial x}, \frac{\partial}{\partial y}\right\} = \mathbf{D}_{\varepsilon \mathrm{u}}^{\mathrm{T}}\,.$$

Für die Verzerrungen und für den Verzerrungsvektor werden bei der Membran keine gesonderten Bezeichnungen eingeführt. Als Stoffmatrix erhält man

$$\boldsymbol{C} = \begin{bmatrix} n_{\mathrm{x}}^{(0)} & n_{\mathrm{xy}}^{(0)} \\ n_{\mathrm{xy}}^{(0)} & n_{\mathrm{y}}^{(0)} \end{bmatrix}.$$

Ein Ausbeulen der Membran ist ausgeschlossen, wenn die beiden Hauptschnittkräfte des Membranspannungszustand $\{n_{\mathrm{x}}^{(0)}, n_{\mathrm{y}}^{(0)}, n_{\mathrm{xy}}^{(0)}\}$ positiv sind. Die Ermittlung der Hauptschnittkräfte erfolgt entweder durch Lösen der Eigenwertaufgabe

$$\begin{bmatrix} n_{\mathrm{x}}^{(0)} & n_{\mathrm{xy}}^{(0)} \\ n_{\mathrm{xy}}^{(0)} & n_{\mathrm{y}}^{(0)} \end{bmatrix} \begin{Bmatrix} \cos(x,n) \\ \cos(y,n) \end{Bmatrix} = \lambda \begin{Bmatrix} \cos(x,n) \\ \cos(y,n) \end{Bmatrix}$$

oder anschaulicher mit Hilfe des Mohrschen Kreises (Bild 15.3). In beiden Fällen ergibt sich die Forderung

$$|\boldsymbol{C}| = n_{\mathrm{x}}^{(0)}\, n_{\mathrm{y}}^{(0)} - n_{\mathrm{xy}}^{(0)^2} > 0\,.$$

Ist die Membran isotrop vorgespannt, so ergibt sich die Poissonsche Differentialgleichung

$$\Delta w \equiv w_{,\mathrm{xx}} + w_{,\mathrm{yy}} = -\frac{\bar{p}_{\mathrm{z}}}{n^{(0)}}\,.$$

Lösung zu Aufgabe 2.9. Torsion zylindrischer Stäbe

Als Verzerrungszustand ergibt sich mit dem angegebenen Verschiebungsansatz

$$\varepsilon_{\mathrm{x}} = 0\,, \quad \varepsilon_{\mathrm{y}} = 0\,, \quad \varepsilon_{\mathrm{z}} = 0\,, \quad \gamma_{\mathrm{yz}} = 0\,,$$
$$\gamma_{\mathrm{xy}} = \bar{\kappa}_{\mathrm{x}}\,(\omega_{,\mathrm{y}} - z)\,, \quad \gamma_{\mathrm{xz}} = \bar{\kappa}_{\mathrm{x}}\,(\omega_{,\mathrm{z}} + y)\,.$$

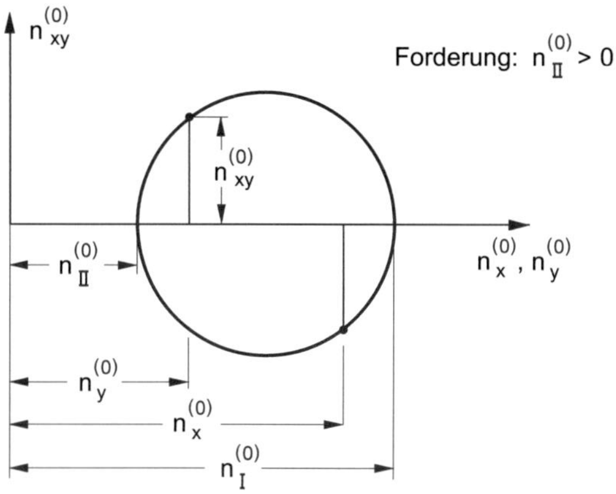

Bild 15.3. Mohrscher Kreis zur Ermittlung der Hauptschnittkräfte

Es sind also nur zwei Schubverzerrungen von Null verschieden. Für die zugehörigen Schubspannungen erhält man

$$\tau_{\mathrm{xy}} = G\,\bar{\kappa}_{\mathrm{x}}(w_{,\mathrm{y}} - z)\,, \qquad \tau_{\mathrm{xz}} = G\,\bar{\kappa}_{\mathrm{x}}(w_{,\mathrm{z}} + y)\,.$$

Von den Gleichgewichtsbedingung ist nur die Bedingung in x-Richtung,

$$\tau_{\mathrm{xy,y}} + \tau_{\mathrm{xz,z}} = 0\,,$$

nicht identisch erfüllt. Als Differentialgleichung für die Wölbfunktion erhält man daraus die Potentialgleichung

$$\Delta\omega \equiv \omega_{,\mathrm{yy}} + \omega_{,\mathrm{zz}} = 0\,.$$

An der Wandung des zylindrischen Stabes müssen die Schubspannungen tangential verlaufen. Die Komponente τ_{xnr} muss also verschwinden:

$$\tau_{\mathrm{xnr}} \equiv \tau_{\mathrm{xy}}\ \cos(y,n) + \tau_{\mathrm{xz}}\ \cos(z,n) = 0\,.$$

Daraus folgt als Randbedingung für die Wölbfunktion ω

$$\tau_{\mathrm{xnr}} = G\,\bar{\kappa}_{\mathrm{x}}\,\big[\,\omega_{,\mathrm{n}} - z\,\cos(y,n) + y\,\cos(z,n)\,\big] = 0\,.$$

Zur Ermittlung des Torsionsmomentes muss über die Querschnittsfläche integriert werden:

$$M_{\mathrm{x}} \equiv \int\limits_{\mathrm{F}} (\tau_{\mathrm{xz}}\ y - \tau_{\mathrm{xy}}\ z)\,\mathrm{d}F = G\,\bar{\kappa}_{\mathrm{x}} \int\limits_{\mathrm{B}} \left[y^2 + z^2 + y\,\frac{\partial\omega}{\partial z} - z\,\frac{\partial\omega}{\partial y}\right] \mathrm{d}F\,.$$

Die Torsionssteifigkeit ergibt sich damit zu

$$B_{\mathrm{x}} = G\,I_{\mathrm{T}} = \frac{M_{\mathrm{x}}}{\bar{\kappa}_{\mathrm{x}}} = G \int\limits_{\mathrm{B}} \left[\left(y^2 + z^2\right) + \left(y\,\frac{\partial\omega}{\partial z} - z\,\frac{\partial\omega}{\partial y}\right)\right] \mathrm{d}F\,.$$

Der erste Anteil des Integrals ist das polare Flächenträgheitsmoment I_{p}. Der zweite Anteil lässt sich in ein Umlaufintegral umformen. Als alternative Formulierung für B_{x} erhält man

$$B_{\mathrm{x}} = G\,I_{\mathrm{T}} = G\left\{I_{\mathrm{p}} + \oint\limits_{\mathrm{R}} \omega(s)\,\big[y\,\cos(z,n) - z\,\cos(y,n)\big]\,\mathrm{d}s\right\}.$$

Die eckige Klammer lässt sich aufgrund der für die Wölbfunktion geltenden Randbedingung durch $-\omega_{,\mathrm{n}}$ ersetzen. Damit gilt

$$I_{\mathrm{T}} = I_{\mathrm{p}} - \oint\limits_{\mathrm{R}} \omega(s)\,\omega_{,\mathrm{n}}\,\mathrm{d}s\,.$$

Setzt man

$$\omega_{,\mathrm{n}} = \omega_{,\mathrm{y}}\,\cos(y,n) + \omega_{,\mathrm{z}}\,\cos(z,n)$$

ein und transformiert das Randintegral mit der Greenschen Formel in ein Flächenintegral zurück, so folgt

$$\begin{aligned} I_{\mathrm{T}} &= I_{\mathrm{p}} - \int\limits_{\mathrm{F}} \Big[(\omega\,\omega_{,\mathrm{y}})_{,\mathrm{y}} + (\omega\,\omega_{,\mathrm{z}})_{,\mathrm{z}}\Big]\,\mathrm{d}F \\ &= I_{\mathrm{p}} - \int\limits_{\mathrm{F}} \Big[\omega\,\Delta\omega + \omega_{,\mathrm{y}}^2 + \omega_{,\mathrm{z}}^2\Big]\,\mathrm{d}F = I_{\mathrm{p}} - \int\limits_{\mathrm{F}} \Big[\omega_{,\mathrm{y}}^2 + \omega_{,\mathrm{z}}^2\Big]\,\mathrm{d}F \\ &\leqslant I_{\mathrm{p}}\,. \end{aligned}$$

Es bleibt noch nachzuweisen, dass die auftretenden Schubspannungen keine Querkräfte zur Folge haben. Wir beschränken uns hierbei auf Q_{y}:

$$Q_{\mathrm{y}} \equiv \int\limits_{\mathrm{F}} \tau_{\mathrm{xy}}\,\mathrm{d}F = G\,\bar{\kappa}_{\mathrm{x}} \int\limits_{\mathrm{F}} (\omega_{,\mathrm{y}} - z)\,\mathrm{d}F\,.$$

Ausgehend von der im y,z-Koordinatensystem formulierten Gl. (14.4) lässt sich das Verschwinden des Integrals $\int(\omega_{,\mathrm{y}} - z)\,\mathrm{d}F$ zeigen. Man setzt für u die Koordinate y und für v die Wölbfunktion ω ein:

$$\int\limits_{\mathrm{F}} \big[y\,\Delta\omega + \omega_{,\mathrm{y}}\big]\,\mathrm{d}F = \oint\limits_{\mathrm{R}} y\,\omega_{,\mathrm{n}}\,\mathrm{d}s\,.$$

Die Wölbfunktion ist Lösung der Potentialgleichung $\Delta\omega = 0$ und muss auf R die Randbedingung für $\omega_{,\mathrm{n}}$ erfüllen. Damit ergibt sich

$$\int\limits_{\mathrm{F}} \omega_{,\mathrm{y}}\,\mathrm{d}F = \int\limits_{\mathrm{R}} y\,\big[-y\,\cos(z,n) + z\,\cos(y,n)\big]\,\mathrm{d}s\,.$$

Das Integral auf der rechten Seite wird wieder in ein Flächenintegral zurückverwandelt und auf die linke Seite gebracht:

$$0 = \int_F \left[\omega_{,y} - (y\,z)_{,y} + (y^2)_{,z}\right] \mathrm{d}F = \int_F (\omega_{,y} - z)\,\mathrm{d}F\,.$$

Damit ist gezeigt, dass

$$Q_y = \int_F \tau_{xy}\,\mathrm{d}F = G\,\bar{\kappa}_x \int_F (\omega_{,y} - z)\,\mathrm{d}F = 0$$

ist. Für Q_z erfolgt der Beweis völlig analog.

Weitere Einzelheiten zur Torsion zylindrischer Stäbe findet man beispielsweise in dem Buch von Love [15.1].

Lösung zu Aufgabe 2.10. Matrizenoperationen

Es muss $k = m$ und $l = n$ sowie $q = p$ sein, damit die Additionen möglich sind. Man erhält dann

$$\underset{[m\times n]}{\boldsymbol{F}} = \underset{[m\times n]}{\boldsymbol{A}} + \underset{[m\times n]}{\boldsymbol{B}} \quad \text{mit} \quad F_{ij} = A_{ij} + B_{ij} \qquad 1 \leqslant i \leqslant m\,,\ 1 \leqslant j \leqslant n\,,$$

$$\underset{[p\times 1]}{\boldsymbol{h}} = \underset{[p\times 1]}{\boldsymbol{c}} + \underset{[p\times 1]}{\boldsymbol{d}} \quad \text{mit} \quad h_i = c_i + d_i \qquad 1 \leqslant i \leqslant p\,.$$

Für die Matrizenprodukte, bei denen man auf das Falksche Schema zurückgreifen kann (siehe [15.7, 15.8]), muss $k = n$ im Fall $\boldsymbol{A}\,\boldsymbol{B}$ und $k = m$ im Fall $\boldsymbol{A}^T\,\boldsymbol{B}$ sein:

$$\underset{[m\times l]}{\boldsymbol{F}} = \underset{[m\times n]}{\boldsymbol{A}}\ \underset{[n\times l]}{\boldsymbol{B}} \quad \text{mit} \quad F_{ij} = \sum_{r=1}^{n} A_{ir}\,B_{rj} \qquad 1 \leqslant i \leqslant m\,,\ 1 \leqslant j \leqslant l\,,$$

$$\underset{[n\times l]}{\boldsymbol{G}} = \underset{[n\times m]}{\boldsymbol{A}^T}\ \underset{[m\times l]}{\boldsymbol{B}} \quad \text{mit} \quad G_{ij} = \sum_{r=1}^{m} A_{ri}\,B_{rj} \qquad 1 \leqslant i \leqslant n\,,\ 1 \leqslant j \leqslant l\,.$$

Für die Matrix-Vektor-Multiplikation $\boldsymbol{A}\ \boldsymbol{c}$ und die Vektor-Matrix-Multiplikation $\boldsymbol{d}^T\ \boldsymbol{B}$ muss $p = n$ bzw. $q = k$ gelten:

$$\underset{[m\times 1]}{\boldsymbol{h}} = \underset{[m\times n]}{\boldsymbol{A}}\ \underset{[n\times 1]}{\boldsymbol{c}} \quad \text{mit} \quad h_i = \sum_{r=1}^{n} A_{ir}\,c_r \qquad 1 \leqslant i \leqslant m\,,$$

$$\underset{[1\times l]}{\boldsymbol{s}^T} = \underset{[1\times k]}{\boldsymbol{d}^T}\ \underset{[k\times l]}{\boldsymbol{B}} \quad \text{mit} \quad s_i = \sum_{r=1}^{k} B_{ri}\,d_r \qquad 1 \leqslant i \leqslant l\,.$$

Unter der Voraussetzung, dass die Matrix $\boldsymbol{B}$ kein Zeilenvektor ist, ist die Operation $\boldsymbol{d}\ \boldsymbol{B}$ selbst dann nicht definiert, wenn $q = k = l$ gegeben ist!

Für die Überprüfung von $(\boldsymbol{d}^T\ \boldsymbol{B})^T = \boldsymbol{B}^T\ \boldsymbol{d}$ gehen wir von den beiden letzten Gleichungen aus. Aus der unteren ergibt sich unmittelbar

$$(\boldsymbol{d}^T\ \boldsymbol{B})^T = \boldsymbol{s} \quad \text{mit} \quad s_i = \sum_{r=1}^{k} B_{ri}\,d_r \qquad 1 \leqslant i \leqslant l$$

und aus der oberen

$$\boldsymbol{B}^{\mathrm{T}}\,\boldsymbol{d} = \boldsymbol{u} \quad \text{mit} \quad u_{\mathrm{i}} = \sum_{\mathrm{r}=1}^{\mathrm{k}} B_{\mathrm{ri}}\, d_{\mathrm{r}} \qquad 1 \leqslant i \leqslant l\,.$$

Da $\boldsymbol{s} = \boldsymbol{u}$ ist, ist der Nachweis erbracht.

Unter der Voraussetzung, dass der Vektor $\boldsymbol{c}$ kein Skalar ist, sind die Operationen $\boldsymbol{c}\,\boldsymbol{c}$ und $\boldsymbol{c}^{\mathrm{T}}\,\boldsymbol{c}^{\mathrm{T}}$ nicht definiert. Die Multiplikation $\boldsymbol{c}^{\mathrm{T}}\,\boldsymbol{c}$ liefert eine skalare Größe, nämlich das Quadrat des Vektorbetrages:

$$\underset{[1\times 1]}{e} = c^2 = \underset{[1\times p]}{\boldsymbol{c}^{\mathrm{T}}}\;\underset{[p\times 1]}{\boldsymbol{c}} = \sum_{\mathrm{r}=1}^{\mathrm{p}} c_{\mathrm{r}}^2\,.$$

Die Multiplikation $\boldsymbol{c}\,\boldsymbol{c}^{\mathrm{T}}$ ergibt eine symmetrische Matrix:

$$\underset{[p\times p]}{\boldsymbol{G}} = \boldsymbol{G}^{\mathrm{T}} = \underset{[p\times 1]}{\boldsymbol{c}}\;\underset{[1\times p]}{\boldsymbol{c}^{\mathrm{T}}} \quad \text{mit} \quad G_{\mathrm{ij}} = c_{\mathrm{i}}\, c_{\mathrm{j}} \qquad 1 \leqslant i,j \leqslant p\,.$$

15.3 Lösungen zu Kapitel 3

Lösung zu Aufgabe 3.1. Angabe des Prinzips der virtuellen Verrückungen für zwei Scheibenprobleme

Fall a

Rand R_1 ist ein Verschiebungsrand, die Ränder R_2 und R_4 sind Schnittkraftränder, Rand R_3 ist ein überlappender Rand. Das Prinzip der virtuellen Verrückungen lautet

$$\int_{\mathrm{F}} \delta\boldsymbol{\varepsilon}^{\mathrm{T}}\,\boldsymbol{\sigma}\,\mathrm{d}F = 0\,.$$

Die einzuhaltenden Nebenbedingungen sind die geometrischen Randbedingungen

$$\begin{aligned} \boldsymbol{u}_{\mathrm{r}} &= \boldsymbol{0}, & \delta\boldsymbol{u}_{\mathrm{r}} &= \boldsymbol{0} \quad \text{auf } \mathrm{R}_1\,,\\ \boldsymbol{v}_{\mathrm{r}} &= \Delta\bar{\boldsymbol{v}}_{\mathrm{R}}, & \delta\boldsymbol{u}_{\mathrm{r}} &= \boldsymbol{0} \quad \text{auf } \mathrm{R}_3\,. \end{aligned}$$

Fall b

Rand R_1 ist ein Verschiebungsrand, die Ränder R_2 und R_4 sind Schnittkraftränder, zum Rand R_3 siehe Randbedingungen weiter unten. Das Prinzip der virtuellen Verrückungen lautet

$$\int_{\mathrm{F}} \delta\boldsymbol{\varepsilon}^{\mathrm{T}}\,\boldsymbol{\sigma}\,\mathrm{d}F = \delta u_{\mathrm{a}}\,\bar{P}_{\mathrm{x}} + \delta v_{\mathrm{a}}\,\bar{P}_{\mathrm{y}}\,.$$

Die einzuhaltenden Nebenbedingungen sind die geometrischen Randbedingungen

$$\boldsymbol{u}_{\mathrm{r}} = \boldsymbol{0}\,,\quad \delta\boldsymbol{u}_{\mathrm{r}} = \boldsymbol{0} \quad \text{auf } \mathrm{R}_1\,,$$

$$\boldsymbol{u}_{\mathrm{r}} = \begin{Bmatrix} u_{\mathrm{A}} - \varphi_{\mathrm{A}}\,(y-b) \\ v_{\mathrm{A}} - \varphi_{\mathrm{A}}\,b \end{Bmatrix}, \quad \delta\boldsymbol{u}_{\mathrm{r}} = \begin{Bmatrix} \delta u_{\mathrm{A}} - \delta\varphi_{\mathrm{A}}\,(y-b) \\ \delta v_{\mathrm{A}} - \delta\varphi_{\mathrm{A}}\,b \end{Bmatrix} \quad \text{auf } \mathrm{R}_3\,.$$

Der starre Körper hat in der Ebene nur drei Verschiebungsmöglichkeiten. Das muss bei den Randbedingungen auf R_3 berücksichtigt werden. Die Belastung $\bar{v}_R$ im **Fall a** geht in eine der Nebenbedingungen ein. Die Belastungen $\bar{P}_x$ und $\bar{P}_y$ im **Fall b** werden über die virtuelle Arbeit der äußeren Kräfte erfasst.

Lösung zu Aufgabe 3.2. Plattenberechnung mit globalen Ansatzfunktionen

Als Verschiebungszustand erhält man

$$w(x, y) = \frac{45}{412}\,\frac{b^4\,\bar{p}_o}{B}\,\xi\,(1-\xi)\,\eta^2$$

und als Maximalverschiebung

$$w\Big(\frac{a}{2}, b\Big) = 0{,}0273\,\frac{b^4\,\bar{p}_o}{B}\,.$$

Dieser Wert ist deutlich schlechter als der mit der Ansatzfunktion aus Bild 3.4 gewonnene Wert. Das Entsprechende gilt für den Schnittkraftzustand (m_x, m_y etc.), den man mit dem neuen Ansatz erhält. Er ist nahezu unbrauchbar.

Lösung zu Aufgabe 3.3. Prinzip der virtuellen Verrückungen für zwei durch eine Klebeschicht verbundene Körper

Das Prinzip der virtuellen Verrückungen lautet

$$\begin{aligned}
&\int\limits_{B_1+B_2} \big(\delta\varepsilon_x\,\sigma_x + \delta\varepsilon_y\,\sigma_y + \delta\varepsilon_z\,\sigma_z + \delta\gamma_{xy}\,\tau_{xy} + \delta\gamma_{yz}\,\tau_{yz} + \delta\gamma_{zx}\,\tau_{zx}\big)\,dV \\
&\quad + \int\limits_{K} \big(\delta\Delta u_{nK}\,\sigma_{nK} + \delta\Delta_{sK}\,\tau_{nsK} + \delta\Delta u_{tK}\,\tau_{ntK}\big)\,dF \\
&= \int\limits_{R_{\sigma 1}+R_{\sigma 2}} \big(\delta u_{nr}\,\bar{\sigma}_{nR} + \delta u_{sr}\,\bar{\tau}_{nsR} + \delta u_{tr}\,\bar{\tau}_{ntR}\big)\,dF\,.
\end{aligned}$$

Wenn man die virtuellen Verzerrungsgrößen $\delta\varepsilon_x$ etc. und die virtuellen Relativverschiebungen $\delta\Delta u_{nK}$ etc. durch virtuellen Verschiebungen ersetzt und das Volumenintegral durch Anwendung des Integralsatzes umformt, dann erhält man außer den Gleichgewichtsbedingungen und den Schnittkraftrandbedingungen auf R_1 und R_2 die folgenden Beziehungen auf der Klebeschicht K zwischen B_1 und B_2:

$$\begin{aligned}
&\sigma_{nr1} - \sigma_{nK} = 0\,, \quad \tau_{sr1} - \tau_{nsK} = 0\,, \quad \tau_{tr1} - \tau_{ntK} = 0\,, \\
&\sigma_{nr2} - \sigma_{nK} = 0\,, \quad \tau_{sr2} - \tau_{nsK} = 0\,, \quad \tau_{tr2} - \tau_{ntK} = 0\,.
\end{aligned}$$

Die dabei auftretenden Randspannungen $\boldsymbol{\sigma}_r$ erhält man aus den Spannungen $\boldsymbol{\sigma}$ durch Transformation (siehe Abschnitt 2.2.7).

Lösung zu Aufgabe 3.4. Platte mit Steifen

Der Verschiebungsvektor des Platten-Scheiben-Kontinuums lautet

$$\boldsymbol{u}^T = \big\{u(x,y), v(x,y), w(x,y), \beta_x(x,y), \beta_y(x,y)\big\}\,.$$

Für die als Balken modellierte Steife gilt

$$\boldsymbol{u}_{\mathrm{B}}^{\mathrm{T}} = \{u_{\mathrm{S}}(x), w_{\mathrm{S}}(x), \beta_{\mathrm{S}}(x)\}\,,$$

wobei u_{S} und w_{S} die Verschiebungen des Balkenschwerpunktes sind und β_{S} die Querschnittsneigung der Steife ist. Als geometrische Übergangsbedingungen erhält man

$$\begin{aligned} u(x,0) + \beta_{\mathrm{y}}(x,0) &= u_{\mathrm{S}}(x) - \beta_{\mathrm{S}}(x)\,\frac{h}{2}\,, \\ w(x,0) &= w_{\mathrm{S}}(x)\,. \end{aligned}$$

Das Prinzip der virtuellen Verrückungen lautet

$$\begin{aligned} &\int\limits_{\mathrm{B}_1+\mathrm{B}_2} \big(\delta\varepsilon_{\mathrm{x}}\, n_{\mathrm{x}} + \delta\varepsilon_{\mathrm{y}}\, n_{\mathrm{y}} + \delta\gamma_{\mathrm{xy}}\, n_{\mathrm{xy}} \\ &\qquad + \delta\kappa_{\mathrm{x}}\, m_{\mathrm{x}} + \delta\kappa_{\mathrm{y}}\, m_{\mathrm{y}} + \delta\kappa_{\mathrm{xy}}\, m_{\mathrm{xy}} + \delta\gamma_{\mathrm{x}}\, q_{\mathrm{xz}} + \delta\gamma_{\mathrm{yz}}\, q_{\mathrm{y}}\big)\,\mathrm{d}F \\ &+ \int\limits_{1} \big(\delta\varepsilon_{\mathrm{S}}\, N + \delta\kappa_{\mathrm{S}}\, M + \delta\gamma_{\mathrm{S}}\, Q\big)\,\mathrm{d}s \;=\; \int\limits_{\mathrm{B}_1+\mathrm{B}_2} \delta w\, \bar{p}_{\mathrm{z}}\,\mathrm{d}F\,. \end{aligned}$$

Die Verschiebungs-Verzerrungs-Relationen für die Scheiben- und Plattenverzerrungen übernimmt man aus Kapitel 2 (Tabelle 2.4). Für die Balken-Verzerrungsgrößen gilt

$$\varepsilon_{\mathrm{S}}(x) = \frac{\mathrm{d}u_{\mathrm{S}}(x)}{\mathrm{d}x}\,,\quad \kappa_{\mathrm{S}}(x) = \frac{\mathrm{d}\beta_{\mathrm{S}}(x)}{\mathrm{d}x}\,,\quad \gamma_{\mathrm{S}}(x) = \beta_{\mathrm{S}}(x) + \frac{\mathrm{d}w_{\mathrm{S}}(x)}{\mathrm{d}x}$$

oder soweit möglich mit Plattengrößen

$$\begin{aligned} \varepsilon_{\mathrm{S}}(x) &= \frac{\mathrm{d}}{\mathrm{d}x}\left[u(x,0) + \beta_{\mathrm{y}}(x,0) + \beta_{\mathrm{S}}(x)\right], \\ \kappa_{\mathrm{S}}(x) &= \frac{\mathrm{d}\beta_{\mathrm{S}}}{\mathrm{d}x}\,, \\ \gamma_{\mathrm{S}}(x) &= \beta_{\mathrm{S}}(x) + \frac{\mathrm{d}w(x,0)}{\mathrm{d}x}\,. \end{aligned}$$

Nach Ausführung der Integraltransformation und Sortierung nach den virtuellen Größen erhält man außer den Gleichgewichtsbedingungen für das Platten-Scheiben-Kontinuum und den Schnittkraftrandbedingungen an den hier nicht betrachteten Außenrändern die folgenden Beziehungen:

$$\begin{aligned} &Q_{\mathrm{S}}(x) - \frac{\mathrm{d}M_{\mathrm{S}}(x)}{\mathrm{d}x} - \frac{h}{2}\,\frac{\mathrm{d}N_{\mathrm{S}}(x)}{\mathrm{d}x} = 0\,, \\ &q_{\mathrm{y}}(x,0)^{①} - q_{\mathrm{y}}(x,0)^{②} - \frac{\mathrm{d}M_{\mathrm{S}}(x)}{\mathrm{d}x} = 0\,, \\ &m_{\mathrm{xy}}(x,0)^{①} - m_{\mathrm{xy}}(x,0)^{②} - \frac{h}{2}\,\frac{\mathrm{d}N_{\mathrm{S}}(x)}{\mathrm{d}x} = 0\,, \\ &n_{\mathrm{xy}}(x,0)^{①} - n_{\mathrm{xy}}(x,0)^{②} - \frac{\mathrm{d}N_{\mathrm{S}}(x)}{\mathrm{d}x} = 0\,. \end{aligned}$$

Die Beziehungen, die man für $\Delta v(x,0)$ und $\delta\beta_\mathrm{y}(x,0)$ erhält, sind nicht angegeben. Durch geeignetes Freischneiden der Steife kann man sich klar machen, dass es sich bei den Gleichungen um eine Gleichgewichtsbedingung an der Steife sowie um drei Schnittkraft-Übergangsbedingungen handelt.

Lösung zu Aufgabe 3.5. Ebenes Wärmeleitungsproblem

Das Prinzip der virtuellen Temperatur lautet im ebenen Fall

$$\int\limits_\mathrm{F} \left\{ \frac{\partial \delta T}{\partial x}, \frac{\partial \delta T}{\partial y} \right\} \begin{bmatrix} \lambda_\mathrm{x} & 0 \\ 0 & \lambda_\mathrm{y} \end{bmatrix} \begin{Bmatrix} \partial T/\partial x \\ \partial T/\partial y \end{Bmatrix} h \,\mathrm{d}F + \int\limits_\mathrm{F} \delta T \; 2\,\alpha_\mathrm{B} (T_\mathrm{r} - \bar{T}_\mathrm{B}) \,\mathrm{d}F$$

$$+ \int\limits_{\mathrm{R}_\alpha} \delta T_\mathrm{r} \; \alpha \; (T - \bar{T}_\mathrm{R}) \; h \,\mathrm{d}s = \int\limits_\mathrm{F} \delta T \left(\bar{f} - \rho \, c_\mathrm{p} \, \frac{\partial T}{\partial t} \right) h \,\mathrm{d}F + \int\limits_{\mathrm{R}_\mathrm{q}} \delta T_\mathrm{r} \; (-\bar{q}_\mathrm{nR}) \; h \,\mathrm{d}s \,.$$

Das zusätzliche Flächenintegral tritt auf, da auf der Oberseite und der Unterseite des ebenen Bereichs eine zusätzlichen Schicht mit dem Wärmeübergangskoeffizienten α_B aufliegt. Bei der Platte oder der Scheibe tritt ein entsprechendes Integral auf, wenn eine flächenhafte elastische Lagerung vorhanden ist. Bei einem zylindrischen Körper mit einer von zwei Koordinaten abhängigen Temperaturverteilung entfällt das Zusatzintegral, die als konstant angenommene Schichtdicke h kann dann aus dem Prinzip herausgestrichen werden.

Lösung zu Aufgabe 3.6. Das Prinzip der virtuellen Verrückungen für eine Membran

Aus den Gleichgewichtsbedingungen und den statischen Randbedingungen ergibt sich als Prinzip der virtuellen Verrückungen für die Membran

$$\int\limits_\mathrm{F} \left\{ \frac{\partial \delta w}{\partial x}, \frac{\partial \delta w}{\partial y} \right\} \begin{Bmatrix} q_\mathrm{x} \\ q_\mathrm{y} \end{Bmatrix} \mathrm{d}F = \int\limits_\mathrm{F} \delta w \; \bar{p}_\mathrm{z} \,\mathrm{d}F$$

mit $\delta w_\mathrm{r} = 0$ auf $\mathrm{R_u}$.

Ersetzt man q_x und q_y durch w, so erhält man

$$\int\limits_\mathrm{F} \left\{ \frac{\partial \delta w}{\partial x}, \frac{\partial \delta w}{\partial y} \right\} \begin{bmatrix} n_\mathrm{x}^{(0)} & n_\mathrm{xy}^{(0)} \\ n_\mathrm{xy}^{(0)} & n_\mathrm{y}^{(0)} \end{bmatrix} \begin{Bmatrix} \partial w/\partial x \\ \partial w/\partial y \end{Bmatrix} \mathrm{d}F = \int\limits_\mathrm{F} \delta w \; \bar{p}_\mathrm{z} \,\mathrm{d}F \,.$$

Ein Vergleich des Prinzips der virtuellen Verrückungen für die Membran mit dem Prinzip der virtuellen Temperatur für die stationäre, ebene Wärmeleitungsaufgabe (ohne α_B) zeigt, dass sich die beiden Prinzipien ineinander überführen lassen, wenn man die Größen so miteinander vertauscht, wie in der folgenden Zusammenstellung angegeben. Das umgekehrte Vorzeichen bei den Wärmeströmen (verglichen mit den Querkräften) ist eine Folge davon, dass Wärmeströme dann als positiv bezeichnet wurden, wenn die Wärme aus dem Element herausströmt.

Membran	w	$\begin{Bmatrix} \partial w/\partial x \\ \partial w/\partial y \end{Bmatrix}$	$\begin{Bmatrix} q_\mathrm{x} \\ q_\mathrm{y} \end{Bmatrix}$	$\bar{p}_\mathrm{z}$	$\begin{bmatrix} n_\mathrm{x}^{(0)} & n_\mathrm{xy}^{(0)} \\ n_\mathrm{xy}^{(0)} & n_\mathrm{y}^{(0)} \end{bmatrix}$
Wärmeleitung	T	$\begin{Bmatrix} \partial T/\partial x \\ \partial T/\partial y \end{Bmatrix}$	$\begin{Bmatrix} -q_\mathrm{x} \\ -q_\mathrm{y} \end{Bmatrix}$	$\bar{f}$	$\begin{bmatrix} \lambda_\mathrm{x} & 0 \\ 0 & \lambda_\mathrm{y} \end{bmatrix}$

Lösung zu Aufgabe 3.7. Das Prinzip der virtuellen Verrückungen für das Torsionsproblem zylindrischer Stäbe

Im Prinzip der virtuellen Verrückungen gibt es bei der vorliegenden Aufgabe keine äußere Arbeit, da an den beiden Enden Verdrehungen vorgeschrieben werden und an den Wandungen des Zylinders keine Schubspannungen angreifen. Das Prinzip lautet infolgedessen

$$\int_{\mathrm{V}} \left[\delta\gamma_{\mathrm{xy}}\,\tau_{\mathrm{xy}} + \delta\gamma_{\mathrm{xz}}\,\tau_{\mathrm{xz}}\right] \mathrm{d}V = 0\,.$$

Für die virtuellen Schubverzerrungen gilt

$$\delta\gamma_{\mathrm{xy}} = \bar{\kappa}_{\mathrm{x}}\,\frac{\partial\delta\omega}{\partial y}\,,\quad \delta\gamma_{\mathrm{xz}} = \bar{\kappa}_{\mathrm{x}}\,\frac{\partial\delta\omega}{\partial z}\,.$$

Nach Durchführung der Integration über x, Division durch l und Anwendung der Greenschen Formel verbleibt der folgende Ausdruck:

$$-\int_{\mathrm{F}} \delta\omega\,(\tau_{\mathrm{xy,y}} + \tau_{\mathrm{xz,z}})\,\mathrm{d}F + \oint_{\mathrm{R}} \delta\omega(s)\left[\tau_{\mathrm{xy}}\,\cos(y,n) + \tau_{\mathrm{xz}}\,\cos(z,n)\right] \mathrm{d}s = 0\,.$$

Mit dem Fundamentalsatz der Variationsrechnung (Abschnitt 13.2) schließt man

$$\frac{\partial\tau_{\mathrm{xy}}}{\partial y} + \frac{\partial\tau_{\mathrm{xz}}}{\partial z} = 0 \text{ in F}\,,$$
$$\tau_{\mathrm{xn}} \equiv \tau_{\mathrm{xy}}\,\cos(y,n) + \tau_{\mathrm{xz}}\,\cos(z,n) = 0 \text{ auf der Mantelfläche } \mathrm{R}_\sigma\,.$$

Wenn auch die wirklichen Schubspannungen noch durch ω ausgedrückt werden, so erhält man das in ω und $\delta\omega$ formulierte Prinzip der virtuellen Verrückungen

$$\int_{\mathrm{F}} (\delta\omega_{,\mathrm{y}}\,\omega_{,\mathrm{y}} + \delta\omega_{,\mathrm{z}}\,\omega_{,\mathrm{z}})\,\mathrm{d}F = \int_{\mathrm{F}} (\delta\omega_{,\mathrm{y}}\,z - \delta\omega_{,\mathrm{z}}\,y)\,\mathrm{d}F\,.$$

Man kann die rechte Seite auch in ein Randintegral umformen. Dann ergibt sich

$$\int_{\mathrm{F}} (\delta\omega_{,\mathrm{y}}\,\omega_{,\mathrm{y}} + \delta\omega_{,\mathrm{z}}\,\omega_{,\mathrm{z}})\,\mathrm{d}F = \oint_{\mathrm{R}} \delta\omega(s)\left[z\,\cos(y,n) - y\,\cos(z,n)\right] \mathrm{d}s\,.$$

Lösung zu Aufgabe 3.8. Das Prinzip der virtuellen Verrückungen für Querkraftbiegung zylindrischer Stäbe mit einfachsymmetrischem Querschnitt

Da $\omega(y,z)$ die einzige unbekannte Verschiebungsgröße ist, sind nur wenige virtuelle Verzerrungen und Verschiebungen von Null verschieden:

$$\delta u(x,y,z) = \delta\omega(y,z)\,,$$
$$\delta\gamma_{\mathrm{xy}}(x,y,z) = \delta\omega(y,z)_{,\mathrm{y}}\,,$$
$$\delta\gamma_{\mathrm{xz}}(x,y,z) = \delta\omega(y,z)_{,\mathrm{z}}\,.$$

Das Prinzip der virtuellen Verrückungen vereinfacht sich dadurch erheblich:

$$\int_F (\delta\omega_{,y}\ \tau_{xy} + \delta\omega_{,z}\ \tau_{xz})\ \mathrm{d}F - \int_F \delta\omega\ \sigma_{x,x}\ \mathrm{d}F = 0\,.$$

Eine Integraltransformation mit der Greenschen Formel ergibt

$$-\int_F \delta\omega\ (\tau_{xy,y} + \tau_{xz,z} + \sigma_{x,x})\ \mathrm{d}F + \oint_R \delta\omega(s)\ [\tau_{xy}\ \cos(y,n) + \tau_{xz}\ \cos(z,n)]\ \mathrm{d}s = 0\,.$$

Als Eulersche Differentialgleichung und zugehörige Randbedingungen erhält man somit

$$\begin{aligned} &\tau_{xy,y} + \tau_{xz,z} + \sigma_{x,x} = 0 \ \text{ in F}\,, \\ &\tau_{xy}\ \cos(y,n) + \tau_{xz}\ \cos(z,n) \equiv \tau_{xn} = 0 \ \text{ auf R}\,. \end{aligned}$$

Die Differentialgleichung ist die Gleichgewichtsbedingung in x-Richtung. Die zugehörige Randbedingung besagt, dass an der Wandung des zylindrischen Stabes keine Schubspannungen in x-Richtung angreifen dürfen.

Wenn man alle Zustandsgrößen durch die Wölbfunktion ω ersetzt und die Spannungsableitung $\sigma_{x,x}(x,y,z)$ zunächst durch das Biegemoment M_y und dann durch die Querkraft $\bar{Q}_z$ ausdrückt, so erhält man als Formulierung für das Prinzip der virtuellen Verrückungen

$$\int_F \left[G\ (\delta\omega_{,y}\ \omega_{,y} + \delta\omega_{,z}\ \omega_{,z}) - \delta\omega_{,y}\ \frac{\nu}{1+\nu}\ \frac{\bar{Q}_z}{I_y}\ y\ z - \delta\omega\ \frac{\bar{Q}_z}{I_y}\ z \right] \mathrm{d}F = 0\,.$$

Es ist im Interesse der Übersichtlichkeit zweckmäßig, die Wölbfunktion ω zu normieren:

$$\omega = \tilde{\omega}\ \frac{\bar{Q}_z}{G\,I_y}\,.$$

Mit der neuen Variablen $\tilde{\omega}$ lautet das Prinzip:

$$\int_F \left[\delta\tilde{\omega}_{,y}\ \tilde{\omega}_{,y} + \delta\tilde{\omega}_{,z}\ \tilde{\omega}_{,z}) - \delta\tilde{\omega}_{,y}\ \frac{\nu}{1+\nu}\ y\ z - \delta\tilde{\omega}\ z \right] \mathrm{d}F = 0$$

oder nach Anwendung des Integralsatzes

$$\begin{aligned} &-\int_F \delta\tilde{\omega}\left[\tilde{\omega}_{,yy} + \tilde{\omega}_{,zz} - \frac{\nu}{1+\nu}\ z + z \right] \mathrm{d}F \\ &+ \oint_R \delta\tilde{\omega}\ \left[\tilde{\omega}_{,n} - \frac{\nu}{1+\nu}\ y\ z\ \cos(y,n) \right] \mathrm{d}s = 0\,. \end{aligned}$$

Die zugehörige Differentialgleichung ist die Poissonsche Differentialgleichung

$$\tilde{\omega}_{,yy} + \tilde{\omega}_{,zz} = -\frac{1}{1+\nu}\ z \ \text{ in F}\,,$$

die Randbedingung lautet

$$\tilde{\omega}_{,\mathrm{n}} = \frac{\nu}{1+\nu}\, y\, z\, \cos(y,n) \quad \text{auf R}\,.$$

Wenn die Poisson-Gleichung und die Randbedingung exakt erfüllt sind, stimmen die aufintegrierten Schubspannungen in z-Richtung mit der Querkraft $\bar{Q}_{\mathrm{z}}$ überein, in y-Richtung ergibt sich keine resultierende Querkraft. Der Beweis dieser Behauptungen, zu dem man wieder auf die Beziehungen im Abschnitt 14.1.1 zurückgreifen kann, bleibt dem Leser überlassen. Es ergibt sich, dass für den Beweis keine Symmetrieannahmen erforderlich sind. Einzige Bedingung ist, dass die y- und die z-Achse Biegehauptachsen sind.

Anders sieht es bezüglich der Gleichgewichtsbedingung für das Moment aus. Man erhält mit den in der Aufgabenstellung gegebenen Schubverzerrungen γ_{xy} und γ_{xz}

$$M_{\mathrm{x}} \equiv \int\limits_{\mathrm{F}} (\tau_{\mathrm{xz}}\, y - \tau_{\mathrm{xy}}\, z)\, \mathrm{d}F = \frac{\bar{Q}_{\mathrm{z}}}{I_{\mathrm{y}}} \int\limits_{\mathrm{F}} \left(\tilde{\omega}_{,\mathrm{z}}\, y - \tilde{\omega}_{,\mathrm{y}}\, z + \frac{\nu}{1+\nu}\, y\, z^2\right) \mathrm{d}F\,.$$

Die Forderung, dass das Moment zu Null werden soll, ist bei dem hier betrachteten Beispiel, bei dem die Wirkungslinie der Querkraft in der Symmetrieebene liegt, aus Symmetriegründen erfüllt. Bei einem allgemeinen Querschnitt, der keine Symmetrieachse besitzt, oder bei einem einfach-symmetrischen Querschnitt, der senkrecht zu seiner Symmetrieachse belastet wird, kann man die Momentengleichgewichtsbedingung dazu verwenden, denjenigen Punkt des Querschnitts zu ermitteln, durch den die Resultierende der Querkräfte und somit auch die an den Enden angreifende Belastung verlaufen muss, damit kein Torsionsmoment auftritt. Diesen Punkt nennt man genau wie bei dünnwandigen Querschnitten Schubmittelpunkt. Weitere Details findet man in [15.2].

Vergleicht man das hier behandelte Problem (Schub infolge Querkraft) mit dem Torsionsproblem, die beide im Rahmen der Deformationsmethode behandelt wurden, so stellt man fest:

- In beiden Fällen handelt es sich um den gleichen Differentialoperator.
- Beim Torsionsproblem wird die rechte Seite der Differentialgleichung zu Null. Es ergibt sich die Potentialgleichung. Die Randbedingung für die Wölbfunktion ist inhomogen.
- Beim Problem Schub infolge Querkraft ist die rechte Seite der Differentialgleichung von Null verschieden (Poisson-Gleichung). Die Randbedingungen ist ebenfalls inhomogen. Nur im Fall verschwindender Querkontraktion wird die Randbedingung homogen.

Zur Ermittlung der Schubsteifigkeit fordert man, dass die Formänderungsenergie in einem Balkenabschnitt der Länge $\mathrm{d}x$ aufgrund der Schubspannungen im Querschnitt mit derjenigen übereinstimmt, die sich bei einem schubweichen Balken mit einer mittleren Schubverzerrung $\hat{\gamma}_{\mathrm{z}}$ ergibt:

$$\frac{1}{2} \int\limits_{\mathrm{F}} (\tau_{\mathrm{xz}}\, \gamma_{\mathrm{xz}} + \tau_{\mathrm{xy}}\, \gamma_{\mathrm{xy}})\, \mathrm{d}F\, \mathrm{d}x \stackrel{!}{=} \frac{1}{2}\, \bar{Q}_{\mathrm{z}}\, \hat{\gamma}_{\mathrm{z}}\, \mathrm{d}x\,.$$

Setzt man nun zwischen $\bar{Q}_{\mathrm{z}}$ und $\hat{\gamma}_{\mathrm{z}}$ das Stoffgesetz für den schubweichen Balken (Tabelle 2.4)

$$\bar{Q}_{\mathrm{z}} = G\,A_{\mathrm{z}}\;\hat{\gamma}_{\mathrm{z}}$$

an und drückt die Schnittkräfte und Verzerrungen durch die normierte Wölbfunktion aus, so ergibt sich

$$\frac{1}{2}\,\frac{\bar{Q}_{\mathrm{z}}^2}{G I_{\mathrm{y}}^2}\int\limits_{\mathrm{F}}\left[\left(\tilde{\omega}_{,\mathrm{y}} - \frac{\nu}{1+\nu}\,y\,z\right)^2 + \tilde{\omega}_{,\mathrm{z}}^2\right]\mathrm{d}F = \frac{1}{2}\,\frac{\bar{Q}_{\mathrm{z}}^2}{G\,A_{\mathrm{z}}}\,.$$

Aus dieser Gleichung lässt sich schließlich die unbekannte Schubfläche ermitteln:

$$A_{\mathrm{z}} = \frac{I_{\mathrm{y}}^2}{\int\limits_{\mathrm{F}}\left[\left(\tilde{\omega}_{,\mathrm{y}} - \frac{\nu}{1+\nu}\,y\,z\right)^2 + \tilde{\omega}_{,\mathrm{z}}^2\right]\mathrm{d}F}\,.$$

Auf eine noch mögliche weitere Umformung des Flächenintegrals wird verzichtet. Für die Auswertung des Integrals sind schon bei einfachen Querschnitten, beispielsweise beim Rechteckquerschnitt, Näherungsverfahren erforderlich. Weitere Einzelheiten zum Problem der Biegung mit Querkraft findet man bei Love [15.1].

15.4 Lösungen zu Kapitel 4

Lösung zu Aufgabe 4.1. Numerische Vergleichsrechnung

Das 4-Knoten-Rechteckelement erfasst die Lastfälle a und b korrekt. Damit alle vier Lastfälle exakt erfasst werden können, ist ein 16-Knoten-Element (Bild 7.4) oder mindestens ein 12-Knoten-Element (Bild 7.15) erforderlich, da für die Darstellung des Verschiebungszustandes ein kubisches Polynom benötigt wird. Das 16-Knoten-Element basiert auf einem bikubischen Ansatz, das 12-Knoten-Element enthält ein vollständiges kubisches Polynom in ξ und η.

Lösung zu Aufgabe 4.2. 9-Knoten-Rechteckelement

Es wird auf die Bilder 7.5 und 7.6 verwiesen.

Lösung zu Aufgabe 4.3. Temperaturbelastung

Die Berechnungsvorschrift für den Elementvektor aus Temperaturlasten lautet

$$\bar{\boldsymbol{p}}_{\mathrm{Te}} = \int\limits_{\mathrm{B_e}} \boldsymbol{V}_{\varepsilon\mathrm{u}}^{\mathrm{T}}(\xi,\eta)\,\boldsymbol{C}\,\bar{\boldsymbol{\varepsilon}}_{\mathrm{T}}(\xi,\eta)\,\mathrm{d}F \quad \text{mit} \quad \bar{\boldsymbol{\varepsilon}}_{\mathrm{T}} = \left\{\begin{array}{c} \alpha_{\mathrm{xT}}\;(T(x,y) - T_0) \\ \alpha_{\mathrm{yT}}\;(T(x,y) - T_0) \\ 0 \end{array}\right\}.$$

Für den Temperaturverlauf wird folgender Ansatz gewählt:

$$T(x,y) - T_0 = \{l_1, l_2, l_3, l_4\}\left\{\begin{array}{c} T_1 - T_0 \\ T_2 - T_0 \\ T_3 - T_0 \\ T_4 - T_0 \end{array}\right\}_{\mathrm{e}} = \boldsymbol{l}^{\mathrm{T}}\,\boldsymbol{T}_{\mathrm{e}}\,.$$

Für den Temperaturlastvektor lässt sich wieder eine geschlossene Darstellung angeben:

$$\bar{\boldsymbol{p}}_{\mathrm{Te}} = \frac{1}{12} \begin{bmatrix} (\alpha_{\mathrm{xT}}\, D_{\mathrm{x}} + \alpha_{\mathrm{yT}}\, D_{\mathrm{xy}})\, b_{\mathrm{e}}\, \boldsymbol{L}_1 \\ (\alpha_{\mathrm{xT}}\, D_{\mathrm{xy}} + \alpha_{\mathrm{yT}}\, D_{\mathrm{y}})\, a_{\mathrm{e}}\, \boldsymbol{L}_2 \end{bmatrix} \boldsymbol{T}_{\mathrm{e}}$$

$$\text{mit} \quad \boldsymbol{L}_1 = \begin{bmatrix} -2 & -2 & -1 & -1 \\ 2 & 2 & 1 & 1 \\ -1 & -1 & -2 & -2 \\ 1 & 1 & 2 & 2 \end{bmatrix} \quad \text{und} \quad \boldsymbol{L}_2 = \begin{bmatrix} -2 & -1 & -2 & -1 \\ -1 & -2 & -1 & -2 \\ 2 & 1 & 2 & 1 \\ 1 & 2 & 1 & 2 \end{bmatrix} .$$

Die Elementtemperaturlastvektoren $\bar{\boldsymbol{p}}_{\mathrm{Te}}$ gehen als zusätzlicher Term

$$-\sum_{\mathrm{e}=1}^{n_{\mathrm{e}}} \boldsymbol{A}_{\mathrm{e}}^{\mathrm{T}}\, \bar{\boldsymbol{p}}_{\mathrm{Te}}$$

in Gl. (4.22) ein und liefern damit einen weiteren Anteil am Systemlastvektor. Darüber hinaus muss die Temperatur nach Bestimmung der Systemknotenverschiebungen auch bei der Berechnung der Schnittkräfte im Element berücksichtigt werden:

$$\boldsymbol{\sigma}(x,y) = \boldsymbol{C}\, \left[\boldsymbol{V}_{\varepsilon\mathrm{u}}(\xi,\eta)\, \boldsymbol{u}_{\mathrm{e}} - \bar{\boldsymbol{\varepsilon}}_{\mathrm{T}}(\xi,\eta)\right] .$$

Lösung zu Aufgabe 4.4. Globale Gleichgewichtsbedingungen

Die Randwerte der Schubkräfte $n_{\mathrm{xy}}(0,\, y)$ stimmen nicht mit den (negativen) Auflagerkräften $a_{\mathrm{y}}(y)$ überein, da die Gleichung $n_{\mathrm{xy}}(0,\, y) - a_{\mathrm{y}}(y) = 0$ bei der freigeschnittenen Scheibe eine Schnittkraftrandbedingung ist, die zusammen mit allen anderen Gleichgewichtsbedingungen und Schnittkraftrandbedingungen nur im gewichteten Mittel erfüllt werden.

Anders verhält es sich mit den generalisierten Auflagerkräften A^*_{yk}. Man kann sich das beispielsweise auf der Grundlage von Gl. (4.23) klarmachen. Wenn man diese Beziehung von links mit einem virtuellen Verschiebungsvektor

$$\delta \boldsymbol{u}^{*\,T}_{\mathrm{SK}} = \{0, 1, 0, 1, \ldots, 0, 1\}$$

multipliziert, der gerade eine Starrkörperverschiebungszustand in y-Richtung repräsentiert, so wird die linke Seite zu Null, und es verbleibt

$$\sum \left[\bar{P}^*_{\mathrm{Byk}} + \bar{P}^*_{\mathrm{Ryk}} + A^*_{\mathrm{yk}}\right] = 0 ,$$

wobei sich die Summation über alle Knoten erstreckt. Diese Beziehung ist eine Gleichgewichtsaussage für alle in y-Richtung wirkenden generalisierten Knotenkräfte. Auf Grund der exakten Darstellbarkeit von Starrkörperverschiebungen sind die generalisierten Lasten $\bar{P}^*_{\mathrm{Byk}}$ und $\bar{P}^*_{\mathrm{Ryk}}$ mit dem Scheibeneigengewicht $\bar{p}_{\mathrm{y}}(x,y)$ und der am oberen Rand angreifenden Belastung $\bar{p}_{\mathrm{Ry}}(x)$ statisch gleichwertig, so dass die generalisierten Auflagerkräfte A^*_{yk} die globale Gleichgewichtsbedingung in y-Richtung exakt erfüllen.

Lösung zu Aufgabe 4.5. Differenzengleichungen

Als Differenzengleichung erhält man nach Division durch $a_e\, b_e$

$$\frac{D_x}{6a_e^2}\begin{array}{|c|c|c|}\hline -1 & 2 & -1\\\hline -4 & \boxed{8} & -4\\\hline -1 & 2 & -1\\\hline\end{array}\{u\}+\frac{D_{xy}}{a_e b_e}\begin{array}{|c|c|c|}\hline 1 & 0 & -1\\\hline 0 & \boxed{0} & 0\\\hline -1 & 0 & 1\\\hline\end{array}\{v\}$$

$$+\frac{D_s}{6b_e^2}\begin{array}{|c|c|c|}\hline -1 & -4 & -1\\\hline 2 & \boxed{8} & 2\\\hline -1 & -4 & -1\\\hline\end{array}\{u\}+\frac{D_{xy}}{a_e b_e}\begin{array}{|c|c|c|}\hline 1 & 0 & -1\\\hline 0 & \boxed{0} & 0\\\hline -1 & 0 & 1\\\hline\end{array}\{v\}=\bar{p}_x\,.$$

Bei dem zweiten und dritten Differenzenstern erkennt man bereits, dass es sich bis auf einen Faktor um den Differenzenquotienten zur gemischten zweiten Ableitung handelt. Der erste (bzw. dritte) Differenzenstern muss noch etwas umgeformt werden:

$$\begin{array}{|c|c|c|}\hline -1 & 2 & -1\\\hline -4 & \boxed{8} & -4\\\hline -1 & 2 & -1\\\hline\end{array} = 6\begin{array}{|c|c|c|}\hline 0 & 0 & 0\\\hline -1 & \boxed{2} & -1\\\hline 0 & 0 & 0\\\hline\end{array} + \begin{array}{|c|c|c|}\hline -1 & 2 & -1\\\hline 2 & \boxed{-4} & 2\\\hline -1 & 2 & -1\\\hline\end{array}\,.$$

Jetzt lässt sich der Grenzübergang vollziehen. Es wird z. B.

$$\lim_{a_e\to 0}\frac{D_x}{a_e^2}\begin{array}{|c|c|c|}\hline 0 & 0 & 0\\\hline -1 & \boxed{2} & -1\\\hline 0 & 0 & 0\\\hline\end{array}\{u\}=-D_x\left.\frac{\partial^2 u}{\partial x^2}\right|_{jk},$$

$$\lim_{a_e\to 0,\, b_e\to 0}\frac{D_{xy}}{a_e b_e}\begin{array}{|c|c|c|}\hline 1 & 0 & -1\\\hline 0 & \boxed{0} & 0\\\hline -1 & 0 & 1\\\hline\end{array}\{v\}=-D_y\left.\frac{\partial^2 u}{\partial x\,\partial y}\right|_{jk},$$

$$\lim_{a_e\to 0,\, b_e\to 0}\frac{b_e^2 D_x}{a_e^2 b_e^2}\begin{array}{|c|c|c|}\hline -1 & 2 & -1\\\hline 2 & \boxed{-4} & 2\\\hline -1 & 2 & -1\\\hline\end{array}\{u\}=0\,.$$

so dass die Differentialgleichung

$$D_x\,\frac{\partial^2 u}{\partial x^2}+D_{xy}\,\frac{\partial^2 v}{\partial x\,\partial y}+D_s\,\frac{\partial^2 u}{\partial y^2}+D_s\,\frac{\partial^2 v}{\partial x\,\partial y}+\bar{p}_x=0$$

für den Punkt (j,k) verbleibt. Das ist genau die erste der beiden Verschiebungsdifferentialgleichungen für die Verschiebungen u und v.

Lösung zur Aufgabe 4.6. Elastisch eingespannter Kragarm

Der Anteil der Steifigkeitsmatrix, mit dem die Scheibe erfasst wird, kann aus Gl. (4.17) übernommen werden, der Lastvektor aus Gl. (4.21), wobei darauf zu achten ist, dass in Bild 4.54a die Belastung in negative y-Richtung wirkt. Für den Anteil der Steifigkeitsmatrix aufgrund der elastischen Einspannung ergibt sich

$$\boldsymbol{S}_{\mathrm{e},1-3} = \begin{bmatrix} \boldsymbol{C}_{\mathrm{x}} & \mathbf{0} \\ \mathbf{0} & \boldsymbol{C}_{\mathrm{y}} \end{bmatrix}$$

$$\text{mit} \quad \boldsymbol{C}_{\mathrm{x}} = \frac{b}{6} \begin{bmatrix} 2\,c_{\mathrm{x}} & 0 & c_{\mathrm{x}} & 0 \\ 0 & 0 & 0 & 0 \\ c_{\mathrm{x}} & 0 & 2\,c_{\mathrm{x}} & 0 \\ 0 & 0 & 0 & 0 \end{bmatrix} \quad \text{und} \quad \boldsymbol{C}_{\mathrm{y}} = \frac{b}{6} \begin{bmatrix} 2\,c_{\mathrm{y}} & 0 & c_{\mathrm{y}} & 0 \\ 0 & 0 & 0 & 0 \\ c_{\mathrm{y}} & 0 & 2\,c_{\mathrm{y}} & 0 \\ 0 & 0 & 0 & 0 \end{bmatrix} .$$

Lösung zu Aufgabe 4.7. Elementmatrizen für den ebenen Verzerrungszustand

Wie in der Lösung zu Aufgabe 2.6 dargestellt, können für den ebenen Verzerrungszustand die gleichen Differentialoperatoren $\mathbf{D}_{\varepsilon\mathrm{u}}$ und $\mathbf{D}_{\mathrm{g}}$ verwendet werden, wie beim ebenen Spannungszustand (Scheibe). Die Stoffmatrix der Scheibe kann für den ebenen Verzerrungszustand übernommen werden, wenn im hier betrachteten isotropen Fall die Größen E, v, G und t wie folgt ersetzt werden:

Scheibe	Ebener Verzerrungszustand
E	$\tilde{E} = \dfrac{E}{1-\nu^2}$
ν	$\tilde{\nu} = \dfrac{\nu}{1-\nu}$
$G = \dfrac{E}{2\,(1+\nu)}$	$\tilde{G} = G$
t	$\tilde{t} = 1$

Für die Größen des im Unterabschnitt 4.1.4 verwendeten orthotropen Stoffgesetzes hat man zu setzen:

$$\tilde{D}_{\mathrm{x}} = \tilde{D}_{\mathrm{y}} = \frac{E\,(1-\nu)}{(1+\nu)(1-2\,\nu)}\,, \quad \tilde{D}_{\mathrm{xy}} = \frac{E\,\nu}{(1+\nu)(1-2\,\nu)}\,, \quad \tilde{D}_{\mathrm{s}} = \frac{E}{2\,(1+\nu)}\,.$$

Damit kann die Elementsteifigkeitsmatrix aus Gl. (4.17) unmittelbar übernommen werden. Auch die Elementbelastungsvektoren von Gln. (4.18) und (4.21) können weiterverwendet werden, wobei lediglich für die Flächenlasten die Bezeichnungen $\bar{X}$ und $\bar{Y}$ zu verwenden sind. Auch die Schnittkraftmatrix $\boldsymbol{S}_{\mathrm{Ke}}$ von Gl. (4.34) ist weiterhin gültig. Allerdings muss die Spannung $\sigma_{\mathrm{z}} = -\nu\ (\sigma_{\mathrm{x}} + \sigma_{\mathrm{y}})$ gesondert bestimmt werden.

Lösung zu Aufgabe 4.8. Konduktivitätsmatrix bei der ebenen Wärmeleitung

Als Konduktivitätsmatrix ergibt sich

$$\boldsymbol{K}_{\mathrm{e}} = \frac{b_{\mathrm{e}}}{a_{\mathrm{e}}}\,\lambda_{\mathrm{x}}\,\boldsymbol{L}_{11} + \frac{a_{\mathrm{e}}}{b_{\mathrm{e}}}\,\lambda_{\mathrm{x}}\,\boldsymbol{L}_{22}$$

mit den Matrizen $\boldsymbol{L}_{11}$ und $\boldsymbol{L}_{22}$ aus Gl. (4.17). Die Matrix $\boldsymbol{K}_{\alpha\mathrm{e}}$ nimmt folgende Gestalt an:

$$\boldsymbol{K}_{\alpha\mathrm{e}} = \frac{a_\mathrm{e}}{6}\begin{bmatrix} 2\,\alpha_{12} & \alpha_{12} & 0 & 0 \\ \alpha_{12} & 2\,\alpha_{12} & 0 & 0 \\ 0 & 0 & 2\,\alpha_{34} & \alpha_{34} \\ 0 & 0 & \alpha_{34} & 2\,\alpha_{34} \end{bmatrix} + \frac{b_\mathrm{e}}{6}\begin{bmatrix} 2\,\alpha_{13} & 0 & \alpha_{13} & 0 \\ 0 & 2\,\alpha_{24} & 0 & \alpha_{24} \\ \alpha_{13} & 0 & 2\,\alpha_{13} & 0 \\ 0 & \alpha_{24} & 0 & 2\,\alpha_{24} \end{bmatrix}.$$

Die Konduktivitätsmatrix muss in der Lage sein, den Zustand „konstante Temperatur“ und „konstanter Temeraturgradient“ bzw. „konstanter Wärmefluss“ korrekt zu erfassen. Da die gleichen Matrizen $\boldsymbol{L}_{11}$ und $\boldsymbol{L}_{22}$ bei der Elementsteifigkeitsmatrix der Scheibe auftreten, sind die Forderungen erfüllt.

Lösung zu Aufgabe 4.9. Finite-Elemente-Verfahren für eine Membran

Man gibt für λ_x und λ_y die Werte $n_\mathrm{x}^{(0)}$ und $n_\mathrm{y}^{(0)}$ sowie für die Wärmequellendichte $\bar{f}$ den Wert $\bar{p}_\mathrm{z}$ ein. (Randbelastungen und Randverschiebungen treten nicht auf.) Die Knotentemperaturen T_k^*, die man als Ergebnis erhält, interpretiert man als Knotenverschiebungen w_k^*.

Lösung zu Aufgabe 4.10. Finite-Elemente-Verfahren für die Torsion zylindrischer Stäbe

Als Elementsteifigkeitsmatrix erhält man den Ausdruck

$$\boldsymbol{S}_\mathrm{e} = \frac{c}{b}\,G\,\boldsymbol{L}_{11} + \frac{b}{c}\,G\,\boldsymbol{L}_{22}\,.$$

Für den Beitrag $\boldsymbol{r}_\mathrm{e}$ zum Vektor der rechten Seite ergibt sich mit $z = \boldsymbol{l}^T\,\boldsymbol{z}_\mathrm{e}$ und $y = \boldsymbol{l}^T\,\boldsymbol{y}_\mathrm{e}$ die Beziehung

$$\boldsymbol{r}_\mathrm{e} = \frac{c}{2}\,G\int_{-1}^{1}\int_{-1}^{1}\boldsymbol{l}_{,\eta}\,\boldsymbol{l}^\mathrm{T}\,\mathrm{d}\eta\,\mathrm{d}\zeta\,\boldsymbol{z}_\mathrm{e} - \frac{b}{2}\,G\int_{-1}^{1}\int_{-1}^{1}\boldsymbol{l}_{,\zeta}\,\boldsymbol{l}^\mathrm{T}\,\mathrm{d}\eta\,\mathrm{d}\zeta\,\boldsymbol{y}_\mathrm{e}$$

oder ausgewertet

$$\boldsymbol{r}_\mathrm{e} = G\left[\frac{c}{12}\,\boldsymbol{L}_1\,\boldsymbol{z}_\mathrm{e} - \frac{b}{12}\,\boldsymbol{L}_2\,\boldsymbol{y}_\mathrm{e}\right].$$

Die Matrizen $\boldsymbol{L}_1$ und $\boldsymbol{L}_2$ können aus der Lösung zur Aufgabe 4.3 übernommen werden. Superponiert man die Anteile aus $\boldsymbol{r}_\mathrm{e}$ für die einzelnen Elemente, so stellt man fest, dass alle Anteile zu Punkten im Innern entfallen und nur Anteile von Randpunkten übrigbleiben. Das entspricht dann der Auswertung des Umlaufintegrals, das bei der Lösung zur Aufgabe 3.7 als Alternative angegeben wurde.

Sofern man bei der Berechnung des doppeltsymmetrischen Querschnitts die Symmetrie nicht ausnutzt, muss ein Freiheitsgrad behindert werden, da die Wölbfunktion $\omega\,(y,z)$ in x-Richtung verschiebbar ist. Alle Ränder sind im Sinne unserer Nomenklatur Ränder R_σ.

Die beiden Struktursymmetrielinien $y = 0$ und $z = 0$ (siehe Bild 4.55b) sind für den Fall Torsionsbelastung Antimetrielinien. Die Werte der Wölbfunktion müssen auf diesen Antimetrielinien zu Null gesetzt werden.

Die Torsionssteifigkeit ermittelt man wiederum derart, dass man das gesamte Flächenintegral aus Beiträgen aufbaut, die sich aus den Elementen ergeben. Dann wird

$$\begin{aligned} B_{\mathrm{xe}} = G \, \frac{b\,c}{4} & \left[\boldsymbol{y}_{\mathrm{e}}^{\mathrm{T}} \int_{-1}^{1} \int_{-1}^{1} \boldsymbol{l}\,\boldsymbol{l}^{\mathrm{T}} \, \mathrm{d}\eta \, \mathrm{d}\zeta \; \boldsymbol{y}_{\mathrm{e}} + \boldsymbol{z}_{\mathrm{e}}^{\mathrm{T}} \int_{-1}^{1} \int_{-1}^{1} \boldsymbol{l}\,\boldsymbol{l}^{\mathrm{T}} \, \mathrm{d}\eta \, \mathrm{d}\zeta \; \boldsymbol{z}_{\mathrm{e}} \right] \\ + G & \left[\frac{b}{2} \, \omega_{\mathrm{e}}^{\mathrm{T}} \int_{-1}^{1} \int_{-1}^{1} \boldsymbol{l}_{,\zeta} \, \boldsymbol{l}^{\mathrm{T}} \, \mathrm{d}\eta \, \mathrm{d}\zeta \; \boldsymbol{y}_{\mathrm{e}} - \frac{c}{2} \, \omega_{\mathrm{e}}^{\mathrm{T}} \int_{-1}^{1} \int_{-1}^{1} \boldsymbol{l}_{,\eta} \, \boldsymbol{l}^{\mathrm{T}} \, \mathrm{d}\eta \, \mathrm{d}\zeta \; \boldsymbol{z}_{\mathrm{e}} \right] . \end{aligned}$$

Mit den bereits mehrfach verwendeten Abkürzungen erhält man

$$B_{\mathrm{xe}} = \frac{G\,b\,c}{36} \left[\boldsymbol{y}_{\mathrm{e}}^{\mathrm{T}} \, \boldsymbol{L} \, \boldsymbol{y}_{\mathrm{e}} + \boldsymbol{z}_{\mathrm{e}}^{\mathrm{T}} \, \boldsymbol{L} \, \boldsymbol{z}_{\mathrm{e}} \right] + \frac{G}{12} \left[b \, \omega_{\mathrm{e}}^{\mathrm{T}} \, \boldsymbol{L}_2 \, \boldsymbol{y}_{\mathrm{e}} - c \, \omega_{\mathrm{e}}^{\mathrm{T}} \boldsymbol{L}_1 \, \boldsymbol{z}_{\mathrm{e}} \right] .$$

Lösung zur Aufgabe 4.11. Anschauliche Interpretation des Gleichungssystems beim Finite-Elemente-Verfahren für Fachwerke

Der Ausdruck $\boldsymbol{S}_{\mathrm{e}} \, \boldsymbol{T}_{\mathrm{e}} \, \boldsymbol{A}_{\mathrm{e}} \, \boldsymbol{u}^* - \bar{\boldsymbol{p}}_{\mathrm{Be}}$ stellt den Vektor der Stabendschnittkräfte dar, die an den beiden Enden in Richtung der Stabachse aufgrund der Knotenverschiebungen $\boldsymbol{u}^*$ und der Linienlasten auf den Stab wirken. Durch die Multiplikation mit $\boldsymbol{T}_{\mathrm{e}}^{\mathrm{T}}$ werden die beiden Stabendkräfte in Komponenten in Richtung von x und y zerlegt.

In Bild 15.4a sind die Stabendschnittkräfte aufgrund von Belastungen nach Multiplikation mit $\boldsymbol{T}_{\mathrm{e}}^{\mathrm{T}}$ – also bereits zerlegt in Richtung der globalen Koordinaten x und y – dargestellt. Sie sind definitionsgemäß positiv, wenn sie auf den jeweiligen Stab in Richtung von $+x$ oder $+y$ wirken, und zwar sowohl am Stabanfang (1) als auch am Stabende (2). Bezeichnet sind nur die auf die Stäbe wirkenden Kräfte, nicht hingegen die wegen des Reaktionsprinzips (*actio* = *reactio*) in umgekehrter Richtung auf die Knoten wirkenden Kräfte. In Bild 15.4b sind beschränkt auf den Stab 3 und auf die Knoten 2 und 4 die (generalisierten) Kräfte aufgrund von Belastungen angegeben. Die generalisierten Kräfte aus Bereichslasten (Linienlasten) sind positiv, wenn sie auf die angrenzenden Knoten in positiver Koordinatenrichtung wirken. Auf den Stab wirken sie mithin in negativer Koordinatenrichtung.

Die beiden ersten Zeilen des Gleichungssystems lauten

$$\begin{aligned} & S_{\mathrm{x1}}^{①} + S_{\mathrm{x1}}^{④} = A_{\mathrm{x1}}^* \, , \\ & S_{\mathrm{y1}}^{④} = A_{\mathrm{y1}}^* \, . \end{aligned}$$

Die beiden Auflagerkräfte A_{x1}^* und A_{y1}^* sind hierbei positiv (siehe Bild 15.4a), wenn sie auf das Tragwerk in positiver Koordinatenrichtung wirken.

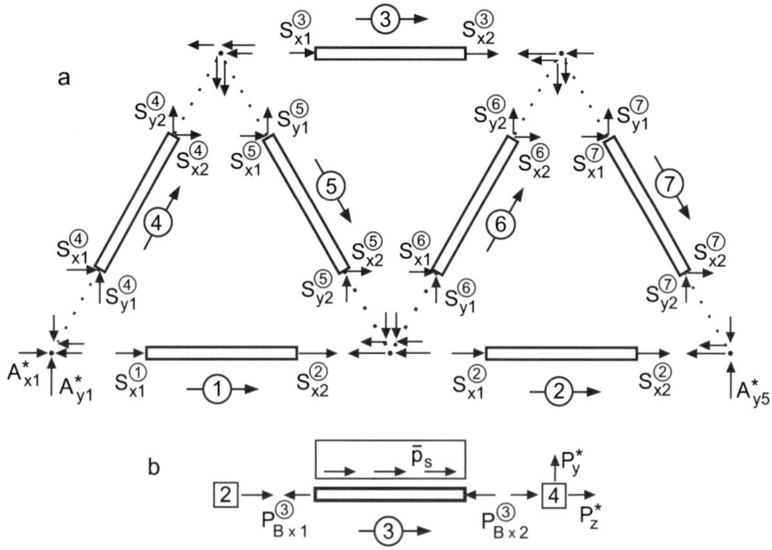

Bild 15.4. Generalisierte Kräfte beim Fachwerk. **a** Stabendschnittkräfte aufgrund von Knotenverschiebungen, **b** Kräfte aufgrund von Belastungen

Lösung zu Aufgabe 4.12. Mechanisch begründete Anforderungen an ein Finite-Elemente-Verfahren für Fachwerke

Die Symmetrie der Elementsteifigkeitsmatrix, Gl. (4.59), liegt selbstverständlich vor.

Mit den Abkürzungen $c_{\mathrm{x}} = \cos\alpha_{\mathrm{x}}$ und $c_{\mathrm{y}} = \cos\alpha_{\mathrm{y}}$ (siehe Bild 4.49) erhält man für die gesuchte Steifigkeitsmatrix

$$\boldsymbol{T}_{\mathrm{e}}^{\mathrm{T}}\,\boldsymbol{S}_{\mathrm{e}}\,\boldsymbol{T}_{\mathrm{e}} = \frac{E\,A}{l_{\mathrm{e}}}\begin{bmatrix} c_{\mathrm{x}}^2 & c_{\mathrm{x}}\,c_{\mathrm{y}} & -c_{\mathrm{x}}^2 & -c_{\mathrm{x}}\,c_{\mathrm{y}} \\ c_{\mathrm{x}}\,c_{\mathrm{y}} & c_{\mathrm{y}}^2 & -c_{\mathrm{x}}\,c_{\mathrm{y}} & -c_{\mathrm{y}}^2 \\ -c_{\mathrm{x}}^2 & -c_{\mathrm{x}}\,c_{\mathrm{y}} & c_{\mathrm{x}}^2 & c_{\mathrm{x}}\,c_{\mathrm{y}} \\ -c_{\mathrm{x}}\,c_{\mathrm{y}} & -c_{\mathrm{y}}^2 & c_{\mathrm{x}}\,c_{\mathrm{y}} & c_{\mathrm{y}}^2 \end{bmatrix}.$$

Der Vektor der Starrkörperverschiebungen lautet sich unter Verwendung der Konstanten K_{i}

$$\boldsymbol{u}_{\mathrm{e,SK}}^{*} = K_1\begin{Bmatrix} 1 \\ 0 \\ 1 \\ 0 \end{Bmatrix} + K_2\begin{Bmatrix} 0 \\ 1 \\ 0 \\ 1 \end{Bmatrix} + K_3\,\frac{b}{2}\begin{Bmatrix} c_{\mathrm{y}} \\ -c_{\mathrm{x}} \\ -c_{\mathrm{y}} \\ c_{\mathrm{x}} \end{Bmatrix},$$

wobei eine Rotation um die Mitte des Stabes angesetzt wurde. Die Darstellbarkeit von Starrkörperverschiebungszuständen ist gewährleistet, da

$$\boldsymbol{T}_{\mathrm{e}}^{\mathrm{T}}\,\boldsymbol{S}_{\mathrm{e}}\,\boldsymbol{T}_{\mathrm{e}}\,\boldsymbol{u}_{\mathrm{e,SK}}^{*} = \boldsymbol{0}$$

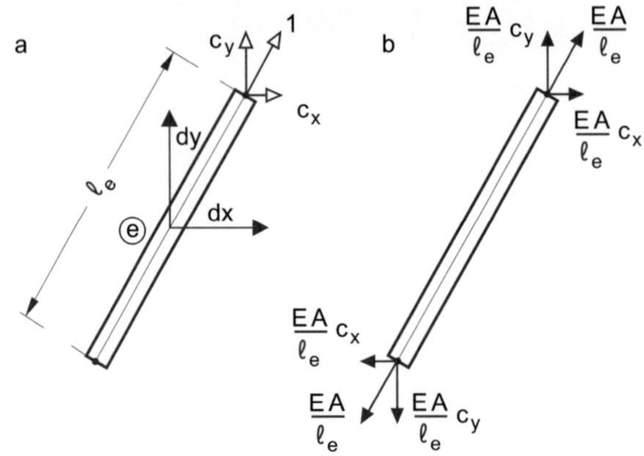

Bild 15.5. Verschiebungszustand bei Verlängerung des Stabes um den Wert 1 **a** und zugehörige Stabendschnittkräfte **b**

ist. Es gibt nur einen Zustand konstanter Verzerrungen, der beispielsweise durch den Vektor

$$\boldsymbol{u}^*_{\mathrm{e,KV}} = \begin{Bmatrix} 0 \\ 0 \\ c_{\mathrm{x}} \\ c_{\mathrm{y}} \end{Bmatrix}$$

beschrieben wird. Bei diesem Verschiebungszustand wird der Stabendknoten 2 um den Wert 1 in Stablängsrichtung verschoben, während Knoten 1 nicht verschoben wird. Man kontrolliert und erhält nach Multiplikation der Steifigkeitsmatrix $\boldsymbol{T}_{\mathrm{e}}^{\mathrm{T}}\, \boldsymbol{S}_{\mathrm{e}}\, \boldsymbol{T}_{\mathrm{e}}$ mit $\boldsymbol{u}^*_{\mathrm{e,KV}}$

$$\begin{Bmatrix} S_{\mathrm{x1}} \\ S_{\mathrm{y1}} \\ S_{\mathrm{x2}} \\ S_{\mathrm{y2}} \end{Bmatrix}_{\mathrm{e}} = \frac{EA}{l_{\mathrm{e}}} \begin{Bmatrix} -c_{\mathrm{x}} \\ -c_{\mathrm{y}} \\ c_{\mathrm{x}} \\ c_{\mathrm{y}} \end{Bmatrix},$$

wobei die Beziehung $c_{\mathrm{x}}^2 + c_{\mathrm{y}}^2 = 1$ ausgenutzt wird. Die Stabendschnittkräfte, die sich auf diese Weise ergeben, sind in Bild 15.5 dargestellt. Auch für jeden Punkt im Stabinneren erhält man $N_{\mathrm{e}} = E\,A/l_{\mathrm{e}}$. Die *Darstellbarkeit konstanter Schnittkräfte* und nicht nur konstanter Verzerrungen ist somit gewährleistet. Das gilt nicht mehr, wenn es sich um einen Stab veränderlicher Steifigkeit handelt und man die Matrix $\boldsymbol{S}_{\mathrm{e}}$ über die Beziehung

$$\boldsymbol{S}_{\mathrm{e}} = \int\limits_{\mathrm{l_e}} \boldsymbol{V}_{\varepsilon\mathrm{u}}^{\mathrm{T}}\, \boldsymbol{C}\, \boldsymbol{V}_{\varepsilon\mathrm{u}}\, \mathrm{d}s$$

(Prinzip der virtuellen Verrückungen) ermittelt. Dann ist zwar die Darstellbarkeit eines konstanten Verzerrungszustandes noch gewährleistet, nicht aber die eigentlich erwünschte Darstellbarkeit eines konstanten Schnittkraftzustandes.

Die positive Definitheit wird an der Matrix $\boldsymbol{S}_\mathrm{e}$ kontrolliert. Die Lösung der Eigenwertaufgabe

$$\boldsymbol{S}_\mathrm{e}\,\boldsymbol{v}_\mathrm{e} = \lambda\,\mathbf{I}\,\boldsymbol{v}_\mathrm{e}$$

ergibt als Eigenwertgleichung

$$\lambda^2 - 2\,\lambda\,\frac{E\,A}{l_\mathrm{e}} = 0\,,$$

$$\text{d. h.}\quad \lambda_1 = 0\,,\ \lambda_2 = 2\,\frac{E\,A}{l_\mathrm{e}}\,,$$

und als zugehörige Eigenvektoren

$$\boldsymbol{v}_1 = \begin{Bmatrix} 1 \\ 1 \end{Bmatrix}\,,\ \boldsymbol{v}_2 = \frac{1}{2}\begin{Bmatrix} -1 \\ 1 \end{Bmatrix}\,.$$

$\boldsymbol{v}_1$ repräsentiert den Starrkörperverschiebungszustand, $\boldsymbol{v}_2$ den Zustand konstanter Verzerrungen. Mit der Transformation

$$\boldsymbol{v}_\mathrm{e} = q_1\,\boldsymbol{v}_1 + q_2\,\boldsymbol{v}_2 = \left[\boldsymbol{v}_1, \boldsymbol{v}_2\right]\,\boldsymbol{q}$$

ergibt sich für die Formänderungsenergie

$$\varPi_\mathrm{i} = \frac{1}{2}\,\boldsymbol{v}_\mathrm{e}^\mathrm{T}\,\boldsymbol{S}_\mathrm{e}\,\boldsymbol{v}_\mathrm{e} = \frac{1}{2}\,\{q_1, q_2\}\,\frac{EA}{l_\mathrm{e}}\begin{bmatrix} 0 & 0 \\ 0 & 1 \end{bmatrix}\begin{Bmatrix} q_1 \\ q_2 \end{Bmatrix} = \frac{E\,A}{2\,l_\mathrm{e}}\,q_2^2 \geqslant 0\,,$$

womit die positive Definitheit nachgewiesen ist.

Lösung zu Aufgabe 4.13. Fachwerk auf Federlagern

Am einfachsten ist es, die Federn als Stäbe der Länge $l = 1$ mit der fiktiven Dehnsteifigkeit $E\,A = c$ zu behandeln. Es treten dann gegenüber Bild 4.46 vier weitere Stäbe und vier weitere Punkte auf (Bild 15.6).

Die Besetzung der Systemsteifigkeitsmatrix $\boldsymbol{S}^*$ der Abmessung $[18\times18]$ vor dem Einbau der geometrischen Randbedingungen ist nachfolgend angegeben, wobei bei

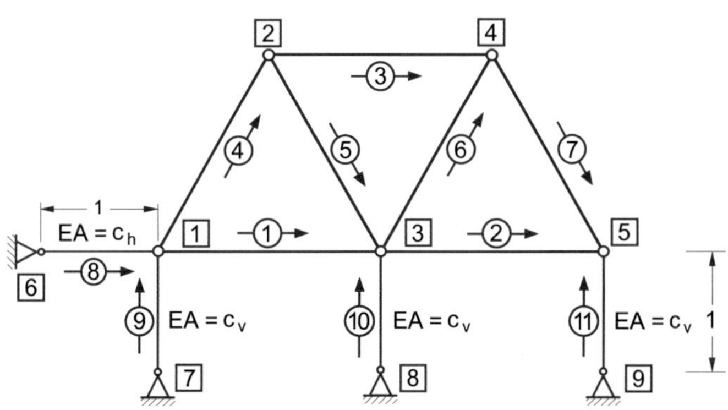

Bild 15.6. Fachwerk mit elastischen Lagern

den Stäben 1, 2, 3, 8, 9, 10, 11 berücksichtigt ist, dass die Elementsteifigkeitsmatrizen nicht voll besetzt sind. Der zugehörige Vektor $\boldsymbol{u}^*$ lautet

$$\boldsymbol{u}^{*\mathrm{T}} = \{u_1^*, v_1^*, u_2^*, v_2^*, \dots, u_9^*, v_9^*\}\,.$$

Für die Matrix $\boldsymbol{S}^*$ ergibt sich die nachfolgend angegebene Besetzung wobei Anteile aus Fachwerkstäben mit $\times$, Anteile aus Auflagern mit $\bullet$ gekennzeichnet werden:

$$\boldsymbol{S}^* = \begin{bmatrix}
\divideontimes & \times & \times & \times & \times & 0 & 0 & 0 & 0 & 0 & \bullet & 0 & 0 & 0 & 0 & 0 & 0 & 0 \\
\times & \divideontimes & \times & \times & 0 & 0 & 0 & 0 & 0 & 0 & 0 & 0 & 0 & \bullet & 0 & 0 & 0 & 0 \\
\times & \times & \times & \times & \times & \times & \times & 0 & 0 & 0 & 0 & 0 & 0 & 0 & 0 & 0 & 0 & 0 \\
\times & \times & \times & \times & \times & \times & 0 & 0 & 0 & 0 & 0 & 0 & 0 & 0 & 0 & 0 & 0 & 0 \\
\times & 0 & \times & \times & \times & \times & \times & \times & \times & 0 & 0 & 0 & 0 & 0 & 0 & 0 & 0 & 0 \\
0 & 0 & \times & \times & \times & \divideontimes & \times & \times & 0 & 0 & 0 & 0 & 0 & 0 & 0 & \bullet & 0 & 0 \\
0 & 0 & \times & 0 & \times & \times & \times & \times & \times & \times & 0 & 0 & 0 & 0 & 0 & 0 & 0 & 0 \\
0 & 0 & 0 & 0 & \times & \times & \times & \times & \times & \times & 0 & 0 & 0 & 0 & 0 & 0 & 0 & 0 \\
0 & 0 & 0 & 0 & \times & 0 & \times & \times & \times & \times & 0 & 0 & 0 & 0 & 0 & 0 & 0 & 0 \\
0 & 0 & 0 & 0 & 0 & 0 & \times & \times & \times & \divideontimes & 0 & 0 & 0 & 0 & 0 & 0 & 0 & \bullet \\
\bullet & 0 & 0 & 0 & 0 & 0 & 0 & 0 & 0 & 0 & \bullet & 0 & 0 & 0 & 0 & 0 & 0 & 0 \\
0 & 0 & 0 & 0 & 0 & 0 & 0 & 0 & 0 & 0 & 0 & 0 & 0 & 0 & 0 & 0 & 0 & 0 \\
0 & 0 & 0 & 0 & 0 & 0 & 0 & 0 & 0 & 0 & 0 & 0 & 0 & 0 & 0 & 0 & 0 & 0 \\
0 & \bullet & 0 & 0 & 0 & 0 & 0 & 0 & 0 & 0 & 0 & 0 & 0 & \bullet & 0 & 0 & 0 & 0 \\
0 & 0 & 0 & 0 & 0 & 0 & 0 & 0 & 0 & 0 & 0 & 0 & 0 & 0 & 0 & 0 & 0 & 0 \\
0 & 0 & 0 & 0 & 0 & \bullet & 0 & 0 & 0 & 0 & 0 & 0 & 0 & 0 & 0 & \bullet & 0 & 0 \\
0 & 0 & 0 & 0 & 0 & 0 & 0 & 0 & 0 & 0 & 0 & 0 & 0 & 0 & 0 & 0 & 0 & 0 \\
0 & 0 & 0 & 0 & 0 & 0 & 0 & 0 & 0 & \bullet & 0 & 0 & 0 & 0 & 0 & 0 & 0 & \bullet
\end{bmatrix}$$

Die Verschiebung $\bar{v}$ wird über eine geometrische Randbedingung berücksichtigt. Es gilt $v_8 = \bar{v}$. Bei allen anderen gelagerten Knoten werden die Verschiebungen zu Null gesetzt.

Lösung zu Aufgabe 4.14. Fachwerk mit Spannschloss

Die kinematische Beziehung lautet für die wirklichen Verschiebungen

$$\hat{u}_1 - u_1 = \Delta\bar{u}$$

und für die virtuellen Verschiebungen

$$\delta\hat{u}_1 - \delta u_1 = 0\,.$$

$\Delta\bar{u}$ ist eine als Verschiebungsbelastung vorgegebene Größe, zu der keine virtuelle Größe (Variation) existiert. Für den Anteil des Stabes j zum Prinzip der virtuellen Verrückungen lässt sich schreiben

$$\delta\Pi_{\mathrm{j}}^{(\mathrm{D})} = \delta\{\hat{u}_1, u_2\}_{\mathrm{j}}\ \boldsymbol{S}_{\mathrm{j}}\ \{\hat{u}_1, u_2\}_{\mathrm{j}}^{\mathrm{T}}$$

und nach Einführung der kinematischen Beziehung

$$\delta\Pi_{\mathrm{j}}^{(\mathrm{D})} = \delta\{u_1, u_2\}_{\mathrm{j}}\ \boldsymbol{S}_{\mathrm{j}}\ \{u_1 + \Delta\bar{u}, u_2\}_{\mathrm{j}}^{\mathrm{T}}\,.$$

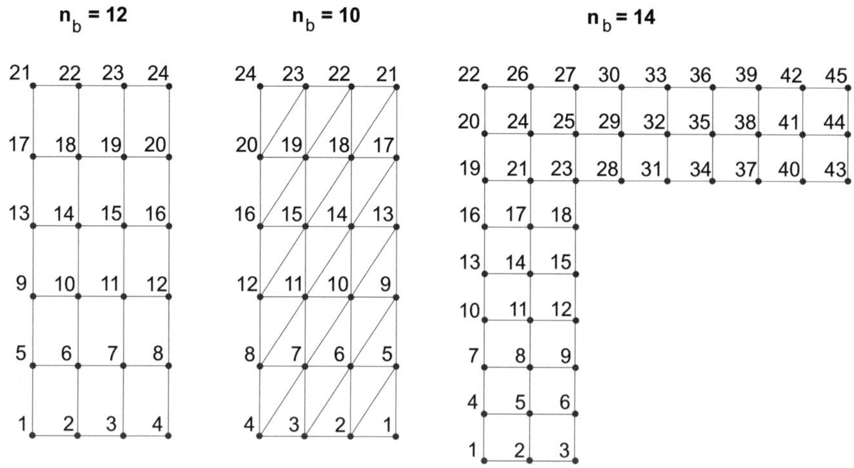

Bild 15.7. Knotenbezifferung mit minimaler Bandbreite bei drei Elementnetzen

Der Anteil, in dem $\Delta\bar{u}$ auftaucht, wird nun als Beitrag zur virtuellen äußeren Arbeit interpretiert:

$$\delta\Pi_{\mathrm{j}}^{(\mathrm{D})} = \delta\boldsymbol{u}_{\mathrm{j}}^{\mathrm{T}}\,\boldsymbol{S}_{\mathrm{j}}\,\boldsymbol{u}_{\mathrm{j}} - \delta\boldsymbol{u}_{\mathrm{j}}^{\mathrm{T}}\,\bar{\boldsymbol{p}}_{\mathrm{Bj}} = \delta\Pi_{\mathrm{ij}} - \delta W_{\mathrm{aj}} \quad \text{mit} \quad \bar{\boldsymbol{p}}_{\mathrm{Bj}} = -\boldsymbol{S}_{\mathrm{j}}\,\{\Delta\bar{u}, 0\}\,.$$

Die Weiterverarbeitung erfolgt wie im Abschnitt 4.3 für Bereichslasten $\bar{\boldsymbol{p}}_{\mathrm{Bj}}$.

15.5 Lösungen zu Kapitel 5

Lösung zu Aufgabe 5.1.Bandbreite

Die Lösung ist in Bild 15.7 angegeben. Im Fall c existieren zahlreiche Varianten, bei denen sich $n_{\mathrm{b}} = 14$ ergibt.

Lösung zu Aufgabe 5.2. Besetzung der Steifigkeitsmatrix

Bei der im Bild 15.8 skizzierten Besetzung der Systemsteifigkeitsmatrix für die beiden Fälle werden die Anteile aus den Elementen ①, ② und ③ mit •, + und × gekennzeichnet. Da im Systemverschiebungsvektor $\boldsymbol{u}^*$ die Verschiebungen u_{k}^* und v_{k}^* hintereinander angeordnet sind,

$$\boldsymbol{u}^{*\mathrm{T}} = \{u_1^*, v_1^*, u_2^*, v_2^*, \ldots, u_8^*, v_8^*\}.$$

kann man sich auf die Angabe von Hypermatrizen der Abmessung 8×8 beschränken, wobei sich hinter jedem Feld Untermatrizen der Abmessung 2×2 verstecken.

Lösung zu Aufgabe 5.3. Inhomogene Randbedingungen

Es handelt sich bei den Anteilen des Vektors der rechten Seite aus inhomogenen Randbedingungen um generalisierte Knotenkräfte, die an den Knoten derjenigen Elemente anzubringen sind, die von dem inhomogenen Randverschiebungszustand

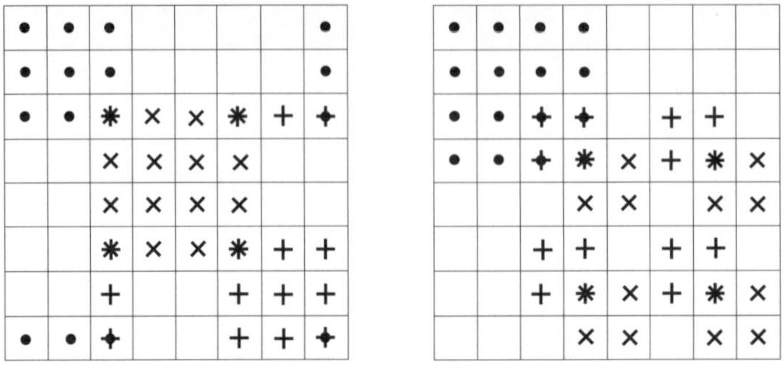

Bild 15.8. Besetzung der Systemsteifigkeitsmatrizen für die Elementnetze aus Bild 5.6

unmittelbar betroffen sind. Bei dem Beispiel in Bild 15.9 sind dies die Elemente ② und ③. Die generalisierten Kräfte sind zur Aufrechterhaltung des inhomogenen Randverschiebungszustandes erforderlich, wenn alle anderen Knotenverschiebungen Null bleiben sollen. Sie wirken zunächst auf den betroffenen Elementverband, wegen des Reaktionsprinzips (*actio* = *reactio*) aber auch auf die zum Elementverband gehörenden Knoten und müssen bei den Knotengleichgewichtsbedingungen berücksichtigt werden.

Lösung zu Aufgabe 5.4. Rechenzeiteinsparung durch Symmetrieausnutzung

Die zunächst einfach erscheinende Aufgabe bei einem Tragwerk mit Ringstruktur zu einer bezüglich der Bandbreite optimalen Bezifferung zu gelangen, erweist sich als nicht trivial. Die hierbei einzuschlagende Strategie ist an der exemplarischen Bezifferung in Bild 15.10 zu erkennen.

Knoten 1 wird im Querriegel auf die Symmetrielinie gelegt, die anschließenden Knotennummern werden gleichförmig auf den rechten und den linken Teil der Struktur verteilt. Aufpassen muss man bei dieser Strategie bei der linken und rechten oberen Ecke. Wenn man hierbei nicht auf Anhieb auf die Bandbreite 12 (d. h.

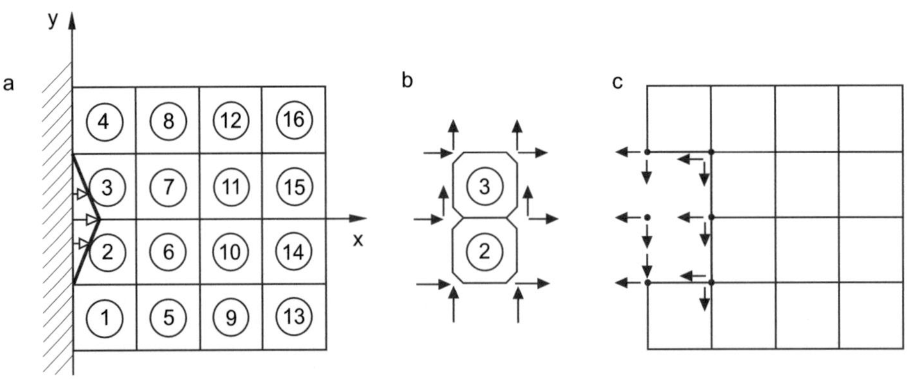

Bild 15.9. Kragscheibe mit vorgegebenen Auflagerverschiebungen $\bar{u}_R$ (**a**), generalisierte Knotenkräfte infolge $\bar{u}_R$ in ihrer Wirkung auf den betroffenen Elementverband ②,③ (**b**) und auf die zugehörigen Systemknoten (**c**)

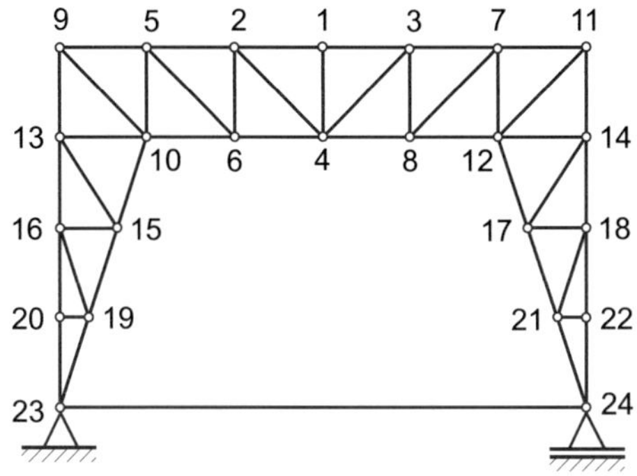

Bild 15.10. Knotenbezifferung zur Erreichung einer Bandbreite $n_b = 12$

auf eine maximale Knotendifferenz von 5 zwischen den beiden Endknoten eines Stabes) kommt, so muss man einzelne Knoten noch vertauschen.

Die Zahl der Operationen zur Lösung des Gleichungssystems beträgt nach Gl. (5.13) etwa 2880 Operationen.

Das System erfüllt die Voraussetzung der Struktursymmetrie nicht (siehe Abschnitt 14.3), da am linken Auflager nicht nur die Vertikal- sondern auch die Horizontalverschiebung verhindert wird. Die Horizontalfessel hat aber keinen Einfluss auf den Schnittkraftzustand, da die Fesselkraft gleich Null ist. Die Fessel dient also nur der Unterdrückung der horizontalen Starrkörperverschiebung. Für die Symmetrieausnutzung zerschneiden wir gedanklich diese Fessel. Nach der Symmetrieausnutzung müssen wir natürlich dafür sorgen, dass diese Kompatibilitätsverletzung wieder korrigiert wird: Eine horizontale Starrkörperverschiebung wird dem superponierten Gesamtverschiebungszustand derart überlagert, dass die Randbedingung am linken Auflager erfüllt ist.

Für die Symmetrieausnutzung wird die Belastung in einen symmetrischen und einen antimetrischen Anteil aufgespalten (Bild 15.11a, b). Für den symmetrischen und den antimetrischen Anteil müssen auf der Symmetrielinie andere Randbedingungen eingeführt werden (siehe Abschnitt 14.3.3). (Hinweis: Die Randbedingung am Knoten 1 des symmetrischen Teilsystems lässt sich mit einem reinen Fachwerkprogramm nicht realisieren!) Bei dem antimetrischen Teilsystem (Bild 15.11d) muss die Starrkörperverschiebung in horizontaler Richtung verhindert werden. Zusätzlich muss bei dem auf der Symmetrielinie liegenden Stab die Fläche halbiert werden, da die Struktursymmetrielinie mittig durch diesen Stab verläuft. Die auf der Symmetrielinie angreifende vertikale Last darf aus dem gleichen Grund beim symmetrischen Teilsystem nur halb berücksichtigt werden.

Die Bandbreite beträgt nur noch 8 (siehe die Knotenbezifferung in Bild 15.11c). Allerdings müssen jetzt zwei Rechnungen durchgeführt werden, so dass sich für die Anzahl der Rechenoperationen etwa 1451 ergibt. Man kann auf diese Weise ca. 50 % der Rechenzeit zum Lösen des Gleichungssystems einsparen.

Bei einer Skyline-Speichertechnik wird man eine entsprechende Bezifferung wie bei dem symmetrischen oder antimetrischen Teilsystem verwenden, mit dem Unterschied, dass das Festlager die Knotennummer 1 erhält und die Bezifferung hinter der Symmetrielinie fortgesetzt wird. In Bild 15.12 sind sowohl die Bezifferung der

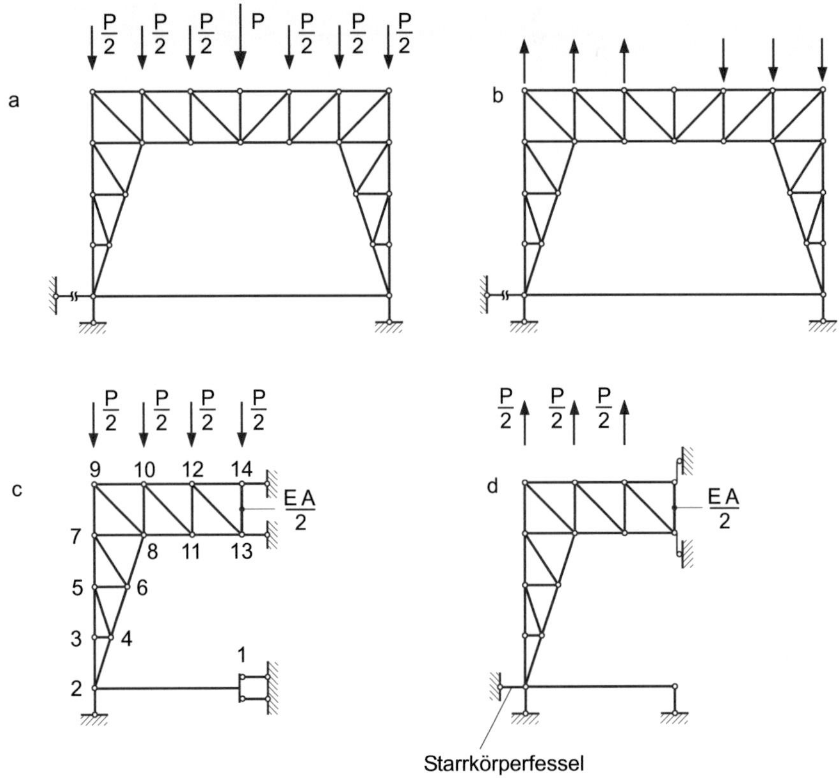

Bild 15.11. Symmetrieausnutzung bei dem System aus Bild 5.11

Knoten als auch die Besetzung der zugehörigen Matrix angegeben, wobei die Verschiebung u und v eines Knotens jeweils gemeinsam in einer Zeile/Spalte erfasst sind. Ein Feld enthält also $2 \times 2 = 4$ Koeffizienten. Vergleicht man die Skyline- mit der Bandstruktur-Speichertechnik, so schneidet die Skyline-Technik deutlich günstiger ab. Es entfallen alle Symmetrieüberlegungen. Die Zahl der Rechenoperationen ist bei der Skyline-Technik nur unwesentlich größer, da im weitaus überwiegenden Teil der Matrix die Vorteile der Bandstruktur zum Tragen kommen.

Lösung zu Aufgabe 5.5. Singularität der Steifigkeitsmatrix

a Falsche Knotenkoordinaten können dazu führen, dass Elementflächen zu Null oder negativ werden, wodurch die Elementmatrizen ihre positive Definitheit verlieren. Wenn an einem Knoten nur Elemente anschließen, deren Flächen verschwinden, dann sind die Verschiebungen dieses Knotens unbestimmt.

b Bei einer falschen Zuordnung von Elementknoten zu Systemknoten kann der Fall auftreten, dass einem Systemknoten kein Elementknoten zugeordnet. Die Systemknotenverschiebungen sind dann wiederum unbestimmt.

c Falsche Materialwerte können nur dann zu einer singulären Systemsteifigkeitsmatrix führen, wenn sich aufgrund der Materialdaten eine singuläre Stoffmatrix ergibt, beispielsweise $E = 0$ oder $\mathrm{t} = 0$.

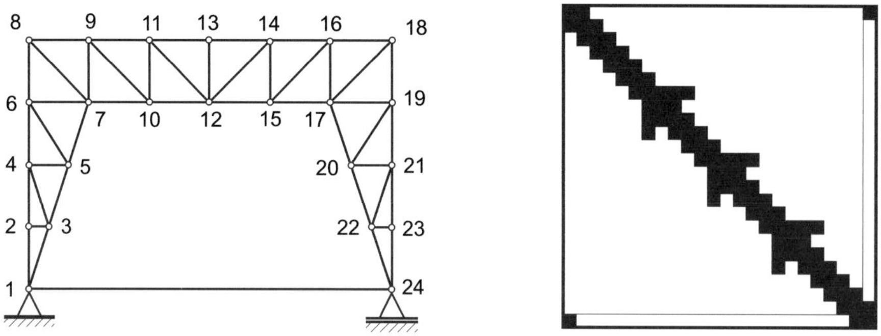

Bild 15.12. Knotenbezifferung und Matrizenbesetzung bei Skyline-Speichertechnik

d Falsche Randbedingungen führen zu einer singulären Systemsteifigkeitsmatrix, wenn trotz der Randbedingungen noch Starrkörperverschiebungen möglich sind.

e Falsche Lastdaten können (in der hier vorausgesetzten linearen Theorie) nicht zu einer singulären Systemsteifigkeitsmatrix führen.

Die Richtige Angabe von Knotenkoordinaten und Knotenzuordnungen lässt sich am einfachsten durch eine grafische Ausgabe des Gitternetzes überprüfen. Zusätzlich kann man bei der Eingabe prüfen, ob die Elementfläche positiv ist und ob jedem Systemknoten wenigstens ein Elementknoten zugeordnet ist. Bei der Eingabe der Materialdaten lässt sich prüfen, ob die Stoffmatrix positiv definit ist.

Die Matrix $\boldsymbol{S}^*_{\mathrm{m}}$ ist singulär, wenn nicht sämtliche Starrkörperverschiebungen behindert sind.

Lösung zu Aufgabe 5.6. Einbau der Randbedingungen in die Systemmatrizen

Der Systemlastvektor $\bar{\boldsymbol{p}}^*$ ist vor Einbau der geometrischen Randbedingungen nur mit Nullen besetzt, da an dem Tragwerk keine Kräfte angreifen und keine Temperaturbelastung vorliegt. Das Gleichungssystem für den Lastfall Lagerverschiebung hat nach Einbau der Randbedingungen folgendes Aussehen:

$$\begin{bmatrix} 1 & 0 & 0 & 0 & 0 & 0 \\ 0 & 1 & 0 & 0 & 0 & 0 \\ 0 & 0 & 3\,\delta & 0 & 0 & 0 \\ 0 & 0 & 0 & 1 & 0 & 0 \\ 0 & 0 & 0 & 0 & 1 & 0 \\ 0 & 0 & 0 & 0 & 0 & 1 \end{bmatrix} \begin{Bmatrix} u_1^* \\ v_1^* \\ u_2^* \\ v_2^* \\ u_3^* \\ v_3^* \end{Bmatrix} = \bar{v} \begin{Bmatrix} 0 \\ 0 \\ -\beta\,\delta \\ 0 \\ 0 \\ 1 \end{Bmatrix} \qquad \text{mit } \delta = \frac{E\,A}{4\,l}\,.$$

Man erhält als Lösung

$$\boldsymbol{u}^{*\mathrm{T}} = \left\{ 0, 0, 0, -\frac{\beta\,\bar{v}}{3}, 0, 0, \bar{v} \right\}\,.$$

Das Gleichungssystem, mit dem sich die Auflagerkräfte ermitteln lassen, lautet

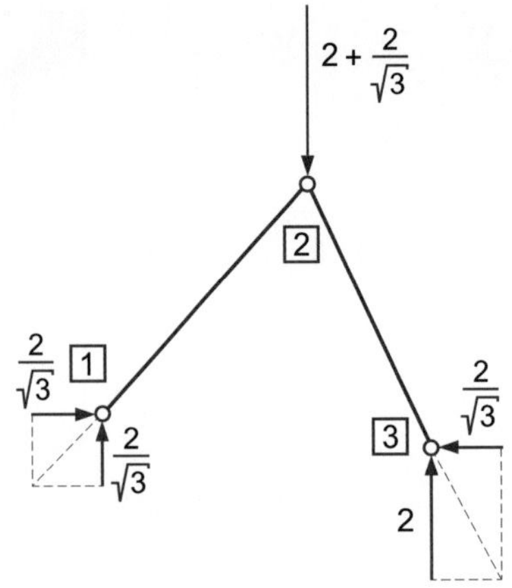

Bild 15.13. Gleichgewicht zwischen den am Tragwerk angreifenden Kräften unter Vernachlässigung des Vorfaktors $E\,A\,\bar{v}/(4\,l)$

$$\begin{Bmatrix} A^*_{x1} \\ A^*_{y1} \\ A^*_{y2} \\ A^*_{x3} \\ A^*_{y3} \end{Bmatrix} = \frac{E\,A}{4\,l} \begin{bmatrix} 2 & 2 & -2 & 0 & 0 \\ 2 & 2 & -2 & 0 & 0 \\ -2 & -2 & 5 & \beta & -3 \\ 0 & 0 & \beta & 1 & -\beta \\ 0 & 0 & -3 & -\beta & 3 \end{bmatrix} \begin{Bmatrix} 0 \\ 0 \\ 0 \\ 0 \\ \bar{v} \end{Bmatrix} + \frac{E\,A}{4\,l} \begin{Bmatrix} -2 \\ -2 \\ \alpha \\ -1 \\ \beta \end{Bmatrix} \frac{-\beta\,\bar{v}}{3}$$

$$= \frac{E\,A}{4\,l}\,\frac{\bar{v}}{3} \begin{Bmatrix} 2\,\beta \\ 2\,\beta \\ -9-\alpha\,\beta \\ -2\,\beta \\ 9-\beta^2 \end{Bmatrix}.$$

Die sich ergebenden Auflagerkräfte sind bis auf den Vorfaktor $E\,A\;\bar{v}/(4\;l)$ in Bild 15.13 eingetragen, wobei die Vorzeichen mit der Richtung der Kraftpfeile erfasst wurden. Man erkennt an den Werten unmittelbar, dass das Gleichgewicht in x- und y-Richtung erfüllt ist. Das Momentengleichgewicht um Knoten 2 ist ebenfalls erfüllt, da die drei Resultierenden der Auflagerkräfte bezüglich Knoten 2 keine Hebelarme besitzen.

15.6 Lösungen zu Kapitel 6

Lösung zu Aufgabe 6.1. Torsion zylindrischer Stäbe bei Verwendung einer Spannungsfunktion

Das Prinzip der virtuellen Kräfte bei Vorgabe einer Verdrillung lautet

$$\int_F \big[\delta\tau_{xy}\ \gamma_{xy} + \delta\tau_{xz}\ \gamma_{xz}\big]\ dF = \bar{\kappa}_x \int_F \big[-\delta\tau_{xy}\ z + \delta\tau_{xz}\ y\big]\ dF\,.$$

Die rechte Seite, die virtuelle äußere Ergänzungsarbeit δW_a^*, besteht aus Beiträgen aus den beiden Stirnflächen. Beispielsweise erhält man für die Fläche $x = l$

$$\int_F \big[\delta\tau_{xy}\ v(l,y,z) + \delta\tau_{xz}\ w(l,y,z)\big]\ dF\,.$$

Die beiden Verschiebungen können durch die Querschnittsdrehung $\bar{\beta}_x(l)$ ausgedrückt werden:

$$\int_F \big[-\delta\tau_{xy}\ \bar{\beta}_x(l)\ z + \delta\tau_{xz}\ \bar{\beta}_x(l)\ y\big]\ dF = \bar{\beta}_x(l) \int_F \big[-\delta\tau_{xy}\ z + \delta\tau_{xz}\ y\big]\ dF\,.$$

Einen ganz entsprechenden Ausdruck erhält man für $x = 0$. Nach Einführung der Beziehung $\beta_{xl} - \beta_{x0} = \bar{\kappa}_x\ l$ liegt der gesuchte Ausdruck vor. Führt man noch das Stoffgesetz ein, so lautet das Prinzip

$$G^{-1} \int_F \big[\delta\tau_{xy}\ \tau_{xy} + \delta\tau_{xz}\ \tau_{xz}\big]\ dF = \bar{\kappa}_x \int_F \big[-\delta\tau_{xy}\ z + \delta\tau_{xz}\ y\big]\ dF\,.$$

Wirkliche und virtuelle Schubspannungen müssen hierbei als Nebenbedingung die Gleichgewichtsbedingungen

$$\begin{aligned} \tau_{xy,y} + \tau_{xz,z} &= 0 \quad \text{in B}\,,\\ \delta\tau_{xy,y} + \delta\tau_{xz,z} &= 0 \quad \text{in B} \end{aligned}$$

und die Randbedingungen

$$\begin{aligned} \tau_{xn} &\equiv \tau_{xy}\ \cos(y,n) + \tau_{xz}\ \cos(z,n) = 0 \qquad \text{auf R}\,,\\ \delta\tau_{xn} &\equiv \delta\tau_{xy}\ \cos(y,n) + \delta\tau_{xz}\ \cos(z,n) = 0 \quad \text{auf R} \end{aligned}$$

erfüllen.

Nach Einführung der Prandtlschen Torsionsfunktion ϕ ist die Gleichgewichtsbedingung im Bereich B

$$\phi_{,zy} - \phi_{,yz} = 0$$

identisch erfüllt. Auf dem Rand R gilt

$$\phi_{,z}\ \cos(y,n) - \phi_{,y}\ \cos(z,n) = \phi_{,z}\ \cos(z,s) + \phi_{,y}\ \cos(y,s)\ \equiv\ \phi_{,s} = 0\,.$$

Damit lautet die in ϕ formulierte Randbedingung $\phi_{,s} = 0$. Bei einfach zusammenhängenden Querschnitten kann man dafür ohne Beschränkung der Allgemeinheit

$$\phi(s) = 0 \quad \text{auf R}$$

setzen, da eine Konstante keinen Einfluss auf die Schubspannungen hat. Bei mehrfach zusammenhängenden Querschnitten tritt an jedem zusätzlichen Rand eine weitere Konstante auf, deren Berechnung recht aufwendig ist. Man hat damit die Aufgabe

$$G^{-1} \int\limits_{\mathrm{F}} \left[\delta\phi_{,\mathrm{y}}\, \phi_{,\mathrm{y}} + \delta\phi_{,\mathrm{z}}\, \phi_{,\mathrm{z}}\right] \mathrm{d}F = -\bar{\kappa}_{\mathrm{x}} \int\limits_{\mathrm{F}} \left[\delta\phi_{,\mathrm{y}}\, y + \delta\phi_{,\mathrm{z}}\, z\right] \mathrm{d}F$$

zu lösen. Die rechte Seite lässt sich umformen, da

$$\int\limits_{\mathrm{F}} \left[\delta\phi_{,\mathrm{y}}\, y + \delta\phi_{,\mathrm{z}}\, z\right] \mathrm{d}F = \int\limits_{\mathrm{F}} \left[\, (\delta\phi\, y)_{,\mathrm{y}} + (\delta\phi\, \mathrm{z})_{,\mathrm{z}} \,\right] \mathrm{d}F - 2 \int\limits_{\mathrm{F}} \delta\phi \, \mathrm{d}F$$
$$= \oint\limits_{\mathrm{R}} \delta\phi(s) \left[y \, \cos(y,n) + z \, \cos(z,n)\right] \mathrm{d}s - 2 \int\limits_{\mathrm{F}} \delta\phi \, \mathrm{d}F = -2 \int\limits_{\mathrm{F}} \delta\phi \, \mathrm{d}F$$

gilt. Im letzten Schritt wurde wieder berücksichtigt, dass bei einfach zusammenhängenden Querschnitten die Randbedingung $\delta\phi(s) = 0$ auf R gilt. Also lautet das Prinzip der virtuellen Kräfte

$$G^{-1} \int\limits_{\mathrm{F}} \left[\delta\phi_{,\mathrm{y}}\, \phi_{,\mathrm{y}} + \delta\phi_{,\mathrm{z}}\, \phi_{,\mathrm{z}}\right] \mathrm{d}F = 2\, \bar{\kappa}_{\mathrm{x}} \int\limits_{\mathrm{F}} \delta\phi \, \mathrm{d}F \, .$$

Als Differentialgleichung für die Prandtlsche Torsionsfunktion erhält man in diesem Fall unter Verwendung des Laplace-Operators

$$\Delta\phi = -2\, G\, \bar{\kappa}_{\mathrm{x}} \quad \text{in B}$$

mit der Randbedingung für einfach zusammenhängende Querschnitte

$$\phi(s) = 0 \quad \text{auf R} \, .$$

Das Torsionsmoment ergibt sich aus der Beziehung

$$M_{\mathrm{x}} = \int\limits_{\mathrm{F}} \left[\tau_{\mathrm{xz}}\, y - \tau_{\mathrm{xy}}\, z\right] \mathrm{d}F \, .$$

Nach Ersetzen der Schubspannungen durch die Spannungsfunktion und entsprechenden Umformungen bei Beachtung der Randbedingung für einfach zusammenhängende Querschnitte gilt

$$M_{\mathrm{x}} = 2 \int\limits_{\mathrm{F}} \phi \, \mathrm{d}F \, .$$

Man kann damit auch unmittelbar die Torsionssteifigkeit für einfach zusammenhängende Querschnitte angeben:

$$B_x \equiv \frac{M_x}{\bar{\kappa}_x} = 2 \int\limits_F \frac{\phi}{\bar{\kappa}_x}\, dF\,, \quad I_T \equiv \frac{B_x}{G} = \frac{2}{G} \int\limits_F \frac{\phi}{\bar{\kappa}_x}\, dF\,.$$

Zu den Schubspannungen gehören keine resultierenden Querkräfte. Es lässt sich wieder durch entsprechende Umformungen zeigen, dass z. B.

$$\begin{aligned} Q_y &\equiv \int\limits_F \tau_{xy}\, dF = \int\limits_F \phi_{,z}\, dF = \int\limits_F \left[(y\, \phi_{,z})_{,y} - (y\, \phi_{,y})_{,z} \right] dF \\ &= \oint\limits_R y \left[\phi(s)_{,z} \cos(y,n) - \phi(s)_{,y} \cos(z,n) \right] ds = \oint\limits_R y\, \phi(s)_{,s}\, ds = 0 \end{aligned}$$

ist, da sowohl bei einfach als auch bei mehrfach zusammenhängenden Querschnitten auf R stets $\phi(s)_{,s} = 0$ gilt.

Lösung zu Aufgabe 6.2. Systemmatrizen bei der Behandlung der Torsion zylindrischer Stäbe nach der Deformationsmethode und dem Kraftgrößenverfahren

Die Systemsteifigkeitsmatrix zur Berechnung der unbekannten Knotenwerte der Wölbfunktion hat die im folgenden angegebene Besetzung:

$S^* =$

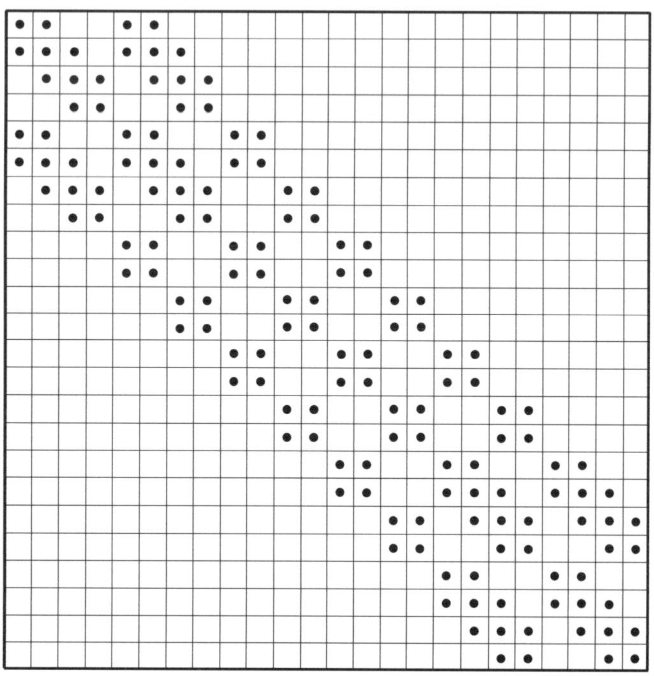

Da die Matrix singulär ist vom Rangabfall 1 muss vor der Lösung des Gleichungssystems die Verwölbung eines Knotens zu 0 gesetzt werden und diese Randbedingung ins Gleichungssystem eingebaut werden.

Beim Kraftgrößenverfahren ergibt sich nach Einführung von Ansatzfunktionen aus der in der Lösung zur Aufgabe 6.1 angegebenen Prinzipformulierung

$$G^{-1} \int\limits_{\mathrm{F}} \left[\delta\phi_{,\mathrm{y}}\, \phi_{,\mathrm{y}} + \delta\phi_{,\mathrm{z}}\, \phi_{,\mathrm{z}} \right] \mathrm{d}F = 2\, \bar{\kappa}_{\mathrm{x}} \int\limits_{\mathrm{F}} \delta\phi \, \mathrm{d}F$$

mit dem Unbekanntenvektor $\boldsymbol{x}^*$, in dem die Knotenwerte der Torsionsfunktion zusammengefasst sind, und der Nachgiebigkeitsmatrix $\boldsymbol{F}^*$ die diskretisierte Form

$$\delta\boldsymbol{x}^{*\mathrm{T}}\, \boldsymbol{F}^*\, \boldsymbol{x}^* = \delta\boldsymbol{x}^{*\mathrm{T}}\, \boldsymbol{r}^* \, .$$

Die Systemnachgiebigkeitsmatrix $\boldsymbol{F}^*$ hat vor dem Einbau der Randbedingungen die gleiche Besetzung wie die Systemsteifigkeitsmatrix. Im Fall eines homogenen Querschnitts stimmt sie bis auf einen konstanten Vorfaktor sogar zahlenmäßig mit der Systemsteifigkeitsmatrix $\boldsymbol{S}^*$ überein. Für alle Werte der Torsionsfunktion am Außenrand wird der Wert 0 angesetzt, am Innenrand nehmen die Knotenwerte der Torsionsfunktion einen konstanten Wert C an. Bei der gewählten, sehr einfachen Elementierung verbleibt dann nur C als Unbekannte. Die Transformationsmatrix $\boldsymbol{T}$ lautet somit:

$$\boldsymbol{T}^{\mathrm{T}} = \left[0\,0\,0\,0\,0\,1\,1\,0\,0\,1\,1\,0\,0\,1\,1\,0\,0\,1\,1\,0\,0\,0\,0\,0 \right] .$$

Drückt man mit dieser Transformationsmatrix den Vektor $\boldsymbol{x}^*$ durch C aus, so verbleibt:

$$\delta C\, \boldsymbol{T}^{\mathrm{T}}\, \boldsymbol{F}^*\, \boldsymbol{T}\, C = \delta C\, \boldsymbol{T}^{\mathrm{T}}\, \boldsymbol{r} \, .$$

Dies ist im vorliegenden Fall eine Gleichung zur Ermittlung der einzigen verbleibenden Unbekannten. Die Spannungsverläufe τ_{yx} und τ_{zx} sind qualitativ in Bild 15.14 dargestellt. Es handelt sich um die Schubspannungsverläufe, die auch bei der Torsion dünnwandiger, geschlossener Profile zur Ermittlung der Bredtschen Formel angesetzt werden.

Lösung zu Aufgabe 6.3. Berechnung einer Membran bei Verwendung einer Spannungsfunktion

Mit den bei der Lösung zur Aufgabe 2.8 eingeführten Bezeichnungen lautet das Prinzip der virtuellen Kräfte für eine Membran

$$\int\limits_{\mathrm{F}} \left[\delta q_{\mathrm{x}}\, w_{,\mathrm{x}} + \delta q_{\mathrm{y}}\, w_{,\mathrm{y}} \right] \mathrm{d}F = \oint\limits_{\mathrm{R}} \delta q_{\mathrm{nr}}(s)\, \bar{w}_{\mathrm{R}}\, \mathrm{d}s \, .$$

Falls keine Randverschiebungen vorhanden sind, entfällt die rechte Seite. Die virtuellen Querkräfte müssen die homogene Gleichgewichtsbedingung

$$\delta q_{\mathrm{x,x}} + \delta q_{\mathrm{y,y}} = 0$$

erfüllen. Statische Randbedingungen existieren nicht, da alle Ränder Verschieberänder sind. Die Erfüllung der Gleichgewichtsbedingung wird durch Einführung einer virtuellen Spannungsfunktion $\delta\phi$ erreicht:

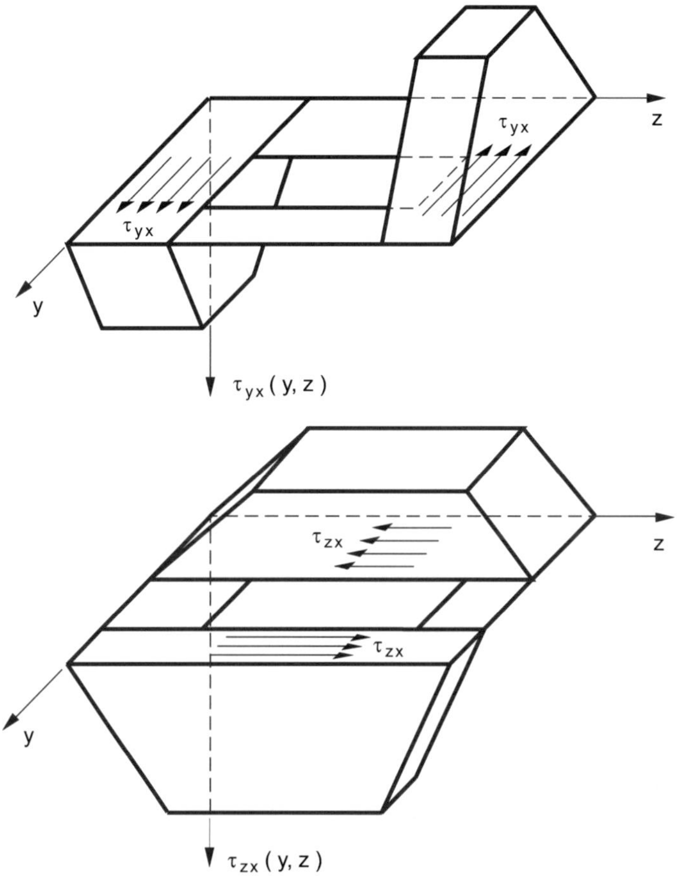

Bild 15.14. Schubspannungsverläufe τ_{yx} (oben) und τ_{zx} (unten)

$$\delta q_{\text{x}} = \frac{\partial \delta \phi}{\partial y}\,, \quad \delta q_{\text{y}} = -\frac{\partial \delta \phi}{\partial x}\,.$$

Damit lautet das Prinzip der virtuellen Kräfte (ohne vorgegebene Randverschiebungen)

$$\int\limits_{\text{F}} \left[\frac{\partial \delta \phi}{\partial y}\, w_{,\text{x}} - \frac{\partial \delta \phi}{\partial x}\, w_{,\text{y}} \right] \mathrm{d}F = 0\,.$$

Unter Anwendung eines Integralsatzes und bei Berücksichtigung des Fundamentalsatzes der Variationsrechnung ergibt sich als Kompatibilitätsbedingung

$$(\partial w / \partial y)_{,\text{x}} - (\partial w / \partial x)_{,\text{y}} = 0\,.$$

Diese ist identisch erfüllt, da bei der Membran keine gesonderten Abkürzungen für die Verzerrungsgrößen eingeführt wurden.

Die Neigungen $w_{,\text{x}}$ und $w_{,\text{y}}$ werden zunächst über das Stoffgesetz durch die wirklichen Querkräfte ersetzt, wobei wir uns der Übersichtlichkeit halber auf den isotropen Fall beschränken:

$$w_{,\mathrm{x}} = \frac{q_\mathrm{x}}{n^{(0)}}\,, \quad w_{,\mathrm{y}} = \frac{q_\mathrm{y}}{n^{(0)}}\,.$$

Die Querkräfte werden anschließend in homogene und partikuläre Anteile zerlegt. Die homogenen Anteile werden wie die virtuellen Querkräfte durch eine Spannungsfunktion ausgedrückt:

$$q_\mathrm{x} = \frac{\partial \phi}{\partial y} + q_\mathrm{x}^\mathrm{p}\,, \quad q_\mathrm{y} = -\frac{\partial \phi}{\partial x} + q_\mathrm{y}^\mathrm{p}.$$

Die partikulären Querkräfte q_x^p und q_y^p sind Lösungen der inhomogenen Gleichgewichtsdifferentialgleichung $q_{\mathrm{x},\mathrm{x}} + q_{\mathrm{y},\mathrm{y}} + \bar{p}_\mathrm{z} = 0$.

Nach Einführung des Stoffgesetzes und des Spannungsfunktionsansatzes für die wirklichen Querkräfte ergibt sich im Fall einer isotropen Vorbelastung mit $n^{(0)}$ und ohne vorgegebene Randverschiebungen die folgende Fassung des Prinzips

$$\frac{1}{n^{(0)}} \int\limits_\mathrm{F} \left[\frac{\partial \delta\phi}{\partial y}\,\frac{\partial \phi}{\partial y} + \frac{\partial \delta\phi}{\partial x}\,\frac{\partial \phi}{\partial x} \right] \mathrm{d}F = \int\limits_\mathrm{F} \left[-\frac{\partial \delta\phi}{\partial y}\, q_\mathrm{x}^\mathrm{p} + \frac{\partial \delta\phi}{\partial x}\, q_\mathrm{y}^\mathrm{p} \right] \mathrm{d}F\,.$$

Bei einer allseitig gelagerten Rechteckmembran unter Gleichlast lautet eine mögliche partikuläre Lösung

$$q_\mathrm{x}^\mathrm{p} = \bar{p}_\mathrm{o}\, x\,, \quad q_\mathrm{y}^\mathrm{p} = 0\,.$$

Die Größen $\delta\phi$ und ϕ müssen C^0-stetig approximiert werden.

Lösung zu Aufgabe 6.4. Scheibenberechnung mit der Airyschen Spannungsfunktion

Auf die Angabe der Lösung wird verzichtet. Ein Finite-Elemente-Verfahren für Scheiben unter Verwendung der Airyschen Spannungsfunktionen wurde z. B. von Elias [6.15] entwickelt.

Lösung zu Aufgabe 6.5. Schematische Darstellung von Zustandsgrößen, Grundgleichungen und Randbedingungen für das Kraftgrößenverfahren

Der Zusammenhang zwischen Zustandsgrößen, Grundgleichungen und statischen Randbedingungen ist in Bild 15.15 wiedergegeben. Die Hauptverknüpfung zur Gewinnung der Differentialgleichung für die Spannungsfunktion ist durch doppelt umrahmte Felder gekennzeichnet.

Die Ermittlung einer partikulären Lösung $\boldsymbol{\sigma}^\mathrm{p}$ der Gleichgewichtsdifferentialgleichung erfordert Zusatzüberlegungen, die zwar unproblematisch sind, aber sich nur schwer schematisieren lassen. Die anschließende Ermittlung von Randwerten der Spannungsfunktion(en) einschließlich eventueller Ableitungen (als $\bar{\boldsymbol{\Phi}}_\mathrm{R}$ bezeichnet) erfordert die Integration gewöhnlicher Differentialgleichungen entlang des Randes R.

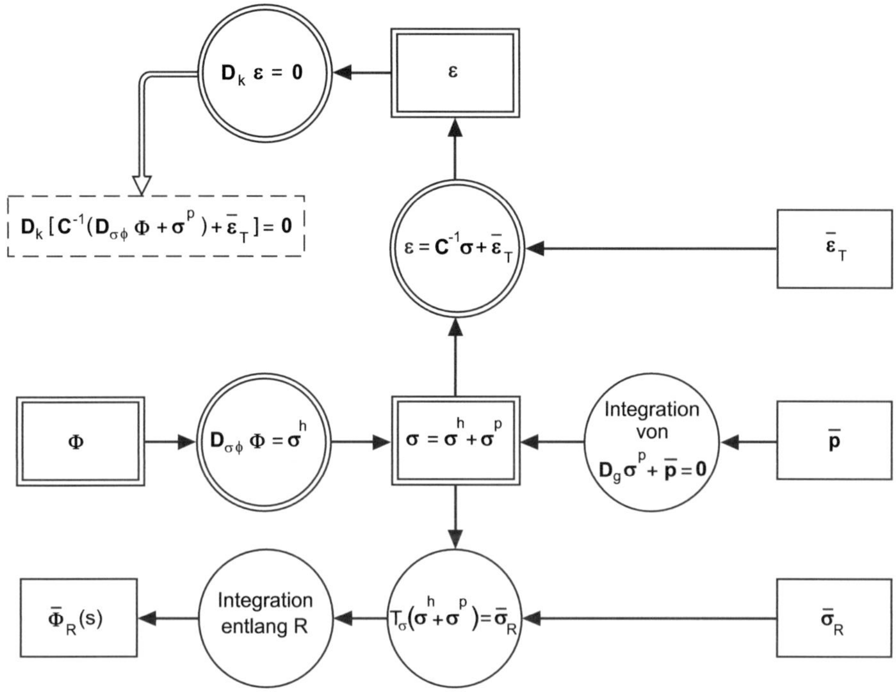

Bild 15.15. Schematischer Zusammenhang zwischen Zustandsgrößen und Grundgleichungen beim Kraftgrößenverfahren

Lösung zu Aufgabe 6.6. Vergleich von Deformationsmethode und Kraftgrößenverfahren

Hinsichtlich des Aufstellens der Elementmatrizen und des Aufbaus der Systemmatrizen unterscheiden sich *Kraftgrößenverfahren* und *Deformationsmethode* prinzipiell nicht, sieht man einmal davon ab, dass bei dem gleichen Kontinuum in der Regel unterschiedliche Funktionale auftreten.

Die Erfassung von Flächenlasten, Randlasten und Linienlasten erfolgt in der *Deformationsmethode* über die virtuelle äußere Arbeit und ist damit völlig problemlos. Beim *Kraftgrößenverfahren* gehen derartige Belastungen in Nebenbedingungen (Gleichgewichtsbedingungen und statische Randbedingungen) ein. Dies erfordert Zusatzüberlegungen, die darin bestehen, dass partikuläre Lösungen für die Schnittkräfte oder Verläufe der Spannungsfunktion und gegebenenfalls Verläufe der Ableitungen bestimmt werden müssen. Das ist zwar möglich aber aufwendig und erfordert immer eine globale Betrachtung.

In der *Deformationsmethode* sind geometrische Randbedingungen Nebenbedingungen. Sie müssen durch Zusatzoperationen nach oder während des Aufstellens des Gleichungssystems erfasst werden, siehe z. B. Abschnitt 4.1.6. Beim *Kraftgrößenverfahren* tauchen vorgegebene Verschiebungen in der virtuellen äußeren Ergänzungsarbeit auf. Ihre Erfassung ist damit völlig problemlos.

Strukturen mit Löchern (mehrfach zusammenhängende Bereiche) bereiten in der *Deformationsmethode* keine Schwierigkeiten. In jedem Punkt eines freien Lochrandes werden alle unbekannten Verschiebungsgrößen eingeführt. Beim *Kraftgrößenverfahren* bereiten mehrfach zusammenhängende Bereiche erhebliche Schwierigkeiten. Der gesamte Verlauf der Spannungsfunktion an einem derartigen freien Lochrand wird durch wenige Parameter bestimmt (z. B. durch einen konstanten Wert bei der Behandlung des Torsionsproblems mit der Prandtlschen Spannungsfunktion, siehe Aufgaben 6.1 und 6.2). Die zugehörigen Ansatzfunktionen sind nicht mehr lokal begrenzt. Dadurch ist nach Aufbau des Gleichungssystems eine zusätzliche Transformation der Unbekannten erforderlich, durch die vielfach die schwache Besetzung des Gleichungssystems zerstört wird.

In ganz entsprechender Weise ist in der *Deformationsmethode* die Behandlung von starren Einschlüssen oder starren Strukturteilen problematisch (siehe z. B. Aufgabe 3.1). Durch derartige starren Strukturteile erfahren alle unmittelbar anschließenden Punkte eine Verschiebung, die einem unbekannten Starrkörperverschiebungszustand entspricht. Eine derartige Nebenbedingung muss nach Aufbau des Gleichungssystems durch eine zusätzliche Transformation berücksichtigt werden. Beim *Kraftgrößenverfahren* sind starre Einschlüsse problemlos erfassbar.

Verschiebungsberechnungen bereiten in der *Deformationsmethode* keine Schwierigkeiten, da die Verschiebungen die unmittelbaren unbekannten Größen sind. Im *Kraftgrößenverfahren* muss jede Verschiebung durch erneute Anwendung des Prinzips der virtuellen Kräfte bestimmt werden. Das ist zumindest ein erheblicher Mehraufwand. Diese Feststellung hat erhebliche Konsequenzen. Bei allen Aufgaben, bei denen die Verschiebungen unmittelbar oder mittelbar benötigt werden, ist das Kraftgrößenverfahren im Nachteil. Das gilt für Schwingungsaufgaben (Massenträgheitskräfte werden als Produkte aus Massenbelegung und Beschleunigung gebildet), bei Stabilitätsuntersuchungen und Rechnungen nach Theorie 2. Ordnung (hierbei wird Gleichgewicht am verformten System gebildet) und bei geometrisch nichtlinearen Aufgaben. Schwingungsaufgaben lassen sich mit dem Kraftgrößenverfahren nur in Sonderfällen behandeln. Rechnungen nach Theorie 2. Ordnung und geometrisch nichtlineare Rechnungen sind allenfalls iterativ möglich.

Die Berechnung von Schnittkräften ist sowohl in der Deformationsmethode als auch im Kraftgrößenverfahren problemlos möglich. Allerdings sind bei beiden Verfahren die Schnittkraftverläufe unstetig.

15.7 Lösungen zu Kapitel 7

Lösung zu Aufgabe 7.1. Randlastvektor des 9-Knoten-Rechteckelements

Der Randlastvektor des 9-Knoten-Rechteckelementes muss über das Prinzip der virtuellen Verrückungen oder über die bereits ausgewertete Gleichung (4.11)

$$\bar{\boldsymbol{p}}_{\mathrm{Re}} = \int\limits_{\mathrm{R}_{\sigma \mathrm{e}}} \boldsymbol{V}_{\mathrm{ur}}^{\mathrm{T}}(\zeta)\, \bar{\boldsymbol{p}}_{\mathrm{R}}(s)\, \mathrm{d}s$$

bestimmt werden. Der Randbelastungsvektor wird ähnlich wie in Gl. (4.20) linear approximiert:

$$\left\{\begin{array}{c}\bar{p}_{\mathrm{Rx}}(y)\\ \bar{p}_{\mathrm{Ry}}(y)\end{array}\right\} = \left[\begin{array}{cccc} g_1(\eta) & g_2(\eta) & 0 & 0 \\ 0 & 0 & g_1(\eta) & g_2(\eta)\end{array}\right]\left\{\begin{array}{c}\bar{p}_{\mathrm{Rx2}}\\ \bar{p}_{\mathrm{Rx3}}\\ \bar{p}_{\mathrm{Ry2}}\\ \bar{p}_{\mathrm{Ry3}}\end{array}\right\}.$$

Die Matrix $\boldsymbol{V}_{\mathrm{ur}}(\eta)$ ergibt sich aus $\boldsymbol{V}_{\mathrm{u}}(\xi,\eta)$, indem $\xi = 1$ gesetzt wird. Mit den Bezeichnungen von Abschnitt 7.2 ergibt sich

$$V_{\mathrm{ur}}(\eta) = \left[\begin{array}{cccccccccccccccccc} 0 & g_1^{(2)} & g_3^{(2)} & 0 & 0 & g_2^{(2)} & 0 & 0 & 0 & 0 & 0 & 0 & 0 & 0 & 0 & 0 & 0 & 0 \\ 0 & 0 & 0 & 0 & 0 & 0 & 0 & 0 & 0 & 0 & g_1^{(2)} & g_3^{(2)} & 0 & 0 & g_2^{(2)} & 0 & 0 & 0 \end{array}\right].$$

wobei bei den Funktionen $g_i^{(2)}$ auf die Angabe des Arguments η verzichtet wurde. Die Integration liefert

$$\bar{\boldsymbol{p}}_{\mathrm{Re}} = \frac{b}{6}\left\{\begin{array}{c} 0 \\ \bar{p}_{\mathrm{Rx2}} \\ \bar{p}_{\mathrm{Rx3}} \\ 0 \\ 0 \\ 2\,\bar{p}_{\mathrm{Rx2}} + 2\,\bar{p}_{\mathrm{Rx3}} \\ 0 \\ 0 \\ 0 \\ 0 \\ \bar{p}_{\mathrm{Ry2}} \\ \bar{p}_{\mathrm{Ry3}} \\ 0 \\ 0 \\ 2\,\bar{p}_{\mathrm{Ry2}} + 2\,\bar{p}_{\mathrm{Ry3}} \\ 0 \\ 0 \\ 0 \end{array}\right\}$$

Beim 8-Knoten-Element ändern sich die Zahlenwerte nicht, da der Randverschiebungszustand in beiden Fällen durch die gleichen (quadratischen) Verläufe beschrieben wird.

Der Lastvektor ist bezüglich der Knoten mit der Randlast statisch gleichwertig. Als resultierende Kraft in x- bzw. y-Richtung erhält man aus den Knotenkräften

$$P_{\mathrm{x}} = \frac{b}{2}\left(\bar{p}_{\mathrm{Rx2}} + \bar{p}_{\mathrm{Rx3}}\right), \quad P_{\mathrm{y}} = \frac{b}{2}\left(\bar{p}_{\mathrm{Ry2}} + \bar{p}_{\mathrm{Ry3}}\right).$$

Das entspricht den Integralen über die Linienlasten. Als resultierendes Moment um den Punkt 6 ergibt sich aus den Knotenlasten

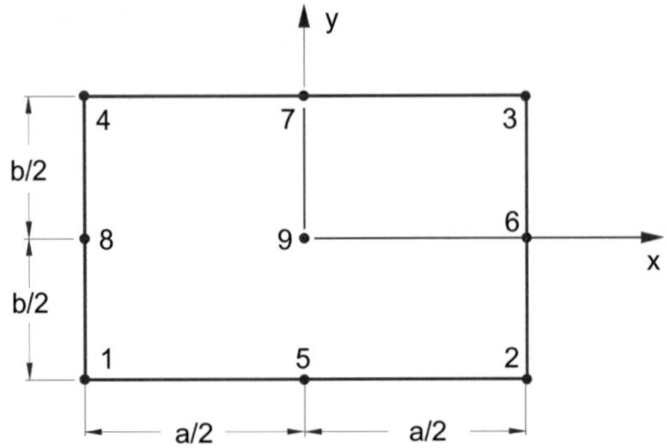

Bild 15.16. Koordinatensystem beim 9-Knoten-Element

$$M_z = \frac{b^2}{12}\left(\bar{p}_{Rx2} - \bar{p}_{Rx3}\right).$$

Bei Integration der mit dem Hebelarm multiplizierten Linienlast $\bar{p}_{Rx}(\eta)$ ergibt sich derselbe Wert.

Lösung zur Aufgabe 7.2. Aufstellen und Kontrollieren der Steifigkeitsmatrix des 9-Knoten-Rechteckelementes

Wie sich z. B. aus Gl. (7.42) ergibt, ist der mit D_x behaftete Anteil der Steifigkeitsmatrix nur im linken, oberen Quadranten besetzt. Man braucht also nur diese Untermatrix $\boldsymbol{S}_{II}$ der Abmessung 9×9 anzugeben:

$$\boldsymbol{S}_{II} = \int\limits_{-1}^{1}\int\limits_{-1}^{1} D_x\left[\boldsymbol{f}_{,x}\,\boldsymbol{f}_{,x}^{T}\right] d\xi\, d\eta$$

$$= \frac{D_x}{90}\,\frac{b}{a}\begin{bmatrix} 28 & 4 & -1 & -7 & -32 & 2 & 8 & 14 & -16 \\ 4 & 28 & -7 & -1 & -32 & 14 & 8 & 2 & -16 \\ -1 & -7 & 28 & 4 & 8 & 14 & -32 & 2 & -16 \\ -7 & -1 & 4 & 28 & 8 & 2 & -32 & 14 & -16 \\ -32 & -32 & 8 & 8 & 64 & -16 & -16 & -16 & 32 \\ 2 & 14 & 14 & 2 & -16 & 112 & -16 & 16 & -128 \\ 8 & 8 & -32 & -32 & -16 & -16 & 64 & -16 & 32 \\ 14 & 2 & 2 & 14 & -16 & 16 & -16 & 112 & -128 \\ -16 & -16 & -16 & -16 & 32 & -128 & 32 & -128 & 256 \end{bmatrix}.$$

Für die Kontrolle der Darstellbarkeit von Starrkörperverschiebungszuständen und konstanten Verzerrungszuständen benötigt man zunächst entsprechende Vektoren. Bezüglich der Matrix $\boldsymbol{S}_{II}$ kann man sich auf die Verschiebungskomponenten in x-Richtung beschränken. Wir verwenden hierzu das Koordinatensystem aus Bild 15.16.

Mit einem Vektor, bei dem alle Komponenten (Verschiebungen u) gleich sind, lässt sich die Darstellbarkeit eines Starrkörperverschiebungszustandes kontrollieren:

$$\boldsymbol{u}_{\mathrm{SK,I}}^{\mathrm{T}} = \{\ 1,\ 1,\ 1,\ 1,\ 1,\ 1,\ 1,\ 1,\ 1\}\,.$$

Eine Starrkörperdrehung, z. B. bezüglich des Punktes 9, ergibt x-Komponenten des Vektors, die proportional zu den Koordinaten y sind:

$$\boldsymbol{u}_{\mathrm{SD,I}}^{\mathrm{T}} = \frac{b}{2}\,\{\ 1,\ 1,-1,-1,\ 1,\ 0,-1,\ 0,\ 0\}\,.$$

Erwartungsgemäß ergibt sich für die beiden Vektoren

$$\boldsymbol{S}_{\mathrm{II}}\,\boldsymbol{u}_{\mathrm{I}} = \boldsymbol{0}\,.$$

Ein konstanter Verzerrungszustand $\varepsilon_{\mathrm{x}} = 1$ ist gleichbedeutend mit einem Verschiebungszustand $u = x$. Die u-Komponenten des Vektors müssen dann proportional zu x sein:

$$\boldsymbol{u}_{\mathrm{KV,I}}^{\mathrm{T}} = \frac{a}{2}\,\{-1,\ 1,\ 1,-1,\ 0,\ 1,\ 0,-1,\ 0\}\,.$$

Damit erhält man

$$\boldsymbol{S}_{\mathrm{II}}\,\boldsymbol{u}_{\mathrm{KV,I}} = \boldsymbol{s}_{\mathrm{KV,I}}$$

$$\text{mit}\quad \boldsymbol{s}_{\mathrm{KV,I}}^{\mathrm{T}} = D_{\mathrm{x}}\,\frac{b}{3}\,\{-1,\ 1,\ 1,-1,\ 0,\ 4,\ 0,-4,\ 0\}\,.$$

Das sind gerade die Knotenkräfte zu einer konstanten Schnittkraft der Größe D_{x}.

Lösung zu Aufgabe 7.3. Unbekanntenanzahl, Bandbreite und Rechenzeit bei Verwendung von Quaderelementen

Die Verschiebungsgrößen am eingespannten Rand werden als Unbekannte mitgezählt. Dann ergibt sich·

27-Knoten-Element: 3×729 Unbekannte, Bandbreite 3×183,
20-Knoten-Element: 3×425 Unbekannte, Bandbreite 3×107.

Die Rechenzeitoperationen werden mit Gl. (5.13) ermittelt. Als Verhältnis ergibt sich

$$\frac{\mathrm{RZO}_{20}}{\mathrm{RZO}_{27}} = \frac{n_{20}\,n_{\mathrm{b},20}^2\,\left(1-\frac{2}{3}\,\mu_{20}\right)}{n_{27}\,n_{\mathrm{b},27}^2\,\left(1-\frac{2}{3}\,\mu_{27}\right)} = 0{,}1992\,.$$

Das bedeutet, dass beim 20-Knoten-Element verglichen mit dem 27-Knoten-Element nur etwa 20 % der Rechenzeit anfällt.

Lösung zu Aufgabe 7.4. Formfunktionen beim bikubischen Rechteckelement

Die Formfunktion $r_5^{(3)}$ lässt sich ohne weitere Erläuterung hinzeichnen (Bild 15.17). Für die Formfunktion $r_2^{(3)}$ erhält man nach einigen Transformationen

$$r_2^{(3)} = \frac{1}{32}\,(1+\xi)\,(1-\eta)\,\left[9\,\left(\xi^2+\eta^2\right)-10\right]\,.$$

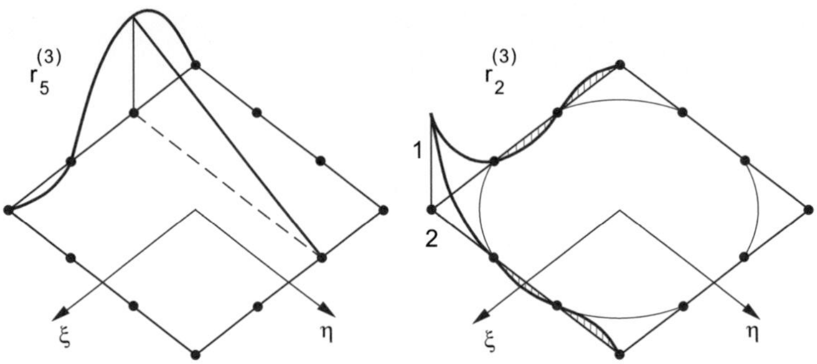

Bild 15.17. Formfunktionen bei einem kubischen Randpunktelement

Der in eckigen Klammern stehende Ausdruck erfasst die Nulldurchgänge der Formfunktion. Es handelt sich um einen Kreis.

Die Formfunktionen werden so konstruiert, dass in einer Richtung ausschließlich kubische Funktion, in der anderen Richtung hingegen nur lineare Funktionen auftreten. Terme, bei denen beide Funktionen quadratisch auftreten, können somit nicht vorkommen.

Lösung zu Aufgabe 7.5. Formfunktionen beim quatrischen Randpunktelementen

Die Knotenbezifferung wird aus Bild 7.15 übernommen. Die Tatsache, dass die Formfunktionen $r_1^{(4)}$ bis $r_{16}^{(4)}$ im Punkt 17 nicht zu Null werden, stört deswegen nicht, da für den Punkt 17 keine Übergangsbedingungen formuliert werden. Die Formfunktion $r_{17}^{(4)}$ ist in Bild 15.18 dargestellt.

Lösung zu Aufgabe 7.6. Übergangselement quadratisch-kubisch

Die Transformationsmatrix $\mathbf{T}^{\mathrm{T}}$ hat im hier betrachteten Fall die Abmessung 12×11, wenn man sich wie bei Gl. (7.23) auf die Transformationsbeziehung für die u-Verschiebungen beschränkt:

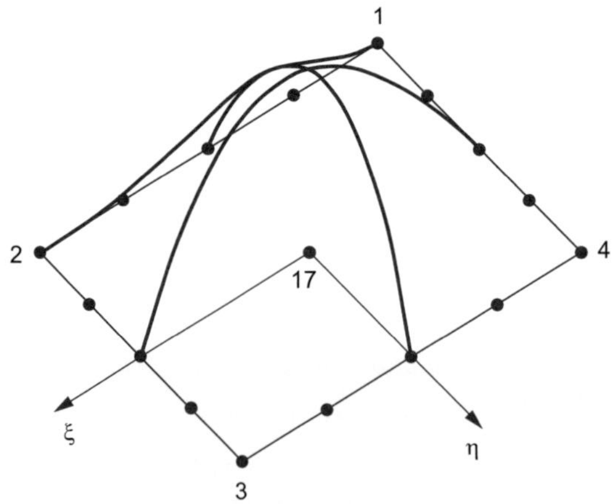

Bild 15.18. Formfunktion bei einem quatrischen Randpunktelement

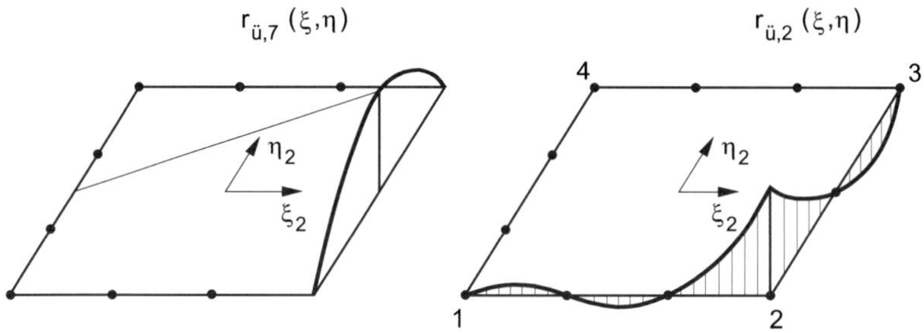

Bild 15.19. Formfunktionen für den quadratisch-kubischen Übergang

$$
\begin{Bmatrix} u_1 \\ u_2 \\ u_3 \\ u_4 \\ u_5 \\ u_6 \\ u_7 \\ u_8 \\ u_9 \\ u_{10} \\ u_{11} \\ u_{12} \end{Bmatrix} = \frac{1}{9} \begin{bmatrix} 9 & 0 & 0 & 0 & 0 & 0 & 0 & 0 & 0 & 0 & 0 \\ 0 & 9 & 0 & 0 & 0 & 0 & 0 & 0 & 0 & 0 & 0 \\ 0 & 0 & 9 & 0 & 0 & 0 & 0 & 0 & 0 & 0 & 0 \\ 0 & 0 & 0 & 9 & 0 & 0 & 0 & 0 & 0 & 0 & 0 \\ 0 & 0 & 0 & 0 & 9 & 0 & 0 & 0 & 0 & 0 & 0 \\ 0 & 0 & 0 & 0 & 0 & 9 & 0 & 0 & 0 & 0 & 0 \\ 0 & 2 & -1 & 0 & 0 & 0 & 8 & 0 & 0 & 0 & 0 \\ 0 & -1 & 2 & 0 & 0 & 0 & 8 & 0 & 0 & 0 & 0 \\ 0 & 0 & 0 & 0 & 0 & 0 & 0 & 9 & 0 & 0 & 0 \\ 0 & 0 & 0 & 0 & 0 & 0 & 0 & 0 & 9 & 0 & 0 \\ 0 & 0 & 0 & 0 & 0 & 0 & 0 & 0 & 0 & 9 & 0 \\ 0 & 0 & 0 & 0 & 0 & 0 & 0 & 0 & 0 & 0 & 9 \end{bmatrix} \begin{Bmatrix} u_1 \\ u_2 \\ u_3 \\ u_4 \\ u_5 \\ u_6 \\ u_7 \\ u_8 \\ u_9 \\ u_{10} \\ u_{11} \end{Bmatrix},
$$

$$
\boldsymbol{u} = \mathbf{T}^{\mathrm{T}} \boldsymbol{u}_{\ddot{\mathrm{u}}} .
$$

Die Formfunktionen für die Punkte 2 und 7 im Übergangsbereich sind in Bild 15.19 wiedergegeben, wobei bei $r_{\ddot{u}2}(\xi, \eta)$ nur der Randverlauf angegeben wurde.

Als höchstes vollständiges Polynom lässt sich im Übergangsbereich nur ein quadratisches Polynom darstellen, da im Vergleich zu dem 12-Knoten-Element (vollständiges kubisches Polynom) ein Freiwert weniger verfügbar ist.

Lösung zu Aufgabe 7.7. Übergangselement quadratisch-linear

Das Übergangselement zwischen einem linearen 4-Knoten-Element und einem quadratischen 8-Knoten-Element ist in Bild 7.18 als Element ② dargestellt. Beschränkt auf die u-Verschiebungen lautet die Transformationsvorschrift für den Verschiebungsvektor

$$
\boldsymbol{u}_8 = \mathbf{T}_{7-8}^{\mathrm{T}} \; \boldsymbol{u}_{\ddot{\mathrm{u}}}
$$

mit der Matrix $\mathbf{T}_{7-8}^{\mathrm{T}}$ aus Gl. (7.23). Den Zusammenhang zwischen den Verschiebungen des 8-Knoten-Elements und denen des 9-Knoten-Elements liefert die Gl. (7.13)

$$
\boldsymbol{u}_9 = \mathbf{T}^{(2)^{\mathrm{T}}} \; \boldsymbol{u}_8 ,
$$

so dass man insgesamt die Beziehung

$$\boldsymbol{u}_9 = \mathbf{T}^{(2)^{\mathrm{T}}} \; \mathbf{T}_{7-8}^{\mathrm{T}} \; \boldsymbol{u}_{\text{ü}}$$

erhält.

Wenn man den Lastvektor für das 9-Knoten-Element als $\bar{\boldsymbol{p}}_{\mathrm{B},9}$ bezeichnet (wiederum beschränkt auf die Belastungsanteile in x-Richtung), dann lautet der Ausdruck für die virtuelle äußere Arbeit

$$\delta W_{\mathrm{a,e}} = \delta \boldsymbol{u}_9^{\mathrm{T}} \; \bar{\boldsymbol{p}}_{\mathrm{B},9} \, .$$

Nun braucht man nur noch $\delta \boldsymbol{u}_9$ durch $\delta \boldsymbol{u}_{\text{ü}}$ zu ersetzen. Das Ergebnis ist

$$\delta W_{\mathrm{a,e}} = \delta \boldsymbol{u}_{\text{ü}}^{\mathrm{T}} \; \mathbf{T}_{7-8} \; \mathbf{T}^{(2)} \; \bar{\boldsymbol{p}}_{\mathrm{B},9} \equiv \delta \boldsymbol{u}_{\text{ü}}^{T} \; \bar{\boldsymbol{p}}_{\mathrm{B},\text{ü}} \, .$$

Die Beziehung für den Lastvektor lautet somit

$$\bar{\boldsymbol{p}}_{\mathrm{B},\text{ü}} = \mathbf{T}_{7-8} \; \mathbf{T}^{(2)} \; \bar{\boldsymbol{p}}_{\mathrm{B},9} \, .$$

Lösung zu Aufgabe 7.8. Mindestanzahl der Gauß-Integrationspunkte bei isoparametrischen Elementen

Im Abschnitt 7.4.6 wurde dargestellt, dass bei einer Gaußschen Quadraturformel mit n Stützstellen ein Polynom der Ordnung $(2n-1)$ noch exakt integriert wird. Bei Elementen mit 2×2 Knoten treten im Integranden der Steifigkeitsmatrix in einer Richtung maximal quadratische Polynome auf, bei Elementen mit 3×3 Knoten maximal Polynome der Ordnung 4. Daraus ergibt sich die folgende Zusammenstellung:

Elementknoten	Ansatz	höchste Polynomordnung im Integranden von $\boldsymbol{S}_{\mathrm{e}}$	Mindeststützstellenanzahl für exakte Integration
2×2	bilinear	2	2×2
3×3	biquadratisch	4	3×3
4×4	bikubisch	6	4×4
5×5	biquatrisch	8	5×5

Lösung zu Aufgabe 7.9. Isoparametrisches Stabelement

Mit den Funktionen $g_{\mathrm{i}}^{(2)}$ aus Bild 7.2 erhält man als Geometrieapproximation

$$x(\xi) = g_1^{(2)}(\xi)\, x_1 + g_2^{(2)}(\xi)\, x_2 + g_3^{(2)}(\xi)\, x_3 = \boldsymbol{g}^{\mathrm{T}} \; \boldsymbol{x}_{\mathrm{e}}$$

und als Verschiebungsansatz

$$u(\xi) = g_1^{(2)}(\xi)\, u_1 + g_2^{(2)}(\xi)\, u_2 + g_3^{(2)}(\xi)\, u_3 = \boldsymbol{g}^{\mathrm{T}} \; \boldsymbol{u}_{\mathrm{e}} \, .$$

Ausgehend von Abschnitt 4.3 erhält man zunächst für die Elementsteifigkeitsmatrix

$$\boldsymbol{S}_{\mathrm{e}} = \int\limits_{\mathrm{l_e}} E\,A\,\boldsymbol{g}_{,\mathrm{x}}\,\boldsymbol{g}_{,\mathrm{x}}^{\mathrm{T}}\,\mathrm{d}x\,.$$

Mit den Beziehungen

$$\mathrm{d}x = \frac{\mathrm{d}x}{\mathrm{d}\xi}\,\mathrm{d}\xi = \boldsymbol{g}_{,\xi}^{\mathrm{T}}\,\boldsymbol{x}_{\mathrm{e}} = |\boldsymbol{J}|\;\mathrm{d}\xi\,, \qquad \frac{\mathrm{d}}{\mathrm{d}x} = \frac{1}{\mathrm{d}x/\mathrm{d}\xi}\,\frac{\mathrm{d}}{\mathrm{d}\xi} = \frac{1}{|\boldsymbol{J}|}\,\frac{\mathrm{d}}{\mathrm{d}\xi}$$

ergibt sich daraus

$$\boldsymbol{S}_{\mathrm{e}} = \int\limits_{-1}^{1} E\,A\,\boldsymbol{g}_{,\xi}\,\boldsymbol{g}_{,\xi}^{\mathrm{T}}\,\frac{1}{|\boldsymbol{J}|}\,\mathrm{d}\xi\,.$$

Die Jacobi-Determinante

$$|\boldsymbol{J}| = \frac{1}{2}\,(-1+2\,\xi)\,x_1 - 2\,\xi\,x_2 + \frac{1}{2}\,(1+2\,\xi)\,x_3$$

muss positiv sein. Mit den Knotenkoordinaten x_{i} aus Bild 7.43 folgt aus dieser Forderung

$$|\Delta x| < \frac{l_{\mathrm{e}}}{4}\,.$$

Damit keine negativen oder verschwindenden Werte der Jacobi-Determinanten auftreten, muss also der Punkt 2 zwischen einem und drei Viertel der Elementlänge liegen.

Der Verlauf der Jacobi-Determinante (gestrichelte Linie) und der Stablängskoordinate x (ausgezogene Linie) als Funktion von ξ ist aus Bild 15.20 zu ersehen. Für $\Delta x/l_{\mathrm{e}} = 0$ – der Punkt 2 liegt dann genau in der Stabmitte – ist die Jacobi-Determinante konstant. Die Stablängskoordinate steigt linear mit x an. Für $\Delta x/l_{\mathrm{e}} = 1/4$ – der Punkt 2 liegt im Dreiviertelspunkt – nimmt die Jacobi-Determinante ab und erreicht am Stabende ($\xi = 1$) den Wert 0. Die Stablängskoordinate wächst quadratisch mit ξ an und hat für $\xi = 1$ eine horizontale Tangente. Das muss so sein, da die Jacobi-Determinante die Ableitung von x nach ξ ist. Im dritten Fall schließlich ($\Delta x/l_{\mathrm{e}} = 1/2$) liegt Punkt 2 am Stabende und fällt mit Punkt 3 zusammen. Die Jacobi-Determinante wird für $\xi = 1/2$ zu Null und für höhere ξ-Werte negativ. Diese Variante ist in jedem Fall unbrauchbar, da sich für $0 < \xi < 1$ Werte der Stablängskoordinate ergeben, die außerhalb de Elementes liegen (siehe Bild 15.20).

Im Fall $\Delta x/l_{\mathrm{e}} = 1/4$ wächst die Verzerrungen ε am Stabende über alle Grenzen, da bei der Bildung von $\mathrm{d}u/\mathrm{d}x$ durch die Jacobi-Determinante geteilt wird.

Lösung zu Aufgabe 7.10. Elementformulierung in Polarkoordinaten

Als Transformationsvorschrift zwischen kartesischen Koordinaten und dimensionslosen Polarkoordinaten erhält man mit den Abkürzungen

$$f(\xi) = \frac{1}{2}\,\left[r_{\mathrm{a}}\,(1+\xi) + r_{\mathrm{i}}\,(1-\xi)\right],$$

$$g(\eta) = \frac{1}{2}\,\left[\varphi_{\mathrm{d}}\,(1+\eta) + \varphi_{\mathrm{c}}\,(1-\eta)\right]$$

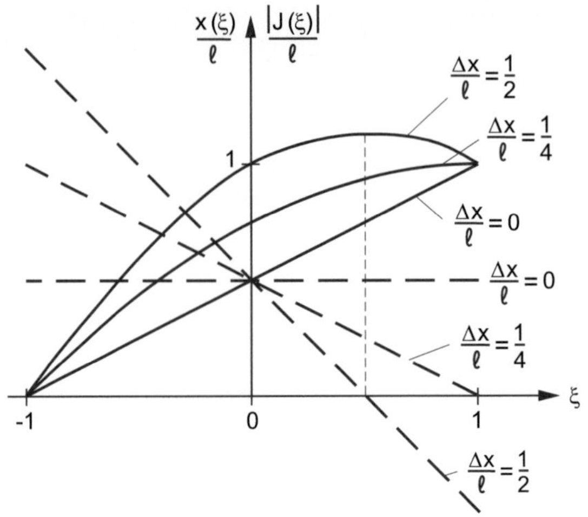

Bild 15.20. Verläufe der Jacobi-Determinanten (gestrichelte Linien) und der Stablängskoordinate (durchgezogene Linien) in Abhängigkeit von x für unterschiedliche Lagen des Punktes 2

den folgenden Zusammenhang zwischen den Ableitungen

$$\begin{Bmatrix} \dfrac{\partial}{\partial \xi} \\ \dfrac{\partial}{\partial \eta} \end{Bmatrix} = \begin{bmatrix} f_{,\xi} \cos g & f_{,\xi} \sin g \\ -f g_{,\eta} \sin g & f g_{,\eta} \cos g \end{bmatrix} \begin{Bmatrix} \dfrac{\partial}{\partial x} \\ \dfrac{\partial}{\partial y} \end{Bmatrix} = \boldsymbol{J}(\xi, \eta) \begin{Bmatrix} \dfrac{\partial}{\partial x} \\ \dfrac{\partial}{\partial y} \end{Bmatrix} ,$$

$$\begin{Bmatrix} \dfrac{\partial}{\partial x} \\ \dfrac{\partial}{\partial y} \end{Bmatrix} = \boldsymbol{J}^{-1} \begin{Bmatrix} \dfrac{\partial}{\partial \xi} \\ \dfrac{\partial}{\partial \eta} \end{Bmatrix} = \frac{1}{|\boldsymbol{J}|} \begin{bmatrix} f g_{,\eta} \cos g & -f_{,\xi} \sin g \\ f g_{,\eta} \sin g & f_{,\xi} \cos g \end{bmatrix} \begin{Bmatrix} \frac{\partial}{\partial \xi} \\ \frac{\partial}{\partial \eta} \end{Bmatrix}$$

$$\text{mit} \quad |\boldsymbol{J}| = f \, f_{,\xi} \, g_{,\eta} \, .$$

Daraus ergibt sich das Flächendifferential

$$\mathrm{d}F = |\boldsymbol{J}| \; \mathrm{d}\xi \; \mathrm{d}\eta = \frac{1}{4} \; [r_\mathrm{a} - r_\mathrm{i}] \; [\varphi_\mathrm{d} - \varphi_\mathrm{c}] \; f(\xi) \; \mathrm{d}\xi \; \mathrm{d}\eta \, .$$

Die Darstellbarkeit von Starrkörperverschiebungszuständen „$u =$ const.“ und „$v =$ const.“ ist gewährleistet, da die Formfunktionen aus Ansatzfunktionen, Polynomen in ξ und η, aufgebaut werden, zu denen der Term „1“ gehört. Die Darstellbarkeit von Starrkörperdrehungen ist hingegen nicht gewährleistet, obwohl die Zusatzknoten sich in natürlicher Lage befinden. Die Geometriedarstellung lässt sich aber nicht durch biquadratische Lagrangesche Interpolationspolynome ausdrücken.

Auch wenn man vollständig in Polarkoordinaten arbeitet, sind die Darstellbarkeitsforderungen verletzt!

Lösung zu Aufgabe 7.11. Statische Kondensation

Für die statische Kondensation geht man von der Beziehung

$$\boldsymbol{S}_\mathrm{e}\,\boldsymbol{u}_\mathrm{e} = \boldsymbol{s}_\mathrm{e} + \bar{\boldsymbol{p}}_\mathrm{Be}$$

für ein einzelnes 9-Knoten-Element aus, wobei im Vektor $\boldsymbol{s}_\mathrm{e}$ die an dem Element aus den umliegenden Elementen angreifenden Knotenkräfte zusammengefasst sind. Wir ordnen nun die Matrix und die Vektoren so um, dass die Komponenten der Vektoren $\boldsymbol{u}_\mathrm{e}$ und $\boldsymbol{s}_\mathrm{e}$ knotenweise auf einander folgen:

$$\begin{aligned}\boldsymbol{u}_\mathrm{e}^\mathrm{T} &= \{u_1\,,\,v_1\,,\,u_2\,,\,v_2\,,\,\dots\,,\,u_8\,,\,v_8\,,\,u_9\,,\,v_9\}_\mathrm{e}\,,\\ \boldsymbol{s}_\mathrm{e}^\mathrm{T} &= \{s_{\mathrm{x}1}, s_{\mathrm{y}1}, s_{\mathrm{x}2}, s_{\mathrm{y}2}, \dots, s_{\mathrm{x}8}, s_{\mathrm{y}8},\ 0\ ,\ 0\,\}_\mathrm{e}\,.\end{aligned}$$

Die beiden letzten Komponenten von $\boldsymbol{s}_\mathrm{e}$ sind Null, weil der Innenknoten nicht mit den umliegenden Elementen verbunden ist. Die Matrix und die Vektoren werden nun dahingehend partitioniert, dass die Komponenten der ersten acht Knoten und die des Knotens 9 in je einem Vektor zusammengefasst werden, wobei im folgenden auf den Index e verzichtet wird:

$$\begin{aligned}\boldsymbol{u}_\mathrm{I}^\mathrm{T} &= \{u_1\,,\,v_1\,,\,u_2\,,\,v_2\,,\,\dots\,,\,u_8\,,\,v_8\}\,,\\ \boldsymbol{u}_\mathrm{J}^\mathrm{T} &= \{u_9\,,\,v_9\}\,.\end{aligned}$$

Damit lautet das Gleichungssystem

$$\begin{bmatrix}\boldsymbol{S}_\mathrm{II} & \boldsymbol{S}_\mathrm{IJ}\\ \boldsymbol{S}_\mathrm{IJ}^\mathrm{T} & \boldsymbol{S}_\mathrm{JJ}\end{bmatrix}\begin{Bmatrix}\boldsymbol{u}_\mathrm{I}\\ \boldsymbol{u}_\mathrm{J}\end{Bmatrix} = \begin{Bmatrix}\bar{\boldsymbol{p}}_\mathrm{I}\\ \bar{\boldsymbol{p}}_\mathrm{J}\end{Bmatrix} + \begin{Bmatrix}\boldsymbol{s}_\mathrm{I}\\ \boldsymbol{0}\end{Bmatrix}.$$

Das weitere Vorgehen entspricht, von den Bezeichnungen abgesehen, dem Vorgehen im Anschluss an Gl. 7.78. Die reduzierte Elementsteifigkeitsmatrix und der reduzierte Elementlastvektor können aus Gl. 7.81 übernommen werden:

$$\begin{aligned}\boldsymbol{S}_\mathrm{red} &= \boldsymbol{S}_\mathrm{II} - \boldsymbol{S}_\mathrm{IJ}\,\boldsymbol{S}_\mathrm{JJ}^{-1}\,\boldsymbol{S}_\mathrm{IJ}^\mathrm{T}\,,\\ \bar{\boldsymbol{p}}_\mathrm{red} &= \bar{\boldsymbol{p}}_\mathrm{I} - \boldsymbol{S}_\mathrm{IJ}\,\boldsymbol{S}_\mathrm{JJ}^{-1}\,\bar{\boldsymbol{p}}_\mathrm{J}\,.\end{aligned}$$

Die auf diese Weise gewonnene Elementsteifigkeitsmatrix kann nicht mit der des 8-Knoten-Elementes aus Abschnitt 7.3.2 identisch sein, da bei der Zwischenelimination der Innenpunkt-Unbekannten $\boldsymbol{u}_\mathrm{J}$ auch Materialwerte eingehen. Die statische Kondensation liefert im statischen Fall dieselben Ergebnisse wie beim 9-Knoten-Element, da es sich nur um eine auf Elementebene vorgezogene Zwischenelimination handelt.

Die Verschiebungen des Elementmittelpunktes ergeben sich bei dem eben abgeleiteten Element zu

$$\boldsymbol{u}_\mathrm{J} = -\boldsymbol{S}_\mathrm{JJ}^{-1}\,\boldsymbol{S}_\mathrm{IJ}^\mathrm{T}\,\boldsymbol{u}_\mathrm{I} + \boldsymbol{S}_\mathrm{JJ}^{-1}\,\bar{\boldsymbol{p}}_\mathrm{J}\,,$$

beim 8-Knoten-Randpunktelement werden sie mit Gl. (7.12) ermittelt.

Lösung zu Aufgabe 7.12. Verknüpfung von Rechteck- und Dreieckelementen

Die Verknüpfungen R4/D3, R8/R9/D6 und R12/D12 sind ohne Stetigkeitsverletzung möglich.

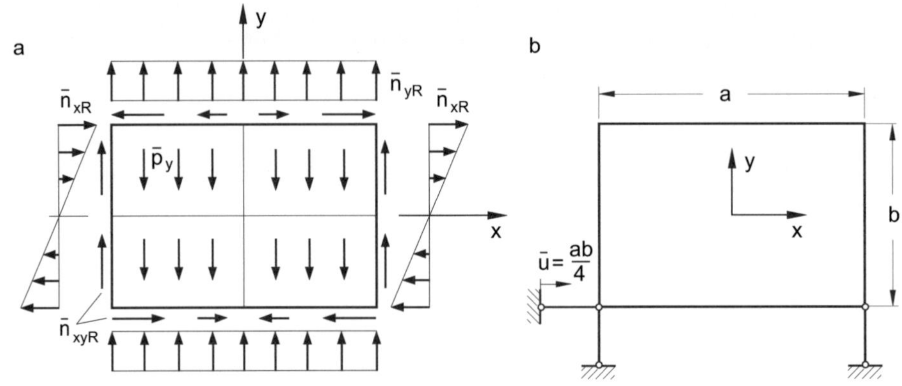

Bild 15.21. **a** Randschnittkräfte und Flächenlasten, **b** Verschiebungsvorgabe

15.8 Lösungen zu Kapitel 8

Lösung zu Aufgabe 8.1. Eigenwerte des 4-Knoten-Elementes bei reduzierter Integration

Die Eigenform zu dem Eigenwert λ_4 (siehe Bild 4.44) ist symmetrisch zur η-Achse und antimetrisch zur ξ-Achse. Die Schnittkraftverläufe n_x und n_y müssen dann auf der ξ-Achse und der Schnittkraftverlauf n_{xy} auf der η-Achse zu Null werden. Als Folge davon nehmen alle Schnittkräfte im Ursprung des ξ,η-Koordinatensystems der Wert 0 an. Wenn für die numerische Integration nur ein einziger Gaußpunkt gewählt wird, dann wird die Formänderungsenergie für die Eigenform zu λ_4 zu 0 ermittelt. Damit nimmt der Eigenwert, der ein Maß für die Formänderungsenergie ist, den Wert Null an.

Für den Eigenwert λ_5 gilt die entsprechende Argumentation, da die zugehörige Eigenform nur um 90° gedreht ist.

Lösung zu Aufgabe 8.2. Kontrolle der Matrizen des 4-Knoten-Rechteckelementes

Zu dem angegebenen Verschiebungszustand gehört mit dem orthotropen Stoffgesetz (siehe Abschnitt 2.2.3) der folgende Schnittkraftzustand im Element:

$$n_x = D_x\, y\,, \quad n_y = D_{xy}\, y\,, \quad n_{xy} = D_s\, x\,.$$

Zur Aufrechterhaltung des Gleichgewichts ist eine Flächenlast

$$\bar{p}_y = -\,(D_{xy} + D_{xy})$$

erforderlich. Die gesamte Elementbelastung ist in Bild 15.21a angegeben. Diese Elementbelastung muss bei der Berechnung vorgegeben werden.

Wenn man nur den Schnittkraftzustand kontrollieren will, dann reicht eine Behinderung der Starrkörperverschiebungen aus. Will man hingegen auch den Verschiebungszustand kontrollieren, dann müssen an den Starrkörperverschiebungsfesseln auch die Verschiebungen vorgegeben werden, die sich aus dem angegebenen Verschiebungszustand ergeben (Bild 15.21b).

Durch die Kontrolle der Knotenverschiebungen wird die Steifigkeitsmatrix getestet, durch die Kontrolle der Schnittkräfte in den Gaußpunkten die Schnittkraftmatrix.

Lösung zu Aufgabe 8.3. Zusammenhang zwischen potentieller Energie und Formänderungsenergie

Das Prinzip vom Minimum der potentiellen Energie (ohne Temperatureffekte) lautet

$$\Pi^{(\mathrm{D})} \equiv \frac{1}{2} \int\limits_{\mathrm{B}} \boldsymbol{\varepsilon}^{\mathrm{T}}\, \boldsymbol{C}\, \boldsymbol{\varepsilon}\, \mathrm{d}B - \int\limits_{\mathrm{B}} \boldsymbol{u}^{\mathrm{T}}\, \bar{\boldsymbol{p}}\, \mathrm{d}B - \int\limits_{\mathrm{R}_\sigma} \boldsymbol{u}_{\mathrm{r}}^{\mathrm{T}}\, \bar{\boldsymbol{\sigma}}_{\mathrm{R}}\, \mathrm{d}R = \text{Minimum}\,.$$

Für den gleichen Fall erhält man als Prinzip der virtuellen Verrückungen

$$\int\limits_{\mathrm{B}} \delta\boldsymbol{\varepsilon}^{\mathrm{T}}\, \boldsymbol{\sigma}\, \mathrm{d}B = \int\limits_{\mathrm{B}} \delta\boldsymbol{u}^{\mathrm{T}}\, \bar{\boldsymbol{p}}\, \mathrm{d}B + \int\limits_{\mathrm{R}_\sigma} \delta\boldsymbol{u}_{\mathrm{r}}^{\mathrm{T}}\, \bar{\boldsymbol{\sigma}}_{\mathrm{R}}\, \mathrm{d}R\,.$$

Das Prinzip gilt sicherlich auch dann, wenn man als virtuelle Zustände die exakte Lösung einsetzt:

$$\int\limits_{\mathrm{B}} \boldsymbol{\varepsilon}^{\mathrm{T}}\, \boldsymbol{\sigma}\, \mathrm{d}B = \int\limits_{\mathrm{B}} \boldsymbol{u}^{\mathrm{T}}\, \bar{\boldsymbol{p}}\, \mathrm{d}B + \int\limits_{\mathrm{R}_\sigma} \boldsymbol{u}_{\mathrm{r}}^{\mathrm{T}}\, \bar{\boldsymbol{\sigma}}_{\mathrm{R}}\, \mathrm{d}R\,.$$

Mit Hilfe dieser Beziehung kann man im Prinzip vom Minimum der potentiellen Energie W_a oder Π_i ersetzen und erhält

$$-\frac{1}{2} \int\limits_{\mathrm{B}} \boldsymbol{\varepsilon}^{\mathrm{T}}\, \boldsymbol{C}\, \boldsymbol{\varepsilon}\, \mathrm{d}B = \text{Minimum}$$

oder

$$-\frac{1}{2} \int\limits_{\mathrm{B}} \boldsymbol{u}^{\mathrm{T}}\, \bar{\boldsymbol{p}}\, \mathrm{d}B - \frac{1}{2} \int\limits_{\mathrm{R}_\sigma} \boldsymbol{u}_{\mathrm{r}}^{\mathrm{T}}\, \bar{\boldsymbol{\sigma}}_{\mathrm{R}}\, \mathrm{d}R = \text{Minimum}\,.$$

Das Ergebnis besagt, dass für die exakte Lösung sowohl die Formänderungsenergie als auch die Arbeit der äußerem Kräfte zu einem Maximum werden. Also nimmt beispielsweise die Verschiebung unter Einzellast für die exakte Lösung einen Maximalwert an.

An der Argumentation ändert sich nichts, wenn man die Finite-Elemente-Näherungslösung betrachtet. Alle oben angegebenen Gleichungen bleiben gültig, wenn man nur mit Funktionen aus dem Funktionenraum der Finite-Elemente-Näherungslösung arbeitet.

Wenn sowohl Kräfte als auch Randverschiebungen vorgegeben werden, so besitzt die Formänderungsenergie keine Extremaleigenschaft mehr, da für die exakte Lösung die Formänderungsenergie in einem Belastungsfall einen Maximalwert und im anderen Fall einen Minimalwert annimmt.

Lösung zu Aufgabe 8.4. Minimaleigenschaft der Formänderungsenergie bei Vorgabe von Randverschiebungen

Das Prinzip vom Minimum der potentiellen Energie lautet in diesem Fall

$$\Pi^{(\mathrm{D})} \equiv \frac{1}{2} \int\limits_{\mathrm{B}} \boldsymbol{\varepsilon}^{\mathrm{T}}\, \boldsymbol{C}\, \boldsymbol{\varepsilon}\, \mathrm{d}B = \text{Minimum}\,,$$

da keine Flächenlasten und keine Randlasten vorliegen. Damit steht die Minimaleigenschaft der Formänderungsenergie bereits fest. Zulässige Vergleichsfunktionen sind alle geometrisch möglichen Verschiebungszustände, die die geometrischen Randbedingungen auf $\mathrm{R_u}$ erfüllen.

Nach Einbau der geometrischen Randbedingungen auf $\mathrm{R_u}$ erhält man das folgende Variationsprinzip

$$\Pi^{(\mathrm{mod})} \equiv \frac{1}{2} \int\limits_{\mathrm{B}} \boldsymbol{\varepsilon}^{\mathrm{T}}\, \boldsymbol{C}\, \boldsymbol{\varepsilon}\, \mathrm{d}B - \int\limits_{\mathrm{R_u}} \boldsymbol{a}_{\mathrm{r}}^{\mathrm{T}}\, (\boldsymbol{u}_{\mathrm{r}} - \bar{\boldsymbol{u}}_{\mathrm{R}})\, \mathrm{d}R = \text{stationär}$$

und nach Durchführung der Variation die virtuelle Arbeitsaussage

$$\delta\Pi^{(\mathrm{mod})} \equiv \int\limits_{\mathrm{B}} \delta\boldsymbol{\varepsilon}^{\mathrm{T}}\, \boldsymbol{C}\, \boldsymbol{\varepsilon}\, \mathrm{d}B - \int\limits_{\mathrm{R_u}} \delta\boldsymbol{a}_{\mathrm{r}}^{\mathrm{T}}\, (\boldsymbol{u}_{\mathrm{r}} - \bar{\boldsymbol{u}}_{\mathrm{R}})\, \mathrm{d}R - \int\limits_{\mathrm{R_u}} \delta\boldsymbol{u}_{\mathrm{r}}^{\mathrm{T}}\, \boldsymbol{a}_{\mathrm{R}}\, \mathrm{d}R = 0\,.$$

Führt man als virtuelle Größen die Größen der wirklichen Lösung ein, so ergibt sich

$$\int\limits_{\mathrm{B}} \boldsymbol{\varepsilon}^{\mathrm{T}}\, \boldsymbol{C}\, \boldsymbol{\varepsilon}\, \mathrm{d}B - \int\limits_{\mathrm{R_u}} \bar{\boldsymbol{u}}_{\mathrm{R}}^{\mathrm{T}}\, \boldsymbol{a}_{\mathrm{R}}\, \mathrm{d}R = 0\,,$$

wobei ein Randintegral zu Null wird, da die wirkliche Lösung die geometrischen Randbedingungen erfüllt. Man kann also in der Ausgangsformulierung des Prinzips vom Minimum der potentiellen Energie die Formänderungsenergie durch die äußere Ergänzungsarbeit ersetzen und hat damit die Behauptung bewiesen.

Lösung zu Aufgabe 8.5. Richardson-Extrapolation bei unbekannter Konvergenzordnung

Wenn die Funktionswerte für die Unterteilungsmaße n, $2\,n$ und $4\,n$ vorliegen, lassen sich der exakte Wert und die Fehlerordnung näherungsweise ermitteln. Aus Gl. (8.17) folgt

$$f_{\mathrm{ex}} = f_{\mathrm{n}} + \frac{f_{\mathrm{2n}} - f_{\mathrm{n}}}{1 - (\frac{1}{2})^{\alpha}} = f_{\mathrm{2n}} + \frac{f_{\mathrm{4n}} - f_{\mathrm{2n}}}{1 - (\frac{1}{2})^{\alpha}}\,.$$

Daraus lässt sich eine Näherung für den exakten Wert ableiten:

$$f_{\mathrm{ex}} = \frac{f_{\mathrm{n}}\, f_{\mathrm{4n}} - f_{\mathrm{2n}}^2}{f_{\mathrm{n}} - 2\, f_{\mathrm{2n}} + f_{\mathrm{4n}}}\,.$$

Formt man die Ausgangsgleichung nach α um, ergibt sich

$$2^\alpha = \frac{f_{2\text{n}} - f_\text{n}}{f_{4\text{n}} - f_{2\text{n}}}\,.$$

Unter der Voraussetzung, dass die rechte Seite positiv ist, erhält man für die Konvergenzordnung die Abschätzung

$$\alpha = \ln\left(\frac{f_{2\text{n}} - f_\text{n}}{f_{4\text{n}} - f_{2\text{n}}}\right)\frac{1}{\ln 2}\,.$$

Ist die rechte Seite nicht positiv, kann die Gleichung nicht nach α aufgelöst werden. Die Funktionswerte konvergieren dann noch nicht monoton gegen den exakten Wert.

Abschließend sind die Werte zusammengestellt, die sich auf Grundlage der ersten und letzten drei Elementierungen ergeben. Es überrascht nicht, dass die v-Verschiebung deutlich besser konvergiert als die Schnittkraft n_{xy}, bei der sich die Singularität infolge der Lagerung dominant auswirkt. Die Singularität ist auch Ursache dafür, dass die Konvergenzordnungen deutlich unterhalb der nach Tabelle 8.4 berechneten Werten liegen. Der Wert $\alpha_\sigma = 2{,}92$ oberhalb des idealen Wertes nach Tabelle 8.4 im Fall von 16×8 9-Knoten-Elementen ist als Ausreißer anzusehen.

Elementtyp	α nach Tabelle 8.4	$2\times1-4\times2-8\times4$		$4\times2-8\times4-16\times8$	
		α_u	$v_\text{C}(200,50)$	α_u	$v_\text{C}(200,50)$
4	2	1,08	0,18015	1,63	0,17440
8	3	2,24	0,17394	1,94	0,17405
9	3	2,73	0,17397	2,14	0,17406
12	4	1,40	0,17419	1,59	0,17410
16	4	0,97	0,17418	1,61	0,17409
		α_σ	$n_{\text{xyB}}(0,50)$	α_σ	$n_{\text{xyB}}(0,50)$
4	1	−0,46	9,12352	0,25	0,52183
8	2		3,71360		3,73325
9	2	0,43	2,73013	2,92	3,73633
12	3		3,20569		3,73263
16	3	−0,66	3,36887	2,03	3,75114

15.9 Lösungen zu Kapitel 9

Lösung zu Aufgabe 9.1. Steifigkeitsmatrix und Belastungsvektor eines schubweichen Balkenelementes

Man kann entweder die Gln. (9.5) und (9.6) auswerten, oder man geht, was einfacher ist, von der Steifigkeitsmatrix und dem Belastungsvektor des schubweichen Balkenelementes aus, Gl. (9.33) und (9.34) und setzt dort $\psi = 1$. Dann erhält man als Elementsteifigkeitsmatrix und als Elementbelastungsvektor:

$$\boldsymbol{S}_\mathrm{e} = \frac{E\,I}{l^3} \begin{bmatrix} 12 & -12 & -6\,l & -6\,l \\ -12 & 12 & 6\,l & 6\,l \\ -6\,l & 6\,l & 4\,l^2 & 2\,l^2 \\ -6\,l & 6\,l & 2\,l^2 & 4\,l^2 \end{bmatrix},$$

$$\boldsymbol{p}_\mathrm{Be} = \frac{l}{60} \begin{bmatrix} 30 & -12 \\ 30 & 12 \\ -5\,l & l \\ 5\,l & l \end{bmatrix} \begin{Bmatrix} \dfrac{p_1 + p_2}{2} \\ \dfrac{p_2 - p_1}{2} \end{Bmatrix}.$$

Zur Kontrolle der Darstellbarkeit von Starrkörperverschiebungszuständen verwendet man die beiden folgenden Vektoren:

$$\boldsymbol{u}_\mathrm{SK,T}^\mathrm{T} = \{1, 1, 0, 0\}, \quad \boldsymbol{u}_\mathrm{SK,R}^\mathrm{T} = \{\frac{1}{2}, -\frac{1}{2}, 1, 1\}.$$

Beide Vektoren ergeben einen Nullvektor, wenn man sie mit der Steifigkeitsmatrix multipliziert. Die Steifigkeitsmatrix ist also in der Lage, Starrkörpertranslationen und Starrkörperrotationen so darzustellen, dass bei Vorgabe beider Zustände keine Knotenkräfte auftreten. Bildet man die Ausdrücke $\boldsymbol{u}_\mathrm{SK,T}^\mathrm{T}\,\boldsymbol{p}_\mathrm{Be}$ und $\boldsymbol{u}_\mathrm{SK,R}^\mathrm{T}\,\boldsymbol{p}_\mathrm{Be}$ so erhält man im ersten Fall die Resultierende der linear veränderlichen Belastung, im zweiten Fall das Moment der linear veränderlichen Belastung bezüglich der Balkenmitte.

Für den bei $x = 0$ eingespannten Kragbalken unter Einzelmoment $\bar{M}_2$ und Einzellast $\bar{Q}_2$ am freien Balkenende erhält man als Lösung für die Stabendverschiebung und die Stabendverdrehung

$$\begin{Bmatrix} w_2 \\ \beta_2 \end{Bmatrix} = \frac{l}{12\,E\,I} \begin{bmatrix} 4\,l^2 & -6\,l \\ -6\,l & 12 \end{bmatrix} \begin{Bmatrix} \bar{Q}_2 \\ \bar{M}_2 \end{Bmatrix}.$$

Dies sind die exakten Verschiebungen und Verdrehungen unter Stabendbelastung, wie ein Vergleich mit beispielsweise [15.3] ergibt.

Lösung zu Aufgabe 9.2: Interpretation des Belastungsvektors als exakter Stabendschnittkraftvektor

Die Verschiebung des beiderseits eingespannten Balkens von Bild 9.29 unter Linienlast bezeichnen wir als partikuläre Lösung w^p. Diese Lösung erfüllt die Differentialgleichung

$$\left(E\,I\,w^\mathrm{p}_{,\mathrm{xx}}\right)_{,\mathrm{xx}} = \bar{p}_\mathrm{z}$$

und die Randbedingungen

$$w\left(-\frac{l}{2}\right) = w_1 = 0\,, \quad -w_{,\mathrm{x}}\left(-\frac{l}{2}\right) = \beta_1 = 0\,,$$
$$w\left(+\frac{l}{2}\right) = w_2 = 0\,, \quad -w_{,\mathrm{x}}\left(+\frac{l}{2}\right) = \beta_2 = 0\,.$$

Die Differentialgleichung wird mit δw multipliziert und über die Stablänge integriert:

$$\int_{-l/2}^{l/2} \delta w \, \left(EIw^{\mathrm{p}}_{,\mathrm{xx}}\right)_{,\mathrm{xx}} \, \mathrm{d}x = \int_{-l/2}^{l/2} \delta w \, \bar{p}_{\mathrm{z}} \, \mathrm{d}x \, .$$

Das Integral auf der linken Seite wird nun so lange partiell integriert, bis w^{p} ableitungsfrei ist. Dabei werden ein Vektor der Stabendverschiebungen

$$\boldsymbol{u}_{\mathrm{r}}^{\mathrm{T}} = \{ \ w_1, \ \ w_2, \ \ \beta_1, \ \ \beta_2\}$$

und ein Vektor der Stabendschnittkräfte

$$\boldsymbol{s}_{\mathrm{r}}^{\mathrm{T}} = \{-Q_1, \ \ Q_2, -M_1, \ \ M_2\}.$$

eingeführt. Als Ergebnis der partiellen Integration erhält man dann

$$-\delta \boldsymbol{u}_{\mathrm{r}}^{\mathrm{T}} \, \boldsymbol{s}_{\mathrm{r}}^{\mathrm{p}} + \boldsymbol{u}_{\mathrm{r}}^{\mathrm{pT}} \, \delta \boldsymbol{s}_{\mathrm{r}}^{\mathrm{p}} + \int_{-l/2}^{l/2} w^{\mathrm{p}} \left(E\,I\, w^{\mathrm{p}}_{,\mathrm{xx}}\right)_{,\mathrm{xx}} \, \mathrm{d}x = \int_{-l/2}^{l/2} \delta w \, \bar{p}_{\mathrm{z}} \, \mathrm{d}x \, .$$

Der zweite Term auf der linken Seite wird zu Null, da beim beiderseits eingespannten Balken $\boldsymbol{u}_{\mathrm{r}}^{\mathrm{p}} = \boldsymbol{0}$ wird. Der dritte Term wird ebenfalls zu Null, da die virtuelle Verschiebung δw nach Voraussetzung die homogene Verschiebungsdifferentialgleichung erfüllt. Es verbleibt also

$$-\delta \boldsymbol{u}_{\mathrm{r}}^{\mathrm{T}} \, \boldsymbol{s}_{\mathrm{r}}^{\mathrm{p}} = \int_{-l/2}^{l/2} \delta w \, \bar{p}_{\mathrm{z}} \, \mathrm{d}x \, .$$

Führt man nun unter dem Integral den Ansatz

$$\delta w(x) = \delta \boldsymbol{u}_{\mathrm{e}}^{\mathrm{T}} \, \boldsymbol{f}(x)$$

ein, so wird bei Verwendung der Abkürzung für den Elementbelastungsvektor

$$-\delta \boldsymbol{u}_{\mathrm{r}}^{\mathrm{T}} \, \boldsymbol{s}_{\mathrm{r}}^{\mathrm{p}} = \delta \boldsymbol{u}_{\mathrm{e}}^{\mathrm{T}} \, \bar{\boldsymbol{p}}_{\mathrm{Be}}$$

und, da $\delta \boldsymbol{u}_{\mathrm{r}} = \delta \boldsymbol{u}_{\mathrm{e}}$ ist,

$$\boldsymbol{s}_{\mathrm{r}}^{\mathrm{p}} = -\bar{\boldsymbol{p}}_{\mathrm{Be}} \, .$$

Bis auf das Vorzeichen sind also tatsächlich die Komponenten von $\bar{\boldsymbol{p}}_{\mathrm{Be}}$ die exakten Stabendschnittkräfte. Interessant ist hierbei zweierlei:

- Die partikuläre Lösung $w^{\mathrm{p}}(x)$ braucht überhaupt nicht bekannt zu sein.
- Die Aussage gilt nicht nur bei konstanter sondern auch bei veränderlicher Biegesteifigkeit!

Bei zwei- oder gar dreidimensionalen Kontinua gelingt es nicht, exakte Lösungen der homogenen Verschiebungsdifferentialgleichung in B anzugeben, so dass aus diesem Grund eine analoge Beweisführung nicht möglich ist. Erst wenn man ein zweidimensionales Kontinuum auf ein eindimensionales Problem zurückführen kann (etwa durch einen Fourier-Ansatz wie in Kapitel 12), lässt sich entsprechend argumentieren.

Lösung zu Aufgabe 9.3. Vollkompatibles Platten-Dreieckelement mit 21 Freiheitsgraden

Bei dem Element E1 von Tabelle 9.2 werden Verschiebungen und Verschiebungsableitungen im Element jeweils durch vollständige Polynome erfasst, und zwar die Verschiebung w durch ein vollständiges Polynom 5. Ordnung, die Ableitungen $w_{,\mathrm{x}}$ und $w_{,\mathrm{y}}$ durch vollständige Polynome 4. Ordnung und die 2. Ableitungen $w_{,\mathrm{xx}}$, $w_{,\mathrm{yy}}$ und $w_{,\mathrm{xy}}$ durch vollständige Polynome 3. Ordnung. Da die Beschreibung jeweils durch ein vollständiges Polynom erfolgt, gilt die Vollständigkeit des Ansatzes auch für jedes andere kartesische Koordinatensystem, z. B. für ein randparalleles n, s-Koordinatensystem.

Entlang einer Dreieckseite 1–2 mit dem Seitenmittelpunkt 6 (Bild 9.13) stehen für die Beschreibung der Randverschiebung $w(s)$ und der Normalenableitung $w_{,\mathrm{n}}(s)$ die folgenden Knotengrößen zur Verfügung, und zwar w_1, w_2, $w_{,\mathrm{s1}}$, $w_{,\mathrm{s2}}$, $w_{,\mathrm{ss1}}$ und $w_{,\mathrm{ss2}}$ für $w(s)$ und $w_{,\mathrm{n1}}$, $w_{,\mathrm{n2}}$, $w_{,\mathrm{ns1}}$, $w_{,\mathrm{ns2}}$, und $w_{,\mathrm{n6}}$ für $w_{,\mathrm{n}}(s)$. Durch diese 6 bzw. 5 Parameter ist ein Polynom 5. bzw. 4. Ordnung in der Randkoordinate s eindeutig festgelegt. Das Entsprechende gilt für das angrenzende Element, so dass die C^1-Stetigkeit garantiert ist.

Von den drei zweiten Ableitungen sind nur noch $w_{,\mathrm{ss}}$ und $w_{,\mathrm{sn}}$ entlang des gesamten Randes stetig. Um Stetigkeit von $w_{,\mathrm{nn}}$ zu garantieren, wären am Rand 4 Parameter erforderlich. Verfügbar sind aber nur zwei Parameter (am Rand 1–2 $w_{,\mathrm{nn1}}$ und $w_{,\mathrm{nn2}}$), so dass nur Stetigkeit in den Knotenpunkten vorliegt.

Aufgabe 9.4. Inkompatibles Platten-Dreieckelement mit 10 Freiheitsgraden

Auf die Angabe der Lösung wird verzichtet. Der Nachweis erfolgt in völliger Analogie zu Aufgabe 9.3.

Lösung zu Aufgabe 9.5. Schubweiches Plattendreieckelement

Im Lastfall Biegung mit Querkraft ist der Querkraftverlauf konstant, der Momentenverlauf linear, der Querschnittsneigungsverlauf quadratisch und der Verschiebungsverlauf kubisch. Damit benötigt man ein Element mit vollständigem kubischen Verschiebungsverlauf und vollständigem quadratischen Verlauf der Querschnittsneigung. Die Stützwerte der Elemente aus Bild 15.22a und 15.22b wären dafür gerade ausreichend.

Wenn zusätzlich die Forderung eingehalten werden soll, dass alle Stützpunkte gleiche Unbekannte besitzen (siehe Check-Liste in Tabelle 9.1), dann ergibt sich das Element aus Bild 15.22c mit 12 Knoten. Es hat 36 Freiheitsgrade.

Der Grenzübergang zum schubstarren Fall dürfte ähnlich wie bei dem 16-Knoten-Viereckelement (Tabelle 9.7) möglich sein. Allerdings sind aufgrund der dann wirksam werdenden kinematischen Zwängungen (die Querschnittsneigungen

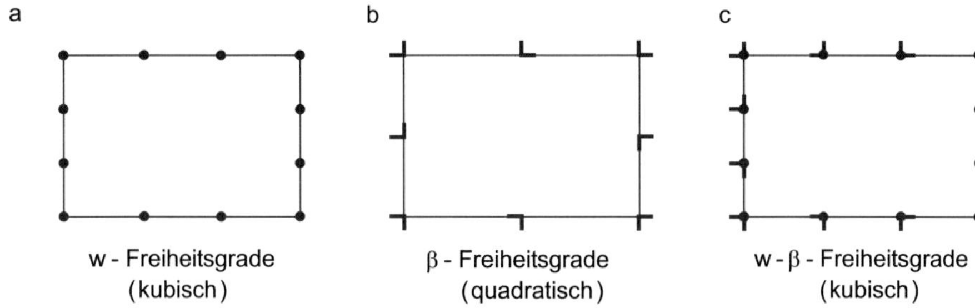

Bild 15.22. Stützwerte zur Darstellung eines kubischen Verschiebungsverlaufs **a** und eines quadratischen Verlaufs der Querschnittsneigungen **b**, Stützwerte für ein Element mit gleichen Unbekannten in allen Knotenpunkten **c**

müssen im schubstarren Fall gleich den negativen Verschiebungsableitungen werden) keine besseren Ergebnisse zu erwarten als beim Element Cl.

Lösung zu Aufgabe 9.6. Zusatzfunktionen zur Erfüllung der C^1-Stetigkeit bei einem inkompatiblen Plattenrechteckelement

Bei der Formfunktion $\tilde{h}_5(\xi, \eta)$ (Bild 9.30) kommt es an den Rändern 1–2 und 3–4 zu einer Stetigkeitsverletzung in der Normalableitung $w_{,\mathrm{y}}$. Diese Stetigkeitsverletzung muss korrigiert werden, ohne dass andere Stetigkeitsverletzungen vorgenommen werden. Insbesondere muss bei der Korrekturfunktion die Normalableitung $w_{,\mathrm{y}}$ auf dem Rand 1–4 verschwinden. Die erforderliche Korrekturfunktion ist in Bild 15.23 dargestellt.

Einer derartige Korrekturfunktion lässt sich mit Polynomansätzen nicht beschreiben, da die zweite gemischte Verschiebungsableitung $w_{,\mathrm{xy}}$ im Punkt 3 unterschiedliche Werte annimmt, je nachdem ob man auf der Seite 1–3 oder auf der Seite 4–3 zum Punkt 3 kommt.

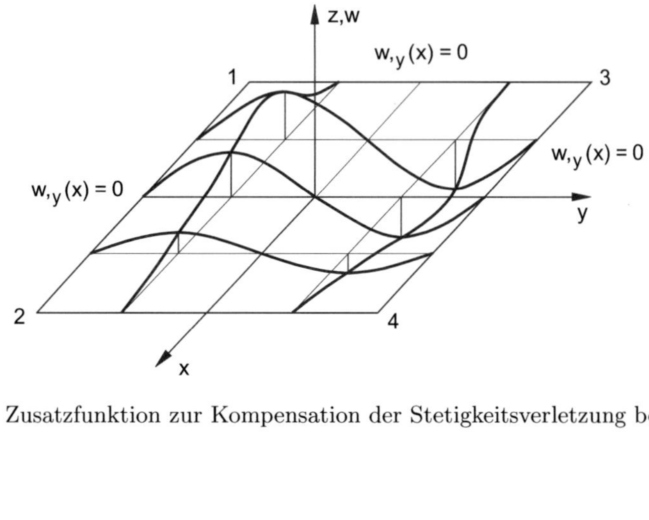

Bild 15.23. Zusatzfunktion zur Kompensation der Stetigkeitsverletzung bei $\tilde{h}_5(\xi, \eta)$

15.10 Lösungen zu Kapitel 10

Lösung zu Aufgabe 10.1. Gleichgewichtsbedingung nach Theorie 2. Ordnung

Als Gleichgewichtsbedingung in z-Richtung nach Theorie 2. Ordnung erhält man

$$Q_{,\mathrm{x}} + \left[N^{(0)}\, w_{,\mathrm{x}}\right]_{,\mathrm{x}} + \bar{p}_\mathrm{z} = 0\,,$$

wobei die Querkraft auch durch die Ableitung des Momentes $Q = M_{,\mathrm{x}}$ ersetzt werden kann.

An der Stelle $x = l$ gilt folgende Schnittkraftrandbedingung:

$$Z(l) - \bar{Z}_1 = 0 \quad \text{mit} \quad Z(x) = Q(x) + w_{,\mathrm{x}}\, N^{(0)}\,.$$

Lösung zu Aufgabe 10.2. Berücksichtigung von Imperfektionen

Die Schnittkraftrandbedingung für $x = l$ lautet

$$Z(l) - \bar{Z}_1 = 0 \quad \text{mit} \quad Z(x) = \left(z^{(0)} + w\right)_{,\mathrm{x}} N^{(0)} + Q(x)\,.$$

Als Prinzip der virtuellen Verrückungen erhält man für den schubstarren Balken mit Imperfektionen

$$\int\limits_\mathrm{l} \delta w_{,\mathrm{xx}}\, E\,I\, w_{,\mathrm{xx}}\, \mathrm{d}x + \int\limits_\mathrm{l} \delta w_{,\mathrm{x}} \left(z^{(0)} + w\right)_{,\mathrm{x}} N^{(0)}\, \mathrm{d}x - \int\limits_\mathrm{l} \delta w\, \bar{p}_\mathrm{z}\, \mathrm{d}x$$
$$- \left[\delta w(l)\, \bar{Z}_1 + \delta\beta(l)\, \bar{M}_1\right] = 0\,.$$

Lösung zu Aufgabe 10.3. Differentialgleichung des schubweichen Balkens nach Theorie 2. Ordnung

Das Prinzip der virtuellen Verrückungen für einen durch Streckenlasten und an der Stelle $x = l$ durch Einzellasten beanspruchten schubweichen Kragbalken lautet

$$\int\limits_\mathrm{l} \delta\beta_{,\mathrm{x}}\, E\,I\, \beta_{,\mathrm{x}}\, \mathrm{d}x + \int\limits_\mathrm{l} \delta\gamma\, G\,A_\mathrm{s}\, \gamma\, \mathrm{d}x + \int\limits_\mathrm{l} \delta w_{,\mathrm{x}}\, w_{,\mathrm{x}}\, N^{(0)}\, \mathrm{d}x$$
$$- \int\limits_l \left[\delta w\, \bar{p}_\mathrm{z} + \delta\beta\, \bar{p}_\mathrm{m}\right] \mathrm{d}x - \left[\delta w(l)\, \bar{Z}_1 + \delta\beta(l)\, \bar{M}_1\right] = 0\,.$$

Im Abschnitt 10.2.2 wurde im Zusammenhang mit der geometrischen Steifigkeitsmatrix ausgeführt, dass üblicherweise für γ dieselbe Beziehung wie bei Theorie 1. Ordnung angesetzt wird. Man setzt also vereinfachend

$$\gamma = \beta + w_{,\mathrm{x}}\,, \quad \delta\gamma = \delta\beta + \delta w_{,\mathrm{x}}$$

und erhält die Verschiebungsdifferentialgleichungen als Eulersche Differentialgleichungen des Prinzips

$$\left[E\,I\, \beta_{,\mathrm{x}}\right]_{,\mathrm{x}} - G\,A_\mathrm{s}\, (\beta + w_{,\mathrm{x}}) + \bar{p}_\mathrm{m} = 0\,,$$
$$\left[G\,A_\mathrm{s}\, (\beta + w_{,\mathrm{x}})\right]_{,\mathrm{x}} + \left[N^{(0)}\, w_{,\mathrm{x}}\right]_{,\mathrm{x}} + \bar{p}_\mathrm{z} = 0\,.$$

Bei der Ermittlung der geometrischen Steifigkeitsmatrix wurden Ansatzfunktionen verwendet, die die Lösungen der homogenen Verschiebungsdifferentialgleichung nach Theorie 1. Ordnung sind. Sie erfüllen mithin nicht die Differentialgleichungen 2. Ordnung.

Lösung zu Aufgabe 10.4. Prinzip der virtuellen Verrückungen für das Kippproblem

Die Ausdrücke für die virtuelle Formänderungsenergie und die virtuelle Arbeit der äußeren Kräfte lauten:

$$\begin{aligned}\delta \Pi_\mathrm{i} &= \int\limits_\mathrm{l} \left[\delta v_\mathrm{o,xx}\, E\, I_\mathrm{zG}\, v_\mathrm{o,xx} + \delta v_\mathrm{u,xx}\, E\, I_\mathrm{zG}\, v_\mathrm{u,xx} + \delta \beta_\mathrm{x,x}\, G\, I_\mathrm{T}\, \beta_\mathrm{x,x}\right] \mathrm{d}x \\ &\quad + \int\limits_\mathrm{l} \left[\delta v_\mathrm{o,x}\, N_\mathrm{o}^{(0)}\, v_\mathrm{o,x} + \delta v_\mathrm{u,x}\, N_\mathrm{u}^{(0)}\, v_\mathrm{u,x}\right] \mathrm{d}x\,, \\ \delta W_\mathrm{a} &= \int\limits_\mathrm{l} \left[\delta v_\mathrm{o}\, \bar{p}_\mathrm{yo} + \delta v_\mathrm{u}\, \bar{p}_\mathrm{yu}\right] \mathrm{d}x\,.\end{aligned}$$

Da β_x nicht unabhängig ist, muss man

$$\beta_\mathrm{x}(x) = \frac{1}{h}\left[v_\mathrm{o}(x) - v_\mathrm{u}(x)\right]$$

setzen. Es wird darauf verzichtet, das sich dann ergebende Prinzip explizit anzugeben.

Als Eulersche Differentialgleichungen erhält man

$$\begin{aligned}E\, I_\mathrm{zG}\, v_\mathrm{o,xxxx} - \left[N_\mathrm{o}^{(0)}\, v_\mathrm{o,x}\right]_\mathrm{,x} - \frac{1}{h^2}\, G\, I_\mathrm{T}\left[v_\mathrm{o,xx} - v_\mathrm{u,xx}\right] - \bar{p}_\mathrm{yo} = 0\,, \\ E\, I_\mathrm{zG}\, v_\mathrm{u,xxxx} - \left[N_\mathrm{u}^{(0)}\, v_\mathrm{u,x}\right]_\mathrm{,x} - \frac{1}{h^2}\, G\, I_\mathrm{T}\left[v_\mathrm{o,xx} - v_\mathrm{u,xx}\right] - \bar{p}_\mathrm{yu} = 0\,.\end{aligned}$$

und als natürliche Randbedingungen

$$\begin{aligned}E\, I_\mathrm{zG}\, v_\mathrm{o,xx}(0) = 0\,, \quad E\, I_\mathrm{zG}\, v_\mathrm{o,xx}(l) = 0\,, \\ E\, I_\mathrm{zG}\, v_\mathrm{u,xx}(0) = 0\,, \quad E\, I_\mathrm{zG}\, v_\mathrm{u,xx}(l) = 0\,.\end{aligned}$$

Die natürlichen Randbedingungen sind gerade die Bedingungen, dass an der Gabellagerung kein Moment um die z-Achse in den Ober- oder den Untergurt eingeleitet wird.

Im hier behandelten Spezialfall hat man zu setzen:

$$\begin{aligned}N_\mathrm{o}^{(0)}(x) = \frac{1}{h}\, M^{(0)}(x)\,, \\ N_\mathrm{u}^{(0)}(x) = \frac{1}{h}\, M^{(0)}(x)\,.\end{aligned}$$

Für die Verschiebungen wird folgender Ansatz eingeführt:

$$\begin{aligned}v_\mathrm{o}(x) = \hat{v}_\mathrm{o}\, \sin\frac{\pi x}{l}\,, \\ v_\mathrm{u}(x) = \hat{v}_\mathrm{u}\, \sin\frac{\pi x}{l}\,.\end{aligned}$$

Das Kippmoment erhält man aus der Bedingung, dass die Determinante der Koeffizientenmatrix zur Ermittlung von $\hat{v}_\mathrm{o}$ und $\hat{v}_\mathrm{u}$ verschwindet:

$$\begin{vmatrix} K_{11} & K_{12} \\ K_{12} & K_{22} \end{vmatrix} = 0$$

$$\begin{aligned} \text{mit} \quad K_{11} &= E\,I_{\mathrm{zG}} \left(\frac{\pi}{l}\right)^4 + \frac{G\,I_\mathrm{T}}{h^2} \left(\frac{\pi}{l}\right)^2 - \frac{M_\mathrm{crit}}{h} \left(\frac{\pi}{l}\right)^2 , \\ K_{22} &= E\,I_{\mathrm{zG}} \left(\frac{\pi}{l}\right)^4 + \frac{G\,I_\mathrm{T}}{h^2} \left(\frac{\pi}{l}\right)^2 + \frac{M_\mathrm{crit}}{h} \left(\frac{\pi}{l}\right)^2 , \\ K_{12} &= -\frac{G\,I_\mathrm{T}}{h^2} \left(\frac{\pi}{l}\right)^2 . \end{aligned}$$

Als kritische Kippmomente ergeben sich daraus:

$$\frac{M_\mathrm{crit}}{h} = \pm\left(\frac{\pi}{l}\right)^2 E\,I_{\mathrm{zG}} \sqrt{1 + 2\,\frac{G\,I_\mathrm{T}}{E\,I_{\mathrm{zG}}}\,\frac{l^2}{\pi^2\,h^2}} = \pm\left(\frac{\pi}{l}\right)^2 E\,I_{\mathrm{zG}} \sqrt{1+2\,\alpha}\,.$$

Die beiden Eigenvektoren sind von der Form

$$\left\{ \begin{matrix} \hat{v}_\mathrm{o} \\ \hat{v}_\mathrm{u} \end{matrix} \right\} = \left\{ \begin{matrix} 1 \\ \dfrac{\alpha}{(1+\alpha) + \sqrt{1+2\,\alpha}} \end{matrix} \right\}$$

$$\text{bzw.} \quad \left\{ \begin{matrix} \hat{v}_\mathrm{o} \\ \hat{v}_\mathrm{u} \end{matrix} \right\} = \left\{ \begin{matrix} \dfrac{\alpha}{(1+\alpha) + \sqrt{1+2\,\alpha}} \\ 1 \end{matrix} \right\} .$$

Bei einem positiven kritischen Kippmoment (Druck im Obergurt) weicht vorwiegend der Obergurt seitlich aus, bei einem negativen kritischen Kippmoment der Untergurt. M_crit ist die kritische Druckkraft im Obergurt. Diese Druckkraft ist größer als die Eulersche Knicklast in y-Richtung, da der Obergurt durch den Untergurt und durch die Torsionssteifigkeit unterstützt wird.

Lösung zu Aufgabe 10.5. Kontrolle der geometrischen Steifigkeitsmatrix

Ein Starrkörperverschiebungszustand lässt sich durch den Vektor

$$\boldsymbol{u}_\mathrm{e} = c_1 \left\{ \begin{matrix} 1 \\ 1 \\ 0 \\ 0 \end{matrix} \right\} + c_2 \left\{ \begin{matrix} 0 \\ 1 \\ -1 \\ -1 \end{matrix} \right\} = c_1\,\boldsymbol{u}_\mathrm{Te} + c_2\,\boldsymbol{u}_\mathrm{Re}$$

erfassen, wobei der zu c_1 gehörende Vektor eine Starrkörperverschiebung, der zu c_2 gehörende eine Starrkörperdrehung des Balkens beschreibt. Man erhält

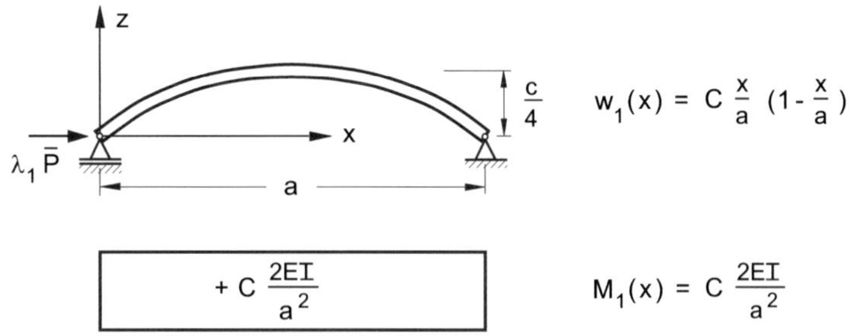

Bild 15.24. 1. Knickform und zugehöriger Momentenverlauf der Finite-Elemente-Lösung

$$\boldsymbol{S}_{\text{ge}}\, \boldsymbol{u}_{\text{Te}} = \boldsymbol{0}\,,$$

$$\boldsymbol{S}_{\text{ge}}\, \boldsymbol{u}_{\text{Re}} = \frac{N^{(0)}}{l} \begin{Bmatrix} -1 \\ 1 \\ 0 \\ 0 \end{Bmatrix}.$$

Die letzte Gleichung erweckt den Eindruck, als sei die Forderung nach Darstellbarkeit von Starrkörperverschiebungen nicht erfüllt, da die beiden ersten Komponenten von Null verschieden sind. Dieser Eindruck trügt. Bei einer Starrkörperdrehung des Stabes wirkt die Kraft $N^{(0)}$ im Stab in Richtung der gedrehten Stabachse. An den Stabenden müssen daher außer der Belastung in x-Richtung auch Komponenten in z-Richtung entstehen, damit das Gleichgewicht am verformten System erfüllt ist.

Lösung zu Aufgabe 10.6. Knicklastberechnung mit der Finite-Elemente-Methode
Bei Verwendung nur eines Elementes lautet die Eigenwertgleichung

$$\left(\frac{E\,I}{a} \begin{bmatrix} 4 & 2 \\ 2 & 4 \end{bmatrix} - \lambda \frac{a\,\bar{P}}{60} \begin{bmatrix} 8 & -2 \\ -2 & 8 \end{bmatrix} \right) \begin{Bmatrix} \beta_0 \\ \beta_{\text{a}} \end{Bmatrix} = \begin{Bmatrix} 0 \\ 0 \end{Bmatrix},$$

und man erhält als Eigenwerte

$$\lambda_1\, \bar{P} = 12\, \frac{E\,I}{a^2} \qquad \text{(Fehler: } +20\,\%\text{)}\,,$$

$$\lambda_2\, \bar{P} = 60\, \frac{E\,I}{a^2} \qquad \text{(Fehler: } +50\,\%\text{)}\,.$$

Die zu λ_1 gehörende Knickform ist bezüglich $x = a/2$ symmetrisch, die zu λ_2 gehörende ist antimetrisch. Die erste Knickform und der Momenten verlauf sind in Bild 15.24 dargestellt.

Besonders am Momentenverlauf, der bei der exakten Lösung sinusförmig verläuft, erkennt man, dass die Lösung sehr schlecht ist. Auch eine Abweichung in der Eigenfrequenz von 20 % ist nicht akzeptabel. Wenn man die Symmetriebedingung für die erste Knickform bei $x = a/2$ ausnutzt und das halbe System mit einem Element darstellt, dann erhält man als Eigenwert

$$\lambda_1\,\bar{P} = \frac{E\,I}{a^2}\,\frac{208}{3}\left(1 - \frac{2}{13}\,\sqrt{31}\right) = 9{,}94\,\frac{E\,I}{a^2}\,.$$

Der Fehler beträgt jetzt nur noch +0,74 %!

Die Näherungswerte für die Knicklast liegen bei einer Rechnung nach der Deformationsmethode stets höher als die exakte Lösung. Die Knicklast wird von oben angenähert. Das ist eine Folge davon, dass die Finite-Elemente-Lösung die Struktur zu steif erfasst.

Lösung zu Aufgabe 10.7. Kontrolle der Elementmassenmatrix eines Balkenelementes

Der Ausdruck $\boldsymbol{u}_{\mathrm{e}}^{\bullet\,\mathrm{T}}\;\boldsymbol{M}_{\mu\mathrm{e}}\;\boldsymbol{u}_{\mathrm{e}}^{\bullet}$ ist die diskretisierte Fassung des über die Stablänge gebildeten Integralausdrucks $\int \boldsymbol{u}^{\bullet\,\mathrm{T}}\;[\boldsymbol{\mu}]\;\boldsymbol{u}^{\bullet}\;\mathrm{d}x$. Da in die Elementmassenmatrix nur die Massenbelegung eingeht, vereinfacht sich der Ausdruck zu $\int w^{\bullet}\;\mu\,w^{\bullet}\;\mathrm{d}x$. In dem zuerst betrachteten Fall $\boldsymbol{u}_{\mathrm{Te}}^{\bullet}$ haben alle Punkte des Balkenelementes die gleiche Geschwindigkeit, $w^{\bullet}$ ist nicht mehr ortsabhängig. Aus dem Integral $\int w^{\bullet}\;\mu\,w^{\bullet}\;\mathrm{d}x$ wird

$$\int\limits_{\mathrm{l_e}} w^{\bullet}\;\mu\,w^{\bullet}\;\mathrm{d}x = \int\limits_{\mathrm{l_e}} \mu\;\mathrm{d}x\;\;w^{\bullet\,2} = \mu\,l_{\mathrm{e}}\;\;w^{\bullet\,2}\,.$$

Wenn man entsprechend den Ausdruck $\boldsymbol{u}_{\mathrm{e}}^{\bullet\,\mathrm{T}}\;\boldsymbol{M}_{\mu\mathrm{e}}\;\boldsymbol{u}_{\mathrm{e}}^{\bullet}$ mit dem Vektor

$$\boldsymbol{u}_{\mathrm{Te}}^{\bullet} = \{1, 1, 0, 0\}$$

bildet, so ergibt sich in der Tat gerade die Masse $m_{\mathrm{e}} = \mu\;l_{\mathrm{e}}$. Entsprechend erhält man für einen Vektor $\boldsymbol{u}_{\mathrm{Re}}^{\bullet}$, der einer Winkelgeschwindigkeit des Betrags 1 entspricht, gerade das Massenträgheitsmoment bezüglich des Punktes, um den die Drehung erfolgt.

Lösung zu Aufgabe 10.8. Eigenkreisfrequenz eines Druckstabes

Das Gleichungssystem lautet

$$\left(\frac{E\,I}{a}\begin{bmatrix} 4 & 2\\ 2 & 4\end{bmatrix} - \frac{a\,\bar{P}_{\mathrm{D}}}{60}\begin{bmatrix} 8 & -2\\ -2 & 8\end{bmatrix} - \omega^2\,\frac{\mu\,a^3}{840}\begin{bmatrix} 8 & -6\\ -6 & 8\end{bmatrix}\right)\begin{Bmatrix}\hat{\beta}_0\\ \hat{\beta}_{\mathrm{a}}\end{Bmatrix} = \begin{Bmatrix} 0\\ 0\end{Bmatrix}.$$

Mit den Beziehungen $\hat{\beta}_0 = \hat{\beta}_{\mathrm{S}} + \hat{\beta}_{\mathrm{A}}$ und $\hat{\beta}_{\mathrm{a}} = \hat{\beta}_{\mathrm{S}} - \hat{\beta}_{\mathrm{A}}$, wobei $\hat{\beta}_{\mathrm{S}}$ die Amplitude einer symmetrischen und $\hat{\beta}_{\mathrm{A}}$ die Amplitude einer antimetrischen Schwingungsform ist, erhält man für den symmetrischen Fall die Gleichung

$$\left(\frac{4\,E\,I}{a} - \frac{a\,\bar{P}_{\mathrm{D}}}{3} - \omega^2\,\frac{\mu\,a^3}{30}\right)\hat{\beta}_{\mathrm{S}} = 0\,.$$

Für die Angabe der Eigenkreisfrequenz ω als Funktion von $\bar{P}_{\mathrm{D}}$ führt man die Abkürzungen

$$\omega_1^2 = \frac{120\,E\,I}{\mu\,a^4}\,, \qquad P_{\mathrm{crit}} = \frac{12\,E\,I}{a^2}$$

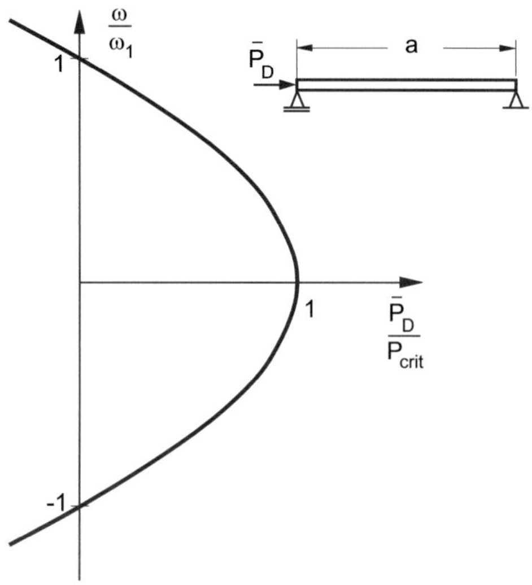

Bild 15.25. Zusammenhang zwischen niedrigster Eigenkreisfrequenz und Anfangslast

ein. ω_1 ist hierbei der Näherungswert für die niedrigste Eigenkreisfrequenz ohne Vorlast. Dann wird

$$\frac{\omega}{\omega_1} = \sqrt{1 - \frac{\bar{P}_\text{D}}{P_\text{crit}}}$$

(siehe Bild 15.25). Bei der exakten Lösung ergibt sich ein entsprechender Zusammenhang, nur dass dort

$$\omega_1^2 = \frac{\pi^4 \, E\,I}{\mu \, a^4}\,, \quad P_\text{crit} = \frac{\pi^2 \, E\,I}{a^2}$$

gesetzt werden muss. Auch bei allgemeinen Tragwerken ist der Zusammenhang von Bild 15.25 in der Regel eine sehr gute Näherung, und zwar dann, wenn die Knickform und die unterste Eigenschwingungsform nicht allzu stark voneinander abweichen.

15.11 Lösungen zu Kapitel 11

Lösung zu Aufgabe 11.1. Rahmenknicken

Man erhält die folgenden Systemverschiebungsvektoren:

$$\boldsymbol{u}^{*\text{T}} = \{u_2^*, \beta_2^*, w_2^*, u_3^*, \beta_3^*\} \qquad \text{im dehnsteifen Fall } (D \text{ endlich}),$$
$$\boldsymbol{u}^{*\text{T}} = \{u_2^*, \beta_2^*, \beta_3^*\} \qquad \text{im dehnstarren Fall } (D \text{ unendlich}).$$

Die Transformationsbeziehung lautet

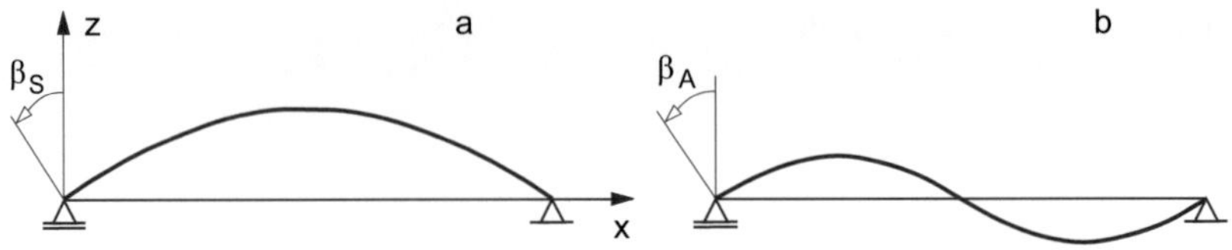

Bild 15.26. Symmetrischer **a** und antimetrischer Verschiebungszustand **b**

$$\left\{\begin{array}{c} u_2^* \\ \beta_2^* \\ w_2^* \\ u_3^* \\ \beta_3^* \end{array}\right\} = \begin{bmatrix} 1 & 0 & 0 \\ 0 & 1 & 0 \\ 0 & 0 & 0 \\ 1 & 0 & 0 \\ 0 & 0 & 1 \end{bmatrix} \left\{\begin{array}{c} u_2^* \\ \beta_2^* \\ \beta_3^* \end{array}\right\} .$$

Bei einem Rahmen mit dehnstarren Stäben ergibt sich mit $N_1^{(0)} = -\bar{P}$ und $N_2^{(0)} = 0$ das folgende Gleichungssystem

$$\frac{E\,I}{l^3}\begin{bmatrix} 12 & 6\,l & 0 \\ 6\,l & 8\,l^2 & 2\,l^2 \\ 0 & 2\,l^2 & 4\,l^2 \end{bmatrix}\left\{\begin{array}{c} u_2^* \\ \beta_2^* \\ \beta_3^* \end{array}\right\} - \frac{\lambda\,\bar{P}}{60\,l}\begin{bmatrix} 72 & 6\,l & 0 \\ 6\,l & 8\,l^2 & 2\,l^2 \\ 0 & 2\,l^2 & 4\,l^2 \end{bmatrix}\left\{\begin{array}{c} u_2^* \\ \beta_2^* \\ \beta_3^* \end{array}\right\} = \left\{\begin{array}{c} 0 \\ 0 \\ 0 \end{array}\right\} .$$

Mit $\beta_3^* = -\beta_2^*/2$ lautet das kondensierte Gleichungssystem

$$\frac{E\,I}{l^3}\begin{bmatrix} 12 & 6\,l \\ 6\,l & 7\,l^2 \end{bmatrix}\left\{\begin{array}{c} u_2^* \\ \beta_2^* \end{array}\right\} - \frac{\lambda\bar{P}}{60\,l}\begin{bmatrix} 12 & 6\,l \\ 6\,l & 8\,l^2 \end{bmatrix}\left\{\begin{array}{c} u_2^* \\ \beta_2^* \end{array}\right\} = \left\{\begin{array}{c} 0 \\ 0 \end{array}\right\} .$$

Als Knicklast ergibt sich daraus

$$P_{\text{crit}} = \frac{8\,E\,I}{3\,l^2}\left(11 - \sqrt{76}\right) = 6{,}09\,\frac{E\,I}{l^2} .$$

Lösung zu Aufgabe 11.2. Spannungsproblem mit Verzweigungspunkt

Das Gleichungssystem lautet

$$\frac{E\,I}{a^2}\begin{bmatrix} 4 & 2 \\ 2 & 4 \end{bmatrix}\left\{\begin{array}{c} \beta_0 \\ \beta_a \end{array}\right\} - \frac{\lambda\,\bar{P}}{60}\begin{bmatrix} 8 & -2 \\ -2 & 8 \end{bmatrix}\left\{\begin{array}{c} \beta_0 \\ \beta_a \end{array}\right\} = \frac{\lambda\,e\,\bar{P}}{a}\left\{\begin{array}{c} -1 \\ -1 \end{array}\right\} .$$

Aus der Lösung zu Aufgabe 10.5 weiß man, dass die erste Knickform symmetrisch, die zweite hingegen antimetrisch verläuft. Man kann daher analog zur Lösung 10.8 auf die Transformationsbeziehung

$$\left\{\begin{array}{c} \beta_0 \\ \beta_a \end{array}\right\} = \begin{bmatrix} 1 & 1 \\ 1 & -1 \end{bmatrix}\left\{\begin{array}{c} \beta_{\text{S}} \\ \beta_{\text{A}} \end{array}\right\}$$

zurückgreifen, wobei β_{S} die Amplitude einer symmetrischen und β_{A} die Amplitude einer antimetrischen Knickform ist (Bild 15.26). Transformiert man nicht nur die

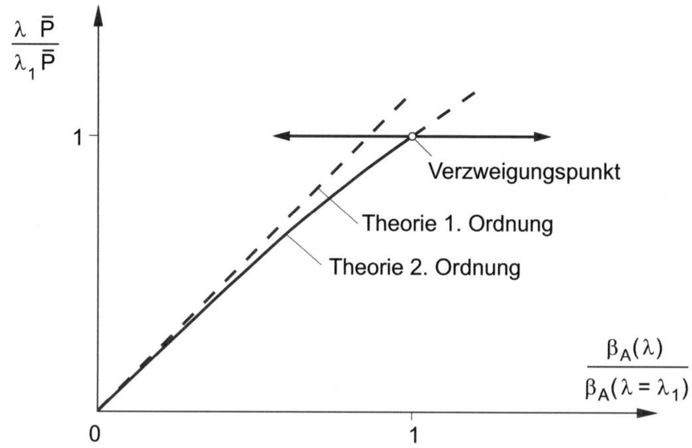

Bild 15.27. Last-Verschiebungs-Diagramm mit Verzweigungspunkt nach Theorie 1, und 2. Ordnung

wirklichen Verdrehungen sondern multipliziert das Gleichungssystem auch von links mit der transponierten Transformationsmatrix (das entspricht auf der Stufe des Prinzips einer Transformation der virtuellen Verdrehungen), dann erhält man das folgende entkoppelte Gleichungssystem

$$\frac{E\,I}{a^2}\begin{bmatrix} 4 & 0 \\ 0 & 12 \end{bmatrix}\begin{Bmatrix} \beta_S \\ \beta_A \end{Bmatrix} - \frac{\lambda\,\bar{P}}{60}\begin{bmatrix} 20 & 0 \\ 0 & 12 \end{bmatrix}\begin{Bmatrix} \beta_S \\ \beta_A \end{Bmatrix} = \frac{\lambda\,e\,\bar{P}}{a}\begin{Bmatrix} 0 \\ -2 \end{Bmatrix}.$$

Als Lösung ergibt sich für die Amplituden des symmetrischen und des antimetrischen Verschiebungszustandes

$$\beta_S = 0\,, \quad \beta_A = -\frac{\lambda\,e\,a\,\bar{P}}{6\,E\,I\left(1 - \dfrac{\lambda\,a^2\,\bar{P}}{60\,E\,I}\right)}.$$

Die Lösung ist allerdings nur unterhalb der kritischen Last, der Knicklast für den symmetrischen Fall, gültig, d. h. solange

$$\lambda\,\bar{P} < \frac{12\,E\,I}{a^2} \equiv \lambda_1\,\bar{P}\,.$$

Für diesen kritischen Wert des Laststeigerungsfaktor liegt ein Verzweigungspunkt vor (Bild 15.27). Unterhalb der kritischen Last $P_{\text{crit}} = \lambda_1\,\bar{P}$ ergibt sich aufgrund der Belastung stets ein antimetrischer Verschiebungszustand. Die zugehörige Biegelinie entspricht bis auf das Vorzeichen derjenigen von Bild 15.26b. Beim Erreichen der kritischen Last bildet sich schlagartig der zugehörige symmetrische Verschiebungszustand aus, die Verschiebungsamplitude wird unendlich groß. Ob der reale Stab nach oben oder nach unten ausknickt, hängt von unvermeidlichen geometrischen Imperfektionen ab.

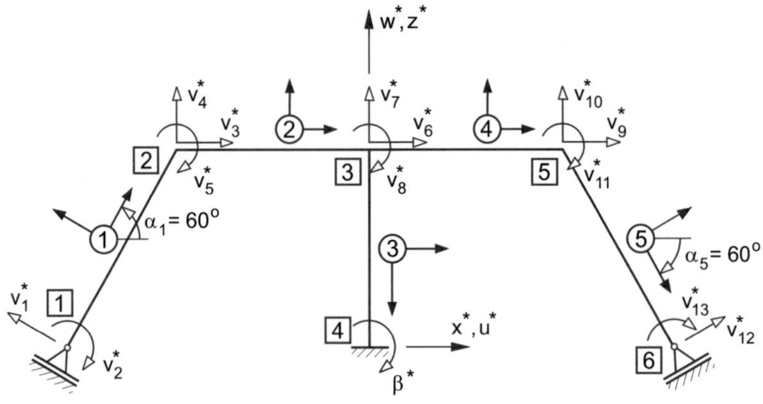

Bild 15.28. Elementierung des Rahmens aus Bild 11.16 und Angabe der Systemfreiheitsgrade

Lösung zu Aufgabe 11.3. Schiefe Randbedingungen

Die gröbste Möglichkeit für die Elementierung ist in Bild 15.28 dargestellt. Hierbei sind auch Systemfreiheitsgrade angegeben.

Zur Erfassung der schiefen Gleitlager könnte man sich die Tatsache zu Nutze machen, dass die Richtung der Gleitlagerverschiebung mit der lokalen z-Achse des angrenzenden Stabes übereinstimmt. Im Hinblick auf allgemeiner ausgerichtete Gleitlager wird eine andere Vorgehensweise bevorzugt, bei der die Gleitlager Knoten zugeordnet werden, bei dem Beispiel den Knoten $\boxed{1}$ und $\boxed{6}$. Der in Abschnitt 11.4 geschilderte Aufbau der Systemmatrizen läuft bis zur Transformation der Elementfreiheitsgrade in das globale Koordinatensystem unverändert ab. Anschließend wird für diejenigen Stäbe, die an ein Gleitlager anschließen, eine weitere Transformation vorgenommen, bei der die Verschiebungen der Gleitlagerknoten in das Gleitlagerkoordinatensystem transformiert werden, wobei die Verschiebungen im Gleitlagerkoordinatensystem mit $\tilde{u}_\mathrm{k}^*$ und $\tilde{w}_\mathrm{k}^*$ bezeichnet werden (Bild 15.29). Für den Stab ① lautet diese Transformation beispielsweise

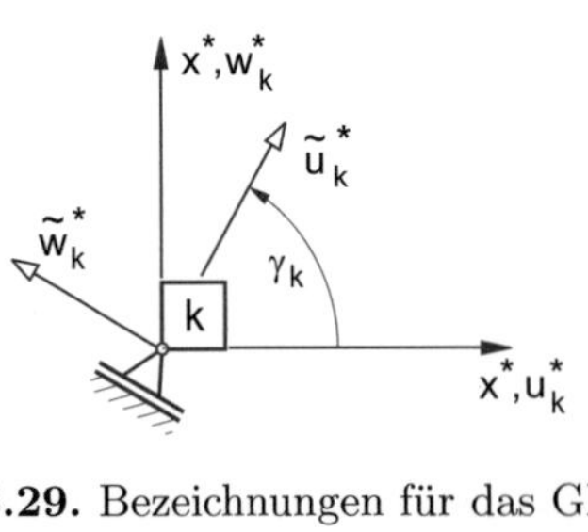

$$\begin{Bmatrix} u_\mathrm{k}^* \\ w_\mathrm{k}^* \end{Bmatrix} = \begin{bmatrix} \cos\gamma_\mathrm{k} & -\sin\gamma_\mathrm{k} \\ +\sin\gamma_\mathrm{k} & \cos\gamma_\mathrm{k} \end{bmatrix} \begin{Bmatrix} \tilde{u}_\mathrm{k}^* \\ \tilde{w}_\mathrm{k}^* \end{Bmatrix}$$

Bild 15.29. Bezeichnungen für das Gleitlagerkoordinatensystem

$$\begin{Bmatrix} u_1^* \\ u_2^* \\ w_1^* \\ w_2^* \\ \beta_1^* \\ \beta_2^* \end{Bmatrix}_{①} = \begin{pmatrix} \cos 60° & 0 & -\sin 60° & 0 & 0 & 0 \\ 0 & 1 & 0 & 0 & 0 & 0 \\ \sin 60° & 0 & \cos 60° & 0 & 0 & 0 \\ 0 & 0 & 0 & 1 & 0 & 0 \\ 0 & 0 & 0 & 0 & 1 & 0 \\ 0 & 0 & 0 & 0 & 0 & 1 \end{pmatrix}_{①} \begin{Bmatrix} \tilde{u}_1^* \\ u_2^* \\ \tilde{w}_1^* \\ w_2^* \\ \beta_1^* \\ \beta_2^* \end{Bmatrix}_{①} .$$

Erst anschließend erfolgt die Zuordnung mit der Matrix $\boldsymbol{A}_\mathrm{e}$ und damit der Einbau der geometrischen Randbedingungen am Gleitlager, wobei erfasst wird, dass $\tilde{u}_1^* = 0$ und $\tilde{w}_1^* = v_1^*$ ist. Für die Systemsteifigkeitsmatrix gilt dann anstelle von Gl. (11.12)

$$\boldsymbol{S}^* = \sum_{\mathrm{e}=1}^{n_\mathrm{e}} \boldsymbol{A}_\mathrm{e}^\mathrm{T}\, \tilde{\boldsymbol{T}}_\mathrm{e}^\mathrm{T}\, \boldsymbol{T}_\mathrm{e}^\mathrm{T}\, \boldsymbol{S}_\mathrm{e}\, \boldsymbol{T}_\mathrm{e}\, \tilde{\boldsymbol{T}}_\mathrm{e}\, \boldsymbol{A}_\mathrm{e}\,,$$

wobei die Transformationen mit den $\tilde{\boldsymbol{T}}_\mathrm{e}$-Matrizen nur für die Stäbe erforderlich sind, an denen Gleitlager anschließen. Im allgemeinen muss man auch die Berechnung des Systemlastvektors aus den Bereichslasten modifizieren:

$$\bar{\boldsymbol{p}}_\mathrm{B}^* = \sum_{\mathrm{e}=1}^{n_\mathrm{e}} \boldsymbol{A}_\mathrm{e}^\mathrm{T}\, \tilde{\boldsymbol{T}}_\mathrm{e}^\mathrm{T}\, \boldsymbol{T}_\mathrm{e}^\mathrm{T}\, \bar{\boldsymbol{p}}_\mathrm{Be}\,.$$

Die Voraussetzung der Struktursymmetrie ist nicht erfüllt, da die Anfangsschnittkräfte $N^{(0)}$ nicht symmetrisch sind (siehe Abschnitt 14.3.1). Das System ist also nur bezüglich der Geometrie symmetrisch.

Lösung zu Aufgabe 11.4. Ein Finite-Elemente-Verfahren für die Behandlung des Kippens von Balken

Das Prinzip der virtuellen Verrückungen wurde in der Lösung zur Aufgabe 10.3 angegeben. Da Ober- und Untergurt sich bei einer Deformation in Querrichtung wie Balken verhalten, können für die Verschiebungen $v_\mathrm{o}(x)$ und $v_\mathrm{u}(x)$ die Balkenansatzfunktionen übernommen werden. Für die Verdrehung $\beta_\mathrm{x}(x)$ liegt wegen der Beziehung

$$\beta_\mathrm{x}(x) = \frac{1}{h}\,\left[v_\mathrm{o}(x) - v_\mathrm{u}(x)\right]$$

der Ansatz ebenfalls vor.

Eigene Integralauswertungen sind selbst dann, wenn man die beiden Gurte als schubweiche Balken behandelt, nicht erforderlich. Man erhält z. B. für die virtuelle Formänderungsenergie aufgrund von Biegedeformationen

$$\delta\Pi_\mathrm{i,B} = \left\{\delta\boldsymbol{v}_\mathrm{o}^\mathrm{T}, \delta\boldsymbol{v}_\mathrm{u}^\mathrm{T}\right\} \begin{bmatrix} \boldsymbol{S}_\mathrm{Bo} & \boldsymbol{0} \\ \boldsymbol{0} & \boldsymbol{S}_\mathrm{Bu} \end{bmatrix} \begin{Bmatrix} \boldsymbol{v}_\mathrm{o} \\ \boldsymbol{v}_\mathrm{u} \end{Bmatrix}$$

$$\text{mit}\quad \boldsymbol{v}_\mathrm{o}^\mathrm{T} = \left\{v_\mathrm{o1}, v_\mathrm{o2}, \beta_\mathrm{zo1}, \beta_\mathrm{zo2}\right\} \quad \text{und} \quad \boldsymbol{v}_\mathrm{u}^\mathrm{T} = \left\{v_\mathrm{u1}, v_\mathrm{u2}, \beta_\mathrm{zu1}, \beta_\mathrm{zu2}\right\}.$$

Die Matrizen $\boldsymbol{S}_\mathrm{Bo}$ und $\boldsymbol{S}_\mathrm{Bu}$ können mit geringen Änderungen aus Gl. (9.33) übernommen werden. Die abweichenden Vorzeichen sind eine Folge der Definition von β_z, vergleiche Bild 11.17 und Aufgabe 2.7. Aus der Formel für die Steifigkeitsmatrix in Gl. (9.33) ergibt sich beispielsweise

$$\boldsymbol{S}_{\mathrm{Bo}} = \frac{E\,I_{\mathrm{zo}}}{l^3} \begin{bmatrix} 12\,\psi & -12\,\psi & 6\,l\,\psi & 6\,l\,\psi \\ -12\,\psi & 12\,\psi & -6\,l\,\psi & -6\,l\,\psi \\ 6\,l\,\psi & -6\,l\,\psi & l^2\,(1+3\,\psi) & l^2\,(-1+3\,\psi) \\ 6\,l\,\psi & -6\,l\,\psi & l^2\,(-1+3\,\psi) & l^2\,(1+3\,\psi) \end{bmatrix}.$$

Auch bei anderen Matrizen und Vektoren ergeben sich entsprechende Vorzeichenänderungen. Für den Beitrag der Saint-Venantschen Torsion zur virtuellen Formänderungsenergie ist das Integral

$$\begin{aligned} \delta\Pi_{\mathrm{i,T}} &= \int\limits_{\mathrm{l}} \delta\beta_{\mathrm{x,x}}\, G\,I_{\mathrm{T}}\, \beta_{\mathrm{x,x}}\, \mathrm{d}x \\ &= \int\limits_{\mathrm{l}} \big[\delta v_{\mathrm{o}}(x) - \delta v_{\mathrm{u}}(x)\big]_{,\mathrm{x}}\, \frac{1}{h^2}\, G\,I_{\mathrm{T}}\, \big[v_{\mathrm{o}}(x) - v_{\mathrm{u}}(x)\big]_{,\mathrm{x}}\, \mathrm{d}x \end{aligned}$$

auszuwerten. Die hierfür erforderliche Integralauswertung ist die gleiche wie die, die zur geometrischen Steifigkeitsmatrix führt. Man erhält also z. B.

$$\int\limits_{\mathrm{l}} \delta v_{\mathrm{o,x}}\, \frac{G\,I_{\mathrm{T}}}{h^2}\, v_{o,x}\, \mathrm{d}x = \frac{GI_{\mathrm{T}}}{h^2\, N^{(0)}} \delta\boldsymbol{v}_{\mathrm{o}}^{\mathrm{T}}\, \boldsymbol{S}_{\mathrm{g}}\, \boldsymbol{v}_{\mathrm{o}} \equiv \delta\boldsymbol{v}_{\mathrm{o}}^{\mathrm{T}}\, \boldsymbol{S}_{\mathrm{T}}\, \boldsymbol{v}_{\mathrm{o}}$$

mit der Matrix $\boldsymbol{S}_{\mathrm{g}}$ aus Gl. (10.18), wobei wieder auf die Vorzeichenänderung bei den Termen $(1,3)$, $(2,3)$, $(1,4)$ und $(2,4)$ zu achten ist. Damit lässt sich das Prinzip der virtuellen Verrückungen in diskretisierter Form angeben:

$$\begin{aligned} \sum_{\mathrm{e}=1}^{n_{\mathrm{e}}} \{\delta\boldsymbol{v}_{\mathrm{o}}^{\mathrm{T}}, \delta\boldsymbol{v}_{\mathrm{u}}^{\mathrm{T}}\} \Bigg\{ \Bigg(& \begin{bmatrix} \boldsymbol{S}_{\mathrm{Bo}} + \boldsymbol{S}_{\mathrm{T}} & -\boldsymbol{S}_{\mathrm{T}} \\ -\boldsymbol{S}_{\mathrm{T}} & \boldsymbol{S}_{\mathrm{Bu}} + \boldsymbol{S}_{\mathrm{T}} \end{bmatrix}_{\mathrm{e}} \\ & + \lambda \begin{bmatrix} \boldsymbol{S}_{\mathrm{g}}(N_{\mathrm{o}}^{(0)}) & \boldsymbol{0} \\ \boldsymbol{0} & \boldsymbol{S}_{\mathrm{g}}(N_{\mathrm{u}}^{(0)}) \end{bmatrix}_{\mathrm{e}} \Bigg) \begin{Bmatrix} \boldsymbol{v}_{\mathrm{o}} \\ \boldsymbol{v}_{\mathrm{u}} \end{Bmatrix}_{\mathrm{e}} \\ & - \begin{Bmatrix} \bar{\boldsymbol{p}}_{\mathrm{Bo}} \\ \bar{\boldsymbol{p}}_{\mathrm{Bu}} \end{Bmatrix}_{\mathrm{e}} \Bigg\} = 0\,. \end{aligned}$$

Beim Auftreten von Imperfektionen sind zusätzlicher Terme der Form

$$\int\limits_{\mathrm{l}} \delta v_{,\mathrm{x}}\, N^{(0)}\, y_{,\mathrm{x}}^{(0)}\, \mathrm{d}x$$

auszuwerten. Auch hier ist keine eigene Integralauswertung erforderlich, wenn man $y^{(0)}(x)$ in gleicher Weise wie eine Verschiebung $v(x)$ darstellt (Bild 15.30). Für $v(x)$ gilt beim schubweichen Balken, vergleiche Gl. (9.29),

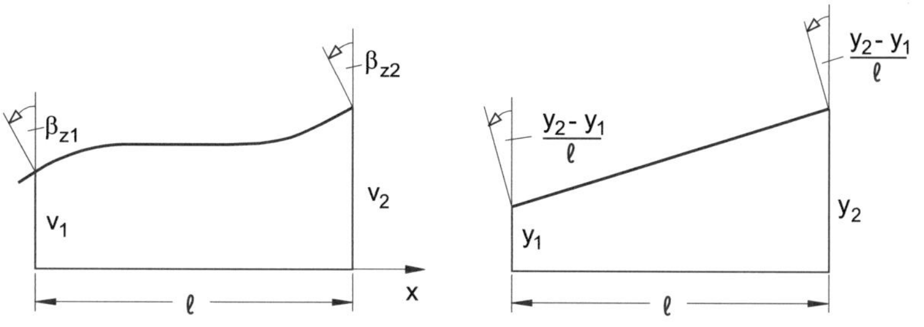

Bild 15.30. Darstellung einer abschnittsweise linear veränderlichen Imperfektion durch die Ansatzfunktionen für $v(x)$

$$v(x) = \{f_1^s(\xi), f_2^s(\xi), -f_3^s(\xi), -f_4^s(\xi)\} \begin{Bmatrix} v_1 \\ v_2 \\ \beta_{z1} \\ \beta_{z2} \end{Bmatrix},$$

wobei die abweichenden Vorzeichen sich wieder aus der Definition von β_z ergeben. Also kann man, wenn die Imperfektion als Polygonzug dargestellt wird, schreiben:

$$y^{(0)}(x) = \{f_1^s(\xi), f_2^s(\xi), -f_3^s(\xi), -f_4^s(\xi)\} \begin{Bmatrix} y_1^{(0)} \\ y_2^{(0)} \\ (y_2^{(0)} - y_1^{(0)})/l \\ (y_2^{(0)} - y_1^{(0)})/l \end{Bmatrix}.$$

Damit kann für die Integralauswertung wieder auf $\boldsymbol{S}_{\text{ge}}$ zurückgegriffen werden.

An den beiden Rändern gilt $v_{\text{ok}} = 0$, $v_{\text{uk}} = 0$, $\beta_{\text{zok}} = 0$ und $\beta_{\text{zuk}} = 0$ mit $k = 1$ und $k = 5$ (Bild 11.17). Der Vektor $\boldsymbol{u}^*$ hat dann 18 Komponenten.

Lösung zu Aufgabe 11.5. Makroelemente

Entsprechend den Beziehungen in Bild 11.18 teilt man die Verschiebungen des aus n Subelementen bestehenden Makroelementes in zwei Vektoren $\boldsymbol{u}_{\text{H}}$ und $\boldsymbol{u}_{\text{N}}$ auf:

$$\boldsymbol{u}_{\text{H}}^{\text{T}} = \{u_1, w_1, \beta_1, u_2, w_2, \beta_2\}$$

$$\boldsymbol{u}_{\text{N}}^{\text{T}} = \{u_3, w_3, \beta_3, \ldots, u_{\text{n}+1}, w_{\text{n}+1}, \beta_{\text{n}+1}\}.$$

$\boldsymbol{u}_{\text{H}}$ enthält die Hauptfreiheitsgrade und $\boldsymbol{u}_{\text{N}}$ die Nebenfreiheitsgrade der statischen Kondensation. Die Matrizen $\boldsymbol{S}_{\text{e}}$ und $\boldsymbol{S}_{\text{ge}}$ sowie der Vektor $\bar{\boldsymbol{p}}_{\text{Be}}$ werden entsprechend partitioniert. Das Prinzip der virtuellen Verrückungen für ein aus dem Systemzusammenhang herausgelöstes Makroelement lässt sich dann folgendermaßen formulieren, wobei auf den Index e verzichtet wird:

$$
\{\delta\boldsymbol{u}_{\mathrm{H}}^{\mathrm{T}}, \delta\boldsymbol{u}_{\mathrm{N}}^{\mathrm{T}}\} \Bigg\{ \Bigg(\begin{bmatrix} \boldsymbol{S}_{\mathrm{HH}} & \boldsymbol{S}_{\mathrm{HN}} \\ \boldsymbol{S}_{\mathrm{HN}}^{\mathrm{T}} & \boldsymbol{S}_{\mathrm{NN}} \end{bmatrix} + \lambda \begin{bmatrix} \boldsymbol{S}_{\mathrm{gHH}}^{(0)} & \boldsymbol{S}_{\mathrm{gHN}}^{(0)} \\ \boldsymbol{S}_{\mathrm{gHN}}^{(0)\mathrm{T}} & \boldsymbol{S}_{\mathrm{gNN}}^{(0)} \end{bmatrix} \Bigg) \begin{Bmatrix} \boldsymbol{u}_{\mathrm{H}} \\ \boldsymbol{u}_{\mathrm{N}} \end{Bmatrix}
$$

$$
- \begin{Bmatrix} \bar{\boldsymbol{p}}_{\mathrm{BH}} \\ \bar{\boldsymbol{p}}_{\mathrm{BN}} \end{Bmatrix} - \begin{Bmatrix} \boldsymbol{s}_{\mathrm{BH}} \\ \boldsymbol{0} \end{Bmatrix} \Bigg\} = 0\,. \tag{15.1}
$$

Mit $^{(0)}$ wird verdeutlicht, dass die Untermatrizen von $\boldsymbol{S}_{\mathrm{ge}}$ von der Anfangsnormalkraft $N^{(0)}$ abhängen. Ist der Laststeigerungsfaktor λ bekannt, kann die Steifigkeitsmatrix (nach Theorie 1. Ordnung) mit der geometrischen Steifigkeit zur Steifigkeitsmatrix nach Theorie 2. Ordnung zusammengefasst werden. Die Nebenfreiheitsgrade lassen sich dann in analoger Weise wie die Zusatzverschiebungen $\boldsymbol{b}_{\mathrm{e}}$ aus Abschnitt 7.6 statisch kondensieren. Im folgenden zeigen wir eine Möglichkeit auf, bei der man nicht auf die Kenntnis von λ angewiesen, so dass man damit auch Stabilitätsprobleme behandeln kann, bei denen erst der Laststeigerungsfaktor λ berechnet werden soll.

Aus den mit $\delta\boldsymbol{u}_{\mathrm{N}}$ gewichteten Termen aus Gl. (15.1) erhält man unter Vernachlässigung der mit λ multiplizierten Anteile

$$
\boldsymbol{u}_{\mathrm{N}} = \boldsymbol{S}_{\mathrm{NN}}^{-1}\ \bar{\boldsymbol{p}}_{\mathrm{BN}} - \boldsymbol{S}_{\mathrm{NN}}^{-1}\ \boldsymbol{S}_{\mathrm{HN}}^{\mathrm{T}}\ \boldsymbol{u}_{\mathrm{H}}\,. \tag{15.2}
$$

Daraus ergibt sich

$$
\delta\boldsymbol{u}_{\mathrm{N}}^{\mathrm{T}} = \delta\boldsymbol{u}_{\mathrm{H}}^{\mathrm{T}}\ \boldsymbol{S}_{\mathrm{HN}}\ \boldsymbol{S}_{\mathrm{NN}}^{-1}\,. \tag{15.3}
$$

Die Gln. (15.2) und (15.3) werden wieder in (15.1) eingesetzt:

$$
\begin{aligned}
\delta\boldsymbol{u}_{\mathrm{H}}^{\mathrm{T}} \Bigg(& \Big[\boldsymbol{S}_{\mathrm{HH}} - \boldsymbol{S}_{\mathrm{HN}}\ \boldsymbol{S}_{\mathrm{NN}}^{-1}\ \boldsymbol{S}_{\mathrm{HN}}^{\mathrm{T}}\Big]\ \boldsymbol{u}_{\mathrm{H}} \\
& + \lambda\ \Big[\boldsymbol{S}_{\mathrm{gHH}}^{(0)} - \boldsymbol{S}_{\mathrm{gHN}}^{(0)}\ \boldsymbol{S}_{\mathrm{NN}}^{-1}\ \boldsymbol{S}_{\mathrm{HN}}^{\mathrm{T}} - \boldsymbol{S}_{\mathrm{HN}}\ \boldsymbol{S}_{\mathrm{NN}}^{-1}\ \boldsymbol{S}_{\mathrm{gHN}}^{(0)\,\mathrm{T}} \\
& \qquad + \boldsymbol{S}_{\mathrm{HN}}\ \boldsymbol{S}_{\mathrm{NN}}^{-1}\ \boldsymbol{S}_{\mathrm{gNN}}^{(0)}\ \boldsymbol{S}_{\mathrm{NN}}^{-1}\ \boldsymbol{S}_{\mathrm{HN}}^{\mathrm{T}}\Big]\ \boldsymbol{u}_{\mathrm{H}} \\
& - \Big\{ \bar{\boldsymbol{p}}_{\mathrm{BH}} - \big[\boldsymbol{S}_{\mathrm{HN}}\ \boldsymbol{S}_{\mathrm{NN}}^{-1} + \lambda\, \boldsymbol{S}_{\mathrm{gHN}}^{(0)}\ \boldsymbol{S}_{\mathrm{NN}}^{-1} \\
& \qquad - \lambda\, \boldsymbol{S}_{\mathrm{HN}}\ \boldsymbol{S}_{\mathrm{NN}}^{-1}\ \boldsymbol{S}_{\mathrm{gNN}}^{(0)}\ \boldsymbol{S}_{\mathrm{NN}}^{-1}\big]\ \bar{\boldsymbol{p}}_{\mathrm{BN}} \Big\} \\
& - \boldsymbol{s}_{\mathrm{BH}} \Bigg) = 0\,.
\end{aligned} \tag{15.4}
$$

Als kondensierte Elementsteifigkeitsmatrix erhält man

$$
\boldsymbol{S}_{\mathrm{e,kond}} = \boldsymbol{S}_{\mathrm{HH}} - \boldsymbol{S}_{\mathrm{HN}}\ \boldsymbol{S}_{\mathrm{NN}}^{-1}\ \boldsymbol{S}_{\mathrm{HN}}^{\mathrm{T}}\,.
$$

Die Ausdrücke für $\boldsymbol{S}_{\mathrm{ge,kond}}$ und $\bar{\boldsymbol{p}}_{\mathrm{Be,kond}}$ lassen sich ebenfalls aus Gl. 15.4 entnehmen.

Der unmittelbar erkennbare Nachteil gegenüber einer Mitnahme der Nebenfreiheitsgrade ist, dass die Umsetzung des Algorithmus zur Erzeugung der modifizierten Matrizen recht aufwendig ist. Diesen Aufwand, der nur einmal anfällt, nimmt man vielfach aus folgenden Gründen in Kauf:

- Das Verhalten nach Theorie 1. Ordnung wird, sofern es sich bei den Ansätzen in den Subelementen um Lösungen der homogenen Verschiebungsdifferentialgleichungen handelt, exakt erfasst.
- Die Abmessungen der Eigenwertaufgabe zur Bestimmung der Knicklasten werden erheblich verringert. Entsprechend kleiner wird die Rechenzeit. (Allerdings können lokale Instabilitätseffekte, die nur von den Nebenfreiheitsgraden beschrieben werden, logischerweise nicht erfasst werden. Man muss sich also dagegen absichern, dass lokales Knicken nicht zum globalen Systemversagen führt.)
- Die Rechenzeit zur Kondensation fällt gegenüber der Rechenzeit zur Lösung der Eigenwertaufgabe nicht ins Gewicht.
- Verschiebungs- und Schnittkraftzustände bei einer Rechnung nach Theorie 2. Ordnung werden gut erfasst, da sie stets langwellig sind.

Lösung zu Aufgabe 11.6. Starrkörperelemente

Auf die Angabe der Lösung wird verzichtet. Derartige Starrkörperelemente wurden beispielsweise in [15.4] eingesetzt, um exzentrische Gelenke, die im Rahmen einer allgemeinen Fließgelenktheorie auftreten, in ein Finite-Elemente-Programm einbauen zu können.

15.12 Lösungen zu Kapitel 12

Lösung zu Aufgabe 12.1. Ersatz des Flächenintegrals für $\delta\Pi_{\mathrm{i}}$ durch ein Randintegral

Aus dem Flächenintegral für die virtuelle Formänderungsenergie gewinnt man durch Anwendung der Greenschen Formel von Abschnitt 14.1 folgenden Ausdruck:

$$\begin{aligned}
\delta\Pi_{\mathrm{i}} &= \int_0^{2\pi}\int_{r_{\mathrm{i}}}^{r_{\mathrm{a}}} \delta\boldsymbol{\varepsilon}^{\mathrm{T}}\,\boldsymbol{\sigma}\,r\,\mathrm{d}r\,\mathrm{d}\varphi = \int_0^{2\pi}\int_{r_{\mathrm{i}}}^{r_{\mathrm{a}}} [\mathbf{D}_{\varepsilon\mathrm{u}}\,\delta\boldsymbol{u}]^{\mathrm{T}}\,\boldsymbol{\sigma}\,r\,\mathrm{d}r\,\mathrm{d}\varphi \\
&= \int_0^{2\pi} \delta\boldsymbol{u}_{\mathrm{r}}^{\mathrm{T}}\,\bar{\boldsymbol{\sigma}}_{\mathrm{r}}\,r\,\mathrm{d}\varphi\,\Bigg|_{r_{\mathrm{i}}}^{r_{\mathrm{a}}} - \int_0^{2\pi}\int_{r_{\mathrm{i}}}^{r_{\mathrm{a}}} \delta\boldsymbol{u}^{\mathrm{T}}\,[\mathbf{D}_{\mathrm{g}}(\boldsymbol{\sigma}\,r)]\,\mathrm{d}r\,\mathrm{d}\varphi\,.
\end{aligned}$$

Für die beiden Scheibenanteile nimmt der Ausdruck $[\mathbf{D}_{\mathrm{g}}(\boldsymbol{\sigma}\,r)]$ beispielsweise die folgende Form an:

$$\begin{aligned}
&\frac{1}{r}\,\frac{\partial(r\,n_{\mathrm{r}})}{\partial r} + \frac{1}{r}\,\frac{\partial n_{\varphi\mathrm{r}}}{\partial\varphi} - \frac{1}{r}\,n_{\varphi} = 0\,, \\
&\frac{1}{r}\,\frac{\partial(r\,n_{\mathrm{r}\varphi})}{\partial r} + \frac{1}{r}\,\frac{\partial n_{\varphi}}{\partial\varphi} + \frac{1}{r}\,n_{\varphi\mathrm{r}} = 0\,.
\end{aligned}$$

Das sind gerade die homogenen Scheibengleichgewichtsbedingungen, Gln. (12.1) und (12.2). Bei den Plattenanteilen erhält man ganz entsprechend die homogenen Plattengleichgewichtsbedingungen. Die bei dem Verfahren verwendeten Zustandsgrößen sind die exakten, homogenen Zustandsgrößen, die natürlich auch die homogenen Gleichgewichtsbedingungen erfüllen. Daher wird der Ausdruck $[\mathbf{D}_{\mathrm{g}}(\boldsymbol{\sigma}\,r)]$ zu Null und es verbleibt nur das Randintegral.

Lösung zu Aufgabe 12.2. Kreisringscheibe unter Randlast

Man kann ersetzen

$$\cos\varphi = \frac{1}{2}\left[\mathrm{e}^{+\mathrm{i}\,\varphi} + \mathrm{e}^{-\mathrm{i}\,\varphi}\right] .$$

Damit lässt sich die Belastung

$$\bar{\sigma}_{\mathrm{rR}} = \bar{S}_{\mathrm{Rc}}\ \cos\varphi$$

auch als

$$\bar{\sigma}_{\mathrm{rR}} = \frac{\bar{S}_{\mathrm{rRc}}}{2}\ \mathrm{e}^{+\mathrm{i}\,\varphi} + \frac{\bar{S}_{\mathrm{rRc}}}{2}\ \mathrm{e}^{-\mathrm{i}\,\varphi} = \bar{S}_{\mathrm{rR1}}\ \mathrm{e}^{+\mathrm{i}\,\varphi} + \bar{S}_{\mathrm{rR-1}}\ \mathrm{e}^{-\mathrm{i}\,\varphi}$$

schreiben. Man erkennt an Gl. (12.20), dass das Gleichungssystem für positive und negative k-Werte identisch ist. Es braucht daher selbstverständlich nur einmal gelöst zu werden. Man erhält

$$U_{\mathrm{r1}} = U_{\mathrm{r-1}} .$$

Wenn die Amplitude $U_{r1}(r)$ bekannt ist, dann ergibt sich

$$u_{\mathrm{r}}(r,\varphi) = U_{\mathrm{r1}}\ \mathrm{e}^{+\mathrm{i}\,\varphi} + U_{\mathrm{r-1}}\ \mathrm{e}^{-\mathrm{i}\,\varphi} = U_{\mathrm{r1}}\left[\mathrm{e}^{+\mathrm{i}\,\varphi} + \mathrm{e}^{-\mathrm{i}\,\varphi}\right] = 2\,U_{\mathrm{r1}}\ \cos\varphi .$$

Lösung zu Aufgabe 12.3. Radreifenmodellierung als Kreisbogen

Als Kraftgleichgewichtsbedingungen an einem Bogenabschnitt $R\ \mathrm{d}\phi$ erhält die folgenden Beziehungen, wobei die Reihenfolge so gewählt wurde, dass sie der Reihenfolge r, ϕ, z bei der Platte entspricht:

$$\text{3-Richtung:}\quad \frac{1}{R}\,\frac{\mathrm{d}Q_3}{\mathrm{d}\varphi} - \frac{1}{R}\,N_1 + \bar{p}_3 = \mu\,\ddot{u}_3 ,$$

$$\text{1-Richtung:}\quad \frac{1}{R}\,\frac{\mathrm{d}N_1}{\mathrm{d}\varphi} + \frac{1}{R}\,Q_3 + \bar{p}_1 = \mu\,\ddot{u}_1 ,$$

$$\text{2-Richtung:}\quad \frac{1}{R}\,\frac{\mathrm{d}Q_2}{\mathrm{d}\varphi} + \bar{p}_2 = \mu\,\ddot{u}_2 .$$

In entsprechender Weise ergeben sich die Momentengleichgewichtsbedingungen. Hierbei wird auf Momentenbelastungen verzichtet. Belastungen aus auf die Längeneinheit bezogenen Massenträgheitsmomenten werden hingegen berücksichtigt. Man erhält dann:

$$\text{um die 3-Achse:}\quad \frac{1}{R}\,\frac{\mathrm{d}M_3}{\mathrm{d}\varphi} - \frac{1}{R}\,M_1 + Q_2 = \tilde{\mu}_3\,\ddot{\beta}_3 ,$$

$$\text{um die 1-Achse:}\quad \frac{1}{R}\,\frac{\mathrm{d}M_1}{\mathrm{d}\varphi} + \frac{1}{R}\,M_3 = \tilde{\mu}_1\,\ddot{\beta}_1 ,$$

$$\text{um die 2-Achse:}\quad \frac{1}{R}\,\frac{\mathrm{d}M_2}{\mathrm{d}\varphi} - Q_3 = \tilde{\mu}_1\,\ddot{\beta}_2 .$$

Bei den Gleichgewichtsbedingungen der Platte in Polarkoordinaten trat eine Momentengleichgewichtsbedingung um die z-Achse nicht auf.

Für die Ableitung der kinematischen Beziehungen gibt es mehrere Wege. Man kann beispielsweise, ausgehend von den Gleichgewichtsbedingungen, das Prinzip der virtuellen Verrückungen aufbauen. Die nach partieller Integration den Kräften und Momenten zugeordneten Verschiebungsableitungen lassen sich dann als Verzerrungsgrößen interpretieren. Man erhält auf diese Weise für die Verzerrungen und Krümmungen

$$\begin{Bmatrix} \varepsilon_1 \\ \gamma_{12} \\ \gamma_{13} \end{Bmatrix} = \begin{bmatrix} \frac{1}{\mathrm{R}}\frac{\mathrm{d}}{\mathrm{d}\varphi} & 0 & \frac{1}{\mathrm{R}} & 0 & 0 \\ 0 & \frac{1}{\mathrm{R}}\frac{\mathrm{d}}{\mathrm{d}\varphi} & 0 & 0 & -1 \\ -\frac{1}{\mathrm{R}} & 0 & \frac{1}{\mathrm{R}}\frac{\mathrm{d}}{\mathrm{d}\varphi} & 1 & 0 \end{bmatrix} \begin{Bmatrix} u_1 \\ u_2 \\ u_3 \\ \beta_2 \\ \beta_3 \end{Bmatrix},$$

$$\begin{Bmatrix} \kappa_1 \\ \kappa_2 \\ \kappa_3 \end{Bmatrix} = \begin{bmatrix} \frac{1}{\mathrm{R}}\frac{\mathrm{d}}{\mathrm{d}\varphi} & 0 & \frac{1}{\mathrm{R}} \\ 0 & \frac{1}{\mathrm{R}}\frac{\mathrm{d}}{\mathrm{d}\varphi} & 0 \\ -\frac{1}{\mathrm{R}} & 0 & \frac{1}{\mathrm{R}}\frac{\mathrm{d}}{\mathrm{d}\varphi} \end{bmatrix} \begin{Bmatrix} \beta_1 \\ \beta_2 \\ \beta_3 \end{Bmatrix}.$$

Für das Stoffgesetz ergibt sich näherungsweise

$$\begin{Bmatrix} N_1 \\ Q_2 \\ Q_3 \end{Bmatrix} = \begin{bmatrix} E\,A & 0 & 0 \\ 0 & G\,A_{\mathrm{s}2} & 0 \\ 0 & 0 & G\,A_{\mathrm{s}3} \end{bmatrix} \begin{Bmatrix} \varepsilon_1 \\ \gamma_{12} \\ \gamma_{13} \end{Bmatrix},$$

$$\begin{Bmatrix} M_1 \\ M_2 \\ M_3 \end{Bmatrix} = \begin{bmatrix} G\,I_{\mathrm{T}} & 0 & 0 \\ 0 & E\,I_2 & 0 \\ 0 & 0 & E\,I_3 \end{bmatrix} \begin{Bmatrix} \beta_1 \\ \beta_2 \\ \beta_3 \end{Bmatrix}.$$

Der Einbau des Kreisbogens in das Gesamtgleichungssystem erfolgt dadurch, dass zunächst für den Kreisbogen der Beitrag zum Prinzip der virtuellen Verrückungen formuliert wird:

$$\delta\Pi_{\mathrm{i}}^{\mathrm{R}} - \delta W_{\mathrm{a}}^{\mathrm{R}} = \int\limits_0^{2\pi} \delta\boldsymbol{\varepsilon}_{\mathrm{R}}^{\mathrm{T}}\,\boldsymbol{\sigma}_{\mathrm{R}}\,R\,\mathrm{d}\varphi - \int\limits_0^{2\pi} \delta\boldsymbol{u}_{\mathrm{R}}^{\mathrm{T}}\,\{\bar{\boldsymbol{p}}_{\mathrm{R}} - [\,\mu_{\mathrm{R}}\,]\;\ddot{\boldsymbol{u}}_{\mathrm{R}}\}\;R\,\mathrm{d}\varphi\,,$$

$$\begin{aligned} \text{mit}\quad \boldsymbol{\varepsilon}_{\mathrm{R}}^{\mathrm{T}} &= \{\varepsilon_1\,,\gamma_{12},\gamma_{13},\,\kappa_1\,,\,\kappa_2\,,\,\kappa_3\,\}\,, \\ \boldsymbol{\sigma}_{\mathrm{R}}^{\mathrm{T}} &= \{N_1,Q_2,Q_3,M_1,M_2,M_3\}\,, \\ \boldsymbol{u}_{\mathrm{R}}^{\mathrm{T}} &= \{u_1\,,\,u_2\,,\,u_3\,,\,\beta_1\,,\,\beta_2\,,\,\beta_3\,\}\quad \text{etc.} \end{aligned}$$

Der Aufbau einer Übertragungsmatrix ist nicht erforderlich, da keine Abhängigkeit in radialer Richtung vorliegt. Vielmehr werden sofort alle Verschiebungsgrößen durch einen komplexen Fourier-Ansatz in Umfangsrichtung approximiert. Die

Elementsteifigkeitsmatrix für den Fourier-Term k hat die Abmessung 6×6, da der Kreisbogen durch sechs unbekannte Freiheitsgrade (drei Verschiebungen und drei Verdrehungen) beschrieben wird. Sie liefert einen Beitrag zum Gesamtgleichungssystem.

Die Verknüpfung des äußersten Ringes der Radscheibe mit dem Kreisbogen erfolgt entsprechend wie die Verknüpfung des innersten Ringes mit der Nabe. Die Freiheitsgrade des Außenrandes der Radscheibe werden durch die Freiheitsgrade des Kreisbogens ausgedrückt.

Lösung zu Aufgabe 12.4. Gummiring gefederter Radreifen

Eine Modellierung des Radreifens und des äußeren Teiles der Radscheibe, jeweils als Kreisbogen, ist möglich und sinnvoll. Hierbei kann man berücksichtigen, dass die Hauptachsen der Querschnitte gegenüber den in Bild 12.15 angenommenen Koordinatenachsen gedreht sind. Es darf angenommen werden, dass Schwerpunkt und Schubmittelpunkt der Kreisbogenquerschnitte zusammenfallen.

Der Gummiring wird durch drei Bettungskonstanten beschrieben (eine Bettungskonstante in Normalenrichtung und zwei tangential). Die Ermittlung erfolgt durch drei Versuche. Die tangentiale Bettungskonstante in Umfangsrichtung ist besonders einfach zu bestimmen, da hierzu die beiden Kreisringe um die Normale gegeneinander verdreht werden.

15.13 Lösungen zu Kapitel 13

Lösung zu Aufgabe 13.1. Nichtlineares Materialgesetz bei kleinen Deformationen

Das Neo-Hooke-Materialgesetz lautet allgemein

$$\begin{bmatrix} S_{11} & S_{12} & S_{13} \\ S_{21} & S_{22} & S_{23} \\ S_{31} & S_{32} & S_{33} \end{bmatrix} = \left(\lambda \ \ln \sqrt{\det[C_{\mathrm{ij}}]} - G\right) \begin{bmatrix} C_{11} & C_{12} & C_{13} \\ C_{12} & C_{22} & C_{23} \\ C_{13} & C_{23} & C_{33} \end{bmatrix}^{-1} + G \begin{bmatrix} 1 & 0 & 0 \\ 0 & 1 & 0 \\ 0 & 0 & 1 \end{bmatrix} .$$

Bei einachsiger Dehnung $E_{11} \neq 0$ gilt

$$C_{11} = 2\, E_{11} + 1 \,, \quad C_{22} = C_{33} = 1 \,, \quad C_{\mathrm{ij}} = 0 \,, \ \text{wenn } i \neq j \,, \quad \det[C_{\mathrm{ij}}] = C_{11} \,.$$

Damit vereinfacht sich das Stoffgesetz zu

$$\begin{bmatrix} S_{11} & S_{12} & S_{13} \\ S_{21} & S_{22} & S_{23} \\ S_{31} & S_{32} & S_{33} \end{bmatrix} = \left(\frac{1}{2}\, \lambda \ \ln C_{11} - G\right) \begin{bmatrix} 1/C_{11} & 0 & 0 \\ 0 & 1 & 0 \\ 0 & 0 & 1 \end{bmatrix} + G \begin{bmatrix} 1 & 0 & 0 \\ 0 & 1 & 0 \\ 0 & 0 & 1 \end{bmatrix} .$$

Die verbleibenden Spannungen sind

$$S_{11} = \left(\frac{1}{2}\, \lambda \ \ln C_{11} - G\right)/C_{11} + G \,,$$

$$S_{22} = S_{33} = \frac{1}{2}\, \lambda \ \ln C_{11} \,.$$

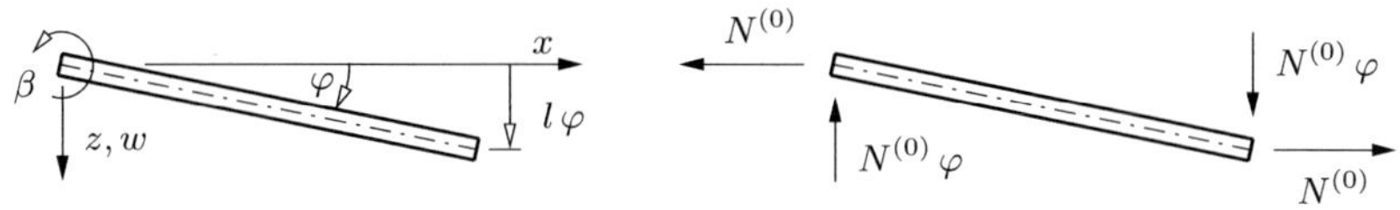

Bild 15.31. Starrkörperrotation bei einem ebenen Balkenelement. Geometrie (links) und Kräfte (rechts)

Die Potenzreihenentwicklung [15.5] liefert

$$\ln(2\,E_{11}+1) = 2\,E_{11} - \frac{4\,E_{11}^2}{2} + \frac{8\,E_{11}^3}{3} - \dots\,,$$
$$\frac{1}{2\,E_{11}+1} = (2\,E_{11}+1)^{-1} = 1 - 2\,E_{11} + 4\,E_{11}^2 - 8\,E_{11}^3 + \dots\,.$$

Bei kleinen Deformationen mit $S_{11} = \sigma_{\mathrm{x}}$, $E_{11} = \varepsilon_{\mathrm{x}}$ usw. ergibt sich damit

$$\sigma_{\mathrm{x}} = \big(\frac{1}{2}\,\lambda\,2\,\varepsilon_{\mathrm{x}} - G\big)\big(1 - 2\,\varepsilon_{\mathrm{x}}\big) + G = \lambda\,\varepsilon_{\mathrm{x}} - 2\,\lambda\,\varepsilon_{\mathrm{x}}^2 + 2\,G\,\varepsilon_{\mathrm{x}} = \big(2\,G + \lambda\big)\,\varepsilon_{\mathrm{x}}\,,$$
$$\sigma_{\mathrm{y}} = \sigma_{\mathrm{z}} = \lambda\,\varepsilon_{\mathrm{x}}\,.$$

Dieselben Spannungen erhält man in der linearen Theorie (siehe Abschnitt 2.2.7).

Lösung zu Aufgabe 13.2. Darstellbarkeit von Starrkörperverschiebungen durch die geometrische Steifigkeitsmatrix

Der Vektor der Starrkörperverschiebungen für ein ebenes Balkenelement lautet bei kleinen Verschiebungen

$$\boldsymbol{u}_{\mathrm{e,SK}}^{\mathrm{T}} = \boldsymbol{u}_{\mathrm{e,SKTrans}}^{\mathrm{T}} + \boldsymbol{u}_{\mathrm{e,SKRot}}^{\mathrm{T}} = \alpha\,\{\;1,\;\;1,\;\;0,\;\;0\} + \varphi\,\{\;0,\;\;l, -1, -1\}\,.$$

Der Rotationsanteil ist in Bild 15.31 dargestellt.

Die Multiplikation mit der geometrischen Steifigkeitsmatrix aus Abschnitt 10.2.2 liefert die folgenden Kräfte:

$$\boldsymbol{s}_{\mathrm{e},SK}^{\mathrm{T}} = \alpha\,\{\;0,\;\;0,\;\;0,\;\;0\} + N^{(0)}\,\varphi\,\{-1,\;\;1,\;\;0,\;\;0\}\,.$$

Die bei der Rotation entstehenden Kräfte sorgen dafür, dass das Gleichgewicht am verformten System (siehe Bild 15.31) eingehalten wird.

Die Forderung hinsichtlich Darstellbarkeit von Starrkörperverschiebungen ist äquivalent mit der Forderung, dass die bei einer Starrkörperverschiebung sich ergebenden und bereits vorhandenen generalisierten Kräfte das Kraft- und das Momentengleichgewicht am verformten System exakt erfüllen müssen! Diese Forderung gilt auch in der nichtlinearen Theorie für beliebige Elementtypen!

Lösung zu Aufgabe 13.3. Starrkörperverschiebungen bei einem Elementverband

Eine mögliche Lagerung des Elementverbands aus Bild 13.17 ist in Bild 15.32 dargestellt. Durch die 6 Fesseln ist der Patch statisch bestimmt gelagert.

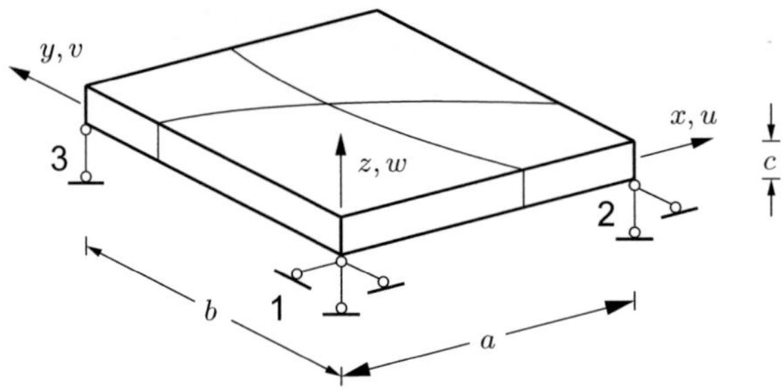

Bild 15.32. Elementverband

Die inhomogenen Randbedingungen für die Simulation der 6 (großen) Starrkörperverschiebungen lauten prinzipiell:

	$\bar{u}_1$	$\bar{v}_1$	$\bar{w}_1$	$\bar{v}_2$	$\bar{w}_2$	$\bar{w}_3$
Translation in x-Richtung	a	0	0	0	0	0
Translation in y-Richtung	0	a	0	a	0	0
Translation in z-Richtung	0	0	a	0	a	a
Rotation um die x-Richtung	0	0	0	0	0	a
Rotation um die y-Richtung	0	0	0	0	a	0
Rotation um die z-Richtung	0	0	0	a	0	0

Die Verschiebungen können bei einem elastischen Material in einem Schritt aufgebracht werden. Gegebenenfalls müssen die iterativen Verschiebungszuwächse skaliert werden (siehe Hinweis in Abschnitt 13.10). Bei den Rotationen wird der Elementverband in ersten Iteration wie in der linearen Theorie aufgeweitet. In der nichtlinearen Theorie werden dadurch aber Spannungen induziert, die in den folgenden Iterationen wieder abgebaut werden müssen.

Am Ende der Iteration müssen sich die Spannungen und die Auflagerkräfte exakt zu Null ergeben. Andernfalls wurde die Iteration wegen einer zu großen Abbruchschranke zu früh abgebrochen oder die Elementformulierung bzw. ihre Implementierung in das Finite-Elemente-Programm ist fehlerhaft.

Infolge des Auf- und Abbaus der Spannungen während der Iteration wird auch die geometrische Steifigkeitsmatrix kontrolliert.

Lösung zu Aufgabe 13.4. Iterationsvorschrift bei Innendruck

Ausgehend von Gl. (13.39) erhält man im Lastfall Innendruck folgende Iterationsvorschrift:

$$\boldsymbol{S}_{\mathrm{e}}^{\langle \mathrm{i-1} \rangle}\, \Delta\boldsymbol{u}_{\mathrm{e}}^{\langle \mathrm{i} \rangle} - \boldsymbol{S}_{\mathrm{pRe}}^{\langle \mathrm{i-1} \rangle}\, \Delta\boldsymbol{u}_{\mathrm{e}}^{\langle \mathrm{i} \rangle} - \Delta\boldsymbol{a}_{\mathrm{e}}^{\langle \mathrm{i} \rangle} = -\boldsymbol{s}_{\mathrm{e}}^{\langle \mathrm{i-1} \rangle} + \bar{\boldsymbol{p}}_{\mathrm{Re}}^{\langle \mathrm{i-1} \rangle} + \boldsymbol{a}_{\mathrm{e}}^{\langle \mathrm{i-1} \rangle} \ .$$

Der Vektor $\bar{\boldsymbol{p}}_{\mathrm{Re}}^{\langle \mathrm{i-1} \rangle}$ erfasst den bekannten, bereits in der Iteration $i-1$ aufgebrachten Lastanteil. Die Matrix $\boldsymbol{S}_{\mathrm{pRe}}^{\langle \mathrm{i-1} \rangle}$ ist die auf die Verschiebung bezogene Laststeigung

(Steigung der Tangente an die fiktive $\bar{\boldsymbol{p}}_{\mathrm{Re}}$-$\boldsymbol{u}_{\mathrm{e}}$-Kurve). Sie wird in [15.6] als ‚Lastkorrekturmatrix' bezeichnet. Der Term $\boldsymbol{S}_{\mathrm{pRe}}^{\langle \mathrm{i}-1\rangle}\ \Delta\boldsymbol{u}_{\mathrm{e}}^{\langle \mathrm{i}\rangle}$ kann (gedanklich) zu $\Delta\bar{\boldsymbol{p}}_{\mathrm{Re}}^{\langle \mathrm{i}\rangle}$ zusammengefasst werden und beschreibt den unbekannten Lastzuwachs infolge der Deformationsänderung $\Delta\boldsymbol{u}_{\mathrm{e}}^{\langle \mathrm{i}\rangle}$. Infolge der Deformation ändert sich zum einen die resultierende Last und zum anderen drehen sich die Normalen und damit die Belastungsrichtungen.

Lösung zu Aufgabe 13.5. Randlast infolge Innendruck

Man kann die Normalendefinition aus Abschnitt 13.5 für den aktuellen Zustand übernehmen, indem man $\{x, y, z\}$ durch $\{x+u, y+v, z+w\}$ bzw. $\{\boldsymbol{x}, \boldsymbol{y}, \boldsymbol{z}\}$ durch $\{\boldsymbol{x}+\boldsymbol{u}, \boldsymbol{y}+\boldsymbol{v}, \boldsymbol{z}+\boldsymbol{w}\}$ ersetzt:

$$\hat{\boldsymbol{n}} = \boldsymbol{n}\,|\boldsymbol{J}_{\mathrm{r}}| = \left\{ \begin{array}{c} (y+v)_{,\xi}\ (z+w)_{,\eta} - (y+v)_{,\eta}\ (z+w)_{,\xi} \\ (x+u)_{,\eta}\ (z+w)_{,\xi} - (x+u)_{,\xi}\ (z+w)_{,\eta} \\ (x+u)_{,\xi}\ (y+v)_{,\eta} - (x+u)_{,\eta}\ (y+v)_{,\xi} \end{array} \right\} . \tag{15.5}$$

Die Ableitungen ergeben sich zu

$$\begin{aligned} (x+u)_{,\xi} &= \boldsymbol{f}_{,\xi}^{\mathrm{T}}(\xi,\eta,-1)\ (\boldsymbol{x}+\boldsymbol{u})\,, & (x+u)_{,\eta} &= \boldsymbol{f}_{,\eta}^{\mathrm{T}}(\xi,\eta,-1)\ (\boldsymbol{x}+\boldsymbol{u})\,, \\ (y+v)_{,\xi} &= \boldsymbol{f}_{,\xi}^{\mathrm{T}}(\xi,\eta,-1)\ (\boldsymbol{y}+\boldsymbol{v})\,, & (y+v)_{,\eta} &= \boldsymbol{f}_{,\eta}^{\mathrm{T}}(\xi,\eta,-1)\ (\boldsymbol{y}+\boldsymbol{v})\,, \\ (z+w)_{,\xi} &= \boldsymbol{f}_{,\xi}^{\mathrm{T}}(\xi,\eta,-1)\ (\boldsymbol{z}+\boldsymbol{w})\,, & (z+w)_{,\eta} &= \boldsymbol{f}_{,\eta}^{\mathrm{T}}(\xi,\eta,-1)\ (\boldsymbol{z}+\boldsymbol{w})\,. \end{aligned} \tag{15.6}$$

Die in Abschnitt 13.5 für $\zeta = 1$ definierte Normale zeigt in positive ζ-Richtung. Man kann sie für die Fläche $\zeta = -1$ übernehmen. Damit zeigt die Normale in das Element hinein, so dass das positive Vorzeichen gilt:

$$\bar{\boldsymbol{p}}_{\mathrm{i}} = \bar{p}_{\mathrm{i}}\ \boldsymbol{n}\,. \tag{15.7}$$

Lösung zu Aufgabe 13.6. Elementlastvektor infolge Innendruck

Für die Berechnung des Lastvektors benötigt man die Lastamplituden in den Integrationspunkten, die man direkt aufstellen kann. Die Berechnungsvorschrift lautet allgemein

$$\bar{\boldsymbol{p}}_{\mathrm{Re}} = \int_{-1}^{+1}\int_{-1}^{+1} \boldsymbol{V}_{\mathrm{ur}}^{\mathrm{T}}\ \bar{\boldsymbol{p}}_{\mathrm{i}}\ |\boldsymbol{J}_{\mathrm{r}}|\ \mathrm{d}\alpha\ \mathrm{d}\beta\,, \tag{15.8}$$

wobei für α und β die Bildkoordinaten der jeweiligen Fläche zu setzen sind. Für $\zeta = -1$ ergibt sich daraus mit den Gln. (15.7) und (15.5)

$$\bar{\boldsymbol{p}}_{\mathrm{Re}} = \bar{p}_{\mathrm{i}} \int_{-1}^{+1}\int_{-1}^{+1} \boldsymbol{V}_{\mathrm{u}}^{\mathrm{T}}(\xi,\eta,-1)\ \hat{\boldsymbol{n}}(\xi,\eta)\ \mathrm{d}\xi\ \mathrm{d}\eta \tag{15.9}$$

und unter Verwendung der Quadraturformel (7.52)

$$\bar{\boldsymbol{p}}_{\mathrm{Re}} = \bar{p}_{\mathrm{i}} \sum_{\mathrm{j}=1}^{\mathrm{n}} \sum_{\mathrm{k}=1}^{\mathrm{n}} \begin{bmatrix} \boldsymbol{f}(\xi_{\mathrm{j}}, \eta_{\mathrm{k}}, -1) & \mathbf{0} & \mathbf{0} \\ \mathbf{0} & \boldsymbol{f}(\xi_{\mathrm{j}}, \eta_{\mathrm{k}}, -1) & \mathbf{0} \\ \mathbf{0} & \mathbf{0} & \boldsymbol{f}(\xi_{\mathrm{j}}, \eta_{\mathrm{k}}, -1) \end{bmatrix} \hat{\boldsymbol{n}}(\xi_{\mathrm{j}}, \eta_{\mathrm{k}})\, w_{\mathrm{j}}\, w_{\mathrm{k}} \, .$$

Lösung zu Aufgabe 13.7. Anteil zur Steifigkeitsmatrix infolge Innendruck

Der Innendruck-Anteil zur Steifigkeitsmatrix ergibt sich aus der Differentiation des Lastvektors nach den Elementknotenverschiebungen (siehe Abschnitt 13.7):

$$\boldsymbol{S}_{\mathrm{pRe}} = \frac{\partial \bar{\boldsymbol{p}}_{\mathrm{Re}}}{\partial \boldsymbol{u}_{\mathrm{e}}} = \bar{p}_{\mathrm{i}} \int_{-1}^{+1} \int_{-1}^{+1} \boldsymbol{V}_{\mathrm{u}}^{\mathrm{T}}(\xi, \eta, -1)\, \frac{\partial \hat{\boldsymbol{n}}(\xi, \eta)}{\partial \boldsymbol{u}_{\mathrm{e}}}\, \mathrm{d}\xi\, \mathrm{d}\eta \, . \tag{15.10}$$

Für die Differentiation werden die Ableitungen nach den Bildkoordinaten, Gln. (15.6), entsprechend aufbereitet:

$$\begin{aligned}
\frac{\partial\big((x+u)_{,\xi}\big)}{\partial \boldsymbol{u}_{\mathrm{e}}} &= \boldsymbol{f}_{,\xi}^{\mathrm{T}}(\xi,\eta,-1)\, \frac{\partial(\boldsymbol{x}+\boldsymbol{u})}{\partial \boldsymbol{u}_{\mathrm{e}}} = \{\ \boldsymbol{f}_{,\xi}^{\mathrm{T}}(\xi,\eta,-1)\,,\ \ \mathbf{0}^{\mathrm{T}}\ ,\ \ \mathbf{0}^{\mathrm{T}}\ \}\,,\\
\frac{\partial\big((x+u)_{,\eta}\big)}{\partial \boldsymbol{u}_{\mathrm{e}}} &= \boldsymbol{f}_{,\eta}^{\mathrm{T}}(\xi,\eta,-1)\, \frac{\partial(\boldsymbol{x}+\boldsymbol{u})}{\partial \boldsymbol{u}_{\mathrm{e}}} = \{\ \boldsymbol{f}_{,\eta}^{\mathrm{T}}(\xi,\eta,-1)\,,\ \ \mathbf{0}^{\mathrm{T}}\ ,\ \ \mathbf{0}^{\mathrm{T}}\ \}\,,\\
\frac{\partial\big((y+v)_{,\xi}\big)}{\partial \boldsymbol{u}_{\mathrm{e}}} &= \boldsymbol{f}_{,\xi}^{\mathrm{T}}(\xi,\eta,-1)\, \frac{\partial(\boldsymbol{y}+\boldsymbol{v})}{\partial \boldsymbol{u}_{\mathrm{e}}} = \{\ \mathbf{0}^{\mathrm{T}}\ ,\ \boldsymbol{f}_{,\xi}^{\mathrm{T}}(\xi,\eta,-1)\,,\ \ \mathbf{0}^{\mathrm{T}}\ \}\,,\\
\frac{\partial\big((y+v)_{,\eta}\big)}{\partial \boldsymbol{u}_{\mathrm{e}}} &= \boldsymbol{f}_{,\eta}^{\mathrm{T}}(\xi,\eta,-1)\, \frac{\partial(\boldsymbol{y}+\boldsymbol{v})}{\partial \boldsymbol{u}_{\mathrm{e}}} = \{\ \mathbf{0}^{\mathrm{T}}\ ,\ \boldsymbol{f}_{,\eta}^{\mathrm{T}}(\xi,\eta,-1)\,,\ \ \mathbf{0}^{\mathrm{T}}\ \}\,,\\
\frac{\partial\big((z+w)_{,\xi}\big)}{\partial \boldsymbol{u}_{\mathrm{e}}} &= \boldsymbol{f}_{,\xi}^{\mathrm{T}}(\xi,\eta,-1)\, \frac{\partial(\boldsymbol{z}+\boldsymbol{w})}{\partial \boldsymbol{u}_{\mathrm{e}}} = \{\ \mathbf{0}^{\mathrm{T}}\ ,\ \ \mathbf{0}^{\mathrm{T}}\ ,\ \boldsymbol{f}_{,\xi}^{\mathrm{T}}(\xi,\eta,-1)\ \}\,,\\
\frac{\partial\big((z+w)_{,\eta}\big)}{\partial \boldsymbol{u}_{\mathrm{e}}} &= \boldsymbol{f}_{,\eta}^{\mathrm{T}}(\xi,\eta,-1)\, \frac{\partial(\boldsymbol{z}+\boldsymbol{w})}{\partial \boldsymbol{u}_{\mathrm{e}}} = \{\ \mathbf{0}^{\mathrm{T}}\ ,\ \ \mathbf{0}^{\mathrm{T}}\ ,\ \boldsymbol{f}_{,\eta}^{\mathrm{T}}(\xi,\eta,-1)\ \}\,.
\end{aligned}$$

Damit ergibt sich

$$\frac{\partial \hat{\boldsymbol{n}}(\xi,\eta)}{\partial \boldsymbol{u}_{\mathrm{e}}} = \begin{bmatrix} \mathbf{0}^{\mathrm{T}} & \check{z}_{,\eta}\, \boldsymbol{f}_{\mathrm{r},\xi}^{\mathrm{T}} - \check{z}_{,\xi}\, \boldsymbol{f}_{\mathrm{r},\eta}^{\mathrm{T}} & \check{y}_{,\xi}\, \boldsymbol{f}_{\mathrm{r},\eta}^{\mathrm{T}} - \check{y}_{,\eta}\, \boldsymbol{f}_{\mathrm{r},\xi}^{\mathrm{T}} \\ \check{z}_{,\xi}\, \boldsymbol{f}_{\mathrm{r},\eta}^{\mathrm{T}} - \check{z}_{,\eta}\, \boldsymbol{f}_{\mathrm{r},\xi}^{\mathrm{T}} & \mathbf{0}^{\mathrm{T}} & \check{x}_{,\eta}\, \boldsymbol{f}_{\mathrm{r},\xi}^{\mathrm{T}} - \check{x}_{,\xi}\, \boldsymbol{f}_{\mathrm{r},\eta}^{\mathrm{T}} \\ \check{y}_{,\eta}\, \boldsymbol{f}_{\mathrm{r},\xi}^{\mathrm{T}} - \check{y}_{,\xi}\, \boldsymbol{f}_{\mathrm{r},\eta}^{\mathrm{T}} & \check{x}_{,\xi}\, \boldsymbol{f}_{\mathrm{r},\eta}^{\mathrm{T}} - \check{x}_{,\eta}\, \boldsymbol{f}_{\mathrm{r},\xi}^{\mathrm{T}} & \mathbf{0}^{\mathrm{T}} \end{bmatrix}$$

$$\begin{aligned}
&\text{mit}\quad \boldsymbol{f}_{\mathrm{r},\xi} = \boldsymbol{f}_{,\xi}(\xi,\eta,-1)\,,\qquad \boldsymbol{f}_{\mathrm{r},\eta} = \boldsymbol{f}_{,\eta}(\xi,\eta,-1)\,,\\
&\text{und}\quad \check{x} = x+u\,,\quad \check{y} = y+v\,,\quad \check{z} = z+w\,.
\end{aligned} \tag{15.11}$$

Die Matrix $\boldsymbol{S}_{\mathrm{pRe}}$ kann nun aufgestellt werden, indem die Gln. (15.6), (15.11) und (15.10) sukzessiv ausgewertet werden.

Eine weitere Aufbereitung von Gl. (15.10) macht unter numerischen Aspekten keinen Sinn (Vermeidung von Matrizenmultiplikationen, siehe Abschnitt 7.4.6). Sie erfolgt hier nur, um zu klären, ob $\boldsymbol{S}_{\mathrm{pRe}}$ symmetrisch ist. Beim Einsetzen der Gln. (15.11) und (15.6) in Gl. (15.10) entstehen 6 nichttriviale Submatrizen, von denen wir eine exemplarisch auswerten:

$$\boldsymbol{f}_{\mathrm{r}}\left\{\breve{y}_{,\xi}\,\boldsymbol{f}_{\mathrm{r},\eta}^{\mathrm{T}}-\breve{y}_{,\eta}\,\boldsymbol{f}_{\mathrm{r},\xi}^{\mathrm{T}}\right\}=\boldsymbol{f}_{\mathrm{r}}\,\breve{\boldsymbol{y}}^{\mathrm{T}}\left[\boldsymbol{f}_{\mathrm{r},\xi}\,\boldsymbol{f}_{\mathrm{r},\eta}^{\mathrm{T}}-\boldsymbol{f}_{\mathrm{r},\eta}\,\boldsymbol{f}_{\mathrm{r},\xi}^{\mathrm{T}}\right]$$
$$=\boldsymbol{f}_{\mathrm{r}}\,\breve{\boldsymbol{y}}^{\mathrm{T}}\left[\boldsymbol{f}_{\mathrm{r},\xi}\,\boldsymbol{f}_{\mathrm{r},\eta}^{\mathrm{T}}-\left[\boldsymbol{f}_{\mathrm{r},\xi}\,\boldsymbol{f}_{\mathrm{r},\eta}^{\mathrm{T}}\right]^{\mathrm{T}}\right]=\boldsymbol{f}_{\mathrm{r}}\,\breve{\boldsymbol{y}}^{\mathrm{T}}\,\boldsymbol{H}\,.$$

Die hierbei eingeführte Matrix $\boldsymbol{H}$ ist antimetrisch, d. h. $\boldsymbol{H}=-\boldsymbol{H}^{\mathrm{T}}$. In analoge Weise werden die restlichen Submatrizen aufgestellt. Letztendlich erhält man

$$\boldsymbol{S}_{\mathrm{pRe}}=\frac{\partial\bar{\boldsymbol{p}}_{\mathrm{Re}}}{\partial\boldsymbol{u}_{\mathrm{e}}}=\bar{p}_{\mathrm{i}}\int\limits_{-1}^{+1}\int\limits_{-1}^{+1}\begin{bmatrix}\boldsymbol{0}^{\mathrm{T}} & \boldsymbol{f}_{\mathrm{r}}\,\breve{\boldsymbol{z}}^{\mathrm{T}}\,\boldsymbol{H}^{\mathrm{T}} & \boldsymbol{f}_{\mathrm{r}}\,\breve{\boldsymbol{y}}^{\mathrm{T}}\,\boldsymbol{H}\\ \boldsymbol{f}_{\mathrm{r}}\,\breve{\boldsymbol{z}}^{\mathrm{T}}\,\boldsymbol{H} & \boldsymbol{0}^{\mathrm{T}} & \boldsymbol{f}_{\mathrm{r}}\,\breve{\boldsymbol{x}}^{\mathrm{T}}\,\boldsymbol{H}^{\mathrm{T}}\\ \boldsymbol{f}_{\mathrm{r}}\,\breve{\boldsymbol{y}}^{\mathrm{T}}\,\boldsymbol{H}^{\mathrm{T}} & \boldsymbol{f}_{\mathrm{r}}\,\breve{\boldsymbol{x}}^{\mathrm{T}}\,\boldsymbol{H} & \boldsymbol{0}^{\mathrm{T}}\end{bmatrix}\mathrm{d}\xi\,\mathrm{d}\eta \tag{15.12}$$

mit $\boldsymbol{H}=\boldsymbol{f}_{\mathrm{r},\xi}\,\boldsymbol{f}_{\mathrm{r},\eta}^{\mathrm{T}}-\boldsymbol{f}_{\mathrm{r},\eta}\,\boldsymbol{f}_{\mathrm{r},\xi}^{\mathrm{T}}$.

Damit die Matrix $\boldsymbol{S}_{\mathrm{pRe}}$ symmetrisch ist, müsste unter anderem

$$\left[\,\boldsymbol{f}_{\mathrm{r}}\,\breve{\boldsymbol{y}}^{\mathrm{T}}\,\boldsymbol{H}\,\right]^{\mathrm{T}}=\boldsymbol{H}^{\mathrm{T}}\,\breve{\boldsymbol{y}}\,\boldsymbol{f}_{\mathrm{r}}^{\mathrm{T}}\overset{!}{=}\boldsymbol{f}_{\mathrm{r}}\,\breve{\boldsymbol{y}}^{\mathrm{T}}\,\boldsymbol{H}^{\mathrm{T}}$$

gelten. Dies ist aber (im allgemeinen) nicht der Fall! Um weiterhin zu einer symmetrischen Gesamtsteifigkeitsmatrix zu gelangen, kann man den antimetrischen Anteil vernachlässigen und nur den symmetrischen Anteil $\frac{1}{2}\,[\boldsymbol{S}_{\mathrm{pRe}}+\boldsymbol{S}_{\mathrm{pRe}}^{\mathrm{T}}]$ berücksichtigen. Da diese Vereinfachung keinen Einfluss auf den Lastvektor hat, wirkt sie sich nur auf das Konvergenzverhalten, nicht aber auf die Lösung aus.

Lösung zu Aufgabe 13.8. Hydrostatische und deviatorische Spannungen

Bei einem einachsigen Spannungszustand liefert die Zerlegung in einen hydrostatischen und deviatorischen Anteil

$$\begin{bmatrix}\sigma & 0 & 0\\ 0 & 0 & 0\\ 0 & 0 & 0\end{bmatrix}=\frac{\sigma}{3}\begin{bmatrix}1 & 0 & 0\\ 0 & 1 & 0\\ 0 & 0 & 1\end{bmatrix}+\frac{\sigma}{3}\begin{bmatrix}2 & 0 & 0\\ 0 & -1 & 0\\ 0 & 0 & -1\end{bmatrix}.$$

Bei einem ebenen Spannungszustand mit gleichen Hauptspannungen ergibt die Zerlegung

$$\begin{bmatrix}\sigma & 0 & 0\\ 0 & \sigma & 0\\ 0 & 0 & 0\end{bmatrix}=\frac{2\,\sigma}{3}\begin{bmatrix}1 & 0 & 0\\ 0 & 1 & 0\\ 0 & 0 & 1\end{bmatrix}+\frac{\sigma}{3}\begin{bmatrix}1 & 0 & 0\\ 0 & -2 & 0\\ 0 & 0 & -2\end{bmatrix}.$$

Ein rein hydrostatischer Spannungszustand ist immer dreidimensional.

Lösung zu Aufgabe 13.9. Abstand eines Spannungsbildpunktes von der Fließzylinderachse

Aus den Projektionen in die z,i- und in die x,y-Ebene (siehe Bild 13.18) ergibt sich allgemein

$$\boldsymbol{e}_\mathrm{i} = \begin{Bmatrix} \rho\,\cos\phi \\ \rho\,\sin\phi \\ \zeta \end{Bmatrix} \quad \text{mit} \quad \rho = \sqrt{\frac{2}{3}} \quad \text{und} \quad \zeta = \sqrt{\frac{1}{3}}$$

und konkret mit $\phi = 0,\ \frac{2}{3}\,\pi,\ \frac{4}{3}\,\pi$

$$\boldsymbol{e}_1 = \frac{1}{\sqrt{6}} \begin{Bmatrix} 2 \\ 0 \\ \sqrt{2} \end{Bmatrix}, \quad \boldsymbol{e}_2 = \frac{1}{\sqrt{6}} \begin{Bmatrix} -1 \\ \sqrt{3} \\ \sqrt{2} \end{Bmatrix}, \quad \boldsymbol{e}_3 = \frac{1}{\sqrt{6}} \begin{Bmatrix} -1 \\ -\sqrt{3} \\ \sqrt{2} \end{Bmatrix}.$$

Damit lautet der Spannungsbildpunkt im x, y, z-Koordinatensystem

$$\boldsymbol{\sigma} = \frac{1}{\sqrt{6}} \begin{Bmatrix} 2\,\sigma_1 - \sigma_2 - \sigma_3 \\ \sqrt{3}\,(\sigma_2 - \sigma_3) \\ \sqrt{2}\,(\sigma_1 + \sigma_2 + \sigma_3) \end{Bmatrix} = \begin{Bmatrix} \sigma_\mathrm{x} \\ \sigma_\mathrm{y} \\ \sigma_\mathrm{z} \end{Bmatrix}.$$

Der quadratische Abstand ergibt sich aus den ersten beiden Komponenten des Spannungsbildpunktes:

$$\begin{aligned} r^2 = \sigma_\mathrm{x}^2 + \sigma_\mathrm{y}^2 &= \frac{2}{3}\,\left\{\sigma_1^2 + \sigma_2^2 + \sigma_3^2 - \sigma_1\,\sigma_2 - \sigma_2\,\sigma_3 - \sigma_3\,\sigma_1\right\} \\ &= \frac{1}{3}\,\left\{(\sigma_1 - \sigma_2)^2 + (\sigma_2 - \sigma_3)^2 + (\sigma_3 - \sigma_1)^2\right\} \end{aligned}$$

Die z-Komponente ist proportional zur hydrostatischen Spannung σ_m und findet daher keine Berücksichtigung in der Fließfunktion bzw. Fließbedingung.

Lösung zu Aufgabe 13.10. Fließbedingung im ebenen Spannungszustand

Im ebenen Spannungszustand lautet die Fließbedingung nach Huber, von Mises, Hencky

$$\sigma_1^2 + \sigma_2^2 - \sigma_1\,\sigma_2 - \sigma_\mathrm{F}^2 = 0\,.$$

Der Ort der Maximalspannungen (A, B) und des maximalen Schubes (C) sind in Bild 15.33 (links) dargestellt. Ihre Werte sowie die zugehörigen hydrostatischen Spannungen sind

	σ_1	σ_2	σ_m
A	$\frac{1}{\sqrt{3}}\,\sigma_\mathrm{F}$	$\frac{2}{\sqrt{3}}\,\sigma_\mathrm{F}$	$\frac{1}{\sqrt{3}}\,\sigma_\mathrm{F}$
B	$\frac{2}{\sqrt{3}}\,\sigma_\mathrm{F}$	$\frac{1}{\sqrt{3}}\,\sigma_\mathrm{F}$	$\frac{1}{\sqrt{3}}\,\sigma_\mathrm{F}$
C	$\frac{1}{\sqrt{3}}\,\sigma_\mathrm{F}$	$-\frac{1}{\sqrt{3}}\,\sigma_\mathrm{F}$	0
D	σ_F	σ_F	$\frac{2}{3}\,\sigma_\mathrm{F}$

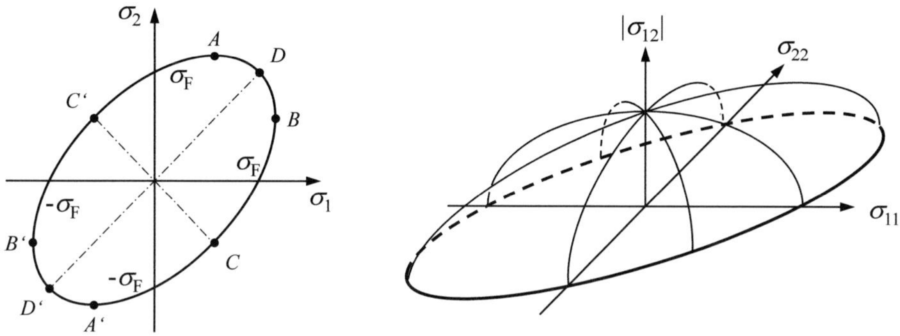

Bild 15.33. Fließbedingung nach Huber, von Mises, Hencky für den ebenen Spannungszustand. Hauptspannungsformulierung (links), kartesische Formulierung (rechts)

Die Länge der Hauptachse (D–D') ergibt sich zu $2\sqrt{2}\,\sigma_F$, die Länge der Nebenachse (C–C') ist gleich dem Durchmesser des Fließzylinders: $2\sqrt{\frac{2}{3}}\,\sigma_F$. Längs der Hauptachse ($\sigma_1 = \sigma_2$) ist der Spannungszustand schubspannungsfrei, längs der Nebenachse ($\sigma_1 = -\sigma_2$) liegt ein reiner Schubspannungszustand vor.

Die kartesische Formulierung der Fließbedingung für den ebenen Spannungszustand lässt sich aus Gl. (13.56) ableiten:

$$\sigma_{11}^2 + \sigma_{22}^2 - \sigma_{11}\,\sigma_{22} + 3\,\sigma_{12}^2 - \sigma_F^2 = 0\ .$$

Sie ist Bild 15.33 (rechts) dargestellt. Die maximale Schubspannung beträgt $\sigma_F/\sqrt{3}$.

Lösung zu Aufgabe 13.11. Isotrope und kinematische Verfestigung

Bild 15.34 zeigt Lage der Spannungsbildpunkte 1 und 4 im Hauptspannungsraum (vergleiche mit Bild 15.34). Die Änderung des Fließzylinders, wenn die Spannung kleiner als $\sigma(5)$ wird, ist durch die dünne Strich-Punkt-Linie skizziert.

Lösung zu Aufgabe 13.12. Spannungen bei einem ebenen Balken

Die Spannungsverläufe in z-Richtung sind in Bild 15.35 dargestellt. In y-Richtung verlaufen die Spannungen konstant. Der Zusammenhang zwischen Spannungen und Moment lautet bekanntermaßen

$$M = \int_h \int_b \sigma\, z\, \mathrm{d}y\, \mathrm{d}z\ .$$

Damit beträgt das maximale Moment $b\,h^2\,\sigma_F/4$. Die Entlastung erfolgt elastisch. Durch Superposition der Be- und Entlastungsspannungen ergibt sich der Endspannungszustand, aus dem kein Moment resultiert. Die verbleibenden Spannungen bilden also einen Eigenspannungszustand, aus dem keine Schnittkräfte resultieren.

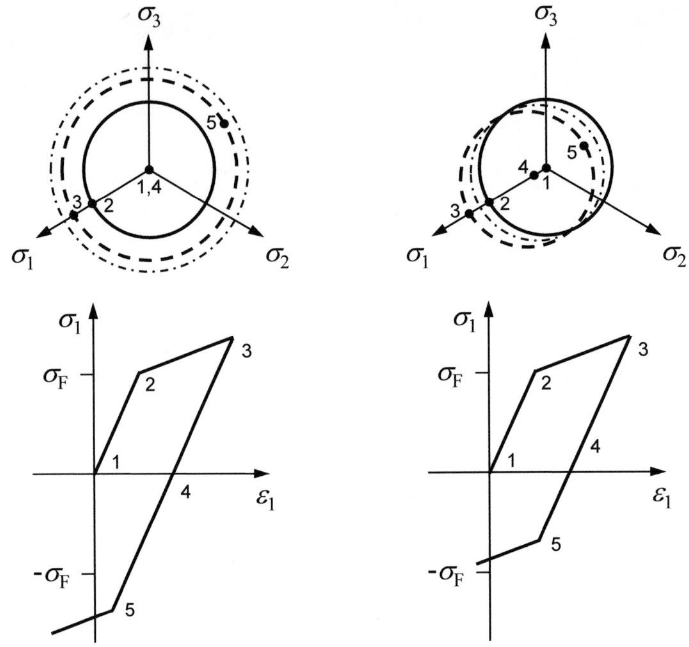

Bild 15.34. Bildpunkte eines einachsigen Spannungszustandes bei isotroper und kinematischer Verfestigung

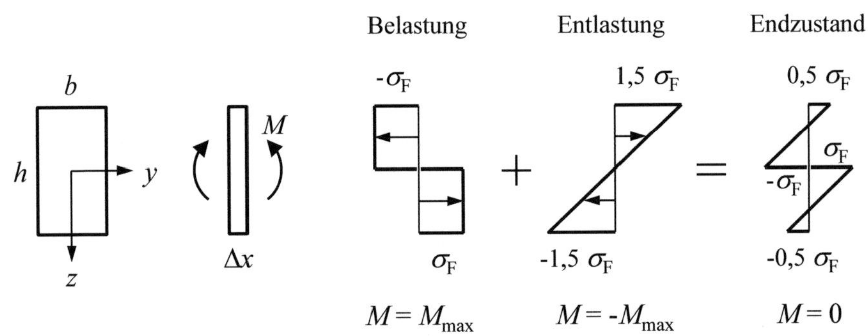

Bild 15.35. Be- und Entlastung eines Rechteckquerschnitts durch ein Moment

Lösung zu Aufgabe 13.13. Ableitung der Verfestigungsfunktion nach den Spannungen

Die Ableitung der Verfestigungsfunktion ergibt zunächst

$$\frac{\partial g}{\partial \sigma_{\mathrm{ij}}} = \frac{\partial}{\partial \sigma_{\mathrm{ij}}} \left\{ J_2^{\mathrm{D}} - \frac{1}{3}\,\sigma_V^2 \right\} = \frac{\partial J_2^{\mathrm{D}}}{\partial \sigma_{\mathrm{ij}}} = \frac{\partial}{\partial \sigma_{\mathrm{ij}}} \left\{ \frac{1}{2} \sum_{\mathrm{i}=1}^{3} \sum_{\mathrm{j}=1}^{3} (\sigma_{\mathrm{ij}}^{\mathrm{D}})^2 \right\} .$$

Exemplarisch bilden wir für die Ableitung nach den Normalspannungen

$$
\begin{aligned}
\frac{\partial J_2^{\mathrm{D}}}{\partial \sigma_{11}} &= \sigma_{11}^{\mathrm{D}} \frac{\partial \sigma_{11}^{\mathrm{D}}}{\partial \sigma_{11}} + \sigma_{22}^{\mathrm{D}} \frac{\partial \sigma_{22}^{\mathrm{D}}}{\partial \sigma_{11}} + \sigma_{33}^{\mathrm{D}} \frac{\partial \sigma_{33}^{\mathrm{D}}}{\partial \sigma_{11}} \\
&= \frac{2}{3}\, \sigma_{11}^{\mathrm{D}} - \frac{1}{3}\, \sigma_{22}^{\mathrm{D}} - \frac{1}{3}\, \sigma_{33}^{\mathrm{D}} = \sigma_{11}^{\mathrm{D}} - \frac{1}{3}\left(\sigma_{11}^{\mathrm{D}} + \sigma_{22}^{\mathrm{D}} + \sigma_{33}^{\mathrm{D}}\right) \\
&= \sigma_{11}^{\mathrm{D}}
\end{aligned}
$$

und für die Ableitung nach den Schubspannungen

$$
\frac{\partial J_2^{\mathrm{D}}}{\partial \sigma_{12}} = \sigma_{12}^{\mathrm{D}} \,.
$$

Die restlichen Ableitungen ergeben sich analog. Damit gilt

$$
\frac{\partial g}{\partial \sigma_{\mathrm{ij}}} = \sigma_{\mathrm{ij}}^{\mathrm{D}} \,.
$$

15.14 Lösungen zu Kapitel 14

Lösung zu Aufgabe 14.1. Anwendung der Greenschen Formel in der Ebene

Man fasst geeignet zusammen

$$
\begin{aligned}
&\int\limits_{\mathrm{F}} \left[u\,(v_{,\mathrm{xx}} + v_{,\mathrm{yy}}) + u_{,\mathrm{x}}\; v_{,\mathrm{x}} + u_{,\mathrm{y}}\; v_{,\mathrm{y}}\right] \mathrm{d}F \\
&= \int\limits_{\mathrm{F}} \left[\,(u\; v_{,\mathrm{x}})_{,\mathrm{x}} + (u\; v_{,\mathrm{y}})_{,\mathrm{y}}\,\right] \mathrm{d}F
\end{aligned}
$$

und erhält mit der Greenschen Formel

$$
\dots = \oint\limits_{\mathrm{R}} \left[u\; v_{,\mathrm{x}}\; \cos(x,n) + u\; v_{,\mathrm{y}}\; \cos(y,n)\right] \mathrm{d}s = \oint\limits_{\mathrm{R}} u\; v_{,\mathrm{n}}\; \mathrm{d}s \,,
$$

da $v_{,\mathrm{x}}\; \cos(x,n) + v_{,\mathrm{y}}\; \cos(y,n) = v_{,\mathrm{n}}$ ist.

Lösung zu Aufgabe 14.2. Integralsatz für die schubweiche Platte

Wir führen zunächst in die linke Seite von Gl. (14.1) die Zustandsgrößen und Operatoren für die schubweiche Platte ein, vergleiche Tabelle 2.4, und fassen dann geeignet zusammen:

$$
\begin{aligned}
&\int\limits_{\mathrm{F}} \Big[(\delta\beta_{\mathrm{x}} + \delta w_{,\mathrm{x}})\; q_{\mathrm{x}} + (\delta\beta_{\mathrm{y}} + \delta w_{,\mathrm{y}})\; q_{\mathrm{y}} \\
&\qquad + \delta\beta_{\mathrm{x,x}}\, m_{\mathrm{x}} + \delta\beta_{\mathrm{y,y}}\, m_{\mathrm{y}} + (\delta\beta_{\mathrm{x,y}} + \delta\beta_{\mathrm{y,x}})\; m_{\mathrm{xy}} + \delta w\; (q_{\mathrm{x,x}} + q_{\mathrm{y,y}}) \\
&\qquad + \delta\beta_{\mathrm{x}}\; (m_{\mathrm{x,x}} + m_{\mathrm{xy,y}} - q_{\mathrm{x}}) + \delta\beta_{\mathrm{y}}\; (m_{\mathrm{y,y}} + m_{\mathrm{xy,x}} - q_{\mathrm{y}}) \Big]\; \mathrm{d}F \\
&= \int\limits_{\mathrm{F}} \Big[(\delta w\; q_{\mathrm{x}})_{,\mathrm{x}} + (\delta w\; q_{\mathrm{y}})_{,\mathrm{y}} \\
&\qquad + (\delta\beta_{\mathrm{x}}\; m_{\mathrm{x}})_{,\mathrm{x}} + (\delta\beta_{\mathrm{y}}\; m_{\mathrm{y}})_{,\mathrm{xy}} + (\delta\beta_{\mathrm{x}}\; m_{\mathrm{xy}})_{,\mathrm{y}} + (\delta\beta_{\mathrm{y}}\; m_{\mathrm{xy}})_{,\mathrm{x}} \Big]\; \mathrm{d}F \,.
\end{aligned}
$$

Nun lässt sich die Greensche Formel anwenden, um das gesamte Flächenintegral in ein Umlaufintegral zu überführen:

$$\begin{aligned}\ldots = \oint\limits_{R} \Big[&\delta w \; (q_{\mathrm{x}} \; \cos(x,n) + q_{\mathrm{y}} \; \cos(y,n)) \\ &+ \delta\beta_{\mathrm{x}} \, (m_{\mathrm{x}} \; \cos(x,n) + m_{\mathrm{xy}} \; \cos(y,n)) \\ &+ \delta\beta_{\mathrm{y}} \; (m_{\mathrm{y}} \; \cos(y,n) + m_{\mathrm{xy}} \; \cos(x,n)) \Big] \; \mathrm{d}s \, .\end{aligned}$$

Die virtuellen Verdrehungen $\delta\beta_{\mathrm{x}}$ und $\delta\beta_{\mathrm{y}}$ werden noch durch $\delta\beta_{\mathrm{n}}$ und $\delta\beta_{\mathrm{s}}$ ersetzt:

$$\begin{aligned}\delta\beta_{\mathrm{x}} &= \delta\beta_{\mathrm{n}} \; \cos(x,n) + \delta\beta_{\mathrm{s}} \; \cos(y,n) \, , \\ \delta\beta_{\mathrm{y}} &= \delta\beta_{\mathrm{n}} \; \cos(y,n) + \delta\beta_{\mathrm{s}} \; \cos(x,n) \, .\end{aligned}$$

Dann wird aus dem Umlaufintegral

$$\cdots = \oint\limits_{R} \left[\delta w \; q_{\mathrm{n}} + \delta\beta_{\mathrm{n}} \; m_{\mathrm{n}} + \delta\beta_{\mathrm{s}} \; m_{\mathrm{ns}} \right]_{\mathrm{r}} \mathrm{d}s = \oint\limits_{R} \delta \boldsymbol{u}_{\mathrm{r}}^{\mathrm{T}} \; \boldsymbol{\sigma}_{\mathrm{r}} \; \mathrm{d}s \, ,$$

wobei noch die Transformationsmatrizen aus Tabelle 2.4 verwendet wurden. Damit ist der Integralsatz für die schubweiche Platte bewiesen.

Die auftretenden virtuellen Verschiebungsgrößen sowie die Schnittkraftgrößen müssen stetig differenzierbar sein. Das ist im Inneren eines Elementes in der Regel erfüllt, sofern keine Einzellasten auftreten und Linienlasten durch geeignete Elementierung auf die Elementränder gelegt werden. An den Grenzen zwischen zwei Elementen gilt die Forderung nach stetiger Differenzierbarkeit hingegen nicht. Man verwendet dann den Integralsatz nur noch elementweise und erhält, sofern die virtuellen Verschiebungen stetig verlaufen, einen Zusatzterm wie in Gl. (14.8). Wir verzichten darauf, das im Einzelnen auszuführen.

Lösung zu Aufgabe 14.3. Eulersche Differentialgleichung

Die Eulersche Differentialgleichung lautet

$$\frac{\partial f}{\partial u} - \frac{\partial}{\partial x} \left(\frac{\partial f}{\partial u_{,\mathrm{x}}} \right) = 0 \, .$$

Lösung zu Aufgabe 14.4. Eulersche Differentialgleichung zum Funktional der stationären Wärmeleitung

Die Eulersche Differentialgleichung zur stationären Wärmeleitung lautet

$$\frac{\partial}{\partial x} \left(\lambda_{\mathrm{x}} \frac{\partial T}{\partial x} \right) + \frac{\partial}{\partial y} \left(\lambda_{\mathrm{y}} \frac{\partial T}{\partial y} \right) + \frac{\partial}{\partial z} \left(\lambda_{\mathrm{z}} \frac{\partial T}{\partial z} \right) + \bar{f} = 0 \, .$$

Für den Fall, dass die Wärmeleitfähigkeit homogen (d. h. nicht ortsabhängig) ist, ergibt sich Gl. (3.38).

Der Nachweis der Minimaleigenschaft erfolgt völlig analog zu dem Nachweis im Abschnitt 3.3. Man betrachtet eine Nachbarlage $T + \delta T$ und zeigt, dass $J(T + \delta T) \geqslant J(T)$ gilt. Voraussetzung für die Anwendung des Integralsatzes ist,

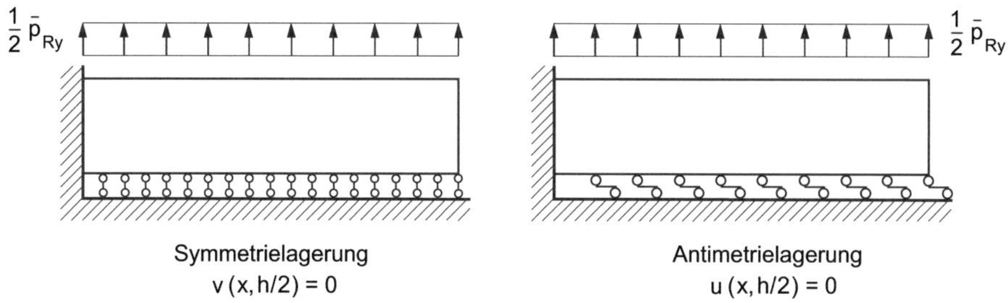

Bild 15.36. Symmetrischer und antimetrischer Lastfall der Kragscheibe aus Bild 4.2

dass alle virtuellen Verschiebungen und Schnittkräfte stetig differenzierbar sind. Innerhalb der Elemente ist das in der Regel erfüllt, nicht hingegen an den Elementgrenzen. Man kann dann den Integralsatz nur für jedes Element getrennt formulieren. Wenn man Stetigkeit der virtuellen Verschiebungen an den Elementgrenzen voraussetzt, verbleibt außer dem Umlaufintegral über den Außenrand noch ein Linienintegral über alle Innenränder, das nur dann zu Null wird, wenn die Schnittkräfte die Übergangsbedingungen erfüllen.

Lösung zu Aufgabe 14.5. Symmetrieeigenschaften eines räumlichen Rahmentragwerkes

Auf die Angabe der Lösung wird verzichtet.

Lösung zu Aufgabe 14.6. Rechenzeiteinsparung bei Symmetrieausnutzung

Die Belastung muss in einen bezüglich $y = h/2$ symmetrischen und in einen antimetrischen Lastfall zerlegt werden. Die beiden dann zu behandelnden Teilstrukturen sind in Bild 15.36 dargestellt.

Die auf der Symmetrielinie einzuhaltenden Randbedingungen sind ebenfalls in Bild 15.36 dargestellt. Eine Einführung von Starrkörperfesseln ist nicht erforderlich, da das System bei $x = 0$ eingespannt ist.

Beim vollen (halben) System betragen die Unbekanntenanzahl 306 (170) und die Bandbreite 22 (14). Nach Gl. (5.13) sind also 70 502 (15 745) Rechenzeitoperationen erforderlich. Da beim halben System zwei Lastfälle berechnet werden müssen, sinkt die Rechenzeit auf etwa 44 %.

Lösung zu Aufgabe 14.7. Mehrfachsymmetrie bei einem Rahmentragwerk

Man erkennt sofort, dass die Koordinatenlinien $x = 0$ und $z = 0$ Symmetrieachsen sind. Zusätzlich sind die beiden Diagonalen Antimetrieachsen. Damit braucht nur ein Achtelausschnitt betrachtet zu werden. Alle Angaben für das Teilsystem finden sich in Bild 15.37. Auf die Angabe der Schnittkraftverläufe am Gesamtsystem wird verzichtet.

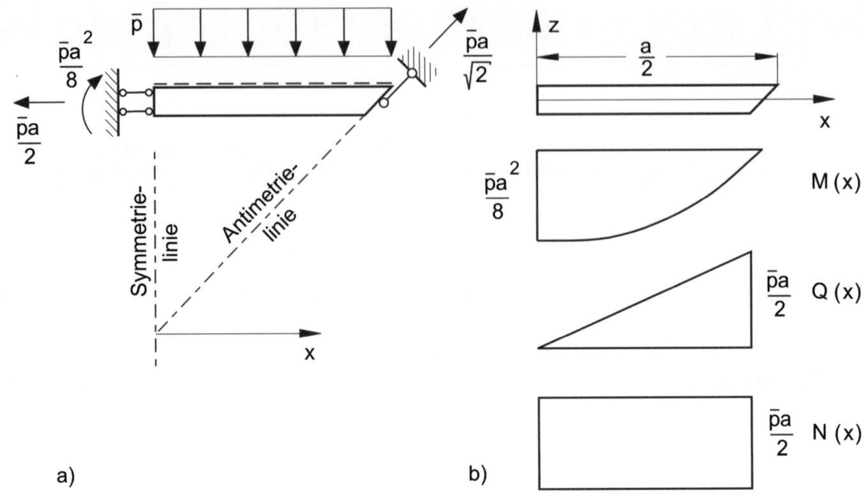

Bild 15.37. **a** Achtelausschnitt des quadratischen Rahmens aus Bild 14.11 mit Randbedingungen und Auflagerkräften, **b** Schnittkraftverläufe

Lösung zu Aufgabe 14.8. Ausnutzung von Symmetrie- und Antimetriebedingungen
Auf die Angabe der Lösung wird verzichtet.

Lösung zu Aufgabe 14.9. Eigenschwingungsberechnung bei zyklisch rotationssymmetrischen Strukturen
Auf die Angabe der Lösung wird verzichtet.

Symbole und Bezeichnungen

Allgemein verwendete Symbole

$\{\ \}$	Vektor
$[\ ]$	Matrix
$\|\ \|$	Determinante
$\mathrm{i} \times \mathrm{j}$	Abmessungen einer Matrix: i = Anzahl der Zeilen, j = Anzahl der Spalten
$\times$	Kreuzprodukt
$\cdot\cdot$	Dopelskalarprodukt
$\vec{\ }$	Kennzeichnung eines geometrischen Vektors, z. B. $\vec{e}$ (Einheitsvektor)
∂	Symbol für partielle Ableitung
$()^{\bullet}$	Ableitung nach der Zeit
$()_{,\mathrm{x}}$, $()_{,\mathrm{y}}$	Ableitung nach x bzw. nach y
$()_{,\xi}$, $()_{,\eta}$	Ableitung nach ξ bzw. nach η
$\bar{()}$	vorgegeben konjugiert komplex
$()^*$	systembezogen
$()^{(\mathrm{j})}$	Polynomordnung j
$()^{(0)}$	im Ausgangszustand vorhanden
①, ②, ③, ...	Elementnummern
$\boxed{1}$, $\boxed{2}$, $\boxed{3}$, ...	Systemknotennummern

Hochgestellte Indizes

B	Balken
D	Dehnstab deviatorisch (Kapitel 13)
e	elastisch
h	homogen
H	hydrostatisch (Kapitel 13)
p	partikulär plastisch
S	Scheibe Schub
T	transponiert
$\langle i \rangle$	Iterationsschritt i
$\langle i, k \rangle$	Iterationsindex i, Inkrementindex k
$\langle 0 \rangle$	Startwert für eine Iteration
①, ②, ③, ...	Elementnummern

Tiefgestellte Indizes

a	außen, äußere
B	Bereich
crit	kritisch
e	elementbezogen
ex	exakt
FEM	Finite-Elemente-Näherung
i	innen, innere
Im	Imaginärteil
KV	konstanter Verzerrungsszustand
l	am Stabende (Kapitel 2)
r	Randwert einer Bereichsgröße
m	modifiziert (Kapitel 5)
R	nur auf dem Rand definierte Größe
Re	Realteil
red	reduziert

SK	Starrkörperverschiebungszustand
SKRot	Starrkörperrotation
SKTrans	Starrkörpertranslation
T	Temperatur
u	Verschiebung
ü	Übergang
γ	Schubanteil
ε	Verzerrung
κ	Biegeanteil
σ	Schnittkraft
0	am Stabanfang (Kapitel 2)
$1\,,\ 2\,,\ 3\,,\ \ldots$	Elementknotennummern
①, ②, ③, …	Elementnummern

Lateinische Kleinbuchstaben

$a_{\mathrm{x}}\,,\ a_{\mathrm{y}}$	Auflagerkräfte
$a_{\mathrm{e}}\,,\ b_{\mathrm{e}}$	Abmessungen eines Rechteckelementes
c_{p}	spezifische Wärmekapazität
det	Determinante
$\mathrm{d}F$	Flächendifferential
$\mathrm{d}s$	Randdifferential
$\mathrm{d}V$	Volumendifferential
f	Fließfunktion (Kapitel 13)
$\bar{f}$	Wärmequellendichte
f_{ex}	Funktionswert der exakten Lösung
$f_{\mathrm{i}}(\xi)\,,\ f_{\mathrm{i}}(\eta)$	eindimensionale Hermitesche Ansatzfunktionen
$f_{\mathrm{i}}^{\mathrm{s}}(\xi)$	exakte Ansatzfunktionen für die Querverschiebung w des schubweichen Balkens
$f_{\mathrm{n}}\,,\ f_{\mathrm{N}}\,,\ f_{\mathrm{m}}$	Funktionswert einer Näherungslösung
g	Erdbeschleunigung Verfestigungsfunktion (Kapitel 13)
$g_{\mathrm{i}}(\xi)\,,\ g_{\mathrm{i}}(\eta)$	eindimensionale lineare Ansatzfunktionen (Kapitel 4)

$g_{\mathrm{i}}^{(\mathrm{j})}(\xi)$	eindimensionale Lagrangesche Ansatzfunktionen der Ordnung j
$g_{\mathrm{i}}^{\mathrm{s}}(\xi)$	exakte Ansatzfunktionen für die Querschnittsneigung β des schubweichen Balkens
h	Balkenquerschnittshöhe charakteristische Elementabmessung (Kapitel 8)
$h_{\mathrm{i}}(\xi,\eta)$	zweidimensionale Hermitesche Ansatzfunktionen
l	Länge Länge nach der Deformation (Kapitel 13)
$l_{\mathrm{i}}(\xi,\eta)$	zweidimensionale Lagrangesche Ansatzfunktionen
m_{r} , m_{φ} , $m_{\mathrm{r}\varphi}$	Plattenmomente in Polarkoordinaten (Biegemomente und Drillmoment)
m_{x} , m_{y} , m_{xy}	Plattenmomente in kartesischen Koordinaten (Biegemomente und Drillmoment)
n	Anzahl der Systemverschiebungen (Systemfreiheitsgrade), Anzahl der Zeilen der Systemsteifigkeitsmatrix Unterteilungszahl bei Elementnetzverfeinerung (Kapitel 8)
n , s , t	Randkoordinaten
n_{b}	Bandbreite der Systemsteifigkeitsmatrix
n_{e}	Anzahl der Elemente
n_{k}	Anzahl der Knoten
n_{r} , n_{φ} , $n_{\mathrm{r}\varphi}$	Scheibenschnittkräfte in Polarkoordinaten (Normalkräfte und Schubkraft)
n_{x} , n_{y} , n_{xy}	Scheibenschnittkräfte in kartesischen Koordinaten (Normalkräfte und Schubkraft)
n_{I} , n_{II}	Hauptschnittkräfte bei der Scheibe
p	Polynomordnung
$\bar{p}$	Linienlast in Stablängsrichtung
$\bar{p}_{\mathrm{crit}}$	Beullast
$\bar{p}_{\mathrm{m}}$	Momentenbelastungen beim Balken
$\bar{p}_{\mathrm{mr}}$, $\bar{p}_{\mathrm{m}\varphi}$	Momentenbelastungen in Polarkoordinaten bei der Platte
$\bar{p}_{\mathrm{mx}}$, $\bar{p}_{\mathrm{my}}$	Momentenbelastungen in kartesischen Koordinaten bei der Platte
$\bar{p}_{\mathrm{r}}$, $\bar{p}_{\varphi}$	Scheibenflächenlasten in Polarkoordinaten
$\bar{p}_{\mathrm{Rx}}$, $\bar{p}_{\mathrm{Ry}}$	Scheibenrandlasten
$\bar{p}_{\mathrm{x}}$, $\bar{p}_{\mathrm{y}}$, $\bar{p}_{\mathrm{z}}$	Bereichslasten in Richtung der kartesischen Koordinaten

$\bar{q}_{\mathrm{Bxi}}$, $\bar{q}_{\mathrm{Byi}}$	Flächenlastamplituden bei der Scheibe
q_{n}^{*}	Randkraft der schubstarren Platte (Kapitel 2 und 3)
q_{r} , q_{φ}	Plattenquerkräfte in Polarkoordinaten
$\bar{q}_{\mathrm{Rxi}}$, $\bar{q}_{\mathrm{Ryi}}$	Randlastamplituden bei der Scheibe
q_{x} , q_{y}	Plattenquerkräfte in kartesischen Koordinaten
q_{x} , q_{y} , q_{z}	Wärmeströme (Kapitel 3)
r , φ	Polarkoordinaten
r_{a} , r_{i}	Außen- und Innenradius eines Ringelementes
$r_{\mathrm{i}}(\xi,\eta)$	zweidimensionale Randpunktinterpolationspolynome
s	Randoordinate
t	Dicke Zeit
t_{R}	Retardationszeit
u , v , w	Verschiebungen in Richtung der kartesischen Koordinaten
u_{k}^{*} , v_{k}^{*} , w_{k}^{*}	Systemknotenverschiebungen
u_{r} , u_{φ}	Scheibenverschiebungen in Polarkoordinaten
v^{*}	generalisierte Systemknotenverschiebungen bzw. -verdrehungen beim Rahmen
w_{j}	Gewichtungsfaktoren bei der numerischen Integration
x , y , z	kartesische Koordinaten

Lateinische Großbuchstaben

A	Querschnittsfläche
A_{s}	Schubfläche
A_{xk}^{*} , A_{yk}^{*}	Komponenten des Systemauflagerkraftvektors
B	Bereich
B	Biegesteifigkeit (Balken, isotrope Platte)
B_{x} , B_{y} , B_{xy} , B_{s}	Steifigkeiten der orthotropen Platte
C_{ij}	rechte Cauchy-Green-Verzerrungen
D	Dehnsteifigkeit (Dehnstab, isotrope Scheibe)
D_{x} , D_{y} , D_{xy} , D_{s}	Steifigkeiten der orthotropen Scheibe
E	Elastizitätsmodul
E_{ij}	Green-Lagrange-Verzerrungen

F	Fläche, Oberfläche
F_i	Teilfläche
F_{ij}	Komponenten des Deformationsgradienten
G	Gleitmodul
$H(\xi_1, \xi_2, \xi_3)$	zweidimensionale Hermitesche Ansatzfunktionen für Plattendreieckelemente
I	Trägheitsmoment
L	Länge vor der Deformation (Kapitel 13)
$L_i^{(j)}(\xi_1, \xi_2, \xi_3)$	zweidimensionale Lagrangesche Ansatzfunktionen der Ordnung j für Scheibendreieckelemente
N , Q , M	Schnittkräfte des ebenen Stabes (Normalkraft, Querkraft, Moment)
N_φ , N_r , $N_{r\varphi}$	Amplitudenfunktionen der Scheibenschnittkräfte in Polarkoordinaten (Kapitel 12)
$N^{(0)}$	Anfangslast (Normalkraft im Ausgangszustand)
$O(h^2)$	Fehler der Ordnung h^2
P_{ij}	Nominalspannungen oder 1. Piola-Kirchhoff-Spannungen (Kapitel 13)
$\bar{P}$, $\bar{P}_x$, $\bar{P}_y$, $\bar{P}_z$	Einzellasten
$\bar{P}^*_{Bxk}$, $\bar{P}^*_{Byk}$	Komponenten des Systembereichslastvektors
$\bar{P}_{crit}$	Knicklast
$\bar{P}^*_{Rxk}$, $\bar{P}^*_{Ryk}$	Komponenten des Systemrandlastvektors
R	Rand
R_q	Rand mit vorgegebener Wärmezufuhr
R_T	Rand mit vorgegebener Temperatur
R_u	Verschiebungsrand
R_σ	Schnittkraftrand
R_3	Rand mit Grenzschicht
S_{ij}	Komponenten der Elementsteifigkeitsmatrix 2. Piola-Kirchhoff-Spannungen (Kapitel 13)
S^*_{xk} , S^*_{yk}	Komponenten des Systemknotenkraftvektors
T	Temperatur
U_j	Systemfreiheitsgrade (Kapitel 5)

U_{r} , U_{φ}	Amplitudenfunktionen der Scheibenverschiebungen in Polarkoordinaten (Kapitel 12)
V	Volumen
W_{a}	äußere Arbeit
$\bar{X}$, $\bar{Y}$, $\bar{Z}$	Volumenlasten

Griechische Buchstaben

α	Konvergenzordnung Seitenverhältnis beim Scheibenrechteckelement (Kapitel 4) Winkel
α_{T}	Wärmeausdehnungskoeffizient einer isotropen Scheibe
α_{xT} , α_{yT}	Wärmeausdehnungskoeffizienten einer orthotropen Scheibe
β^*	Systemknotenverdrehung (Rahmen)
β	Balkenquerschnittsneigung
β_{r} , β_{φ}	Plattenquerschnittsneigungen in Polarkoordinaten
β_{x} , β_{y}	Plattenquerschnittsneigungen in kartesischen Koordinaten
γ_{xy} , γ_{yz} , γ_{zx}	Schubverzerrungen
$\delta(\ldots)$	virtuell, variiert
Δ	iterativer Zuwachs inkrementeller Zuwachs
ε , γ , κ	Stabverzerrungen (Dehnung, Gleitung, Krümmung)
ε_{m}	m-te Einheitswurzel
$\bar{\varepsilon}_{\mathrm{m}}$	konjugiert komplexe m-te Einheitswurzel
ε_{r} , ε_{φ} , $\gamma_{\mathrm{r}\varphi}$	Scheibenverzerrungen in Polarkoordinaten (Dehnungen und Gleitung)
ε_{T}	vorgegebene Temperaturdehnung
ε_{x} , ε_{y} , ε_{z}	Dehnungen
ζ	dimensionslose Randkoordinate
ζ_{j}	Stützstellen der numerischen Integration
κ_{r} , κ_{φ} , $\kappa_{\mathrm{r}\varphi}$	Plattenverzerrungen in Polarkoordinaten (Krümmungen und Verwindung)
$\kappa_{\mathrm{x}}, \kappa_{\mathrm{y}}, \kappa_{\mathrm{xy}}$	Plattenverzerrungen in kartesischen Koordinaten (Krümmungen und Verwindung)

λ	Laméscher Konstante (Kapitel 2 und 13) Laststeigerungsfaktor (Kapitel 10, 11 und 13) Wärmeleitfähigkeit bei isotropem Material (Kapitel 3)
λ_i	Eigenwerte der Steifigkeitsmatrix
λ_x , λ_y , λ_z	Wärmeleitfähigkeiten bei orthotropem Material (Kapitel 3)
μ	Massenbelegung Verhältnis zwischen der Bandbreite und der Gleichungsanzahl (Kapitel 5)
$\tilde{\mu}$	Drehmassenbelegung
ν	Querkontraktionszahl
ξ , η , ζ	dimensionslose Koordinaten
ξ_1 , ξ_2 , ξ_3	Dreieckskoordinaten
Π	Potential
$\Pi^{(C)}$	potentielle Ergänzungsenergie
$\Pi^{(D)}$	potentielle Energie
Π_i	Formänderungsenergie oder inneres Potential
Π_a	Potential der äußeren Kräfte
ρ	Dichte
σ_F	Fließspannung
σ_{ij}	Cauchy-Spannungen (‚wahre Spannungen‘) (Kapitel 13)
σ_n , τ_{ns} , τ_{nt}	Randspannungen
σ_x , σ_y , σ_z	Normalspannungen
τ_{xy} , τ_{yz} , τ_{zx}	Schubspannungen
φ	Polarkoordinate
φ_m	Winkel der m-ten Einheitswurzel in der komplexen Zahlenebene
ψ	Schubparameter
ω	Eigenfrequenz Verwölbung (Kapitel 2, 3, 4)
Ω	Erregerfrequenz

Vektoren

$\boldsymbol{a}$	Auflagerspannungen (Kapitel 13)
$\boldsymbol{a}(s)$	Auflagerkräfte (Randschnittkraftzustand)

$\boldsymbol{a}^*$	Systemauflagerkraftvektor
$\boldsymbol{a}_{\mathrm{e}}$	Elementauflagerkraftvektor
$\boldsymbol{f}$	Vektor der dreidimensionalen Ansatzfunktionen (Kapitel 13)
$\boldsymbol{f}(\xi)$, $\boldsymbol{f}(\eta)$	Vektor der eindimensionalen Hermiteschen Ansatzfunktionen
$\boldsymbol{f}_{\mathrm{ur}}$, $\boldsymbol{f}_{\mathrm{u}\varphi}$	Ansatzfunktionen beim kombinierten Verfahren
$\boldsymbol{g}(\xi)$, $\boldsymbol{g}(\eta)$	Vektor der eindimensionalen Lagrangeschen Ansatzfunktionen
$\boldsymbol{h}(\xi,\eta)$	Vektor der zweidimensionalen Hermiteschen Ansatzfunktionen
$\boldsymbol{l}(\xi,\eta)$	Vektor der zweidimensionalen Lagrangeschen Ansatzfunktionen
$\bar{\boldsymbol{p}}(x,y)$	Flächenlastzustand
$\bar{\boldsymbol{p}}^*$	Systemlastvektor
$\bar{\boldsymbol{p}}^*_{\mathrm{B}}$	Systemvektor aus Bereichslasten
$\bar{\boldsymbol{p}}_{\mathrm{Be}}$	Elementvektor aus Bereichslasten
$\bar{\boldsymbol{p}}^*_{\mathrm{m}}$	modifizierter Systemlastvektor (Kapitel 5)
$\bar{\boldsymbol{p}}_{\mathrm{R}}(s)$	Randlastzustand
$\bar{\boldsymbol{p}}^*_{\mathrm{R}}$	Systemlastvektor aus Randlasten
$\bar{\boldsymbol{p}}_{\mathrm{Re}}$	Elementvektor aus Randlasten
$\bar{\boldsymbol{p}}_{\mathrm{ze}}$	Vektor der Flächenlastamplituden bei der Platte
$\boldsymbol{q}$	Wärmestromdichte (Kapitel 3)
$\bar{\boldsymbol{q}}_{\mathrm{Be}}$	Vektor der Flächenlastamplituden bei der Scheibe
$\bar{\boldsymbol{q}}_{\mathrm{Re}}$	Vektor der Randlastamplituden bei der Scheibe
$\boldsymbol{r}(\xi,\eta)$	Vektor der zweidimensionalen Randpunktinterpolationspolynome (Kapitel 7)
$\boldsymbol{r}^*$	Systemresidualvektor
$\boldsymbol{r}_{\mathrm{e}}$	Elementresidualvektor
$\mathrm{d}\boldsymbol{S}$, $\mathrm{d}\boldsymbol{s}$	infinitesimales Linienelement vor und nach der Deformation (Kapitel 13)
$\boldsymbol{s}^*$	Systemknotenkraftvektor
$\boldsymbol{s}_{\mathrm{e}}$	Elementknotenkraftvektor
$\boldsymbol{u}$, $\boldsymbol{v}_{\mathrm{N}}$, $\boldsymbol{u}_{\mathrm{N}}$	exakte Lösung, Finite-Elemente-Näherungslösung, Näherungslösung aus Formfunktionen des Finite-Elemente-

	Verfahrens und Knotenwerten der exakten Lösung (Kapitel 7)
$\boldsymbol{u}(x,y)$	Verschiebungszustand
$\boldsymbol{u}^*$	Systemverschiebungsvektor
$\boldsymbol{u}_\mathrm{e}$	Elementverschiebungsvektor
$\boldsymbol{u}_\mathrm{r}(s)$	Randwerte des Verschiebungszustandes
$\bar{\boldsymbol{u}}_\mathrm{R}(s)$	vorgegebener Randverschiebungszustand
$\boldsymbol{v}$	Vergleichslösung (Kapitel 3)
$\boldsymbol{z}$	Zustandsvektor beim kombinierten Verfahren (Kapitel 12)
$\boldsymbol{\Delta}$	Restgrößenvektor (Kapitel 3)
$\boldsymbol{\varepsilon}(x,y)$	Verzerrungszustand
$\bar{\boldsymbol{\varepsilon}}_\mathrm{T}(x,y)$	vorgegebener Temperaturverzerrungszustand
$\boldsymbol{\lambda}$	Lagrangesche Multiplikatoren
$\boldsymbol{\sigma}(x,y)$	Schnittkraftzustand
$\boldsymbol{\sigma}^{(0)}$	Anfangsschnittkraftvektor (Schnittkräfte im Ausgangszustand)
$\boldsymbol{\sigma}_\mathrm{r}(s)$	Randwerte des Schnittkraftzustandes
$\bar{\boldsymbol{\sigma}}_\mathrm{R}(s)$	vorgegebener Randschnittkraftzustand
$\mathbf{0}$	Null-Vektor

Matrizen

$\boldsymbol{A}_\mathrm{e}$	Zuordnungsmatrix
$\boldsymbol{C}$	Stoffmatrixtangentiale Stoffmatrix (Kapitel 13)
$[C_\mathrm{ij}]$	Matrix der rechten Cauchy-Green-Verzerrungen (Kapitel 13)
$\boldsymbol{D}_\mathrm{e}$	Elementdämpfungsmatrix
$\mathbf{D}_\mathrm{g}$	Gleichgewichtsoperator
$\mathbf{D}_{\varepsilon\mathrm{u}}$	Verschiebungs-Verzerrungs-Operator
$\boldsymbol{D}^*$	Systemdämpfungsmatrix
$[E_\mathrm{ij}]$	Matrix der Green-Lagrange-Verzerrungen (Kapitel 13)
$\boldsymbol{F}$	Deformationsgradient
$\mathbf{I}$	Einheitsmatrix
$\boldsymbol{J}$	Jacobi-Matrix

$\lvert \boldsymbol{J} \rvert$	Determinante der Jacobi-Matrix
$\boldsymbol{M}^*$	Systemmassenmatrix
$\boldsymbol{M}_{\mathrm{e}}$	Elementmassenmatrix
$\boldsymbol{M}_{\mu\mathrm{e}}$, $\boldsymbol{M}_{\tilde{\mu}\mathrm{e}}$	Elementmassenmatrix aus Massenbelegung m bzw. aus Drehmassenbelegung
$\left[P_{\mathrm{ij}}\right]$	Matrix der Nominal- oder 1. Piola-Kirchhoff-Spannungen (Kapitel 13)
$\boldsymbol{S}^*$	Systemsteifigkeitsmatrix
$\boldsymbol{S}_{\mathrm{e}}$	Elementsteifigkeitsmatrix
$\boldsymbol{S}_{\mathrm{e}}^*$	globale Elementsteifigkeitsmatrix
$\boldsymbol{S}_{\mathrm{g}}^*$	geometrische Systemsteifigkeitsmatrix
$\boldsymbol{S}_{\mathrm{ge}}$	geometrische Elementsteifigkeitsmatrix
$\boldsymbol{S}_{\mathrm{g}}$, $\boldsymbol{S}_{\mathrm{m}}$	geometrische und materielle Steifigkeitsmatrix (Kapitel 13)
$\boldsymbol{S}_{\mathrm{m}}^*$	modifizierte Systemsteifigkeitsmatrix (Kapitel 5)
$\boldsymbol{S}_{\mathrm{ke}}$	Schnittkraftmatrix
$\left[S_{\mathrm{ij}}\right]$	Matrix der 2. Piola-Kirchhoff-Spannungen (Kapitel 13)
$\boldsymbol{T}$	Transformationsmatrix
$\boldsymbol{T}_{\mathrm{a}}$	Übertragungsmatrix beim kombinierten Verfahren
$\boldsymbol{T}_{\mathrm{u}}$	Transformationsmatrix für Randwerte der Verschiebungen
$\boldsymbol{T}_{\sigma}$	Transformationsmatrix für Randwerte der Schnittkräfte
$\boldsymbol{V}_{\varepsilon\mathrm{u}}$	Verzerrungsmatrix
$\boldsymbol{V}_{\mathrm{u}}$	Matrix der Ansatzfunktionen
$\boldsymbol{V}_{\mathrm{ur}}$	Matrix der Randwerte der Ansatzfunktionen
$[\boldsymbol{\mu}]$	Massenbelegungsmatrix
$\left[\sigma_{\mathrm{ij}}\right]$	Matrix der Cauchy-Spannungen (Kapitel 13)
$\mathbf{0}$	Null-Matrix

Literatur

Kapitel 1

1.1 ‚Der Crash findet auf dem Bildschirm statt‘. Süddeutsche Zeitung 21./22. Nov. 1989 S. 45

1.2 Anzeige, z. B. in: Der Spiegel, 1986 Heft 45 S. 88,89

1.3 Le The, H.; Nalepa, E.: Crash simulation of vehicles using the explicit FE-method. Finite Element News, April 1988

1.4 Dietz, S.: Wechselwirkung zwischen Struktur- und Fahrzeugdynamik mit Anwendung auf verbesserte Betriebsfestigkeitsanalysen. Diss. TU Berlin 1999

1.5 Herrmann, H.: Traglastberechnung von ebenen Rahmentragwerken mit einem gemischten Finite-Element-Verfahren. Fortschr.-Ber. VDI-Z. Reihe 4 Nr. 64. Düsseldorf: VDI-Verlag 1983

1.6 Zienkiewicz, O.C.; Cheung, Y.K.: Finite elements in the solution of field problems. The Engineer 220 (1965) 507–510

1.7 Visser, W.: A finite element method for the determination of nonstationary temperature distribution and thermal deformations. Proc (1st) Conf. on Matrix Meth. in Struct. Mech. Ohio. AFFDL TR 66–80 1965 925–943

1.8 Connor, J.C.; Brebbia, C. A.: Finite element techniques for fluid flow. London: Butterworth 1976

1.9 Chung, T.J.: Finite element analysis in fluid dynamics. New York: McGraw Hill 1978

1.10 Zienkiewicz, O.C.: The finite element method in structural and continuum mechanics. London: McGraw Hill 1967

1.11 Silvester, P.P.; Ferrari, R.L.: Finite elements for electrical engineers. 2nd ed., Cambridge: Cambridge University Press 1990

1.12 Hsu, T.-R.: The finite element method in thermomechanics. Boston, London, Sydney: Allen & Unwin 1986

1.13 Smith, G.D.: Numerical solution of partial differential equations: finite difference method. Oxford Mathematics and Computing Science Series. Oxford: Clarendon Press 1985

1.14 Schulz, B.; Wachter, J.: Verwendung generalisierter Koordinaten bei Finite-Differenzen-Verfahren zur Lösung von Randwertproblemen in beliebig berandeten zweidimensionalen Kontinua. Forsch. im Ing.wesen 46 (1980) 1–32

1.15 Mackerle, J.; Brebbia, C.A. (eds.): The boundary element reference book. Southampton, Boston: Computational Mechanics Publications, Berlin e.a. 1988

1.16 Oravas, G.A.; McLean, L.: Historical development of energetical principles in elastomechanics. Applied Mechanic Review, Vol. 19 (1966) No. 8, 647–658 and No. 11, 919–933
1.17 Müller-Breslau, H.: Die neueren Methoden der Festigkeitslehre. Leipzig: Alfred Kröner 1886
1.18 Mohr, O.C.: Beiträge zur Theorie der Bogenfachwerkträger. Zeitschrift des Arch.- u. Ing.vereins zu Hannover 20 (1874) 23 f
1.19 Ostenfeld, A: Die Deformationsmethode. Berlin: Springer 1926
1.20 Argyris, J.: Die Matrizentheorie der Statik. Ing.-Arch. 25 (1957) 174–192
1.21 Kirsch, G.E.: Die Fundamentalgleichungen der Theorie der Elastizität fester Körper, hergeleitet aus der Betrachtung eines Systems von Punkten, welche durch elastische Streben verbunden sind. VDI-Z. 12 (1868) 481–487, 553–570, 631–638
1.22 Hrennikoff, A.P.: Plane stress and bending of plates by method of articulated framework. Sc. D. Thesis, MIT, Boston 1940
1.23 Spierig, S.: Beitrag zur Lösung von Scheiben-, Platten- und Schalenproblemen mit Hilfe von Gitterrostmodellen. Diss. TH Hannover 1963
1.24 Zimmer, A.; Groth, P.: Elementmethode der Elastostatik – Programmierung und Anwendung. München, Wien: Oldenbourg 1984
1.25 Pestel, E.C.; Leckie, F.A.: Matrix methods in elastomechanics. New York e.a.: McGraw-Hill 1963
1.26 Turner, M.J.; Clough, R.W.; Martin, H.C.; Topp, L.J.: Stiffness and deflection analysis of complex structures. J. Aeron. Sci. 23 (1956) 805–823
1.27 Ritz, W.: Über eine neue Methode zur Lösung gewisser Variationsprobleme der mathematischen Physik. J. reine angew. Math. 35 (1908) H. 1, 1–61
1.28 Trefftz, E.: Ein Gegenstück zum Ritzschen Verfahren. Verh. Int. Kongr. Techn. Mech., Zürich 1926 131–137
1.29 Courant, R.: Variational methods for the solution of problems of equilibrium and vibrations. Bull. Amer. Math. Soc. 49 (1943) 1–23
1.30 Prange, G.: Das Extremum der Formänderungsarbeit. Herausgegeben von K. Knothe, München: Institut für Geschichte der Naturwissenschaften 1999, Vertrieb: Erwin Rauner Verlag
1.31 Reissner, E.: On a variational theorem in elasticity. J. Math. Phys. 29 (1950) 90–95
1.32 Pian, T.H.H.: Finite element methods by variational principles with relaxed continuity requirements. In: Brebbia, C.A.; Tottenham, H. (eds.): Variational Methods in Engineering, Southampton: Southampton University Press 1973 3/1–3/24
1.33 Argyris, J.H.: Energy theorems and structural analysis. London: Butterworth 1960
1.34 Zienkiewicz, O.C.; Cheung, Y.K.: The finite element method in structural and continuum mechanics. London: McGraw-Hill 1967
1.35 Bathe, K.-J.: Finite-Elemente-Methoden. 2., vollst. neu bearb. u. erw. Aufl., Berlin u.a.: Springer 2002
1.36 Wriggers, P.: Nichtlineare Finite-Element-Methoden. Berlin u.a.: Springer 2001

1.37 Wriggers, P.: Computational contact mechanics. 2nd ed., Berlin e. a.: Springer, 2006
1.38 MacNeal, R.H.: The evolution of lower order plate and shell elements in MSC/ NASTRAN. Finite Elements in Analysis and Design 5 (1989) 197–222
1.39 Pian, T.H.H.: Derivation of element stiffness matrices by assumed stress distributions. AIAA J. 2 (1964) 1333–1335
1.40 Bendixen, A.: Die Methode der Alpha-Gleichungen. Berlin: Springer 1914
1.41 Finite Elements in Analysis and Design 8 (1990) Nos. 1–4
1.42 Klingbeil, D.; Reusch, F.: On the simulation of ductile crack extension in an Al/SiC metal matrix composite using damage models. In: Petit, J.: EDF 11. Mechanisms and Mechanics of Damage and Failure, Vol. III. Proceedings of the 11th Biennial European Conference on Fracture held in Poitiers-Futuroscope, France, 3–6 September 1996, 1741–1746
1.43 Duda, H.: FEM – ein verführerisches Hilfsmittel. In: Wriggers, P.; Meißner, U.; Stein, E.; Wunderlich, W. (Hg.): Finite Elemente in der Baupraxis. Modellierung, Berechnung und Konstruktion. Beiträge der Tagung FEM '98 an der TU Darmstadt. Berlin: Ernst & Sohn 1998
1.44 Castigliano, A.: Théorie de l'équilibre des systèmes élastiques et ses applications. Turin: Negro 1879/80
1.45 Menabrea, L. F.: Sulla determinazione e delle pressione ne'sistemi elastici. Atti della Reale Academia dei Lincei, 2(II) 201 ff 1875
1.46 Zurmühl, R.; Falk, S.: Matrizen und ihre Anwendungen. 1. Grundlagen. Für Ingenieure, Physiker und Angewandte Mathematiker. 7. Aufl., Berlin, Heidelberg: Springer 1997
1.47 Nicholson, D. W.: Finite element analysis: thermomechanics of solids. Boca Raton Fla. (e.a.): CRC Press 2003
1.48 Monti, A.; Ponci, F.; Riva, M.: Electrical machine theory through finite element analysis. Singapore (e.a.): World Scientific 2007
1.49 Zienkiewicz, O.C.; Taylor, R.L.; Zhu, J.Z.: The finite element method: Its basis and fundamentals. 7th ed., Oxford e.a.: Butterworth-Heinemann 2013
1.50 Zienkiewicz, O.C.; Taylor, R.L.; Fox, D.D.: The finite element method. For solid and structural mechanics. 7th ed., Oxford e.a.: Butterworth-Heinemann 2013
1.51 Zienkiewicz, O.C.; Taylor, R.L.; Nithiarasu, P.: The finite element method. For fluid dynamics. 6th ed., Amsterdam e.a.: Elsevier Butterworth-Heinemann 2005
1.52 Nackenhorst, U.: The ale-formulation of bodies in rolling contact – theoretical foundation and finite element approach. Computer Methods in Applied Mechanics and Engineering 193 (2004) 4299–4322
1.53 Kalker, J.J.: Three dimensional elastic bodies in rolling contact. Dordrecht e.a.: Kluwer Academic Publishers 1990
1.54 Matrix Methods in Structural Mechanics. Proceedings of the (1st) Conference held at Wright-Patterson Airforce Base, Ohio, 26–28 October 1965. Dayton, Ohio, 1966
1.55 Kurrer, K.-E.: Geschichte der Baustatik. Auf der Suche nach dem Gleichgewicht. Berlin: Ernst & Sohn 2015

1.56 Goering, H.; Roos, H.G.; Tobiska, L.: Die Finite-Elemente-Methode für Anfänger. Weinheim: Wiley-VCH 2012

1.57 Rieg, F.; Hackenschmidt, R.; Albar-Laukard, B.: Finite-Elemente-Analyse für Ingenieure. Grundlagen und praktische Anwendungen mit Z88Aurora. München: Hanser 2014

1.58 Klein, B.: FEM. Grundlagen und Anwendungen der Finite-Elemente-Methode im Maschinen- und Fahrzeugbau. 10. verb. Aufl., Wiesbaden: Springer Vieweg 2015

1.59 Werkle, H.: Finite Elemente in der Baustatik. Statik und Dynamik der Stab- und Flächentragwerke. 3. akt. u. erw. Aufl., Wiesbaden: Vieweg 2008

1.60 Braess. D.: Finite Elemente – Theorie, schnelle Löser und Anwendungen in der Elastizitätstheorie. Berlin u.a.: Springer 2013

1.61 Jung, M.: Methode der finiten Elemente für Ingenieure: eine Einführung in die numerischen Grundlagen und Computersimulation. 2. überarb. u. erw. Aufl., Wiesbaden: Springer Vieweg 2013

1.62 Schäfer, M.: Computational Engineering. Introduction to numerical methods (englische Version von: Numerik im Maschinenbau). Berlin u.a.: Springer 2006

1.63 Steinke, P.: Finite-Elemente-Methode. Rechnergestützte Einführung. 5. bearb. u. erg. Aufl., Berlin: Springer Vieweg 2015

1.64 Nasdala, L.: FEM-Formelsammlung. Statik und Dynamik. Hintergrundinformationen, Tipps und Tricks. 3. akt. Aufl., Wiesbaden: Springer Vieweg 2015

1.65 Rust, W.: Nichtlineare Finite-Elemente-Berechnungen. Kontakt, Geometrie, Material. 2., überarb. u. erw. Aufl., Wiesbaden: Vieweg + Teubner 2011

1.66 Başar, Y.; Krätzig, W.B.: Mechanik der Flächentragwerke. Theorie, Berechnungsmethoden, Anwendungsbeispiele. Braunschweig u.a.: Vieweg 1985

1.67 Gebhardt, C.: Praxisbuch FEM mit ANSYS Workbench. Einführung in die lineare und nichtlineare Mechanik. München: Hanser 2011

1.68 Groth, C.; Müller, G.: FEM für Praktiker – Band 1: Grundlagen. Basiswissen und Anwendungsbeispiele zur Finite-Element-Methode mit dem Programm ANSYS. Renningen-Malmsheim: expert-Verlag 2007

1.69 Schwarz, H.R.: Methode der finiten Elemente: eine Einführung unter besonderer Berücksichtigung der Rechenpraxis. 3., neubearb. Aufl., Stuttgart: Teubner 1991

1.70 Knothe, K.: Kraftgrößenverfahren und Deformationsmethode im Licht der Habilitationsschrift von Georg Prange. Der Stahlbau 84 (2015) 341–346

1.71 Knothe, K.; Stichel, S.: Schienenfahrzeugdynamik. Berlin, Heidelberg, New York: Springer 2003

1.72 Maurer, L.: Die modulare Beschreibung des Rad/Schiene-Kontaktes im linearen Mehrkörperformalismus. Diss. TU Berlin 1988

Kapitel 2

2.1 Filonenko-Boroditsch, M.M.: Elastizitätstheorie. Leipzig: Fachbuchverlag 1967

2.2 Girkmann, K.G.: Flächentragwerke. 6. Aufl., Nachdruck, Wien, New York: Springer 1986
2.3 Eschenauer, H.; Schnell, W.: Elastizitätstheorie I. Grundlagen, Scheiben und Platten. Mannheim, Wien, Zürich: Bibliographisches Institut 1981
2.4 Reissner, E.: On bending of elastic plates. Q. Appl. Mech. 5 (1947) 55–68
2.5 Mindlin, R.D.: Influence of rotatory inertia and shear on flexural vibrations of isotropic elastic plates. J. Appl. Mech. 18 (1951) 31–38
2.6 Timoshenko, S.P.; Woinowsky-Krieger, S.: Theory of plates and shells. International Student Edition. New York e.a.: McGraw-Hill 1959
2.7 Meyberg, K.; Vachenauer, P.: Höhere Mathematik 1. Differential- und Integralrechnung, Vektor- und Matrizenrechnung. Berlin, Heidelberg: Springer 1990
2.8 Råde, L.; Westergren, B.: Springers Mathematische Formeln. Taschenbuch für Ingenieure, Naturwissenschaftler, Wirtschaftswissenschaftler. Übers. und bearb. von P. Vachenauer. Berlin, Heidelberg: Springer 1996
2.9 Nasdala, L.: FEM-Formelsammlung. Statik und Dynamik. Hintergrundinformationen, Tipps und Tricks. 3. akt. Aufl., Wiesbaden: Springer Vieweg 2015
2.10 Zurmühl, R.; Falk, S.: Matrizen und ihre Anwendungen. 1. Grundlagen. Für Ingenieure, Physiker und Angewandte Mathematiker. 7. Aufl., Berlin, Heidelberg: Springer 1997
2.11 Hofmann, G.: Ingenieurmathematik für Studienanfänger. Formeln – Aufgaben – Lösungen. 3. Aufl., Wiesbaden: Springer Vieweg 2013
2.12 Dürrschnabel, K.: Mathematik für Ingenieure. Eine Einführung mit Anwendungs- und Alltagsbeispielen. 2. Aufl., Wiesbaden: Springer Vieweg 2012
2.13 Riemer, M.; Wauer, J.; Wedig, W.: Mathematische Methoden der Technischen Mechanik. Für Studium und Beruf. 2. Aufl., Wiesbaden: Springer Vieweg 2015
2.14 Werkle, H.: Finite Elemente in der Baustatik. Statik und Dynamik der Stab- und Flächentragwerke. 3. Aufl., Wiesbaden: Vieweg 2008

Kapitel 3

3.1 Timoshenko, S.P.; Woinowsky-Krieger, S.: Theory of plates and shells. International Student Edition. New York e.a.: McGraw-Hill 1959
3.2 Giencke, E.: A simple mixed method for plate and shell problems. Nuc. Eng. Design 29 (1974) 141–155
3.3 Giencke, E.: A mixed method for non-linear plate and shallow shell problems. In: Atluri, N.S.; Gallagher, R.H.; Zienkiewicz, O.C.: Hybrid and mixed finite element method. New York e.a.: John Wiley & Sons 1983 189–213
3.4 Washizu, K.: Variational Methods in Elasticity and Plasticity. 3rd ed. Oxford e.a.: Pergamon 1982
3.5 Eschenauer, H.; Schnell, W.: Elastizitätstheorie I. Grundlagen, Scheiben und Platten. Mannheim, Wien, Zürich: Bibliographisches Institut 1981

3.6 Girkmann, K.G.: Flächentragwerke. 6. Aufl., Nachdruck, Wien, New York: Springer 1986
3.7 Funk, P.: Variationsrechnung und ihre Anwendung in Physik und Technik. Berlin, Göttingen, Heidelberg: Springer 1962
3.8 Schuh, H.: Heat transfer in structures. Oxford, London e.a.: Pergamon Press 1965
3.9 Davies, A.O. (ed.): Mathematical methods in engineering. Chichester, New York, Brisbane, Toronto, Singapore: John Wiley & Sons (1984) Chapter 8: Heat transfer
3.10 Kikuchi, N.: Finite element methods in mechanics. Cambridge, London, e.a.: Cambridge University Press 1986
3.11 Hamel, G.: Theoretische Mechanik. Berlin, Heidelberg, New York: Springer 1967
3.12 Saint-Venant, A.J.C.B. de: Mémoire sur la flexion des prismes. Journal de Mathématique de Lionville, deuxieme serie. (1) 1856, 89–189
3.13 Clebsch, A.: Theorie der Elasticität fester Körper. Leipzig: Teubner, 1862
3.14 Saint-Venant, A.J.C.B. de; Flamant, A.-A.: Théorie de l'élasticité des Corps Solides de Clebsch, Traduit par MM. Barré de Saint-Venant et Flamant. Avec des Notes étendues de M. de Saint-Venant. New York, London: Johnson Reprint Cooperation 1966
3.15 Choi, J.-H.: Ein Beitrag zur Theorie dickwandiger Balken mit inhomogenem Querschnitt. Skript, TU Berlin 1998 (unveröffentlicht)

Kapitel 4

4.1 Zurmühl, R.; Falk, S.: Matrizen und ihre Anwendungen. 1. Grundlagen. Für Ingenieure, Physiker und Angewandte Mathematiker. 7. Aufl., Berlin, Heidelberg: Springer 1997
4.2 Knothe, K.; Herrmann, H.; Müller, W.: Numerische Stabilität von Plattenelementen auf der Grundlage hybrider Deformationsmodelle. ZAMM 61 (1981) 559–566
4.3 Hinton, E., Owen, D.R.J.; Krause, G. (Hg.): Finite Element Programme für Platten und Schalen. Berlin u.a.: Springer 1990
4.4 Soh, A.K.; Ong, L.S.; Khong, P.W.: Determination of inter and free boundary stresses using surface fitting methods. Finite Elements in Analysis and Design 7 (1990) 243–252
4.5 Andelfinger, U.: Untersuchungen zur Zuverlässigkeit hybrid-gemischter Finiter Elemente für Flächentragwerke. Ber. Nr. 13, Inst. f. Baustatik, Universität Stuttgart: Stuttgart 1991
4.6 Stoffel, A.: Finite Elemente und Wärmeleitung. Eine Einführung. Weinheim, New York, Basel, Cambridge: VCH Verlagsgesellschaft 1992
4.7 Stein, E.; Ahmad, R.: An equilibrium method for stress calculation using finite element displacement models. Computer Methods in Applied Mechanics and Engineering 10 (1977) 175–198
4.8 Stein, E.; Ohnimus, S.: Equilibrium method for postprocessing and error estimation in the finite element method. Computer Assisted Mechanics and Engineering Sciences 4 (1997) 645–666

4.9 Ohnimus, S.: Theorie und Numerik residualer Fehlerschätzer für die Finite-Elemente-Metode unter Verwendung äquilibrierter Randspannungen. Habilitationsschrift, Universität Hannover 2002

Kapitel 5

5.1 Akyuz, F.A.; Utku, S.: An automatic relabeling scheme for bandwidth minimization of stiffness matrices. AIAA J. 6 (1968) 728–730

5.2 Rosen, R.: Matrix bandwith minimization, Proc. 23rd ACM Nat. Conf., Brandom Systems Press, Princeton, New Jersey 1968 585–595

5.3 Cuthill, E.; McKee, J.: Reducing the bandwidth of sparse symmetric matrices. ACM Nat. Conf., San Francisco, U.S.A. 1969 157–172

5.4 Puttonen, J.: Simple and effective bandwidth reduction algorithm. Int. J. Num. Meth. Eng. 19 (1983) 1139–1152

5.5 Schwarz, H.R.: Methode der finiten Elemente. 2. Aufl., Stuttgart: Teubner 1984

5.6 Schwarz, H.R.: Numerische Mathematik. Stuttgart: Teubner 1986

5.7 Zienkiewicz, O.C.; Taylor, R.L.; Zhu, J.Z.: The finite element method: Its basis and fundamentals. 7th ed., Oxford e.a.: Butterworth-Heinemann 2013

5.8 Hinton, E.; Owen, D.R.J.: Finite Element Programming. London, New York, San Francisco: Academic Press 1977

5.9 Bathe, K.-J.: Finite-Elemente-Methoden. 2., vollst. neu bearb. u. erw. Aufl., Berlin u.a.: Springer 2002

5.10 Gasch, R.; Knothe, K.; Liebig, R.: Strukturdynamik. Diskrete Systeme und Kontinua. Berlin, Heidelberg: Springer 2012

5.11 Zurmühl, R.; Falk, S.: Matrizen und ihre Anwendungen. 1. Grundlagen. Für Ingenieure, Physiker und Angewandte Mathematiker. 7. Aufl., Berlin, Heidelberg: Springer 1997

5.12 Bercovier, M.; Berold, G.; Hasbani, Y.: A library for software development in the finite element method. Department of Applied Mathematics, School of Applied Science and Technology, The Hebrew University of Jerusalem, Jerusalem IL 91904

5.13 Hackbusch, W.: Iterative Lösung großer schwachbesetzter Gleichungssysteme. 2. Aufl., Stuttgart: Teubner 1993

Kapitel 6

6.1 Pian, T.H.H.: Derivation of element stiffness matrices by assumed stress distributions. AIAA J. 2 (1964) 1333–1335

6.2 Pian, T.H.H.; Tong, P.: Basis of finite Element method for solid continua. Int. J. Num. Meth. Eng. 1 (1969) 3–28

6.3 Pian, T.H.H.: Formulation of finite element methods for solid continua. In: Gallagher, R.H., Yamada, Y.; Oden, J.T. (eds.): Recent Advances in Structural Analysis and Design. The University of Alabama in Huntsville Press, 49–83, 1971

6.4 Pian, T.H.H.: Finite element methods by variational principles with relaxed continuity requirements. In: Brebbia, C.A.; Tottenham, H. (eds.): Variational Methods in Engineering, Southampton: Southampton University Press 1973 3/1–3/24

6.5 Pian, T.H.H.; Tong, P.: Finite element method in continuum mechanics. In: Yih, C.S. (ed.): Advances in Applied Mechanics, Vol. 12. Academic Press, 1–58, 1972

6.6 Airy, G.B.: On the strains in the interior of beams. Phil. Trans. Roy. Soc. London 153, 49–80, 1863

6.7 Prange, G.: Das Extremum der Formänderungsarbeit. Herausgegeben von K. Knothe, München: Institut für Geschichte der Naturwissenschaften 1999, Vertrieb: Erwin Rauner Verlag

6.8 Schaefer, H.: Die drei Spannungsfunktionen des zweidimensionalen, ebenen Kontinuums. Österr. Ing.-Arch. 10 (1956) 267–277

6.9 Schaefer, H.: Die vollständige Analogie Scheibe-Platte. Abh. Braunschw. Wiss. Ges. 8 (1956) 142–150

6.10 Günther, W.: Analoge Systeme von Schalengleichungen. Ing.-Arch. 30 (1961) 160–186

6.11 Rieder, G.: Analoge Schalengleichungen und finite Elemente. ZAMM 68 (1988) 5 T 403–T 404

6.12 Kienzler, R.: Eine vollständige Gleichungsstruktur der linearen Elastizitätstheorie. Ing.-Arch. 51 (1982) 421–426

6.13 Hoppe, H.: Numerische Berechnungen der Beanspruchung einer Platte mit Hilfe ihrer Spannungsfunktionen. Diss. TH Braunschweig 1965

6.14 Knothe, K.: Plattenberechnung nach dem Kraftgrößenverfahren. Der Stahlbau 36 (1967) 202–214 und 245–254

6.15 Elias, Z.M.: Dual finite element method for stretching and bending of plates. MIT Department of Civil Engineering, Rep. R 67–16 (1967)

6.16 Knothe, K.: Kraftgrößenverfahren und Deformationsmethode im Licht der Habilitationsschrift von Georg Prange. Der Stahlbau 84 (2015) 341–346

Kapitel 7

7.1 Ergatoudis, I.; Irons, B.M.; Zienkiewicz, O.C.: Curved, isoparametric, ‚quadrilateral' elements for finite element analysis. Int. J. Solids Struct. 4 (1968) 31–42

7.2 Zienkiewicz, O.C.; Taylor, R.L.; Zhu, J.Z.: The finite element method: Its basis and fundamentals. 7th ed., Oxford e.a.: Butterworth-Heinemann 2013

7.3 Stroud, A.H.: Secrest, D.: Gaussian quadrature formulae. Englewood Cliffs N.J.: Prentice Hall 1966

7.4 Laursen, M.E.; Gellert, M.: Some criteria for numerically integrated matrices and quadrature formulas for triangles. Int. J. Num. Meth. Eng. 12 (1978) 67–76

7.5 Wilson, E.L.; Taylor, R.L.; Doherty, W.P., Ghaboussi, J.: Incompatible displacement model. In: Fenves, S.J. e.a. (eds.): Computer methods in structural mechanics. New York: Academic Press 1973

7.6 Strang, G.; Fix, G.J.: An analysis of the finite element method. Englewood Cliffs, N.J.: Prentice Hall 1973

7.7 Taylor, R.L.; Beresford, P.J.; Wilson, E.L.: A non-conforming element for stress analysis. Int. J. Num. Meth. Eng. 10 (1976) 1211–1219

7.8 Mac Neal, R.H.: The evolution of lower order plate and shell elements in MSC/ Nastran. Finite Elements in Analysis and Design 5 (1989) 197–222

7.9 Mac Neal, R.H.; Harder, R.L.: A proposed standard set of problems to test finite element accuracy. Finite Elements in Analysis and Design 1 (1985) 3–20

7.10 Lesaint, P.; Zlámal, M.: Convergence of the nonconforming Wilson element for arbitrary quadrilateral meshes. Numer. Math. 36 (1980) 33–52

7.11 Stummel, F.: The generalized patch test. SIAM J. Num. Anal. 16 (1979) 449–471

Kapitel 8

8.1 Kuna, M.: Numerische Beanspruchungsanalyse von Rissen – Finite Elemente in der Bruchmechanik. Wiesbaden: Vieweg + Teubner 2010

8.2 Dreszer, J.; Dvorak, A: Mathematik-Handbuch für Technik und Naturwissenschaft. Leipzig: Fachbuchverlag 1976

8.3 Bathe, K.-J.: Finite-Elemente-Methoden. 2., vollst. neu bearb. u. erw. Aufl., Berlin u.a.: Springer 2002

8.4 Krauthammer, T.: Accouracy of the finite element method near a curved boundary. Computers & Structures 10 (1979) 921–929

8.5 Timoshenko, S.; Goodier, J. N.: Theory of elasticity. 3rd ed., New York, London e.a.: McGraw-Hill 1951

8.6 Johnson, K.K.: Contact mechanics. Cambridge University Press: Cambridge e.a. 2004

8.7 Williams, M.L.: Stress singularities resulting from various boundary conditions in angular corners of plates in extension. J. Appl. Mech. (1952) 526–528

8.8 Williams, M.L.: Surface singularities resulting from various boundary conditions in angular corners of plates under bending. U.S. National Congress of Appl. Mech., Illinois Inst. of Technology, June 1957

8.9 Babuška, I.: The selfadaptive approach in the finite element method. In: Whiteman, J.R. (ed.): The mathematics of finite elements and applications II. London, New York, San Francisco: Academic Press 1976 125–142

8.10 Deuflhard, P.; Leinen, P.; Yserentant, H.: Concepts of an adaptive hierarchical finite element code. Preprint SC 88-5 (Sept. 1988) Konrad-Zuse-Institut für Informationstechnik Berlin

8.11 Henshell, R.D.; Shaw, K.G.: Crack tip elements are unnecessary. Int. J. Num. Meth. Eng. 9 (1975) 495–509

8.12 Barsoum, R.S.: On the use of isoparametric finite elements in linear fracture mechanics. Int. J. Num. Meth. Eng. 10 (1976) 25–37

8.13 Barsoum, R.S.: Triangular quarter point elements as elastic and perfectly-plastic crack elements. Int. J. Num. Meth. Eng. 11 (1977) 85–98

8.14 Irons, B.M.; Razzaque, A.: Experience with the patch test for convergence of finite elements. In: Aziz, A.K.(ed.): The mathematical foundations of the finite element method with applications to partial differential equations. New York: Academic Press, 1972 557–587

8.15 Strang, G.: Variational crimes in the finite element method. In: Aziz, A.K.(ed.): The mathematical foundations of the finite element method with applications to partial differential equations. New York: Academic Press, 1972 689–710

8.16 Strang, G.; Fix, G.J.: An analysis of the finite element method. Wellesley: Wellesley-Cambridge Press 2008

8.17 Stummel, F.: The limitations of the patch test. Int. J. Num. Meth. Eng. 15 (1980) 177–188

8.18 Stummel, F.: The generalized patch test. SIAM J. Num. Anal. 16 (1979) 449–471

8.19 Stumpf, H.: Die Berechnung statischer und geometrischer Feldgrößen elastischer Randwertprobleme durch punktweise Eingrenzung. Acta Mech. 12 (1971) 223 ff

8.20 Rieder, G.: Eingrenzungen in der Elastizitäts- und Potentialtheorie. ZAMM 52 (1972) T 340–T 347

8.21 Schomburg, U.: Lokale Eingrenzungen bei Randwertproblemen der Elastizitätstheorie mit der Methode der Finiten Elemente. Diss. TH Aachen 1972

8.22 Cowper, G.R.: Variational procedures and convergence of finite element methods. In: Fenves, S.J.: Numerical and computer methods in structural mechanics, London, New York: Academic Press 1973

8.23 Johnson, W.M.Jr; McLay, R.W.: Convergence of the finite element method in the theory of elasticity. J. Appl. Mech. 35 (1968) 274–278

8.24 Tong, P.; Pian, T.H.H.: The convergence of the finite element method in solving linear elastic problems. Int. J. Solids Struct. 3 (1967) 865–879

8.25 De Arantes e Oliviera, E.R.: Theoretical foundation of the finite element method. Int. J. Solids Struct. 4 (1968) 929–952

8.26 De Boor, C.: Mathematical aspects of the finite elements in the partial differential equations. New York, San Francisco, London: Academic Press 1974

8.27 Ciarlet, P.G.: The finite element method for elliptic problems. New York: North-Holland 1978 (Nachdruck 2002)

8.28 Mikhlin, S.G.: Variational Methods in Mathematical Physics. Oxford e.a.: Pergamon 1964

8.29 Kantorovič, L.V.; Krylow, W.I.: Näherungsmethoden der höheren Analysis. Berlin: Deutscher Verlag der Wissenschaften 1956

8.30 Hughes, R.J.R.; Cohen, M.; Haroun, M.: Reduced and selective integration techniques in the finite element analysis of plates. Nuc. Eng. Design 46 (1978) 203–222

8.31 Pian, T.H.H.; Wu,C.-C.: Hybrid and Incompatible Finite Element Methods. Boco Raton e.a.: Chapman & Hall/CRC 2006

8.32 Knothe, K.: Kraftgrößenverfahren und Deformationsmethode im Licht der Habilitationsschrift von Georg Prange. Der Stahlbau 84 (2015) 341–346

Kapitel 9

9.1 Stummel, F.: The generalized patch test. SIAM J. Num. Analysis 16 (1979) 449–471

9.2 Bogner, F.K.; Fox, R.L.; Schmit, L.A.: The generation of interelement, compatible stiffness and mass matrices by use of interpolation formulas. Proc. (1st) Conf. on Matrix Meth. in Struct. Mech. AFFDL TR (1965) 66–80

9.3 Schaefer, H.: Eine einfache Konstruktion von Koordinatentransformationen für die numerische Lösung zweidimensionaler Randwertprobleme nach Rayleigh-Ritz. Ing.-Arch. 25 (1956) 73–81

9.4 Eschenauer, H.; Schnell, W.: Elastizitätstheorie. Grundlagen, Flächentragwerke, Strukturoptimierung. 3. vollst. überarb. u. erw. Aufl. Mannheim-Wien-Zürich: Bibliographisches Institut 1993

9.5 Gasch, R.; Knothe, K.; Liebig, R.: Strukturdynamik. Diskrete Systeme und Kontinua. Berlin, Heidelberg: Springer 2012

9.6 Girkmann, K.G.: Flächentragwerke. 6. Aufl., Nachdruck, Wien, New York: Springer 1986

9.7 Adini, A.; Clough, R.W.: Analysis of plate bending by the finite element method. Report Nat. Sci. Found./U.S.A., G7373 1961

9.8 Strang, G.; Fix, G.J.: An analysis of the finite element method. Wellesley: Wellesley-Cambridge Press 2008

9.9 Wiedemann, M.: Ein Finite-Element-Verfahren zur Berechnung von schiefwinkligen Plattenstrukturen. Berlin: ILR Mitteilung 182 1987

9.10 Gallagher, R.H.: Finite-Element-Analysis. Berlin u.a.: Springer 1976

9.11 Schwarz, H.R.: Methode der finiten Elemente. Eine Einführungunter besonderer Berücksichtigung der Rechenpraxis. 2. Aufl., Stuttgart: Teubner 1984

9.12 Zienkiewicz, O.C.; Taylor, R.L.; Zhu, J.Z.: The finite element method: Its basis and fundamentals. 7th ed., Oxford e.a.: Butterworth-Heinemann 2013

9.13 Morley, L.S.D.: The constant-moment plate bending element. J. Strain Analysis 6 (1971) 20–24

9.14 Bazeley, G.; Cheung, Y.; Irons, B.; Zienkiewicz, O.: Triangular elements in plate bending – conforming and nonconforming solutions. Proc. (1st) Conf. on Matrix Methods in Struct. Mech. AFFDL TR 66–80 (1965) 547–576

9.15 Clough, R.W.; Tocher, J.: Finite element stiffness matrices for the analysis of plate bending. Proc. (1st) Conf. on Matrix Methods in Struct. Mech. AFFDL TR 66–80 (1965) 515–546

9.16 Argyris, J.H.; Fried, I.; Scharpf, D.: The TUBA family of plate elements for the matrix displacement method. Aer. J. 72 (1968) 701–709

9.17 Bell, K.: A refined triangular plate bending finite element. Int. J. Num. Meth. Eng. 1 (1969) 101–122

9.18 Tocher, J.L.: Analysis of plate bending using triangular elements. Ph. D. Thesis, Berkeley 1962

9.19 Cowper, G.R.; Kosko, E.; Lindberg, G.; Olson, M.: Static and dynamic applications of a high precision triangular plate bending element, AIAA J. 7 (1969) 1957–1965

9.20 Lascaux, P.A.; Lesaint, P.: Some nonconforming finite elements for the plate bending problem. Rev. Francaise Automat. Informat. Recherche Opérationelle. Sér. Rouge, Anal. Numér. R-1 9–53 (1975)

9.21 Kikuchi, N.: Finite element method in mechanics. Cambridge: Cambridge University Press 1986

9.22 Irons, B.M.; Razzaque, A.: Experience with the patch test for convergence of finite elements. In: Aziz, A.K.(ed.): The mathematical foundations of the finite element method with applications to partial differential equations. New York: Academic Press, 1972 557–587

9.23 Pian, T.H.H.: Derivation of element stiffness matrices by assumed stress distributions. AIAA J. 2 (1964) 1333–1335

9.24 Hinton, E., Owen, D.R.J.; Krause, G. (Hg.): Finite Element Programme für Platten und Schalen. Berlin u.a.: Springer 1990

9.25 Spilker, R.L.; Munir, N.I.: The hybrid-stress model for thin plates. Int. J. Num. Meth. Eng. 15 (1980) 1239–1260

9.26 Hinton, E.; Huang, H.C.: A family of quadrilateral Mindlin plate elements with substitute shear strain fields. Comp. Struct. 23 (1986) 409–431

9.27 Irons, B.M.; Razzaque, A.: Shape function formulations for elements other than displacement models. Brebbia, C.A.; Tottenham, H. (eds.): Variational methods in Engineering. Southampton: Southampton University Press 1973 4/59–4/72

9.28 Razzaque, A.: Program for triangular bending elements with derivative smoothing. Int. J. Num. Meth. Eng. 6 (1973) 333–343

9.29 Knothe, K.; Herrmann, H.: Numerische Untersuchungen zu zwei Platten-Dreiecks-Elementen auf der Basis von Variationsprinzipien mit gelockerten Stetigkeitsforderungen. ZAMM 58 (1978) 413–415

9.30 Severn, R.T.; Taylor, P.R.: The finite element method for flexure of slabs when stress distributions are assumed. Proc. Inst. Civil Eng. 34 (1966) 153–170

9.31 Allwood, R.J.; Cornes, G.M.M.: A polygonal finite element for plate bending problems using the assumed stress approach. Int. J. Num. Meth. Eng. 1 (1969) 135–149

9.32 Neale, B.K.; Henshell, R.D.; Edwards, G.: Hybrid plate bending elements, J. Sound Vib. 22 (1972) 101–112

9.33 Tang, T.: Untersuchung von hybriden Elementen zur Plattenberechnung, Studienarbeit ,TU Berlin 1975 (unveröffentlicht)

9.34 Kikuchi, F.; Ando, Y.: A new variational functional for the finite element method and its application to plate and shell problems. Nuc. Eng. Design 21 (1972) 95–113

9.35 Kikuchi, F.; Ando, Y.: Some finite element solutions for plate bending problems by simplified hybrid displacement method. Nuc. Eng. Design 23 (1972) 155–178

9.36 Knothe, K.; Herrmann, H.; Müller, W.: Numerische Stabilität von Plattenelementen auf der Grundlage hybrider Deformationsmodelle. ZAMM 61 (1981) 559–566

9.37 Huang, H.C., Hinton, E.: A new nine node degenerated shell element with enhanced membrane and shear interpolation. Int. J. Num. Meth. Eng. 22 (1986) 73–92
9.38 Pian, T.H.H.: Finite element methods by variational principles with relaxed continuity requirements. In: Brebbia, C.A.; Tottenham, H. (eds.): Variational Methods in Engineering, Southampton: Southampton University Press 1973 3/1–3/24
9.39 Prathap, G.; Ninnala, K.: Finite element formulations of constrained media elasticity – A bibliography. Finite elements in Analysis and Design 7 (1990) 253–270
9.40 Andelfinger, U.: Untersuchungen zur Zuverlässigkeit hybrid-gemischter Finiter Elemente für Flächentragwerke. Ber. Nr. 13, Inst. f. Baustatik, Universität Stuttgart: Stuttgart 1991
9.41 Ahmad, S.; Irons, B.M.; Zienkiewicz, O.C.: Analysis of thick and thin shell structures by curved finite elements. Int. J. Num. Meth. Eng. 2 (1970) 419–451
9.42 Ramm, E.: Geometrisch nichtlineare Elastostatik und finite Elemente. Ber. Nr. 76-2, Inst. f. Baustatik, Universität Stuttgart: Stuttgart 1976
9.43 Babuška, I.; Aziz, A.K.: Survey lectures on the mathematical foundations of the finite element method. In: Aziz, A.K. (ed.): The Mathematical Foundation of the Finite Element Method with Aplications to Partial Differential Equations, 3–363, New York, London: Academic Press 1972
9.44 Braess, D.: Finite Elemente. Theorie, schnelle Löser und Anwendungen in der Elastizitätstheoreie, 5. Aufl,. Berlin, u.a.: Springer 2013
9.45 Pian, T.H.H.; Tong, P.: Finite element method in continuum mechanics. In: Yih, C.S. (ed.): Advances in Applied Mechanics, Vol. 12. Academic Press, 1–58, 1972
9.46 Karamanlidis, D.: Finite Elementmodelle zur numerischen Berechnung des geometrisch nichtlinearen Verhaltens ebener Rahmentragwerke im unter- und überkritischen Bereich. Fortschr.-Ber. VDI-Z. Reihe 1 Nr. 63. Düsseldorf: VDI-Verlag 1980
9.47 Pian, T.H.H.; Tong, P.: Basis of finite Element method for solid continua. Int. J. Num. Meth. Eng. 1 (1969) 3–28
9.48 Pian, T.H.H.: Formulation of finite element methods for solid continua. In: Gallagher, R.H., Yamada, Y.; Oden, J.T. (eds.): Recent Advances in Structural Analysis and Design. The University of Alabama in Huntsville Press, 49–83, 1971
9.49 Pian, T.H.H.; Chen, D.P.: Alternative ways for formulation of hybrid stress elements. Int. J. Num. Meth. Eng. 18 (1982) 1679–1684
9.50 Pian, T.H.H.; Sumihara, K.: Rational approach for assumed stress finite elements. Int. J. Num. Meth. Eng. 26 (1984) 1685–1695
9.51 Pian, T.H.H.; Wu, C.C.: A rational approach for choosing stress terms for hybrid finite element formulations. Int. J. Num. Meth. Eng. 26 (1988) 2331–2343
9.52 Pian, T.H.H.: Overview of Hybrid finite element method for solid mechanics. In: Atluri, S.N.; Yagawa, G. (eds.), Proc. of the Int. Conf. on Comp. Eng. Science. New York: Springer 1988

9.53 Rhiu, J.J.; Lee, S.W.: A new, efficient mixed formulation for thin shell finite element models. Int. J. Num. Meth. Eng. 24 (1987) 581–604

9.54 Saleeb, A.F.; Chang, T.Y.; Graf, W.: A quadrilateral shell element usingh a mixed formulation. Computers & Structures 26 (5), 787–803, 1987

9.55 Simo, J.C.; Fox, D.D.; Rifai, M.S.: On a stress resultant geometrically exact shell model, Part II: The linear theory; computational aspects. Computer Methods in Applied Mechanics and Engineering 73 (1989) 53–92

9.56 Hughes, T.J.R.; Tezduyar, T.E.: Finite elements based upon Mindlin plate theory with particular reference to four-node isoparametric element. J. Appl. Mech. 48 (1981) 587–596

9.57 MacNeal, R.H.: Derivation of element stiffness matrices by assumed strain distributions. Nuclear Engineering and design 70 (1982) 3–12

9.58 Dvorkin, E.N.; Bathe, K.J.: A continuum mechanics based four-node shell element for general nonlinear analysis. Engineering Computations 1 (1984) 77–88

9.59 Bathe, K.J.; Dvorkin, E.: A formulation of general shell elements – The use of mixed interpolation of tensorial components. Int. J. Num. Meth. Eng. 22 (1986) 697–722

9.60 Wong, B.L.; Belytschko, T.: Assumed strain stabilization procedure for the 9-node lagrange plane and plate elements. Eng. Comp. 4 (1987) 229–239

9.61 Simo, J.C.; Rifai, M.S.: A class of mixed assumed strain methods and the method of incompatible modes. Int. J. Num. Meth. Eng. 29 (1990) 1595–1638

[9.62 Pian, T.H.H.; Wu,C.-C.: Hybrid and Incompatible Finite Element Methods. Boco Raton e.a.: Chapman & Hall/CRC 2006

[9.63 Zienkiewicz, O.C.; Taylor, R.L.; Fox, D.D.: The finite element method. For solid and structural mechanics. 7th ed., Oxford e.a.: Butterworth-Heinemann 2013

Kapitel 10

10.1 Rothert, H.; Gensichen, V.: Nichtlineare Stabstatik. Berlin u.a.: Springer 1987

10.2 Kappus, R.: Zur Elastizitätstheorie endlicher Verschiebungen. ZAMM 19 (1939) 271–285, 344–361

10.3 Washizu, K.: Variational Methods in Elasticity and Plasticity. 3rd ed. Oxford e.a.: Pergamon 1982

10.4 Karamanlidis, D.: Finite Elementmodelle zur numerischen Berechnung des geometrisch nichtlinearen Verhaltens ebener Rahmentragwerke im unter- und überkritischen Bereich. Fortschr.-Ber. VDI-Z. Reihe 1 Nr. 63. Düsseldorf: VDI-Verlag 1980

10.5 Herrmann, H.: Traglastberechnung von ebenen Rahmentragwerken mit einem gemischten Finite-Element-Verfahren. Fortschr.-Ber. VDI-Z. Reihe 4 Nr. 64. Düsseldorf: VDI-Verlag 1983

10.6 Bathe, K.-J.: Finite-Elemente-Methoden. 2., vollst. neu bearb. u. erw. Aufl., Berlin u.a.: Springer 2002

10.7 Funk, P.: Variationsrechnung und ihre Anwendung in Physik und Technik, Berlin: Springer 1962

10.8 Gasch, R.; Knothe, K.; Liebig, R.: Strukturdynamik. Diskrete Systeme und Kontinua. Berlin, Heidelberg: Springer 2012

10.9 Wallrapp, O.: Entwicklung rechnergestützter Methoden der Mehrkörperdynamik in der Fahrzeugtechnik. Diss. TU Berlin 1989

10.10 Kose, K.: Berechnungen der Eigenschwingungen und Rezeptanzen von Eisenbahnradsätzen unter Einbeziehung gyroskopischer Effekte. Fortschr.-Ber. VDI, Reihe 12, Nr. 347. Düsseldorf: VDI-Verlag 1998

10.11 Fischer, U.; Stephan, W.: Prinzipien und Methoden der Dynamik. Leipzig: Fachbuchverlag 1972

10.12 Davies, G.A.O. (ed.): Mathematical Methods in Engineering. Chichester, New York, Brisbane, Toronto, Singapore: John Wiley & Sons 1984

10.13 Clough, R.W.; Penzien, J.: Dynamics of Structures, Tokyo e.a., McGraw-Hill 1975

10.14 Girkmann, K.G.: Flächentragwerke. 6. Aufl., Nachdruck, Wien, New York: Springer 1986

10.15 Kollbrunner, C.F.; Meister, M.: Knicken, Biegedrillknicken, Kippen, 2. Aufl., Berlin, Göttingen, Heidelberg: Springer 1961

10.16 Pflüger, A.: Stabilitätsprobleme der Elastostatik. 3. Aufl., Berlin, Heidelberg, New York: Springer 1977

10.17 Klöppel, K.; Scheer, J.: Beulwerte ausgesteifter Rechteckplatten. Berlin: Wilhelm Ernst & Sohn 1960

Kapitel 11

11.1 Gasch, R.; Knothe, K.; Liebig, R.: Strukturdynamik. Diskrete Systeme und Kontinua. Berlin, Heidelberg: Springer 2012

11.2 Koloušek, V.: Dynamics in Engineering Structures. Butterworth:London 1973

Kapitel 12

12.1 Gasch, R.; Knothe, K.; Liebig, R.: Strukturdynamik. Diskrete Systeme und Kontinua. Berlin, Heidelberg: Springer 2012

12.2 Heiß, P.: Untersuchung des Körperschall- und Abstrahlverhaltens eines Reisezugwagens. Diss. TU Berlin 1986

12.3 Hempelmann, K.; Knothe, K.: Eigenschwingungsberechnung von Radsätzen mit statisch optimalen Ansatzfunktionen. Fortschr.-Ber. VDI Reihe 11 Nr. 114. Düsseldorf: VDI-Verlag 1989

12.4 Kose, K.: Berechnung der Eigenschwingungen und Rezeptanzen von Randsätzen unter Einbeziehung gyroskopischer Effekte. Fortschr.-Ber. VDI Reihe 12 Nr. 347. Düsseldorf: VDI-Verlag 1998

12.5 Başar, Y.; Krätzig, W.B.: Mechanik der Flächentragwerke. Theorie, Berechnungsmethoden, Anwendungsbeispiele. Braunschweig u.a.: Vieweg 1985

12.6 Mindlin, R.D.: Influence of rotatory inertia and shear on flexural vibrations of isotropic elastic plates. J. Appl. Mech. 18 (1951) 31–38
12.7 Mindlin, R.D.; Deresiewicz, H.: Thickness shear and flexural vibrations of circular discs. J. Appl. Phys. 29 (1954) 1329–1332
12.8 Irretier, H.: Die Berechnung der Schwingungen rotierender, beschaufelter Scheiben mittels eines Anfangswertverfahrens. Diss. TU Hannover 1978
12.9 Irretier, H.: The natural and forced vibrations of a wheel disc. J. Sound Vib. 87 (1983) 161–177
12.10 Zurmühl, R.; Falk, S.: Matrizen und ihre Anwendungen. 1. Grundlagen. Für Ingenieure, Physiker und Angewandte Mathematiker. 7. Aufl., Berlin, Heidelberg: Springer 1997
12.11 Freund, R.W.; Hoppe, R.H.W.: Stoer/Bulirsch: Numerische Mathematik 2. 6., neu bearb. Aufl., Berlin u.a.: Springer 2011
12.12 Abbas, B.A.H.; Irretier, H.: Rechnerische und experimentelle Untersuchungen des Einspanneinflusses auf die Biegeeigenschwingungen einseitig eingespannter Timoshenko-Stäbe. ZAMM 69 (1989) T 316 – T 319
12.13 Ripke, B.; Knothe, K.: Die unendlich lange Schiene auf diskreten Schwellen bei harmonischer Einzellasterregung. Fortschr.-Ber. VDI Reihe 11 Nr. 155. Düsseldorf: VDI-Verlag 1991
12.14 Gasch, R.; Maurer, J.; Sarfeld, W.: Unwuchterzwungene Schwingungen und Stabilität des Systems Laval-Läufer, Wälz- oder Gleitlager, Blockfundament, elastischer Halbraum. ILR-Mitt. 125 TU Berlin 1987
12.15 Wu, Y.; Knothe, K.: Receptance behaviour of railway track and subgrade. Archive of Applied Mechanics 68 (1998) 457–470
12.16 Stichel, S.: Betriebsfestigkeitsberechnung bei Schienenfahrzeugen anhand von Simulationsrechnungen. Fortschr.-Ber. VDI Reihe 12 Nr. 288. Düsseldorf: VDI-Verlag 1996
12.17 Knothe, K.; Stichel, S.; Dietz, S.: Ein Konzept für einen Betriebsfestigkeitsnachweis aufgrund gekoppelter FE-MKS-Simulationsrechnungen. Konstruktion 48 (1996) 35–38
12.18 Dietz, S.; Netter, H., Sachau, D.: Fatigue Life Prediction by Coupling Finite-Element and Multibody Systems Calculations. Proc. of DETC'97 1997 ASME Design Engineering Technical Conferences, Sept. 14–17 1997 Sacramento, California. DETC/VIB-4229
12.19 Dietz, S.: Vibrations and Fatigue Analysis of Vehicle Systems Using Component Modes. Diss. TU Berlin 1999
12.20 Schwertassek, R; Wallrapp, O.: Dynamik flexibler Mehrkörpersysteme. Braunschweig, Wiesbaden: Vieweg 1998

Kapitel 13

13.1 Bathe, K.-J.: Finite-Elemente-Methoden. 2., vollst. neu bearb. u. erw. Aufl., Berlin u.a.: Springer 2002
13.2 Belytschko, T.; Liu, W.K.; Moran, B.; Elkhodary, K.: Nonlinear Finite Elements for Continua and Structures. 2nd ed., Chichester: John Wiley & Sons 2013

13.3 Parisch, H.: Festkörper-Kontinuumsmechanik. Stuttgart, Leipzig, Wiesbaden: Teubner 2003

13.4 Wriggers, P.: Nichtlineare Finite-Element-Methoden. Berlin u.a.: Springer 2001

13.5 Zienkiewicz, O.C.; Taylor, R.L.; Fox, D.D.: The finite element method. For solid and structural mechanics. 7th ed., Oxford e.a.: Butterworth-Heinemann 2013

13.6 Bargel, H.-J.; Schulze, G.: Werkstoffkunde. 10. Aufl., Berlin u.a.: Springer 2008

13.7 Banabic, D.; Bunge, H.-J.; Pöhlandt, K.; Tekkaya, A.E.: Formability of Metallic Materials. Berlin e.a.: Springer 2000

13.8 Lubarda, V.A.: Elastoplasticity Theory. Boca Raton e.a.: CRC Press 2002

13.9 Wu, H.-C.: Continuum Mechanics and Plasticity. Boca Raton e.a.: Chapman & Hall/CRC Press 2005

13.10 Bertram, A.: Elasticity and Plasticity of Large Deformations. An Introduction. 2nd ed., Berlin, Heidelberg: Springer 2008

13.11 Simo, J.C.; Hughes, T.J.R.: Computational Inelasticity. 2. Aufl., Berlin e.a.: Springer 2000

13.12 Bronstein, I.N.; Semendjajew, K.A.; Grosche, G.; Ziegler, V.; Ziegler, D.: Springer-Taschenbuch der Mathematik. 3., neu bearb. u. erw. Aufl., Wiesbaden: Springer 2013

13.13 Ding, Y.: Finite-Rotations-Elemente zur geometrisch nichtlinearen Analyse allgemeiner Flächentragwerke. Technisch-wissenschaftliche Mitteilungen 89-6, Institut für Konstruktiven Ingenieurbau, Ruhr Universität Bochum, Bochum 1989

13.14 Hackl, K.: Generalized standard media and variational principles in classical and finite strain elastoplasticity. J. Mech. Phys. Solids 45 (1997) 667–688

13.15 Krawietz, A.: Anisotropes elastisch-plastisches Verhalten mit plastischer Volumenkonstanz bei kleinen elastischen und großen plastischen Verzerrungen. Berlin 2004

Kapitel 14

14.1 Bronstein, I.N.; Semendjajew, K.A.: Taschenbuch der Mathematik, 20. Aufl., Thun, Frankfurt/Main: Deutsch 1981

14.2 Råde, L.; Westergren, B.: Springers Mathematische Formeln. Taschenbuch für Ingenieure, Naturwissenschaftler, Wirtschaftswissenschaftler. Übers. und bearb. von P. Vachenauer. Berlin, Heidelberg: Springer 1996

14.3 Funk, P.: Variationsrechnung und ihre Anwendung in Physik und Technik. Berlin, Göttingen, Heidelberg: Springer 1962

14.4 Mikhlin, S.G.: Variational Methods in Mathematical Physics. Oxford e.a.: Pergamon 1964

14.5 Meyberg, K.; Vachenauer, P.: Höhere Mathematik 2. Differentialgleichungen, Funktionentheorie, Fourier-Analysis, Variationsrechnung. Berlin, Heidelberg: Springer 1991

14.6 Meyberg, K.; Vachenauer, P.: Höhere Mathematik 1. Differential- und Integralrechnung, Vektor- und Matrizenrechnung. Berlin, Heidelberg: Springer 1990

14.7 Washizu, K.: Variational Methods in Elasticity and Plasticity. 3rd ed. Oxford e.a.: Pergamon 1982

14.8 Hellinger, E.: Die allgemeinen Ansätze der Mechanik der Kontinua. In: Encyklopädie der mathematischen Wissenschaften IV2, Leipzig: Teubner, 601–694, 1913

14.9 Prange, G.: Die Variations- und Minimalprinzipien der Statik der Baukonstruktionen. Habilitationsschrift, Hannover 1916

14.10 Prange, G.: Die Theorie des Balkens in der Technischen Elastizitätslehre. Zeitschrift für Architektur und Ingenieurwesen 65 = Neue Folge 24 (1919) 601–694

14.11 Reissner, E.: On a variational theorem in elasticity. J. Math. Phys. 29 (1950) 90–95

14.12 Pian, T.H.H.: Derivation of element stiffness matrices by assumed stress distributions. AIAA J. 2 (1964) 1333–1335

14.13 Pian, T.H.H., Tong, P.: Basis of finite element method for solid continua. Int. J. Num. Meth. Eng. 1 (1), 3–28, 1969

14.14 Pian, T.H.H.: Formulation of finite element methods for solid continua. In: Gallagher, R.H., Yamada, Y.; Oden, J.T. (eds.): Recent Advances in Structural Analysis and Design. The University of Alabama in Huntsville Press, 49–83, 1971

14.15 Pian, T.H.H.; Tong, P.: Finite element method in continuum mechanics. In: Yih, C.S. (ed.): Advances in Applied Mechanics, Vol. 12. Academic Press, 1–58, 1972

14.16 Pian, T.H.H.: Finite element methods by variational principles with relaxed continuity requirements. In: Brebbia, C.A.; Tottenham, H. (eds.): Variational Methods in Engineering, Southampton: Southampton University Press 1973 3/1–3/24

14.17 Karamanlidis, D.: Finite Elementmodelle zur numerischen Berechnung des geometrisch nichtlinearen Verhaltens ebener Rahmentragwerke im unter- und überkritischen Bereich. Fortschr.-Ber. VDI-Z. Reihe 1 Nr. 63. Düsseldorf: VDI-Verlag 1980

14.18 Wolf, J.P.: Generalized Stress-Models for Finite-Element Analysis. Ber. 52, Inst. f. Baustatik ETH Zürich 1976

14.19 Pian, T.H.H.: Overview of Hybrid finite element method for solid mechanics. In: Atluri, S.N.; Yagawa, G. (eds.), Proc. of the Int. Conf. on Comp. Eng. Science. New York: Springer 1988

14.20 Knothe, K.: Ein Beitrag zur Systematisierung von Variationsprinzipien der Elastizitätstheorie und zu ihrer Verwendbarkeit für Finite-Element-Verfahren. ZAMM 56 (1978) 405–412

14.21 Finckenstein, K.v.: Grundkurs Mathematik für Ingenieure. Stuttgart: Teubner 1986

14.22 Knothe, K.: Kraftgrößenverfahren und Deformationsmethode im Licht der Habilitationsschrift von Georg Prange. Der Stahlbau 84 (2015) 341–346

Kapitel 15

15.1 Love, A.E.H.: A Treatise on the Mathematical Theory of Elasticity. 4th ed., Reprint. Dover: New York 1927
15.2 Stickforth, J.: Über den Schubmittelpunkt. Ing.-Arch. 56 (1986) 438–452
15.3 Beitz, W.; Küttner, K.-H. (Hg.): Dubbel – Taschenbuch für den Maschinenbau, 17. Aufl., Berlin u.a.: Springer 1997
15.4 Herrmann, H.: Traglastberechnung von ebenen Rahmentragwerken mit einem gemischten Finite-Element-Verfahren. Fortschr.-Ber. VDI-Z. Reihe 4 Nr. 64. Düsseldorf: VDI-Verlag 1983
15.5 Bronstein, I.N.; Semendjajew, K.A.; Musiol, G.; Mühlig, H.: Taschenbuch der Mathematik. 6. Aufl., Frankfurt/Main: Deutsch 2005
15.6 Parisch, H.: Festkörper-Kontinuumsmechanik. Stuttgart, Leipzig, Wiesbaden: Teubner 2003
15.7 Zurmühl, R.; Falk, S.: Matrizen und ihre Anwendungen. 1. Grundlagen. Für Ingenieure, Physiker und Angewandte Mathematiker. 7. Aufl., Berlin, Heidelberg: Springer 1997
15.8 Hofmann, G.: Ingenieurmathematik für Studienanfänger. Formeln – Aufgaben – Lösungen. 3. Aufl., Wiesbaden: Springer Vieweg 2013

Sachregister

A

B

F

G

H

I

J

K

Q

R

T

U

V

W

Z